Der Absatz in der Chemischen Industrie

Herbert Kölbel · Joachim Schulze

Springer-Verlag Berlin Heidelberg GmbH 1970

Dr. phil. Herbert Kölbel

o. Professor und Direktor des Instituts für Technische Chemie
der Technischen Universität Berlin
Ehemals Betriebsdirektor bei der Rheinpreußen AG
für Bergbau und Chemie, Homberg (Niederrhein)

Dr.-Ing. Joachim Schulze

Wissenschaftlicher Rat und Professor
am Institut für Technische Chemie
der Technischen Universität Berlin

Mit 259 Abbildungen und 156 Tabellen

ISBN 978-3-642-86109-3 ISBN 978-3-642-86108-6 (eBook)
DOI 10.1007/978-3-642-86108-6

Ursprünglich erschienen bei Springer-Verlag Berlin/Heidelberg 1970
Softcover reprint of the hardcover 1st edition 1970
Congress Catalog Card Number 70-118 680.

Titelnummer: 1650

Vorwort

Für die Wirtschaftlichkeit chemischer Anlagen sind weder das chemische Verfahren noch die technische Anlagengestaltung allein maßgeblich. Hierüber entscheiden erst die wirtschaftlichen Daten Kapitalbedarf, Kosten und Ertrag. In dem vor einem Jahrzehnt erschienenen Werk „Projektierung und Vorkalkulation in der chemischen Industrie" haben wir uns besonders mit der Ermittlung des Kapitalbedarfs, der Kosten und der Wirtschaftlichkeitsdaten befaßt, die Fragen der *Ertragsgestaltung* jedoch weitgehend ausgeklammert. Der sich aus den realisierbaren Absatzmengen und Verkaufspreisen ergebende Ertrag aber ist die größte Unbekannte in allen Vorausberechnungen und Planungen. Über ihn entscheidet nicht nur die Eigeninitiative, sondern vor allem der Absatzmarkt mit seiner Vielzahl von schwer faßbaren Einflußgrößen. Zudem werden die *Absatzchancen* immer mehr zum entscheidenden *Engpaß* des wirtschaftlichen Erfolges. Was in anderen Industriezweigen bereits seit langem selbstverständlich ist, beginnt sich heute im Zuge wachsender Konkurrenz auch in der chemischen Industrie abzuzeichnen: die notwendige Ausrichtung aller betrieblichen Denkweisen und Handlungen am Absatzmarkt im Sinne des *Marketing*.

Die erstmalige zusammenfassende Bearbeitung des Absatzes in der *chemischen Industrie* erscheint damit als eine notwendige Fortführung unseres früheren Werkes. Nach der Idee des Marketing sind die Probleme des Absatzes keinesfalls auf die Vertriebsabteilungen beschränkt, sondern sind in der Unternehmung allgegenwärtig und begleiten insbesondere die Entwicklung neuer chemischer Produkte und Verfahren von den ersten Überlegungen bis zur Markteinführung. Hieraus ergibt sich unmittelbar die Durchdringung einer solchen Absatzlehre mit chemischen und technischen Gesichtspunkten, sie folgt aber auch aus der branchentypischen Fundierung der Produktentwicklung und des Absatzes durch die chemische Anwendungstechnik. Damit stellen wir der seit langem für die mechanisch-technischen Industriezweige entwickelten *Technischen Vertriebslehre* eine entsprechende Vertriebslehre für die chemische Industrie und mit Einschränkungen auch für die sonstigen verfahrenstechnischen Industriezweige gegenüber. Weiterhin soll die Untersuchung einen Beitrag zur Lehre vom Rohstoff-Marketing leisten, da innerhalb des während der letzten Jahre stärker bearbeiteten Produktivgüter-Marketing die industriellen Verbrauchsgüter gegenüber den Investitionsgütern vernachlässigt worden sind.

Es war nicht einfach, sich in der *Terminologie* für Chemiker, Ingenieure und Kaufleute stets gleich gut verständlich zu machen. Viele der verwendeten Begriffe haben in den verschiedenen Fachgebieten eine andere Bedeutung. Wir haben die Begriffe aus den Fachsprachen der betriebswirtschaftlichen *Absatzlehre* und der *Technischen Chemie* übernommen, jedoch an vielen Stellen bewußt Erklärungen der Fachausdrücke eingefügt sowie vereinfachte Formulierungen bevorzugt, um das Verständnis aller angesprochenen Kreise zu sichern.

Diesem Bemühen dienen auch die vielen *Beispiele*, die aus zahlreichen Teilgebieten des in sich so heterogenen Industriezweiges der chemischen Industrie gewählt wurden. Die Beispiele sollen die allgemeingültig dargestellten Zusammenhänge verdeutlichen, jedoch keine speziellen Informationen aus den jeweiligen Teilbranchen vermitteln.

Wir hatten das Buch bereits 1961 geplant und in der Folgezeit – im Rahmen der Arbeitsgruppe für Wirtschaftschemie am Institut für Technische Chemie der Technischen Universität Berlin – durch die Untersuchung von Teilproblemen und umfassende Erhebungen in der deutschen chemischen Industrie entsprechende Vorarbeiten geleistet. Die Literatur zum Chemie-Marketing ist verstreut und entstand im wesentlichen erst nach 1950. Sie ist zum großen Teil, genau wie die sonstige Fachliteratur zur Wirtschaftschemie, amerikanischen Ursprungs und wurde mit insgesamt mehr als 1300 Arbeiten bis Januar 1970 berücksichtigt. Die Literaturstellen sind jeweils im Anhang zu den 8 Hauptabschnitten wiedergegeben, wobei Kennziffern vor der fortlaufenden Numerierung auf diese Kapitel hinweisen. Abbildungen und Tabellen sind entsprechend kapitelweise numeriert.

Unser Dank gilt vor allem den zahlreichen Herren aus den Chemieunternehmungen, die keine Mühe gescheut haben, unsere vielen Fragen zu beantworten. Großer Dank gebührt auch dem Verband der Chemischen Industrie e.V. in Frankfurt, der unsere wirtschaftschemischen Arbeiten nachhaltig sowohl fachlich als auch finanziell unterstützt hat. Namentlich seien nur die Herren Dr. H.-G. Martin vom Betriebswirtschaftlichen Ausschuß sowie Dr. G. Schwartz und Dr. H. Schuster von der Abteilung Statistik und Volkswirtschaft erwähnt. Für die kritische Durchsicht des Buches bei der Drucklegung danken wir unseren wissenschaftlichen Mitarbeitern Dipl.-Chem. W. Lemm sowie den Chemiewirtschaftsingenieuren Dipl.-Ing. H. Sutter und Dipl.-Ing. G. Werner.

Das Buch soll zum Verständnis der chemisch-technisch-wirtschaftlichen Zusammenhänge beitragen und als praktischer Ratgeber im Gesamtbereich des Chemie-Marketing dienen.

Berlin, im Januar 1970

Herbert Kölbel · Joachim Schulze

Inhaltsverzeichnis

1. Das Absatzsystem in der chemischen Industrie

2. Vertriebsorganisation und Absatzwege für chemische Produkte

3. Chemiemarktforschung

4. Chemiemarktbeobachtung und -marktprognose

5. Produkt- und Programmgestaltung in der chemischen Industrie

6. Anwendungstechnik und Markterschließung

7. Chemiewerbung

8. Preispolitik für chemische Produkte

1. Das Absatzsystem in der chemischen Industrie

1.1 Der Absatz in der chemischen Industrie als Untersuchungsgegenstand

Der Absatz in der chemischen Industrie als ein besonderer Untersuchungsgegenstand folgt aus der *funktionalen* wie *branchenmäßigen Gliederung* der Betriebe. Nachdem die funktionsbezogene Absatzlehre und die branchenbezogene Industriebetriebslehre längst zum festen Bestand der Betriebswirtschaftslehre geworden sind, zeichnet sich heute die Notwendigkeit einer weiteren Differenzierung der Industriebetriebslehre nach einer mechanisch-technischen und chemisch-technischen Gruppe von Industriebranchen immer deutlicher ab. In den bisherigen Arbeiten zur *Industriebetriebslehre der chemischen Industrie* ist damit der Absatz in seiner branchenbezogenen Ausprägung mit eingeschlossen, obwohl die Probleme der Produktion, der Planung sowie Kosten- und Wirtschaftlichkeitsrechnung bislang im Vordergrund standen [1.2; 1.9; 1.12; 1.22; 1.23; 1.37; 1.38; 1.47–1.53; 1.55; 1.63; 1.70–1.72; 1.89; 1.90; 1.93; 1.94; 1.101; 1.102; 1.104; 1.110; 1.116; 1.118; 1.119; 1.120].

Umgekehrt stellt die allgemeine *Lehre vom Absatz oder Vertrieb* – beide Begriffe benutzen wir gleichsinnig – die zweite Ausgangsposition für das Untersuchungsgebiet dar, auf deren Erkenntnisbestand wir aufbauen oder den wir voraussetzen können [1.1; 1.3; 1.5; 1.21; 1.28; 1.34; 1.35; 1.46; 1.56; 1.59, S. 118; 1.60, Bd. 2, S. 499; 1.61, Bd. 2, S. 13; 1.79–1.82; 1.85; 1.86; 1.91; 1.92; 1.109]. Der Standort

Funktion / Branche		Betriebspolitik	Finanzen und Rechnungswesen	Produktion	Absatz	Sonstige
Industrie	Mechanische Technik					
	Chemische Technik					
Handel						
Verkehrsbetriebe						
Sonstige						

Abb. 1.1 Der Absatz in der chemischen Industrie als Schnittfeld der Funktions- und Branchengliederung.

der Absatzlehre der chemischen Industrie ergibt sich damit als Schnittfeld von Industriebetriebslehre der chemischen Industrie – auch als Chemiebetriebslehre oder Wirtschaftschemie bezeichnet – und allgemeiner Absatzlehre (Abb. 1.1).

Die branchenmäßige Differenzierung der Absatzlehre ist noch wenig entwickelt. Vorrangig war bisher die weitere Gliederung nach absatzwirtschaftlichen Teilfunktionen als „functional approach", während die Objektgliederung der Absatzlehre im Sinne des „commodity approach" eigentlich anderen Einteilungsprinzipien als der herkömmlichen Branchengliederung folgte. An erster Stelle ist hier die Unterscheidung der Absatzobjekte nach der konsumtiven oder produktiven Verwendung in *Konsumgüter* und *Produktivgüter* zu erwähnen, wobei letztere allerdings erst in jüngster Vergangenheit stärkere Beachtung gefunden haben.

Auf dem Wege der Abgrenzung eines möglichst homogenen Bedingungskomplexes von Absatzfaktoren, die für das Absatzsystem des Einzelbetriebes und seine absatzpolitischen Maßnahmen von großer Bedeutung sind, sowie als Voraussetzung für eine sinnvolle Begründung verschiedener Absatzlehren ist die genannte Unterscheidung eines Konsumgüter- und Produktivgüterabsatzes zwar fundamental, aber doch allein noch nicht ausreichend. Die Aussagen des Produktivgüter-Marketing müßten sonst beispielsweise für einen Betrieb des Erzbergbaus wie für eine Werkzeugmaschinenfabrik oder einen Zulieferer von Bauteilen an eine Automobilfabrik in gleicher Weise Gültigkeit besitzen. Dies wird in vieler Hinsicht nicht zutreffen. Um hier weitere Inhomogenitäten des Untersuchungsobjektes zu vermeiden, bietet sich vor allem die weitere Unterscheidung nach langlebigen *Gebrauchsgütern* und kurzlebigen *Verbrauchsgütern* an.

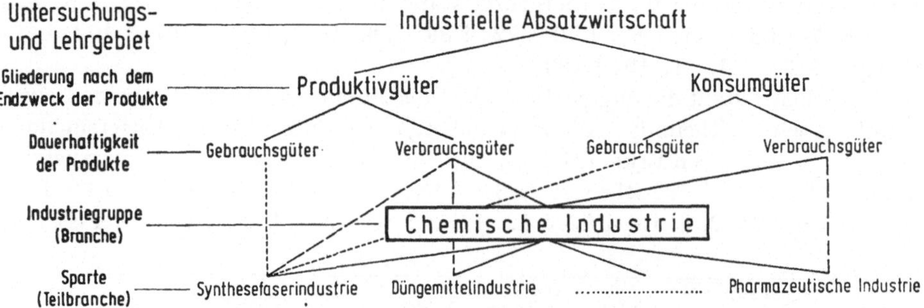

Abb. 1.2 Stellung der chemischen Industrie in der industriellen Absatzwirtschaft.

Betrachten wir daher den Chemieabsatz im Verhältnis zu den hervorgehobenen drei objektbezogenen Gliederungsebenen, Abb. 1.2. Die besondere *Branchenabgrenzung* der chemischen Industrie von den mechanisch-technischen Industriezweigen ergibt sich aus zahlreichen technisch-wirtschaftlichen Merkmalen des Produktionsprozesses und der Endprodukte, wobei die Bedingungen der Produktionsverfahren und -anlagen vor allem auf die Angebotsstrukturen der Chemiemärkte einwirken. Bezüglich der Dauerhaftigkeit der Endprodukte haben wir es in der chemischen Industrie ausschließlich mit *Verbrauchsgütern* zu tun. Gewisse Berührungspunkte mit dem Absatz langlebiger Gebrauchsgüter ergeben sich lediglich aus der vereinzelten Angliederung fachfremder Verarbeitungsstufen der mechanischen Formgebung oder ihrer absatzwirtschaftlichen Beeinflussung im Rahmen der Maßnahmen des Vertikalvertriebs (Kap. 1.535). Da sowohl *Produktivgüter* als auch *Konsumgüter* von der chemischen Industrie erzeugt werden, müssen wir in diesem Punkt einen Rückschritt im eingeleiteten Differenzierungsprozeß der Absatzlehre in Kauf nehmen.

Die zusammengefaßte Bearbeitung von Problemen des chemischen Konsumgüter- und Produktivgüterabsatzes entspricht aber der häufig anzutreffenden betrieblichen Realität der gleichzeitigen Wahrnehmung beider Vertriebssparten. Hierdurch geht freilich manches der theoretisch geforderten Konformität der Absatzfaktoren in den differenzierten Vertriebslehren verloren [1.80], aber andererseits entstehen durch die notwendige gleichzeitige Bewältigung der Aufgaben in beiden Absatzsektoren in der gleichen Unternehmung eben auch spezifisch neue Problemstellungen, denen man durch getrennte und theoretisch sauber gegeneinander abgegrenzte Vertriebslehren allein nicht gerecht werden kann. Das Ganze ist in mancher Beziehung mehr und anders als die Summe seiner Teile, und die optimale Gestaltung des Ganzen erfordert auch eine analytische Durchdringung des Gesamtproblems einschließlich der Wechselwirkungen der Teilbereiche.

Gewisse Schwierigkeiten ergeben sich allerdings aus der Abgrenzung der chemischen Industrie als Industriezweig und aus ihrer heterogenen *inneren Branchenstruktur*. Innerhalb der chemischen Industrie sind zahlreiche Teilbranchen oder Sparten zusammengefaßt, die nach den produktions- und absatzwirtschaftlichen Bedingungen in erheblichem Ausmaß voneinander abweichen. Es kann unter diesem Gesichtspunkt durchaus interessant sein, die betriebs- und hier vor allem absatzwirtschaftlichen Probleme solcher Teilbranchen gesondert zu untersuchen (Abb. 1.2), wie es besonders für die pharmazeutische Industrie, aber auch für andere Sparten bereits geschehen ist. Man sollte die Spezialisierung indessen nicht zu weit vorantreiben, denn mit ihr wachsen schließlich die Gefahren des Verkennens von Gemeinsamkeiten sowie unfruchtbarer Wiederholung und Doppelbearbeitung. Schließlich ist die Abgrenzung der chemischen Teilbranchen fließend, deren Anzahl mitunter auf 10 oder 12, gelegentlich aber auch auf das Dreifache geschätzt wird. Obwohl wir nachfolgend die produktbezogenen Beispiele vielfach den verschiedenen Teilbranchen der chemischen Industrie entnehmen, interessieren uns doch in erster Linie die absatzwirtschaftlichen Probleme der chemischen Industrie in ihrer Gesamtheit.

Der hohe Entwicklungsstand der Vertriebslehre der Konsumgütermarkenartikel, in den die chemischen Konsumgütermarkenartikel eingelagert sind, andererseits aber die überwiegende Umsatzbedeutung der *chemischen Produktivgüter* und ihre bislang unzureichende Berücksichtigung in der Lehre vom Produktivgüter-Marketing rechtfertigen es, die chemischen Produktivgüter bei unserer Untersuchung in den Vordergrund zu stellen. Man müßte unter diesem Gesichtspunkt vermuten, daß damit eine besonders enge Anlehnung an die bisher entwickelte spezielle Fachliteratur des *Produktivgüterabsatzes* geboten wäre. Dies ist jedoch – jenseits einiger zweifellos bestehender Gemeinsamkeiten – unzutreffend, da die genannte Spezialliteratur hauptsächlich die langlebigen Gebrauchsgüter bzw. die *Investitionsgüter* im Auge hat und die industriellen Verbrauchsgüter weitgehend vernachlässigt, von den absatzwirtschaftlichen Besonderheiten chemischer Produkte ganz abgesehen. Durch die genannte Einlagerung der chemischen Produktivgüter in die produktiven Verbrauchsgüter führt die Untersuchung zwangsläufig auch stärker in den übergeordneten Problemkreis des industriellen Verbrauchsgüterabsatzes oder des *Rohstoff-Marketing*.

Technische Kompliziertheit und hohe Erklärungsbedürftigkeit der *Investitionsgüter* bilden einen wichtigen Bezugspunkt der hierzu entwickelten Absatzforschung und Absatzlehre, so daß der Charakter einer *technischen Vertriebslehre* oft genug deutlich hervortritt [1.46; 1.107; 1.113]. Auch der bevorzugte Einsatz von technisch geschulten Vertriebskräften in der Investitionsgüterindustrie, nämlich der *Vertriebsingenieure* in ihrer vielfältigen Ausprägung, macht dies deutlich. Offenbar wird es aber häufig übersehen, daß eine solche technische Fundierung der Absatzaufgaben auch für weite Bereiche der industriellen Verbrauchsgüter und der chemischen Produktivgüter erforderlich ist, und zwar um so mehr, je stärker die Absatzaufgaben im Sinne der Marketing-Idee betont werden und der eigene Absatz auf die nachgelagerten verarbeitenden Industriezweige vorgreift. Ähnlich wie für den Produktionsbereich muß die Chemiebetriebslehre auch für den Absatzbereich von der Technologie der chemischen Produktionsprozesse sowie den chemischen und technischen Merkmalen der Produkte ausgehen und die chemisch-technisch-betriebswirtschaftlichen Wechselwirkungen erfassen.

Die Untersuchung zielt auf eine geschlossene *Systemlegung* des Absatzes in der chemischen Industrie mit seinen Bedingtheiten, Gesetzmäßigkeiten und Regeln zum technisch-wirtschaftlichen Handeln, wobei wir uns jedoch auf die eigentlichen Kerngebiete der Absatzpolitik und des Marketing beschränken [1.60, Bd. 2, S. 500], nämlich die Absatzorganisation und Absatzwegepolitik (Kap. 2), die Marktforschung und Marktprognose (Kap. 3 u. 4), Produkt- und Programmgestaltung (Kap. 5), Anwendungstechnik und Markterschließung (Kap. 6), Werbung (Kap. 7) sowie Preispolitik (Kap. 8).

Die Arbeit stützt sich auf umfangreiches empirisches Material und Teilstudien über Absatzfragen der chemischen Industrie in der breitgestreuten Fachliteratur sowie auf eigene Erhebungen. Entsprechend der zunehmenden Bedeutung des Absatzes auch in der chemischen Industrie wurde in den letzten Jahren bereits eine wachsende Anzahl von Veröffentlichungen speziell dem Chemie-Marketing oder bestimmten Teilaspekten hieraus gewidmet [1.7; 1.13–1.17; 1.26; 1.64; 1.67–1.69; 1.78; 1.84; 1.87; 1.88; 1.95–1.98; 1.106].

1.2 Branchenkennzeichnung der chemischen Industrie

1.21 Äußere Branchenabgrenzung

Die Frage nach der äußeren Branchenabgrenzung betrifft zugleich die *Definition* der *chemischen Industrie*. Für die Zugehörigkeit zur chemischen Industrie ist im technologischen Sinne die Anwendung *stoffumwandelnder chemischer Produktionsprozesse* maßgebend, und zwar im Gegensatz zu den formgebenden Verfahren der mechanischen Technik. Da die chemische Stoffverarbeitung fast immer mit verschiedenen rein physikalischen, die eigentliche chemische Substanz unverändert lassenden Arbeitsverfahren zur Beeinflussung von Aggregatzuständen, Teilchengrößen und Mischungsverhältnissen gekoppelt ist, werden vereinzelt auch solche Produktionszweige zur chemischen Industrie gerechnet, in denen diese „physikalische Stoffumwandlung“ den Produktionsprozeß allein beherrscht. Auf der anderen Seite zählt man solche Industriezweige nicht zur chemischen Industrie, in denen chemische Reaktionen nur in eng begrenzter und spezialisierter

Anwendung vorkommen (z. B. Erdölverarbeitung, Glasindustrie, Hüttenindustrie, Zweige der Lebensmittelindustrie).

Die fehlende eindeutige *technologische Definition* führt zu einer gewissen Unsicherheit sowie zu zeitlichen und länderweisen Schwankungen in der *wirtschaftsstatistischen Abgrenzung* des Industriezweiges. Diese wird fallweise durch Aufzählung aller zur chemischen Industrie gerechneten Teilbranchen bzw. Produktgruppen festgelegt (Kap. 1.22). Vergleiche und Auswertungen von statistischem Zahlenmaterial werden hierdurch erschwert, denn die Abweichungen im Umfang einzelner wirtschaftlicher Größen können bis zu 20% und mehr betragen [1.124].

Im Rahmen einer absatzwirtschaftlichen Betrachtung rückt das Hauptaugenmerk der Chemiebetriebslehre von der inneren Produktionsstruktur zur äußeren Verflechtung mit den Absatzmärkten. Hier korrespondiert die „Universalität der Stoffumwandlung" der chemischen Industrie mit ihrer „Universalität der absatzmarktlichen Verflechtungen", die vielleicht den grundlegendsten ihrer Absatzfaktoren darstellt. Bei der mehr einseitigen Anwendung chemischer Prozesse in den sogenannten sonstigen verfahrenstechnischen oder der Chemie verwandten Industriezweigen setzt sich die Homogenität des Produktionsprozesses oft in die Absatzsphäre fort, so daß wichtige Wesenszüge des Absatzsystems der chemischen Industrie verlorengehen. Mit der Universalität der Stoffumwandlung durchdringt die chemische Industrie die gesamte Volkswirtschaft und steht gleichbedeutend neben der Gesamtheit der auf die mechanische Stoffumformung gerichteten Industriezweige.

Die universelle Stoffumwandlung und Absatzverflechtung macht die Einordnung der chemischen Industrie in den *volkswirtschaftlichen Leistungsprozeß* entsprechend schwierig. Bei einer Einteilung des volkswirtschaftlichen Produktionsprozesses in *Gewinnungs-*, *Veredelungs-* und *Verarbeitungsindustrien* kann die chemische Industrie allen drei Bereichen zugeordnet werden. Die Erzeugung vieler Primärchemikalien aus bergbaulichen oder landwirtschaftlichen Rohstoffen würde zur Gewinnungsindustrie zählen und am Anfang stehen, während die endständige Herstellung der chemischen Spezialitäten gut zur Verarbeitungsindustrie gerechnet werden könnte. Aufgaben der Veredelungsindustrie werden zuweilen unterstellt, wenn die Einsatzstoffe nur im begrenzten Umfang verändert werden.

Die Industriestatistik der Bundesrepublik Deutschland (BRD) wendet eine dreigliedrige Einteilung der Industriegruppen in Grundstoff- und Produktionsgüterindustrien, Investitions- sowie Verbrauchsgüterindustrien an. Die chemische Industrie wird zur ersten Gruppe der *Grundstoff-* und *Produktionsgüterindustrien* gezählt, welche die Verbrauchsgüter des Produktivbedarfs im Gegensatz zu den produktiven Gebrauchsgütern der Investitionsgüterindustrie betreffen. Diese Zuordnung erfolgt nach dem überwiegenden Erzeugungsprogramm und vernachlässigt die chemischen Konsumgüter, die an sich in die letzte Gruppe der Verbrauchsgüterindustrien fallen müßten, da in der amtlichen Statistik der BRD die Verbrauchsgüter im wesentlichen als Konsumgüter verstanden werden.

1.22 Innere Branchengliederung

Die meisten inneren Branchen- sowie Produktgliederungen der chemischen Industrie werden von einem Gliederungsdualismus einmal nach der *stofflichen*

Zusammensetzung und zweitens nach der *Anwendung* der Produkte beherrscht. Wir erhalten damit als erstes die großen beiden Bereiche der stofflich gekennzeichneten Industriechemikalien sowie der anwendungstechnisch gekennzeichneten chemischen Spezialerzeugnisse (Abb. 1.3), worin sich wiederum die große Spannweite der chemischen Industrie von der urproduktionsnahen Rohstofforientierung bis zur hochspezialisierten, im volkswirtschaftlichen Produktionsprozeß weit fortgeschrittenen Bedarfsorientierung widerspiegelt, vgl. [1.79–1.82].

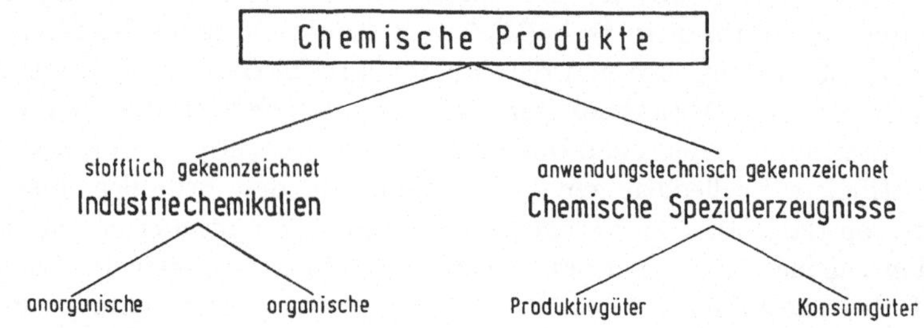

Abb. 1.3 Gliederung chemischer Produkte nach stofflichem Aufbau und nach Verwendung.

Die Zuordnung und Abgrenzung aller chemischen Produkte nach diesen Gesichtspunkten ist freilich nicht immer zweifelsfrei. Die stofflich abgegrenzten *Industriechemikalien* sind in der Hauptsache chemisch einheitliche Individuen und nur selten Stoffgemische, bei denen dann meistens die Begleitstoffe nicht weiter interessieren (z.B. Verunreinigungen und Ballaststoffe mit Spezifikation der Konzentrationsgrenzen), oder mehrere maßgebende Bestandteile einfach zu charakterisieren sind oder eng verwandte und schwer trennbare Individuen vorliegen (z.B. zahlreiche Homologe und Isomere in Kohlenwasserstoffgemischen). Die weitere Unterteilung der Industriechemikalien geschieht vor allem nach der Rohstoffbasis in *anorganische* und *organische* Produkte. Erklärt die chemische Kennzeichnung den zweiten Wortteil, so deutet der erste Teil des Begriffs Industriechemikalien auf ihre industrielle oder auch allgemein produktive Verwendung hin. Der größte Teil der Industriechemikalien wird in der chemischen Industrie selbst durch chemische Umsetzungen weiterverarbeitet, dagegen kommt eine konsumtive Verwendung beim Letztverbraucher nur ausnahmsweise und in geringsten Mengen in Betracht (Verwendung von Salzsäure oder Salmiakgeist als Reinigungsmittel im Haushalt). Die Unterscheidung von *Schwer-* und *Feinchemikalien* ist hierin eingelagert. Erstere sind gewichtsspezifisch geringwertiger und Massengüter von überwiegend technischer Qualität. Die hochwertigen Feinchemikalien neigen mitunter bereits zur Eingrenzung der Verwendungsbreite (z.B. pharmazeutische Feinchemikalien, Laborchemikalien, Farbstoffe u.a.), so daß sich ein fließender Übergang zu den Spezialerzeugnissen andeutet.

Die chemischen *Spezialerzeugnisse* legen umgekehrt die Produktanwendung genauer fest und lassen dafür die Frage der stofflichen Zusammensetzung weiter offen. Dieser absatzseitigen oder verwendungsseitigen „Hinkunftsorientierung" (SCHÄFER) entspricht auch die folgerichtige weitere Gliederung nach der *produktiven* oder *konsumtiven Verwendung* der Produkte, die sich freilich bei den gröberen

Tabelle 1.1 *Produktionsindices und Wachstum der wichtigsten chemischen Produktgruppen in der BRD*

Produktgruppe	Jahr		Wachstum 1950/1968 [%/a]
	1950	1968	
Industriechemikalien			
anorganische	100	328	6,8
organische	100	463	8,9
Chemische Spezialerzeugnisse			
vorwiegend zur Weiterverarbeitung (Produktivgüterspezialitäten)	100	845	12,6
vorwiegend zum Konsum (Konsumgüterspezialitäten)	100	512	9,5
Chemische Industrie insgesamt	100	656	11,0

Tabelle 1.2 *Gliederung der Chemieproduktion nach großen Produktgruppen in der BRD 1967, nach* [1.19; 1.42]

Melde-nummer	Chemiesparte (Teilbranche)	Produktionswerte	
		[10^6 DM]	[%]
41	Anorganische Chemikalien und Grundstoffe	3420,6	9,1
42	Organische Chemikalien	5689,3	15,1
–	Industriechemikalien insgesamt	9109,9	24,2
43	Düngemittel; Saaten-, Pflanzenschutz-, Schädlingsbekämpfungsmittel	2746,4	7,3
441	Kunststoffe	4527,2	12,0
445	Synthetischer Kautschuk	425,6	1,1
45	Chemiefasern	2870,3	7,6
46	Farben, Farbstoffe, Lacke u.ä.	4581,7	12,2
491-4 4993-4	Sonstige chemische Spezialerzeugnisse (Klebstoffe und Bindemittel, versch. Industriehilfsmittel u.a.)	3540,6	9,4
–	Chemische Produktivgüterspezialitäten	18691,8	49,6
47	Pharmazeutische Erzeugnisse	4495,7	11,9
495	Photochemische Materialien	649,9	1,7
496	Seifen und Waschmittel	2060,8	5,5
497	Körperpflegemittel	1492,7	4,0
498	Chemischer Bürobedarf	374,7	1,0
4991	Putz- und Pflegemittel, Wachswaren	501,2	1,3
4996-7	Pyrotechnische Erzeugnisse und Zündwaren	279,6	0,8
–	Chemische Konsumgüterspezialitäten	9854,6	26,2
–	Chemische Spezialerzeugnisse insgesamt	28546,4	75,8
–	Chemische Produkte insgesamt	37656,3	100,0

Tabelle 1.3 *Abgrenzung der Erzeugnisse der chemischen Industrie und verwandter Industrien in der BRD nach der Außenhandelsstatistik, nach* [1.117, S. 91]

Abschn. VI:	Erzeugnisse der chemischen Industrie und verwandter Industrien
Kap. 28:	Anorganische chemische Erzeugnisse; anorganische oder organische Verbindungen von Edelmetallen, radioaktiven Elementen, Metallen der seltenen Erden und Isotopen
I.	Chemische Grundstoffe (Elemente)
II.	Anorganische Säuren und Sauerstoffverbindungen der Nichtmetalle
III.	Halogen-, Oxyhalogen- und Schwefelverbindungen der Nichtmetalle
IV.	Anorganische Basen sowie Metalloxide, -hydroxide und -peroxide
V.	Metallsalze und -persalze der anorganischen Säuren
VI.	Verschiedenes
Kap. 29:	Organische chemische Erzeugnisse
I.	Kohlenwasserstoffe, ihre Halogen-, Sulfo-, Nitro- und Nitrosoderivate
II.	Alkohole, ihre Halogen-, Sulfo-, Nitro- und Nitrosoderivate
III.	Phenole, Phenolalkohole, ihre Halogen-, Sulfo-, Nitro- und Nitrosoderivate
IV.	Äther, Alkoholperoxide, Ätherperoxide, Epoxide mit drei- oder viergliedrigem Ring, Acetale und Halbacetale, ihre Halogen-, Sulfo-, Nitro- und Nitrosoderivate
V.	Verbindungen mit Aldehydfunktion
VI.	Verbindungen mit Keton- oder Chinonfunktion
VII.	Säuren, ihre Anhydride, Halogenide, Peroxide und Persäuren; ihre Halogen-, Sulfo-, Nitro- und Nitrosoderivate
VIII.	Ester der Mineralsäuren, ihre Salze und ihre Halogen-, Sulfo-, Nitro- und Nitrosoderivate
IX.	Verbindungen mit Stickstoffunktionen
X.	Organisch-anorganische Verbindungen und heterozyklische Verbindungen
XI.	Natürliche oder synthetische Provitamine, Vitamine, Hormone und Enzyme
XII.	Natürliche oder synthetische Glykoside und pflanzliche Alkaloide, ihre Salze, Äther, Ester und anderen Derivate
XIII.	Andere organische Verbindungen
Kap. 30:	Pharmazeutische Erzeugnisse
Kap. 31:	Düngemittel
Kap. 32:	Gerb- und Farbstoffauszüge; Tannine und ihre Derivate; Farbstoffe, Farben, Anstrichfarben, Lacke und Färbemittel; Kitte; Tinten
Kap. 33:	Ätherische Öle und Resinoide; Riech-, Körperpflege- und Schönheitsmittel
Kap. 34:	Seifen, organische grenzflächenaktive Stoffe, zubereitete Waschmittel und Waschhilfsmittel, zubereitete Schmiermittel, künstliche Wachse, zubereitete Wachse, Schuhcreme, Scheuerpulver und dergleichen, Kerzen und ähnliche Erzeugnisse, Modelliermassen und Dentalwachs
Kap. 35:	Eiweißstoffe und Klebstoffe
Kap. 36:	Pulver und Sprengstoffe; Feuerwerksartikel; Zündhölzer; Zündmetallegierungen; leicht entzündliche Stoffe
Kap. 37:	Erzeugnisse zu photographischen und kinematographischen Zwecken
Kap. 38:	Verschiedene Erzeugnisse der chemischen Industrie

Produktgliederungen mitunter nur nach den überwiegenden Verwendungsanteilen treffen läßt. Die verwendungsbezogene Charakterisierung der Produkte als Spezialitäten entspricht einer viel höheren Vertriebsaktivität. In der angelsäch-

Tabelle 1.4 *OECD-Abgrenzung der chemischen Industrie (Standard International Trade Classification)* [1.103, S. 129]

Gliederungs-positionen	Produktgruppe
Section 5:	*Chemicals*
Division 51	Chemical Elements and Compounds
512	Organic chemicals
513	Inorganic chemicals: Elements, oxides and halogen salts
514	Other inorganic chemicals
515	Radioactive and associated materials
Division 52	Mineral Tar and Crude Chemicals from Coal, Petroleum and Natural Gas
521	Mineral tar and crude chemicals from coal, petroleum and natural gas
Division 53	Dyeing, Tanning and Colouring Materials
531	Synthetic organic dyestuffs, natural indigo and colour lakes
532	Dyeing and tanning extracts, and synthetic tanning materials
533	Pigments, paints, varnishes and related materials
Division 54	Medicinal and Pharmaceutical Products
541	Medicinal and pharmaceutical products
Division 55	Essential Oils and Perfume Materials; Toilet, Polishing and Cleansing Preparations
551	Essential oils, perfume and flavour materials
553	Perfumery and cosmetics, dentifrices and other toilet preparations (except soaps)
554	Soaps, cleansing and polishing preparations
Division 56	Fertilizers, Manufactured
561	Fertilizers, manufactured
Division 57	Explosives and Pyrotechnic Products
571	Explosives and pyrotechnic products
Division 58	Plastic Materials, Regenerated Cellulose and Artificial Resins
581	Plastic materials, regenerated cellulose and artificial resins
Division 59	Chemical Materials and Products
599	Chemical materials and products, nes.
Ex-Section 2:	Crude Materials, Inedible, Except Fuels
231.2	Synthetic rubber and rubber substitutes
Ex-Section 8:	Miscellaneous Manufactured Articles
862	Photographic and cinematographic supplies

sischen Literatur findet man neben dem Begriffspaar „industrial chemicals“ und „specialty chemicals“ auch die Bezeichnungen „specification chemicals“ und „performance chemicals“, woraus die Verlagerung des Qualitätsversprechens von der chemisch-stofflichen Spezifikation zum Verwendungsnutzen angedeutet wird.

Verfolgen wir die *relativen Wachstumsbewegungen* der genannten vier großen Produktgruppen, so fällt das besonders schnelle Voraneilen der Spezialitäten und hier besonders der Produktivgüterspezialitäten auf, Tab. 1.1. Der zunehmenden Verwendungsspezialisierung liegen zumindest teilweise die genannten Interessen nach Produktdifferenzierung zugrunde. Bei den Industriechemikalien verschiebt sich dagegen das Schwergewicht immer mehr zu den organischen Produkten.

Tabelle 1.5 *Einordnung chemischer Produkte in wichtigen internationalen*

Warenverzeichnis oder Wirtschaftszweiggliederung (Nomenklatur)		Gliederung
Kennbuchstaben	Bezeichnung	
NICE	Nomenclature des Industries établies dans les Communautés Européennes Systematik der Zweige des produzierenden Gewerbes in den Europäischen Gemeinschaften	4 Wirtschaftsbereiche 30 Klassen 115 Gruppen
ISIC	International Standard Industrial Classification of all Economic Activities	10 Divisionen 45 Hauptgruppen 124 Gruppen
BZT	Brüsseler Zolltarif	21 Abschnitte (Sektionen) 99 Kapitel 1096 Tarifnummern
SITC	Standard International Trade Classification	10 Sektionen 52 Divisionen 150 Hauptgruppen 570 Positionen
CST	Classification Statistique et Tarifaire pour le Commerce International	10 Sektionen 56 Divisionen 177 Hauptgruppen 1312 Positionen
NAUCA	Nomenclatura Arancelaria Uniforme Centroamericana	9 Sektionen 52 Kapitel 150 Gruppen 1276 Positionen
NdUSSR	Nomenklatur der russischen Außenhandelsstatistik	9 Klassen 58 Gruppen 312 Untergruppen

Über die weitere Abgrenzung chemischer *Teilbranchen* oder *Sparten* entscheiden die verschiedenen institutionalen Festlegungen, wie vor allem der amtlichen Industriestatistik, der Außenhandelsstatistik oder der Fachverbände der chemischen Industrie, wobei sich wiederum teilweise voneinander abweichende nationale und internationale Abgrenzungen gegenüberstehen.

Die Gliederung des Fachverbandes der chemischen Industrie in der BRD beruht auf der amtlichen Industriestatistik und ergänzt diese durch die Zusammenfassungen zu den oben genannten vier großen Produktgruppen. Die auszugsweise Wiedergabe in Tab. 1.2 verschafft einen Einblick in die gegenwärtigen Anteile der Produktionswerte der wichtigsten Sparten. Die auf die Erfassung des grenzüberschreitenden Warenverkehrs gerichtete Außenhandelsstatistik weist demgegenüber oft erhebliche Abweichungen auf, obwohl berechtigte Interessen an einer möglichst weitgehenden Harmonisierung bestehen. In Tab. 1.3 ist ein auszugsweises Gliederungsbeispiel für die BRD wiedergegeben. Schließlich sind in Tab. 1.4 die jeweils drei ranghöchsten Gliederungsstufen der Abgrenzung der chemischen Industrie durch die OECD als übernationales Gremium aufgrund der SITC (Standard International Trade Classification) mitgeteilt. Über wichtige internationale Abgrenzungen und Warenverzeichnisse unterrichtet eine Zusammenstellung des deutschen Chemieverbandes (Tab. 1.5) [1.44].

Warenverzeichnissen und Wirtschaftszweiggliederungen, nach [1.44]

Einordnung der chemischen Industrie	Bemerkungen
Klasse 31: „Herstellung chemischer Erzeugnisse“ mit 3 Gruppen und weiteren Untergruppen	Erste Fassung 1961 Verwendet vom Statistischen Amt der Europäischen Gemeinschaften (SAEG)
Division 2–3, Hauptgruppe 31: „Manufacture of Chemicals and Chemical Products“ mit 4 Gruppen	Seit 1948, angewandt durch Vereinte Nationen (UN), teilweise durch OECD
Abschnitt VI: „Erzeugnisse der chemischen Industrie und verwandten Industrien“, Kapitel 28–39	Seit 1927 auf damalige Anregung des Völkerbundes, zur Erleichterung von Zollkontrollen
Sektion 5: „Chemicals“ mit 9 Divisionen und 16 Hauptgruppen, weitere Positionen in Sektion 2 und 8	Seit 1950, Vorläufer seit 1937, Außenhandelsnomenklatur der UN, auch der OECD
Sektion 5: „Produits Chimiques“ mit 9 Divisionen und 16 Hauptgruppen	Revidierte SITC, angewandt vom SAEG für Außenhandelsstatistiken
Sektion 5: „Productos Quimicos“ mit 7 Kapiteln und 12 Gruppen	Seit 1952, angewandt als Außenhandelsnomenklatur von einigen mittel- und südamerikanischen Staaten
Klasse 3: „Chemische Produkte, Düngemittel, Kautschuk“, mit 7 Gruppen, 32 Untergruppen und 582 Warennummern	Seit 1954 Nomenklatur der offiziellen Außenhandelsstatistik der UdSSR, angewandt von allen Comecon-Ländern

Man spricht mehr von Teilbranchen, wenn die Produktgruppen in den Einzelunternehmungen durch Programmspezialisierung verselbständigt sind, dagegen von Sparten bei ihrer Integration zu den gemischten Programmen der Großunternehmungen. Die traditionell gewachsene Selbständigkeit etlicher Sparten besonders der Spezialitätenchemie verliert im Zuge der Konzentrationsbewegungen mehr und mehr an Bedeutung.

1.23 Wirtschaftliche Kenngrößen

Die gesamtwirtschaftliche Bedeutung der chemischen Industrie soll anhand einiger *Kenngrößen* besonders im Verhältnis zur Gesamtindustrie dargetan werden. Wir verwenden hierfür und im Zusammenhang mit allen weiteren Untersuchungen vorzugsweise das statistische Zahlenmaterial aus der BRD, deren hochentwickelte und traditionsreiche Chemieindustrie erhebliche Repräsentanz besitzt. Umfassende Informationen zur Stellung der chemischen Industrie in der

Gesamtwirtschaft für zahlreiche Länder werden von internationalen Organisationen erarbeitet [1.103; 1.114; 3.135]. Bei der Wiedergabe von Beispielen wird später häufig Zahlenmaterial aus den USA benutzt, und zwar nicht nur wegen der heutigen Vormachtstellung der amerikanischen Chemieindustrie im Weltmaßstab, sondern vor allem auch wegen der aufschlußreichen, tief gegliederten Chemiestatistik und des hohen Entwicklungsstandes der Fachliteratur über alle Gebiete der Chemiewirtschaftslehre sowie speziell des Chemie-Marketing. Die überwiegenden Anteile der *Weltproduktion* teilen sich verhältnismäßig wenige führende Chemieländer, Tab. 1.6.

Tabelle 1.6 *Weltchemieproduktion aufgeteilt nach den wichtigsten Produzentenländern*[1]

Land	1913		1938		1949	
	[10^9 $]	[%]	[10^9 $]	[%]	[10^9 $]	[%]
USA	0,81	34,0	3,10	28,8	13,1	47,5
Großbritannien	0,26	10,9	0,93	8,6	2,8	9,4
BRD (1913 und 1938 Deutsches Reich)	0,57	23,9	2,36	21,9	1,3	4,7
Frankreich	0,20	8,4	0,60	5,6	1,1	4,0
Italien	0,07	3,0	0,44	4,1	0,7	2,4
UdSSR	0,07	3,0	0,88	8,2	2,4	8,7
Japan	0,04	1,7	0,60	5,6	0,6	2,0
Übrige Länder	0,36	15,1	1,85	17,2	5,6	20,3
Welt	2,38	100,0	10,76	100,0	27,6	100,0

Land	1955		1961		1967	
	[10^9 $]	[%]	[10^9 $]	[%]	[10^9 $]	[%]
USA	21,0	43,7	30,5	38,4	42,4	35,4
Großbritannien	3,9	8,1	5,7	7,2	6,9	5,8
BRD	3,3	6,9	6,0	7,5	8,7	7,2
Frankreich	2,9	6,0	4,0	5,0	6,6	5,5
Italien	1,7	3,5	3,7	4,7	5,9	4,9
UdSSR	4,7	9,8	6,5	8,2	14,0	11,7
Japan	2,7	5,6	4,8	6,0	8,1	6,7
Übrige Länder	7,8	16,4	18,3	23,0	27,4	22,8
Welt	48,0	100,0	79,5	100,0	120,0	100,0

[1] Schätzungen und Zusammenstellung des Verbandes der chemischen Industrie e.V., Frankfurt, OECD-Abgrenzung, vgl. [1.19, Tab. 26].

Innerhalb der wirtschaftlichen Charakterisierung im Vergleich zur Gesamtindustrie ist die Bezeichnung der chemischen Industrie als *Wachstumsindustrie* vielleicht am bedeutendsten, und dies naturgemäß besonders in absatzwirtschaftlicher Sicht. Das Diagramm der Abb. 1.4 soll eine Vorstellung von der durchschnittlichen Wachstumskraft einiger wichtiger Industriezweige vermitteln, in dem die Gesamtzunahme der Produktionsindices über einen Zeitraum von fast 2 Jahrzehnten zwischen 1950 und 1968 sowie die durchschnittlichen jährlichen Wachstumsraten dargestellt sind. Die chemische Industrie liegt weit über dem Durchschnitt der Gesamtindustrie und wird nur von wenigen Industriezweigen übertroffen. Strukturelle Verschiebungen, häufig aufgrund von Rohstoffsubstitutionen, wirken sich zugunsten der chemischen Industrie aus. Einige *wirtschaftliche Kenndaten* sind in Tab. 1.7 zusammengestellt.

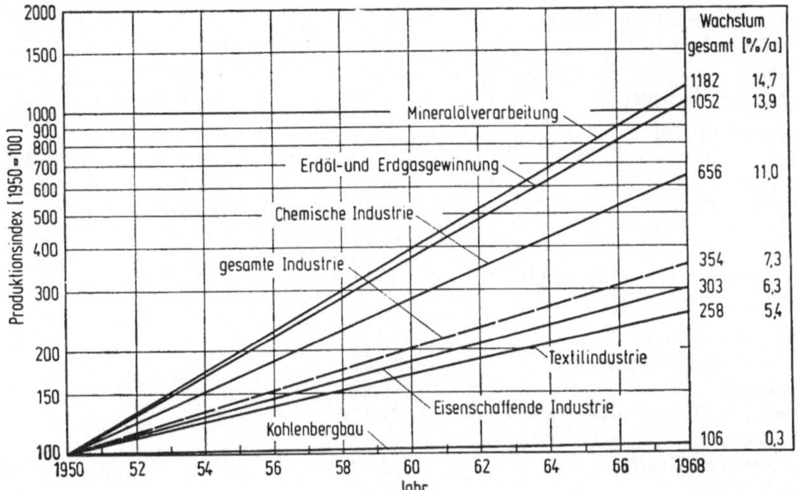

Abb. 1.4 Wachstumsintensität der chemischen Industrie im Vergleich zu anderen Industriezweigen in der BRD 1950–1968.

Der *Umsatz* bzw. Umsatzanteil weist auf die Gesamtbedeutung der Industriegruppe hin (Anteil 10,3%). In der Rangskala der Umsatzbedeutung gelangte die chemische Industrie in der BRD 1968 sogar an die zweite Stelle nach der Nahrungsmittelindustrie und vor den Maschinenbau. Die relative Umsatzbedeutung erscheint dabei insofern noch unterbewertet, weil die Preisentwicklung in der chemischen Industrie stark hinter derjenigen in anderen Industriezweigen zurückgeblieben ist. Der Anteil der *Beschäftigten* ist mit 6,8% geringer. Die höhere *spezifische Umsatzleistung* je Beschäftigten – hier 51% über dem gesamtindustriellen Durchschnitt – läßt auf die größere Bedeutung der anderen Produktionsfaktoren schließen.

Die *Exportintensität* liegt weit über dem gesamtindustriellen Durchschnitt. Wenn die Exportquoten bei vielen chemischen Grundstoffen wegen deren gewichtsspezifischer Geringwertigkeit und schlechten Transporteignung (Gase, korrosive Flüssigkeiten) sehr niedrig sind, so unterstreicht dies andererseits die enorme Exportbedeutung zahlreicher Spezialitätengruppen. Beispielsweise betrug in der BRD 1967 die Exportquote bei Schwefelsäure nur wenig über 5%, während Schädlingsbekämpfungsmittel und verwandte Produkte zu fast 80% exportiert wurden. Den Exportanstrengungen dienen zu einem guten Teil die hohen *Auslandsinvestitionen*. Bis 1969 waren die Auslandsinvestitionen der chemischen Industrie der BRD bis auf rund 4,9 Milliarden DM gegenüber 14,3 Milliarden DM der Gesamtindustrie angewachsen, wobei mit 34% der höchste Anteil von sämtlichen Industriebranchen erreicht worden war. Im Jahre 1969 nahmen die Auslandsinvestitionen mit 1,52 Milliarden DM gegenüber 2,8 Milliarden DM der Gesamtindustrie sogar einen Anteil von etwa 54% ein.

Der nur 3,7prozentige Anteil an der Gesamtzahl der *Betriebe*, der andererseits rund 10% des gesamtindustriellen Umsatzes erbringt, verdeutlicht die starken Konzentrationstendenzen.

Die *Kostenstruktur* gibt Hinweise über die Verflechtungsbeziehungen des Industriezweigs auf der Einsatzseite, wobei der relativ hohe Materialkosteneinsatz bemerkenswert ist. Dieser nimmt mit einzelbetrieblich realisierter größerer Verarbeitungstiefe ab, so daß der Materialkostenanteil bei den vertikal integrierten Chemieunternehmungen, welche billige Ausgangsstoffe in vielstufigen Prozessen bis zu wertvollen Spezialerzeugnissen umwandeln, gegenüber den auf die Herstellung von endständigen Spezialitäten beschränkten Unternehmungen tendenziell sinkt. Das Ausmaß der Unternehmenskonzentration findet daher in dieser Kennziffer einen weiteren Niederschlag.

Tabelle 1.7 *Wirtschaftliche Kenndaten der chemischen Industrie im Vergleich zur Gesamtindustrie in der BRD*[1]

Kenngröße	Chemische Industrie	Gesamt-industrie	Anteil
1. *Umsatz und Beschäftigte (1968)*			
Umsatz (beteiligte Industriegruppen)	41,8 Mrd. DM	405,6 Mrd. DM	10,3%
Beschäftigte (beteiligte Industriegruppen)	539000	7899000	6,8%
Umsatz je Beschäftigten	77600	51400	–
2. *Außenhandel (1968)*			
Ausfuhr	15,1 Mrd. DM	99,6 Mrd. DM	15,1%
Exportquote	36,1%	24,6%	–
Einfuhr	7,0 Mrd. DM	81,2 Mrd. DM	8,6%
Importquote	16,7%	20,0%	–
3. Zahl der *Betriebe* (hauptbeteiligte Industriegruppen, 1967)	2143	58131	3,7%
4. *Kostenstruktur (1966)*			
Stoffeinsatz und Handelsware	38,0%	–	–
Fremdenergie	3,9%	–	–
Arbeitskosten (Löhne und Gehälter, Sozialkosten)	21,1%	–	–
Kalkulatorische Kosten	8,0%	–	–
Andere Kosten	23,0%	–	–
5. *Forschungsintensität (1968)*			
Forschungs- und Entwicklungskosten	1,6 Mrd. DM	5,2 Mrd. DM	31%
Anteil am Umsatz	3,7%	1,2%	–
6. *Investitionen (1966)*			
Investitionen	4,56 Mrd. DM	24,55 Mrd. DM	18,6%
Investitionsanteil am Umsatz (Investitionsquote)	11,5%	6,2%	–
Investitionen je Beschäftigten (Investitionsintensität)	8163 DM	3150 DM	–
7. *Vermögensstruktur* (nur Aktiengesellschaften, 1966)			
Anteil des Anlagevermögens	58,8%	57,1%	–
Anteil der Vorräte	15,8%	17,1%	–
Anteil der Forderungen	18,8%	19,4%	–
Anteil der liquiden Mittel und sonstigen Aktiva	6,6%	6,4%	–
Kapitalstruktur			
Anteil des Eigenkapitals	46,3%	37,1%	–

[1] Erläuterungen und Quellen: 1. u. 2. [1.19, Jg. 1969, Tab. 1 und 18]; 3. nach [1.40]; 4. nach [1.112]; 5. geschätzt; 6. nach [1.41], erhoben ab 50 Beschäftigte; 7. nach [1.18; 1.111; 1.122], Zahlen für 1966 nach Abschlüssen von 75 Chemie- und 1244 Industrieaktiengesellschaften; 3., 6. und 7. einschl. Kohlenwertstoffindustrie.

Hinsichtlich der *Forschungsintensität* liegt die chemische Industrie zusammen mit der Elektroindustrie an der Spitze aller Industriezweige. Damit werden die dynamischen Elemente der chemischen Absatzwirtschaft wohl am besten charakterisiert und die zentrale Bedeutung besonders der Produktentwicklung, Anwendungstechnik, Marktforschung und Markterschließung hervorgehoben. Der durchschnittliche Anteil am Umsatz ist etwa dreimal so hoch wie im industriellen Durchschnitt, wobei chemische Großbetriebe mit etwa 5% und manche Chemiesparten mit bis zu etwa 10% (Pharmazeutika, Schädlingsbekämpfungsmittel) noch darüber liegen. Etwa 31% des gesamten industriellen Forschungsaufwandes werden von der chemischen Industrie aufgebracht.

Die Kenngrößen der *Investitionstätigkeit* und der *Vermögensstruktur* verdeutlichen die durchschnittlich große Bedeutung des Anlagekapitals. Zusammen mit der geringen Elastizität vieler chemischer Produktionsanlagen gegenüber Beschäftigungsschwankungen und Produktionsumstellungen gehen hiervon beachtliche Einflüsse auf die Absatzwirtschaft aus. Im Zwang zur dauernden Vornahme hoher Investitionen spiegeln sich Wachstumsintensität und Entwicklungsdynamik unmittelbar wider. Die zur Charakterisierung der Investitionstätigkeit wichtige Kennziffer der *Investitionsquote* wird als Quotient aus Bruttoanlageinvestitionen durch Umsatz gebildet. In der chemischen Industrie der BRD stieg die Investitionsquote von 5,9% im Jahre 1950 auf über 11% im Jahre 1966, womit die Spitzenwerte aller Branchen erreicht wurden (neben eisenschaffender Industrie, Fahrzeugbau und Steinkohlenbergbau). Durch Relativierung des Investitionsvolumens zur Beschäftigtenzahl erhält man die Kennziffer der *Investitionsintensität*, die in der chemischen Industrie ebenfalls hoch liegt. Hier weist nur die mineralölverarbeitende Industrie wesentlich höhere Werte auf, da die Beschäftigtenzahlen im Verhältnis zum Geschäftsvolumen besonders niedrig sind. In etlichen Zweigen der Schwerchemie sowie in der Petrochemie dürften jedoch ähnliche Verhältnisse bestehen. Wie sehr sich die verschiedenen Bedingungen in den Chemieteilbranchen auf den Anlagekapitalbedarf auswirken, zeigt deutlich die Tab. 1.8 anhand der Kennziffer der Investitionsquote und der reziproken Kennziffer des Umsatzeffektes der Investitionen.

Tabelle 1.8 *Investitionsquote und Umsatzeffekt der Investitionen verschiedener Chemiesparten in der BRD (Jahresdurchschnitte 1955, 1961 und 1962)* [1.121]

Chemieteilbranche	Investitionsquote [%]	Umsatzeffekt der Investitionen
Körperpflegemittel, Seifen und Waschmittel	3,2	30,4
Lacke und Anstrichmittel	3,5	28,7
Schuh- und Lederpflegemittel	3,9	25,8
Mineralfarben	5,2	19,0
Textilhilfsmittel	5,8	17,0
Leime und Klebstoffe usw.	6,7	14,8
Pharmazeutika	7,2	14,0
Chemische Industrie gesamt	9,9	10,1
Kunststoffe	10,6	9,3
Chemiefasern	11,9	8,4
Komplexe Firmen	16,3	6,1

Die Daten zur *Vermögensstruktur* sind wenig aussagefähig, da hinsichtlich des Anteils des Anlagevermögens in einer dynamischen Betrachtung die kumulierten Bruttosachanlagen und kumulierten Abschreibungen berücksichtigt werden müßten [1.122, S. 43].

Die *Kapitalstruktur* der chemischen Industrie zeichnet sich nach der Bilanzstatistik der Aktiengesellschaften in der BRD durch den relativ höchsten Eigenkapitalanteil am Gesamtkapital aus mit 46,3% (1966) vor allen anderen Branchen und gegenüber dem Durchschnitt der Gesamtindustrie mit 37,1%. Bei dem seit Jahren anhaltenden Trend der abfallenden Deckungsrelation von handelsbilanzmäßigem Eigenkapital zu ausgewiesenem Anlagevermögen wies die chemische Industrie der BRD 1966 immer noch mit 78,9% ein günstigeres Verhältnis auf als der Durchschnitt der Gesamtindustrie mit 65,2% [1.122, S. 140]. Trotz der neuerdings geltend gemachten Vorbehalte gegen die Aussagefähigkeit der finanzwirtschaftlichen Kennziffern kommen die branchenbedingten Kapitalanforderungen und die notwendig risikobewußten Finanzierungsmethoden hierin zum Ausdruck.

1.24 Betriebsgrößenstruktur

Mehrere Faktoren sind in der chemischen Industrie für die starke Tendenz zur *Betriebs-* und *Unternehmenskonzentration* ursächlich. Bei einzelnen Produktionsanlagen kommt die Kostendegression in Abhängigkeit von der Kapazitätsgröße zur Auswirkung, während die Eigenarten der Kuppelproduktion und die Vorteile einer vielstufigen sowie stoffwirtschaftlich ausgeglichenen Programmintegration die universellen gegenüber den spezialisierten Programmen und damit ebenfalls den Großbetrieb begünstigen.

Starke Degressionen wirken sich auch in den Nach-Herstellkostenbereichen der Forschung und Entwicklung, der kaufmännischen und technischen Verwaltung und des Vertriebes aus, so daß von hier aus ein weiterer Zug zur Unternehmenskonzentration ausgeht. Dadurch wird auch in den Zweigen der Spezialitätenchemie die Betriebs- und Unternehmenskonzentration begünstigt. Eigene leistungsfähige Forschungs- und Entwicklungsorganisationen sind nur von einer beachtlichen Mindestgröße an tragfähig. Für die Markterschließung bei neuen chemischen Produkten, die Realisierung einer großen Absatzreichweite und einer weltweiten Exportorientierung ist ein kostspieliger Vertriebsapparat notwendig. Der bevorzugte Markenartikelvertrieb bei den Spezialitäten, besonders mit durchgehender Rohstoffmarkierung, zwingt zu hohen Marktinvestitionen.

Sicher sind auch heute noch einige Teilbranchen der Spezialitätenchemie ein bevorzugtes Arbeitsgebiet vieler Mittel- und Kleinbetriebe in der chemischen Industrie, ihre gesamtwirtschaftliche Bedeutung steht jedoch derjenigen weniger Großbetriebe ebenfalls merklich nach. Die Kleinbetriebe beschränken sich oft auf einfache, endständige Fertigungsoperationen des Mischens und Konfektionierens, während die Herstellung der chemischen Roh- und Hilfsstoffe der Großchemie überlassen bleibt. In den zahlreichen Diskussionen um die wirtschaftliche Existenzfähigkeit der kleineren Chemiebetriebe scheint deren oft genannter Vorteil der besseren Anpassungsfähigkeit an ausgefallene und schnell wechselnde Bedarfslagen heute eine immer geringere Rolle zu spielen. Auf die tendenziell mit der Betriebsgröße wachsende Umsatz- und Kapitalrentabilität ist mehrfach hingewiesen worden [1.10; 1.24; 1.27; 1.30].

Tab. 1.9 gibt einen Einblick in die Entwicklung der Betriebsgrößenstruktur der chemischen Industrie der BRD sowie in die bestehenden Unterschiede gegenüber der Gesamtindustrie. Der Anteil der Kleinbetriebe mit unter 50 Beschäftigten ist inzwischen auf 58% gesunken und erbringt nur noch etwa 5% des Gesamtumsatzes. In dieser und in den folgenden mittleren Betriebsgrößenklassen ist die Verteilung der Zahl der Betriebe in der chemischen und in der Gesamtindustrie etwa gleich, jedoch bindet die chemische Industrie geringere Beschäftigtenanteile und bleibt auch in den Umsatzanteilen gegenüber der Gesamtindustrie zurück. Entsprechend stark ist das Übergewicht der Großbetriebe mit mehr als 1000 Beschäftigten. 1966 erbrachten in dieser Größenklasse 3,8% aller Betriebe (Gesamtindustrie 2,1%) nicht weniger als 62,8% des Umsatzes (Gesamtindustrie 39,6%). Auch im Zeitvergleich deutet sich die stärkere Konzentrationsbewegung in der chemischen Industrie an, wobei allerdings das Aufsteigen in höhere Betriebsgrößenklassen durch den allgemeinen Expansionsprozeß hinzukommt. Für mehrere westeuropäische Länder wurden ähnliche Betriebsgrößenstrukturen der chemischen Industrie nachgewiesen [1.43].

In der obersten Betriebsgrößenklasse mit über 1000 Beschäftigten weist die chemische Industrie besondere Konzentrationsverhältnisse insofern auf, als die Masse der Beschäftigten und des Umsatzes regelmäßig auf ganz wenige Betriebe bzw. besser Unternehmenseinheiten entfällt, vgl. [1.45]. Vom gesamten Investitionsvolumen des Industriezweigs wurden 1966 sogar

Tabelle 1.9 *Betriebsgrößenstruktur der chemischen Industrie und Gesamtindustrie in der BRD*[1]

Betriebsgrößenklasse nach der Zahl der Beschäftigten	Betriebe				Beschäftigte				Umsatz (Monatswerte)			
	Chemische Industrie		Gesamtindustrie		Chemische Industrie		Gesamtindustrie		Chemische Industrie		Gesamtindustrie	
	Anzahl	[%]	Anzahl	[%]	Anzahl	[%]	Anzahl	[%]	[DM]	[%]	[DM]	[%]
1955												
10– 49	1217	62,0	30860	59,8	27514	7,5	730516	10,8	82336	7,3	1417110	9,3
50– 99	303	15,6	9138	17,7	21334	5,8	641714	9,5	71201	6,3	1243859	8,2
100–499	318	16,4	9530	18,5	68280	18,5	2010099	29,6	207338	18,3	4354643	28,5
500-999	51	2,6	1239	2,4	34700	9,4	882126	12,6	119166	10,6	2281253	15,0
1000 und mehr	65	3,4	832	1,6	216990	58,8	2553722	37,5	675742	57,5	5954985	39,0
Gesamt	1954	100,0	51599	100,0	368818	100,0	6818177	100,0	1155783	100,0	15251850	100,0
1966												
10– 49	1290	58,1	33415	57,4	29929	5,5	805301	9,6	165912	5,3	3055961	8,6
50– 99	337	15,1	10564	18,1	23799	4,4	740017	8,8	126231	4,0	2732812	7,9
100–499	448	20,0	11641	19,5	98629	18,2	2445694	29,2	610316	19,4	10090789	28,7
500–999	68	3,0	1607	2,9	49544	9,2	1107831	13,1	266540	8,5	5273855	15,2
1000 und mehr	88	3,8	1203	2,1	341497	62,7	3313227	39,3	1978144	62,8	13823281	39,6
Gesamt	2231	100,0	58,430	100,0	543398	100,0	8412070	100,0	3147143	100,0	34976698	100,0

[1] Als Betriebe gelten nur örtliche Niederlassungen (nicht Unternehmungen). Erfaßt ab 10 Beschäftigte. Erhebungen jeweils im September (nur Monatsumsätze) [1.40].

Tabelle 1.10 *Rangreihe der 20 weltgrößten Chemieunternehmungen nach Umsätzen 1968* [1.108]

Unternehmung	Land	Umsatz [10^6 $]	Bilanzsumme [10^6 $]	Beschäftigte
1 Du Pont	USA	3481	3289	114100
2 ICI	England	2970	4387	187000
3 Union Carbide	USA	2686	3209	100448
4 Montecatini Edison	Italien	2316	4561	142326
5 Hoechst	BRD	1907	1818	91052
6 Monsanto	USA	1793	1895	59849
7 Bayer	BRD	1731	1912	82300
8 Dow Chemical	USA	1652	2312	47400
9 BASF	BRD	1395	1700	71729
10 Allied Chemical	USA	1278	1495	74483
11 Rhône Poulenc	Frankreich	1201	1424	92830
12 American Cyanamid	USA	1023	975	35365
13 Olin Mathieson	USA	1002	991	31000
14 AKU	Niederlande	918	771	66700
15 Ugine Kuhlmann	Frankreich	908	638	28530
16 Pfizer	USA	726	735	32386
17 Hercules	USA	718	799	34700
18 Solvay	Belgien	655	979	39475
19 Geigy	Schweiz	624	874	23961
20 CIBA	Schweiz	607	836	30746

Tabelle 1.11 *Konzentrationsgrad der chemischen Industrie in verschiedenen Ländern etwa 1960* [1.31]

Land	Zahl der Unternehmungen	Anteil am gesamten Chemieumsatz [%]
USA	8	71
BRD	8	42
Frankreich	7	46
England	1	30
Italien	1	30

fast 3/4 von den in der deutschen Statistik der Aktiengesellschaften erfaßten 75 Gesellschaften eingesetzt (ohne Kohlenwertstoffindustrie) [1.122, S. 18]. In diesem Zusammenhang interessieren daher die Größenverhältnisse der relativ wenigen ganz großen, weltweit operierenden Chemieunternehmungen, die auf alle führenden Chemieländer verteilt sind, Tab. 1.10. Es handelt sich zumeist um komplexe Unternehmungen, deren Programm mehrere Chemiesparten umfaßt. Die in Tab. 1.11 mitgeteilten Konzentrationsgrade dürften heute bereits weit überschritten sein (vgl. Kap. 8.32).

1.25 Gesamtwirtschaftliche Leistungsverflechtung

Die absatzwirtschaftlichen Aufgaben eines Industriezweiges sind im allgemeinen um so ausgeprägter, je größer die Konsumnähe und je geringer die Rohstoffbindung ist. Diesbezüglich bieten die Stellung eines Industriezweigs im *gesamtwirtschaftlichen Leistungszusammenhang* bzw. die Beschreibung des Rohstoffeinsatzes und der Absatzmärkte bereits einige Hinweise. Die chemische Industrie überdeckt die gesamte volkswirtschaftliche Vertikalspanne, so daß je nach einzelbetrieblichen Programmschwerpunkten die Rohstoff- oder Absatzbindungen überwiegen oder gleichzeitig vorliegen.

Trotz der Universalität der Stoffumwandlungsaufgaben konzentriert sich der mengenmäßig bedeutendste *Stoffeinsatz* auf eine recht begrenzte Zahl von Rohstoffen, die zur Gewinnung und Weiterverarbeitung der 10 wichtigsten Elemente herangezogen werden, Abb. 1.5. Alle anderen Rohstoffe und Elemente haben

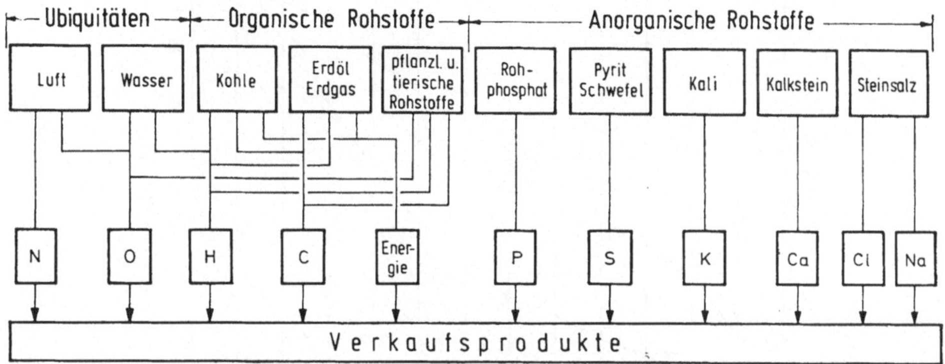

Abb. 1.5 Die wirtschaftlich bedeutendsten Rohstoffe und Elemente in der chemischen Industrie, nach [1.25].

trotz ihres häufigen Einsatzes eine größenordnungsmäßig geringere Bedeutung. Die große Anzahl der stofflich verschiedenen chemischen Endprodukte wird weniger durch die Vielfalt des Stoffeinsatzes, als durch die fast unbegrenzten Möglichkeiten der Element- und Stoffkombinationen hervorgebracht. Für die organische Chemie sind die Elemente Kohlenstoff und Wasserstoff sowie deren Rohstoffquellen mengenmäßig beherrschend, zu denen sich höchstens der Sauerstoff in gleicher Größenordnung, jedoch meistens aus ubiquitären Rohstoffquellen, hinzugesellt. Immerhin wirken sich die erheblichen Rohstoffeinflüsse auf die Wirtschaftlichkeit der Chemieproduktion auch in der Absatzsituation aus, z.B. hinsichtlich des preispolitischen Spielraums. So hat der Zugang zu den gegenüber der Kohle kostengünstigeren Chemierohstoffen Erdöl und Erdgas während der letzten Jahre Verfahrens- und Anlagenumstellungen größten Ausmaßes induziert – in Abb. 1.6 für den Substitutionsprozeß in der BRD dargestellt –, deren Nichtbeachtung den Verlust der Wettbewerbsfähigkeit bedeutet hätte.

Die gesamtwirtschaftlichen Verflechtungen auf der *Ausbringungsseite* sind unter absatzwirtschaftlichen Gesichtspunkten von unmittelbarem Interesse. Der Einsatz chemischer Produkte in fast allen Wirtschaftssektoren und Industriezweigen führt zu einer charakteristischen Ausprägung und Komplizierung der chemischen Vertriebsaufgaben, obwohl einzelbetrieblich durch Programmspezialisierungen gewisse Vereinfachungen möglich sind. Die vielseitigen Absatzverflechtungen wirken sich praktisch auf alle vertrieblichen Teilfunktionen aus. Über die quantitative Struktur der Absatzverflechtungen vermitteln die Ergebnisse einer Input-Output-Analyse einige Anhaltspunkte (Abb. 1.7 und 1.8). Innerhalb der verschiedenen Industriegruppen, welche zusammen rund ein Drittel des Ausbringens aufnehmen, dominieren die Textilindustrie sowie die Kunststoffverarbeitung, was die zunehmende Bedeutung der Chemiewerkstoffe einschließlich

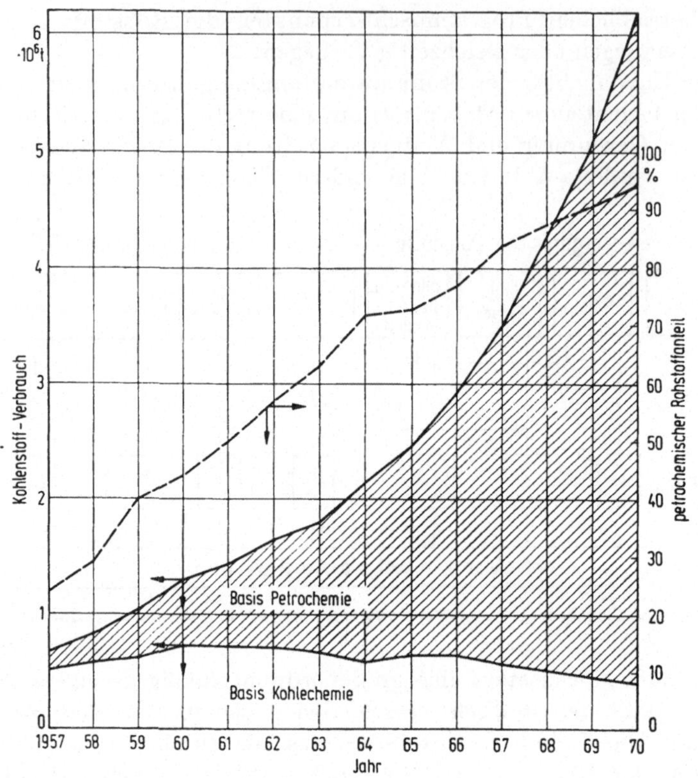

Abb. 1.6 **Substitution der kohlechemischen durch die petrochemische Rohstoffbasis in der BRD.**

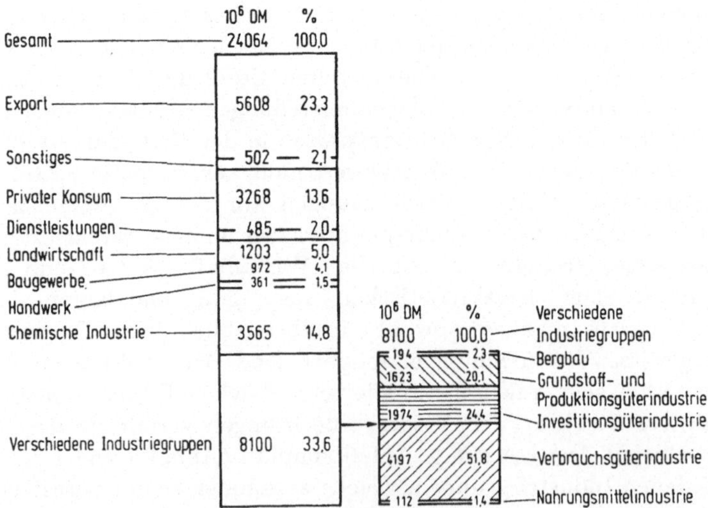

Abb. 1.7 **Absatzverflechtung der chemischen Industrie in der BRD im Jahre 1961 nach wichtigen Wirtschaftssektoren und Industriegruppen, nach [1.8].**

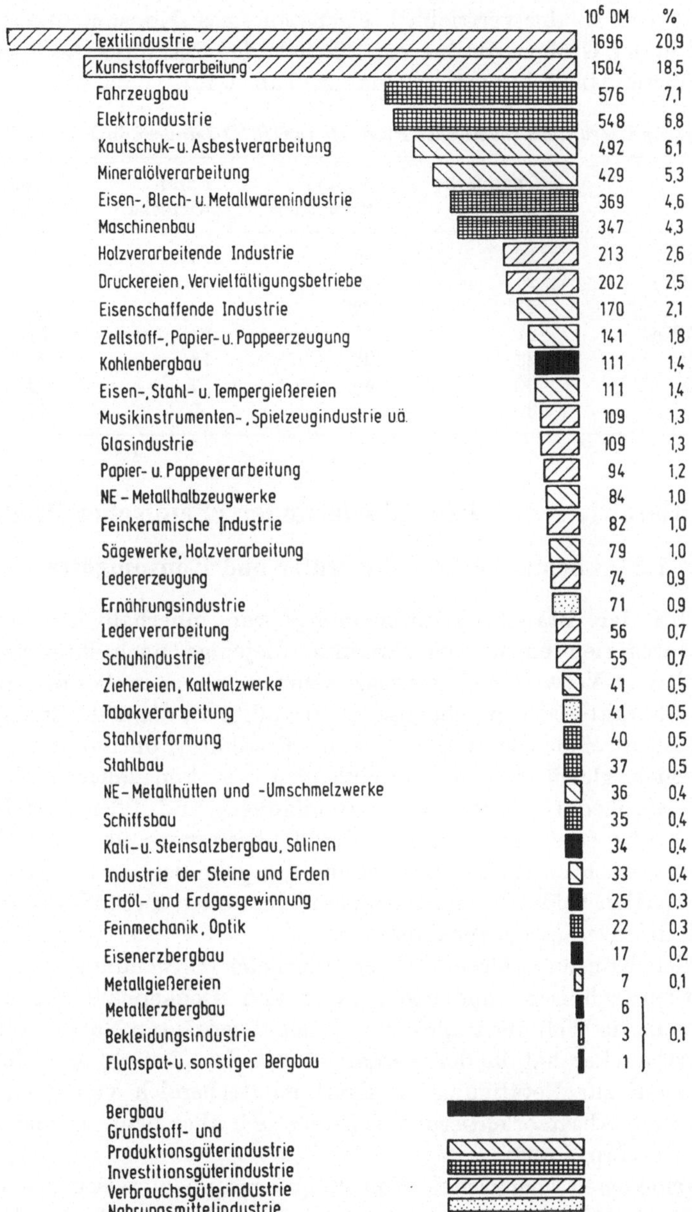

Abb. 1.8 Absatzverflechtung der chemischen Industrie in der BRD im Jahre 1961 nach Industriezweigen, nach [1.8].

der Synthesefasern unterstreicht. Der Absatz an die chemische Industrie selbst bzw. deren interindustrielle Verflechtung wird in den volkswirtschaftlichen Input-Output-Rechnungen meistens wegen der unzureichend gegliederten statistischen Unterlagen nur als Globalgröße erfaßt. Der Anteil des chemieinternen Verbrauchs am gesamten Inlandsverbrauch schwankt meistens zwischen 15 und 30% (Tab. 1.12) und ist im übrigen vom vertikalen Konzentrationsgrad abhängig.

Hervorzuheben ist der vertrieblich eigenständigere Konsumgüterabsatz, der überwiegend in der Größenordnung von 20–30% des Gesamtwertes liegt. Vereinzelt sind größere Abweichungen erkennbar (Tab. 1.12).

Tabelle 1.12 *Inlandsverbrauch chemischer Produkte in OECD-Ländern in Prozent* [1.103, S. 21]

Land	Chemische Industrie	Andere Industrien	Land-wirtschaft	Konsumgüter-bereich
Belgien (1966)	18	19	13	50
Frankreich (1966)	20	28	14	38
BRD (1966)	21	52	7	20
Niederlande (1964)	21	41	14	24
Spanien (1966)	28	26	18	28
England (1960)	30	40	7	23
Japan (1960)	30	50	9	11

1.3 Absatzwirtschaftliche Gliederungen chemischer Produkte

1.31 Chemische Produktivgüter und Konsumgüter

Bereits bei der Branchenkennzeichnung war innerhalb der wichtigsten Gliederungskategorien chemischer Produkte diejenige nach ihrer produktiven oder konsumtiven Verwendung vorwegzunehmen, die auch bei der absatzwirtschaftlichen Charakterisierung chemischer Produkte an die erste Stelle tritt. Die Abgrenzung ist oft eindeutig, und nur wenige Produktgruppen oder sogar Einzelprodukte dienen gleichzeitig der produktiven wie konsumtiven Verwendung (chemischer Bürobedarf, verschiedene Reinigungs- und Pflegemittel, Bautenlacke u.a.). Kaum eine der bisherigen Veröffentlichungen über den Produktivgütervertrieb verzichtet auf die Darstellung der grundlegenden Unterschiede in der Absatzsituation beider Produktgruppen. Wir wollen hierauf erst bei den vertrieblichen Teilfunktionen zurückkommen.

Die für den Konsumgütervertrieb erforderliche Hinwendung von der naturwissenschaftlich-technisch fundierten, rationalen Denksphäre des Produktivgüterbereichs in die Welt der subjektiv-emotional geprägten Nutzenvorstellungen der Letztverbraucher hat in der Vergangenheit den Entschluß vieler Chemieunternehmungen zur Betätigung im Konsumgüterbereich verzögert. Im Zuge einer verstärkten Absatzorientierung zeichnet sich aber heute in dieser Haltung ein Wandel ab (Kap. 1.533).

Die verschiedenen chemischen Konsumgütergruppen weisen gegenüber den Produktivgütern differenzierte Absatzmerkmale auf, die bei der wahlweisen Angliederung einzelner Konsumgütersparten durchaus beachtlich sein mögen. Bringt man etwa den für den Produktivgütervertrieb charakteristischen technischen Vertriebsaufwand mit dem rein kaufmännischen Vertriebsaufwand, für den man die Werbung gut als Maßstab setzen kann, in Zusammenhang, so ergeben sich etwa die in Abb. 1.9 dargestellten Produktgruppenzuordnungen. Die eingeschlossenen chemischen oder technischen Vertriebsaufgaben bei der Produktentwicklung und anwendungstechnischen Beratung, der technisch-informative Gehalt der Werbung usw. sind bei einigen Produktgruppen durchaus als hoch anzusprechen.

Bei den ethischen Arzneimitteln (apotheken- und rezeptpflichtige Produkte) sind sie sogar dergestalt, daß auf der Nachfrageseite der Arzt als fachkundiger Bedarfsberater des eigentlichen Konsumenten und gleichzeitig wichtigster Ge-

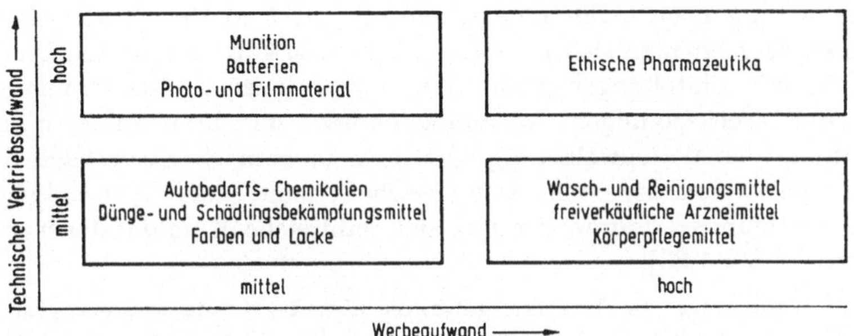

Abb. 1.9 **Zuordnung von technischem Vertriebsaufwand und Werbeaufwand bei verschiedenen chemischen Konsumgütergruppen [1.100].**

sprächspartner bei den Absatzmaßnahmen eingeschaltet werden muß. Hiermit ist allerdings gleichzeitig ein hoher kaufmännischer Vertriebsaufwand gekoppelt, der bei anderen klassischen chemischen Konsumgütern, wie vor allem den Körperpflegemitteln sowie den meisten Wasch- und Reinigungsmitteln, allein dominiert.

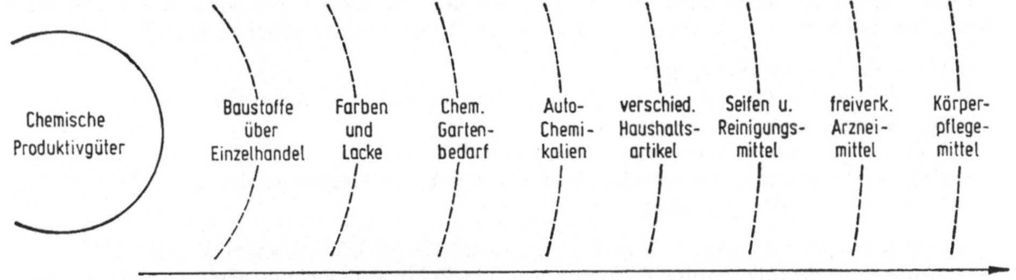

Abb. 1.10 **Graduelle Absatzverwandtschaft und Absatzverschiedenheit zwischen chemischen Produktivgütern und Konsumgütern [1.13].**

Man kann schließlich die graduellen Abstufungen über die Entfernungen hinsichtlich des Zutreffens und der Stärke wichtiger Merkmale des Konsumgütervertriebs symbolisieren, Abb. 1.10. Typische Merkmale beim Absatz verbrauchsbestimmter Konsumgüter, die im vorliegenden Zusammenhang ausschließlich interessieren, sind das Vorherrschen von Impulskäufen, hohe Einkaufsfrequenz, schnelle Produktüberholung, bedeutsamer Markenartikelvertrieb, hohe Distributionsdichte und beachtliche Vertriebskostenanteile am Verkaufspreis als Ausdruck der erforderlichen Vertriebsintensität. Danach entfernen sich die Methoden beim Absatz kosmetischer Produkte am weitesten von den Eigenarten des Produktivgüterabsatzes, während andererseits der Absatz von Baustoffen oder Farben und Lacken für den Heimwerkerbedarf noch relativ geringe Unterschiede aufweist.

1.32 Einordnung chemischer Produkte in Produktivgütergliederungen

Die in das teils wirtschaftswissenschaftlich und teils technologisch erfaßte Gebiet der *Warenlehre* fallenden Aufgaben der Produkttypologie oder Warenklassifikation konnten bei der Heterogenität und wachsenden Vielfalt des Warenangebotes bislang noch nicht allgemeingültig gelöst werden [1.32; 1.33; 1.54]. Statt dessen begnügt man sich meistens mit Klassifikationen begrenzter Warenkreise sowie mit Einteilungen nach bestimmten einzelnen Gliederungsgesichtspunkten und Zwecksetzungen. Am umfassendsten und brauchbarsten erscheint die Einteilung der Warenwelt aufgrund ihrer inneren Struktur nach den drei Gliederungsprinzipien der stofflichen Beschaffenheit, dem Verwendungszweck und dem Fertigungsverfahren, woraus sich zahlreiche Kombinationstypen herleiten lassen [1.80; 1.83].

Spezielle Gliederungen für Produktivgüter, die über die bereits erwähnte grundlegende Unterscheidung von Verbrauchs- und Gebrauchs- bzw. Investitionsgütern hinausgehen, wurden ansatzweise in der amerikanischen Literatur über den Produktivgütervertrieb („Industrial marketing") vorgelegt. SCHÄFER nennt die Einteilung von MAYNARD und BECKMAN [1.80]:

1. Semi-manufactured goods (Halbzeug, Zwischenprodukte)
2. Parts (Bauteile)
3. Machinery (maschinelle Anlagegüter)
4. Equipment (Einrichtungen)
5. Supplies (Hilfs- und Betriebsstoffe)

Die chemischen Produktivgüter wären danach in die erste und letzte Produktgruppe einzureihen, sie würden hierin jedoch mit zahlreichen Erzeugnissen anderer und insbesondere mechanisch-technischer Industriezweige zusammenstehen.

Den Bedürfnissen nach stärkerer Abgrenzung der Produkte chemischer und verwandter Industriezweige kommt die folgende sechsgliedrige Reihe bereits näher [1.4, S. 5]:

1. Major equipment (Anlagegüter)
2. Minor or accessory equipment (kleinere oder Zubehöreinrichtungen)
3. Operating supplies (Betriebsmaterial)
4. Fabricating parts or components (Bauteile)
5. Processed materials (Hilfsstoffe, Produkte der Verfahrensindustrie)
6. Raw materials (Grundstoffe)

Hier würden die Gruppen 3, 5 und 6 den Gesamtbereich chemischer Produktivgüter erfassen, wobei die Produktgruppe 5 bereits auf die Belange der chemischen und verwandten (verfahrenstechnischen) Industriezweige zugeschnitten zu sein scheint. Die Definition ist freilich nicht ganz eindeutig und wird nur anhand mitgeteilter Beispiele stärker präzisiert. Aufgrund des stofflichen Eingehens in das Folgeprodukt wird eine enge Verwandtschaft mit den Bauteilen der Gruppe 4 angenommen, so daß als Abgrenzungskriterium zwischen beiden Gruppen die Herstellung des Folgeproduktes nach chemischen oder mechanischen Verfahren Bedeutung gewinnt. Das weiter dargetane absatzwirtschaftlich interessante Unterscheidungsmerkmal der Erkennbarkeit im Folgeprodukt, welche nur bei den Bauteilen für die mechanische Weiterverarbeitung gegeben sein soll, führt zur Feststellung, daß etwa die Maßnahmen zur Absatzförderung durch Vorgreifen auf die Nachmärkte bzw. über den Kopf der unmittelbaren Abnehmer hinweg (Vertikalvertrieb) nur bei den Bauteilen sinnvoll erscheinen. In Wirklichkeit aber spielt dieses Vorgehen heute gerade beim Absatz chemischer Produkte eine zunehmend wichtige Rolle. In der Gruppe 5 der „processed materials" werden auch Hilfsstoffe ohne stoffliches Eingehen in das Folgeprodukt zugelassen, wie z.B. Katalysatoren bei chemischen Verarbeitungsprozessen, und endlich ist die Abgrenzung zur letzten Gruppe der Rohstoffe für die chemischen Produkte unscharf.

Die genannten und ähnliche Produktivgütergliederungen [1.56, Abschnitt 27, S. 6; 1.62; 1.92, S. 144] wenden aus praktischen Gründen erhebliche Vereinfachungen und außerdem Einteilungskriterien nach verschiedenen Gesichtspunkten gleichzeitig an. Sie sind für eine spezielle Behandlung der Absatzprobleme chemischer Produkte nicht ausreichend.

1.33 Gliederung chemischer Produkte nach ihrer substantiellen Erhaltung

1.331 Übersicht

Die Frage nach der substantiellen Erhaltung oder der Art der Veränderungen der chemischen Produkte bei ihrer Verwendung steht in enger Beziehung mit ihren technisch-wirtschaftlichen Nutzenfunktionen und erscheint in absatzwirtschaftlicher Sicht von übergeordneter Bedeutung. Wir können uns hierbei an die bekannte Einteilung des Stoffeinsatzes für produktive Verwendungen in Rohstoffe, Hilfsstoffe und Betriebsstoffe anlehnen, die aber mehrfacher Ergänzungen bedarf und zweckmäßig auch den Konsumgüterbereich einzubeziehen hat.

Für die herkömmliche dreigliedrige Abgrenzung ist das *stoffliche Eingehen* sowohl der Rohstoffe als auch Hilfsstoffe in die Folgeprodukte – erstere als Hauptbestandteile und letztere als Nebenbestandteile –, dagegen die Verwendung der Betriebsstoffe nur zur Aufrechterhaltung des Produktionsbetriebes ohne substantielle Beteiligung am Aufbau der Folgeprodukte maßgeblich. Abweichend hiervon erscheint es angebracht, den Gesichtspunkt der *Substanzerhaltung* der chemischen Produkte in irgendeiner Form oder des sofortigen *Substanzverlustes* bei ihrer Anwendung in die erste Gliederungsebene zu erheben. Eine sich hiervon ableitende Produktgliederung ist in Abb. 1.11 dargestellt.

In der großen Gruppe chemischer Produkte, die bei der Anwendung substantiell erhalten bleiben, könnte man die stofflich in die Folgeprodukte eingehenden Bestandteile unter dem Oberbegriff der *chemischen Baustoffe* zusammenfassen und von den *Betriebsstoffen*, welche die Herstellung der Folgeprodukte in irgendeiner Form ermöglichen, abgrenzen. Innerhalb der chemischen Baustoffe aber zeichnen sich drei Untergruppen ab: die chemischen Rohstoffe, die Chemiewerkstoffe und die chemischen Hilfsstoffe.

Die zweite große Produktgruppe der *chemischen Wirkstoffe* ist durch ihren Substanzverlust bei der Anwendung gekennzeichnet. Ihre Nutzenfunktionen erschöpfen sich in einer bestimmten Wirkung auf die behandelten Objekte oder Verfahren (Objekt- und Verfahrenswirkstoffe). Mit diesen verfeinerten Verwendungskriterien ergibt sich dann folgende sechsgliedrige Reihe:

1. Chemische Rohstoffe
2. Chemiewerkstoffe
3. Chemische Hilfsstoffe
4. Chemische Betriebsstoffe
5. Objektwirkstoffe
6. Verfahrenswirkstoffe

Die chemischen Hilfsstoffe, Betriebsstoffe und Wirkstoffe werden bei produktiver Verwendung häufig als *chemische Industriehilfsmittel* zusammengefaßt.

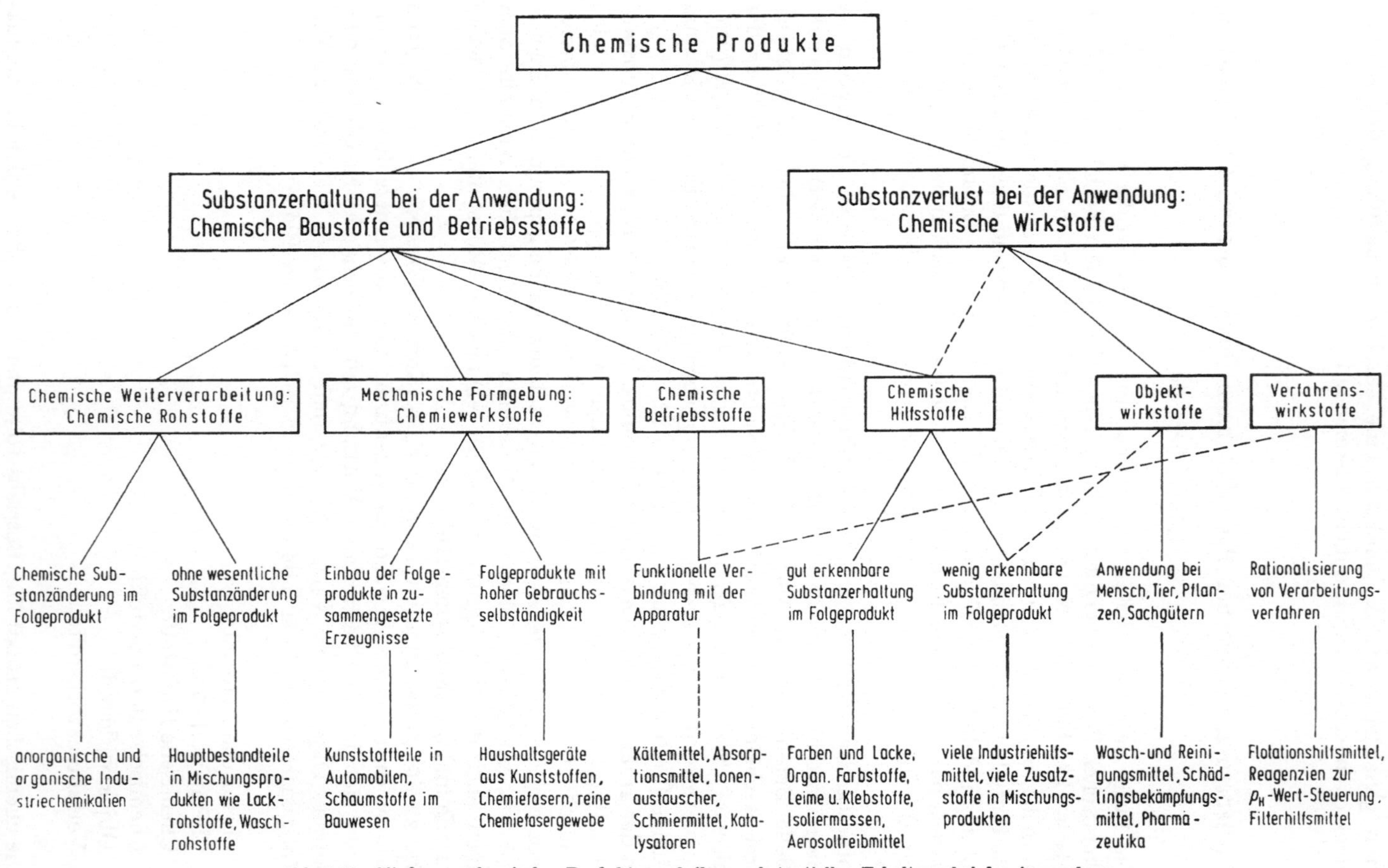

Abb. 1.11 Gliederung chemischer Produkte nach ihrer substantiellen Erhaltung bei der Anwendung.

1.332 Chemische Rohstoffe

Chemische Rohstoffe gehen als Hauptbestandteile in Folgeprodukte ein, die nach chemischen Produktionsverfahren etwa im engeren Sinne der eigentlichen chemischen Stoffumwandlung oder aber nur nach bestimmten physikalischen Grundverfahren ohne bedeutsame chemische Reaktionsschritte erzeugt werden.

Der *chemischen Stoffumwandlung* werden die meisten der anorganischen und organischen Industriechemikalien im Sinne chemischer Grundstoffe und Zwischenprodukte unterworfen. Sie erfahren dabei eine chemische Substanzänderung, so daß nur bestimmte Elemente oder Elementgruppen aus dem eingesetzten Rohstoff erhalten bleiben oder andere hinzukommen. Die Anzahl der eingesetzten Rohstoffe kann gegenüber der Zahl der Folgeprodukte größer sein (z.B. Anlagerungsreaktionen), kleiner sein (Spaltreaktionen, Parallelreaktionen) oder auch gleichbleiben (z.B. doppelte Umsetzungen, Homo-Polymerisationsprozesse). Bei mehreren Einsatzstoffen kann jedoch die Roh- oder Hilfsstoffeigenschaft bereits zweifelhaft sein. Dienen einzelne Reaktionsteilnehmer nur als Reaktionsvermittler, so daß sie in einer späteren Reaktionsstufe stofflich wieder ausscheiden und oft nur in Gestalt minderwertiger Neben- oder Abfallprodukte wiedergewonnen werden – z.B. der Chloreinsatz bei Friedel-Crafts-Alkylierungen mit Rückgewinnung als Chlorwasserstoff –, wird häufig nur Hilfsstoffeigenschaft angenommen, was vor allem beim Betrachten größerer vertikaler Prozeßabschnitte naheliegt. Werden besonders einfach und billig erhältliche Stoffe im Sinne von Ubiquitäten chemisch umgewandelt, wie etwa Luft als Stickstoff- oder Sauerstofflieferant, ist die Rohstoffeigenschaft im ökonomischen Sinne ebenfalls kaum gegeben.

Absatzwirtschaftlich ist der stoffliche Identitätsverlust durch die Weiterverarbeitung ungünstig, außerdem die starke Substituierbarkeit durch zahlreiche Konkurrenzprodukte und Konkurrenzprozesse. Das Merkmal *homogener Massenprodukte* ist kaum zu umgehen. Der Anreiz zur vertikalen Programmkonzentration und damit zur Realisierung günstigerer Angebotssituationen liegt auf der Hand.

Eine Nachverarbeitung lediglich durch *physikalische Verfahren* kommt durch Aufbereitungs- und Trennprozesse, hauptsächlich aber durch *Mischungsprozesse* in Betracht. Die Nutzenfunktionen der Komponenten werden auf diese Weise nicht grundsätzlich geändert, sondern eher überlagert: Bindemittel, Pigmente und Lösungsmittel werden in der Industrie der Farben und Lacke als Lackrohstoffe eingesetzt, Düngemittelrohstoffe werden teilweise nur mechanisch zu Komplexdüngern abgemischt, die eigentlichen oberflächenaktiven Waschrohstoffe (Tenside) mit mehreren Hilfsstoffen zu fertigen Waschmitteln konfektioniert u. a. Diese Mischprozesse sind ein hervorragendes Mittel der Produktentwicklung. Die einzelbetriebliche Verselbständigung ermöglicht bei der Flexibilität der Produktionsapparaturen und bei der Freiheit des vielseitigen Roh- und Hilfsstoffbezuges bei den chemischen Vorlieferanten eine Verlagerung der betriebspolitischen Interessen nach der Absatzseite. Man spricht mitunter von den sog. „Formulierbetrieben". Sind die chemischen Hauptbestandteile der Stoffgemische weniger durch einen relativ großen Mengenanteil als durch die Hauptverantwortlichkeit für die Wirkung der Formulierung gekennzeichnet, wird auch der Begriff des chemischen *Wirkstoffs* anstelle Rohstoffs häufiger angewandt. Auf den abweichenden Inhalt des nachstehend erwähnten Wirkstoffbegriffs ist hinzuweisen.

Der Begriff des chemischen Rohstoffs ist hier nicht im Sinne urproduktionsnaher Grundstoffe zu verstehen, denn es können durchaus auch höherveredelte Zwischenprodukte und Feinchemikalien der genannten Weiterverarbeitung unterworfen werden.

1.333 Chemiewerkstoffe

Die Gruppe der *Chemiewerkstoffe* stellt den jüngsten, jedoch wachstumsstärksten und heute absatzwirtschaftlich interessantesten Zweig der chemischen Produktpalette dar. Es handelt sich um solche Erzeugnisse, welche die chemischen Verarbeitungsstufen hinter sich haben und nur noch eine mechanische, formgebende Weiterverarbeitung erfahren. Mit den zuvor genannten chemischen Rohstoffen haben sie nur die maßgebliche substantielle Beteiligung am Aufbau der Folgeprodukte gemein, jedoch entsteht der Vorteil, daß die stoffliche Identifizierbarkeit in den Folgeprodukten weder durch chemische Veränderungen noch durch die Vermischung mit anderen Stoffkomponenten beeinträchtigt wird.

Der Begriff der Chemiewerkstoffe wurde durch die Farbenfabriken Bayer AG nachdrücklich als eine Zusammenfassung aller synthetisch hergestellten hochpolymeren Werkstoffe propagiert [1.66]. Nicht nur die *Kunststoffe* im heutigen Sinne, sondern auch die synthetischen *Elastomeren* und die *Chemiefasern* sind einzubeziehen.

Aus der nicht mehr wie bei den Rohstoffen chemisch-verfahrenstechnischen, sondern mechanischen, formgebenden Weiterverarbeitung der Chemiewerkstoffe ergibt sich ihr Absatz normalerweise an nichtchemische Verarbeitungsbetriebe, vor allem solche der kunststoffverarbeitenden Industrie, der kautschukverarbeitenden Industrie sowie Textilindustrie. Wegen der zweckmäßigen anwendungstechnischen Einflußnahme auf die Weiterverarbeitung, der hohen chemischen Materialanteile in den Folgeprodukten, wegen erleichterter Markterschließung und evtl. produktionswirtschaftlicher Rationalisierungsmöglichkeiten entsteht jedoch eine starke Tendenz zur Angliederung der ersten Nachverarbeitungsstufen (z.B. Herstellung von Chemiefasern, Kunststoff-Folien und anderen Halbzeugen usw.). Andernfalls aber ergeben sich wenigstens für ein vertrieblich besseres „In-der-Hand-Behalten“ der Folgeprodukte durch verschiedene Maßnahmen des Vertikalvertriebs günstige Voraussetzungen, besonders bei hohem Materialanteil und hoher Gebrauchsselbständigkeit der Folgeprodukte. Werden dagegen nur Bauteile hervorgebracht, die mit zahlreichen anderen Bauteilen anderer Werkstoffe in zusammengesetzte Erzeugnisse eingehen (z.B. Kunststoffteile für den Automobilbau), sind die Chancen zur Hervorhebung der stofflichen Eigenbedeutung der geformten Produkte in den Nachmärkten geringer.

1.334 Chemische Hilfsstoffe

Auch bei den *chemischen Hilfsstoffen*, die in den Folgeprodukten als Nebenbestandteile substantiell erhalten bleiben, hat der Grad der Erkennbarkeit der Substanzerhaltung oder hervorgebrachten Wirkung im Folgeprodukt eine ähnliche Absatzbedeutung. Viele Anwendungen von Farben und Lackprodukten oder organischen Farbstoffen, wie z.B. den Textilfarbstoffen, erhalten diesen eine größere Eigenständigkeit. Bekanntlich gehört ja der erste klassische Anwendungsfall des Vertikalvertriebs mit durchgehender Produktmarkierung im Folgeprodukt bei den Indanthrenfarbstoffen der IG-Farbenindustrie hierher (Kap. 5.627). Bei den meisten Industriehilfsmitteln und insbesondere den zum Aufbau von Mischungsprodukten verwendeten zahlreichen Hilfsstoffen wird man diese bevorzugte, nach außen erkennbar bleibende Stoffbedeutung jedoch verneinen müssen.

Die Hilfsstoffe mögen im Folgeprodukt chemisch reagieren oder nur eine physikalische Verbindung eingehen, wobei das Mengenverhältnis von der spurenweisen Zugabe bis zur Grenze an die Rohstoffbedeutung schwanken kann. Entsprechend unterschiedlich sind Höhe und Bedeutung der Hilfsstoffkosten für die Folgeproduktion. Der überwiegend geringe Kostenanteil begünstigt die Starrheit der Nachfrageverhältnisse. Die chemischen Hilfsstoffe sind heute überwiegend Spezialerzeugnisse und bringen die chemische Industrie zusammen mit den Wirkstoffen in die charakteristische Vielfalt der Absatzbeziehungen zu fast allen Industriezweigen.

1.335 Chemische Betriebsstoffe

Die *chemischen Betriebsstoffe* haben vor allem die Aufgabe des „Funktionsfähigmachens" von Apparaturen, Maschinen und Anlagen, wie etwa die Kältemittel zum Betrieb von Kältemaschinen, die Absorptions- oder Extraktionsmittel für Trennprozesse, Ionenaustauscher für Wasseraufbereitungsanlagen, Schmierstoffe für Maschinen, Elektrolytstoffe oder Elektrodenmaterial und anderes mehr. Sie gehen substantiell nicht in die Folgeprodukte ein, sondern vermitteln nur deren Herstellung, andererseits haben sie oft eine beachtliche Lebensdauer und erfordern im Zeitverlauf nur das Ersetzen kleinerer betriebsbedingter Verluste. Zuweilen kommt eine gesonderte regenerative Aufarbeitung und Rückgewinnung und oft eine Kreislaufführung in Betracht, was die gelegentliche Bezeichnung als *Kreislaufstoffe* andeutet. Auch chemische Reaktionsvermittler ließen sich hier einordnen. Die Nachfrage weist zuweilen enge Verbundbeziehungen mit den entsprechenden apparativen Einrichtungen auf. Aus der Anlagenzubehöreigenschaft der Betriebsstoffe ergibt sich oft eine brauchbare Abgrenzung gegenüber den Hilfsstoffen. Wird etwa ein Kältemittel beim Verwender nicht zum Betrieb seiner eigenen Kälteanlagen, sondern zur Füllung der zum Absatz bestimmten Kühlschrankproduktion verwendet, so wäre keine Betriebsstoff-, sondern Hilfsstoffeigenschaft anzunehmen.

1.336 Chemische Wirkstoffe

Die *chemischen Wirkstoffe* in der hier festgelegten Begriffsabgrenzung (Abb. 1.11) erfahren bei der Anwendung einen Substanzverlust. Ihre Nutzenfunktionen gründen sich allein auf die bei der Anwendung hervorgebrachten Wirkungen, welche den *behandelten Gegenstand* (Objektwirkstoffe) oder ein *Verarbeitungsverfahren*, zu dessen Verbesserung oder Rationalisierung sie eingesetzt werden (Verfahrenswirkstoffe), betreffen können. Mitunter werden dem Wirkstoff auch beide Nutzenfunktionen zufallen. Es kommt darauf an, daß eine bestimmte Wirkung, wie etwa die positive Förderung des behandelten Gegenstandes (z.B.

in Gestalt der Reinigungswirkung durch ein Waschmittel) oder die Abwendung von Schadensgefahren (z.B. durch Vernichtung von Pflanzenschädlingen) erzielt werden, wobei das eingesetzte Produkt in Ausübung dieser Wirkungen regelmäßig selbst zerstört wird. Man wird auch dann noch die Wirkstoffeigenschaft annehmen, wenn zwar gewisse Stoffbestandteile oder Reaktionsprodukte des Wirkstoffs auf das behandelte Objekt übergehen, jedoch die quantitativen Zusammenhänge schwer erkennbar sind (z.B. Nährstoffaufnahme aus Düngemitteln durch die Pflanzen).

Sowohl die Dauer der Wirkung als auch des Abbauprozesses kann variabel sein. Zur Herabsetzung der Frequenz wiederholter Produktanwendungen werden mitunter Produkte mit einer gewissen Depotwirkung angestrebt. In anderen Fällen ist gerade der vollständige und schnelle Abbau des Produktes zur Verhinderung ungünstiger Nebenwirkungen durch die Rückstände wünschenswert, wie etwa bei Arzneimitteln, Schädlingsbekämpfungsmitteln oder den Tensiden. Wir verstehen damit unter Wirkstoffen anwendungsreife chemische Produkte als regelmäßig eng verwendungsbezogene Spezialitäten, und zwar besonders im Unterschied zum Wirkstoffbegriff im chemischen Sinne des für die Anwendungswirkung eines Produktes hauptsächlich maßgebenden Stoffbestandteils.

Zweifellos bestehen Ähnlichkeiten zwischen den Wirkstoffen und oben genannten Hilfsstoffen, die beide, oder sogar noch unter Einbeziehung der Betriebsstoffe, oft schlechthin als chemische Hilfsstoffe oder Hilfsmittel im weiteren Sinne angesprochen werden. Ihre Nutzenfunktionen werden in den bekannten vier Aufgaben des „Erhaltens, Reinigens, Verschönerns und Funktionsfähigmachens" zusammengefaßt. Diese engeren Beziehungen sind in Abb. 1.11 durch gestrichelte Linien angedeutet. Verfeinerte absatzwirtschaftliche Analysen verdeutlichen jedoch bald die bestehenden Unterschiede. Der größte Teil der chemischen Hilfsstoffe wird einmalig bei der Produktion der Folgeprodukte eingesetzt und verbraucht, während nur ein kleinerer Teil etwa für Erhaltungsarbeiten von Gebrauchsgütern in bestimmten Zeitabständen zusätzlich Verwendung findet (z.B. Reparaturlacke). Die Verbrauchsverhältnisse bei den Objektwirkstoffen sind dagegen mehr an Bestandsgrößen geknüpft. Die meisten chemischen Konsumgüter sind in den Bereich der Objektwirkstoffe einzuordnen, während die Hilfsstoffe naturgemäß überwiegend Produktivgüter darstellen. Der Verbrauch an Verfahrenswirkstoffen richtet sich wiederum hauptsächlich nach Produktionsdaten von Folgeprodukten, die nach den betreffenden Verarbeitungsverfahren hergestellt werden, oder aber mehr nach Art und Kapazität der Verarbeitungsapparaturen. Es besteht dann eine engere Beziehung zu den Betriebsstoffen, von denen sich die Wirkstoffe vor allem durch den schnellen Verbrauch im Prozeß unterscheiden.

Chemische Produkte treten als Mehrzweckprodukte oft gleichzeitig sowie im Verlauf ihrer Weiterverarbeitung nacheinander an mehreren Stellen des Schemas der Abb. 1.11 auf. Ammoniak kann als typisches Vielzweckprodukt gleichzeitig als chemischer Rohstoff zur Herstellung von stickstoffhaltigen Düngemitteln oder technischen Stickstoffverbindungen, als Betriebsmittel für Kältemaschinen, Hilfsstoff zur Einarbeitung in Mischungsprodukte oder auch als Objekt- oder Verfahrenswirkstoff (z.B. als Reinigungsmittel, zur p_H-Wert-Steuerung in chemischen Verarbeitungsprozessen) vertrieben werden. Ein chemisches Zwischenprodukt wird zeitlich nacheinander im Sinne eines chemischen Rohstoffs etwa mehrstufig weiterverarbeitet und schließlich als Hauptbestandteil eines Mischungsproduktes verwendet. Handelt es sich hierbei etwa um einen Kunststoff, würde die Eigenschaft des Chemiewerkstoffs vorliegen und es käme die Weiterverarbeitung durch mechanische Formgebung in Betracht. Als Handelstyp eines organischen Farbstoffs, der in der Textilveredelung eingesetzt wird, wäre die Hilfsstoffeigenschaft mit deutlicher Substanzerhaltung im Folgeprodukt anzunehmen. Die Produktspezialität könnte aber auch an einer anderen Stelle als ein Wirkstoff für produktive oder konsumtive Verwendungen am Ende unseres Schemas stehen.

1.34 Giederung chemischer Produkte nach ihrer Neuartigkeit

1.341 Übersicht

Chemische Wissenschaft, Technik und Industrie sollen die Welt des Stofflichen erkennen und dem Menschen nutzbar machen. Wenn man hierzu auch die Veränderung und Neuschöpfung von Stoffen rechnen muß, so gelangt die Chemie in ein gewisses Spannungsverhältnis zu der jahrtausendealten Kulturauffassung, die Stoffseite als etwas Naturgegebenes hinzunehmen und die Kultursphäre allein auf die stoffgestaltende, formende Tätigkeit zu gründen. Die rein gefühlsmäßige Einstellung des Menschen zum Stofflichen, die häufig durch eine bewußte oder unbewußte positive Bewertung der natürlichen Stoffe und schlimmstenfalls Ablehnung künstlicher Stoffe gekennzeichnet ist, wird für die chemische Industrie immer beachtlicher, je weiter sie sich mit ihren Produkten von der natürlichen Rohstoffgrundlage entfernt und je enger andererseits ihre Konsumnähe wird. Wenn man eine Gliederungsreihe chemischer Produkte nach deren Neuartigkeit und dem Ausmaß der schöpferischen Leistung gegenüber den Naturvorbildern aufstellt, so repräsentiert diese wichtige zeitliche Entwicklungsphasen des gesamten Industriezweigs ebenso wie der absatzwirtschaftlichen Ausgangslage.

Mit der größeren Eigenständigkeit und damit freizügigeren Zweck- oder Anwendungsorientierung der Produktentwicklungen hat das Wachstum der chemischen Industrie enorm zugenommen, aber freilich mitunter auf Kosten anderer, nur mit konventionellen oder natürlichen Rohstoffen arbeitender und einer Schrumpfung unterliegender Industriezweige. Auch die Bereitwilligkeit des Letztverbrauchers zum Akzeptieren der stofflichen Neuschöpfungen scheint gelegentlich zu deren Ausmaß an Originalität im reziproken Verhältnis zu stehen, wobei die irrationalen Motive zur Bevorzugung des Natürlichen von den in Abwehrstellung befindlichen Industrien gern betont werden. In diesem Zusammenhang sind die Bemühungen der chemischen Industrie zur Durchsetzung eines *positiven chemischen Produktbildes* (Produkt-Image) dahingehend bezeichnend, daß die Feststellung „Die Chemie ergänzt und sie ersetzt nicht die Natur“ zu einer der wichtigsten Leitmaximen der Öffentlichkeitsarbeit wird.

In bezug auf die Neuartigkeit chemischer Produkte und die graduelle Loslösung von der Konstitution und dem Vorbild der Naturstoffe können wir deutlich fünf Entwicklungsstufen abgrenzen:

1. Auf chemischem Wege gewonnene Naturstoffe
2. Mit Naturstoffen identische chemische Syntheseprodukte
3. Chemisch veredelte Naturstoffe
4. Naturstoffen ähnliche chemische Syntheseprodukte
5. Vom Naturstoffvorbild unabhängige neue chemische Stoffe

1.342 Auf chemischem Wege gewonnene Naturstoffe

Das Erkennen der chemischen Konstitution von *Naturstoffen*, ihrer Anwendungsmöglichkeiten sowie deren Gewinnung und Reindarstellung nach chemischen sowie physikalischen Methoden waren in den ersten Phasen der industriellen und in der gesamten vorindustriellen Chemie die beherrschenden Aufgaben. Bei der Isolierung der Produkte aus den Naturstoffen wurde nicht immer bis zur Reindarstellung der chemischen Individuen fortgeschritten, man begnügte sich statt dessen noch oft mit der Gewinnung komplizierter Stoffgemische (z.B. Drogen als Pflanzenextrakte). In einigen Teilbranchen der chemischen Industrie sind diese Produktionsaufgaben heute noch beachtlich.

Die technischen Gase Stickstoff und Sauerstoff, aber auch die Edelgase werden ohne jegliche chemische Substanzänderung durch rein physikalische Trennmethoden dem Stoffgemisch der Luft entnommen, was z.B. in der BRD die wirtschaftsstatistische Zugehörigkeit dieses Produktionszweigs zur chemischen Industrie begründet. Wenn aufgrund der natürlichen Vorkommen der zu gewinnenden Produkte physikalische Isolierungsmethoden im wesentlichen ausreichen, ist der eigentliche chemische Produktionsbeitrag allerdings noch gering. Den Naturstoffen wird man die nach *biochemischen Prozessen* gewonnenen Produkte im allgemeinen gleichfalls zurechnen, doch besteht schon ein Übergang zur nachfolgenden Produktgruppe.

1.343 Mit Naturstoffen identische Syntheseprodukte

Das Erkennen der chemischen Konstitution der Naturstoffe mit Hilfe der Analytik ist gleichzeitig ein Ausgangspunkt für die *identische chemische Nachbildung* durch Synthese aus bestimmten Vorprodukten und Bausteinen. Diese Aufgaben standen in den Anfängen der industriellen Chemie im Vordergrund, etwa zur Gewinnung von Alkalien im anorganischen Sektor (Verdrängung der Auslaugungsprozesse von natürlichen Veraschungsrückständen durch die modernen Sodaprozesse) oder im Bereich der natürlichen Farbstoffe (klassisches Beispiel der Indigosynthese). Wegen der Identität der chemischen Produkte mit den natürlichen Vorbildern müßte man an sich jeden qualitativen Vorbehalt ausschließen. Tatsache aber ist, daß die chemische Industrie bis zur Anerkennung dieser Gleichwertigkeit durch die Verbraucher oft einen hohen Aufklärungs- und Markterschließungsaufwand zu übernehmen hatte. Indessen hat sich die Waffe der Preiskonkurrenz zur Durchsetzung der Syntheseprodukte meistens als sehr erfolgreich erwiesen, wofür die überwiegend großen Kostenvorteile gegenüber den Naturprodukten einen entsprechenden Spielraum bieten.

Gegenüber den nachfolgenden höheren Entwicklungsstufen werden den Naturstoffen identische Syntheseprodukte andererseits mit leichter akzeptiert, was sogar in rechtlichen Zulassungsvorschriften chemischer Produkte seinen Niederschlag finden kann (z.B. Zulassung von Lebensmittelhilfsstoffen).

1.344 Chemisch veredelte Naturstoffe

Die *chemisch veredelten Naturstoffe* führen einen wesentlichen Schritt vorwärts auf dem Wege zur Überwindung der Grenzen des natürlichen Stoffangebotes. Die ersten Entwicklungen auf dem Gebiet der Chemiefasern und Kunststoffe bestanden in solchen Produkten, indem etwa die Cellulose aus den Naturstoffen (vor allem Holz) isoliert bzw. in chemisch leicht modifizierte Derivate (z.B.

Cellulosenitrat oder -acetat) übergeführt wurde. Die Eigenschaften der Naturstoffe lassen sich auf diese Weise zwar nicht beliebig verbessern, aber sie können durch die chemische Veredelung immerhin ganz neuen Anwendungsgebieten zugeführt werden. Dort entscheiden schließlich die Anwendungsgrenzen und die Konkurrenzsituation gegenüber anderen Stoffen.

Eine ähnliche Bedeutung im Verhältnis zu den Naturstoffen haben zahlreiche chemische Hilfsstoff- oder Wirkstoffspezialitäten, die als selbständige Produkte zur Veredelung von Naturprodukten eingesetzt werden, wie etwa Farben und Lacke zur Oberflächenveredelung von Holz, metallischen Werkstoffen oder anderen Baustoffen, zahlreiche Textilhilfsmittel zur Veredelung von Naturfasern usw. Auch in jenen Fällen zeigen sich stellenweise die Leistungsgrenzen der Veredelungsprodukte und die Möglichkeiten ihrer Überholung durch die nachfolgend genannten modernsten chemischen Produktkategorien. Damit entsteht freilich für manche Sparten der chemischen Industrie ein Substitutionsprozeß.

1.345 Naturstoffen ähnliche Syntheseprodukte

Die chemische Darstellung und großtechnische Erzeugung von *Syntheseprodukten* mit einer großen *Ähnlichkeit* gegenüber *Naturstoffen* war häufig das Ergebnis von Versuchen, die betreffenden Naturstoffe aufgrund ihrer Verknappung oder zur Kostensenkung aus billigen, leicht zugänglichen Rohstoffquellen identisch nachzubilden. Wenn dieses Ziel vorerst nicht gelang, hat man sich oft wenigstens zeitweilig mit der Erzeugung der ähnlichen Syntheseprodukte zufriedengegeben und dabei auch qualitative Mängel gegenüber dem Naturprodukt in Kauf genommen. Man denke beispielsweise nur an die ersten zwei bis drei Jahrzehnte der Kautschuksynthese.

Wir müssen dieser Gruppe auch jene Produktentwicklungen zurechnen, welche zwar von vornherein nicht auf eine stoffliche Identität von Synthese- und Naturprodukt hinarbeiteten, die aber eine möglichst gleichwertige Nachahmung der Gebrauchseigenschaften solcher Naturvorbilder anstrebten. Dies trifft für viele der ersten Kunststoffentwicklungen zu. Sowohl das Entwicklungsziel als auch die zuweilen mindere Qualität der ähnlichen Syntheseprodukte haben in der Hauptsache die Vorstellung von den chemischen *Ersatz*produkten mit aufkommen lassen, welche die Marktgeltung chemischer Produkte zeitweise sehr beeinträchtigt hat.

Auch der allgemeinere Begriff der *Kunst*produkte induziert leicht derartige Vorstellungen und wird oft als Korrelat zu den entsprechenden *Natur*produkten aufgefaßt. Das vielfältige Erscheinungsbild der Kunstprodukte ist für die chemische Industrie charakteristisch (Kunststoffe, Kunstgummi, Kunstfasern, Kunstleder, Kunstharze, Kunstdünger u.a.).

1.346 Von Naturstoffen unabhängige Syntheseprodukte

Der Vorwurf des *Ersatzproduktes* wurzelt heute eigentlich nur noch in der rational nicht zu begründenden Vorstellung von der Vorbildlichkeit und Überlegenheit der Naturstoffe. Durch bevorzugte Entwicklung völlig *neuer Syntheseprodukte,* die an kein Naturvorbild angelehnt, sondern ausschließlich an der optimalen Erfüllung des Anwendungszwecks orientiert sind, hat sich die chemische Industrie ihre größten Wachstumschancen erschlossen. Eine solche Produktentwicklung entspricht auch am ehesten der Idee des Marketing, die ja nur die Souveränität der Bedarfsseite anerkennen und dieser alle Produktions- und Entwicklungsaufgaben unterordnen will. Erst hiermit eröffnet sich ein neues industrielles Zeitalter, in dem die Bindungen an die Rohstoffseite durch die chemischen Stoffumwandlungsprozesse gelockert oder gar aufgehoben werden.

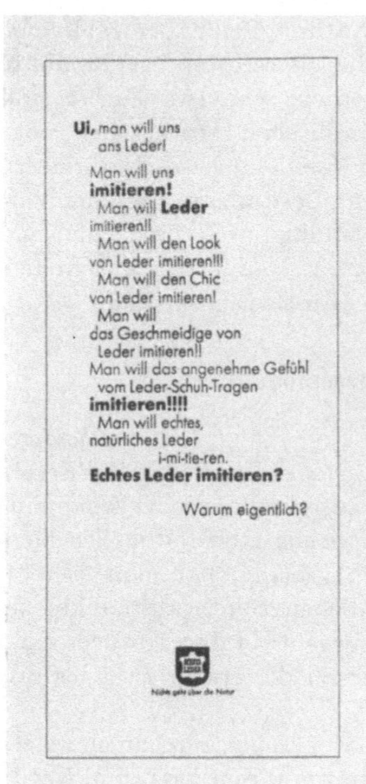

Abb. 1.12 Abwehrwerbung der Lederindustrie gegen die Substitutionskonkurrenz chemischer Produkte unter Betonung des „natürlichen Produkt-Image" des Leders [1.11].

Selbst bei der dauernden Hervorbringung ganz neuer Stoffe in unbegrenzter Vielzahl bleibt die chemische Industrie auf die Verarbeitung natürlicher Rohstoffe angewiesen, aber die weitgehenden molekularen Strukturveränderungen der Materie verdecken diese Zusammenhänge bald. Es läßt sich nicht verhindern, daß die neuen Stoffe, vor allem mit Werkstoffeigenschaft, in Anwendungsgebiete vordringen, die bislang von konventionellen Materialien natürlicher Herkunft bestritten wurden. Der Abbau der Vorurteile scheint dann um so schwieriger vonstatten zu gehen, wenn im Konsumgütersektor Gegenstände des persönlichen Gebrauchs sowie konventionelle Werkstoffe organischer Herkunft betroffen werden. Die Abwehrwerbung für solche konventionellen Werkstoffe macht sich die irrationale Einstellung des Verbrauchers in dieser Hinsicht voll zunutze, wie es das typische Insertionsbeispiel der Gemeinschaftswerbung für Leder in Abb. 1.12 verdeutlicht. Die Brancheninteressenkonflikte sind von allgemeiner und internationaler Bedeutung. Auch die amerikanische Lederindustrie ist mit einer aufwendigen Gemeinschaftswerbung gegen das Syntheseleder zu Felde gezogen (Werbeslogan „Don't put your foot in it if it isn't leather") [8.23].

1.4 Die Absatzfaktoren der chemischen Industrie

1.41 Absatzfaktoren als Determinanten des Absatzsystems

Die Absatzfaktoren sind die von den Eigenarten der Produkte, des Produktionsprozesses und der absatzmarktlichen Verflechtungen sowie Nachfragebedingungen ausgelösten primären Einflußgrößen auf die Gestaltung des Absatzsystems. Es sind die branchentypischen Merkmale, die es vorbehaltlich weiterer notwendiger Differenzierungen nach den eingeschlossenen Teilbranchen zu erkennen gilt. Nicht alle Absatzfaktoren sind absolut feststehend und zeitlich unveränderlich. Einzelne sind mehr abgeleiteter Natur und Folgeerscheinungen anderer. Bestimmte Absatzfaktoren, wie etwa die Tendenz zur Vertikalkonzentration, haben sich aufgrund betriebs- und absatzpolitischer Maßnahmen weithin durchgesetzt und sind zu einem branchentypischen Merkmal aufgerückt. Die Absatzfaktoren beinhalten daher zum Teil strukturverändernde Entwicklungsrichtungen. Ihre Interdependenz erschwert die zusammenfassende Analyse.

Die branchenspezifischen Absatzfaktoren schränken den absatzpolitischen Entscheidungsspielraum ein. Zwar bleiben hierin noch zahlreiche Alternativen offen, aber es kommt zu einer weiteren gegenseitigen Beeinflussung und Abstimmungsnotwendigkeit bei absatzwirtschaftlichen Teilentscheidungen, wie hinsichtlich der Absatzwege, Produkt- und Programmpolitik oder Werbung.

Für die verschiedenen Teilfunktionen und Teilpolitiken des Absatzes haben bestimmte Absatzfaktoren eine besondere Bedeutung. Die Produkteigenart der fehlenden anschaulichen Darstellbarkeit zwingt etwa in der Werbung dazu, auf Abbildungen des Produktes selbst zu verzichten und auf die Darstellung der Packungen der Folgeprodukte und anderes auszuweichen. Die weite horizontale und vertikale Verzweigung der Nachverarbeitungsstrukturen drückt der chemischen Marktforschung ihren unverkennbaren Stempel auf und anderes. Mit wechselnder Schwerpunktverlagerung aber bleibt das System der Absatzfaktoren das Fundament für die absatzwirtschaftlichen Auseinandersetzungen.

Bisherige Untersuchungen über Art und Ausmaß der Beeinflussung absatzpolitischer Entscheidungen durch die gegebenen Absatzfaktoren stehen stark auf dem Boden der für den Konsumgütervertrieb maßgeblichen Produktgliederungen [1.65; 1.80]. Hier werden dagegen die branchenspezifischen Merkmale der chemischen Produkte sowie der Angebots- und Nachfragestruktur der Chemiemärkte in den Vordergrund gestellt.

1.42 Absatzfaktoren chemischer Produkte

1.421 Formlosigkeit

Der unbegrenzten Mannigfalt der Formgestaltungen bei den Produkten der mechanisch-technischen Industriezweige steht die *Formlosigkeit* der Produkte der chemischen und verwandten (verfahrenstechnischen) Industriezweige als charakteristisches Merkmal gegenüber. Zahlreiche Einflüsse gehen hiervon auf andere Absatzfaktoren sowie auf das gesamte Vertriebssystem aus. Nicht nur in absatzwirtschaftlicher, sondern in gesamtbetriebswirtschaftlicher Hinsicht ist die verfahrensbedingte Gestalt der Produkte als eine der wichtigsten Einflußfaktoren auf die betriebswirtschaftlichen Besonderheiten der mechanisch-technischen und chemisch-technischen Industriezweige hervorzuheben [1.74].

Im strengen Sinne gilt das Merkmal der Formlosigkeit bei den Gasen und Flüssigkeiten, während beim festen Aggregatzustand in geringem Umfang Unterschiede möglich sind, die freilich mit der konstruktiven Gestalt geformter Stückerzeugnisse nicht vergleichbar sind. Hier ist an Unterschiede der Korngröße, Korngestalt und Korngrößenverteilung, der Kristallstruktur und anderer physikalischer Eigenschaften loser Haufwerke zu denken. Um die gewünschte Formgebung zu erzielen, werden zum Teil besondere physikalische Grundverfahren der Zerkleinerung und des Stückigmachens (Brikettieren, Pelletisieren, Tablettieren usw.) angewandt. Sieht man von der begrenzten Bedeutung der Formgebung für die Qualitätsbeurteilung chemischer Produkte ab, so liegt das Schwergewicht doch auf den chemisch-stofflichen Eigenschaften.

Einen Übergangstyp zwischen formlosen und geformten Erzeugnissen bilden die *endlos* geformten Produkte, wie Fäden, Strangprofile oder Folien. Sie ergeben zusammen mit den formlosen Massenprodukten die Obergruppe der *Fließgüter*, die den Stückgütern der mechanischen Fertigung gegenüberstehen [1.74: 1.77]. Das Qualitätsniveau der Formgebung ist noch recht niedrig. Die formgebende Produktvariation vollzieht sich eigentlich nur über den Querschnitt und die Oberflächenstruktur. Immerhin besteht in der chemischen Industrie die Neigung, vielleicht unter anderem wegen der produktionstechnischen Verwandtschaft der Fließgutverarbeitung, derartige einfache Formgebungsverfahren anzugliedern.

Beim gasförmigen oder flüssigen Aggregatzustand erfordert die Formlosigkeit als technische Notwendigkeit eine *Verpackung* oder geschlossene Transportmittel beim Losegut-(Bulk-)Transport. Bei den Feststoffen sind diese technischen Verpackungsanforderungen der Schutzfunktionen herabgesetzt, es herrscht keine so leichte Zerfließlichkeit oder Flüchtigkeit wie bei den fluiden Aggregatzuständen, dennoch erfolgt auch hier meistens eine Verpackung mindestens zur Wahrnehmung der Mengenabgrenzung als weiterer Grundfunktion der Verpackung. Die beiden nachstehend erwähnten Absatzfaktoren der Kennzeichnung und Darstellbarkeit chemischer Produkte gehen zum großen Teil auf die Formlosigkeit zurück.

1.422 Kennzeichnung

Die unmittelbar wahrnehmbaren Merkmale chemischer Produkte sind infolge der Formlosigkeit, der häufigen Farblosigkeit sowie aufgrund der für die Wertbildung hauptsächlich maßgebenden inneren qualitativen Eigenschaften für die *Kennzeichnung* praktisch belanglos. Die genaue Kennzeichnung der Produkte erfüllt mithin bei der absatzwirtschaftlichen Kommunikation wichtige Aufgaben. Man verwendet hierfür entweder Verpackungs- oder Transportmittel in unmittelbarer Begleitung des Produktes oder gibt die Produktbeschreibung unabhängig hiervon ab, regelmäßig im Rahmen der Werbung, Verkaufsverhandlungen, anwendungstechnischen Beratung oder Dokumentation der Verkaufsverträge. Eine minimale Kennzeichnung beim Versand ist zur Sicherung der Zusammengehörigkeit von Beschreibung und Produkt unerläßlich. Ohne eine genaue und gesicherte Kennzeichnung der Produkte wären in den meisten Fällen umfangreiche qualitative und quantitative Analysenverfahren beim Abnehmer notwendig, wobei in schwierigen Fällen die restlose Aufklärung der Zusammensetzung sogar fraglich wäre. Noch aufwendiger dürften die Prüfverfahren zur Ermittlung der Anwendungseigenschaften der Produkte sein. Eine zuverlässige Produktkennzeichnung erleichtert Qualitäts- und Wareneingangskontrollen beim Abnehmer.

Die *Industriechemikalien* werden unter den chemischen *Stoffbezeichnungen* gehandelt, wobei die Namen der wissenschaftlichen Nomenklatur oder insbesondere bei kompliziert aufgebauten organischen Verbindungen chemische Kurzbezeichnungen, Trivialnamen oder Handelsnamen zur Anwendung kommen. Meistens sind weitere Angaben hinsichtlich der Qualitätsmerkmale erforderlich, wie etwa Konzentrations- und Reinheitsangaben oder Hinweise auf die Einhaltung bestimmter Konzentrationstoleranzgrenzen.

Entstehen bei Transport, Lagerung und Anwendung chemischer Produkte Gefahrenmöglichkeiten, so können gesetzliche oder behördliche Auflagen zur sicherheitstechnischen Kennzeichnung, zur Mitteilung von Behandlungshinweisen, besonderen Gefahrenquellen usw. weitere Anforderungen stellen. Diese bringen besonders im Exportvertrieb wegen der länderweise unterschiedlichen Vorschriften und der sprachlichen Probleme mancherlei Belastungen mit sich.

Schwierigere absatzwirtschaftliche Probleme ranken sich allerdings erst um die Kennzeichnung der *Spezialitäten*, bei denen firmenindividuelle *Markierungen* vorherrschen. Die verwendungsbezogene Kennzeichnung rückt ganz in den Vordergrund und wird oft aufwendig gestaltet. Eine genauere stoffliche Charakterisierung verhindern absatzwirtschaftliche Interessen, wie die Geheimhaltung der Zusammensetzung und die Durchsetzung echter Markenartikeleigenschaften oder objektive Schwierigkeiten der Kennzeichnung (komplizierte Stoffgemische, eintretende Reaktionen in den Mischungsprodukten, hochmolekulare Produkte, keine restlose analytische Aufklärung).

1.423 Darstellbarkeit und Bemusterung

Aus der Formlosigkeit und der fehlenden unmittelbaren Wahrnehmbarkeit der Qualitätseigenschaften chemischer Produkte mit den unbewaffneten menschlichen Sinnesorganen ergibt sich die mangelhafte Eignung chemischer Produkte für eine gegenständliche und bildliche *Darstellung*. Der „nichtssagende" Charakter der chemischen Produkte selbst zwingt dazu, das Schwergewicht der Aussagen auf die abstrakte Kennzeichnung und Beschreibung zu verlagern oder aber auf die Darstellung von Verpackungen und Transportmitteln, von Folgeprodukten, Produktwirkungen, der Anlagen zur Herstellung der betreffenden Produkte und anderes auszuweichen. Innerhalb der Teilfunktionen des Absatzes wird vor allem die Chemiewerbung hiervon betroffen. Verpackungen bringen für die Darstellbarkeit der Produkte an sich kaum einen Gewinn, sondern erhalten nur als Träger der abstrakten Produktkennzeichnung Bedeutung. Auch Transportmittel führen selten zu produktspezifischen Aussagen in der Darstellung.

Die *Bemusterung* chemischer Produkte ist andererseits wegen der unbegrenzten Teilbarkeit der formlosen Substanzen im Gegensatz zu manchen Stückerzeugnissen der mechanischen Fertigung – besonders der wertvollen und großen Objekte vieler Investitionsgütern – technisch erleichtert. Solche Produktmuster oder Probesubstanzen dienen aber weniger der gegenständlichen Produktdarbietung – etwa im Rahmen von Messen und Ausstellungen – als vielmehr der anwendungstechnischen Erprobung und der Qualitätskontrolle.

1.424 Qualitätskonstanz

Sowohl für chemisch einheitliche Industriechemikalien als auch für Spezialitäten ist die *gleichbleibende Qualität* von ausschlaggebender Bedeutung. Gerade wegen der oft schwierigen Qualitätsbeurteilung – es sind kostspielige Analysen oder sogar eine probeweise halb- oder großtechnische Verarbeitung nötig – und der andererseits häufig folgenschweren Bedeutung selbst geringer Qualitätsabweichungen für die Nachverarbeitung ist die Qualitätsgarantie ein wichtiger Absatzfaktor. Weitreichende Bestrebungen zur überbetrieblichen Qualitätssicherung und die starke Tendenz zum chemischen Markenartikelvertrieb nehmen hiervon ihren Ausgang. Das Ausarbeiten und Aushandeln zweckmäßiger Analysenmethoden mit jederzeit zuverlässig reproduzierbaren Ergebnissen ist für die ständige Überwachung der Qualitätskonstanz und die objektive Beweisführung über die vereinbarte „Typkonformität" der Lieferungen überaus bedeutsam.

Gewisse Generalisierungen hinsichtlich der qualitativen Beherrschbarkeit aufgrund des chemischen *Produktionsprozesses* lassen sich im Hinblick auf die angewandte Betriebsform oder Prozeßführung treffen [1.49, S. 107]: Die *kontinuierliche* Betriebsweise kommt der gleichmäßigen Qualitätseinstellung durch die Konstanz der Verfahrensbedingungen und die günstigen regelungstechnischen Voraussetzungen entgegen. Außerdem fallen die ungünstigen An- und Abfahrzeiten bei den Produktionsunterbrechungen des Chargenbetriebes weg, und die über längere Abschnitte geschlossene Apparatur (Verunreinigungen!) ist vorteilhaft. Für den *Chargenbetrieb* sprechen die größeren Reaktionsmassen in der Apparatur (größere Trägheit bei Verfahrensänderungen), die isolierten Produktionsstufen und die Möglichkeiten der Qualitätsverbesserung durch Mischen oder Nacharbeiten einzelner Chargen. Bei manchen Chargenprozessen bereitet die Einhaltung der Qualitätskonstanz in engen Toleranzgrenzen jedoch erhebliche Schwierigkeiten. Einzelne wichtige Qualitätsmerkmale unterliegen zuweilen einem besonderen Verfahrensschritt zur typkonformen Einstellung, wie etwa beim Abtönen von Farblacken. In anderen Fällen sind Streuungen in den Qualitätskennwerten verschiedener Chargen nach Produktionsumstellungen, vor allem aber bei einigen sehr empfindlich reagierenden Polymerisationsprozessen praktisch unvermeidbar, so daß bei den Minderqualitäten fast der Charakter des Zwangsanfalls von Kuppelprodukten entsteht. Die absatzwirtschaftliche Behandlung ist problematisch. Eine feste Einreihung der verschiedenen Qualitätsabstufungen in das Sortenprogramm verbietet sich oft wegen der kaum vorauszuschätzenden genauen Qualitätsverteilung. Die Bewältigung der Qualitätsschwankungen durch entsprechend weite Toleranzgrenzen wird evtl. den Verarbeitungsanforderungen nicht gerecht. Bei stark von der Norm und den Mindestanforderungen abweichenden „Off-grade"-Qualitäten neigen mitunter weniger qualitäts- und verantwortungsbewußte Hersteller dazu, diese möglichst anonym, mit erheblichen Preisabschlägen sowie bevorzugt im Export unterzubringen. Die entstehenden Gefahren für das Qualitätsvertrauen liegen auf der Hand.

1.425 Standardisierung

Neigt man bei Industriechemikalien zur *Standardisierung* bzw. überbetrieblichen Produktvereinheitlichung mit starker Begrenzung der Zahl der Produktsorten, so besteht bei den chemischen Spezialerzeugnissen die umgekehrte Tendenz zur firmenindividuellen *Produktdifferenzierung* und Ausweitung der Typenprogramme. Die Standardisierung der Industriechemikalien und hier besonders der großen Massenprodukte nach wenigen handelsüblichen Qualitätsmerkmalen hat sich im Laufe der Zeit als ein zweckmäßiger Kompromiß zwischen Herstellungsmöglichkeiten und überwiegenden Verbraucheranforderungen herausgebildet. Vereinheitlichung und Sortenbeschränkung bringen sowohl den Abnehmern als auch in Gestalt verringerter Produktions-, Lager- und Vertriebskosten den Herstellern Vorteile. Die Festlegung weniger Qualitätsabstufungen ist jedoch bei den Vielzweckprodukten oft problematisch, weil die einzelnen Produktverwendungen auch regelmäßig andere Qualitätsanforderungen stellen. Wenn es daher gelingt, die handelsüblichen Kennwerte noch zu überbieten, ist der absatzwirtschaftliche Anreiz zur Abhebung des eigenen Produktangebotes auch hier entsprechend groß, sobald nur die Nachfrageseite zur Anerkennung und Aufwertung dieser Maßnahmen bereit ist. Die auf kooperativer Basis bewußt vorangetriebene überbetriebliche Vereinheitlichung chemischer Produkte hat bislang noch relativ geringe Bedeutung, sie betrifft überwiegend erst die Analysenverfahren und wenige Produktgruppen (Kap. 5.55).

In manchen Bereichen ergibt sich eine Standardisierung aus der öffentlichen Überwachung des chemischen Produktangebotes, wenn etwa das Inverkehrbringen der Produkte oder deren Vertrieb für bestimmte Verwendungen nur bei Einhaltung der geforderten Spezifikationen zulässig ist. In anderen Fällen wird die Zahl der verkehrsfähigen Produkte durch einen Anmelde-, Zulassungs- und Prüfungszwang de facto in Grenzen gehalten, was der Produktdifferenzierung als konträrer Tendenz zur Standardisierung entgegenwirkt.

1.426 Lagerfähigkeit

Die Begrenzung der *Lagerfähigkeit* chemischer Produkte ist leichter festzulegen, wenn hierfür nur wirtschaftliche Gründe maßgebend sind. Die Formlosigkeit der Produkte, besonders aber Gase und Flüssigkeiten, weiter die Aufgaben ihrer Qualitätssicherung und des Schutzes der Umgebung zwingen zur Errichtung teurer Lagereinrichtungen, sofern die Lagerfunktionen nicht von Verpackungsmitteln gleichzeitig übernommen werden. Die chemische Aggressivität der Produkte erfordert dabei vielleicht sogar teure Sonderwerkstoffe. Die Lagerfähigkeit der Gase kann durch Verflüssigung verbessert werden, aber es entsteht dann ein zusätzlicher Aufwand durch die Verflüssigungs- und Vergasungseinrichtungen sowie die speziellen Tieftemperaturlagerbehälter (Kälteisolierungen, höhere Wandstärken der Behälter wegen Druckerhöhung).

Eine Begrenzung der Lagerdauer wird jedoch noch dringlicher, wenn die *Stabilität* der Produkte in Frage gestellt ist und bei einer längeren und womöglich unsachgemäßen Lagerung qualitative Verschlechterungen nicht mehr auszuschließen sind. In der Chemie der Hochpolymeren ist die stabile Einstellung der Monomeren bis zu deren Verarbeitung eine oft diffizile Aufgabe. Auch auf anderen Gebieten sind mitunter ungewollte Produktveränderungen durch das Weiterreagieren von Komponenten oder durch physikalische Effekte zu berücksichtigen.

Die Vorausbestimmung der technischen Lagerfähigkeit oder *Haltbarkeitsdauer* ist dadurch erschwert, daß man oft weder die äußeren Einwirkungen bei Transport und Lagerung noch die Art und Schnelligkeit des ungewollten Weiterreagierens aufgrund der ursprünglichen Produktzusammensetzung übersieht. Bei Industriechemikalien spielen die Begleitkomponenten eine erhebliche Rolle. Bei den Mischungsprodukten (Spezialitäten) sind die Qualitätsänderungen zuweilen besonders schwer im vorhinein zu quantifizieren (vgl. Kap. 5.34 und 5.35).

Schließlich ist die Lagerfähigkeit chemischer Produkte mit Rücksicht auf die verwendeten Lagerbehälter, Transportmittel, Umschlagsoperationen usw. auch nach den erwartbaren *Mengenverlusten* zu beurteilen (z.B. Abrieb- und Verstaubungsverluste bei Feststoffen, Leckagen und Verdunstungsverluste bei Flüssigkeiten usw.). Aus der Düngemittelindustrie wurde berichtet, daß die mengenmäßigen Verluste auf dem Wege zwischen Herstellung und Verbrauch in ungünstigen Fällen eine Größenordnung von 10% erreichen können [1.32].

Von der Lagerfähigkeit der Produkte gehen wesentliche Einflüsse auf die Absatzgestaltung und insbesondere auf die *Absatz-* und *Versandorganisation* aus. Sofern die Lagerfähigkeit durch Produktveränderungen verbessert werden kann, ist hierauf im Rahmen der Produktentwicklung in Abstimmung mit den gestellten und vertretbaren Anforderungen Rücksicht zu nehmen. Ungünstig ist der Vertrieb über den Handel, da die Lagerzeiten und Lagerungsmethoden der Produkte dann nach dem Verlassen des Herstellerwerkes nicht mehr genügend unter Kontrolle sind. Auch beim Absatz von Konsumgütern kann man die Zeitdauer bis zur Verwendung der Produkte nur schätzen. Hier wird oft der Richtwert einer zweijährigen Lagerdauer der Konsumgüter (shelf-life) angenommen. Bei pharmazeutischen Produkten wird aus Sicherheitsgründen mitunter eine noch längere Stabilität, etwa bis zu 5 Jahren, gefordert. Schwerwiegend ist die Qualitätsgefährdung vor allem wegen des Markenartikelcharakters der meisten Produkte, so daß man es hier in ungünstigen Fällen vorzieht, die Qualitätsgarantie durch Kennzeichnung der Produkte mit Verfalldaten zeitlich zu begrenzen (Filmmaterial, manche pharmazeutische Produkte).

Innerbetrieblich ist die Lagerdauer durch die Art der Anpassung der Fertigungsmengen an Absatzschwankungen und vor allem durch die Größe der aufgelegten Chargenserien bei Chargenproduktion zu beeinflussen.

1.427 Erklärungsbedürftigkeit

Das Phänomen der *Erklärungsbedürftigkeit* ist seit langem als ein Absatzfaktor von zentraler Bedeutung anerkannt [1.85]. Man kann eine Erklärungsbedürftigkeit bei den meisten chemischen Produkten annehmen, jedoch bedarf diese Aussage einer mehrfachen Differenzierung.

Zunächst ist eine Erklärungsbedürftigkeit bezüglich der Produktzusammensetzung und der Produktverwendung zu unterscheiden. Die *Industriechemikalien* sind der Zusammensetzung nach wenig erklärungsbedürftig, da die Qualität häufig standardisiert ist und chemische sowie physikalische Eigenschaften schon aus der Fachliteratur leicht zugänglich sind. Die Möglichkeiten der Weiterverarbeitung altbekannter Verbindungen werden über die Publizität der Forschung schnell geläufig. Die Heterogenität der Verwendungen bietet dem Hersteller kaum die Möglichkeit zu einer wirklich umfassenden anwendungstechnischen Erforschung, die den verschiedenen Abnehmerkreisen nach ihren spezialisierten Bedürfnissen überwiegend selbst obliegt. Die scharf auf das Kostenniveau herabgedrückten Preise der Massenprodukte geben dem einzelnen Anbieter für umfangreiche Beratungsaufgaben auch gar nicht den finanziellen Spielraum. Der Schwefelsäureproduzent kann sich einfach nicht den über eintausend Verwendungen intensiv widmen, die der Schwefelsäure nachgesagt werden.

Anders erfordern *neue Produkte* oder solche, die zwar wissenschaftlich bekannt sind, aber noch nicht technisch genutzt werden, im Rahmen der Markterschließung eine intensive Aufklärungs- und Beratungstätigkeit. International bekannt wurden beispielsweise die Publikationen der American Cyanamid Company über Acrylnitril, das noch Ende der fünfziger Jahre erst wenige industrielle Verwendungen hatte und kurze Zeit später zum Massenprodukt wurde [1.105].

Weiter sind Industriechemikalien um so mehr erklärungsbedürftig, je spezialisierter die Verwendung und je größer die wirtschaftlich-technische Überlegenheit des Lieferanten gegenüber den Abnehmern ist. So haben die monomeren Vorprodukte Caprolactam, AH-Salz (Hexamethylendiamin-Adipat), Acrylnitril und DMT (Dimethylterephthalat) heute schon den Charakter von Massenprodukten oder Industriechemikalien, jedoch ist die Verwendung weitgehend auf die Herstellung der Polymerisate für Synthesefasern spezialisiert. Mit der anschließenden Polymerisation sowie besonders mit dem Spinnprozeß setzt eine starke Produktdifferenzierung ein, deren Probleme gern noch auf die Erklärungsbedürftigkeit der monomeren Rohstoffe zurückprojiziert werden.

Eine Erklärungsbedürftigkeit ist schließlich stets im Hinblick auf *sicherheitstechnische* Fragen anzunehmen (Giftigkeit, Feuer- und Explosionsgefahren, schädliche Nebenwirkungen), wenngleich die Sachverhalte und notwendigen Vorsichtsmaßnahmen oft schon als allgemein bekannt vorausgesetzt werden könnten. Hier wird die Erklärungsbedürftigkeit teilweise durch behördliche Vorschriften zu einer „obligatorischen" Produkteigenschaft.

Die Erklärungsbedürftigkeit der *chemischen Spezialerzeugnisse* ist von Natur aus hoch und vor allem auf die Anwendung der Produkte konzentriert. Ihre Elemente sind vielseitig, sie beziehen sich auf Dosierungsvorschriften, die kombinative Verwendung mit anderen Grund- und Hilfsstoffen, auf Verarbeitungsverfahren, Apparatur, und die Gestaltung der Folgeprodukte. Bei Produktivgütern mit mehrstufiger Nachverarbeitung wird die Erklärungsbedürftigkeit des chemischen Vormaterials zuweilen sogar mit den Produkten späterer Folgestufen in Zusammenhang gebracht.

Mit der Erklärungsbedürftigkeit der Produkte ist die *Beratungsbedürftigkeit* eng verwandt. Die Beratungsbedürftigkeit geht nicht von der Problematik einzelner Produkte, sondern bestimmter Bedarfskonstellationen aus, bei denen es um das Erkennen und die optimale Lösung der Bedarfsprobleme mit Hilfe eines geeigneten Produktangebotes geht. Im Rahmen des modernen Marketing stehen die Problemlösungen vor dem Vertrieb der Produkte.

Erklärungs- und Beratungsbedürftigkeit erfahren unter dem häufigen Phänomen der *Nachfrage- oder Bedarfsverbundenheit* in der chemischen Industrie eine besondere Ausprägung. Ein bekanntes Beispiel für die Bedarfskomplementarität ist das Verhältnis zwischen Photofilmen und Photoapparaten, das teilweise zur Angliederung des an sich völlig fachfremden feinmechanisch-optischen Fertigungsbereichs der Kameraproduktion geführt hat. Die erfolgreiche Markteinführung zahlreicher Kunststoffe war von der komplementären Entwicklung geeigneter Verarbeitungsmaschinen abhängig, die häufig von den anwendungstechnischen Entwicklungsabteilungen der chemischen Industrie bewältigt werden mußte oder zumindest eine enge Abstimmung mit den Maschinenbauanstalten forderte. Nachfrageverbundenheit besteht auch zwischen zahlreichen chemischen Produkten selbst. Etliche Kunststofftypen erfordern bei der Verarbeitung den Einsatz mehrerer Rohstoffkomponenten bzw. von Roh- und bestimmten Hilfsstoffen. Zur Sicherung der qualitativen Eignung der Stoffkomponenten ist das gleichzeitige Angebot aus einer Hand in Verbindung mit der Entwicklung der Verarbeitungsrezepturen und der anwendungstechnischen Beratung naheliegend. Beim gleichzeitigen Einsatz von Spezialitäten verschiedener Hersteller sind die Anwendungseffekte schon insofern schlecht vorauszusehen, weil die genauen Produktzusammensetzungen oft unbekannt sind. Die Vorteile der umfassenden, bedarfsgerechten *Sortimentsgestaltung* sind offensichtlich, wobei auch zwischen Erklärungs- und Beratungsbedürftigkeit positive Wechselwirkungen entstehen.

Die Wahl des Direktvertriebes unter Einsatz technisch geschulter Verkaufskräfte und anwendungstechnischer Berater wird einer hohen Erklärungsbedürftigkeit der Produkte am ehesten gerecht. Das Gebot zu solchen direkten Fühlungnahmen wird zur Schaffung enger Vertriebsbindungen als günstig beurteilt, und die Einbeziehung chemischer, technischer sowie anwendungswirtschaftlicher Argumentationen hebt die vertriebliche Ansprache auf ein höheres Niveau. Den Anforderungen der Erklärungs- und Beratungsbedürftigkeit muß jedoch in wirtschaftlicher Weise und unter Berücksichtigung der Vertriebskosten entsprochen werden, so daß auch im Bereich der Produktivgüterspezialitäten Tendenzen zur *Herabsetzung* der *Erklärungsbedürftigkeit* wach werden. Die persönliche Fachberatung ist teuer und um so weniger anwendbar, je breiter die Nachfrage streut und je mehr die Verwendungsbedeutung im Einzelfall nachläßt. Hier müssen die indirekten Kommunikationsmittel der Werbung und der schriftlichen Verwendungshinweise (anwendungstechnische Druckschriften) das persönliche Gespräch ersetzen. Die begrenzten Möglichkeiten dieser schematisierten Produkt- und Anwendungserklärung sowie das oft mangelhafte chemische Verständnis der Verwenderkreise legen es nahe, durch entsprechende Produktentwicklung das Ausmaß der Erklärungsbedürftigkeit herabzusetzen. Man bietet möglichst „narrensichere" Präparate an, in der Anwendung gegenüber zahlreichen Einzelpräparaten bequemere Kombinationspräparate und vereinfacht die Anwendungsverfahren. Wir erkennen hierin Wesenszüge des Markenartikelvertriebs.

1.428 Öffentliche Produktüberwachung

Für bestimmte chemische Produkte und Produktgruppen wird ein öffentliches Interesse dahingehend angenommen, daß die mit der Anwendung vom Hersteller zugesicherten oder ohne weiteres vorausgesetzten Wirkungen tatsächlich eintreten und die Möglichkeiten schädigender Effekte (z. B. durch Nebenwirkungen oder aber auch nur durch falsche oder mißbräuchliche Anwendung) ausgeschlossen werden. Man könnte hier von positiver und negativer Qualitätsüberwachung sprechen. Diese Situation begegnet immerhin bei so vielen chemischen Erzeugnissen, daß ein charakteristisches Absatzmerkmal anzunehmen ist.

Man darf hierbei nicht nur an die Überwachung von Sprengstoffen oder Giftstoffen denken, vielmehr ist ein weites und sich dauernd vergrößerndes Feld chemischer Produkte von einem insgesamt kaum noch übersehbaren Vorschriftenwerk betroffen, das zu Eingriffen in die Absatztätigkeit führt.

Am schwerwiegendsten ist die staatliche Einflußnahme bei behördlichem *Prüfungs- und Zulassungszwang* neuer Produkte, zu dem besonders dann Neigung besteht, wenn die Anwendung der Produkte auf positive biologische Wirkungen beim Menschen abzielt (Arzneimittel) oder aber ungünstige biologische bzw. physiologische Wirkungen beim Menschen durch ungewollte Sekundäreffekte und Nebenwirkungen zu befürchten sind. Produktgestaltung und anwendungstechnische Prüfverfahren im Rahmen der Produktneuentwicklung sowie zur Qualitätskontrolle im laufenden Betrieb werden betroffen. Weitere staatliche Einflüsse ergeben sich bei verschiedenen Produktgruppen auf Kennzeichnung und Markierung, Verpackungs- und Versandmethoden, Absatzwege, die Werbung und Preispolitik. Auf Einzelheiten ist besonders im Zusammenhang mit der Qualitätsüberwachung und Eigenschaftscharakterisierung chemischer Produkte zurückzukommen (Kap. 5.56 und 6.2). Unter dem Eindruck der verschieden starken Absatzbeschränkungen bei den einzelnen Produkten kann es von großem Interesse sein, wie die *Produktzugehörigkeit* im Einzelfall auszulegen ist.

1.43 Absatzfaktoren des Produktionsprogramms

1.431 Produktions- und absatzwirtschaftliche Programmoptimierung

Genau wie die optimale Produktentwicklung als Instrument der Absatzpolitik von den absatzwirtschaftlich bedeutsamen Produktmerkmalen ihren Ausgang nimmt, so besteht ein entsprechend enger Zusammenhang zwischen Absattz programm und den Eigenarten der chemischen Produktionsweise. Die chemische Industrie bleibt in hohem Maße stoff- und verfahrensorientiert, und hiermit rücken produktionswirtschaftliche Anforderungen zu erheblicher Eigenbedeutung auf. Ein gesamtwirtschaftlicher Ausgleich muß die Absatzziele mit den gegebenen Produktionsbedingungen koordinieren.

Ein bestimmtes *Absatzprogramm* läßt verschiedene Alternativen des *Produktionsprogramms* offen und umgekehrt. Das Vertriebsprogramm kann durch *Handelswaren* erweitert werden, welche die Produktion unberührt lassen. Die für die chemische Industrie typische *Stufenproduktion* durch vertikale Aneinanderreihung von Produktionsprozessen eröffnet die Möglichkeit, das Absatzprogramm durch die Einreihung anfallender stabiler *Zwischenprodukte* zu erweitern. Während das Vertriebsprogramm nur das Warenangebot aus den peripheren Verarbeitungsstufen einschließlich der Handelswaren wiedergibt, beinhaltet das Produktionsprogramm die gesamte Tiefengliederung bis zu den Einsatzstoffen.

Keinesfalls müssen die stofflich-verfahrensbedingten Einflüsse auf das Produktionsprogramm den Vertriebsinteressen stets zuwider laufen. Mitunter bestehen gleichgerichtete Impulse. Eine produktionswirtschaftlich bedingte Programmvielfalt kann die bedarfsorientierte Sortimentsgestaltung in willkommener Weise abrunden, eine vorwärts gerichtete Vertikalkonzentration mit ausschlaggebenden Vertriebsinteressen zur Absatzsicherung zusammenfallen und anderes (Kap. 5.8). Immerhin sind die stoffseitigen, verfahrensbedingten und produktionswirtschaftlichen Einflüsse auf die Programmgestaltung als eigene Gruppe von Absatzfaktoren anzuerkennen.

1.432 Kuppelproduktion

Der weit verbreitete Zwangsanfall mehrerer *Kuppelprodukte* beim gleichen Produktionsprozeß ist für die chemische Industrie charakteristisch und einer der wichtigsten Bestimmungsgründe für die Einschränkung der absatzwirtschaftlichen Programmziele aus den Gründen der Stoffwirtschaft [1.75]. Die zwangsläufig erzeugten Nebenprodukte können nach Art und Mengenrelationen unerwünscht sein und das Vertriebsprogramm stören. Um die Rohstoffe wirtschaftlich zu verwerten, aber auch nur wegen der notwendigen Beseitigung von Neben- und Abfallprodukten müssen diese entweder unmittelbar oder nach einer gewissen Weiterverarbeitung abgesetzt werden. Häufig ist gerade die Kuppelproduktion eine der ersten Ursachen dafür, daß man sich an sehr viele heterogene Abnehmerkreise wenden und eine aufwendige Absatzorganisation aufbauen muß. Die bei chemischen Prozessen naturgesetzlich determinierte komplexe Stoffverwertung bedingt den Verlust zahlreicher, auch absatzwirtschaftlicher Spezialisierungsvorteile.

Neben der primären Beeinflussung der Programmgestaltung ist der Anfall von Kuppelprodukten bedeutsam im Hinblick auf geringe *Preiselastizität*. Die angebotenen Mengen werden nicht optimal an die jeweilige Preisentwicklung angepaßt. Stärkste Preisschwankungen können die Folge sein. In der Preispolitik verlieren die Gestehungskosten als Bezugsgrundlage an Bedeutung, da sie höchstens für das gesamte Produktbündel, nicht dagegen für die einzelnen Spaltprodukte ermittelt werden können.

Günstigere Möglichkeiten der Anpassung an die Absatzbedingungen vermitteln Prozesse mit *variablen Ausbeuteverhältnissen* der Kuppelprodukte sowie verfügbare Konkurrenzprozesse für die Hauptprodukte, welche die unerwünschten Kuppelprodukte vielleicht vermeiden lassen. Besonders vorteilhaft sind Prozesse mit variablen Mengenrelationen, die sich bei gleichbleibender Apparatur allein über eine Veränderung von Rohstoffeinsatz und Verfahrensbedingungen kurzfristig nach den Absatzerfordernissen steuern lassen. Diese flexible Reaktionslenkung ist heute zu einer wichtigen Leitlinie bei vielen chemischen Verfahrensentwicklungen geworden. Unter diesen Gesichtspunkten kann eine Kuppelproduktion unter Umständen sogar attraktiver sein als die isolierte Produktion, weil dadurch die Vorteile der Betriebsgrößendegression ausnutzbar sind.

In manchen Fällen gelingt die Beeinflussung des Verteilungsspektrums der Endprodukte durch Kreislaufbetrieb und *Stoffrückführung* der unerwünschten Spaltprodukte als Einsatzstoffe. Hiermit sind zwar regelmäßig Ausbeuteminderungen in der Gesamtproduktion aller Spaltprodukte verknüpft, die aber zugunsten der Anpassung an die Bedarfslage oft in Kauf genommen werden.

1.433 Sicherung der Rohstoffversorgung

In der Programmstrategie der *Rohstoffsicherung* ist ein weiterer Gesichtspunkt rohstoffseitiger Orientierung mit den Absatzzielen in Einklang zu bringen. Rückwärtige Verarbeitungsstufen werden angegliedert und sogar Betriebe der landwirtschaftlichen oder bergbaulichen Urproduktion übernommen. Manche pharmazeutischen Großbetriebe fassen in der eigenen Unternehmung eine Vielzahl von Produktionsstufen von der Gewinnung der pflanzlichen Rohstoffe bis zur Fertigung der Konsumgüterspezialitäten zusammen. Die weit vorangeschrittene Rückwärtsintegration der chemischen Industrie zur Gewinnung petrochemischer Grundstoffe wird häufig als Rohstoffsicherung angesehen, indem etwa unterstellt wird, daß von den Vorlieferanten (Erdölgewinnung und -verarbeitung) eine entsprechend günstige Versorgung in qualitativer, mengenmäßiger und preislicher Hinsicht in Frage gestellt wäre. In diesem Beispiel wird die überwiegende Orientierung der Erdölindustrie am Kraftstoff- und Heizölsektor als besonders nachteilig angesehen, da die hiermit gekoppelte Leichtbenzinproduktion für die Petrochemie demgegenüber nur den Charakter einer Nebenproduktion hat.

Die rückwärtige Vertikalkonzentration kann eine Verschärfung der Konkurrenzverhältnisse durch Vorwärtsintegration der betroffenen Lieferanten als Gegenmaßnahme einleiten. Hinzu kommen die allgemeinen Auswirkungen der vertikalen Programmausweitung auf die Absatzbedingungen, vor allem in Gestalt herabgesetzter Elastizität der Rohstoffauswahl sowie der evtl. absatzwirtschaftlich inhomogen verlaufenden gleichzeitigen Programmausweitung (neue Kuppelprodukte und Parallelprozesse). Wirtschaftliche Strukturänderungen auf der Rohstoffseite verzögern mitunter die notwendigen Anpassungsmaßnahmen, wenn diese die eigenen Vorinvestitionen weitgehend entwerten würden. So dürften aus der Zeit der Kohlechemie mitgeschleppte eigene Kohlenzechen gegenwärtig nur noch eine Belastung darstellen. Für einen Produzenten von Pflegemitteln auf Wachsbasis werden sich angegliederte Plantagenbetriebe zur Gewinnung der natürlichen pflanzlichen Wachsrohstoffe (z.B. Carnaubawachs) ebenfalls als lästig und unwirtschaftlich erweisen, wenn heute billigere synthetische Wachse zur Verfügung stehen. Unter den Verhältnissen der normalen wirtschaftlichen Entwicklung ist das Argument der Rohstoffsicherung für die Einzelunternehmung oft nicht glaubhaft und verdeckt häufig nur andere Gründe der Rückwärtsintegration.

1.434 Wirtschaftlich optimale Rohstoffauswahl

Bei der Wahl der Rohstoffbasis tritt neben dem Sicherungsgedanken das Streben nach erhöhten *Rohstoffverarbeitungsgewinnen* hervor, die den Absatzgewinnen wenigstens gedanklich – freilich nicht rechnerisch isolierbar – gegenüberstehen. Tatsächlich wird für viele chemische Endprodukte die Veränderung des Rohstoffeinsatzes über stofflich identische Zwischenprodukte qualitativ neutralisiert. So ist es einer ganzen Palette von Stickstoffdüngemitteln nicht anzumerken, ob das Ammoniak als Vorprodukt über eine Benzinpyrolyse oder Kohlevergasung gewonnen wurde. Oft wird aber das Produktions- und Vertriebsprogramm durch Veränderungen im Kuppelproduktanfall sowie hinsichtlich der wirtschaftlich gebotenen multiplen Verwertung von Vorprodukten wesentlich beeinflußt. Schließlich können auch die Zwischenprodukte schwerpunktmäßigen Veränderungen unterliegen, wenn sie aus den verschiedenen Rohstoffen mit unterschiedlichen Kosten zu gewinnen sind, so daß auch eine Umstellung der Nachverarbeitung angeregt wird. Während beispielsweise bei der Kohlebasis das über Carbid erhältliche Acetylen das wichtigste Vorprodukt für organische Synthesen war, ist es heute für die Petrochemie das Äthylen, das aus Erdölprodukten auch gegenüber dem petrochemischen Acetylen wesentlich billiger zur Verfügung steht. Daher werden etliche Folgeprodukte des Acetylens durch neue Verfahren auf die Äthylenbasis umgestellt (z.B. Vinylchlorid, Acrylnitril, Acetaldehyd): Die primäre Rohstoffsubstitution (Verdrängung von Carbid bzw. Kohle durch Erdölprodukte und Erdgas) löst weitere, sekundäre Zwischenproduktsubstitutionen aus, die wiederum über andere Kuppelproduktbindungen der Nachverarbeitung die Programmstruktur nachhaltig verändern.

1.435 Multiple Stoffverwertung

Unabhängig von der absatzwirtschaftlichen Verwertung der Zwischenprodukte gerader Produktionsketten (Stufenproduktion) sowie der Kuppelprodukte besteht in der chemischen Industrie ein starker Anreiz zur *multiplen Stoffverwertung* durch *parallele Weiterverarbeitung* von Zwischenprodukten zu marktfähigen Endprodukten. Solche Verwertungsarten bieten sich aus dem kostengünstigen Anfall der zahlreichen Zwischenprodukte einfach an, da die multiple Nachverarbeitung die Kapazitätsgrenzen für die Vorproduktanlagen zu erweitern gestattet. Bei Absatzschwankungen werden die parallelen Produktionsstränge gewöhnlich unterschiedlich betroffen, was eine höhere und gleichmäßigere Kapa-

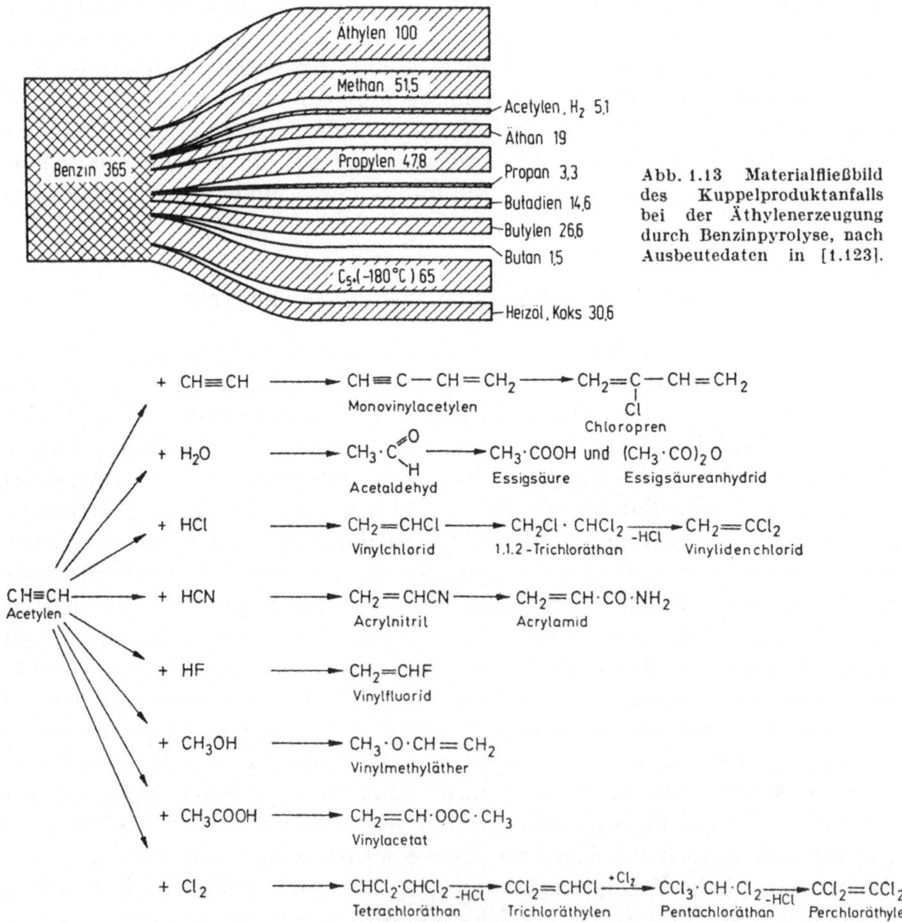

Abb. 1.13 Materialfließbild des Kuppelproduktanfalls bei der Äthylenerzeugung durch Benzinpyrolyse, nach Ausbeutedaten in [1.123].

Abb. 1.14 Programmausweitung durch multiple Verwertung von Vorprodukten am Beispiel des Acetylenstammbaums [3.94].

zitätsauslastung der Vorproduktion gewährleistet. Bei den Produktionstypen der Wechselfertigung sind weiter die günstigen Wirkungen der Auflagendegression zu erzielen, indem Auflagegrößen und Laufzeiten erhöht werden.

Aus produktionswirtschaftlichen Erwägungen erwächst also das Bestreben, möglichst große Teile eines chemisch und technisch gegebenen *Produktionsstammbaums* eines Vorproduktes im eigenen Werk auszunutzen. Zur Programmausweitung durch den technischen Zwang der Kuppelproduktion – etwa bei eigener Äthylenerzeugung, Abb. 1.13 – kommt die Ausweitung durch das wirtschaftliche Gebot der möglichst weitgehenden Stoffverwertung in Parallelprozessen – in Abb. 1.14 für das Beispiel der Acetylennachverarbeitung dargestellt. Der Vertrieb muß zusehen, wie seine Interessen hiermit korrespondieren oder inwieweit eine korrigierende Einflußnahme angezeigt ist, wenn die Produktionsleute aus den verfügbaren Vorprodukten eben stets ,,soviel wie möglich machen wollen".

1.436 Innerbetriebliche Verbundwirtschaft

Über die erwähnten speziellen Ursachen und Antriebskräfte zur vertikalen und horizontalen Programmausweitung hinausgehend ist auf besondere *verbundwirtschaftliche Programmvorteile* hinzuweisen. Je ausgedehnter, vielseitiger und verzweigter sich ein Produktionsprogramm entwickelt, desto größer werden die Chancen einer ausgeglichenen, ökonomischen Stoff-, aber auch Energiewirtschaft. Neben- und Abfallprodukte brauchen nicht unbedingt bei ungünstiger Absatzlage zu jedem Preis vermarktet zu werden, sondern es ergibt sich vielleicht die Möglichkeit der Rückführung und des neuerlichen Einsatzes als Rohstoff an irgendeiner anderen Stelle des Prozeßgeflechtes. Anfallende Nebenproduktsalzsäure ist z.B. in größeren Mengen am Markt schwer abzusetzen, und auch die spezielle Rückgewinnung von Chlor hieraus ist kostspielig. Günstig ist dagegen die anderweitige innerbetriebliche Verwendung zum Ausgleich der Chlor-Salzsäure-Bilanz. Diese Verflechtungen erfordern die Optimierung der innerbetrieblichen Verbundwirtschaft durch Auswahl geeigneter Verfahrenskombinationen.

Mitunter spricht man schon dann von einem innerbetrieblichen Leistungsverbund, wenn nicht wechselseitige Stoffverflechtungen, sondern lediglich einseitig gerichtete Verbindungen durch Verfahrensfolgen als *Stufenproduktion* wahrgenommen werden. Die hieraus erzielbaren Kostenvorteile sind in der chemischen Industrie ebenfalls beachtlich. Das klassische Beispiel der Senkung von Verarbeitungskosten durch Vertikalintegration aus der Eisenhüttenindustrie – ,,Arbeiten in einer Hitze" – findet in der chemischen Industrie eine umfassende Anwendung. Noch mehr als die Energiekosten geben aber hier die Aufarbeitungs-, Transport- und Lagerkosten bei den oft vielstufigen Produktionsprozessen den Ausschlag. Die innerbetrieblichen Zwischenlagerungen und Zwischentransporte sind viel billiger als die entsprechenden Lager- und Transportleistungen bei betriebsexternem Leistungsaustausch. Die Anforderungen an die Stabilität und Lagerfähigkeit der Zwischenprodukte sind bei ausschließlicher eigener Weiterverarbeitung eingeschränkt, so daß sich hieraus auch Einsparungen in den Aufarbeitungskosten ergeben können. Zuweilen gelingt es, mehrere Prozeßstufen regelungstechnisch zu größeren Anlagenkomplexen zusammenzufassen, so daß die kostenerhöhenden Einschnitte zwischen den Verfahrensstufen ganz entfallen.

1.44 Absatzfaktoren der Produktionstypen

1.441 Abgrenzung chemischer Produktionstypen

Für die Charakterisierung chemischer *Produktionstypen* werden zweckmäßig drei Gliederungsprinzipien mit folgenden Unterscheidungen herangezogen:

1. Gliederung nach dem *Leistungsprogramm* (Leistungsdifferenzierung und -wiederholung):

a) *Gleichbleibende Massenfertigung*, als einheitliche Massenfertigung im Einproduktbetrieb oder gleichzeitige bzw. simultane Massenfertigung parallel- und hintereinandergeschaltet in Einzweckanlagen des Vielproduktbetriebes.

b) *Wechselnde Massenfertigung* eines vorgegebenen Sortenprogramms in Mehrzweckanlagen.

c) *Einzel- oder Individualfertigung* von Spezialprodukten in nur einmaliger Auflage einer durch die Kundenbestellung begrenzten Menge.

2. Gliederung nach der *Fertigungsorganisation* (räumliche und zeitliche Abstimmung der Anlagen und Fertigungsoperationen):

a) *Fließfertigung* mit räumlicher Hintereinanderschaltung sowie zeitlicher und kapazitativer Abstimmung der Teilanlagen.

b) *Funktionale* Fertigungsorganisation mit gruppenweiser Zusammenfassung von Apparaten nach dem Verrichtungsprinzip (Zusammenfassung nach konstruktiver und verfahrenstechnischer Artverwandtschaft).

3. Gliederung nach der *Prozeßführung* (Stetigkeit oder periodische Unterbrechung des Materialflusses, stationäre oder instationäre Verfahrensbedingungen):

a) *Kontinuierliche* Prozeßführung mit stetigem Materialfluß und stationären Verfahrensbedingungen im Zeitverlauf.

b) *Chargenbetrieb* mit zyklisch unterbrochenem Produktionsverlauf und zyklischer Variation der Verfahrensbedingungen im Zeitverlauf.

Die Merkmale aus den verschiedenen Gliederungsprinzipien lassen sich zu einer Reihe von *Kombinationstypen* zusammenfassen, wobei unter Beschränkung auf die häufigsten und wichtigsten Zuordnungen die drei *Grenztypen* der Abb. 1.15 entstehen. Wir sind auf die Ableitung dieser chemischen Produktionstypen an

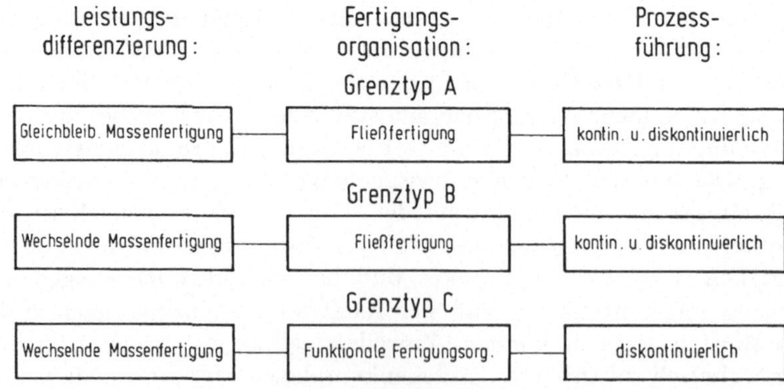

Abb. 1.15 Schema der Produktionsgrenztypen in der chemischen Industrie.

anderer Stelle ausführlich eingegangen, und zwar besonders zur Behandlung von Fragen der Fertigungsvorbereitung und des Materialflusses [1.51; 1.52]. Hier interessieren uns dagegen die absatzwirtschaftlichen Auswirkungen.

1.442 Gleichbleibende Massenfertigung (Grenztyp A)

Grenztyp A beherrscht heute vor allem die „großen" chemischen Vor- und Zwischenprodukte bzw. Industriechemikalien, wie z.B. die petrochemischen Grundstoffe, Ammoniak und Salpetersäure, Schwefelsäure, Chlor und Natronlauge. Die *qualitative Programmelastizität* ist äußerst gering. Eine Variabilität des Produktionsprogramms besteht höchstens in der Weise, daß in günstigen Fällen Endprodukte und vor allem das Ausbeuteverhältnis mehrerer Kuppelprodukte allein über die Produktionsbedingungen (Rohstoffeinsatz, Verfahrensbedingungen), die stärker an die jeweiligen Absatzverhältnisse anzupassen sind. Darüber hinaus sind Produktionsumstellungen entweder überhaupt nicht oder nur unter langwierigen und kostspieligen Umbauten der Anlagen möglich.

Eine recht begrenzte Elastizität besteht auch in *quantitativer* Hinsicht. Wenngleich die Anlagen heute überwiegend technisch auch mit beachtlicher Unterlast gefahren werden können, bedingen herabgesetzte Kapazitätsausnutzungsgrade wegen der Kapitalintensität dieses Produktionstyps bald schwerwiegende Kostennachteile. Eine *quantitative Anpassung* der Beschäftigung an veränderte Marktlagen durch Zu- und Abschalten von Teilanlagen entfällt meistens, da die Anlagen dieses Produktionstyps zur Ausnutzung der Betriebsgrößendegression von Kapitalbedarf und Kosten überwiegend „einsträngig", d.h. mit jeweils nur einer Apparate- oder Maschineneinheit an den verschiedenen Stellen des Verfahrenslängsprofils, anders als bei den Paralleleinheiten des Batteriesystems, ausgelegt werden.

Die *intensitätsmäßige Beschäftigungsanpassung* gelingt besonders mit Hilfe reaktionstechnischer Kenntnisse und regelungstechnischer Möglichkeiten, aber zur hohen Fixkostenbelastung kommen dann häufig gesteigerte spezifische, d.h. auf die Produkteinheit bezogene Betriebskosten, da Ausbeute- und Wirkungsgradverluste zunehmen. Schließlich ist auch die *zeitliche Anpassung* über das zeitweise Stillegen der Gesamtanlage überwiegend ungünstig. Anfahr- und Abfahroperationen der Anlagen sind zeitraubend und kostspielig, während des Stillstandes ist mit erhöhtem Verschleißfortschritt zu rechnen, oder die Zwischenlager (vor allem bei fluiden Medien) sind nicht ausreichend, um den Produktionsausfall während der Stillstandszeit zu überbrücken. Längere als die technisch zur Anlagenüberholung benötigten Stillstandszeiten kommen daher kaum in Betracht. Die kontinuierliche Produktion erfordert einen möglichst ebenso *kontinuierlichen Absatz.* Langfristige Verträge und der Verkauf über Rohrleitungen bietet für diese Bestrebungen den sinnfälligsten Ausdruck.

Entsprechend unelastisch sind diese Anlagen auch im Hinblick auf *Kapazitätserweiterungen.* Da die genannte dimensionierende Kapazitätserweiterung die Obergrenze eines Produktionsstrangs erst relativ spät erreichen läßt, würden unter dem Gesichtspunkt der bestmöglichen Ausnutzung der Betriebsgrößendegression Erweiterungen nur unter entsprechend großen Kapazitätssprüngen vonstatten gehen, die aber bei der stetigen, allmählichen Nachfrageausweitung wiederum Kostennachteile durch zeitweise Unterbeschäftigung auslösen müßten.

Hier erfordert die Kapazitätsanpassung an die Absatzentwicklung sorgfältige Optimierungsrechnungen unter gleichzeitiger Berücksichtigung aller Kosten und Ertragseinflüsse (Kap. 8.26). Kurzfristige Vertriebsanstrengungen zur Absatzausweitung sind sinnlos, wenn die Kapazität ausgelastet ist und sich nicht schnell genug in wirtschaftlicher Weise anpassen läßt. Andererseits müssen zeitweise Überkapazitäten aus sprungweisen Kapazitätserweiterungen durch gezielte Absatzförderung so schnell wie möglich ausgenutzt werden. Häufig lassen sich der Absatz und die eigene Nachverarbeitung schon vor der Kapazitätserweiterung der Vorproduktion durch Zukäufe ausdehnen, wie überhaupt fremdbezogene Zwischenprodukte durch fallweises Einschleusen an den Kopplungspunkten tief gestaffelter Produktionsfolgen sehr zur Milderung der Spannungen zwischen Produktionsstarrheit und Veränderlichkeit der Nachfrage beitragen können.

Die Starrheit der Produktionsbedingungen führt zu erheblichen *Investitionsrisiken* mit entsprechend folgenschwerer Bedeutung der Absatzschätzungen und Absatzprognosen durch die chemische Marktforschung.

1.443 Wechselnde Massenfertigung (Grenztypen B und C)

Die *wechselnde Massenfertigung* von *Grenztyp B und C* erhöht die qualitative und quantitative Elastizität der Anlagen beträchtlich, da nach den technischen Voraussetzungen dieser Produktionstypen in der gleichen Apparatur über wahlweise lange Zeiträume verschiedene Produkte erzeugt werden können. Die Fließorganisation des Grenztyps B bedingt freilich noch größere Einschränkungen in der Umstellungsfähigkeit, besonders wenn sie mit kontinuierlicher Prozeßführung gekoppelt ist. Ein Höchstmaß an Elastizität weist dagegen Grenztyp C auf, dessen funktionale Fertigungsorganisation mit der gruppenweisen Zusammenfassung artverwandter Apparate (Reaktoren, Filter, Zentrifugen, Trockner usw.) eine gewisse Verwandtschaft zur Werkstattfertigung der mechanischen Technik aufweist. Die hierbei regelmäßig angewandte Chargenfertigung führt ohnehin zu einer technisch bedingten häufigen Unterbrechung des Produktionsprozesses, nämlich jeweils beim Durchsatz einer neuen Charge. Bei Absatzschwankungen sind Kapazitätsanpassungen wesentlich erleichtert, genau wie die vielseitige Verwendbarkeit der Apparaturen auch qualitativen Veränderungen in der Zusammensetzung der Nachfrage besser gerecht wird.

Nach Produktionstyp C werden zahlreiche in kleineren Mengen benötigte Industriechemikalien (Feinchemikalien), vor allem aber der überwiegende Anteil der *Spezialitäten* erzeugt. Während die Wirtschaftlichkeit der Produktion beim Grenztyp A überwiegend von der Güte der Rohstoffausnutzung und des Verfahrens bestimmt wird und die vertrieblichen Erfolgsparameter etwa der Produktentwicklung oder Werbung sehr zurücktreten, verschiebt sich das Schwergewicht der wirtschaftlichen Erfolgschancen jetzt deutlich nach der Absatzseite, zum absatzpolitischen Wirkungsfeld, wohingegen Kapitalintensität und Bedeutung der Investitionen nachlassen. An die Stelle der fortgesetzten Bemühungen um Erhöhung der Ausbeute um Bruchteile von Prozenten und die Senkung der Herstellkosten tritt hier der Kampf um die *Marktgeltung der Produkte*, wofür alle absatzpolitischen Maßnahmen optimal gestaltet und kombiniert werden müssen. Die unterschiedliche Bedeutung des Absatzes kommt in der Höhe der Vertriebskosten deutlich zum Ausdruck, die bei einigen Massenprodukten nur wenige Prozente vom Umsatz, bei manchen Spezialitäten dagegen ein Viertel der Selbstkosten und mehr beträgt (Kap. 8.24).

Die Wechselfertigung, ganz besonders aber Produktionstyp C, schließt außer der normalerweise vorherrschenden *Marktproduktion* auch die *Kundenproduktion* mit Einzelfertigung ein. In der Regel werden auch die selten und in kleinen Mengen hergestellten Produkte in einem festen Sortenprogramm geführt und im Rahmen der Marktproduktion auf Lager produziert. Andererseits erstrecken sich einzelne Aufträge der individuellen Kundenproduktion mitunter auf sehr große Produktionsmengen (z. B. Kundenproduktion von vielen Industrielacken), so daß wiederum produktionswirtschaftlich mehr die Merkmale einer festgelegten Sortenproduktion als einer Auftragsproduktion im Sinne der Einzelfertigung hervortreten. Ohnehin bleiben die Einflüsse aus kundenindividuellen Produktvariationen auf den Produktionstyp gering, wenn sie sich auf die endständigen Aufgaben der Produktformulierung oder sogar nur der Verpackung beschränken.

1.444 Einzelbetriebliche Realisierung der Produktionstypen

Aus der Einbeziehung dieser recht gegensätzlichen Produktionstypen wird die große Spannweite des notwendigen absatzwirtschaftlichen Umorientierungsprozesses, von der Rohstoff- und Verfahrensbetontheit auf der einen zur Vertriebs- und Bedarfsbetontheit auf der anderen Seite, erkennbar. Während aber diese fundamentalen absatzwirtschaftlichen Aufgaben [1.79] im volkswirtschaftlichen Leistungszusammenhang normalerweise durch Aufteilung auf verschiedene Industriezweige und Handelseinrichtungen nur schrittweise bewältigt werden, sind sie in der chemischen Industrie weitgehend kumuliert. Durch die den Produktionstypen wenigstens grob entsprechenden Teilbranchen entsteht zwar eine gewisse Spezialisierung und Homogenisierung der Absatzaufgaben, aber wesentliche Umsatzanteile der chemischen Industrie entfallen auf Großbetriebe mit „gemischtem Programm" (komplexe Chemieunternehmungen), die mehrere der genannten Sparten in sich vereinen und damit den notwendigen langen volkswirtschaftlichen Ausgleichsprozeß zwischen dem Naturgegebenen und Bedarfsnotwendigen auch einzelbetrieblich realisieren. Es sind die Triebkräfte der Universalität der chemischen Stoffumwandlung als das allen Teilbranchen und Sparten Gemeinsame, die eine solche Ausdehnung der absatzwirtschaftlichen Spannweite zur Folge haben.

Daneben gibt es Spezialisierungen auf Teilbranchen und damit bevorzugte Produktionstypen sowie „absatzwirtschaftliche Standorte". Am naturnahen Anfang stehen die Betriebe der Grundstoffchemie, die zuweilen ein vertriebsinaktives Zulieferungsverhältnis zu ihren meistens wenigen Abnehmern kennzeichnet. Die Marktrisiken solcher Betriebe sind freilich außerordentlich hoch, denn bei der Bindung an wenige Abnehmer können große Umsatzanteile schlagartig ausfallen, wenn diese ihre Lieferanten wechseln oder zur eigenen Vorproduktion übergehen. Die Entwicklungstendenz zur verstärkten Absatzorientierung in der gesamten chemischen Industrie beläßt der Einzelunternehmung mit einer solchen Absatzeinstellung in Zukunft jedoch kaum noch größere wirtschaftliche Existenzchancen, so daß tiefgreifende betriebsstrukturelle Veränderungen unausweichlich werden und sich heute bereits überall abzeichnen.

1.45 Marktfaktoren

Neben den Absatzmerkmalen von chemischen Produkten, von Produktionsprogramm und Produktionstypen lassen sich eine Reihe von *Marktfaktoren* abgrenzen, wie sie aus den Eigenarten der Angebots- und der Nachfrageseite der Chemiemärkte hervorgehen. *Angebotsseitig* interessieren besonders die Konkurrenzverhältnisse zwischen den Anbietern, wie etwa Morphologie und Konzentrationsgrad des Angebots, Produktkonkurrenz und Schnelligkeit der Produktüberholung, Verfahrenskonkurrenz, Verfahrens- und Anlagenüberholung, Forschungs- und Entwicklungskonkurrenz mit Verlagerung von Konkurrenzbeziehungen von den Warenmärkten auf die vorgelagerten Stufen der Forschung und Entwicklung, Produktions- und Marktzugang unter Berücksichtigung erforderlicher Kapitalanforderungen für Produktions- und Marktinvestitionen sowie des notwendigen technischen Know-how, die häufig ausgeprägte starke Substitutionskonkurrenz chemischer Produkte branchenintern sowie gegenüber den Erzeugnissen anderer Industriezweige. Auf der *Nachfrageseite* geht es um die Nutzenwirkungen der verschiedenen chemischen Produktkategorien, Gliederung der Nachfragesektoren oder Absatzmärkte, Konzentrationsverhältnisse, vertikale Nachfragestufung, Marktentfernung bis zu den Konsumgütermärkten, Verbundbeziehungen der Nachfrage, Nachfrageschwankungen im Zeitverlauf. Teilweise wurden diese Probleme bereits zusammen mit den oben behandelten Absatzfaktoren angeschnitten, überwiegend aber ist hierauf im einzelnen bei der Strukturuntersuchung (Kap. 3) und Bewegungsanalyse der Chemiemärkte (Kap. 4) sowie den verschiedenen Absatzteilpolitiken (Kap. 5–8) einzugehen.

1.5 Die Entwicklung des Chemie-Marketing

1.51 Forschungs-, Produktions- und Absatzorientierung

In der Betriebswirtschaftslehre sowie praktischen Betriebspolitik hat sich während der letzten Jahre die Auffassung von der primären Bedeutung des Absatzes und der notwendigen Ausrichtung aller betrieblichen Teilfunktionen auf die Absatzanforderungen – die heute überwiegend mit dem Begriff des *Marketing* charakterisiert wird – weithin durchgesetzt. Vereinzelt ist in der amerikanischen Vertriebsliteratur schon vor Jahrzehnten hierauf aufmerksam gemacht worden. Wir wollen hier zwar die allgemeine Ausdeutung der Marketing-Idee als bekannt voraussetzen [1.35; 1.36; 1.39; 1.60, Bd. 2, S. 500; 1.61, Bd. 2, S. 10; 1.73], jedoch die branchenspezifische Ausprägung dieser Entwicklung in der chemischen Industrie nachfolgend beleuchten. Im Zuge des wirtschaftsgeschichtlich späten Entstehens und bei der unmittelbar naturwissenschaftlichen Fundierung der chemischen Industrie ist eine Absatzorientierung erst durch Konkurrenzverschärfung eingeleitet worden, nachdem diese Haupttriebfedern zur Entwicklung und Aufwertung der Marketing-Idee in anderen Industriezweigen bereits lange zuvor wirksam geworden waren [1.87].

Die ursprüngliche betriebspolitische Grundhaltung in der chemischen Industrie ist die *Forschungsorientierung:* So wie sich die Entstehung des ganzen Industriezweiges unmittelbar auf die Ergebnisse der chemisch-naturwissenschaftlichen Forschung gründet, hängt nach dieser Einstellung die Existenzfähigkeit und Wachstumskraft des Einzelbetriebes nur vom Erfolg seiner Forschungs- und Entwicklungstätigkeit ab. Wenn es gelingt, immer neue und bessere chemische Produkte und Produktionsverfahren zu entwickeln, erscheinen die anschließende Produktion und der Absatz als nachgeordnete Aufgaben. Zwar gilt auch heute noch die Forschung als der Lebensnerv des Industriezweigs und der viel ausgesprochene Satz „Der Betrieb lebt von der Forschung" behält seine Berechtigung. Aber bei einer Überordnung der Marketing-Idee ist die Bedeutung der Forschung gegenüber dem Absatz zu relativieren, sie steht im Dienste der Produktpolitik und muß von der Nachfrage her beeinflußt werden. Dies bedeutet nur eine Umkehrung in den Blickrichtungen und Steuerungsfunktionen des Betriebes, dagegen ist diese Umorientierung keinesfalls mit einer Verkümmerung, sondern eher noch mit einer Ausweitung der Forschungsaufgaben verknüpft.

Die *Fertigungsorientierung* baut auf den Fortschritten der Technischen Chemie, Verfahrenstechnik, Automationstechnik und des Apparatebaus auf und ist erst später zu größerer Bedeutung gelangt. Sie erstrebt eine Rationalisierung der Übertragung neuer Produktionsverfahren vom Laboratorium in den Betrieb sowie ganz allgemein eine technisch-wirtschaftliche Optimierung der Produktion. Dabei werden sowohl die vorgelagerten qualitativen Forschungsergebnisse als auch die Absatzmöglichkeiten weitgehend vorausgesetzt. Nach dieser Grundeinstellung obsiegen im Konkurrenzkampf letztlich die Betriebe mit den technisch fortschrittlichsten und kostengünstigsten Produktionsanlagen. Die größte Bedeutung erlangt die bis ins letzte durchrationalisierte Produktionstechnik bei den homogenen, einer scharfen Preiskonkurrenz ausgesetzten chemischen Massengütern, bei denen Forschungsergebnisse in Gestalt neuer Produkte und ganz neuer chemischer Herstellverfahren nur noch wenig zu erwarten sind.

Die Hinwendung zur *Absatzorientierung* stellt die letzte Phase in diesem Entwicklungsprozeß dar, deren Einleitung durch mehrere Faktoren *verzögert* worden ist. Oft war es die vornehmste Aufgabe der chemischen Industrie, schwere volkswirtschaftliche *Mangellagen* in der Rohstoffversorgung zu mildern oder zu beseitigen. Unter dem Zwang zur Überwindung solcher Knappheitserscheinungen mußten die Vertriebsaufgaben ihrer normalen Bedeutung entkleidet und auf das Rudiment ihrer Verwaltungs- und Verteilungsfunktionen reduziert werden. Aber auch in vielen Fällen besonders *preisgünstiger Neuentwicklungen* setzte die Nachfrage nach den chemischen Produkten so stürmisch ein, daß nur das schnelle Nachziehen mit der Produktion, nicht aber der Vertrieb problematisch wurden.

Treffend wird die Entwicklung in der amerikanischen Chemieindustrie mit ihrer relativ späten Besinnung auf eine derartige Absatzorientierung noch anfangs der sechziger Jahre in diesem klassischen Land des Marketing wie folgt charakterisiert [1.68]:

„... Die Konjunkturen und Krisen der Jahre 1945–1960 hatten die chemische Industrie relativ wenig berührt; sie war ständig schneller als das Sozialprodukt gewachsen und hatte meist unter Kapazitätsproblemen zu leiden. Die marktwirtschaftliche Situation eines Verkäufermarktes und die auch in den USA traditionelle Verhaftung im Produktionsdenken, allenfalls ausgedehnt auf Forschung und Entwicklung, haben kein klares Marketing-Konzept entstehen lassen. Es wurde verkauft, was produziert wurde, und die Verkäufer hatten die Probleme des Herstellers, nicht die des Kunden zu lösen.

Die Prüfung von Neuerungen im Marketing der chemischen Industrie mußte zu einem heftig diskutierten Problem werden, als Anfang der sechziger Jahre sich die Hersteller plötzlich Überkapazitäten, Preisunterbietungen, wachsendem Binnenwettbewerb und ausländischer Konkurrenz gegenübersahen."

Erst zu dieser Zeit wurde innerhalb der „American Marketing Association“ eine besondere Abteilung der „Chemical and Allied Industries“ gegründet, auf deren erstmaliger Konferenz 1963 ein Vertreter des Stanford Research Institute feststellen konnte, daß „die Neuerungen im Marketing der chemischen Industrie bis jetzt mehr aus Worten als aus Taten bestünden“. Und weiter hieß es: „Während die chemische Industrie bei den Ausgaben auf dem Gebiet der Forschung und Entwicklung neuer Produkte an der Spitze der amerikanischen Wirtschaft lag, waren die Aufwendungen für Marketing-Forschung und -Entwicklung vergleichsweise lächerlich gering.“

Die Ausbildung einer besonderen Absatzaktivität wurde schließlich nicht nur durch anderweitig günstige Wachstumsimpulse, sondern auch durch die *rückwärtige Stellung* der chemischen Industrie als Zuliefererindustrie von Produktionsmitteln an andere Industriezweige verzögert. Die Abhängigkeit des eigenen Absatzes von der Produktions- und Absatzentwicklung nachgeschalteter Industriezweige führt leicht zu der Vorstellung, daß die eigene Absatzentwicklung kaum zu beeinflussen ist und dementsprechend die Hauptchancen zur Verbesserung der Gewinnlage nur im Forschungs- und Produktionsbereich zu suchen sind.

Schließlich sind *subjektive Wertungsdifferenzierungen* und psychologische Einstellungen gegenüber den verschiedenen Tätigkeitsbereichen zu erwähnen. Wenn sich in der Vergangenheit gegensätzliche Auffassungen über die Bewertung der technischen Produktions- und der Verkaufstätigkeit nicht selten in der überspitzten Formulierung „Produzieren ist vornehm“ – „Verkaufen ist unfein“ niederschlugen, um wie vieles stärker müßten sich dann womöglich die Gegensätze zwischen der naturwissenschaftlich orientierten Forschung und dem Vertrieb auswirken. Der Chemiker ist von der Aufgabenstellung her introvertiert, ursprünglich auf das Erkennen von Naturgesetzen ausgerichtet, er ist als idealisierter Typus individuell und personenunabhängig eingestellt. Dem Verkauf haftet das Odium der persönlich dienenden Rolle gegenüber dem Verbraucher an, des Ausgeliefertseins gegenüber dessen Emotionen.

Aber nicht nur das Streben nach Seriosität, das vom Leitbild des Forschers geprägt worden ist, sondern auch Geheimhaltungsgründe führten oft zur Ablehnung jeglicher Akquisition. Der Verkaufsleiter eines großen Chemiebetriebes weiß zu berichten, daß die Bekanntgabe des gesamten Verkaufsprogramms im Rahmen der Werbemaßnahmen einst am Widerstand bzw. den Geheimhaltungsargumenten eines Forschungsdirektors scheiterte. Wenngleich ein extremer Vorfall, wirft er dennoch ein bezeichnendes Licht auf die angedeutete Grundhaltung.

1.52 Ursachen zunehmender Absatzorientierung

Der Zwang zu einer stärkeren Absatzorientierung wird allgemein durch *Konkurrenzverschärfung* ausgelöst, die wiederum mit dem zunehmenden Reifegrad der chemischen Industrie in Zusammenhang steht. Obwohl verzögert gegenüber den anderen Industriezweigen, setzt sich die Situation des Käufermarktes auch in der chemischen Industrie mit der Zeit durch. Für die erfolgreiche Behauptung im Markt spielen neben den Leistungen der Forschung und Produktion die vertrieblichen Maßnahmen eine immer größere Rolle.

Der *zunehmende Reifegrad* des Industriezweiges zeigt sich sowohl im Forschungs-, Produktions- und Ingenieurbereich als auch auf den Absatzmärkten. Die Zeit der großen und häufigen Pioniererfindungen ist im wesentlichen vorbei.

Immer seltener werden Forschungsergebnisse, die für längere Zeit einen überragenden Marktvorsprung sichern. Es geht mehr um die Kleinarbeit einer Wissensvertiefung, die anstelle einer isolierten Eigeninitiative der Forschung weitgehend in den Dienst einer vom Absatzmarkt her gesteuerten Vertriebspolitik gestellt werden muß. Ähnliches gilt für Auslegung und Betrieb der Anlagen. Hier steht bereits ein großes Instrumentarium an apparativen und verfahrenstechnischen Möglichkeiten offen, deren optimierende Auswahl nur noch marginale Kostensenkungen verspricht.

Auf den Absatzmärkten zeigt sich der Reifegrad am deutlichsten an der *Verringerung der Substitutionsspielräume* gegenüber den Erzeugnissen anderer Industriezweige. Obwohl längst noch nicht abgeschlossen, ist der Durchdringungsgrad der Volkswirtschaften mit Chemieprodukten bereits in vielen Sparten hoch. Mit Abnahme der noch offenen Substitutionsspielräume steigen die Marktwiderstände, und nach ihrer gänzlichen Ausschöpfung muß sich das Wachstum an die gesamtindustriellen Durchschnittswerte annähern.

Soweit die bisherigen *Exportmärkte* von weniger hoch industrialisierten Ländern gebildet wurden, bringen die konkurrierenden Exportanstrengungen der alten Chemieländer und die chemischen Industrialisierungsmaßnahmen der bislang vorzugsweise importierenden Länder wachsende Absatzerschwernisse. Der Ausbau des direkten Exportvertriebes bis zu ausländischen Produktionsniederlassungen verwischt ohnehin die nationalen Absatzgrenzen und führt zu einem weltweiten Konkurrenzkampf.

Das bislang relativ schnelle Wachstum und die oft attraktive Gewinnsituation hat die *Investitionsneigungen* verstärkt, wobei auch branchenfremde Investoren in die Chemiemärkte eindringen. Eine große Rolle spielen vertikale Programmerweiterungen der früheren Rohstofflieferanten nach vorn (Erdölindustrie zur Petrochemie und organischen Schwerchemie) sowie der Verarbeiter nach rückwärts (Kunststoffverarbeiter zur Rohstoffgewinnung). Die von der Chemiesubstitution bedrängten Rohstoffproduzenten wehren sich nicht nur mit einer eigenen verbesserten Produktgestaltung und Vertriebsaktivität, sondern auch durch eigene Chemieinvestitionen (Stahlindustrie, Elektroindustrie usw.), was konkurrenzverschärfend wirkt. Der *Marktzugang* wird auf vielen Produktionsgebieten durch ein ausgedehntes *Verfahrensangebot* seitens der chemischen Industrie selbst, von Projektierungsfirmen und Forschungsgesellschaften erleichtert, so daß dann langwierige eigene Forschungsarbeiten nicht mehr eine unabdingbare Voraussetzung der Produktion darstellen.

1.53 Entwicklungstendenzen des Chemie-Marketing

1.531 Ausbau der Absatzorganisation

Der *Absatzorganisation* kommt unter der Marketing-Idee eine besondere Bedeutung zu: Realisierbarkeit und Effizienz der absatzpolitischen Maßnahmen sind hochgradig von der Leistungsfähigkeit der Absatzteilfunktionen und der Art ihrer Zusammenfassung und Gliederung in der inneren und äußeren Absatzorganisation abhängig, wobei unter den heterogenen Absatzbedingungen der chemischen Industrie oft besondere Erschwernisse zu überwinden sind. Die immer stärkere Durchsetzung der Divisionalorganisation in der chemischen Industrie –

wo immer es hinreichende Betriebsgrößen zulassen – geht vor allem auf die gewachsenen Absatzanforderungen zurück (vgl. Kap. 2.12). Die Güte der *innerbetrieblichen Koordinierung* zwischen dem Vertrieb und den anderen betrieblichen Grundfunktionen ist ebenfalls von der Vertriebsorganisation abhängig. Die Bewältigung der Probleme der Absatzorganisation wird häufig zum Kennzeichen dafür, ob die konkurrierenden produktions- oder absatzwirtschaftlichen Überlegungen letztlich die Oberhand behalten haben. Eine Vorrangstellung des Marketing erfordert eine Aufwertung mehrerer Absatzaufgaben durch Schaffung organisatorisch verselbständigter Teilfunktionen, und überhaupt wird die Absatz organisation aufwendiger und komplizierter.

Über den Absatzerfolg entscheiden schließlich die Erfolge der innerhalb der gezogenen organisatorischen Grenzen entfalteten Vertriebsteilpolitiken. Die Darstellung von Einzelheiten obliegt den späteren Hauptabschnitten, indessen haben sich einige dieser absatzpolitischen Maßnahmen zu branchenspezifischen Grundtendenzen verdichtet, die einleitend zu charakterisieren sind.

1.532 Produktdifferenzierung

Der im Rahmen der volkswirtschaftlichen Preistheorie entwickelte Begriff der *Produktdifferenzierung* kennzeichnet die Aufspaltung einheitlicher Märkte – die sich aus der ökonomischen Gleichwertigkeit der Absatzobjekte und Marktbeziehungen (Abwesenheit von „Präferenzen“) ergibt – in zahlreiche *Teilmärkte*, wobei die qualitativ unterschiedliche Produktgestaltung im Vordergrund steht. Dem homogenen Konkurrenzmarkt mit seiner einheitlichen Preisgestaltung und scharfen Preiskonkurrenz tritt die *heterogene Konkurrenz* oder auch *Qualitätskonkurrenz* gegenüber. Die Produktdifferenzierung ist aber nicht nur als eine indirekte Maßnahme der Preispolitik anzusehen, sondern wird immer mehr zu einem beherrschenden Grundzug des Absatzinstrumentes der *Produktentwicklung*.

In der chemischen Industrie ist die starke Tendenz zur Produktdifferenzierung auf allen und auch solchen Gebieten des Produktivgüterabsatzes im Gange, die sich von Natur aus schlecht für eine Individualisierung des Angebotes eignen. Stärker universell verwendbare Massenprodukte werden durch qualitative Produktvariationen an die Einzelverwendungen besser angepaßt und in zahlreiche Spezialitäten umgewandelt, große Produktmarken werden in ganze Markenfamilien aufgespalten, immer noch chemisch-stofflich gekennzeichnete Vor- und Zwischenprodukte werden wenigstens durch besondere Qualitätsgarantien oder indirekte Angebotsleistungen, wie vor allem die anwendungstechnische Kundenberatung, aus der Anonymität der Massenproduktmärkte herausgehoben. Wenn früher vielleicht die großen chemischen Massenprodukte für den Industriezweig als charakteristisch galten, so ist es heute eher die Vielzahl der firmenindividuell markierten Spezialitäten, die auch in der Absatzpolitik der Chemiebetriebe ein Höchstmaß an Interesse beanspruchen (Kap. 5.3). „Vom Rohstoff zum Zweckstoff“ lautet heute die Leitmaxime dieser Entwicklungstendenz.

1.533 Konsumgütervertrieb

Für den *Konsumgütervertrieb* gelten nicht nur zahlreiche absatzwirtschaftliche Besonderheiten, sondern es ergeben sich auch grundsätzlich andersgeartete Ausgangslagen für die Entfaltung der Absatzaktivität. Alle wirtschaftliche Tätigkeit und insbesondere der Absatz zielen auf die optimale Bedarfsdeckung des Konsumenten, des Letztverbrauchers als Träger und Zweck des Wirtschaftens überhaupt. Während der Konsumgüterproduzent diesem Letztverbraucher aber unmittelbar gegenübersteht oder höchstens durch Absatzmittler von ihm getrennt ist, wird der Produktivgüterhersteller durch mehr oder minder zahlreiche Nachverarbeiter und die Nachverarbeitungsprozesse seiner Produkte vom Letztverbraucher abgeschrankt. Sein Absatz wird vom Absatz der Nachverarbeiter abhängig, die vom Konsumenten ausgehenden Absatzimpulse erfährt er nicht unmittelbar, sondern erst aus zweiter und dritter Hand. Er muß passiv auf die Produktionsentfaltung seiner eigenen Abnehmerkunden warten und kann Maßnahmen zur stärkeren Absatzaktivierung in den Konsumgütermärkten nur in abgeschwächter, gefilterter Form weitergeben. Die „derivative“ Nachfrage, die dem Produktivgüterhersteller gegenübersteht, bringt von vornherein eine Abschwächung der möglichen Marketing-Initiativen mit sich, und sicherlich ist das Marketing nicht zufällig ursprünglich in der Konsumgüterindustrie entstanden.

Die chemische Industrie steht nur mit rund 1/4 ihres Absatzes unmittelbar im Konsumgütermarkt. Bei „gemischten“ Produktivgüter- und Konsumgüterproduktionen wird aber der Konsumgüterabsatz heute immer mehr als ein wertvoller *Initiator* zur Entwicklung *stärkerer Absatzbemühungen* und *besserer Absatzmethoden* auf allen Absatzgebieten angesehen. Der verstärkte Zug zur Angliederung von Konsumgütersparten durch Chemieunternehmungen, die bisher ganz auf der Grundstoffseite standen, dürfte in erheblichem Umfang auf eine solche Absatzorientierung zurückgehen. Im Du-Pont-Chemiekonzern richtete man bereits bei einem Umsatzanteil von nur 5% eine besondere Konsumgütervertriebssparte ein.

Daneben können die mit der Konsumgüterproduktion verbundene vorwärts gerichtete Vertikalkonzentration, die Sicherung der Marktauslässe der Vorprodukte und das Partizipieren an den bei höherem Lebensstandard sehr wachstumsintensiven chemischen Konsumgütersparten eine besondere Rolle spielen [1.20; 1.67; 2.22; 2.23; 2.129]. Endlich ist die Flucht vor der Preiskonkurrenz in die Qualitätskonkurrenz im Konsumgüterbereich am ehesten möglich, woran nicht selten Hoffnungen auf höhere Rentabilitätschancen geknüpft werden.

1.534 Vorwärtsintegration

Ebenso ist die wenigstens indirekt stärkere Annäherung an die Konsumsphäre durch *Angliederung* weiterer *vorwärts* gerichteter *Produktionsstufen* günstig zu beurteilen, sei es im Bereich der chemischen Weiterverarbeitung oder sogar von Folgestufen der mechanischen Formgebung. Wenn man die Konsumgüterproduktion auch noch nicht ganz erreicht, so kommt man ihr doch um ein weiteres Stück näher. Innerhalb breiter, heterogener Produktionsprogramme wird sich nur bei einzelnen Produktgruppen diese stärkere Annäherung an die Konsumgütersphäre realisieren lassen, von denen man sich aber wiederum eine vorteilhafte Befruchtung der gesamten Absatztätigkeit versprechen darf. Größtenteils wird die Angliederung nachfolgender Verarbeitungsstufen nur einen Teil des eigenen Absatzes an die betreffenden Wirtschaftsstufen erfassen bzw. substituieren, so daß für die

Vorprodukte ein Nebeneinander von Fremdabsatz und eigener Weiterverarbeitung sowie für die Folgeprodukte ein Konkurrenzverhältnis gegenüber den eigenen Abnehmern entsteht. Hierin liegen zweifellos Gefahrenmomente, aber wir müssen auf den positiven Effekt der besseren Einstellung auf die Bedingungen der Nachmärkte hinweisen. In der letzten Zeit realisierte Vorwärtsintegrationen sind bereits ausdrücklich in dieser Weise motiviert worden.

Diese Verbesserung des Kontaktes mit den Nachmärkten ist aber nur ein Teilziel innerhalb der Programmpolitik der Vorwärtsintegration, und es kann sein, daß andere Ziele in den Vordergrund rücken (Kap. 5.83).

1.535 Vertikalvertrieb

Wir verstehen unter *Vertikalvertrieb* den Inbegriff aller Vertriebsmaßnahmen, die auf eine absatzfördernde Beeinflussung von Nachverarbeitungsstufen – evtl. bis hin zum Letztverbraucher – gerichtet sind. Hierbei erfolgt wiederum eine indirekte Annäherung an den Konsumenten, wobei weder Konsumgüter selbst hergestellt noch die rechtliche und wirtschaftliche Selbständigkeit von Nachverarbeitungsbetrieben aufgehoben werden. Der Vertikalvertrieb stellt die dritte Gruppe von Maßnahmen dar, welche auf Verwirklichung des immer beherrschender werdenden absatzpolitischen Grundsatzes der *Steigerung der Konsumnähe* („getting closer to the consumer") gerichtet ist.

Die Vertriebsziele enden nicht beim Einkauf der unmittelbaren Abnehmer, sie richten sich vielmehr auf die gesamte Produktgestaltung und das Vertriebssystem einer oder sogar mehrerer Nachverarbeitungsstufen. Die höchste Entwicklung des Vertikalvertriebs offenbart sich in der unmittelbaren Ansprache des Letztverbrauchers bei gleichzeitiger Rohstoffmarkierung, jedoch sind bis dahin mehrere graduelle Abstufungen möglich. Für den Rohstoffhersteller bietet sich hier eine hervorragende Möglichkeit der Anpassung und zum Ausbau der Marketing-Idee unter seiner spezifischen Vertriebssituation.

Das System des Vertikalvertriebs ist in seinen wichtigsten methodischen Elementen praktisch innerhalb des Chemie-Marketing entwickelt worden, jedoch gewinnt diese Absatzkonzeption heute auch in anderen Zweigen des „Rohstoff-Marketing" zunehmend an Bedeutung. Bei dieser Ausdehnung des eigenen vertrieblichen Aktionsradius entsteht immerhin ein beträchtlicher Mehraufwand, und es ergeben sich auch zahlreiche Probleme aus den mitunter widerstreitenden Interessen der verschiedenen Wirtschaftsstufen. Bei den Maßnahmen zur Realisierung des Vertikalvertriebes kann man zwei Entwicklungsstufen unterscheiden, je nachdem, ob die Absatzbeeinflussung beim unmittelbaren Kunden und im Primärmarkt endet oder aber weitere Folgestufen erfaßt.

In der milderen Form des sogenannten *einstufigen Vertikalvertriebs* bleibt die vertriebsaktive Beeinflussung auf die erste Nachverarbeitungsstufe beschränkt, wobei jedoch eine weitgehende Einbeziehung der wichtigen Teilfunktionen der Abnehmerbetriebe in die eigene Absatzpolitik angestrebt wird. Das Aktionsfeld des eigenen Marketing beginnt nicht bei der Übernahme der Einkaufsanforderungen der Nachverarbeiter, sondern erhält seine Impulse aus allen betrieblichen und absatzwirtschaftlichen Gestaltungsmöglichkeiten der Kundenbetriebe. An die Stelle der abgeleiteten Bedarfsdeckung aus deren eigenständiger Programmgestaltung tritt die Wahrnehmung der bestmöglichen eigenen Absatzchancen aus der entsprechend gezielten Beeinflussung von Produktions- und Absatzgestaltung der Nachverarbeiter.

Diese im amerikanischen Chemie-Marketing auch als „selling in depth" bezeichnete Integration zwischen Chemieproduzenten und Kundenbetrieb läßt sich gut anhand des Diagramms in Abb. 1.16 veranschaulichen, in dem die Verkaufsorganisation des Chemieproduzenten und die Einkaufsorganisation des Kundenbetriebes als Vermittler der vor- und nachgelagerten Teilfunktionen aufgefaßt werden (vgl. Kap. 2.14).

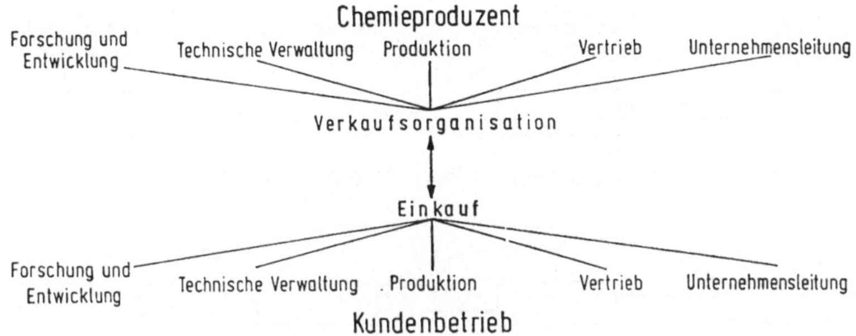

Abb. 1.16 Koordinierung der betrieblichen Teilfunktionen im Primärmarkt beim einstufigen Vertikalvertrieb [2.142].

Die vertriebliche Teilfunktion der *Verkaufsförderung* (sales promotion) stellt eine ähnliche, frühere Entwicklung dar, ist aber vom Vertikalvertrieb deutlich verschieden. Die Verkaufsförderung will vor allem eine Unterstützung des Handels beim Konsumgüterabsatz, wobei sie aber von Werbung und Kundendienst ohnehin schwer abzugrenzen ist. Gegenüber diesen vertrieblichen Teilfunktionen stellt der Vertikalvertrieb eine übergeordnete Absatzkonzeption dar, die nicht nur den gesamten Absatz, sondern darüber hinaus die Betriebspolitiken der Marktpartner erfaßt. Die Einbeziehung von Produktionsbetrieben und nicht nur der Handelsstufe führt zu einer neuen, vielschichtigeren Problematik.

Der Vertikalvertrieb ist keinesfalls mit der chemischen *Anwendungstechnik* und auch nicht mit ihrer Teilfunktion des *technischen Kundendienstes* zu verwechseln oder bewußt gleichzusetzen, selbst wenn die Anwendungstechnik in ihrer charakteristischen chemiespezifischen Ausprägung für den Vertikalvertrieb eine zentrale Bedeutung erlangt. Mit ihrer Hilfe gelingt es nämlich, die Produktionstechnik der Nachverarbeitungsbetriebe in gewisser Weise vorwegzunehmen oder zu beeinflussen. Zahlreiche, an sich zunächst fachfremde Nachverarbeitungstechnologien müssen betreut, Apparaturen und verfahrenstechnische Bedingungen optimal festgelegt und entwickelt werden. Die Anwendungstechnik gerät damit in gewisse Konkurrenz zur Forschung und Entwicklung der Kundenbetriebe. Ihre wichtigste Aufgabe im Rahmen des Vertikalvertriebes ist es, die Produktionstechnik der Nachverarbeitung in Richtung einer bestmöglichen Rentabilität der Kundenbetriebe sowie gleichzeitig einer maximalen Nachfrageausweitung im eigenen Primärmarkt zu steuern.

Schließlich ist die Frage nach dem Verhältnis zur *vertikalen Kooperation* aufzuwerfen, die als Gegenmaßnahme gegen die wachsenden Konzentrationstendenzen und zur Sicherung der Selbständigkeit kleinerer und mittlerer Betriebe auch in der chemischen Industrie zunehmendes Interesse gewinnt. Diese Bestrebungen werden sich oft vorteilhaft mit denjenigen des Vertikalvertriebs verbinden lassen. Freilich geht der Anstoß zur vertikalen Kooperation meistens von den kleineren Nachverarbeitern aus, im Unterschied zu dem in umgekehrter Richtung wirkenden Vertikalvertrieb.

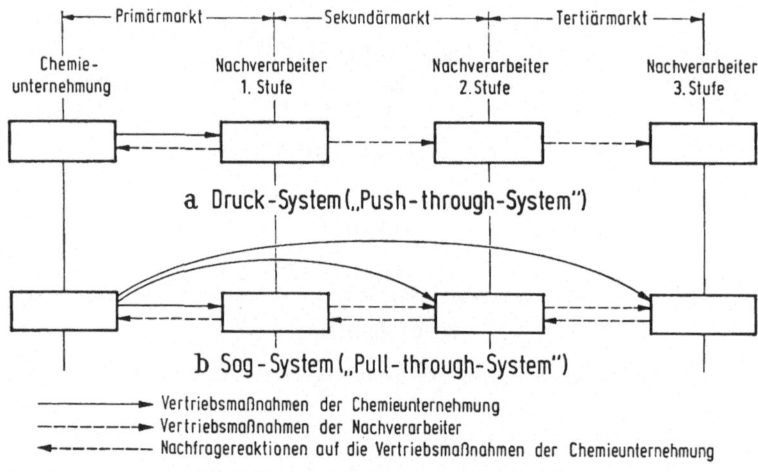

Abb. 1.17 Systeme des Vertikalvertriebs.

In der höheren Entwicklungsstufe des *mehrstufigen Vertikalvertriebs* bleiben die Vertriebsmaßnahmen nicht auf die unmittelbar nachgelagerte Verarbeitungsstufe beschränkt, sondern greifen auf weitere Folgestufen und bis zum Konsumgütermarkt vor. Durch diese größere Reichweite der Absatzaktivität wird die Endnachfrage in der Weise beeinflußt, daß eine rückwärts gerichtete, den eigenen Vorproduktabsatz fördernde *Sogwirkung* eintritt. Während der zuvor geschilderte einstufige Vertikalvertrieb noch ausschließlich zu dem einseitig nach vorn wirkenden Drucksystem oder „Push-through-System" der Absatzpolitik gehört, handelt es sich jetzt um eine Sogwirkung (Sogsystem oder „Pull-through-System"). Hierbei werden neben der Ansprache des Kunden im Primärmarkt die Folgestufen bearbeitet, um deren Nachfrage nach Produkten aus dem Vormaterial des Chemieproduzenten auszuweiten. Das Vorgreifen auf die Nachstufen stellt keine Ablösung der notwendigen Absatzaktivität im Primärmarkt dar, sondern erfolgt zusätzlich, wobei die Schwerpunkte wechseln können (Abb. 1.17).

Der Rohstoffhersteller erlangt durch den mehrstufigen Vertikalvertrieb die stärksten Möglichkeiten zur Entfaltung einer Vertriebsaktivität und unmittelbaren Einwirkung auf die Bedarfsbildung und Bedarfsweckung nach seinen Erzeugnissen. Es ist aber zugleich die aufwendigste und komplizierteste aller sich bietenden grundlegenden Vertriebspolitiken und an die Voraussetzung gebunden, daß das Vorprodukt zu wesentlichen Anteilen und in erkennbarer Weise in die

Folgeprodukte eingeht. Zur Sicherung der Identität zwischen Rohstoff und seinem Lieferanten wird eine *Rohstoffmarkierung* oft als unerläßlich angesehen.

Zweifellos bietet der Vertrieb von Konsumgütermarkenartikeln hierfür ein unmittelbares Vorbild, jedoch bestehen einige wesentliche Unterschiede:

a) Beim Vertrieb von Konsumgütermarkenartikeln ist nur der Distributionsweg über den Handel zu überbrücken, der das Produkt unverändert läßt. Hier dagegen sind *Verarbeitungsstufen* einzubeziehen, deren eigenständige Produktgestaltung im Sinne des Vorproduzenten beeinflußt werden muß.

b) Die in das Vertriebssystem einzubeziehende *Kette* von nachgelagerten Wirtschaftsstufen ist meistens *länger*. Reicht das „Pull-through-System" bis in den Konsumgütermarkt, kommen zu den Distributionsstufen noch die Verarbeitungsstufen hinzu.

c) Der Nachfragesog nach Konsumgütermarkenartikeln wird im wesentlichen mit den Maßnahmen der *Werbung* in Form der unpersönlichen Mehrheitswerbung erreicht. Gegenüber dieser „Sprungwerbung" muß der Produktivgütervertikalvertrieb ein viel größeres Instrumentarium an Absatzmaßnahmen anwenden.

Beide Systeme des Vertikalvertriebes sind für die gegenwärtige Entwicklung des Chemie-Marketing von außerordentlicher Tragweite. Sie beeinflussen alle vertrieblichen Teilpolitiken und Funktionen, so daß bei deren Abhandlung hierauf noch einzugehen sein wird.

Literatur

1.1 Absatzwirtschaft, Hrsg. Hessenmüller, B., Schnaufer, E., Baden-Baden 1964.

1.2 Administration of the chemical enterprise, Hrsg. Berenson, C., New York 1963.

1.3 Aktuelle Absatzwirtschaft, Bearb. Disch, W. K. A., Hamburg 1964.

1.4 Alexander, R. S., u.a.: Industrial marketing, Homewood 1966.

1.5 Alexander, R. S., Berg, T. L.: Dynamic management in marketing, Homewood 1965.

1.6 Beiträge zur hundertjährigen Firmengeschichte 1863–1963, Hrsg. Farbenfabriken Bayer AG, Leverkusen 1963.

1.7 Berenson, C.: Marketing in the chemical industry, in [1.2, S. 1].

1.8 Besser leben durch Chemie, Druckschr. d. Verb. d. Chemischen Industrie e.V., Frankfurt 1965.

1.9 Betriebswirtschaftliche Planung unter besonderer Berücksichtigung der Verhältnisse in der Chemischen Industrie, Hrsg. Betriebswirtschaftl. Ausschuß d. Verb. d. Chemischen Industrie e.V., Wiesbaden 1965.

1.10 Big at expense of little? Chem. Eng. News 34 (1956) 5400.

1.11 Böhme-Köst, P.: Message-marketing-misere. Absatzwirtschaft 10 (1967) 1216.

1.12 Brown, R., Campbell, G. A.: How to find out about the chemical industry, Oxford 1969.

1.13 Bry, T. S.: Consumer chemicals: a birds eye view, in [1.69, S. 72].

1.14 Bursk, E. C.: Chemical marketing needs more imagination and vigor. Chem. Eng. News 38 (1960) Ausg. 19. 12., S. 76.

1.15 Chemical Business Handbook, Hrsg. Perry, J. H., New York 1954.

1.16 Chemical marketing in the competitive sixties, Hrsg. Amer. Chem. Soc., Washington D.C. 1959.

1.17 Chemical marketing: the challenges of the seventies, Hrsg. Amer. Chem. Soc., Washington D.C. 1968.

1.18 Chemiebilanzen über dem Durchschnitt. Chem. Ind. 20 (1968) 465.

1.19 Chemiewirtschaft in Zahlen, Hrsg. Verb. d. Chemischen Industrie e.V., 11. Aufl., Düsseldorf 1969.

1.20 Consumer chemicals market grows 6% per year. Chem. Week 95 (1964) Ausg. 14. 9., S. 28.
1.21 Corey, E. R.: Industrial marketing, 3. Aufl., Englewood Cliffs N. J. 1963.
1.22 Die deutsche chemische Industrie, Verhandlungen u. Berichte d. Ausschusses z. Untersuchung d. Erzeugungs- u. Absatzbedingungen d. deutschen Wirtschaft, Berlin 1930.
1.23 Ebert, W.: Die chemische Industrie Deutschlands, Berlin/Leipzig 1926.
1.24 Fedor, W. S.: Small chemical companies, a constant challenge to grow. Chem. Eng. News 44 (1966) Ausg. 13. 6., S. 136.
1.25 Frank, B.: Natürliche Rohstoffquellen für die chemische Industrie Europas in gegenwärtiger und zukünftiger Sicht. Die BASF 16 (1966) 189.
1.26 Freiensehner, H.: Wie verkauft man Chemie? Blick durch die Wirtschaft – FAZ (1965) Ausg. 18. 2.
1.27 Froot, N. D.: The small manufacturer in the chemical industry: his position, problems and future. Chem. Week 76 (1955) Ausg. 18. 6., S. 39.
1.28 Fundamental differences between industrial and consumer marketing. J. Marketing 19 (1954/55) 152.
1.29 Goldack, G.: Chemiewirtschaft in der europäischen Integration. Marktforscher 5 (1961) 26.
1.30 „Good Case“ for specialties in large firms. Chem. Eng. News 44 (1966) Ausg. 4. 4., S. 25.
1.31 Gramberg, B.: Methoden zur Messung wirtschaftlicher Konzentration. Chem. Ind. 15 (1963) 17.
1.32 Grünsteidl, E.: Von der Warenkunde zur Warenwirtschaftslehre. Der Markt (1966) 89.
1.33 Grundke, G.: Probleme der Warenkunde und ihre Bedeutung für die technische Chemie. Chem. Techn. 20 (1968) 170.
1.34 Gutenberg, E.: Grundlagen der Betriebswirtschaftslehre, Bd. 2, Der Absatz, 9. Aufl., Berlin/Heidelberg/New York 1966.
1.35 Hammel, W.: Das System des Marketing – dargestellt am Beispiel der Konsumgüterindustrie, Freiburg 1963.
1.36 Haubold, E.: Morgen verkaufen – was und wie? Chem. Ind. 16 (1964) 390.
1.37 Hempel, F. H.: The economics of chemical industries, New York 1939.
1.38 Hoppmann, H.: Die rationelle Gestaltung der chemisch-technischen Produktion, Berlin 1934.
1.39 Howard, J. A.: Marketing management – analysis and planning. Homewood 1963.
1.40 Industrie und Handwerk, Betriebe der Industrie, Veröffentl. d. Stat. Bundesamtes, D I/I, Nr. 230110.
1.41 Industrie und Handwerk, Unternehmen der Industrie, Veröffentl. d. Stat. Bundesamtes, D 1/II, Nr. 230120.
1.42 Industrie und Handwerk, Industrielle Produktion, Veröffentl. d. Stat. Bundesamtes, D 3, Nr. 230300.
1.43 International perspectives, the economist intelligence unit. Chem. and Ind. (1967) 1152 u. 1308.
1.44 Internationale Chemienomenklaturen, Hrsg. Verb. d. Chemischen Industrie e.V., Frankfurt 1965.
1.45 Kilger, W.: Industrie und Konzentration, in: Konzentration in der Wirtschaft, Hrsg. Arndt, H., Bd. 1, Stand der Konzentration, Berlin 1960, S. 277.
1.46 Koch, W.: Grundlagen und Technik des Vertriebes, Bd. 1 u. 2, Berlin 1950.
1.47 Köck, W.: Chemie – Dynamischer Faktor der Wirtschaft. Chem. Ind. 4 (1952) 811.
1.48 – Die volkswirtschaftliche Funktion der Chemie. Der Volkswirt (1954) Beil. zu Nr. 14, S. 36.
1.49 Kölbel, H., Schulze, J.: Projektierung und Vorkalkulation in der chemischen Industrie, Berlin/Göttingen/Heidelberg 1960.
1.50 – Zur Entwicklung der Betriebswirtschaftslehre der chemischen Industrie. BFuP 17 (1965) 13 u. 85.
1.51 – Die Abgrenzung chemischer Produktionstypen nach Leistungsprogramm, Fertigungsorganisation und Prozeßführung. Ind. Organisation 34 (1965) 149.
1.52 – Fertigungsvorbereitung in der chemischen Industrie, Wiesbaden 1967.
1.53 Koetschau, R.: Einführung in die Theoretische Wirtschaftschemie, Dresden u. Leipzig 1929.

1.54 KUTZELNIGG, A.: Determinanten der Warenbeschreibung. DIN Mitt. 45 (1966) 449.
1.55 LELAND, M. W.: Some economic characteristics of the chemical industry. Chem. Eng. Prog. 48 (1952) 529.
1.56 Marketing Handbook, Hrsg. FREY, A. W., 2. Aufl., New York 1965.
1.57 Medium – sized firms move closer to the consumer. Chem. Eng. News 43 (1965) Ausg. 21. 6., S. 24.
1.58 MEISTER, O.: Investitionspolitik für Auslandsinvestitionen der chemischen Industrie, Diplomarbeit TU Berlin 1969.
1.59 MELLEROWICZ, K.: Allgemeine Betriebswirtschaftslehre, Bd. 3, 12. Aufl., Berlin 1967.
1.60 – Betriebswirtschaftslehre der Industrie, Bd. 1 u. 2, 6. Aufl., Freiburg 1968.
1.61 – Unternehmenspolitik, Bd. 1–3, Freiburg 1963/64.
1.62 MESSING, R. F., NEIDIG, C. P.: Organization and growth of the chemical industry, in [3.33, S. 14].
1.63 METZNER, A.: Die chemische Industrie der Welt, Bd. 1–2, Düsseldorf 1955.
1.64 – Verkaufen im Chemiebereich. Chem. Ind. 12 (1960) 133.
1.65 MIRACLE, G. E.: Product characteristics and marketing strategy. J. Marketing 29 (1965) 1, S. 18.
1.66 Mit Chemiewerkstoffen ... Europa-Chemie (1968) 8, S. 8.
1.67 MOELLER-WAGENITZ, R.: Marketing-Forschung in der chemischen Industrie der USA. Chem. Ind. 16 (1964) 882.
1.68 MORENZ, A.: Stärkere Marktorientierung der US-Chemie. Chem. Ind. 18 (1966) 159.
1.69 Papers presented at the Chicago, Illinois meeting, Hrsg. wie [1.95], Chicago Sept. 1964.
1.70 PIERCY, K.: The chemical industry in a changing world. Chem. and Ind. (1965) 1474.
1.71 PRATT, J. D.: The economics of the fine chemical industry. Chem. and Ind. (1951) 38.
1.72 – Chemical comparisons. Chem. and Ind. (1965) 901.
1.73 PREISIG, H.: Marketing in der Produktionsgüterindustrie, Winterthur 1962.
1.74 RIEBEL, P.: Mechanisch-technologische und chemisch-technologische Industrien in ihren betriebswirtschaftlichen Eigenarten. ZfbF 6 (1954) 413.
1.75 – Die Kuppelproduktion, Betriebs- und Marktprobleme, Köln u. Opladen 1955.
1.76 – Chemische Industrie, in: HdSw, Bd. 2, Stuttgart/Tübingen 1959, S. 492.
1.77 – Industrielle Erzeugungsverfahren in betriebswirtschaftlicher Sicht, Wiesbaden 1963.
1.78 RUSSELL, W. M.: Trends in chemical marketing. Chem. Eng. News 33 (1955) 3622.
1.79 SCHÄFER, E.: Die Aufgabe der Absatzwirtschaft, Köln u. Opladen 1950.
1.80 – Absatzwirtschaft, in: HdW, Bd. 1, Betriebswirtschaft, 2. Aufl., Köln u. Opladen 1966, S. 277.
1.81 – Die Unternehmung, 6. Aufl., Köln u. Opladen 1966.
1.82 – Produktionswirtschaft und Absatzwirtschaft. ZfbF 15 (1963) 537.
1.83 – Über die Welt der Waren. Der Markt (1963) 7.
1.84 SCHNEIDER, K.: Verkaufen wird wieder groß geschrieben. Chem. Ind. 12 (1960) 135.
1.85 SCHNUTENHAUS, O. R.: Absatztechnik, Berlin 1927.
1.86 – Absatzpolitik und Unternehmungsführung, Freiburg 1961.
1.87 SCHULZE, J.: Die Vertriebsorientierung der chemischen Industrie. Neue Betriebswirtschaft 17 (1964) 189.
1.88 – Vertikalisierter Vertrieb als Umsatzimpuls im industriellen Marketing. Absatzwirtschaft 7 (1964) 763.
1.89 SCHWORM, K.: Chemische Industrie, Berlin/München 1967.
1.90 SCIANCALEPORE, F.: Basic characteristics of the chemical industry, in [3.31, S. 1].
1.91 SEYFFERT, R.: Wirtschaftslehre des Handels, 4. Aufl., Köln u. Opladen 1961.
1.92 STANTON, W. J.: Fundamentals of marketing, New York 1964.
1.93 SULFRIAN, A.: Lehrbuch der chemisch-technischen Wirtschaftslehre, Stuttgart 1927.
1.94 SULFRIAN, A., PELTZER, J.: Betriebs- und gesamtwirtschaftliche Probleme der chemischen Produktion, Stuttgart 1938.
1.95 Symposia on innovations in chemical marketing und anderes, Hrsg. Amer. Chem. Soc., Div. of Chemical Marketing and Economics, New York Sept. 1963.
1.96 Symposia on information problems in chemical marketing und anderes, Hrsg. wie [1.95], Philadelphia April 1964.
1.97 Symposia on chemical marketing and management problems und anderes, Hrsg. wie [1.95], Pittsburgh März 1966.

1.98 Symposia on general, rubber chemicals and marketing economics und anderes, Hrsg. wie [1.95], New York Sept. 1966.

1.99 Systematisches Warenverzeichnis für die Industriestatistik, Ausg. 1963, mit Ergänzungen, Stat. Bundesamt, Stuttgart u. Mainz.

1.100 TAYLOR, S. H.: Managing consumer product enterprises, in [1.69, S. 106].

1.101 The chemical industry facts book, Hrsg. Manufacturing Chemists' Association, 5. Aufl., Washington D.C. 1961.

1.102 The chemical industry in the European member countries of OECD, 1953–1962, Hrsg. OECD, Paris 1964.

1.103 The chemical industry 1966–1967, Hrsg. OECD, Paris 1968.

1.104 The chemical industry: viewpoints and perspectives, Hrsg. BERENSON, C., New York 1963.

1.105 The chemistry of acrylonitrile, Hrsg. American Cyanamid Co., 2. Aufl., New York 1964.

1.106 The management of international marketing in the chemical industry, a seminar sponsored by Chemical Week and Arthur D. LITTLE, Inc., Frankfurt/Main 1967.

1.107 The marketing of industrial products, Hrsg. WILSON, A., 2. Aufl., London 1966.

1.108 Top twenty in 1968. Chem. and Ind. (1969) 1479.

1.109 TOSDAL, H. R.: Introduction to sales management, 4. Aufl., New York 1957.

1.110 TYLER, C., WINTER, C. H.: Chemical engineering economics, 4. Aufl., New York 1959.

1.111 Unternehmen und Arbeitsstätten, Abschlüsse der Aktiengesellschaften, Veröffentl. d. Stat. Bundesamtes, C 2/I, Nr. 220210.

1.112 Unternehmen und Arbeitsstätten, Die Kostenstruktur in der Wirtschaft, Industrie und Energiewirtschaft, Veröffentl. d. Stat. Bundesamtes, C 1/I, Nr. 220110.

1.113 VDI-Taschenbuch Industrieller Vertrieb, Hrsg. Verein Deutscher Ingenieure, Düsseldorf 1957.

1.114 VIETORISZ, T.: Techniques of sectoral economic planning: The chemical industry, United Nations, New York 1966.

1.115 Wandel in der chemischen Technik, Karl WINNACKER zum 60. Geburtstag gewidmet, Hrsg. Farbwerke Hoechst AG, Frankfurt/Main–Höchst 1963.

1.116 WALLER, P.: Probleme der deutschen chemischen Industrie, Halberstadt 1928.

1.117 Warenverzeichnis für die Außenhandelsstatistik, Ausgabe 1965, Stat. Bundesamt, Stuttgart u. Mainz.

1.118 WEBLUS, B.: Produktionseigenarten der chemischen Industrie, ihr Einfluß auf Kalkulation und Programmgestaltung, Berlin 1958.

1.119 WINNACKER, K.: Die chemische Industrie in der Weltwirtschaft. Chemie-Ing.-Techn. 37 (1965) 785.

1.120 – Entwicklungslinien und Gegenwartsprobleme der Chemischen Industrie, Schriftenreihe „Chemie und Fortschritt" (1966) Nr. 1.

1.121 WITTMEYER, H., WOLLER, R.: Investieren im mittleren Betrieb. Chem. Ind. 16 (1964) 453.

1.122 WONNEBERGER, B.: Die Finanzierungsmethoden der deutschen chemischen Industrie seit der Währungsreform, Diplomarbeit TU Berlin 1969.

1.123 ZIMMERMANN, G., u.a.: Probleme der Äthylengewinnung. Chem. Techn. 16 (1964) 513.

1.124 Zur Problematik der Zahlen, Schwierigkeiten der chemiewirtschaftlichen Berichterstattung. Chem. Ind. 14 (1962) 297.

2. Vertriebsorganisation und Absatzwege für chemische Produkte

2.1 Der Vertrieb in der Gesamtunternehmensorganisation

2.11 Funktional gegliederte Hauptabteilungen

Für die Entfaltung einer den Gesamtbetrieb erfassenden Vertriebsaktivität ist neben der in der gesamten Unternehmenspolitik vorrangig zu wertenden Absatzpolitik der organisatorische Rahmen von grundlegender Bedeutung. Die beherrschende Stellung des Marketing muß bereits bei der Eingliederung des Vertriebes in die Gesamtunternehmensorganisation zum Ausdruck kommen. In der Chemieunternehmung ist die Gestaltung der Absatzorganisation oft besonders schwierig, wenn etwa eine ausreichende Elastizität gegenüber schnellen Wachstumsbewegungen und Programmänderungen gesichert, die Vielfalt von Produkten, Produktverwendungen, Abnehmerkreisen und Absatzmärkten bewältigt und die starken chemisch-technisch-wirtschaftlichen Aufgabenverzahnungen quer durch die Gesamtunternehmung berücksichtigt werden sollen.

Der Vertrieb zählt bekanntlich zu den fünf betrieblichen *Grundfunktionen:* Leitung, Beschaffung, Produktion, Absatz und Verwaltung. Bei einer funktionalen Gliederung der Unternehmung in der zweiten Instanz und auf der Ebene der Hauptabteilungen erfordert der Vertrieb daher eine eigene Ressortbildung. Die Abb. 2.1–2.3 zeigen drei schematische Organisationspläne als Beispiele für die Bildung der Hauptabteilungen und ihrer funktionalen Spezialisierung. Die Hauptabteilungen der Abb. 2.1 und 2.2 entsprechen den wichtigsten Funktionen oder Bereichen, wie sie branchenspezifisch in der chemischen Industrie häufig abgegrenzt werden. Hierbei wird zunächst vereinfacht eine Zusammenfassung aller vertrieblichen Teilfunktionen zur Grundfunktion Vertrieb angenommen. Eine zentralisierte Unternehmensleitung ist bei der erheblichen Breitengliederung und Spezialisierung der Hauptabteilungen gemäß Abb. 2.1 wegen der zu hohen Leitungsspanne leicht überfordert, so daß ein solcher Organisationsplan höchstens bei begrenzten Unternehmensgrößen sowie bei gleichzeitiger Vertretung der Hauptabteilungsleiter in der obersten Geschäftsführung vorteilhaft erscheint. Letzteres wird bei mehrköpfigen Leitungsgremien regelmäßig der Fall sein. Wenn hierbei auch nicht alle Hauptabteilungen eine Vorstandsvertretung erhalten, so sollte diejenige des Vertriebes doch stets unbestritten bleiben.

Sowohl bei der Abgrenzung der erwähnten Hauptabteilungen als auch bei ihrer Zusammenfassung zu fachlich stärker konzentrierten Leitungsressorts in der ersten Instanz wirkt sich die charakteristische *Dreidimensionalität* der *fachlichen Grundstruktur* in der Chemieunternehmung deutlich aus: Zum chemisch-naturwissenschaftlichen Bereich zählen gewöhnlich Forschung und Entwicklung sowie

Produktion. Dem Fachbereich der Technik oder des Ingenieurwesens obliegt die technische Apparatur im weitesten Sinne. Dem wirtschaftlichen oder kaufmännischen Bereich werden die eigentliche kaufmännische Verwaltung und wenigstens schwerpunktmäßig die Außenbereiche der Beschaffung und des Vertriebs zugerechnet. Eine nur zweigliedrige Ressortbildung gemäß Abb. 2.2 würde den in der Organisationsstruktur von Industriebetrieben so oft vorhandenen Dualismus von Technik und Wirtschaft unmittelbar widerspiegeln.

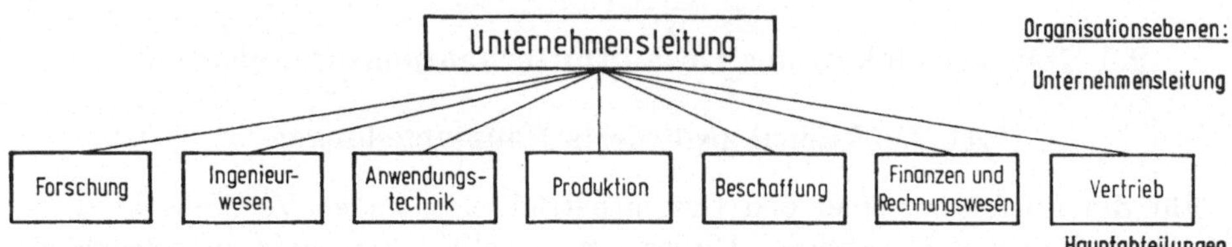

Abb. 2.1 Beispiel einer funktionalen Organisation der Hauptabteilungen in der Chemieunternehmung.

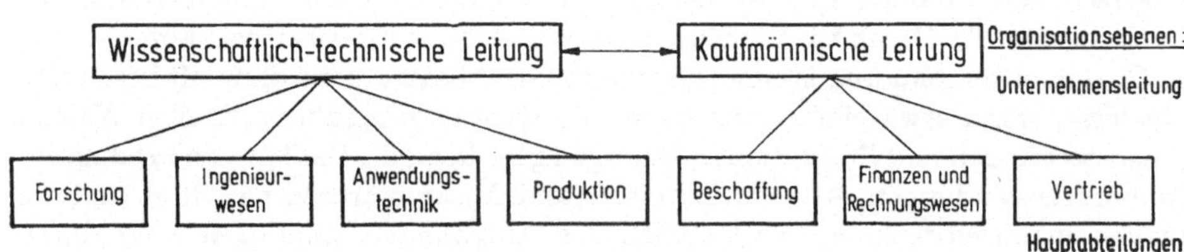

Abb. 2.2 Zusammenfassung der Hauptabteilungen zu einem wissenschaftlich-technischen sowie kaufmännischen Leitungsressort.

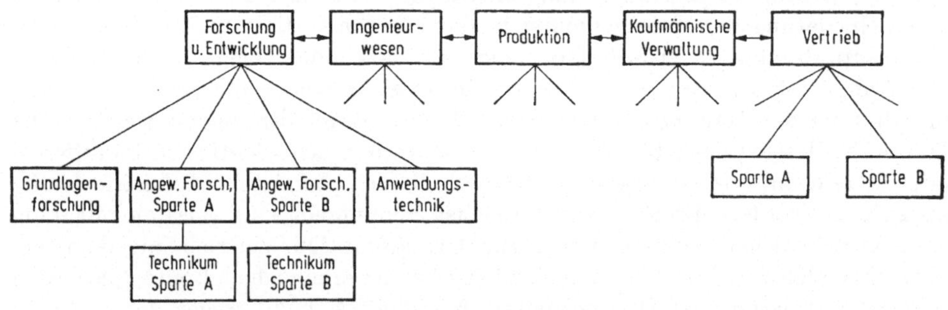

Abb. 2.3 Organisationsplan mit stärkerer Spezialisierung der obersten Leitungsressorts.

Besonders für große Chemieunternehmungen ist diese Zweiteilung als unterste Entwicklungsstufe der funktionalen Arbeitsteilung der obersten Leitung allerdings nicht ausreichend. Eine Übergangslösung würden etwa die fünf Leitungsressorts der Abb. 2.3 darstellen. Der wissenschaftlich-technische Bereich ist hierbei in Forschung und Entwicklung, Ingenieurwesen und Produktion gegliedert, während vom kaufmännischen Bereich der Vertrieb abgespalten ist. Dies ist aus mehrfachen Gründen angezeigt: Das Wirkungsfeld des Vertriebes ist nach außen und nicht, wie ein Großteil der kaufmännischen Aufgaben, nach innen gerichtet; vom weiteren Außenbereich der Beschaffung hebt sich der Vertrieb durch eine ganz andere Grundhaltung und seine vorrangige Bedeutung ab, es kommt jedoch ausnahmsweise auch eine Zusammenfassung von Vertrieb und Beschaffung in Betracht; die Realisierung der Marketing-Idee verlangt bei jeder fachlichen Spezialisierung auf der obersten Leitungsebene unbedingt eine Berücksichtigung des Vertriebes.

Der Hauptvorteil der funktionalen Organisation besteht zweifellos in der guten fachlichen *Spezialisierung* hinsichtlich der genannten *Funktionen*, was gemäß Abb. 2.3 bereits für die oberste Leitungsebene der Unternehmung gelten würde. Gleichzeitig sind allerdings als Nachteile in Kauf zu nehmen, daß die Funktionsspezialisten die volle Breite der auftretenden Produkte übersehen müssen. Ihre rein funktionale Gliederung muß sich demnach um so ungünstiger auswirken, je breiter das Produktionsprogramm bzw. je heterogener die von den einzelnen Produktgruppen ausgelösten forschungsmäßigen, produktions- und absatzwirtschaftlichen Aufgaben einerseits und je dringlicher die Verflechtung aller Funktionen andererseits werden. Beide Bedingungen aber sind in der chemischen Industrie überwiegend gegeben. Auf das enge Zusammenwirken aller Funktionen kommt es unter der Marketing-Idee im allgemeinen und in der chemischen Industrie aufgrund der starken produktions- und absatzwirtschaftlichen Wechselbeziehungen sowie der Entwicklungsintensität im besonderen an. Die laufend neu zu beschreitenden Wege „vom Reagenzglas zum Tankwagen" bringen schließlich alle Unternehmensbereiche bei jedem neuen Produkt miteinander in Berührung.

Bei der notwendigen Herstellung umfassender *Querverbindungen* zwischen den verschiedenen Sparten und objektweise korrespondierenden Stellen der Funktionsbereiche wären die hierarchischen Verkehrswege der Linienorganisation allein unzureichend und zu schwerfällig. Hieraus erwachsen spezielle organisatorische Aufgaben der internen Abteilungszuordnung in der Horizontalen und der Koordination der Arbeitsabläufe. Außerdem sind trotz des Festhaltens am funktionalen Gliederungsprinzip der Hauptabteilungen gewisse Entwicklungstendenzen zur kompromißhaften Übernahme von Elementen der Objekt- oder Divisionalgliederung festzustellen. Sobald die Leitungsspanne einzelner Funktionsbereiche nicht mehr beherrschbar ist, neigt man zu ihrer Auflösung in mehrere „Spartenfunktionen". Unter Anwendung einer kombinierten Funktions-Objekt-Gliederung teilen sich dann etwa mehrere Forschungsleiter in das Gesamtprogramm, untersteht die Produktion mehreren Sparten- oder Werksdirektoren und sind schließlich mehrere Vertriebsleiter parallel nebeneinander auf der Ebene der Hauptabteilungen vorhanden sowie fallweise auch im Vorstand vertreten. Dabei vollzieht sich die zunehmende Breitengliederung in den höchsten Leitungsebenen meistens allmählich im Zuge des Unternehmenswachstums, wobei allerdings mit der Zeit auch recht komplizierte und schwer überschaubare Gebilde zustande kommen.

Das in Abb. 2.4 angedeutete Ergebnis der Reorganisation der schweizerischen Chemieunternehmung J. R. Geigy AG ist vor allem deswegen interessant, weil die funktionsbezogene Leitungsorganisation beibehalten und die Elemente der besonders elastischen Divisionalorganisation im Hinblick auf die vertriebsnahen Aufgaben eingeführt wurden [2.46]. Entsprechend dem heterogenen Absatzprogramm sind fünf verschiedene und weitgehend selbständig operierende Sparten mit Vorstandsvertretung vorhanden, in deren Mittelpunkt die Marketing-Aufgaben stehen und die unter horizontaler Zusammenfassung chemisch-naturwissenschaftlicher, technischer und kaufmännischer Aufgaben auch die spartenbezogenen Forschungs- und Entwicklungsaufgaben in sich vereinen. Die Abteilung Logistik dient der Koordination der physischen Warenverteilung mit Produktion und Beschaffung, die sparteneigene Informations- und Planungsabteilung der Koordination mit dem zentralen Rechnungs- und Finanzwesen. Mit der Bezeichnung der Sparten als „Hauptträger der industriellen Tätigkeit" der Unternehmung und der durch die Spartenbildung angestrebten Zusammenfassung aller Stadien der Produktentwicklung von der wissenschaftlichen Konzeption bis zum Verkauf wird die vorwiegende Absatzorientierung der Gesamtorganisation offenkundig. Dagegen

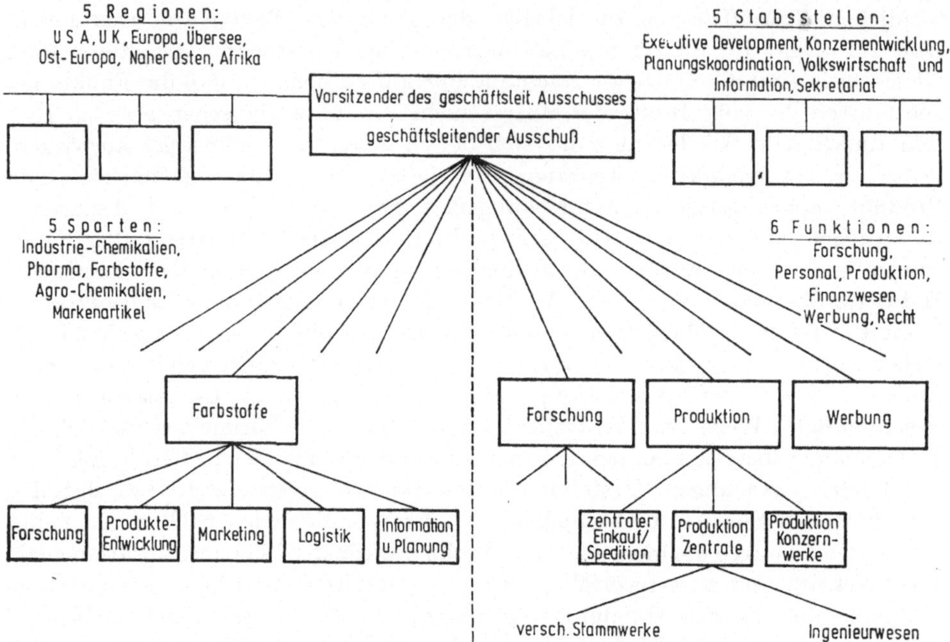

Abb. 2.4 Organisationsplan der J. R. Geigy AG mit funktionaler Organisation der Hauptabteilungen und eingelagerter divisionaler Organisation des Marketing [2.46].

bleiben die Grundlagenforschung, die Produktion mit den ihr unterstellten Funktionen Beschaffung und Ingenieurwesen sowie der kaufmännische Verwaltungsbereich innerhalb der Funktionalgliederung, in der auch die Werbung aus dem Marketing-Bereich zentralisiert ist. Die Einrichtung der fünf Regionalabteilungen zur gebietsweisen Koordinierung der weltweiten Geschäftstätigkeit ist ebenfalls primär unter Marketing-Gesichtspunkten zu werten.

2.12 Divisionalorganisation

Den Gegensatz zur Funktionsgliederung der Hauptabteilungen bildet das in den angelsächsischen Ländern entwickelte und angewandte Organisationssystem der *Objektgliederung* mit der Schaffung wirtschaftlich selbständig operierender Unternehmenseinheiten oder „*Divisionen*", wobei sich die Divisionen meistens auf *Produktgruppen* und in der chemischen Industrie auf *Sparten* beziehen. Das Grundschema dieses Organisationsprinzips ist in Abb. 2.5 wiedergegeben. Die einzelnen Divisionen kristallisieren sich daneben oft um regional dezentralisierte Produktionsstätten, wobei alle wichtigen Grundfunktionen eingegliedert sind und die wirtschaftliche Operationsfähigkeit sichern. Naturgemäß besteht eine wirtschaftliche Abhängigkeit gegenüber der Unternehmensleitung oder Konzernleitung, dagegen ist die Frage der rechtlichen Selbständigkeit unwesentlich. Gegenüber der primären Funktionalgliederung wird die Ranghöhe der Vertriebsabteilungen der Divisionen jetzt um eine Stufe verringert, es bleiben aber auch in der Unternehmensspitze regelmäßig noch vertriebsbezogene Fachabteilungen in Form von Stabs- oder Zentralabteilungen erhalten. Diese werden mitunter als „horizontale" Marketing-Stellen im Gegensatz zu den „vertikalen" Marketing-Abteilungen der Divisionen angesprochen.

Der britische ICI-Konzern und die führenden großen amerikanischen Chemieunternehmungen sind nach diesem Divisionalprinzip organisiert. Dabei wurde festgestellt, daß das Divisionalprinzip in den USA außerhalb der chemischen Industrie nur noch in wenigen Branchen, vor allem in der Elektroindustrie, angewandt wird [2.12; 2.18, S. 362; 2.136].

Neuerdings setzt sich die Divisionalorganisation auch in der deutschen chemischen Großindustrie stärker durch: Die im Jahre 1969 eingeleitete Umorganisation der Farbenfabriken Bayer AG sieht bei einer Vergrößerung der Zahl der Sparten von 5 auf 9 eine einheitliche Unterstellung von Vertrieb, Produktion, Anwendungstechnik und produktgebundener Forschung unter die Spartenleitungen vor. Meistens sind zwei Spartenleiter vorhanden, die nicht dem Vorstand angehören. Ähnlich führte die Umorganisation der Farbwerke Hoechst AG zu 14 „Geschäftsbereichen" (Anorganica, Organica, Düngemittel und Pflanzenschutz, Farbstoffe und Zwischenprodukte, Tenside, Fasern und Vorprodukte, Lackwerkstoffe, Kunststoffe und Wachse, Folien, Repro- und Bürotechnik, Pharma, Kosmetik sowie die Beteiligungsgesellschaften Uhde und Messer-Griesheim) [2.90]. Die Neuorganisation der Henkel-Gruppe ergab 6 Sparten, denen jeweils Entwicklung, Produktion und Marketing im europäischen Raum obliegen, während für die Geschäftsinteressen in den außereuropäischen Ländern parallel dazu eine Regionalabteilung vorgesehen wurde. Die daneben gebildeten 9 Funktionen haben den Charakter von Zentralabteilungen [2.28]. Es besteht in den Grundzügen eine Ähnlichkeit zum Organisationsplan in Abb. 2.4, jedoch ist jetzt in konsequenterer Verfolgung des divisionalen Organisationsprinzips auch die Produktion den Sparten eingegliedert.

Unter den zahlreichen Vorteilen sind für die chemische Industrie die gute Anpassungsfähigkeit an produktions- und marktseitig hervorgerufene Veränderungen der Unternehmensstruktur und die Verbesserung der Zusammenarbeit zwischen den Teilbereichen der Divisionen besonders wesentlich. Die Vertriebskräfte der Sparte „Pharma" werden z.B. auf engere Arbeitsbeziehungen zur Pharmaforschung, Pharmaproduktion usw. angewiesen sein als zu den funktional verwandten Vertriebsabteilungen anderer Produktgruppen, wie etwa von Schwerchemikalien, Kunststoffen, Synthesefasern usw. Für die Chemiegroßunternehmung mit gemischtem Programm erscheint die Divisionalorganisation danach geradezu prädestiniert, denn es gelingt mit ihr, neben den Konzentrationsvorteilen auch noch vieles von den Elastizitäts-, Spezialisierungs- und Dezentralisationsvorteilen wahrzunehmen, die bei völliger unternehmerischer Spezialisierung auf die betreffenden Produktsparten unbestritten sind. Für das Marketing entstehen günstige Voraussetzungen.

Wegen der notwendigen Vervielfachung der Grundfunktionen bei den verselbständigten Unternehmenseinheiten, die oft einer scharfen Betriebsgrößendegression der Kosten unterliegen, sind freilich erhebliche Betriebsgrößen notwendig. Wenn wir allerdings in Europa divisional organisierte Chemieunternehmungen bis zur Gegenwart relativ selten vorfanden, so waren hierfür nicht unzureichende Betriebsgrößen und überhaupt weniger Rationalerwägungen maßgeblich als die Tatsache, daß sich gerade die Verbesserung von Organisationsstrukturen gegenüber Traditionalismen und den Einflüssen starker Persönlichkeiten nur schwer und langsam durchsetzen läßt. Stabsabteilungen in der Unternehmensleitung beschränken sich bei Divisionalorganisation meistens nicht auf Beratungsaufgaben gegenüber der obersten Leitung, sondern werden in charakteristischer Weise oft zu starken funktionsspezialisierten Zentralabteilungen ausgebaut, welche die verselbständigten Unternehmenseinheiten unterstützen sowie

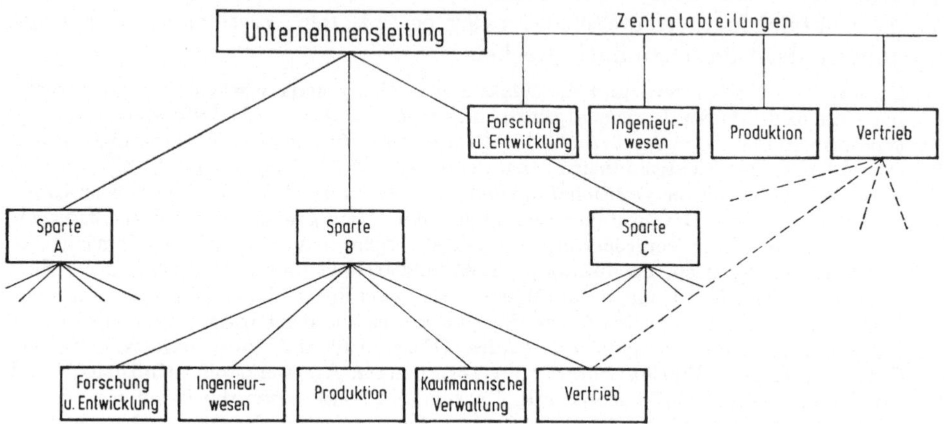

Abb. 2.5 Eingliederung des Vertriebs bei Divisionalorganisation.

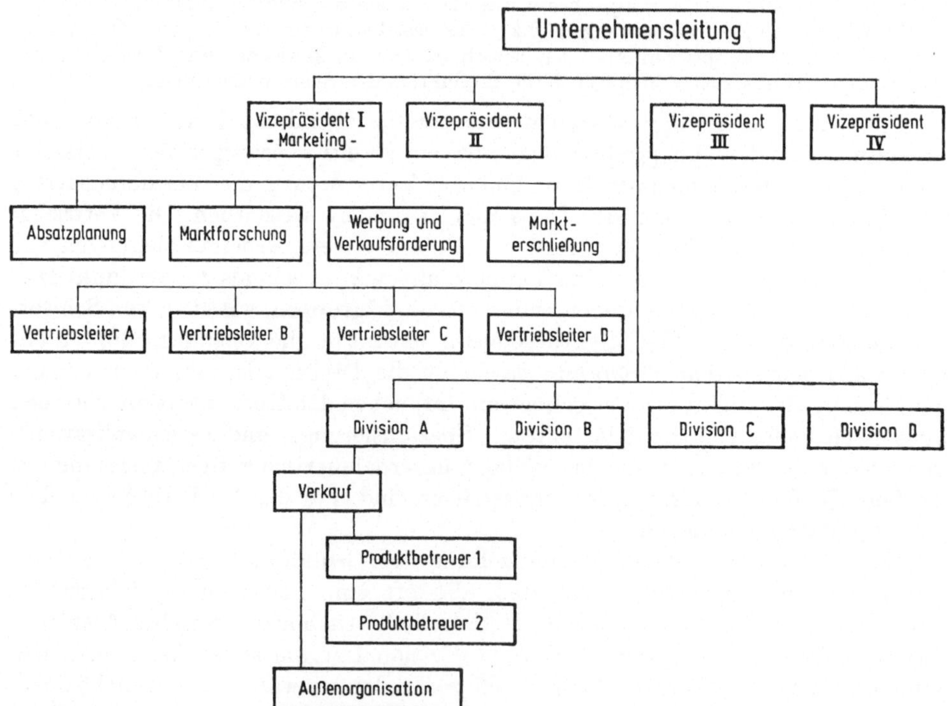

Abb. 2.6 Divisionale Unternehmensorganisation mit Konzentration der strategischen Vertriebsaufgaben in einer zentralen Marketing-Abteilung [2.37, S. 238].

untereinander koordinieren [1.61, Bd. 1, S. 185]. Dazu besteht in der chemischen Industrie oft genug Anlaß, wenn etwa zwischen den Divisionen stoffwirtschaftliche Verflechtungen bestehen, deren Vertriebsprogramme teilweise gemeinsame

Kundengruppen betreffen und anderes mehr. Auf diese Weise läßt sich das bei divisionaler Organisation vorrangige Prinzip der Dezentralisation mit der Zentralisation der sonst unzureichend ausgenutzten Spezialabteilungen verbinden. Die mögliche funktionale Unterstellung bestimmter Divisionsabteilungen unter eine zugehörige Zentralabteilung wird freilich bei Befürwortung einer reinen Linien- oder Stab-Linien-Organisation als nachteilig angesehen. Im Vertriebsbereich sind die Gefahren einer zusätzlichen funktionalen Unterstellung aber weniger gegeben, da in der Zentralabteilung vorwiegend die Marketing-Dienste zusammengefaßt werden, bei denen auf unmittelbare Anordnungsbefugnisse verzichtet werden kann. Immerhin entstehen Abgrenzungs- und Zuteilungsprobleme, wenn etwa die mehr produktnahen Marketing-Aufgaben bei den Sparten und die mehr auf den Gesamtvertrieb der Unternehmung und die Spartenkoordination ausgerichteten Marketing-Dienste zur zentralen Vertriebsabteilung oder den zentralen Vertriebsstäben kommen sollen. Im Organisationsbeispiel der Abb. 2.6 ist angenommen, daß den Divisionen nur der eigentliche Verkauf und das Produkt-Management (Kap. 2.231) verbleibt, während alle für das strategische Marketing wichtigen Aufgaben zentral gehandhabt werden. Für die Koordinierung des zentralen Marketing mit den divisionalen Verkaufsabteilungen sind besondere Vertriebsleiter (Marketing-Manager) eingesetzt.

Daneben ergeben sich zahlreiche Varianten der Divisionalorganisation und ihrer Vertriebseingliederung aus der gesamten Leitungsorganisation und ihrer Ressortbildung im Hinblick auf reine und fachlich gebundene Führungsaufgaben. Als interessantes Beispiel sei auf die divisionale Organisation der größten europäischen Chemieunternehmung, der britischen Imperial Chemical Industries Ltd. (ICI), hingewiesen [2.17; 2.27; 2.59]. Im Jahre 1967 bestand die Unternehmensleitung, der „Board of Directors", aus 16 „Executive Directors" und 6 „Non-Executive Directors". Von ersteren waren 5 Direktoren („Chairman" und 4 „Deputy Chairmen") für ressortfreie Führungsaufgaben eingesetzt, die übrigen 11 „Executive Directors" dagegen fachlich gebundenen Zentralabteilungen vorangestellt, und zwar entweder als „Functional Directors" den Zentralabteilungen für Vertrieb, Unternehmensplanung, Anlagenplanung, Finanzen, Organisation, Auslandskoordination, Personalwesen, Forschung und Entwicklung, als „Field Directors" drei Zentralabteilungen für wichtige supradivisionale Absatzaufgaben bzw. Produktgruppen (Produkte für die Bauindustrie, Metalle, Petrochemikalien) und als „Territorial Directors" den Zentralabteilungen für insgesamt sieben überseeische Absatz- und Interessengebiete. Dabei kommen naturgemäß auch mehrfache Leitungsbeauftragungen in Frage. Die vertrieblichen Interessen werden damit im obersten Leitungsgremium primär von einer der funktional ausgerichteten Zentralabteilungen, sodann aber auch bevorzugt durch die Ressorts der „Field Directors" und der „Territorial Directors" wahrgenommen. In der zweiten Instanz haben die Leiter der sehr selbständig operierenden 8 Divisionen mit Belegschaftszahlen zwischen 300 und fast 20000 sowie der rechtlich selbständigen Tochtergesellschaften im In- und Ausland keine Vorstandsvertretung. Sie verfügen einschließlich des Marketing über die wichtigsten Grundfunktionen und tragen hohe Kompetenz und Verantwortung nach den Prinzipien der dezentralen Unternehmensleitung.

2.13 Innerbetriebliche Koordinierung des Vertriebes

Die absatzwirtschaftlichen Aufgaben erfordern eine enge Zusammenarbeit zwischen Vertrieb und anderen Unternehmensbereichen, die nicht nur von der organisatorischen Gliederung und Zuordnung von Hauptabteilungen, Divisionen und Stäben abhängt, sondern auch von der zweckmäßigen Ausgestaltung der organisatorischen Querverbindungen zwischen den Abteilungen. Als Maßnahmen seien hier nur angedeutet: vielfältige Informations- und Berichtswege außerhalb der hierarchischen Kommunikation einer Linienorganisation, Bildung von Fachkommissionen, fallweisen Arbeitsgruppen, Schaffung besonderer Koordinierungsstellen wie Produktbetreuer und anderes. Die Koordinierung ist um so schwieriger, je größer die Produktbereiche sind, so daß sich die günstigsten Verhältnisse im Extremfall dann ergeben, wenn eine Teamarbeit zwischen einer Gruppe funktionaler Spezialisten zustande kommt, die sich gemeinsam auf einen ganz kleinen Produktabschnitt konzentrieren. Diesen Forderungen entspricht die divisionale Organisation eher, doch sind die Unternehmenseinheiten der Division noch regelmäßig groß genug, um die Probleme der Koordinierung innerhalb der Divisionen existent zu erhalten. Andererseits gewinnen mit der verfeinerten objekt- bzw. produktweisen Zusammenfassung von Funktionen die Koordinierungsprobleme zwischen den Divisionen wieder mehr an Bedeutung. Auch die Produktgruppen führen ja kein Eigenleben, sondern bestimmen erst in ihrer Gesamtheit den Unternehmenserfolg.

Enge Beziehungen bestehen zwischen dem Vertrieb und der *angewandten Forschung* sowie der gesamten Anwendungstechnik. Die Entwicklung neuer und die Verbesserung oder Aufgabe alter Produkte sind in der chemischen Industrie keine fallweisen, gelegentlichen Ereignisse, sondern ein ständiger, die routinemäßigen Vertriebsaufgaben intensivierender Prozeß. Die Zusammenarbeit mit der chemischen Forschung ist um so enger zu gestalten, je stärker sich die Auffassung durchsetzt, daß die Forschungsziele von den Marktentwicklungen bestimmt werden. Immer mehr betrachtet man die „Produktentwicklung" als eine Teilfunktion bzw. Teilpolitik des Marketing, wobei jedoch dem Vertrieb nur das Erkennen und Formulieren der absatzseitig gebotenen Zielsetzungen obliegt.

Von der *Anwendungstechnik* steht die Teilfunktion der Qualitätskontrolle im unmittelbaren Zusammenhang mit der Qualitätspolitik als Teil der vertrieblichen Produktpolitik. Die auf Erarbeitung neuer Produktanwendungen gerichtete Anwendungsentwicklung muß als letztes Glied des Forschungs- und Entwicklungsbereichs aufgefaßt werden, womit eine unmittelbare Brücke zum Vertrieb entsteht. Der technische Kundendienst ist sogar eine echte vertriebliche Teilfunktion (vgl. Kap. 6.1).

Das Zusammenwirken zwischen Vertrieb und *Ingenieurwesen* ergibt sich sowohl bei Neuentwicklungen als auch im laufenden Betrieb. Die letzten Stadien der Neuentwicklungen von Produkten und Verfahren, die mit Anlagenveränderungen verknüpft sind, fallen im Rahmen der technischen *Projektierung* neuer Produktionsanlagen in den Aufgabenbereich des Ingenieurwesens. Die hier ausgearbeiteten Vorprojekte und Vorkalkulationen sind die Grundlage für Investitionsentscheidungen. Zu diesen Vorkalkulationen muß der Vertrieb vor allem im Rahmen der Marktforschung möglichst genaue Daten über die vorausgeschätzte Umsatzentwicklung (Absatzmengen und Preisentwicklungen) der Vorprojekte beitragen. Im laufenden Betrieb ist der Ingenieurbereich zu einem großen Teil für die technischen Aufgaben der *Warenverteilung* verantwortlich.

Die *Produktion* ist bei der Festlegung der Produkt- und Programmpolitik ein wichtiger Gegenspieler wegen der notwendigen Abstimmung zwischen absatz- und produktionswirtschaftlichen Interessen. Bei der Entwicklung neuer Projekte wird die Produktionsleitung maßgeblich eingeschaltet. Vertrieb und Produktion wirken auch bei der kurzfristigen Produktionsplanung zusammen, die insbesondere bei Vielzweckproduktionen mit Wechselfertigung nach einem Ausgleich zwischen Vertriebs- und Produktionsinteressen suchen muß. Nicht selten gehen von der Produktion wesentliche Impulse zu neuen Produkt- und Anwendungsentwicklungen aus. Der Einfluß auf die Qualitätspolitik ist naturgemäß hoch, da die technischen Möglichkeiten und produktionswirtschaftlichen Grenzen der Qualitätssteigerung von hier aus am besten beurteilt werden können.

Die notwendige enge Zusammenarbeit mit der kaufmännischen Verwaltung, vor allem dem *Rechnungswesen*, liegt auf der Hand. Die Kostenrechnung muß dem Vertrieb wichtige Entscheidungshilfen für die Preispolitik geben.

Die Beziehungen zwischen Vertrieb und *Beschaffung* sind enger, als es die zunächst entgegengesetzten Wirkungsrichtungen in den umgebenden Märkten vermuten lassen. Verwandtschaften ergeben sich bereits aus der gemeinsamen Zugehörigkeit zum kaufmännischen Außenbereich, jedoch kommt in der chemischen Industrie die starke Verzahnung zwischen Beschaffungs- und Absatzmärkten aufgrund der charakteristischen interindustriellen Verflechtung hinzu. Reziproke Lieferanten-Kunden-Beziehungen zwischen zwei Chemieunternehmungen sind entsprechend häufig. Die notwendige Mitwirkung der Beschaffung bei der lang- und kurzfristigen Produktionsplanung gilt für die chemische Industrie in besonders hohem Maße wegen der Materialintensität der Produktion und der oft anstehenden Konkurrenzprobleme zwischen Eigenfertigung oder Fremdbezug (Rückwärtsintegration). Aus all dem erscheint die gelegentliche Zusammenfassung von Vertrieb und Beschaffung verständlich [2.99].

2.14 Außerbetriebliche Koordinierung des Vertriebes

Die vertrieblichen oder vertriebsnahen Kontakte zu den Wirtschaftseinheiten der Absatzmärkte gehen über die eigentlichen Verkaufsbeziehungen, die zwischen den eigenen Verkaufs- und fremden Beschaffungsorganen hergestellt werden, weit hinaus. Es kann sich hierbei um absatzwirtschaftliche horizontale Kooperationsmaßnahmen handeln, meistens interessieren jedoch vielseitige Arbeitsbeziehungen zu den Kundenbetrieben des Primärmarktes oder sogar zu den indirekten Kunden von Folgemärkten. Der Vertrieb ist aufgrund seines Wirkungsfeldes und seiner Interessenlage in erster Linie für die Einleitung, Überwachung und Koordinierung dieser Kontaktnahmen zuständig.

Das Vorgreifen der Vertriebskräfte auf sämtliche der für die eigene Absatzentwicklung maßgeblichen Teilbereiche der Kundenbetriebe unter teilweiser Umgehung oder nur formaler Einschaltung der Einkaufsorgane ist eine aus dem technisch fundierten Produktivgütervertrieb und auch chemischen Vertrieb wohlbekannte Tatsache. Andererseits sind aber auch die eigenen Verkaufskräfte, besonders beim Auftreten neuer chemischer und technischer Probleme, bald nicht mehr in der Lage, das umfassende absatzwirtschaftliche Instrumentarium selbst zu handhaben. Nicht nur andere Marketing-Spezialisten aus dem eigenen Vertriebsbereich müssen sich dann in die Außenbeziehungen einschalten, sondern auch die Vertreter anderer Bereiche, wie aus Forschung und Entwicklung, Anwendungstechnik, Produktion oder Beschaffung. Wir hatten diese Verbreiterung der vertrieblichen Kontakte zwischen verschiedenen Funktionen der eigenen Unternehmung und der fremden Unternehmungen des Primärmarktes als erste

Entwicklungsstufe des Vertikalvertriebs bezeichnet. Die außerbetrieblichen Koordinierungsaufgaben ergeben sich in noch höherem Maße beim Übergang zum mehrstufigen Vertikalvertrieb. Unmittelbare Gespräche zwischen den korrespondierenden Fachleuten der eigenen und fremden Unternehmung können sich beispielsweise bei der Neuentwicklung und Markteinführung chemischer Produkte als überaus wertvoll erweisen. Ein beizeiten eingeleiteter Gedankenaustausch wird die Entwicklungsarbeiten zielstrebiger ausrichten, beschleunigen und die Gefahren von Fehlentwicklungen herabmindern. Gemeinsame berufsethische Einstellungen und Forschungsinteressen, aber auch bestehende persönliche Beziehungen erleichtern die Kontaktnahmen und festigen die Kundenbindungen. Eine gelinde koordinative Einschaltung des Vertriebes wird aber dennoch vorteilhaft sein, da das Interesse der Beteiligten am rein wissenschaftlichen und technischen Fortschritt sonst leicht die Oberhand gewinnen und die vertrieblichen Interessen nicht voll berücksichtigt oder sogar durchkreuzt werden können.

Hier mit bestimmten organisatorischen Regelungen einzugreifen, ist sicherlich schwierig, denn sie verdeutlichen leicht gegensätzliche Interessenlagen, säen ein gewisses Mißtrauen oder entmutigen. Ein entsprechend vorsichtiges, taktvolles Operieren ist hierbei nicht nur für die eigene Vertriebskoordinierung, sondern auch hinsichtlich des Einschaltens der kundenseitigen Einkaufsorganisationen geboten. Die organisatorischen Sicherungen lassen sich um so schwerer einbauen, je höher die in Kontakt tretenden Personen in der Betriebshierarchie stehen, jedoch wird man zur Kompensation dann einen größeren Weitblick voraussetzen dürfen.

2.2 Gliederungsprinzipien der Vertriebsorganisation

2.21 Das Verhältnis zwischen Innen- und Außenorganisation

2.211 Die Aufgaben des Verkaufs und der Marketing-Dienste

Die verschiedenen Gliederungsprinzipien der Vertriebsorganisation werden von ihrer herkömmlichen Zweiteilung – unter dem Gesichtspunkt der räumlichen Aufgabenspezialisierung – in einen Innen- und Außenbereich überlagert. Die hier dargestellten Gliederungsmöglichkeiten kommen sowohl für die Innen- als auch Außenorganisation des Vertriebes zur Anwendung, jedoch weniger unabhängig als in einer zweckmäßigen Kombination. Die Aufgaben der Außenorganisation liegen schwerpunktmäßig bei der eigentlichen Auftragserlangung bzw. beim *Verkauf*, diejenigen der Innenorganisation bei der Auftragsbearbeitung und -abwicklung, aber auch bei den *Marketing-Diensten* als neben- oder übergeordneten Vertriebsteilfunktionen. Zur besseren Ausnutzung, koordinativen Wirksamkeit und Ermöglichung fachlicher Spezialisierungen sowohl der Arbeitskräfte (z.B. Marktforscher) als auch der sachlichen Hilfsmittel (z.B. anwendungstechnische Laboratorien) neigt man zur Zentralisierung der Marketing-Dienste im Bereich der Innenorganisation, jedoch wird im Zuge der verstärkten Vertriebsaktivierung und -vertikalisierung sowie bei stärker eingeschlossenen chemischen und ingenieurtechnischen Vertriebsaufgaben ebenfalls eine gewisse Vorverlagerung in den Bereich der Außenorganisation erkennbar.

2.212 Entwicklungsstufen der Außenorganisation

Direktvertrieb und höhere Vertriebsanstrengungen erfordern im allgemeinen eine entsprechend stark ausgebaute Außenorganisation, wobei folgende Entwicklungsstufen abgrenzbar sind:

1. Ausschließlich auf die Vertriebstätigkeit im Außendienst spezialisierte eigene Organe fehlen überhaupt, obwohl direkt an die Verbraucher abgesetzt wird. Die Aufgaben des Außendienstes nehmen Verkaufssachbearbeiter, Chemiker, Anwendungstechniker, Persönlichkeiten aus der Vertriebs- oder Geschäftsleitung nur zeitweise in Anspruch, so daß sich eine besondere Außenorganisation überhaupt erübrigt. Die Voraussetzungen hierfür sind in der chemischen Industrie mitunter beim Vorherrschen großer Abschlüsse („Schreibtischgeschäft") sowie bei relativ wenigen Produkten und Abnehmern mit dauerhaften Vertriebsbeziehungen gegeben.

2. In den Absatzwegen zum Verbraucher liegt das Schwergewicht bei fremden, rechtlich selbständigen Absatzorganen (Handelsbetriebe, Handelsvertreter). Dieses System kann für die stärker streuenden Bedarfsgebiete mit den anderen Systemen der direkten Kundenbearbeitung vorteilhaft kombiniert werden. Die Verwendung zahlreicher regional eingesetzter Vertreter bringt den Übergang zum Direktvertriebssystem der nächsten Stufe.

3. Eine eigene Außenorganisation wird aus ständig im Außendienst tätigen Reisenden gebildet, die von der Zentrale aus mit mehr oder minder weitgehender Verkaufsspezialisierung (z.B. nach Gebieten oder Produkten) eingesetzt werden. Chemiker und Anwendungstechniker können im Außendienst ergänzend, etwa für Markterschließungs- und Beratungsaufgaben, eingreifen. Die eigene Außenorganisation ermöglicht die vertriebsaktive Bearbeitung der Verwender, aber auch weiterhin eingeschalteter fremder Absatzmittler (z.B. Handelsbetriebe beim chemischen Konsumgütervertrieb).

4. Beim umfangreichen Vertriebsprogramm mit großen Anteilen erklärungsbedürftiger chemischer Produkte und andererseits verzweigten Absatzmarktstrukturen eröffnen nur dezentralisierte eigene *Verkaufsniederlassungen* den notwendigen arbeitsteiligen und kundennahen Einsatz der Verkaufskräfte. Freilich ist dieses höchste Entwicklungsstadium der Außenorganisation aufwendig, und nur beachtliche Mindestunternehmensgrößen sind hierfür tragfähig.

2.213 Wahl der Außenorgane

Bei der Wahl der *Außenorgane* der Vertriebsorganisation ist oft zwischen der Verwendung von eigenen mit Verkaufsaufgaben betrauten Angestellten und rechtlich selbständigen Vertretern oder Handelsagenten zu entscheiden. Sie begründen beim Absatz an die Verbraucher und ohne Einschaltung weiterer Handelsbetriebe den direkten Vertriebsweg. Dennoch ist der Vertrieb über eigene, fest angestellte Verkaufskräfte oder Reisende vergleichsweise direkter als derjenige über Vertreter; gelegentlich nimmt man bei der Einschaltung der Vertreter als Außenorgane auch schon den indirekten Vertriebsweg an.

Das Konkurrenzproblem zwischen eigenen oder fremden, selbständigen Außenorganen tritt naturgemäß erst beim notwendigen ständigen dezentralisierten

Einsatz von Verkaufskräften stärker in Erscheinung, wobei *gegen* die Verwendung von *Vertretern* in der chemischen Industrie in zunehmendem Ausmaß folgende Argumente geltend gemacht werden:

1. Die *Beeinflußbarkeit* im Sinne der eigenen Vertriebsziele ist zu gering. Im Verkaufsprogramm des Mehrfirmenvertreters können die eigenen Produkte leicht zu kurz kommen. Die fehlende Weisungsgebundenheit der Vertreter erlaubt es nicht, die gewünschte Vertriebsaktivität, bestimmte Maßnahmen der Akquisition usw. durchzusetzen.

2. Die vorhandenen chemischen und technischen *Fachkenntnisse* beim Absatz erklärungsbedürftiger und insbesondere neuerer Produkte sind oft nicht ausreichend. Unterstellt man außerdem die bevorzugte Förderung der eingeführten, umsatz- und gewinnstarken Artikel, werden die in der chemischen Industrie so wichtigen Markterschließungsaufgaben für neue Produkte vernachlässigt.

3. Kommt es andererseits bei den vielen wachstumsintensiven Produktgruppen der chemischen Industrie schnell zu großen Umsatzzunahmen, erweisen sich ursprüngliche Provisionsvereinbarungen vielleicht bald als ungerechtfertigte Gewinnquelle für die Vertretungen und als *überhöhte Kostenbelastung*.

4. Je weniger das reine Verkaufen und Erzielen von Abschlüssen im Vertrieb ausreichend und durch einen ganzen Komplex integrierter und mit anderen betrieblichen Funktionen abgestimmter Vertriebsmaßnahmen zu ersetzen sind, desto eher können selbständige Vertreter als Außenorgane zum Engpaß werden.

Trotz der seit Jahren anhaltenden Tendenz zur Ablösung der Handelsvertreter durch eigene Verkaufskräfte besitzt die Handelsvermittlung aber besonders bei den kleineren und mittleren Chemiebetrieben noch eine beachtliche Bedeutung [2.5; 2.34], denn es bestehen zweifellos auch wesentliche *Vorteile:*

1. An die Stelle des höheren Kapitalbedarfs und vor allem der hohen ausgabewirksamen *Fixkostenbelastung* der Reisenden treten überwiegend proportionale, umsatzabhängige Kosten in Gestalt der Vertreterprovisionen. Dieser Vorteil wirkt sich naturgemäß in den unteren Betriebsgrößenbereichen stärker aus, während die Großunternehmungen umgekehrt von der Vertriebskostendegression der eigenen Außenorgane den größeren Nutzen ziehen.

2. Die für den Handel charakteristische *Sortimentsfunktion* wird gewöhnlich in ähnlicher Weise durch Spezialisierung auf engere Bedarfsausschnitte durch Übernahme mehrerer sich bedarfsseitig ergänzender Vertretungen erreicht. Dies gilt nicht nur für die Sortimentierung chemischer Produkte, sondern auch hinsichtlich chemiefremder Verbrauchsgüter sowie Gebrauchsgüter (Investitionsgüter). So führen etwa Vertreter für Leime und Klebstoffe, Textilfarbstoffe und -hilfsmittel, Kunststoffe usw. vielfach auch die zugehörigen Verarbeitungsmaschinen und -apparate [2.102], d.h., sie sind dann mehr auf Kundengruppen als auf Produktgruppen spezialisiert. Der firmeneigene Vertrieb ist dagegen meistens auf eine lose Zusammenarbeit mit solchen bedarfskomplementären Lieferanten angewiesen. Die Sortimentsvervollständigung des rein chemischen Absatzprogramms spielt jedoch nur bei den kleineren Chemiebetrieben eine Rolle, da die Programmgestaltung der Großbetriebe kaum Sortimentslücken offenläßt.

3. Die größere Absatzaktivität der eigenen Verkaufsorgane ist mit Vorbehalten zu betrachten. Man darf die Förderung der *Eigeninitiative* durch die umsatzproportionale Einkommensentwicklung der Vertreter nicht unterschätzen, wofür

die umsatzabhängigen zusätzlichen Leistungsentgelte (Prämien) der Reisenden meistens kein Äquivalent bieten. Umgekehrt wird zuweilen in den Großbetrieben der chemischen Industrie darüber geklagt, daß sich auch in den Verkäuferstäben eine nachlassende Verkaufsdynamik, ein gewisses Beamtendenken oder sogar ein bewußtes Fixieren von normalerweise erreichbaren Umsatzleistungen breitmachen können, weil etwa befürchtet wird, daß Spitzenleistungen zu Sollwerten erhoben werden.

4. Die Handelsagenten bringen bei vorliegender *Erklärungs- und Beratungsbedürftigkeit* meistens günstigere Voraussetzungen mit als Handelsbetriebe, wodurch diesem Vertriebssystem über die standardisierten Industriechemikalien hinausgehend der Gesamtbereich der Spezialitäten zugänglich wird.

Tabelle 2.1 *Handelsvermittlung chemischer Produkte in der BRD 1966* [2.40]

Melde-Nr. der Umsatzsteuerstatistik	Fachzweig der Handelsvermittlung nach Produktgruppen	Anzahl der Handelsvermittlungen			Umsätze [Mill. DM]		
		1962	1964	1966	1962	1964	1966
4222	Technische Chemikalien und Rohdrogen, Kautschuk und Kunstgummi	778	758	738	66	73	88
42800	Pharmazeutische Erzeugnisse und Chemikalien	639	624	653	60	61	74
42804	Dental-, Labor-, Krankenpflege- und Friseurbedarf	363	358	347	24	26	34
42807	Feinseifen, Körperpflege-, Wasch-, Putz- und Reinigungsmittel	527	598	617	34	41	55
	Summe	2307	2338	2355	184	201	251

Einige Daten über die Bedeutung der Handelsvermittlung in der deutschen chemischen Industrie sind aus der Umsatzsteuerstatistik in Tab. 2.1 wiedergegeben. Die an späterer Stelle genannten Großhandels- und Einzelhandelsumsätze der entsprechenden Fachsparten mögen zum Vergleich dienen (Tab. 2.3 und 2.7). Die mitgeteilten Umsätze beziehen sich freilich hauptsächlich nur auf die *Provisionseinnahmen*, wohingegen die Höhe der vermittelten Warenumsätze hier aufschlußreicher wäre. Ältere Zahlen aus der Sparte der Handelsvermittlung von „Lacken, Farben, Tapeten und ähnlichem (Gewerbekennziffer 42776)" ergaben einen fünfprozentigen Provisionssatz, als im Jahre 1959 fast 2000 Vertretungen in der BRD bei 67,5 Millionen DM Eigenumsatz rund 1353 Millionen DM Warenumsatz erzielten [2.64].

Die Einrichtung von *Auslieferungslägern* in den regionalen Vertreterbezirken besitzt im Chemiebereich größeres Interesse. Hier unterhielten in der BRD während der letzten Jahre nicht weniger als rund 60% aller Vertretungen ein Auslieferungslager, während der gesamtindustrielle Durchschnitt bei weniger als 40% lag [2.8; 2.34; 2.36]. Die Angliederung eines anwendungstechnischen Labors zur Erhöhung des technischen Service gehört allerdings zu den seltenen Ausnahmen [2.103].

2.214 Zuordnung von Innen- und Außenorganisation bei Vertriebsgliederung nach Produkten

Die Zuordnung von *Innen- und Außenorganisation* soll anhand einiger Organisationspläne diskutiert werden, wobei zunächst das in der chemischen Industrie vorherrschende Vertriebsgliederungsprinzip nach Produkten unterstellt wird.

Im Organisationsschema der Abb. 2.7 sind 6 Verkaufssparten angenommen, die einer einheitlichen Vertriebsleitung unterstehen und mehrstufig nach weiteren Produktgruppen und Einzelprodukten untergliedert sind. Demgegenüber ist die

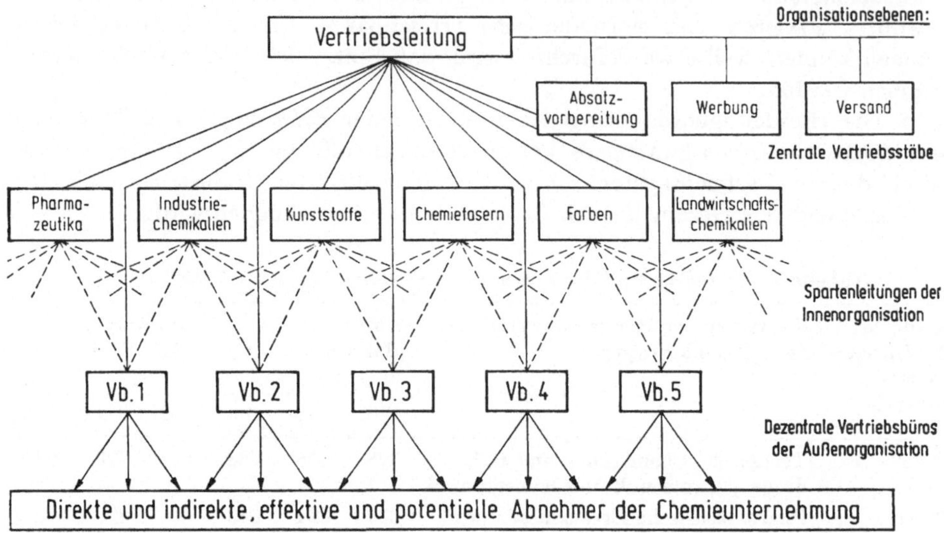

Abb. 2.7 Innen- und Außenorganisation des Vertriebes bei durchgehender Produktgliederung der Innenorganisation.

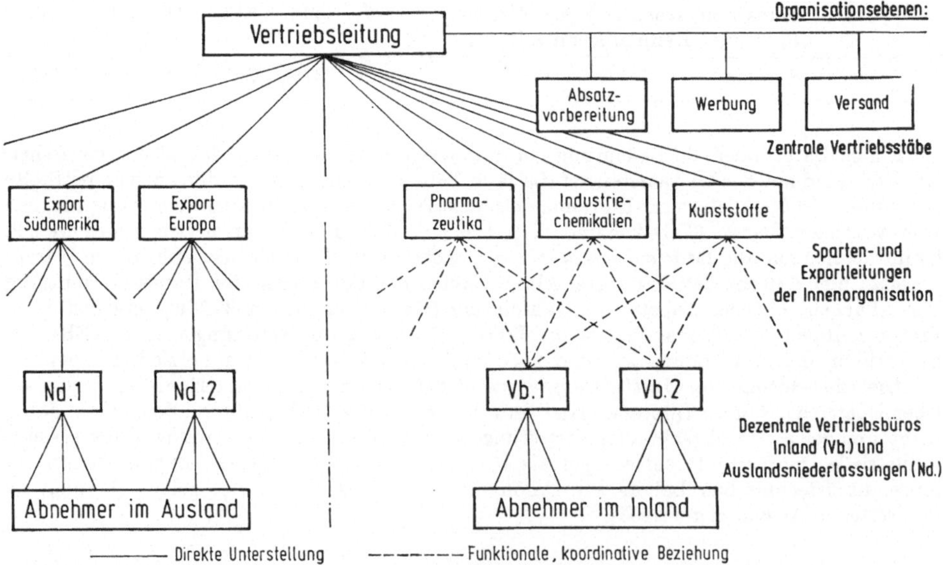

Abb. 2.8 Innen- und Außenorganisation des Vertriebes bei Produktgliederung im Inland und Gebietsgliederung im Export.

Außenorganisation primär nach regionalen Absatzgebieten und regionalen Vertriebsbüros gegliedert. Genau wie die Spartenleitungen unterstehen die Leiter dieser Vertriebsbüros in der Linienorganisation unmittelbar der obersten Vertriebsleitung (durchgezogene Linien in Abb. 2.7). Um aber eine fachliche Spezialisierung in der Außenorganisation und eine gute Zusammenarbeit zwischen Außendienstmitarbeitern und den jeweils korrespondierenden Produktspezialisten der Innenorganisation zu ermöglichen, sind zahlreiche koordinative Beziehungen oder funktionale Unterstellungen zwischen den Reisenden der Vertriebsbüros und den Innendienstsachbearbeitern teilweise informeller Art erforderlich (gestrichelte Linien in Abb. 2.7). Damit findet die produktweise Gliederung der Innenorganisation im Außenbereich nachgeordnet zur Regionalgliederung einen zweiten, wenngleich vereinfachten Niederschlag. Trotz möglicher produktweiser Spezialisierung auch in der Außenorganisation, die von ihrer Größe und personellen Besetzung abhängen wird, bleibt die Außenorganisation unter einheitlicher Führung.

Dieses Prinzip kann sowohl für den Inlands- als auch zusätzlich für den *Exportvertrieb* Anwendung finden, wobei die Reihe der inländischen Vertriebsbüros nur um die Reihe der ausländischen Niederlassungen zu erweitern wäre. Häufig begnügt man sich aber bezüglich des Exportvertriebs mit einer länderweisen Gliederung der Innenorganisation, so daß dann unmittelbare Unterstellungen der Auslandsniederlassungen unter die Exportabteilungen der Zentrale ermöglicht werden (Abb. 2.8). Die Anwendung des gleichen Gliederungsprinzips in der Innen- und Außenorganisation führt zu einfachen und übersichtlichen Unterstellungsverhältnissen und entlastet die Vertriebsleitung. Wegen der unzureichenden produktweisen Spezialisierung wird die durchgehende Anwendung der Gebietsgliederung aber in der chemischen Industrie meistens nur für den Exportvertrieb bejaht, da hier die länderspezifischen Vertriebseigenarten noch überwiegen. Im Inlandsvertrieb kommt die Gebietsgliederung sowohl der Innen- als auch der Außenorganisation höchstens für die chemischen Konsumgüter in Betracht, wenn ihre Vertriebsbedeutung eigene Spartenbildungen rechtfertigt.

2.215 Verfeinerte Produktgliederungen in der Außenorganisation

Um die in der chemischen Industrie charakteristischen großen Unterschiede zwischen Produktions- und Vertriebsverwandtschaften der Produkte zu überbrücken, kann die verfeinerte *Umgruppierung* zwischen der Produktions- und Vertriebsorganisation einen zweistufigen Prozeß rechtfertigen, indem für die Außenorganisation eine weitere und nun auf die Absatz- und Kundenverhältnisse möglichst genau abgestimmte Produktgliederung festgelegt wird. Es sind dann im Bereich von Produktion und Vertrieb drei Organisationsebenen miteinander zu verbinden, wobei die unterschiedlichen Programminhalte der Gliederungsbezirke schon durch abweichende Bezeichnungen verdeutlicht werden können (z.B. Produktsparte, Verkaufsabteilung und Verkaufsbüro oder Verkaufskontor „Chemikalien"). Nach Art eines Rastersystems werden verschiedene Teilprogramme der Produktionssparten zu Verkaufsabteilungen der Innenorganisation zusammengefaßt, die dann ihrerseits für die Verteilung auf die Außenorganisation nochmals umgruppiert werden (Abb. 2.9). Auf diese Weise ist das erstrebenswerte Ziel am ehesten zu erreichen, in den Außenbüros und über die hierin eingesetzten Reisenden möglichst bedarfsverwandte Programmausschnitte anzubieten und die Bearbeitung der Kunden vorzugsweise nur über einen Reisenden vorzunehmen. Zwischen den Reisenden der Verkaufsbüros oder Verkaufskontore und den

Sachbearbeitern der letzten Produktgliederungsstufen der Verkaufsabteilungen sind wiederum verschieden ausgestaltete Arbeitsbeziehungen gegeben, während in der Linienorganisation eine unmittelbare Unterstellung aller Außenbüros unter die oberste Vertriebsleitung erfolgt. In Abb. 2.9 ist angenommen, daß die internen Vertriebsspartenprogramme *I–V* auf jeweils 3 Verkaufskontore *1–3* umgruppiert werden, die in allen Absatzgebieten *a*, *b*, *c* usw. eingerichtet sind, d.h., gegenüber Abb. 2.8 würde sich unter der Voraussetzung gleicher Gebietsgliederung die Zahl der organisatorisch abgegrenzten Außenstellen verdreifachen. Nur in wenigen Fällen sind solche Umgruppierungen aufgrund hochgradiger Produktions- und Vertriebsverwandtschaften von vornherein entbehrlich (z.B. Pharmazeutika).

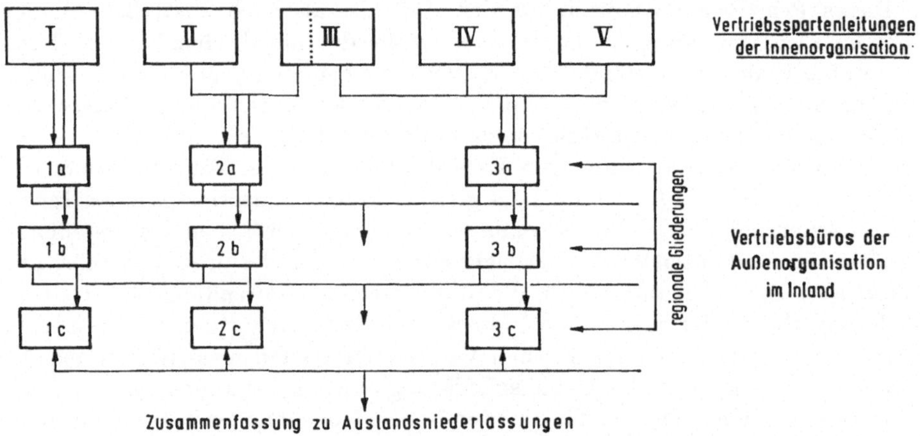

Abb. 2.9 Eigenständige Produktgliederung in der Vertriebsaußenorganisation.
1, 2, 3 ... Vertriebsbüros der Außenorganisation; *a, b, c*, ... Absatzgebiete mit eigenen Vertriebsbüros.

Damit ist die primär regionale Gliederung der Außenorganisation durch eine nach Bedarfsgesichtspunkten ausgerichtete Produktgliederung überlagert worden. Die Gebietsabgrenzungen für die Verkaufsbüros können im Hinblick auf die Bedarfsdichten durchaus unterschiedlich sein. Auch verschiedene Standorte kommen in Betracht, jedoch wird man aus Wirtschaftlichkeitsgründen und zur besseren Koordinierung zwischen den Spartenverkaufsbüros versuchen, möglichst viele von ihnen unter dem gemeinsamen Dach einer örtlichen Niederlassung zu vereinigen, was im Exportvertrieb so gut wie ausschließlich befolgt wird. Es wird nämlich dennoch vorkommen, daß der Bedarf eines Kunden in das Arbeitsgebiet mehrerer Verkaufsbüros fällt, wie etwa beim Bedarf eines Textilkunden nach Synthesefasern, Textilhilfsmitteln und Textilfarben. Hier würde eine Kundengruppen- anstelle der Produktgliederung in den Außenbüros noch weiter führen. Bei der örtlichen Zusammenfassung von Verkaufskontoren zu größeren Vertriebsbüros oder Niederlassungen kann einer der Kontorleiter als disziplinarische Zwischeninstanz zur Entlastung der obersten Vertriebsleitung eingesetzt werden.

Weitere Probleme können aus der Eingliederung von chemischem und ingenieurtechnischem Fachpersonal in die Vertriebsorganisation oder aus der Zusammenarbeit mit diesem erwachsen, wenn die Wissenschaftler und Techniker in anderen Hauptabteilungen unterstellt bleiben.

Bei Divisionalorganisation sind die Außenbüros der Divisionen automatisch auf ein engeres Programm spezialisiert, und es wird sich eine entsprechend hohe Zahl von Außenstellen ergeben. Sobald sich gemeinsame Berührungspunkte mit bestimmten Kundengruppen abzeichnen, wird man aber auch hier nach engeren Verbindungen zwischen den betroffenen divisionalen Verkaufsbüros trachten.

2.22 Prinzipien der Vertriebsspezialisierung

2.221 Gliederung nach Produkten

In der vorherrschenden Gliederung chemischer Vertriebssysteme nach *Produkten* spiegeln sich in erster Linie die großen Spannweiten der Erklärungs- und Beratungsbedürftigkeit wider. Die Verkaufskenntnisse betreffen produktionsmäßige Herkunft, chemische Konsistenz und anwendungstechnische Hinkunft der Produkte. Die neuesten Entwicklungen zielen wenigstens in Teilbereichen auf den Einsatz naturwissenschaftlich oder technisch vorgebildeter Verkaufskräfte ab. Auch im umgekehrten, negativen Sinne ist die Erklärungsbedürftigkeit aus Gründen des fachgerechten Personaleinsatzes beachtlich, indem etwa bei vielen Industriechemikalien oder Konsumgütern kaufmännische Qualifikationen oder eine geringe technische Zusatzausbildung ausreichen.

In der Vertriebsorganisation wird man eine solche Produktgliederung bevorzugen, bei der die Verwendungen der Produkte stärker eingegrenzt sind, so daß die wichtige verwendungsseitige Spezialisierung der Verkaufskräfte gleichzeitig gefördert wird. Dadurch setzt sich das Gliederungsprinzip nach Verwendungen wenigstens indirekt auch bei der Produktgliederung durch. Es steht im Gegensatz zu den auf die chemisch-strukturelle Stoffzusammensetzung und die Produktionsverfahren gerichteten Produktgliederungsprinzipien der vorgelagerten Forschung und Produktion, von denen nur die anwendungstechnischen Abteilungen eine stärkere Annäherung an die Vertriebsgliederung erfordern. Ungünstig sind daher Industriechemikalien mit besonders vielen Verwendungen, wie etwa anorganische Säuren, Laugen, organische Zwischenprodukte u.a.

Geringfügige Produktdifferenzierungen in den letzten Verarbeitungsstufen verursachen mitunter Zweifelsfälle. Soll man zum Beispiel für das ganze Produktspektrum der Aminoplaste eine einheitliche Verkaufsgruppe bilden oder die Spezialitäten in verschiedene Verkaufsabteilungen für Preßmassen, Textilhilfsmittel, Leime und Klebstoffe, Papierhilfsmittel, Schaumstoffe u.a. einordnen? Bejaht man letzteres, wären die Stoff- und Produktionskenntnisse in allen Verkaufsabteilungen aufzubringen. Alle diese Verkaufsstellen müßten mit der gleichen Produktionsgruppe zusammenarbeiten. Würde man umgekehrt die Vertriebsgliederung nach der grundlegenden chemischen Produktgruppe ausrichten, könnte sich die mangelhafte Verwendungsspezialisierung nachteilig auswirken.

Hierbei zeigt es sich, daß es letzten Endes bei der Konkurrenz der Gliederungsprinzipien immer wieder auf die Alternative hinausläuft, entweder die Arbeitsbeziehungen der Vertriebsorganisation im Innenbereich – gegenüber der Produktion, evtl. auch gegenüber Forschung, Anwendungstechnik, Ingenieurwesen – oder im Außenbereich – gegenüber den Abnehmern – durch größere Vielfalt und Wechselhaftigkeit zu belasten (Abb. 2.10 und 2.11).

Bei Vertriebsgliederung nach Produkten würden sich im Grenzfall Verkaufs- und Produktionsabteilungen mit ihren weiteren inneren Gliederungen entsprechen. Bei stärkerer Bedarfsausrichtung der Produktgliederung in den Verkaufsabteilungen kann man allerdings auch bestimmte Teilprogramme der Produktionssparten auf jeweils verschiedene Verkaufsabteilungen schalten. Nach der

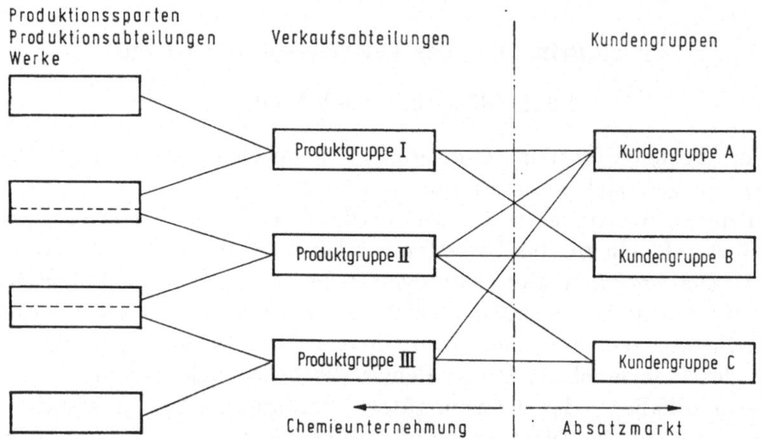

Abb. 2.10 **Beziehungen zwischen Produktion und Vertrieb bei Vertriebsgliederung nach Produkten.**

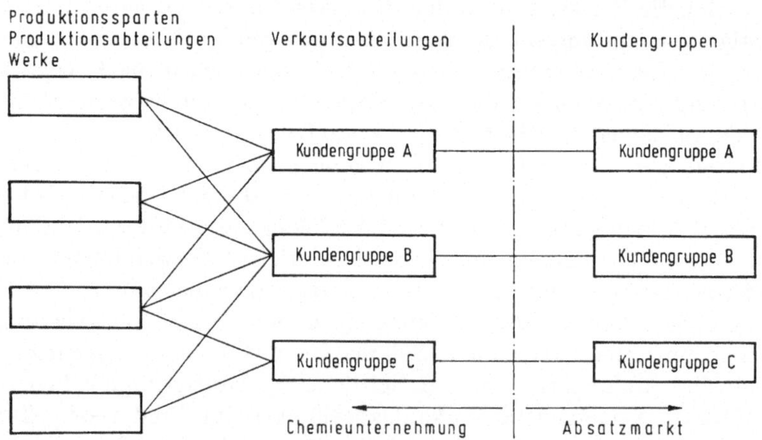

Abb. 2.11 **Beziehungen zwischen Produktion und Vertrieb bei Vertriebsgliederung nach Kundengruppen.**

Art und Verfeinerung der in die Tiefe gehenden Gliederung der Verkaufsabteilungen ergeben sich erhebliche graduelle Abstufungen in der Annäherung der Produktgliederung der Vertriebsorganisation an die Bedarfskonformität der Abnehmerkreise. Dabei kann auch die Zweistufigkeit der Innen- und Außenorganisation ausgenutzt werden. Kennzeichnend aber bleibt, daß jedes Erzeugnis eindeutig nur an einer ganz bestimmten Stelle der Vertriebsorganisation eingegliedert ist.

Im anderen Extremfall der Vertriebsorganisation nach *Kundengruppen* sind dagegen oft viele Produkte in mehreren Verkaufsgruppen gleichzeitig zu bearbeiten. Die meisten Produktionsstellen liefern an alle Verkaufsstellen, sofern sich nicht natürliche Einschränkungen aus der Verwendungsbegrenzung der Produkte ergeben. Man erreicht dabei als Vorteil die Glättung der vertrieblichen Arbeitsbeziehungen im Außenbereich.

2.222 Gliederung nach Absatzgebieten

Die Gliederung nach *Absatzgebieten* führt zu den übersichtlichsten Lösungen und entspricht am ehesten dem Streben nach eindeutigen Unterstellungsverhältnissen. Bezüglich der Spezialisierung steht diese Gliederung gleichsam in der Mitte zwischen der Ausrichtung nach Produkten und Kundengruppen, indem weder zur Vereinfachung der Arbeitsbeziehungen nach der einen noch nach der anderen Seite etwas beigetragen wird. Alle Verkaufsgruppen müssen für ihre jeweiligen Absatzbezirke ein Maximum an Produkten und ebenso ein Maximum an Kundenarten bearbeiten, wobei sich Einschränkungen höchstens aus der inhomogenen Verteilung der gebietsweise nachgefragten Produkte und ansässigen Kundenarten ergeben. Die Begrenzung der räumlichen Entfernungen zwischen den eigenen Vertriebsstellen und Kundenstandorten hat nur für die Außenorganisation Bedeutung, wo die Regionalgliederung auch in Verbindung mit zusätzlichen Spezialisierungen nach anderen Gesichtspunkten, vor allem der Produktgliederung, häufig Anwendung findet. Überwiegende regionale Spezialisierungsvorteile lassen sich im Inland wenig geltend machen, wenn man einmal von den besseren Kontakten absieht, die sich aus der ständigen Bearbeitung eines begrenzten Kundenkreises in einem begrenzten Gebiet von selbst einstellen. Anders ist es im Exportvertrieb, obwohl man auch da die Regionalgliederung mitunter nur als eine Übergangslösung ansieht. Die alleinige Gebietsgliederung setzt weitgehende Homogenität der Produkte wie der Abnehmergruppen voraus, die nur beim chemischen Konsumgütervertrieb stets erfüllt ist.

2.223 Gliederung nach Abnehmergruppen

Die *Kundengruppengliederung* trägt bereits zur innerbetrieblichen Sortimentsbildung bei. Sie schaltet den großen Nachteil der Produktgliederung in Gestalt der praktisch häufigen Mehrfachbearbeitung der gleichen Kunden durch mehrere eigene Verkaufskräfte verschiedener Produktgruppenzugehörigkeit weitgehend aus. Diese Überlappung der Kundenbearbeitung im Außen- wie im Innendienst bei Produktgliederung führt zur Aufblähung der ganzen Vertriebsorganisation, erhöht die Vertriebskosten (z.B. durch höhere unproduktive Reisezeiten im Außendienst) und schafft akquisitorische Nachteile. Die Mehrfachbesuche belasten die Beschaffungsstellen der Kundenbetriebe und können berechtigte Verstimmungen auslösen, ferner werden die aus dem Bedarfszusammenhang der Produkte resultierenden Vertriebsfaktoren schlecht erkannt und für eine optimale, bedarfsorientierte Vertriebsgestaltung auch nicht ausgenutzt.

Die Vertriebsgliederung nach Kundengruppen scheint daher den Vorstellungen des modernen Marketing in der einen oder anderen Form am besten zu entsprechen. Bezüglich der Produktkenntnisse wird das Schwergewicht auf die technischen und wirtschaftlichen Bedingungen der Verwendung und Verarbeitung beim Abnehmer gelegt. Aus dem gründlichen Vertrautsein mit der gesamten Produktionstechnik, den Absatzbedingungen und deren Entwicklungsrichtungen im Zusammenwirken läßt sich das gesamte Nachfragepotential der Kundenbetriebe am besten übersehen, bewußt fördern und ausschöpfen.

Diese Vorteile haben in den letzten Jahren mehrere amerikanische Chemiefirmen dazu veranlaßt, dieses Organisationssystem anstelle der Produkt- oder Gebietsgliederung zu übernehmen oder den Wechsel ins Auge zu fassen [2.4; 2.42; 2.95]. Hierüber heißt es unter anderem bei der Armour Industrial Chemical Co. [2.4]:

„... Bei der Vertriebsreorganisation wurden die Produktgliederung ganz aufgegeben und an ihrer Stelle 4 Verkaufsabteilungen (sales divisions) mit absatzmarktspezialisierten Verkaufsprogrammen (industry lines) eingesetzt, so für den Bergbau, die Erdölindustrie, für chemische Konsumgüter und einen allgemeinen Industriebereich. Beispielsweise werden eine Reihe der angebotenen Amine im Bergbau als Flotationshilfsmittel, in der Erdöl- bzw. erdölverarbeitenden Industrie als Korrosionsinhibitoren sowie Additives zur Qualitätsverbesserung von Treibstoffen und Heizöl und schließlich von der kosmetischen Industrie zur Herstellung von Haarwaschmitteln verwendet. Trotz der gleichen chemischen und physikalischen Eigenschaften der Produkte weichen ihre für die verschiedenen Industriezweige wichtigen Anwendungseigenschaften und die Anwendungsverfahren doch erheblich voneinander ab. Durch hierüber erworbene Spezialkenntnisse können die technischen Kundendienstleistungen erheblich gesteigert werden. Die einzelnen Verkaufsabteilungen erhalten auch in gleicher Weise spezialisierte Stabsabteilungen für die Marketing-Dienste ..."

Hierbei ist natürlich unvermeidlich, daß die Verkaufskräfte in allen Abteilungen die grundlegenden Kenntnisse über chemischen Aufbau, Sortenprogramm, chemische und physikalische Daten sowie die Produktionsbedingungen der Produktgruppe im eigenen Werk, ferner über Konkurrenzangebote, Preisentwicklungen und anderes besitzen müssen. Zur Lösung der Fragen der Produktgestaltung, Produktionsplanung, Lagerhaltung usw. sind die Wünsche aller Verkaufsabteilungen mit der betreffenden Produktionsabteilung abzustimmen.

Die Nachteile fallen um so stärker ins Gewicht, je breitere und in sich heterogenere Verkaufsprogramme die Kundengruppen erfordern, während im anderen Extrem des nur vereinzelten Bedarfs an bestimmten Produkten die Voraussetzungen dieses Gliederungsprinzips ganz entfallen. Man kann die Programmbreiten der Kundengruppen mitunter in gewissem Umfang dadurch beeinflussen, daß die Kundengruppen selbst enger oder weiter abgegrenzt werden. Ein weiterer Nachteil ergibt sich für die Außenorganisation bei geringen regionalen Bedarfsdichten, da die meistens überlagerte Gliederung nach Absatzgebieten dann sehr großmaschig – mit folglich hohen Reisekostenbelastungen – sein muß.

In die Kundengruppenspezialisierung fällt auch die Errichtung einer besonderen Verkaufsabteilung für *Komsumgüter.* In der Vergangenheit wurden die innerhalb der Produktivgütersparten gelegentlich anfallenden Konsumgüter – z.B. Glykol als Frostschutzmittel in einem Unternehmen der aliphatischen Zwischenproduktenchemie – meistens hierin belassen und nebenbei mitbearbeitet. Sobald ein größeres Interesse am Konsumgütervertrieb einsetzt und wegen abweichender Vertriebsbedingungen ist diese Lösung unzweckmäßig [2.22; 2.23].

Falls der mehrstufige *Vertikalvertrieb* eine besondere Bedeutung erlangt, wie vor allem in der Synthesefaserindustrie, würde die Einrichtung einer besonderen Vertriebsabteilung für die Folgemärkte ebenfalls eine Spezialisierung nach Kundengruppen darstellen. Eine solche Vertriebsgruppe wurde bei der Reorganisation der Chemstrand Corp. bereits vorgesehen [2.42].

2.224 Gliederung nach sonstigen Gesichtspunkten

Gegenüber den vorgenannten drei Gliederungsgesichtspunkten treten alle weiteren Bildungsprinzipien der Vertriebsorganisation an Bedeutung zurück und kommen weniger selbständig als ergänzungsweise in Betracht.

Über das Spezialisierungsprinzip nach Kundengruppen hinausgehend kann eine Gliederung nach verschiedenen *Verarbeitungsverfahren* für chemische Produkte geboten sein, wenn diese eine besondere vertriebliche Einstellung hierauf verlangen. Beispielsweise ist für den Vertrieb bestimmter Kunststoffe evtl. eine Spezialisierung nach den Verarbeitungsverfahren des Kalandrierens, Strangpressens, Extrudierens, Gießens u.a. möglich. Chemiefasern werden nach unterschiedlichen textilen Verfahren in Spinnereien, Webereien und Wirkereien weiterverarbeitet, doch führt diese Spezialisierung oft gleichzeitig zur Produktgliederung (Spinnfasern und Endlosfäden) bzw. zur Kundengruppengliederung. Eine kombinierte Spinnerei–Weberei könnte dabei immerhin von zwei verschiedenen Verkaufsgruppen zu bearbeiten sein.

Eine für die chemische Industrie charakteristische Erscheinung ist die oft sehr heterogene Kundenstruktur bezüglich ihrer *Auftragsgrößen* und Gesamtabsatzbedeutung. Einzelne Produkte gehen vielleicht nur an wenige *Großkunden*, oder selbst innerhalb stärker bedarfsstreuender Produkte ziehen wenige Großabnehmer den größten Umsatzanteil auf sich. Hierin liegen Vereinfachungschancen für die Vertriebsorganisation, andererseits werden aber wegen der großen Verluste beim Abspringen einzelner Großkunden besondere Maßnahmen zur Beobachtung und Pflege dieser Kundenbeziehungen notwendig. Im allgemeinen sind den leitenden Instanzen des Vertriebes und der Geschäftsleitung die bedeutendsten Kunden derart geläufig, daß eine solche Kundenpflege weitgehend ohne besondere organisatorische Regelungen vonstatten geht. In anderen Fällen wird man vielleicht mit einer besonderen Stabsstelle für „Großkunden“ auskommen. Das Interesse an einer speziellen organisatorischen Berücksichtigung kann aber auch daraus erwachsen, daß die Großkunden durch ein regional weit verzweigtes Netz von Betriebsstätten und Einkaufsstätten in viele eigene Verkaufsbezirke hineinragen, was ein zentral koordiniertes Vorgehen nahelegt.

Chemische *Entwicklungsprodukte* werden mitunter in einer eigenen Verkaufs- oder Markterschließungsgruppe vom regulären Vertriebsprogramm abgegrenzt, was die zahlreichen Besonderheiten der Neuheiten rechtfertigen mögen. Oft bleiben die Entwicklungsprodukte bis zur Einordnung in das reguläre Vertriebsprogramm im Verantwortungsbereich der Forschung und Entwicklung oder Anwendungstechnik, zumal bis dahin nur Mustermengen abgegeben werden.

Die gelegentliche Vertriebsgliederung nach *Absatzwegen*, wie etwa nach direktem und indirektem Vertrieb, ist praktisch mit einer Gliederung nach Kundengruppen identisch. Der direkte Vertrieb würde vor allem der Kundengruppe der produktiven Verwender – ein freilich geringer Spezialisierungsgrad –, der indirekte Vertriebsweg den Gruppen der Großhandels- und Einzelhandelskunden entsprechen. Letzteres wird oft mit dem Konsumgütervertrieb zusammenfallen.

2.23 Koordinierungsstellen in der Vertriebsorganisation

2.231 Produktbetreuer

Die Institution des *Produktbetreuers* („Produkt-Manager") wurde in den USA entwickelt und zielt auf eine produktbezogene Abstimmung aller Unternehmensbereiche unter Marketing-Gesichtspunkten, wobei die Aufgaben im Rahmen von Produktneuentwicklungen sowie im laufenden Geschäft zuweilen stärker differenziert werden. Dies kann soweit gehen, daß anstelle des einheitlichen Produkt-Managements eine Aufgabenteilung zugunsten des „Entwicklungs-Managers" und des „Produkt-Managers" zur laufenden Vertriebsbetreuung befürwortet wird.

Zumindest die laufende Produktbetreuung rechtfertigt die als Stabsstelle gedachte Institution nur dann, wenn die Vertriebsorganisation nicht nach Produkten oder wenigstens nur nach sehr großen, in sich noch recht heterogenen Produktgruppen gegliedert ist. Ganz besonders die *Gebietsgliederung* dürfte eine Produktbetreuung nahelegen, und zwar sowohl im Innen- als auch im Außenbereich. Bei der vorherrschenden Produktgliederung in der chemischen Industrie sind die Vertriebssachbearbeiter dagegen bereits selbst Produktspezialisten und werden dann auch die Koordination mit den für ihre Produkte zuständigen Fachleuten aus anderen Unternehmensbereichen selbst wahrnehmen können.

Es ist daher kein Zufall, daß in der geschichtlichen Entwicklung die erste, bereits auf das Jahr 1931 zurückreichende Anwendung bei der amerikanischen Firma Procter & Gamble [2.58; 2.92; 2.100; 2.137; 2.141] in den Bereich der *chemischen Konsumgüter* fällt, deren Vertrieb normalerweise nur regional organisiert wird. In diesem Fall wurden „brand manager" eingesetzt, um die gebührende Absatzförderung aller im Sortiment geführten 18 Produktmarken zu sichern. In einer Untersuchung über die inzwischen eingetretene Verbreitung des Produkt-Management in Deutschland ist auch nur von der Markenartikelindustrie die Rede, wobei die chemisch-pharmazeutische Industrie diese Einrichtung von allen Branchen am stärksten bejaht hatte: Dieser gehörten 28 oder rund ein Viertel von den insgesamt 115 bei der Befragungsaktion antwortenden Unternehmungen an, wovon 20 Firmen oder 71,4% das Produkt-Management bereits verwirklicht hatten und 3 Firmen oder 10,7% es noch einführen wollten, während sich nur 4 Unternehmungen oder 14,3% ablehnend aussprachen [2.96, S.40].

Bei der überwiegenden Gliederung der Vertriebsorganisation für chemische Produktivgüter nach Produkten muß man daher die Koordinierungsaufgaben bei *Neuentwicklungen* als wesentlicher ansehen. Die Produktbetreuung im Rahmen langfristiger Entwicklungsprojekte erfordert weite Fachkenntnisse, zumal nicht nur Sachbearbeiter zu koordinieren, sondern gleichzeitig aus eigener Aktivität hier und da Kenntnislücken zu füllen sind. Dies wird problematisch, wenn zahlreiche naturwissenschaftliche, ingenieurtechnische und kaufmännische Aufgaben eingeschlossen sind. Anstelle einzelner Produktbetreuer sind dann vielleicht ganze Arbeitsgruppen von verschiedenen Spezialisten erforderlich, die man zur Wahrnehmung der Planungsaufgaben auch der Produktions-, Forschungs- oder obersten Geschäftsleitung als Stabsstellen attachieren könnte. Zweifellos sind solche Stellen besonders in chemischen Großbetrieben häufig vorhanden, aber sie werden selten mit der Bezeichnung „Produkt-Management" belegt.

2.232 Gebietsbetreuer

Die vorgenannte Produktbetreuung, die Gebietsbetreuung und die Kundengruppenbetreuung kann man in unmittelbare Analogie zu den Gliederungsprinzipien der Linienorganisation des Vertriebes stellen. Sie sind die Ergebnisse der Spezialisierung von Stabsstellen zur Vertriebs-„Betreuung", die der Linienorganisation der Vertriebs-„Durchführung" überlagert sind. Diese zweite Organisationsebene eröffnet über die Kombination der oben behandelten Gliederungsgesichtspunkte (Kap. 2.22) einen erweiterten Spielraum für die betriebsindividuell optimale Organisationsgestaltung.

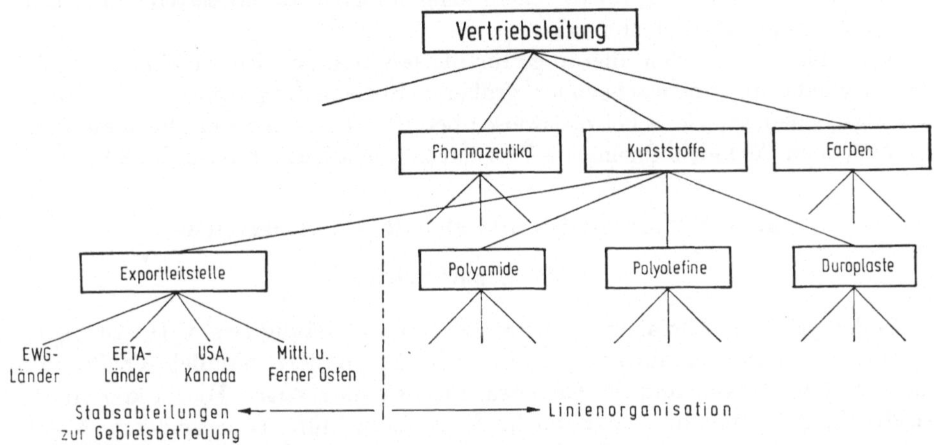

Abb. 2.12 **Produktgliederung der Vertriebsorganisation mit Stabsstellen der Gebietsbetreuung im Export.**

Ein praktisches Interesse an zusätzlichen Stabsstellen für die *Gebietsbetreuung* wird nur dann bestehen, wenn die Vertriebsdurchführung nicht nach Gebieten gegliedert ist und die Absatzgebiete außerdem aufgrund spezieller Eigenarten und Vertriebsprobleme eine gesonderte Berücksichtigung nahelegen. Selbst bei bevorzugter Produktgliederung wird aber wenigstens die Außenorganisation zusätzlich regional unterteilt. Bezüglich des Inlands wird man kaum jemals besondere Stabsstellen rechtfertigende regionale Besonderheiten anerkennen. Größere Bedeutung scheint die Gebietsbetreuung daher nur im Exportgeschäft zu gewinnen, wenn nämlich eine durchgehende Produktgliederung des Vertriebes auch die Exportmärkte erfaßt. Die Eigenarten der Länder in bezug auf differenzierte Produktentwicklungen, Werbung und andere Teilpolitiken, bestehende Handelsschranken, sprachliche Bedingungen usw. lassen dann derartige „Exportleitstellen", wie sie in der chemischen Industrie zuweilen genannt werden, sinnvoll erscheinen. Die Stabsstellen können genau wie bei der Produktbetreuung mehrstufig aufgebaut sein, wobei für die Feingliederung die gleichen Kriterien in Frage kommen wie bei einem länderweise organisierten regulären Exportvertrieb (geographisch zusammengehörige Länder, sprachverwandte Länder, Länder handelspolitischer Blöcke). Ein vereinfachtes Organisationsbeispiel ist in Abb. 2.12 wiedergegeben.

2.233 Kundengruppenbetreuer

Die weiter oben erwähnten Vorteile der Vertriebsgliederung nach Kundengruppen bzw. bedarflich zusammengehörigen Absatzmärkten in der chemischen Industrie gelten sinngemäß für die entsprechende Spezialisierung der *Vertriebs-*

betreuung nach *Kundengruppen*, etwa wenn diese mit einer Produkt- oder Gebietsgliederung der Linienorganisation verknüpft wird. Auch hier kann man wie bei der Produktbetreuung zwischen der Betreuung der Kundengruppen im laufenden Absatz und für Entwicklungsaufgaben unterscheiden. Da die Produktgliederung überwiegend bereits in der Linienorganisation verwirklicht und die zusätzliche Gebietsbetreuung mit Ausnahme des Exportgeschäfts unbedeutend ist, dürfte die Kundengruppenbetreuung für die chemische Industrie als Stabsstelleninstitution eigentlich am interessantesten sein.

Auch hier bietet sich allerdings für die langfristigen Entwicklungsaufgaben die Eingliederung anspruchsvoller größerer Spezialistengruppen auf höchsten Leitungsebenen an, wie es beispielsweise über die Stabsstellen der „business areas" bei der Union Carbide's Chemicals Division kürzlich berichtet wurde [2.87].

2.24 Exportvertrieb und globale Vertriebssysteme

2.241 Exportvertrieb

In den größeren Chemieunternehmungen werden häufig zwei Gliederungsprinzipien der Vertriebsorganisation miteinander kombiniert, nämlich die Produktgliederung im Inland und die Gebietsgliederung im Export. Hierin kommt zum Ausdruck, daß man die vertriebliche Einstellung auf die besonderen Absatzbedingungen der Exportländer gegenüber der Produktspezialisierung für wichtiger hält. Bei einem größeren und länderweise breit streuenden Exportumfang würde die Bearbeitung sämtlicher Absatzgebiete in der Welt durch jeden Produktsachbearbeiter bald zu einer Überlastung der Verkaufskräfte, zur unwirtschaftlichen parallelen Erarbeitung länderspezifischer Kenntnisse, zur Vernachlässigung von Exportchancen und einer mangelhaften Koordination in den einzelnen Exportmärkten führen. Die Vorteile des organisatorisch verselbständigten Exportvertriebes werden freilich mit herabgesetzten Produktkenntnissen erkauft.

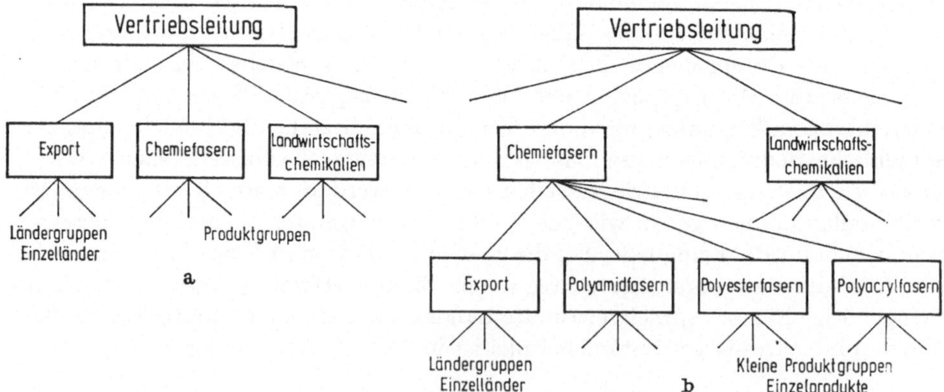

Abb. 2.13 Einordnung der Exportabteilung in verschiedenen Rangstufen.

Die kombinierte Anwendung der beiden Gliederungsprinzipien ermöglicht allerdings verschiedene Varianten. Eine extreme Länderbetonung wäre bei der ranghöchsten Einordnung der Exportabteilung neben den übrigen produktweise abgegrenzten Sparten des Inlandsvertriebes gegeben, Abb. 2.13a. Den anderen Extremfall würde die durchgehende Produktgliederung im Export- und Inlandsvertrieb darstellen, wobei die Exportaufgaben bis in die untersten Stellen der Hierarchie hineinreichen würden. Als günstige Kompromißlösung bietet sich die Einrichtung einer begrenzten Zahl von Exportabteilungen auf mittlerer Ranghöhe an, etwa in Unterstellung gegenüber den Vertriebsleitungen der Sparten, Abb. 2.13b. Dieses Abrücken von einer einzigen zentralen Exportabteilung zugunsten der spartenweisen Aufgliederung des Exportvertriebes setzt jedoch bereits große Unternehmenseinheiten voraus. Weitere Ausgleichsmöglichkeiten ergeben sich durch die Eingliederung der Stabsstellen zur Vertriebsbetreuung.

2.242 Globale Vertriebssysteme

Bei globalen oder multinationalen Unternehmungen verliert sich die Trennung zwischen Inlands- und Exportvertrieb zugunsten eines weltweiten Vertriebssystems sowie eines Netzes von Produktionsstätten. Die Übergangsphase dazu beginnt bei der Errichtung ausländischer Produktionsstätten, die bei zunehmendem Umfang neue organisatorische Lösungen verlangen und sich in die herkömmlichen Schemata des Exportvertriebes nicht mehr einfügen lassen. Genau wie die Durchdringung der Auslandsmärkte nur in einem längeren Entwicklungsprozeß zu bewältigen ist, so müssen auch die Organisationsstrukturen ständig optimal an die Entwicklungsstufen angepaßt werden, wofür über die Kombination der Gliederungsprinzipien in unterschiedlichen Ranghöhen, die Einfügung der Koordinierungsinstanzen und das Ausmaß der Zentralisierung zahlreiche Lösungen zur Verfügung stehen [2.62].

Fertigungsbetriebe im Ausland sind zwar als die letzte Entwicklungsstufe des direkten Exportvertriebes anzusehen (Kap. 2.586), aber sie wachsen über die Problematik allein des Vertriebes und der Vertriebsorganisation hinaus, indem auch die Produktion und schließlich sämtliche Grundfunktionen erfaßt werden. Höchstens die als erstes errichteten, weniger bedeutsamen Formulierbetriebe und Anlagen der Endfertigung mögen noch gut von der normalen und gewöhnlich länderweise gegliederten Exportorganisation zu bewältigen sein, doch werden tiefergehende Veränderungen der Organisationsstrukturen bald unvermeidbar.

Die globale Unternehmung erfordert im Anschluß an die räumliche Dezentralisation der äußeren Vertriebsorganisation und der Produktionsbetriebe auch eine immer stärkere Dezentralisation angrenzender Funktionen und der Leitungsbefugnisse. Es entstehen dann über die ganze Welt verteilte, regional weitgehend selbständig operierende Werke oder Werksgruppen mit eigenem Vertriebssystem, Ingenieurwesen und anderen grundlegenden Funktionen. Eine übergeordnete Zentralinstanz bleibt aber zur optimalen Abstimmung der regionalen Werke unerläßlich, um festzulegen, an welchen Stellen was und wieviel produziert wird und welche Absatzgebiete damit zu beliefern sind. Nur diese Einschränkung der Autonomie der regionalen Leitungsinstanzen verhindert unwirtschaftliche Konkurrenzbeziehungen innerhalb des eigenen Unternehmens und sichert zugleich wenigstens begrenzte Spezialisierungsvorteile, wenngleich die erheblichen Nachteile der parallelen Einrichtung vieler gleichartiger Produktionen und entsprechender Vertriebsorganisationen zum Großteil bestehen bleiben.

Um die Nachteile aus der Vervielfachung regional dezentralisierter Bereiche zu vermeiden, wird in der amerikanischen Organisationspraxis der weltweit operierenden Chemieunternehmungen auf der obersten Organisationsebene nicht die Gliederung nach Gebieten, sondern nach *Produkten* bevorzugt, um wenigstens für die großen Produktsparten gewisse Zentralisierungsvorteile durchzusetzen. Einen günstigen Ausgangspunkt dazu bietet die divisionale Organisationsform, welche die Unternehmung bereits im Inland nach den wichtigsten Produktsparten in mehrere, mit allen Grundfunktionen ausgestattete Divisionen aufgliedert. Die Divisionen verfügen über eigene Vertriebsorganisationen im Inland sowie im Export. Bei einer globalen Ausweitung des Geschäfts müssen die Divisionen Produktion und Vertrieb ihrer Produktgruppe im weltweiten Maßstab wahrnehmen und dabei die schwierigen Aufgaben meistern, über große Entfernungen zu operieren und die unterschiedlichsten Länder produktions- und vertriebsmäßig einzubeziehen. Die Zusammenfassung aller in- und ausländischen Werke kann schließlich Abgrenzungsschwierigkeiten zwischen den Divisionen hervorrufen, wenn sich die Produktionsprogramme einzelner Werke zu überschneiden beginnen. Die Zusammenfassung der ausländischen Interessen in einer *internationalen Abteilung* bleibt den herkömmlichen Organisationsprinzipien des Exportvertriebes stärker verhaftet. Bei Divisionalorganisation steht die internationale Abteilung parallel neben den anderen, produktweise abgegrenzten Divisionen. Ihre weitere Gliederung erfolgt vorzugsweise nach Ländergruppen, jedoch kommt auch die Produktgliederung vor, so daß dann das Spiegelbild der Inlandsdivisionen wiederkehrt. Mitunter behalten die Inlandsdivisionen trotz der internationalen Abteilung ihre Exportaufgaben.

2.3 Einordnung der Vertriebsteilfunktionen

2.31 Organisatorische Vorrangstellung des Verkaufs

Die Idee des Marketing hat die ursprünglichen Verkaufsaufgaben stark anwachsen und Spezialisierungen innerhalb des ausgeweiteten Aufgabenkomplexes des Absatzes in verschiedene Richtungen notwendig gemacht. Man kann auch sagen, der Verkauf ist um eine Reihe spezieller Marketing-Dienste wie Marktforschung, Absatzplanung, Werbung usw. zum Marketing oder Vertrieb erweitert worden [2.77]. Trotz ihrer Bedeutung behalten aber diese Marketing-Dienste organisatorisch mehr oder weniger Stabscharakter, während der Verkauf nach wie vor die Hauptaufgabe des Vertriebes innerhalb der Linienorganisation bildet. Wenn im vorigen Abschnitt von den Gliederungsprinzipien der Vertriebsorganisation nach wichtigen Objekten oder dem Verhältnis zwischen Innen- und Außenorganisation gesprochen wurde, so ging es hierbei in erster Linie um die eigentlichen Verkaufsaufgaben. Noch heute ist es in der chemischen Industrie oft gebräuchlich, die gesamte Grundfunktion Vertrieb mit „Verkauf“ und nicht mit „Vertrieb“ oder „Marketing“ anzusprechen. So werden etwa bei Produktgliederung bereits auf der höchsten Ebene die verschiedenen Sparten mit „Verkauf Chemikalien“, „Verkauf Synthesefasern“ und ähnlich bezeichnet, obwohl in den Spartenfunktionen die über den eigentlichen Verkauf weit hinausgehenden Vertriebs- oder Marketing-Aufgaben zusammengefaßt sind.

Abb. 2.14 zeigt das Grundschema einer funktionalen Gliederung des Vertriebs- oder Marketing-Bereichs, das jedoch betriebsindividuell wechseln kann. Die Marketing-Dienste sind die strategisch wichtigen Marketing-Aufgaben, während der eigentliche Verkauf, Kundendienst und Versandwesen zu den Verkaufsaufgaben im weiteren Sinne zusammengefaßt werden könnten, welche sowohl die Auftragserlangung als auch -abwicklung beinhalten. Diese Zweiteilung entspricht der amerikanischen Unterscheidung zwischen „marketing services" und „marketing operations", denen das „marketing management" übergeordnet ist.

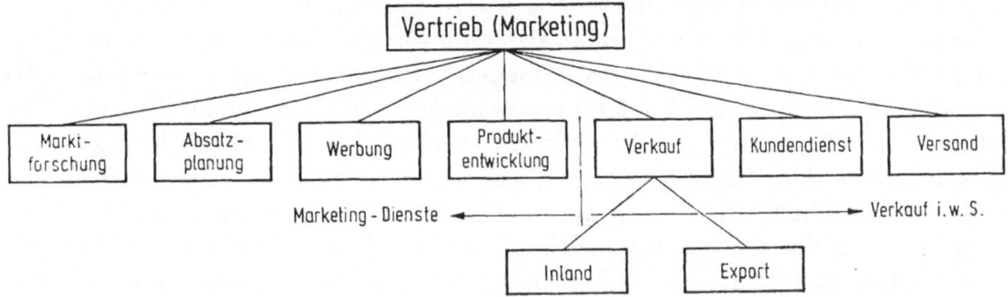

Abb. 2.14 Funktionale Vertriebsgliederung in die Marketing-Dienste und Verkaufsaufgaben im weiteren Sinne.

Nur eine solche möglichst einheitliche Zusammenfassung der Marketing-Aufgaben wird in der chemischen Industrie in Betracht kommen. Die parallele Unterstellung des „Strategischen Marketing" neben der Verkaufsleitung unter die oberste Geschäftsleitung ist abzulehnen, gleichfalls die Einführung einer Zwischeninstanz für die Zusammenfassung der Marketing-Dienste unter der Vertriebsleitung, denn sie würden den Zusammenhang zwischen Marketing-Strategie und Verkaufsexekutive kaum fördern.

Dagegen werden fachliche oder betriebspolitische Gründe immer wieder dazu führen, einzelne dem Vertrieb nahestehende Aufgaben nicht diesem, sondern anderen Unternehmensbereichen (Hauptabteilungen, Stäben der Unternehmensleitung) einzugliedern. Das treffendste Beispiel ist vielleicht die Eingliederung des Kundendienstes in die Anwendungstechnik.

2.32 Funktionale Gliederung des Verkaufs

Wird die oben behandelte Objektgliederung nach Produkten mehrfach hintereinander auf den Verkauf angewandt, bis man etwa beim Verkaufssachbearbeiter für eine kleine Produktgruppe oder ein Einzelprodukt anlangt, so besteht die Gefahr, selbst nach Abspaltung der Marketing-Dienste diesen Sachbearbeiter durch die Anhäufung zahlreicher Verkaufsteilfunktionen zu überlasten und damit die fachliche Spezialisierung wieder in Frage zu stellen. Es ist daher notwendig, auch die funktionale Seite der Verkaufsgliederung zu beachten und die mehr verwaltungsmäßigen, routinemäßigen Verkaufsaufgaben (Auftragserledigung) auf einer bestimmten Ranghöhe stellenmäßig zu verselbständigen. Diese Probleme betreffen sowohl die Innen- als auch die Außenorganisation, wenngleich letztere in geringerem Umfang. Enge Verbindungen zwischen Verkaufssachbearbeitern und Verwaltungsstellen bleiben dabei unerläßlich, da andernfalls viele der gewonnenen

Unterlagen und Auswertungen in der Vertriebsverwaltung für die wirksame Steuerung und Verbesserung der Vertriebsmaßnahmen nicht ausgenutzt würden.

2.33 Versand und physische Warenverteilung

Während der *Versand* im engeren Sinne als echte vertriebliche Teilfunktion nur die Bereitstellung der Fertigprodukte zum Außentransport betrifft, spricht man vom Versand im weiteren Sinne oder der *physischen Warenverteilung*, wenn der gesamte Warenweg von den Fertiglägern über die Warenbereitstellung und den Außentransport bis zum Kunden gemeint ist. Bislang waren nach den traditionellen Organisationsplänen hierfür mehrere Unternehmensbereiche zuständig. So sind beispielsweise das Versandwesen im engeren Sinne dem Vertrieb, Verpackung und Endläger der Produktion, technische Lagereinrichtungen und Transportwesen dem Ingenieurbereich, Lagerbestandsplanung sowie Abrechnung der kaufmännischen Verwaltung unterstellt. Diese Zersplitterung und Vernachlässigung als mehr verwaltungsmäßige Routineaufgaben werden der Tatsache nicht gerecht, daß in diesem Aufgabenkomplex zahlreiche dispositive Probleme sowie die Chancen eingeschlossen sind, die hohen Kosten der physischen Warenverteilung in der chemischen Industrie bei gleichzeitiger Verbesserung der Lieferfähigkeit zu senken. Gegenüber dem Verkauf als eigentumsrechtlicher Leistungsübertragung im Absatzmarkt und den Marketing-Funktionen hat die physische Warenverteilung als Ganzes bislang relativ wenig Beachtung gefunden. Heute strebt man in der chemischen Industrie zunehmend nach einer Aufwertung besonders im Wege der stärkeren Zentralisierung der Teilfunktionen, wobei Zentralabteilungen für die physische Warenverteilung (physischer Vertrieb, „physical distribution", „materials management", Distributionsmanagement o.ä.) parallel neben dem Vertriebsbereich oder in Unterstellung gegenüber anderen Hauptabteilungsleitungen (vor allem Vertrieb, Ingenieurwesen) ins Auge gefaßt werden [1.56, Abschn. 21; 2.25; 2.53; 2.110]. Andernfalls sind wenigstens Kommissionsbildungen oder die intensive Stabsbetreuung zu empfehlen.

Im Gegensatz zum eigentlichen Vertrieb mit seinen durch menschlich-psychologische Faktoren ausgelösten Unwägbarkeiten ist die physische Warenverteilung in weit höherem Maße der wirtschaftlichen Optimierung durch quantifizierende, mathematische Methoden und Entscheidungsmodelle zugänglich [2.21; 2.140]. Dies erfordert ein Systemdenken und die geschlossene Erfassung der Warenbewegung in allen Phasen von der eigenen Produktion bis zur Eingangslagerung und dem Verbrauch durch die Kundenbetriebe, da die Teiloptimierungsprobleme etwa der Produktionsplanung, der Lagermengen, Lagerstandorte, Versandeinheiten und Transportmittel eine gegenseitige Abhängigkeit aufweisen.

2.34 Technischer Kundendienst

Seit langem bildet der *technische Kundendienst* eine anerkannte Teilfunktion des Vertriebes, besonders bei erklärungsbedürftigen Produktivgütern, die ja einen großen Teil auch des chemischen Vertriebsprogramms einnehmen. Man neigt sogar immer mehr dazu, die Aufgaben des Kundendienstes in den Rang einer vertrieblichen *Teilpolitik* zu erheben. Während aber in anderen Industriezweigen die organisatorische Einordnung im Vertriebsbereich ohne Problematik ist, ergibt sich in der chemischen Industrie ein branchentypisches Konkurrenzproblem zwischen der Einordnung im Vertrieb oder in anderen Hauptabteilungen. Wegen der fachlichen, nämlich chemischen oder ingenieurtechnischen Aufgabeninhalte sowie der engen Beziehung zu neuen Entwicklungsaufgaben überwiegt in der chemischen Industrie Westeuropas die Zusammenfassung mit einem besonderen Bereich der Anwendungstechnik (Kap. 6.1 und 6.5).

Man kann einen Teil der anwendungstechnischen Beratungsaufgaben auch auf die eigenen Verkaufskräfte verlagern (Kap. 6.53). Selbst dann bleibt es allerdings in gewissem Umfang unerläßlich, für schwierige Beratungsaufgaben das spezialisierte Fachpersonal der Chemiker und Ingenieure aus den anwendungstechnischen Laboratorien in Anspruch zu nehmen.

Will man auf eigene Anwendungstechniker im Vertriebsbereich nicht verzichten, so geht man im anderen Extremfall mitunter bis zur Eingliederung anwendungstechnischer Laboratorien für den technischen Kundendienst. Wegen der fachlichen Divergenzen sind dann doppelte Unterstellungen, nämlich fachlich-funktional gegenüber der zentralen Anwendungstechnik und disziplinarisch gegenüber der Vertriebsleitung oft unvermeidlich.

2.35 Eingliederung der Marketing-Dienste

Mehrere Organisationsprobleme sind verschiedenen *Marketing-Diensten* gemeinsam, so etwa die Zuständigkeitskonkurrenz zwischen Vertrieb, anderen Hauptabteilungen und Stabsabteilungen der Unternehmensleitung; die Einordnung der Marketing-Dienste in verschiedenen Ranghöhen und in Zusammenhang damit die Mehrfacheinrichtung und die Gliederungsprinzipien solcher Stellen; das Ausmaß der Arbeitsteilung und die Zusammenarbeit zwischen den eigentlichen Verkaufsabteilungen und den Marketing-Hilfsstellen; schließlich die Frage der Ausgliederung auf fremde Dienstleistungsbetriebe.

Einige Alternativen seien am Beispiel der Eingliederung der *Marktforschung* kurz beleuchtet (Abb. 2.15). Die zunehmende Bedeutung für die gesamte Betriebspolitik sowie das gleichzeitige Interesse mehrerer Hauptabteilungen an ihren Ergebnissen begünstigen die Einordnung als zentrale Stabsstelle der Unternehmensleitung (z.B. in der volkswirtschaftlichen Abteilung, Abb. 2.15a). Nicht selten ist eine Abteilung für die langfristige Unternehmensplanung zuständig. Unter Spezialisierung auf die Objekte der Marktforschung im Beschaffungs-, Finanz- und Absatzmarkt wären entsprechende Parallelabteilungen als Stabsstellen der jeweiligen Leitungsressorts denkbar.

Bei einem sehr heterogenen Absatzprogramm wird eine zentrale Marktforschungsstelle der Vertriebsleitung wahrscheinlich noch zu allgemein sein (Abb. 2.15h). Die jeweiligen Spartenleitungen sind dann bei hinreichendem Absatzvolumen an eigenen Marktforschungsstellen interessiert (Abb. 2.15i). Zweifellos entstehen dabei Vorteile aus der größeren Produktnähe, besseren Vertrautheit mit den speziellen Absatzmärkten, Absatzwegen, Konkurrenzbedingungen, aber die Gefahren der Zersplitterung nehmen ebenfalls zu. Die differenzierten Anforderungen des chemischen Produktivgütervertriebs können demnach nicht

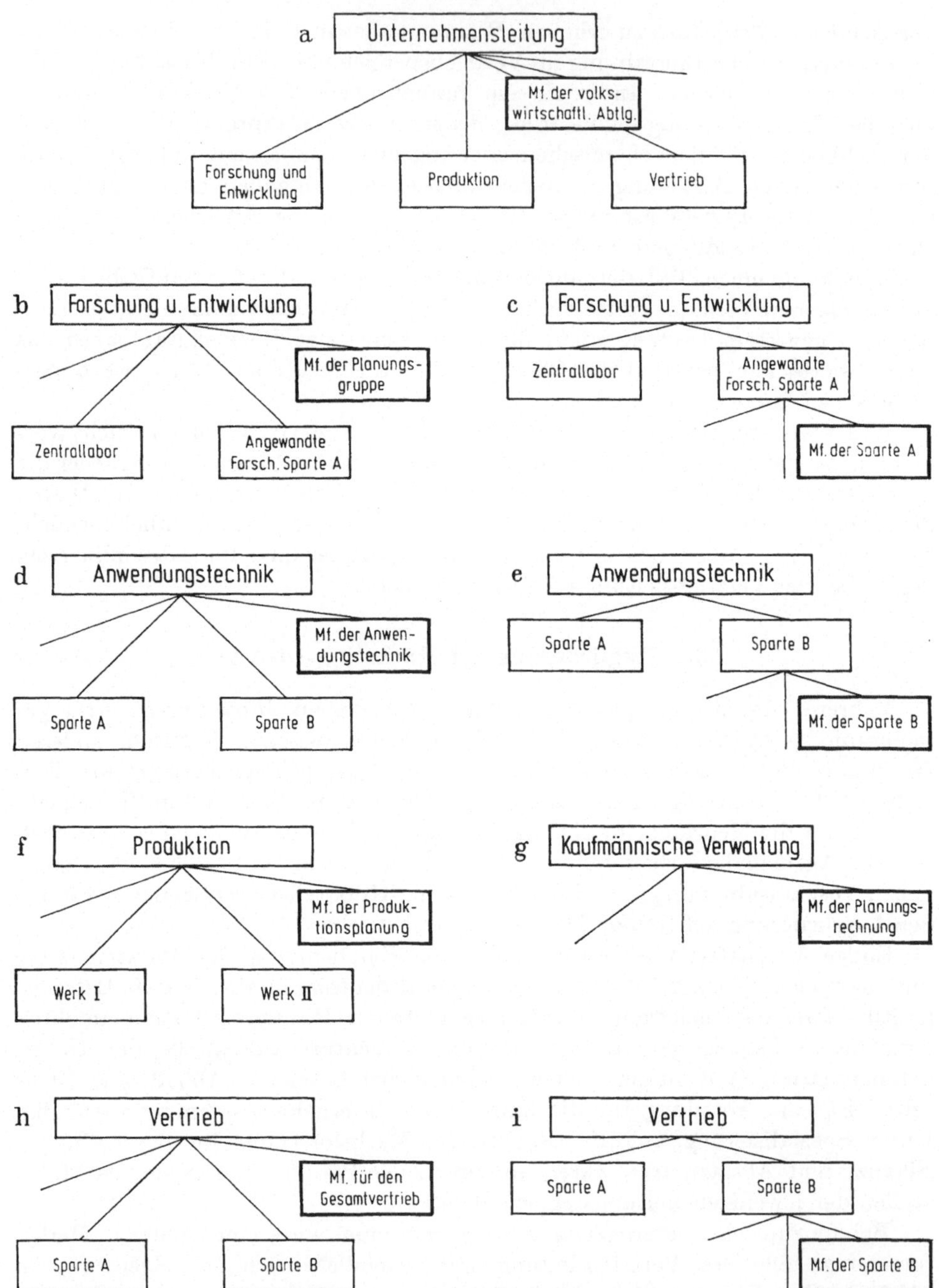

Abb. 2.15 Möglichkeiten der organisatorischen Eingliederung der Marktforschungsaufgaben (Mf.). a) Marktforschung innerhalb einer der Unternehmensleitung direkt unterstellten Stabsstelle oder Zentralabteilung; b) Marktforschung der Planungsgruppe als Stabsstelle der Forschungs- und Entwicklungsleitung; c) Marktforschung innerhalb einer Sparte des Forschungsbereichs; d) Marktforschung in einer Stabsstelle für die gesamte Anwendungstechnik; e) Marktforschung innerhalb einer Sparte der Anwendungstechnik; f) Marktforschung der Produktions- und Investitionsplanung innerhalb einer Stabsabteilung der Produktionsleitung; g) Marktforschung in der Planungsrechnung der kaufmännischen Verwaltung; h) Marktforschung als zentrale Stabsabteilung der Vertriebsleitung; i) Marktforschung als dezentrale Stabsabteilung der Vertriebssparten.

nur für den Verkauf, sondern in freilich geringerem Maße auch für die Marketing-Dienste dezentralisierte Stellenbildungen nahelegen.

Außerhalb des Vertriebes kann der Forschungs- und Entwicklungsbereich an einer eigenen Marktforschungsgruppe interessiert sein, wenn die wichtigsten Marktinformationen zur wiederholten Bewertung der Forschungsvorhaben und Entwicklungsprojekte im eigenen Bereich erarbeitet werden sollen (Abb. 2.15b u. c). Für die Feststellung der Marktaussichten von neuen Produkten und Anwendungen kämen auch Mitarbeiter aus der Anwendungstechnik in Betracht (Abb. 2.15d u. e). Bei erhöhter Ausführungsreife der Projekte befaßt man sich vorwiegend im Ingenieurwesen und in der Produktion mit Projektierungen von Neuanlagen, Produktions- und Investitionsplanungen, so daß wiederum Marktforschungsaufgaben zur Bewertung und Prognose der Ertragsseite der Vorhaben innerhalb der zuständigen Stabs- oder Zentralabteilungen erledigt werden können. Schließlich kann das Rechnungswesen bzw. die Planungsrechnung der kaufmännischen Verwaltung hieran interessiert sein. Aus wirtschaftlichen Gründen wird man sich auf eine oder wenige Stellen in der Unternehmung beschränken müssen. Falls eine Zuordnung zur Forschung und Entwicklung, Anwendungstechnik oder Produktion in Frage kommt, geht es außerdem oft nur um die technisch beeinflußten Aufgaben der Marktforschung sowie um die mehr nebenamtliche Erledigung im Rahmen anderer Aufgaben. Mitunter liegt der Aufgabenschwerpunkt dann bei der langfristigen Vorausschau der wissenschaftlich-technischen Neuentwicklungen.

Solange die volle eigene Wahrnehmung aller Marketing-Aufgaben im Hinblick auf Spezialisierungsmöglichkeit und Auslastung der Stellen bei unzureichenden Unternehmensgrößen Schwierigkeiten verursacht, kommen die Vorteile der *Fremdbeauftragung* entsprechender Dienstleistungsunternehmungen vermehrt zur Geltung (z.B. Marktforschungsinstitute, Werbeagenturen).

2.4 Gemeinschaftliche Vertriebsorganisationen

2.41 Gemeinschaftlicher Vertrieb als horizontale Kooperation

Zahlreiche Absatzfaktoren der chemischen Industrie bieten günstige Voraussetzungen für *gemeinschaftliche Vertriebseinrichtungen* in der einen oder anderen Form. Wegen der Betriebsgrößendegression der Vertriebskosten erfüllen nur die großen Chemiebetriebe mit ihrem vielseitigen Produktionsprogramm die wirtschaftlich optimalen Voraussetzungen zum Aufbau von leistungsfähigen Vertriebsorganisationen. Die starke Beeinflussung der chemischen Produktionsprogramme von der Stoff- und Verfahrensverwandtschaft her beeinträchtigen aber selbst bei diesen Großbetrieben mitunter absatzwirtschaftliche Rationalisierungen, die in erster Linie eine Programmspezialisierung nach der Absatz- und Bedarfsverwandtschaft erfordern. Bei den Klein- und Mittelbetrieben aber kann die absatzwirtschaftliche Benachteiligung geradezu existenzbedrohend werden, und die Kooperation im Vertrieb stellt sich dann vielleicht sogar als Alternative zum Verlust der wirtschaftlichen Selbständigkeit durch Konzentration. Soweit die Kooperation im Vertrieb produktionswirtschaftliche Spezialisierungen begünstigt, gehen die Rationalisierungsvorteile über den Vertriebsbereich hinaus.

Bei den Formen einer gemeinsamen Vertriebsorganisation für stofflich gleichartige oder verschiedene, möglichst bedarfskomplementäre Produkte können sich Unternehmungen der chemischen Industrie sowie anderer Branchen aus den verschiedensten Produktionsbereichen zusammenfinden. Stets handelt es sich dabei um eine Art der *horizontalen Kooperation*, da für die gemeinsam vertriebenen Produkte die parallelen, individuellen Vertriebsorgane oder einzelne Vertriebsteilfunktionen der Anbieter durch gemeinsame Einrichtungen ersetzt werden.

Hierbei ist es unerheblich, ob gelegentlich interne Lieferverflechtungen zwischen den vertrieblich kooperierenden Partnern vorkommen. Eine *vertikale Kooperation* würde dagegen stets eine Lieferanten-Kunden-Beziehung voraussetzen und unter anderen Gesichtspunkten zu beurteilen sein, denen wir jedoch im vorliegenden Zusammenhang nicht nachgehen wollen. Elemente gemeinsamer Vertriebseinrichtungen auf kooperativer Grundlage wird man indessen nur so lange anerkennen können, wie die wirtschaftliche Selbständigkeit der beteiligten Unternehmungen aufrechterhalten bleibt. Kommt es dagegen zu Fusionen oder mehrheitlichen, beherrschenden Kapitalbeteiligungen, so ist die Frage der Regelung der vertrieblichen Aufgaben zwischen den verschiedenen Unternehmensteilen, seien diese rechtlich selbständig oder nicht, nur noch eine Frage der innerbetrieblichen Organisation und nicht mehr eine solche gemeinschaftlicher Vertriebseinrichtungen. Letztere fallen in den Bereich der freiwilligen Kooperation und sind von der Konzentration sorgfältig abzugrenzen, welcher durch Kooperation ja oft gerade entgegengewirkt werden soll. Obwohl vielfach bedauert, ist die weitaus größere Bedeutung der Konzentration gegenüber dem kooperativen Zusammengehen von Unternehmungen heute eine Realität; auch ändert sich hieran nichts, wenn diese für weite Kreise des selbständigen Unternehmertums bedrohliche Entwicklung durch ungebührlich weite Auslegung der Begriffe Kooperation oder Partnerschaft in einem milderen Licht dargestellt wird.

2.42 Gleichartige Erzeugnisse

Völlig *gleichartige Produkte*, wie sie bei den anorganischen und organischen Industriechemikalien vorherrschen, führen bei einem Zusammenschluß der verschiedenen Hersteller zu gemeinschaftlichen Vertriebsorganisationen am ehesten zur Einschränkung der Konkurrenzwirkungen. Die volkswirtschaftlich schädlichen Wirkungen der Angebotsbeschränkung und Preissteigerung brauchen jedoch nicht im Vordergrund zu stehen. Mindestens zusätzlich sind erhebliche absatzwirtschaftliche Rationalisierungen allein aus der konzentrierten, leistungsfähigen Vertriebsorganisation möglich. Weisen einzelne Produkte besonders kleinerer und mittlerer Chemiebetriebe breit streuende Verwendungen auf, so wird es kaum möglich sein, alle in Frage kommenden Absatzmärkte im In- und Ausland mit der gebotenen Intensität zu erfassen.

Bei absatzwirtschaftlich disparaten Produkten neigt man zuerst zu einer organisatorischen Ausgliederung. Besonders typische Anlässe zum Gemeinschaftsvertrieb chemischer Produkte sind: die Realisierung von Marktspaltungen zur Preisdifferenzierung bei Vielzweckprodukten, die Verwertung von Nebenprodukten, der Angebotsausgleich zwischen Prozessen mit unterschiedlichen Elastizitätsgraden (besonders bei Kuppelprodukten), kostspielige Markterschließungsaufgaben und weiträumige Absatzgebiete [2.101]. Auch für substanzmäßig eng verwandte und einander substituierende Produkte können sich günstige Voraussetzungen ergeben, wenn es auf die Ausnutzung der gleichen Produkt- und anwendungstechnischen Kenntnisse bei den Vertriebskräften ankommt. Besonders eindrucksvolle wirtschaftliche Begründungen finden sich beim zersplitterten Anfall chemischer Nebenprodukte in den verschiedenen Industriezweigen, wie etwa von Stickstofferzeugnissen und Kohlenwasserstoffen bei der Koks- und Stadtgaserzeugung. Hier hat die frühzeitige Zusammenfassung des Absatzes auch zur gemeinschaftlichen Übernahme endständiger Produktionsaufgaben geführt. Beispiele für entsprechende Gemeinschaftsorgane sind die Deutsche Ammoniak-Vereinigung (heute Ruhrstickstoff-AG), die Gesellschaft für Teerverwertung und der Benzolverband, die sich aufgrund der gemeinwirtschaftlichen Vorteile auch in unserer kartellfeindlichen Zeit noch lange erhalten konnten.

2.43 Bedarfskomplementäre Erzeugnisse

Bei der Zusammenfassung absatzwirtschaftlich verwandter und zum Aufbau *bedarfskomplementärer Sortimente* geeigneter Produkte wird in die Konkurrenzverhältnisse zwischen den Anbietern weniger eingegriffen, so daß derartige Vereinbarungen sowohl im Hinblick auf eine kartellfeindliche Wirtschaftspolitik als auch die subjektiven Voraussetzungen konkurrenzbewußter Unternehmungen leichter zustande kommen. Die Sortimentsbildung ist beim Vertrieb chemischer Spezialitäten, also im Bereich endständiger chemischer Produktionssparten, besonders wichtig. In einigen Sparten können hier auch kleine und mittlere Betriebe aufgrund vorherrschender Wechselfertigung in Mehrzweckanlagen ein recht vielseitiges Verkaufsprogramm anbieten. Es sind dabei aber hohe Produktions- und Vertriebskosten unvermeidlich, die mit zunehmender Konkurrenzverschärfung (z. B. EWG-Markt) ungünstig ins Gewicht fallen. Hierzu kann man große Gebiete der Herstellung von Farben und Lacken, Leimen, Klebstoffen oder von Arzneimitteln und Körperpflegemitteln ohne eigene Wirkstoffproduktion rechnen.

Durch die stärkere Spezialisierung der Hersteller ist eine gewisse Verminderung der Angebotskonkurrenz nicht auszuschließen, doch dürften hier die volkswirtschaftlichen Vorteile die Nachteile deutlich überwiegen. Wenn heute allgemein auf die Vorteile der Kooperation und eines Verbundes im Vertrieb von Produktivgütern hingewiesen wird, so hat man vorzugsweise die Komplettierung der Verkaufssortimente bei gleichzeitiger Spezialisierung der Produktion im Auge [2.33; 2.50; 2.55; 2.72]. Derartige Lösungen verdienen im Bereich der erklärungsbedürftigen chemischen Produkte eine besondere Beachtung, da man wegen der umfangreichen technischen Beratungsaufgaben im laufenden Vertrieb und bei der Markterschließung die Absatzorganisation des Handels und auch selbständige Handelsvertreter oft nicht in Anspruch nehmen möchte. Industriechemikalien sind für eine Zusammenfassung zu bedarfsverwandten Produktgruppen weniger geeignet. Sofern diese aber in bedarfsseitig zusammenhängende Produktkomplexe hineinragen, kann gelegentlich eine Übertragung an die Vertriebsorganisation von geeigneten Spezialitätenherstellern zweckmäßig sein.

Wenn z.B. ein Großproduzent von Ammoniumsulfat nur über eine eigene ausgebaute Vertriebsorganisation für Düngemittel verfügt, wird er den Absatz von Ammoniumsulfat als technisches Hilfsmittel in der Lederindustrie, Textilindustrie, Papier- und Zellstoffindustrie, Hefeindustrie usw. vielleicht mit Vorteil an die entsprechenden Hersteller der Industriehilfsmittel übertragen, sofern diese an einer solchen Programmerweiterung interessiert sind. Dies wird nicht der Fall sein, wenn Substitutionswirkungen zu befürchten sind, Ammoniumsulfat bereits selbst hergestellt oder der freie Zukauf am Markt als Handelsware bevorzugt wird. Jedenfalls wird es wenig wirtschaftlich sein, die Abnehmer in den verschiedenen Industriezweigen bei der räumlichen und mengenmäßigen Zersplitterung des Bedarfs und der spezifischen Geringwertigkeit des Produktes intensiv und vollständig durch die eigenen Absatzorgane bearbeiten zu lassen. Der nicht sehr intensive Vertrieb über den Chemikaliengroßhandel wäre dann noch zu bevorzugen.

Auch für die bedarfskomplementäre Sortimentsbildung zwischen chemischen Produkten und den hierfür notwendigen *Verarbeitungsapparaten* können Vertriebsgemeinschaften in Betracht kommen. Häufig geht es dabei um Markterschließungsaufgaben und die Überwindung von Marktwiderständen bei neuartigen und schwierigen Anwendungsverfahren, so daß Chemieproduzenten und Apparatehersteller ihre Vertriebsanstrengungen zu gemeinsamen Maßnahmen konzentrieren müssen. Ein Beispiel hierfür stellte in Deutschland der Zusammenschluß für Herstellung, Vertrieb und Anwendung von Aktivkohle durch die Firmen der IG-Farbenindustrie, Degussa und Lurgi dar, wovon erstere beide die Aktivkohle und letztere die Aktivkohleadsorptionsanlagen lieferten [2.76]. Die Übernahme der komplementären Anwendungsapparate ins eigene Produktionsprogramm gehört ja immer noch zu den Ausnahmen [2.66]. Durch die bedarfsgerechten Sortimente kann die vorteilhafte Vertriebsorganisation nach Kundengruppen oder speziellen Absatzmärkten erst ermöglicht werden. Die Zusammenfassung mehrerer Produkte zu größeren Aufträgen und Versandeinheiten verbilligt Auftragsbearbeitung, Bestellwesen und Transport. Beim Vertriebsverbund zwischen drei amerikanischen Herstellern anorganischer Chemikalien für die Glasindustrie war die Möglichkeit, waggonweise zu liefern, ein wichtiger Bestimmungsfaktor für den vertrieblichen Zusammenschluß [2.126].

2.44 Chemiekartelle, -konventionen und -syndikate

Selbst bei den Kartellabreden, welche die Vertriebsorganisationen der Kartellmitglieder unbeeinflußt lassen, sind vertriebliche Vereinfachungen und Rationalisierungen möglich. Zum Beispiel sind die verkleinerten firmenindividuellen Absatzgebiete bei Gebietskartellen wirtschaftlicher zu bearbeiten. Dann aber ist der Übergang zur strafferen Konzentration der Vertriebsmaßnahmen im Rahmen von Konventionen und Syndikaten naheliegend. Im Einzelfall läßt es sich nicht leicht beurteilen, inwieweit die Interessen der Anbieter vorwiegend auf Marktbeherrschung und Preisbeeinflussung oder eine vertriebliche Rationalisierung gerichtet sind. Sicher sind in den meisten Fällen beide Absichten maßgebend.

Die in der Wirtschaftsgeschichte der deutschen chemischen Industrie zahlreichen Kartelle, Konventionen und Syndikate beweisen die günstigen Voraussetzungen für solche Gemeinschaftsbildungen vor allem im Bereich der Industriechemikalien. In Deutschland bestanden 1933 rund 2000 Kartelle, in Europa zu dieser Zeit etwa 10000 Marktvereinbarungen aller Art, wovon etwa ein Viertel auf den Bereich der chemischen Industrie entfielen. Für die große Anzahl der Chemiekartelle ist naturgemäß auch die Vielfalt der Produktionsprogramme verantwortlich. Sie begründete bei der Begrenzung der Vertriebsabreden auf Einzelprodukte oder eng zusammengehörige Produktgruppen regelmäßig eine Mehrfachzugehörigkeit vieler Chemiebetriebe zu verschiedenen Kartellen. Diese Tatsache dürfte die Zweckmäßigkeit der

Gemeinschaftsorganisationen in der chemischen Industrie nochmals unterstreichen. Während der dreißiger Jahre waren in Deutschland nicht nur fast alle Schwerchemikalien kartelliert oder syndiziert, sondern auch zahlreiche Feinchemikalien und hochveredelte Produkte. Es bestanden: das Stickstoffsyndikat mit etwa 95prozentiger Kontrolle der gesamten Düngemittelproduktion, die Chlorkonvention, eine Ferrocyan-Konvention, ein Carbid-Syndikat, ein Syndikat der Sodafabriken, ein Kontingentierungskartell für Schwefelkohlenstoff, internationale Vertriebsvereinbarungen für Chinin, Wismut- und Jodsalze, Coffein- und Cocainverbindungen, Kartelle für den Absatz von Wein-, Zitronen- und Oxalsäure in der Lebensmittelindustrie, das internationale Titandioxidkartell und andere mehr.

Die Konventionen auf dem Farbstoffgebiet sind wichtige Beispiele für das gemeinschaftliche Vorgehen im Bereich der chemischen Spezialitäten, wobei aber nicht nur konkurrierende, sondern auch bedarfskomplementäre Erzeugnisse erfaßt wurden. Die von den Abnehmern nachgefragten außerordentlich breiten Farbstoffsortimente konnten mit den günstigen Effekten der Arbeitsteilung und Spezialisierung auf verschiedene Produzenten aufgeteilt werden. Die Geschichte der Farbstoffkonventionen beginnt in Deutschland mit der Alizarinkonvention von 1881. Später bestanden in Deutschland bis zu 14 Farbstoffkonventionen gleichzeitig, als in diesem berühmten Abschnitt der deutschen Chemiegeschichte bis zu 90% der Weltproduktion an Teerfarbstoffen in Deutschland konzentriert waren. Ab 1921 und bis in die dreißiger Jahre wurden alle wichtigeren europäischen Produktionsländer in entsprechende internationale Kartellvereinbarungen einbezogen [1.116; 2.76].

2.45 Umfang und Flexibilität gemeinsamer Vertriebseinrichtungen

Ausmaß und Art der Divergenz zwischen Produktions- und Absatzbedingungen weisen in der chemischen Industrie sicherlich mit die größten Schwankungsbreiten auf. Demgegenüber eröffnen sich aber auch vielfältige Gestaltungsmöglichkeiten der gemeinsamen Absatzeinrichtungen und ihrer Kombination mit der eigenen Vertriebsorganisation. Eine von P. Riebel und E. Schäfer 1953/54 in der deutschen chemischen Industrie durchgeführte Untersuchung über die Formen des Gemeinschaftsvertriebes hat hier wertvolle Einsichten vermittelt [2.101]:

In bezug auf die *Organisationsweise* sind gemeinschaftliche Absatzorgane und Institutionen wechselnden Umfangs möglich von der geschlossenen Verkaufsgesellschaft bis zu Organen für nur vereinzelte Teilfunktionen, wie etwa einer gemeinsamen Marktforschungsstelle oder gelegentlichen Messe- und Ausstellungspartnerschaften. Weiter kommen die einseitige oder gegenseitige Mitbenutzung von Absatzorganisationen in Frage, wobei von „Anschlußabsatz" seitens der „Anschlußfirma" gegenüber der „Leitfirma" gesprochen wird.

Nach dem vertrieblichen *Reifegrad der Produkte* kann die Zusammenarbeit auf die Markterschließung oder aber nur auf den laufenden Vertrieb bereits eingeführter Erzeugnisse beschränkt werden.

Eine erhebliche *Selektivität* wird im Hinblick auf die auszugliedernden oder gemeinsam wahrzunehmenden Programmausschnitte, Verwendungsbereiche und Abnehmergruppen sowie schließlich Absatzgebiete möglich sein.

Selbst bei großen Chemiebetrieben ist es üblich, die hohen Kostenbelastungen eigener Auslandsniederlassungen durch *Exportvertriebsgemeinschaften* zwischen Herstellern sich ergänzender Sortimente herabzusetzen. Aber auch bei eigener Bearbeitung der Auslandsmärkte kommt für bestimmte Produkte und Gebiete die Bildung weiterer Exportgemeinschaften bzw. Exportkartelle in Betracht. Bekannte Beispiele aus neuerer Zeit sind die Nitrex als Exportgemeinschaft bedeutender Düngemittelhersteller sowie die Glycolex, die als Vertriebsvereinbarung zwischen westdeutschen, französischen und einem belgischen Produzenten zur Exportförderung von Äthylenoxid, Propylenoxid, Glykolen und anderen organischen Zwischenprodukten ins Leben gerufen wurde [2.85].

Gewisse Schwierigkeiten ergeben sich aus den häufigen Produkt- und Marktveränderungen in der chemischen Industrie, welche dem Streben nach einer längeren zeitlichen Konstanz der Vertragsvereinbarungen entgegenwirken. Die große Bedeutung des anwendungstechnischen Know-how kann die Konkurrenzbedenken gegen gemeinschaftliche Vertriebsorganisationen verstärken. Es ist auch nicht immer zutreffend, daß von den Abnehmern grundsätzlich eine möglichst weitgehende Konzentration des Angebotes in einer Hand bevorzugt wird. Wichtige Ablehnungsgründe können sein: die befürchteten Nachteile von Angebotsmonopolstellungen, die Beeinträchtigung der in der chemischen Industrie oft belangreichen Gegenseitigkeitsgeschäfte, die gegenüber einem Hauptlieferanten entstehende Transparenz hinsichtlich des eigenen Materialeinsatzes und anderes mehr [2.101]. Oft verursacht auch die allgemeine Scheu vor dem Zusammengehen mit der Konkurrenz, der Beeinträchtigung der vollen Selbständigkeit oder der Verwicklung in kartellrechtliche Schwierigkeiten erhebliche Hindernisse, die jedoch gegenüber dem objektiven Abwägen der bestehenden Vor- und Nachteile gemeinschaftlicher Vertriebsorganisationen nicht maßgeblich sein sollten.

2.5 Gestaltung der Absatzwege für chemische Produkte

2.51 Bedeutung der verschiedenen Absatzwege

Die zum Absatz der Produkte an die Verbraucher eingeschalteten eigenen oder fremden Absatzorgane bestimmen den *Absatzweg*, der den Aufbau der Vertriebsorganisation und besonders der Außenorganisation damit stark beeinflußt. Die wichtigste Unterscheidung betrifft den direkten Vertriebsweg allein mit Hilfe der eigenen Absatzorganisation und den indirekten Vertriebsweg unter Einschaltung des Handels. Dazwischen steht die Verwendung von Handelsvertretern als rechtlich selbständige Absatzmittler, jedoch ohne Marktrisikobelastung, die wir noch dem Direktvertrieb zurechnen. Die Absatzwege sind zwar in hohem Maße branchenbedingt, aber es bleiben noch genügend Alternativen für eine besondere „Absatzwegepolitik" offen. Bei den heterogenen Absatzbedingungen umfassender Programme kommt häufig die Kombination mehrerer Absatzwege in Betracht. Die Absatzwege im Inlands- und Exportvertrieb sind oft unterschiedlich. Einen erheblichen Einfluß kann die Zentralisation oder Dezentralisation der Produktionsstätten ausüben.

Genau wie die gesamte Vertriebsorganisation tendieren die einmal gewählten Absatzwege zu einer gewissen Unveränderlichkeit über längere Zeiträume, was bei der dynamischen Entwicklung in der chemischen Industrie sorgfältige langfristige Planungen erfordert. Die Aufnahme neuer Produkte und ganzer Produktsparten zwingt mitunter zu kostspieligen Umgestaltungen oder es sind die von der Vertriebsorganisation bedingten Kosten, die auf Entscheidungen über die Produkt- und Programmpolitik wesentlich mit einwirken. Die optimale Festlegung aufgrund einer Erfolgsanalyse konkurrierender Absatzwege scheitert oft an der fehlenden genauen Quantifizierbarkeit der Alternativen [2.29].

Nirgends sind die Absatzbedingungen von chemischen Produktiv- und Konsumgütern so unterschiedlich wie im Hinblick auf die Vertriebswege. Bei den chemischen Konsumgütern ist der Absatz über den selbständigen Handel unumgänglich. Es geht hierbei höchstens um die Frage des vergleichsweise „direkteren" Absatzes über den Einzelhandel oder die Einschaltung von Groß- und Einzelhandel. Dagegen bietet der chemische Produktivgütervertrieb dem Handel oder dem Handelsagenten nur unter engbegrenzten Absatzbedingungen Chancen.

Aus der wirtschaftsgeschichtlichen Entwicklung der chemischen Industrie in den USA wird berichtet, daß der intensive Ausbau direkter werkseigener Vertriebsorganisationen unmittelbar nach dem 1. Weltkrieg einsetzte, nachdem sich der Handel beim Aufbau der Verteilungsorganisation als unzureichend erwiesen hatte [2.68]. Wie aus Tab. 2.2 hervorgeht, nahm der Direktvertrieb im Jahre 1935 bereits über 60% der Gesamtumsätze ein, wobei hier der Absatz über Handelsvertreter sogar noch nicht eingerechnet wurde.

Tabelle 2.2 *Vertriebswege der chemischen Industrie in den USA* [1.37, S. 120]

Vertriebsweg	Umsatzanteile [%]	
	1929	1935
Direkte Vertriebswege		
Werkseigene Niederlassungen	12,2	29,7
Werkseigene Einzelhandelsstellen	0,5	0,6
Direktverkäufe an industrielle Verarbeiter	33,5	28,1
Direktverkäufe an Konsumenten	2,0	1,9
Summe	48,2	60,3
Indirekte Vertriebswege		
Großhandel	23,0	19,2
Einzelhandel	12,7	10,8
Handelsvertreter, Makler usw.	16,1	9,7
Summe	51,8	39,7

Neuere zuverlässige Daten über die Vertriebswege in der chemischen Industrie liegen nicht vor. Da die chemischen Konsumgüter praktisch nur indirekt abzusetzen sind, dürfte sich hieraus der unterste Grenzwert für den Anteil des indirekten Vertriebes am Gesamtabsatz chemischer Produkte ergeben. In der BRD lag dieser Anteil kürzlich bei 20% (Tab. 1.12). Die Einschaltung des gesamten Großhandels ergibt sich anhaltsweise aus den Zahlen der Umsatzsteuerstatistik, die für wichtige Fachzweige später in Tab. 2.3 wiedergegeben sind. Allerdings sind diese Aussagen ungenau wegen erheblicher Überschneidungen durch Einbeziehung der Produkte anderer Industriezweige, der nicht erfaßten Umsätze allein über den Einzelhandel und der Einrechnung von Handelsspannen. Die Großhandelsumsätze würden danach immerhin rund ein Drittel des Umsatzwertes der chemischen Industrie erreichen.

2.52 Bedingungen für den Direktvertrieb chemischer Produktivgüter

2.521 Nachfragekonzentration

Je näher eine Chemieproduktion bei den Grundstoffen liegt, desto eher wird sich die *Nachfragekonzentration* verstärken. Diese aber ist eine der ursprünglichsten Voraussetzungen für den Direktvertrieb, denn die eigene Bearbeitung einer begrenzten Zahl von Verwendern ist naheliegend. Auf diese Weise konnte der chemische Vertrieb bereits relativ früh den direkten Absatzweg zum Weiterverarbeiter beschreiten, ohne daß es dazu schon einer besonderen Vertriebsaktivität bedurft hätte. Im Verlauf der zunehmenden Spezialisierung und Vorwärtsintegration der Chemiebetriebe verliert dieses Argument wenigstens für mehrere Teilbranchen an Bedeutung.

Summarisch werden der Nachfragekonzentrationsgrad und die Bedeutung der Großkunden häufig mit dem Umsatzanteil einer Chemieunternehmung charakterisiert, der mit einem bestimmten, mehr oder minder geringen Prozentsatz der Gesamtkundenzahl realisiert wird. Für chemische Großbetriebe mit gemischtem Programm findet man häufig Umsatzanteile von 75–80%, die mit rund 20% der Kunden erzielt werden. Die Dow Chemical Co. erreichte vor kurzem sogar nicht weniger als 80% Umsatzanteil mit nur 4% ihrer Kunden [1.68]. Die Großkunden bedingen nicht nur den direkten Absatzweg, sondern auch die vermehrte Einschaltung leitender Persönlichkeiten.

2.522 Erklärungs- und Beratungsbedürftigkeit

Für den Direktvertrieb der zum Gebrauch bestimmten Investitionsgüter wird häufig die *Erklärungsbedürftigkeit* der Produkte und die *Beratungsbedürftigkeit* der Verwender als Hauptargument herangezogen. Bei den chemischen Verbrauchsgütern liegen ähnliche Verhältnisse im Hinblick auf den größten Teil der Produktivgüterspezialitäten vor, wenn etwa ganze Produktsortimente auf die optimale Eignung für die speziellen Verarbeitungsbedingungen und Folgeprodukte der Kundenbetriebe durchleuchtet werden müssen. Der Chemiebetrieb kann sich bei der Produkterklärung und Bedarfsberatung regelmäßig auf einen großen wissenschaftlichen und technischen Erfahrungsschatz stützen, der vor allem im Rahmen der Anwendungstechnik bewußt in den Dienst der Vertriebspolitik gestellt wird. Die Zwischenschaltung des Handels würde dem chemischen Vertrieb viel von den möglichen akzessorischen Dienstleistungen nehmen.

Es bestehen unter Umständen Möglichkeiten, durch Kooperation mit dem Handel die technische Unterstützung der Verwender durchzusetzen, indem etwa der Hersteller stark in die Beratungsaufgaben des Handels eingreift oder diese selbst übernimmt. Immer tritt allerdings dann die Gefahr auf, daß dieser Aufwand nur mit einem besseren Absatz der Konkurrenzfabrikate honoriert wird. Vertriebswege über den Handel mit Ausschließlichkeitsvereinbarungen wären daher günstiger zu beurteilen [2.116].

Mitunter wird der Beratungsweg gegenüber dem eigentlichen Vertriebsweg weitgehend verselbständigt, was die Geschäftschancen fremder Absatzmittler und besonders des Handels ebenfalls erhöht. Als interessantes Beispiel ist auf den Vertrieb von Düngemitteln, Pflanzenschutzmitteln und anderen Landwirtschaftschemikalien hinzuweisen, der über den Düngemittelgroßhandel oder die Einkaufsgenossenschaften der Landwirte erfolgt, während die landwirtschaftlichen Beratungsorganisationen der Chemieproduzenten hiervon unabhängig sind.

2.523 Markterschließung und direkte Verbraucherkontakte

Besonders die *Markterschließung* für neue Produkte oder Anwendungsgebiete erfordert im Zusammenhang mit der Erklärungs- und Beratungsbedürftigkeit unmittelbare Kundenkontakte, die aber ganz allgemein für eine stärkere Vertriebsaktivierung unerläßlich sind. Sollen Absatzprogramm und Vertriebsmethoden auf die Bedarfsverhältnisse der Verwender zugeschnitten werden, muß man diesen Bedarf erforschen und hierauf selbst Einfluß nehmen. Die Zwischenschaltung des Handels erschwert sogar die Verfolgung der Produktverwendungen. Vorhandene breitere Sortimente sollen im Direktvertrieb vollständig berücksichtigt werden, und zwar nicht nur zur unmittelbaren Umsatzsteigerung, sondern auch zur Erhöhung des akquisitorischen Potentials aus dem eigenen Programmangebot. Die Vertriebsmaßnahmen lassen sich einzeln und im Zusammenwirken nur durch unmittelbare Kontakte mit den Kundenbetrieben optimieren, wobei im Sinne des Vertikalvertriebes sogar mehrere Aufgabenbereiche der Kundenbetriebe einzubeziehen sind.

2.524 Zwischenbetriebliche Verbundwirtschaft

Besonders in der chemischen Grundstoffindustrie entstehen oft verbundwirtschaftliche Leistungsverflechtungen durch wechselseitigen Stoff- und Energieaustausch zwischen den Produktionsanlagen verschiedener Unternehmungen. Sie rühren vor allem aus Kuppelproduktionen und der Unmöglichkeit her, alle anfallenden Spaltprodukte im eigenen Betrieb vollständig und unter optimalen Bedingungen zu verwerten. Der für viele Chemiebetriebe charakteristische innerbetriebliche Leistungsverbund zwischen zahlreichen werkseigenen Produktionsanlagen wird dabei zu einem *zwischenbetrieblichen Verbundsystem* erweitert, wofür wegen der notwendigen engen Zusammenarbeit zwischen den Markt- und Verbundpartnern nur der gegenseitig direkte Vertriebsweg in Betracht kommt. Der Begriff des Betriebes wird dabei im betriebswirtschaftlichen und damit viel umfassenderen Sinn benutzt als häufig im Sprachgebrauch in der chemischen Industrie. Hier werden unter Betrieb oft nur einzelne Produktionsanlagen verstanden [1.52, S. 30]. Man wird einen Verbundbetrieb eigentlich nur dann annehmen, wenn die Anlagen standortlich dicht beieinanderliegen und die ausgetauschten Transportvolumina so erheblich sind, daß sie über das Ausmaß des normalen zwischenbetrieblichen Leistungsaustausches in einer arbeitsteiligen Wirtschaft weit hinausgehen. Das Bewältigen der Mengenströme erfordert leistungsfähige Transporteinrichtungen, wofür Rohrleitungen immer wichtiger werden. Diese starren Förderverbindungen lassen die verschiedenen Produktionsanlagen zu überbetrieblichen Verbundkomplexen zusammenwachsen.

Ein hervorragendes Beispiel hierfür bietet das auf dem Rohrleitungstransport aufbauende Verbundsystem der Chemische Werke Hüls AG in Marl, das in Abb. 2.16 für die ausgetauschten Stoffe und in Abb. 2.17 für das Leitungsnetz schematisch dargestellt ist. Die historisch erste Entwicklungsstufe dieses Verbundsystems bildete die Übernahme methanhaltiger Hydrierabgase aus Kohlehydrierwerken zwecks Spaltung auf Acetylen im Lichtbogenverfahren und die Rücklieferung des dabei als Nebenprodukt erhaltenen überschüssigen Wasserstoffs an die Hydrierwerke noch vor dem letzten Weltkrieg [2.47].

Ein anderer spezieller Typ eines *multilateralen Verbundsystems* gewinnt immer mehr an Bedeutung, bei dem es vor allem auf die Verwirklichung größter Produktionskapazitäten für wichtige Grundstoffe und den Zusammenschluß mehrerer

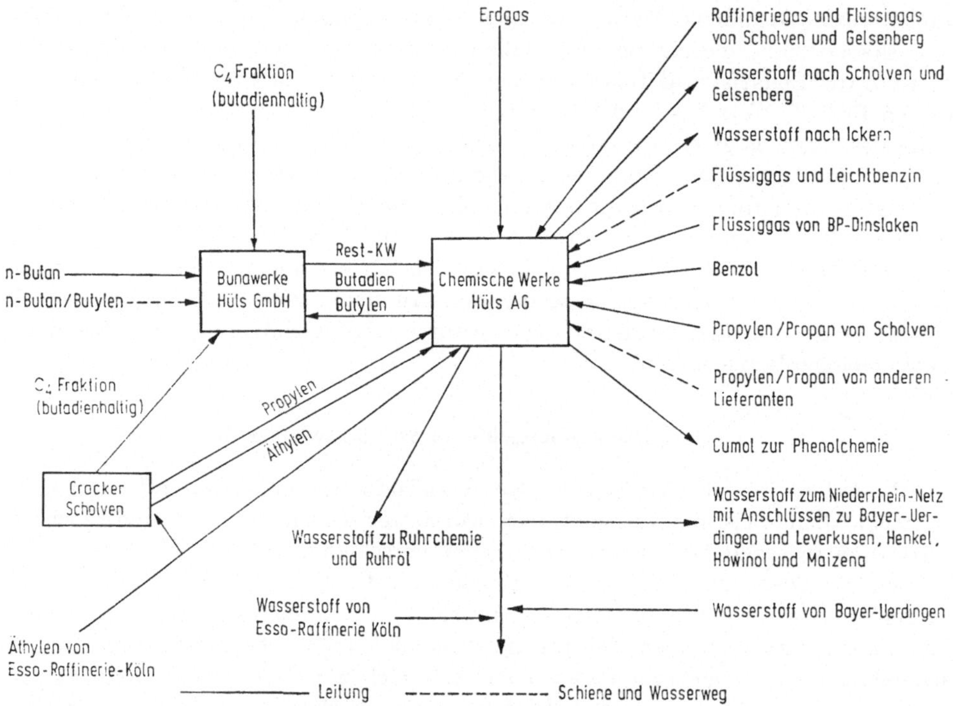

Abb. 2.16 Stoffwirtschaftlicher Verbund der Chemische Werke Hüls AG und der Bunawerke Hüls GmbH [2.138].

Produzenten und Verbraucher ankommt. Hierbei sollen sowohl eine gleichmäßige Auslastung der Produktionsanlagen als auch eine hohe Bezugssicherheit für die Verbraucher erreicht werden. Durch Rohrleitungen sind alle Erzeuger und Verbraucher ständig miteinander zu verbinden. Zweiseitige Lieferverträge reichen dann nicht mehr aus, denn es müssen auch Regelungen zwischen allen Beteiligten zur Überbrückung von Störungen sowie der durch sprunghafte Kapazitätserweiterungen verursachten zeitweiligen Über- oder Unterversorgung der angeschlossenen Produzenten getroffen werden. Da durch vertikale Programmzusammenfassungen der Erzeuger eines Vorproduktes gleichzeitig dessen Verbraucher sein kann, sind zeitweilige Umkehrungen des Lieferanten-Kunden-Verhältnisses möglich.

Die größte Bedeutung haben bislang solche multilateralen Verbundsysteme beim *Äthylen* erlangt. Abb. 2.18 zeigt das gegenwärtig noch im Aufbau befindliche Äthylennetz im westdeutschen Raum, dessen Anschluß an ein niederländisches Netz im Gange ist [2.94]. Mit rund der Hälfte des Fernleitungsnetzes ist das Äthylen gegenwärtig auch am größten Chemieverbundnetz in Texas/USA beteiligt. Von den 1967 nicht weniger als 112 Werken und Tanklägern des Gesamtnetzes entfielen 29 Werke und 4 Läger auf den Äthylenverbund [2.60].

Fällt etwa die gegenüber dem Eigenverbrauch größer dimensionierte Äthylenanlage durch Störung oder Generalüberholung aus, muß die Äthylenabgabe an die Verbundpartner zeit-

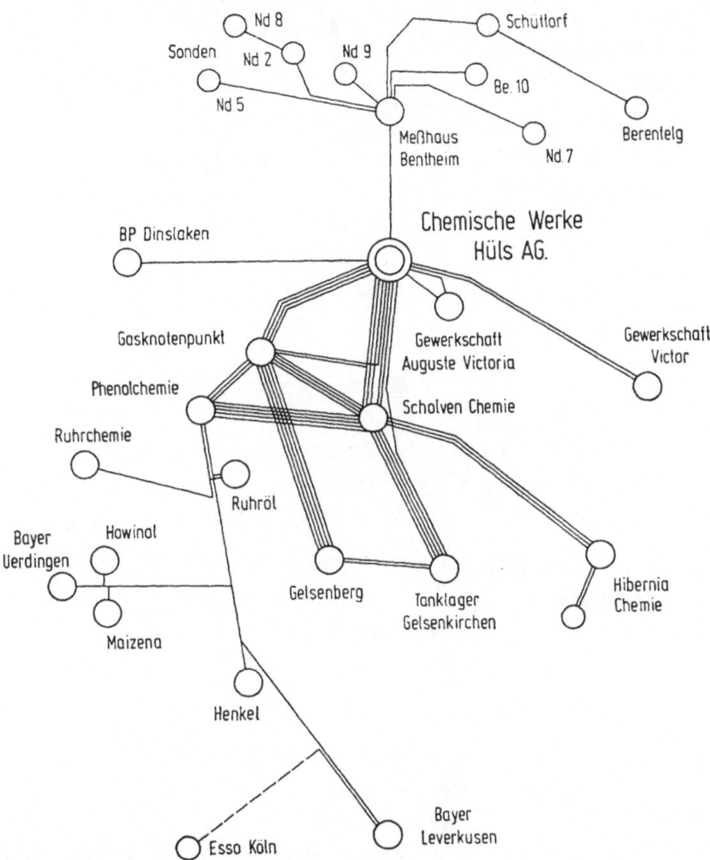

Abb. 2.17 Das Rohrleitungsverbundnetz der Chemische Werke Hüls AG, Marl [2.138].

weilig durch Fremdbezüge von anderer Seite ersetzt werden. Übersteigt die eigene Äthylennachverarbeitung schließlich die eigene Äthylenkapazität, sind ebenfalls Fremdbezüge erforderlich bis zum Zeitpunkt des nächsten Kapazitätserweiterungssprunges, mit dem dann ein zeitweiliges eigenes Überangebot und eine entsprechende Abgabemöglichkeit verbunden sein wird. Die Gestaltung der Absatzverträge in solchen Verbundsystemen muß auf vertrauensvolle Zusammenarbeit bedacht sein und ist von erheblicher Problematik. Dabei finden sich zahlreiche Anklänge an gemeinschaftliche Organisationsformen des Vertriebes.

2.525 Verkaufs-Einkaufs-Reziprozität

Die *Verkaufs-Einkaufs-Reziprozität* oder die „Gegenseitigkeitsgeschäfte" sind im Bereich der Industriechemikalien recht häufig, wobei das wechselseitige Lieferanten-Kunden-Verhältnis wiederum nur durch direkte Vertriebswege zu realisieren ist. Freilich liegt hier keine so enge Verflechtung vor, daß man von Verbundsystemen sprechen könnte, denn die Belieferung wäre meistens auch seitens anderer Anbieter und ohne Reziprozität möglich. Diese wird aber besonders unter dem Druck einer scharfen Angebotskonkurrenz oft bewußt eingesetzt [2.114].

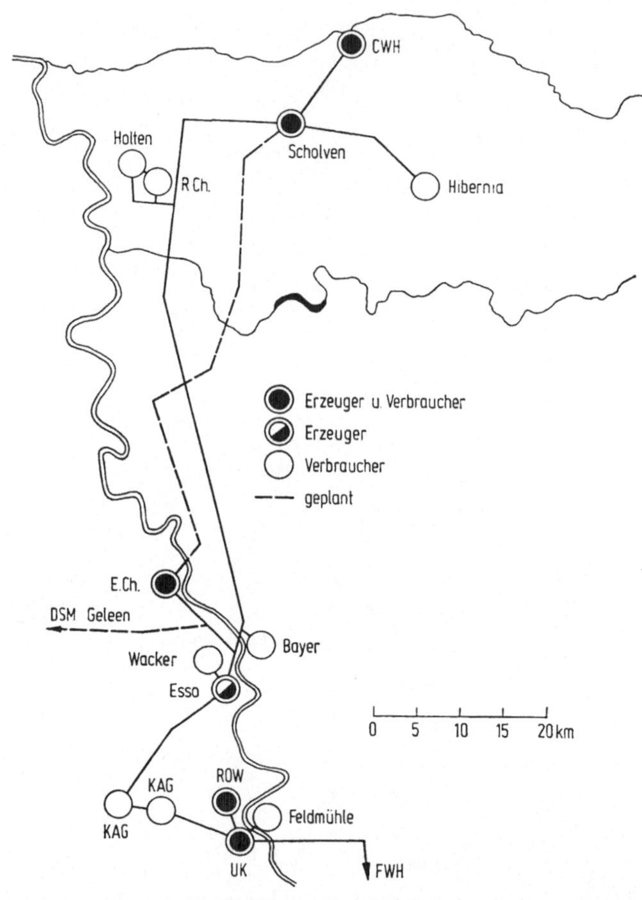

Abb. 2.18 Äthylenverbundnetz in Westdeutschland, Stand 1968 [2.60].
CWH: Chemische Werke Hüls; DSM: Nederlandse Staatsmijnen; E.Ch.: Erdölchemie; FWH: Farbwerke Hoechst; KAG: Knapsack; ROW: Rheinische Olefinwerke; UK: UK Wesseling.

Derartige Absatzbeziehungen sind allerdings nur dann auf die Dauer erfolgreich, wenn die wirtschaftliche Leistungsfähigkeit auf beiden Seiten gesichert ist und sich Lieferungen und Bezüge wertmäßig in der Größenordnung entsprechen. Regelmäßig werden daher Verflechtungen mit Betrieben der nichtchemischen Nachverarbeitung unmöglich sein. Der Kuriosität halber sei das Beispiel eines großen Kunststoffproduzenten wiedergegeben, der sich beim Bau eines neuen Verwaltungsgebäudes den Angeboten einer großen Zahl von Kunststoff-Fußboden-Herstellern gegenübersah, die alle nachdrücklich auf die Bezüge von Kunststoffvorprodukten hinwiesen und hieraus einen gewissen Anspruch auf Berücksichtigung bei der Auftragsvergabe herleiten wollten.

2.526 Kontinuität und Qualitätssicherung der Produktlieferungen

Chemische Produkte führen als Produktionsmittel zu einem relativ gleichmäßigen Bedarf, der den Aufbau *dauerhafter Kundenbeziehungen* begünstigt. Die Lieferverträge werden bevorzugt langfristig abgeschlossen. Innerhalb der oft mehrere Jahre erfassenden Rahmenabschlüsse wird über detaillierte Liefermengen und evtl. qualitative Veränderungen kurzfristig disponiert, was laufende Verbindungen zwischen Hersteller und Kundenbetrieben voraussetzt. Beim Vertrieb von Investitionsgütern mit ihren unregelmäßigen und seltenen Abschlüssen, aber auch Verbrauchsgütern mit starken Saisoneinflüssen kann von einer solchen Kontinuität weit weniger gesprochen werden.

Selbst bei den Hilfsstoffen, die in nur geringen mengenmäßigen Verbrauchsrelationen in den Folgeprozessen eingesetzt werden, ist die Qualitätsgarantie oft ausschlaggebend. Hinzu kommt die oft schwierige Qualitätsbeurteilung und -prüfung durch den Kunden. Falls Qualitätsminderungen durch begrenzte Haltbarkeit der Produkte oder durch unsachgemäße Lagerungs- und Transportbedingungen zu befürchten sind, wird der Hersteller ebenfalls danach trachten, den gesamten Absatzweg bis zum Verbraucher zu sichern. Qualitätssicherung und andererseits Qualitätsvertrauen sind damit wichtige Bestimmungsfaktoren des Direktvertriebes. Das Vertrauen in die Qualitätsgarantie des Lieferanten geht mitunter soweit, daß manche Kunden den mitgeteilten Qualitätsdaten, aber auch den Mengenangaben Glauben schenken und auf die Nachprüfung verzichten.

2.527 Kundenindividuelle Produktentwicklung

Findet ausnahmsweise anstelle der in der chemischen Industrie vorherrschenden festgelegten Sortenprogramme die Entwicklung von Produkten nach individuellen Kundenwünschen statt, ist der direkte Vertriebsweg selbstverständlich. Wenn die Produkte auf die speziellen Verarbeitungsbedingungen der Kunden abzustimmen sind, wäre jede Zwischenschaltung eines Handelsgliedes störend.

Selbst standardisierte Produkte haben mitunter aufgrund der Herstellungseigenarten einen etwas weiteren Toleranzbereich der qualitativen Kenndaten (manche Chargenprozesse, Polymerisationsprozesse). Hier werden zuweilen bestimmte Lieferungen je nach dem effektiven analytischen Ergebnis und den individuellen Verarbeitungsbedingungen der Kundenbetriebe ausgesondert, was ohne direkte Verbraucherkontakte nicht möglich wäre.

2.528 Versandbedingungen

Für die *Versandbedingungen* im weitesten Sinne sind maßgeblich: die Bestandsdispositionen und die räumliche Anordnung der Versandläger, technische Lagerbedingungen, Materialumschlagoperationen, Verpackung, Transportmittel und Transportwege, Größe der Versandeinheiten, ja sogar die Lagerbedingungen beim Verarbeiter. Um die Konkurrenzfähigkeit seines Angebotes zu sichern, muß der Chemieproduzent auf die Versandbedingungen wesentlichen Einfluß nehmen. Nach neueren Angaben aus den USA sollen die Versandkosten in der chemischen Industrie bis zu 10% des Umsatzes erreichen [2.1; 2.70].

Aus der Eigenart der chemischen Produkte als Fließgüter ergibt sich die notwendige Verwendung spezieller Verpackungs- und Transportmittel, besonders bei Flüssigkeiten und Gasen. Bei spezifischer Geringwertigkeit der Produkte können die Verpackungs- und Transportkostenbelastungen den wirtschaftlichen Absatzradius merklich beeinflussen. Verpackungsmittel und Transportgeräte binden oft erhebliche Kapitalbeträge, so daß auf entsprechend hohe Ausnutzungsgrade hinzuwirken ist. Zuweilen muß aus technischen Gründen die Lagerdauer beschränkt werden (Korrosion der Transportbehälter, Qualitätsverschlechterung der Produkte). Neben der Kostengestaltung spielt die Schnelligkeit der Lieferbereitschaft eine große Rolle, zumal die Nachverarbeiter mit zunehmender Angebotskonkurrenz dazu neigen, die Lagerhaltungsaufgaben im Beschaffungsbereich auf den Lieferanten abzuwälzen [2.57; 2.115]. Das Interesse an der eigenen Lager- und Transportüberwachung in allen Phasen zwischen der Produktion und Weiterverarbeitung ergibt sich auch aus *sicherheitstechnischen* Gründen. Für schwierig zu transportierende Güter müssen vom Anbieter zuweilen erst die technischen Transportmöglichkeiten entwickelt und die Zulassungen für den Transport durchgesetzt werden. Zur Senkung der Transport- und Verpackungskosten wird der *Loseversand* (Bulk-Transport) bis zum Verbraucher unter Vermeidung der Abfüllaufgaben in kleine Transportgebinde immer mehr bevorzugt. Dem Handel fehlen jedoch dann meistens die erforderlichen Lager- und Umschlagseinrichtungen. Da die größeren Bezugseinheiten die Lagerhaltung der Verbraucher stärker belasten können, werden die Transportbehälter zuweilen temporär als Lagerbehälter überlassen [2.35; 2.112].

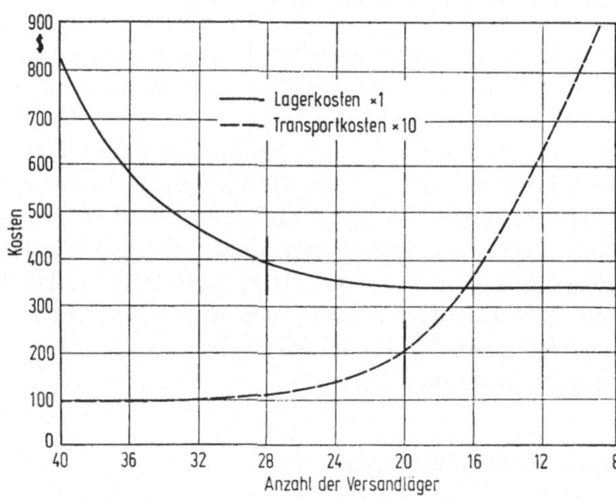

Abb. 2.19 Versandlager- und Transportkosten in Abhängigkeit von der Zahl der Außenläger [2.70].

Durch die Einrichtung *dezentralisierter Versandläger* (Außenläger) können sowohl die Transportwirtschaftlichkeit als auch Kundennähe und Lieferservice verbessert werden [2.1; 2.31; 2.73; 2.128]. Große Transportmengen zwischen der Produktionsstätte und den Außenlägern ermöglichen eine Ausnutzung der Größendegression der Transportmittel und Versandeinheiten, so daß sich die Einheitskosten je Tonnenkilometer dieser Primärtransporte nach amerikanischen Angaben bis auf 20–30% der sekundären Transportkosten zwischen Versandlager und Verbraucher senken lassen [2.70]. Eine zunehmende Dichte des Außenlagernetzes senkt die Transportkosten jedoch nicht unbegrenzt, denn je weiter die Zahl der Versandläger vermehrt wird, desto mehr muß das Volumen der einzelnen Primärtransporte abnehmen, so daß schließlich die kostenoptimalen Transporteinheiten wieder unterschritten werden. Im Grenzfall würden die Versandläger mit kundenindividuellen Konsignationslägern bei den Kunden zusammenfallen. Außerdem sind die Kostenerhöhungen durch die Unterbrechung des Transportweges (Umschlagkosten) in Rechnung zu stellen (Abb. 2.19).

Begünstigt die Verwendung spezieller Transporteinrichtungen den Direktvertrieb, so ergibt sich beim *Rohrleitungsvertrieb* praktisch ein Zwang dazu. Die „fließende Fertigung" findet hier im Versandwesen eine entsprechende Anwendung. Die Wirtschaftlichkeit des Rohrleitungstransportes ist an die Voraussetzungen großer Transportmengen und begrenzter Entfernungen gebunden, die jedoch mit dem schnellen Wachstum der chemischen Industrie und ihrer häufigen regionalen Agglomeration immer mehr erfüllt werden [2.52; 2.71; 2.78; 2.86; 2.93]. Die Starrheit und Kapitalintensität der Rohrleitungen als Transportmittel erfordert enge und langfristige Bindungen im Kunden-Lieferanten-Verhältnis. Eine Mindestvertragsdauer von 10 Jahren gilt als Richtwert. Da die vorzeitige Kündigung eines Liefervertrages zu schweren Kapitalverlusten führen würde, müssen alle möglichen Faktoren der Vertragsgestaltung berücksichtigt werden, wie Angebotsmengen, Nachfragemengen, Lagerhaltung und zeitliche Lieferungsverteilung, Qualitätsänderungen, Preisanpassungen, Finanzierung und Kostenerstattung des Leitungstransportes. Problematisch ist die optimale Leitungsdimensionierung im Hinblick auf spätere Verbrauchssteigerungen. Der Einbau umfangreicher Gleitklauseln und Eventualvorschriften ist der Regelfall, kann aber bei der Ungewißheit der zukünftigen Entwicklungen sowie wirtschaftlichen Interessenlagen von Lieferanten und Kunden die reibungslose Abwicklung des Geschäftes auf die Dauer nicht allein garantieren. Die notwendige vertrauensvolle Zusammenarbeit ist unersetzbar.

2.53 Bedingungen für den indirekten Vertrieb chemischer Produktivgüter

2.531 Mengenteilung

Eine wirtschaftliche Berechtigung zur Einschaltung des indirekten Vertriebsweges ergibt sich nur dann, wenn eine Reihe typischer Handelsfunktionen von den selbständigen Handelsbetrieben wirksamer und unter niedrigeren Kosten wahrgenommen werden können als durch die eigene Vertriebsorganisation. Die Aufgaben der *Mengenteilung* werden bei der Frage nach dem direkten oder indirekten Vertrieb auch in der chemischen Industrie an erster Stelle genannt, besonders im Hinblick auf die Einschaltung des eigentlichen Chemikaliengroßhandels.

Die Vielzweckprodukte der Industriechemikalien wie Säuren, Laugen, Lösungsmittel, anorganische Salze usw. werden nicht nur von Großabnehmern, sondern auch von Betrieben nachgefragt, deren Bezugseinheiten nur kleine und kleinste Mengen sind. Hier wäre es unwirtschaftlich und bald eine untragbare Belastung der direkten Vertriebsorganisation, wenn im Rahmen einer totalen Markterfassung auch dem kleinsten Bedarfsfall nachgegangen werden sollte. Die Bezeichnung „Großhandel" ist dann nur funktionsmäßig und hinsichtlich des Bezuges im Großen, nicht dagegen im Hinblick auf die Abgabemengen zu verstehen, die ja gerade eine Beschränkung auf die kleineren Bezugsmengen der gewerblichen Verbraucher voraussetzen. Sofern mit der auftragsgerechten Mengenteilung die Abfüllaufgaben in kleine Verkaufsgebinde verknüpft sind, werden die Versandaufgaben beim Produzenten stark vereinfacht.

Durch Übertragung der Abfüllung in kleinere Verpackungseinheiten an die Hersteller wird die Mengenteilung des Handels eingeschränkt. Diese Tendenz setzt sich heute wegen der Kostenvorteile stark mechanisierter zentraler Abfüllstationen, selbst bei vielen Industriechemikalien, immer mehr durch. Bei den chemischen Produktivgüterspezialitäten werden aus Gründen der Qualitätssicherung und des bevorzugten Markenartikelvertriebes diese Funktionen schon weithin auf die Produzenten verlagert. Die Übernahme der Mengenteilung durch den Handel bringt dem Hersteller dann nur noch die Vorteile aus der herabgesetzten Kundenzahl und der vereinfachten Verkaufsabrechnung. Der Verzicht auf jede Mengenteilung und die reine Weiterleitung der beim Handel eingehenden Aufträge an den Chemieproduzenten (Streckengeschäft) muß als wesentlicher und vielleicht schon existenzbedrohender Funktionsverlust des Handels gelten.

2.532 Sortimentsbildung

Die Aufgaben der *Sortimentsbildung* der Warenverteilung entstehen aus den divergierenden Spezialisierungen der Produktionsprogramme der chemischen Industrie und der Nachverarbeiter. Bei sehr vielseitiger Produktion in den chemischen Großbetrieben erreicht das Verkaufsprogramm in einigen Absatzmärkten jedoch mitunter eine solche Vollständigkeit, daß sich die Sortimentsbildung zu einem starken Argument für den Direktvertrieb umkehrt. In manchen Zweigen der Spezialitätenchemie üben die Rohstoff- und Verfahrensseite kaum einen Zwang auf die Programmgestaltung aus, so daß bedarfsgerechte und vollständige Sortimente bereits ohne Schwierigkeiten durch die Produktion zu verwirklichen sind. Schließlich wirken Programmergänzungen durch Handelswaren sowie die Formen gemeinschaftlicher Vertriebsorganisationen dem Zwang zur Inanspruchnahme des Handels entgegen.

Im Chemikaliengroßhandel treten die Aufgaben der Sortimentsbildung gegenüber der Mengenteilung und Lagerhaltung zurück, er ist als Spezialgroßhandel stofflich orientiert und bedient einen heterogen zusammengesetzten Kundenkreis

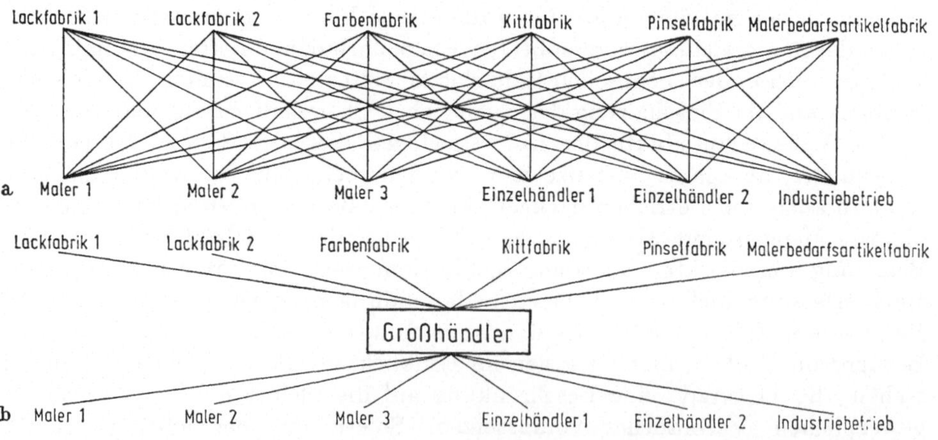

Abb. 2.20 Vereinfachung der Absatzwege durch Sortimentsbildung am Beispiel des Lack- und Farbengroßhandels [2.123, S. 434].
a) Direktbelieferung des Einzelhandels und der Verbraucher; b) Einschaltung des Großhandels.

auch der nichtchemischen Industrie (Industrie- und Handwerksbetriebe, Dienstleistungsbetriebe, Einzelhandlungen).

Größere Bedeutung hat die Sortimentierung des Handels dagegen beim Absatz von chemischen Produkten an die Landwirtschaft, von Farben und Lacken sowie Feinchemikalien. Hier geht die Zusammenstellung bedarfsgerechter Sortimente über die Grenzen der chemischen Produktion hinaus, so daß der Direktvertrieb auch dann noch unterlegen wäre, wenn der chemische Sortimentsanteil weitgehend aus der eigenen Produktion abgedeckt werden könnte (Abb. 2.20). Der chemische Produktivgütergroßhandel steht hier den Sortimentsgroßhandlungen mit gewerblichen Sortimenten nahe.

2.533 Raumüberbrückung und Lagerhaltung

Von der Gesamtheit der Handelsfunktionen seien als letztes Raumüberbrückung und Lagerhaltung hinsichtlich der branchentypischen Besonderheiten des chemischen Produktivgütergroßhandels noch besonders erwähnt. Auch hier sind erhebliche Spannungen zwischen Produktion und Verbrauch auszugleichen. Die chemische Produktion strebt nach großen, zentralisierten Produktionsanlagen, wobei die Verbundwirtschaft oft hinzukommt; der Bedarf an chemischen Produkten weist hiervon unabhängig oft weite regionale Streuungen auf, wobei zur Erhöhung der Bezugssicherheit und schnellen Materialeindeckung seitens der Verbraucher ein Interesse an einer reichlichen und *nahe gelegenen Lagerhaltung* besteht. Bei der Wahl des direkten Vertriebsweges ist eine entsprechend weite räumliche Ausdehnung des Vertriebs- und Lagerstellennetzes erforderlich, so daß die Einschaltung ortsansässiger Handelsbetriebe zur Versorgung der regionalen Verbraucher unter Umständen wirtschaftlicher sein kann. Neben der Lagerhaltung möglichst in Verbrauchsnähe spielt das Abfangen von Verbrauchsschwankungen eine große Rolle, das dem Produzenten die gleichmäßigere Auslastung der Anlagen sichern soll.

Kapitalmangel und ein scharfer Zwang zur Kostensenkung haben allerdings die Lagerhaltung im Handel häufig eingeschränkt, wobei die enorme Ausweitung der Spezialitätenprogramme der Chemieunternehmungen erschwerend wirkt. Wenn der Handel dann eine Verbesserung der Lagerumschlagsgeschwindigkeit durch Verringerung der Bestandshöhen und Beschränkung des Lagersortiments auf die gängigsten Artikel durchsetzen will, wird es immer häufiger vorkommen, daß Bestellungen der Verbraucher wegen der zuvor erforderlichen Eindeckung des Handels beim Chemieproduzenten erheblich verzögert werden.

2.54 Großhandelsfachzweige chemischer Produktivgüter

2.541 Der Chemikaliengroßhandel

Tab. 2.3 vermittelt eine Übersicht über Gliederung und Bedeutung der Großhandelsfachzweige für chemische Produkte nach den Ergebnissen der Umsatzsteuerstatistik in der BRD. Produktionszwischenhandel und Konsumgütergroßhandel sind hierin zusammengefaßt. Da in der genannten Statistik nur Unternehmenseinheiten als Ganzes nach ihrem überwiegenden Geschäftsgegenstand erfaßt werden, sind Branchenüberschneidungen unvermeidlich.

Als typischer Produktionszwischenhandel ist der *Chemikaliengroßhandel* am bekanntesten, der in Tab. 2.3 in der Fachsparte „Technische Chemikalien und Rohdrogen" erfaßt ist. Das Sortiment ist mehr produkt- als bedarfsorientiert und umfaßt vor allem die unter den chemischen Stoffbezeichnungen gehandelten Industriechemikalien. Eine Reihe von Produkten kommt nicht aus der chemischen Industrie, wie etwa pflanzliche und tierische Öle und Fette für technische Zwecke, während andererseits der Handel in Rohdrogen mehr auf der Beschaffungsseite der chemischen Industrie steht. Entsprechend der großen Breite des Branchenprogramms sind gewisse einzelbetriebliche Spezialisierungen vorherrschend. Auf die gehandelten Produkte abgestimmte Lager-, Abfüll-, Transporteinrichtungen und Verpackungsmittel geben den Betrieben oft das charakteristische äußere Gepräge.

Tabelle 2.3 *Großhandelsfachzweige chemischer Produkte in der BRD* [2.40]

Melde-Nr. der Umsatzsteuerstatistik	Fachzweig nach Produktgruppen	Anzahl der Unternehmungen			Umsätze [Mill. DM]			Umsatzanteile [%]
		1962	1964	1966	1962	1964	1966	1966
	Vorzugsweise Produktivgüter							
40107	Düngemittel	492	493	455	1531	2804	3001	21,1
40400	Technische Chemikalien und Rohdrogen	744	784	804	2024	1285	1569	11,0
4045	Kautschuk und Kunstgummi	59	56	64	489	498	533	3,8
4170	Chemisch-technische Erzeugnisse	611	648	667	439	492	599	4,2
4178	Lacke, Farben u.a. Anstrichbedarf, Tapeten, Linoleum u.ä. Fußbodenbelag	1495	1539	1555	1121	1409	1683	11,9
4184	Dental-, Labor-, Krankenpflege- und Friseurbedarf	1555	1503	1462	1049	1083	1244	8,7
	Summe *Produktivgüter*	4956	5023	5007	6653	7571	8629	60,7
	Vorzugsweise Konsumgüter							
41430	Photo- und Kinoapparate sowie -bedarf	305	329	316	365	540	557	3,9
4180	Pharmazeutische Erzeugnisse und Chemikalien	799	825	833	2309	2960	3720	26,2
41870	Feinseifen und Körperpflegemittel	524	573	579	591	650	917	6,5
41875	Wasch-, Putz- und Reinigungsmittel	662	661	629	311	364	379	2,7
	Summe *Konsumgüter*	2290	2388	2357	3576	4514	5573	39,3
	Gesamt	7246	7411	7364	10229	12085	14202	100,0

Gemäß Tab. 2.3 wurden in der BRD 1966 durchschnittlich je Betrieb knapp 2 Millionen DM umgesetzt. In den USA wuchsen zwischen 1958 und 1963 die Zahl der Großhandelsbetriebe von 2814 auf 3163 um 24% und die Umsätze von rund 1,5 auf 2,03 Milliarden $ um 35,5%, was den Durchschnittsumsatz je Unternehmung von 533000 auf 642000 $ je Jahr ansteigen ließ [2.75]. Hinsichtlich der Einschaltung und Durchschnittsgröße der Chemikaliengroßhandlungen bestehen damit zwischen den beiden Volkswirtschaften starke Ähnlichkeiten.

Für den Chemikaliengroßhandel im indirekten Vertriebsweg spricht vor allem die *Mengenteilungsfunktion*, woraus sich in der amerikanischen Vertriebspraxis der Grundsatz entwickelt hatte, Auftragsgrößen *unter einer Waggonladung* (less than carload = l.c.l.) dem Handel zu überlassen [2.20; 2.24; 2.30; 2.32; 2.56; 2.81–2.83]. Dieses Kriterium des wirtschaftlichen Vertriebsweges über die Mindestbezugseinheit scheint zwar relativ einfach, hat aber in der Vertriebspraxis bereits erhebliche Probleme aufgeworfen. Der Chemikaliengroßhandel beruft sich konsequent auf die wirtschaftliche Überlegenheit des indirekten l.c.l.-Vertriebes für den Chemieproduzenten. Es kann jedoch unter bestimmten Umständen zweckmäßig sein, die Mengenteilung auch selbst weiter voranzutreiben, wie zahlreiche Einbrüche in das l.c.l.-Geschäft bewiesen haben. In Deutschland werden ganz ähnlich etwa 15 t als kritische Obergrenze für die Großhandelsbezüge angesehen. Als eine Stütze des Großhandels wird die wirtschaftliche Überlegenheit der eigenen Abfüllung spezifisch geringwertiger flüssiger Produkte in Mehrweggebinde bezeichnet, die auch durch Kunststoffemballagen noch nicht bedroht erscheint. Für die kostengünstige Straßentankwagenauslieferung von Flüssigkeiten steht dem Chemikaliengroßhandel andererseits nur ein schmaler Bereich von Versandeinheiten zwischen etwa 3 und 12 t zur Verfügung, wobei es sich hauptsächlich um die Abgabe von Säuren und Laugen verschiedener Konzentration aus Compartment-Tankwagen handelt.

Strittig sind mitunter *Verbrauchssteigerungen* einzelner Kunden im Laufe der Zeit, die einen Waggon- oder Kesselwagenbezug erreichen und noch überschreiten. Nicht immer möchte der Händler einen solchen Kunden später wieder abtreten, auch wenn er schließlich zum Streckenhändler wird und die maßgeblichen Aufgaben verliert. Vertragliche Regelungen legen mitunter solche Kundenabtretungen beim Überschreiten der Waggonbezugsmengen von vornherein fest. In anderen Fällen versucht man, die Entwicklung des Verbrauchspotentials möglichst sorgfältig abzuschätzen und bei entsprechend günstigen Aussichten die Belieferung auch bei anfänglich noch kleineren Bezugsmengen sofort in der Hand zu behalten.

Neben dem Versuch der *Marktaufteilung* durch vertragliche Regelungen kommt es mitunter auch zu einem offenen Konkurrenzkampf zwischen dem Handel und der eigenen direkt anbietenden Vertriebsorganisation. Störungen der Lieferantenbeziehungen zu den jeweiligen Händlern – welche eine anderweitige Eindeckung anstreben werden –, Preiskämpfe und sogar weitere unwirtschaftliche Auftragsteilungen seitens der Verbraucher sind evtl. die Folge. Mitunter werden auch kleinere Mengen zunächst direkt vertrieben, wenn es sich um erklärungsbedürftigte *Neuheiten* oder neue Anwendungsgebiete handelt. Später werden die Produkte dann eher dem Handel überlassen.

Die Neigung zu einer aktiven *Preiskonkurrenz* mag darauf zurückzuführen sein, daß die homogenen, standardisierten Chemikalien wenig Raum für die Entfaltung einer Leistungskonkurrenz bieten. Das insgesamt mit einem relativ geringen Umsatzanteil eingehende Streckengeschäft beruht in den europäischen Ländern hauptsächlich auf Außenhandelsgeschäften, wobei die Preisdifferenzen mitunter günstige Geschäftschancen bieten. Nach einer amerikanischen Repräsentativbefragung werden bei der Mehrheit der Chemikaliengroßhändler bestimmte

Funktionen der *Warenbehandlung* übernommen, nämlich der Produktformulierung (Konzentrationseinstellungen, gelegentliches Mischen usw.), des Abfüllens und Verpackens oder auch der Produktion. Dies stand im Gegensatz zur äußerst geringen Beteiligung der Handelsagenten und Kommissionäre an derartigen Aufgaben [2.81]. In Deutschland wird hierauf nach Umfragen beim Chemikaliengroßhandel weitgehend verzichtet, wobei Kostengründe und personelle Schwierigkeiten maßgeblich sind. Außerdem strebt hier der Chemikaliengroßhandel seinerseits zur Rationalisierung nach einer unteren Begrenzung der Liefermengen, wofür bei Flüssigkeiten 25-Liter-Gebinde als Richtwert gelten. Dies hat zur Folge, daß in noch kleineren Bezugsmengen bestellende gewerbliche Verbraucher und Einzelhändler (vor allem Drogerien) auf die Einschaltung einer weiteren Großhandelsstufe angewiesen sind, nämlich in erster Linie der Sortimentsgroßhandlungen für Drogerie- und Photobedarf.

Der Chemikaliengroßhandel hat heute bereits in großem Umfang Produktivgüterspezialitäten wie Reinigungsmittel für gewerbliche Zwecke, Korrosionsschutzmittel, Bautenschutzmittel usw. im Programm, die andererseits den eigentlichen Gegenstand des *Großhandels in chemisch-technischen Erzeugnissen* (Tab. 2.3, Melde-Nr. 4170) bilden. Dieser erreicht trotz der Vielzahl der eingeschlossenen Produkte in der BRD gegenwärtig nur rund ein Drittel des Umsatzes der Fachsparte Technische Chemikalien und Rohdrogen, sofern man eine gesonderte Betrachtung der beiden Fachsparten bei den starken Sortimentsüberschneidungen überhaupt für sinnvoll halten kann.

Kapitalmäßige *Verflechtungen* zwischen der chemischen Industrie und dem Chemikaliengroßhandel, etwa unter Bildung von Werkhandelsgesellschaften, spielen bislang nur eine untergeordnete Rolle, weil die umsatzmäßige Bedeutung dieses Marktauslasses offenbar zu gering ist. Insbesondere sind rückwärtige, vom Handel ausgehende Angliederungen von Industriebetrieben unbekannt.

Da man erkannt hat, daß der Chemikaliengroßhandel zur Belieferung kleinerer Verbraucher gegenüber dem Direktvertrieb echte wirtschaftliche Vorteile bieten kann, sind die Ausschaltungstendenzen heute wieder rückläufig geworden. In den USA steht das kräftige Wachstum des Chemikaliengroßhandels mit der früher oft vertretenen Auffassung der nutzlosen Einschaltung in den Vertriebsweg („parasitic middleman") nicht mehr im Einklang [2.75].

2.542 Der Großhandel mit Landwirtschaftschemikalien

Die große Zahl landwirtschaftlicher Betriebe, die relativ wenigen Produzenten von Landwirtschaftschemikalien gegenübersteht, erfordert ebenfalls typische Handelsaufgaben. Am wichtigsten ist die Sparte des *Düngemittelhandels*, der in Deutschland noch heute überwiegend zweistufig organisiert ist und dessen Großhandelsstufe 1966 den umsatzstärksten Zweig innerhalb des chemischen Produktivgütergroßhandels bildete (Tab. 2.3). Der überwiegende Umsatzanteil des teils einzelwirtschaftlich und teils genossenschaftlich betriebenen Düngemittelgroßhandels entfällt auf das Streckengeschäft ohne eigene Lagerhaltung, d.h., die Aufträge des nachgeschalteten selbständigen Landhandels oder der entsprechenden Regionalgenossenschaften werden über den Großhändler an den Düngemittelproduzenten weitergegeben. Die Auslieferung erfolgt dann meistens unmittelbar an die Kleinverteiler. Lediglich in der Auftragsbearbeitung und Abrechnung ergibt sich für die Düngemittelproduzenten dann eine Vereinfachung, denn es stehen ihnen als „Kunden“ in der BRD nur etwa 450 Großhändler im Vergleich zu den rund 18000 als „Abnehmer“ bezeichneten Kleinverteilern gegenüber. Abfüllaufgaben von loser Ware werden auf der Handelsstufe nur teilweise vorgenommen, da die Investitionsanforderungen und Kostenbelastungen durch die speziellen Lager- und Umschlagseinrichtungen zu hoch sind. Es überwiegt der Absatz der bereits vom Produzenten abgesackten Ware.

Die gleichen Handelsbetriebe haben in der chemischen Industrie oft für den Absatz von *Schädlingsbekämpfungsmitteln* und sonstigen chemischen Spezialitäten (Futterhilfsmittel, Silierhilfsmittel, Konservierungsmittel u. a.) Bedeutung, jedoch fallen zahlreiche hierauf stärker spezialisierte Unternehmungen in den Bereich des Großhandels mit chemisch-technischen Erzeugnissen.

Die Sortimentsfunktionen des Handels erstrecken sich nicht nur auf den Bereich der Landwirtschaftschemikalien, sondern schließen auch die für die chemische Industrie branchenfremden Produktgruppen der landwirtschaftlichen Geräte, Futtermittel, Saatgut usw. ein. Immerhin besteht seitens der Chemieproduzenten eine starke Tendenz zur Ausbildung eines vollständigen, bedarfsgerechten Sortiments an Landwirtschaftschemikalien. Im Düngemittelgeschäft werden seit langem Stickstoff- und Phosphatdünger vorzugsweise gleichzeitig angeboten, inzwischen gewinnt aber auch die Einbeziehung von Kaliinteressen an Bedeutung. Hierbei wirkt der verstärkte Einsatz von Mehrnährstoffdüngern beschleunigend. Mehrere Düngemittelproduzenten verfügen außerdem über ein vollständiges Programm von Schädlingsbekämpfungsmitteln und sonstigen Landwirtschaftschemikalien. Die Zusammenfassung letzterer mit dem Angebot landwirtschaftlicher Maschinen wurde für die FMC-Corporation mitgeteilt [2.66].

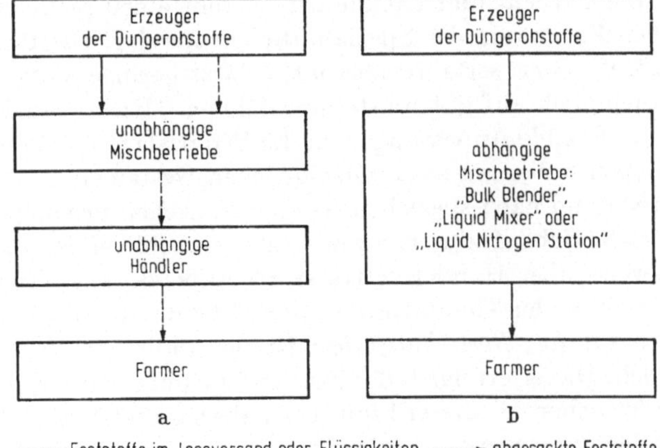

Abb. 2.21 Umstellung des indirekten Absatzes von Stickstoffdüngemitteln (a) auf das direkte Absatzsystem (b) unter Verdrängung abgesackter Ware durch Loseversand in den USA [2.135].

Die Zweckmäßigkeit dieser umfassenden und insbesondere zweistufigen Einschaltung einer selbständigen Handelsorganisation ist umstritten. In den USA ist bereits seit einigen Jahren ein tiefgreifender Umschichtungsprozeß der Verteilungsstruktur unter zunehmender Ausschaltung des Handels im Gange. Hier war die Großhandelsstufe der „Independent Mixer“ – wenn sie überhaupt als

Handel angesprochen werden darf – schon immer mit der Wahrnehmung auch von Produktionsaufgaben betraut. Sie bestehen im Mischen verbrauchsgerechter Düngesorten aus den Massenprodukten der Düngerohstofferzeuger und Absacken der Ware (Abb. 2.21a). Neuerdings werden die Aufgaben der Produktmischung zunehmend mit einer einzigen Verteilerstufe und unter häufiger Einsparung der Sackkonfektionierung zusammengefaßt, wobei die Handelsbetriebe mit reinen Verteilungsaufgaben wegfallen und die Mischbetriebe zunehmend als „captive mixer" von den chemischen Grundstoffproduzenten beherrscht werden (Abb. 2.21b). Zur horizontalen gesellt sich also eine starke vertikale Konzentration in der amerikanischen Düngemittelindustrie. Sie geht hervor aus den Rationalisierungschancen der Loseverteilung der Düngemittel bis zur mechanisierten Feldapplikation, den hohen technischen sowie Kapitalanforderungen der modernen Mischbetriebe und der notwendigen Intensivierung der Beratungskontakte mit den landwirtschaftlichen Betrieben. Die mit zunehmender Größe der landwirtschaftlichen Betriebe wachsende Technisierung kommt dem direkten Vertriebsweg entgegen: Waren in den USA 1960 noch 4 Millionen landwirtschaftlicher Betriebe vorhanden, so werden es 1970 weniger als 3 Millionen und 1980 nur noch rund 2 Millionen Einheiten sein. Wegen der umfassenden Beratungsdienste, welche die spezielle Produktanpassung an den einzelnen Bedarfsfall einschließt, bezeichnet man die herstellereigenen Verteilungsstellen auch treffend als „farm service centers". Die gleichzeitige Übernahme von Dienstleistungen zur Feldapplikation spielt bislang vor allem bei Schädlingsbekämpfungsmitteln eine wachsende Rolle. Dazu schalten sich auch spezialisierte Dienstleistungsunternehmen („custom applicators") in den Verteilungsweg ein [2.9; 2.39; 2.41].

2.543 Der Farben- und Lackhandel

Die Farben- und Lackindustrie stellt einen recht eigenständigen und einheitlichen Fachzweig der Spezialitätenchemie dar. Die Produktion ist mehr bedarfs- als stoff- oder verfahrensbetont, besitzt geringe Vertikalausdehnung und beruht vornehmlich auf gut umstellungsfähigen Mischoperationen, so daß relativ kurzfristig flexible Anpassungen an die Bedarfslage möglich sind. Drei große Produktgruppen haben zu zwei verschiedenen Systemen von Absatzwegen geführt: Die vorwiegend nach speziellen Kundenwünschen produzierten *Industrielacke* werden an zahlreiche Industriezweige fast ausschließlich direkt vertrieben, allerdings teilweise über Handelsvertreter als Außenorgane. Hierauf entfallen in der BRD etwa 60% der Gesamtproduktion. Für die *Bautenlacke* und in geringerem Maß auch für die *Rostschutzfarben* ist der indirekte Vertrieb über den Fachhandel üblich. Dieser erfolgt teils einstufig nur über den Groß- oder Einzelhandel an den Verbraucher – in erster Linie das Malerhandwerk, daneben verschiedene Gewerbebetriebe und private Verbraucher – zum geringen Teil aber auch zweistufig über Groß- und Einzelhandel. Die Malereinkaufsgenossenschaften konkurrieren mit den Großhandelsbetrieben.

Die Betriebsgrößenstruktur der Farben- und Lackindustrie mit einem erheblichen Anteil kleinerer und mittlerer Betriebe, ihre starke räumliche Streuung sowie die relativ leicht umstellungsfähige Wechselfertigung in Chargenbetrieben sind die Hauptursachen dafür, daß auch der Direktvertrieb der Bautenlacke an

Malerhandwerk und industrielle Verbraucher eine gewisse Rolle spielt. Vor einigen Jahren wurde der Anteil der Direktlieferungen an der westdeutschen Gesamtproduktion von Bautenlacken und Rostschutzfarben bereits mit 20–25% beziffert, er liegt nach Schätzungen aus der Praxis heute bereits höher. Die Aufteilung des restlichen indirekten Absatzes war wie folgt [2.122]:

Absatz über Großhandlungen des Lack- und Farbenfaches	70–80%
Absatz über Malereinkaufsgenossenschaften	10–15%
Absatz über Einzelhandlungen	10–15%

Die Absatzstruktur des Großhandels selbst wurde aufgrund älterer Betriebsvergleichszahlen differenziert nach Betriebsgrößenklassen geschätzt. Danach entfallen auf das Malerhandwerk über 60%, auf Industriebedarf und Behörden über 20% [2.122]. Innerhalb des restlichen Anteils dürfte besonders der Absatz über die nächste Handelsstufe, die Einzelhandlungen, wichtig sein.

Im Mittelpunkt der Funktionen des Lack- und Farbengroßhandels steht die Bildung bedarfsgerechter Sortimente für das Malerhandwerk sowie ganz entsprechend ausgerichteter Sortimente für den Lack- und Farbeneinzelhandel (Abb. 2.20), der durch die hauptsächliche Belieferung der Haushalte (Heimwerkermarkt) bereits zum chemischen Konsumgütereinzelhandel gehört. Tab. 2.4 gibt Hinweise zur Sortimentsbildung auch mit nichtchemischen Produkten.

Tabelle 2.4 *Richtwerte der Sortimentsbreite und -tiefe des Lack- und Farbengroßhandels* [2.122]

Produktgruppe	Zahl der Sorten
Pigmente und Metallbronzen	etwa 300
Lacke und Lackfarben	etwa 200
Bindemittel, Trockenstoffe, Lösungsmittel, Beizen, Polituren und Holzschutzmittel	etwa 200
Dekorationsfarben in Tuben und Büchsen	etwa 200
Diverse Geräte des Malerzubehörs	etwa 150
Pinsel und Bürsten	etwa 100
Insgesamt	etwa 1150

Weitere Handelsfunktionen erklären sich aus der großen Zahl der Betriebseinheiten auf der Nachfrageseite: Während in der BRD etwa 1000 Farben- und Lackproduzenten (einschließlich des produzierenden, „anreibenden" Großhandels) vorhanden sind, kann sich der Großhandel, zumindest potentiell, in die Belieferung von über 46000 Malerbetrieben, fast 3000 Facheinzelhandlungen (Tab. 2.7) und rund 1000 Drogerien mit einem Lack- und Farbensortiment (sog. Farbendrogerien) einschalten. Die in Tab. 2.3 genannte Zahl von über 1500 Großhandelsbetrieben liegt wegen zu breiter Abgrenzung der Fachgruppe zu hoch, es wurden vor einigen Jahren nur 720 Fachgroßhandlungen genannt [8.103].

Der Farben- und Lackgroßhandel wird von Ausschaltungstendenzen bedroht, die sowohl von den Produzenten als auch vom Malerhandwerk und den Einzelhandelsbetrieben ausgehen. Die Entscheidung über den einzuschlagenden Absatzweg ist für den Produzenten dazu insofern bedeutsam, als sich diese im Rahmen einer Gruppenbildung von „Konsumentenlackfabriken" und „händlertreuen", d.h. über den Großhandel liefernden Lackfabriken immer mehr gegenseitig ausschließen. Ein häufiger Angriffspunkt gegen den Großhandel ist die unzureichende Wahrnehmung technischer Beratungsaufgaben, deren sinnvolle Voraussetzungen auch durch die zunehmende Markenbildung und den direkten Werbe- und Beratungsweg der Industrie geschwächt werden. Am Prozeß der Markierung von Lackprodukten sind selbst rückwärtige Rohstoffhersteller beteiligt, indem sie etwa Marken für die eingearbeiteten Kunstharzbindemittel vertikal bis zum Verbraucher durchzusetzen bestrebt sind. Indessen wehrt sich der Großhandel gegen die Ausschaltung vor allem durch Übernahme von Produktionsaufgaben, so daß der Lack- und Farbenindustrie zusätzliche Konkurrenz erwächst, sowie durch Angliederung von Einzelhandelsgeschäften. Die wirtschaftliche Zweckmäßigkeit des Farben- und Lackgroßhandels, seine wirtschaftliche Struktur und seine Rationalisierungschancen sind häufig diskutiert worden, z.B. [2.15; 2.45; 2.63; 2.74; 2.98; 2.121–2.124; 2.134].

2.544 Der Feinchemikalienhandel

Der *Feinchemikalienhandel* führt gewöhnlich ein sehr großes Sortiment an Chemikalien in verschiedenen Qualitäts- und Reinheitsgraden, wobei fabrikmäßig abgepackte Verkaufseinheiten von Grammengen bis zu einigen hundert Kilogramm abgegeben werden. Eine große Rolle spielt die Reinheitsgarantie durch den Hersteller, weshalb nur der Vertrieb in Originalverpackungen mit genauen Firmen- und Inhaltsbezeichnungen in Frage kommt und die Abfüllaufgaben des Handels entfallen. Die Produkte besitzen Spezialitätencharakter, obwohl die Produktkennzeichnung über die chemischen Verbindungen vorherrscht. In geringerem Maße wird allein auf die Wirkung der Produkte abgestellt (z.B. bestimmte Analysenreagenzien, Indikatorpapiere u.a.). Wegen der großen Bedeutung der Reinheitsgarantien sind die Produktsortimente der großen Feinchemikalienhersteller als *Markenartikel* anzusehen, wenngleich sie nur unter Firmenmarken und nur unter wenigen echten Produktmarken vertrieben werden. Die Sortimentsbildung ist in erster Linie auf alle Arten des Chemikalienbedarfs in Laboratorien zugeschnitten, obwohl auch anderweitiger gewerblicher Chemikalienbedarf gedeckt wird. Eine Konkurrenz gegenüber dem Chemikaliengroßhandel oder den chemikalienführenden Einzelhandelsbetrieben (z.B. Drogerien) kommt jedoch bei deren viel schmalerem Chemikaliensortiment und dem anderen Warencharakter kaum in Betracht.

Die Sortimentsbildung durch den Handel im Chemikalienbereich darf man allerdings nicht überschätzen, da die Feinchemikalienproduzenten ihrerseits meistens vollständige Sortimente anbieten, die in umfassenden Chemikalien- und Reagenzienkatalogen mit festen Packungsgrößen und Preisen verzeichnet werden. Große Bedeutung hat dagegen die Aufnahme von *Laborgeräten* in das Verkaufsprogramm. Seitens der Verwender besteht ein Interesse an der Rationalisierung ihres Einkaufs durch Bezug möglichst vieler Bedarfspositionen aus einer Hand. Die Abgabe der Chemikalien und auch der meisten Laborgeräte zu Festpreisen sowie die relative Geringwertigkeit der meisten Objekte lassen das Interesse an Lieferantenvergleichen und dem Aushandeln günstigerer Preise und Konditionen gering erscheinen. Die bedarfskomplementäre Sortimentierung von Laborgeräten und Chemikalien ist der Hauptgrund der Bevorzugung des indirekten Vertriebes.

Nach einer im Jahre 1962 in den USA bei 700 Verbrauchern (Einkäufer und Laborpersonal) durchgeführten Erhebung entschieden sich rund 2/3 für den Händlerbezug, dagegen nur rund 1/10 klar für den Herstellerdirektvertrieb, obwohl die bessere technische Kundenberatung beim Direktvertrieb hervorgehoben wurde [2.7; 2.26]. Auch das gleichzeitige Führen der Konkurrenzprodukte mehrerer Hersteller wurde als Vorteil gegenüber Ausschließlichkeitsbindungen angesehen. Größere Bedarfsmengen und Auftragsgrößen an Laborchemikalien begünstigen jedoch auch hier den Direktvertrieb.

Wegen der Einbeziehung der Geräte in das Verkaufssortiment ist die statistische Abgrenzung dieser Großhandelssparte problematisch. In der Umsatzsteuerstatistik der BRD wird man vorzugsweise die Berücksichtigung unter Melde-Nr. 4184 annehmen müssen, obwohl die Bezeichnung dieser Sparte ganz auf den Handel in Ausrüstungsgegenständen abstellt (Tab. 2.3). Häufig kommt sogar eine Programmkombination mit dem Photogroßhandel in Betracht, der bei entsprechendem Programmschwerpunkt auch unter dieser Sparte erfaßt wird, jedoch die Laborchemikalien in den Umsatzmeldungen gleichfalls enthalten kann (Melde-Nr. 41430).

2.55 Absatzwege für chemische Konsumgüter

2.551 Handelsstufen des chemischen Konsumgüterabsatzes

Innerhalb der *chemischen Konsumgüter* finden wir nur zwei Produktgruppen mit alleiniger Ausrichtung auf den Konsumbedarf, wobei sowohl produktions- als auch absatzmäßige Spezialisierungen überwiegen: Pharmazeutische Produkte und Körperpflegemittel. Weitere Produktgruppen lassen sich aus der produktionsstatistischen Gliederung nur aufgrund der überwiegenden Verwendung den Konsumgütern zuordnen (Tab. 1.2). Die verschiedenen Verbrauchsanteile führen regelmäßig zu anderen Absatzwegen. Das gilt auch für die geringen Konsumgüteranteile überwiegender Produktivgütergruppen, wie etwa für Garten- und Blumendünger aus der Düngemittelproduktion, Haushaltsschädlingsbekämpfungsmittel, Lebensmittelkonservierungsstoffe und einige Industriechemikalien.

Trotz der bereits ausgeprägten Bedarfsausrichtung in den Sparten der chemischen Konsumgüterproduktion bleibt beim Absatz noch eine große Spannung zwischen Produktion und dem räumlich und quantitativ stark streuenden bzw. zersplitterten Bedarf zu überwinden. Die Notwendigkeit der Inanspruchnahme der klassischen Handelsfunktionen steht daher außer Frage. Oft ist sogar der zweistufige indirekte Absatzweg über den Groß- und Einzelhandel unerläßlich, jedoch begegnet uns hierin bereits nicht selten ein umstrittenes Entscheidungsproblem der Absatzwegepolitik der Chemieunternehmungen. Mit dem Fortschreiten von der Produktionsgliederung (Tab. 1.2) über die Gliederung des chemischen Konsumgütergroßhandels (Tab. 2.3) bis zu den Einzelhandelsbranchen (Tab. 2.7) werden die chemischen Stoffzusammenhänge mehr und mehr durch Bedarfszusammenhänge ersetzt, wobei die Zusammenfassung chemischer und nichtchemischer Produktgruppen in den Handelssortimenten um sich greift.

Wertvolle Einblicke über die Verteilungswege der Konsumwaren haben die in den fünfziger Jahren von R. Seyffert durchgeführten Distributionsanalysen gebracht, wobei innerhalb eines Untersuchungsabschnittes mit insgesamt 31 Warengruppen auch 9 chemische Konsumgütergruppen erfaßt wurden [2.113]. In den wichtigen Zweigen des Arzneimittelabsatzes sowie in der Produktgruppe Seifen, Wasch-, Putz- und Reinigungsmittel war die Einschaltung des Großhandels mit rund 4/5 des Warenabsatzes noch weithin dominierend. Bei Körperpflegemitteln und im Photofach deutete sich dagegen das Interesse an der unmittelbaren Be-

Tabelle 2.5 *Absatzwege im chemischen Konsumgüterbereich in der BRD 1956* [2.113, S. 48]

Produktgruppe	Anteil der Absatzwege am Gesamtabsatz [%]		
	direkt	indirekt über Einzelhandel	über Groß- u. Einzelhandel
Seifen, Wasch-, Putz- u. Reinigungsmittel	3,0	18,5	78,5
Fußboden- und Schuhpflegemittel	3,0	49,5	47,5
Kerzen	0,5	68,0	31,5
Zündhölzer	–	5,5	94,5
Körperpflegemittel	1,0	69,5	29,5
Arzneimittel	–	16,5	83,5
Verbandstoffe und Pflaster	–	72,0	28,0
Bleistifte	–	51,0	49,0
Photofilme	–	81,0	19,0

Tabelle 2.6 *Absatzwege chemischer Konsumgüter über verschiedene Einzelhandelsbetriebsformen in der BRD 1956* [2.113]

Produktgruppe	Anteil des Absatzes über Einzelhandel am Gesamtabsatz [%]	Anteile der Einzelhandelsbetriebsformen [%]			
		selbständiger Ladeneinzelhandel	Waren- u. Kaufhäuser	Versandgeschäfte	Konsumgenossenschaften
Seifen-, Wasch-, Putz- u. Reinigungsmittel[1]	18,5	9,5	4,5	0,5	3,5
Fußboden- u. Schuhpflegemittel[1]	49,5	43,0	3,5	0,5	2,0
Kerzen[2]	68,0	48,5	11,0	0,5	3,0
Zündhölzer	5,5	–	–	–	5,5
Körperpflegemittel	69,5	61,0	6,5	0,5	1,5
Arzneimittel	16,5	16,5	–	–	–
Verbandstoffe, Pflaster	72,0	70,0	1,5	–	0,5
Bleistifte	51,0	48,0	3,0	–	–
Photofilme	81,0	80,0	0,5	0,5	–

[1] Hinzu kommen 0,5% über ambulanten Handel.
[2] Hinzu kommen 1% über ambulanten Handel und 4% über Fabrikfilialen der Erzeuger.

lieferung des Einzelhandels bereits an (Großhandelsanteile nur knapp 30 bzw. unter 20%), das sich heute noch verstärkt haben dürfte (Tab. 2.5).

Für die gleichen chemischen Konsumgütergruppen wurden in Tab. 2.6 die Erhebungsergebnisse bezüglich der Einschaltung verschiedener *Einzelhandelsbetriebsformen* bei Direktbelieferung des Einzelhandels durch die Produzenten wiedergegeben. Danach überwogen im Erhebungsjahr 1956 noch die traditionellen Ladengeschäfte des Fachhandels. Das Bild wird sich heute aber zugunsten der anderen, insbesondere der Großbetriebsformen, gewandelt haben.

2.552 Wahl der Absatzwege für chemische Konsumgüter

Die Wahlmöglichkeiten im Zusammenhang mit den Absatzwegen sind bei den chemischen Konsumgütern ausgeprägter als bei den Produktivgütern. Drei Fragenkomplexe treten auf: die organisatorische Einordnung bzw. Verselbständigung des Konsumgütervertriebes, Wahl des ein- oder mehrstufigen indirekten Absatzweges sowie bestimmter Einzelhandelsbetriebsformen und -branchen.

Sofern die Konsumgüterproduktion nur einen Teil eines vorwiegend im Produktivgüterbereich stehenden Programms einnimmt, wird die organisatorische Verselbständigung zu bevorzugen sein. Geeignet sind besondere Konsumgütervertriebssparten oder sogar rechtlich selbständige Tochtergesellschaften und Vertriebsgesellschaften. Beim Vordringen in den Konsumgütersektor werden Aufkauf und Erhaltung rechtlich selbständiger Unternehmungen mit ihren vollen Absatzkapazitäten bevorzugt, deren Aufbau durch ein konsumfernes Chemieunternehmen mit Recht für schwierig angesehen wird [2.129]. Der rechtlichen Selbständigkeit kommt hohe produkt- und markenpolitische Bedeutung zu. Die Durchsetzung einer Firmenmarkierung der Produkte ist für einen begrenzten Programmausschnitt erleichtert, obwohl auch gegenteilige Interessen dahingehend bestehen können, über wenige Konsumgüter die Marktgeltung der Gesamtunternehmung zu erhöhen. Bestimmte Konsumgütergruppen werden auch dann abgespalten, wenn negative Rückwirkungen auf das Produkt- und Firmenbild der anderen Sektoren zu befürchten sind. Eine Chemieunternehmung, die sich im Bereich der nicht freiverkäuflichen Pharmazeutika einen großen Namen erworben hat, kann davor zurückscheuen, freiverkäufliche Präparate unter dem gleichen Firmennamen und über die gleiche Absatzorganisation zu vertreiben. Auch in anderen Bereichen bestehen gewisse Hemmungen, in bezug auf die Chemie und die Produktionstechnik anspruchsvolle Programme mit denjenigen einfacher Misch- und Formulierbetriebe im Namen der Unternehmung zu verbinden. Dabei ist allerdings nicht immer gesagt, daß die Wertvorstellungen vieler Chemiker und Produktionsfachleute über das wissenschaftliche und technische Niveau der verschiedenen Produktionszweige tatsächlich auch mit der Meinungsbildung in der breiten Öffentlichkeit übereinstimmen. Mit zunehmendem Interesse der chemischen Industrie am Konsumgütervertrieb schwinden diese Vorurteile.

Die abnehmende Bedeutung des selbständigen Großhandels trifft auch für mehrere Zweige des chemischen Konsumgüterabsatzes zu. Sie steht im Zusammenhang mit dem Aufstreben der *Einzelhandelsgroßbetriebe* (Waren- und Kaufhäuser, Versandgeschäfte, Supermärkte, Verbrauchermärkte) sowie der *Zusammenschlußformen* zwischen Groß- und Einzelhandel auf genossenschaftlicher Basis (z.B. Apothekereinkaufsgenossenschaften) und durch Kapitalverflechtungen oder freiwillige Zusammenschlüsse (Filialbetriebe, freiwillige Großhandelsketten).

Die neueren Einzelhandelsbetriebsformen wirken nicht nur auf den indirekten Absatzweg verkürzend, sondern führen auch zu einer starken *Verwässerung* der *Fachhandelssortimente*. Schrittmachend wirkte hierbei in der Vergangenheit besonders die Angliederung der „Non-food"-Sortimente durch den Lebensmitteleinzelhandel. Das dichte Verkaufsstellennetz, fachliche Beratung und die Stützung der Herstellermarken durch den Fachhandel kommen dem chemischen Konsumgüterabsatz ebenfalls zugute. Auf der anderen Seite aber zwingt das gewachsene Absatzpotential außerhalb des eigentlichen Fachhandels zu einer Berücksichtigung. Bereits seit Jahren sind diese Absatzwege von der amerikanischen chemischen Konsumgüterindustrie verstärkt in Anspruch genommen worden.

Selbst im konservativen Zweig der pharmazeutischen Industrie haben die modernen, besonders preisaktiven Einzelhandelsbetriebsformen im Hinblick auf die freiverkäuflichen Arzneimittel starke Beachtung gefunden. Hierzu hieß es bezeichnend [2.118]: "... New and bigger retail outlets are attracting producers' sales staffs – supermarkets, department stores, mail-order houses, discount drugstores. Independent druggists are running into stiff competition, of course, from these essentially nondrug outlets; but drug producers see potential for greater sales through the larger outlets, and they're trying to tap that potential ..."

Das unmittelbare Vorgreifen auf die Einzelhandelsstufe bedingt erhöhte Vertriebsanstrengungen. Gerade bei den umsatzstarken Einzelhandelsbetrieben, die zur Verbesserung des Lagerumschlags die Sortimentsbildung unter scharfer Kontrolle halten, wird es immer schwieriger, die eigenen und dauernd neu entwickelten Produkte bis zu den Ladenregalen und dem „point of purchase" heranzubringen. Daher wird man die Bearbeitung des Einzelhandels möglichst mit eigenen Verkaufskräften in der Hand behalten müssen.

Im Zusammenhang mit solchen Entscheidungen über den Absatzweg ist die Rücksichtnahme auf traditionelle Verteilungsstrukturen um ihrer selbst willen meistens wenig erfolgversprechend. In einer Welt der dynamischen wirtschaftlichen Veränderungen kann auch der Absatz nicht verschont bleiben, der gegenüber den technisch-wirtschaftlichen Fortschritten der Produktion ohnehin viel zu spät einem tiefgreifenden Rationalisierungsprozeß zugänglich geworden ist. Für den Chemieproduzenten darf nur ein nüchternes, möglichst quantifizierendes Abwägen der ertrags- und kostenwirtschaftlichen Vor- und Nachteile der verschiedenen miteinander konkurrierenden Absatzwege maßgeblich sein.

2.56 Einzelhandelsfachzweige für chemische Konsumgüter

2.561 Apotheken

Innerhalb der Einzelhandelsfachzweige für chemische Konsumgüter stehen die Apotheken nach ihrer Umsatzbedeutung an erster Stelle.

Dies geht für die Verhältnisse in der BRD aus der Übersicht über die Einzelhandelsfachzweige nach der Umsatzsteuerstatistik in Tab. 2.7 hervor. Die Summenzahlen der Tab. 2.7 repräsentieren die chemischen Konsumgüterumsätze nur unvollständig. Die Umsatzzahl von 9788 Millionen DM für 1966 enthält eine Reihe fachfremder Produktgruppen und steht einer Binnenmarktversorgung mit chemischen Konsumgütern gemäß der Gliederung in Tab. 1.2 von 8018 Millionen DM, gerechnet zu Produktionswerten, gegenüber [1.19, Jg. 1967, Tab. 19a].

Der größte Teil des Pharmaabsatzes geht über die Apotheken. Hier wird eine Konkurrenz zwischen verschiedenen Einzelhandelssparten für den größten Teil der pharmazeutischen Produkte, nämlich die rezept- und apothekenpflichtigen Heilmittel, kraft gesetzlicher Vorschriften ausgeschlossen, so daß weitere Absatzwege nur für den restlichen Teil der freiverkäuflichen Produkte in Frage kommen. Sofern sich in die Verteilung dieser Produkte auch Drogerien, Reformhäuser usw. zusätzlich einschalten, bleibt den Apotheken andererseits die Angliederung von Randsortimenten, vor allem der pflegenden Kosmetika, offen.

Tabelle 2.7 *Struktur des Facheinzelhandels mit chemischen Konsumgütern in der BRD* [2.40]

Melde-Nr. der Umsatz-steuer-statistik	Fachzweig nach Produktgruppen	Anzahl der Geschäfte			Umsätze [Mill. DM]			Umsatz-anteile [%]
		1962	1964	1966	1962	1964	1966	1966
43430	Photo- und Kino-apparate sowie -bedarf	2223	2314	2385	520	586	711	7,2
43600	Apotheken	9388	9925	10430	3099	3725	4886	50,0
43604	Drogerien	11864	12001	12110	1854	2127	2464	25,2
43607	Sonstiger Einzelhandel mit pharmaz. Produkten	230	233	219	36	42	54	0,5
43670	Kosmetische Artikel und Körperpflegemittel	1134	1112	1138	243	279	341	3,5
43675	Feinseifen u. Bürsten-waren, Wasch-, Putz- und Reinigungsmittel	3217	3036	2901	366	435	452	4,6
43900	Sämereien, Futter- und Düngemittel	2177	2062	1931	297	320	358	3,7
43930	Lacke, Farben u. a. Anstrichbedarf	2547	2676	2864	383	452	522	5,3
	Summe	32780	33359	33978	6798	7966	9788	100,0

Unter Berücksichtigung der Groß- und Einzelhandelsspannen steht der Inlandsverbrauch pharmazeutischer Produkte zum Produktionswert von 3338 Millionen DM mit dem Apothekenumsatz von 4886 Millionen DM für 1966 in der BRD jedenfalls in einem guten Entsprechungsverhältnis. Die Grenzziehung zwischen den pharmazeutischen Produktgruppen, deren Absatzweg aufgrund des öffentlichen Interesses an der Überwachung des Arzneimittelvertriebes vorgeschrieben oder aber freigegeben ist, unterliegt länderweise und im Zeitverlauf erheblichen Schwankungen sowie Interessenkonflikten.

In der BRD ist die Zahl der Apotheken zwischen 1962 und 1966 um mehr als 11%, der Durchschnittsumsatz um rund 42% von 330000 auf 470000 DM gewachsen (Tab. 2.7). In England waren dagegen in den letzten Jahren wachsende Durchschnittsumsätze mit einem Konzentrationsprozeß begleitet, der zwischen 1954 und Ende 1967 zu einer Abnahme von fast 1700 Apotheken führte [2.88]. Die im gesamten Einzelhandel wichtige Kennziffer der durchschnittlichen Einwohnerzahl je Einzelhandelsbetrieb ist für die Apotheken im Ländervergleich in Tab. 2.8 dargestellt. Die erheblichen Unterschiede in der Apothekendichte werden unter anderem hervorgerufen von der verschiedenen Höhe des Pro-Kopf-Verbrauchs an Arzneimitteln, der geographischen Bevölkerungsverteilung, der Zulassungspraxis von Apo-

Tabelle 2.8 *Geschätzte durchschnittliche Einwohnerzahl je Apotheke etwa 1963* [2.127]

Land	Einwohnerzahl/ Apotheke	Land	Einwohnerzahl/ Apotheke
Belgien	2000	Schweiz	5000
Irland	2300	Deutschland	6000
Frankreich	3000	Finnland	8000
USA	3500	Österreich	9000
England	3600	Norwegen	12000
Italien	5000	Niederlande	13000
Luxemburg	5000	Schweden	14000

theken, aber auch vom Ausmaß der gesetzlichen Beschränkungen in den Absatzwegen. So wurde die hohe Einwohnerzahl je Apotheke in den Niederlanden vor allem auf die zulässige starke Einschaltung der Drogerien in den Absatz pharmazeutischer Produkte erklärt [2.127].

Der Pharmavertrieb bildet einen Sonderfall extremer Erklärungsbedürftigkeit und Beratungsbedürftigkeit, was die zwangsweise Einschaltung des akademisch gebildeten Verkaufspersonals der Apotheken rechtfertigen soll. Inzwischen sind die fachlichen Aufgaben des Apothekers nach der Zurückdrängung der eigenen Rezepturen durch die Markenartikelspezialitäten der pharmazeutischen Industrie bis auf etwa 4% Umsatzanteil [2.130] herabgemindert. Obwohl der zweistufige Absatzweg über den selbständigen Großhandel noch dominiert, gewinnen auch der Direktabsatz an Apotheken sowie an deren genossenschaftliche Einkaufsorganisationen an Bedeutung. Den Apotheken ist es aufgrund ihrer bevorzugten wirtschaftlichen Stellung im Vertriebsweg gelungen, wesentliche Lagerhaltungs- und Sortimentierungsaufgaben auf den Großhandel abzuwälzen.

Nach Untersuchungen in der BRD werden ausgefallene Spezialitäten und Packungsgrößen von vielen Apotheken überhaupt nicht auf Lager genommen, während ein großer Prozentsatz des Verkaufssortiments in der Lagerhaltung auf 1–2 Packungen beschränkt wird [2.108; 2.131]. Das Vollsortiment des Großhandels wird einschließlich der Verbrauchsformen und Packungsgrößen auf 25000 Artikel geschätzt. Die notwendige schnelle Produktauslieferung erfordert ein dichtes Netz von Versandlägern und einen kostspieligen Lieferservice. Der überragende Anteil der Kleinaufträge dürfte für den Großhandel schlechthin einmalig sein, wenn es heißt, daß 50% aller Auftragszeilen nur 1 Packung und über 90% der Auftragszeilen bis zu 3 Packungen betreffen, dagegen die Auftragszeilen über 10 Packungen und mehr nur einen ganz minimalen Anteil einnehmen. Inwieweit die im Gang befindlichen starken Konzentrationstendenzen des pharmazeutischen Großhandels zu Rationalisierungen, Strukturwandlungen und veränderten Machtverteilungen in diesem Vertriebsweg führen, bleibt abzuwarten.

2.562 Parfümerien und Seifengeschäfte

Die Parfümerien stellen die eigentlichen Facheinzelhandelsgeschäfte für den Absatz von *Körperpflegemitteln* dar, zu denen im westdeutschen Absatzgebiet die Seifengeschäfte mit ihrer Sortimentsausweitung und -verschiebung in Richtung von Grobreinigungs- und Haushaltswaschmitteln hinzukommen. Stärker als bei den Arzneimitteln kommen bei den Körperpflegemitteln und Haushaltschemikalien die länderweisen Unterschiede in den Absatzwegen und Einzelhandelssparten zum Ausdruck. Dies verdeutlicht die Übersicht über Art und Anzahl der Einzelhandelsgeschäfte in EWG- und EFTA-Ländern in Tab. 2.9.

Die relativ geringe Bedeutung des Facheinzelhandels und dessen schwierige Zuordnung zu den wichtigen chemischen Konsumgüterproduktgruppen geht aus dem Zahlenvergleich der Einzelhandelsumsätze in Tab. 2.7 mit dem Inlandsverbrauch gemäß der Produktgliederung oben in Tab. 1.2 hervor. Im Jahre 1966 verzeichneten die Parfümerien und Seifengeschäfte zusammen Umsätze von knapp 800 Millionen DM (Melde-Nr. 43670 und 43675 der Tab. 2.7), während der Inlandsverbrauch an Körperpflegemitteln sowie Seifen und Waschmitteln mit 3,15 Milliarden DM Produktionswert fast das Vierfache betrug [1.19, Jg. 1967, Tab. 19a].

Von den sonstigen Absatzmittlern für die beiden Produktgruppen sind die Drogerien sehr bedeutsam (vgl. Tab. 2.10). Die Handelsumsätze des Friseurgewerbes entfallen größtenteils auf Kosmetika, wobei dieser Absatzweg bei stärker erklärungsbedürftigen Produkten, die unter Umständen sogar eine fachmännische Applikation erfordern, besonders vorteilhaft erscheint. Vom Engagement der

Tabelle 2.9 *Anzahl der Fachgeschäfte für Pharmazeutika, Körperpflegemittel und Haushaltschemikalien in EWG- und EFTA-Ländern* (nach A. C. NIELSEN-Zahlen) [2.119]

Fachgeschäft	BRD 1963	Frankreich 1962	Italien 1964	Niederlande 1963	Belgien 1963
Apotheken	9555	15263	–	–	4287
Drogerien	13868	12850	–	4643	4670
Parfümerien	6322[2]	–	–	–	–
Friseure	46740	41280[3]	–	2416[3]	11817[3]
Toilettenartikelgeschäfte	–	–	59575	–	–
Generi Misti	–	–	125441[4]	–	–

Fachgeschäft	Großbritannien 1961	Schweiz 1963	Österreich 1960–1964	Schweden 1963
Apotheken	etwa 11000[1]	1013	758	–
Drogerien	16473[1]	1367	1088	1898
Parfümerien	–	303	1305	910
Friseure	–	–	4129	–
Tabakgeschäfte	–	–	–	2308

[1] Zahl der Apotheken (pharmacies) in [2.127]. Drogerien in Großbritannien sind „dispensing chemists" und „drugstores".
[2] In der BRD sind unter Parfümerien auch die Seifengeschäfte erfaßt.
[3] In Frankreich, den Niederlanden und in Belgien einschl. Parfümerien.
[4] Einschl. Lebensmittelgeschäfte, die auch Toilettenartikel führen.

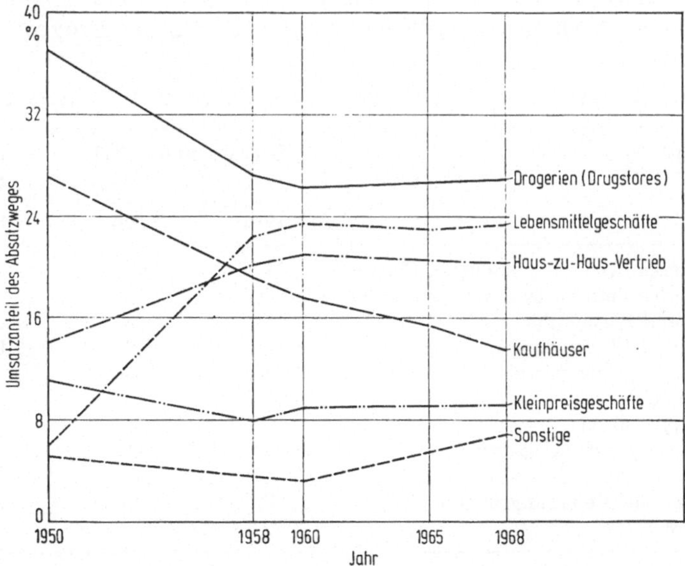

Abb. 2.22 Strukturverschiebungen in den Absatzwegen für Körperpflegemittel in den USA [2.117].

Apotheken im Absatz von Körperpflegemitteln wurde bereits gesprochen. Ein erheblicher Anteil sowohl der Körperpflegemittel als auch der Wasch- und Reinigungsmittel dürfte den Konsumenten aber vor allem über die „Non-food"-Sortimente der Lebensmittelgeschäfte, der Supermärkte, Discounthäuser, Warenhäuser und Versandhäuser mit ihren universellen Konsumgüterprogrammen erreichen.

In vielen westeuropäischen Ländern und in den USA gibt es beispielsweise überhaupt keine auf den Absatz der genannten Produktgruppen spezialisierten Ladengeschäfte. Abb. 2.22 zeigt die Strukturverschiebungen der amerikanischen Absatzwege für Körperpflegemittel zwischen 1950 und 1968. Während die Drogerien in ihrer stärksten Absatzbeteiligung von 37 auf rund 27% zurückgefallen sind, konnten die Lebensmittelgeschäfte von ursprünglich nur 6% Umsatzanteil den stärksten Gewinn erzielen und mit 23,4% jetzt den zweiten Platz einnehmen. Die Waren- und Kaufhäuser sind im Anteil von 27% inzwischen wieder auf 13,5% abgefallen, während der gegenwärtige Anteil des Haus-zu-Haus-Vertriebs mit über 20% bei einem geschätzten Inlandsverbrauch von rund 1,6 Milliarden $ ebenfalls sehr beachtlich ist. Namhafte Kosmetikproduzenten haben große Stäbe von Verkaufskräften für den Direktvertrieb an Letztverbraucher eingesetzt. Avon Products mit 500 Millionen $ Gesamtumsatz verfügt z.B. über Tausende von Außendienstmitarbeitern in den USA und auf einigen Exportmärkten. Teilweise werden im Nebenerwerb tätige Hausfrauen mit nur kurzzeitiger täglicher Beschäftigung eingesetzt, die bei den angewandten Verkaufsmethoden besondere akquisitorische Vorteile besitzen [2.104].

2.563 Drogerien

Das Verkaufsprogramm der *Drogerien* umfaßt in erster Linie chemische Konsumgüter, wobei man wegen der Zusammenfassung mehrerer Bedarfsgebiete von einer stofflichen Spezialisierung sprechen kann. Die fachlichen Kenntnisse und Fähigkeiten gründen sich vor allem auf den notwendigen Umgang mit lose gehandelten Chemikalien, bei denen Sicherheitsfragen eine von Fachkräften überwachte Verteilung nahelegen. Inzwischen ist allerdings der Umsatzanteil der Drogerien an Industriechemikalien für konsumtive und kleingewerbliche Verwendungen durch das Vordringen der Markenartikelspezialitäten verschwindend gering geworden. Auch die Absatzbedeutung der eigentlichen Drogen ist gesunken.

Tabelle 2.10 *Sortimentsstruktur von Drogerien in der BRD 1951 und 1961* [2.133]

Produktgruppe	Umsatzanteile [%]		Umsatzzunahme [%]
	1951	1961	1951/1961
Drogen, freiverkäufliche Arzneimittel, Chemikalien, Verbandstoffe, Desinfektionsmittel	27	20	70
Parfümerien und Kosmetika	25	33	204
Photoartikel und Photoarbeiten	9	9	130
Schädlingsbekämpfungsmittel	4	3	72
Farben und Lacke	7	5	64
Weine und Spirituosen	9	6	53
Diätetische Lebensmittel, Nährmittel	7	11	261
Lebensmittel	3	2	53
Wasch-, Putz- und Reinigungsmittel	7	9	196
Sonstige Waren	2	2	130
Summe	100	100	130

Da sich aber die Markenartikel größtenteils auch für den Vertrieb durch andere Einzelhandelskanäle eignen, ist die Konkurrenzentwicklung entsprechend scharf. Bezeichnend ist das Vordringen der Selbstbedienungsgeschäfte, auf die 1968 in der BRD bereits 22 % der Zahl der Drogerien entfielen, während es bei den Parfümerien und Seifengeschäften 17% waren [2.120].

In der BRD erreichten die Drogerien 1966 mit 2464 Millionen DM etwa 50% der Apothekenumsätze, wobei die größere Zahl der Geschäfte nur zu einem Durchschnittsumsatz von wenig über 200000 DM/Jahr gegenüber fast 470000 DM/Jahr bei den Apotheken führte.

Über die Sortimentsstruktur der Drogerien und ihre Verschiebungen in Deutschland gibt Tab. 2.10 Hinweise. Die Chemikalien und Drogen als das ursprüngliche Kernsortiment waren zusammen mit den freiverkäuflichen Arzneimitteln und verwandten Produkten bereits 1961 auf 1/5 des Umsatzes zurückgegangen. Unverkennbar ist die strukturelle Umsatzzunahme bei Körperpflegemitteln sowie Wasch-, Putz- und Reinigungsmitteln. Bei den Farben und Lacken sowie Photoartikeln und Photoarbeiten konkurrieren die Drogeriesortimente mit den beiden nachfolgenden spezialisierten Konsumgüter-Einzelhandelssparten. Allerdings wurden in der BRD bisher nur relativ wenige Drogerien um ein Lack- und Farbensortiment zur „Farbendrogerie“ erweitert [2.3; 8.103], während bereits mehr als die Hälfte als Photodrogerien geführt werden. Nach der letzten Betriebszählung bestanden 6861 Photodrogerien bei insgesamt 12110 Betrieben der Umsatzsteuerstatistik im Jahre 1966 (Tab. 2.7) [2.43]. Die amerikanischen „drugstores“ zeichnen sich durch breitere Sortimente aus und führen u.a. auch Schreibwaren, Spielwaren oder Bekleidungserzeugnisse. Sie finden gegenwärtig vereinzelt auch in Westeuropa Eingang.

2.564 Photogeschäfte

Die Umsätze des Facheinzelhandels der *Photobranche* setzen sich zusammen aus den Gebrauchsartikeln der Photo- und Kinoapparate mit Zubehör, einem Sortiment von verschiedenen Bedarfsartikeln mit wesentlichem Anteil der photochemischen Erzeugnisse (Filme, lichtempfindliche Papiere, Entwicklerchemikalien usw.) und schließlich den Dienstleistungsumsätzen der Photoarbeiten. Eine Stärke des Photohandels liegt in der durchschnittlich hohen Erklärungsbedürftigkeit des Sortiments, was für den Kamerabereich mit Zubehör in noch höherem Maße gilt als für das Verbrauchsmaterial. Zwar sind die Geräte größtenteils Erzeugnisse der feinmechanischen und optischen Industrie, jedoch hat sich die chemische Industrie wegen der Bedarfskomplementarität zu den photochemischen Erzeugnissen wesentlicher Anteile dieser Produktion bemächtigt. Die fachliche Qualifikation zur Übernahme der Photoarbeiten schafft nur einen begrenzten akquisitorischen Vorteil gegenüber fachfremden Handelszweigen, da das Dienstleistungsgeschäft an spezialisierte Photolabors vergeben werden kann.

Einige Daten über die Struktur des Photomarktes in der BRD wurden anläßlich der Photokina-Fachmesse 1968 veröffentlicht und in Tab. 2.11 zusammengestellt. Danach betreffen nur etwa die Hälfte der Photoumsätze Konsumgüter, wobei der eigentliche photochemische und nichtchemische Bereich wiederum je zu etwa gleichen Teilen eingehen. Der gewerbliche Bedarf wird nur in geringem Umfang über die Einzelhandelsstufe gedeckt, während meistens allein die Großhandelsstufe eingeschaltet bleibt oder sogar ein Direktabsatz in Frage kommt (Absatz an Industrie, Handel und Verwaltung, Berufsphotographen, Photolabors, Röntgenologen und Röntgeninstitute, graphisches Gewerbe, Photokopieranstalten, Filmindustrie usw.).

Im Einzelhandelsabsatz von Amateurbedarf nahmen die Photofachgeschäfte noch vor wenigen Jahren einen Umsatzanteil von 60% ein, doch wird sich hier vor allem der Anteil der Großbetriebsformen in Zukunft weiter erhöhen. Neben dem allgemeinen Versandhandel hat sich der auf den Photobedarf spezialisierte Versandhandel als ein wachstumsstarker Absatzweg erwiesen, wobei es zur Entwicklung von Handelsmarken besonders für Film-

Tabelle 2.11 *Struktur des Photomarktes in der BRD*, nach Zahlenangaben in [2.38; 2.43; 2.44]

	Umsatz [Mill. DM]	Umsatzanteil [%]
Inlandsabsatz zu Werksabgabepreisen 1967		
Amateurbedarf (Konsumgüter)	600	50
Gewerblicher Bedarf	600	50
Gesamter Photoabsatz	1200	100
Nicht-photochemische Produkte	615	51
Photochemische Produkte	585	49
für Amateurbedarf	285	24
für gewerblichen Bedarf	300	25
Gesamter Photoabsatz	1200	100
Einzelhandelsabsatzwege für Amateurbedarf 1965		
Photofachgeschäfte	–	60
Photodrogerien	–	20
Warenhäuser, Versandhandel, Photooptiker, Lebensmittelhandel usw.	–	20

material kommt. Durch den Vertrieb von Filmmaterial in den Edeka-Lebensmittelgeschäften haben photochemische Erzeugnisse inzwischen auch in das „Non-food"-Sortiment Eingang gefunden, nachdem bereits lange zuvor der Automatenvertrieb von Filmen deren Charakter als weitgehend problemlose Markenartikel bewiesen hatte.

2.565 Lack- und Farbengeschäfte

Die Lacke und Farben stellen für die chemische Industrie eine Produktgruppe dar, mit der sie in nennenswertem Umfang an der Entwicklung des Heimwerkermarktes („Do-it-yourself"-Markt) partizipieren kann. Dieser aber befindet sich in den meisten hochentwickelten Industrieländern wegen der Freizeitverlängerung und laufenden Verteuerung und Verknappung der gewerblichen Dienstleistungen im Aufschwung [2.106; 2.143]. Da die Haushaltsverwendungen der gesamten Farben- und Lackproduktion nur wenige Umsatzprozente betragen, finden wir die Farben und Lacke innerhalb chemischer Produktgliederungen (Tab. 1.2) gewöhnlich nur bei den Produktivgütern.

Immerhin lag der Umsatz der Lack- und Farbengeschäfte in der BRD 1966 mit über 520 Millionen DM bereits gut in der Größenordnung der meisten anderen chemischen Konsumgüterfachhandelszweige. Hierin sind zwar einige nichtchemische, den Anstrichmitteln bedarfsverwandte Erzeugnisse enthalten. Auf der anderen Seite kommen die Farben- und Lackumsätze einer Reihe anderer, „fachfremder" Absatzmittler hinzu [2.121].

Wie sehr die Bedeutung der Fachgeschäfte jedoch in diesem Sektor noch überwiegt, geht aus einer Befragung über die Einkaufsquellen im Heimwerkermarkt der BRD hervor [2.3]:

Farben-, Lack-, Tapetengeschäft	66%	Versandhandel	2%
Drogerie	18%	Andere Geschäfte	6%
Malerhändler	12%	Ohne Stellungnahme	1%
Waren- oder Kaufhaus	2%		

Der Farben- und Lackgroßhandel schaltet sich zunehmend durch Angliederung von Filialbetrieben in den Konsumgüterabsatz ein, während der Direktabsatz an den Letztverbraucher durch die Fabriken erst in Amerika zu einer gewissen Bedeutung gelangen konnte. Das Vordringen der Markenartikel hat die Beratungsaufgaben des Handels abgeschwächt, jedoch keinesfalls aufgehoben. Dies zeigt sich an der nur zögernden Einführung der Selbstbedienungsgeschäfte. Sie zielt hier mehr auf eine Abkürzung der Beratungsaufgaben durch schnellere Produktvorwahl als auf deren völlige Ausschaltung ab [2.105; 2.111].

2.566 Sonstige Einzelhandelsabsatzwege

Mit Ausnahme der im Absatzweg gebundenen Pharmazeutika finden praktisch alle chemischen Konsumgüterspezialitäten außerhalb der genannten Fachhandelssparten in die universell aufgebauten Einzelhandelssortimente der Großbetriebe wie in die Randsortimente bestimmter anderer Fachhandelszweige Eingang.

Innerhalb der sonstigen Fachhandelszweige steht der *Lebensmitteleinzelhandel* in seiner Vertriebsbedeutung für chemische Konsumgüter an erster Stelle, nachdem im Zusammenhang mit dem Vordringen der Selbstbedienungsgeschäfte das Lebensmittelsortiment in steigendem Umfang mit ,,Non-food"-Artikeln erweitert worden war. Hierin besitzen die chemischen Konsumgüter – in der Hauptsache Körperpflegemittel und Haushaltschemikalien – einen wesentlichen Anteil. Während für den Selbstbedienungsabsatz der Lebensmittel die Vorverpackungs-, Lagerungs- und Ausstellungstechnik erst entwickelt werden mußte, boten sich die meisten chemischen Konsumgüter mit ihrem ausgereiften Markenartikelcharakter ohne weiteres für diesen Absatzweg an. Nachdem die Lösung der Verpackungsprobleme eine gegenseitige Qualitätsbeeinflussung der Produkte ausschloß, mußten die zahlreichen vertrieblichen Gemeinsamkeiten der Lebensmittel und der chemischen Konsumgüter im Hinblick auf Einkaufsgewohnheiten und Bedarfsbildung den Erfolg der Sortimentskombination garantieren (täglicher oder periodischer Bedarf, Alltags- oder höchstens Wahlgüter, überwiegend geringwertige Einkaufsobjekte).

Nachdem in der BRD 1957 erst knapp 1400 Selbstbedienungsgeschäfte vorhanden waren, entfielen hierauf 1967 bereits rund die Hälfte der insgesamt 164000 Geschäfte mit einem Umsatzanteil von 80%. Der gleichzeitige Konzentrationsprozeß hatte die Zahl der Geschäfte in diesen zehn Jahren um 18% sinken lassen. Zuletzt waren nicht weniger als 82% der Geschäfte in irgendeiner Form zur Realisierung günstigerer Einkaufsbedingungen organisiert. Die restlichen 18% der nichtorganisierten Lebensmittelhändler erzielten nur noch 8% der Umsätze. Neuerdings sind auch zahlreiche der insgesamt 50000 Bäckereien im Bundesgebiet dazu übergegangen, ihr Sortiment um Haushaltschemikalien und einige Körperpflegemittel zu erweitern [2.120].

Die vielleicht unübersichtlichsten Einzelhandelsabsatzwege für chemische Produkte ergeben sich dann, wenn diese als Objektwirkstoffe (Kap. 1.336) aufgrund des bedarfskomplementären Charakters zusammen mit denjenigen Gegenständen vertrieben werden, zu deren Erhaltung, Pflege, Verschönerung usw. sie dienen sollen. Leder- und Schuhpflegemittel werden von Lederwaren- und Schuhwarengeschäften, Möbelpolituren von Möbelgeschäften und Einrichtungshäusern, Autopflegemittel, Autoreparaturlacke usw. von Autobedarfsartikelgeschäften und -reparaturwerkstätten geführt, Garten- und Blumendünger sowie Schädlingsbekämpfungsmittel finden nicht nur in die Sortimente der Spezialgeschäfte für Sämereien, Futter- und Düngemittel (Tab. 2.7, Melde-Nr. 43900), sondern auch der Blumengeschäfte Eingang. In anderen Fällen geben allein Bedarfsverwandtschaften und Einkaufsgewohnheiten den Ausschlag, wie etwa beim Vertrieb von Autopflegemitteln durch das Tankstellengewerbe oder des chemischen Bürobedarfs durch den Schreibwarenhandel.

2.57 Dienstleistungsunternehmungen

Die Dienstleistungsunternehmungen können für die Absatzwege chemischer Produkte in dreifacher Hinsicht Bedeutung erlangen, nämlich als *Eigenverbraucher, Absatzmittler* und vor allem *Bedarfsberater*. In Tab. 2.12 sind einige hierfür wichtige Dienstleistungsbereiche mit der Anzahl der Unternehmenseinheiten und den Dienstleistungsumsätzen in der BRD mitgeteilt.

Tabelle 2.12 *Dienstleistungsbereiche mit Absatzbedeutung für chemische Produkte (Eigenverbraucher, Absatzmittler oder Bedarfsberater) in der BRD* [2.40]

Melde-Nr. der Umsatzsteuerstatistik	Dienstleistungsbereich	Anzahl der Einheiten			Umsätze [Mill. DM]		
		1962	1964	1966	1962	1964	1966
	Gewerbliche Dienstleistungsbetriebe						
7010	Wäscherei	7741	7997	7934	799	834	886
7012	Chemische Reinigung und Bekleidungsfärberei	3197	3895	4375	691	811	932
7020	Friseurgewerbe	40946	42977	44357	1824	2120	2506
7025	Sonstiges Körperpflegegewerbe	648	803	1062	37	39	61
	Summe	52532	55672	57728	3351	3804	4385
71000	Arztpraxis	41007	40077	41454	3107	3680	4939
71003	Zahnarztpraxis	24473	24469	24776	1569	1948	2834
7105	Anstalten und Einrichtungen des Heilwesens	1278	1297	1331	630	748	948
71100	Tierarztpraxis	3587	3598	3727	183	207	260
	Summe	70345	69441	71288	5489	6583	8981
7130	Architekten-, Bauingenieur- und Vermessungsbüros	17395	19249	21359	1830	2286	2878
71350	Ingenieur- und technische Büros	2693	3443	4433	736	942	1297
71355	Chemische und chemotechnische Laboratorien	353	359	386	48	61	83
	Summe	20441	23051	26178	2614	3289	4258

Im *gewerblichen Dienstleistungsbereich* kommen die Wäschereien sowie chemischen Reinigungsanstalten und Bekleidungsfärbereien als Eigenverbraucher in Betracht. Es handelt sich um Produktivbedarf, der jedoch nicht an die Herstellung neuer Erzeugnisse gebunden ist. Im Friseur- und sonstigen Körperpflegegewerbe wäre nur dann von Eigenverbrauch zu sprechen, wenn die Applikation der Produkte in die erbrachten und berechneten Dienstleistungen eingeschlossen ist. Das Friseurgewerbe hat allerdings die größte Bedeutung für den Absatz von Körperpflegemitteln im Rahmen des nebenbei wahrgenommenen

Handwerkshandels, den die fachliche Eignung zur Bedarfsberatung fördert. Es liegen dann ähnliche Verhältnisse vor wie etwa bei der Abgabe von Anstrichmitteln an Heimwerker durch das produzierende Malerhandwerk (Malergeschäfte).

Für den Vertrieb *pharmazeutischer Produkte* ist die Abspaltung eines besonderen Beratungs- und Werbeweges vom eigentlichen Verkauf charakteristisch. Die Ärzte erlangen damit als Bedarfsberater der Konsumenten und Zielgruppe der pharmazeutischen Fachwerbung absatzentscheidende Bedeutung. Der Eigenverbrauch bei den ärztlichen Behandlungsmaßnahmen fällt dagegen nur in den Krankenanstalten stärker ins Gewicht.

Innerhalb der *technischen Dienstleistungsunternehmungen* der Tab. 2.12 spielen die *Architekten* eine große Rolle bei der Bedarfsberatung der Bauherren und Bauunternehmer bezüglich der Anwendung von Baumaterialien aus chemischen Vorprodukten. Vor allem die Einführung der Kunststoffe im Bauwesen hängt in hohem Maße von der Aufgeschlossenheit der Architekten ab, die im Rahmen der werblichen und anwendungstechnischen Beratungsmaßnahmen zu wecken ist.

Den *Ingenieurbüros* und technischen Büros obliegt als eine Hauptaufgabe die Projektierung neuer Produktionsanlagen aller Art. Es erscheint bei der Vielfalt der chemischen Produktverwendungen verständlich, daß hierbei oft genug die Absatzentwicklung bestimmter chemischer Produkte wesentlich beeinflußt wird. Ganz besonders eng ist der Zusammenhang bei der Projektierung chemischer Anlagen, die zunehmend von spezialisierten Ingenieurfirmen beherrscht wird.

Die unabhängigen chemischen und chemotechnischen *Laboratorien* übernehmen in geringem Umfang chemische Entwicklungsaufgaben, dagegen in der Hauptsache fallweise chemisch-analytische Untersuchungen sowie die unabhängige Qualitätsbeurteilung chemischer Produkte. Sie kommen zuweilen als Bedarfsberater sowie stets in geringem Umfang als Eigenverbraucher chemischer Produkte (vor allem Laborchemikalien) in Betracht.

2.58 Absatzwege im chemischen Exportvertrieb

2.581 Indirekter Export

Die Argumente zugunsten des direkten chemischen Vertriebsweges gelten an sich auch für den Exportvertrieb. Die absatzwirtschaftlichen Voraussetzungen sind jedoch wegen der größeren Absatzentfernungen, niedrigeren Bedarfsdichten und verschiedenartigen Absatzbedingungen in den Exportmärkten nicht so leicht erfüllbar und vor allem an höhere Mindestexportumsätze gebunden. Ein direkter Exportweg wird bereits dann angenommen, wenn allein der inländische Handel ausgeschaltet wird. Bei den Bemühungen zur möglichst engen Kontaktnahme mit den ausländischen Verbrauchern können je nach Art und Beherrschung der verwendeten ausländischen Vertriebsorgane mehrere Entwicklungsstufen des direkten Vertriebswegs abgegrenzt werden.

Die Einschaltung *im Inland* ansässiger *Exporthändler* erfordert die geringsten Vertriebsanstrengungen. Alle spezifischen Schwierigkeiten, die mit der Erschließung und Bearbeitung der ausländischen Märkte zusammenhängen, werden auf den Exporthandel abgewälzt. Dieser mag zwar günstige länderspezifische Vertriebserfahrungen mitbringen, aber die Vielzahl der übernommenen Produkte wird eine vertriebsaktive Einstellung auf die Produkt- und Bedarfseigenarten kaum zulassen. Mit einem Minimum an technischem Service wird höchstens bei manchen standardisierten Industriechemikalien und einfachen Spezialitäten auszukommen sein. Wirtschaftlich ist dieser Exportweg eigentlich nur dann, wenn etwa für Klein- und Mittelbetriebe das eigene Vorgreifen auf ausländische Absatzmittler und Vertriebsorgane wegen zu großer Schwierigkeiten überhaupt ausscheidet. Der bequeme Weg über den inländischen Exporthandel soll dann eine zusätzliche Export- und Gewinnmöglichkeit erschließen [2.13; 2.14].

2.582 Ausländischer Importhandel

Die Belieferung der im *Ausland* ansässigen *Importhändler* stellt die schwächste Form des *direkten Exportweges* dar und wird häufig ebenfalls als eine Notlösung angesehen, wenn die Voraussetzungen für eigene Auslandsvertretungen nicht oder noch nicht gegeben sind. Die Hauptgründe für diese Beschränkung werden unzureichende Exportumsätze und zu geringe Sortimentsbreiten sein. Die größere Nähe zu den Verbrauchern der chemischen Produkte muß mit dem Aufbau entsprechend zahlreicher Absatzbeziehungen in alle Importländer und der Überwindung der länderweisen Vertriebserschwernisse erkauft werden. Andererseits wird die Entfaltung der bedeutsamen Markterkundungs- und Servicefunktionen durch die Zwischenschaltung des selbständigen Importhandels immer noch sehr blockiert. Höchstens bei geeigneten fachlichen Spezialisierungen des ausländischen Importhandels oder wenn die Importfunktionen vom ohnehin erforderlichen chemischen Fachhandel des Auslandes zusätzlich wahrgenommen werden, würde sich die Situation verbessern. Man hätte dann wahrscheinlich mit einer größeren Zahl ausländischer Geschäftspartner zusammenzuarbeiten.

2.583 Selbständige Auslandsvertretungen

Auslandsvertretungen, vor allem über selbständige Handelsagenturen sowie in zweiter Linie über Handelsbetriebe oder auch Produktionsbetriebe, bieten dagegen für eine systematische, aktive Bearbeitung der Auslandsmärkte schon günstigere Voraussetzungen. Wichtige Vorteile sind die unmittelbare Repräsentation des Exportunternehmens und die Ausschaltung konkurrierender Fremderzeugnisse im Verkaufsprogramm der Auslandsvertretung. Die Gewinnung ausländischer Agenten ist andererseits in erheblichem Ausmaß vom Goodwill der eigenen Firma und der angebotenen Sortimentsbreite abhängig. Die Brauchbarkeit dieses Absatzweges wird daher durch gemeinsame Beauftragung einer Auslandsagentur durch mehrere Exporteure mit nicht konkurrierenden, sondern sich möglichst gut ergänzenden Verkaufsprogrammen erhöht.

Zur besseren Produktbetreuung und anwendungstechnischen Beratung der Auslandskunden werden nicht selten eigene Verkaufskräfte und Anwendungstechniker wenigstens zeitweise den Auslandsvertretungen überlassen. Auch die Errichtung kleinerer anwendungstechnischer Laboratorien unter wesentlicher Beteiligung des Exporthauses kommt in Betracht. Wegen der seitens der Auslandsvertretung zuweilen befürchteten *Überfremdung* können diesen Bemühungen allerdings Grenzen gesetzt sein. Eigene Kapitalbeteiligungen an solchen Vertriebsgesellschaften sind nämlich oft nur eine Vorstufe der Übernahme.

2.584 Eigene Auslandsniederlassungen

Erst die ganz oder mehrheitlich im *eigenen Kapitalbesitz* befindliche ausländische *Niederlassung* ermöglicht eine volle Durchsetzung der Absatzinteressen und eine unbeschränkte Anpassung der Vertriebsmaßnahmen an die Bedarfsverhältnisse im Exportmarkt. Die Argumente hierfür sind praktisch die gleichen wie für den Ausbau einer starken, auf zahlreiche Vertriebsbüros gestützten Außenorganisation im Inlandsvertrieb, jedoch erfordern die hohen Fixkostenbelastungen zahlreicher ausländischer Büros noch größere Unternehmenseinheiten. Manche Chemieunternehmungen, die im Inland längst den wesentlichen Teil ihres Produktivgüterabsatzes über direkte Vertriebswege zum Verbraucher beherrschen, sind daher im Ausland noch auf selbständige Absatzmittler angewiesen. Im Übergangsstadium der Ablösung dieser Absatzmittler durch eigene Niederlassungen finden sich oft beide Exportwege nebeneinander.

Welcher Aufwand mit der Außenorganisation eines Chemiegroßunternehmens verbunden ist, veranschaulichen Angaben für die Farbenfabriken Bayer AG aus dem Jahre 1965 [2.80]:

„... Die in den vergangenen 20 Jahren neu aufgebaute Auslandsorganisation des Vertriebes umfaßt 353 Firmen in 153 Ländern und beschäftigt hierin 11500 Menschen nur für Bayer-Interessen. Hiervon sind 8000 Menschen in Vertretungen beschäftigt, die sich im völligen oder überwiegenden Kapitalbesitz der Firma befinden. 450 Mitarbeiter, hauptsächlich Führungs- und Nachwuchskräfte, wurden aus dem heimischen Stammwerk in die Auslandsvertretungen abgeordnet."

Weiter wird die Notwendigkeit des überragenden finanziellen Einflusses zur Durchsetzung der eigenen Verkaufspolitik betont, die auf einer engen chemisch-technischen und kaufmännischen Kundenbetreuung sowie einer Markterschließung auf lange Sicht beruht. Auch Verluste während der Anlaufphasen in Kauf zu nehmen, muß man gewillt sein. Begrenzte Kapitalmittel und auf kurze Sicht angelegte Gewinninteressen selbständiger Absatzmittler können einer solchen weitgreifenden Absatzpolitik sehr zuwiderlaufen.

Bei komplementären Absatzprogrammen bietet sich auch hier die Möglichkeit des Zusammengehens mit anderen Exporteuren im Wege gemeinsamer Kapitalbeteiligungen an den Vertriebsgesellschaften.

2.585 Ausländische Zweigbetriebe

Eine weitere Intensivierung des direkten Exportvertriebes bringt die Verlagerung von *Produktionsaufgaben* auf die ausländischen Niederlassungen. Den ersten Schritt stellt hierbei die Angliederung von Fertigungsoperationen „der letzten Stufe" dar, wofür die chemische Industrie bevorzugt Anwendungsbeispiele liefert. Falls eine Anpassung der Produktgestaltung an die besonderen Bedarfsverhältnisse im Exportmarkt in Frage kommt und die endständigen Produktänderungen hierfür ausreichen, ist die Marktnähe vorteilhaft. Es geht vor allem um Prozesse des Mischens, des Zusetzens von Lösungs-, Verdünnungs- und Streckmitteln oder Trägerstoffen sowie um das Abfüllen und Verpacken in kleinere bedarfsgerechte Gebinde und Verkaufspackungen. Bei den relativ einfachen Arbeitsgängen können auch Arbeitskräfte mit niedrigem Ausbildungsniveau, etwa in Entwicklungsländern, eingesetzt werden.

Dagegen bleibt die Herstellung der primären chemischen Rohstoffe und Wirkstoffe im Inland, was sich günstig auswirkt bei einer komplizierteren Produktionstechnik, Verbundwirtschaft und zur Realisierung größerer Kapazitäten oder

Herstellchargen. Hinzu kommen Zolleinsparungen, Transportkostensenkungen und eine Verringerung des erforderlichen Devisenaufkommens der Importländer.

Die endständigen Produktionsstufen werden später oft zu umfassenderen ausländischen *Zweigbetrieben* erweitert. Zahlreiche Kosten- sowie Ertragsvorteile können sich jetzt verstärkt auswirken. Auf der Kostenseite sind vielleicht günstige Verkehrsstandorte, billige Rohstoff- und Energieangebote, kostengünstige Möglichkeiten der Abfallbeseitigung, reichlich verfügbare Arbeitskräfte oder auch Steuervorteile besonders maßgeblich. Die Ausschaltung langer Transportwege wirkt sich vor allem bei gewichtsspezifisch geringwertigen Industriechemikalien als merklicher Kostenvorteil aus. Dabei sind entgegengerichtete Kostensteigerungen aus der Verringerung der Anlagegrößen durch Aufteilung der Gesamtproduktion auf mehrere dezentralisierte Anlagen zu berücksichtigen. Die Rentabilität der ausländischen Produktionsstätten darf jedoch nicht isoliert betrachtet werden, sondern es sind die entscheidenden Verbundvorteile für die Stützung des Exportvertriebes in Rechnung zu stellen, dessen Programm über die Produktion der ausländischen Zweigbetriebe meistens weit hinausgehen wird [2.49]. Die wichtigsten unmittelbaren Ertragsvorteile entstehen dann, wenn die Auslandsproduktion einen Absatz in dem betreffenden Land überhaupt erst ermöglicht, wie bei der Überwindung protektionistischer Handelsschranken. Auch bei großem Devisenmangel würde der Exportvertrieb keine brauchbare Alternative zur Auslandsproduktion darstellen, da eine „Importsubstitution" durch eigene Produktion in den devisenschwachen Ländern auf längere Sicht unvermeidlich ist. Wichtige Pluspunkte ergeben sich weiter für die Gewährleistung der Versorgungssicherheit der ausländischen Kunden, die bedeutende langfristige Abschlüsse regelmäßig nicht auf Importlieferungen gründen wollen. Ob die Risiken einer hohen Exportquote durch Umwandlung der Exporte in ausländische Produktionen abgebaut werden, wird im Hinblick auf die politische Bedrohung mancher Auslandsinvestitionen fraglich erscheinen.

2.586 Absatzwege der Globalunternehmung

Wird das Netz der ausländischen Zweigbetriebe immer dichter und rücken diese von ursprünglichen „Ablegern" der Inlandsproduktion zu immer größerer und selbständiger Bedeutung auf, so kann sich als letzte Entwicklungsstufe die *multinationale, global* orientierte *Chemieunternehmung* ankündigen. Die Produktionsstätten werden ohne Rücksicht auf Landesgrenzen an den kostengünstigsten Standorten errichtet, während der Vertrieb die erheblich schwieriger gewordenen Aufgaben der kostenoptimalen Lenkung der Güterströme über die ganze Welt zu bewältigen hat. Zur besseren Abstimmung zwischen den entgegengerichteten Forderungen möglichst bedarfsnaher Produktionen und andererseits großer Anlagen nimmt der Austausch an Vorprodukten zwischen den Produktionsstätten zu.

In der eben beginnenden Ära der Globalunternehmungen ist die chemische Industrie am weitesten vorangeeilt. Eines der ältesten Beispiele bildete der weltweit operierende Nobel-Konzern aus der Sprengstoffindustrie. Eine besonders rasche Expansion erreichten amerikanische Chemiekonzerne durch Gründung von Zweigwerken und Aufkauf geeigneter Produktionsbetriebe in zahlreichen Ländern. Zwischen 1958 und 1962 wurden allein im EWG-Bereich über 200

Chemieproduktionsstätten errichtet oder erworben [2.48; 2.61; 2.89; 2.125]. Die deutsche Chemieindustrie hat eine gleichgerichtete Absatzpolitik eingeschlagen, und zwar im deutlichen Vorsprung zu allen anderen Branchen, die der Idee der Globalunternehmung noch zögernd gegenüberstehen. Diese Möglichkeiten stehen natürlich bevorzugt nur der Großchemie offen, was ihre Überlegenheit und den Trend zur Unternehmenskonzentration weiter verstärken wird.

Die Kapitalbeherrschung, von den amerikanischen Firmen fast ausschließlich angewandt, sichert eine freizügige und konsequente Verfolgung der Absatzpläne auf lange Sicht. Kooperative Lösungen zwingen dagegen zu Programmaufteilungen und gegenseitigen Interessenbeschränkungen. Zukünftige Entwicklungschancen lassen sich bei solchen Abgrenzungen nicht voll übersehen. Kommt es in einem bestimmten Land zu einem „joint venture" auf einem engeren Produktionsgebiet, so werden die vertrieblichen Nachteile abzuwägen sein, die sich aus Konkurrenzbeziehungen in den sonstigen Vertriebsprogrammen ergeben. Bei der gemeinsamen Erschließung von Grundstoffproduktionen besonders zur Realisierung großer Kapazitäten bestehen günstigere Voraussetzungen. Von den europäischen Chemieunternehmungen werden die Gemeinschaftsgründungen bevorzugt. Bei Auslandsinvestitionen in Entwicklungsländern werden die Partnerschaften mitunter rechtlich zum Schutz vor Überfremdung erzwungen.

2.587 Exportvertrieb und chemische Industrialisierung

Bezüglich des Entwicklungsstandes der chemischen Industrialisierung sind die Unterschiede zwischen den heute führenden Chemieländern (USA, Westeuropa, Japan) und weiten Teilen der übrigen Welt besonders kraß. Während 1964 im Weltdurchschnitt 41 $ je Kopf an Chemieprodukten verbraucht wurden, betrugen die Werte in den USA 190 $ und in Westeuropa 105 $, dagegen in Lateinamerika 17 $ und in Asien sowie Afrika (außer Japan und Südafrikanische Union) erst 2 $ je Kopf und Jahr [2.97]. Der größte Teil des Chemieaußenhandels entfällt auf den Warenaustausch zwischen den bereits chemisch hoch industrialisierten Ländern. Trotz des verschärften Konkurrenzkampfes zwischen Exportbemühungen und Inlandsproduktion der überwiegend importierenden Länder ermöglichen Spezialisierungsvorteile innerhalb der sich ständig erweiternden Produktpalette immer noch allseitig wachsende Exporterfolge. In Tab. 2.13 ist der Chemieaußen-

Tabelle 2.13 *Chemieaußenhandel der BRD 1967 nach großen Wirtschaftsräumen* [2.109]

Wirtschaftsraum	Ausfuhr		Einfuhr	
	[Mill. DM]	[%]	[Mill. DM]	[%]
Europa	8674	67,4	3821	69,5
Afrika	541	4,2	106	1,9
Nord- und Mittelamerika	1021	7,9	1199	21,8
Südamerika	663	5,2	32	0,6
Asien	1527	11,9	170	3,1
Australien und Ozeanien	174	1,4	41	0,8
Nicht ermittelte Länder	263	2,0	129	2,3
Welt	12863	100,0	5498	100,0

handel Westdeutschlands nach Ländern aufgegliedert, worin der nach wie vor geringe Anteil der unterentwickelten Länder zum Ausdruck kommt. Diese Tendenz wird sich fortsetzen, wenn anstelle des Außenhandels eine immer stärkere Fremdbeteiligung an den Auslandsproduktionen durch Globalunternehmungen zustande kommt.

Dennoch dürfen auf längere Sicht die Chancen des großen chemischen Verbrauchspotentials der *Entwicklungsländer* nicht außer acht gelassen werden, die immerhin rund 75% der Weltbevölkerung repräsentieren [2.84]. Besonders der Aufbau der chemischen Industrie besitzt seit langem wegen der angenommenen günstigen Sekundäreffekte auf die Gesamtindustrialisierung ein besonderes Interesse. Die einheimischen Chemiegründungen werden jedoch erschwert durch Kapitalmangel, fehlende technische Erfahrungen, Abwehr ausländischer Investoren wegen Befürchtung der Überfremdung, durch deren Zurückhaltung wegen hoher wirtschaftlicher und politischer Risiken und durch mangelnde wirtschaftliche Voraussetzungen für eine Chemieproduktion. Den Importinteressen stehen jedoch Devisenmangel und Zollrestriktionen gegenüber.

Die Errichtung von Produktionsanlagen für hochveredelte chemische Spezialitäten oder deren Importe stoßen vor allem auf Schwierigkeiten wegen der zu geringen Entwicklung der zahlreichen industriellen Nachverarbeitungsbereiche, obwohl die Kostennachteile durch begrenzte Kapazitätsgrößen in der Spezialitätenchemie noch relativ gering wären. Hoffnungen werden zuweilen auf den von den chemischen Grundstoffen und Vorprodukten ausgehenden Industrialisierungsprozeß gesetzt, wobei eigene Rohstoff- und Energiequellen förderlich sind. Das Problem der Realisierung hinreichend großer Kapazitäten stellt sich dabei mit noch größerer Tragweite. Werden die Kapazitäten nur zur Binnenmarktversorgung ausgelegt, sind sie meistens so klein, daß die überhöhten Produktionskosten eine wirtschaftliche Lebensfähigkeit der Anlagen nur bei ausgedehntem Zollschutz zulassen. Um wirtschaftliche Kapazitäten zu erzielen, ein späteres Hineinwachsen der eigenen Nachverarbeitung in die Vorproduktkapazitäten zu ermöglichen und um schließlich Exportgewinne und Deviseneinnahmen zu erreichen, müßten die Anlagen überdimensioniert und erhebliche Exportmengen geplant werden. Obwohl für das Know-how und die Projektierung der Anlagen leicht die geeigneten Ingenieurfirmen zu gewinnen sind, geraten diese Entwicklungsprojekte wegen der mangelhaften Vertriebsorganisation leicht in Schwierigkeiten. Die Produktionsüberschüsse sind im Export schlecht abzusetzen, wenn die Exportwege von den erfahrenen und weltweit operierenden Chemiefirmen beherrscht werden. Hier bietet sich eine regionale Kooperation etwa durch Zusammenschluß mehrerer Entwicklungsländer zu Wirtschaftsgemeinschaften an, wobei die Versorgung des entsprechend vergrößerten Marktgebietes durch zentrale chemische Produktionsanlagen gewährleistet wird. Oder es werden Beteiligungsgesellschaften mit erfahrenen Chemiefirmen eingegangen, welche den Produktionsüberschüssen wirksame Exportwege öffnen, vgl. [2.11; 2.16; 2.19; 2.54; 2.67; 2.69; 2.91].

Auch bei der Gründung ausländischer Produktionsstätten in Entwicklungsländern sind absatzwirtschaftliche Erwägungen dominierend. Nach einer kürzlich durchgeführten Untersuchung standen als Motive deutscher Direktinvestitionen in Entwicklungsländern die Sicherung der Marktstellung mit 82% und die Erschließung neuer Märkte mit 62% aller Nennungen weit an der Spitze [2.2].

Literatur

2.1 Agapetus, N. A.: What does distribution cost? Chem. Eng. Prog. 60 (1964) 2, S. 16.
2.2 Al-Ani, Awni: Deutsche Direktinvestitionen in Entwicklungsländern. Wirtschaftsdienst 49 (1969) 203.
2.3 Anstrichmittelverkauf in Drogerien. Farbe u. Lack 71 (1965) 322.
2.4 Armour revamps industrial chemical sales. Chem. Eng. News 41 (1963) Ausg. 4. 11., S. 40.
2.5 Aufgaben der Lackvertreter. Farbe u. Lack 67 (1961) 69.
2.6 Bartholdy, K., u.a.: Zweigbetriebe, Niederlassungen und Beteiligungen im Ausland, München 1963.
2.7 Battling for reagent sales. Chem. Week 91 (1962) Ausg. 28. 7., S. 40.
2.8 Beckmann, G.: Wo steht der Handelsvertreter in der Absatzwirtschaft? Absatzwirtschaft 9 (1966) 1798.
2.9 Bourland, J. F.: Agricultural chemicals, in [1.17, S. 1].
2.10 Bowden, W. R.: The selling organization of sales departments. Chem. and Ind. (1954) 97.
2.11 Bradley, J. W.: Evaluating markets in developing countries. Chem. Eng. Prog. 62 (1966) 12, S. 22.
2.12 Carbide regroups four divisions. Chem. Eng. News 45 (1967) Ausg. 27. 2., S. 11.
2.13 Carroux, H.: Das Exportproblem vom Standpunkt des Fachhandels. Chem. Ind. 7 (1955) 136.
2.14 – Unentbehrlicher Chemikalienhandel. Der Volkswirt (1958) Beil. zu Nr. 16, S. 40.
2.15 Ceunynck, A. de: Betrachtungen und Erfahrungen über zeitgemäßen Großhandel in Farben und Lacken. Farbe u. Lack 70 (1964) 1005.
2.16 Chambers, P.: Internationale Investitionen von Chemiefirmen. Pharm. Ind. 29 (1967) 457.
2.17 – Zur Firmenpolitik eines weltweiten Chemieunternehmens. Pharm. Ind. 30 (1968) 277.
2.18 Chandler, A. D., Jr.: Strategy and structure, 2. Aufl., Cambridge 1963.
2.19 Chemical investors eye developing nations. Chem. Eng. News 45 (1967) Ausg. 30. 10., S. 28.
2.20 Chemicals go to market. Chem. Eng. News 34 (1956) 4932.
2.21 Computer: marketing mastermind. Chem. Week 91 (1962) Ausg. 13. 10., S. 79.
2.22 Consumer products get bigger sales push. Chem. Eng. News 40 (1962) Ausg. 24. 9., S. 34.
2.23 Consumer sales: one answer to profits pinch. Chem. Eng. News 39 (1961) Ausg. 30. 1., S. 21.
2.24 Contest the same business? Chem. Week 77 (1955) Ausg. 10. 9., S. 76.
2.25 CPI swings toward integrated distribution. Chem. Week 87 (1960) Ausg. 10. 12., S. 121.
2.26 Customers favor dealers for lab supplies. Chem. Eng. News 41 (1963) Ausg. 6. 5., S. 25.
2.27 Das Management der Imperial Chemical Industries. Chem. Ind. 20 (1968) 244.
2.28 Die neue Organisation der Henkel-Gruppe, Europa-Chemie (1969) 9, S. 14.
2.29 Disch, W. K. A.: Der Absatzweg – ein Bereich im Marketing, in [1.3, S. 15].
2.30 Distribution becomes problem. Chem. Eng. News 31 (1953) 4926.
2.31 Distribution centers get new emphasis. Chem. Eng. News 39 (1961) Ausg. 3. 7., S. 34.
2.32 Distributor remains in picture. Chem. Eng. News 35 (1957) Ausg. 30. 9., S. 29.
2.33 Dürholt, W.: Kooperation der Lackfabriken – horizontal oder vertikal? Farbe u. Lack 72 (1966) 939.
2.34 Engel, O.: Es geht nicht ohne Handelsvertreter. Der Volkswirt (1958) Beil. zu Nr. 16, S. 53.
2.35 Enjay offers liquid ethylene in double-duty bulk trailers. Chem. Eng. News 42 (1964) Ausg. 22. 6., S. 30.
2.36 Ergebnisse der CDH-Statistik 1966, Hrsg. Forschungsverband für den Handelsvertreter- und Handelsmaklerberuf, Köln-Lindenthal 1966.
2.37 Everson, J. W.: Marketing planning in the chemical industry, in [3.31, S. 237].
2.38 Fachverbrauch. Handelsblatt (1968) Ausg. 30. 9., S. 11.
2.39 Farm service centers multiply. Chem. Eng. News 47 (1969) Ausg. 24. 2., S. 23.
2.40 Finanzen und Steuern, Umsatzsteuer, Veröffentl. d. Stat. Bundesamtes, L7, Nr. 300700.

2.41 FITZSIMMONS, K. R., SMITH, L. G.: Domestic-sales – agricultural chemicals, in [1.17, S. 74].
2.42 Five for marketing at Chemstrand. Chem. Eng. News 44 (1966) Ausg. 1. 8., S. 15.
2.43 FOLTIN, B.: Neue Kunden, neue Absatzwege. Handelsblatt (1968) Ausg. 23. 9., S. 9.
2.44 Foto-Preisbindung in der Dunkelkammer. Handelsblatt (1968) Ausg. 30. 9., S. 22.
2.45 FRIEDEMANN, H.: Die betriebswirtschaftliche Lage im Lack- und Farbengroßhandel. Farbe u. Lack 72 (1966) 167.
2.46 Geigy – Organisation Januar 1968, Druckschr. d. J.R. Geigy AG, 1968.
2.47 GEISTER, E.: Das Verbundnetz der Chemischen Werke Hüls AG. Chemie-Ing.-Techn. 40 (1968) A 1301.
2.48 GENTZSCH, E. O.: Das Vordringen der USA-Chemie in Auslandsmärkte. Chemiker-Ztg./Chem. Apparatur 84 (1960) 275.
2.49 GIERLICHS, H.: Bayer Foreign Investments Limited. Bayer-Berichte 8 (1961) 12.
2.50 GROSS, H.: Rationelles Marketing bei Industriegütern. Absatzwirtschaft 6 (1963) 231.
2.51 – Der Weltfirma gehört die Zukunft. Handelsblatt (1967) Ausg. 21./22. 4., S. 25.
2.52 Gulf ammonia to flow, not ride, north to the market. Chem. Eng. 74 (1967) Ausg. 6. 11., S. 116.
2.53 HAIBER, E.: Der Vertrieb der Kodak AG – Planung eines wirtschaftlich gestalteten Materialflußsystems für Fertigwaren. Fördern u. Heben 18 (1968) 195.
2.54 HENKEL, E.: Die Chemiefirmen müssen auch im Ausland produzieren. Handelsblatt (1968) Ausg. 11./12. 10., S. 27.
2.55 HESSENMÜLLER, B.: Absatzwirtschaftliche Rationalisierung durch Vertriebsgemeinschaften. Chem. Ind. 4 (1952) 437.
2.56 How cheating dealers bid for sales. Chem. Week 85 (1959) Ausg. 8. 8., S. 84.
2.57 How much is enough. Chem. Week 100 (1967) Ausg. 21. 1., S. 71.
2.58 HÜTTNER, M.: Produkt-Management. Wirtschaftsdienst 46 (1966) 277.
2.59 I.C.I. reorganization aims at giving on-the-spot control. Chem. Age 92 (1964) 101.
2.60 ISTING, CH.: Verbund von Chemiewerken durch Pipelines, in: Rohrleitungstechnik in der chemischen Industrie, Haus der Technik – Vortragsveröffentlichungen, Heft 154, Essen 1968, S. 70.
2.61 KAIN, W.: Chemieinvestitionen amerikanischer Gesellschaften in Europa. Chem. Ind. 19 (1967) 804.
2.62 KIEFER, D. M.: Reorganization for international operations. Chem. Eng. News 44 (1966) Ausg. 27. 6., S. 90.
2.63 KIRCHNER, J.: Wachsende Betriebsgrößen im Lack- und Farbengroßhandel. Farbe u. Lack 70 (1964) 85.
2.64 – Lack- und Farbenvertreter statistisch durchleuchtet. Farbe u. Lack 72 (1966) 193.
2.65 KÖLBEL, H., SCHULZE, J.: Aktuelle Gestaltungsprobleme der Organisation von Chemiebetrieben. Z. f. Organisation 34 (1965) 284; 35 (1966) 18.
2.66 Koexistenz von Chemie und Maschinenbau, Das Beispiel: FMC-Konzern. Chem. Ind. 20 (1968) 839.
2.67 Kuwait wird Chemie-Exportland. Chem. Ind. 19 (1967) 261.
2.68 LADD, H. O.: Economics of chemical selling. Chem. Eng. News 30 (1952) 4938.
2.69 LANGDON, A. G.: Why, when, where, how to export. Chem. Age 90 (1963) 767.
2.70 LARGE, H. R.: Analytical techniques in distribution. Chem. Eng. Prog. 60 (1964) 2, S. 19.
2.71 LENNART, R. P.: Chemicals via pipeline. Chem. Eng. Prog. 60 (1964) 3, S. 23.
2.72 LIETMANN, A., u.a.: Zusammenarbeit in der Wirtschaft. Lichtbogen 15 (1966) 4, S. 7.
2.73 Life without inventories: it's hectic. Chem. Week 89 (1961) Ausg. 9. 12., S. 40.
2.74 LING, S.: Verkaufsorganisation und Absatzwege von Bautenanstrichfarben in Nordamerika. Farbe u. Lack 72 (1966) 725.
2.75 MALCOLM, R. W., JR.: Sales via distribution and agents, in [1.17, S. 82].
2.76 MAYER-WEGELIN, H.: Marktregelungen in der chemischen Industrie. Chem. Ind. 4 (1952) 745.
2.77 MELLEROWICZ, K.: Die Organisation des Marketing-Bereichs. Handelsblatt (1963) Ausg. 22. 6., S. 5.
2.78 Merchants promote pipeline hydrogen. Chem. Week 102 (1968) Ausg. 9. 3., S. 41.
2.79 METZNER, A.: Industrialisierung contra Chemiehandel? Chem. Ind. 19 (1967) 154.

2.80 Meyerheim, W.: Exportprobleme der chemischen Industrie. Chem. Ind. 18 (1966) 58.
2.81 Middlemen plan for cautious growth. Chem. Week 83 (1958) Ausg. 23. 8., S. 75.
2.82 "Milk-route" delivery. Chem. Week 78 (1956) Ausg. 9. 6., S. 100.
2.83 Mixed truckloads stir mixed reactions. Chem. Week 79 (1956) Ausg. 8. 12., S. 90.
2.84 Moeller, W. P.: International marketing. Chem. Eng. Prog. 62 (1966) 12, S. 21.
2.85 Nach Nitrex jetzt Glycolex. Chem. Ind. 18 (1966) 591.
2.86 New gain in gas piping. Chem. Week 87 (1960) Ausg. 22. 10., S. 65.
2.87 New payoff in togetherness. Chem. Week 98 (1966) Ausg. 19. 2., S. 41.
2.88 "No change" on medicine margins. Pharm. J. 201 (1968) 160.
2.89 Oreffice, P. F.: An "accident" becomes big business. Chem. Eng. Prog. 62 (1966) 12, S. 27.
2.90 Organisationsänderung bei Bayer und bei Hoechst. Europa-Chemie (1969) 8, S. 15.
2.91 Overseas markets pose problems. Chem. Eng. News 40 (1962) Ausg. 12. 11., S. 70.
2.92 P & G: what explains its success? Printers' Ink (1962) Ausg. 28. 9., S. 31.
2.93 Pipelining chemicals gets fresh interest. Chem. Eng. News 45 (1967) Ausg. 22. 5., S. 30.
2.94 Plans are well advanced for ethylene Euro-pipeline network ... Chem. Age 99 (1968) Ausg. 4. 5., S. 12.
2.95 Pleasing the customer: a job for a specialist. Chem. Week 88 (1961) Ausg. 6. 5., S. 65.
2.96 Poth, L.: Produkt-Management in der deutschen Markenartikelindustrie, Düsseldorf 1968.
2.97 Pro-Kopf-Verbrauch von Chemieprodukten 1960/64. Chem. Ind. 19 (1967) 151.
2.98 Probleme des Lack- und Farbengroßhandels. Farbe u. Lack 71 (1965) 853.
2.99 Purchasing joins the CPI marketing team. Chem. Week 88 (1961) Ausg. 3. 6., S. 69.
2.100 Putting its faith in product shepherds. Chem. Week 86 (1960) Ausg. 20. 2., S. 56.
2.101 Riebel, P.: Formen des gemeinschaftlichen Vertriebs der Industrie. ZfB 26 (1956) 1 u. 105.
2.102 Robinson, A. L.: Manufacturer's agent to the rubber industry, in [1.98, S. 86].
2.103 Sales bait: the agent lab. Chem. Week 76 (1955) Ausg. 15. 1., S. 74.
2.104 Sales soar – with a foot in the door. Chem. Week 103 (1968) Ausg. 17. 8., S. 43.
2.105 Schmalbach, K.: Selbstbedienung im Farben-Einzelhandel. Farbe u. Lack 67 (1961) 663.
2.106 – Gedanken zur gegenwärtigen Situation auf dem Selbststreicher-Markt. Farbe u. Lack 69 (1963) 583.
2.107 Schmitz, H.: Großchemie disponiert global. Handelsblatt (1967) Ausg. 10. 5., S. 11.
2.108 Schneider, E.-D.: Die Stellung des pharmazeutischen Großhandels im Arzneimittelmarkt. Pharm. Ind. 23 (1961) 206.
2.109 Schneider, K.: Chemieexport im verschärften Wettbewerb. Chem. Ind. 20 (1968) 371.
2.110 Schröder, H. J.: Von der Lagerverwaltung zum Distributions-Management. Absatzwirtschaft 10 (1968) 2. Febr.-Heft, S. 38; 1. März-Heft, S. 54.
2.111 Selbstbedienung im Farbenhandel. Farbe u. Lack 66 (1960) 476.
2.112 Selling PA's on bulk solids buying. Chem. Week 89 (1961) Ausg. 22. 7., S. 59.
2.113 Seyffert, R.: Wege und Kosten der Distribution der Konsumwaren, ausgenommen Lebensmittel, Hausrat-, Textil-, Schuh- und Lederwaren, Sonderh. 11 der Mitt. des Instituts f. Handelsforschung an der Universität zu Köln, Köln u. Opladen 1959.
2.114 Simon, L. S.: Economic and legal determinants of reciprocal buying, in [1.98, S. 36].
2.115 Sizing up European distribution. Chem. Week 89 (1961) Ausg. 16. 12., S. 37.
2.116 Sölter, A.: Die wirtschaftliche Bedeutung der Alleinvertriebsbindungen. Markenartikel 25 (1963) 11.
2.117 Somerville, B. F.: Chemical specialties, another record year in the offing. Chem. Eng. News 45 (1967) Ausg. 4. 9., S. 104 A
2.118 Squeeze on distributors. Chem. Week 92 (1963) Ausg. 30. 3., S. 31.
2.119 Stern, H.: Wichtige Daten für das EWG-Marketing (II), Der Einzelhandel für Gesundheits- und Körperpflegemittel, sowie für Haushaltschemikalien. Absatzwirtschaft 8 (1965) 859.
2.120 – Größere Betriebe, breitere Sortimente. Handelsblatt (1969) Ausg. 14.7., S. 13.
2.121 Strahl, F. C.: Die Belieferung des Selbstanstreichers durch fachfremde Absatzmittler. Farbe u. Lack 65 (1959) 117.
2.122 – Der Lack- und Farbengroßhandel und die Malereinkaufsgenossenschaften in ihren Leistungen als Lieferanten des Malerhandwerks. Farbe u. Lack 65 (1959) 205.

2.123 – Die Frage der Direktbelieferung des Malerhandwerks durch Ausschaltung der Großhandlungen des Lack- und Farbenfachs. Farbe u. Lack 65 (1959) 297 u. 433.
2.124 – Die Absatzwege der westdeutschen Lackindustrie im Ausland. Farbe u. Lack 65 (1959) 280.
2.125 Structure of chemical markets changing. Chem. Eng. News 41 (1963) Ausg. 23. 9., S. 29.
2.126 Teaming up for bigger sales. Chem. Week 89 (1961) Ausg. 30. 9., S. 103.
2.127 TEELING-SMITH, G.: The economic future of the pharmacist. Pharm. J. 192 (1964) 395.
2.128 Terminal operation takes on polyethylene. Chem. Eng. News 39 (1961) Ausg. 25. 12., S. 24.
2.129 Toilet goods business lures chemical industry. Chem. Eng. News 44 (1966) Ausg. 14. 2., S. 29.
2.130 TWIEHAUS, H.: Die wirtschaftliche Struktur der Apotheke. Pharm. Ztg. 102 (1957) 1082.
2.131 – Die Umschlagshäufigkeit der Arzneimittel im allgemeinen sowie die Umschlagshäufigkeit und der wertmäßige Anteil am Umsatz der am häufigsten umgeschlagenen Spezialitäten im besonderen. Pharm. Ztg. 104 (1959) 316.
2.132 TYROLER, W.: Non-foods, ein neuer Absatzweg. Fette, Seifen, Anstrichmittel 66 (1964) 153.
2.133 Verschiebungen im Drogeriesortiment. Markenartikel 25 (1963) 354.
2.134 VOGELSANG, K.: Gedanken zur Verkaufspolitik im Farben- und Lack-Großhandel unter dem Einfluß der Europäischen Integration. Farbe u. Lack 69 (1963) 59.
2.135 WARD, H. L.: Fertilizer marketing and the major distributors, in [1.97, S. 19].
2.136 WEBER, H.: Funktionsorientierte und produktorientierte Organisation der industriellen Unternehmung. ZfB 38 (1968) 587.
2.137 WEGER, E. R.: Der Produkt-Manager, Aufgabe mit Zukunft im Marketing. Absatzwirtschaft 6 (1963) 131.
2.138 WETTER, F.: Petrochemische Primärprodukte im Verbund. Lichtbogen 15 (1966) 4, S. 11.
2.139 Where traders pay off. Chem. Week 100 (1967) Ausg. 6. 5., S. 127.
2.140 Why industrial marketers aren't using computers. Ind. Marketing 51 (1966) 11, S. 87.
2.141 Why modern marketing needs the product manager. Printers' Ink (1960) Ausg. 14. 10., S. 25.
2.142 WILLIAMS, J. G.: Reaching the plastics customer via the sales organization, in [1.16, S. 49].
2.143 Zusätzliche Absatzmöglichkeiten für Farben und Lacke. Farbe u. Lack 65 (1959) 604.

3. Chemiemarktforschung

3.1 Abgrenzung der Chemiemarktforschung

3.11 Chemiemarktforschung und Absatzpolitik

Eine optimale Absatzpolitik ist in Zielsetzungen und Methoden in hohem Maße vom vollständigen und zuverlässigen Erkennen der Einflußgrößen des Marktes abhängig. Neben den Marktdaten selbst spielen ihre Abhängigkeitsbeziehungen und ihre Reagibilität auf die eigenen Absatzmaßnahmen eine besondere Rolle, woraus sich Chancen und Grenzen dieser Absatzmaßnahmen ergeben. Die Bedeutung zutreffender Marktinformationen ist um so schwerwiegender, je mehr die Unternehmensrisiken durch die hierauf gestützten Entscheidungen anwachsen, etwa durch Aufnahme kostspieliger Entwicklungsprojekte oder durch Investitionen in Produktionsanlagen. Stärke und Schnelligkeit der Marktveränderungen, ferner die Spezialisierung der volkswirtschaftlichen Leistungsprozesse und der sie tragenden Institutionen haben die Anforderungen an die Aufgaben und Methoden der Marktforschung stark anwachsen lassen. Daher ist es immer weniger ausreichend, die Gewinnung und Verarbeitung der Marktinformationen von verschiedenen Stellen der Unternehmung „nebenbei" mit erledigen zu lassen. Die Notwendigkeit einer Spezialisierung wird zunehmend anerkannt.

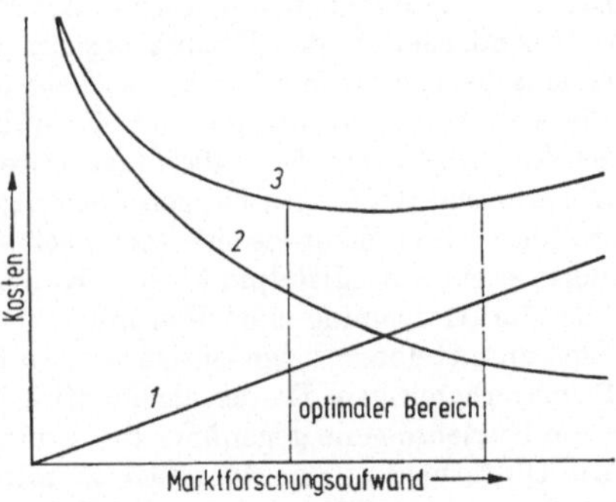

Abb. 3.1 Optimierung des Marktforschungsaufwandes. *1* Kosten der Marktforschung; *2* Mehrkosten oder Ertragsminderungen aus nicht optimalen Absatzentscheidungen; *3* Gesamtkosten aus *1* und *2*.

Geht es heute immer mehr um die Verwissenschaftlichung der Betriebsführung, so ist es im Absatzbereich der Unternehmung am ehesten die Marktforschung, welche den hierfür notwendigen quantitativen, rationalen Planungs- und Arbeitsmethoden zur Anwendung verhilft. Die Marktforschung selbst unterliegt dabei ebenfalls den Gesetzen der Wirtschaftlichkeit. Eine Vermehrung des Marktforschungsaufwands zur Verbesserung der unternehmerischen Entscheidungen ist so lange gerechtfertigt, wie die hieraus erzielbare Ertragsmehrung vom Kostenzuwachs durch die Marktforschung nicht überkompensiert wird.

Wenngleich innerhalb der Modellvorstellung einer Kostenschere entsprechend Abb. 3.1 die Kurve der Mehrkosten oder Ertragsminderungen aus nicht optimalen Entscheidungen kaum genau quantitativ festzulegen sein wird, gewinnt man hieraus ein besseres Verständnis der Zusammenhänge.

3.12 Besonderheiten der Produktivgütermarktforschung

Die heute bereits weit entwickelte Lehre von der Marktforschung sowie ihre praktische Anwendung gelten überwiegend dem *Konsumgüterabsatz*. Hierbei stehen die methodisch-statistischen Fragen der Primärerhebung und der Verarbeitung des Datenmaterials zu aussagefähigen, repräsentativen Ergebnissen im Vordergrund. Innerhalb der Marktforschung im engeren Sinne liegt der Schwerpunkt auf der Bedarfsseite, während beim Untersuchungsobjekt der Vertriebsmethoden die Werbeforschung einen bevorzugten Platz einnimmt. In der Bedarfs- oder Verbrauchsforschung begnügt man sich schließlich nicht mehr mit der Ermittlung der Tatsachen über das Käuferverhalten, sondern versucht im Rahmen der Motivforschung auch die psychologischen Beweggründe aufzudecken.

Demgegenüber hat die *Produktivgütermarktforschung* eine relativ späte Beachtung gefunden. Man spricht oft von „Investitionsgütermarktforschung" und bringt damit zum Ausdruck, daß man überwiegend die produktiven Gebrauchs- und nicht die Verbrauchsgüter im Auge hat. In den USA setzte das Interesse während der dreißiger Jahre, in Deutschland nach dem zweiten Weltkrieg ein. In den letzten Jahren erschien eine wachsende Zahl von Literaturbeiträgen, welche die Bedeutung, die wichtigsten Besonderheiten und die Methoden der Produktivgütermarktforschung abstecken. Eine geschlossene Lehre wurde jedoch noch nicht entwickelt [3.4; 3.5; 3.21; 3.83–3.85; 3.112, S. 69; 3.147; 3.172; 3.188, S. 70; 3.194; 3.232].

Die hervorgehobenen Eigenarten der Produktivgütermarktforschung spiegeln in hohem Maße Besonderheiten des Produktivgütervertriebes wider. Wegen ihrer Gültigkeit auch für die chemische Industrie seien die wichtigsten Tatsachen genannt:

Die abgeleitete Nachfrage nach Produktivgütern zwingt zur Einbeziehung der *Absatzmärkte der Kundenbetriebe* in die Marktuntersuchungen.

Einkaufsentscheidungen hängen überwiegend von *rationalen Erwägungen* ab. Der objektiv und rechnerisch nachzuweisende technische wie ökonomische Nutzen bei der Anwendung der Produkte steht im Mittelpunkt der Kaufentscheidungen und Verkaufsargumente, worauf sich die Marktforschung einstellen muß.

Eine unmittelbare Folge ist das notwendige hohe *fachliche Niveau* des Erhebungspersonals bei Primärerhebungen. Da der eigene Mitarbeiterstab diese Voraussetzung eher erfüllt, dominiert die betriebseigene gegenüber der Fremdmarktforschung.

Die Untersuchung der *Absatzmärkte* mit ihren Angebots- und Nachfrageverhältnissen beansprucht größeres Interesse als die Erforschung von Absatzmethoden. Insbesondere treten Werbeforschung und Ergründung der Absatzwege in den Hintergrund, weil die Werbung nicht unmittelbar absatzbeeinflussend ist und die Absatzwege wegen des bevorzugten Direktvertriebes leichter zu übersehen sind.

Der Marktforschungserfolg ist oft von der Bewältigung schwieriger *Informationsprobleme* abhängig. Primärerhebungen sind zwar wegen der Nachfragekonzentration erleichtert, aber die Auskunftsbereitschaft der Befragten bildet einen Engpaß. Die Genauigkeit der Informationen läßt sich nicht wie in der Konsumgütermarktforschung durch Vergrößerung des Erhebungsaufwandes unbegrenzt steigern.

Die statistische Methodik des *Stichprobenverfahrens* spielt wegen der Begrenzung und heterogenen Struktur der Erhebungsgesamtheiten nur eine untergeordnete Rolle. Oft sind Vollerhebungen und Auswahlverfahren am Platze.

Die *sekundärstatistische Marktforschung* ist gegenüber Primärerhebungen bedeutsamer, und zwar wegen der großen Reichweite der einzubeziehenden Märkte und Produkte, des Vorherrschens quantitativer anstelle qualitativer Untersuchungsobjekte, der schwierigen Informationsprobleme bei Primärerhebungen und andererseits ergiebigerer Sekundärquellen.

Die *dynamischen* Entwicklungsanalysen sind wichtiger als die statischen Strukturuntersuchungen, so daß sich der Schwerpunkt zur *Marktbeobachtung* und *Marktprognose* verschiebt.

3.13 Besonderheiten der Chemiemarktforschung

Entsprechend ihrer großen Absatzbedeutung und branchentypischen Besonderheiten stehen die chemischen Produktivgüter im Mittelpunkt des Interesses der Chemiemarktforschung. Zu den im vorigen Abschnitt genannten Grundtatsachen kommen eine Reihe spezieller Merkmale hinzu.

Durch die Eingrenzung auf den Verbrauchsgütersektor treten die Probleme von Investitionsentscheidungen und die Faktoren der Investitionsgüternachfrage etwas in den Hintergrund. Bekanntlich ist der Zusammenhang zwischen der Nachfrage nach Investitionsgütern und der Absatzentwicklung der Folgeindustrien weniger eng als zwischen der Verbrauchsgüternachfrage und ihrer Folgeproduktion. Je nach den zukünftigen Absatz- und Gewinnerwartungen und dem vorliegenden Rationalisierungszwang können die Investitionen sehr flexibel gestaltet werden. Der Verbrauchsgüterbedarf ist dagegen eng an die Produkte der Folgeproduktion gekoppelt, die allerdings selbst zuweilen Investitionsgüter darstellen können. Die Investitionstätigkeit in den Abnehmerbranchen ist auch deswegen von Bedeutung, weil Strukturveränderungen der Verarbeitungsanlagen regelmäßig quantitativ und qualitativ auf den Materialeinsatz zurückwirken. Das gilt vor allem für Ersatz- und Rationalisierungsinvestitionen, während bei Erweiterungsinvestitionen mehr unmittelbar auf die Folgeproduktion und deren Verbrauchsverhältnisse Bezug genommen wird.

Es wird zuweilen gesagt, daß die Marktforschung für Verbrauchsgüter gegenüber derjenigen für Investitionsgüter durch den engeren Zusammenhang mit der Folgeproduktion und den Wegfall der Unsicherheiten, die mit der Ergründung von Investitionsentscheidungen verbunden sind, erleichtert sei. Jenseits eines gemeinsamen Problemkreises hat aber auch die Verbrauchsgütermarktforschung ihre Besonderheiten. Diese ergeben sich gerade aus der engeren Kopplung zwischen dem Verbrauchsgütereinsatz und den Folgeprodukten im Hinblick auf Produktgestaltung, Vertriebsmethoden und Absatzpotential im Sekundärmarkt. Der Kopplungsgrad ist um so höher, je stärker das Verbrauchsmaterial die Absatzfaktoren der Folgeprodukte beeinflußt. Veränderungen der Verarbeitungstechnik und der Vertriebsmethoden der Kunden sind von unmittelbarem Interesse, was andererseits für den Lieferanten der Anlagen oft bedeutungslos ist. Das formale Verhältnis zwischen Investitions- und Verbrauchsgütermarktforschung ist in Abb. 3.2 angedeutet.

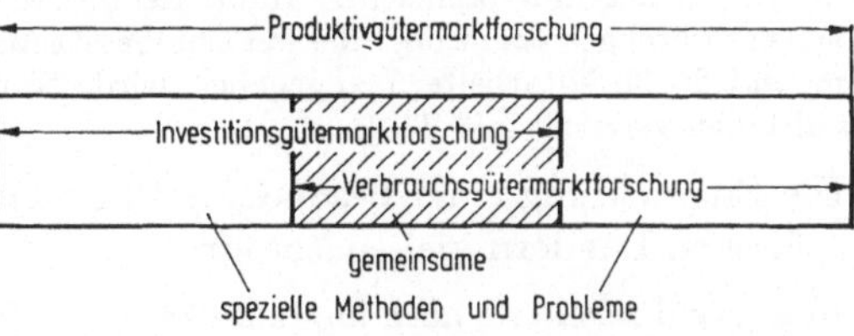

Abb. 3.2 Verbrauchs- und Investitionsgüter als Objekte der Produktivgütermarktforschung.

Innerhalb der weiteren *branchenspezifischen* Probleme der Chemiemarktforschung wird die Vielfalt und heterogene Struktur der Absatzmärkte fast immer an erster Stelle genannt. Das oft *breite Anwendungsspektrum* allein für ein einziges Produkt macht die Verwendungsuntersuchungen aufwendig. Verarbeitungstechnik und wirtschaftliche Bedingungen der belieferten Industriezweige weisen große Verschiedenheiten auf und stellen die Chemiemarktforschung vor besondere Probleme.

Neben der Breite der Absatzmärkte erweitert auch die *Vertikalausdehnung* der Nachverarbeitung das Aufgabengebiet. Abgesehen von den im Rahmen des Vertikalvertriebes in die

Betrachtung einzubeziehenden Nachmärkten kommt es in der chemischen Industrie zu einer innerbetrieblichen Realisierung tief gestaffelter Produktionsfolgen, deren wirtschaftliche Voraussetzungen von der Marktforschung erst abzuklären sind.

Die firmenindividuellen Besonderheiten zwingen zur weitgehenden Differenzierung der Untersuchungen nach *Einzelunternehmungen* und erschweren Generalisierungen für Industriezweige und Firmengruppen. Weitere Charakteristika sind die vielfältigen Substitutions- und Verfahrenskonkurrenzen.

Entwicklungsdynamik, Forschungs- und Investitionsintensität der chemischen Industrie begründen einen Aufgabenschwerpunkt der Marktforschung für *neue Produkte, Verfahren* und *Produktanwendungen.* Aufgrund der Exportintensität der chemischen Industrie kommt auch der schwierigen *Exportmarktforschung* ein bevorzugter Platz zu. Um die Risiken aus Investitionen in kaum umstellungsfähige Anlagen herabzumindern, muß man um eine Verbesserung der Prognosemethoden bemüht sein.

Die wenigen Hinweise zu den Eigenarten und der Bedeutung der Chemiemarktforschung mögen ausreichen, um den späteren Einzelheiten nicht vorzugreifen, vgl. [3.31; 3.33; 3.47; 3.98; 3.135; 3.146; 3.168; 3.175; 3.205; 3.206].

3.14 Entwicklung der Chemiemarktforschung

Wie die Anfänge der gesamten Marktforschung liegen auch diejenigen der Chemiemarktforschung in den USA, wo die Wirtschaftskrise Anfang der zwanziger Jahre erstmals ein spezielles Interesse an der Marktforschung zur Erschließung neuer Produktverwendungen und Absatzgebiete auslöste. Die Entwicklung der grundlegenden Arbeitsmethoden begann um 1925, aus welcher Zeit bereits der erste Versuch eines überbetrieblichen Zusammenschlusses von Fachleuten der Chemiemarktforschung datiert.

Besonders die Arbeiten zur Markterschließung neuer Produkte führten in der Folgezeit zur vermehrten Herausbildung hauptamtlich tätiger Chemiemarktforscher, die 1940 eine Verbandsorganisation, die „Chemical Market Research Association", gründeten. Da sich das komplexe und stark technisch beeinflußte Aufgabengebiet der chemischen Markterschließung mit der Chemiemarktforschung nur teilweise deckt, wurde hierfür wenige Jahre später die parallele „Commercial Chemical Development Association" ins Leben gerufen [3.233]. Der größte Teil der Fachpublikationen zur methodischen Entwicklung der Chemiemarktforschung geht auf die zahlreichen Veranstaltungen der genannten Verbände und die Beiträge ihrer Mitglieder zurück. Daneben ist der für die praktische Arbeit in der Chemiemarktforschung so notwendige laufende Austausch von Informationen sicherlich sehr gefördert worden. Heute haben sich in der amerikanischen Industrie unternehmenseigene Marktforschungsgruppen weitgehend durchgesetzt, wobei die Personalbesetzung je nach Unternehmensgröße zwischen einem und 25–30 Mitarbeitern angegeben wird. Nur noch wenige Firmen sollen auf solche Spezialstellen verzichten [3.230].

Die Entwicklung einer besonderen Chemiemarktforschung setzte in den westeuropäischen Ländern viel später ein.

In England scheiterte noch im Jahre 1956 der Versuch einer Verbandsbildung an der zu geringen Zahl von Interessenten mit überwiegender betrieblicher Marktforschungstätigkeit. 1963 sollen hier aber bereits mehrere Zusammenschlüsse bestanden haben, von denen wenigstens einer über rund 50 Mitglieder verfügte [3.238].

In der BRD sind während der letzten Jahre die meisten größeren Chemiebetriebe zur Einrichtung von Marktforschungsstellen übergegangen. Einige Großbetriebe können bereits auf eine längere Tradition innerhalb stark ausgebauter „Volkswirtschaftlicher Abteilungen" zurückblicken. Die Bildung eines überbetrieblichen Berufsverbandes der Chemiemarktforscher wurde auch hier angeregt [3.144]. Inzwischen ist es nur zu Gesprächskreisen innerhalb der übergeordneten, nicht branchengebundenen Vereinigungen gekommen. Als solche sind zu erwähnen die 1955 gegründete „Vereinigung betrieblicher Marktforscher" und der „Berufsverband Deutscher Marktforscher", die 1965 im „Bundesverband Deutscher Marktforscher" aufgingen. Schließlich haben sich Gesprächskreise zwischen Chemiemarktforschern auch innerhalb von internationalen Zusammenschlüssen gebildet, wie der „European Society for Opinion and Marketing Research (ESOMAR)", deren Jahrbücher einen ausgezeichneten Überblick über die vor allem in Westeuropa bestehenden Berufsvereinigungen der Marktforscher wie der selbständigen Marktforschungsinstitute vermitteln [3.57]. Die bereits 1948 gegründete ESOMAR sollte 1969 über 1100 Mitglieder in Westeuropa verfügen, jedoch mit einer bislang noch mäßigen Beteiligung der chemischen Industrie. Die Arbeitsschwerpunkte lagen bisher offenbar bei der Konsumgütermarktforschung.

Als weitere internationale Vereinigung wurde 1965 in England die „European Association for Industrial Market Research (EVAF)" gegründet. Die Zahl der Mitglieder wurde Anfang 1969 auf 650 geschätzt, wovon jedoch über die Hälfte auf England selbst entfielen. Diese Gesellschaft ist für die chemische Industrie nicht nur wegen der Ausrichtung auf die Produktivgütermarktforschung besonders beachtlich, sondern wegen der Verselbständigung von zwei Abteilungen, nämlich der „European Chemical Market Research Association (ECMRA)" und der Abteilung „Technological Forecasting". Offenbar hat die Gründung der EVAF sogar von der Chemiemarktforschung die entscheidenden Impulse erhalten. Auf eigene Kongreßveröffentlichungen der ECMRA ist hinzuweisen, z.B. [3.54]. Auch die bisherige Aktivität der „European Petrochemical Association (EPA)" (seit 1967) läßt auf ein großes Interesse an Fragen der Chemiemarktforschung schließen.

3.2 Aufgaben und Organisation der Chemiemarktforschung

3.21 Aufgabengliederung

3.211 Marktreife der Produkte

Innerhalb der wichtigsten Gliederungsgesichtspunkte der Marktforschung, die sich mitunter auch organisatorisch auswirken, steht die *Marktreife* der *Produkte* an erster Stelle:

1. Marktforschung für neue Produkte und Verfahren, die sich in verschiedenen Forschungs- und Entwicklungsstadien befinden (Marktneuheiten).

2. Marktforschung für neue Anwendungen bekannter und eingeführter Produkte.

3. Marktforschung für bekannte Produkte, die ins eigene Produktions- und Vertriebsprogramm aufgenommen werden sollen (Betriebsneuheiten).

4. Marktforschung für bekannte Produkte und bekannte Anwendungen, die vom eigenen Vertrieb bereits wahrgenommen werden.

Die Marktforschung für *Entwicklungsprodukte* ist stark technisch ausgerichtet und wird häufig im Bereich der Forschungs- und Entwicklungsabteilungen selbst durchgeführt, und zwar im Zusammenhang mit den ökonomischen Bewertungen, die für die Entwicklungsprojekte nach jedem hinreichenden Fortschritt erforderlich sind. Es geht dabei neben der Ermittlung von Kapitalbedarf und Produktionskosten um die Vorausschätzung der realisierbaren Absatzmengen und Verkaufspreise und damit um die Ertragsschätzung. Diese ist wesentlich unsicherer und schwieriger als die Vorkalkulation der Kostenseite, so daß sich hieraus in den Genauigkeitsgraden der Primärdaten für Wirtschaftlichkeitsrechnungen oft große Diskrepanzen ergeben. Bei unzulänglichen Ertragsaussichten sind die Forschungsvorhaben aufzugeben oder zurückzustellen, wobei die Markt- und Wirtschaftlichkeitsanalysen um so genauer und kritischer erfolgen müssen, je weiter die Entwicklungsfortschritte gediehen sind. Die höchsten Genauigkeitsgrade werden für die Vorbereitung endgültiger Investitionsentscheidungen gefordert. Es wurde geschätzt, daß 80% aller Fälle, in denen die vorausberechnete Wirtschaftlichkeit neuer chemischer Anlagen später nicht erreicht wurde, auf Fehler in der Beurteilung der Ertragsseite zurückgehen [3.138]. Die jedes neue

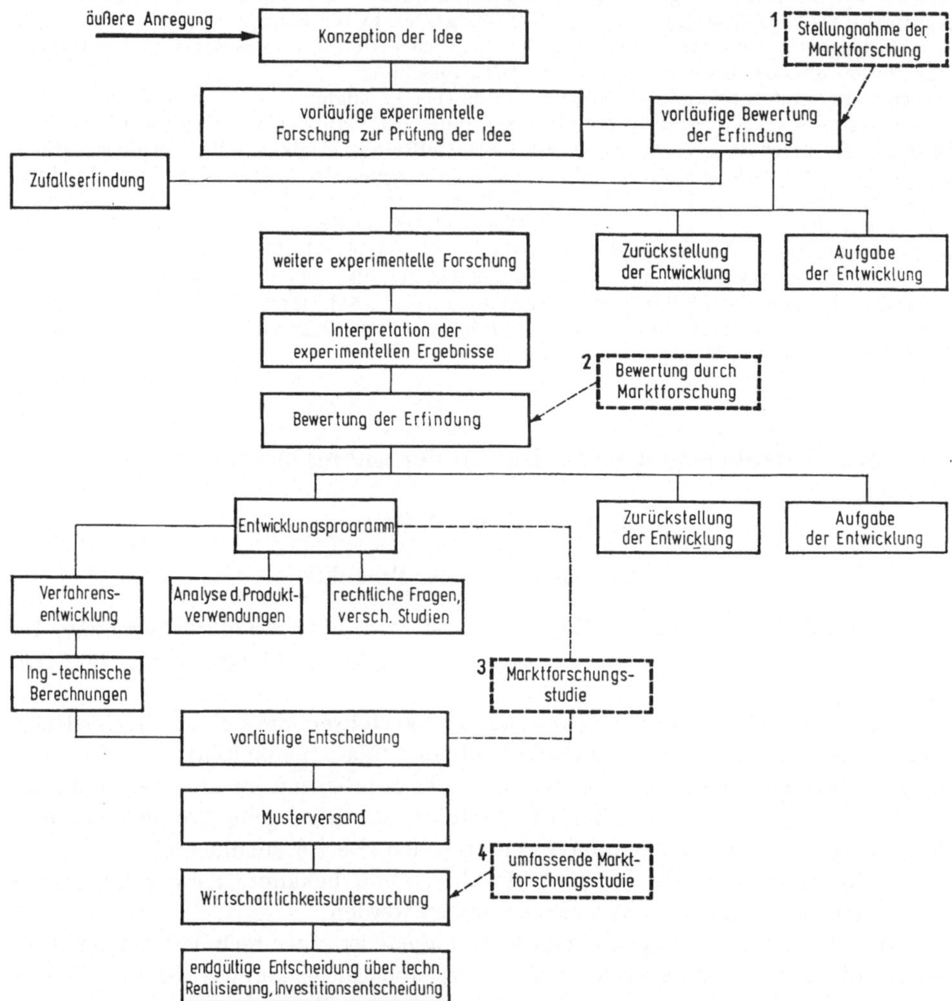

Abb. 3.3 Strukturdiagramm des Forschungs- und Entwicklungsablaufes mit begleitender Einschaltung der Marktforschung [4.2].

Vorhaben in allen Forschungs- und Entwicklungsstadien *begleitende Marktforschung* erhält damit die gleichen Selektionsfunktionen wie alle Wirtschaftlichkeitsbetrachtungen von Entwicklungsprojekten. Das verallgemeinernde Strukturdiagramm des Arbeitsablaufs in Abb. 3.3 bringt dies deutlich zum Ausdruck.

Die häufige Einschaltung chemischer und ingenieurtechnischer Stellen erklärt sich aus dem Aufgabeninhalt und der engen Verknüpfung der Marktuntersuchungen mit der *Produktentwicklung.* Naturwissenschaftliche Forschung, technische

Entwicklung sowie Marktforschung gelangen hier in ein enges Wechselverhältnis, aus dem schließlich ein auf die Bedarfsverhältnisse und Marktchancen optimal abgestimmtes neues Produkt hervorgehen soll. Regelmäßig sind mit neuen Produkten auch *neue Verfahren* verbunden. Handelt es sich jedoch um neue Verfahrensentwicklungen für bereits bekannte und am Markt befindliche Produkte, sind die Marktforschungsaufgaben erleichtert.

Die Marktforschung für *neue Anwendungen* liegt bereits im Grenzbereich zur reinen Vertriebssphäre. Die anwendungstechnischen Entwicklungsabteilungen werden hieran teilhaben müssen, mitunter auch besondere Abteilungen zur *Markterschließung*. Es kommt hierbei darauf an, die Absatzmöglichkeiten auszuweiten, nachdem man in einigen Teilmärkten bereits Fuß gefaßt hat.

Bei Marktanalysen lediglich für *Betriebsneuheiten* kann man in stärkerem Maße auf bekannte technische und wirtschaftliche Daten zurückgreifen, wenn genau wie bei den Entwicklungsprodukten für alle in Betracht gezogenen Vorhaben geschlossene Vorprojekte auszuarbeiten sind.

Die Marktforschung für bereits *im Programm vertretene Produkte* ohne Erschließung neuer Teilmärkte durch Anwendungserweiterung legt das Schwergewicht auf die Marktbeobachtung und -prognose, oft sind jedoch auch Neuentwicklungen von Verfahren, Produkten und Anwendungen hinsichtlich ihrer Konkurrenz- und Substitutionswirkungen gegenüber dem alteingeführten Produkt zu berücksichtigen. Zuständig ist die Marktforschung des Vertriebsbereiches.

3.212 Absatzmärkte und optimale Vertriebsmethoden

Seit längerem wird zwischen einer Marktforschung im engeren Sinne – „market research" – und einer generellen Erforschung der Vertriebsmethoden oder Absatzforschung – „marketing research" – unterschieden, wovon letztere die wissenschaftliche Fundierung für den gesamten Vertriebsbereich bieten soll.

In den Veröffentlichungen über die Absatz- oder Marketing-Forschung nimmt die eigentliche Marktforschung freilich den größten Raum ein. Die Werbeforschung gehört in den Bereich der Vertriebsmethoden, wenigstens im Konsumgüterbereich wird sie aber überwiegend neben der Verbrauchsforschung als Teil der Marktforschung angesehen. Die Produktforschung soll die Voraussetzungen für eine optimale, bedarfsgerechte Produktentwicklung schaffen und wäre damit der „Produktgestaltung" als Absatzmethode zugeordnet. Andererseits darf man aber auch bei der Untersuchung der Angebots- wie der Bedarfsverhältnisse im Rahmen der eigentlichen Marktforschung auf eine umfassende Produktanalyse nicht verzichten. Die Gestaltung der Absatzwege wird oft als Absatzmethode aufgefaßt und könnte eine spezielle Absatzwegeforschung als Teil der Marketing-Forschung begründen, doch sind die Absatzwege zugleich anerkanntes Untersuchungsobjekt der traditionellen Marktanalyse [3.171, S. 195].

In organisatorischer Hinsicht werden die Aufgaben der Marktforschung ebenfalls mit denjenigen der übergeordneten Absatzforschung oft zusammengefaßt. Die Aufgabenträger der jeweiligen Vertriebsbereiche sollen aufgrund ihrer speziellen Kenntnisse und Interessenlage an der zugeordneten Methodenforschung Anteil behalten, wie etwa die Werbeabteilung an der Werbeforschung oder die Forschungs- und Entwicklungsabteilungen an der Produktforschung im ökonomischen

Sinne. Andererseits wird die eigentliche Marktforschung insofern stärker betroffen, als auch für die Untersuchung der Vertriebsmethoden Informationen aus den Absatzmärkten zu gewinnen sind.

Wir behandeln hier die Chemiemarktforschung im engeren Sinne der Marktanalyse und -beobachtung, wobei auch Fragen der Vertriebsmethoden gestreift werden. Diesen aber ist in den späteren Hauptabschnitten weiterer Raum gewidmet.

3.213 Marktanalyse und Marktbeobachtung

Die enge Verbindung zwischen der Untersuchung der Marktstrukturen und der Marktbewegungen tritt in der Chemiemarktforschung für Produktivgüter wegen der ständigen Neuentwicklungen und Marktverschiebungen deutlich zutage. Die Aufklärung einer augenblicklichen Marktsituation wäre unzureichend, wenn man nicht wenigstens sich unmittelbar abzeichnende technische und wirtschaftliche Veränderungen, wie die Entwicklung von Konkurrenzprodukten, neue Kapazitätsplanungen usw., berücksichtigen würde. Meistens wird die auf einen Zeitpunkt oder eine kurze Zeitspanne, z.B. ein Jahr, projizierte Strukturanalyse von vornherein in ihrer zeitlichen Entwicklung erfaßt.

Es geht um das Erkennen ganz bestimmter Marktveränderungen und Entwicklungszusammenhänge sowie um Ausbildung und Anwendung eines speziellen prognostischen Instrumentariums. Vor allem wegen dieser besonderen Methoden wird die Chemiemarktbeobachtung und -marktprognose erst im nachfolgenden Hauptabschnitt (Kap. 4) behandelt.

3.214 Durchführungsphasen der Chemiemarktforschung

Vier *Hauptphasen* der Marktforschung werden unterschieden, die sich zuweilen auch organisatorisch stärker auswirken: die Planung der Aufgabenstellung und des methodischen Vorgehens, die primär- und sekundärstatistische Datensammlung, die Verarbeitung des Datenmaterials zu aussagefähigen Ergebnissen und schließlich die Folgerungen aus den Ergebnissen. Abgekürzt kann man von einer Planungs-, Erhebungs-, Auswertungs- und Verwertungsphase sprechen, die wir jedoch wegen der bereits ausgiebigen Behandlung in der Literatur [3.171, S. 210; 3.233] und der geringen branchenspezifischen Eigenarten übergehen.

Die *Planungsphase* vollzieht sich in enger Abstimmung mit den Zielen und Wünschen der die Marktuntersuchungen veranlassenden Stellen. Sie werden gewöhnlich mit den Aufgaben der dritten Phase, der Verwertung und *Auswertung* des Informationsmaterials, stellenmäßig zusammengefaßt. Die Durchführung der *Erhebungsarbeiten* in eigener Regie überwiegt im chemischen Produktivgüterbereich. Sie werden für chemische Konsumgüter dagegen noch überwiegend ausgegliedert, wobei dann auch die Auswertung der Informationen dem fremden Marktforschungsinstitut oder einer anderen Organisation obliegt. Die *Verwertungsphase* wirft die Frage der *Verantwortlichkeit* der Marktforschung für die aus den Ergebnissen zu ziehenden Konsequenzen auf. Sie ist umstritten. Auf der einen Seite fällen leitende Instanzen trotz erheblichen Aufwandes ihre Entscheidungen oft ohne gebührende Berücksichtigung der Ergebnisse der Marktforschung. Auf der anderen Seite aber würde man es der Marktforschung zu leicht machen, wenn man ihre Zuständigkeit bei der Präsentation der Ergebnisse in neutraler Form enden lassen wollte. Man sollte zumindest das Aussprechen von Empfehlungen verlangen und später im Anschluß an die Verwertung der Ergebnisse auf eine Nachprüfung der Richtigkeit der Empfehlungen nicht verzichten. Diese Einschaltung einer *Kontrolle* in die Verwertungsphase sichert die Nutzanwendung und wirtschaftliche Rechtfertigung der Marktforschung.

3.22 Betriebseigene oder ausgegliederte Chemiemarktforschung

3.221 Betriebseigene Chemiemarktforschung

Das wichtigste Argument für die betriebseigene Chemiemarktforschung sind die erforderlichen großen chemischen, ingenieurtechnischen und anwendungstechnischen Kenntnisse über Produkte, Produktionsverfahren, Anwendungsverfahren sowie größere Produktions- und Verarbeitungszusammenhänge auf der Angebots- und Nachfrageseite. Der notwendige fachliche Spezialisierungsgrad dieses Rüstzeuges ist von außenstehenden Marktforschungsorganisationen schlecht aufzubringen, auch nicht bei ihrer Spezialisierung auf die Produktivgüter- oder die Chemiemarktforschung, denn es kommt die weitere sparten- und programmmäßige Spezialisierung der einzelnen Chemieunternehmung hinzu. Aus diesem Grunde wird in Großunternehmungen sogar bereits eine Aufgliederung der Marktforschung in produktweise ausgerichtete Spezialstellen vorgenommen.

Die Bedeutung der aus der eigenen Unternehmung zu gewinnenden Informationen ist oft so groß, daß die Übertragung an fremde Stellen als umständlich und unter Gesichtspunkten der Geheimhaltung als bedenklich erscheint. Freilich müssen auch betriebsintern die Informationen aus den verschiedenen Arbeitsbereichen und Zusammenhängen erst für die Marktforschung zusammengezogen werden, aber die Kommunikation ist dann erleichtert.

Im Falle der Primärerhebungen erweist sich die eigene Vertriebsorganisation und eine daneben parallel aufgebaute anwendungstechnische Beratungsorganisation als ausschlaggebender Vorteil, mit denen man bei der typischen Verwendungsvielfalt chemischer Produkte in die entsprechend zahlreichen Branchen und Teilmärkte hineinkommt. Selbst ohne Verwendung der Außendienstmitarbeiter für Erhebungsaufgaben bleiben diese Außenkontakte wertvoll.

Schließlich ist die notwendige *Kontinuität* der Marktuntersuchungen hervorzuheben, die eigentlich nicht ohne eigene spezialisierte Mitarbeiter denkbar ist.

3.222 Ausgliederung der Chemiemarktforschung

Für die Ausgliederung der Marktforschung bieten sich in erster Linie selbständige *Marktforschungsinstitute* an, wenngleich gelegentlich auch Werbeagenturen, Unternehmensberater oder Absatzberater in Frage kommen. Die Spezialisierungsvorteile liegen hier nicht bei den Produkt- und Branchenkenntnissen, sondern auf der Verfahrensseite. Fachleute der angewandten Statistik, Psychologie, Soziologie und eine für Massenbefragungen geeignete Erhebungsorganisation geben den Ausschlag. Sie kommt im chemischen Konsumgüterbereich und bei chemischen Produktivgütern mit starker Bedarfsstreuung (Düngemittel, manche chemische Industriehilfsmittel), aber auch bei der Untersuchung von konsumreifen Folgeprodukten zur Geltung. Die Bedeutung der Produktkenntnisse tritt dann zurück.

Die *Anonymität* der Fremdmarktforschung wird in der überwiegend sehr konkurrenzbewußten chemischen Industrie als Vorteil gewertet. Oft erscheint die Befragung von Konkurrenzunternehmungen als zumindest sehr erwünscht, wobei die Chancen beim Auftreten unter eigenem Namen von vornherein gering sind. Aus Furcht vor Komplikationen scheuen aber viele Marktforschungsinstitute davor zurück, diesen Vorteil auszuspielen, und übernehmen nur die Befragung von Kundenbetrieben, nicht dagegen von Konkurrenzbetrieben des Auftraggebers, wenngleich der Auftraggeber nicht bekanntgegeben wird.

Die Verwertung eines größeren Erfahrungsschatzes wird aus der Tätigkeit für viele Auftraggeber oft als inhärenter Vorteil der Fremdmarktforschung angesehen, doch erscheint er im Hinblick auf die geforderte fachtechnische Spezialisierung bei chemischen Produktivgütern fraglich. Auch die Gewährleistung der Objektivität, geringere Kosten und kürzerer Zeitbedarf lassen sich kaum als generelle Vorteile der Fremdausführung werten.

3.223 Kooperative Chemiemarktforschung

Horizontale Kooperationen in der Chemiemarktforschung sind als Spezialfälle gemeinschaftlicher Vertriebsorganisationen aufzufassen. Es ist dabei zwischen Marktuntersuchungen zu unterscheiden, die unmittelbar die Absatzmärkte und Absatzchancen der Einzelunternehmung beleuchten, und solchen, die mehr die Teilbranche als Ganzes zum Untersuchungsgegenstand haben.

Die auf die *Einzelunternehmung* abgestellten Analysen sind von größerer Absatzbedeutung, jedoch sind hierfür kooperative Marktanalysen zwischen Konkurrenten schlecht durchzusetzen. Die Scheu vor der gegenseitigen Bekanntgabe von Produktions- und Umsatzzahlen erscheint oft unüberwindbar. Um die Verfolgung der eigenen Marktanteile zu ermöglichen, werden mitunter Gemeinschaften gebildet, deren Mitglieder die Umsatzzahlen an eine neutrale Treuhandstelle melden. Diese behandelt die Zahlen allen Partnern und Außenstehenden gegenüber vertraulich und gibt den meldenden Firmen nur die berechneten prozentualen Umsatzanteile zurück. Schafft dagegen etwa eine straffe gemeinsame Verkaufsorganisation (z.B. Syndikat) die Voraussetzungen, so geht mit der Absatzindividualität auch das Interesse an der Marktforschung verloren. Günstiger ist die Situation bei komplementären Programmergänzungen. Hier verdienen auch die komplementären Bedarfsverhältnisse zwischen chemischen Produkten und Anlageausrüstungen eine Erwähnung, die mitunter ein Zusammengehen zwischen Chemieproduzenten und Projektierungs- oder Apparatebaufirmen rechtfertigen.

Branchenanalysen und *-prognosen*, welche die individuellen Konkurrenzbeziehungen zwischen den einzelnen Anbietern der Branche möglichst unberührt lassen, sind in der chemischen Industrie auf kooperativer Basis häufiger. Für die Durchführung solcher Projekte werden weniger Arbeitsgemeinschaften aus eigenen Mitarbeitern gebildet, als fremde Marktforschungsinstitute oder Fachverbände beauftragt. Die *Fachverbände* dürften für diese Aufgaben zwar erstklassige Voraussetzungen mitbringen, jedoch besteht innerhalb der chemischen Industrie auch hier wegen der immer wieder entgegenstehenden Konkurrenzbedenken noch eine deutliche Zurückhaltung. Die Aktivität der Verbände beschränkt sich gewöhnlich auf die laufende Auswertung bereits publizierter oder wenigstens regelmäßig erhobener Informationen, während solche Analysen gern vermieden werden, bei denen spezielle Erhebungen bei den Mitgliedsfirmen notwendig wären.

Über Beispiele zur Verbandsmarktforschung wird aus der amerikanischen Chemieindustrie berichtet. Hier führte ein unabhängiges Marktforschungsinstitut eine umfassende Analyse der Farben- und Lackindustrie durch [3.56]. In der Düngemittelindustrie wurde ein Fachverband für ein großes Marktforschungsprojekt unmittelbar tätig, wobei folgende Angaben den Aufgabenumfang und die Zusammenarbeit mit den Mitgliedsfirmen verdeutlichen [3.114, S. 64]: Von 65 Mitgliedsunternehmen wurden dem Branchenfachverband, der National Fertilizer Association, nicht weniger als 656 Angestellte als „Interviewer" zur Verfügung gestellt. Diese ermöglichten 32148 Interviews über den Düngemittelverbrauch bei Farmern in 35 Staaten der USA.

Durch die genannten Beschränkungen der Verbandsmarktforschung wird die einzelbetriebliche Marktforschung nicht ersetzt, sondern nur ergänzt. Im Hinblick auf schwierigere Marktuntersuchungen, wie etwa die Exportmärkte, erschließen sich in der Kooperation für viele mittlere und kleinere Unternehmen vielleicht überhaupt erst die Möglichkeiten, solche Probleme bearbeiten zu lassen [3.52; 3.108; 3.114]. Eine bevorzugte Verbandsaufgabe besteht in der aufwendigen Sammlung und Archivierung von Sekundärmaterial. Die Ansprüche auf unmittelbar verwendbare Ergebnisse dürfen bei allen Gemeinschaftsprojekten nicht zu hoch gesetzt werden. Enttäuschungen in dieser Richtung haben in den USA zu Rückschlägen der kooperativen Chemiemarktforschung geführt [3.106].

Der *vertikalen Kooperation* sollte man große Bedeutung beimessen. Da das Schwergewicht der Interessen für den Marktvorgriff jedoch oft allein bei der chemischen Industrie liegt, ist es nicht gesagt, daß seitens der Folgeindustrien ohne weiteres Gemeinschaften eingegangen werden. Bei gleichstarken Marktpartnern kommt es vor, daß die Untersuchungen von beiden unabhängig durchgeführt, mitunter jedoch aus Kontrollgründen in den Ergebnissen verglichen werden. So wurden beispielsweise von großen Chemiefaser-Rohstoffproduzenten und belieferten Faserherstellern die Nachmärkte bis zu den textilen Konsumgütermärkten gleichzeitig untersucht. Kleinere Abnehmer und Nachverarbeiter von chemischen Erzeugnissen, wie etwa die zahlreichen Betriebe der kunststoffverarbeitenden Industrie, beteiligen sich bislang wenig an systematischen Marktuntersuchungen, sondern übernehmen gern die Ergebnisse der Recherchen der großen Rohstofflieferanten. Dabei können diese auf eine zusätzliche Kundendienstleistung hinweisen [3.136]. Selbst wenn es nicht zu einer aktiven Mitarbeit an der Marktforschung kommt, wird sich schon eine erhöhte Bereitschaft zur Überlassung von Marktdaten an den rückwärtigen Marktpartner günstig auswirken.

3.23 Eingliederung in die Unternehmensorganisation

Als Beispiel für die organisatorische Eingliederung der Marketing-Dienste wurde die Marktforschung bereits früher behandelt (Kap. 2.35, Abb. 2.15). Generell besteht eine Konkurrenz zwischen der Zentralisierung auf möglichst hoher Rangstufe, etwa als Stabsstelle der obersten Geschäftsleitung und der Bildung mehrerer Marktforschungsgruppen. Diese können sowohl innerhalb der

Forschung als auch im Vertriebsbereich und hier wieder in die verschiedenen Verkaufssparten eingeordnet sein. Dabei werden den Spezialisierungsvorteilen aus der größeren Produktnähe naturgemäß Nachteile aus Aufgabenüberschneidungen, Doppelarbeit und einer Zersplitterung des angesammelten Erfahrungsmaterials gegenüberstehen, vgl. [3.16; 3.48; 3.49; 3.118; 3.234]. Gewisse Hinweise für die zweckmäßigste Eingliederung geben die Aufgabenschwerpunkte sowie die Häufigkeitsverteilung der innerbetrieblichen Auftraggeber.

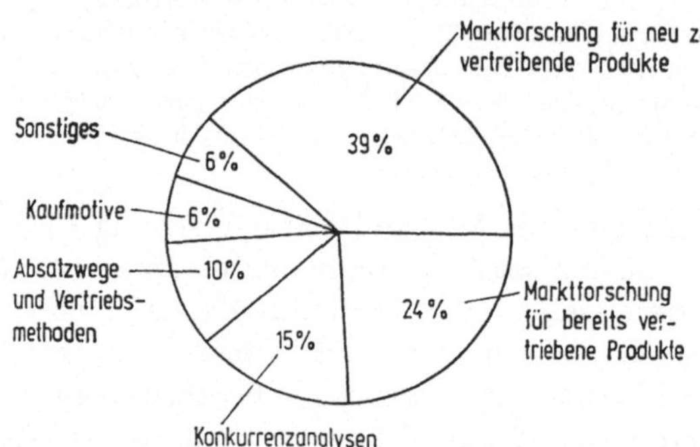

Abb. 3.4 Arbeitszeitaufteilung nach Aufgabenschwerpunkten in der amerikanischen Chemiemarktforschung [3.139].

Aufgrund einer Umfrage der Zeitschrift „Chemical Week“ bei den Mitgliedern der amerikanischen „Chemical Market Research Association (CMRA)“ wurde über den *anteiligen Arbeitsaufwand* wie folgt berichtet [3.139]: Die Absatzmärkte stehen als Untersuchungsobjekte eindeutig im Vordergrund, und zwar für noch nicht im Programm befindliche Produkte mit 39% der Arbeitszeit noch stärker als hinsichtlich der Verwendungsforschung für bereits vertriebene Produkte mit 24%. Ein gleichfalls beachtlicher Anteil bezog sich auf die Marktstellung von Konkurrenzprodukten (15%). Die Bestimmung optimaler Vertriebsmethoden und Absatzwege stand dagegen zurück (10%). Die Erforschung der Einkaufsmotive befand sich mit 6% noch in den Anfängen (Abb. 3.4).

In der gleichen Untersuchung wurde die durchschnittliche Inanspruchnahme der Chemiemarktforschung durch die verschiedenen *Fachbereiche* hinsichtlich der bedeutenderen Studien mit einem Zeitbedarf von mehr als einer Mitarbeiterwoche genannt:

Oberste Geschäftsleitung	27%
Abteilung Marktforschung	19%
Verkauf	19%
Markterschließung für neue Produkte	19%
Forschung und Entwicklung	13%
Andere	3%

Die Vertriebsaufgaben stehen auch dann gewöhnlich noch im Vordergrund, wenn die Abteilung der Unternehmensleitung oder der Forschung und Entwicklung zugeordnet ist.

3.24 Innere Gliederung

Probleme der *inneren Gliederung* treten naturgemäß erst bei größeren Abteilungen auf, die nur von großen Chemieunternehmungen und selbst dann nur bei einer Zentralisierung der Marktforschung zu realisieren sind. Bei der Einrichtung mehrerer Marktforschungsgruppen an verschiedenen Stellen der Unternehmungsorganisation kommt es zu Spezialisierungen, wobei auf gute Zusammenarbeit zu achten ist.

Im Jahre 1958 ergab eine Erhebung bei 55 Unternehmungen mit eigenen Marktforschungsabteilungen in der BRD, von denen 22 der Produktions- und Investitionsgüterindustrie angehörten, eine durchschnittliche Besetzung der Abteilungen mit nur 6 Arbeitskräften, jedoch war damals ein starker Aufwärtstrend in den Abteilungsgrößen zu verzeichnen [3.151].

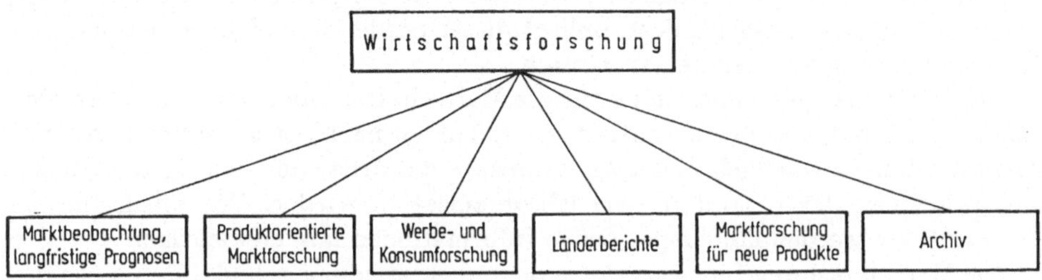

Abb. 3.5 Gliederungsbeispiel einer zentralen Marktforschungsabteilung.

Das verallgemeinernde Gliederungsbeispiel in Abb. 3.5 wurde nach Erhebungsergebnissen in der chemischen Großindustrie dargestellt. Mit der *Beobachtung* der *Wirtschaftsentwicklung* der gesamten Volkswirtschaft und großer Sektoren, die für die Absatzmärkte der Unternehmung besonderes Interesse besitzen, erfolgt eine unmittelbare Anknüpfung an die makroökonomischen Daten, wie sie Gegenstand der überbetrieblichen Wirtschaftsbeobachtung sind. Zwar werden solche Daten auch von überbetrieblichen Stellen erarbeitet und allgemein verfügbar gemacht, aber durch weitere Aufarbeitung und Ergänzungen des Materials für die Belange der Einzelunternehmung wird die produktorientierte Marktforschung erleichtert. Die Untersuchungen sind entwicklungsbetont. Man spricht auch von der Arbeitsgruppe für die betriebliche Konjunkturforschung. Volkswirte und Statistiker werden bevorzugt.

Hieraus leitet sich oft die Bezeichnung für die gesamte Marktforschungsabteilung mit ,,Wirtschaftsforschungsstelle“ oder ,,Volkswirtschaftliche Abteilung“ her. Dafür ist aber auch ursächlich, daß bei stärkerer Zentralisierung diese Teilfunktion eine eigene Abteilung bereits ausfüllt. In der chemischen Industrie wird die Bezeichnung ,,Marktforschung“ zuweilen nur auf die produktnahen Analysen, nicht dagegen auf die makroökonomisch ausgerichteten Entwicklungsuntersuchungen angewandt. Nicht selten wird in der ,,Volkswirtschaftlichen Abteilung“ auch noch eine Stelle für Presseinformationen, für ,,public relations“ und die allgemeine Firmenwerbung geführt.

Die *produktorientierte Marktforschung* muß eng mit den verschiedenen Verkaufssparten zusammenarbeiten. In Analogie zur dezentralisierten Eingliederung in die verschiedenen Verkaufssparten kommt eine weitere innere Gliederung und Produktspezialisierung dieser Gruppe in Frage. Wenn hierdurch eine Verzettelung befürchtet wird, werden die Projekte nach den jeweiligen Bedürfnissen und Schwerpunkten mit variablen Personalzuteilungen gebildet. In einem großen Chemiebetrieb wird dieses Arbeitsprinzip bei der überspartlichen Eingliederung einer produktorientierten Marktforschungsgruppe als Stabsstelle der gesamten Vertriebsleitung angewandt. In der deutschen Chemieindustrie beschränkt sich auch die produktorientierte Marktforschung oft noch auf marktwirtschaftlich-statistische Untersuchungen, d.h., die chemischen und technischen Probleme werden ausgeklammert. Mit diesen befassen sich dann Chemiker und Ingenieure ganz anderer Bereiche zumeist ohne äußere Erkennbarkeit.

Die *Werbe-* und *Konsumforschungsabteilung* ist wegen der andersgearteten Arbeitsmethoden abzutrennen. Sie hat bei Untersuchungen für Konsumgüter und bei Anwendung psychologischer Arbeitsmethoden größere Bedeutung. Werden diese Aufgaben ausgegliedert, obliegt dieser Stelle die Aufgabenplanung und Koordination mit den fremden Instituten.

War die zuerst genannte Stelle für die Wirtschaftsbeobachtung mehr absatzmarkt- oder kundengruppenorientiert, so treffen wir nach der produktorientierten Marktforschung schließlich in der *Ländergruppe* das dritte der wichtigsten Gliederungsprinzipien der gesamten Vertriebsorganisation wieder. Vor allem für die Exportmärkte werden länderspezifische Informationen immer wichtiger.

Die Marktforschung für *neue Produkte* und *Anwendungen* bildet den Kern der *technischen Marktforschungsaufgaben*. Umstritten ist nicht nur die Abspaltung von der produktorientierten Marktforschung, sondern die Alternative der Eingliederung in eine Zentralabteilung oder der dezentralen Wahrnehmung vor allem in den Bereichen Forschung und Entwicklung sowie Anwendungstechnik.

Es kann sein, daß die verschiedenen Marktforschungsstellen die jeweils interessierenden Primär- und Sekundärinformationen selbst sammeln und archivieren. Die Einrichtung eines besonderen *Marktforschungsarchives*, einer Literaturabteilung oder Dokumentationsstelle vor allem zur Sammlung und Aufbereitung der Sekundärinformationen verspricht aber einen besseren Wirkungsgrad, da das Informationsmaterial mehrfache Auswertungen ermöglicht. Mitunter ist eine Zusammenfassung mit der gesamtbetrieblichen Dokumentation vorteilhaft.

Die verschiedenen *Ablaufphasen* der Marktforschung sind weniger für innere Abteilungsgliederungen geeignet. Obwohl Planung und Auswertung einerseits und Erhebungsarbeit im Außendienst oft voneinander getrennt werden, spezialisiert man diese Aufgaben bei zentralisierter Marktforschung kaum. Hier hat nämlich die Spezialisierung auf Produkte den Vorrang, und das bei der Erhebungsarbeit gewonnene Vertrautsein mit einem Projekt kann man nicht voraussetzen, wenn die Aufgaben an andere Mitarbeiter übertragen werden.

3.25 Personalprobleme

3.251 Der Einsatz von Chemikern, Ingenieuren oder Kaufleuten

Die *fachlichen Anforderungen* der Chemiemarktforschung lassen sich in zwei Gruppen zusammenfassen, nämlich in solche methodischer Art und in solche der Produkt- und Branchenkenntnisse. Bezüglich der chemischen Produkte, ihrer Herstellverfahren und der chemischen Weiterverarbeitung ist chemisches Wissen notwendig. Für die Verarbeitungsverfahren in den verschiedenen Folgeindustrien können auch Kenntnisse ingenieurtechnischer Disziplinen größere Bedeutung erlangen (z.B. Einsatz von Textilingenieuren für Marktforschungsaufgaben in der Textilindustrie). Da sich ein umfassendes chemisches und technisches Wissen während der Berufspraxis schwerer zusätzlich erwerben läßt als die Kenntnis der Marktforschungsmethoden und wirtschaftlichen Hintergründe, hat sich die Bevorzugung von *Chemikern* oder *Chemieingenieuren* in den USA durchgesetzt.

Die methodischen, nämlich statistischen, wirtschaftlichen, vielleicht auch psychologisch-soziologischen Kenntnisse, dominieren dagegen im Bereich der Konsumgütermarktforschung, ferner bei der allgemeinen Wirtschaftsbeobachtung der Absatzmärkte. Bestehen Marktforschungsgruppen aus vielen Mitarbeitern, so wird man die Vorteile der Teamarbeit zwischen verschiedenen Spezialisten ausnutzen können. In den westeuropäischen Ländern setzt man für die Tätigkeit des Chemiemarktforschers eine chemische oder technische Grundausbildung im allgemeinen nicht voraus. Hier wird eine ganze Reihe von Argumenten dafür vorgebracht, daß auch Kaufleute oder Volkswirte mit vielleicht zusätzlich angeeigneten technischen Kenntnissen gut für produktnahe Marktforschungsaufgaben verwendbar wären, wobei Parallelen zu den Personalproblemen bei der eigentlichen Verkaufstätigkeit bestehen (vgl. Kap. 6.53):

1. Der Marktforscher hat die Möglichkeit der Beschaffung der technischen Informationen durch Befragung von Chemikern und Ingenieuren aus allen denkbaren Abteilungen der eigenen Unternehmung. Er kann sich auch hinsichtlich der Formulierung von Fragestellungen für die Erhebungsarbeit helfen lassen.

2. Die Knappheit an naturwissenschaftlich und ingenieurtechnisch ausgebildetem Personal läßt den Einsatz als Marktforscher nicht zu [3.144], außerdem sind die höheren Kosten für dieses Personal ein Hinderungsgrund.

3. Die Chemiker selbst sehen in einer solchen Tätigkeit wenig Anreiz, wobei die noch weit verbreitete Vorstellung zugrunde liegt, daß ein Chemiker nur dann berufsgemäß tätig ist, wenn er der Forschung oder Produktion dient. Der „Schreibtischchemiker“ als Inbegriff für andere Tätigkeiten ist wenig geachtet.

Diesen Argumenten ist entgegenzuhalten:

Zur Informationsbeschaffung müssen die Fragestellungen erst einmal vollständig formuliert werden, was bereits weitreichende chemische und technische Kenntnisse voraussetzt. Zumindest muß die Sprache des Chemikers gut verstanden werden, wenn nicht überhaupt jede produktnahe Problembearbeitung von vornherein scheitern soll. Ergeben sich bei persönlichen Befragungsaktionen im Gespräch unerwartet neue Diskussionspunkte, so kann der Marktforscher einem Chemiker oder Ingenieur gegenüber schnell als unkundig entlarvt und in eine schwierige Situation gebracht werden. Besonders nachteilig wäre es, bei Befragungsaktionen sowohl technisch als auch kaufmännisch geschulte Mitarbeiter zu den gleichen Gesprächspartnern entsenden zu müssen.

Die Überbewertung des Kostenargumentes steht oft im Zusammenhang mit der Unterschätzung des Nutzens der Chemiemarktforschung.

Wenngleich der überwiegende Teil unserer heutigen Chemiemarktforscher aus dem kaufmännischen Bereich kommt, beschäftigen sich dennoch viele Chemiker und Ingenieure gelegentlich mit solchen Aufgaben. Aber auch das Berufsbild des Marktforschers mit kaufmännischer Grundausbildung ist uneinheitlich. Teilweise werden Verkaufspraktiker, teilweise akademisch gebildete Kräfte eingesetzt. Im Rahmen des Hochschulstudiums bestehen nur begrenzte Möglichkeiten einer fachlichen Spezialisierung auf die Marktforschung. Während der letzten Jahre sind Ausbildungsmöglichkeiten durch Kurse und Seminare von Verbänden und Marktforschungsinstituten hinzugekommen [3.237].

Wenn die Chemiemarktforschung ihren schwierigen Aufgaben gerecht werden soll, sind an die fachlichen und menschlichen Qualifikationen der Mitarbeiter hohe Anforderungen zu stellen. Die Chemiemärkte sind oft nicht leicht überschaubar. Sowohl bezüglich der eigenen Recherchen als auch bezüglich der Abgabe von Informationen wird vom Chemiemarktforscher ein hohes Maß an Einfühlungsvermögen und Eigenverantwortlichkeit verlangt. Sollen die Studien schließlich als wichtige Grundlage für Investitionsentscheidungen dienen, sind die Risiken aus der Zuverlässigkeit und Gewissenhaftigkeit der Mitarbeiter beachtlich.

3.252 Einschaltung der Vertriebsaußenorganisation

Mit zunehmendem Interesse an der Marktforschung hat man in vielen Chemiebetrieben eine hilfsweise Verwendung des im Außendienst eingesetzten Verkaufspersonals und der Anwendungstechniker in Erwägung gezogen. Diese Regelung ist oft anzutreffen, wenigstens bezüglich der Gewinnung von Primärinformationen aus den laufend aufgesuchten Kundenbetrieben. Günstig sind die Ausnutzung bereits bestehender Kundenkontakte und der Wegfall zusätzlicher Erhebungskosten. Dennoch sind die Nachteile nicht zu übersehen.

Besonders störend wirken die verschiedenen *Interessenlagen* von *Verkäufer* und *Einkäufer*. Die typische Grundeinstellung des Verkäufers ist optimistisch. Er hat oft vorgefaßte Meinungen über eigene Produkte, Konkurrenzerzeugnisse, Unternehmungen, die Bedarfslage und anderes. Schließlich sind auch seine Verkaufsinteressen oder die Absicht, die eigenen Leistungen günstig herauszustellen, einer streng neutralen, objektiven Informationsgewinnung abträglich. Bestehende Kontakte mit den Einkäufern der Kundenbetriebe sind nicht ausreichend, wenn die Kreise der zu befragenden Personen weit ausgedehnt werden sollen. Es sind nämlich auch aufzusuchen: Vertreter der Forschung, Produktion und des Vertriebes der Kundenbetriebe, ferner Betriebe der Nachmärkte oder sogar Letztverbraucher, unabhängige Bedarfsberater, Lieferanten von Anlagen oder sogar Konkurrenzbetriebe. Wenn bereits die Verbindung der Verkaufsgespräche mit größeren Marktforschungsinterviews den Verkäufer zusätzlich belastet, so wird die genannte Ausweitung der Kontakte für Erhebungszwecke bald eine untragbare Ablenkung von den eigentlichen Verkaufsaufgaben bedeuten. Die Sachkenntnisse der Einkäufer der Kundenbetriebe sind ohnehin begrenzt. Daneben bestehen mitunter subjektive Bedenken der Preisgabe von Informationen, besonders gegenüber den Verkäufern der Lieferanten. Oft sind die Einkäufer deswegen abgeneigt, ihre vollen Bedarfszahlen offenzulegen, weil hiervon ein wachsender Druck zur Erhöhung der Abschlüsse befürchtet wird. Aus der Praxis eines deutschen Chemiebetriebes wird der eigenartige Fall berichtet, daß die Einkäufer der Kundenbetriebe ihre Gesamtbedarfsmengen überwiegend nicht den Verkäufern, sondern höchstens den Marktforschern bekanntgeben, aber auch dann nur gegen die Zusicherung, diese Zahlen dem Verkaufspersonal nicht weiterzuleiten. Als störend wird weiter angesehen, wenn sich aus den Fragestellungen keinerlei Anhaltspunkte über die verfolgten Untersuchungsziele erkennen lassen und die im Auftrag der Marktforscher recherchierenden Verkäufer auf entsprechende Fragen der Einkäufer nicht antworten können [3.25].

Die Verwendung der im Außendienst eingesetzten *Anwendungstechniker* mag in mancher Hinsicht günstiger erscheinen. Der technische Berater hat besseren Einblick in die Produktions- und Verbrauchsverhältnisse der Kundenbetriebe, während das unmittelbare Eigeninteresse an den Verkaufsabschlüssen zurücktritt. Manches, was über eine spezielle Befragungsaktion umständlich und schwierig zu erfahren wäre, übersieht der Anwendungstechniker vielleicht sofort bei Besichtigung der Anlagen, oder er erfährt es im zwanglosen Gespräch mit Entwicklungs- und Produktionsleuten der Kundenbetriebe. Freilich ist die Möglichkeit des unkontrollierten Abflusses von Informationen für manche Kundenbetriebe einer der Gründe, der anwendungstechnischen Beratung durch die Lieferanten Vorbehalte entgegenzusetzen. Diese könnten sich verstärken, wenn die Anwendungstechniker offenkundig größere Befragungsaktionen für Marktforschungszwecke durchführen. Solche Maßnahmen stehen auch etwas im Widerspruch zu dem Eindruck der reinen Kundendienstleistung, den man für die Anwendungstechnik gern in Anspruch nehmen möchte. Schließlich ist auch die Reichweite der durch die anwendungstechnische Kundenberatung gewonnenen Verbindungen begrenzt. Nicht alle Kundenbetriebe oder deren Betriebsteile sind beratungsbedürftig oder -interessiert. Hinsichtlich der Erhebungen in Folgemärkten oder bei Konkurrenzbetrieben werden die Voraussetzungen nicht günstiger sein als bei der Verkaufsaußenorganisation.

3.3 Untersuchung der Angebotsseite

3.31 Produkt- und Verfahrensuntersuchung

3.311 Die Produktanalyse als Ausgangsbasis

Die *Produktanalyse* hat als Ausgangspunkt der Marktforschung die Festlegung aller absatzwirksamen Eigenschaften des Produktes zum Gegenstand und dient sowohl der Angebots- wie der Bedarfsuntersuchung. Die bereits eingangs dargestellten Absatzfaktoren chemischer Produkte, des Produktionsprogramms, der Produktionstypen und der Marktfaktoren (Kap. 1.4) können einen allgemeinen Leitfaden für Umfang und Gegenstand der Produktanalyse abgeben, doch werden das vorliegende Produkt und die konkrete Aufgabenstellung eine Vertiefung in ganz bestimmter Richtung verlangen.

Die Produktanalyse wird hier als absatzwirtschaftlicher und spezieller Terminus der Marktanalyse verstanden, wobei die *chemische Analyse* zur Festlegung der chemischen Zusammensetzung des Produktes nur einen kleinen Teilaspekt darstellt. Wichtiger ist die Festlegung der chemischen, physikalischen, physiologischen sowie anwendungstechnischen Eigenschaften des Produktes. Neben den üblicherweise und aus der Sicht des Herstellers interessierenden Kenndaten sind hiervon abweichende subjektive Bewertungsmerkmale aus der Sicht des Verwenders zu ermitteln. Diese Bewertungen können in den verschiedenen Verwendungssektoren wesentlich voneinander abweichen. Die Produktanalyse mündet hier unmittelbar in die Aufgaben der Verwendungsforschung.

Die zweifelsfreie *Kennzeichnung* des zu untersuchenden Produktes und aller Konkurrenzprodukte der Produktgruppe oder auch der Produktbestandteile erfordert die gleichzeitige Angabe wissenschaftlicher Bezeichnungen, Trivialnamen, Handelsnamen, gebräuchlicher Kurzbezeichnungen sowie firmenindividueller Markierungen (Kap. 5.6). Wichtig ist die Einordnung des Produktes in sekundärstatistische Warenverzeichnisse und Gliederungshierarchien mit Angabe der Produkt- oder Meldenummern. Spezielle Produkt- und Branchenverzeichnisse, Firmenkataloge und -druckschriften, chemische Datensammelwerke sowie Trivialnamenkarteien leisten hierbei wertvolle Hilfe. In Tab. 3.1 sind als Beispiel einige Hinweise zur chemischen Charakterisierung von zwei Produkten angegeben. Die Informationen könnten um ein vielfaches gesteigert werden, doch wird dies nur fallweise und in einer ganz bestimmten Richtung notwendig sein.

Tabelle 3.1 *Chemische Produktcharakterisierung definierter Verbindungen*

Chemische Nomenklatur	1,3,5-trichlor-2,4,6-trioxo-hexahydro-s-triazin	1,3-dichlor-2,4,6-trioxo-hexahydro-s-triazin
Trivialnamen	Trichlorisocyanursäure Trichlortricarbenimid Isocyanursäuretrichlorid Isocyanurtrichlorid	Dichlorisocyanursäure Dichlortricarbenimid Isocyanursäuredichlorid Isocyanurdichlorid
Chemische Strukturformel	Cl N O=C C=O Cl—N N—Cl C O	H N O=C C=O Cl—N N—Cl C O
Molekulargewicht	232,42	197,97
Chlorgehalt [%]	45,8	35,8

Tabelle 3.2 *Aufgliederung der Weichmacherproduktion in den USA 1964* [3.107]

Produkt	Produktion [t]	Preis [$/lb]
Weichmacher, insgesamt	432000	0,21
Cyclische Weichmacher, insgesamt	326000	0,17
davon		
Phthalsäureester, insgesamt	272000	0,16
davon		
Dioctylphthalat	86000	0,14
Diisooctylphthalat	61000	0,14
Diisodecylphthalat	35000	0,15
Dibutylphthalat	8000	0,19
Phosphorsäureester	26000	0,28
davon		
Trikresylphosphat	15000	0,27
Sonstige cyclische Weichmacher	26000	0,29
Aliphatische Weichmacher, insgesamt	106000	0,32
davon		
epoxydierte Ester	26000	0,24
lineare Polyester und polymere Weichmacher	20000	0,40
Adipinsäureester	16000	0,26
Azelainsäureester	6000	0,31
Sebazinsäureester	5500	–
Phosphorsäureester	5000	0,39
Oleinsäureester	5000	0,24

Das Zurückführen der Bezeichnungen für chemische Spezialitäten auf die chemischen Stoffbezeichnungen kann bereits schwierig sein. Oft hat man die Produkte aus größeren, nach Anwendungsgebieten unterschiedenen Spezialitätengruppen, für welche nur stark kumulierte Marktinformationen verfügbar sind, erst herauszuschälen. Dabei kann es vorkommen, daß gleiche oder ähnliche chemische Produkte mehrfach unter ganz verschiedenen Produktgruppen stehen, wie etwa Phenolformaldehydharze unter Lackharzen, Preßmassen, Leimharzen und anderem. Das Produktspektrum der *Kunststoffhilfsstoffe* ist z.B. außerordentlich vielseitig. Vielleicht interessiert man sich hierbei nur für die Untergruppen der Weichmacher, UV-Stabilisatoren, Wärmestabilisatoren, flammenhemmenden Zusätze, Antioxydantien, Polymerisationshilfsmittel, optischen Aufheller, Farbstoffe, antistatischen Mittel. Konzentriert man sich etwa nur auf die *Weichmacher*, sind zunächst die verschiedenen Verbindungsklassen und dann die gängigen Einzelprodukte zu ermitteln. Tab. 3.2 bringt eine Zusammenstellung der wichtigsten weichmachenden Verbindungen und Verbindungsklassen nach einer Marktanalyse über Kunststoffhilfsmittel in den USA.

3.312 Eingrenzung der Angebotsuntersuchung

Einschränkungen des Untersuchungsobjektes ergeben sich dann, wenn nur ganz bestimmte Spezifikationen und Anwendungsbereiche von Interesse sind. Stickstoff-, Phosphor- oder Schwefelverbindungen bilden z.B. in den sog. „technischen" Verwendungen ganz andere Märkte als etwa im Düngemittelsektor, der bei herabgesetzter Sorten- und Verwendungsvielfalt die Hauptmenge der Produktion aufnimmt. Lassen sich bei Industriechemikalien mehrere handelsübliche oder von den Abnehmern fallweise geforderte Spezifikationen in einfachen endständigen Fertigungsoperationen herstellen, bleiben solche Produktdifferenzierungen gewöhnlich unbeachtet, da sie die Angebotsuntersuchung nur unnötig komplizieren würden. Für das Produkt werden dann eine einheitliche Konzentration sowie der Gehalt der maßgeblichen Bestandteile (N-Gehalt von Stickstoffverbindungen, P_2O_5-Gehalt von Phosphatdüngemitteln) zugrunde gelegt. Alle Verbindungen werden hierauf über ihre äquivalenten Stoffinhalte umgerechnet. Bei der Untersuchung des Absatzmarktes für einen bestimmten Kunststoff kann man die letzte Fertigungsstufe der Konfektionierung nach speziellen Kundenwünschen (Einfärben, Granulieren, Verpacken) meistens ausklammern und die Produkte entsprechend zusammenfassen. Die Einschränkung kann sich auch auf bestimmte Reinheitsgrade erstrecken, wenn diese aus technischen und wirtschaftlichen Gründen nur bestimmten Verwendungen zugeordnet sind. So findet etwa Salmiak (Ammoniumchlorid) in chemich reiner sowie pharmazeutischer Qualität ganz andere Angebots- und Nachfrageverhältnisse als die technische Qualität zur Verwendung in der NE-Metallindustrie, zur Herstellung von Trockenelementen oder zur Herstellung von Wettersprengstoffen.

3.313 Erweiterung auf produktionsverwandte Erzeugnisse

Wesentliche und oft schwierige Erweiterungen entstehen aus der häufig notwendigen Einbeziehung produktionsverwandter und bedarfsverwandter Erzeugnisse. Die *Produktionsverwandtschaft* erstreckt sich etwa auf die Ausnutzung der gleichen Rohstoffbasis, eines verwandten wissenschaftlichen und technischen Erfahrungsschatzes, auf günstige Ausnutzungsmöglichkeiten der gleichen Apparatur in Wechselfertigung oder Kuppelproduktbindungen. Chlor und Natronlauge sind bei dem heute fast allein bedeutsamen Herstellungsprozeß durch Chlor-Alkali-Elektrolyse Kuppelprodukte, die wenig bedarfsverwandt sind, jedoch bei einer Angebotsuntersuchung sowohl von Chlor als auch von Natronlauge regelmäßig gemeinsam berücksichtigt werden müssen. Die Beschränkungen in der Freiheit der absatzwirtschaftlichen Programmwahl finden sich in der Marktanalyse wieder.

Als Produktionsverwandtschaft wird man auch in der Nähe liegende Folgeprodukte in vertikalen Produktionsketten ansprechen müssen, weil solche Zusammenfassungen technisch und wirtschaftlich naheliegen und zu einem gleichzeitigen Angebot der verschiedenen Stufenerzeugnisse führen.

3.314 Erweiterung auf bedarfsverwandte Erzeugnisse

Noch wesentlicher sind die Erweiterungen durch Berücksichtigung von *Bedarfsverwandtschaften*. Hierhin gehören vor allem Substitutionskonkurrenzen und bedarfskomplementäre Erzeugnisse.

Substitutionskonkurrenzen werden über die Analyse der Verbrauchsstrukturen der in Frage kommenden Konkurrenzprodukte und die Wirtschaftlichkeitsanalyse der konkurrierenden Verwendungen erfaßt. Dabei sind vor allem die Gestehungskosten der Konkurrenzprodukte, die Kosten der Nachverarbeitung zu den im Substitutionsverhältnis stehenden Folgeprodukten und deren Qualitätsunterschiede zu berücksichtigen. Bei substituierbaren Hilfsstoffen werden die Verarbeitungskosten an Bedeutung zurücktreten, wenn es sich z. B. nur um einfache Mischprozesse handelt. Die Substitutionskonkurrenz besteht gewöhnlich nur im Hinblick auf bestimmte Verwendungen, nämlich im Schema der Abb. 3.6 beispielsweise für die Folgeprodukte F_3 und F_5, welche die Produkte A und B damit ins Substitutionsverhältnis bringen.

Die wichtigen petrochemischen Grundstoffe Acetylen und Äthylen liegen heute in Substitutionskonkurrenz bezüglich mehrerer Folgeprodukte wie Acetaldehyd, Essigsäure, Vinylchlorid oder Acrylnitril. Dies ist dagegen nicht der Fall bezüglich des Polyäthylens oder Äthylenoxids, bei denen das Acetylen erst durch Hydrierung in das Vorprodukt Äthylen überführt werden müßte, ein wegen des gegenüber Acetylen heute niedrigeren Äthylenpreises unwirtschaftlicher Prozeß. In den genannten Substitutionskonkurrenzen wird das Acetylen mehr und mehr durch das Äthylen bedrängt, was sich am bisherigen Entwicklungstrend der Kapazitäts- und Produktionszahlen, der wirtschaftlichen Kenndaten der Acetylen- und Äthylenpreise sowie der jeweiligen Verarbeitungskosten verfolgen läßt. Die Substitutionskonkurrenz zwischen den beiden Rohstoffen wird aber durch weitere Rohstoffe überlagert, wie etwa durch das wachsende Angebot an Propylen (z. B. zur Herstellung von Acrylnitril), das zugleich Kuppelprodukt der Crackprozesse auf Äthylen ist.

Während im genannten Beispiel *Qualitätsunterschiede* der homogenen Folgeprodukte keine Rolle spielen, wird die Untersuchung von Substitutionsverhältnissen im Rahmen der Produktanalyse und Verwendungsforschung in anderen Fällen durch auftretende Qualitätsunterschiede erschwert. Eine Verknappung des Schwefelangebotes eröffnet der Salpetersäure Substitutionschancen gegenüber der Schwefelsäure beim Aufschluß von Rohphosphaten. Beim Produktvergleich zwischen Salpetersäure und Schwefelsäure in dieser Anwendung wird aber der andersartige Nutzwert der Endprodukte sorgfältig zu berücksichtigen sein (zusätzliches Stickstoffeinbringen, Nährstoffkonzentration, Hygroskopizität usw.).

Das Phänomen der *Bedarfskomplementarität* kann ebenfalls zur gleichzeitigen Einbeziehung mehrerer Produkte veranlassen. Bei Spezialitäten werden häufig ganze Sortimente bedarfsverwandter Produkte gleichzeitig untersucht. Erfolgt die Nachverarbeitung aufgrund chemischer Umsetzungen, stellt sich die Frage nach der Einbeziehung der bedeutsamen anderen Reaktanden, da das gleichzeitige Angebot der zur Weiterverarbeitung benötigten Reaktionsteilnehmer bei

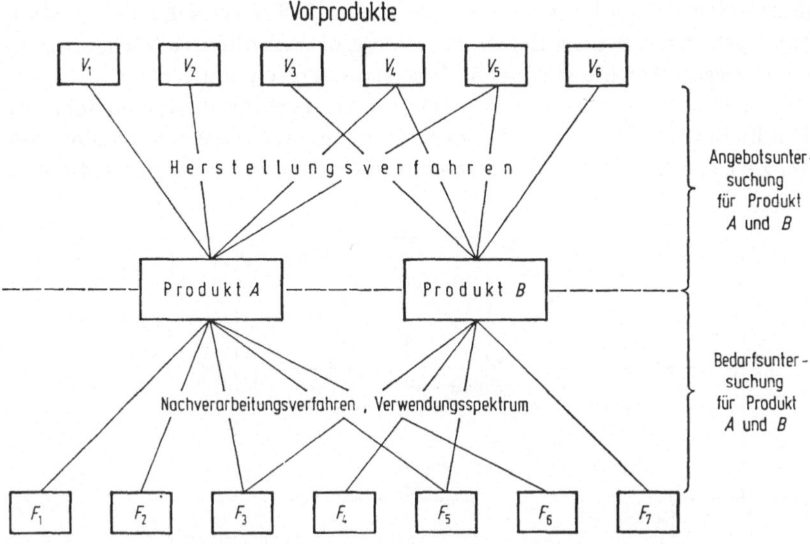

Abb. 3.6 Grundschema der Angebots- und Bedarfsuntersuchung.

der Beurteilung der Konkurrenzverhältnisse auf der Angebotsseite eine große Rolle spielt. Wird z.B. das Angebot von Phenol, Harnstoff oder Melamin für die Verarbeitung auf Pheno- und Aminoplaste analysiert, so muß die Verfügbarkeit der bedarfsäquivalenten Formaldehydmengen geprüft werden.

3.315 Verfahrenskonkurrenz

Ein vereinfachtes und idealisiertes Schema der typischen herstellungs- und verwendungsseitigen Verflechtungen chemischer Produkte ist in Abb. 3.6 dargestellt. Ein bestimmtes Produkt *A* möge zunächst als Marktforschungsobjekt durch die Produktanalyse festgelegt worden sein, das dem Zentrum sowohl der Angebots- als auch der Bedarfsuntersuchung angehört. Die verschiedenen *Verwertungsverfahren* und Folgeprodukte, in Abb. 3.6 nur für den Primärmarkt dargestellt, sind an sich erst Teile der späteren Bedarfsuntersuchung (Kap. 3.4). Durch Substitutionsbeziehungen in verschiedenen Verwendungen oder Bedarfskomplementarität kann diese Bedarfsverwandtschaft jedoch auf das Ausgangsobjekt der Marktanalyse zurückwirken und die Einbeziehung von Produkt *B* nahelegen. Eine wichtige Aufgabe der Angebotsuntersuchung entsteht durch die entgegengesetzt gerichtete Fächerung der verschiedenen *Produktionsverfahren*, durch die die im Mittelpunkt der Untersuchung stehenden Produkte gewöhnlich aus verschiedenen Vorprodukten zugänglich sind. Genau wie von seiten der

Bedarfsverwandtschaft (Folgeprodukte F_3 und F_5) geht nun auch von seiten der Produktverwandtschaft auf der Herstellungsseite eine Erweiterung des interessierenden Produktkreises in der Mitte aus. Die Verfahrenskonkurrenz betrifft also Herstellungs- und Nachverarbeitungsverfahren, welche diese Eigenschaften aber erst mit der Bestimmung des Projektionszentrums erhalten.

Diese grundsätzlichen Verflechtungen auf der Angebots- und Nachfrageseite, die in den zu untersuchenden Produkten eine Bündelung erfahren, sind trotz ihrer vereinfachenden Darstellung gut dazu geeignet, die Teilbereiche der Chemiemarktforschung systematisch festzulegen. Hiervon gibt es freilich vielfältige Abweichungen, die wiederum für die chemische Industrie typisch sind.

Anstelle von Vorprodukten aus einstufigen Verfahren können mehrere Vorprodukte in Betracht kommen, die nicht nebeneinander stehen, sondern teilweise auch als Zwischenprodukte in *mehrstufigen* Konkurrenzverfahren auftreten.

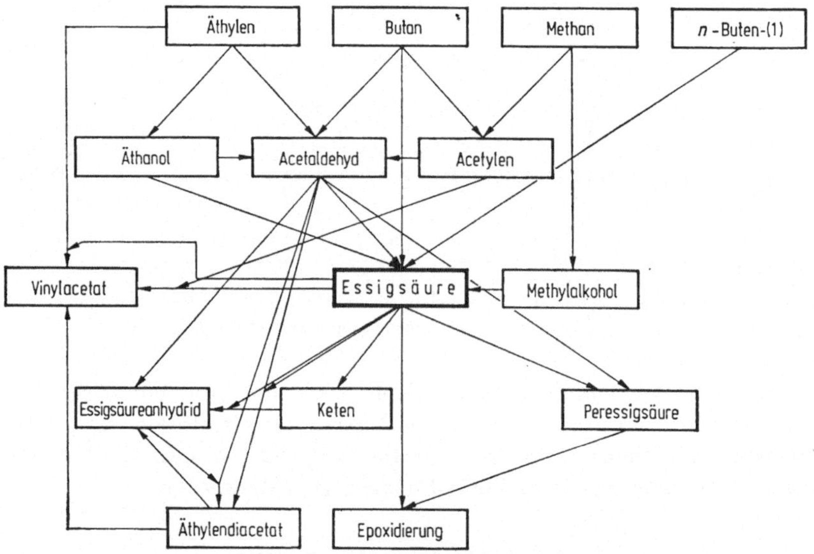

Abb. 3.7 Der Essigsäureverfahrenskomplex, nach [3.2].

Das Objekt der *Angebotsuntersuchung* sei z.B. *Essigsäure* (Abb. 3.7). Essigsäure ist aus Butan durch Flüssigphasedirektoxydation darstellbar, andererseits nach dem älteren Verfahren der Oxydation von Acetaldehyd. Dieser Acetaldehyd kann aber ebenfalls aus Butan, nämlich durch Dampfphasenoxydation, gewonnen werden, ferner aus Äthylen, Äthanol oder Acetylen. Hier stehen also Verfahrenskombinationen zur Gewinnung von Essigsäure der einstufigen Gewinnung aus Butan gegenüber. Es tritt dabei die Frage auf, wie weit man bei der Zurückverfolgung der Vorprodukte gehen soll. Selbst wenn man das Produktionsbild im vorliegenden Fall dadurch vereinfachen wollte, daß nur einstufige Vorproduktionen betrachtet werden, dürfte bei den Parallelverfahren aus Butan und Acetaldehyd der Syntheseweg zwischen diesen beiden „Vorprodukten" selbst nicht unberücksichtigt bleiben. Die nicht einfache Darstellung des Komplexes der Produktionsverfahren und einiger wichtiger chemischer Verwendungen der Essigsäure in Abb. 3.7 mag diesen Fall illustrieren.

Auch auf der *Verwendungsseite* ergeben sich ganz analoge Verhältnisse durch mehrstufige Prozesse. Endlich ist ein *Kurzschließen zwischen Folge- und Vorprodukten* durch direkte Synthesewege unter Umgehung der in den eigentlichen Mittelpunkt der Marktanalyse gestellten Produkte möglich. Dies würde nach Abb. 3.7 z.B. für die Herstellung von Peressigsäure oder Essigsäureanhydrid unmittelbar aus Acetaldehyd zutreffen. Würde man etwa Acetaldehyd zum Ausgangspunkt der Marktanalyse machen, so wäre Essigsäure als Folgeprodukt des Butans auch direkt zugänglich.

Wiederum wird aus diesen Beispielen deutlich, daß die Abgrenzung der zu untersuchenden Produkte, ihrer Vorprodukte, Herstellverfahren sowie Folgeprodukte und Verwertungsverfahren stets nur einen nach Zweckmäßigkeitsgesichtspunkten abgegrenzten Ausschnitt aus den Produktionszusammenhängen der chemischen Industrie darstellt. Eine weitere Frage betrifft die Realisierung bestimmter Ausschnitte aus diesen Produktionskomplexen durch die Produzenten.

In die Verflechtungen sind naturgemäß *alle Reaktionspartner* einbezogen, doch wird man je nach der Fragestellung bestimmte Einsatzstoffe und auch anfallende Spaltprodukte unberücksichtigt lassen. Der Einsatz mehrerer Reaktanden für ein Produkt ist in Abb. 3.7 durch zusammenlaufende Linien angedeutet. Ubiquitäre oder weniger kostspielige Rohstoffe, die zum Teil den Charakter von Hilfsstoffen haben, wird man gern vernachlässigen, wie etwa Luftsauerstoff, Prozeßwasser, oft aber auch die Reagenzien zum Einführen oder Verändern funktioneller Gruppen an den chemischen Grundkörpern (z.B. Salpetersäure als Nitriermittel, Schwefelsäure für Sulfonierungen, Kohlendioxid zur Carboxylierung u.a.).

Entstehen bei den konkurrierenden Herstellverfahren chemische *Zwischenprodukte*, die keine oder nur eine ganz untergeordnete Bedeutung für sonstige Verwendungen haben, wird man die *Stufenfolge* der *Synthesewege* auszudehnen haben, bis man zu echten Vorproduktalternativen und vergleichsfähigen Vertikal-

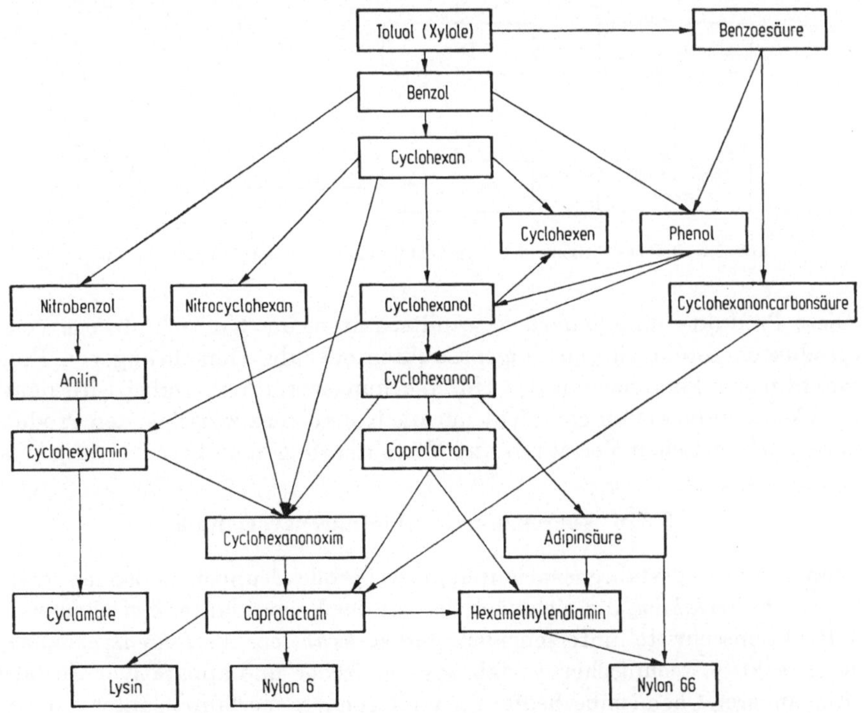

Abb. 3.8 Produktionsverfahren für Caprolactam und Folgeprodukte [3.19].

folgen gelangt. Diese Stufenfolgen werden nämlich angebotsseitig von den konkurrierenden Produzenten meistens gleichfalls wahrgenommen. Abb. 3.8 zeigt beispielsweise die heute wichtigsten Polyamidsynthesen, die erst bei der Einbeziehung von 5–6 Verfahrensstufen ein richtiges Bild vermitteln. Andererseits bleiben solche Teilreaktionen unberücksichtigt, die unverändert innerhalb eines technischen Verfahrens zusammengefaßt werden. Sie interessieren evtl. bei der Ermittlung von Verbrauchskoeffizienten.

Es gibt auch Fälle der *Stoffrückführung* oder der *Umkehrung* der *Produktionsrichtung*, besonders im Verein mit anfallenden Kuppelprodukten.

Eine Angebotsanalyse von *Chlor* müßte in erster Linie vom Erzeugungsverfahren der Elektrolyse wäßriger NaCl-Lösungen ausgehen. Abgesehen vom nicht sehr bedeutenden Parallelverfahren der Schmelzflußelektrolyse werden aber zunehmende Mengen von Chlorwasserstoff nach Oxydations- oder Elektrolyseverfahren ebenfalls auf Chlor verarbeitet, wobei der größte Teil zuvor selbst aus Chlor erzeugt wurde (Abfall-Kuppel-Produkt besonders aus Chlorierungen von Kohlenwasserstoffen). Auf der anderen Seite müßte man Chlorwasserstoff auch neben dem Chlor betrachten, weil Chlorwasserstoff das Chlor ersetzen kann (z. B. Hydrochlorierung von Acetylen anstelle der Chlorierung von Äthylen und Crackung des entstehenden 1,2-Dichloräthans bei der Darstellung von Vinylchlorid). Die Verhältnisse sind am einfachen Blockfließbild der Abb. 3.9 veranschaulicht (weitere Einzelheiten siehe Kap. 3.442).

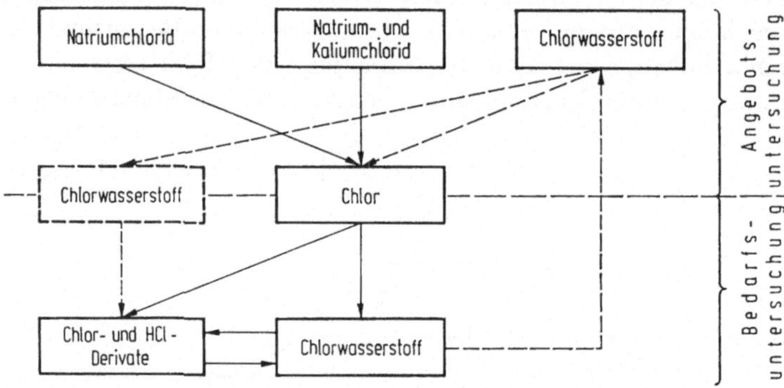

Abb. 3.9 Berücksichtigung der Stoffrückführung in der Marktanalyse für Chlor.

Diese Produkt- und Bedarfsverwandtschaften, die Kurzschlußwege von den Vorprodukten direkt zu den Folgeprodukten oder die Umkehrung von Produktionsrichtungen komplizieren das Untersuchungsverfahren. Dabei wird deutlich, daß bei Marktuntersuchungen nicht nur die Konkurrenz zwischen den Produkten, sondern auch zwischen Verfahren und Verfahrensfolgen zu berücksichtigen ist.

3.316 Abgrenzung der Verfahrensvarianten

Man kann die Verfahrensvarianten in zwei große Gruppen einordnen: *chemisch andersartige Verfahren*, die sich nach der Art der Vorprodukte, Zwischenprodukte und Reaktionsschritte unterscheiden; ferner *technische Verfahrensvarianten* mit anderer reaktionstechnischer, verfahrenstechnischer und apparativer Gestaltung.

Ein anderer Chemismus bedingt grundlegendere Verfahrensunterschiede und wird eine ganz andere technische Anlagengestaltung fast automatisch erfordern.

Tabelle 3.3 *Technische Verfahrensvarianten der Herstellung von Acrolein durch Propylenoxydation* [3.8]

Verfahren	Katalysator	Temperatur [°C]	Verweilzeit [s]	Gaszusammensetzung [Volumenteile]	Umsatz je Durchgang [%]	Ausbeute [%]	Bemerkung[1]
Shell	Cu_2O auf SiC oder Al_2O_3, Jod als Promotor	370···400	0,2	4,4 Propylen 1 Sauerstoff 4,7 Wasserdampf	14	68···81	Propylenrückführung
Sohio	Wismut-Phosphor-Molybdat auf Kieselsäure	425···480	1,6	1 Propylen 9,3 Luft 3,5 Wasserdampf	56	70	wenn Propylen zurückgeführt wird
Distillers	CuO auf Al_2O_3 oder Silicagel oder Bimsstein, Selen als Promotor	320···350	2···2,5	2 Propylen	90···95	81···82	hohes Sauerstoff-Propylen-Verhältnis erforderlich, um hohe Umsätze zu erzielen; keine Propylenrückführung
Montecatini	mit Kupfer plattierte Rohrspiralen	390	0,5	42 Propylen[2] 8 Sauerstoff 50 Wasserdampf	78	91	4 atü

[1] Die Verfahren werden drucklos oder unter Drücken bis zu 5 at durchgeführt. [2] in Prozent.

Tabelle 3.4 *Neuentwicklungen organisch-chemischer Verfahren Mai–Sept. 1967, auszugsweise nach* [3.209]

Produkt	Verfahren	Unternehmung	Kennzeichnung	Bemerkungen
Essigsäure	Umsetzung von n-Butenen	Farbenfabriken Bayer AG, BRD	n-Butene werden mit Essigsäure zu Butylacetat umgesetzt, das mit Luft oder Sauerstoff oxydiert wird, Ausbeute 60%	–
Acrylnitril	katalytische Reaktion	Vistron Corp., Lima, Ohio, USA	Ersatz der Katalysatoren auf Wismutbasis des Sohio-Verfahrens durch einen neuen Katalysator (Katalysator 21)	Produktion von Katalysator 21 wurde aufgenommen
Adipinsäure-dinitril	Elektrolyse	Asahi Chemical Industry Co., Kawasaki, Japan	Hydrodimerisierung von Acrylnitril zu Adipinsäuredinitril. Katholytkonzentration unter 7% Acrylnitril, Unterdrückung der Bildung von Propionsäurenitril	technische Versuchsanlage in Betrieb, Anlage mit 20 Mill. lb/a in Planung
Aromatische Isocyanate	katalytische Reaktion	American Cyanamid Co., Bound Brook, N.J., USA	aromatische Nitroverbindungen, wie Nitrobenzol, werden mit Kohlenmonoxid an Übergangsmetallkatalysatoren umgesetzt	–
Blausäure	–	U.S. Bureau of Mines, USA	es wurden Ausbeuten von 140–220 lb/t bituminöser Kohle erreicht. Hochwertiger Ruß entsteht als Nebenprodukt	Erprobung im Labormaßstab. Wirtschaftliche Betriebsgröße 40 Mill. lb/a
Methanol	Niederdruck-katalyse	ICI Ltd., Billingham, England	Betriebsdruck 50 atü, Synthesetemperaturen zwischen 200 und 300°C	eine Anlage mit 100000 t/a Kapazität ist in Betrieb
o-Phthalsäure-dinitril	Ammonoxydation von o-Xylol	BASF, BRD	wirtschaftlicher Prozeß mit Verwendung spezieller Katalysatoren	eine Anlage mit 13 Mill. lb/a geht Ende 1968 in Betrieb
Natrium-hypochlorit	Chlorierung	Tops Chemical Co., Richmond, Calif., USA	verdünnte Natronlauge wird in einem stehenden Rohrreaktor mit flüssigem Chlor beaufschlagt	vorgefertigte Anlagen (package plants) sind verfügbar

Technische Verfahrensvarianten bei grundlegend gleichem Chemismus werden immer reichlicher verfügbar. Die Unterschiede sind nicht so offenkundig. Sie gehen im Einzelfall zurück auf veränderte Katalysatoren, Katalysatoranordnungen, Reaktorkonstruktionen, thermodynamisch-kinetische Prozeßführung u. a. Dies kann für die Wirtschaftlichkeit immerhin beachtlich sein, wenngleich kein so heterogenes Bild für die stoffwirtschaftliche Eingliederung der Prozesse entsteht. In der letzten Zeit sind solche Verfahrensdifferenzierungen besonders im Bereich der Erdölverarbeitung, der Petrochemie und der anorganischen Schwerchemie aufgrund der verschärften Angebotskonkurrenz zustande gekommen. Die Luftoxydation von Propylen stellt beispielsweise einen der chemischen Prozesse zur Gewinnung von Acrolein dar, von dem mehrere technische Verfahrensvarianten mit den wichtigsten technischen Kenngrößen in Tab. 3.3 wiedergegeben sind. Mit nur vier technischen Verfahren ist dieses Beispiel leicht zu übersehen.

Die chemischen und technischen Daten der Konkurrenzverfahren vermitteln dem Marktforscher Ausgangsdaten zur wirtschaftlichen Charakterisierung der Prozesse. In Analogie zu den Arbeitsmethoden der Vorprojektierung und Vorkalkulation von Anlagen hängt die erforderliche Detaillierung vom geforderten Genauigkeitsgrad der Verfahrensbewertung ab. Man benötigt Daten über den Anlage- und Umlaufkapitalbedarf, deren Abhängigkeit von Kapazitätsgröße, Ausbeute und Verbrauchszahlen einschließlich anfallender Nebenprodukte, Flexibilität der Fahrweise und des Ausbringens, Zusammenhang zwischen Prozeßführung und Produktqualität, Verbrauchszahlen bei herabgesetzter Kapazitätsausnutzung, Personalbedarf, Energiebedarf, Instandhaltungsbedingungen.

Die Beschaffung der notwendigen Daten stößt bei Neuentwicklungen auf besondere Schwierigkeiten. Selbst bei Lizenzangeboten, die an sich zu einer höheren Informationsbereitschaft der Verfahrensinhaber zwingen, werden die Informationen mitunter bis zu einem weit fortgeschrittenen Verhandlungsstadium zurückgehalten, in dem sich bereits mit großer Wahrscheinlichkeit das Zustandekommen eines Lizenzvertrags abzeichnet. Zuweilen wird die Bekanntgabe der Informationen von einer Geheimhaltungsverpflichtung abhängig gemacht, die für den Interessenten allerhand Risiken und Kosten mit sich bringen kann [3.187]. Offizielle Bekanntgaben über neue Verfahren offenbaren nicht viel an Informationen, werden aber über die redaktionellen Mitteilungen der Fachpresse schnell verbreitet. Zuweilen werden auch periodische Zusammenstellungen über neue Verfahren publiziert, wie z.B. die halbjährlich erscheinende und sämtliche Länder erfassende Übersicht der Zeitschrift „Chemical Engineering“ (Tab. 3.4).

3.317 Produktionsstrukturen der Einzelunternehmungen

Bei der Untersuchung des Angebotes reicht die isolierte Betrachtung eines oder weniger Produkte und Produktionsverfahren nicht aus. Es ist vielmehr erforderlich zu prüfen, welche Stellung das zu untersuchende Produkt innerhalb des Produktionsprogramms der verschiedenen Anbieter einnimmt. Es geht um die Frage des horizontalen und vertikalen Programmausschnittes, der stoffwirtschaftlichen Verflechtung mit sonstigen Prozessen, um das Ausmaß der patentrechtlichen Absicherung, um Kapazitätsgrößen, und zwar nicht nur wegen der Höhe des Beitrages zum gesamten Angebotsvolumen, sondern auch wegen der Wirtschaftlichkeit der einzelnen Konkurrenzproduktionen. Fällt etwa bei einem Prozeß ein schwer verwertbares Nebenprodukt an, so kann ein Produzent mit einer anderen Konkurrenten kaum zugänglichen Nachverarbeitung (Patentschutz, Know-how, Absatzmärkte für das veredelte Nebenprodukt) einen entscheidenden Vorsprung innehaben. In der chemischen Industrie verfügen die verschiedenen Hersteller durch jeweils andere Verfahrenskombinationen und Kapazitätsgrößen oft über eine „ausgeglichene Stoffbilanz" in Gestalt optimaler Verwertung aller anfallenden Neben- und Abfallprodukte. Die Verbundbeziehungen können dabei auch außerbetrieblich entwickelt werden, etwa mit nahegelegenen Werken, bei günstigen Transportmöglichkeiten oder kapitalmäßigen Verflechtungen.

Sicherlich stellt die meistens geringe Zahl der Hersteller, d.h. die hohe Angebotskonzentration eine Erleichterung der Angebotsanalyse dar, aber die notwendige Berücksichtigung der firmenindividuellen Produktionsstrukturen bleibt eine erhebliche Aufgabenerweiterung. Hier ist zu bedenken, daß man neben qualitativen Programmbeschreibungen kaum quantitative Meßgrößen für Konkurrenzvergleiche in die Hand bekommt. Kostenvergleiche sind für Einzelprodukte und Einzelverfahren oft nur mit Hilfe innerbetrieblicher Verrechnungspreise aufzustellen, die ein unsicheres Hilfsmittel der Abgrenzung aus dem Leistungszusammenhang darstellen und außerdem wenig zugänglich sind.

Als Beispiel für eine erste, orientierende *Programmbeschreibung* ist in Abb. 3.10 der Produktionskomplex der niederländischen „Staatsmijnen" wiedergegeben. Das vorliegende Produktionsprogramm ist relativ geradlinig und in der Breite und Tiefe begrenzt. Es eignet sich daher wegen seiner Übersichtlichkeit gut zur Veranschaulichung. Neben den Rohstoffen sind die Endprodukte, hier sogar bereits mit Produktions- oder Kapazitätszahlen, wiedergegeben. Die Verarbeitungsanlagen in der Mitte des Feldes sind vereinfacht gezeichnet und nur über die wichtigsten Stoffwege miteinander verbunden. Es handelt sich im wesentlichen um Düngemittel, einige Industriechemikalien, Faserrohstoffe (Caprolactam) sowie Kunststoffe. Häufig wird der Chemiemarktforscher gezwungen sein, solche oder ähnliche Diagramme zur Charakterisierung von Produktionsstrukturen aufgrund der zusammengetragenen Einzelinformationen selbst zu entwerfen. Mit schnellen Veränderungen im Zeitverlauf ist zu rechnen.

Darstellungen entsprechend der qualitativen Programmübersicht in Tab. 3.5 geben in der Horizontalen an, mit welchen Konkurrenzanbietern ein bestimmtes Produkt oder eine Produktgruppe besetzt sind, während die Produktkombinationen in der Vertikalen Programmvergleiche zwischen den Anbietern erleichtern. Quantitative Daten müßten allerdings später hinzukommen. Nach den technisch-betriebswirtschaftlichen sind die *rechtlich-finanzwirtschaftlichen Bedingungen* zu prüfen, wovon die Besitzverhältnisse besonderes Augenmerk verdienen. Die bestehenden aktiven und passiven sowie in- und ausländischen *Kapitalverflechtungen* sind in ihrem Einfluß auf die Konkurrenzbeziehungen zu erfassen, die sich den Verfahrens- und Marktstrukturen überlagern. Lieferungen an kapitalmäßig beherrschte Unternehmungen wird man im allgemeinen nicht mehr der Marktproduktion zurechnen, sondern als vertikale Programmintegration zu betrachten haben. Es ist üblich, die Verflechtungsbeziehungen nach der Art schematischer Fließbilder darzustellen, wobei die rechtlich selbständigen Unternehmenseinheiten als Rechtecke symbolisiert und die jeweiligen Kapitalanteile an die Verbindungslinien angeschrieben werden.

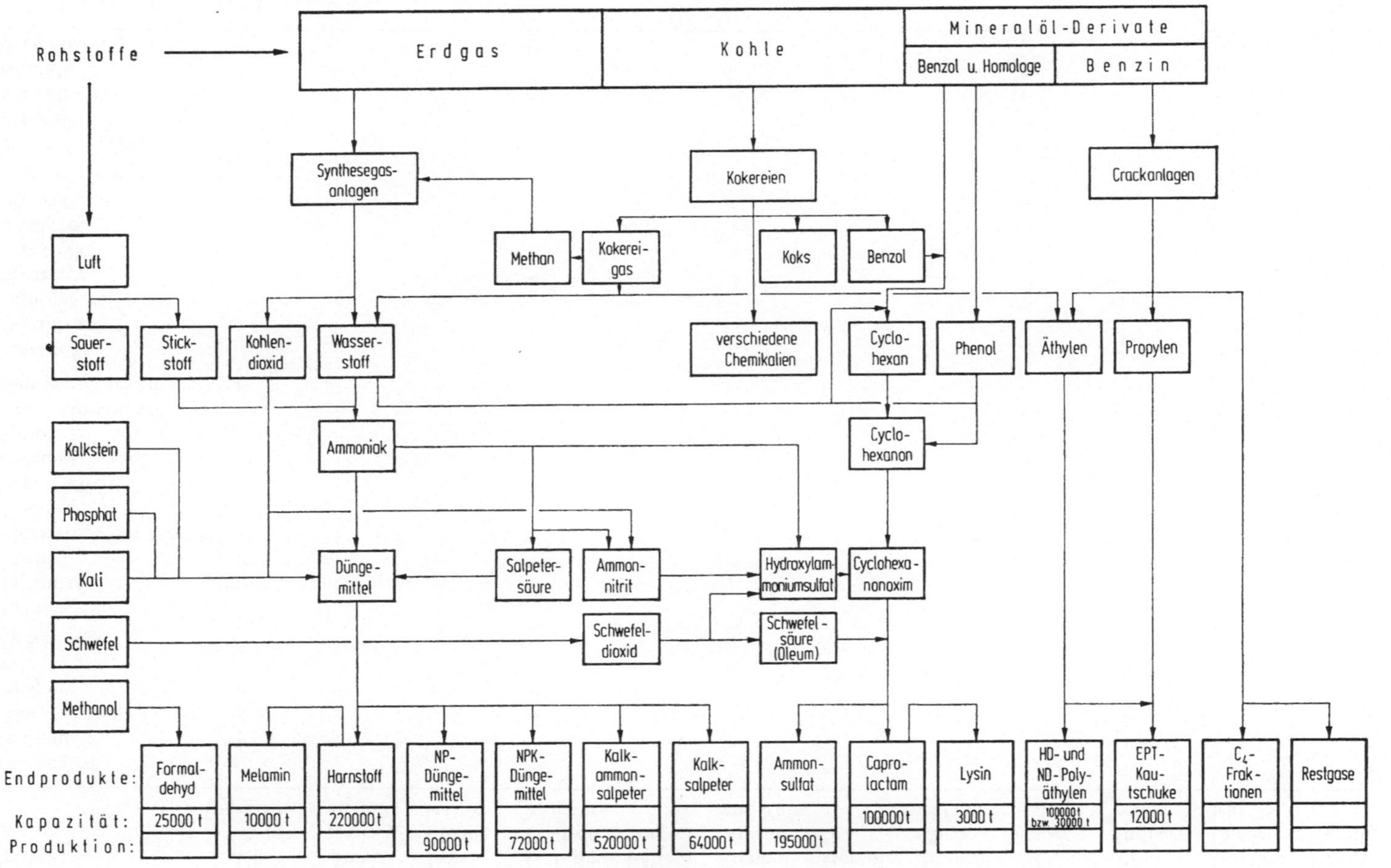

Abb. 3.10 Struktur der Chemieproduktion bei der „NV Nederlandse Staatsmijnen (DSM)“ 1966/67 [3.39].

Tabelle 3.5 *Qualitativer Programmvergleich für einige Produkte und Chemieunternehmungen in den USA, etwa 1965* [1.90, S. 29]

Produkt	Allied Chemical Co.	American Cyanamid	Dow Chemical Co.	E. I. du Pont de Nemours	FMC Corp.	General Aniline and Film	Hercules Inc.	Hooker Chemical Co.	Monsanto	PPG Industries	Stauffer Chemical Co.	Union Carbide
Anorganica:												
Ammoniak	+	+	+	+	+	−	+	+	+	+	−	+
Chlor	+	−	+	+	+	+	+	+	+	+	+	−
Phosphor	−	−	−	−	+	−	−	+	+	−	+	−
Soda	+	−	+	−	+	−	−	−	−	+	+	−
Natronlauge	+	−	+	−	+	+	+	+	+	+	+	−
Organica:												
Acrylnitril	−	+	−	+	−	+	−	−	+	−	−	+
Benzol	+	+	+	−	−	−	−	−	+	−	−	+
Chlorierte Lösungsmittel	+	+	+	+	+	+	−	+	+	+	+	+
Äthylen	+	−	+	+	−	−	−	−	+	−	−	+
Formaldehyd	+	−	−	+	−	+	+	+	+	−	−	+
Methanol	+	−	+	+	−	−	+	−	+	−	−	+
Phenol	+	−	+	−	−	−	+	+	+	−	−	+
Phthalsäureanhydrid	+	−	−	−	−	−	−	−	+	−	−	+
Toluylendiisocyanat	+	−	−	+	−	−	−	−	−	−	−	+
Kunststoffe:												
Alkydharze	+	+	−	+	−	−	+	−	−	+	−	+
Aminoplaste	+	+	−	−	+	−	+	−	+	+	−	−
Polyamide	+	−	−	+	−	−	−	−	−	−	−	−
Polyäthylen	+	−	+	+	−	−	+	−	+	−	−	+
Polystyrol	−	−	+	−	−	−	−	−	+	−	−	+
Polyurethane	+	−	+	+	−	−	−	+	−	+	−	−
Polyvinylchlorid	+	−	+	−	−	−	−	+	+	−	+	+
Andere Produkte:												
Farbstoffe	+	+	−	+	−	+	+	−	−	+	−	−
Chemiefasern	+	+	+	+	+	−	+	−	+	−	−	+
Pestizide	+	+	+	+	+	+	+	+	+	+	+	+
Düngemittel	+	+	−	+	+	−	+	+	+	−	−	−

+: vorhanden; −: nicht vorhanden.

3.32 Ermittlung des Angebotsvolumens

3.321 Kapazitätsmessung von Chemieanlagen

Die *Kapazität* einer Produktionsanlage als Leistungsvermögen in der Zeiteinheit bestimmt das potentielle oder maximale Angebotsvolumen und bildet zusammen mit der Produktion den Gegenstand der quantitativen Angebotsuntersuchung. Dazu muß die Kapazitätsmessung unmittelbar leistungsbezogen sein, was bei den Einzweckchemieanlagen des Grenztyps A überwiegend zutrifft (Kap. 1.44). Bei Wechselfertigung des Grenztyps B könnte man für alle in dem betreffenden Produktionsstrang herstellbaren Produkte die Maximalkapazitäten angeben. Jedoch ist die Ausbringung wegen der Produktionsverluste bei Sortenwechsel sehr von der Struktur des Belegungsprogramms abhängig, das je nach der Absatzlage wechselt. Bei eng verwandten Produkten, z.B. den zahlreichen Typen von Synthesekautschuk, begnügt man sich mit der Angabe der Gesamtkapazität für alle Produkte und legt hierbei ein bestimmtes Durchschnittsprogramm zugrunde. Noch ungünstiger werden die Verhältnisse beim Produktionstyp C. Hier muß die Kapazitätsmessung oft vom Endprodukt losgelöst und hilfsweise auf die Angabe der installierten Produktionsmittel (z.B. Reaktorvolumen oder Apparatelaufstunden je Jahr) beschränkt werden.

Ein wichtiger Begriff ist die „*installierte Kapazität*“, die etwa der wirtschaftlichen Optimalkapazität entspricht und die am meisten verwendete Bezugsgrundlage für die Berechnung des Kapazitätsausnutzungsgrades darstellt. Der installierten Kapazität wird eine bestimmte optimale zeitliche sowie intensitätsmäßige Ausnutzung (Beaufschlagung) der Anlagen bereits bei der Projektierung zugrunde gelegt. Die vorgesehene zeitliche Ausnutzung entspricht häufig dem durchgehenden Dreischichtenbetrieb und einem nur 2- bis 10prozentigen Abzug von der jährlichen Kalenderzeit für Instandhaltungsmaßnahmen, d.h., es werden Betriebszeiten von etwa 330 bis 360 Tagen oder 8000 bis 8600 Betriebsstunden angenommen. Die optimale intensitätsmäßige Ausnutzung der Anlagen entspricht der Fahrweise unter „Nennlast“, der ein ganzer Satz von Verfahrensparametern zugeordnet ist, wie etwa Druck, Temperaturen, Konzentrationsverhältnisse, Verweilzeiten und anderes. Bei Veränderung von Störvariablen, wie etwa der verfügbaren Rohstoffqualität, ist die Fahrweise hierauf anzupassen. Ein verändertes Ausbringen kann die Folge sein. Ein Steuerungsparameter der intensitätsmäßigen Ausnutzung ist die *Verweilzeit* oder der hiermit reziprok gekoppelte *Durchsatz,* mit deren Variation die Produktionsmengen unter gleichzeitiger Veränderung der Ausbeute und der spezifischen Verbrauchszahlen oft über einen großen Bereich zu beeinflussen sind. Für die Kapazitätsbeurteilung ist in diesem Zusammenhang wichtig, daß die Produktion auch über die installierte Kapazität hinaus gesteigert werden kann, wenn man etwa aufgrund einer besonders günstigen Absatzlage eine solche Fahrweise oder auch zeitliche Überlastung in Kauf nehmen will. Zuweilen ändert sich die Kapazität in Abhängigkeit von der geforderten *Qualität,* wie etwa der Reinheit des Endproduktes (z.B. Produktion technischer Gase). Größere Unsicherheiten ergeben sich aus späteren *Kapazitätssteigerungen* der Anlagen, die sich aufgrund von Rationalisierungsmaßnahmen erzielen lassen (vgl. Kap. 4.342).

Einzweckanlagen des Produktionstyps A sind auch dann anzunehmen, wenn bei zwangsläufigem Anfall mehrerer Produkte das Mengenverhältnis nicht starr, sondern flexibel ist.

Die in den letzten Jahren installierten Crackanlagen zur Herstellung von Olefinen haben z. B. regelmäßig Äthylen als Hauptprodukt, wobei die sonstigen Spaltprodukte je nach örtlichen Bedingungen mit unterschiedlichen Erträgen, im Grenzfall nur mit ihrem Wärmewert abzusetzen oder zu verarbeiten sind. Hier entsteht ein Anreiz zur Steigerung der Äthylenausbeute auf Kosten der anderen Nebenprodukte. Hinzu kommt mitunter die Möglichkeit der Verwendung verschiedener Crackrohstoffe je nach Preislage und Ertragswirkung des zu-

Tabelle 3.6 *Flexibilität der Ausbeute von Äthylenanlagen* [3.42]

a) Abhängigkeit der Ausbeute vom Rohstoffeinsatz

Produkt	Äthan	Propan	Naphtha[1]	Gasöl
Einsatz [lb]	135	248	302	384
Olefinausbeute				
Äthylen	100	100	100	100
Propylen	3	37	44	58
Butene	0,5	4	18	20
Butadien	3	5	12	14

[1] Mittlerer Spaltgrad mit 33% Äthylenausbeute.

b) Abhängigkeit der Ausbeute von den Crackbedingungen (Spaltgrad) bei Leichtbenzineinsatz

Produkt	Ausbeute in Prozent vom Naphthaeinsatz bei Spaltgrad		
	niedrig	mittel	hoch
CH_4 u. a. Restgase	13,6	17,1	20,8
Äthylen	26,0	33,1	36,4
Propylen	17,5	14,7	12,6
Propan	1,2	1,1	1,0
Isobutylen	4,0	3,2	2,3
Buten	3,5	2,9	2,1
Butadien	4,7	3,8	3,4
Butan	0,4	0,3	0,3
C_{5+}	29,1	23,8	21,1

c) Abhängigkeit der Ausbeute von den Crackbedingungen bei Leichtbenzineinsatz und Nachverarbeitung von Propylen und Butenen

Produkt	Ausbeute in Prozent vom Naphthaeinsatz bei Spaltgrad		
	niedrig	mittel	hoch
CH_4 u. a. Restgase	16,3	19,4	22,7
Äthylen	34,9	40,5	42,7
Propylen	–	–	–
Propan	1,2	1,1	1,0
Isobutylen	4,0	3,2	2,3
Buten	–	–	–
Butadien	10,9	9,0	7,7
Butan	0,4	0,3	0,3
C_{5+}	32,3	26,5	23,3

geordneten Produktspektrums. Tab. 3.6 a) und b) zeigt die Flexibilität der Fahrweise in Abhängigkeit vom Rohstoffeinsatz und von der Schärfe der Crackbedingungen. Äthylenanlagen mit Verarbeitungsfähigkeit sehr verschiedener Rohstoffe verursachen allerdings einen erhöhten Kapitalbedarf und stellenweise Wirkungsgradverluste im Betrieb, so daß auf eine derartige Umstellungsfähigkeit bislang meistens verzichtet wurde. Neuerdings kann die Flexibilität dadurch gesteigert werden, daß man in Zusatzanlagen (Triolefinprozeß) etwa das anfallende Propylen durch Disproportionierung in weiteres Äthylen und Butene umwandelt und die Butene vor allem in Butadien überführt (Tab. 3.6 c).

In diesen Fällen wird die Kapazitätsmessung ebenfalls unsicher, da man eigentlich für sämtliche Fahrweisen die Ausbringungsdaten der Spaltprodukte festhalten müßte, was umständlich und selten genauer zu belegen ist. Detaillierte Kenntnisse über die technische Umstellungsfähigkeit der Anlagen und ihre kapazitätsbestimmenden Engpässe wären dazu erforderlich.

Im Beispiel der Äthylenanlagen können z.B. die Trennanlagen zum Engpaß werden, da in den Grenzfällen der Verarbeitung von Äthan oder Gasöl die Endprodukte nicht nur in ihrer qualitativen Zusammensetzung, sondern auch hinsichtlich der Gesamtmenge beträchtlich schwanken. So würde etwa eine 200000-t/a-Äthylenanlage bei Äthaneinsatz nur 267000 t/a Primärprodukte, die gleiche Äthylenkapazität bei Verarbeitung von Gasöl dagegen 875000 t/a Primärprodukte erzeugen [8.68]. Eindeutiger würde hier die Verarbeitungskapazität erscheinen, wie sie etwa für geschlossene Erdölraffinerien üblicherweise angegeben wird. Aber auch die Art und die Mengen der verarbeitbaren Rohstoffe können wechseln. Außerdem ist der Chemiemarktforscher bei der Angebotsanalyse doch an den Endprodukten interessiert, die er in jedem Fall aus den Zahlen über die Verarbeitungskapazität herleiten müßte.

3.322 Kapazitätsdaten

Nicht nur wegen des sachlichen Interesses, sondern auch aufgrund der in der chemischen Industrie zunehmenden Publizität von Kapazitätsdaten haben diese für die Chemiemarktforschung wachsende Bedeutung. Für die offizielle Bekanntgabe vorhandener oder neu geplanter Kapazitäten können mehrere Ursachen in Frage kommen, wie verstärkte Publizitätsneigung, Prestigestreben, Abschreckung der Konkurrenz und Vermeidung von Überkapazitäten. Die erreichte bessere *Publizität* gilt aber bislang eigentlich nur für Großanlagen der Schwerchemie, kaum dagegen für höherveredelte Produkte und Spezialitäten. Bei den Großanlagen ist die Produktion gewöhnlich auf wenige Anbieter konzentriert, der Marktzugang für Außenseiter ist erschwert, und außerdem wäre es hier noch relativ leicht, die Kapazitäten auch auf anderen, wenngleich umständlicheren und kostspieligeren Wegen in Erfahrung zu bringen. Die Kapazitätsmessung ist andererseits erleichtert, weil es sich überwiegend um Einzweckanlagen handelt. Bei den chemischen Spezialitäten liegen genau umgekehrte Verhältnisse vor, sowohl konkurrenzpolitische Gründe als auch Schwierigkeiten der Kapazitätsmessung verhindern eine nennenswerte Publizität.

Die Zuverlässigkeit veröffentlichter Kapazitätsdaten wird freilich nicht selten in Zweifel gezogen. Oft ergehen Meldungen über die Errichtung neuer Kapazitäten um mehrere Jahre verfrüht, es werden gegenüber der tatsächlichen Planung zu hohe Werte genannt, oder es handelt sich überhaupt um Falschmeldungen. Vielleicht liegt hierbei die Absicht der Konkurrenzabschreckung zugrunde. Man kann aber auch die Meinung vertreten, daß die Veröffentlichungen von Kapazitätsdaten konkurrenzneutral seien. Die Meldung einer neuen Kapazitätsplanung seitens der Konkurrenz kann den Entschluß herbeiführen, sich ebenfalls auf dem betreffenden

Tabelle 3.7 *Neubauten von Chemieanlagen in der BRD, zweites Halbjahr 1967, **auszugsweise nach*** [3.96]

Unternehmung	Standort	Projekt	Kapazität	Baukosten [10^3 $]	Stand (1968)	Fertigstellung	Lizenzgeber	Engineering	Kontraktor
BASF	Ludwigshafen	Melamin	13200 t/a	–	im Bau	1968	BASF	eig. Regie	eig. Regie
		Styrol	120000 t/a	–	Planung	1968	–	–	–
		C_4-Alkoh. u. -Aldehyde	60000 t/a	–	im Bau	–	BASF	eig. Regie	–
		Acrylsäure	20000 t/a	–	im Bau	–	BASF	eig. Regie	–
		Propionsäure	9000 t/a	–	Planung	1969	BASF	eig. Regie	–
		Ammoniak	1000 t/d	–	Planung	1969	–	–	–
		Harnstoff	800 t/d	–	Engineering	1968	Toyo Koatsu	TEC	TEC
Deutsche Erdöl AG	Grasbrook	Erw. Schmieröl Furfurol Entparaffinierung Hydrofinishing	auf 400000 t/a 3400 bbl/d 2300 bbl/d 1900 bbl/d	–	Engineering	1969	–	Edeleanu	Edeleanu
Dow	Bühl	Epoxidharze	–	1300	im Bau	1968	Dow	Parsons	eig. Regie
Dynamit Nobel	Lülsdorf	Dimethylterephthalat	50000 t/a	–	fertiggestellt	–	eig. Regie	eig. Regie	–
Erdölchemie	Köln	Äthylen	360000 t/a	–	Engineering	1970	Selas/Linde	Selas/Linde	Selas/Linde
		HD-Polyäthylen	100000 t/a	–	Engineering	1970	Du Pont	–	–
Farbw. Hoechst AG	Höchst	ND-Polyäthylen	52800 t/a	–	fertiggestellt	–	Ziegler	Uhde	eig. Regie
	Knapsack	Vinylacetat	33000 t/a	–	im Bau	Ende 1968	–	Knapsack	eig. Regie
	Kelsterb.	Polypropylen	35000 t/a	–	im Bau	Ende 1969	Ziegler/Natta	Hoechst	eig. Regie
Gew. Victor	Castrop-Rauxel	Salpetersäure	300 t/d	–	fertiggestellt	–	PSG/PB	PB	PB

Produktionsgebiet neu oder in stärkerem Maße zu betätigen. Der Vorsprung kann aber auch dazu veranlassen, von eigenen Investitionen Abstand zu nehmen. Schließlich sind auch insgeheim vorgenommene Kapazitätserweiterungen kein Schutz gegen ein vielleicht gleichartiges Vorgehen der Konkurrenz [3.123].

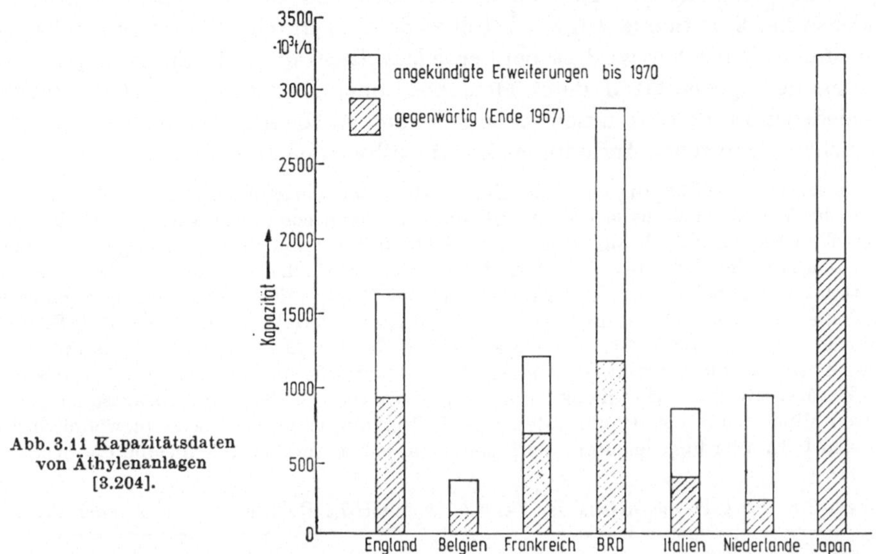

Abb. 3.11 Kapazitätsdaten von Äthylenanlagen [3.204].

Besonders in der angelsächsischen Fachliteratur hat man der Berichterstattung über Kapazitätsdaten von Chemieanlagen in den letzten Jahren große Aufmerksamkeit gewidmet. Mehrere Fachorgane bringen periodische Zusammenstellungen für viele Länder und Produktionsgebiete, z.B. [3.1; 3.55; 3.62; 3.96; 3.150; 3.211]. Für deren Aufbau und Informationsgehalt ist in Tab. 3.7 ein Beispiel wiedergegeben. Auch produkt-, firmen- und länderspezifische Untersuchungen zielen vermehrt auf den Einschluß von Kapazitätsdaten ab. Das Diagramm in Abb. 3.11 läßt die große Bedeutung der geplanten oder bereits im Bau befindlichen Kapazitäten gegenüber den vorhandenen Anlagen bei einem Wachstumsprodukt erkennen. Diese Berichte über die Kapazitätsentwicklung stellen oft eine wesentliche Arbeitserleichterung für den Chemiemarktforscher dar. Innerhalb der Firmenpublikationen tragen besonders die Referenzlisten der Projektierungsfirmen über die von ihnen gebauten Anlagen zur Verbesserung der Publizität von Kapazitätsdaten bei.

3.323 Produktionsmengen

Die Erfassung von *Produktionsmengen* ist eines der wichtigsten Anliegen der Chemiemarktforschung. Die Produktionszahlen sind eindeutiger als Kapazitätsdaten, ihre Aussagefähigkeit wird vom Produktionstyp nicht beeinflußt. Einschränkungen ergeben sich eigentlich nur aus der Genauigkeit der Produktkennzeichnung, wobei vor allem Gruppenbildungen und Kumulierungen von chemisch definierten Einzelprodukten nach den verschiedensten Gesichtspunkten störend wirken. Wegen der entgegengerichteten Interessen kommt es im Rahmen der Meldepraxis zur Produktionsstatistik oft zu Auseinandersetzungen. Im Rahmen der Firmenpublikationen werden Produktionszahlen über Einzelprodukte viel zögernder bekanntgegeben als Kapazitätsdaten. Man nennt weit eher Steigerungsraten der Produktion als absolute Produktionszahlen.

Bei einer Zusammenfassung der Industriechemikalien zu größeren Gruppen sind verschiedene Gesichtspunkte der *Produktverwandtschaft* maßgeblich. Man erhält dann Produktionszahlen für Alkohole, vielleicht wenigstens differenziert nach Kettenlängen der zugrunde liegenden Kohlenwasserstoffe, für Ester, für Vinylharze, vielleicht nur für die großen Gruppen der Polymerisations- und Kondensationskunstharze, für Stickstoffverbindungen oder N-Düngemitteltypen. Noch unübersichtlicher wird es bei der *Klassifizierung nach Anwendungen*, d.h. vor allem der Spezialitäten, deren Meldepositionen Dutzende oder Hunderte von verschiedenen Produkten in sich verbergen können. Die Aufklärung der möglichen zahlreichen chemischen Individuen ist eine schwierige Aufgabe.

In bezug auf Detaillierung nach Einzelprodukten oder wenigstens kleinen Produktgruppen werden die Veröffentlichungen der amerikanischen chemischen Produktionsstatistik in der ganzen Welt als vorbildlich angesehen und als Orientierungsquelle für Analogieschätzungen auch außerhalb der USA benutzt. Tab. 3.8 mag einen Eindruck über die *Gliederungstiefe* vermitteln. Die Tenside sind eine Untergruppe im Bereich der synthetischen organischen Chemikalien, in dem nicht weniger als etwa 2000 Einzelprodukte sowie rund 6000 Sammelpositionen erfaßt werden [3.31, S. 62]. Das Beispiel der Tenside zeigt eine bereits fünfstufige Gliederungshierarchie bis zum Einzelprodukt. Umfangreiche Zusammenstellungen dieser Art im „Chemical Business Handbook" reichen nur bis 1952 [3.183]. Die Voraussetzung einer gewissen Mindestzahl von Produzenten für die Meldung eines Produktes (gewöhnlich drei) ist in den USA allerdings leichter zu erfüllen als in jedem anderen Chemieland der Welt.

Tabelle 3.8 *Produktionsstatistik der Tenside in den USA 1964, auszugsweise nach* [3.202]

Produkt	Produktion [10^3 lb]	Absatz		
		Menge [10^3 lb]	Wert [10^3 $]	Preis [$/lb]
Tenside insgesamt	2118688	1899930	350142	0,18
Amphotere Verbindungen	4562	4536	2755	0,61
Anionaktive Verbindungen	1434399	1365424	196092	0,14
Kationaktive Verbindungen	98348	95518	43228	0,45
Nichtionogene Verbindungen	581379	434452	108067	0,25
Tenside auf Benzolbasis	1347809	1245176	165132	0,13
nicht sulfatiert oder sulfoniert	273786	209146	46006	0,22
Amide, Amine und quaternäre Ammoniumsalze	8018	7602	7217	0,95
Benzyldimethyloctadecylammoniumchlorid	309	286	260	0,91
Benzyldodecyldimethylammoniumchlorid	789	747	651	0,87
(3,4-Dichlorbenzyl)dodecyldimethyl-ammoniumchlorid	31	30	37	1,23
Carboxylsäureester und -äther	263545	199570	38062	0,19
Dodecylphenol, äthoxyliert	52483	22680	6394	0,28
i-Octylphenol, äthoxyliert	1676	–	–	–
Phenol äthoxyliert	4027	2774	620	0,22

3.324 Differenzierung des Angebotsvolumens

Für eine Differenzierung des Angebotsvolumens sind zunächst *länderweise Gliederungen* von Kapazitäts- und Produktionsdaten grundlegend. Bei der Exportintensität der chemischen Industrie, die sich auch auf Zweigbetriebe im Ausland stützen mag, ist die Einbeziehung der Exportmärkte in die Marktanalysen oft selbstverständlich. Selbst wenn die Daten über das Angebotsvolumen in verschiedenen Ländern außerhalb der in Frage kommenden Konkurrenzbeziehungen liegen, mögen sie für Vergleichszwecke oder Analogieschätzungen dennoch interessant sein. Wir verzichten unter diesen Gegebenheiten darauf, eine besondere Exportmarktforschung abzugrenzen, obwohl hier zahlreiche länderspezifische Probleme hinzukommen [3.6; 3.13; 3.43; 3.116; 3.124; 3.154; 3.166]. Daneben sind Zusammenschlüsse zu größeren Wirtschaftsgemeinschaften bei Regionalgliederungen zu beachten. Ländergruppierungen nach Kontinenten und geographischen oder ethnographischen Großräumen sind aus der Gliederung der Exportorganisation geläufig und können sich auch in der Marktforschung auswirken.

Dagegen sind verfeinerte Regionalgliederungen innerhalb der nationalen Ländergrenzen wegen der hohen Konzentration der Produktion meistens nur sinnvoll im Rahmen der weiterhin nach einzelnen *Produzenten* und ihren räumlichen *Standorten* differenzierenden Angebotsuntersuchung. In Verbindung mit den Angebotsdaten der Länder ergeben sich dann über die eigenen Marktanteile hinaus vollständige Einsichten über Zahl und Produktionsmengen der Hersteller. Ausnutzungsgrade der einzelnen Anlagen ermöglichen Hinweise über die jeweilige Stellung im Markt. Zur Aufklärung der firmenindividuellen Produktions- und Kapazitätsdaten kommen alle möglichen Sekundär- und vor allem Primärerhebungsverfahren zur Anwendung. Mitunter kann aufgrund des bekannten Rohstoffeinsatzes und dessen Nachverarbeitung, dann aber auch umgekehrt von den Folgeprodukten her auf das Angebotspotential des interessierenden Produktes geschlossen werden. Zuweilen sind Schätzungen aufgrund von Kuppelproduktionen möglich. Beim Fehlen von Länderstatistiken sind die regionalen Daten nur additiv aus den Firmendaten zu gewinnen.

Ein weiteres Erfordernis ist die Differenzierung der Produktions- und Kapazitätsdaten nach *Produktionsverfahren*. Während im Rahmen von Produktionsstatistiken wegen der Identität der Erzeugnisse meistens auf eine Gliederung nach Produktionsverfahren verzichtet wird, geht man bei Kapazitätsbetrachtungen immer mehr zur Angabe der jeweils zugrunde liegenden Verfahren über. Hierbei

Tabelle 3.9 *Kapazitäten für Phthalsäureanhydrid in der BRD 1967, nach* [3.89]

Produzent	Kapazität [10^3 t/a] auf Basis	
	Naphthalin	o-Xylol
BASF, Ludwigshafen	12	36
Gelsenberg Benzin AG., Gelsenkirchen-Horst	5	28
Ruhröl AG, Bottrop	–	37
Farbenfabriken Bayer AG, Leverkusen	9	8,3
Chemische Werke Hüls AG, Marl	11	–
Harpener Bergbau AG, Dortmund	7,2	–
Polycarbona Chemie GmbH, Homberg	12	–
Dr. R. Raschig GmbH, Ludwigshafen	5,5	6,5
Chemische Fabrik von Heyden AG, Regensburg	5,2	2
Chemische Werke Witten GmbH, Witten	6	–
Gesamtkapazität	72,9	117,8

handelt es sich in erster Linie um die chemischen Verfahrensunterschiede, dann aber auch um die technischen Varianten und sogar die Lizenzverhältnisse. Bei einer vollständigen Produktions- oder Kapazitätsübersicht wird man eine geschlossene Differenzierung nach Ländern, Produzenten und Produktionsverfahren anstreben. Tab. 3.9 erfaßt beispielsweise das Angebotspotential an Phthalsäureanhydrid für die BRD nach zwei verschiedenen chemischen Verfahren und damit Rohstoffbasen.

3.33 Absatzwege und Vertriebsmethoden

Die Fragen der *Absatzwege* und *Vertriebsmethoden* lassen sich zu einem wesentlichen Teil zwanglos an die Untersuchung des eigentlichen Produktangebotes anschließen. Im Rahmen der Angebotsuntersuchung geht es besonders um vergleichende Beurteilungen der Absatzwege und Vertriebsmethoden aller anbietenden Konkurrenten im Hinblick auf die jeweils untersuchten Produkte.

Bei der Analyse der zahlreichen angebots- und absatzwirksamen Faktoren hinsichtlich der Produktgestaltung, der Verpackung, Lagerhaltung, des Transportwesens, der Maßnahmen des Kundendienstes, der Werbung, Preispolitik usw. entwickelt sich ein ganzer Komplex heterogener und insgesamt schwer miteinander zu vergleichender Aussagen. Man kann hierin auch eine Erweiterung der Untersuchung der Firmenindividualität des Angebotes von der Produktion zum eigentlichen Vertrieb erblicken. Oft läßt sich das Angebotsverhalten der Konkurrenzanbieter für größere Produktgruppen allerdings stärker generalisieren.

3.4 Untersuchung der Nachfrageseite

3.41 Verwendung chemischer Produktivgüter

3.411 Bedarfsgliederungen

Die *Nachfrage-* oder *Bedarfsuntersuchung* richtet sich auf die dem Angebot gegenüberstehende Seite des Absatzmarktes, die zugleich das Ziel aller Absatzbemühungen betrifft. Auch auf der Nachfrageseite können durch mehrstufige Gliederungen ganze Bedarfshierarchien entwickelt werden, von großen volkswirtschaftlichen Nachfragesektoren angefangen bis hin zu den Einzelverwendungen chemischer Produkte. Es kommt in der Marktforschung darauf an, die Bedarfsausschnitte so abzugrenzen, daß ein möglichst enges Entsprechungsverhältnis zum untersuchten Produktangebot erzielt wird. Mitunter sind besonders dem Angebot an chemischen Spezialitäten nachfrageseitig nicht nur ganze Industriezweige, sondern sogar eng begrenzte Teilbranchen oder Spezialbetriebe zugeordnet. In anderen Fällen, vor allem bei Vielzweckprodukten, sind die verfeinerten Bedarfsausschnitte schwieriger festzulegen. Die Verbrauchsgliederung erfolgt nach Folgeprodukten, chemischen Stoffklassen, chemischen Grundverfahren, technischen Verarbeitungsverfahren, Spezialitätengruppen oder Sparten.

Eine primäre Verbrauchsgliederung nach *chemischen Grundverfahren* erleichtert mitunter die systematische Prüfung bereits gegebener und potentieller Verwendungen, wobei über ein Grundverfahren allerdings zuweilen mehrere Folgeprodukte zugänglich sind (Chlorierung durch Addition oder Substitution, verschiedene Chlorierungsgrade, Chlorierung an verschiedenen Stellen eines Moleküls oder bestimmter funktioneller Gruppen). Eine große Rolle spielen hierbei Analogien im chemischen Verhalten. So hätte man nach der länger bekannten Ammonoxydation von Methan zu Blausäure nach dem Andrussow-Verfahren eigentlich die entsprechende Reaktionsmöglichkeit der CH_3-Gruppe des Propylens mit Ammoniak und Sauerstoff voraussehen können. Und doch kam die viel spätere Auffindung dieser Acrylnitrilsynthese in Gestalt des Sohio-Verfahrens sehr überraschend. Bedarfsgliederungen nach verschiedenen *technischen Verarbeitungsverfahren* sind z. B. bei den Kunststoffen geläufig (Verarbeitung formloser Lösungen, Suspensionen oder Pasten; formgebende Verarbeitungsverfahren des Pressens, Extrudierens, Spritzpressens, Kalandrierens, Wirbelsinterns, Flammspritzens).

Die sekundärstatistisch üblichen *Branchengliederungen* sind als Bezugsbasis der Bedarfsuntersuchungen oft noch zu grob und dann weiter zu verfeinern.

Im Bereich der Textilindustrie haben Spinnereien, Webereien, Wirkereien und Veredelungsbetriebe unterschiedliche Bedarfsgefüge an chemischen Erzeugnissen. Ein anderes Beispiel ist die statistische Zusammenfassung von Zellstoff- und Papierindustrie. Der Bedarf an Chemikalien ist auch hier völlig verschieden [3.61]. Die kunststoffverarbeitende Industrie ist für den Kunststoffabsatz nicht allein maßgeblich, weil die Verarbeiter der Kunststoff-Folgeprodukte vermehrt zur eigenen Herstellung der Kunststoffteile übergehen (Elektroindustrie, Automobilindustrie, Maschinenbau usw.). Die Verpackungswirtschaft ist für den Kunststoffabsatz überaus bedeutend, aber es fehlt gewöhnlich eine derartige statistische Branchenabgrenzung. Beim Konsumgüterabsatz gelten andere Gesichtspunkte (Kap. 3.45). Wie stark sich die heterogene Zusammensetzung der Chemienachfrage einzelbetrieblich auswirken kann, zeigt als typisches Beispiel die Umsatzgliederung einer deutschen Chemieunternehmung nach Absatzbereichen in Tab. 3.10. Die Daten beziehen sich freilich auf das Gesamtausbringen der Unternehmung. Außerdem sind Firmenveröffentlichungen dieser Art bislang noch eine Ausnahme.

Der Chemiemarktforscher gewinnt die Verwendungskenntnisse aus unternehmenseigener anwendungstechnischer Beratungserfahrung und Entwicklungsarbeit, der Fachliteratur und Fremdbefragungen. Die Fachliteratur der Speziellen Technischen Chemie erfaßt wichtige Einsatzgebiete chemischer Produkte auch außerhalb der chemischen Industrie, vor allem soweit hierbei chemisch-verfahrenstechnische Vorgänge und Arbeitsoperationen auftreten (z. B. Textilfärberei und

Tabelle 3.10 *Abnehmerbereiche der Chemische Werke Hüls AG 1963* (Inlandsumsatz) [3.97]

Abnehmerbereich	[Mill. DM]	[%]
Kunststoffverarbeitende Industrie	69,8	15,0
Seifen- und Waschmittelindustrie	61,9	13,3
Elektro-, Eisen- und Metallindustrie	32,6	7,0
Kautschukverarbeitende Industrie	30,7	6,6
Abnehmer von technischen Gasen	24,6	5,3
Lackindustrie	25,1	5,4
Textilindustrie und Kunstfasererzeugung	25,6	5,5
Mineralölverarbeitung, Bergbau und Kohlenwertstoffindustrie	14,4	3,1
Sonstige Verarbeiter organischer Produkte	88,9	19,1
Sonstige chemische Industrie	56,3	12,1
Andere Branchen	35,4	7,6
Summe	465,3	100,0

-ausrüstung, Gerberei, Bautenschutz, metallurgische Prozesse, Zweige der Lebensmitteltechnologie und anderes). Eine ganze Reihe wirtschaftschemischer Publikationen hat den Einsatz chemischer Produkte in verschiedenen Wirtschaftszweigen zum Gegenstand [3.75; 3.76; 3.120; 3.122; 3.142; 3.153; 3.170; 3.174].

3.412 Einstufige Verbrauchsstrukturen

Verbrauchsstrukturen entstehen aus der Mehrzweckverwendung chemischer Produkte (Abb. 3.6) und werden zunächst bis zur ersten Verarbeitungsstufe entwickelt, wobei als Kriterien im allgemeinen die chemisch einstufige oder sonstige Weiterverarbeitung zu stabilen Folgeprodukten in Betracht kommt. Diese Abgrenzung nach den technischen Verwendungen ist geeigneter als die Abgrenzung nach dem tatsächlichen Absatz an Fremdbetriebe oder der innerbetrieblichen Weiterverarbeitung. Auf diese Weise vermitteln die Verbrauchsstrukturen eine bessere Übersicht über die Verwendungen. Außerdem sind die Aussagen allgemeingültiger, da die Trennungslinie von Angebots- und Nachfrageseite des Absatzmarktes oder die „Marktlinie" sowohl hinsichtlich der einzelnen Verwendungssektoren als auch betriebsindividuell schwanken kann. In der schematischen Darstellung der Abb. 3.12 ist angenommen, daß die Folgeprodukte F_{11} und F_{12}

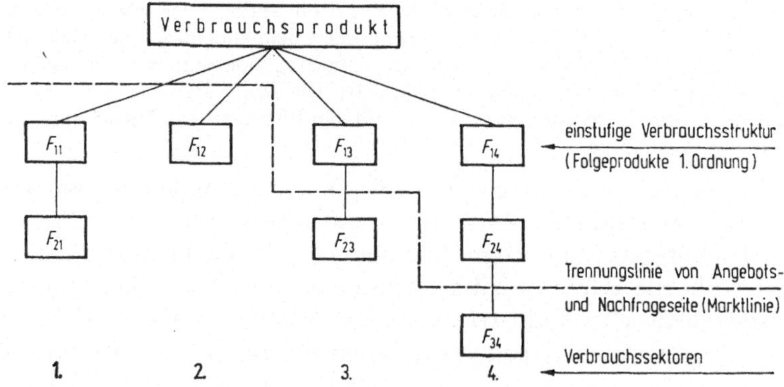

Abb. 3.12 Abgrenzung einstufiger Verbrauchsstrukturen.

der einstufigen Verbrauchsstruktur bereits von Fremdbetrieben erzeugt werden. Im Verwendungssektor 3 soll jedoch das Folgeprodukt 1. Ordnung und im Verwendungssektor 4 sogar das Folgeprodukt 2. Ordnung innerbetrieblich hergestellt werden, so daß die Nachfrageseite des Absatzmarktes erst später erreicht wird. In einer Matrixdarstellung könnten die Verwendungssektoren gut als Spalten und die Verarbeitungsstufen bzw. Folgeproduktordnungen gut als Zeilen aufgefaßt werden (entsprechende Kennzeichnung der Folgeprodukte in Abb. 3.12). Das Schema stellt insofern eine Vereinfachung dar, als die bei innerbetrieblicher Weiterverarbeitung anfallenden Zwischenprodukte häufig gleichzeitig neben den Folgeprodukten höherer Ordnung am Markt angeboten werden. Außerdem werden verschiedene Gliederungsprinzipien der Nachfrageseite kombiniert angewandt.

So stellen die ersten vier Verbrauchspositionen des Beispiels in Tab. 3.11 chemische Einzelprodukte oder chemisch verwandte Produktgruppen dar, die überwiegend in einstufigen Umsetzungen mit Chlor erhältlich sind. Die Folgeproduktgruppen 5 bis 7 schließen bereits zahlreiche Einzelprodukte ein, sind mehr nach den Anwendungen definiert und beziehen sich auch auf mehrstufige Prozesse. Der Chlorverbrauch für Zellstoff und Papier ist nach einem Industriezweig abgegrenzt, der Chlorverbrauch für die Wasserreinigung entsteht in zahlreichen Industriezweigen.

Tabelle 3.11 *Chlorverbrauch in der BRD in 10^3 t* [3.40; 1, S. 589, ergänzt bis 1968]

Verbrauchsposition	1952	1954	1955	1956	1957	1958	1959	1960
1. Salzsäure	43	63	57	60	73	69	76	75
2. Chlorkalk, Bleichlauge	11	8	9	10	12	12	16	18
3. Metallchloride, anorganische Grundchemikalien	22	30	32	43	42	46	45	51
4. Chlorkohlenwasserstoffe	84	104	130	140	168	186	211	247
5. Waschrohstoffe	17	26	26	26	24	20	18	19
6. Kunststoffe	21	30	38	46	53	65	84	101
7. Organische Zwischenprodukte und Teerfarbstoffe	56	68	76	89	88	89	104	106
8. Zellstoff, Papier	18	19	21	20	20	20	22	24
9. Wasserreinigung	2	3	3	3	3	4	4	5
10. Sonstige	13	14	22	25	35	31	30	40
Summe	287	365	414	462	518	542	610	686

Verbrauchsposition	1961	1962	1963	1964	1965	1966	1967	1968
1. Salzsäure	77	91	104	87	81	43	44	49
2. Chlorkalk, Bleichlauge	18	20	24	26	26	30	34	36
3. Metallchloride, anorganische Grundchemikalien	47	52	69	67	74	80	82	98
4. Chlorkohlenwasserstoffe	275	286	325	368	418	490	552	654
5. Waschrohstoffe	10	11	19	22	24	23	33	56
6. Kunststoffe	122	143	184	209	221	326	289	309
7. Organische Zwischenprodukte und Teerfarbstoffe	112	123	144	163	192	223	297	296
8. Zellstoff, Papier	23	26	25	18	18	23	29	30
9. Wasserreinigung	4	4	4	4	4	4	3	4
10. Sonstige	29	30	35	53	57	56	30	38
Summe	717	786	933	1017	1115	1298	1393	1570

Das Auffinden aller Einzelinformationen über zahlreiche technische und wirtschaftliche Sachverhalte, über Produktverwendungen, Folgeprodukte, Verbrauchsverfahren und Industriezweige ist ein langwieriger Prozeß. Das Interesse an zusammengefaßten, sekundärstatistisch belegten Verbrauchsstrukturen ist entsprechend groß. Sie bilden in den USA als „use patterns“ oder „end use data“ den Gegenstand zahlreicher Untersuchungen.

Nach einem Bericht über die Informationsquellen für Verbrauchszahlen chemischer Produkte aus dem Jahre 1954 waren bis dahin in der amerikanischen Fachliteratur bereits 200 Produkte mehr oder minder vollständig auf Verbrauchsarten und quantitative Verbrauchsanteile analysiert worden. Die ersten Ergebnisse wurden ab 1937 in der Zeitschrift „Chemical & Metallurgical Engineering“ veröffentlicht. Ausgelöst durch kriegsbedingte Verknappungen begannen entsprechende Untersuchungen durch die amtliche amerikanische Statistik. Für die Zeit zwischen 1939 und 1951 wurden im „Chemical Business Handbook" die Verbrauchsstrukturen einer großen Zahl chemischer Produkte zusammengestellt [3.183; 3.235]. Neuere Daten über die Verbrauchsstrukturen vieler Schwerchemikalien in mehreren Ländern wurden kürzlich in einer UN-Veröffentlichung mitgeteilt [3.135].

In Deutschland wurden im Zusammenhang mit der Planwirtschaft während des zweiten Weltkrieges ebenfalls einige Verbrauchsstrukturen amtlich berechnet, allerdings nur für die drei Grundstoffe Chlor, Natronlauge und Schwefelsäure. Die Berechnungen werden bis heute jährlich fortgeführt, sind jedoch nicht allgemein zugänglich. Die Verbrauchsstruktur für Chlor in Tab. 3.11 geht hierauf zurück und wird uns im Zusammenhang mit zeitabhängigen Betrachtungen noch beschäftigen (Kap. 4.245). Im übrigen sind die außeramerikanischen Veröffentlichungen über chemische Verbrauchsstrukturen bislang sehr spärlich.

Eine besondere Bedeutung kommt der Verwendungsuntersuchung bei den chemischen *Entwicklungsprodukten* sowie den am Markt bereits eingeführten Produkten zu, die sich jedoch hinsichtlich der Verwendungsbreite noch im Stadium der Markterschließung befinden. Hier müssen die Anwendungsmöglichkeiten erst theoretisch und experimentell erforscht werden. Anders als bei alteingeführten Produkten mit breiten Verbrauchsstrukturen können bei Entwicklungsprodukten kurzfristig tiefgreifende Veränderungen entstehen.

3.413 Mehrstufige Verbrauchsstrukturen

Die notwendige Berücksichtigung der *Mehrstufigkeit* der Nachverarbeitung ist für die Chemiemarktforschung typisch und stellt zusätzliche Aufgaben. Die Aufklärung der vertikalen Nachverarbeitung, möglichst bis hin zum Letztverbraucher, ist eine Voraussetzung für den vertikalen Vertrieb. Freilich erfolgt hierbei eine solche Vervielfachung der Verbrauchspositionen, daß die Verfolgung allein aus dem Zwang zur Aufwandsbegrenzung nach den bedeutenderen Verbrauchssektoren und Folgeprodukten abgebrochen werden muß. Ein Vordringen in die mehrstufige Nachverarbeitung ist vor allem bei hoch bleibenden Materialanteilen geboten. Man kann die gesamte Synthesefaserindustrie sowie die kunststoffverarbeitende Industrie als den „verlängerten Arm" der Chemieproduktion auffassen, so daß Anwendungsnutzen und Verwertungsmöglichkeiten der chemischen Produkte eigentlich erst nach dem Verlassen der Formgebungsstufen entschieden werden. Viele Produktionsfolgen werden vertikal im eigenen Produktionsprogramm zusammengefaßt, so daß man die eigentlichen Absatzmärkte mit der Verbrauchsanalyse überhaupt erst auf späteren Stufen erreicht. Im Bereich der chemischen Weiterverarbeitung spricht man im qualitativen Sinne bei solchen Darstellungen von *Stammbäumen* und von übersichtlichen Zusammenstellungen der *Derivate* oder *Abkömmlinge*.

Als Beispiel wurde bereits der Acetylenstammbaum in Abb. 1.14 aus einer Reihe von Zwischenprodukte-Tafeln wiedergegeben [3.94]. Die Schwierigkeiten aus der anwachsenden Zahl von Verbrauchspositionen seien weiter am Beispiel der *Benzolnachverarbeitung* verdeutlicht. In Abb. 3.13 sind 8 große Primärderivate des Benzols als Einzelprodukte oder Produktgruppen verzeichnet (vgl. Verbrauchsberechnung in Kap. 3.441). Die mehrstufige Nachverarbeitung des Benzols ist in Abb. 3.13 lediglich im Hinblick auf jeweils einen Folgesektor aus der gesamten Breitengliederung angedeutet: in der Sekundärstufe für die Phenolderivate, in der dritten Stufe für die Phenolharze und in der vierten Stufe schließlich für die Phenolharzformmassen. Für die in dieser Weise verengten Verbrauchsstrukturen sind in den Tab. 3.12–3.14 außerdem die quantitativen Verbrauchsdaten unter amerikanischen Verhält-

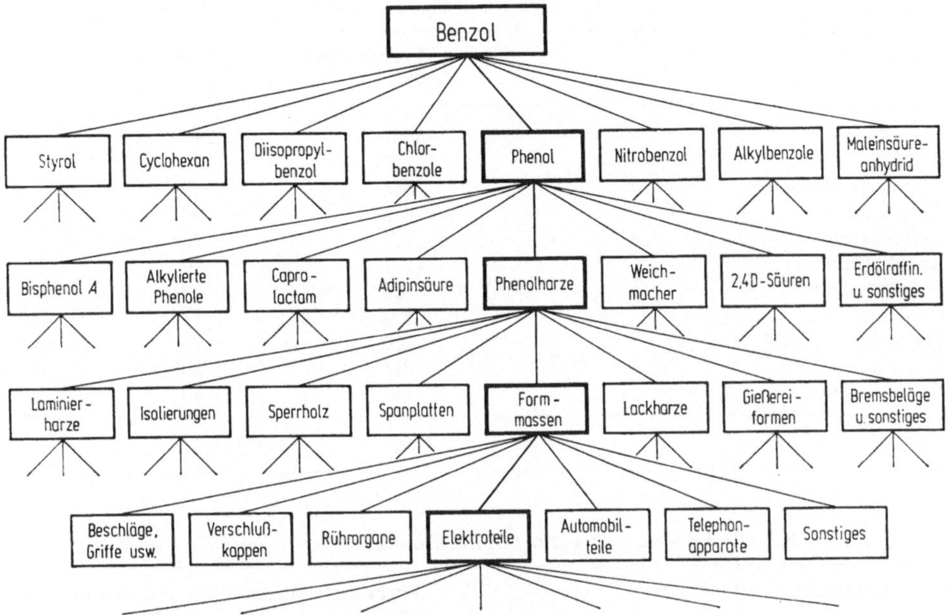

Abb. 3.13 Verbrauchsstrukturen für Benzol, Phenol, Phenolharze und Phenolharzformmassen.

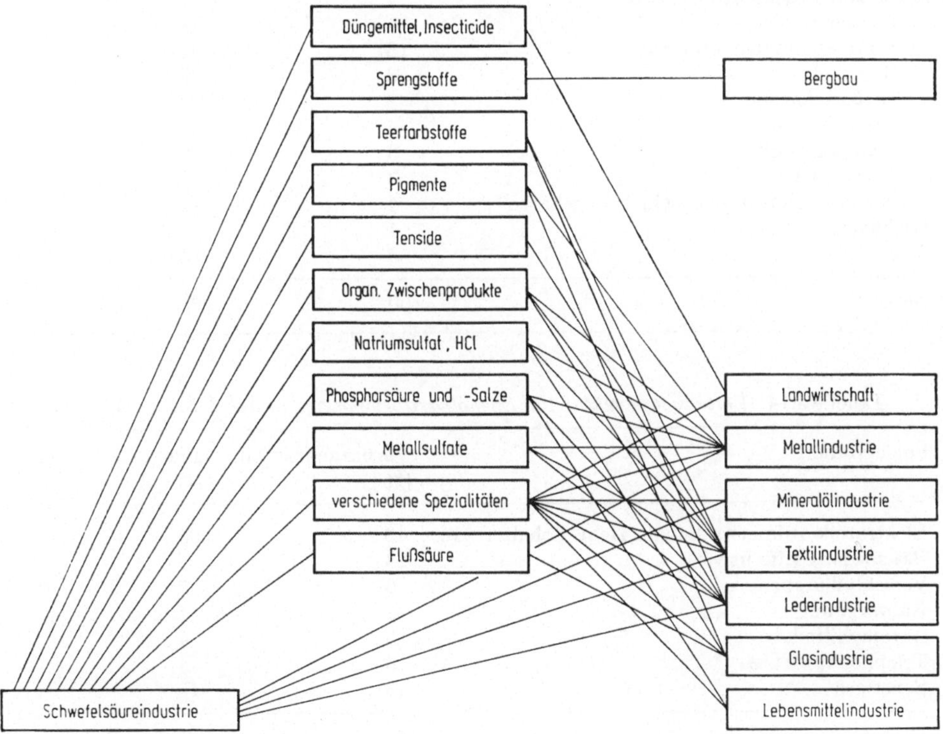

Abb. 3.14 Ungleichstufige Verbrauchsstruktur für Schwefelsäure, nach [1.102, S. 18].

Tabelle 3.12 *Verbrauchsstruktur für Phenol in den USA 1965* [3.193]

Folgeprodukt	Verbrauchsanteil [%]	Phenolverbrauch [10^3 t]
Phenolharze	50,2	*268*
Bisphenol A	7,7	41
Alkylierte Phenole	6,7	36
Caprolactam	6,7	36
Adipinsäure	4,3	23
Erdölraffination	3,7	20
Weichmacher	3,4	18
2,4-D-Säuren	2,6	14
Pentachlorphenol	2,6	14
Export	3,7	20
Verschiedenes	8,4	45
Gesamt	100,0	*535*

Tabelle 3.13 *Verbrauchsstruktur für Phenolharze in den USA 1965* [3.193]

Folgeprodukt	Verbrauchsanteil [%]	Phenolverbrauch [10^3 t]
Formmassen	30	*80*
Leim- und Beschichtungsharze		
Laminierharze	14	38
Wärmeschutzisolierungen	13	35
Sperrholz	12	32
Gießereiformen	8	21
Bremsbeläge	4	11
Schmirgelstoffe	3	8
Spanplatten	3	8
Andere Leim- und Beschichtungsharze	4	11
Lackharze	4	11
Sonstiges	5	13
Gesamt	100	*268*

Tabelle 3.14 *Verbrauchsstruktur für Phenolharzformmassen in den USA 1965* [3.193]

Folgeprodukt	Verbrauchsanteil [%]	Phenolverbrauch [10^3 t]
Elektroteile, wie etwa Schalttafeln, Schalter usw.	43	35
Beschläge, Griffe usw.	23	18
Verschlußkappen	6	5
Rührorgane	5	4
Automobilteile	5	4
Telephonapparate	5	4
Sonstiges	13	10
Gesamt	100	*80*

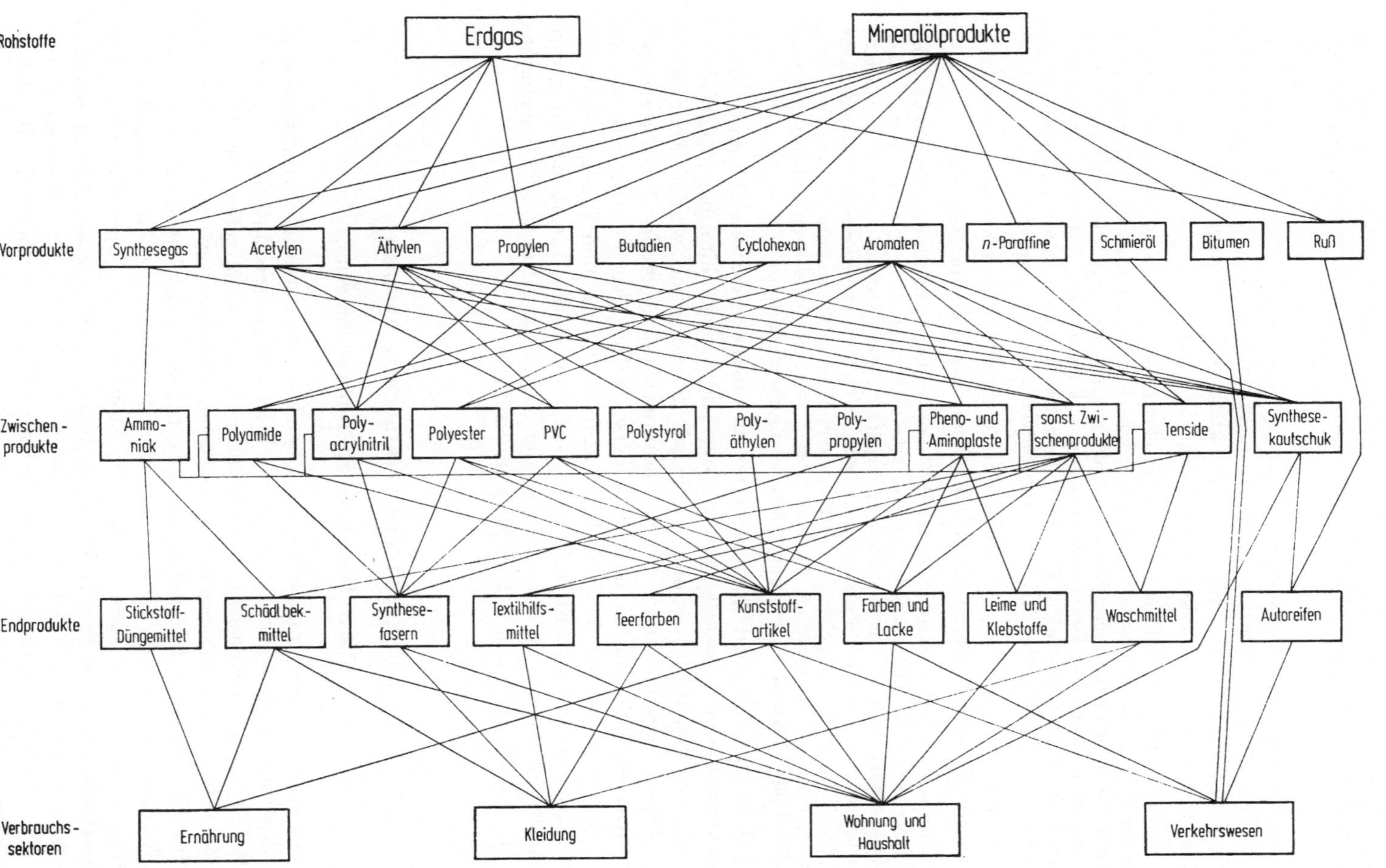

Abb. 3.15 Vereinfachte Verbrauchsstruktur für Erdgas und Mineralölprodukte bis zum Konsumgüterbereich.

nissen mitgeteilt. Soll eine vierstufige Nachverarbeitung mit je 5 Folgeprodukten in der gesamten Breite untersucht werden, so kämen bereits $5^4 = 625$ Endverwendungen in Betracht.

Ganz analog zu den Verhältnissen auf der Angebotsseite hat man bei den Verbrauchsstrukturen keinesfalls nur mit symmetrischen Regelmäßigkeiten bei der Entwicklung der Verbrauchsspektren zu tun. Es gibt Verkürzungen oder Verlängerungen der Stufenfolgen, Stoffrückführungen, Substitutionsbeziehungen und sonstige Unregelmäßigkeiten der Verflechtungen.

Dies ist in Abb. 3.14 anhand eines vereinfachten Verbrauchsschemas für Schwefelsäure verdeutlicht. Die Schwefelsäure erreicht zahlreiche Industriezweige teils unmittelbar, teils aber erst nach vielstufigen chemischen Verarbeitungsprozessen, die hier vereinfachend nur einstufig symbolisiert sind. Dabei können naturgemäß die internen Zwischenproduktverwendungen nicht dargestellt werden. Zur Beurteilung der Verbrauchsentwicklung für Schwefelsäure wäre von allen direkten und indirekten Verwendungen auszugehen.

Mitunter kommt es zu Vereinfachungen durch Zusammenfassen oder Weglassen von Verfahrensstufen der Konfektionierung oder Formgebung.

Man kann die Verbrauchsstruktur für PVC unmittelbar bezüglich der Abnehmerbereiche gegenüber der kunststofferzeugenden und -verarbeitenden Industrie untersuchen (z. B. Lackindustrie, Baugewerbe, Automobilindustrie, Verpackungsmittelindustrie usw.). Bei genauerem Vorgehen wären die Produkte aus den verschiedenen Polymerisationsverfahren (Suspensions- und Emulsions-PVC), die Sektoren des Hart- und Weich-PVC und die *Lieferformen* vorzuschalten bezüglich Dispersionen, Pasten, Pulver, Granulat oder verschiedener Halbzeuge (Profile, Rohre, Platten, Folien) und geformter Stückerzeugnisse.

Vollständige Verwendungsausschnitte chemischer Produkte führen leicht zu quadratmetergroßen *Darstellungen* mit der Eintragung zahlreicher Produkte und Verknüpfungslinien, die bald unübersichtlich und unhandlich werden. Andererseits sind starke Vereinfachungen durch Zusammenfassung großer Produktgruppen und vieler Stufenfolgen nur noch zur überschlägigen Orientierung geeignet, wie etwa die nur vierstufige Verbrauchsstruktur für Erdgas und Erdölprodukte bis zu den Endverbrauchssektoren in Abb. 3.15. Je nach der Aufgabenstellung wird es darauf ankommen, die Forderungen der detaillierten Informationsgewinnung und der Übersichtlichkeit miteinander zu vereinen.

3.42 Spezifische Verbrauchsverhältnisse

3.421 Chemische Stoffumwandlungen

Von den technischen und wirtschaftlichen Einzelheiten der Nachverarbeitungsverfahren sind im Rahmen der Chemiemarktforschung die *technischen Verbrauchskoeffizienten* oder *spezifischen Verbrauchszahlen* am wichtigsten. Sie legen die mengenmäßige Verbrauchsrelation zwischen Folgeprodukt und Verbrauchsprodukt fest und sind Hilfsmittel zur Quantifizierung der Verbrauchsstrukturen.

Für die Untersuchung der Verbrauchskoeffizienten legen wir das Gliederungssystem chemischer Produkte nach der Stoffbedeutung und dem Grad ihrer Substanzerhaltung bei der Verwendung zugrunde (Kap. 1.33). Ein großer Teil der dort abgegrenzten *chemischen Rohstoffe* erfährt bei der Verwendung eine chemische Umwandlung, wobei an dieser Stelle jedoch chemische Reaktionsteilnehmer eingeschlossen sind, die man wegen geringer relativer Verbrauchsmengen oder wegen überwiegender Rückgewinnung im Prozeß gewöhnlich nur als Hilfsstoffe oder Kreislaufstoffe ansprechen würde.

Grundlage für die Ermittlung der Verbrauchsverhältnisse bei chemischen Umsetzungen sind die qualitativen *Reaktionsgleichungen* sowie die Molekulargewichte der Reaktionsteilnehmer, welche die Reaktionen in theoretischer Hinsicht quantitativ bzw. *stöchiometrisch* festlegen. Man erfaßt dabei gewöhnlich nur die interessierenden Hauptreaktionen vollständig. Nebenprodukte sind allerdings mitzuteilen, vor allem wenn sie verwertbar sind oder die Wirtschaftlichkeit des Verfahrens als Abfallprodukte belasten.

Tab. 3.15 zeigt als Beispiel die Zusammenstellung der Reaktionsschritte von zwei Verarbeitungsverfahren von Propylen auf Epichlorhydrin. Aufgrund der Stöchiometrie könnten in beiden Fällen aus 42,1 kg Propylen 92,5 kg Epichlorhydrin hergestellt werden. Zu dieser Feststellung brauchte man nur die Molekulargewichte von Einsatz- und Endprodukt unter Vernachlässigung der Zwischenprodukte zu vergleichen. Die Verbrauchsrelation 1:2,20 oder 0,455:1 ist aber rein theoretisch, das technisch realisierbare Verbrauchsverhältnis wird erst mit der Ausbeute festgelegt, die von den einzelnen Reaktionsschritten abhängt.

Die *Ausbeute* im reaktionstechnischen Sinne gibt denjenigen Prozentanteil eines Rohstoffs an, welcher in das gewünschte Endprodukt tatsächlich überführt wird. Die Ausbeute hängt von zahlreichen Faktoren der chemischen Teilschritte

Tabelle 3.15 *Chemische Reaktionsschritte bei zwei Verarbeitungsverfahren von Propylen auf Epichlorhydrin*

1. Verfahren über Allylchlorid

$$\underset{42,1}{CH_2{=}CH{-}CH_3} + \underset{71,0}{Cl_2} \longrightarrow \underset{76,5}{CH_2{=}CH{-}CH_2Cl} + HCl$$

$$\underset{76,5}{CH_2{=}CH{-}CH_2Cl} + \underset{71,0}{Cl_2} + H_2O \begin{array}{l} \nearrow CH_2Cl{-}CHCl{-}CH_2OH \\ \searrow \underset{129,0}{CH_2Cl{-}CHOH{-}CH_2Cl} \end{array} + HCl$$

$$\underset{129,0}{CH_2Cl{-}CHOH{-}CH_2Cl} + NaOH \longrightarrow \underset{92,5}{\underbrace{CH_2{-}CH}_{O}{-}CH_2Cl} + NaCl + H_2O$$

2. Verfahren über Allylalkohol

$$\underset{42,1}{CH_2{=}CH{-}CH_3} + \underset{71,0}{Cl_2} + H_2O \longrightarrow \underset{94,5}{CH_2Cl{-}CHOH{-}CH_3} + HCl$$

$$\underset{94,5}{CH_2Cl{-}CHOH{-}CH_3} + 1/2\,Ca(OH)_2 \longrightarrow \underset{58,0}{\underbrace{CH_2{-}CH}_{O}{-}CH_3} + 1/2\,CaCl_2 + H_2O$$

$$\underset{58,0}{\underbrace{CH_2{-}CH}_{O}{-}CH_3} \longrightarrow \underset{58,0}{CH_2OH{-}CH{=}CH_2}$$

$$\underset{58,0}{CH_2OH{-}CH{=}CH_2} + \underset{71,0}{Cl_2} \longrightarrow \underset{129,0}{CH_2OH{-}CHCl{-}CH_2Cl}$$

$$\underset{129,0}{CH_2OH{-}CHCl{-}CH_2Cl} + NaOH \longrightarrow \underset{92,5}{\underbrace{CH_2{-}CH}_{O}{-}CH_2Cl} + NaCl + H_2O$$

ab, insbesondere vom erzielten Umsatz in der gewünschten Reaktion und von der Prozeßführung (z.B. Stufenbetrieb, Kreislaufbetrieb). Nach mehrfachem Durchgang des Einsatzstoffes kann die Ausbeute auch über die Umsatzwerte des einmaligen Durchgangs wesentlich hinausgehen.

Die reaktions- und verfahrenstechnisch sowie apparativ bedingten Ausbeuteunterschiede bei gleichem Chemismus machen eine Ausbeutebestimmung allein anhand chemischer Daten schwierig und unsicher. Theoretisch könnte man aufgrund der Gleichgewichtsdaten in Abhängigkeit von Temperatur, Druck und Konzentration die maximal erreichbaren Umsätze berechnen. Wie diese Betriebsbedingungen aber gewählt und welche Reaktionsgeschwindigkeit und Verweilzeit zweckmäßig realisiert werden, hängt von experimentellen Ergebnissen und wirtschaftlichen Optimierungsüberlegungen ab. Die Bestimmung technisch realisierbarer Ausbeuten und Verbrauchszahlen muß auch die vor- und nachgeschalteten physikalischen Verarbeitungsschritte in die Betrachtungen einbeziehen, die ebenfalls Stoffverluste verursachen (z.B. Aufbereitungsverluste der Rohstoffe, Verluste bei der Trennung und Reinigung des Endproduktes).

Für den Chemiemarktforscher erscheint es daher geboten, nach technisch verläßlichen Ausbeutedaten oder auch spezifischen Verbrauchszahlen der Rohstoffe je Mengeneinheit des Folgeproduktes zu suchen und die reaktionstechnischen Berechnungen zu umgehen. In der chemisch-technischen sowie wirtschaftschemischen Literatur finden sich des öfteren derartige Richtwerte oder Erfahrungswerte, wobei eine Umrechnung von Ausbeuten und spezifischen Verbrauchszahlen leicht möglich und aus Vergleichs- oder Kontrollgründen zu empfehlen ist. Es ist daran zu denken, daß die Ausbeute als relativer Begriff stets nur *ein* Endprodukt mit *einem* Rohstoffeinsatz in Beziehung bringt. Da sich die Literaturhinweise oft nur auf ein Endprodukt und den wichtigsten Rohstoff erstrecken, sind sie mitunter unzureichend oder sogar unklar.

Die Umrechnung von Ausbeuten und Verbrauchszahlen sei am Beispiel der Herstellung von *Acrylnitril* aus Propylen und Ammoniak skizziert. Die Bruttoreaktionsgleichung lautet

$$CH_2{=}CH{-}CH_3 + NH_3 + 3/2\,O_2 \rightarrow CH_2{=}CH{-}CN + 3\,H_2O.$$

Es wurden die Acrylnitrilausbeute mit 70%, bezogen auf den Propyleneinsatz, die Verbrauchszahlen wie folgt angegeben (je short ton Acrylnitril 99%ig) [3.65, S. 39]:

Propylen (gerechnet 100%ig)	2350 lb
Ammoniak	950 lb
Luft	195000 scf
Katalysator	wenig

Nach der Stöchiometrie ergeben 1 Mol oder 42,08 kg Propylen und 1 Mol oder 17,03 kg Ammoniak zusammen 1 Mol oder 53,06 kg Acrylnitril, jedoch ist das Verbrauchsverhältnis vor allem wegen der entstehenden zahlreichen Nebenprodukte (Blausäure, Ammoniumsulfat, Acetonitril und andere) weit ungünstiger.

Bei vollständigem und verlustfreiem Umsatz werden je Tonne Acrylnitril nur 42,08/53,06 = 0,794 t Propylen, nach den mitgeteilten Verbrauchszahlen aber 2350/2000 · 0,99 = 1,19 t verbraucht, was einer Ausbeute von 0,794 · 100/1,19 = 66,7%, bezogen auf den Propyleneinsatz, entspricht. Die genannte Ausbeute von 70% stimmt hiermit ungefähr überein.

Der theoretische stöchiometrische Ammoniakverbrauch beträgt 17,03/53,06 = 0,32 t/t Produkt, der tatsächliche 950/2000 · 0,99 = 0,48 t/t. Das ergibt eine Ammoniakausbeute von 0,32 · 100/0,48 = 66,7%. Zwar stimmen hier Propylen- und Ammoniakausbeute überein, aber es treten auch häufig genug Abweichungen zwischen den verschiedenen Rohstoffausbeuten auf. Für die Herstellung von Epichlorhydrin über Allylchlorid in Tab. 3.15 wurden z.B. eine 65%ige Propylen- und eine 60%ige Chlorausbeute mitgeteilt.

Bei den *neuen* oder noch in Entwicklung befindlichen chemischen *Prozessen* unterliegen die Ausbeuteverhältnisse nicht selten der Geheimhaltung. Weiter kommt hier die Unsicherheit über die zukünftig noch realisierbaren Ausbeutesteigerungen hinzu. Im allgemeinen kann die Ausbeute bei der Maßstabsvergrößerung der Anlagen verbessert werden, wie etwa beim Übergang von einer technischen Versuchsanlage zu einer großtechnischen Einheit. Das gleiche gilt wenigstens für die erste Zeit des großtechnischen Betriebes, in der die gewonnenen Betriebserfahrungen systematisch zur Ausbeuteverbesserung ausgewertet werden. So konnten bei dem genannten Acrylnitrilprozeß die Ausbeuten in wenigen Jahren unter Zurückdrängung des Nebenproduktanfalls wesentlich erhöht werden.

Werden mehrere chemische Reaktionen zu einem *Kreislaufprozeß* zusammengefaßt, so ergeben sich nach der Stöchiometrie des gesamten und in der Bruttogleichung saldierten Reaktionsschemas meistens nur wenige von außen eingebrachte Rohstoffe und nach außen abgegebene Endprodukte.

Technisch ist der interne Ausgleich der Stoffbilanz jedoch vom Ausmaß der Übereinstimmung der Ausbeuteverhältnisse in den Teilreaktionen abhängig, so daß sie detailliert berücksichtigt werden müssen wie im Beispiel der „ausgeglichenen" Glycerinsynthese in Abb. 3.16. Im Falle der Sodaherstellung nach SOLVAY gemäß Reaktionsschema in Abb. 3.17 kann man dagegen wegen der bereits verfahrenscharakteristischen Zusammenfassung der Teilschritte auf empirisch gesicherte Verbrauchszahlen für den gesamten Kreislaufprozeß zurückgreifen, wie hinsichtlich des Ammoniakverbrauchs mit 2–3 kg/t Soda zur Deckung der Verluste, deren Höhe nur von der Güte der Anlagen und der Betriebsführung abhängt. Dieses abgekürzte Vorgehen wird noch selbstverständlicher, wenn die Teilreaktionen nicht einmal apparativ getrennt sind, sondern nur den *Reaktionsmechanismus* betreffen. Hierfür bieten Richtwerte über Stickstoffverluste beim Bleikammerschwefelsäureprozeß ein Beispiel.

Tabelle 3.16 *Ausbringen an Fettalkoholen durch Paraffinoxydation, nach* [3.35, S. 59]

Verfahrensstufe	Einbringen	[Gew.-% v. Einsatz]	Produkte	[Gew.-% v. Einsatz]
Oxydation	Flüssige Paraffine	100	Rohproduktsäuren über C_4	95
			Wasserlösl. C_1-C_4-Produkt u. Dicarbonsäuren	20,1
Thermische Spaltung der NH_4-Salze der Säuren C_1–C_{19}	NH_4-Salze der Säuren über C_4	101,2	Säuren über C_4	93,6
	NH_4-Salze der wasserlösl. Säuren	10,45	NH_4-Salze der Säuren C_1–C_4	10,95
Fraktionierung	Säuren über C_4	93,6	Säuren C_5–C_6	5,6
			Säuren C_7–C_9	16,7
			Säuren C_{10}–C_{19}	60,2
			Teeriger Rückstand	9,3
			Verluste	1,8
Hydrierung	Säuren C_7–C_{19}	76,9	Rohalkohole	69,1
			Wasser u. Verluste	7,8
Destillation	Rohalkohole	69,1	Alkohole C_7–C_{19}	67,8
			Teeriger Rückstand und Verluste	1,3

$$\text{Ausbringen} = \frac{\text{Menge Endprodukt}}{\text{Menge Einbringen}} = \frac{67{,}8}{100}$$

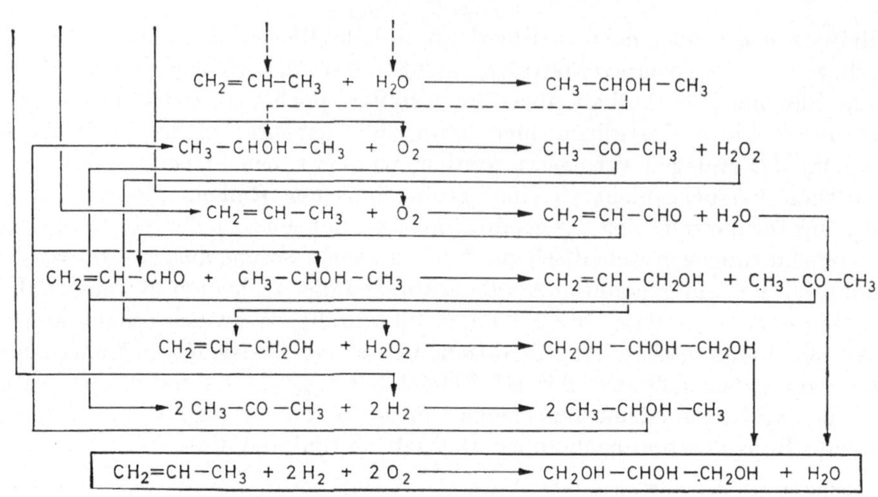

Abb. 3.16 Glycerinsynthese aus Propylen als Kreislaufprozeß.

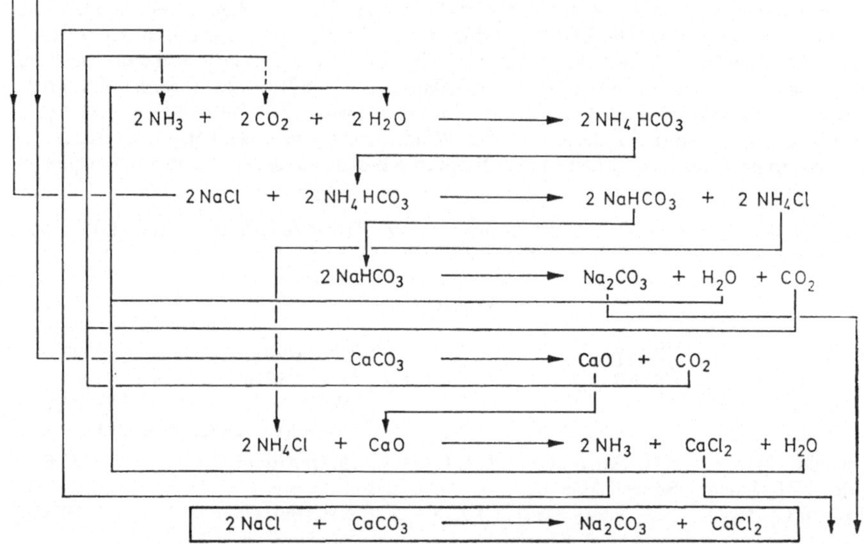

Abb. 3.17 Sodaherstellung nach SOLVAY als Kreislaufprozeß.

Reaktionsgleichungen und stöchiometrische Daten verlieren ebenfalls an Bedeutung beim Umsatz komplizierter *Gemische chemischer Individuen*.

Dies gilt z.B. oft für die Umsetzung von Kohlenwasserstoff-Fraktionen. Eine bis zu den Einzelkomponenten führende quantitative Untersuchung kommt wegen technischer Schwierigkeiten oder zu hohem Aufwand meistens nicht in Betracht. Die Verbrauchsrechnungen werden entweder auf angenommene Modellreaktionen oder Modellkomponenten des Stoffgemisches gestützt – z.B. auf Dodecan oder Dodecen aus einer eng geschnittenen Paraffin- bzw. Olefinfraktion für die Benzolalkylierung in der Synthese von Waschrohstoffen –, oder aber es werden sofort die technischen Verbrauchszahlen eingesetzt. Mitunter sind verschiedene Umsetzungsgrade zu berücksichtigen, wie Oxydationsgrade oder Chlorierungsgrade.

In chemisch-technischen Verbrauchsrechnungen wird der Begriff der Ausbeute noch in einem anderen, mehr absoluten Sinne benutzt, nämlich als *Ausbringen*, das auf ein bestimmtes *Einbringen* bezogen werden kann. Während in der Reaktionstechnik die Ausbeute immer unter 100% liegt, kann bei dieser rein gewichtsmäßigen Verhältnisbildung auch ein Ausbringen über 100% erzielt werden.

Im Beispiel der Ausbeutebestimmung für ein Verfahren der Paraffinoxydation und Hydrierung der Fettsäuren zu Fettalkoholen in Tab. 3.16 ergibt sich die Massenzunahme des Zwischenproduktes der Fettsäuren (Oxydationsprodukte) in der ersten Verfahrensstufe durch den Einbau des Luftsauerstoffs in die Paraffine. Das Beispiel ist außerdem instruktiv im Hinblick auf die notwendige Berücksichtigung mehrerer, auch physikalischer Verfahrensstufen (Verdampfung und Destillation). Das Ausbringen wird auf den Masseneinsatz an flüssigen Paraffinen bezogen. Aus der Gegenüberstellung von Ausbringen und Einsatz sowie aus der Weiterleitung der Zwischenprodukte ergibt sich aber auch ein sofortiger Überblick über die Ausbeuteverhältnisse in den einzelnen Verfahrensstufen. Für den Marktforscher wäre letztlich das Ausbringen an nutzbaren C_7-C_{19}-Alkoholen, bezogen auf den Paraffineinsatz, interessant. Hier zeigt sich bereits der Übergang zur Ermittlung der Verbrauchsdaten aus geschlossenen *Materialbilanzen* der Prozesse.

Umfangreiche Zusammenstellungen von empirischen *technischen Verbrauchszahlen* chemischer Prozesse finden sich in der amerikanischen chemiewirtschaftlichen Fachliteratur (z.B. im „Chemical Business Handbook", Tab. 3.17).

Tabelle 3.17 *Verbrauchsrelationen chemischer Produkte*, auszugsweise nach [3.183, S. 168]

Rohstoff	Menge	Einheit	Endprodukt	Menge	Einheit
Essigsäure (Eisessig)	1125	lb	Amylacetat	1	t
Essigsäure (Eisessig)	1100	lb	Butylacetat	1	t
Aceton	68	lb	polym. Methylmethacrylat	100	lb
			Aceton	6–7,5	lb
Adipinsäure	62	lb	Nylon 6.6	100	lb
Allylalkohol	1560	lb	Glycerin 99%	1	t
Aluminium	400	lb	Aluminiumchlorid	1	t
Ammoniak	630	lb	Indigo 100%	1	t
Anhydrit	etwa 1,64	t	Schwefelsäure	1	t
			Zementklinker	1	t
Anilin	71	lb	Acetanilid	100	lb
Anilin	85	lb	Dimethylanilin	100	lb
			Dimethyläther	5	lb
Calciumcarbid	1	t	Acetylen	625	lb
Kohlenmonoxid	1450	lb	Ameisensäure 90%ig	1	t
Chlor	160	lb	Calciumhypochlorit	100	lb
Chlor	5300	lb	Chloral, technisch	1	t
Chlor	75	lb	Äthylchlorid	100	lb
Chlor	80	lb	Phosgen	100	lb
Kryolith	1	lb	Aluminium	10	lb
Ameisensäure	1200	lb	Pentaerythrit	1	t
Hexamethylendiamin	55,4	lb	Nylon 6.6	100	lb
Isopropylalkohol	2435	lb	Aceton	1	t
Naphthalin	2400	lb	β-Naphthol	1	t
Phosphoroxichlorid	980	lb	Trikresylphosphat	1	t
Phthalsäureanhydrid	1500	lb	Anthrachinon	1	t
Phthalsäureanhydrid	2860	lb	Benzoesäure	1	t
Natriumcarbonat	40	lb	DDT, technisch	1	t
Natriumhydroxid	1700	lb	β-Naphthol	1	t

Innerhalb der technisch-wirtschaftlichen *Verfahrensbeschreibungen* (Lizenzangebote, Verfahrenszusammenstellungen der Fachliteratur) legt man heute immer mehr Wert auf die Wiedergabe von technischen Verbrauchsdaten. Dabei werden nicht nur die Verbrauchsdaten der Rohstoffe für die chemischen Umsetzungen, sondern auch die der Hilfsstoffe, Betriebsstoffe, des Energieverbrauchs, Arbeitskräftebedarfs oder sogar Kapitalbedarfs- und Kostendaten mitgeteilt, vgl. [3.27; 3.28; 3.35; 3.65; 3.156; 3.178; 3.217]. Ein Beispiel aus derartigen gedrängten Verfahrensbeschreibungen zeigt Abb. 3.18. Diese Informationen sind in der Regel nur für Verfahren zur Herstellung von Massenprodukten zugänglich, denn nur für solche Verfahren besteht seitens der Lizenzgeber und Ingenieurfirmen ein Interesse an der Veröffentlichung. Verbrauchszahlen über die meistens in Wechselfertigung hergestellten Spezialitäten sind selten als Sekundärdaten verfügbar.

Verfahrensfließbild:

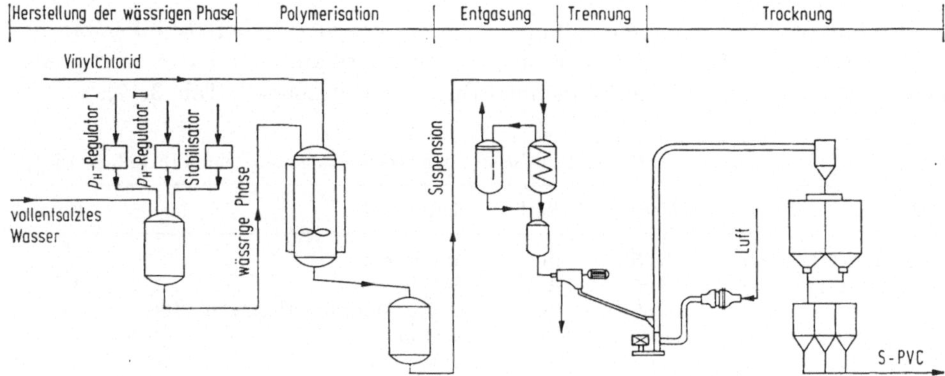

Verfahrensbeschreibung:

Die Polymerisation von Vinylchlorid wird in der sogenannten „wäßrigen Phase" und in Gegenwart eines Indikators in Polymerisationsreaktoren durchgeführt. Das nicht umgesetzte Vinylchlorid wird von der erhaltenen PVC-Suspension abgetrennt. Die Suspension wird stabilisiert, zentrifugiert und zweistufig getrocknet. Als Stabilisator wird ein Copolymerisat aus Natrium-Styrol-Maleinsäureanhydrid verwendet, das die Herstellung zahlreicher PVC-Typen mit guten Eigenschaften gestattet. Das getrocknete PVC passiert Zyklone und Filter und wird dann klassiert, worauf der den Korngrößenanforderungen nicht entsprechende Teil der Produktion vermahlen wird. Kapazitätsbereich: 12000 bis 60000 t/a.

Spezifische Verbrauchszahlen:

Bezugsbasis: 1,0 t PVC	Maß	Menge	Bezugsbasis: 1,0 t PVC	Maß	Menge
Vinylchlorid, mind. 99,9%	[t]	1,1	Natriumhydroxid	[t]	0,001
Suspensionsstabilisator	[t]	0,006	Strom	[kWh]	600
p_H-Regulator I	[t]	0,001	Dampf	[t]	4
p_H-Regulator II	[t]	0,003	Kältemittel, −5°C	[Mcal]	560
Wasser, vollentsalzt	[m³]	6,8	Kühlwasser	[m³]	100
Initiator	[t]	0,003	Druckluft	[Nm³]	80
Produktstabilisator	[t]	0,0015	Stickstoff	[Nm³]	8

Abb. 3.18 Verfahrenskennzeichnung einschließlich Wiedergabe spezifischer Verbrauchszahlen für die Herstellung von Suspensions-PVC (Verfahren der CHEPOS, ČSSR [3.35, S. 69]).

3.422 Physikalische Produktionsprozesse

Physikalische Prozesse der Stofftrennung und besonders der Stoffvereinigung führen ebenfalls zu neuen Produkten. Bei den Trennprozessen ergibt sich das Verbrauchsverhältnis aus den analytischen Daten der Ausgangsprodukte und den verfahrensbedingten technischen Ausbeuten, mit denen die Bestandteile als isolierte Endprodukte gewonnen werden können (z. B. bei Destillations-, Extraktions-, mechanischen Aufbereitungs-, Reinigungsverfahren). Bei den Prozessen der Stoffvereinigung (Mischung) bestimmt die Rezeptur für das Endprodukt das Verbrauchsverhältnis für die Einsatzkomponenten. Für den Stoffverbrauch kennzeichnend ist das unveränderte substantielle Eingehen in das Folgeprodukt, was sowohl einen Teil der *chemischen Rohstoffe* (Kap. 1.332) als auch *Hilfsstoffe* (Kap. 1.334) betrifft. Die Abgrenzung zwischen Roh- und Hilfsstoffen nach der mengenmäßigen oder Wirkungsbedeutung im Mischungsprodukt ist nicht immer eindeutig. Die Mischprozesse herrschen in den letzten Stufen der chemischen

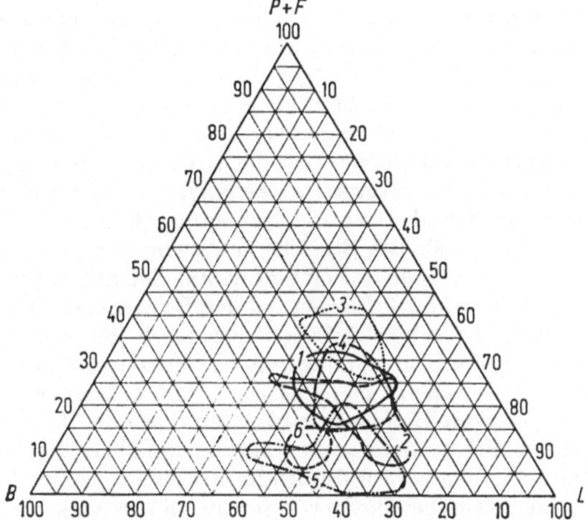

Abb. 3.19 Rezepturen von Kunstharzlacken (Phthalatharzlacken) hinsichtlich Bindemittel-, Pigment- plus Füllstoff- und Lösemittelanteil (in Volumenprozent) im Dreieckskoordinatensystem [3.127]. *B* Bindemittel; *P* + *F* Pigmente und Füllstoffe; *L* Lösungsmittel. Weitere Hinweise in Tab. 3.18.

Tabelle 3.18 *Rezepturen von Kunstharzlacken (Phthalatharzlacken)* [3.127]

Art des Anstrichmittels	Bereich in Abb. 3.19	Anzahl Rezepturen	Außenseiter	Quotient R/B	Schwerpunktkonzentrationen [Vol.-%]			
					Bindemittel	Pigment u. Füllstoff	Lösemittel	PVK[1]
Rostschutzgrundierungen mit Pb_3O_4	1	11	0	5,5	27	25	48	47
Grundierungen	2	32	3	8,9	25	21	54	44
Spachtelmassen	3	10	3	4,5	21	35	44	63
Vorlacke	4	9	1	3,5	27	22	51	46
Decklacke	5	84	0	21,0	35	8	57	18
Rostschutzdecklacke	6	14	1	50,0	49	10	41	21

[1] PVK = Pigment-Volumen-Konzentration des Trockenfilms.

Industrie vor (Herstellung konfektionierter Waschmittel, Farben- und Lackindustrie usw.). Sie führen aber auch in anderen Industriezweigen zu einem bedeutenden Chemikalienverbrauch (Lebensmittelhilfsstoffe, chemische Zusätze oder „Additives" für Mineralölprodukte, Papierhilfsmittel, Alkaliverbrauch zur Masseherstellung in der Glasindustrie u.a.).

Die Verbrauchsdaten werden oft auf *empirische Richtwerte* gestützt. Da veröffentlichte Daten oft nicht ausreichen, sind vor allem die eigenen Erfahrungen der Anwendungstechnik auszuwerten. Objektive Schwierigkeiten bereitet die große Zahl von Einzelprodukten, deren Verbrauchsverhältnisse irgendwie auf hypothetische *Durchschnittsprodukte* bezogen werden müssen. Unmittelbar auf die Gewinnung der Durchschnittswerte abzielende Befragungsaktionen bei Chemikern oder Technikern sind wenig erfolgreich, weil die Fachleute nur in den Einzeltypen denken und sich schlecht auf die geforderten Vereinfachungen einstellen können. Immer wieder wird man auf die enttäuschende Antwort stoßen, daß alles „völlig verschieden" sei und jegliche Generalisierung ausschließe.

Selten kann auf veröffentlichte Untersuchungen über die Durchschnittsverhältnisse und Streuungen der Rezepturen bestimmter Produktionsgebiete zurückgegriffen werden, wie sie beispielsweise für die Lackindustrie vorgelegt wurden [3.127]. Dabei wurden die Lacksysteme nach der chemischen Natur des Bindemittels (z.B. Leinöl/Leinöl-Standöl, Phthalatharz, Nitrocellulose) sowie nach der Art des Anstrichmittels (Grundierungen, Vorlacke, Decklacke usw.) unterschieden. Abb. 3.19 und Tab. 3.18 zeigen einige Ergebnisse für den Bereich der Kunstharz-(Phthalatharz-)Lacktypen. Da das Ausmaß der Streuung unter anderem von der Anzahl der verfügbaren und ausgewerteten Rezepturen abhängt, wurde für den im Dreieckskoordinatensystem eingezeichneten Streubereich die Kenngröße R/B berechnet (R = Anzahl der Rezepturen im Bereich, B = Größe des Bereichs in Prozent der Gesamtfläche des Dreiecks). Ein anwachsender Quotient R/B bedeutet eine Abnahme der Streuung. Die Konzentrationswerte der verschiedenen Anstrichmittel liegen bei den Kunstharzlacken relativ dicht beieinander, lediglich Spachtel- und Decklacke heben sich durch ihre hohen bzw. niedrigen Pigmentgehalte deutlich ab. Für die Umrechnung von Gewichts- auf Volumenrezepturen wurden für die Bindemittel Dichten zwischen 1,05 und 1,20, für die Lösemittel ein Durchschnittswert von 0,85 eingesetzt. Die starken Dichteschwankungen bei den Pigmenten und Füllstoffen haben die Verwendung von Volumenrezepturen als zweckmäßiger erscheinen lassen.

Die Marktforschungsaufgaben mögen freilich im Einzelfall weitere Fragen aufwerfen, wie etwa nach der Verwendung ganz bestimmter Pigmente in den verschiedenen Lacksystemen, dem Einsatz von Lackhilfsmitteln (Sikkative, Netzmittel, Antigeliermittel usw.) oder der Anwendung der verschiedenen Lacke selbst in der nachgelagerten Absatzmarktstufe. Die Methodik der Durchschnittsbildung aber ist in jedem Falle aufschlußreich.

3.423 Chemiewerkstoffe

Die Ermittlung von Verbrauchsdaten der Chemiewerkstoffe, d.h. der polymeren hochmolekularen Produkte wie Kunststoffe, Elastomere und Synthesefasern, ist hinsichtlich der unmittelbar nachgeschalteten Formgebung ziemlich unproblematisch, weil bei den nichtspanabhebenden Verformungsverfahren kaum Stoffverluste auftreten. Die Schwierigkeiten der Verbrauchsberechnung ergeben sich aber aus der Vielfalt der Formerzeugnisse mit ihren unterschiedlichen Dimensionen, Gewichten und Stückzahlen. Oft entstehen dabei zusammengesetzte Erzeugnisse aus zahlreichen Bauteilen aus verschiedenen Werkstoffen, oder es kommt sogar zu einem Werkstoffverbund in den Bauteilen selbst (z.B. kunststoffbeschichtete Holzwerkstoffe). Charakteristisch für die Berechnungen ist oft ein stufenweises Fortschreiten in der Differenzierung der Verbrauchspositionen.

Dies sei am Beispiel der *Kunststoffverwendung im Bauwesen* kurz erläutert. Das gesamte Bauvolumen ist die Basis der Verbrauchsberechnung, wobei aufgrund unterschiedlicher Verbrauchsverhältnisse eine Unterteilung in Wohnungsbau, Industriebauten sowie Bauarbeiten für die Instandhaltung vorgenommen werden kann. In der nächsten Stufe ist das Produktionsvolumen an Bauteilen bzw. Baustoffen und Baustoffgruppen zu ermitteln (z.B. Bauplatten, Boden- und Wandbeläge, Fenster, Türen, Rohre usw.), die im Falle der Herstellung aus Kunststoff einen bestimmten Verbrauch verschiedener Kunststoffarten wie PVC, Polyäthylen usw. ergeben. Erst diese Zusammenhänge führen zu technischen Verbrauchskoeffizienten. Wegen der Vielfalt der Bauausführungen sind sowohl für die Aufstellung von Durchschnittsrelationen zwischen den Kunststoffverbrauchspositionen und dem Bauvolumen als auch für die eigentlichen Verbrauchskoeffizienten der Kunststoffe in den einzelnen Anwendungen grobe Verallgemeinerungen notwendig.

Beispielsweise kann man im deutschen Wohnungsbau gegenwärtig eine durchschnittliche Ausstattung der Neubauwohnungen mit 7 Fenstern annehmen (einschließlich Treppenhaus und Keller), was bei 500000 Wohnungseinheiten jährlich einen Bedarf von 3,5 Millionen Fenstern ergeben würde. Im Falle der ausschließlichen Herstellung aus PVC-Hartprofilen – der tatsächliche Anteil wäre erst praktisch zu ermitteln – würde sich bei einer durchschnittlichen Fenstergröße von 2 m^2 mit rund 10 m Profillänge sowie 1,4 kg/lfd. m spezifischem Profilgewicht ein spezifischer Verbrauchskoeffizient von 15 kg PVC je Fenster ergeben. Das würde einem Verbrauch von 105 kg je Wohnungseinheit und schließlich einem maximalen Gesamtverbrauch von 52500 t/a in dieser einen Verwendung entsprechen, vgl. [6.158]. Nur teilweise gelingt es, etwa aufgrund produktionsstatistischer Daten unmittelbar von den interessierenden Bauteilen auszugehen.

3.424 Chemische Hilfsstoffe für geformte Stückerzeugnisse

Ein Teil der *chemischen Hilfsstoffe* (Kap. 1.334) geht nicht als Bestandteil in Mischungsprodukte ein, sondern wird anderweitig für geformte Stückerzeugnisse verbraucht. Es handelt sich definitionsgemäß um Verbrauchsprozesse, die sich außerhalb der chemischen Industrie abspielen. In Betracht kommen besonders Verfahren der *Oberflächenbehandlung und -veredelung* der Formerzeugnisse: physikalische oder chemische Veränderungen der behandelten Werkstoffoberflächen, wobei teilweise sogar chemische Verbindungen zwischen den Hilfsstoffen und Werkstoffen zustande kommen (z.B. bei Textilveredelung und Textilfärberei), Aufbringen von Schutzschichten und Einlagerungsstoffen durch Tränkverfahren, Flächenauftrag von Leimen und Klebstoffen, die verschiedenen Auftragsverfahren für Anstrichmittel, elektrochemische Verfahren der Oberflächenbehandlung. Beim Aufbringen von Folien und Plattenmaterialien liegt bereits ein Übergang zu den vorgenannten Verwendungen von Chemiewerkstoffen vor.

Die Verbrauchszahlen werden naturgemäß in erster Linie auf die behandelten *Flächen* zu beziehen sein, wobei die Größe der Flächen und deren spezifische Verbrauchszahlen zu ermitteln sind. Selten sind die Flächen als Bezugsgrundlage unmittelbar zugänglich, sondern sind erst unter Zugrundelegung bestimmter mittlerer Verhältnisse über die spezifischen Oberflächen der behandelten Formgüter zu errechnen. Ob die spezifischen Oberflächen dabei auf die Gewichtseinheit (z.B. Quadratmeter je Tonne Metallhalbzeuge), die Volumeneinheit (z.B. Quadratmeter je Kubikmeter Spanplatten, Tischlerplatten oder Sperrholz) oder das einzelne Produktionsstück (z.B. Quadratmeter je Einheit der Automobilproduktion, je Schrank usw.) bezogen werden, hängt von der Güte des statistischen Zusammenhangs für die Durchschnittsbildung ab, vor allem aber auch von der Dimension der produktionsstatistischen Daten. Wenn die Produktion an Holzwerkstoffen in Kubikmetern ausgewiesen wird und nicht in Flächen oder Gewichtseinheiten, werden die spezifischen Oberflächen unter Annahme bestimmter mittlerer Verteilungen der Plattenstärken eben zweckmäßig hierauf bezogen.

Schwierigkeiten bereitet wiederum die *Abmessungsvielfalt* der hergestellten Formerzeugnisse und die Umrechnung auf mittlere Verhältnisse. Ein gutes Beispiel hierfür liefert die Verbrauchsberechnung für *Oberflächenmaterialien* in der *Möbelherstellung* [3.74]. Danach betrug zum Beispiel im Jahre 1963 der Durchschnittswert eines Schlafzimmers der westdeutschen industriellen Möbelproduktion 672,– DM. Der mittleren Qualität entsprachen folgende Möbelstücke mit folgenden Abmessungen:

ein dreiteiliger Schrank (1500 × 1750 × 520 mm)
eine (Frisier-)Kommode (900 × 450 × 300 mm)
zwei Nachttische (450 × 450 × 300 mm)
zwei Betten (1900 × 900 mm)

Über die Abmessungen konnten die Oberflächen aller Möbelerzeugnisse berechnet werden, und zwar im Hinblick auf den zu untersuchenden Einsatz an verschiedenen Oberflächenmaterialien wie Holz, duroplastische Kunststoffe (harzgetränkte Papiere, Schichtstoffpreßplatten, harzgetränkte Papiere auf Trägerplatten, Massivkunststoffe), thermoplastische Kunststoffe, Speziallacke, flüssige Polyesterkunststoffe, sonstige Oberflächenmaterialien. Dabei waren die Oberflächen zu unterteilen in: außen sichtbare Flächen, nur innen sichtbare behandelte Flächen, unbehandelte nicht sichtbare Flächen.

Zur Berechnung des *Lackverbrauchs* in der *Kühlschrankproduktion* wurden aufgrund der Angaben im Prospektmaterial für Kühlschränke die lackierten Oberflächen nach der Formel „(2 × Breite + 2 × Tiefe) × Höhe + Breite × Tiefe" ermittelt und mit den angegebenen Gewichten in Beziehung gesetzt, so daß schließlich als Richtwert der spezifischen lackierten Flächen 45 m^2/t Kühlschrankproduktion erhalten wurde. Bei einem spezifischen Lackverbrauch von 0,3 kg/m^2 ergaben sich weiterhin 13,5 kg/t Kühlschrankproduktion [3.82]. Zur Berechnung des Anstrichmittelverbrauchs zur Oberflächenbehandlung von *Stahlkonstruktionen* ist es üblich, von bestimmten Oberflächenrichtwerten je Tonne Stahlkonstruktion auszugehen. So rechnet man etwa bei schweren bis mittelschweren Stahlkonstruktionen mit 12–25 m^2/t, bei Leichtprofilen mit 25–60 m^2/t und bei Dünnblechen mit 60–120 m^2/t.

Der *spezifische Hilfsstoffverbrauch* je Flächeneinheit läßt sich nur teilweise aus geometrischen und stofflichen Daten berechnen, wie z.B. der gewünschten Schichtstärke von Anstrichen und dem filmbildenden Feststoffgehalt im Anstrichmittel. Zu einem wesentlichen Teil bleibt man dagegen auf Erfahrungswerte angewiesen. Vor allem die *Stoffverluste* der *Aufbringungsverfahren* sind unsicher.

Tabelle 3.19 *Nutzungsfaktoren für Anstrichmittel in Abhängigkeit von Aufbringungsverfahren und Oberflächengestalt* [3.73]

Aufbringungsverfahren	Anstrichmittelnutzungsfaktor			
	große Flächen	kleine Flächen	durchbrochene Flächen	Stangen, Gitter usw.
Handspritzen	0,6–0,8	0,5–0,7	0,4–0,6	0,2–0,4
Automatisches Spritzen	0,7–0,9	0,6–0,8	0,5–0,7	–
Heißspritzen	0,7–0,9	0,6–0,8	0,5–0,7	–
Hochdruckspritzen	0,7–0,9	0,6–0,8	0,5–0,7	–
Elektrostatisches Spritzen	0,8–0,9	0,8–0,9	0,7–0,9	0,7–0,9
Tauchen	0,8–0,9	0,7–0,9	0,7–0,8	0,7–0,8
Elektrophoretischer Auftrag	0,9–1,0	0,9–1,0	0,9–1,0	0,9–1,0
Streichen	0,8–0,9	0,7–0,9	0,7–0,8	0,7–0,8
Handschuhauftrag	–	–	–	0,8–0,9
Rollen	0,8–0,9	0,7–0,9	–	–

Wie sehr der Ausnutzungsgrad von Anstrichmitteln vom Aufbringungsverfahren, aber auch von der Oberflächengestalt der Flächen abhängt, zeigen die Richtwerte der Tab. 3.19. Zuweilen tritt die effektiv aufgebrachte Stoffmenge gegenüber den Verlusten sogar zurück.

Der Hilfsstoffverbrauch für die Beizbäder der *Metallurgie* entsteht vor allem durch Haftverluste und Verunreinigung der Bäder. Gegenüber dem Gutsdurchsatz ist der Hilfsstoffverbrauch oft unterproportional, so daß neben anderen Einflußfaktoren der Kapazitätsausnutzungsgrad der Verarbeitungsanlagen in die Verbrauchsrechnung eingeht. Bei metallurgischen Öfen zur Oberflächenvergütung von Metallen mit Nitriergas, Kohlungsgasen oder Schutzgasen ist der Gasverbrauch praktisch mit der Ofenkapazität festgelegt und vom Gutsdurchsatz je Zeiteinheit unabhängig. In der Fachliteratur finden sich noch eher Hinweise über die Konzentration der Hilfsstoffe in den Behandlungsgasen, Bädern, Flotten usw., dagegen bleiben ausbringungsabhängige Verbrauchsdaten meistens unberücksichtigt. Sie interessieren nämlich unter rein technischen Gesichtspunkten kaum und sind wegen der Abhängigkeit von zahlreichen Einflußgrößen auch schlecht erfaßbar.

Meistens werden die Hilfsstoffe bei der Herstellung der Folgeprodukte verbraucht, gelegentlich kommt aber auch die wiederholte Behandlung von längerlebigen Gebrauchsgütern in Frage, so daß die Verbrauchsberechnung über *Bestandsgrößen* und die *Behandlungshäufigkeit* zu periodisieren ist. Zur Ermittlung des Lackverbrauchs für Schutzanstriche wäre von der Lebensdauer des Anstrichsystems, d.h. den technisch realisierbaren oder als wirtschaftlich optimal festgelegten Standzeiten auszugehen (z.B. Richtwerte in Tab. 3.20).

Tabelle 3.20 *Richtwerte der Lebensdauer von Anstrichsystemen über Walzzunder in Abhängigkeit von der atmosphärischen Beanspruchung* [3.201]

Anstrichmittel	Atmosphärische Beanspruchung	Lebensdauer (Jahre)
Normalöl-Alkydharze	hohe Feuchtigkeit	1,6
Standöl-Alkydharze	hohe Feuchtigkeit	2,6
Epoxidharze, katalytisch gehärtet	alkalisch	1,2
Epoxidharze, teermodifiziert	alkalisch	1,4
Vinylharze	alkalisch	1,2
Neopren	Chlor, Chlorwasserstoff	0,3

3.425 Chemische Betriebsstoffe

Da die chemischen Betriebsstoffe oder Betriebsmittel (Kap. 1.335) beim Verbrauch nicht substantiell in andere Produkte eingehen, sondern nur zur Durchführung von Prozessen dienen (Absorptionsmittel, Kältemittel, Katalysatoren usw.), ist eine unmittelbare Beziehung zur Produktionsmenge quantitativ nicht ohne weiteres gegeben, sondern erst aufgrund von Betriebserfahrungen herleitbar.

Die Betriebsmittel-*Füllmengen* hängen von konstruktiven Daten sowie der Kapazität der Apparaturen ab. Der Bedarf entsteht jedoch nur für *Erstfüllungen* bei Neubauten und Erweiterungen der Einrichtungen. Im laufenden Betrieb entstehen Betriebsmittelverluste durch qualitative *Verschlechterung* (Zersetzung, Alterung, Aktivitätsverlust, Verunreinigung), die zur Regeneration, Auffrischung durch Zusätze oder gänzlichen Erneuerung zwingen. Weiter entstehen unmittelbar quantitative Verluste durch Austragung, Undichtigkeiten der Apparatur und ähnliches. Die Betriebsmittelverluste sind wohl gegenüber der zeitlichen Kapazitätsausnutzung weitgehend proportional, dagegen stark unterproportional oder sogar unabhängig gegenüber der Belastungsintensität. Sofern die Richtwerte daher auf die installierten Kapazitäten bezogen werden, legt man oft nur die Nennleistungen ohne Berücksichtigung von Belastungsschwankungen zugrunde.

In Tab. 3.21 sind beispielsweise kapazitätsbezogene Richtwerte des Ammoniakverbrauchs für Ammoniakkälteanlagen mitgeteilt. Die deutliche Abnahme des spezifischen Verbrauchs je Einheit der Kälteleistung kennzeichnet die Anlagekapazität als weiteren Einflußfaktor.

Tabelle 3.21 *Ammoniakverbrauch von Kälteanlagen* [3.158]

Kälteleistung [kcal/h]	Ammoniakverbrauch	
	[kg/a]	[kg/a u. 10^3 kcal/h]
20000	40	2
50000	50	1
80000	75	0,94
120000	100	0,83
200000	130	0,65
500000	300	0,60

Dem Marktforscher stehen aber oft weder kapazitätsbezogene Verbrauchsdaten noch Daten der installierten Kapazitäten zur Verfügung, zumal es sich oft um Teilanlagen handelt, die nicht über produktionsstatistische Daten zu schätzen sind.

Daten über die Gesamtkapazität aller vorhandenen Kälteanlagen werden selten vorhanden sein. Noch schwieriger wäre die Aufgliederung nach den verschiedenen Kältemitteln. Absorptionsanlagen zur Trennung von Gasen finden sich allenthalben in chemisch-verfahrenstechnischen Industriezweigen, die einen Betriebsmittelverbrauch hinsichtlich der verschiedenen Absorptionsmittel auslösen. Die Kapazitäten richten sich aber nicht nur nach zu gewinnenden und als Endprodukt erscheinenden Gasbestandteilen, sondern auch nach abzutrennenden Verunreinigungen sowie betriebsintern zu verarbeitenden Gasströmen. Hierfür sind branchenübliche Kapazitäts- und Produktionsdaten kaum verfügbar (z.B. Kapazität der Monoäthanol- und Diäthanolaminwäschen in der erdölverarbeitenden Industrie). Schon eher sind die physikalisch-technischen Daten über die Beladungsverhältnisse und den spezifischen, d.h. je Mengeneinheit der abzuscheidenden Produkte vorzusehenden Absorptionsmitteleinsatz sowie dessen Stoffverluste zugänglich.

Richtwerte über den Betriebsmittelverbrauch sind daher zweckmäßiger, wenn sie sofort auf die Endproduktion bezogen sind (z.B. Katalysatorverbrauch je Tonne Endprodukt bei katalytischen Prozessen, Quecksilberverbrauch und Graphitverbrauch je Tonne Chlor in Chloralkali-Elektrolyseanlagen u. a.).

3.426 Chemische Wirkstoffe

Die Verbrauchsberechnung sowohl der Objekt- als auch der Verfahrenswirkstoffe (Kap. 1.336) kann auf Periodengrößen (vor allem Produktionsmengen) und Bestandsgrößen aller Art bezogen werden. Langlebige *Verfahrenswirkstoffe* weisen Ähnlichkeiten oder sogar fließende Übergänge zu den Betriebsstoffen auf. In anderen Fällen sind dem Hilfsstoffverbrauch analoge spezifische Verbrauchsrichtwerte je Einheit der Produktionsmenge oder einer anderen Durchsatzgröße möglich, obwohl die Wirkstoffe definitionsgemäß nicht in die Folgeprodukte eingehen (z.B. Korrosionsinhibitoren, Flotationsmittel, Reaktionsinitiatoren usw.).

Das trifft auch für die *Objektwirkstoffe* zu, wenn die behandelten Objekte selbst der laufenden Produktion angehören (z.B. Reinigung von Stahlhalbzeugen). Ein großer Teil wird jedoch eher zur Behandlung von Anlagen, Einrichtungen, Bebauungsflächen in der Land- und Forstwirtschaft oder zur Behandlung des Menschen selbst im Bereich der chemischen Konsumgüter verbraucht. Der Verbrauch richtet sich hier nach dem Umfang der zur Behandlung kommenden *Bestandsgrößen*, der zeitlichen *Behandlungsfrequenz* und der spezifischen Verbrauchsmenge oder *Verbrauchsintensität* je Behandlungsvorgang.

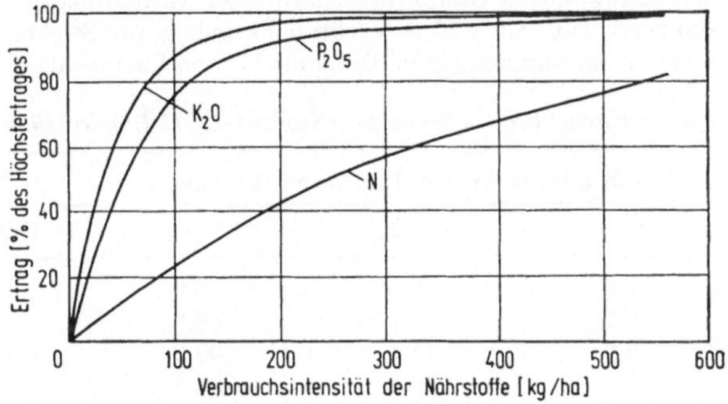

Abb. 3.20 Ertragskurven der Grundnährstoffe N, P_2O_5 und K_2O (nach MITSCHERLICH) [3.227].

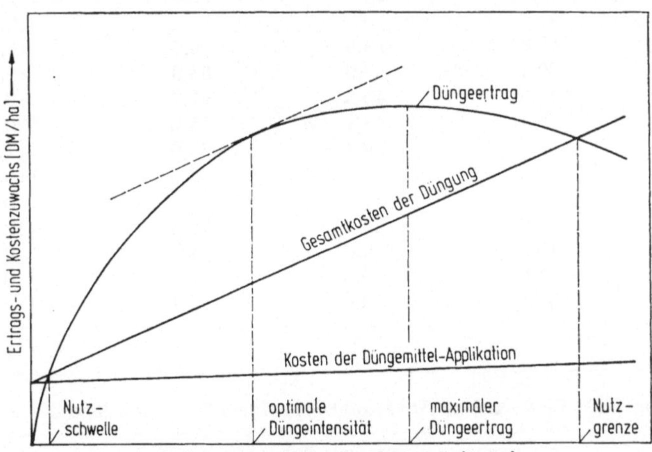

Abb. 3.21 Ermittlung der wirtschaftlich optimalen Düngemittelverbrauchsintensität.

Betrachten wir als Beispiel für Wirkstoffe aus dem Produktivgüterbereich die *Düngemittel*. Die maßgebenden Richtwerte für die Verbrauchsberechnung sind Daten über den Reinnährstoffverbrauch der Grundnährstoffe in Kilogramm und Jahr je Einheit der landwirtschaftlichen Nutzfläche. Der quantitative Zusammenhang zwischen Düngemittelverbrauch und landwirtschaftlichen Erträgen wird durch die Ertragsfunktionen für die drei Grundnährstoffe beschrieben (Abb. 3.20). Der spezifische Flächenverbrauch sollte einem Optimum entsprechen und stellt die primäre Kenngröße dar. Es ist Aufgabe der Marktforschung, diese Verbrauchsdaten möglichst fein gegliedert nach Nährstoffarten sowie Düngemitteltypen, Nährstoffrelationen, Ländern sowie landwirtschaftlichen Kulturen zu ermitteln und den Optimalwerten gegenüberzustellen, die von Bodenverhältnissen, klimatischen Bedingungen, Anbautechnik sowie der gesamten Kosten- und Ertragslage abhängen. In Abb. 3.21 ist einmal vereinfachend angenommen worden, daß im Anschluß an die Suboptimierung der Nährstoffrelationen eine bestimmte Ertragsfunktion in Abhängigkeit von den angewandten gesamten Nährstoffmengen je Flächeneinheit festgelegt werden kann. Die Kosten der Aufbringung der Düngemittel (Arbeits- und Gerätekosten) werden von der Verbrauchsintensität nur wenig abhängen, dagegen kann man die Kosten des Düngemittelverbrauchs gegenüber der Verbrauchsintensität als proportional annehmen. Ertrags- und Kostenzuwachs ergeben sich im Vergleich zur nicht gedüngten Fläche. Die optimale Düngeintensität würde sich dann an der Stelle des gleich großen Ertrags- und Kostenzuwachses ergeben. Da durch „Überdüngung" Pflanzenschädigungen auftreten können, ist nach einem Maximum mit einer wieder abfallenden Ertragsfunktion zu rechnen. Durch derartige Abschätzungen sind *Versorgungslücken* und die Chancen einer Absatzmehrung aufzudecken. Die großen Unterschiede im Düngemittelverbrauch und in den angewandten Nährstoffverhältnissen westeuropäischer OECD-Länder im Düngejahr 1964/65 zeigt Tab. 3.22. Eine Verbrauchsanalyse für Stickstoffdüngemittel in Italien (Tab. 3.23) hatte z.B. eine ungenügende Düngung bei den Futtermittelkulturen ergeben.

Tabelle 3.22 *Düngemittelverbrauch westeuropäischer OECD-Länder 1964/65* [3.100]

Land	Nährstoffverbrauch [kg/ha Nutzfläche]			Nährstoffrelation
	N	P_2O_5	K_2O	$N:P_2O_5:K_2O$
Belgien	73,8	76,5	98,0	1:1,0:1,3
BRD	55,5	57,7	83,8	1:1,0:1,5
Dänemark	55,6	41,1	60,0	1:0,7:1,1
Frankreich	25,2	36,5	28,4	1:1,4:1,1
Griechenland	14,6	11,2	1,7	1:0,8:0,1
Irland	6,3	23,7	19,0	1:3,8:3,0
Island	–	–	–	1:0,6:0,3
Italien	19,8	19,6	6,7	1:1,0:0,3
Luxemburg	39,7	50,9	53,9	1:1,3:1,4
Niederlande	130,3	49,3	61,7	1:0,4:0,5
Norwegen	58,1	48,1	55,8	1:0,8:1,0
Österreich	18,4	28,4	36,9	1:1,5:2,0
Portugal	22,2	14,8	3,6	1:0,7:0,2
Schweden	41,0	32,5	27,7	1:0,8:0,7
Schweiz	9,9	22,6	25,4	1:2,3:2,6
Spanien	10,0	9,0	2,6	1:0,9:0,3
Türkei	1,0	0,8	0,0	1:0,8:0,0
Großbritannien	30,4	23,6	22,1	1:0,8:0,7
Durchschnitt	–	–	–	1:1,0:0,9

Tabelle 3.23 *Verbrauch an Stickstoffdüngemitteln in Italien 1966/67* [3.215]

Kulturart	Verbrauch [1000 t N]	Verbrauchsanteile [%]	Fläche [1000 ha]	Spezifischer Verbrauch [kg/ha]
Getreide	232	50	6070	38,2
Industrielle Kulturen[1]	74	16	1560	47,5
Futterpflanzen	56	12	10320	5,4
Gemüse	51	11	380	134
Wein und Oliven	28	6	2055	13,6
Obst	20	4,4	600	33,3
Zierpflanzen	3	0,6	15	20,0
Insgesamt	464	100	21000	22

[1] Enthalten sind Erzeugnisse mit vorwiegend industrieller Weiterverarbeitung, wie Zuckerrüben, Tabak, Ölsaaten, Flachs, Hanf.

Bei anderen Wirkstoffen ist die optimale spezifische Verbrauchsmenge nicht aus degressiven Wirkungs- oder Ertragsfunktionen anzunähern, sondern als eng eingegrenztes *Optimum* in Abhängigkeit von den Anwendungsbedingungen festzulegen. Die Unterdosierung wäre vielleicht ganz wirkungslos oder nachteilig.

Als Beispiel sei die Anwendung von Unkrautbekämpfungsmitteln erwähnt: Im westeuropäischen Rübenanbau wird das Herbicid Pyramin ziemlich einheitlich mit 3,2 kg Wirkstoff je Hektar, im Getreideanbau der ebenfalls herbicide Wirkstoff „2,4 D" mit 1 kg/ha angewandt. Für den Gesamtverbrauch sind dann weiterhin nur die insgesamt mit den jeweiligen Wirkstoffen behandelten Flächen zu veranschlagen. Vor allem bei neuen Produkten sind die optimalen spezifischen Verbrauchsmengen erst durch besondere technisch-wirtschaftliche Anwendungsuntersuchungen zu ermitteln (vgl. Kap. 4.33 u. 6.4).

3.43 Ermittlung des Nachfragevolumens

3.431 Progressive und retrograde Nachfragebestimmung

Die Verbrauchsstrukturen chemischer Vorprodukte einerseits und die spezifischen Verbrauchskoeffizienten der Verarbeitungsverfahren und Produktionsmengen andererseits ergeben mit den Außenhandelssalden und Bestandsänderungen die *absoluten Nachfragemengen*. Die *progressive Ermittlung* entspricht dem Fortschreiten der Produktionsprozesse. In der Praxis der Chemiemarktforschung laufen die Arbeitsschritte der Bedarfsuntersuchung jedoch auch in umgekehrter Richtung (retrograde Ermittlung). Aufgrund der Zusammenhänge zwischen Vorprodukten und Folgeprodukten werden dann zuerst die Kapazitäts- und Produktionsdaten auf der Nachfrageseite ermittelt. Aus ihnen werden dann über die Verbrauchskoeffizienten die Nachfragemengen und Verbrauchsstrukturen der Vorprodukte retrograd abgeleitet. Je nach Informationen wird häufig ein kombiniertes Vorgehen in Betracht kommen, um Informationslücken zu umgehen oder Kontrollrechnungen zu ermöglichen. Wichtiger als die bereits vorhandene ist oft die *potentielle Nachfrage*, die man zusätzlich erschließen möchte. Hier orientiert man sich bei der Abgrenzung der Bedarfsausschnitte vor allem an bedarfsbestimmenden Faktoren oder an zu verdrängenden Substitutionsprodukten.

Die Kapazitäts- und Produktionsstatistiken zahlreicher nachverarbeitender Industriezweige (einschließlich weiterverarbeitender Chemiesparten) haben damit eine grundlegende Bedeutung für die Bestimmung der Nachfragemengen. Was im Zusammenhang mit der Ermittlung von Kapazitäts- und Produktionsdaten des Angebotes gesagt wurde, gilt hier analog.

3.432 Differenzierung des Nachfragevolumens

Die erste grundlegende Differenzierung der Nachfragemengen ergab sich bereits aus den verschiedenen, über die Verbrauchsstruktur erfaßten Folgeprodukten und Verbrauchsverfahren. Dies steht oft in enger Beziehung zur Gliederung nach verbrauchenden *Industriezweigen* (Kundengruppen). Weitere Gliederungen der Nachfragemengen erfolgen in Analogie zum Angebot *regional* sowie nach einzelnen effektiven oder potentiellen *Verbrauchsbetrieben*.

Hierbei geht es nicht ausschließlich um eine Verfeinerung der Nachfragedaten und ihrer Aussagefähigkeit, vielmehr spielen die detaillierten Daten auch um-

Tabelle 3.24 *Kapazitätsstatistik für Äthylen und Propylen sowie deren Folgeprodukte der ersten Stufe 1968, auszugsweise für die BRD nach* [3.58]

Firma und Standort	Äthylen und Propylen				Folgeprodukte der ersten Stufe				
	Kapazität [10^3 t/a]		Erweiterung fertig	Verfahren, Baufirma	Produkt	Kapazität [10^3 t/a]		Erweiterung fertig	Verfahren
	1968	geplant				1968	geplant		
BASF, Ludwigshafen	C_2 200	–	–	Benzinspalt-	Äthylendichlorid	120	–	–	–
	C_3 120	–	–	verfahren,	Äthylenoxid	40	–	–	Shell-Verfahren
				Lummus	Styrol	250	–	–	BASF-Verfahren
					HD-Polyäthylen	18	–	–	ICI-Verfahren
					Polypropylen	3	–	–	BASF-Verfahren
					Acrylnitril	25	–	–	Sohio-Verfahren
					Oxo-Alkohole	250	300	[1]	BASF-Verfahren
					Cumol	10	–	–	–
					Isopropanol	6	–	–	–
					Propylenoxid	30	50	[1]	–
DEGUSSA, Frankfurt	C_3 Fremdbezug	–	–	–	Acrolein	[1]	–	–	Sohio-Verfahren
Dynamit Nobel AG, Lülsdorf	C_2 Fremdbezug	–	–	–	Äthylendichlorid	72	–	–	Oxychlorierung
Rheinpreußen, Meerbeck/Moers	C_3 Fremdbezug	–	–	–	Isopropanol	70	–	–	–
UK Wesseling	C_2 70	–	–	Benzinspalt-	–	–	–	–	–
	C_3 50	–	–	verfahren,	–	–	–	–	–
				Braun/Uhde					
Wacker-Chemie, Burghausen	C_2 Fremdbezug	–	–	–	Acetaldehyd	–	60	1968	–
					Äthylendichlorid	–	50	1968	–
Köln	C_2 Fremdbezug	–	–	–	Acetaldehyd	60	–	–	–
					Äthylendichlorid	35	–	–	–

[1] nicht bekannt.

gekehrt für die additive Ermittlung von Gesamtmengen eine Rolle. Dazu werden alle für die Verwendung des Vorproduktes in Frage kommenden Industriezweige, Einzelbetriebe, Absatzgebiete usw. systematisch untersucht, wobei Rangfolgen mit abnehmender Nachfragebedeutung geschätzt werden können [3.11]. Bei der Untersuchung von Industriezweigen, einzelnen Produktionsbetrieben und Absatzgebieten wird man den Verbrauch für mehrere in das eigene Absatzprogramm fallende Erzeugnisse möglichst gleichzeitig berücksichtigen.

Bei *regionalen* Gliederungen stehen diejenigen nach *Ländern* bzw. nach Inland und den Ländern der Exportmärkte im Vordergrund. Der länderweise Gesamtverbrauch wird oft aus der inländischen Produktion zuzüglich der Importe und abzüglich der Exporte (Außenhandelssaldo) ermittelt. Fraglich ist dabei, ob die interessierenden Positionen sowohl in der Produktions- als auch Außenhandelsstatistik enthalten sind und ob die Produktgliederungen übereinstimmen oder wenigstens vergleichbar sind. Die an sich notwendige weitere Korrektur um die *Bestandsveränderungen* wird häufig vernachlässigt, weil die Änderungen klein sind und oft nur in der Größenordnung von 1 bis 2% liegen [3.235]. Außerdem sind genauere Informationen hierüber schwer erhältlich.

Die Ermittlung der Verbrauchsmengen über mehrere Verarbeitungsstufen hinweg würde an sich nahelegen, auch die *Außenhandelsverflechtung* in den *Folgestufen* zu berücksichtigen, die als „indirekte" Importe oder Exporte die Nachfrage nach dem Vorprodukt wesentlich beeinflussen können. Spezifische Verbrauchszahlen für ein chemisches Vorprodukt je Kopf der Bevölkerung lassen im Ländervergleich erst dann Rückschlüsse über den Sättigungsgrad des Marktes und über Versorgungslücken zu, wenn die direkten und indirekten Außenhandelssalden nicht ungewöhnlich sind. Regionalgliederungen nach *Absatzbezirken* innerhalb einzelner Länder haben für große Wirtschaftsräume (z.B. USA) sowie für stark streuende Nachfragestrukturen Bedeutung (Nachfrageindustrien mit vielen kleineren und mittleren Betriebsgrößen, universell verwendete chemische Produktivgüter, Landwirtschaftschemikalien, chemische Konsumgüter). Die gebietsweise Gliederung der Vertriebsorganisation, Standorte von Produktionsbetrieben und Außenlägern oder auch Absatzplanungen und Absatzkontrollen werden hieran orientiert, z.B. über das Hilfsmittel der *Absatzkennziffern* [3.22; 3.56; 3.61].

Bei heterogenen Nachfragestrukturen und einer Konzentration der Nachfrage auf wenige große Abnehmer sind dagegen ohnehin die individuellen Standorte sowie Nachfrage- und Verarbeitungsbedingungen im einzelnen zu berücksichtigen. Soweit die betriebsinterne Weiterverarbeitung großer chemischer Vorprodukte bedeutungsvoll ist, wird in die nach einzelnen Produzenten differenzierende Kapazitätsstatistik mitunter die Kapazität der jeweiligen Nachverarbeitungsanlagen mit eingeschlossen. Tab. 3.24 bringt hierfür ein Beispiel, jedoch sind veröffentlichte Daten dieser Art noch eine Ausnahme.

3.44 Beispiele zur Bedarfsuntersuchung

3.441 Die Nachverarbeitung von Benzol in den USA und in der BRD

Zur Veranschaulichung der Methodik von Verbrauchsberechnungen soll zuerst die *Nachverarbeitung* von *Benzol* erörtert werden. Die Struktur des Primärmarktes ist wegen der Verbrauchskonzentration auf wenige Prozesse relativ gut zu übersehen, außerdem gelang es hier mit Hilfe verhältnismäßig reichlicher Informationen, die Verhältnisse in den USA wie auf dem Inlandsmarkt weitgehend aufzuklären, vgl. [3.63; 3.88; 3.190–3.193; 3.239].

Das Zahlenbeispiel erscheint auch lehrreich im Hinblick auf die Frage der Brauchbarkeit von *Analogieschätzungen* bei Ländervergleichen. Immer wieder wird die Frage aufgeworfen, ob nicht amerikanische Angaben über Relativzahlen (z. B. Verbrauchsstrukturen oder Pro-Kopf-Verbrauchszahlen) zur Analogieschätzung geeignet seien. Trotz erheblicher Fehlermöglichkeiten im Einzelfall sind danach wenigstens größenordnungsmäßige Schätzungen brauchbar. Aus der im einleitenden Kapitel wiedergegebenen Tabelle der Weltchemieumsätze der wichtigsten Produzentenländer (Tab. 1.6) geht ein Produktionsverhältnis USA : BRD von 4,9 : 1 hervor (1967). Die Benzolverbrauchsrelation der Tab. 3.25 lautet jedoch für 1965 noch 6,1 : 1 und die Produktionsrelation sogar 8 : 1, was einen deutlichen Rückstand der deutschen Chemie dieses Sektors zum damaligen Zeitpunkt zeigt. Die Verbrauchsrelation schwankte bei den verschiedenen Verfahren erheblich. Bei Chlorbenzolen und Nitrobenzol hatten die USA nur geringe Vorsprünge, da sich hier die großen Traditionen der deutschen Teerfarben- und Spezialitätenchemie auswirkten. Am größten war der Rückstand dagegen bei Cyclohexan, Phenol und Styrol. Einige Schätzzahlen für die deutschen Verbrauchsverhältnisse im Jahre 1970 sollen die inzwischen eingetretenen starken Veränderungen verdeutlichen.

Die Verbrauchsrechnungen seien im Hinblick auf Tab. 3.25 wie folgt erläutert:

1. Styrol

In den USA wurden 91% des Styrols aus Benzol erzeugt, der Rest stammte aus Fraktionen der Reformierprozesse. Von dem aus Benzol gewonnenen Styrol entfielen 97% auf das Verfahren der direkten Alkylierung und nur 3% auf das Verfahren über Acetophenon. In Tab. 3.25 wird nur das Verbrauchsverhältnis der Direktalkylierung eingesetzt, die in der BRD allein angewandt wird. 1970 sollten in der BRD rund 390000 t Benzol auf Styrol verarbeitet werden, d. h., der Benzoleinsatz würde sich dann gegenüber 1965 rund verdreifacht haben.

Verfahren und Verbrauchsverhältnisse:

a) Alkylierung

$$\underset{78,1}{C_6H_6} \xrightarrow{+\,CH_2{=}CH_2} C_6H_5CH_2CH_3 \xrightarrow[-\,H_2]{} \underset{104,1}{C_6H_5CH{=}CH_2}$$

Benzolverbrauch bei 86% Ausbeute: 0,78 t/t Styrol.

b) Über Acetophenon

$$C_6H_6 \xrightarrow{+\,CH_2{=}CH_2} C_6H_5CH_2CH_3 \xrightarrow[-\,H_2O]{+\,O_2} C_6H_5COCH_3 \xrightarrow{+\,H_2} C_6H_5CHOHCH_3$$

$$\xrightarrow[-\,H_2O]{} C_6H_5CH{=}CH_2$$

Benzolverbrauch bei 82% Ausbeute: 0,92 t/t Styrol.

2. Phenol

In den USA wurden 90% des Phenols aus Benzol erzeugt, 5% aus Toluol über Benzoesäure und 5% fielen als Nebenprodukt an. In der BRD betrug die Produktion an synthetischem Phenol rund 141000 t und der Nebenproduktanfall aus der Verkokung rund 15000 t, die Gesamtproduktion mithin etwa 156000 t.

Tabelle 3.25 *Verbrauchsstruktur für Benzol in den USA und in der BRD 1965*

Verbrauchsposition	USA							BRD							Benzol-verbrauchs-relation USA: BRD
	Produktion			Verbrauchs-verhältnis		Benzol-verbrauch		Produktion			Verbrauchs-verhältnis		Benzol-verbrauch		
Folgeprodukt	gesamt	über Benzol	Anteil über Benzol	Ausbeute	Spez. Verbrauch [t Benzol/t Prod.]	Menge	Anteil	gesamt	über Benzol	Anteil über Benzol	Ausbeute	Spez. Verbrauch [t Benzol/t Prod.]	Menge	Anteil	
	[10^3 t]	[10^3 t]	[%]	[%]		[10^3 t]	[%]	[10^3 t]	[10^3 t]	[%]	[%]		[10^3 t]	[%]	
1. Styrol	1260	1150	91	86	0,87	1000	39,6	147	147	100	86	0,87	128	31,0	7,8
2. Phenol	535	482	90	74	1,12	540	21,3	156	141	90	79	1,05	56	13,6	9,6
3. Diisopropylbenzol	–	–	–	–	–	–	–	68	68	100	90	0,53	36	8,7	–
4. Cyclohexan	736	550	75	96	0,97	533	21,1	–	–	–	–	–	–	–	–
5. Chlorbenzole	132	132	100	90	0,68	90	3,6	90,2	90,2	100	90	0,68	61	14,8	1,5
6. Nitrobenzol	131	131	100	97	0,65	85	3,4	92	92	100	97	0,65	60	14,6	1,4
7. Alkylbenzole	280	280	100	96	0,33	93	3,7	70	70	100	96	0,33	23	5,6	4,0
8. Maleinsäureanhydrid	50	44	88	61	1,3	57	2,2	17,5	13	75	61	1,3	17	4,2	3,3
9. Sonstige	–	–	–	–	–	129	5,1	–	–	–	–	–	31	7,5	4,2
10. Gesamt	–	–	–	–	–	2527	100,0	–	–	–	–	–	412	100,0	6,1
Exportsaldo	–	–	–	–	–	133	–	–	–	–	–	–	80	–	–
Produktion	–	–	–	–	–	2660	–	–	–	–	–	–	332	–	8,0

Der amerikanische Benzolverbrauch für Phenol schließt auch jene Mengen ein, die nach den Verfahren (b) und (c) über das Zwischenprodukt Chlorbenzol hergestellt werden, während andererseits Verbrauchsposition 5 „Chlorbenzole" diese Mengen nicht enthält. In der deutschen internen Benzolverbrauchsstatistik wird jedoch dieser Benzolverbrauch primär unter Chlorbenzol erfaßt. 1965 wurden in der BRD 22000 t/a Phenol über Chlorbenzol nach Verfahren (b), die restlichen 119000 t der Syntheseproduktion über Cumol hergestellt. Verfahren (a) wurde in vernachlässigbar kleinem Umfang und Verfahren (c) gar nicht angewandt.

Für die Produktion von Phenol über Cumol waren beim Verbrauchsfaktor 1,05 insgesamt 125000 t Benzol anzusetzen. Von diesem Verbrauch wurden 56000 t Benzol direkt über Cumol auf Phenol verarbeitet. Der restliche Benzolbedarf wurde durch Importe bereits in Form des Zwischenproduktes Cumol für die Phenolproduktion gedeckt, scheidet also aus der inländischen Benzolnachverarbeitung aus. 1970 wird der Benzoleinsatz zur Herstellung von Synthesephenol in der BRD bereits auf 200000 t geschätzt, wobei die Cumolimporte völlig durch Eigenproduktion substituiert sein sollten.

Verfahren und Verbrauchsverhältnisse:

a) über Natriumbenzolsulfonat:

$$\underset{78{,}1}{C_6H_6} \xrightarrow[-H_2O]{+H_2SO_4} C_6H_5SO_3H \xrightarrow[-{}^1/_2SO_2,\ -{}^1/_2H_2O]{+{}^1/_2Na_2SO_3} C_6H_5SO_3Na$$

$$\xrightarrow[-Na_2SO_3,\ -H_2O]{+2\,NaOH} C_6H_5ONa \xrightarrow[-{}^1/_2Na_2SO_3]{+{}^1/_2SO_2,\ +{}^1/_2H_2O} \underset{94{,}1}{C_6H_5OH}$$

Benzolverbrauch bei 83% Ausbeute: 1,0 t/t Phenol.

b) alkalische Hydrolyse von Chlorbenzol:

$$C_6H_6 \xrightarrow[-HCl]{+Cl_2} C_6H_5Cl \xrightarrow[-NaCl,\ -H_2O]{+2\,NaOH} C_6H_5ONa \xrightarrow[-NaCl]{+HCl} C_6H_5OH$$

Benzolverbrauch bei 70% Ausbeute: 1,18 t/t Phenol.

c) Raschig-Verfahren:

$$C_6H_6 \xrightarrow[-H_2O]{+HCl,\ +{}^1/_2O_2} C_6H_5Cl \xrightarrow[-HCl]{+H_2O} C_6H_5OH$$

Benzolverbrauch bei 75% Ausbeute: 1,1 t/t Phenol.

d) Cumolverfahren:

$$C_6H_6 \xrightarrow{+C_3H_6} C_6H_5CH(CH_3)_2 \xrightarrow{+O_2} C_6H_5C(CH_3)_2OOH \xrightarrow[-(CH_3)_2CO]{} C_6H_5OH$$

Benzolverbrauch bei 79% Ausbeute: 1,05 t/t Phenol; bei 72% Ausbeute: 1,16 t/t Phenol. Die niedrigere Ausbeute gilt nach Literaturangaben für die amerikanische Verbrauchsberechnung. Der höhere Wert stammt aus einer neueren Mitteilung für westdeutsche Verhältnisse.

Da in den USA alle vier genannten Verfahren Anwendung finden, ist das mittlere Verbrauchsverhältnis aus dem gewogenen arithmetischen Mittel der Ausbeuten der Einzelverfahren zu errechnen (Tab. 3.26). Die Produktionsanteile der Einzelverfahren als Gewichtungsfaktoren wurden veröffentlicht. Bei der mittleren Ausbeute von 74% ist das Verbrauchsverhältnis 1,12 t/t Phenol. Für die BRD interessiert nur das Cumolverfahren.

Tabelle 3.26 *Mittlere Ausbeute bei den in den USA angewandten Phenolverfahren*

Verfahren	Ausbeute η	Anteil a	$\eta \cdot a$
a) über Natriumbenzolsulfonat	0,83	0,16	0,133
b) alkalische Hydrolyse von Chlorbenzol	0,70	0,19	0,133
c) Raschig-Verfahren	0,75	0,20	0,150
d) Cumolverfahren	0,72	0,45	0,324
Mittel	0,74	1,00	0,740

3. Diisopropylbenzol

Die Herstellung von Diisopropylbenzol spielte in der BRD als Vorprodukt für Dimethylterephthalat (DMT, für Polyesterfasern) sowie als Benzinzusatz eine gewisse Rolle, während für die USA kein entsprechender Verbrauchsanteil bekannt geworden ist.

Verfahren und Verbrauchsverhältnisse:

$$\underset{78{,}1}{C_6H_6} \xrightarrow{+2\,C_3H_6} \underset{162{,}3}{(CH_3)_2CHC_6H_4CH(CH_3)_2}$$

Benzolverbrauch bei 90% Ausbeute: 0,53 t/t Diisopropylbenzol.

4. Cyclohexan

Für amerikanische Verhältnisse wurden sowohl Produktionszahlen von Cyclohexan als auch Verbrauchszahlen für die Umwandlung von Benzol in Cyclohexan mitgeteilt. 75 Prozent der Produktion werden über Benzol, der Rest aus Reformierprozessen gewonnen.

Verfahren und Verbrauchsverhältnisse:

$$\underset{78{,}1}{C_6H_6} \xrightarrow{+3\,H_2} \underset{84{,}1}{C_6H_{12}}$$

Benzolverbrauch bei 96% Ausbeute: 0,97 t/t Cyclohexan. In der BRD wurde 1965 noch kein Cyclohexan aus Benzol hergestellt. 1970 sollte die Produktion bereits 100000 t betragen.

5. Chlorbenzole

Für die BRD wurde die Produktion an Chlorbenzolen veröffentlicht. Hierin war auch das Chlorbenzol als Zwischenprodukt für die Phenolherstellung enthalten, was für die entsprechende amerikanische Produktionszahl nicht gilt.

Verfahren und Verbrauchsverhältnisse:

$$\underset{78{,}1}{C_6H_6} \xrightarrow[-\,HCl]{+\,Cl_2} \underset{112{,}6}{C_6H_5Cl} \xrightarrow[-\,HCl]{+\,Cl_2} \underset{147{,}0}{C_6H_4Cl_2}$$

Nimmt man an, daß durchschnittlich 50% des eingesetzten Benzols auf Monochlorbenzol und 50% auf Dichlorbenzol verarbeitet werden, so gelten bei 90% Ausbeute 0,77 t/t Monochlorbenzol und 0,59 t/t Dichlorbenzol, im Mittel 0,68 t/t Chlorbenzole.

6. Nitrobenzol

Verfahren und Verbrauchsverhältnisse:

$$\underset{78{,}1}{C_6H_6} \xrightarrow[-\,H_2O]{+\,HNO_3} \underset{123{,}1}{C_6H_5NO_2}$$

Benzolverbrauch bei 97% Ausbeute: 0,65 t/t Nitrobenzol.

7. Alkylbenzole

Der Benzolverbrauch im Sektor der Waschmittelvorprodukte wird den Alkylbenzolen und hier vereinfachend dem geradkettigen Alkylat mit C_{12} in der Seitenkette (Dodecylbenzol) zugerechnet. In den USA soll der Benzolverbrauch hierfür 1965 93000 t/a Benzol betragen haben. Für deutsche Verhältnisse wurde die Produktion aufgrund von Kapazitätsschätzungen mit 70000 t/a eingesetzt.

Verfahren und Verbrauchsverhältnisse (vereinfacht als Dodecenanlagerung):

$$\underset{78{,}1}{C_6H_6} \xrightarrow{+\,C_{12}H_{24}} \underset{246{,}4}{C_6H_5(CH_2)_{11}CH_3}$$

Benzolverbrauch bei 96% Ausbeute: 0,33 t/t Dodecylbenzol.

8. Maleinsäure und Maleinsäureanhydrid

Für die USA lagen Angaben sowohl über den Benzolverbrauch als auch über die Produktion von Maleinsäure und Maleinsäureanhydrid vor. Unsicherheiten entstehen dadurch, daß Säure und Anhydrid häufig zusammengefaßt werden, und daß der Anteil, der über Benzol hergestellt wird, oft nicht genau bekannt ist. Es kommen daneben die katalytische Dampfphasenoxydation von Butylen sowie die Gewinnung als Nebenprodukt bei der Herstellung von Phthalsäureanhydrid in Betracht. Der aus Benzol stammende Anteil wurde für die USA mit 88% geschätzt. In der BRD rechnete man 1970 bereits mit 40000 t Benzoleinsatz für die Maleinsäureproduktion, jedoch sollte der Verbrauch später wegen Verfahrensumstellung auf n-Butan zurückgehen.

Verfahren und Verbrauchsverhältnisse:

$$\underset{78,1}{C_6H_6} \xrightarrow[-2\,H_2O,\ -2\,CO_2]{+4^1/_2\,O_2} \underset{98,1}{\begin{matrix} CHCO \\ \| \quad \rangle O \\ CHCO \end{matrix}}$$

Benzolverbrauch bei 61% Ausbeute: 1,3 t/t Maleinsäureanhydrid.

9. Sonstige Verwendungen

Sonstige Verwendungen werden in einer Restposition zusammengefaßt, die naturgemäß Schätzungsfehler gegenüber dem Gesamtverbrauch auffängt und oft nur retrograd über den explizit erfaßten Verbrauch, den Außenhandelssaldo und die Produktion ermittelt wird. Bei progressiver Abschätzung über Einzelverwendungen ist zu prüfen, ob die sonstigen Verwendungen nicht über Vorprodukte laufen, die in den Positionen 1–8 bereits enthalten sind.

10. Gesamtverbrauch, Außenhandelssaldo und Produktion

Der Exportüberschuß wird als Saldo zwischen Export und Import eingesetzt. Im Falle eines Importüberschusses erscheint rechnerisch ein negativer Wert. Die Addition mit dem Gesamtverbrauch ergibt die Produktion. In der BRD betrugen 1965 der Benzolexport 32000 t, die Einfuhr 112000 t, der Importüberschuß damit 80000 t (Melde-Nr. 2901 52 der Außenhandelsstatistik). Die Produktion an Reinbenzol betrug 332100 t (Melde-Nr. 4224 11, 15 der Produktionsstatistik), so daß für die Inlandsversorgung 412000 t zur Verfügung standen.

Das Beispiel zeigt, wie man den Gesamtverbrauch eines Produktes aus den Verbrauchszahlen der Folgeprodukte ermittelt. Die Gegenüberstellung des aus Produktion und Außenhandelssaldo errechneten Gesamtverbrauchs ermöglicht eine Kontrollrechnung.

3.442 Die Chlorbilanz in der BRD

Am Beispiel des *Chlorverbrauchs* in der BRD sollen die Schwierigkeiten beleuchtet werden, die durch Produktkopplungen, vertauschte Rangfolgen zwischen Vor- und Folgeprodukten, unterschiedlich erfaßte Produktionstiefen sowie fehlende Eindeutigkeit in Produkt- und Verbrauchsbezeichnungen auftreten. In Abb. 3.22 ist die Chlor- einschließlich Chlorwasserstoffbilanz des Jahres 1965 in Gestalt eines maßstäblichen Stoff-Fließbildes gezeichnet. Es kommt uns hierbei nicht auf die Genauigkeit der Zahlenwerte, sondern auf die Methodik an.

Das gesamte Chloraufkommen ergibt sich vornehmlich aus der Chloralkali-Elektrolyse, dazu kommen die Mengen aus der Natriumchlorid-Schmelzfluß-Elektrolyse, einem Importüberschuß sowie der Chlorrückgewinnung aus Salzsäure. Das Aufkommen an Chlorwasserstoff entsteht aus der Chlorverbrennung, der im Zusammenhang mit der Chlorverwendung anfallenden Abfallsalzsäure aus Chlorierungen und aus den geringen Mengen Nebenproduktsalzsäure bei der Gewinnung von Natriumsulfat (Sulfat-HCl). Die Zahlen des Chlorverbrauchs sind für 10 verschiedene Sektoren in Tab. 3.11 mitgeteilt.

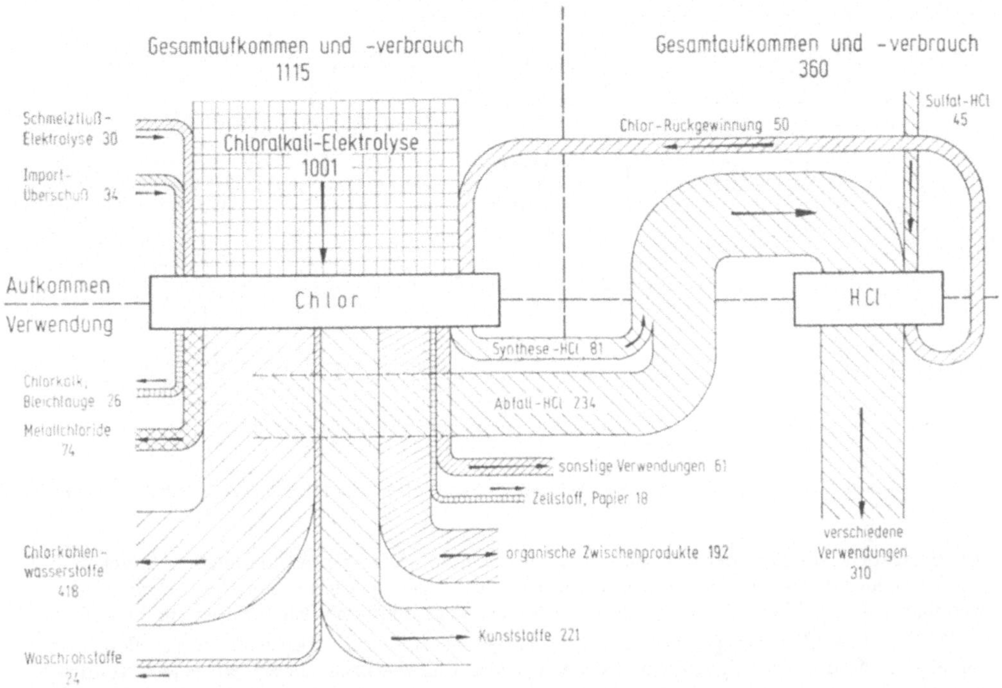

Abb. 3.22 Chlor- und Chlorwasserstoffbilanz in der BRD 1965 (Mengen in 10^3 t).

Zu den Verbrauchspositionen von Chlor ist folgendes anzumerken:

1. *Salzsäure.* Die gemeldete gesamte HCl-Produktion sowie der berechnete Chlorverbrauch für die HCl-Erzeugung aus den Elementen lassen noch zahlreiche Fragen offen. Zur Einbeziehung der HCl-Bilanz in die Chlorbilanz müssen das restliche HCl-Aufkommen auf Sulfat-HCl und sonstige Abfall-HCl aufgeteilt und die Chlorrückgewinnung aus HCl geschätzt werden. Über die Aufteilung des HCl-Verbrauchs liegen in der BRD keine sekundärstatistischen Informationen vor. Mehrere Chlorverwendungen dürften auch für Chlorwasserstoff zutreffen, soweit nämlich Chlor durch Chlorwasserstoff ersetzt werden kann. Hier ist besonders auf die Hydrochlorierung einerseits sowie auf die addierende und substituierende Chlorierung von Kohlenwasserstoffen andererseits hinzuweisen (Abb. 3.23).

Wenn zwei getrennte Stammbäume oder Verbrauchsbilanzen für Chlor und HCl aufgestellt werden sollen, müßte der Chlorverbrauch nach dem Nettoprinzip der Berücksichtigung von Kuppelprodukten erfaßt werden. Die Nebenprodukt-HCl wäre dann von den jeweiligen Chlorverbrauchspositionen abzuziehen und dem HCl-Einbringen zuzurechnen. Der amtlichen Erhebung und Verbrauchsberechnung liegt aber offenbar das Bruttoprinzip zugrunde. Daher kann in Abb. 3.22 der HCl-Nebenproduktstrom von 234000 t/a nur in seiner Überlagerung angedeutet und nicht weiter aufgeteilt werden. Man könnte unter Verzicht auf den formalen Bilanzausgleich zwischen Chlor und Chlorwasserstoff die beiden Verbrauchsstrukturen unabhängig voneinander entwickeln. Es entstehen aber weitere Zweifelsfälle, wenn HCl in den Chlorverbrauchssektoren nur als kurzlebiges Zwischenprodukt auftritt.

Die Verhältnisse wären dann noch relativ einfach, wenn die Chlorverbrauchsposition nicht wechselt. Verarbeitet man beispielsweise Chlor in der Verbrauchssparte „Kunststoffe" über die Äthylenchlorierung zu Vinylchlorid, so fällt die Hälfte des Chloreinsatzes als Salzsäure an. In einer Verbundanlage kann HCl mit Acetylen oder mit Äthylen nach der Oxychlorierung sofort auf weitere Vinylchloridmengen verarbeitet werden. Hier könnte man gut auf

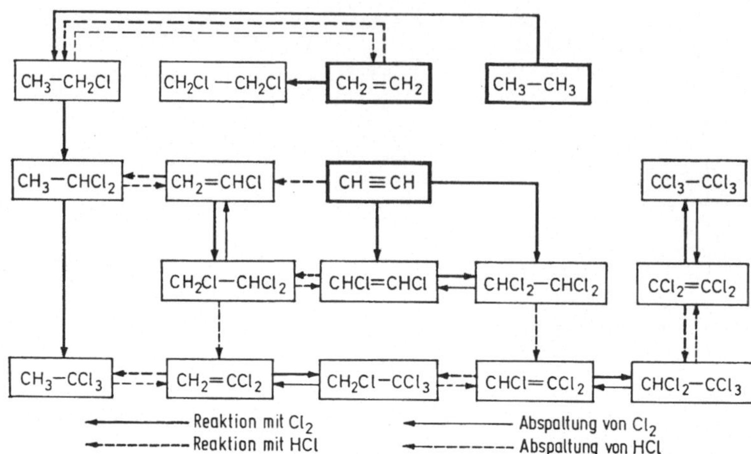

Abb. 3.23 Beziehungen zwischen den chlorierten C_2-Alkanen und -Alkenen auf Grund von 4 Reaktionen [3.184]

die separate Verfolgung der Salzsäure verzichten, denn der gesamte Chloreinsatz findet sich im Vinylchlorid wieder. Die freiwerdende HCl wäre jedoch auch in anderen Sektoren verwendbar, z.B. zur Herstellung von Metallchloriden. Hier führt das Bruttoprinzip nicht weiter.

2. *Chlorkalk, Bleichlauge.* Die Herstellung ist, bezogen auf „Aktivchlor", veröffentlicht (Melde-Nr. 4124 55 der Produktionsstatistik). Der Chlorverbrauchswert ist jedoch brauchbarer, weil auch die Chlorverluste (vor allem in den Chloriden) darin enthalten sind.

3. *Metallchloride, anorganische Grundchemikalien.* Hier kommen in Frage: Aluminiumchlorid, Eisenchlorid, sonstige Metallchloride, die aber auch über HCl hergestellt sein könnten, Phosphortri- und Phosphorpentachlorid, Sulfurylchlorid, Siliciumtetrachlorid, Chlortrifluorid, Chlorcyan und andere technisch wichtige Chlorverbindungen.

4. *Chlorkohlenwasserstoffe.* Auf das Problem der differenzierten Verbrauchsbilanzierung von Chlor und HCl wurde schon hingewiesen. Hinzu kommen Abgrenzungsschwierigkeiten gegenüber anderen Chlorverbrauchspositionen, wie z.B. den Kunststoffen (s. unten). Einige Chlorkohlenwasserstoffe sind in der BRD-Produktionsstatistik getrennt ausgewiesen, wie z.B. Chlormethane, Perchloräthylen, Trichloräthylen, so daß über die entsprechenden Verbrauchskoeffizienten Kontrollrechnungen durchgeführt werden können.

5. *Waschrohstoffe.* Bei einer Produktion von etwa 100000 t/a Alkylbenzolsulfonaten wurden bereits etwa 20000 t/a Chlor für die Chlorierung von n-Paraffinen verbraucht. Die insgesamt eingesetzte Chlormenge erscheint wieder als HCl, die weitere Erfassung ist wiederum fraglich. Bei einer Erzeugung von 30000 t/a Fettalkoholsulfaten wurden erhebliche Mengen an Chlorsulfonsäure verbraucht, die neben Schwefeltrioxid und Oleum bevorzugt für die Sulfatierung eingesetzt wird. Deshalb ist unsicher, ob der Chlorverbrauch hier oder bereits unter den anorganischen Grundchemikalien erscheint (Gefahr der Doppelzählung).

6. *Kunststoffe.* Der Chlorverbrauch könnte für Polyvinylchlorid, Polyvinylidenchlorid und Chlorkautschuk erfaßt sein. Vielleicht ist aber auch Siliciumtetrachlorid bei dessen intermediärer Bedeutung für Silicone berücksichtigt. Weiter kommen in Frage höhere Chlorparaffine, Chlornaphthaline, chlorierte Polyphenyle. Diese Produkte könnten aber ebenso unter den Chlorkohlenwasserstoffen stehen.

7. *Organische Zwischenprodukte und Teerfarbstoffe.* Am wichtigsten sind die Chlorbenzole (Produktion 1965: 90200 t), die allerdings wieder unter den chlorierten Kohlenwasserstoffen einbezogen sein könnten. Weiter kommen in Frage: Chloracetaldehyde (besonders Chloral, z.B. für DDT-Produktion), Chloralkyläther, Phosgen (als intermediärer Verbrauch für Isocyanate bzw. Polyurethane nicht bereits unter Kunststoffen?), Chloramine (evtl. bereits erfaßt als HOCl unter obiger zweiter Position), Chlorfettsäuren (besonders Chloressigsäure), Chlorphenole, Chlortoluole, Chlornaphthaline, chlorierte Diphenyle und Polyphenyle

(nicht bereits erfaßt unter Kunststoffen?). An dieser Stelle müßte auch der intermediäre Chlorverbrauch für Friedel-Crafts-Alkylierungen sowie für die Einführung von NH_2-Gruppen über Chlorierung und Ammonolyse berücksichtigt werden, soweit es sich um nicht separat gemeldete Zwischenprodukte handelt.

8. *Zellstoff- und Papierindustrie.* Hier sind die Verbrauchsverhältnisse für die Bleichung recht eindeutig.

9. *Sonstiges.* Der nicht aufgeschlüsselte Restverbrauch übertraf 1965 mengenmäßig mit rund 60000 t/a immerhin mehrere der anderen Verbrauchspositionen. Die Aufklärung ist schwierig, da bereits die anderen Positionen unsicher sind.

Das einfache Beispiel verdeutlicht die großen Schwierigkeiten bei der Aufschlüsselung des Verbrauchs eines chemischen Grundstoffs selbst bei der Beschränkung auf eine oder wenige Verarbeitungsstufen (vgl. auch Kap. 4.247).

3.45 Bedarfsuntersuchung für chemische Konsumgüter

3.451 Allgemeines

Die Methodik der *Bedarfsuntersuchungen* für *chemische Konsumgüter* kann in hohem Maße auf das bekannte Instrumentarium der Konsumgütermarktforschung gestützt werden. Die Unterschiede sind produktspezifischer Natur und zwingen zum Eingehen auf die verschiedenen chemischen Konsumgütersparten, z.B. den Pharma-Bereich [3.126; 3.132; 8.16; 8.86]. Als Bedarfsträger kommen große Teile der gesamten Bevölkerung in Frage, deren Untergliederung nach demographischen und soziographischen Strukturmerkmalen die Basis der Bedarfsanalysen bildet. Bedeutsam sind die subjektiven Motivationen der Verbraucher für die Bedarfsbildung und Kaufentscheidungen, so daß Motivforschung und psychologische Forschungsmethoden anzuwenden sind.

Die Aufgaben der Marktforschung gehen hier weit über die Aufklärung der Bedarfsstrukturen hinaus, denn sie gelten auch den Voraussetzungen zum optimalen Einsatz der einzelnen Marketing-Mittel (vor allem Werbung und Produktentwicklung). Die Konsumgütermarktforschung gewinnt in der chemischen Industrie laufend an Bedeutung. Zwangsläufig muß der Chemiemarktforscher dabei seine Untersuchungsobjekte auf ihm an sich fachfremde Folgeprodukte der anderen Industriezweige mit ihren besonderen Bedarfsstrukturen ausdehnen. Bei den konsumtiven Gebrauchsgütern wird außerdem oft eine Differenzierung nach Neu- und Ersatzbedarf und die Berücksichtigung der Bestandsbildung in den Haushalten erforderlich.

Von zahlreichen verschiedenen Gliederungsmöglichkeiten der Bedarfs- und Nutzenkomplexe seien hier beispielsweise erwähnt:

Ernährung. Am Ernährungssektor ist die chemische Industrie durch die Lieferung von Agrochemikalien an die Landwirtschaft hervorragend beteiligt. Für die Zukunft wird vielleicht die Herstellung synthetischer Lebensmittel hinzukommen (z. B. Proteine aus Erdöl, Synthesen von Fetten und Kohlehydraten). Weiter zu erwähnen sind Lebensmittelhilfsstoffe sowie Lebensmittelverpackungsmaterialien.

Behausung. Chemiewerkstoffe werden in den verschiedenen Verbrauchssektoren des Bauwesens sowie der Rauminnenausstattung (Möbel, Heimtextilien, Hausgeräte) immer wichtiger. Auch zahlreiche Hilfsstoffe (z.B. Farben und Lacke) sowie Wirkstoffe (z.B. Pflegemittel) gehören hierher.

Kleidung. Der Bekleidungssektor bildet heute einen der wichtigsten Marktauslässe für chemische Produkte.

Gesundheitsbedarf. Unmittelbar betroffen ist die pharmazeutische Industrie. Der Bedarfskomplex ist aber für die chemische Industrie in mehrfacher Hinsicht von Interesse (Eingreifen in den Wohnbedarf, Ernährungsbedarf, Kleidungsbedarf, in Fragen der Abfallbeseitigung, Luftreinhaltung und anderes).

Körperpflegebedarf. Die Deckung des mit erhöhtem Lebensstandard stark anwachsenden Bedarfs ist fast ausschließlich eine Domäne der chemischen bzw. Körperpflegemittelindustrie.

Sicherheitsbedarf. Dieser ist mit anderen Bedarfskomplexen überlagert, so mit dem Gesundheitsbedarf, Ernährungsbedarf, Transportbedarf (z. B. Kunststoffe im Automobilbau).

Bequemlichkeitsbedarf. Das Streben nach Arbeitserleichterung im produktiven und privaten Bereich ist für die Entwicklung chemischer Produkte und Folgeprodukte sehr beachtlich: Hoch wirksame und leicht anwendbare Reinigungsmittel erleichtern die Hausarbeit, Einwegverpackungen aus Kunststoffen verringern das Gewicht der zu beschaffenden Güter und ersparen den lästigen Rücktransport der Mehrwegemballagen, Chemiefasern und Chemiewerkstoffe schaffen erleichterte Pflegebedingungen, chemische Produkte begünstigen die Herstellung von Wegwerfartikeln.

Freizeitgestaltung. Der Bedarfskomplex ist vielschichtig und gewinnt wegen der fortschreitenden Arbeitszeitverkürzung immer mehr an Interesse (Untergliederung nach den verschiedenen Freizeitbetätigungsarten in Sportbedarf, Touristik, Heimwerkerbedarf, naturverbundene Freizeitgestaltung, Kulturbedarf und anderes).

Transportbedarf. Die Chemie ist in mannigfacher Weise mit der Verkehrswirtschaft verbunden (Produktion und Ausstattung der Transportmittel, Betriebsstoffbedarf).

Während der *Pro-Kopf-Verbrauch* im Bevölkerungsdurchschnitt bei Produktivgütern nur mittelbare Anhaltspunkte über die volkswirtschaftliche Durchdringung mit den Vorprodukten gewährt, eröffnet sich hiermit im Konsumgüterbereich die wichtigste Maßgröße des spezifischen Verbrauchs. Verwertbare Einsichten erfordern aber vielfältige Differenzierungen des Pro-Kopf-Verbrauchs nach den Merkmalen der Bedarfsträger. Wir wollen anschließend als Beispiel lediglich einige Hauptprobleme der Bedarfsuntersuchung für Pharmazeutika näher betrachten, wobei es deutlich wird, wie viele Einzeltatsachen zur Gewinnung aussagefähiger Ergebnisse berücksichtigt werden müssen.

3.452 Bedarfsstrukturen für Arzneimittel als Beispiel

Größe und Struktur der Nachfrage nach *pharmazeutischen Produkten* lassen sich in einer stufenweise fortschreitenden Verfeinerung kennzeichnen anhand des Gesamtbedarfs an Arzneimitteln, des Bedarfs nach den Produktgruppen der Indikationsgebiete und nach den markierten Einzelprodukten der Hersteller.

Die länderweisen Unterschiede im *Gesamtverbrauch* an Arzneimitteln gehen deutlich aus den in Tab. 3.27 mitgeteilten Untersuchungsergebnissen hervor. Innerhalb der berücksichtigten Länder schwankte der spezifische Verbrauch im Extrem zwischen Spanien und den USA bereits im Verhältnis 1:3,4. Die Unterschiede wären noch größer, wenn man auch weniger entwickelte Länder einbezogen hätte.

Zur Ermittlung der wichtigen *Verbrauchsstrukturen* nach Produktgruppen bzw. Indikationsgebieten ist man überwiegend auf die Primärmarktforschung angewiesen, da so stark differenzierte Produktions- und Außenhandelsdaten nicht bekanntgegeben werden. Die in Tab. 3.28 genannten Zahlen deuten auf erhebliche Strukturunterschiede im Heilmittelverbrauch der einzelnen Länder. Aufschlußreicher wäre der mengenmäßige Pro-Kopf-Verbrauch der verschiedenen Produktgruppen im Länderdurchschnitt, jedoch ist die Preisbereinigung der Verbrauchswerte bei allen Produkten und Ländern schwierig. Die Marktanteile an *einzelnen Produkten* werden den Anbieter besonders im Hinblick auf die zugehörigen *Indikationsgebiete* interessieren, da zwischen diesen nur wenige Konkurrenzbeziehungen bestehen. Immerhin bietet eine führende Marktstellung auf mehreren Indikationsgebieten kumulative Vorteile.

Tabelle 3.27 *Pro-Kopf-Verbrauch von Arzneimitteln 1965* [8.16, S. 144][1]

Land	Schweizer Studie				Britische Studie		
	Rang	Verbrauch			Verbrauch		
		£	s	d	£	s	d
USA	1	8	18	0			
Frankreich	2	8	12	0	4	16	9
Schweiz	3	6	16	0			
Italien	4	6	2	0	2	10	9
Deutschland	5	5	10	0	3	0	0
Belgien	6	5	10	0			
England	7	5	3	0	2	4	0
Österreich	8	3	8	0			
Spanien	9	3	0	0	2	2	4
Europäischer Durchschnitt		5	0	0			

[1] Schweizer Studie betrifft Apothekenabgabepreise einschließlich Steuerbelastung, sie gilt ferner einschließlich der Krankenhausumsätze, freiverkäuflicher Arzneimittel, diätetischer Nährmittel, ärztlicher Instrumente und anderer Produktgruppen. Die britische Studie basiert auf den Apothekenbezugspreisen ohne Steuern. Nichtarzneimittel und Umsätze außerhalb der Apotheken sind überwiegend ausgeschlossen.

Tabelle 3.28 *Verbrauchsstruktur pharmazeutischer Produkte nach Indikationsgebieten 1964 in Prozent* [8.16, S. 148]

Produktgruppe	Frankreich	Deutschland	Italien	Spanien	England[1]
Antibiotica	8	4	10	20	23
Anticholinergica	1	2	2	3	2
Antidiarrhoeica	3	1	2	2	1
Bronchodilatorien	1	2	1	1	4
Cardiaca	6	15	7	4	8
Antipyretica	8	7	7	7	5
Dermatologica	6	6	4	4	2
Diuretica	2	1	1	1	3
Enzyme und Digestiva	3	2	2	1	< 0,5
Antianämica	1	1	5	3	2
Antihaemorrhoidalia	2	5	1	1	1
Hormone	5	4	8	6	10
Lipotropica	4	2	5	1	< 0,5
Psychotherapeutica	4	4	2	3	9
Tonica	6	2	4	1	2
Sedativa und Hypnotica	2	5	1	2	3
Vitamine	4	5	9	9	1
Mineralverbindungen	1	1	1	2	1
Sonstige	33	31	28	29	23
Summe	100	100	100	100	100

[1] Nur ethische Präparate.

3.453 Einflußfaktoren auf die Bedarfsbildung

Entsprechend der dreiteiligen Struktur der Nachfrage nach Arzneimitteln gehen bedarfsbildende Einflüsse aus von den Verbrauchern, den Ärzten sowie den staatlichen Einrichtungen zur Krankenversicherung und Gesundheitsfürsorge.

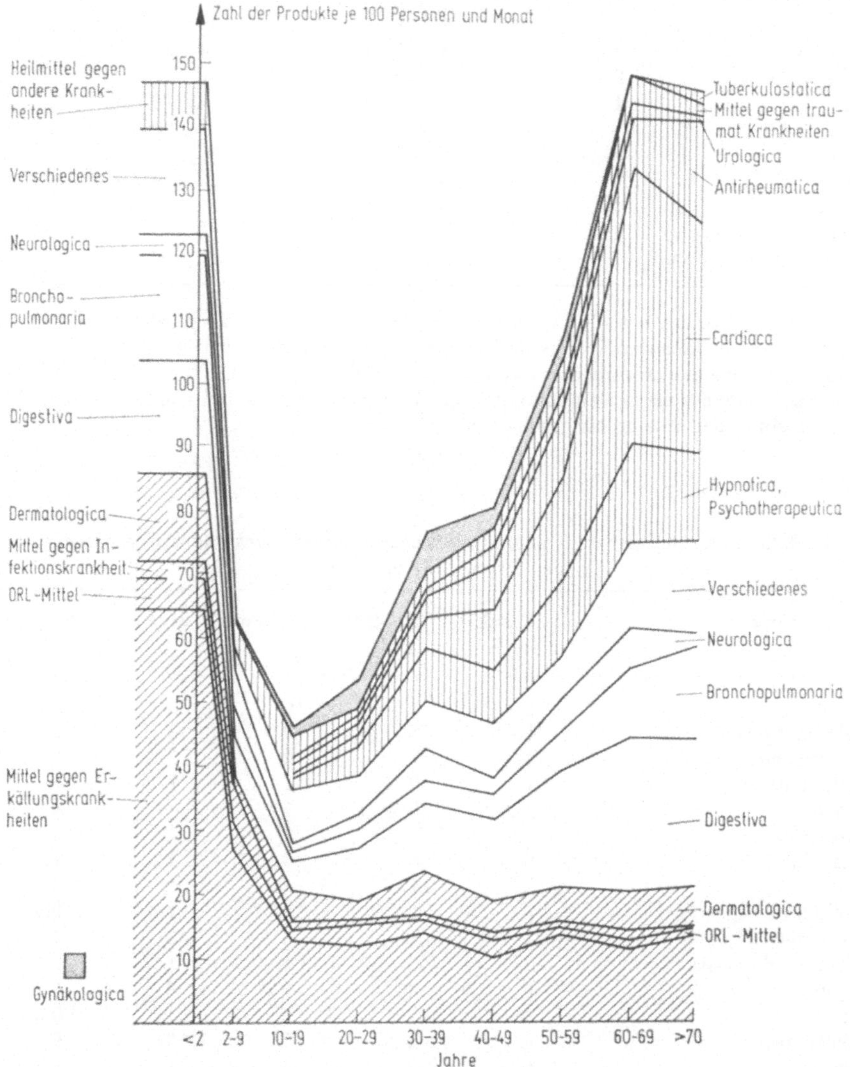

Abb. 3.24 Arzneimittelverbrauch nach Indikationsgebieten in Abhängigkeit vom Lebensalter in Frankreich [3.132].

Hinsichtlich der *naturbedingten* Einflußfaktoren bestehen relativ wenig Abweichungen zwischen verschiedenen Ländern, was unter anderem die ziemlich übereinstimmenden Rangreihen der wichtigsten Todesursachen verdeutlichen. Es gibt Unterschiede in der Verteilung der Krankheiten aufgrund verschiedener rassischer Konstitution oder klimatischer Verhältnisse. Besonders typische Krankheiten sind in England Bronchitis, in Frankreich Leberzirrhose

[8.16, S. 149]. Einen großen Einfluß muß man jedoch von der *Altersstruktur* der Bevölkerung erwarten, nämlich aufgrund der wechselnden Häufigkeitsverteilung vieler Krankheiten in verschiedenen Altersklassen. Hier zeigt sich jedoch bereits eine indirekte Auswirkung der anderen Einflußgruppe der *kulturellen, sozialen* und *wirtschaftlichen* Faktoren. Am bedeutendsten ist die Höhe des verfügbaren privaten *Einkommens*, das über den möglichen Grad der Bedarfsaktualisierung von Arzneimitteln mit entscheidet, damit die Lebenserwartungsziffern beeinflußt und schließlich über die neue Altersstruktur die Bedarfsstruktur nach Arzneimitteln selbst wieder verändert. Abb. 3.24 zeigt die Höhe des Arzneimittelverbrauchs in verschiedenen Altersklassen in Frankreich, aufgeteilt nach Indikationsgruppen.

Unter den sonstigen Einflüssen der kulturellen Sphäre wird man etwa zu berücksichtigen haben: die *Berufsstrukturen* (Berufskrankheiten, höhere körperliche und geistige Belastungen durch Erwerbstätigkeit), bestimmte *Lebensgewohnheiten* (Zunahme der Zivilisationskrankheiten in hochindustrialisierten Ländern wie Herzinsuffizienz, Erkrankungen des vegetativen Nervensystems, Allergien u. a.), verfügbare Freizeit. Unter den Bedarfskategorien des Menschen steht der Bedarf an Arzneimitteln an erster Stelle. Mit steigendem Lebensstandard wird dieser Grundbedarf zuallererst gedeckt. Die Engpässe zur weiteren Marktausweitung werden dann oft nicht durch Konsumwillen und Kaufkraft des Letztverbrauchers bestimmt, sondern durch andere Marktfaktoren, vor allem durch Begrenzung des Angebotes (Fehlen von Arzneimitteln oder Therapien zur Bekämpfung bestimmter Krankheiten). Schließlich bestehen *Rückkopplungen* zwischen Arzneimittelkonsum und Bedarfsstruktur, da durch bestimmte Arzneimittel in ungünstigen Fällen Nebenwirkungen hervorgerufen werden, die selbst nur durch weitere Medikamente zu unterdrücken sind, oder durch übermäßigen Verbrauch an bestimmten Arzneimitteln organische Schädigungen bzw. pathologische Zustände entstehen (z. B. stellenweise Arzneimittelsucht bei Analgetica oder Hypnotica). Diese Fakten sind in der Angebotspolitik zu berücksichtigen und legen Beschränkungen nahe.

Die zweite Gruppe von Einflußfaktoren auf die Verbrauchsstruktur betrifft den *Arzt* als *Bedarfsberater*. Verschiedene Faktoren haben dem Arzt hier zu einer beherrschenden Stellung verholfen. Zu erwähnen sind das Vertrauen in die wissenschaftliche Medizin, ferner die abnehmende Bedeutung der Selbstdiagnose und Selbstbehandlung von Krankheiten. Hinzu kommen wirtschaftliche Gründe (Erstattung der Kosten rezeptierter Arzneimittel durch die Krankenkassen), arbeitsrechtliche Gründe (Nachweis der Arbeitsunfähigkeit durch die ärztliche Krankschreibung) sowie gesundheitsrechtliche Gründe in Gestalt der Rezeptpflicht vieler Arzneimittel [8.86, S. 16].

Trotz des gut ausgebauten internationalen Erfahrungsaustausches ist bei der Verbreitung des wissenschaftlichen Fortschritts mit Verzögerungen zu rechnen. In der Dichte und qualitativen Struktur der Ärzteschaft bestehen erhebliche Unterschiede zwischen den Ländern, die im Verhältnis zwischen den industrialisierten und den Entwicklungsländern besonders kraß zutage treten. So kamen kürzlich auf einen Arzt in der BRD 650, in England 840, in Pakistan 7000 und in Nigeria 50000 Einwohner. Aber bereits ländliche und städtische Wohngebiete weisen in der ärztlichen Versorgung andere Verhältnisse auf. Schwer diagnostizierbare, seltenere Leiden erfordern Fachärzte, lange stationäre Behandlungen, Einrichtungen zur Hospitalisierung. Eine starke Überlastung der verfügbaren Ärzte wird diese veranlassen, die Zahl der Konsultationen je Fall möglichst herabzudrücken, was auf die Art der Verschreibungen zurückwirkt. Besonderen Einfluß hat das Verhältnis zwischen stationären und ambulanten Behandlungsfällen, da die ambulante Behandlung in der Darreichungsform, Stärke und notwendigen Dosiergenauigkeit andere Anforderungen an die Arzneimittel stellen kann. Wir erleben heute wegen der Überlastung der Krankenhäuser sowie infolge der starken Abneigung vieler Patienten gegenüber der Hospitalisierung eine zunehmende Verschiebung in den Behandlungsfällen zugunsten der ambulanten Betreuung.

Erhebliche Strukturwandlungen im Arzneimittelverbrauch werden von dem bereits jetzt zu beobachtenden Vordringen der Krankheitsprophylaxe und der entsprechenden *Präventivmittel* gegenüber den eigentlichen Heilmitteln erwartet. Das zunehmende Interesse an der vorbeugenden Gesundheitspflege wird mit der höheren Krankheitsanfälligkeit durch gesteigerte berufliche sowie Umweltbelastungen und andererseits mit den als immer drückender empfundenen Behinderungen durch das Kranksein in Verbindung gebracht. Hinsichtlich der Anwendung von Präventivmitteln und in Bagatellfällen wird die Beratungsfunktion der Apotheker ihre Bedeutung behalten.

Großen Einfluß auf die für die Bedarfsbildung maßgebenden Verschreibungen haben die Vorschriften der staatlichen *Pflichtkrankenkassen* dahingehend, daß die je Behandlungsfall für bestimmte Zeiträume verordneten Medikamente nach den Kosten begrenzt sind. Der Zwang zum Ausweichen auf billigere Medikamente mag allerdings nicht immer den wertmäßigen Gesamtverbrauch herabsetzen, da billigere und zugleich weniger wirksame Präparate die Behandlungsdauer erhöhen können.

Die diagnostischen und therapeutischen Praktiken der Ärzte lassen sich nicht ausschließlich auf einheitliche rational-wissenschaftliche Einsichten zurückführen. Es kommt sowohl länderweise als auch individuell zu Unterschieden in den *Verschreibungsgewohnheiten.* Diese sind nur unvollkommen aus dem ganzen Komplex menschlicher, sozialer und gesellschaftlicher Bedingungen der ärztlichen Tätigkeit zu begreifen. Bis zum Anerkennen neuer Präparate oder sogar neuer Therapieformen sind erhebliche Widerstände zu überwinden. Ältere und hinreichend erfolgreiche Behandlungsmethoden werden nicht so leicht aufgegeben, zumal bei dem Neuen der Erfolg noch nicht sicher ist. Mit auftretenden Nebenwirkungen und Kontraindikationen sind außerdem beachtliche Gefahren verbunden.

Selbst Modeströmungen sind in den Verschreibungsgewohnheiten erkannt worden, wie etwa beim Vordringen der Polyvitaminpräparate vor einigen Jahren. In England hat sich die Produktgruppe der Antidepressiva, die zugleich die erstmalige Therapiemöglichkeit gegen Depressionen eröffnete, nur schwer durchsetzen lassen. Seitens der pharmazeutischen Industrie war nicht nur eine Überzeugung, sondern sogar förmliche Überredung der Ärzteschaft nötig, die Depression als klinischen Begriff anzuerkennen, als Krankheit zu diagnostizieren und mit den neuen Spezialmitteln zu behandeln. Noch lange nach Einführung der Antidepressiva haben viele Ärzte die Depression mit Tranquilizern behandelt [7.140].

Ein anderes Beispiel für Strukturunterschiede in den einzelnen Ländern ist der besonders niedrige Verbrauch von Eisenpräparaten in England. Er rührt daher, daß seitens der englischen Ärzte Erkrankungen an Anämie vernachlässigt und weder als solche diagnostiziert noch behandelt wurden. Schon vor dem letzten Krieg fand man in der Peckham-Klinik bei 1660 untersuchten Patienten 1000 Fälle eines unbehandelten Eisenmangels. Später wurde von neun an Anämie leidenden Personen nur ein Fall erkannt und behandelt [8.16, S. 148].

Strukturelle Verbrauchsunterschiede resultieren schließlich aus dem Umfang der Einschaltung des Arztes einerseits und der *Selbstbehandlung* der Patienten andererseits. Dieses Verhältnis wird aber wiederum von vielen Einflußfaktoren bestimmt, wie Ausmaß und Leistungsfähigkeit des Versicherungsschutzes, Anzahl der Ärzte und deren Belastungsgrad, Erleichterung der Selbstbehandlung durch Art und Ausmaß der Publikumswerbung der pharmazeutischen Industrie und anderem. Ein hoher Lebensstandard sowie Zeitmangel dürften den Handverkauf von Arzneimitteln begünstigen, weil das Geldopfer bei Verzicht auf eine Rückerstattung seitens der Krankenkassen gering gilt im Vergleich zum Zeitgewinn, der sich beim Vermeiden der Konsultation des Arztes erreichen läßt.

Der dritte Einflußbereich auf der Bedarfsseite wird durch die Krankenkassen sowie überhaupt alle *staatlichen Einrichtungen und Maßnahmen* zur Gesundheitsfürsorge gebildet. Die Auswirkungen auf die Arzneimittelverbrauchsstrukturen sind vielgestaltig. Zu erwähnen sind die unmittelbaren Vorschriften über die Verschreibungslimite der Ärzte, die öffentlichen Einrichtungen der Krankenfürsorge, die Gesetzgebung zur Bekämpfung von Seuchen oder schwerer und ansteckender Krankheiten, Anordnung oder Empfehlung von Reihenuntersuchungen oder Schutzimpfungen, öffentliche Aufklärungsarbeit zur Gesundheitsfürsorge, Zulassungsbestimmungen für Arztpraxen und Apotheken, die Arzneimittelgesetzgebung.

3.46 Beschaffungsmethoden und Einkaufsentscheidungen

3.461 Beschaffungsorganisation

Für den Absatz ist es wichtig, die *Beschaffungsmethoden* und die Bildung der Einkaufsentscheidungen zu kennen. Der Analyse der Absatzwege und Vertriebsmethoden auf der Angebotsseite steht diejenige der Beschaffungsmethoden und Einkaufsentscheidungen auf der Nachfrageseite gegenüber. Diese Faktoren der

Beschaffungsvorgänge sind lange vernachlässigt und mit der globalen Feststellung abgetan worden, sie unterlägen im Produktivgüterbereich rationalen Zweckmäßigkeitserwägungen im Unterschied zur überwiegend emotionalen Motivierung der Konsumgüterkäufe. Diese Auffassung ist heute nicht mehr ungeteilt, andererseits haben Bestrebungen zur Verwissenschaftlichung der Einkaufstätigkeit eingesetzt, welche die Absatzpolitik und Marktforschung ebenfalls beeinflussen.

Der institutionalisierte, organisatorisch verselbständigte Einkauf ist für den Produktivgütervertrieb charakteristisch. Seit langem ist es für die Verkaufskräfte selbstverständlich, sich Klarheit zu verschaffen über die Einkaufsorgane, deren Kompetenzen, die bedarfsauslösenden Stellen und deren Mitwirkung an den Beschaffungsvorgängen. Kompliziertere Bedingungen und Fragestellungen über die Ausübung der Beschaffungsaufgaben können aber auch durchaus in den Problemkreis der Marktanalysen einbezogen werden. Reorganisationen der Beschaffung führen überwiegend zu ihrer Aufwertung und zur maßgeblicheren Einschaltung der Einkäufer bei Einkaufsentscheidungen [3.70; 3.163; 3.208].

Dennoch werden die meisten technischen Bestimmungsfaktoren vorwiegend von anderen Stellen entschieden, nämlich besonders von den Forschungs- und Entwicklungs-, Produktions- und Ingenieurabteilungen, ja sogar den Vertriebsabteilungen der Kundenbetriebe. Dies gilt vor allem für die Beschaffung neuer chemischer Produkte oder von Produkten für neue, erweiterte Anwendungsgebiete. Die mit der Projektierung neuer Anlagen befaßten Stellen sind mehr für die Beschaffung von Investitionsgütern verantwortlich. Für Mitwirkungen dieser Stellen bei der Beschaffung chemischer Roh- und Hilfsstoffe ergeben sich eigentlich nur Ansatzpunkte, wenn technisch komplementäre Spezifikationen zwischen den Ausrüstungen und dem Stoffeinsatz vorliegen. Über die Einflüsse der verschiedenen Abteilungen auf die Einkaufsentscheidungen und die Einkaufsbedingungen bei zentralisierter und dezentralisierter Einkaufsorganisation wurde berichtet [3.226; 3.228]. Wegen der vielen Besonderheiten bei den einzelnen Firmen waren allerdings bislang wenig allgemeingültige Aussagen möglich. Je höher die Beschaffungswerte sind, desto mehr werden mehrköpfige Entscheidungen, die Mitwirkung mehrerer betrieblicher Stellen und die endgültigen Entscheidungsbefugnisse des mittleren oder sogar oberen Management in Frage kommen. Zu den großen Objekten des Investitionsgüterbereichs, etwa bei Vergabe geschlossener Anlagenaufträge an Projektierungsfirmen, bestehen im Verbrauchsgüterbereich unmittelbare Parallelen in Gestalt der *langfristigen Vertragsabschlüsse* über die Lieferung wichtiger Rohstoffe.

Eine Umfrage bei 250 Vertriebsleuten aus chemischen und verwandten Industriezweigen der USA hat über die Praktiken der *Umgehung von Einkaufsorganen* interessante Aufschlüsse gebracht [2.207]. Danach wird das sog. „backdoor selling“ durchschnittlich von 3/4 aller Verkaufskräfte angewandt, obwohl von den meisten nur selten. Nachstehende Gründe für das Überspringen der Einkäufer wurden bei folgenden Anteilen der Befragten genannt:

Mangelnde Kenntnisse der Einkäufer (zu wenig „background“)	30%
Die Einkäufer sind nicht kompetent, andere treffen Einkaufsentscheidungen	28%
Man will das Interesse der Chemiker und Techniker gewinnen	8%
Es soll ein vollständiges Bild über die Bedarfslage gewonnen werden	6%
Ablehnende Haltung der Einkäufer soll überwunden werden	3%

Die Erledigung des Bestellwesens mit Hilfe einer *automatischen Datenverarbeitung* im Rechnungswesen führt zu einer gewissen Erstarrung der Lieferantenbeziehungen. Wenn nach dem Erreichen der Mindestlagerbestände über fest eingespeicherte Auftragsdaten automatisch Nachbestellungen ausgelöst werden (Bestellpunktverfahren), besteht weniger Anlaß, bei jedem Bestellvorgang die optimalen Beschaffungsmöglichkeiten neu zu erkunden.

3.462 Informationsgewinnung im Beschaffungsbereich

Umfassende Informationen über das bestehende Produktangebot sind eine wesentliche Voraussetzung für optimale Einkaufsentscheidungen. Die aktive Informationssuche der Einkaufsorgane ist daher gegenüber der nur passiven Informations- und Angebotsaufnahme zu fördern oder sogar zur systematischen *Beschaffungsmarktforschung* auszubauen. Sie gehört neben der nachstehend erwähnten *Wertanalyse* (value analysis) zu den wichtigsten Bestandteilen der Einkaufs- oder Beschaffungsforschung (purchasing research, scientific procurement) als Gegenstück zur Absatzforschung [3.67; 3.163; 3.165; 3.208; 3.231].

Neuere Untersuchungen zielen auf eine Klärung des Informations- und Entscheidungsverhaltens industrieller Einkäufer unter Einbeziehung emotionaler Vorgänge, wobei erfolgreiche Ansätze für eine *Typologie* des fachlichen *Informationsverhaltens* gebildet werden konnten [3.199]: das literarisch-wissenschaftliche, das „objektiv" wertende und das spontane Informationsverhalten.

Der erste Typ ist aktiv an einer möglichst vollständigen, wissenschaftlich und technisch fundierten Information interessiert und wird im Bereich der für Einkaufsentscheidungen maßgeblichen Chemiker und Ingenieure dominieren. Abgekürzte Informationen durch Werbemittel haben für diesen Typ höchstens ergänzende Bedeutung. Dem „objektiv" wertenden Informationsverhalten entspricht ein Mitteltyp mit gleichwertiger Berücksichtigung aller Informationsmittel entsprechend der Bedeutung der Informationsgehalte. Hier wird ein hoher Grad an Rationalität bei der Informationsbeschaffung vorausgesetzt. Demgegenüber ist das spontane Informationsverhalten durch eine mehr passive, unsystematische und zufällige Aufnahme der Informationen charakterisiert.

Diese unterschiedlichen Verhaltensweisen der Informationsgewinnung haben für die Gestaltung der absatzpolitischen Mittel große Bedeutung, etwa für die Argumentation in den Verkaufsgesprächen, Einsatz und Gestaltung von Werbemitteln, die Preispolitik, Produktgestaltung, aber auch für die Einschätzung der Unternehmung als Ganzes durch die Einkäufer [3.197].

3.463 Optimale Einkaufsentscheidungen

Die Einkaufsentscheidungen kommen auf der Basis mehr oder minder vollständiger Informationen über rationale sowie emotionale Faktoren zustande.

Die *Rationalität* der Einkaufsentscheidungen wird für den industriellen Einkauf oft als charakteristisch angesehen. Man stützt sich auf Nutzen-Preis-Vergleiche der Produkte unter Berücksichtigung aller Angebotsbedingungen (Verpackungs- und Transportleistungen, Lieferfristen, Kundendienst). Neben der Beschaffungsmarktanalyse zur Erhöhung der Transparenz der Beschaffungsmärkte ist es vor allem die sog. *Wertanalyse*, in der sich diese Rationalisierungsbestrebungen ausdrücken. Die Wertanalyse soll durch eine systematische technische und wirtschaftliche Eignungsuntersuchung den günstigsten Materialeinsatz und die vorteilhaftesten Lieferanten auffinden helfen. Hinsichtlich der Art des Stoffeinsatzes geht es vor allem um die Ausschaltung von „Funktionsreserven", d.h. um die Ausschaltung von Qualitätsmerkmalen und -stufen, welche zwar den Preis des Einsatzstoffes verteuern, aber in der spezifischen Verwendung nicht zur Kostensenkung der Folgeprodukte oder zu deren Qualitätssteigerung beitragen.

So wird es gerechtfertigt sein, auf eine qualitätsmäßig durch den Reinheitsgrad gekennzeichnete geringwertigere Rohstoffspezifikation auszuweichen, wenn die Vorteile aus den niedrigeren Bezugskosten die Nachteile bei der Verarbeitung überwiegen oder wenn solche Nachteile gar nicht entstehen. Wegen der vielfältigen technischen und wirtschaftlichen Einflußgrößen auf die Wertbestimmung müssen hierbei meistens auch Fachleute außerhalb des Einkaufs mitwirken. Durch das Aufkommen dieser Rationalisierungsmethoden im Einkauf muß man eine weitere Zurückdrängung der emotionalen Entscheidungsfaktoren und außerdem eine Verschärfung der Angebotskonkurrenz über objektiv bewertbare Maßstäbe des Produktangebotes vermuten. Die anbietenden Chemiefirmen werden gezwungen, an ihre Vertriebsmitarbeiter im Hinblick auf Produkt-, Anwendungs- und Marktkenntnisse noch höhere Anforderungen zu stellen.

Diese Entwicklungen laufen den neueren Einsichten über die Bedeutung *emotionaler Faktoren* in gewisser Weise entgegen. Diese sind wegen der Bindung der Einkaufsentscheidungen an den Menschen, der in jeder Situation mit einem Rest von Irrationalismen behaftet bleibt, nie ganz auszuschließen. Das Gewicht dieser Faktoren muß auch zwangsläufig in dem Maße zunehmen, wie die Anbieter mit verbesserter Beschaffungsmarkttransparenz ihre Angebote immer mehr aneinander angleichen. Besonders die große Gruppe der Industriechemikalien ist hiervon betroffen. Schließlich sind für Wertanalysen und Angebotsvergleiche zwischen Einzelprodukten nachteilig: die Verbundwirkungen in den Angebotsleistungen (breite Sortimente, zusätzliche Beratungsleistungen u.a.), Schwierigkeiten in der Qualitätsbeurteilung der Produkte und vorherrschend langfristige Lieferverträge. Emotionale Entscheidungsfaktoren aufgrund der persönlichen Kontakte des Beschaffungs- und Vertriebspersonals und besonders des Firmenrufes des Lieferanten sind dann sehr wesentlich.

3.5 Darstellung von Angebots-Nachfrage-Verflechtungen

3.51 Input-Output-Tabellen

Die unter volkswirtschaftlichen Gesichtspunkten entwickelten *Input-Output-Rechnungen* sollen die Leistungsverflechtungen zwischen verschiedenen Wirtschaftsgruppen oder -einheiten aufzeigen. Sie werden gelegentlich auch als Hilfsmittel für die betriebswirtschaftliche Marktforschung angesehen. Dies könnte man für die chemische Industrie um so mehr vermuten, als sich hier die breite horizontale und mehrstufig vertikale Verbindung mit anderen Wirtschaftsbereichen als ein besonderes Problem darstellt. Die Input-Output-Tabellen lassen sowohl die direkten als auch die indirekten, durch mehrstufige Marktbeziehungen entstehenden Verflechtungen mit anderen Wirtschaftssektoren erkennen, so daß Änderungen an irgendeiner Stelle der Volkswirtschaft sofort in ihren Auswirkungen auf den Chemie-Output veranschlagt werden können. Die praktische Bedeutung für die Marktforschung der Einzelunternehmung ist jedoch bislang aus folgenden Gründen eingeschränkt:

1. Die Gliederungen der leistungsaufnehmenden und -abgebenden Wirtschaftsbereiche lassen die Einzelprodukte oder enge Produktgruppen nicht erkennen.
2. Die für die chemische Industrie wichtigen internen Leistungsverflechtungen werden nicht oder unzureichend berücksichtigt.
3. Die Behandlung von Kuppelprodukten bereitet Schwierigkeiten.
4. Die komplizierten und zeitraubenden Ermittlungen führen dazu, daß veröffentlichte Tabellen um mehrere Jahre zurückliegende Zeiträume erfassen und für die Zwecke der Marktforschung nicht genügend aktuell sind.

Im Einzelfall können diese kritischen Einwendungen in Abhängigkeit vom Aufbau der jeweils verfügbaren Tabellenwerke in unterschiedlichem Ausmaß berechtigt sein. Die unter volkswirtschaftlich-theoretischen oder wirtschaftspolitischen Zwecksetzungen entwickelten Input-Output-Tabellen sind für die Marktforschung nur mit Vorbehalten zu verwerten. Dabei ergibt sich auch eine Begrenzung aus dem verarbeiteten statistischen Datenmaterial.

Innerhalb des 4-Quadranten-Schemas einer gesamtwirtschaftlichen Input-Output-Tabelle interessiert marktanalytisch in erster Linie das Feld der interindustriellen Verflechtung, das die abgebenden und aufnehmenden Industrie-

Output \ Input		Produktionssektoren (interindustrielle Verflechtungen)					autonome Sektoren (Endnachfrage)	ges. Output
		1.	2.	.. ..	Chem. Ind.	.. ..	.. ..	
Produktionssektoren (interindustrielle Verflechtungen)	1.							
	2.							
	..							
	..							
	Chem. Ind.							
	..							
	..							
	..							
	..							
	..							
primärer Input								
gesamter Input								

Abb. 3.25 Vier-Quadranten-Schema der volkswirtschaftlichen Input-Output-Tabelle.

zweige miteinander in Beziehung bringt (Abb. 3.25). Darüber hinaus ist noch die Endnachfrage der autonomen Sektoren beachtlich, weniger dagegen das Feld der primären Inputs sowie der letzte Quadrant der Wertschöpfung im Bereich der Endnachfrage (Nachfrage der autonomen Sektoren nach primären Inputs). Die meisten der für den Geltungsbereich einer Volkswirtschaft entwickelten Tabellen weisen die chemische Industrie innerhalb der *Gliederung* der *Produktionssektoren* nur als einen Bereich aus: Er steht auf der Seite des Angebotes, der Leistungsabgabe (Output) oder des Verkaufes in einer Zeile und auf der Seite der Nachfrage, der Leistungsaufnahme (Input) oder des Kaufes in einer Spalte. Die Darstellung zeigt dann den Input der chemischen Industrie aus den unterschiedenen Produktionssektoren (Spalte chemische Industrie) und den Chemie-Output an diese Produktionssektoren und die autonomen Sektoren (Zeile chemische Industrie).

Für die Aussagefähigkeit spielt die Frage nach dem angewandten Bereichsgliederungs- oder Aggregationsprinzip bei der Bildung der Sektoren und der Verarbeitung des statistischen Ausgangsmaterials eine Rolle. Bei der *institutionellen Bereichsgliederung* geht man von den Wirtschaftseinheiten (Unternehmungen, Betriebe) aus und faßt diese nach ihrer überwiegenden Tätigkeit zu den Wirtschaftssektoren der Input-Output-Tabelle zusammen. Das System läßt die Markttransaktionen oder Marktverflechtungen zwischen den Sektoren erkennen und basiert damit auf der Absatzproduktion und nicht der Gesamtproduktion der Betriebe. Aus den Wertströmen sind zur weiteren Charakterisierung der Verflechtungen die Wertrelationen oder „ökonomischen Koeffizienten" herzuleiten. Die institutionelle Gliederung wird im Rahmen der volkswirtschaftlichen Gesamtrechnung des Statistischen Bundesamtes und von verschiedenen Wirtschaftsforschungsinstituten der BRD angewandt, vgl. [3.141; 3.176; 3.189].

Für die nach der institutionellen Bereichsgliederung angelegten amtlichen Berechnungen hatte der Verband der chemischen Industrie in der BRD bereits in den fünfziger Jahren umfangreiche Ermittlungen über den *Chemie-Input* durchgeführt [3.66; 3.236]. Die einseitige Erfassung des Materialeinsatzes oder -ausbringens bei allen Industriezweigen reicht bereits aus, um die Verflechtungen zu errechnen. Von den Ergebnissen ist in Tab. 3.29 der nach Verwendungszwecken zusammengefaßte Chemie-Input prozentual vom Umsatz dargestellt, der eine hohe zeitliche Konstanz in den Relationen zwischen Fremdbezügen und Umsatz erkennen läßt. Die Konstanz entsteht aber nur durch die starken Ausgleichswirkungen zwischen den Chemieteilbranchen.

Tabelle 3.29 *Chemie-Input in der BRD in Prozent vom Jahresumsatz* [3.236]

Einsatz nach Verwendungszweck	1936[1]	1950	1955
1. Energie	5,7	5,8	5,9
2. Rohstoffe	30,2	30,4	30,9
a) von anderen Wirtschaftsbereichen	20,5	–	20,9
b) von Chemiefirmen	9,7	–	10,0
3. Hilfs- und Betriebsstoffe sowie Verpackungsmaterial	6,0	8,7	5,0
a) Fabrikationshilfsmittel	1,6	–	1,5
b) Verpackungsmaterial	4,2	–	3,1
c) sonstige Betriebsstoffe	0,2	–	0,4
Summe 1 + 2 + 3	41,9	44,9	41,8
4. Bezogene Anlagenteile	–	2,3	2,6

[1] 1936 Deutsches Reich.

Statistische Grundeinheiten der *funktionellen Bereichsgliederung* sind dagegen nicht Wirtschaftseinheiten, sondern einzelne Produkte oder kleine, möglichst homogene Produktgruppen. Ihre Verbrauchsstrukturen müssen aufgrund der bestehenden produktionstechnischen Zusammenhänge festgelegt werden, um die Input-Output-Tabelle als eine Matrix der Produktionsverflechtungen darstellen zu können. Die Verflechtungsbeziehungen werden vor allem durch die „technischen Koeffizienten" charakterisiert. Die funktionelle Gliederung eröffnet vom Ansatz her die Möglichkeit zur differenzierten Erfassung aller Produktionsstufen unabhängig davon, ob die Produkte von einstufigen Unternehmungen über den Markt abgesetzt oder in vielstufigen Produktionsprogrammen eingeschlossen sind.

Für die Zwecke der Chemiemarktforschung bietet die funktionelle Gliederung wesentlich günstigere Möglichkeiten. Verzerrungen durch Branchenüberschneidungen, wie sie infolge von Programmerweiterungen der Unternehmungen immer mehr erwartbar wären, sind zu vermeiden. Die hierfür notwendige Ermittlung der Verbrauchsstrukturen der Produkte ist ein typisches und häufiges Anliegen der Bedarfsanalyse. Die primären Ergebnisse der Untersuchungen für die Einzelprodukte sind aber oft bereits ausreichend und sogar aufschlußreicher als die hieraus abgeleiteten Zusammenfassungen für die gesamte chemische Industrie.

Tabelle 3.30 *Aufteilung der Chemieproduktion für die Ifo-Input-Output-*

Melde-Nr. der Produktionsstatistik	Output		Input			
			Land- und Forstwirtschaft, Gartenbau, Tierhaltung 1	Chemische Industrie (mit Kohlenwertstoffindustrie) 12	Mineralölverarbeitung u. a. 13	Kunststoffverarbeitung 14
411110	Schwefel	1/X12a		73,9	0,2	
4121	Salzsäure (bez. auf HCl)	10		39,8		
4122	Soda (bez. auf Na_2CO_3)	11		113,8		
412410	Chlor (Primärproduktion)	12		108,7		
413431	Superphosphat	24	40			
415110	Wasserstoff	43		3,5	0,2	0,1
453311	Polyvinylchlorid	17/X12b				168,8
454114,15	Roll- und Kleinbildfilme	22				
464179	Waschhilfsmittel	38				
464180	Handreinigungsmittel	39		1,9	0,1	0,4
464489	Sonstige Autopflegemittel	46	0,7	0,1		
495110	Synthetische Fasern	71				
4611	Lacke und Anstrichmittel	22/X12c	3,5	3,5	3,5	3,5
463448,49	Pflanzliche Leime	38				
4689	Feinchemikalien	58		11,0	0,9	0,9
	Summe Tab. X12a–c, 211 Zeilen		1323,2	6316,5	243,3	1015,5

In der BRD hat das Ifo-Institut für Wirtschaftsforschung in München bei seinen Input-Output-Rechnungen, erstmalig für das Jahr 1961, die funktionelle Bereichsgliederung angewandt. Für die chemische Industrie wurde die Verwendung von 211 Produktpositionen in den für die Input-Output-Rechnung zugrunde gelegten Wirtschaftssektoren untersucht, die als Zeilen der Verflechtungstabellen erscheinen und der Gliederung der damaligen amtlichen Produktionsstatistik entsprechen. In einem separaten Tabellensatz werden zunächst die Importe und deren Verteilung, dann in einem weiteren Tabellensatz die Bruttoproduktionswerte ermittelt, und zwar aus den Verwendungszahlen der Inlandserzeugung zuzüglich der Exporte und abzüglich der Importe. Tab. 3.30 zeigt einen Auszug mit nur wenigen Zeilen- und Spaltenpositionen aus dem gesamten Tabellenwerk für die chemische Industrie, deren zusammengefaßte Ergebnisse in der letzten Zeile später in die eigentliche Input-Output-Tabelle für die BRD übernommen wurden [3.219]. 1969 erschienen neue revidierte Tabellenwerke für die Jahre 1962 bis 1964.

Die Gliederung der Ifo-Tabellen nach der amtlichen Produktionsstatistik ist bereits sehr weitgehend, freilich für die Bedürfnisse der Chemiemarktforschung in den meisten Fällen noch nicht ausreichend. Auch die internen Verflechtungen innerhalb der chemischen Industrie bleiben unberücksichtigt, obwohl ihre Darstellung gerade zur Erfassung vertikaler Produktionsstrukturen besonders interessant wäre.

Für die praktischen Anwendungsmöglichkeiten der Input-Output-Tabellen wird die nicht selten beobachtete zeitliche Konstanz der technischen Koeffizienten als vorteilhaft angesehen, was auf geringe strukturelle Veränderungen oder deren

Tabelle der BRD 1961, Werte in 10^6 DM, auszugsweise nach [3.219]

Input									
Eisen- und Stahlerzeugung 19	NE-Metallerzeugung 20	Zellstoff-, Holzschliff-, Papier- und Pappeerzeugung 38	Textilgewerbe 44	Einzelhandel 53	Dienstleistungen 64	Privater Konsum 67	Export 73	Import 74	Bruttoproduktionswert (75 Spalten) 76
0,5	0,9	9,5					0,8	0,8	92,2
	1,7	0,6	3,4			0,6	2,0	0,5	64,4
0,2	6,0	3,7	3,0				5,0	9,9	178,9
	27,9	43,7	1,5				1,6	7,2	179,0
						0,4	2,2	2,1	41,3
5,0	0,3	0,7	0,9				0,6		34,5
		12,6					180,0	61,0	360,0
					20,4	56,3	56,2	10,7	124,0
					27,1	40,5	2,0	0,4	69,2
1,2	0,3	0,3	2,4				1,2	0,1	38,7
			0,1	1,0	0,5		2,8	0,5	14,0
			202,6				73,9	18,5	264,4
3,5	3,5	3,5	3,5			22,0	128,4	49,5	1523,7
		17,4					6,4	3,3	90,3
		0,9			0,9		13,4	0,7	30,0
119,7	73,6	158,0	1877,0	12,0	661,9	2308,7	4730,8	1859,2	23065,8

Kompensation bei den Einzelprodukten zurückgeht. Gerade auf die Erfassung möglichst detaillierter Einzelprodukte kommt es aber dem Chemiemarktforscher an. Der Mangel der zu groben Gliederungen wirkt sich sowohl auf die diagnostischen als auch die prognostischen Anwendungszwecke aus. Außerdem darf gerade in der chemischen Industrie mit ihren ständigen Neuentwicklungen und Substitutionsprozessen am wenigsten mit längerfristig gleichbleibenden technischen Koeffizienten gerechnet werden, so daß bei Anwendung älterer Relativzahlen und bei Prognosen Fehlschätzungen zu erwarten sind.

In den USA, wo die Input-Output-Rechnung mit LEONTIEF 1936 ihren Ausgang nahm, bildeten lange Zeit hindurch die Untersuchungsergebnisse des Bureau of Labor Statistics aus dem Jahre 1947 die wichtigste Grundlage. Durch die Unterscheidung von immerhin 14 verschiedenen chemischen bzw. verfahrenstechnischen und 2 verwandten Industriezweigen wurde die Tabelle gegenüber der globalen Behandlung der chemischen Industrie aussagefähiger. Dies zeigt die Fortführung der Berechnungen durch das Stanford Research Institute [3.228]. Hier erscheinen z.B. die organische chemische Industrie, Synthesekautschukindustrie, Düngemittelindustrie usw. als selbständige Wirtschaftssektoren.

Neuere Input-Output-Tabellen für die amerikanische Volkswirtschaft wurden vom „Commerce Department's Office of Business Economics (OBE)“ für das Jahr 1958 mit 82 Sektoren und 4 eingeschlossenen Sektoren der chemischen Industrie erstellt, die 1964 veröffentlicht wurden. Die letzte Untersuchung für das Jahr 1963 enthält 367 Sektoren und innerhalb von 291 verarbeitenden Industriezweigen bereits 20 selbständige Bereiche aus der chemischen Industrie. Mit fünfjährigem Zeitabstand wurden die Ergebnisse für 1968 angekündigt und Ende 1969 veröffentlicht [3.101; 3.102; 3.137].

Genau wie bei den amerikanischen Untersuchungen gründet sich die Bereichsgliederung der Input-Output-Tabellen für die Länder der Europäischen Wirtschaftsgemeinschaft auf das funktionelle Prinzip. Die einheitliche Systematik der EWG-Tabellen bringt eine Weiterentwicklung in Richtung des Ländervergleichs und der Analyse internationaler Verflechtungen [3.14; 3.111; 3.176]. Verständlicherweise wird in zentralgelenkten Volkswirtschaften den Verflechtungsbilanzen zwischen verschiedenen Wirtschaftssektoren als Hilfsmittel bei der Planung besondere Aufmerksamkeit zuteil.

3.52 Produktions-Absatz-Beziehungen für die Einzelunternehmung

Wegen der typischen Divergenzen zwischen den Produktionsprogrammen und Abnehmerbereichen und der breiten Verwendungsstreuung der chemischen Produkte eignet sich die Matrixdarstellung auch gut zur Veranschaulichung der Produktions-Absatz-Beziehungen einzelner Betriebe. Das Grundschema ist das gleiche wie bei einer Input-Output-Tabelle: Während in den Zeilen der volkswirtschaftlichen Tabelle normalerweise die Ausbringung ganzer Industriezweige steht, sind es jetzt Produktgruppen oder Einzelprodukte des Firmenprogramms. Mitunter wird man solche Übersichten für verschiedene Vertriebssparten getrennt erstellen. In den Spalten erscheinen auf der Abnehmerseite Industriezweige, Kundengruppen (z.B. regional, nach Betriebsgröße, Programmschwerpunkten unterteilt) oder einzelne Abnehmerbetriebe. Art und Ausmaß der Differenzierung werden nach den fallweisen Bedürfnissen und verfügbaren Unterlagen schwanken (Abb. 3.26).

In der einfachsten Form werden die Beziehungen nur qualitativ durch Markierungen in den entsprechenden Feldern gekennzeichnet, um eine schnelle Orientierung über bestehende Bedarfs- oder Lieferbeziehungen zu ermöglichen. Später mag die Eintragung von Mengen und Werten hinzukommen. Für Neuentwicklungen und Markterschließungsaufgaben ergeben sich aus den Übersichten Anhaltspunkte für eine systematische Prüfung aller bestehenden Einsatz- und Substitutionsmöglichkeiten. Auch Erweiterungen unter Berücksichtigung der Konkurrenzprodukte sowie eine Umkehrung des Darstellungsprinzips für die Verflechtungen im Beschaffungsmarkt kommen in Betracht.

Produktgruppe	Industriezweig, Abnehmergruppe / Einzelabnehmer / Einzelprodukt	A				B						
		A.1	A.2	A.3	A.4	B.1	B.2	B.3	B.4	B.5	B.6	B.7
I	I.1			X			X	X				X
	I.2	X	X									
	I.3			X	X			X		X		
II	II.1										X	X
	II.2					X	X		X			
	II.3							X		X	X	
	II.4					X	X					
	II.5					X	X	X			X	X

Abb. 3.26 Matrix der Produktions-Absatz-Beziehungen der Einzelunternehmung.

Schließlich ist auf eine neue Anwendung der Input-Output-Analyse in unmittelbarer Analogie zu den volkswirtschaftlichen Tabellenwerken hinzuweisen, welche die zweiseitige, nämlich einbringungs- und ausbringungsseitige Leistungsverflechtung der einzelnen Unternehmung gleichzeitig erfaßt. Seitens der amerikanischen Celanese Company wurde über die Aufstellung einer Matrix mit 287 Sektoren berichtet, die bis auf 500 Sektoren erweitert werden sollte [3.68]. Ein solches anspruchsvolles Planungsinstrument geht über die Bedürfnisse des Vertriebes hinaus und kommt der gesamten Unternehmensplanung zugute.

3.6 Untersuchung der Preisverhältnisse

3.61 Empirische Preisermittlungen

Die Ermittlung der *Preise* chemischer Produkte kann mit den Angebots- und Bedarfsanalysen eng verknüpft sein, sich aber auch als spezielle Aufgabe der Chemiemarktforschung stellen. In der Wirtschaftlichkeitsanalyse für neue Projekte sind die erzielbaren Preise zusammen mit den Absatzmengen ertragsbestimmend. Bei den Preisanalysen müssen auch die verursachenden Faktoren der Preisbildung auf der Angebots- oder Kostenseite und der Nachfrage- oder Nutzenseite berücksichtigt werden. Aber auch unabhängig von den Einflußfaktoren können die Preisdaten an sich interessant sein, wobei etwa zu ermitteln sind: regionale Preisunterschiede, zeitliche Preisentwicklungen, Preisstaffelungen für unterschiedliche Produktqualitäten und Bezugsmengen, die Preise bei verschiedenen Verpackungen, Transportmitteln und sonstigen Lieferkonditionen.

Tabelle 3.31 *Auszug aus der Preisstatistik der Zeitschrift „European Chemical News" (Nov. 1968)* [3.60][1]

Produkt	USA	Belgien		Frankreich		BRD		Holland		Italien		UK
	[c/lb]	[bfrs/kg]	[c/lb]	[FF/kg]	[c/lb]	[DM/kg]	[c/lb]	[hfl/kg]	[c/lb]	[Lire/kg]	[c/lb]	[d/lb ~ c/lb]
Acetaldehyd, 99%, RTC	9,00	–	–	1,38	12,8	0,83	9,4	–	–	120	8,7	10,29
Essigsäure, RTC	13,00	8,00	7,3	1,22	11,3	0,80	9,1	–	–	122	8,9	7,82
Aceton, RTC	6,75	6,25	5,7	0,67	6,2	0,47	5,3	0,45	5,6	80	5,8	6,75
Acetylsalizylsäure, t-Bezüge	56,25	65,20	59,4	5,59	51,7	5,60	63,5	–	–	750	54,8	50,00
Acrylnitril, RTC	14,50	17,50	15,9	2,45	22,6	1,95	22,2	–	–	260	19,0	14,13
Adipinsäure, RTC	29,00	19,00	17,3	2,50	23,1	2,45	27,8	1,60	20,2	280	20,4	–
Ammoniak, 25–28% wäßr. Lös., RTC	1,22	2,38	2,2	0,21	1,9	0,37	4,2	0,24	3,0	23	1,7	1,31
Ammoniumsulfat, 21% N, 20-t-Bezüge	1,38	2,73	2,5	0,29	2,7	0,23	2,6	–	–	33	2,4	1,55
Anilinöl, 5-t-Bezüge	14,00	–	–	1,70	15,7	0,95	10,8	–	–	190	13,9	14,00
Benzoesäure, techn., 10-t-Bezüge	19,50	–	–	–	–	1,65	18,7	1,82	22,9	230	16,8	27,00
Brom, t-Bezüge	22,50	45,00	41,0	1,80	16,6	1,85	21,0	–	–	490	35,6	15,50
Calciumcarbid, techn., 5-t-Bezüge	8,57	6,00	5,5	0,49	4,5	0,41	4,7	0,32	4,0	70	5,1	5,03
Schwefelkohlenstoff, RTC	4,50	6,75	6,1	0,80	7,4	0,40	4,5	–	–	105	7,7	6,00

[1] RTC bedeutet 10- bis 20-t-Tankwagenbezüge (road or rail tank car deliveries). Die Preise in den USA sind überwiegend der Zeitschrift „Oil, Paint and Drug Reporter" entnommen und im Original dann durch Fettdruck gekennzeichnet. Sie entsprechen, abweichend von europäischen Preisdaten, den jeweils größten dort mitgeteilten Bezugsmengen. Die Preise in Landeswährung sind für Vergleichszwecke außerdem nach der offiziellen Parität in Dollarwährung umgerechnet.

Bei den chemischen Konsumgütern sind die Endverkaufspreise besser zu übersehen. Höchstens Preis-Qualitäts-Vergleiche sowie die Lieferkonditionen und Handelsspannen machen gelegentlich Schwierigkeiten. Im Bereich der Produktivgüter bringen die Preislisten für umfangreiche Spezialitätenprogramme Erleichterungen. Soweit Industriechemikalien in kleineren Mengen, etwa über den Chemikaliengroßhandel, abgegeben werden, sind laufende Preisberichte in Fachzeitschriften häufiger. Mitunter handelt es sich dabei um Produkte, die als Roh- und Hilfsstoffe in einer bestimmten Branche Bedeutung haben, z.B. [3.161].

Selten ist dagegen sekundärstatistisches Material über die Preise der in größeren Abschlüssen gehandelten Industriechemikalien verfügbar. Bedeutende Informationsquellen hierfür sind die amerikanische Zeitschrift „Oil, Paint and Drug Reporter" und die Zeitschrift „European Chemical News". Letztere veröffentlicht die Durchschnittspreise von über 230 Industriechemikalien in den USA, Großbritannien und fünf EWG-Ländern sowohl in Landeswährung als auch zum besseren Vergleich in Dollarwährung. Die Preise basieren auf Einzelabschlüssen für die jeweils angegebenen Bezugsmengen, gelten also noch nicht für die großen Bezugsmengen der langfristigen Verträge, bei denen fallweise niedrigere Preise eingeräumt werden. Die Art der Berichterstattung geht aus der auszugsweisen Darstellung in Tab. 3.31 hervor. Die Preisstatistik der Zeitschrift „European Chemical News (ECN)" ist in der Praxis zuweilen umstritten, da häufige Abweichungen der individuellen Preisgestaltung von den Notierungen unvermeidlich sind. Bei den Exportpreisen ist gegenüber den mitgeteilten Inlandspreisnotierungen häufig mit Preisabschlägen zu rechnen, die zuweilen eine Größenordnung von 20–30% erreichen können. Dennoch bestätigen viele den Informationswert wenigstens für die überschlägige Orientierung, außerdem zur Verfolgung von Preisentwicklungen. Größere Abweichungen zwischen individuell gezahlten und veröffentlichten Preisen sollen Einsprüche gegenüber der Zeitschrift ausgelöst haben, was dieser wiederum willkommene Korrekturmöglichkeiten verschaffte. Bei Vereinbarungen über Preisanpassungen oder Preisgleitklauseln für langfristige Verträge wird die ECN-Preisstatistik mitunter sogar zugrunde gelegt. Die Kritik an einer derartig umfassenden Preisberichterstattung mag nicht selten in der Abneigung gegen eine zu weitgehende Preistransparenz wurzeln. Firmenpublikationen bieten über die Preise von Schwerchemikalien kaum jemals Informationen.

In gewissem Umfang stellen die amtlichen Produktions- und Preisstatistiken sekundärstatistische Quellen dar. In der *Produktionsstatistik* der chemischen Industrie in der BRD werden neben den Mengen auch Werte ausgewiesen, allerdings nur bei Veröffentlichung der zum Absatz bestimmten und nicht der Gesamtproduktion. Daraus sind die durchschnittlichen Einheitswerte oder Preise leicht herzuleiten, jedoch hängt die Aussagefähigkeit vom Grad der Detaillierung der jeweiligen Meldepositionen ab. Häufig erhält man nur Durchschnittspreise für größere Produktgruppen. In der amerikanischen Produktionsstatistik werden entsprechend der feineren Gliederung die Einheitswerte zahlreicher definierter chemischer Produkte bekanntgegeben (Tab. 3.8).

Die amtliche *Preisstatistik* hat für Preisdaten von Einzelprodukten wenig Bedeutung, da es hierbei eigentlich nur auf die Erfassung der relativen Preisänderungen im Zeitverlauf ankommt. Es werden in der Hauptsache nur *Preisindices* bekanntgegeben. Die in der BRD mitgeteilten Absolutpreise beschränken sich auf ganz wenige anorganische Schwerchemikalien, Chemiefasern und Düngemitteltypen [4.78]. In wirtschaftschemischen Publikationen sind häufig Berichte und Analysen über Preisentwicklungen von Einzelprodukten oder Produktgruppen enthalten, z.B. [3.65]. Umfangreiche Zusammenstellungen findet man gelegentlich in der Literatur über die Vorkalkulation [3.12, S. 120]. Ohne laufende Neubearbeitung verlieren diese Informationen jedoch bald an Wert.

In vielen Fällen bleiben *Primärerhebungen* unumgänglich. Die größten Erfolgsaussichten für Befragungsaktionen bieten die Einkäufer der Chemikalien bei den verarbeitenden Betrieben. Preisunterbietende Angebote von Konkurrenten der bisherigen Lieferanten werden den Einkäufern im allgemeinen schnell mitgeteilt und sogar vorgehalten, was zur besseren Preisübersicht beiträgt.

3.62 Kosteneinflüsse auf die Preisgestaltung

Über die Ermittlung der effektiven Marktpreise hinausgehend ist oft die Bestimmung der *Kostengrundlagen* notwendig. Die vollen Gestehungskosten bilden auf lange Sicht die Preisuntergrenze und damit ein wichtiges Datum der Preispolitik. Die noch vorhandenen Gewinnmargen der Konkurrenzangebote sind mitunter beim preispolitischen Vorgehen zu berücksichtigen. Sie können sogar die Frage des Markteintritts mit entscheiden. Zu erfassende Einflußgrößen sind etwa: das Mengengerüst der Kosten, Roh- und Hilfsstoffpreise, Energiepreise, Erlöse der Nebenprodukte, Kapazitätsausnutzungsgrad, Kapazität der Anlagen, Produktionsverfahren, variable Fahrweise. Bei mehrstufiger innerbetrieblicher Weiterverarbeitung der Produkte sind die Kosten schwer zu isolieren. Es tauchen die Fragen der angewandten *Verrechnungspreise* auf, für deren Festsetzung nicht nur die objektiven Produktionsbedingungen, sondern auch Kostenpolitik und

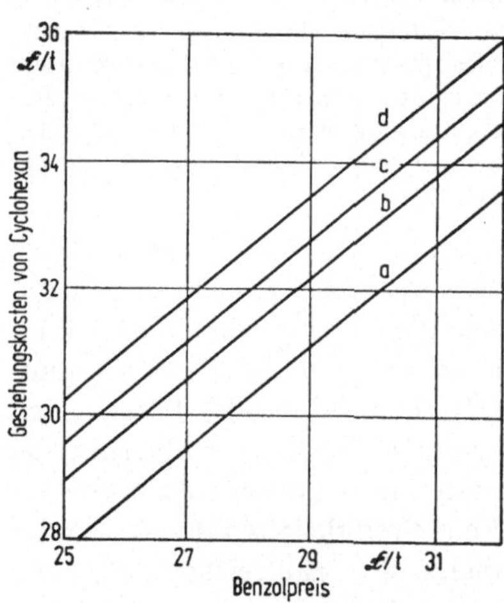

Abb. 3.27 Kosten für Cyclohexan aus Benzo in Abhängigkeit vom Benzol- und Wasserstoffpreis [3.19]. *a* Wasserstoff bewertet zum Preis als Wärmeenergie; *b* Wasserstoff aus Tieftemperaturgaszerlegung; *c* Wasserstoff aus Palladiumdiffusion; *d* Wasserstoff aus Erdgasspaltung.

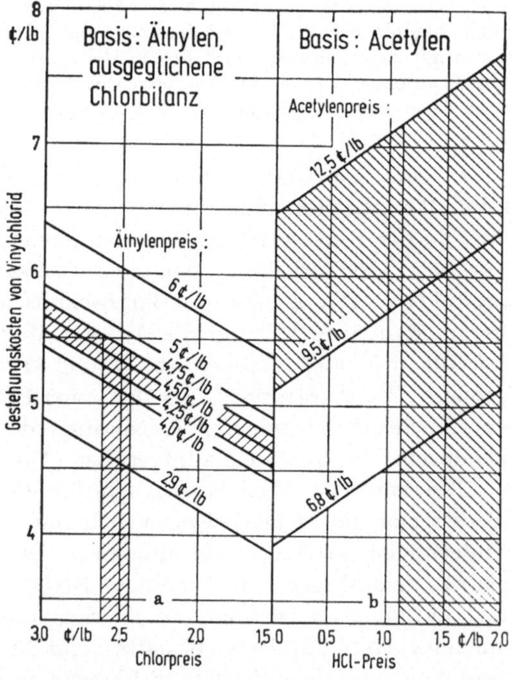

Abb. 3.28 Kosten für Vinylchlorid bei zwei alternativen Produktionsverfahren in Abhängigkeit von je zwei Rohstoffpreisen [3.23].
a) Kombination der Herstellung von Vinylchlorid über Äthylendichlorid sowie der Oxychlorierung mit ausgeglichener Chlorbilanz (keine Abfall-HCl); b) Hydrochlorierung von Acetylen. Die schraffierten Felder entsprechen den amerikanischen Preisverhältnissen 1964.

Rechnungswesen maßgebend sind. Werden Verrechnungspreise nur auf der Basis der Herstellkosten gebildet, erscheint die Gewinnzurechnung auf die letzte Produktionsstufe oder die marktfähigen Produkte willkürlich. Den Kostenvergleichen müßten dann größere Produktionsabschnitte zugrunde gelegt werden, jedoch erhöht die Verfahrens- und Anlagenkombination wiederum die Heterogenität des Vergleichsgegenstandes. Die Abhängigkeit des Preises oder der Selbstkosten von den Preisen der wichtigsten *Rohstoffe* verdient bei diesen Analysen wegen der hohen Rohstoffkostenanteile bevorzugte Beachtung.

Zuweilen sind mehrere Rohstoffe, die Abhängigkeit der Rohstoffpreise von den Vorproduktpreisen oder alternativen Gewinnungsverfahren sowie Kuppelprodukte zu berücksichtigen. Aus Abb. 3.27 geht der überragende Einfluß des Benzolpreises auf die Erzeugungskosten von Cyclohexan hervor, während der Kosteneinfluß des Wasserstoffs beachtlich vom Wasserstoffgewinnungsverfahren abhängt. Im Beispiel für Vinylchlorid der Abb. 3.28 sind zwei Verfahrensvarianten mit den konkurrierenden Rohstoffgrundlagen Äthylen und Acetylen einander gegenübergestellt, wobei die Preise der zusätzlich erforderlichen Rohstoffe Chlor oder Chlorwasserstoff als weitere Parameter eingehen. Damit ist das Problem allerdings erst teilweise beleuchtet, denn die weiteren Vinylchloridverfahren mit unausgeglichener Stoffbilanz, die den Vergleich geradeso erschweren (unsichere Bewertung von Abfallchlorwasserstoff), sind noch nicht berücksichtigt.

Nicht immer sind die Kosten- und Preisuntersuchungen mit vertretbarem Aufwand auf ein relativ genau ermitteltes Kostengerüst zu stützen. Bei unzureichenden Unterlagen über die Kostenstruktur wird nicht selten versucht, allein aufgrund von Richtwerten über den *Rohstoffkostenanteil* die gesamten Gestehungskosten oder den Preis zu extrapolieren. Hierbei führt vor allem die variable Verarbeitungstiefe zu entsprechenden Schwankungen.

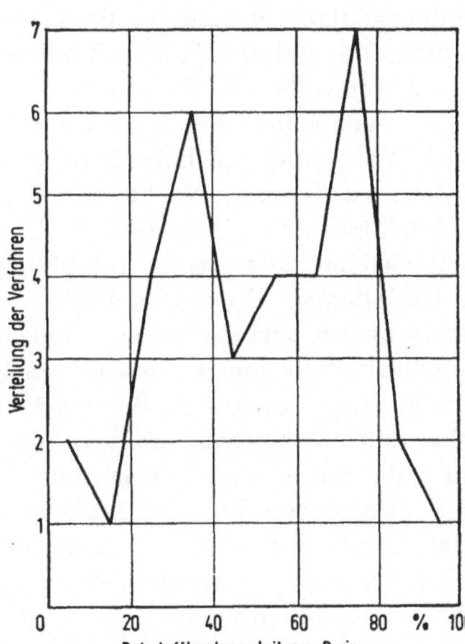

Abb. 3.29 Rohstoffkostenanteile am Preis bei 34 Verfahren zur Erzeugung organischer Industriechemikalien in den USA (Verteilungskurve über den 10%-Klassenmitten) [3.86].

Eine 1967 für amerikanische Verhältnisse durchgeführte Untersuchung über die Rohstoffkostenanteile an den Marktpreisen organischer Industriechemikalien bei 34 Verfahren führte zu einer Schwankungsbreite zwischen 8 und 93% [3.86]. Trägt man die Anzahl der Verfahren über den Mittelwerten der von 10 zu 10% gestuften Merkmalsachse der Rohstoffkostenanteile auf, so erhält man zwei deutliche Häufungen unterhalb und oberhalb des mittleren Bereichs zwischen 40 und 70%, Abb. 3.29. Danach kann den einfachen petrochemisch gewonnenen Grundstoffen wie etwa Acetylen aus Erdgas, Acrylnitril aus Propylen, Glycerin aus Äthylen, Phenol und Styrol aus Benzol nur ein durchschnittlich 35prozentiger Rohstoffkostenanteil zugerechnet werden. Eine Reihe höher veredelter Organica, bei denen ein erheblicher Hilfsstoffbedarf auftritt (z.B. Chlor und anorganische Säuren), weist dagegen einen durchschnittlichen Rohstoffkostenanteil von 75% auf. Als typische Beispiele dafür wurden genannt: Essigsäure und Essigsäureanhydrid aus Acetaldehyd, Acrylnitril aus Acetylen und Blausäure, Adipinsäure aus Cyclohexan, Vinylacetat und Vinylchlorid über Acetylen und andere. Immerhin wurde dabei auch die Richtigkeit des für grobe Schätzungen häufig benutzten Mittelwertes von 50% Stoffkostenanteil bewiesen.

Die Analyse der *Preis-Angebots-Beziehungen* hat das Abhängigkeitsverhältnis zwischen Preisen und Angebotsmengen aufzudecken. Nach der statischen Betrachtungsweise der traditionellen Preistheorie hätte man festzustellen, wie die Angebotsmengen auf Preisänderungen hin momentan und reversibel verändert werden. Wir werden später sehen, daß für die chemische Industrie die langfristige Betrachtung der Preisbildung wichtiger ist (Kap. 8). Durch die Einführung des Zeitelementes verlagert sich der Aufgabenschwerpunkt auf die zeitbezogene Preisbeobachtung und Preisprognose (Kap. 4.343 und 4.356).

3.63 Einflüsse des Verwendungsnutzens auf die Preisgestaltung

Den Erzeugungskosten auf der Angebotsseite steht der *Verwendungsnutzen* auf der Nachfrageseite gegenüber, wobei die Preisbildung im Zusammenwirken beider Faktoren zustande kommt. Gegenüber den Konsumgütern ist der Verwendungsnutzen chemischer Produktivgüter über die objektiv meßbaren Stoffeigenschaften und die Wirtschaftlichkeit in der Nachverarbeitung eher quantifizierbar. Je wertvoller die Produkteigenschaften sind, desto leichter sind die Nachfrager bereit, höhere Preise anzulegen und umgekehrt. Es lassen aber nur relativ wenige Verwendungen hohe Nutzenrealisationen und entsprechend hohe Preisangebote zu. Größere Nachfragemengen erfordern daher abfallende Preise.

Wir können für die praktische Ermittlung von verschiedenen Preis-Mengen-Kombinationen analytische und globale Schätzungsverfahren unterscheiden. Bei der *analytischen Ermittlung* hätte man von den Stoffeigenschaften und dem Nutzen in den verschiedenen Verwendungen auszugehen. Im Falle der progressiven Vorkalkulation würden unterschiedliche Preisannahmen für das fragliche Produkt zu einem ganzen Bereich von Folgeproduktpreisen führen. Das Untersuchungsproblem würde damit auf die Nachmärkte verlagert werden. Umgekehrt wird in der retrograden Betrachtungsweise von den Preis-Mengen-Kombinationen der verschiedenen Folgeprodukte ausgegangen und errechnet, welche Bezugspreise für das betreffende Vorprodukt bei attraktiven Verarbeitungsgewinnen noch tragbar wären. Dieses Verfahren ist aber eigentlich nur bei nennenswerten Stoffkostenanteilen sinnvoll, wäre dagegen bei chemischen Hilfsstoffen mit niedrigen Kostenanteilen sehr unsicher.

Als eine *globale Abschätzung* realisierbarer Preis-Mengen-Kombinationen ist das in der Konsumgütermarktforschung bekannte Verfahren der *Testmärkte* zu erwähnen. Das zeitweise Anbieten des gleichen Produktes in regional abgegrenzten Teilmärkten ist aber für chemische Produktivgüter kaum anwendbar. Man muß dann in den verschiedenen Verwenderkreisen eine Befragung darüber anstellen, was für das Produkt in Abhängigkeit von der Bezugsmenge noch angelegt werden würde. Oft gehen diese Ermittlungen mit der Erprobung von Mustermengen bei den prospektiven Verwendern einher.

Die Abhängigkeit zwischen Marktpreis und Absatzmenge läßt sich auch für zahlreiche Einzelprodukte innerhalb einer zusammengehörigen *Produktgruppe* verfolgen. Im Preisdiagramm werden dann nicht mehrere Preis-Mengen-Kombinationen des gleichen Produktes verzeichnet, sondern jeweils nur eine Preis-Mengen-Kombination für jedes einzelne Produkt, allerdings innerhalb einer ganzen Produktgruppe. Für die Einzelprodukte mit verwandten Anwendungseigenschaften ergeben sich hohe Preise bei kleinen Marktvolumina und umgekehrt. Dieses Verfahren wurde erstmals 1956 von ZABEL zur überschlägigen Bestimmung von maximal realisierbaren Marktpreisen, etwa von Entwicklungsprodukten, benutzt, wofür sog. Preisausschlußdiagramme (exclusion charts) für eine Reihe wichtiger Produktgruppen konstruiert wurden [3.240]. Dem Verfahren ging die Feststellung von SCHUMAN [8.91] voraus, wonach die Preis-Mengen-Kombinationen sämtlicher chemischer Produkte eine abfallende Regressionsgerade im doppeltlogarithmischen Netz ergeben, deren Verlauf die allgemeinen Gesetzmäßigkeiten der Kostendegression bei wachsenden Betriebsgrößen widerspiegelt (Kap. 8.261).

Abb. 3.30 bringt ein solches Diagramm für die Gruppe aromatische Zwischenprodukte im Jahre 1957 [3.241]. Preise, die außerhalb der gestrichelt eingezeichneten Begrenzungskurve liegen, sind nur noch ausnahmsweise realisierbar. Um das Ermittlungsverfahren zu vereinfachen, wurde die Ausschlußzone als Rechteck oben rechts in das Diagramm eingezeichnet, wobei die bestimmenden Koordinaten des linken unteren Eckpunktes der Ausschlußzone meistens als Durchschnittspreis und Durchschnittsmenge aus der jeweiligen Produktgruppe eingesetzt wurden. Im Falle der aromatischen Zwischenprodukte ist es ein Produkt mit 3,7 Millionen lb (= 1680 t) Jahresproduktion und einem Verkaufspreis von 0,28 $/lb. Derartige Diagramme wurden für Pharmazeutika, Riech- und Geschmacksstoffe, oberflächenaktive Stoffe, Schädlingsbekämpfungsmittel, Kautschukhilfsmittel und andere Produktgruppen aufgestellt. Die Preise neu hinzukommender Einzelprodukte werden oft im oberen Bereich liegen und später im Zuge der weiteren Markterschließung abgleiten.

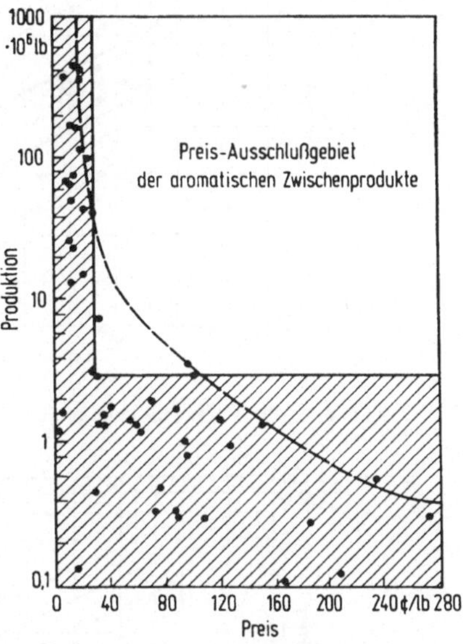

Abb. 3.30 Preisausschlußdiagramm für aromatische Zwischenprodukte in den USA 1957 [3.241].

Bei den genannten Preisausschlußdiagrammen sind der Preis im linearen Maßstab auf der Abszisse und die gesamtwirtschaftliche Produktions- oder Absatzmenge im logarithmischen Maßstab auf der Ordinate dargestellt. Später wurden ähnliche Untersuchungen durch PERKINS und ENYEDY als Grundlage für korrelative Preisprognosen im doppeltlogarithmischen Netz sowie mit Umkehrung der Benennung der Koordinatenachsen durchgeführt, was die formale Übereinstimmung mit den erwähnten ersten Preisanalysen SCHUMANS erhöhte. Die Preis-Mengen-

Beziehungen innerhalb der Produktgruppe wurden jetzt durch eine *Regressionsfunktion* sowie den *Streubereich* genauer quantifiziert [4.71].

Das Diagramm in Abb. 3.31 wurde nach den amtlichen amerikanischen Produktionszahlen und Preisdaten für Geschmacks- und Riechstoffe aus dem Jahre 1963 gezeichnet. Die stark ausgezogene Linie gibt als Regressionskurve den mittleren Verlauf der Preis-Mengen-Beziehung wieder, während angrenzend die Streuung der Preise im 1- und 2-Sigma-Streifen ersichtlich ist. Damit werden 95% aller erwartbaren Preis-Mengen-Kombinationen innerhalb des Bereiches zwischen oberer und unterer Begrenzungskurve erfaßt. Im Hinblick auf die realisierbaren Preisobergrenzen kann man auch sagen, daß nur bei 2,5% aller Produkte die Überschreitung der oberen Begrenzungskurve wahrscheinlich ist. Neben den Zufallseinflüssen gehen die unterschiedlichen Gestehungskosten der Einzelprodukte ein. Außerdem wird man die Preisabweichungen von der Regressionskurve mit unterschiedlichen *Nutzenwirkungen* gegenüber den mittleren Verhältnissen zu erklären suchen [4.71]. Für die Summe der wertbildenden Faktoren wurde der Begriff des „inneren Wertes" (intrinsic value) eingeführt. Hierfür sind auf der Verwenderseite die Summe und Kombination der den Anwendungsnutzen bestimmenden Stoffeigenschaften am wichtigsten, es spielen aber auch andere Faktoren der Preisbildung eine Rolle wie Stärke der Angebotskonkurrenz oder Substitutionskonkurrenz durch andere Produkte.

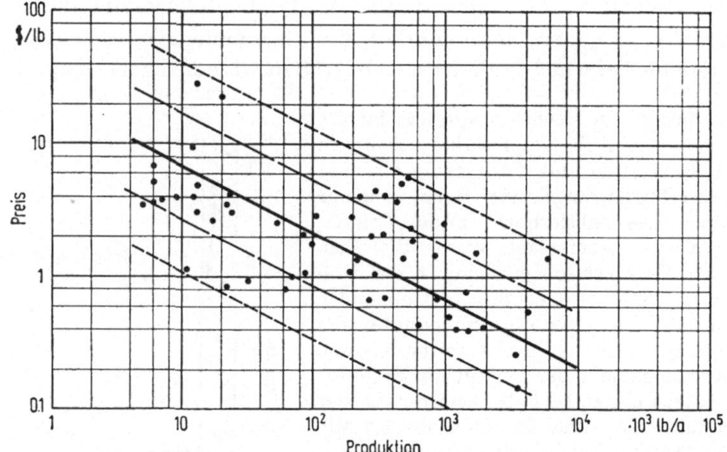

Abb. 3.31 Preis-Mengen-Abhängigkeit bei Geschmacks- und Riechstoffen in den USA 1963 [4.71].

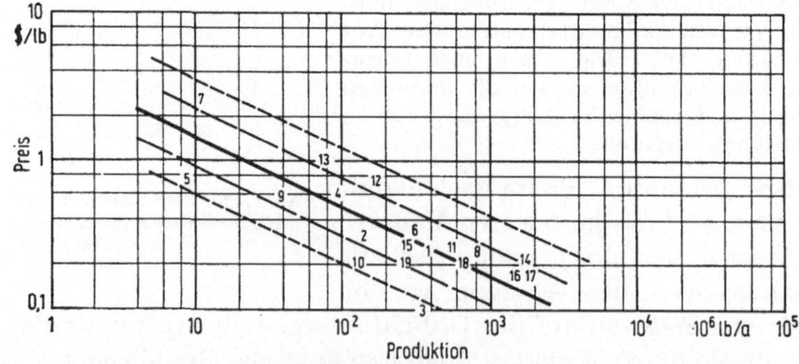

Abb. 3.32 Preis-Mengen-Abhängigkeit bei Kunststoffen in den USA 1963 [4.71].
1 Alkydharze, unmodifiziert; *2* Alkydharze, modifiziert; *3* Cumaron-Indenharze; *4* Epoxidharze, unmodifiziert; *5* Epoxidharze, modifiziert; *6* Polyester; *7* Silicone; *8* Phenolharze; *9* Polyurethane; *10* Naturharze, modifiziert; *11* Harnstoff- und Melaminharze; *12* Cellulosederivate; *13* Polyamide; *14* Polystyrol; *15* Polyvinylacetat; *16* Polyvinylchlorid; *17* Polyäthylen, niedrige Dichte; *18* Polyäthylen, hohe Dichte; *19* Polypropylen.

Eine entsprechende Ausdeutung wurde z.B. für die Lage der einzelnen chemischen Produktklassen innerhalb des Diagramms für Kunststoffe und Kunstharze vorgenommen. Aus dem in Abb. 3.32 wiedergegebenen Diagramm ist erkennbar, daß die Silicone, Polyamide, cellulosischen Kunststoffe und die Polystyrole im Verhältnis zu den Produktionsmengen die jeweils höchsten Preise erzielen. Die Silicone und Polyamide weisen eine ganze Reihe interessanter Anwendungseigenschaften auf. Außerdem war die Zahl der Hersteller begrenzt. Bei den Cellulosederivaten und Polystyrol wurden allein die günstigen Anwendungseigenschaften hervorgehoben [4.71]. Umgekehrt ist es etwa bei den Alkydharzen, modifizierten Naturharzen, Cumaron-Inden-Harzen, die weniger wertvolle Eigenschaften haben und einer scharfen Angebots- und Substitutionskonkurrenz durch andere Produkte ausgesetzt sind. Das Verfahren wurde für die Methoden der Preisprognose weiter ausgebaut (Kap. 4.343).

3.7 Primärstatistische Marktforschung

3.71 Konsumgüter

Die mehr formalen und methodischen Fragen der Durchführung von Marktforschungsaufgaben zeigen in viel schwächerem Maße branchenspezifische Eigentümlichkeiten als die voraufgehend behandelten Untersuchungsobjekte der Marktforschung. Diese Feststellung gilt vor allem für die chemischen *Konsumgüter*. Das Schwergewicht der Marktforschung liegt hier bei den Primärerhebungen und den statistischen Stichprobenverfahren, die im Rahmen der demoskopischen Marktforschung entwickelt wurden und hier nicht weiter behandelt werden. Die Durchführung der Primärerhebungen durch Befragung der Letztverbraucher ist im allgemeinen eine Domäne der selbständigen Marktforschungsinstitute, während sich die auftraggebenden Firmen an der Planung und Auswertung der Befragungsaktionen in wechselndem Ausmaß beteiligen. Dies steht im Gegensatz zu der regelmäßig in eigener Regie durchgeführten Produktivgütermarktforschung.

Primärerhebungen über Konsumgüter werden nicht nur bei den Letztverbrauchern durchgeführt, sondern auch bei den Handelsbetrieben sowie Bedarfsberatern. Für die Bedarfsuntersuchung von Landwirtschaftschemikalien kommen wegen der Vielzahl landwirtschaftlicher Betriebe der Konsumgütermarktforschung ähnliche Primärerhebungsmethoden in Frage, die regelmäßig Instituten überlassen werden. Am stärksten aber kann das Interesse an den Konsumgütermärkten der Folgeprodukte solche Repräsentativbefragungen nahelegen, wenn die Kosten noch in einem angemessenen Verhältnis zum Erfolg stehen. In der Regel sind dabei die vorgelagerten Produktivgüter- und Handelsstufen eingeschlossen, so daß sich die Aufgaben zwischen Produktivgüter- und Konsumgütermarktforschung dann nicht mehr klar trennen lassen.

3.72 Chemische Produktivgüter

3.721 Festlegung der zu befragenden Personenkreise

Trotz der anerkannten großen Bedeutung der Sekundärmarktforschung im Bereich der chemischen Produktivgüter ist bei schwierigeren Aufgaben auf Primärerhebungen nicht zu verzichten. Das Sekundärmaterial genügt kaum zur Beantwortung spezieller und detaillierter Fragestellungen, sondern liefert nur den allgemeinen Hintergrund oder unvollständige Vorinformationen.

Der zu befragende Personenkreis kann recht weit gespannt sein. Da die *Bedarfsuntersuchung* besonders wichtig ist, wird man sich bei den Befragungen in erster Linie an die Nachverarbeitungsbetriebe wenden, wobei häufig mehrere Folgestufen einzubeziehen sind. Die Rolle der Bedarfsberater wird am Beispiel der Architekten deutlich, die im Zusammenhang mit Befragungsaktionen über die Verwendung von Kunststoffen im Bauwesen interessant sind. Auf der *Angebotsseite* richten sich die Befragungen auf Konkurrenzbetriebe und Vorlieferanten. Abb. 3.33 markiert die Wirtschaftsstufen, die bei einer Befragungsaktion über die Verwendung von Oberflächenmaterialien in der Möbelherstellung in Betracht gezogen wurden [3.74, S. 55]. Daneben sind die Lieferanten komplementärer Apparate, Maschinen und vollständiger Anlagen interessant.

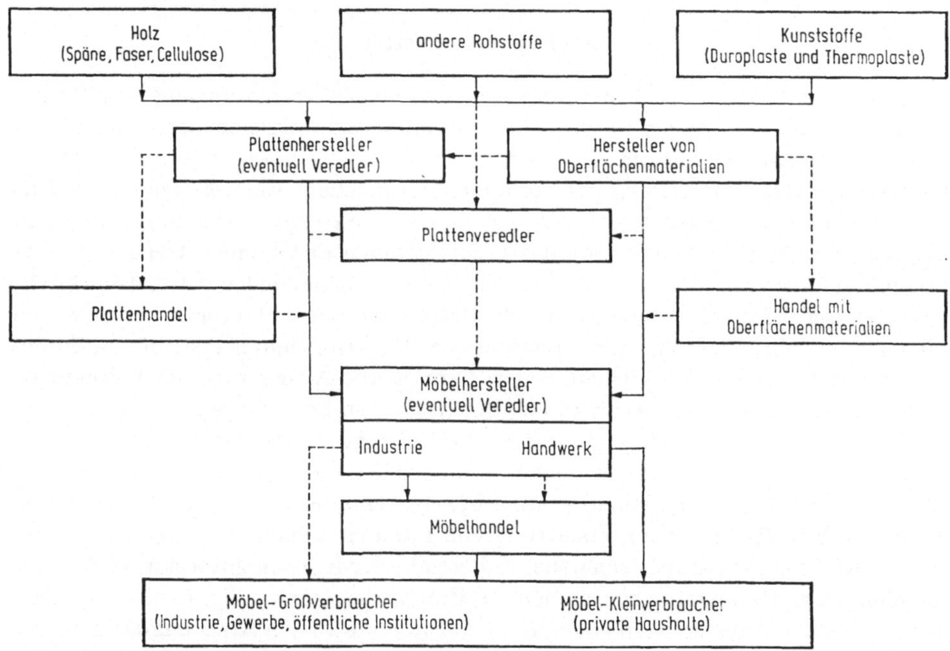

Abb. 3.33 **Herstellung und Verarbeitung von Möbeloberflächenmaterialien mit vor- und nachgeschalteten Wirtschaftsstufen [3.74, S. 56].**

Mitunter sind allerdings auch durch Kundenbetriebe wesentliche Informationen über Konkurrenzanbieter zu erhalten, oder eine Konkurrenzuntersuchung wird durch Befragung von Vorlieferanten möglich. Unterschiedliche Verarbeitungstiefen führen dazu, daß Hersteller eines bestimmten Folgeproduktes im einen Fall Kunden, im anderen Fall Konkurrenten sind. Umgekehrt kann ein Teil der Lieferanten eines Vorproduktes wegen eigener Weiterverarbeitung Konkurrenzeigenschaft besitzen. Reziproke Kunden-Lieferanten-Verhältnisse tragen zur Komplizierung bei. Diese Verzahnungen erschweren eine klare Abgrenzung von Befragtenkreisen nach Kunden, Lieferanten oder Konkurrenten.

Wegen der oft fehlenden Sachkenntnisse und mangelnden Auskunftsbereitschaft neigt man dazu, anfänglich möglichst viele Unternehmungen und Personen zu befragen. Personenkreise, die außerhalb der an der Produktion, Verarbeitung und Verteilung beteiligten Wirtschaftsbetriebe stehen, haben für die industrielle Primärmarktforschung im allgemeinen geringere Bedeutung (Fachverbände, Redaktionen von Fachzeitschriften, Forschungsinstitute, Beratungsfirmen auf technischem und kaufmännischem Gebiet). Sofern aber dort über bereits sekundärstatistisch belegte Tatsachen hinaus weitere Informationen vorliegen, wird die Auskunft oft aus vielerlei Gründen verwehrt.

3.722 Geheimhaltungsprobleme

Das für die gesamte Produktivgütermarktforschung bestehende Problem der Gewinnung ausreichender Informationen entgegen den Geheimhaltungsbestrebungen begründet einen markanten Unterschied gegenüber der Konsumgütermarktforschung. Die Widerstände in der chemischen Industrie sind ebenfalls hoch. Die aus *Konkurrenzgründen* heraus geübte Zurückhaltung ist um so nachteiliger, als auf „Konkurrenzbefragungen" kaum zu verzichten ist. Will man heute etwa bei den Marktforschungsinstituten aus berufsethischen Motiven oder Furcht vor Komplikationen die Konkurrenzbefragung ausschalten, so werden damit sicher die schwierigsten Erhebungsprobleme beseitigt, zugleich werden aber auch die Informationsmöglichkeiten wesentlich eingeschränkt. Für die in eigener Regie durchgeführte Chemiemarktforschung bleibt die Untersuchung der Konkurrenzunternehmen wesentlicher Bestandteil, was dann einen nicht zu unterschätzenden Vorteil gegenüber der Institutsmarktforschung bedeuten kann.

Was den Einfluß der Marktstruktur angeht, so sind die Informationen dann am schwersten zu erhalten, wenn sie am dringendsten gebraucht werden, d.h. bei hohem Konzentrationsgrad. Je weiter die Zahl der Marktteilnehmer im Oligopol abnimmt, desto geringer ist oft die Auskunftsbereitschaft. In der amerikanischen chemischen Industrie sind viele Grundchemikalien mit 10, 20 oder mehr Anbietern vertreten. Die Publizität bezüglich Kapazitätsdaten, Anlagenstandorte, angewandter Verfahren usw. ist dort oft bereits so groß, daß die entsprechenden Daten sekundärstatistisch belegt sind. In den europäischen Chemieländern sind dagegen oft nur ein Produzent oder ganz wenige Produzenten vorhanden, deren Kapazitäts- und Produktionsdaten nicht selten als „top secret" gelten. Gerade dann aber steht und fällt das Marktforschungsergebnis mit der *vollständigen Markterfassung*. Ist eine der befragten Unternehmungen nicht auskunftsbereit, kann man diese nicht einfach gegen eine andere im Befragungsprogramm auswechseln. Man wird sich kaum mit der Ablehnung abfinden dürfen, sondern versuchen müssen, auf anderen Wegen weiterzukommen.

Die Informationsschwierigkeiten werden auf Gebieten mit dauernden *Neuentwicklungen*, wie es besonders für die chemische Industrie zutrifft, natürlich größer sein als in Produktionsbereichen mit ausgereifter Technologie und festgefügten Marktstrukturen. In der chemischen Forschung und Entwicklung ist die Geheimhaltung der Arbeitsergebnisse eine Selbstverständlichkeit. Diese Gepflogenheiten übertragen sich dann schnell auch auf wirtschaftliche Fragen. Aber gerade auch die Neuentwicklungen sind für die Marktforschung wichtig.

Die Auskunftsbereitschaft nimmt andererseits im gleichen Maße zu, wie der *Marktzugang* aufgrund hoher Mindestkapazitätsgrößen, Marktinvestitionen usw.

erschwert ist, was im Widerspruch zu dem weiter oben festgestellten Einfluß der Unternehmenskonzentration steht. Wir können aber ohnehin nur von allgemeinen Verhaltensweisen sprechen. Letzten Endes entscheidet doch der Mensch als Informationsträger mit seiner subjektiven Einstellung und Bewertung des Informationsgewichtes.

3.723 Methodik der Befragungen

Der Methodik der Befragungen kommt hier vielleicht die gleiche, große Bedeutung zu wie den statistischen Auswahlverfahren bei den Konsumgütern.

Bleibt die direkte Befragung einer wichtigen Unternehmung erfolglos oder muß sie deswegen vermieden werden, weil die marktforschende Unternehmung ihrerseits durch das Fragenprogramm zu viel an vertraulichen Informationen, Absichten und Plänen ungewollt preisgeben müßte, so helfen mitunter *Umwegbefragungen* weiter. Es wird sich dabei primär um ein Ausweichen auf die Unternehmungen der vor- und nachgelagerten Wirtschaftsstufen handeln. Man befragt dann die Kunden oder Lieferanten einer bestimmten Unternehmung, um Informationen über diese Unternehmung zu erhalten. Auch horizontale Umwege haben erhebliche Bedeutung. Das Vorgehen wird erleichtert, wenn diese Unternehmung mit den befragten Firmen bereits in wirtschaftlichen Beziehungen steht. Man macht sich hierbei die bekannte Erfahrungstatsache zunutze, daß die befragten Firmen leichter Informationen über andere Firmen abgeben als über sich selbst. Erhebliche Fortschritte verspricht der gegenseitige *Austausch* von *Marktforschungsinformationen*. Der bisher praktizierte Grundsatz, in der Marktforschung möglichst viel über die anderen zu erfahren, aber möglichst wenig oder nichts über sich selbst bekanntzugeben, ist kurzsichtig und auf die Dauer falsch. In der chemischen Industrie hat die gegenseitige Informationsübermittlung bereits größere Bedeutung erlangt, besonders zwischen den durch einen organisierten Erfahrungsaustausch miteinander verbundenen spezialisierten Marktforschern. Auch das heikle Gebiet der unmittelbaren Konkurrenzbefragung scheint sich diesem Bereich der zwischenbetrieblichen Kommunikation immer mehr zu erschließen. Eine große Rolle spielen hierbei die vertrauensvollen persönlichen Beziehungen zwischen den einzelnen Marktforschern, die es bei strenger Wahrung der eigenen Firmeninteressen aufzubauen gilt. Ein Abwägen und „Aufrechnen" des Wertes der gegenseitig übermittelten Informationen wird natürlich kurzfristig nicht in Frage kommen, wohl aber wird man auf lange Sicht nach einem *Interessenausgleich* streben dürfen. Vieles, was diese Informationskanäle passiert, würde niemals die Kontrollbarrieren für offizielle Mitteilungen überwinden. Das gesunde wirtschaftliche Prinzip des „do ut des" gilt auch in der Marktforschung. Die außenstehende Institutsmarktforschung paßt schlecht in dieses System der Informationsübermittlung und ist dadurch benachteiligt.

Primärerhebungen werden durch Ausnutzung der *informellen Kontakte* außerordentlich gefördert. Der Informationsaustausch zwischen den Marktforschern von Chemiefirmen, aber auch zwischen den fachlich korrespondierenden Vertretern der chemischen Forschung, des Ingenieurwesens usw. vollzieht sich zu einem großen Teil auf informellem Wege. Dies erfordert ein persönliches Gespräch. Freilich entsteht hierbei die Gefahr des unkontrollierten Abflusses solcher Informationen, deren Preisgabe nicht vertretbar wäre. Die Entscheidung darüber, was noch gesagt werden darf, ist dem persönlichen Beurteilungsvermögen der Gesprächspartner anheimgestellt, was ein hohes Maß an persönlicher Einsicht und Verantwortung voraussetzt.

Es ist die berufliche Aufgabe des Marktforschers, sowohl bei der passiven Informationsabgabe als auch der aktiven Informationsgewinnung den ganzen Spielraum innerhalb der Legalität auszuschöpfen. Dies ist sicherlich keine leichte Aufgabe. Wer die Institution der Marktforschung bejaht, wird nicht umhin können, das große Informationsbedürfnis des Marktforschers auch gegenüber den ohnehin schwer abgrenzbaren und bewertbaren Konkurrenzinteressen anzuerkennen. Dies hat nichts mit dem außerhalb der gesetzlichen und ethischen Normen stehenden Zugriff auf Unternehmensinterna durch Unberufene zu tun, der häufig durch Nachlässigkeit oder unzureichende organisatorische Sicherung der vertraulichen Informationen ermöglicht wird [3.9; 3.20; 3.44; 3.72; 3.81; 3.159; 3.220].

Der Erfolg der Befragungen hängt wesentlich von den *persönlichen Kontakten* zu den Gesprächspartnern ab, die es vom Marktforscher aufzuspüren und zu nutzen gilt, sei es durch mittelbare Einschaltung Dritter oder durch Gewinnung ihrer Empfehlungen für eigene Vorsprachen. Man denke nur an die umfangreichen Verbindungen zwischen Verkäufern und Einkäufern der Kundenbetriebe oder zwischen den eigenen Anwendungstechnikern und den Forschungs- und Produktionsleuten vieler Kundenbetriebe. Bei der Auswahl der Gesprächspartner spielen ganz allgemein die fachlichen Kenntnisse, Neigung und Berechtigung zur Abgabe der Informationen, Vertrauens- und Glaubwürdigkeit und bestehende persönliche Kontakte eine Rolle. Für bestimmte Erhebungen kann die Kompetenz der Befragten von großer Bedeutung sein, so daß die Aufklärung der betrieblichen Entscheidungsstrukturen zunächst vorrangig ist [3.149]. Schließlich ist die Zuordnung zwischen den Gesprächspartnern wichtig. Sie müssen das notwendige fachliche Rüstzeug mitbringen, denn das Idealbild des Befragungsautomaten in der Konsumgütermarktforschung wäre hier ein Absurdum.

Die Methoden der schriftlichen, mündlichen oder telephonischen Befragung sowie der Verwendung von Fragebogen gegenüber freier Korrespondenz oder Informationsgesprächen sind in der Literatur ausgiebig diskutiert worden [3.3; 3.4; 3.78; 3.195; 3.198]. In der Chemiemarktforschung liegt das Schwergewicht wegen der komplizierten Fragestellungen und der Vertraulichkeitsprobleme bei der mündlichen Befragung und dem freien Gespräch. Nur bei eng eingrenzbaren, klar beantwortbaren und nicht zu umfangreichen Fragestellungen, andererseits aber bei einem relativ großen Befragtenkreis haben schriftliche sowie Fragebogenerhebungen Bedeutung. Ihre Anwendung liegt oft im Bereich der nichtchemischen Nachverarbeitung.

Unter den erschwerten Bedingungen für erschöpfende Primärerhebungen muß man *vielseitig* und *kombinatorisch* vorgehen. Das Verfahren der Primärerhebung läßt sich kaum nach Planungs-, Durchführungs- und Auswertungsphasen klar gliedern, weil die Risiken und Lücken der Informationsgewinnung dies eben nicht zulassen [3.110; 3.210]. Alle diese Arbeitsphasen laufen oft gleichzeitig ab. Man beginnt mit den am schnellsten erhältlichen Informationen, vor allem sekundärstatistischer Art. Außerhalb der eigentlichen Befragung haben die Verfahren der Beobachtung, Schätzung, Berechnung, ja sogar der experimentellen

Bearbeitung ihre fallweise Berechtigung. Der Bau einer neuen Produktionsanlage der Konkurrenz wird nicht selten zuerst durch Beobachtung wahrgenommen. Über die Kosten eines Konkurrenzproduktes informiert man sich oft durch eine eigene Vorkalkulation unter Verwendung möglichst wirklichkeitsnaher technischer und wirtschaftlicher Daten des Konkurrenzbetriebes. Die technische Bewertung eines Konkurrenzproduktes und die Ermittlung der stofflichen Zusammensetzung durch das eigene analytische Laboratorium dürften fast alltäglich sein.

In der Literatur wird ein Fall berichtet, in dem ausgehend von minimalen Anfangsinformationen die chemischen und verfahrenstechnischen Kenntnisse zu einem neuen Konkurrenzverfahren durch ein umfangreiches eigenes Experimentalprogramm erworben und die Produktionsanlage der Konkurrenz anschließend auf dieser Basis geschlossen technisch und ökonomisch simuliert, d.h. vorprojektiert und vorkalkuliert wurde [3.44]. Dies ist freilich ein kostspieliges Verfahren. Typisch aber bleibt in den meisten Fällen das sukzessive Zusammentragen von Informationen zum mosaikartig zusammengefügten Gesamtbild. Die stetig fortschreitende Einkreisung und Verengung der noch bestehenden Informationslücken erleichtert schließlich die Ausfüllung durch Annahmen, Arbeitshypothesen, Berechnungen und weitere gezielte Befragungen.

3.724 Auswahlverfahren bei Primärerhebungen

Im Rahmen der Konsumgütermarktforschung werden die statistischen *Auswahlverfahren* zur Festlegung des Befragtenkreises aus der großen Masse der Bevölkerung oder der Haushaltungen mit dem Ziel angewandt, bei begrenztem Erhebungsaufwand ein möglichst repräsentatives Befragungsergebnis für die jeweilige Grundgesamtheit zu erhalten. In der Produktivgütermarktforschung sind die Voraussetzungen der mathematischen Stichprobenverfahren wegen der kleineren und inhomogen strukturierten Grundgesamtheit dagegen selten erfüllt [3.3; 3.77; 3.173; 3.195]. Dies gilt für die chemische Industrie in erhöhtem Maße.

In der chemischen Industrie ist die Zahl der Produzenten begrenzt (Oligopol oder zumindest Teiloligopol). Von einer Grundgesamtheit als einheitliche statistische Masse kann daher keine Rede sein. Die *Vollerhebung* bei den wenigen großen Herstellern erscheint unabdingbar. Außerdem ist das Fragenprogramm meistens komplex und jeweils betriebsindividuell abzuwandeln. Die ebenfalls komplexen Antwortstrukturen enthalten viele rein qualitative Elemente und widersetzen sich schematisierenden statistischen Auswertungen. Bei der Aufklärung der Marktbilder im Bereich der Nachverarbeitung chemischer Produkte, besonders außerhalb der chemischen Industrie, ist zwar eine wachsende Anzahl von Betrieben zu berücksichtigen. Diese aber sind nach Branche, Betriebsgröße, angewandten Produktionsverfahren unterschiedlich, so daß wenigstens etliche Gruppen (Teilgesamtheiten) zu bilden sind. Selbst unter den für die statistischen Stichprobenverfahren günstigeren Bedingungen wird oft auf eine genaue Stichprobenauswahl und ein quantitatives Hochrechnen zugunsten einfacher Extrapolationen verzichtet, etwa über die Umsatzbedeutung der erfaßten Firmen. Neben den selten erfüllten formalen Voraussetzungen würde die statistische Methodik meistens nur eine nicht erfüllte Genauigkeit vortäuschen.

3.8 Sekundärstatistische Marktforschung

3.81 Bedeutung sekundärstatistischer Informationen

Soweit die Informationen nicht erst durch Befragungsaktionen zu gewinnen sind, sondern bereits in irgendwelchen, meistens veröffentlichten Unterlagen enthalten sind, spricht man in der Marktforschung von *sekundärstatistischen Informationen*. Diese sind nicht mit dem Begriff der ,,Sekundärliteratur" zu verwechseln, mit der die gesamte auswertende und zusammenfassende Fachliteratur oft von den Originalveröffentlichungen abgegrenzt wird. Die Bezeichnung ,,sekundärstatistische Informationen" ist nicht ganz zutreffend, weil in der Chemiemarktforschung die interessierenden Informationen über statistische Daten oft weit hinausgehen und auch andere wirtschaftliche und besonders chemische sowie technische Belange einschließen.

Es wäre unwirtschaftlich, den großen Erfahrungsschatz der Veröffentlichungen nicht zu nutzen. Er ließe sich in der Breite und Konzentration der Aussagen auch gar nicht durch die Befragung einzelner Fachleute ersetzen. Zumindest dient dieses Literaturstudium der Vorbereitung, Planung und Abkürzung der Primärerhebungen. Zahlreiche andere Industriezweige sind gleichfalls zu bearbeiten. Wegen der entstehenden Mengenprobleme der Informationsgewinnung wird man durch bevorzugte Sekundärmarktforschung den Aufwand zu begrenzen versuchen. Das gilt auch besonders für die Exportmarktforschung, die bis heute fast ausschließlich auf Sekundärmaterial angewiesen ist.

Für den Chemiemarktforscher ist es daher ein erstes Gebot, über die *Veröffentlichungen* der verschiedensten Fachgebiete und Branchen orientiert zu sein. Nur in geringem Umfang werden ihm hierbei Publikationen zur Verfügung stehen, die an den Bedürfnissen der Marktforschung ausgerichtet oder sogar auf sein spezielles Problem zugeschnitten sind. Zur möglichst schnellen und umfassenden, andererseits zielgerichteten Informationsgewinnung kommt den methodischen Fragen der Materialsuche erhebliche Bedeutung zu. Wenn wir anschließend verschiedene Arten von Publikationen beleuchten, so handelt es sich hierbei um Beispiele unter den Gesichtspunkten der Methodik. Es geht um eine Systematik der geeigneten Literaturquellen und deren Charakterisierung an Hand von Beispielen. Ein lückenloses Quellenverzeichnis wird dagegen nicht beabsichtigt.

3.82 Sekundärstatistische Informationsquellen

3.821 Betriebsinterne Informationen

Obwohl die *betriebsinternen Informationen* üblicherweise zum Sekundärmaterial gerechnet werden, ergeben sich wegen der oft vertraulichen Natur dieser Unterlagen Besonderheiten. Vor allem in den stark arbeitsteilig organisierten Großbetrieben stellt das Auffinden und Sammeln des Materials schon eine eigene Aufgabe dar. Aus dem Absatzbereich selbst besitzen die laufenden Aufzeichnungen und Statistiken über den eigenen Absatz großes Interesse. Bei ihrer Gliederung nach verschiedenen Gesichtspunkten sollte Rücksicht auf die Belange der Marktforschung genommen werden. Oft sind diese Daten die wichtigste Basis für ein

Marktforschungsprojekt. Bei der Beauftragung eines fremden Marktforschungsinstitutes ist ihre Bekanntgabe so gut wie unumgänglich, was bei strengen Geheimhaltungswünschen Argumente gegen die Fremdmarktforschung liefert. Auch laufende Aufzeichnungen in Produktion, Einkauf und Rechnungswesen mögen belangreich sein. Die Auswertung der Verkaufs- und Vertreterberichte liefert mehr qualitative Informationen unterschiedlichen Wertes.

Chancenreich ist die Auswertung von Forschungs- und Entwicklungsberichten, von Projektstudien, Investitionsrechnungen, Recherchen und Verhandlungen in Patentsachen, anwendungstechnischen Gutachten, Aufzeichnungen über Verhandlungen mit Firmen, Verbänden, amtlichen Stellen, Forschungs- und Beratungsinstituten. Es hängt sehr von der Organisation des innerbetrieblichen Informationswesens ab, ob die Unterlagen im Bedarfsfall auch zuverlässig erreichbar sind.

3.822 Amtliche Statistiken

In allen Abhandlungen über die Marktforschung und speziell über das Sekundärmaterial wird die *amtliche Statistik* als Quelle genannt, vielfach jedoch kommentarlos. Nicht selten werden die unzureichenden Informationen der amtlichen Statistik gerügt, besonders im Hinblick auf die zu geringe Detaillierung der erfaßten Tatbestände. Die Kritik sollte hierbei die berechtigten Geheimhaltungsinteressen und die notwendige Aufwandsbegrenzung nicht übersehen. An dieser Stelle muß jedenfalls gesagt werden, daß die amtlichen statistischen Veröffentlichungen des In- und Auslandes über die chemische Industrie und andere Wirtschaftszweige für die Chemiemarktforschung große Bedeutung haben.

Diese Bedeutung ist eine direkte, da die amtlichen Veröffentlichungen mit die wichtigsten Arbeitsgrundlagen des Chemiemarktforschers darstellen. Die Marktforschungsabteilungen größerer Chemieunternehmungen haben oft die amtlichen Veröffentlichungen über die Produktions- und Außenhandelsstatistik von Dutzenden von Ländern im Abonnement. Die Bedeutung ist aber auch eine indirekte, weil die meisten anderen sekundärstatistischen Veröffentlichungen, soweit sie auf wirtschaftlich-statistische Daten abstellen, in der Hauptsache auf den amtlichen Publikationen fußen. Da bei der Verwertung und Wiedergabe der amtlichen Daten durch die anderen Informationsorgane Quellenangaben nur spärlich erfolgen, wird der Umfang der Datenversorgung durch die amtlichen Stellen oft völlig unterschätzt. Die Bedeutung der anderen Informationsorgane erschöpft sich meistens in einer Kommentierung der Zahlen, ihrer gelegentlichen Ergänzung durch Hinzufügen weiterer Daten (etwa aus früheren Zeiträumen), in der Berechnung einiger Kenndaten (z.B. Anteilsprozentsätze von Einzelprodukten in größeren Produktgruppen), in der Mitteilung von Veränderungsraten, im Ländervergleich oder auch in der Wiedergabe ausländischer Statistiken. Sofern die ausländischen originalen Veröffentlichungen schlecht zugänglich sind oder auch erhebliche Ausdeutungs- und Sprachschwierigkeiten bestehen, ist die geschlossene Auswertung und Wiedergabe zu begrüßen, wie etwa durch den Chemieverband in der BRD zugunsten seiner Mitglieder. Im übrigen sind die abgeleiteten und kommentierten Wiedergaben der amtlichen Zahlen durch die weiteren Informationsorgane eher für andere Interessenten als gerade für den Marktforscher geeignet, der in erster Linie mit dem *Originalmaterial* arbeiten sollte. Schon nach

Bearbeitung weniger Projekte wird jedem offenkundig, welch geringen zusätzlichen Informationswert große Materialsammlungen in Form von Berichten, Zeitschriftenausschnitten usw. haben. Praktisch alle einschlägigen und verwandten Branchenzeitschriften greifen wichtige neue statistische Daten sowie andere Originalmitteilungen sofort auf. Dadurch fällt bei der Auswertung zahlreicher Informationsorgane bald ein großes Ballastmaterial an, was die Arbeit eher erschwert als erleichtert. Bei auszugsweisen Wiedergaben gehen wertvolle Details verloren. Diese vielfachen Auswertungen von Originalberichten erfolgen auch im internationalen Rahmen. Wenn heute in den Fachzeitschriften der ganzen Welt die Produktionsverhältnisse in den USA am ausgiebigsten geschildert werden, so kommt das nicht nur von der Bedeutung dieser Produktionszahlen – die außerhalb der USA natürlich geringer ist –, sondern geht in erster Linie auf die Reichhaltigkeit der amerikanischen amtlichen Statistik zurück.

Die große Bedeutung amtlicher Statistiken ist zahlenmäßig durch eine Umfrage der amerikanischen „Chemical Market Research Association“ bei ihren Mitgliedern bestätigt worden. In den 270 Antworten heißt es, daß 70% der Befragten dieses Zahlenmaterial häufig benutzen, während über 50% hierin sogar eine erstrangige Informationsquelle erblicken. Die Ausnahmestellung der chemischen und verwandten Industriezweige hinsichtlich der ausgiebigen Verwendung dieses Materials geht daraus hervor, daß schätzungsweise 75% aller US-Unternehmungen aus sämtlichen Branchen die amtlichen Statistiken nicht benutzen. 90 der meistens laufend erscheinenden statistischen Veröffentlichungen in den USA wurden von den Chemiemarktforschern als geeignet und davon 30 als besonders wichtig bezeichnet [3.148].

Für die Chemiemarktforschung ist die *Produktionsstatistik* am interessantesten, wobei die *funktionelle* gegenüber der institutionellen Gliederung überlegen ist. Werden die Produktionsmengen und -werte institutionellen Erhebungseinheiten zugeordnet, also Unternehmungen oder Betrieben innerhalb der Branchenzugehörigkeit, sind Verzerrungen und Ungenauigkeiten bei den Aufteilungen nicht auszuschließen. In der deutschen Produktionsstatistik wird das rein funktionelle Prinzip durch die Abgrenzung der Industrie von Handwerk, Kleingewerbe und Landwirtschaft durchbrochen [3.79; 3.222]. Von der Chemiemarktforschung wird die für den Bereich der Grundstoffe getroffene Unterscheidung zwischen zum Absatz bestimmter Produktion und Gesamtproduktion begrüßt. Es wird jedoch meistens nur alternativ entweder die Gesamt- oder die Absatzproduktion angegeben, wobei allein letztere auch bewertet wird.

Ein zentrales Problem ist immer wieder die *Gliederung in der Warensystematik*. In den meisten Meldepositionen werden zahlreiche Einzelprodukte zu recht heterogenen Warengruppen zusammengefaßt. Unklarheiten entstehen mitunter hinsichtlich der veränderten Maßeinheiten oder der Konzentration wichtiger Komponenten, besonders im internationalen Vergleich [3.160]. Eine Aufschlüsselung von Produktionsmengen nach verschiedenen Produktionsverfahren gehört zu den großen Ausnahmen. Da in der Warensystematik für chemische Produkte das Gliederungsprinzip nach der *chemischen Zusammensetzung* mit demjenigen nach der *Verwendung* konkurriert, ist für den Außenstehenden, der selbst noch nicht an der jeweiligen Produktion beteiligt ist und noch nicht „meldet“, die Einordnung eines bestimmten Produktes zuweilen unklar. Schon zur Aufklärung der angewandten Meldepraxis können dann Primärrecherchen notwendig sein.

Andere Wünsche der Chemiemarktforscher an die amtliche Produktionsstatistik sind nicht so dringend. In den USA wurden etwa genannt: teilweise Berücksichtigung auch der Verbrauchsstrukturen, kürzere Berichtszeiträume, verfeinerte zusätzliche institutionelle und regionale Gliederungen, Erfassung der Lagerbewegungen, Aufnahme der Kapazitätsstatistik, bessere Angaben zur Erhebungsmethodik sowie Genauigkeit und Zuverlässigkeit der Daten, vermehrte Einbeziehung ausländischer Daten, stärkere Zusammenfassung und Vereinheitlichung der verschiedenen amtlichen Veröffentlichungen [3.148].

Zur Ermittlung des Inlandsverbrauchs sowie der Export- und Importanteile an Produktion bzw. Verbrauch steht die *Außenhandelsstatistik* an zweiter Stelle. Der Grad der Detaillierung und vor allem der Übereinstimmung der Warensystematik von Außenhandels- und Produktionsstatistik sind für den Nutzwert wesentlich. In der BRD wurden auf dem Wege der Annäherung der beiden systematischen Warenverzeichnisse in den letzten Jahren Fortschritte erzielt.

Gründliche Kenntnisse über alle *verfügbaren Quellen* sind notwendig, wobei neben Produktions- und Außenhandelsstatistik alle weiteren Teilgebiete statistischer Veröffentlichungen bedeutsam werden können. Zusammenfassende Quellennachweise sind wertvoll [3.59; 3.113; 3.125; 3.216]. *Ausländische Statistiken* sind nicht nur für die Auslandsmärkte, sondern auch ausnahmsweise für *Analogieschätzungen* fraglicher Daten für andere Länder brauchbar. Wichtigster Umrechnungsmaßstab ist das Verhältnis der Bevölkerungsgrößen. Alle weiteren Korrekturmöglichkeiten der länderweisen Unterschiede in den Produktions- und Verbrauchsstrukturen sowie im Entwicklungsstand sind zu berücksichtigen.

In einer gewissen Verwandtschaft zu den amtlichen nationalen Statistiken stehen die statistischen Veröffentlichungen *internationaler Organisationen*. Obwohl meistens nur sekundärstatistische Quellen ausgeschöpft werden, kann sich aus der Zusammenstellung der Daten unter neuen Gesichtspunkten und auf vereinheitlichter Basis fallweise doch ein hoher Informationswert ergeben. Als Beispiele seien einige Veröffentlichungen der Vereinten Nationen genannt, etwa zur Entwicklung der chemischen Industrie in ihren wichtigsten Sparten [3.135], auf dem Gebiet der Düngemittel [3.69] oder der Planung von Industrialisierungsvorhaben in Entwicklungsländern [1.114; 3.217].

3.823 Chemisch-naturwissenschaftliche Fachliteratur

Die *chemisch-naturwissenschaftliche Fachliteratur* vermittelt das grundlegende Wissen über alle chemischen Vorgänge und die Stoffaufklärung im weitesten Sinne. Hier interessieren besonders Aufbau, qualitative Kennzeichnung, Darstellung und Folgereaktionen der chemischen Produkte. In die Herstellungs- und Verwendungsmöglichkeiten sind alle bereits bekannten und latenten Substitutionsbeziehungen einzurechnen. Zur Beurteilung der Absatzchancen und voraussichtlichen Absatzentwicklung einer neuen chemischen Verbindung sind alle in Zukunft denkbaren Synthesemöglichkeiten für Konkurrenzprodukte und Konkurrenzverfahren zu veranschlagen. Auch die Kenntnisse bereits bekannter Verbindungen und Darstellungsverfahren, die durch veränderte wirtschaftliche Bedingungen schnell zu einer erstmaligen oder wiederholten Bedeutung gelangen können, sind wachzuhalten. Dies ist eine umfangreiche Aufgabe, wenn man an den geringen Bruchteil der technisch genutzten von den insgesamt bekannten chemischen Verbindungen denkt. Die Kenntnisse um naturwissenschaftliche und technische Produktions- und Verbrauchsgrundlagen sind in der bisherigen Marktforschungsliteratur zu Unrecht vernachlässigt worden.

Der Geltungsbereich der Chemie als Wissenschaft geht über die Grenzen der chemischen Industrie weit hinaus und erfaßt die stofflichen Probleme der gesamten belebten und unbelebten Natur. Einzelne Fachgebiete können auch außerhalb der chemischen Industrie für die Marktforschung von Belang sein, wie etwa Fragen der Lebensmittelchemie beim Absatz von Hilfsstoffen an die Nahrungsmittelindustrie oder der Agrikulturchemie für die Anwendung von Düngemitteln. Es ergeben sich dann häufig Berührungspunkte mit der Anwendungstechnik, besonders der anwendungstechnischen Grundlagenforschung. Wie bei den nachfolgend genannten Fachgebieten der Technischen Chemie und Wirtschaftschemie kann man eine allgemeine und eine stofflich orientierte Forschungsrichtung der Chemie unterscheiden (Tab. 3.32). Letztere ist für die Chemiemarktforschung bedeutender, zumal die stofflichen Spezialisierungen bereits häufig mit der technisch-wirtschaftlichen Spartenbildung der chemischen Industrie korrespondieren (makromolekulare Chemie mit dem Gebiet der Chemiewerkstoffe, pharmazeutische Chemie mit der pharmazeutischen Industrie, Petrochemie mit der organischen Grundstoffchemie, Chemie der oberflächenaktiven Verbindungen mit der Produktion von Tensiden u. a.).

Tabelle 3.32 *Analogien der allgemeinen und speziellen Ausrichtung von Chemie, Technischer Chemie und Wirtschaftschemie*

Lehr- und Forschungsgebiet	1. Chemie	2. Technische Chemie	3. Wirtschaftschemie (Chemiebetriebslehre)
1. Allgemein	1.1 Theoretische anorganische und organische Chemie, Physikalische Chemie	1.2 Allgemeine Technische Chemie (Chemische Reaktionstechnik und physikalische Grundverfahren)	1.3 Allgemeine Wirtschaftschemie (technisch-wirtschaftliche Probleme der Chemieunternehmung)
2. Speziell, stofflich gebunden	2.1 Anorganische Chemie und Organische Chemie (Makromolekulare Chemie, Pharmazeutische Chemie usw.)	2.2 Spezielle Technische Chemie (Technisch-chemische Prozesse)	2.3 Spezielle Wirtschaftschemie (Wirtschaftliche Probleme technisch-chemischer Prozesse)

Wenn selbst für den in der Forschung stehenden Chemiker die Übersicht über die gewaltig anwachsende Fachliteratur zum Problem geworden ist, wird man vom Chemiemarktforscher nur eine eng durch seine Bedürfnisse begrenzte Auswertung erwarten dürfen. Das Schwergewicht liegt auf den Kurzberichten, bei zusammenfassenden Darstellungen und Referaten (z.B. Chemical Abstracts), kaum dagegen bei den umfangreichen Originalbeiträgen der Grundlagenfachzeitschriften, auf deren Details nur selten zurückzugreifen ist.

Die Nützlichkeit von *Referateorganen* ergibt sich schon aus der riesigen Zahl der die chemischen Wissenschaften berührenden Fachzeitschriften. Von dem Referateorgan der „Chemical Abstracts“ wurden 1961 bereits 8150 Zeitschriften und 1970 schon über 12000 Fachzeitschriften, allerdings einschließlich aller speziellen und an die Chemie angrenzenden Gebiete, erfaßt. Die Zahl der Zeitschriftenpublikationen im Gesamtbereich der Chemie wurde 1970 auf etwa 350000 geschätzt mit einer Verdoppelungszeit von 8 bis 10 Jahren, so daß für die Mitte der achtziger Jahre die Publikationszahl von einer Million erwartet werden kann. Gerade die *Zeitschriftenliteratur* ist aber wegen der Aktualität der Mitteilungen besonders wichtig, während Bücher mehr zur Vermittlung von Übersichten und Einarbeitung in neue und größere Gebiete Bedeutung haben. Wegen der Geheimhaltungsabsichten werden jedoch Forschungsergebnisse auch in den Fachzeitschriften oft nur mit großer zeitlicher Verzögerung publiziert. Hier muß die *Patentliteratur* trotz der gegen sie erhobenen Vorbehalte wesentliche Lücken füllen helfen. Neben der Referateliteratur sind die *Dokumentationssysteme* zum schnellen Auffinden der mit speziellen Fragestellungen korrespondierenden Fachliteratur von großer Bedeutung. Dessenungeachtet wird der Marktforscher hier in hohem Maße auf den Rat des Forschungschemikers sowie Dokumentars angewiesen bleiben. Zusammenfassende Literaturübersichten sind von Nutzen [3.24; 3.45; 3.129; 3.140].

In der naturwissenschaftlich-chemischen Fachliteratur wird relativ wenig auf die technische Anwendungsbedeutung von Verbindungen und Synthesen und fast nie auf wirtschaftliche Gesichtspunkte eingegangen. Ob sich für ein neues Forschungsergebnis eine kommerzielle Bedeutung abzeichnet, ist in den meisten Zeitschriften nicht darstellungswürdig. Oft sind die Autoren hierüber selbst nicht informiert. Lehrbücher und Sammelwerke der anorganischen und organischen Chemie enthalten eher Hinweise über technische Verwendungen, aber diese sind häufig lückenhaft oder überholt. Nicht selten findet man die Tatsachen über Synthesen mit großtechnischer, andererseits aber nur historischer oder labormäßig-präparativer Bedeutung in einer völlig gleichrangigen Darstellung nebeneinander. Je mehr die Veröffentlichungen auf der Seite der „Angewandten Chemie" stehen, desto eher bestehen Aussichten auf eine unmittelbare Verwertbarkeit durch die Chemiemarktforschung. Meistens zeigen sich dabei fließende Grenzen zur Technischen Chemie, was etwa bei zahlreichen Monographien der „American Chemical Society" über wichtige Industriechemikalien (z. B. [3.223]) sowie bei mehreren Fachzeitschriften (vgl. Tab. 3.33) deutlich wird.

3.824 Technisch-chemische Fachliteratur

Gegenstand der *Technischen Chemie* als Lehr- und Forschungsgebiet sind die technischen Verfahren und Apparaturen zur Herstellung chemischer Produkte unter wirtschaftlich optimalen Bedingungen. Die technisch-chemische Fachliteratur bildet für die Chemiemarktforschung die wichtigste Basis zur technischen Charakterisierung der Angebots- und der Bedarfsseite insoweit, als chemische Verarbeitungsverfahren zur Anwendung kommen.

Bekanntlich wird zwischen einer Allgemeinen und Speziellen Technischen Chemie unterschieden (Tab. 3.32). Die *Allgemeine Technische Chemie* gliedert sich in die beiden Hauptgebiete Chemische Verfahrenstechnik und Chemische Reaktionstechnik. Die *Chemische Verfahrenstechnik* umfaßt die Lehre von den physikalischen Grundverfahren, die allen chemischen Produktionsprozessen gemeinsam sind (unit operations). Die *Chemische Reaktionstechnik* behandelt die Durchführung, Beherrschung und Lenkung chemischer Reaktionen durch die Anwendung der physikalisch-chemischen Elementargesetze. Sie dient in der praktischen Anwendung der technischen Verfahrensentwicklung, Projektierung von Neuanlagen und der Rationalisierung bereits vorhandener Produktionsanlagen. Da die physikalischen Grundverfahren auch außerhalb der chemischen Industrie, besonders in den „sonstigen verfahrenstechnischen Industriezweigen" angewendet werden, ist der Geltungsbereich entsprechend erweitert.

Für die Chemiemarktforschung ist aber der andere, ältere Zweig der *Speziellen Technischen Chemie* von größerem und unmittelbarem Interesse, denn hier werden die technischen Bedingungen der stofflich festgelegten einzelnen Produktionsverfahren dargestellt. In begrenztem, heute jedoch tendenziell wachsendem Umfang werden dabei auch wirtschaftliche Gesichtspunkte berücksichtigt. Auch die Spezielle Technische Chemie erfaßt zahlreiche Gebiete außerhalb der chemischen Industrie. Obwohl die Forschungsrichtung der Allgemeinen Technischen Chemie heute wissenschaftlich höher bewertet wird, entspricht die Pflege der Speziellen Technischen Chemie in der Lehre und Forschung sowie die breite Literaturfülle nach wie vor einem Bedürfnis der industriellen Praxis. Die meisten führenden *Fachzeitschriften* der Technischen Chemie oder des amerikanischen „Chemical Engineering" veröffentlichen neben allgemeinen Themen laufend Arbeiten zu einzelnen Produkten und Verfahren oder auch zusammenfassende Berichte über einzelne Produktionsgebiete. Daneben ist auf die vielen Fachzeitschriften der Speziellen Technischen Chemie hinzuweisen, die ihr Arbeitsgebiet auf ein bestimmtes Produktionsgebiet oder eine Teilbranche konzentrieren.

Hier sind etwa die Periodika zu erwähnen aus den Bereichen der Kunststofftechnik, Synthesefasern, Farben und Lacke, Leime und Klebstoffe, Tenside, Schädlingsbekämpfungsmittel, Pharmazeutika, der Industrien auf der Basis wichtiger chemischer Elemente (z. B. Kali, Stickstoff, Schwefel u. a.). Bei fließenden Grenzen zu den vorgelagerten chemisch-naturwissenschaftlichen wie zu den hierauf aufbauenden wirtschaftschemischen Bereichen können die Interessen auch nach der einen oder anderen Seite verschoben sein. Bei der Zusammenstellung wichtiger Fachzeitschriften der Allgemeinen und Speziellen Technischen Chemie in Tab. **3.33** sind wegen der schwierigen Abgrenzung die überwiegend wirtschaftschemisch ausgerichteten Periodika sofort mit eingeschlossen. Außerdem erwies es sich als zweckmäßig, auch einige Zeitschriften aus dem chemisch-naturwissenschaftlichen Bereich mit gelegentlicher Berücksichtigung technischer oder industrieller Fragen aufzunehmen.

Zu großer Bedeutung gelangten in der Speziellen Technischen Chemie neben Lehrbüchern [3.92; 3.179] die *Sammelwerke und Encyclopädien* [3.40; 3.57; 3.212].

Hierin werden wichtige Einzelverbindungen oder Elemente (z. B. Salpetersäure, Schwefelkohlenstoff), Verbindungsgruppen (z. B. Aliphatische Amine, Chlorbenzole) oder ganze Sparten (z. B. anorganische Stickstoffverbindungen, Schwefelindustrie, Kautschukhilfsmittel u. a.) getrennt abgehandelt. Bei der Darstellung der chemischen Grundlagen und technischen Durchführung der Prozesse kommt die wirtschaftliche Bedeutung leider nicht immer zum Ausdruck. Auch effektiv erreichte technische Verbrauchs- und Ausbeutezahlen und Angaben zur Materialbilanzierung der Prozesse sind nicht immer verfügbar. Die Stellungnahmen zur wirtschaftlichen Bedeutung der Produkte und Prozesse erschöpfen sich oft in der Wiedergabe weniger globaler Produktionszahlen aus den amtlichen Statistiken. Hier mag zuweilen nicht nur mangelhaftes wirtschaftliches Verständnis und Interesse, sondern die berufliche Bindung vieler Autoren ursächlich sein. Sie kommen häufig aus leitender industrieller Stellung und unterliegen gewissen Publizitätsbeschränkungen. Die nachverarbeitenden Prozesse chemischer Produkte werden oft mit diesen zusammen abgehandelt, es empfiehlt sich aber, vor allem die Literatur über die Folgeprodukte einzusehen. Die Herausgabe einer vielbändigen Encyclopädie nimmt mehrere Jahre in Anspruch, so daß noch vor Abschluß des Werkes ein Teil veraltet ist. Die Bedeutung der *Buchmonographien* entspricht oft derjenigen großer Einzelbeiträge in den Encyclopädien.

In der angelsächsischen technisch-chemischen Fachliteratur werden zahlreiche Beiträge unter stärkerer Berücksichtigung *wirtschaftlicher Gesichtspunkte* publiziert, die der Chemiemarktforschung in besonderem Maße gerecht werden.

Es kommt zur betonten und systematischen Berücksichtigung produktions- und absatzwirtschaftlicher Faktoren. Die chemisch-verfahrenstechnischen Grundlagen werden dann meistens summarisch dargestellt, etwa in Form der Bruttoreaktionsgleichungen, der wichtigsten Daten über die Prozeßführung (Betriebsdrücke und -temperaturen, Konzentrations-

Tabelle 3.33 *Zeitschriften der Allgemeinen und Speziellen Technischen Chemie einschließlich Angewandte Chemie und Wirtschaftschemie 1969*[1]

I. Angewandte Chemie, Allgemeine Technische Chemie und Wirtschaftschemie[2]

Allgemeine und praktische Chemie (Österr.)
Angewandte Chemie, mit Beilage: Nachrichten aus Chemie und Technik (BRD)
British Chemical Engineering (England)
Bulletin of the Chemical Society of Japan (Japan)
Canadian Chemical Processing (Kanada)
Chemical Age (England)
Chemical Economy and Engineering Review (Japan)
The Chemical Engineer and Transactions of the Institution of Chemical Engineers (England)
Chemical Engineering (USA)
Chemical Engineering (Japan)
Chemical and Engineering News (USA)
Chemical and Engineering Progress (USA)
Chemical and Process Engineering (England)
Chemical Processing (USA)
Chemical Processing (England)
Chemical Week (USA)
Chemical Trade Journal (USA)
Chemicals (USA)
Chemieanlagen und -verfahren (BRD)
Chemie-Ingenieur-Technik (BRD)
Chemiker-Zeitung/Chemische Apparatur (BRD)
Chemisch Weekblad (Niederlande)
Chemische Industrie (BRD)
Chemische Rundschau (Schweiz)
Chemische Technik (DDR)
Chemistry and Chemical Industry (Japan)
Chemistry in Britain (England)
Chemistry in Canada (Kanada)
Chemistry and Industry (England)
Chimia (Schweiz)
Chimica e l'Industria (Italien)
Chemie in unserer Zeit (BRD)
Chimie & Industrie, Génie Chimique (Frankreich)
Europa-Chemie (BRD)
European Chemical News (England)
Gazzetta Chimica Italiana (Italien)
The Industrial Chemist (England)
Industrial and Engineering Chemistry (USA)
Industrie Chimique et le Phosphate (Frankr.)
Industrie Chimique Belge (Belgien)
Informations-Chimie (Frankreich)
Ingegneria Chimica (Italien)
Ion (Spanien)
Japan Chemical Week (Japan)
Journal of Applied Chemistry (England)
Journal für Praktische Chemie (DDR)
Kemixon Reporter (Spanien)
Modern Chemicals (USA)
Monthly Bulletin of the Japan Chemical Industry (Japan)
Österreichische Chemiker-Zeitung (Österreich)
Oil, Paint and Drug Reporter (USA)
Quimica e Industria (Spanien)
Verfahrenstechnik (BRD)

II. Erdöl- und Erdgasverarbeitung, Kohlechemie, Petrochemie[3]

British Coal Utilisation Research Association, Monthly Bulletin (England)
Erdöl und Kohle, Erdgas, Petrochemie (BRD)
Europe and Oil (England)
Fuel (England)
Gas Age (USA)
Gas Journal (England)
Gas und Wasserfach (BRD)
Hydrocarbon Processing (USA)
Institute of Petroleum Review (England)
Journal of the Institute of Petroleum (Engl.)
National Petroleum News (USA)
Oel (BRD)
Oil Facts (USA)
Oil and Gas Journal (USA)
Oilweek (Kanada)
Petro/Chem Engineer (USA)
Petrochemical News (USA)
Pétrole Informations (Frankreich)
Petrole-Lubri-Europe (Schweiz)
Petroleri d'Italia (Italien)
Petroleum (England)
Petroleum Times (England)
Petroleum Management (USA)
Petroleum Press Service (England)
Petroleum Today (USA)
Revue Petroliere (Frankreich)
Rivista dei Combustibili (Italien)
World Oil (USA)
World Petroleum (USA)

III. Landwirtschaftschemikalien[4]

Agricultural Chemicals (USA)
Commercial Fertilizer (USA)
Farm Chemicals (USA)
Fertilizer International (England)
Fertilizer Feed Pesticide Journal (England)
International Pest Control (England)
Journal of Agricultural and Food Chemistry (USA)
Kali und Steinsalz (BRD)
Nitrogen (England)
Pest Control (USA)
Phosphorus and Potassium (England)
Sulphur (England)

Tabelle 3.33 (Fortsetzung)

IV. Kunststoffe[5]

British Plastics (England)	Plastics World (USA)
Canadian Plastics Magazine (Kanada)	Plastiques Batiment (Frankreich)
Japan Plastics Age (Japan)	Plastiques Informations (Frankreich)
Journal of Applied Polymer Science (USA)	Plastiques Modernes et Elastomeres (Frankreich)
Kunststoffe (BRD)	Plastvarlden (Schweden)
Kunststoff-Rundschau (BRD)	Poliplasti e Plastici Rinforzati (Italien)
Kunststoffe-Plastics (Schweiz)	Polymer Engineering and Science (USA)
Kunststoff-Technik (BRD)	Polymer Report (Japan)
Modern Plastics (USA)	Polymer, the Chemistry, Physics, and Technology of High Polymers (England)
Plaste und Kautschuk (DDR)	Progressive Plastics (Kanada)
Plastica (Niederlande)	Reinforced Plastics (England)
Plastics (England)	Resin News (England)
Plastics Industry News Japan (Japan)	S.P.E. Journal (USA)
Plastics and Polymers (England)	
Plastics Week (USA)	

V. Elastomere[6]

Gummi, Asbest, Kunststoffe (BRD)	Rubber Age (USA)
Kautschuk und Gummi, Kunststoffe (BRD)	Rubber and Plastics Age (England)
Revue Generale de Caoutchouc et des Plastiques (Frankreich)	Rubber Journal (England)
	Rubber World (USA)

VI. Chemiefasern[7]

Chemiefasern (BRD)	Textilpraxis (BRD)
Faserforschung und Textiltechnik (DDR)	Textile Manufacturer (England)
Man-Made Textiles (England)	Textile Organon (USA)
Melliand Textilberichte (BRD)	Textile Recorder (England)
Modern Textiles Magazine (USA)	Textile World (USA)
Österreichische Textil-Zeitschrift (Österreich)	Textilia (Niederlande)
Raion e Fibre Nuove (Italien)	Textil-Rundschau (BRD)
Rayonne et Fibres Synthetiques (Belgien)	Zeitschrift für die gesamte Textilindustrie (BRD)
Skinner's Record of the Manmade Fibres Industry (England)	

VII. Farben und Lacke[8]

American Paint Journal (USA)	Journal of Paint Technology (USA)
Canadian Paint and Finishing (Kanada)	Paint and Varnish Production (USA)
Coatings (USA)	Paint Journal (England)
Deutsche Farben-Zeitschrift (BRD)	Paint Manufacture (England)
Farbe und Lack (BRD)	Paint, Oil and Colour Journal (England)
Industria della Vernice (Italien)	Paint Technology (England)
Industrial Finishing (England)	Peintures, Pigments, Vernis (Frankreich)
Journal of the Oil and Colour Chemists' Association (England)	Pinturas y Acabados Industriales (Spanien)
	Surface Coatings (England)

VIII. Verschiedene Spezialitäten wie Leime und Klebstoffe, Öle, Fette, Wachse, Reinigungsmittel, Sprengstoffe, Chemischer Bürobedarf und anderes[9]

Adhäsion (BRD)	Cleaning and Maintenance (England)
Adhesives Age (USA)	Detergent Age (USA)
American Dyestuff Reporter (USA)	Fette, Seifen, Anstrichmittel (BRD)
American Ink Maker (USA)	Fette, Seifen, Öle, Wachse (BRD)
British Ink Maker (England)	Explosifs (Belgien)
Chemicals 26 (USA)	Explosivstoffe (BRD)

Tabelle 3.33 (Fortsetzung)

Journal of the American Oil Chemists' Society (USA)
Journal of the Society of Dyers and Colourists (England)
Manufacturing Chemist and Aerosol News (England)
Soap and Chemical Specialties (England)
Tenside (BRD)

IX. Körperpflegemittel[10]

Alchimist (Belgien)
American Perfumer and Cosmetics (USA)
Parfümerie und Kosmetik (BRD)
Parfumerie, Cosmetique, Savons (Frankreich)
Perfumery and Essential Oil Record (Engl.)
Rivista Italiana Essenze Profumi, -Piante Officinali, Aromi, Saponi, Cosmetici, Aerosol (Italien)
Riechstoffe, Aromen, Körperpflegemittel (BRD)
Soap, Perfumery and Cosmetics (England)

X. Pharmazeutika[11]

American Druggist (USA)
Arzneimittelforschung (BRD)
Canadian Pharmaceutical Journal (Kanada)
Current Medicine and Drugs (England)
Chemist and Druggist (England)
Dansk Tidsskrift for Farmaci (Dänemark)
Deutsche Apotheker-Zeitung (BRD)
Drug and Allied Industries (USA)
Drug and Cosmetic Industry (USA)
Drug Merchandising (Kanada)
Drug News Weekly (USA)
Drug Topics (USA)
Drug Trade News (USA)
Drugs Made in Germany (BRD)
Farmaceutisk Tidende (Dänemark)
Farmaco (Italien)
Farmacos (Spanien)
Journal of the American Pharmaceutical Association (USA)
Labo-Pharma (Frankreich)
Norges Apothekerforenings Tidsskrift (Norwegen)
Österreichische Apothekerzeitung (Österr.)
Pharmaceutica Acta Helvetica (Schweiz)
Pharmaceutical Journal (England)
Pharmaceutisch Weekblad (Niederlande)
Die Pharmazeutische Industrie (BRD)
Pharmazeutische Zentralhalle (DDR)
Die Pharmazie (DDR)
Präparative Pharmazie (BRD)
Produits et Problemes Pharmaceutiques (Frankreich)
Retail Chemist (England)
Revue Technique Pharmaceutique (Frankr.)
Schweizerische Apothekerzeitung (Schweiz)

Anmerkungen:

1 Hinsichtlich weiterer Quellen und der näheren Charakterisierung der Zeitschriften wird auf die allgemeinen Zeitschriftenverzeichnisse verwiesen, z.B. [3.128; 3.155; 3.213]. Berücksichtigt sind hauptsächlich die USA, Japan sowie westeuropäische Erscheinungsländer.

2 Zeitschriften aus der Allgemeinen Chemie wurden nur in geringem Umfang genannt, soweit wenigstens teilweise technische oder industrielle Fragen behandelt werden. Andererseits blieben auch die Periodika der Technischen Chemie und Verfahrenstechnik mit reinem Grundlagencharakter unerwähnt. Da sämtliche Produktionsgebiete der chemischen Industrie erfaßt werden können, entstehen Überschneidungen mit den folgenden Abteilungen II–X.

3 Ein großer Teil der den Rohstoffen Erdöl, Erdgas und Kohle gewidmeten Zeitschriften behandelt nur Fragen der Geologie, Fördertechnik, Aufbereitungs- und Transporttechnik und bleibt unerwähnt. Gesonderte Fachblätter für die Petrochemie sind erst im Entstehen. In zunehmendem Maße wird die Petrochemie jedoch im Anschluß an die Erdölraffinerietechnik berücksichtigt. Über die petrochemische Erzeugung organischer Schwerchemikalien hinausgehend werden oft zahlreiche Folgeprodukte erfaßt (z.B. Kunststoffe, Synthesefasern usw.). Angrenzende Gebiete sind die Brennstofftechnik, Energietechnik und Energiewirtschaft.

4 Die wenigen Zeitschriftentitel für die chemischen Elemente Kalium, Stickstoff, Phosphor und Schwefel betreffen gemäß den Verwendungsschwerpunkten hauptsächlich die Düngemittelproduktion, obwohl auch auf die technischen Verwendungen eingegangen wird. Außerhalb der wenigen Spezialzeitschriften für Agrochemikalien sind die durch eine umfangreiche Periodikaliteratur erfaßten Gebiete der landwirtschaftlichen Technologie, Agrikulturchemie, Pflanzenernährung, Schädlingsbekämpfung usw. zu berücksichtigen.

5 Von den Chemiewerkstoffen haben die Kunststoffe zur relativ größten Periodikaliteratur geführt, wobei neben der Herstellung die Bestimmung der Produkteigenschaften und die

Verarbeitungstechnik breiten Raum einnehmen. Auf die Kunststoffverarbeitungstechnik beschränkte Zeitschriften wurden nicht berücksichtigt.

[6] Es bestehen Überschneidungen mit dem Kunststoffgebiet. Einige der ursprünglich nur mit Naturkautschuk befaßten Organe haben später den Synthesekautschuk einbezogen.

[7] Neben einigen speziellen Chemiefaserzeitschriften schließen zahlreiche der allgemeinen Textiltechnik und Textilwirtschaft gewidmete Periodika die Herstellung und Anwendung der Chemiefasern mit ein. Die Schwerpunkte liegen allerdings häufig bei der textilen Verarbeitungstechnik. Eine Berücksichtigung dieser Organe empfiehlt sich auch im Hinblick auf die Verwendung der Textilfarbstoffe und -hilfsmittel.

[8] Im wirtschaftlichen Bereich wird neben der Farben- und Lackindustrie meistens in erheblichem Umfang der Handel berücksichtigt. Einige spezielle Zeitschriften für die Applikationstechnik wurden nicht genannt. Angrenzende Gebiete sind die Oberflächenbehandlung von Werkstoffen, Korrosionsschutz und allgemeine Werkstofftechnik.

[9] Das große Gebiet der sonstigen chemischen Spezialitäten für hauptsächlich produktive Verwendungen hat nur zu wenigen Fachzeitschriften geführt. Hier empfiehlt sich in erster Linie die Einsichtnahme in die Zeitschriftenliteratur der Verwendungsgebiete, z.B. der Lederindustrie für Lederhilfsmittel, der Zellstoff- und Papierindustrie für entsprechende Hilfsmittel, der Druckereitechnik für Druckfarben, der Wasserwirtschaft für Wasseraufbereitungschemikalien, der metallurgischen Industriezweige für dort eingesetzte Hilfsmittel u.a.

[10] Es gibt Überschneidungen mit den teilweise unter VIII erfaßten Reinigungsmitteln sowie mit den pharmazeutischen Produkten unter X. Im wirtschaftlichen Bereich spielt der Handel eine beachtliche Rolle.

[11] Die Pharmazeutika bilden die Teilbranche der chemischen Industrie mit der umfassendsten Spezialliteratur. Wegen der relativ geringen Bedeutung der Technischen Chemie für die pharmazeutische Produktion ist die Abgrenzung der hier stärker interessierenden Zeitschriften mit Berücksichtigung technischer und wirtschaftlicher Fragen von den Organen der reinen chemisch-pharmazeutischen Forschung schwierig. Zahlreiche Gebiete der Medizin grenzen an. Breiten Raum nimmt der Fachhandel ein, besonders innerhalb der Apothekerzeitschriften.

verhältnisse) sowie über Rohstoffe und Endprodukte (chemische und physikalische Daten), ferner in Form einfacher schematischer oder Verfahrensfließbilder und Prozeßbeschreibungen. Die Wiedergabe von Ausbeuten oder technischer Material- und Energieverbrauchszahlen ist die unmittelbare Grundlage für Kostenschätzungen sowie für Angebots- und Bedarfsanalysen. Es folgen vielleicht weitere Angaben über Kapazitäten, Produktions- und Verbrauchsstatistiken, prozentuale Verbrauchsstrukturen zur Charakterisierung der Folgeprodukte, über Kostendaten, Preisdaten, anwendungstechnische Daten, Hinweise zu Verpackungs- und Transportfragen, Entwicklungstendenzen.

In den technisch-chemischen Fachzeitschriften werden solche *Produkt- und Verfahrensübersichten* fallweise oder als reguläre Beiträge in Serien veröffentlicht.

Eine der ersten Veröffentlichungsserien betrifft die „Chemical Engineering Flowsheets" der Zeitschrift „Chemical Engineering", in denen ein Verfahrensfließbild jeweils in den Mittelpunkt gestellt wird [3.28]. Als weitere Beispiele seien erwähnt die „Process Surveys" und „Process Costs" der Zeitschrift „Chemical and Process Engineering" (z.B. [3.2; 3.53]) sowie die „Process Surveys" der Zeitschrift „European Chemicals News" (z.B. [3.214]), die Serie „BCE Process Scan" von „British Chemical Engineering" [3.143] oder die Serie „Petrochemical Guide" sowie das „Petrochemical Handbook" der Zeitschrift „Hydrocarbon Processing" [3.190–3.193]. Die Produkt- und Verfahrensübersichten der technisch-chemischen Fachliteratur erfreuen sich wachsender Beliebtheit. Weniger technische Details bieten die Zusammenstellungen von Verfahren überwiegend aufgrund von *Lizenzangeboten*, jedoch können die gedrängten Informationen für den Marktforscher ebenfalls interessant sein. Auf die Nützlichkeit von mitgeteilten Verbrauchszahlen wurde bereits hingewiesen (Kap. 3.421), doch erstrecken sich die wirtschaftlichen Informationen teilweise sogar bis auf Kapitalbedarfs- und Kostendaten. Andere Zusammenstellungen beschränken sich auf einen Angebotsnachweis von Anlagen, Verfahren und Lizenzen, z.B. [3.37].

Auch in dieser Weise ausgerichtete *Buchveröffentlichungen* der Speziellen Technischen Chemie mehren sich offenbar gemäß einem Bedürfnis der Praxis.

Wir erwähnen als Beispiel das bereits 1950 in erster Auflage erschienene Handbuch über „Industrial Chemicals“, in dem zuletzt (1965) 137 anorganische und organische Grundchemikalien abgehandelt wurden [3.65]. Einzelne Fachzeitschriften gehen neuerdings dazu über, ihren Lesern die Dokumentationsarbeit für wichtige technische und wirtschaftliche Informationen in der Weise zu erleichtern, daß diese sofort in Form von Karteikarten, Randlochkarten (z. B. unten Abb. 3.35 hinsichtlich von technischen und Marktdaten auf dem Kunststoffgebiet) oder ähnlichem zur Verfügung gestellt werden.

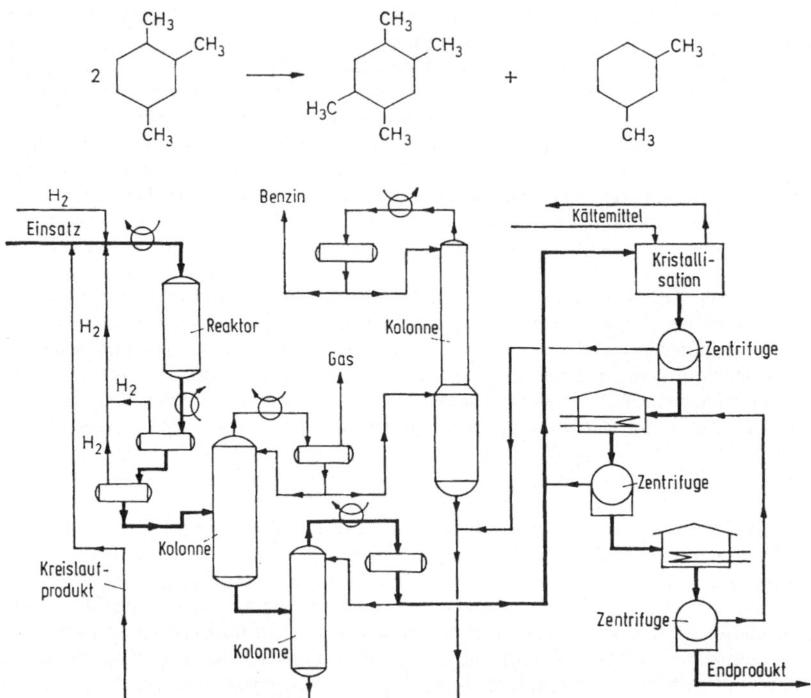

Abb. 3.34 Beispiel einer Verfahrensbeschreibung aufgrund der Patentliteratur [3.182].
Herstellung von Durol aus Pseudocumol durch Disproportionierung.

Einsatz: Pseudocumol	Druck: 600–3000 psi
Nebenprodukt: Xylol	Verweilzeit: 0,75–3,0 h^{-1} Raumgeschw.
Katalysator: Molybdän-Tonerde	Wärmebedarf: –
Phase: Dampfphase	Freiwerdende Wärme: –
Reaktortyp: Festbettreaktor	Produktausbeute: 40 %
Lösungsmittel: –	Produktreinheit: –
Temperatur: 385–440 °C	Werkstoffe: –

Hauptanwendung: Ausgangsmaterial für Pyromellitsäure-Dianhydrid (Härter für Epoxidharze, Bestandteil warmfester Polyesterharze).
Referiert: U.S.Patent 2910514 von J. W. Scott u. a. (Calif. Res. Co.), 27.10.1959.

Die *Patentliteratur* ist sowohl technischen als auch chemisch-naturwissenschaftlichen Inhalts und stellt eine wichtige Informationsquelle dar.

Dies gilt zunächst für die Verfolgung der neuesten Entwicklungen, die zuerst in der Patentliteratur erscheinen. Wertvolle Informationen betreffen auch viele ältere Produkte und Verfahren, die außerhalb der Patentschriften kaum zu Veröffentlichungen geführt haben. Die mit der Patentanmeldung angestrebte Rechtsbegründung und Rechtsabgrenzung zwingt zur Offenbarung weitreichender Angaben, die aber zur Abdeckung möglichst umfassender Ansprüche sowie zur Erschwerung des Nacharbeitens häufig in einer wenig präzisen Form dargeboten werden (z.B. Nennung zahlreicher möglicher Substituenten einer funktionellen Gruppe, große Bereiche für die möglichen Verfahrensbedingungen). Außerdem ist die Auswertung der Patentliteratur schwieriger und zeitraubender als die der Fachliteratur. Der Marktforscher wird daher gern auf die Patentberichterstattung innerhalb und außerhalb der eigenen Unternehmung zurückgreifen. In einem neueren Übersichtswerk über industriell wichtige organisch-chemische Verfahren wurden nicht weniger als 587 Prozesse überwiegend aufgrund von Patentrecherchen beschrieben [3.182]. Art und Umfang der gebotenen Informationen sind an einem Beispiel in Abb. 3.34 dargestellt.

Da zahlreiche Erfindungen in mehreren Ländern gleichzeitig patentiert werden, enthält nur ein Teil neue Informationen, nämlich erfahrungsgemäß rund die Hälfte aller Patentschriften. Nur diese Patentschriften werden beispielsweise im Rahmen der Patentdokumentation der „Chemical Abstracts" berücksichtigt. Im Jahre 1967 wurden hierin fast 37000 Patentschriften referiert im Vergleich zu über 202000 referierten Aufsätzen der Periodikaliteratur [3.87; 3.157].

3.825 Wirtschaftschemische Fachliteratur

Als Grenzgebiet zwischen den chemischen und technischen sowie wirtschaftswissenschaftlichen Disziplinen kann auch die *Wirtschaftschemie* nach einer allgemeinen und speziellen Arbeitsrichtung differenziert werden (Tab. 3.32). Mit anderer Schwerpunktverlagerung spricht man auch von Chemiewirtschaftslehre. Während es in der allgemeinen Wirtschaftschemie oder Chemiebetriebslehre um den wirtschaftlich optimalen Betrieb und Neubau chemischer Anlagen geht, wird in der speziellen Wirtschaftschemie die wirtschaftliche Charakterisierung einzelner chemischer Produkte, Verfahren, Produktanwendungen usw. dargestellt. In beiden Teilbereichen ergeben sich unmittelbare Berührungspunkte und Übergänge zur Allgemeinen und Speziellen Technischen Chemie.

Zahlreiche Veröffentlichungen berühren die Aufgaben der Chemiemarktforschung unmittelbar. Neben den Untersuchungen für einzelne Produkte sind es solche über ganze Chemiesparten oder abnehmende Industriezweige, über die Produktions- und Absatzbedingungen einzelner Länder oder ganzer Wirtschaftsräume sowie über einzelne Unternehmungen. Diese stoffliche Gliederung kommt der wichtigsten Systematik der Marktforschungsobjekte entgegen. Wegen der Aktualität sind vor allem die Beiträge der Periodika wichtig, die in erheblichem Umfang von den Mitarbeiterstäben der Zeitschriftenredaktionen selbst erstellt werden. Während oft sekundäres und besonders amtliches statistisches Zahlenmaterial verarbeitet wird, stützen sich wertvollere Beiträge auf *eigene* Recherchen.

Großes Interesse besitzt die kurze Berichterstattung der Zeitschriftenliteratur über industriell wichtige *wissenschaftliche* und *technische Neuentwicklungen*, die durch Auswertung anderer Periodika, Firmenmitteilungen oder eigene redaktionelle Umfragen ermöglicht werden. Die Berichterstattung über Neuheiten ist nicht nur für den Marktforscher bedeutsam, sie vermittelt auch den Chemikern und Ingenieuren eine breite Orientierung über alle wichtigen Veränderungen.

Die separaten Organe der „news publications" sind praktisch aus den Neuheitenrubriken und wirtschaftlichen Berichtsteilen der chemischen sowie chemisch-technischen Fachzeitschriften entstanden [3.45; 3.117], nachdem das Bedürfnis nach solchen Informationen größer geworden war. Das weitgestreute Interesse an der Zeitschrift „Chemical and Engineering News" zeigt die Leserschaftsanalyse in Tab. 3.34, woraus der verhältnismäßig kleine Anteil

Tabelle 3.34 *Leserschaftsanalyse von „Chemical and Engineering News" 1963* [3.117]

Leserkreis	Zahl der Abonnenten
Industrie	
Geschäftsleiter, Produktions- und Werksleiter, Vorarbeiter	16700
Leitendes und ausführendes Personal der Forschung und Entwicklung	9600
Chemiker und Metallurgen	23300
Ingenieure	7800
Vertriebs- und anderes kaufmännisches Personal	4900
Beratende Chemiker und Ingenieure	7200
Gesamte Industrie	69500
Behörden	
Chemiker und Ingenieure in behördlichen Stellungen und in öffentlichen Versorgungsbetrieben	8500
Akademischer Bereich	
Professoren und anderes Lehrpersonal (davon 13% Industrieberater)	14900
Studenten	11450
Universitäten und Colleges	2100
Gesamter akademischer Bereich	28450
Andere Bezieher und nicht klassifiziert	4300
Gesamt	110750

des Vertriebs- und damit auch Marktforschungspersonals am Bezieherkreis hervorgeht. Der Abdruck amtlicher *statistischer Daten* nimmt in den Organen einen großen Raum ein, außerdem die Verbreitung von Firmenmitteilungen (Auszüge aus Geschäftsberichten, Firmenpressekonferenzen, Pressemitteilungen über neue Produkte, Verfahren und Anlagen). Schließlich werden Themen der Allgemeinen Wirtschaftschemie behandelt (z.B. Optimierung chemischer Anlagen, Methoden der Instandhaltung, Betriebskontrolle und Automation, Wirtschaftlichkeitskontrolle). Neben den bekanntesten amerikanischen Zeitschriften „Oil, Paint and Drug Reporter", „Chemical and Engineering News" und „Chemical Week" sind als wichtigste Organe dieser Art im westeuropäischen Raum die Zeitschriften „Chemical Age", „European Chemical News", „Chemistry and Industry" sowie deutschsprachig die Zeitschriften „Chemische Industrie", „Europa-Chemie" und „Chemische Rundschau" zu erwähnen. In der allgemeinen betriebswirtschaftlichen Zeitschriftenliteratur sind selten für den Chemiemarktforscher informative Beiträge enthalten [Referateorgane 3.103; 3.104].

Buchveröffentlichungen über die spezielle Wirtschaftschemie waren bislang spärlich. Es besteht der Nachteil der schnellen Veraltung des Zahlenmaterials.

Die seit einigen Jahren erscheinenden zahlreichen Broschüren der „Noyes Development Corporation (ndc)" berücksichtigen an erster Stelle wirtschaftschemische Belange. Während die „Chemical process reviews", z.B. [3.181], den aktuellen Entwicklungsstand der Verfahren wiedergeben, dienen andere unmittelbar der Marktforschung. Es geht um Wachstumstendenzen, Verbrauchsentwicklungen und deren Prognose, z.B. [4.82], wichtige Erzeugnisse der chemischen Nachverarbeitung, z.B. [3.134], um Länderanalysen sowie Analysen von Chemieunternehmungen, z.B. [3.133].

Hier sind die *Produktkataloge* und *Firmenverzeichnisse* oder Adreßbücher der chemischen Industrie sowie aller absatzwichtigen Branchen anzuschließen.

Besonders wertvoll sind genauere Angaben über Produktionsstrukturen, Verkaufsprogramme, Kapitalverflechtungen, leitende Persönlichkeiten und andere Einzelheiten. Die Produktkataloge sind unter anderem zur Aufklärung mehrdeutiger Produktbezeichnungen brauchbar [3.50; 3.51; 3.71; 3.91; 3.167]. Hinweise über die Verwendung chemischer Produkte ergeben sich freilich erst indirekt aus den mitgeteilten Verkaufsprodukten. Außerdem sind die auf freiwilliger Basis zustande kommenden Verzeichnisse nicht immer vollständig. Umfassend und stets aktuell sind die jährlich neu herausgegebenen Produkt- und Firmenverzeichnisse der Zeitschriften „Chemical Week" sowie „Oil, Paint and Drug Reporter".

Unter dem Gesichtspunkt der Veraltung des Materials sind fortlaufend ergänzte *Sammelwerke* günstiger zu beurteilen.

Von diesen verdient das seit 1950 erscheinende „Chemical Economics Handbook" des Stanford Research Institute an erster Stelle Erwähnung. Es ist hervorragend auf die Interessen der Chemiemarktforschung zugeschnitten, allerdings wegen der erheblichen Subskriptionskosten nur wenigen Großfirmen zugänglich. Die laufenden Produktberichte der Serie „Chemical Profiles" der Zeitschrift „Oil, Paint and Drug Reporter" wurden zusammengefaßt veröffentlicht und finden trotz der kurzen und gedrängten Informationen in der Chemiemarktforschung Beachtung (Tab. 3.35).

Tabelle 3.35 *Beispiel eines Produktberichtes der „Chemical Profiles"* [3.36]

Chemisches Produktprofil: Chlorsulfonsäure		1. Januar 1966
Angebot	Produzenten	Kapazität [t/a]
	Du Pont, East Chicago, Ind.	5000
	Du Pont, Grasselli, N. J.	40000
	Monsanto, E. St. Louis, Ill.	30000
	Tennessee Corp., Lockland, Ohio	7000
	Gesamt	82000
Nachfrage	1964: 66000 t; 1965: 69000 t; 1970: 88000 t	
Wachstum	Historisch (1956–1965): 8,4%/a; zukünftig: 5%/a bis 1970	
Preise	Historisch (1952–1966): Obergrenze 4,5 c/lb bei Tankwagenbezügen ab Werk, einheitliche Frachtbasis; Untergrenze 4,15 c/lb, gleiche Bedingungen. Gegenwärtig: 4,15 c/lb, gleiche Bedingungen	
Verwendung	Synthetische Waschrohstoffe 40%, Pharmazeutika 20%, Farbstoffe 15%, Pestizide 8%, Ionenaustauscher 5%, verschiedenes 12%.	
Stärken des Produktes	Die Nachfrage zur Herstellung biologisch abbaureicherer Waschrohstoffe auf der Basis von Fettalkoholen ist lebhaft, dieses Verbrauchsgebiet wächst schnell. Der Verbrauch für Pestizide und Pharmazeutika wächst mäßig.	
Schwächen des Produktes	Schwefeltrioxid bedroht die Verwendung der Chlorsulfonsäure im Waschrohstoffsektor als Substitutionsprodukt. Sonst wenig Veränderungen.	
Aussichten	Die neuen abbauweichen Fettalkoholsulfat-Tenside sind offensichtlich am besten durch Sulfatierung mit Chlorsulfonsäure herstellbar. Der Vorteil der Chlorsulfonsäure besteht in der Vermeidung der Sulfonierung. Wenn die linearen Alkylbenzolsulfonate die Anforderungen an die biologische Abbaubarkeit nicht erfüllen, wird die Produktion an Fettalkoholsulfaten zunehmen.	

Die wirtschaftschemisch ausgerichtete Literatur wird in den allgemeinen *Literaturverzeichnissen* für die chemische Industrie mehr und mehr berücksichtigt [3.45; 3.129; 3.140]. In den speziellen Marktforschungs-Quellenverzeichnissen nimmt diese Literatur in jedem Fall einen hervorragenden Platz ein [3.14; 3.38;

3.59; 3.186]. Auch Bibliographien zur Literatur über die Vorkalkulation chemischer Anlagen vermitteln gelegentlich Hinweise auf interessante Arbeiten [3.115]. Dagegen ist es ein Nachteil, daß in der chemischen und technisch-chemischen Referateliteratur die chemiewirtschaftlichen Veröffentlichungen kaum ausgewertet werden, so daß spezielle Dokumentationswerke und Bibliographien für die Chemiemarktforschung erforderlich werden.

Inzwischen sind besondere Referateorgane und Nachrichtendienste für die Chemiewirtschaft im Aufbau und bereits mit mehreren Dokumentationswerken vertreten [3.17; 3.29; 3.30; 3.32; 3.177]. Ebenfalls auf die laufende Zeitschriftenauswertung gestützt ist der Informationsdienst über technische Zukunftsentwicklungen „Long range planning service" des Stanford Research Institute. Die Berichterstattung über die bestehenden und neu errichteten *Kapazitäten* beansprucht hierin ein großes Interesse. Sie bildet sogar den alleinigen Gegenstand des Informationsdienstes „Chemical plant data", der die Kapazitätsdaten von 111 Industriechemikalien in weltweitem Maßstab erfaßt, einschließlich ergänzender Informationen über Standort, Verfahren, Rohstoff, Lizenzgeber usw. [3.34]. Die auf etwa 400 ausgewertete Zeitschriften gestützte monatliche „Bibliographie der Wirtschaftspresse" des Hamburgischen Welt-Wirtschafts-Archivs mit Quellenhinweisen und Kurzreferaten ist allgemein gehalten, berücksichtigt aber innerhalb zahlreicher Wirtschaftszweige auch die Chemische Industrie einschließlich Kohlenwertstoffindustrie und Mineralölverarbeitung gesondert [3.18]. Gleichfalls ist die Berichterstattung dieses Institutes über andere Branchen für den Chemiemarktforscher interessant.

Schließlich ist bei manchen Fragestellungen auch das Sekundärmaterial aus dem Bereich der *Warenverteilung* einzubeziehen, etwa im Hinblick auf Vertriebsmethoden, Vertriebswege, Handelsbetriebsformen, Sortimentsgestaltung im Handel, Transport- und Verpackungsfragen. Auf diesem Wege sind Anregungen zur Produktgestaltung aus der Sicht der Wünsche des Letztverbrauchers, aus den Ergebnissen veröffentlichter Warentests, ferner zur Werbung und Preisgestaltung vielleicht schneller und preisgünstiger zu erhalten als durch Primärerhebungen. Weiterhin sind fallweise zu berücksichtigen die Literatur über die Absatzwirtschaft, die verschiedenen Fachhandelszweige und Handelsbetriebsformen, Verbraucherzeitschriften sowie Testzeitschriften und anderes. Eigene Gruppen bildet die Fachliteratur der jeweiligen Bedarfsberater (z.B. medizinische Fachliteratur).

3.826 Publikationen der Wirtschafts- und Fachverbände

Die Publikationen der *Wirtschafts-* und *Fachverbände* sind zu einem erheblichen Teil wirtschaftlicher und wirtschaftsstatistischer Art. Wenngleich über die Mitteilung veröffentlichten Datenmaterials anderer Stellen wenig hinausgegangen wird, können die Aufbereitung, Zusammenfassung, Interpretation, beschleunigte Wiedergabe oder Vermittlung sonst schwer zugänglicher Informationen die Brauchbarkeit von Sekundärstatistiken sehr verbessern. Die Fachverbandspublikationen dienen freilich nicht nur der Chemiemarktforschung, sondern der Unterrichtung breiter Interessentenkreise und sogar der gesamten Öffentlichkeit. Dies wird man für die jährliche Buchveröffentlichung „Chemiewirtschaft in Zahlen" des Verbandes der deutschen chemischen Industrie [1.19] ebenso annehmen müssen wie für die mehr auf eine Beschreibung der verschiedenen Chemiesparten abstellende Broschüre der amerikanischen „Manufacturing Chemists' Association" [1.101] oder die umfassenden Jahresberichte der „American Chemical Society". Die für die eigenen Mitgliedsfirmen gedachten Länderstatistiken des deutschen Chemieverbandes besitzen daneben ein hervorragendes spezielles Interesse für die Marktforschung. Zuweilen bestehen innerhalb der Fachverbände besondere Arbeitsgruppen für Marktforschungsfragen sowie für Statistik. Diese sind unter anderem für die Koordinierung der Verbandsinteressen mit der amtlichen Statistik maßgebend. Die in die amtliche Statistik einfließenden Daten liegen den Fachverbänden häufig in wesentlich detaillierterer Form vor und sind hier wegen der größeren „Nähe" zu den meldenden Firmen auch weit besser interpretierbar. Außenstehende erhalten zu diesen Informationen jedoch nur begrenzt Zugang.

3.827 Firmenpublikationen

Im engeren Sinne rechnen zu den *Firmenpublikationen* (trade literature) nur die in eigener Verantwortung der Unternehmungen herausgegebenen Druckschriften sowie Inserate. Man kann jedoch im weiteren Sinne auch die von neutralen Publikationsorganen im Interesse der Unternehmungen wiedergegebenen Mitteilungen einbeziehen. Bei vielen Druckschriften (z.B. Prospektmaterial) und Firmenzeitschriften überwiegt der Zweck der objektiven Information, andere dienen mehr der Öffentlichkeitsarbeit oder der verkaufsbezogenen Chemiewerbung. Auf Einzelheiten ist im Rahmen der Chemiewerbung noch einzugehen (Kap. 7.64). Für die Chemiemarktforschung bieten sich hieraus mitunter brauchbare Informationen, die sich erstrecken können auf chemisch-naturwissenschaftliche Grundlagen, technische Aspekte neuer Verfahren, anwendungstechnische Daten, die Verkaufsprogramme und deren Veränderungen sowie wirtschaftliche Informationen vielfältiger Art.

Wegen der aus werblichen Gründen vorgenommenen Aufbauschung der Firmendruckschriften ist allerdings auch mit einem erheblichen Anfall von Ballastmaterial zu rechnen. Es wurde in einem Falle geschätzt, daß die eingeholten Firmenschriften zu rund 95% wertlos seien, daß 4% hiervon mäßige und nur 1% wertvolle Informationen bieten [3.229].

Brauchbare technisch-wirtschaftliche Informationen über chemische Produktionsverfahren enthalten zuweilen auch die Firmenpublikationen der Ingenieur- oder Projektierungsfirmen, welche die betreffenden Anlagen anbieten, z. B. [3.131].

Die *Kundenzeitschriften* bedeutender Chemieunternehmungen erreichen nicht selten ein hohes fachliches Niveau und sind dann ebenfalls zu berücksichtigen.

Mitgeteilte Forschungsergebnisse über neue Produkte und Verfahren werden sogar manchmal von der allgemeinen Referateliteratur berücksichtigt. Mitunter wird von einzelnen Chemiefirmen ein eigenes Referateorgan gedruckt, in dem alle Publikationen einschließlich der Patentliteratur in erstaunlich kurzer Zeit erfaßt werden. Darüber hinaus werden von großen Chemieunternehmungen mitunter für spezielle Produktionsgebiete Referateorgane hergestellt. Sie dienen oft nur der Unterrichtung der Mitarbeiter und sind nicht für die Öffentlichkeit bestimmt. Für die Verbreitung wichtig sind Hinweise neutraler Fachzeitschriften auf das Erscheinen von Firmenpublikationen. Die laufende Berichterstattung hierüber ist in vielen, besonders in den chemiewirtschaftlich orientierten Organen üblich geworden, und zwar oft innerhalb ständiger Rubriken, vgl. [3.93; 3.119].

Redaktionelle Mitteilungen über Neuigkeiten einzelner Chemiefirmen erscheinen zuweilen als fallweise Berichte, häufig aber ebenfalls innerhalb ständig beibehaltener Rubriken und sogar stark systematisiert (Kap. 3.316 u. 3.825).

3.83 Organisation des sekundärstatistischen Informationswesens

3.831 Betriebsinterne Informationsstellen

Das anwachsende Informationsbedürfnis der Chemiemarktforschung zwingt zu Überlegungen, inwieweit das *innerbetrieblich* bereits vorhandene *Informationsmaterial* hierfür auszunutzen und weiteres Material zu beschaffen ist. Zahlreiche Alternativlösungen einer Zentralisierung oder Dezentralisierung liegen in Konkurrenz. Die Einrichtung und Verwaltung der Informationsstellen verschlingt erhebliche Geldmittel. Es sind daher Untersuchungen darüber angebracht, inwieweit der entstehende Aufwand durch die Ausnutzung der Materialsammlungen gerechtfertigt ist.

Als bereits vorhandenes, für die Marktforschung mehr oder minder belangreiches Material sind die Literatursammlungen der chemischen und ingenieurtechnischen Abteilungen anzusehen, ferner der kaufmännischen Arbeitsbereiche. In großen Chemieunternehmungen ist diese Literatur (Bücher, Patentliteratur, fremde Firmenschriften, Fachzeitschriften) nicht durchgehend zentralisiert, sondern auf zahlreiche Fachbereiche, Produktionssparten, örtlich getrennte Werke oder einzelne Mitarbeiter verteilt. Wegen des überwiegenden Interesses der anderen Fachbereiche an der chemischen und technischen Fachliteratur wird für die Marktforschung nur eine Mitbenutzung in Betracht kommen. Es ist dennoch unumgänglich, die Marktforschungsgruppe selbst mit einem gewissen Grundstock an Handbüchern, laufend gehaltenen Zeitschriften usw. auszustatten.

In Großbetrieben der chemischen Industrie mit starken Marktforschungsgruppen neigt man heute mit Recht zum Aufbau umfangreicher eigener Materialsammlungen, die man zweckmäßig zentralisiert. Hinsichtlich des Informationsmaterials selbst konkurrieren in gewissem Umfang die Beschaffung von Marktforschungs-*Dokumentationswerken* einerseits mit dem laufenden Erwerb zahlreicher Originalveröffentlichungen und der Auswertung durch das eigene Personal andererseits. Trotz der erheblichen Subskriptionskosten für die fremden Literaturdienste sind diese weit billiger, da vor allem die hohen Personalkosten für die Auswertung und Verwaltung des Originalmaterials wegfallen. Die Literaturdienste sind aber in vieler Hinsicht weniger wirksam, da die gebotenen Informationen verkürzt sind und gegebenenfalls ein nochmaliges Zurückgreifen auf die Originalstellen erfordern. Sie sind den speziellen Interessen der Marktforschungsgruppe oft zu wenig angepaßt. Außerdem erhalten die Marktforscher unzureichenden Kontakt mit den Originalveröffentlichungen.

Ähnliches gilt für die Verwertung des in verschiedenen Stellen der Unternehmung anfallenden *innerbetrieblichen Sekundärmaterials* in Form von Verkaufsstatistiken, Verkaufsberichten, Berichten der Forschungs- und Entwicklungsstellen, Korrespondenzen. Es wird sich kaum eine Zentralisierung oder geschlossene Vervielfältigung für die Marktforschung rechtfertigen lassen. Dennoch sind die Kenntnisse über dieses oft umfangreiche und weit verstreute Material sowie die Zugänglichkeit seitens der Marktforschung unerläßlich. Auch die Einflußnahme der Marktforschung auf die Gestaltung dieser Aufzeichnungen zur besseren Berücksichtigung der Marktforschungsinteressen ist geboten. Oft werden spezielle Fragestellungen aufgeworfen, zu deren Beantwortung das bereits vorhandene innerbetriebliche Sekundärmaterial nicht ausreicht. Es sind dann gezielte Ausarbeitungen und *Teilstudien* verschiedener betrieblicher Stellen erst im Bedarfsfall seitens der Marktforschung zu veranlassen. Da die Marktforschungsgruppe meistens nur Stabscharakter besitzt, sind diese Forderungen schwer durchzusetzen. Anweisungen von höheren Stellen müssen dann weiterhelfen.

Bei der unumgänglichen Dezentralisation großer Teile des Informationsmaterials ist es zweckmäßig, wenigstens eine Zentralstelle für die bibliographische Erfassung der Titel und Standorte des Gesamtmaterials oder sogar die weitere dokumentarische Auswertung einzurichten (Referatekarteien, maschinelle Datenverarbeitung). Diese Stelle sollte auch die organisatorische Koordinierung aller Informationsstellen übernehmen. Über die organisatorische Bestgestaltung des Zusammenwirkens von zentraler Literaturabteilung und mehreren kleinen dezentralisierten Spezialbibliotheken und Dokumentationsstellen wurde aus der Sicht einer großen Chemieunternehmung (BASF) berichtet [3.164]. Für die Auswertung und Koordinierung der innerbetrieblichen Sekundärinformationen über die Auslandsmärkte bietet sich vor allem die internationale Abteilung oder Exportabteilung an [3.26; 3.41; 3.109].

Aus der Marktforschungspraxis der American Cyanamid Co. wurde über den Ausbau eines *Informationszentrums* bei der Marktforschungsgruppe berichtet, die selbst einer Entwicklungsabteilung (Commercial Development Division) eingegliedert ist [3.224]. Das gesamte inner- und außerbetriebliche Informationsmaterial, das für die Marktforschung bedeutsam erscheint, wird in einem nach vier Hauptgesichtspunkten gegliederten Karteisystem erfaßt und unter anderem für eine bestimmte innerbetriebliche Berichterstattung ausgewertet (Tab. 3.36). Auch von anderen Stellen als der Marktforschung wird dieses zentrale Informationsangebot reichlich in Anspruch genommen. Andererseits wird eine zentrale „wirtschaftliche Informationsstelle“ auch unmittelbar der Unternehmensleitung unterstellt, da die Bedeutung über die Belange der Marktforschung hinausgeht.

3.832 Betriebsexterne Informationsstellen

Die wenigstens zusätzliche Benutzung *betriebsexterner* sekundärstatistischer Materialsammlungen ist naheliegend im Hinblick auf den wachsenden Informationsbedarf, das sich schnell vermehrende Literaturangebot und die zu geringen Ausnutzungsmöglichkeiten eigener Stellen insbesondere in Klein- und Mittelbetrieben. In Frage kommen öffentliche Bibliotheken, Universitäts- und Hochschulbibliotheken, vor allem aber die spezialisierten Bibliotheken der Industriefachverbände und Berufsverbände. Auch das kooperative Zusammengehen mehrerer Firmen wird sich wohl in Zukunft verstärken.

Als Beispiel sei auf die 1967 von 11 Chemiefirmen ins Leben gerufene Indoc – Internationale Dokumentationsgesellschaft für Chemie mbH in Frankfurt [3.105] – hingewiesen. Sie dient freilich bislang allein der Auswertung der chemisch-naturwissenschaftlichen Fachliteratur unter Einsatz der elektronischen Datenverarbeitung. Dokumentiert wurde zuerst fast ausschließlich der niedermolekulare Bereich der präparativen organischen Chemie. Die makromolekulare organische und die anorganische Chemie sollten später hinzukommen. Weiter sei die bereits auf das Jahr 1957 zurückgehende Kooperation zahlreicher Chemieunternehmungen bei der Patentdokumentation erwähnt [3.200]. Große Chemieunternehmungen mit ausgedehnten Literatursammlungen und Dokumentationseinrichtungen gewähren ihren Kunden gelegentlich Literaturdienste.

Der schwierige Zugang und der zumeist noch größere Zeitbedarf bei der Benutzung betriebsexterner Literatursammlungen schränken aber ihre Bedeutung ein. An eine überwiegende Ausgliederung des sekundärstatistischen Informationsdienstes wäre höchstens dann zu denken, wenn alle einschlägigen Veröffentlichungen von den externen Stellen erfaßt und mit Hilfe von Dokumentationssystemen aufgrund von Einzelanfragen oder Daueraufträgen ausgewertet werden könnten.

Die vorwiegend naturwissenschaftlich-technisch orientierten Bibliotheken berücksichtigen aber kaum erschöpfend die wirtschaftschemischen oder Firmenpublikationen. Auch die innerhalb anderer Zeitschriften oft in speziellen Rubriken zusammengefaßten wirtschaftlichen Kurzmitteilungen bleiben meistens unbeachtet. Die Zeitschriften mit wirtschaftlichem Schwergewicht werden nicht alle abonniert, oder die Aufsätze und Mitteilungen werden bei der Dokumentation übergangen und im günstigsten Fall nur mit unzureichenden Stichworten für das angewandte Suchsystem belegt. Hier sind die gleichen Mängel wie bei der bisherigen chemischen und technisch-chemischen Referateliteratur zu beklagen.

Bei den wirtschaftlich orientierten oder ganz auf die Marktforschung spezialisierten Bibliotheken und Literaturdiensten liegen die Mängel genau umgekehrt, denn man ist dann bestens auf die Erfassung des kommerziellen Geschehens eingerichtet und wird auch noch die wichtigsten Branchenpublikationen berücksichtigen. Kaum aber wird man die Branchenliteratur in der ganzen Breite und die im chemischen und technischen Schrifttum gebotenen Informationen erfassen.

3.833 Dokumentationssysteme

Der Wirkungsgrad des Literaturstudiums zu einem Marktforschungsprojekt ist nicht nur vom Ausmaß des verfügbaren Sekundärmaterials abhängig, sondern auch von dessen *Ordnung* und den angewandten Hilfsmitteln zur Erleichterung des Zugriffs auf die einschlägigen Veröffentlichungen. Da die Informationen nur zum geringsten Teil in zusammenfassenden, der Problematik genau entsprechenden Darstellungen wie etwa Büchern konzentriert sind, sondern statt dessen meistens in der Zeitschriftenliteratur oder anderen periodischen Veröffentlichungen, in Patentschriften, Firmenschriften usw. verstreut sind, werden bald besondere *Suchsysteme* für die Dokumente erforderlich. Autorenverzeichnisse oder die chronologische Ordnung von Zeitschriftensammlungen bieten kaum eine Hilfe. Vielmehr ist eine Analyse des eingehenden Literaturmaterials auf die für die Marktforschung wichtigen inhaltskennzeichnenden Begriffe notwendig, die nach einem bestimmten Ordnungsprinzip in das Suchsystem einzuspeichern sind.

Am weitesten sind trotz der bestehenden Mängel immer noch die Begriffsordnungen der *eindimensionalen*, hierarchischen *Klassifikationssysteme* verbreitet, wozu auch die Dezimalklassifikation gehört. In bezug auf die Trennung von Suchsystem und Originalmaterial bieten sich folgende Möglichkeiten an:

1. In den Schlagwortkarteien werden nur *Hinweiskarten* auf die Titel der Originalveröffentlichungen geführt, die dann auf jeden Fall einzusehen sind.

2. Auf den Literaturkarten der Schlagwortkarteien werden kurze *Inhaltsangaben* der Veröffentlichungen notiert, wie etwa in Form der wichtigsten kennzeichnenden Begriffe, mitgeteilter wichtiger Daten oder von Kurzreferaten. Dadurch wird die Einsicht in die Originalveröffentlichungen mitunter entbehrlich, zumindest aber die Anzahl der aufgesuchten unzutreffenden Veröffentlichungen sehr gesenkt. Das Exzerpieren der Inhaltsangaben bedeutet freilich einen beachtlichen Mehraufwand. Zuweilen können in den Originalveröffentlichungen enthaltene Referate entnommen und den Literaturkarten einfach aufgeklebt werden.

3. Eine Trennung von Schlagwortkartei als Suchsystem und Literatursammlung entfällt, indem die Originalveröffentlichungen selbst nach der gleichen

Begriffsordnung abgelegt werden. Dazu müssen allerdings zusammengebundene Dokumente getrennt, insbesondere die Zeitschriften in die einzelnen Aufsätze, Beiträge und Notizen zerlegt und dann an ganz verschiedenen Stellen der *Ausschnittssammlung* aufbewahrt werden. Das Verfahren ist in der Chemiemarktforschung außerordentlich beliebt und häufig anzutreffen. Der Zugriff auf das Literaturmaterial ist beschleunigt, Informationsverluste durch unzutreffendes Exzerpieren der Texte werden vermieden, und der Arbeitsaufwand zur Führung einer besonderen Suchkartei entfällt. Nachteilig ist der Verzicht auf die gebundenen Periodika, was sich vor allem bei einem großen Benutzerkreis auch außerhalb der Marktforschung auswirkt. Als alternatives, kostspieligeres Verfahren bietet sich dann die Vervielfältigung des Literaturmaterials im Photokopierverfahren an, das mit den Fortschritten der Photokopiertechnik bedeutsamer wird.

Die wichtigsten Einwände gegen derartige eindimensionale Ordnungssysteme bestehen darin, daß der Inhalt der Dokumente, und zwar auch der Zeitschriftenaufsätze mit ihren begrenzten Themenstellungen, nur in seltenen Fällen mit einem Stichwort beschrieben werden kann und daß außerdem die Einordnung der Begriffe in das Klassifikationssystem nicht immer eindeutig möglich ist. Es sei nur an die in der Chemiemarktforschung allgegenwärtige Doppelkennzeichnung chemischer Produkte unter stofflichen und Verwendungsgesichtspunkten oder die vielstufigen Begriffsüber- und -unterordnungen chemischer Produkte erinnert. Wird beispielsweise in einem Aufsatz die Verwendung von Ammoniak als Kältemittel in Kühlhäusern der Lebensmittelindustrie eines bestimmten Landes behandelt, so wären Hinweiskarten, Literaturkarten oder Originalablagen unter folgenden Stichworten möglich: Stickstoffverbindungen, Technische Stickstoffverbindungen, Ammoniak, Kältemittel, Lebensmittelindustrie, Kälteindustrie, Länderinformationen hinsichtlich des erwähnten Landes. Man hilft sich hier mit *Verweisungskarten* oder mit der *mehrfachen Ablage* von Literaturkarten bzw. den entsprechend vervielfältigten Originalveröffentlichungen. Die Grenzen des Wirtschaftlichen sind dabei aber bald erreicht, so daß einschränkende Kompromißlösungen und Informationsverluste unvermeidlich sind.

Die Literatursammlungen der Chemiemarktforschung werden vor allem nach vier übergeordneten Gliederungsprinzipien ausgewertet, nämlich nach *Produkten*, *Branchen*, *Absatzgebieten* (Ländern) und *Unternehmungen*. Die für die Dokumentation wichtigen Literaturinhalte oder Aufbereitungsgesichtspunkte gehen gut aus dem in Tab. 3.36 wiedergegebenen Beispiel hervor. Dabei zeigt sich auch die mehrfache Erfassung einzelner Tatbestände in den verschiedenen Abteilungen. Die Produktkartei dient zur Literaturdokumentation der im eigenen Absatzprogramm oder Interessengebiet befindlichen Produkte und ist im allgemeinen von übergeordneter Bedeutung. Produktionsverfahren zur Herstellung dieser Produkte sowie die Produktverwendungen werden oft gleichzeitig erfaßt. Dagegen werden die chemischen Reaktionen sowie die physikalischen Grundverfahren in der chemischen sowie technisch-chemischen Literaturdokumentation auch selbständig berücksichtigt [3.218]. Die Branchenkartei gilt vor allem den verbrauchenden Industriezweigen, während die Gebietskartei meistens nach Ländern aufgebaut ist. Die in den Gebiets- und Unternehmenskarteien berücksichtigten Literaturstellen betreffen sowohl die Angebots- als auch Nachfrageseite der interessierenden Absatzmärkte.

Tabelle 3.36 *Gliederung und Aufbereitung des Sekundärmaterials im wirtschaftlichen Informationszentrum der American Cyanamid Company* [3.224]

Übergeordnete Gliederung	Aufbereitungs-gesichtspunkte	Übergeordnete Gliederung	Aufbereitungs-gesichtspunkte
Unternehmung	Leitende Angestellte	Produkt	Produktionsverfahren
	Unternehmensorganisation		Kapazitäten
	Wichtige Produkte		Produktionsmengen
	Rohstoffe		Technologie
	Produktionsverfahren		Anlagekapitalbedarf
	Anlagen		Verbrauchsstrukturen
	Vertriebsorganisation		Produktionswerte
	Umsätze		Wichtige Verbraucher
	Rentabilität		Endverbrauchsdaten
	Prognosen		Preise
Absatzgebiet	Regionalgliederungen		Prognosen
	Bevölkerung	Branche	Produkte
	Rohstoffe		Produzenten
	Verwaltung		Produktionsverfahren
	Verkehrswesen		Technische Entwicklungen
	Energieversorgung		Wirtschaftliche Entwicklung
	Wichtige Unternehmungen		Branchenverflechtungen
	Technische Entwicklungen		Prognosen
	Prognosen		

Betrifft z.B. ein Marktforschungsprojekt die Absatzmöglichkeiten von *Polyvinylchlorid* in Kanada, wird man alle drei oder auch vier Sachkarteien einsehen müssen, nämlich die Produktkartei unter Polyvinylchlorid oder allgemeiner Polymerisationskunststoffen, weiter unter Folgeprodukten (Halbzeuge, Formartikel) und Verwendungen, die Länderkartei unter Kanada oder Nordamerika, schließlich die Unternehmensverzeichnisse im Hinblick auf dort ansässige Kunststoffproduzenten und -verbraucher, wobei auch die nach Kanada exportierenden Konkurrenten einzuschließen sind. In der Branchenkartei wären die Kunststoffindustrie sowie kunststoffverarbeitende Industrie am wichtigsten. Zweifellos wird die Literatursuche zu der speziellen Fragestellung dadurch erschwert sein, daß unter den betreffenden Stichworten unzutreffende Literatur verzeichnet ist und als Ballast mit durchzusehen ist.

In der modernen Dokumentation versucht man heute die eindimensionalen immer stärker durch *mehrdimensionale Ordnungssysteme* zu ersetzen, vgl. [3.46; 3.130; 3.180; 3.185]. An die Stelle der hierarchischen Begriffsgliederung tritt das System der gleichwertigen, nebengeordneten Begriffe, das in der amerikanischen Literatur als „concept-coordination indexing“ bekannt ist. Der Literaturaufschluß ist tiefgehender, indem die Inhalte der Dokumente durch mehrere kennzeichnende Begriffe, Deskriptoren, Schlagworte oder Stichworte (key-concepts) beschrieben werden. Bei der späteren Literatursuche wird über die entsprechende Kombination von Begriffen eine gezielte Auswahl nur solcher Schriftstücke ermöglicht, in denen die betreffenden Begriffe gleichzeitig vorkommen. Dazu eignen sich bereits relativ einfache Dokumentationshilfsmittel wie etwa Randlochkarten, Schlitz- oder Flächenlochkarten, Uniterm-Karten sowie Sichtlochkarten [3.7]. Diese Karteisysteme werden häufig zur Auswertung begrenzter chemischer sowie technisch-chemischer Literatursammlungen benutzt, sind aber auch für die Chemiemarktforschung von grundsätzlichem Interesse.

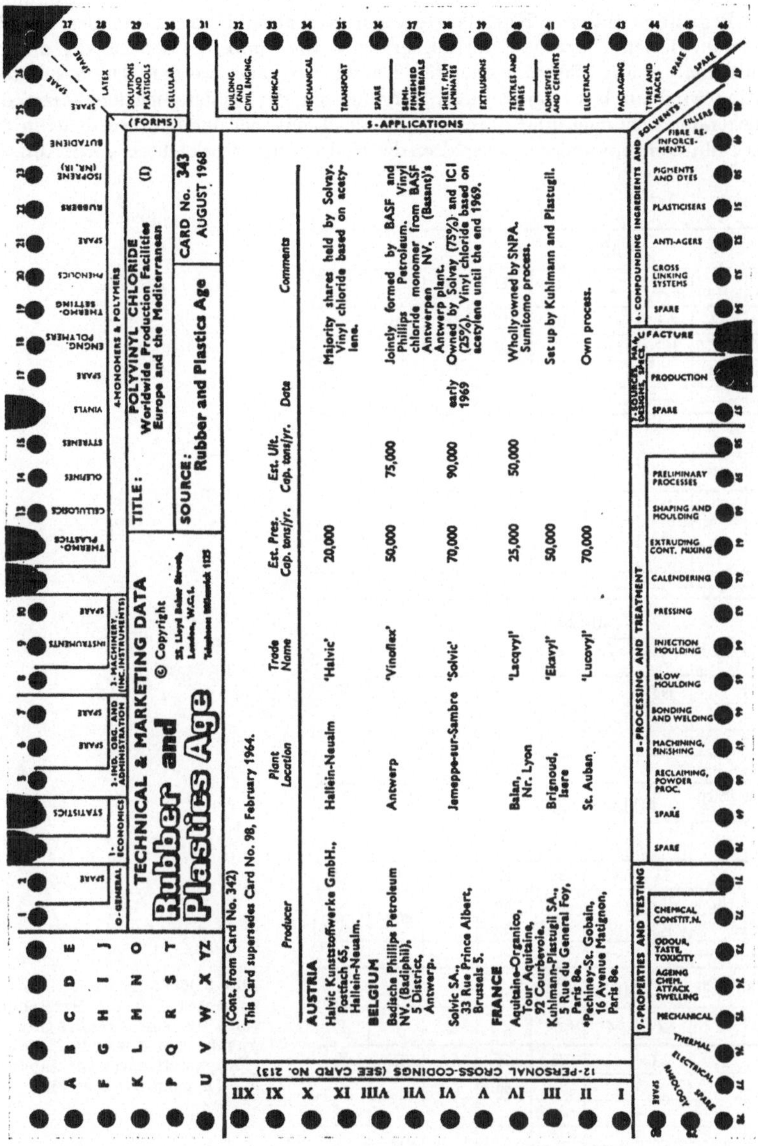

Abb. 3.35 Beispiel einer Randlochkarte des Informationsdienstes der Zeitschrift „Rubber and Plastics Age“ über technische und Marketing-Daten auf dem Kunststoffgebiet [3.203].

Bei den *Randlochkarten* sowie *Schlitz- oder Flächenlochkarten* wird jedem Dokument eine Karte zugeordnet, die sowohl eine kurze Inhaltsbeschreibung erhält als auch durch Kerbung oder Lochung derjenigen Lochplätze markiert wird, die den inhaltskennzeichnenden Begriffen entsprechen. Für alle vorkommenden und bei der Literaturrecherche anwählbaren Begriffe müssen Lochplätze vorhanden und durch ein bestimmtes Verschlüsselungssystem benannt sein. Durch einen Sortiervorgang („Nadeln“) können die Karten mit der gewünschten Begriffskombination leicht herausgefunden werden. Ohne auf technische Details eingehen zu wollen, sei auf das Beispiel der Randlochkartendokumentation als Leserdienst der Zeitschrift „Rubber and Plastics Age“ in Abb. 3.35 verwiesen.

Bei den *Sichtlochkarten* sowie *Uniterm-Karten* wird umgekehrt nicht für die Dokumente, sondern für die Begriffe jeweils eine Karteikarte angelegt, während die eingehenden Veröffentlichungen, internen Berichte usw. laufend numeriert werden und mit den Zugangsnummern nach der Inhaltsanalyse auf allen zutreffenden Karten vermerkt werden. Die gesuchte Begriffskombination wird durch Kartenvergleich aufgefunden, der bei den Sichtlochkarten durch übereinanderliegende Lochungen und durchscheinendes Licht, bei den Uniterm-Karten durch Anordnung der Dokumentnummern in 10 Spalten der Endziffern 0–9 erleichtert wird (Abb. 3.36).

Einsatzmaterial — Äthylen

0	1	2	3	4	5	6	7	8	9
60	101	32	53		115	126	227	98	39
	131	72	143			186		118	
		212							

Produkte — Vinylchlorid

0	1	2	3	4	5	6	7	8	9
60	21	32	113	194		126		88	
			143			186		98	

Länder — Japan

0	1	2	3	4	5	6	7	8	9
40			143			76			49
			163						

Wirtschaftliche Daten — Kapazitätsdaten

0	1	2	3	4	5	6	7	8	9
20	81	62	93	44	55	66	67	18	39
190	131	82	123		95	86	117		59
	141		143		175	186			

Wirtschaftliche Daten — Kostendaten

0	1	2	3	4	5	6	7	8	9
50			143		75	46	67	178	39
190						86	177		

Abb. 3.36 Verzeichnis eines Dokumentes über die Herstellung von Vinylchlorid aus Äthylen mit Angabe von Kostendaten sowie Kapazitätsdaten für Japan (Zugangsnummer 143).

Um das System der beschreibenden Begriffe möglichst optimal zu wählen und die Verwendung *gleichbleibender Begriffe* sowohl bei der Literatureinspeicherung als auch Literatursuche zu sichern, empfiehlt sich eine gewisse Vereinheitlichung. Umfassende normierte Begriffssysteme stellen der sog. *Thesaurus* des „American Institute of Chemical Engineers" für das Chemieingenieurwesen sowie des „Engineers Joint Council" für das gesamte Ingenieurwesen in den USA dar. Hierin sind auch die Bedeutung der Begriffe im Verhältnis zur Gesamtaussage mit Hilfe von *Funktionskennziffern* oder *„role indicators"* (auch kurz „roles") einheitlich festgelegt, die jeweils an die Begriffe angehängt werden und diese weiter differenzieren. Ergeben sich in einem Dokument mehrere sinnvolle Begriffskombinationen, sind diese gesondert und ihre Zusammengehörigkeit mit Kennbuchstaben zu erfassen, die an die Zugangsnummern der Dokumente angehängt werden („links"). Die Übernahme allgemein verfügbarer Dokumentationssysteme mit evtl. vereinheitlichten Deskriptoren bietet sich an und erspart Einführungsaufwand. Dennoch sind Abwandlungen entsprechend den einzelbetrieblichen Bedürfnissen meistens unerläßlich. Sowohl hinsichtlich des Verfahrens der Abwandlung als auch hinsichtlich der hervorgebrachten Ergebnisse ist das „*Classiterm-System*" besonders erwähnenswert, das von CUSHING aus dem „uniterm concept coordination system" entwickelt und vom „American Institute of Chemical Engineers" empfohlen wurde.

Das Classiterm-System erscheint für die Dokumentation begrenzter Literatursammlungen am Arbeitsplatz sowie innerhalb kleinerer Arbeitsgruppen gut geeignet. Außerdem werden einige Gesichtspunkte berücksichtigt, die für die Auswertung der Literatur über wirtschaftschemische Tatbestände besonders bedeutsam sind [3.46]:

1. Während beim Uniterm-System nur elementare Grundbegriffe für die Stichwortkarten zugelassen sind, werden jetzt häufig vorkommende zusammengesetzte Begriffe als solche bevorzugt, was den Literaturaufschluß wie die Literaturrecherche entsprechend vereinfacht. Mit den „Classiterms" erfolgt damit aus praktischen Gründen wieder eine gewisse Annäherung an die traditionelle eindimensionale Begriffsklassifizierung.

2. Die Funktionskennziffern oder „role indicators" dienen nicht zur weiteren Aufspaltung der durchgehend alphabetisch eingeordneten Stichwortkarten, sondern unter verbaler Übersetzung zur Einrichtung verschiedener Abteilungen oder Zuordnungsklassen der Stichwortkartei. Es entstehen dabei Abteilungen für Verfahren, Produkte, Einsatzstoffe, Lösungsmittel, unabhängige Variable und anderes, so daß die Recherche hinsichtlich eines Begriffes, der nur in einer der genannten Funktionsbedeutungen interessiert, auf die entsprechende Abteilung beschränkt werden kann. In einer Uniterm-Kartei würden z. B. für Benzol als Einsatzstoff, (End-)Produkt sowie Lösungsmittel die Stichwortkarten Benzol-1, Benzol-2 und Benzol-5 erscheinen. Beim Classiterm-System wären in den Unterkarteien für Rohstoffe, Produkte und Lösungsmittel jeweils gesonderte Stichwortkarten für Benzol anzulegen.

3. Die Buchstabenkennzeichnung von Zugangsnummern hinsichtlich sinnvoller Begriffskombinationen („links") sind aufgegeben zugunsten der Erteilung mehrerer Zugangsnummern für alle Begriffskombinationen, die in einem Dokument auftreten. Das Verfahren ist einfacher und platzsparender, da auszuwertende mehrfache Begriffskombinationen relativ selten sind.

4. Bei der Ablage der Originalliteratur in der Reihenfolge der fortlaufenden Numerierung als Ausschnittssammlung ist wegen des leichten Zugriffs hierauf jede besondere Referatekartei überflüssig. Sollen bestimmte Zeitschriften mit zahlreichen wertvollen Beiträgen nicht zerlegt werden, ist die geschlossene Ablage mit mehreren Zugangsnummern für alle in dem betreffenden Band enthaltenen Artikel möglich. Bei gesonderter Aufbewahrung der Zeitschriftenbände werden Verweisungsblätter mit den Zugangsnummern in die Ausschnittssammlung eingereiht. Bücher können in der gleichen Weise dokumentiert werden, indem etwa die einzelnen Kapitel eigene Zugangspositionen erhalten und mit den geeigneten Stichworten belegt werden. Die Stichworte werden im Text unterstrichen oder auf angehefteten Zetteln notiert.

5. Es lassen sich sowohl chemische, technische als auch wirtschaftliche Tatbestände ohne Schwierigkeit erfassen. Für die Dokumentation chemischer Formeln eignet sich besonders die Fragmentierung in verschiedene Bestandteile, wie etwa funktionelle Gruppen.

6. Wiederkehrende Veröffentlichungen über bestimmte Kapazitätsdaten, Preise und Preisindices, Kostendaten usw., aber auch Artikelserien über das gleiche Problem (gleiche Begriffskombination) werden zweckmäßig nur mit dem ersten Zugang registriert. Spätere Zugänge werden als Ergänzungen eingeordnet oder gegen ältere Unterlagen ausgewechselt.

7. Da die Literatursammlungen nach bestimmten Zeiträumen, wie etwa 5 oder 10 Jahren, gewöhnlich als weniger aktuell abgestellt oder vernichtet werden, empfiehlt sich bei grundlegenden Arbeiten mit längerem Informationswert eine besondere Kennzeichnung.

8. Bedeutsam ist die Festlegung der aus den Funktionskennziffern abgeleiteten Abteilungen der Stichwortkartei nach den individuellen Bedürfnissen der Dokumentation.

Der Autor des Classiterm-Systems hatte nach umfangreichen Erfahrungen für die eigene Dokumentation eine Kartei mit 29 Abteilungen (file sections) entwickelt, wovon 10 aus den „role indicators" des Uniterm-Systems des „American Institute of Chemical Engineers (AIChE)" übernommen und die übrigen zusätzlich eingeführt wurden (z. B. für Autoren, Firmennamen, Kostendaten, Standorte, Produkteigenschaften, Handelsnamen und anderes). In bemerkenswerter Weise ist das Classiterm-System für den 1963 eingeführten Dokumentationsdienst der Zeitschrift „Chemical Engineering" in den Grundzügen übernommen worden [3.95; 3.99]. Zur Inhaltskennzeichnung und Dokumentationserleichterung werden die Stichworte von wichtigen Beiträgen im Anhang abgedruckt, wobei ebenfalls in Anlehnung an die „role-numbers" des AIChE-Uniterm-Systems insgesamt 15 Zuordnungsklassen der Begriffe oder Abteilungen der Stichwortkartei vorgesehen werden (Tab. 3.37). Bislang sind freilich nur wenige Zeitschriften zur Mitteilung von Stichwörtern für die mehrdimensionale Dokumentation übergegangen (z. B. Chemical Engineering, Chemical Engineering Progress, Hydrocarbon Processing). Außerdem werden nur die für besonders bedeutsam gehaltenen Artikel in dieser Weise referiert, und die durchgehende Berücksichtigung aller für die Marktforschung interessanten Tatbestände dürfte noch zu den Ausnahmen gehören (vgl. Tab. 3.38).

Tabelle 3.37 *Begriffszuordnungen in Dokumentationssystemen des amerikanischen Chemie-Ingenieur-Wesens* [3.95; 3.99]

EJC/AIChE-„role number"[1]	Zuordnungsklassen von „Chemical Engineering"[2]	Kennzeichnung der „role indicators" und der Zuordnungsklassen
1	Einsatz/ Ausgangsmaterial	Einsatz für chemische Reaktion, Produktionsverfahren, in physikalisches, elektrisches oder mathematisches System
2	Ausbringen/Produkt	Produkt, Ausbringen, Nebenprodukt- oder Kuppelprodukt einer Reaktion, eines Produktionsverfahrens oder Systems
3	Abfall, Verunreinigung	Abfall, Verunreinigung
4	Zweck	Beabsichtigte Zwecke und Verwendungen
5	Lösungsmittel/Medium	Lösungsmittel, Medium, Umgebung, Träger
6	Unabhängige Variable	Unabhängige Variable (wird auf ihren Einfluß untersucht)
7	Abhängige Variable	Abhängige Variable (wird auf ihre Beeinflussung untersucht)
8	Aktiver Begriff	Aktiver Vorgang, der bestimmten Ausgang oder einen Effekt hervorruft
9	Passiver Begriff	Gegenstand des aktiven Vorgangs
10	Mittel/Methoden	Vorrichtung, Hilfsmittel oder Methode zur Zweckerreichung
0	Daten	Diagramme oder Datentabellen
0	Werkstoffe	Werkstoffe zum Anlagenbau
0	Personen	Namen von Autoren, von Persönlichkeiten
0	Organisationen	Firmennamen oder Namen anderer Organisationen
0	Zeitangaben	Zeitangaben periodischer Veröffentlichungen

[1] Grundlegend ist das Klassifizierungssystem nach gleichwertigen Grundbegriffen des „American Institute of Chemical Engineers", das in geringfügiger Weise durch das Dokumentationssystem des „Engineering Joint Council" modifiziert wurde.

[2] Die Schlagworte (key-concepts) zur Dokumentation wichtiger Aufsätze der Zeitschrift „Chemical Engineering" werden tabellarisch unter den Zuordnungsklassen mit dahintergesetzten „role indicators" in Klammern verzeichnet. Seit Okt. 1965 werden zwei Gruppen von Schlagworten unterschieden: Durch Sternchenmarkierung hervorgehobene Begriffe werden zur Eingabe in die Dokumentation empfohlen, die anderen dienen nur zur Inhaltsangabe.

Tabelle 3.38 *Dokumentationshinweise im Anhang eines Zeitschriftenaufsatzes* [3.152]

Titel mit Quellenangabe	Propylene Shortage Coming? Nelson E. Ockerbloom and Archibald P. Stuart, Sun Oil Co., 1608 Walnut Street, Philadelphia, Pa. 19103 Hydrocarbon Processing 46 (1967), 5, S. 225
Inhaltskurzfassung	Expected growth in supply and uses indicate without deliberate production of more propylene an imbalance will occur in 1970
Empfohlene Stichwörter	Estimating-8, Forecasting-4, Markets-9, Olefins-9, Propylene-9, Records-10, Requirements-7, Supplies-7, Uses-6

Die Tiefe des Materialaufschlusses hinsichtlich chemischer und technischer Sachverhalte in den Dokumentationssystemen, die in erster Linie für die Auswertung der chemischen und technisch-chemischen Fachliteratur vorgesehen sind, mag in der Chemiemarktforschung zuweilen willkommen sein, oft wird sie aber nicht ausgenutzt. Andererseits fehlt die detaillierte Berücksichtigung vieler absatzwirtschaftlicher Gesichtspunkte. Beim Aufbau einer Dokumentation für die Marktforschungsliteratur sind entsprechende Kompromisse notwendig. Die Gliederungsprinzipien in Tab. 3.36 mögen hierfür einige Anhaltspunkte vermitteln. Für die wichtige Literaturdokumentation über Produktverwendungen kann eine besondere Abteilung oder Zuordnungsklasse eingerichtet werden, es ist aber auch eine Erfassung bei den Produkten oder bei den Einsatzstoffen möglich.

Bei umfangreichen Materialsammlungen ist der Übergang auf Maschinenlochkarten mit mechanischer Sortierung oder sogar auf die *elektronische Datenverarbeitung* notwendig, wobei das Prinzip der mehrdimensionalen Dokumentation mit gleichwertigen Begriffen beibehalten wird. Hier wird die Frage der Zentralisierung oder Dezentralisierung der Literaturdokumentation in den verschiedenen Fachbereichen der chemischen Forschung, des Ingenieurwesens, der Marktforschung usw. besonders schwerwiegend. Gegen die Einrichtung einer so vervollkommneten dezentralisierten Dokumentation speziell für die Marktforschung sprechen einige Gründe: Die Materialsammlungen werden häufig nicht genügend umfassend und die Ausnutzungsmöglichkeiten nicht groß genug sein, um ein derartig kostspieliges Dokumentationssystem zu rechtfertigen. Da der Chemiemarktforscher häufig chemische und technische Fragen beantworten muß, wären entweder daneben weitere Literatursammlungen oder Dokumentationssysteme in Anspruch zu nehmen, oder es wäre eine entsprechend große und wahrscheinlich unwirtschaftliche Erweiterung des Quellenmaterials und dessen ständige Auswertung für die Marktforschungsabteilung unerläßlich. Das Quellenmaterial zeigt ja in fachlicher Hinsicht weite Überschneidungen.

Man ist daher geneigt, der Erweiterung der großen zentralen chemischen und technischen Dokumentationssysteme auf die Bedürfnisse der Chemiemarktforschung in Zukunft gewisse Chancen einzuräumen. Wenn heute ein wachsendes Interesse daran besteht, übergeordnete *Informationszentren* und *Datenbanken* für alle Aufgabenbereiche der Unternehmung sowie für das Management der Unternehmungen zu schaffen, wäre es naheliegend, ein mit modernsten Mitteln der elektronischen Datenverarbeitung ausgestattetes Dokumentationssystem für alle Fachgebiete einzugliedern. Freilich entstehen auch hierbei Schwierigkeiten: Die Einbeziehung mehrerer Fachgebiete muß zu einer beträchtlichen Erweiterung des beschreibenden Begriffssystems führen. Dies kompliziert und verteuert nicht nur die Dokumentation, sondern verlangt auch von den Dokumentaren, welche die Auswertung des Literaturmaterials und die Zuordnung der inhaltskennzeichnenden Begriffsreihen vornehmen, eine Erweiterung ihres fachlichen Verständnisses. Um den Dokumentationsaufwand überhaupt in Grenzen zu halten, wird dann vielleicht im Rahmen von Kompromißlösungen die Zahl der erfaßten Aussagekategorien in den anderen Fachgebieten herabgesetzt. Dies war bislang ein deutlicher Hinderungsgrund für die breitere Verwendung einzelner Dokumentationssysteme [3.80; 3.90].

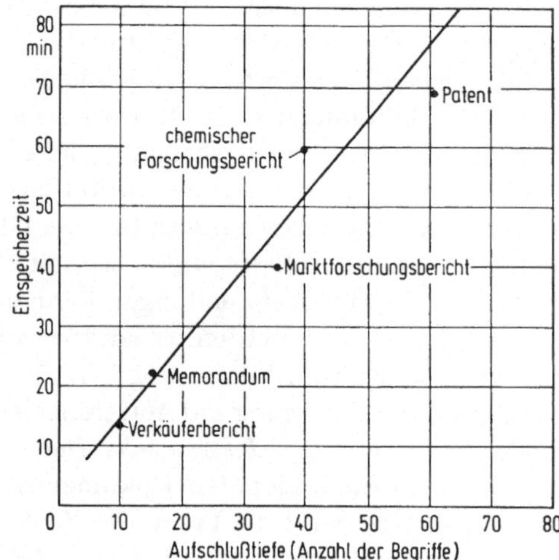

Abb. 3.37 Dokumentationsaufwand für betriebsinternes Sekundärmaterial (Du Pont) [3.145].

Zur Dokumentation der betriebsinternen Forschungsberichte in der Kunststoffsparte von Du Pont wurde ein ähnliches mehrdimensionales System eingeführt, das später auf die gesamte Forschung, die Patentdokumentation und zuletzt auf den Vertrieb ausgedehnt wurde [3.145]. Die betriebsinternen Dokumente aus dem Vertriebsbereich betreffen Verkäuferberichte, Korrespondenzen und Marktforschungsberichte. Abb. 3.37 gibt einen Anhaltspunkt für die Höhe der Dokumentationskosten bei der Aufnahme von Unterlagen aus den verschiedenen Fachbereichen, indem die Zeit für die Auswertung und Einspeicherung eines Dokumentes in Abhängigkeit von der Zahl der erfaßten Begriffe dargestellt ist. Die getroffenen Zuordnungen entsprechen mittleren Erfahrungswerten.

Literatur

3.1 Aalund, L. R.: Petrochemical report – 1968. Oil Gas J. (1968) Ausg. 2. 9., S. 105.
3.2 Acetic acid, process costs. Chem. Proc. Eng. 47 (1966) 10, S. 49.
3.3 Adler, M. K.: Die Stichprobenauswahl und das Interviewen in der Marktforschung für Investitionsgüter. Marktforscher 5 (1961) 213.
3.4 – Zur Problematik der Produktionsgütermarktforschung. GFM-Mitt. 8 (1962) 1.
3.5 – Die Marktforschung für Investitionsgüter. Marktforscher 7 (1963) 187.
3.6 – Probleme der internationalen Marktforschung für Produktionsgüter. Marktforscher 9 (1965) 88.

3.7 Ahrenholz, G. M.: Dokumentation, Karteisysteme, in [3.212, Bd. 2/2, München/Berlin/Wien 1968, S. 495].
3.8 Andreas, F., Gröbe, K.-H.: Über die Herstellung und Verwendung von Propylen. Chem. Techn. 20 (1968) 151.
3.9 Archer, J. E.: Safeguarding confidential information. Chem. Eng. 72 (1965) Ausg. 16. 8., S. 119.
3.10 A review of the chemical industry in the German Federal Republic. Europ. Chem. News (1967) Beiheft, S. 30.
3.11 Aries, R. S., Ass.: Marketing research in the chemical industry, Stamford o. J. (1950).
3.12 Aries, R. S., Newton, R. D.: Chemical engineering cost estimation, New York 1955.
3.13 Arnold, W.: Die Auslandsmarkt-Forschung in der pharmazeutischen Industrie. Pharm. Ind. 19 (1957) 434.
3.14 Available chemical and CPI market data. Ind. Marketing 50 (1965) 3, S. 130.
3.15 Behrens, K. Ch.: Die Stellung der betrieblichen Marktforschung in der Betriebshierarchie. Marketing-J. 2 (1966) 34.
3.16 – Betriebsexterne Marktforschung. ZfB 36 (1966) 133.
3.17 Berenson, C.: Where to find business information. Chem. Eng. 73 (1966) Ausg. 28. 2., S. 118.
3.18 Bibliographie der Wirtschaftspresse, Hrsg. Hamburgisches Welt-Wirtschafts-Archiv (HWWA), Hamburg.
3.19 Boonstra, H. J., Zwietering, P.: Cyclohexane and its derivatives. Chem. and Ind. (1966) 2039.
3.20 Bradley, C. G., Pike, R. W : Industrial spying: industry's newest headache. Hydrocarbon Proc. 45 (1966) 12, S. 152.
3.21 Bulach, K.: Marktforschung für Investitionsgüter, in [1.1, S. 223].
3.22 – Ermittlung und Verwendung von Absatzkennziffern für Investitionsgüter. Marktforscher 5 (1961) 43 u. 92.
3.23 Burke, D. P., Miller, I. R.: Oxychlorination. Chem. Week 95 (1964) Ausg. 22. 8., S. 93.
3.24 Burman, C. R.: How to find out in chemistry, 2. Aufl., Oxford 1966.
3.25 Buyers score market research. Chem. Eng. News 40 (1962) Ausg. 28. 5., S. 41.
3.26 Carpenter, C. H.: The company international division as a communication channel. J. chem. doc. 5 (1965) 82.
3.27 Chemical Economics Handbook, Hrsg. Stanford Research Institute, Stanford California, 1950ff.
3.28 Chemical engineering flowsheets. Laufende Veröffentl. in Chem. Eng.
3.29 Chemical horizons, weekly reports, Hrsg. Chemical Horizons Inc., New York.
3.30 Chemical horizons intelligence file, Hrsg. Chemical Horizons Inc., New York.
3.31 Chemical marketing research, Hrsg. Giragosian, N. H., New York/Amsterdam/London 1967.
3.32 Chemical market abstracts, Hrsg. Snell, F. D., Inc., New York.
3.33 Chemical market research in practice, Hrsg. Chaddock, R. E., New York 1956.
3.34 Chemical plant data, Hrsg. Chemical Data Services, London.
3.35 Chemical processes in Europe. Brit. Chem. Eng. 12 (1967) 11, Process Supplement, S. 69.
3.36 Chemical profiles, Hrsg. Schnell Publishing Comp., 1964, laufende Veröffentl. in Oil Paint and Drug Reporter.
3.37 Chemical technology for sale or license. Chem. Eng. 74 (1967) Ausg. 25. 9., S. 147.
3.38 Chemicals, allied products and processing industries. Ind. Marketing 48 (1963) Ausg. 15. 5., S. 116.
3.39 Chemieprogramm der NV Nederlandse Staatsmijnen (DSM), Europa-Chemie (1967) 3, S. 10.
3.40 Chemische Technologie, Hrsg. Winnacker, K., Küchler, L., Bd. 1–5, 2. Aufl., München 1958–1962.
3.41 Conrad. C. C.: Coordination and integration of technical information services. J. chem. doc. 7 (1967) 111.
3.42 Convert propylene to ethylene. Hydrocarbon Proc. 46 (1967) 4, S. 149.
3.43 Corwin, R. C., u.a.: European chemical market and economic information problems, approaches and sources. J. chem. doc. 5 (1965) 75.

3.44 Cowan, J. C., u.a.: Uncovering your competitor's costs. Chem. Eng. 69 (1962) Ausg. 26. 11., S. 109.
3.45 Crane, E. J., u.a.: A guide to the literature of chemistry, 2. Aufl., New York 1957.
3.46 Cushing, R.: Improving personal filing systems. Chem. Eng. 70 (1963) Ausg. 7. 1., S. 73.
3.47 Cziner, R., Copulsky, W.: Market research – tool for profitable operation. Chem. Eng. Prog. 55 (1959) 7, S. 37.
3.48 – The chemical engineer applies market research. Chem. Eng. Prog. 55 (1959) 7, S. 38.
3.49 Designed for tomorrow. Chem. Eng. News 34 (1956) 3240.
3.50 Die Chemische Industrie und ihre Helfer, Darmstadt 1965ff.
3.51 Directory of chemical producers, Hrsg. Stanford Research Institute, Menlo Park, California.
3.52 Disch, W. K. A.: Aufgaben der Unternehmerverbände in der Marktforschung. Marktforscher 5 (1961) 77.
3.53 Duckworth, R. A.: Ethylene, process survey. Chem. Proc. Eng. 49 (1968) 2, S. 67.
3.54 ECMRA conference, heavy chemicals and their raw materials in Europe. Europ. Chem. News (1969) Ausg. 28. 3., S. 30.
3.55 ECN survey – New plants 1968. Europ. Chem. News (1968) Ausg. 28. 2., Beiheft.
3.56 Eine Marktuntersuchung in der US-Farbenindustrie. Farbe u. Lack 72 (1966) 812.
3.57 ESOMAR Jahrbuch 1968, Hrsg. Europ. Soc. for Opinion and Marketing Research, Brüssel.
3.58 Ethylene, propylene and their derivatives. Europ. Chem. News (1968) Ausg. 1. 3., Beiheft.
3.59 European chemical market research sources 1969, Hrsg. Noyes Development S.A., Zug/London.
3.60 European chemical prices. Europ. Chem. News (1968) Ausg. 22. 11., S. 29.
3.61 Ewell, R. H.: Regional markets for chemicals. Chem. Eng. Prog. 48 (1952) 579.
3.62 Expansion in the chemical industry, C & EN progress report. Chem. Eng. News 44 (1966) Ausg. 3. 10., S. 38.
3.63 Fachverband Kohlechemie und verwandte Gebiete e.V., Essen: Privatmitteilungen Aug. 1966 und Mai 1969.
3.64 Facts & figures for the chemical process industries (Amer. Chem. Soc.). Chem. Eng. News, 1. Sept.-Ausg.
3.65 Faith, W. L., u.a.: Industrial chemicals, 3. Aufl., New York 1965.
3.66 Falz, E.: Die chemische Industrie als Kunde. Chem. Ind. 9 (1957) 304.
3.67 Fearon, H.: Purchasing research in the CPI. Chem. Eng. Prog. 60 (1964) 8, S. 20.
3.68 Fedor, W.: Input/output now a planning tool. Chem. Eng. News 45 (1967) Ausg. 16. 10., S. 22.
3.69 Fertilizers, An annual review of world production, consumption and trade, Hrsg. Food and Agriculture Organization of the United Nations (FAO), Rom (jährlich).
3.70 Fingering today's top purchasing need. Chem. Week 84 (1959) Ausg. 21. 2., S. 136.
3.71 Firmenhandbuch Chemische Industrie, 6. Aufl., Düsseldorf 1967.
3.72 Flögel, H.: Konkurrenzforschung ohne den Staatsanwalt. Absatzwirtschaft 9 (1966) 926.
3.73 Frangen, K.-H.: Bestimmung der Wirtschaftlichkeit von Anstrichstoffen. Farbe u. Lack 69 (1963) 898.
3.74 Fratz, E.: Modellstudie einer Marktuntersuchung im Produktionsgüterbereich, Oberflächenmaterialien in der Möbelherstellung, Rationalisierungs-Gemeinschaft Industrieller Vertrieb und Einkauf im RKW, Frankfurt 1965.
3.75 Friedrich, O. A.: Gummi-Industrie und Chemische Großindustrie. Chem. Ind. 4 (1952) 851.
3.76 Frohne: Chemische Industrie und Verkehr. Chem. Ind. 4 (1952) 858.
3.77 Fromm, N.: Die richtige Stichprobe in der Produktivgüter-Marktforschung. Absatzwirtschaft 7 (1964) 874.
3.78 – Investitionsgüter-Marktforschung: Mündlich oder schriftlich befragen? Absatzwirtschaft 7 (1964) 1568.
3.79 Fürst, G.: Anforderungen an eine moderne Produktionsstatistik. Allgem. Stat. Archiv 50 (1966) 54.

3.80 Fugmann, R.: Die Bedeutung der Dokumentation für die Forschung, in [1.115, S. 391].
3.81 Gathering competitive intelligence. Chem. Eng. 73 (1966) Ausg. 25. 4., S. 143.
3.82 Gay, O.: Markterkundung und Unternehmung aus der Sicht der Lackindustrie. Farbe u. Lack 69 (1963) 501.
3.83 Geisser, H. O.: Marktforschung in der schweizerischen Produktionsgüterindustrie, Freiburg (Schweiz) 1961.
3.84 Grünwald, R.: Die Unterschiede in der Marktforschung für Konsumgüter und Produktionsgüter. Anzeige 34 (1958) 298.
3.85 – Die Methoden der Marktforschung in der Produktionsgüter-Wirtschaft. Marktforscher 6 (1962) 206.
3.86 Grumer, E. L.: Selling price vs. raw-material cost. Chem. Eng. 74 (1967) Ausg. 24. 4., S. 190.
3.87 Gushee, D. E.: Reading behaviour of chemists. J. chem. doc. 8 (1968) 191.
3.88 Haase, H., Wunder, D.: Markt-Übersicht und Produktions-Prognose für Benzol in der BR Deutschland. Kautschuk u. Gummi, Kunststoffe 20 (1967) 27.
3.89 Haase, H.: Markt-Übersicht und Produktions-Prognose für Phthalsäureanhydrid in der BR Deutschland. Kautschuk u. Gummi, Kunststoffe 20 (1967) 369.
3.90 Haen, P. de: Neue Dimensionen in der Analyse der pharmazeutischen Fachliteratur. Pharm. Ind. 28 (1966) 65.
3.91 Hayes, W.: Chemical trade names and commercial synonyms, 2. Aufl., New York 1955.
3.92 Henglein, F. A.: Grundriß der Chemischen Technik, 12. Aufl., Weinheim 1968.
3.93 Here and there in the trade literature, J. chem. educ. 22 (1945) 94; 23 (1946) 37.
3.94 Horn, O.: Zwischenprodukte–Tafeln, München 1963.
3.95 How to put key-concept indexing to work. Chem. Eng. 70 (1963) Ausg. 7. 1., S. 87.
3.96 HPI construction report. Hydrocarbon Proc. 47 (1968) 10, Section 2.
3.97 Hüls wieder mit Wertzuwachs. Chem. Ind. 16 (1964) 671.
3.98 Hyer, W. C.: Marketing research techniques in the chemical industry. Chem. Eng. News 27 (1949) 490.
3.99 Improving concept-coordination indexing. Chem. Eng. 72 (1965) Ausg. 11. 10., S. 187.
3.100 Industrie und Handwerk, Düngemittelversorgung, Veröffentl. d. Stat. Bundesamtes, D 9/II, Nr. 230920.
3.101 Input-output analysis. Chem. Age 99 (1968) Ausg. 13. 4., S. 15.
3.102 Input-output data add to economists' tools. Chem. Eng. News 42 (1964) Ausg. 30. 11., S. 21.
3.103 International bibliography of economics, in: International Bibliography of the Social Sciences, Bd. 14 (1965), London 1966.
3.104 Internationaler betriebswirtschaftlicher Zeitschriftenreport. Hrsg. Sieben, G., Jg. 1 (1967), Düsseldorf 1967.
3.105 Internationales Dokumentationszentrum für Chemie, Chemie-Ing.-Techn. 39 (1967) A 745.
3.106 In the Middle: Multiclient market research. Chem. Week 87 (1960) Ausg. 5. 11., S. 73.
3.107 Janovich, A.: Der amerikanische Markt an Hilfsstoffen für die Kunststoffindustrie. Kunststoffe 56 (1966) 213.
3.108 John, E.: Marktforschung auch für mittlere und kleinere Unternehmungen. Absatzwirtschaft 4 (1961) 648.
3.109 Johnson, H. C. E.: Communications in a multinational business, in [1.106, S. 39].
3.110 June, M. F.: Wie bekommt man Informationen für die industrielle Marktforschung? Absatzwirtschaft 7 (1964) 1016.
3.111 Junior, G.: Zum Aussagewert von Input-Output-Tabellen, dargestellt am System des Statistischen Amtes der Europäischen Gemeinschaften. Stat. Inf. (1964) 2, S. 5.
3.112 Kapferer, C.: Marktforschung in Europa. Hamburg/Berlin/Düsseldorf 1963.
3.113 – Quellen für Statistische Marktdaten, Hamburg 1964.
3.114 –, Disch, K. A.: Kooperative Marktforschung, Köln u. Opladen 1965.
3.115 Katell, S., Morel, W. C.: Bibliography of investment and operating costs for chemical and petroleum plants, 1965, Bureau of Mines, Washington D.C. 1966.
3.116 Kenessey, V.: Die Exportmarktforschung, Winterthur 1961.
3.117 Kenyon, R. L., Hader, R. N.: From primary journals to technical business magazines. J. chem. doc. 5 (1965) 135.

3.118 KERSHAW, J. M.: Marktforschung in der chemischen Industrie Großbritanniens. Chem. Ind. 12 (1960) 155.

3.119 KESSEL, W. G.: Industrial advertising as a source of information for the chemistry teacher. J. chem. educ. 21 (1944) 437; 25 (1948) 222; 28 (1951) 383; 31 (1954) 255.

3.120 KIND, H.: Chemie und Elektrotechnik. Chem. Ind. 4 (1952) 837.

3.121 KIRK-OTHMER: Encyclopedia of chemical technology, Hrsg. KIRK, R. E., u.a., 2. Aufl., Bd. 1–20, New York/London 1963–1969.

3.122 KNECHT, A.: Marktforschung für Kunststoff-Produkte im Wohnungsbau, Diss. St. Gallen 1964.

3.123 KÖTHER, F.: Warum Kapazitätserweiterungen bekannt gemacht werden sollten. Allgem. Papier-Rundschau (1964) 311.

3.124 KOSSOFF, R. M., DASH, J. F.: New sources of information for chemical marketing. J. chem. doc. 5 (1965) 64.

3.125 LAWRENCE, R. M., SPRAGUE, J. H.: Effective utilization of the literature, in [3.33, S. 40].

3.126 LIERTZ, R.: Pharmazeutische Marktforschung im Marketing. Pharm. Ind. 25 (1963) 165.

3.127 LINCKE, G., LIST, J.: Die Wiedergabe von Rezepturen im Konzentrationsdreieck nach ihrer Volumenzusammensetzung. Farbe u. Lack 74 (1968) 358.

3.128 List of periodicals, Chemical Abstracts 1961, dazu 5 Nachträge bis Juni 1967.

3.129 Literature resources for chemical process industries, Hrsg. Amer. Chem. Soc., Washington D.C. 1954.

3.130 LOOSE, G.: Moderne Dokumentations- und Informationsmethoden für die chemische Technik. Chemie-Ing.-Techn. 39 (1967) 733.

3.131 Lurgi-Handbuch, Hrsg. Lurgi-Gesellschaften, Frankfurt 1960.

3.132 MAGDELAINE, M. C., PORTOS, J.-L.: La Consommation Pharmaceutique des Français. Labo-Pharma (1967) 2, S. 31.

3.133 MANN, S. A.: European pharmaceutical market report 1967, Park Ridge, N. J.

3.134 MANTELL, C. L.: Plastic pipe 1965, Park Ridge N. J.

3.135 Market trends and prospects for chemical products, Bd. 1–3, United Nations, New York 1969.

3.136 Marketing studies help woo customers. Chem. Eng. News 39 (1961) Ausg. 18. 9., S. 36.

3.137 Marketing uses input-output analysis. Chem. Eng. News 45 (1967) Ausg. 18. 9., S. 36.

3.138 Market research needs to earn respect. Chem. Eng. News 40 (1962) Ausg. 12. 2., S. 38.

3.139 Market research: the neophyte sets a fast pace. Chem. Week 80 (1957) Ausg. 27. 4., S. 68.

3.140 MELLON, M. G.: Chemical publications, their nature and use, 4. Aufl., New York 1965.

3.141 MERTENS, D., u.a.: Erstellung von Input-output-Tabellen im Deutschen Institut für Wirtschaftsforschung. Vierteljahrshefte zur Wirtschaftsforschung (1965) 338.

3.142 Metals industry bolsters chemical growth. Chem. Eng. News 38 (1960) Ausg. 21. 11., S. 26.

3.143 Methanol low pressure process, BCE process scan. Brit. Chem. Eng. 13 (1968) 11.

3.144 MOELSNER, H.: Organisation der Chemie-Marktforscher? Chem. Ind. 13 (1961) 721.

3.145 MONTAGUE, B. A.: An analysis of the designing, installation, and operation of a coordinate indexing system using links and roles for the plastics department of the Du Pont Company. J. chem. doc. 4 (1964) 251.

3.146 MOTSCH, S.: Marktforschung in der chemischen Industrie, Diplomarbeit TU Berlin 1964.

3.147 MÜLLER-ECKERT, K.: Markterkundung, Marktanalyse, Marktbeobachtung in der Investitionsgüterindustrie. Z. f. Markt- u. Meinungsforschung 3 (1960/61) 921.

3.148 NEEDED: More and better CPI statistics. Chem. Week 86 (1960) Ausg. 7. 5., S. 83.

3.149 NEUBECK, G.: Aktuelle Aufgaben der primär-statistischen Produktionsgüter-Marktforschung. Marktforscher 7 (1963) 33.

3.150 New plants and facilities. Chem. Eng. 75 (1968) Ausg. 8. 4., S. 147.

3.151 NORDMANN, G.: Die Abteilung Marktforschung in der Produktions- und Investitionsgüterindustrie. Ind. Werbung (1961) 1, S. 12.

3.152 OCKERBLOOM, N. E., STUART, A. P.: Propylene shortage coming? Hydrocarbon Proc. 46 (1967) 5, S. 225.

3.153 OGG, W.: The chemist and the farmer. Chem. and Ind. (1955) 928.
3.154 Pegging pitfalls in foreign market research. Chem. Week 85 (1959) Ausg. 12. 9., S. 81.
3.155 Periodica Chimica, Hrsg. PFLÜCKE, M., HAWELEK, A., 2. Aufl., Berlin/Weinheim 1952, Nachtrag 1962.
3.156 Petrochemical handbook sowie refining process handbook, jährliche Sonderausgaben Hydrocarbon Proc.
3.157 PLATAU, G. O.: Documentation of the chemical patent literature. J. chem. doc. 7 (1967) 250.
3.158 POHLMANN-MAAKE-ECKERT: Taschenbuch für Kältetechniker, 1961.
3.159 POPPER, H.: How safe are your company's secrets? Chem. Eng. 73 (1966) Ausg. 23. 5., S. 157.
3.160 PRATHER, R. M.: Use of chemical market data. Chem. Eng. News 27 (1949) 584.
3.161 Preisspiegel deutscher und ausländischer Lackrohstoffe. Laufende Veröffentlichungen in Farbe u. Lack.
3.162 PREUSSER, R.: Die Aufgabenstruktur der betrieblichen Marktforschungsabteilung. Marktforscher 6 (1962) 16.
3.163 Purchasing men size up their problems. Chem. Week 89 (1961) Ausg. 12. 8., S. 59.
3.164 REIN, H. G.: Entwicklung und Organisation einer Literaturabteilung der Großindustrie. Nachr.Dok. 18 (1967) 242.
3.165 Research pares purchasing's tab. Chem. Week 91 (1962) Ausg. 11. 8., S. 29.
3.166 RIPPEL, K.: Markt- und Meinungsforschung im Export, Tübingen 1962.
3.167 RÖMPP, H.: Chemie-Lexikon, 6. Aufl., Stuttgart 1966.
3.168 RÖNITZ, K.-H.: Die Rolle der Marktforschung im Marketing der Chemie. Chem. Ind. 18 (1966) 156.
3.169 RUCZINSKI, E.: Interviews sind keine Verkaufsgespräche. Absatzwirtschaft 7 (1964) 1496.
3.170 SALA, E.: Chemie im Dienste der Landwirtschaft. Chem. Ind. 4 (1952) 861.
3.171 SCHÄFER, E.: Grundlagen der Marktforschung, Marktuntersuchung und Marktbeobachtung, 4. Aufl., Köln u. Opladen 1966.
3.172 – Ansatzpunkte der Marktforschung für Produktivgüter. Marktforscher 11 (1967) 134.
3.173 SCHRENK, M.: Stichprobenprobleme bei Erhebungen in der Marktforschung für Nicht-Konsumgüter. Marktforscher 8 (1964) 72.
3.174 SCHRÖTER, G.-A.: Einfluß der Chemie auf die Papierwirtschaft. Chem. Ind. 4 (1952) 845.
3.175 SCHULZE, J.: Grundstoffindustrie erforscht die „Nach-Märkte". Absatzwirtschaft 7 (1964) 1189.
3.176 SCHUMACHER, H.: Das Input-Output-System des Statistischen Amtes der Europäischen Gemeinschaften. Stat. Inf. (1964) 2, S. 13.
3.177 Search, systemized excerpts, abstracts & reviews of chemical headlines, Hrsg. Compendium Publishers International Corp., New York.
3.178 SHREVE, R. N.: Unit consumption factors, in [3.129, S. 71].
3.179 – Chemical process industries, 3. Aufl., New York 1967.
3.180 SIEWERT, G.: Das Speichern und Auffinden von Informationen in der Praxis des Chemikers und Ingenieurs. Chem. Techn. 19 (1967) 23.
3.181 SITTIG, M.: Diolefins – manufacture and derivatives 1968, Park Ridge N. J.
3.182 – Organic chemical process encyclopedia 1967, Park Ridge N. J.
3.183 SKEEN, J. R.: Market research data and sources of information, in [1.15, Abschn. 6].
3.184 SMIDT, J.: Chlorkohlenwasserstoffe (Chloräthane, Chloräthene und Chloracetylene, in [3.212, Bd. 5, München–Berlin 1954, S. 416].
3.185 SNEL, R.: Information retrieval and decision taking. Trans. Inst. Chem. Eng. (London) 45 (1967) 1, S. CE 22.
3.186 SOUTHERN, W. A., WILSON, P. J.: Current sources of national and international pharmaceutical market and economic information. J. chem. doc. 4 (1964) 237.
3.187 SPITZ, P. H.: How to evaluate licensed processes. Chem. Eng. 72 (1965) Ausg. 20.12., S. 91.
3.188 STACEY, N. A. H., WILSON, A.: Industrial marketing research, 3. Aufl., London 1966.
3.189 STÄGLIN, R.: Input-Output-Analyse. Vierteljahrshefte zur Wirtschaftsforschung (1963) 209.

3.190 Stobaugh, R. B.: Benzene. How, where, who and future. Hydrocarbon Proc. 44 (1965) 9, S. 209.
3.191 – Cyclohexane: How, where, who and future. Hydrocarbon Proc. 44 (1965) 10, S. 157.
3.192 – Styrene: How, where, who – future. Hydrocarbon Proc. 44 (1965) 12, S. 137.
3.193 – Phenol: How, where, who – future. Hydrocarbon Proc. 45 (1966) 1, S. 143.
3.194 Strothmann, K. H.: Methodische Erfahrungen der Produktionsgüter-Marktforschung. Anzeige 35 (1959) 646.
3.195 – Methoden der Repräsentativ-Erhebung in der Produktionsgüter-Marktforschung. Marktforscher 4 (1960) 88; 136; 5 (1961) 11.
3.196 – Bestimmungsgründe für den Erkenntniswert von Interviews in der Produktionsgüter-Marktforschung. Marktforscher 6 (1962) 18.
3.197 – Probleme und Methoden der Image-Forschung bei Produktions- und Investitionsgütern. Anzeige 38 (1962) 1/11, S. 16.
3.198 – Die Primärerhebung in der industriellen Markt- und Werbeforschung. Marktforscher 9 (1965) 75.
3.199 – Das Informations- und Entscheidungsverhalten industrieller Einkäufer. Wirtschaftsdienst 46 (1966) 565.
3.200 Suhr, C.: Die „Patentdokumentationsgruppe". Chemie-Ing.-Techn. 39 (1967) 1299.
3.201 Swandby, R. K.: How to analyze costs of painting a new plant. Chem. Eng. 69 (1962) Ausg. 28. 5., S. 115.
3.202 Synthetic organic chemicals, United States production and sales of surface-active agents 1964 (preliminary), United States Tariff Commission, Sept. 1965.
3.203 Technical and marketing data, Randlochkarten-Beilage in Rubber Plastics Age.
3.204 The great ethylene race. Chem. Proc. Eng. 49 (1968) 2, S. 78.
3.205 Theurer, A.: Besonderheiten der chemischen Marktforschung. Chem. Ind. 12 (1960) 144.
3.206 – Die Praxis der Marktforschung. Einige Beispiele aus der chemischen Industrie. Chem. Ind. 12 (1960) 145.
3.207 Too much backdoor selling? Chem. Week 80 (1957) Ausg. 9. 3., S. 126.
3.208 Trautmann, W. P.: Kostensenkung und Leistungssteigerung durch bessere Einkaufstätigkeit. Chem. Ind. 18 (1966) 201.
3.209 24th Inventory of new processes and technology. Chem. Eng. 75 (1968) Ausg. 15. 1., S. 155.
3.210 Uherek, E. W.: Publizität wird klein geschrieben. Absatzwirtschaft 10 (1967) 420.
3.211 U.K. chemical plant survey. Chem. Age 96 (1966) Ausg. 24. 9., S. 521.
3.212 Ullmanns Encyklopädie der technischen Chemie, Hrsg. Foerst, W., Bd. 1–19, 3. Aufl., München/Berlin 1951–1968.
3.213 Ulrich's international periodicals directory, Bd. 1, Scientific, technical and medicinal, Hrsg. Chicorel, M., 12. Aufl., New York/London 1967.
3.214 Urea, ECN process survey. Europ. Chem. News (1969) Ausg. 17. 1., Beiheft.
3.215 Verbrauchslücken für Stickstoff in Italien. Chem. Ind. 20 (1968) 216.
3.216 Verzeichnis der Veröffentlichungen des Statistischen Bundesamtes, Hrsg. Stat. Bundesamt, Stuttgart u. Mainz (jährlich).
3.217 Vietorisz, T.: Programming data summary for the chemical industry. Industrialization and Productivity Bulletin 10, New York 1966, S. 7.
3.218 Vilbrandt, F. C.: The cataloging of chemical engineering trade literature according to unit operations. J. chem. educ. 10 (1933) 354.
3.219 Vorläufige Input-Output-Tabellen für die Bundesrepublik Deutschland (1961), Ifo-Institut für Wirtschaftsforschung, München 1964.
3.220 Wade, W.: Corporate negligence. Chem. Eng. Prog. 62 (1966) 6, S. 24.
3.221 – Legal and patent problems in import export marketing of chemical products. J. chem. doc. 5 (1965) 78.
3.222 Wagenführ, R.: Einige Bemerkungen zur industriellen Produktionsstatistik. Allgem. Stat. Archiv 50 (1966) 69.
3.223 Walker, J. F.: Formaldehyde, Amer. Chem. Soc. Monograph Series 159, 3. Aufl., New York 1964.
3.224 Warren, R. F.: A system for organizing chemical marketing information. J. chem. doc. 5 (1965) 68.

3.225 Warren, R. F.: Sources of chemical end-use data, in [3.129, S. 79].
3.226 Waters, R. P.: The zesty, testy CPI market. Ind. Marketing 50 (1965) 3, S. 87.
3.227 Welte, E.: Düngemittel, in [3.212, Bd. 6, München/Berlin 1955, S. 91].
3.228 Where do chemicals go? Chem. Eng. News 33 (1955) 3376.
3.229 Williams, R.: The plastics industry, in [3.33, S. 131].
3.230 – Methoden der Marktforschung in den USA. Chem. Ind. 12 (1960) 153.
3.231 Will purchasing research influence sales? Chem. Week 78 (1956) Ausg. 28. 4., S. 100.
3.232 Wissel, F.: Marktforschung für Produktionsgüter. GFM-Mitt. 6 (1960) 10.
3.233 Wittenberg, R. B., u.a.: Market research, in [1.15, Abschn. 5].
3.234 – Organization, administration of chemical market research. Chem. Eng. Prog. 48 (1952) 575.
3.235 Wittmeyer, H.: Aussage der Nettoproduktionswerte über die Branchenstruktur im internationalen Vergleich. Allgem. Stat. Archiv 43 (1959) 388.
3.236 –, Hauck, F.: Über den Input der chemischen Industrie. Chem. Ind. 9 (1957) 301.
3.237 Wolff, H.: Ausbildung von Marktforschern in der Bundesrepublik. Marktforscher 5 (1961) 22.
3.238 Woolnough, G. N.: Market research in the British chemical industry. Z. f. Markt- u. Meinungsforschung 6 (1963) 1543.
3.239 Wurster, C.: Die heutige Bedeutung der Benzolchemie. Chem. Ind. 17 (1965) 594.
3.240 Zabel, H. W.: The exclusion chart. Chem. Eng. Prog. 63 (1956) 5, S. 183.
3.241 –, Marchitto, M.: What price can I get for my chemical? Chem. Eng. 66 (1959) Ausg. 19. 10., S. 112.

4. Chemiemarktbeobachtung und -marktprognose

4.1 Grundlagen

4.11 Zielsetzungen der zeitraumbezogenen Marktforschung

Marktanalytische Strukturuntersuchungen sind das Fundament zur Bestimmung der Stellung im Markt (Kap. 3). Die gewonnenen Erkenntnisse sind aber kein Selbstzweck, sondern dienen dem unternehmerischen Planen, Entscheiden und Handeln in der unmittelbaren und ferneren *Zukunft*. Dazu ist die Zeitpunktbetrachtung der Marktdaten nicht ausreichend, sie ist vielmehr nur ein Ausgangspunkt und eine Voraussetzung dafür, auch die *Veränderungstendenzen* zu erfassen. Veränderungen der Absatzmärkte setzen sich aus einer Summe von Einzelstrukturen zu verschiedenen Zeitpunkten zusammen, von denen die Marktanalyse nur *einen*, nämlich gewöhnlich gegenwartsbezogenen Querschnitt erfaßt (Abb. 4.1):

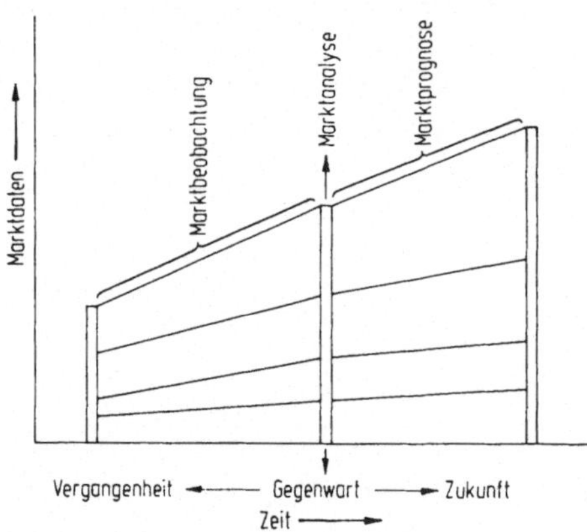

Abb. 4.1 Die Zeitbezogenheit von Marktanalyse, Marktbeobachtung und Marktprognose.

Die Einbeziehung *zeitlicher Veränderungen* erweitert die Marktforschungsaufgaben beträchtlich. Wir können dabei die historischen, bis zur Gegenwart reichenden, bereits effektiv eingetretenen Marktveränderungen als den Gegenstand der *Marktbeobachtung* von den zukünftigen, erwartbaren und wahrscheinlichen Marktänderungen als den Gegenstand der *Marktprognose* abgrenzen. Auch die Marktbeobachtung ist nur als eine Zwischenphase vor dem Endziel der Marktprognose aufzufassen. Erst in der letzten Zeit ist die Marktprognose im Zusammenhang mit dem Ausbau der methodischen Hilfsmittel mehr und mehr zu einem selbständigen Teilgebiet der Marktforschung geworden. Hinzu kommt das wachsende Bedürfnis nach einer unternehmerischen Planung, bei welcher die Zuverlässigkeit der *Absatzplanung* gewöhnlich den Engpaß bildet. Die Absatzplanung ist in erster

Linie auf Ergebnisse der Marktprognose angewiesen, die auch die kurzfristig erwartbare Entwicklung in den einzelnen Teilmärkten erfassen muß. *Gesamtwirtschaftliche* Marktdaten stehen zunächst im Vordergrund. Für die Zwecke der Absatzplanung ist jedoch eine Erweiterung der Vorausschätzungen auf die erwartbaren Absatzmengen und Marktanteile der eigenen Unternehmung notwendig. Hierbei ist die geplante eigene Absatzaktivität im Verhältnis gegenüber den Konkurrenzanbietern zu berücksichtigen [4.25; 4.66; 4.96; 4.98; 4.103; 4.104].

Wegen der oft schnellen und tiefgreifenden Veränderungen der Absatzmärkte besteht in der chemischen Industrie ein besonderes Interesse an der zeit- und vor allem zukunftsbezogenen Marktuntersuchung.

4.12 Die Einführung der Zeitbetrachtung

Es lassen sich drei verschiedene Methoden zur Einführung des *Zeitelementes* abgrenzen, wobei die Zielsetzungen übereinstimmen, jedoch die Schwierigkeiten der Informationsgewinnung die Methodenwahl beeinflussen:

1. Verfolgung einzelner Marktdaten im Zeitverlauf. Dieses gebräuchlichste Verfahren der Marktbeobachtung geht unmittelbar von mehreren statistischen *Zeitreihen* aus, wobei alle auf den gleichen Zeitpunkt bezogenen Daten die jeweilige Marktstruktur erkennen lassen. Beispielsweise ist aus der Produktionsstatistik der Folgeprodukte über die einzelnen technischen Verbrauchskoeffizienten die zeitliche Veränderung der Verbrauchsstruktur eines Vorproduktes herzuleiten.

2. Für mehrere Zeitpunkte werden *Strukturanalysen* erarbeitet, die aufgrund von *Interpolationen* die zeitliche Entwicklung ergeben. Man verfährt hierbei umgekehrt wie bei der vorgenannten Methode, was infolge unzulänglich verfügbarer Zeitreihen oft angebracht ist.

Die von der Zeitreihenanalyse des ersten Verfahrens unabhängige Querschnittsuntersuchung, besonders der zukünftigen Marktsituationen, betrifft zum Beispiel die Abschätzung von Sättigungswerten des Mengenwachstums, der Sättigungsgrenzen bei Substitutionsprozessen oder der Endwerte abwärts gerichteter Preisentwicklungen.

3. Anders als diese beiden integralen Betrachtungsweisen erfaßt die differentielle Wachstumsanalyse unmittelbar die *Veränderungstendenzen* in einem Zeitpunkt. Diese sind unter bestimmten weiteren Annahmen über den Wachstums- oder Schrumpfungsprozeß sowohl auf frühere als auch zukünftige Zeiträume zu extrapolieren. Aus praktischen Gründen der Datenbeschaffung werden die Veränderungsraten gewöhnlich aufgrund einer Differenzenbetrachtung zwischen zwei aufeinanderfolgenden Zeitpunkten gebildet (z. B. Jahre).

Wegen fehlender Informationen sowie zur Kontrolle der verarbeiteten Daten ist oft eine gleichzeitige Anwendung aller drei Verfahren notwendig.

Man wird in der Chemiemarktbeobachtung versuchen, sekundärstatistische Informationen zu bevorzugen. Wegen der unzureichenden Gliederungstiefe dieser Daten, wegen der Veränderung der verfügbaren oder erwünschten Gliederungen sowie im Hinblick auf zukünftige Entwicklungsschätzungen ist man jedoch auch auf primärstatistische Erhebungen angewiesen. Über die eigene Produktions- und Absatzentwicklung liefern die meistens ohnehin geführten Produktions- und Absatzstatistiken viele Informationen. Besondere Schwierigkeiten aber verursacht die ständige zusätzliche Erhebung zahlreicher und größtenteils vertraulicher Daten, die außerhalb des normalen Erfahrungsbereichs der eigenen Unternehmung liegen. Hier wäre an die Möglichkeit der organisierten *Panel-Erhebungen* zu denken, die in der chemischen Industrie für verschiedene Produktivgütersparten bereits in Erwägung gezogen wurden, über deren breitere Anwendung jedoch noch wenig bekannt wurde. Für chemische Konsumgüter ist eine ständige primärstatistische Marktbeobachtung mit Panel-Erhebungen dagegen häufig (Einbeziehung chemischer Produkte in Haushalts-Panel, verschiedene Einzelhandels-Panel, Apotheker-Panel, Verschreibungs-Panel der Ärzte usw.). Hinzu kommen Panel-Erhebungen für solche Konsumgüter oder Produktivgüter, in welche die chemischen Produkte nur als Vormaterial eingehen (z.B. für Bekleidungserzeugnisse, Fußbodenbeläge, Verpackungs-Panel).

4.13 Beobachtungs- und Prognoseobjekte

Beobachtungs- und *Prognoseobjekte* sind alle Einzelfaktoren des *Angebots* und der *Nachfrage*, wie Produktions- und Verbrauchsmengen, Kapazitäten, Produktions- und Verbrauchsverfahren, Preisverhältnisse, Vertriebs- und Beschaffungsmethoden, dann aber auch die mit den Marktentwicklungen in Beziehung stehenden wissenschaftlichen und technischen Neuerungen. Abgesehen von der Einführung des Zeitfaktors und der notwendigen Bewältigung der Unsicherheitsmomente zukunftsbezogener Schätzungen (Projektionen) sind die Erkenntnisobjekte der Marktbeobachtung und -prognose daher mit denen der Marktanalyse identisch.

Manche Prognoseobjekte erfordern mehr qualitative Einschätzungen oder fallweise Sonderrechnungen (z.B. Wirtschaftlichkeitsrechnungen über Verfahrenskonkurrenzen), vielfach aber werden die Prognoseobjekte als statistische Zahlenreihen erfaßt und prognostiziert. Die Führung umfangreicher *Karteisysteme* bindet oft einen Großteil des Personals der Marktforschungsabteilungen. Neben speziellen Produkt-, Kapazitäts-, Preiskarteien usw. kommt zur Arbeitsvereinfachung, aus rechentechnischen Gründen oder zur Verbesserung der Übersicht die Zusammenfassung mehrerer Beobachtungsobjekte auf einzelnen Karteikarten in Betracht: die Darstellung der Verbrauchsentwicklung aus Produktions- und Außenhandelszahlen, die Erfassung von Produktions- und Kapazitätsdaten und der hieraus hervorgehenden Kapazitätsausnutzungsgrade, Produktions- und Kapazitätsdaten eines Landes mit anschließender Aufteilung auf die einzelnen Produzenten, die Entwicklung des Außenhandels eines Landes mit der Darstellung aller wichtigen Liefer- und Abnehmerländer und anderes. Die graphische Veranschaulichung der Zahlenreihen wird nur fallweise durchgeführt.

Da jede Ausdehnung einer Zeitpunkt- auf eine Zeitraumbetrachtung zu einer Potenzierung des Arbeitsumfanges führt, liegt es nahe, zahlreiche Faktoren vereinfachend als zeitlich unveränderlich anzunehmen. Dies wird bei manchen Daten und Ergebnissen einer Strukturanalyse für begrenzte Zeiträume möglich sein, wie etwa für technische Verbrauchszahlen bestimmter Verfahren oder manche Produkteigenschaften.

Um bedeutsame strukturelle *Marktverschiebungen* zu erkennen, sind mehrere primäre Beobachtungs- und Prognoseobjekte innerhalb geeigneter *Strukturgesamt-*

heiten zusammenzufassen. Erst die *relativen Veränderungen* der Einzelkomponenten in Beziehung zur Gesamtheit sind aufschlußreich. Wichtig ist das Einbeziehen von *Einflußfaktoren* und das Aufdecken der *Verursachungszusammenhänge*.

4.14 Einflußfaktoren im Konsumgüterbereich

Für die Nachfrageentwicklung im *Konsumgüterbereich* sind die Entwicklungsdaten der Gesamtbevölkerung und der verfügbaren privaten Einkommen in ihren vielfältigen Differenzierungen die wichtigsten Bezugsgrundlagen (Bevölkerungsstruktur nach Altersklassen, Zahl und Größe der Haushalte, regionale, kulturelle und soziale Gliederungsmerkmale, Einkommensschichtung usw.). Die Verfolgung dieser Faktoren spielt für den chemischen Konsumgüterabsatz eine unmittelbare Rolle, jedoch werden diese Daten auch für die Absatzprognosen chemischer Produktivgüter immer wichtiger, um die Abhängigkeitsbeziehungen höheren Grades mit der Entwicklung der Endverbrauchssektoren aufdecken zu können.

Aufgrund der Bevölkerungs- und Einkommensentwicklung lassen sich verhältnismäßig zuverlässige Aussagen über die absolute Höhe und die strukturellen Verschiebungen der Einkommensverwendung in den grundlegenden *Konsumsektoren* treffen, wie etwa für Nahrung und Gesundheitspflege, Bekleidung, Behausung und Wohnungseinrichtung, Verkehrsbedarf und Kulturbedarf. Wegen der unterschiedlichen Dringlichkeit des Bedarfs in diesen Bereichen zur Existenzsicherung entsteht mit wachsendem Einkommen eine Rangreihe bevorzugter Einkommensverwendungen und ihrer zugeordneten Sättigungswerte.

So steigen beispielsweise die Pro-Kopf-Ausgaben für den *Bekleidungsbedarf* von einer bestimmten Einkommenshöhe an nur noch degressiv gegenüber der weiteren Einkommensvermehrung. Die Einkommenselastizität des Textilverbrauchs, d.h. die differentielle Verbrauchssteigerung mit der Einkommensvermehrung, sinkt damit unter 1, um einem

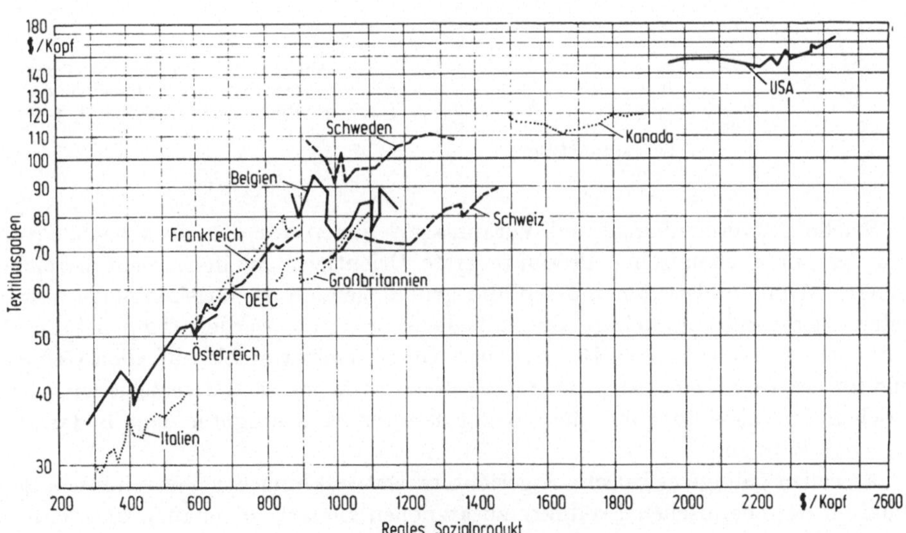

Abb. 4.2 Entwicklung der Ausgaben für Textilien in Abhängigkeit vom realen Sozialprodukt in verschiedenen Ländern 1948–1960. Konstante Preise in US $ von 1954 und Wechselkurse von 1960 [4.51, S. 23].

Sättigungswert mit der Einkommenselastizität 0 zuzustreben. Aus der Entwicklung der Textilausgaben in verschiedenen Ländern während eines Zeitraums wachsenden Wohlstandes zwischen 1948 und 1960 (Abb. 4.2) wurde eine allgemeine Gesetzmäßigkeit für den Wachstumsverlauf der Textilausgaben in Abhängigkeit von der Einkommensentwicklung angenommen, Abb. 4.3. Danach sollte bei einem Sozialprodukt je Einwohner von über 1500 US $ als Maßstab für den Volkswohlstand mit einer individuellen Sättigung im Textilverbrauch zu rechnen sein, so daß eine weitere Nachfragesteigerung nur noch durch das Bevölkerungswachstum verursacht werden könnte [4.51]. Prognosen über die Entwicklung des Sozialproduktes und der Bevölkerung ermöglichen dann entsprechende Prognosen des Textilverbrauchs. In Abhängigkeit von Bevölkerungswachstum und Einkommensvermehrung hat ein westeuropäischer Chemiekonzern Prognosen des Textilfaserverbrauchs für über 70 Länder durchgeführt, und zwar bereits differenziert nach Baumwolle, Wolle, Cellulosefasern und vollsynthetischen Chemiefasern. Auch der Kunststoffverbrauch in Abhängigkeit von der Einkommensentwicklung wurde häufig untersucht. Im Hinblick auf den Absatz der Produkte in Ländern verschiedenen Entwicklungsstandes und zukünftigen Zeiträumen interessiert dabei ein großer Bereich von Einkommensstufen, wobei die aus der Erfahrung festgestellten Zusammenhänge mitunter für Analogieprognosen benutzt werden.

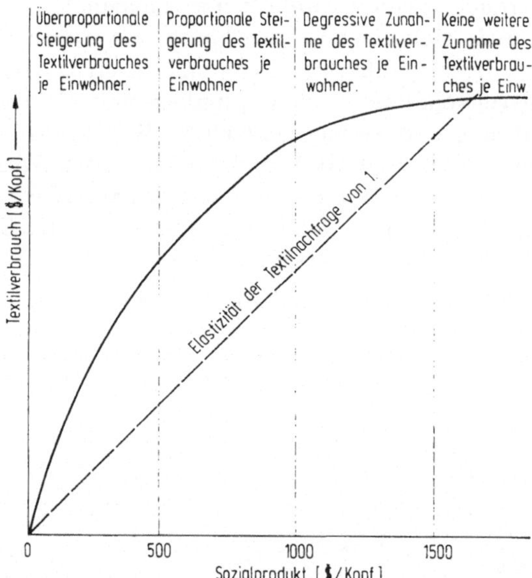

Abb. 4.3 Abhängigkeit des Textilverbrauchs vom Sozialprodukt (konstante Preise von 1960) [4.51, S. 26]

Solche Zusammenhänge und Voraussagen bieten für die Marktbeobachtung und -prognose chemischer Produkte erste Orientierungshilfen. Beim Erreichen höherer Wohlstandsstufen müssen die grundlegenden Bedarfskomplexe stärker differenziert und um weitere Spezialbedarfe erweitert werden (Kap. 3.451). Die zeitlichen Strömungen des Bedarfs- und Geschmackswandels auf allen Gebieten sind zu erfassen. Dann aber ist zu ergründen, wie gerade die verschiedenen chemischen Produkte oder die hiervon abgeleiteten Konsumgüter dem Bedarf entsprechen können.

Zuweilen gelingt es durch zielgerichtete Entwicklung der Verwendungseigenschaften der chemischen Produkte zusätzlichen Bedarf zu schaffen und dadurch die Sättigungsgrenzen mancher Bedarfskomplexe hinauszuschieben. Dies wurde beispielsweise auf den Textilmärkten durch die Synthesefaserindustrie erreicht.

Auf manchen Gebieten begünstigen gerade chemische Produkte die Erhöhung der Verbrauchsgeschwindigkeit und sogar die Tendenz zu den „Wegwerfartikeln". Eine wichtige Möglichkeit des Verbrauchswachstums chemischer Produkte bietet die Substitution konventioneller Werkstoffe. So hat die Synthesefaserindustrie während der letzten Jahre einen beispiellosen Aufschwung erlebt, während die Textilmärkte als Ganzes nur noch langsam vorankamen (Kap. 4.243).

Um hier Verursachungsbeziehungen für Marktprognosen aufzudecken, sind makroökonomische Daten eben nur Anhaltspunkte. Sorgfältige Abstufungen der Bedarfsträger nach den konsumbeeinflussenden Faktoren sind notwendig. Sowohl die schwer zu quantifizierenden psychologischen Gesichtspunkte als auch die Anwendungseigenschaften der Produkte sind zu berücksichtigen.

4.15 Einflußfaktoren im Produktivgüterbereich

Für den Verbrauch chemischer *Produktivgüter* ist letztlich die Nachfrageentwicklung in fast allen Konsumgütersektoren ursächlich. Teilweise gehen die chemischen Erzeugnisse mengen- und wertmäßig so stark in die Konsumgüterendprodukte ein, daß Entwicklungsprognosen durch die chemische Industrie selbst vorgenommen werden müssen. Oft wird es jedoch geboten sein, die Untersuchungen der nachverarbeitenden Industriezweige mit zu verwenden.

Strenggenommen wäre daher die Nachfrage nach chemischen Produktivgütern stets durch eine Reihe horizontaler sowie vertikaler Verflechtungsbeziehungen mit den Konsumgütermärkten zu charakterisieren und im Rahmen von Prognosen zu begründen. Methodisch liegt hierfür besonders die Verwendung der für Regressionsanalysen entwickelten Stufen- und Komponentenmodelle nahe [4.35, S. 56].

Beim *Stufenmodell* wird die Entwicklung einer Marktgröße, hier vor allem die Nachfrage nach einem chemischen Produktivgut, auf eine ganze Kette konsekutiv miteinander verbundener Abhängigkeitsbeziehungen zurückgeführt. Bei Einfachregression der Stufenbeziehungen würde gelten $y = f_1(x_1)$, $x_1 = f_2(x_2)$, $x_2 = f_3(x_3)$, $x_3 = \ldots$ usw. Hierdurch kann vor allem die vertikale Verflechtung chemischer Produktivgüter (y) mit den nachgeschalteten Verarbeitungsstufen oder Industriezweigen bis hin zu den Konsumgütern oder sogar deren nachfragebeeinflussenden Faktoren in der Konsumsphäre ($x_1, x_2, \ldots$) erfaßt werden.

Dagegen ist die sog. *Komponentenmethode* besonders zur Berücksichtigung horizontal unterschiedlicher Nachfrageentwicklungen geeignet. Die Gesamtnachfrage (y) wird durch eine Reihe parallelgeschalteter Nachfragebeziehungen erklärt, d. h. auf die unabhängigen Wachstumsindikatoren ($x_1, x_2, \ldots$) der verschiedenen Nachfragesektoren zurückgeführt. Für die Einfachregression nach diesen Komponenten würde gelten $y_1 = f_1(x_1)$, $y_2 = f_2(x_2)$, $y_3 = f_3(x_3)$, $\ldots$, $y_m = f_m(x_m)$, $y = \sum y_i$. Eine sowohl vertikal gestufte als auch horizontal breit gefächerte Nachverarbeitung könnte die kombinierte Anwendung beider Erklärungsmodelle nahelegen, wobei als Regressionsfunktionen selbstverständlich nicht nur lineare Beziehungen, sondern alle denkbaren Funktionstypen in Betracht kämen.

In der betrieblichen Marktbeobachtung und -prognose kann man freilich oft vereinfachen, weil sowohl die Aufstellung so umfassender Gleichungssysteme als auch deren Verwendung zu Prognosezwecken auf große Schwierigkeiten stößt. Die Einführung zahlreicher Teilfunktionen hat nur dann einen Sinn, wenn deren unabhängige Variablen als erklärende Größen tatsächlich getrennt und abweichend vom bisherigen Verlauf vorausgeschätzt werden können und wenn im Funktionszusammenhang Änderungen zu erwarten sind (vor allem über die technischen Verbrauchskoeffizienten für die Vorprodukte). Oft ist man aber mangels besserer Informationen über die verschiedenen Branchenentwicklungen gezwungen, das Wachstum von einem globalen, gesamtwirtschaftlichen Wachstumsindikator abzuleiten, wie etwa dem Sozialprodukt oder dem Produktionsindex der Gesamtindustrie. Ebenfalls nimmt man häufig die technischen Verbrauchskoeffizienten als unveränderlich an. In diesem Fall führen die verfeinerten Abhängigkeitsbeziehungen nur zu *Scheinkorrelationen* und verschleierten einfachen Trendextrapolationen [4.35, S. 50].

Die Analyse wird besonders unter Anwendung der Komponentenmethode, kaum dagegen mit Hilfe von Stufenmodellen verfeinert. Das bedeutet für chemische Produktivgüter mit ihrer oft von den Konsumgütermärkten entfernten Stellung einen Verzicht auf die unmittelbar formale Abhängigkeit von der Konsumgüterproduktion, wie sie an sich zu fordern wäre. Man begnügt sich häufig mit der Verfolgung der Verbrauchsentwicklungen in den primären Absatzmärkten (Kap. 4.245). Unabhängig von der möglichen Verbesserung der Prognoseergebnisse führt diese Verbrauchsdifferenzierung zu einem besseren Verständnis für die verbrauchsverursachenden Faktoren und Entwicklungen. Es braucht sich dabei noch nicht einmal um Funktionsbeziehungen zum Branchenwachstum im Sinne der Komponentenmethode zu handeln, denn bereits die zeitabhängige Untersuchung der Verbrauchsstrukturen vermittelt weitere Einsichten.

Mitunter werden größere Gruppen chemischer Produktivgüterspezialitäten ausschließlich in bestimmten Industriezweigen eingesetzt, wie etwa Textilfarbstoffe und Textilhilfsmittel in der Textilindustrie, Kautschukhilfsmittel in der Kautschukindustrie usw. Hier erreicht man mit einfachen Beziehungen in Abhängigkeit von der maßgeblichen Branchenentwicklung bereits die Genauigkeit der Komponentenmethode. Die Komponentenmethode ließe sich hier allerdings verfeinert anwenden, indem man z. B. eine bestimmte Farbstoffgruppe in die Verwendungen für einzelne Faserarten oder Ausrüstungsverfahren aufspaltet.

Genau wie bei den Konsumgütern, so sind auch bei den chemischen Produktivgütern empirisch festgestellte Abhängigkeitsbeziehungen nicht ausreichend, die vielfältigen *Sonderbewegungen* von Einzelprodukten zu deuten und für die Zukunft vorwegzunehmen. Auch hier müssen Anwendungsanalysen in ihrem Charakter als Querschnittsuntersuchungen die Zeitreihenbetrachtung ergänzen.

Der Substitutionsprozeß der Synthesefasern gegenüber den Naturfasern (Abb. 4.10) kann durch eine Korrelation der Synthesefaserproduktion mit der Branchenentwicklung der Textilindustrie oder der gesamtwirtschaftlichen Entwicklung bereits deutlich beschrieben werden. In den betreffenden Regressionsfunktionen würden sich entsprechend hohe Elastizitätskoeffizienten ergeben. Das gegenüber den erklärenden, unabhängigen Variablen viel stärkere Wachstum der Synthesefasern ist hauptsächlich auf die Substitution der Naturfasern zurückzuführen, jedoch kann sich der Substitutionsprozeß nur bis zur vollständigen Verdrängung der Naturfasern fortsetzen. Der Substitutionsspielraum gegenüber den Naturfasern wird sogar bereits vorher erschöpft sein. Die Anwendung der für die Vergangenheit gültigen Funktionen auf die zukünftige Verbrauchsentwicklung muß daher zwangsläufig zu überhöhten Prognosewerten führen, denn nach Beendigung der Substitution können die Synthesefasern nur noch im gleichen Ausmaß wie die gesamte Textilnachfrage wachsen.

Die langfristig gültigen Abhängigkeitsbeziehungen sind am ehesten für die Prognose großer Produktgruppen und gesamtwirtschaftlicher Globalgrößen brauchbar. Die Absatzinteressen sind aber vorwiegend an den Einzelprodukten orientiert. Daher verlieren solche Funktionen in der Chemiemarktprognose etwas an Bedeutung. Zumindest bleiben zeitabhängige Wachstumsuntersuchungen ohne explizite Berücksichtigung solcher Abhängigkeiten sowie anwendungstechnisch fundierte Untersuchungen der Verbrauchsentwicklung daneben berechtigt.

Die Abhängigkeit des Marktvolumens von der Größe der Bevölkerung kommt in der Verwendung von *Pro-Kopf-Verbrauchszahlen* auch für chemische Produktivgüter zum Ausdruck. Anders als bei den Konsumgütern fehlt die unmittelbare Aussagefähigkeit dieser Kennziffern über die Verbrauchsintensität. Der Zusammenhang mit dem Konsumgüterverbrauch ist nicht nur durch die Nachverarbeitung der Vorprodukte, sondern auch durch die Außenhandelsverflechtungen in den Nachstufen gelockert. So ist in Abb. 4.4 das Vorauseilen Hongkongs im

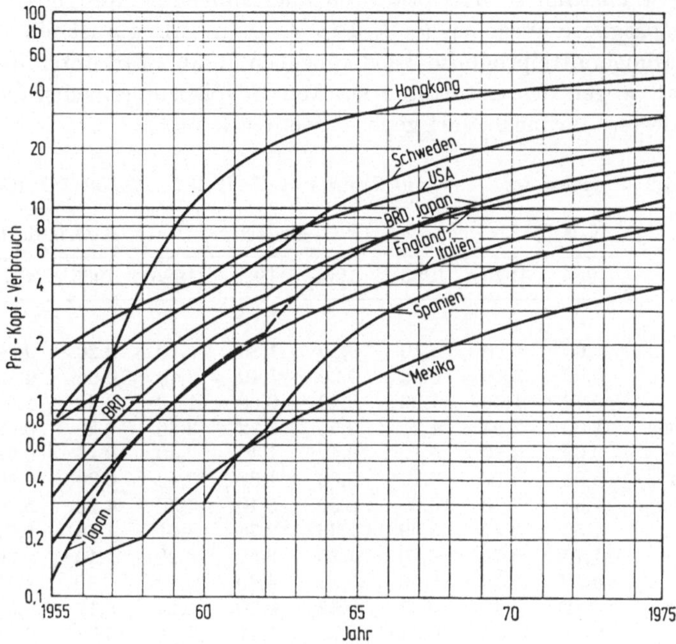

Abb. 4.4 Entwicklung und Prognose des Pro-Kopf-Verbrauchs an Polyäthylen niedriger Dichte [4.69].

Tabelle 4.1 *Entwicklung der Weltbevölkerung nach FAO* [4.77]

Gebiet	Bevölkerung in Millionen		
	1958	1980	2000
Asien			
Indien	410	640	1060
China	600	1030	1700
übriges Asien	488	647	879
Naher Osten	125	203	327
Afrika	208	283	421
Lateinamerika	195	349	592
Westeuropa	250	317	380
Osteuropa und UdSSR	376	475	567
Nordamerika	192	254	312
Ozeanien	15	22	29
Gesamt	2859	4220	6267
Zuwachs gegenüber 1958	–	47,7%	–
Zuwachs gegenüber 1980	–	–	48,5%

Polyäthylen-Pro-Kopf-Verbrauch auf die dort ansässige stark exportintensive Kunststoffverarbeitungsindustrie zurückzuführen. Hieran lassen sich immerhin die gesamtwirtschaftliche Durchdringung und die relativen Unterschiede zwischen den Länderentwicklungen besser als mit Absolutzahlen erkennen, weil unterschiedlich große Wirtschaftsräume vergleichbar gemacht werden.

Besonders eng ist die Beziehung zwischen der *Düngemittelproduktion* und dem Bevölkerungswachstum, so daß praktisch alle Düngemittelprognosen von einer Bevölkerungsprognose ausgehen (z.B. Tab. 4.1). In Tab. 4.2 ist ein Beispiel für eine solche Düngemittelprognose wiedergegeben, und zwar unter der weiteren Prämisse, daß wegen des erwarteten starken Bevölkerungswachstums meistens nur der Mindesternährungsbedarf gedeckt werden kann.

Tabelle 4.2 *Prognose des Düngemittelbedarfs in der Welt in 10^6 t nach FAO* [4.77]

Gebiet	N-Bedarf			P_2O_5-Bedarf			K_2O-Bedarf		
	1965	1975	1985	1965	1975	1985	1965	1975	1985
Asien									
China	1,05	2,90	5,10	0,30	1,80	4,10	0,20	0,90	1,90
Indien	0,60	3,10	6,50	0,20	1,40	3,40	0,05	0,40	0,80
Japan	0,72	1,06	1,20	0,49	0,89	1,12	0,60	1,01	1,24
übriges Asien	1,00	2,64	4,90	0,55	1,72	3,86	0,20	0,48	0,88
Afrika	0,68	2,80	5,10	0,40	1,40	2,40	0,18	0,90	1,60
Lateinamerika	0,90	2,10	3,70	0,63	1,80	3,40	0,30	0,70	1,10
Westeuropa	4,60	7,70	10,60	4,30	5,70	7,50	4,25	5,90	8,10
Osteuropa	1,50	3,42	5,99	1,33	2,74	4,61	1,45	1,74	2,40
UdSSR	1,75	3,70	6,70	1,25	3,50	6,20	1,10	2,30	4,10
USA	4,50	9,40	15,60	3,10	4,60	6,80	2,70	4,20	6,70
Kanada	0,12	0,40	0,87	0,32	0,70	1,24	0,12	0,30	0,49
Ozeanien	0,08	0,18	0,24	1,05	1,61	2,09	0,08	0,51	0,77
Gesamt	17,50	39,40	66,50	13,92	27,86	46,72	11,23	19,34	30,08

4.16 Beobachtungs- und Prognosezeiträume

Die Stärke der dynamischen Entwicklungen in der chemischen Industrie hat auf die *Beobachtungs-* und *Prognosezeiträume* eine unmittelbare Auswirkung. Man ist gewohnt, *kurz-*, *mittel-* und *langfristige Prognosen* zu unterscheiden. Die kurzfristigen Prognosen sind meistens Bestandteil der laufenden Absatzplanung. Die langfristigen Prognosen dienen vorwiegend der Investitionsplanung, daneben aber auch langfristigen Vorschaurechnungen für die Gesamtunternehmung (strategische Planung). Die kurzfristige Prognose endet regelmäßig bei der Zeitspanne eines Jahres und schließt Monats- und Quartalsprognosen ein. Einen Übergangsbereich bilden mittelfristige Prognosen mit Zeitspannen etwa bis zu drei oder höchstens fünf Jahren, wenn ein solcher Zeitraum überhaupt abgegrenzt werden soll. Fünf Jahre gelten zuweilen schon als langfristig. Bei den langfristigen Prognosen ist das Unsicherheitsmoment am stärksten. Ihre zeitliche Reichweite ist vor allem an der erwartbaren wirtschaftlich nutzbaren *Lebensdauer neuer Projekte* orientiert, die in der chemischen Industrie wegen der starken wirtschaftlichen Überholungsgefahr der Produkte und Anlagen heute oft mit nur durchschnittlich

7 Jahren angenommen wird. Eine Vorausschau über 10 Jahre gilt in der chemischen Industrie bereits als hoch. Prognosen über noch längere Zeiträume sind gewöhnlich kaum projektbezogen, sondern erstrecken sich auf allgemeine technische und wirtschaftliche Entwicklungstendenzen. Eine Erhebung in der chemischen Industrie der USA ergab neben den stets angewandten kurzfristigen Jahresprognosen nur in wenigen Fällen systematische und für die Absatzplanung ausgewertete Prognosen, die über 5 Jahre hinausgehen [4.31; 4.49]. Indessen ist eine Tendenz zur Verlängerung der zeitlichen Reichweite der Prognosen erkennbar.

Eine Ausdehnung erfahren die Zeiträume der langfristigen Prognosen durch die oft notwendige Einbeziehung von *Forschungs-* und *Entwicklungszeiten* für neue Produkte und Verfahren, die dem Zeitpunkt von Investitionsentscheidungen vorausgehen. Sie können die gleiche Größenordnung wie die Lebensdauer einer neuen Produktionsanlage, nämlich 5 bis 10 Jahre, erreichen. Damit wäre die zu Beginn eines neuen Forschungsvorhabens aufgemachte Vorschau auf einen etwa doppelt so langen Prognosezeitraum zu erstrecken. Hier beginnt die Größenordnung der Zukunftsforschung, mit der man vielleicht bis zu drei oder sogar fünf Jahrzehnten vorgreifen kann, wenn für die Chemieunternehmung wenigstens einigermaßen brauchbare Aussagen erwartet werden.

Je länger man mit den Untersuchungen in die Vergangenheit zurückgeht, um so zuverlässiger und weiter kann man für die Zukunft prognostizieren. Diese Auffassung ist freilich nicht unbestritten, da mit der Länge des rückwärtigen Entwicklungszeitraums auch die Zahl der eingeschlossenen Unregelmäßigkeiten anwächst. Außerdem verlieren die rückwärtigen Entwicklungen mit ihrer Entfernung von der Gegenwart immer mehr an Maßgeblichkeit für die Bestimmung des Zukünftigen. Für Marktprognosen nach korrelativen oder nur zeitbezogenen Wachstumsfunktionen ist die Länge der als Basis verwendeten rückwärtigen Entwicklungsreihe von großer Bedeutung, weil bereits das Hinzunehmen oder Weglassen weniger Jahre das Ergebnis oft stark beeinflußt.

Auch bei *neuen Produkten* wird nicht etwa jede Vergangenheitsbetrachtung entfallen, denn die Prognose ihrer Entwicklung ist überwiegend an der übergeordneter Produktgruppen und verbrauchsbestimmender Parameter orientiert. Nicht nur die häufigen Veränderungen durch das Entstehen neuer oder das Verschwinden älterer Produkte sind hier für Begrenzungen und Engpässe maßgeblich, sondern auch die mangelhafte Detaillierung und die häufigen Umgliederungen produktionsstatistischer Daten. Nur bei einigen großen chemischen Produkten und Grundstoffen gelingt es, die Produktionszahlen in einzelnen Ländern gelegentlich über Jahrzehnte zurückzuverfolgen.

4.2 Marktveränderungen in der chemischen Industrie

4.21 Zufallsbedingte Marktveränderungen

Den *zufallsbedingten Marktveränderungen* fehlt definitionsgemäß jede Regelmäßigkeit, Voraussehbarkeit und damit auch Prognosefähigkeit. Aus diesem Grunde begnügt man sich im allgemeinen mit der Feststellung ihrer möglichen Existenz und erspart sich die nähere Erörterung. Sie sind vor allem außerwirtschaftlicher, nämlich politischer Art (Krieg, politische Gebietsveränderungen, Arbeitskämpfe) oder naturbedingt (extreme Klimata, Seuchen, Naturkatastrophen).

Man könnte geneigt sein, eine Gruppe „kulturbedingter" Ereignisse, wie etwa große bahnbrechende *Erfindungen*, hinzuzurechnen. Der wissenschaftliche und technische Fortschritt insgesamt vollzieht sich zwar nach einer gewissen Gesetzmäßigkeit, aber die grundlegende Neuerung in einer Teilbranche, Produktgruppe oder in einem Anwendungsgebiet tritt doch mitunter überraschend und unvorhersehbar auf. Diese Problematik ist bei der branchentypischen Forschungs- und Entwicklungsintensität der chemischen Industrie besonders aktuell. Ob dem einzelnen Forschungsvorhaben jemals ein Erfolg beschieden ist und in welchem Ausmaß sich dieser einstellt, bleibt trotz systematisch angelegter Forschung ungewiß.

Ähnliches gilt für wichtige Änderungen in der Verwendung der Produkte. Trotz intensiver anwendungstechnischer Entwicklung zur Verwendung von Kunststoffen für tragende Karosserieteile von Automobilen ist es heute noch unabsehbar, ob jemals der Kunststoff wirklich den Stahl substituieren wird. Ein solcher plötzlicher Durchbruch würde die Kunststoffproduktion nochmals entscheidend vermehren. Trotz der fehlenden Voraussehbarkeit erscheint es angebracht, solche Ereignisse wenigstens im Rahmen von *Alternativprognosen* zu berücksichtigen.

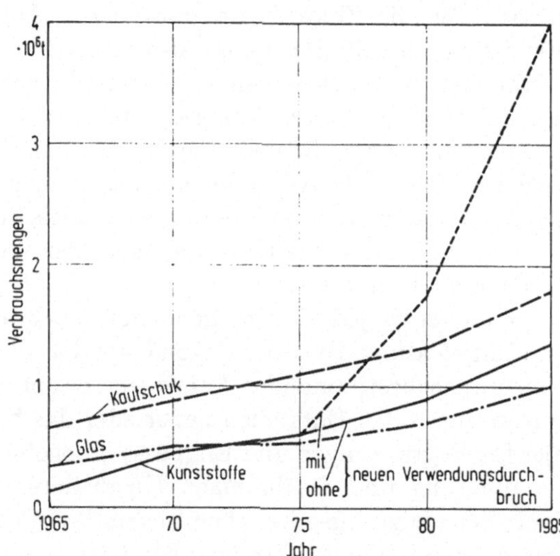

Abb. 4.5 Prognose des Kunststoffverbrauchs in der amerikanischen Automobilindustrie bei alternativen Verwendungshypothesen [4.13].

Für den Kunststoffverbrauch der amerikanischen Automobilindustrie wurde vorausgesagt, daß sich im Jahre 1985 bei der kontinuierlichen Fortführung der anwendungstechnisch geförderten Verbrauchsintensivierung ein Verbrauch von 150–200 lb Kunststoff/Wagen oder insgesamt 1,4 Millionen t/a einstellen wird. Dagegen würde sich beim Anwendungsdurchbruch der Kunststoffe im Karosseriebau die Verbrauchszahl 1985 verdreifachen, Abb. 4.5.

Während die aus der Forschung und Entwicklung herrührenden, teilweise zufallsbedingten Ereignisse im Rahmen der langfristigen Trendbewegungen zu berücksichtigen sind, haben einige *naturbedingte Zufallsereignisse* für bestimmte Sparten der chemischen Industrie nur *kurzfristige* Bedeutung. Hier ist besonders an den stoßweise einsetzenden Bedarf an bestimmten Schädlingsbekämpfungsmitteln beim plötzlichen, oft seuchenartigen Auftreten von Pflanzenschädlingen in manchen Ländern, aber auch an Arzneimitteln zur Bekämpfung epidemischer Krankheiten zu denken. Ohne genau erkennbare Ursachen schwankt die Zahl der Erkrankungen an epidemischer Influenza in den einzelnen Jahren bis um das Fünfzigfache und mehr. Die Marktgeltung einer Chemieunternehmung würde schweren Schaden leiden, wenn nicht jeder plötzlich auftretende Stoßbedarf schnell gedeckt werden könnte. Der Zwang zu hohen, kostspieligen Sicherheitslägern ist die Folge. Trotz der völligen Unregelmäßigkeit und Unvorhersehbarkeit der den Stoßbedarf auslösenden Ereignisse wird man aus den Erfahrungen der Vergangenheit wenigstens gewisse Anhaltspunkte für den kurzfristig erwartbaren Maximalbedarf und die Dimensionierung der Sicherheitsläger zu gewinnen suchen.

Nicht vorhersehbare *politische Risiken* haben vor wenigen Jahren in den westeuropäischen Chemieländern bei der weittragenden Entscheidung über die Rohstoffgrundlage der gesamten organischen Chemie eine große Rolle gespielt, als es nämlich darum ging, die versorgungssichere Kohlebasis durch die importabhängige und wegen politischer Risiken weniger gesicherte petrochemische Basis zu ersetzen. Bei der Entscheidung mußten die Risiken wenigstens zeitweiser Versorgungslücken oder erheblicher Preissteigerungen der Erdölprodukte irgendwie in Rechnung gestellt werden. Die seit 1967 verschärfte Nahostkrise hat die Realität der bestehenden Gefahren bestätigt.

Die wenigen Beispiele mögen genügen, um die notwendige Berücksichtigung der Folgen zufallsbedingter Ereignisse in der wirtschaftlichen Vorausschau darzutun, wenngleich genauere Prognosen solcher Ereignisse kaum möglich sind.

4.22 Saisonschwankungen

Die Bedeutung der *Saisonschwankungen* als kurzfristige, längstens innerhalb der Zeitspanne eines Jahres periodisch wiederkehrende Marktveränderungen ist in der chemischen Industrie mit Ausnahme bestimmter Sparten gering, weil eine größere Entfernung zu den Konsumgütermärkten besteht. Die jahreszeitlichen Absatzschwankungen werden durch die nachgeschalteten Verarbeitungsstufen und durch den Handel gemildert. Nur in einigen Sparten sind naturbedingte Saisoneinflüsse stark spürbar, wie z.B. bei den Lieferungen von Düngemitteln und Schädlingsbekämpfungsmitteln an die Landwirtschaft, beim Absatz einiger Bauhilfsmittel an die Bauwirtschaft mit ihrem Saisontief im Winter oder bei einigen Produktgruppen der pharmazeutischen Industrie. So zeigt Abb. 4.6 den Einfluß der jahreszeitlichen Klimaschwankungen auf den Bedarf an Arzneimitteln, gemessen am Umsatz einer Apotheke. Abb. 4.7 bringt den saisonalen Verlauf der Luftfeuchtigkeit und des Krankenstandes als vorgelagerte bedarfsbestimmende Faktoren. Der Handel ist meistens zum Ausgleich der Nachfrageschwankungen allein nicht in der Lage, so daß die Saisoneinflüsse in der eigenen Lagerhaltungs- und Produktionspolitik zu berücksichtigen sind.

Für die methodischen Fragen der Ermittlung von Saisonschwankungen aufgrund der Absatzstatistik durch Ausschaltung anderer Marktveränderungen gelten kaum branchentypische Besonderheiten, vgl. [3.171, S. 448]. Die Möglichkeiten der recht genauen Ermittlung von Saisonrhythmen stellen die kurzfristige Saisonprognose zur kurzfristigen Absatzplanung auf eine zuverlässige Grundlage.

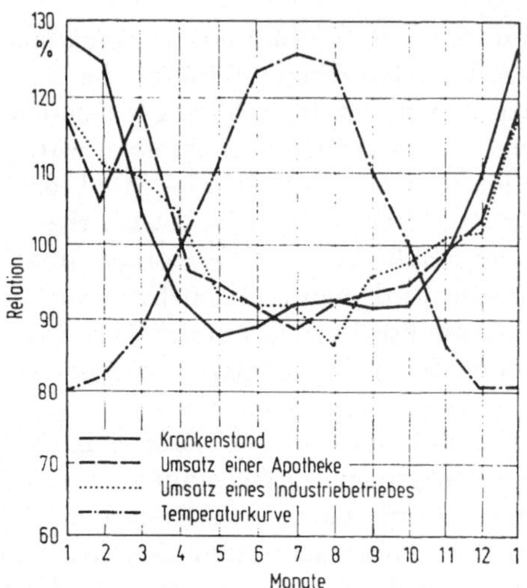

Abb. 4.6 Saisonale Schwankung des Krankenstandes und des Umsatzes einer Apotheke in Abhängigkeit vom jahreszeitlichen Klimawechsel, nach [3.171, S. 391].

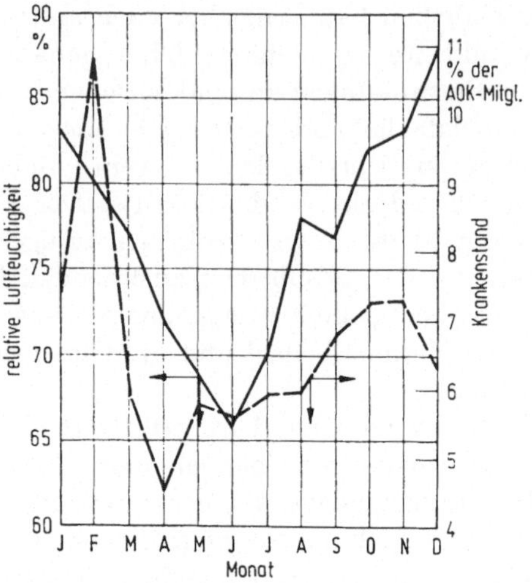

Abb. 4.7 Luftfeuchtigkeit und Zahl der arbeitsunfähigen Kranken in Nürnberg 1960 [3.171, S. 390].

4.23 Konjunkturschwankungen

Die mittelfristig periodischen, jedoch im Gegensatz zu den Saisonbewegungen rhythmisch nicht festgelegten *Konjunkturschwankungen* beanspruchen vor allem im Rahmen der makroökonomischen Forschung großes Interesse. Für die einzelbetriebliche Marktbeobachtung und -prognose gewährt die gesamtwirtschaftliche, aber auch die branchenspezifische Konjunkturbeobachtung durch überbetriebliche Stellen wichtige Anhaltspunkte (z.B. Regierungsstellen, Wirtschaftsforschungsinstitute, Fachverbände usw.), die für die eigenen Absatzmärkte weiter zu modifizieren sind. Die staatlichen Einflußnahmen (Konjunkturpolitik) zielen auf eine Abschwächung der Amplituden der Konjunkturzyklen. Dadurch soll ein gleichmäßiges wirtschaftliches Wachstum gesichert werden.

In der chemischen Industrie kommen die besonderen Schwierigkeiten einer zuverlässigen *Abgrenzung* zwischen *Konjunkturschwankungen* und *Marktverschiebungen* hinzu, die sich mit der Schnelligkeit marktwirtschaftlicher Veränderungen durch neue Produkte sowie mit fortschreitender Differenzierung der Beobachtungsobjekte zum Einzelprodukt hin verstärken. Die „*Sonderkonjunkturen*" gewinnen immer mehr an Bedeutung, denen jedoch in der Hauptsache einseitige Marktverschiebungen und nicht oszillatorisch-zyklische Marktbewegungen im Sinne der Konjunkturschwankungen zugrunde liegen. Man müßte die Absatzreihen langer Zeiträume untersuchen, um einige Konjunkturwellen erkennen und von der Trendkurve abgrenzen zu können. Dies wird aber höchstens für wichtige chemische Grundstoffe und große Produktgruppen möglich sein. Viele chemische Einzelprodukte aber müßten ausscheiden, wenn man für sie nur Statistiken hat, die höchstens 5 oder 10 Jahre zurückreichen.

In der chemischen Industrie als *Wachstumsindustrie* führen Konjunkturschwankungen in vielen Bereichen nur zur weiteren Verstärkung oder Abschwächung von Aufwärtsbewegungen. Am deutlichsten sind die Konjunkturwellen an der Produktionsentwicklung älterer Grundchemikalien mit nur noch geringen Wachstumsraten sowie breit streuender Verwendung zu erkennen. Dies gilt zum Beispiel für die Sodaproduktion in der BRD, welche die Konjunktureinbrüche von 1958, 1962 und 1967 deutlich erkennen läßt, während diese bei der wachstumsintensiven Chlorproduktion weitgehend verdeckt sind (Abb. 4.51).

Konjunkturprognosen für die gesamtwirtschaftliche oder die chemische Branchenentwicklung können in der kurz- und mittelfristigen Absatzplanung für einzelne Produkte verwendet werden, unter anderem zur Korrektur der erwarteten Trendwerte. Bei längerfristigen Prognosen bleiben Konjunkturschwankungen zumeist unberücksichtigt, was andererseits auf kürzere Sicht zu erheblichen Abweichungen von den Prognosewerten führen kann. So wurden während der Hochkonjunktur im Jahre 1969 die meisten der wenige Jahre zuvor für diesen Zeitraum veröffentlichten Chemieprognosen weit übertroffen. Gelänge eine zuverlässigere Konjunkturvorhersage, so wäre hiervon allerdings kaum eine bessere Kapazitätsanpassung zu erwarten, da der Bau neuer Anlagen 1 bis 3 Jahre Zeit in Anspruch nimmt und sich besonders in der Hochkonjunktur infolge Überlastung der Projektierungs- und Apparatebaufirmen, aber auch der eigenen Ingenieurabteilungen und Werkstätten stark verzögert.

4.24 Marktverschiebungen (Trendbewegungen)

4.241 Zentrale Bedeutung in der chemischen Industrie

Das Erfassen und Vorhersagen der *Wachstumsvorgänge* steht in der chemischen Industrie im Mittelpunkt. Spricht man hier von *Marktverschiebungen*, so denkt man besonders an substitutive und strukturelle Veränderungen innerhalb größerer Zusammenhänge. Unter dem *Trend* versteht man mehr voneinander unabhängige Wachstumsvorgänge von Einzelprodukten, Anwendungen oder Verfahren. Häufig verbindet man mit den genannten Begriffen die Vorstellung eines sehr allmählichen Wachstums oder des langsamen „negativen“ Wachstums bei Schrumpfungsprozessen, wobei man wegen der Stetigkeit der Bewegungen über längere Zeiträume entsprechend günstige Voraussetzungen für Prognosen erhält.

Die dem Trend anhaftende Vorstellung der langsamen und kaum merklich verlaufenden Entwicklung ist aber in der chemischen Industrie oft fehl am Platze, wenn neue Produkte mit stürmischen Wachstumsraten in den Markt treten und das Marktbild in kurzer Zeit grundlegend verändern. Schnelle Wachstumszyklen von Einzelprodukten ergeben eine stärkere Überlagerung mit Konjunkturschwankungen. Es können sich auch enge Beziehungen zwischen den Marktverschiebungen und zufallsbedingten, unvorhersehbaren Erfolgen der chemischen Forschung ergeben. Schließlich sind Mode- und Geschmackswandlungen im weiteren Sinne den Marktverschiebungen zuzurechnen. Diese Marktveränderungen erlangen damit geradezu universelle Bedeutung.

4.242 Einfluß des Aggregationsgrades

Wachstumsentwicklungen von Produktionsmengen werden am häufigsten analysiert. Mit zunehmendem *Aggregationsgrad*, d.h. mit zunehmendem Ausmaß der Zusammenfassung von Einzelprodukten zu größeren Produktgruppen, wird sich das Wachstum immer mehr an die gesamtwirtschaftliche Entwicklung annähern. Verfeinern wir den Gegenstand der Marktbeobachtung dagegen in umgekehrter Richtung über die Branche bis zum Einzelprodukt hin, ist mit verstärkten Abweichungen und *Sonderbewegungen* zu rechnen, da sich divergierende

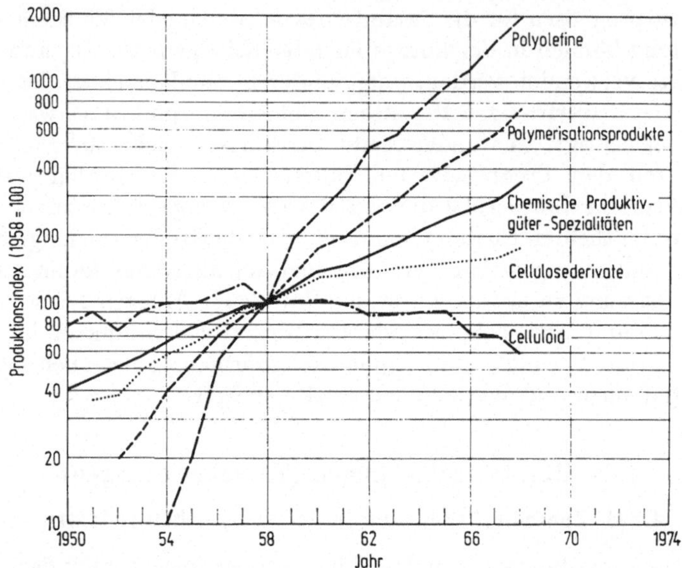

Abb. 4.8 Aggregationsbedingte Wachstumsdivergenzen chemischer Produktivgüterspezialitäten in der BRD.

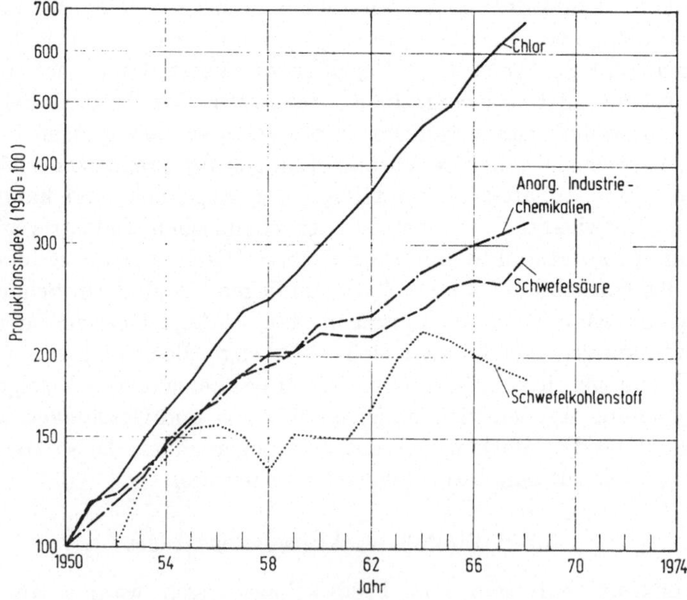

Abb. 4.9 Aggregationsbedingte Wachstumsdivergenzen anorganischer Industriechemikalien in der BRD.

Teilentwicklungen innerhalb der Produktgruppe dann immer weniger ausgleichen. Die mit geringerer Stetigkeit und Regelmäßigkeit verlaufenden Einzelentwicklungen sind gerade für die Marktforschung besonders wichtig, andererseits ist die Prognose der Entwicklung von Einzelprodukten besonders unsicher. Ausnahmen bilden die chemischen Grundstoffe mit universeller Verwendungsbreite.

Bereits die vier großen Partialproduktionsindices zeigten im Verhältnis zum Durchschnitt der chemischen Industrie erhebliche Abweichungen (Tab. 1.1). Die chemischen Produktivgüterspezialitäten hatten ja das höchste und die anorganischen Industriechemikalien das relativ niedrigste Wachstum in der BRD während der letzten fast zwei Jahrzehnte zu verzeichnen. Innerhalb der chemischen Produktivgüterspezialitäten haben die Polymerisationsprodukte den Durchschnitt weit überragt, während Cellulosederivate zurückgeblieben sind, Abb. 4.8. Die Polyolefine aber zeigten wiederum starke positive Abweichungen gegenüber den Polymerisationsprodukten, das Einzelprodukt Celluloid dagegen negative Abweichungen gegenüber den gesamten Cellulosekunststoffen. Oft sind weitere Differenzierungen erforderlich, so die Aufteilung der Polyolefine in Polyäthylen, Polypropylen und Polybuten, die Aufteilung des Polyäthylens in Hochdruck- und Niederdruckpolyäthylen mit ganz anderen Produkteigenschaften und Herstellungsverfahren. Bei den anorganischen Industriechemikalien eilte die Produktion von Chlor weit voraus, dagegen sind die Produktionsindices für Schwefelsäure schwach und für Schwefelkohlenstoff stark hinter dem Gruppenproduktionsindex zurückgeblieben, Abb. 4.9.

4.243 Substitutionsprodukte

Eine besondere Bedeutung kommt der Erfassung von Marktverschiebungen zwischen Produkten zu, die sich aufgrund der gegenseitigen Bedarfsverwandtschaft ersetzen können, d.h. in einem *Substitutionsverhältnis* stehen. Ausmaß und

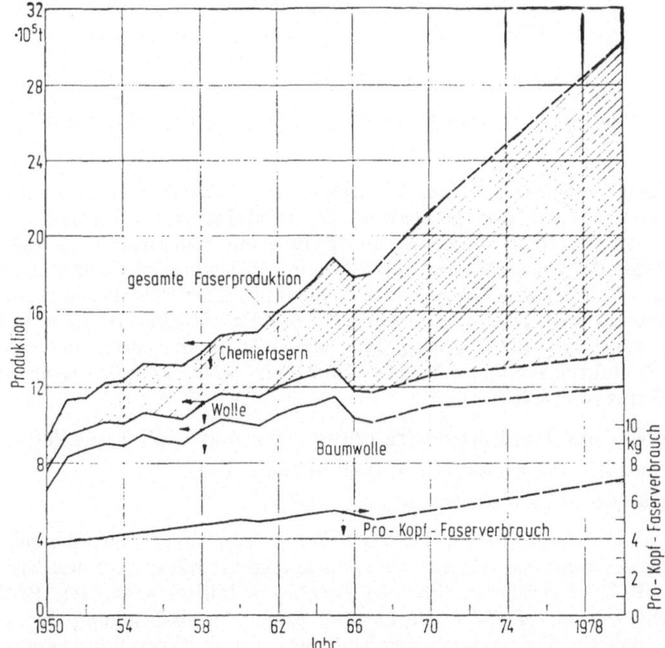

Abb. 4.10 Substitutionen im Bereich der Textilrohstoffe, nach [4.20; 4.109].

Verlauf der Substitutionskonkurrenz werden von einer Vielzahl technischer und wirtschaftlicher Faktoren bestimmt. Es ist die Hauptaufgabe der später noch darzustellenden Anwendungsanalyse, solche Substitutionsbeziehungen quantitativ festzustellen (Kap. 6.4). Zur Veranschaulichung der Substitutionsverläufe werden die absoluten Mengen der Produkte miteinander verglichen, vor allem aber auch die Entwicklung der Produktionsanteile innerhalb der größeren, durch die Bedarfsverwandtschaft gekennzeichneten Produktgruppen verfolgt. Nicht nur Einzelprodukte, sondern auch Produktgruppen verschiedenen Aggregationsgrades können miteinander konkurrieren.

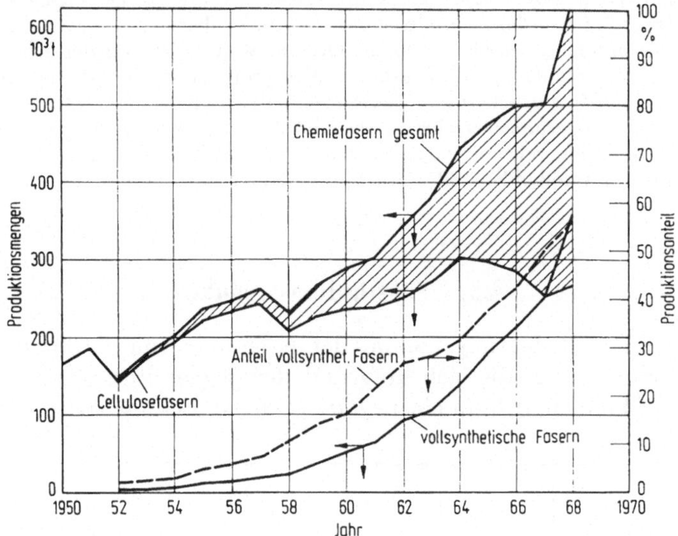

Abb. 4.11 Substitution von Cellulosefasern durch vollsynthetische Chemiefasern in der BRD.

Abb. 4.10 zeigt beispielsweise das Vordringen der Chemiefasern innerhalb der gesamten *Faserproduktion* der Welt. Eine Aufspaltung der Produktgruppe Chemiefasern läßt aber erkennen, daß auch innerhalb dieser Produktgruppe ein Substitutionsprozeß im Gang ist, nämlich zugunsten der vollsynthetischen Fasern und zu Lasten der Cellulosefasern, Abb. 4.11. Bei einer weiteren Aufspaltung der Gruppe vollsynthetischer Chemiefasern müßte man heute den Polyesterfasern gegenüber den Polyamid- und Polyacrylfasern die größeren Zukunftschancen einräumen, vgl. [4.20; 4.24; 4.64]. Bereits 1970 erreichten die Polyesterfasern in den USA das Produktionsvolumen der Polyamidfasern, während in Westeuropa diese Gleichheit etwa 1975 eintreten soll.

Die gegenseitige Produktverdrängung erstreckt sich zuweilen nur auf endständige *Produktformulierungen*, physikalische Veränderungen, Aufmachungen, Verpackungsarten oder Markierungen.

Im Bereich der Haushaltschemikalien haben beispielsweise die flüssigen Produkte die pulverförmigen während der letzten Jahre zunehmend verdrängt: Die erst Ende der fünfziger Jahre in der BRD eingeführten flüssigen Geschirrspülmittel erreichten 1962 bereits 55% und 1967 nicht weniger als 87% Marktanteil unter Zurückdrängung der pulverförmigen Produkte. Bei den Haushaltsreinigungsmitteln setzte diese Entwicklung später ein, nämlich ab 1962, worauf die flüssigen Produkte 1967 etwa 50% des Marktes erobert hatten.

Natürlich vollziehen sich die Substitutionen in den verschiedenen *Verwendungen* und Folgeprodukten unterschiedlich, was es im Hinblick auf die Absatzaussichten in den Teilmärkten zu präzisieren gilt. Als Beispiel ist in Abb. 4.12 gezeigt, wie sich die zunehmende Verwendung von Chemiefasern bei der Herstellung von Decken auswirkte.

Substitutive Marktverschiebungen kann man formal in zwei Gruppen einteilen, je nachdem, ob die verdrängten Produkte nur in ihren *relativen Marktanteilen* oder sogar in ihren *absoluten Marktvolumina* schrumpfen. So konnte bei den Naturfasern das absolute Produktionsniveau während der letzten Jahre im wesentlichen gehalten werden, jedoch entfiel der Zuwachs in der gesamten Faserproduktion größtenteils auf die Synthesefasern. Auch unter diesen Bedingungen

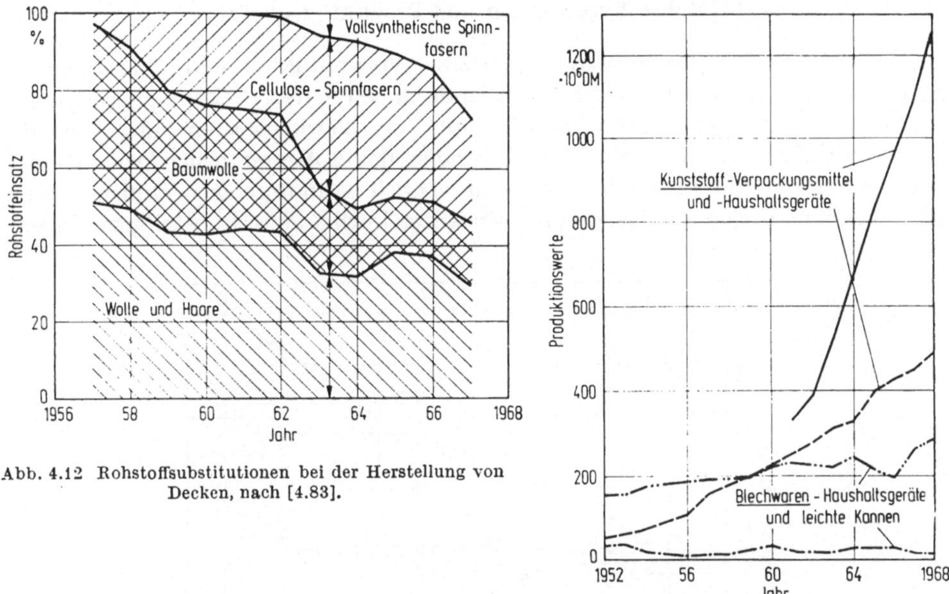

Abb. 4.12 Rohstoffsubstitutionen bei der Herstellung von Decken, nach [4.83].

Abb. 4.13 Produktionsentwicklung von Erzeugnissen der kunststoffverarbeitenden Industrie sowie der Eisen-, Blech- und Metallwarenindustrie mit teilweisen Substitutionsbeziehungen in der BRD. Produktionsstatistische Daten [1.42]: *Kunststoffverarbeitende Industrie:* Haushalts-, Wirtschafts- und Gebrauchsartikel der Meldenummer 5853; Verpackungsmittel, Lager- und Transportbehälter der Meldenummer 5857. *Eisen-, Blech- und Metallwarenindustrie:* Haushalts- und Küchengeräte der Meldenummer 3841 11/ 3846 11; Kanister und leichte Kannen für Benzin, Heizöl u.a. Brennstoffe der Meldenummer 3843 51, 54 sowie Öl- und Schmierkannen der Meldenummer 3843 57.

ist von einer Substitution zu sprechen, denn Stillstand bedeutet bereits Rückschritt. Die Verschiebung wird besonders durch die relativen Marktanteile der substituierenden oder substituierten Produkte gekennzeichnet (Abb. 4.10–4.12).

Dabei tritt häufig das Problem auf, die im Substitutionsverhältnis stehenden Produktgruppen oder Produktverwendungen genauer abzugrenzen und zu einer übergeordneten „Marktgesamtheit" zusammenzufassen. Es unterliegt hierbei der subjektiven Beurteilung, inwieweit die nichtsubstituierbaren Bereiche eingeschlossen bleiben sollen und dadurch das Niveau der erwartbaren Substitutionsgrenzen verändert wird. Außerdem spielen hierbei die verfügbaren statistischen Zahlenreihen wieder eine große Rolle, deren Gliederungstiefe nach den interessierenden Gesichtspunkten oft den eigentlichen Engpaß bildet.

Zum Beispiel wurden in einer Untersuchung über die Konkurrenz der Kunststoffe gegenüber konventionellen Werkstoffen die Produktionsentwicklungen zahlreicher Erzeugnisse der kunststoffverarbeitenden Industrie sowie anderer Industriezweige in der BRD verglichen (Steine und Erden, Maschinenbau, Fahrzeugbau, Feinkeramische Industrie, Glasindustrie, Holzverarbeitung usw.) [4.57]. Das Ausmaß des Verdrängungsverlaufs ist oft nur unvollkommen zu erkennen, weil in den Meldepositionen der benutzten offiziellen Statistik eben häufig Produkte und Verwendungen zusammengefaßt sind, welche nicht in Substitutionsbeziehung stehen. So kann man im Beispiel der Abb. 4.13 die Stagnation in der Produktion von Blechwarenhaushaltsgeräten und leichten Blechkannen sicher mit dem starken Aufschwung der Kunststoffhaushaltsgeräte sowie Kunststoffverpackungsmittel in Zusammenhang bringen. Die genauere Abgrenzung übergeordneter Marktgesamtheiten ist aber kaum möglich.

4.244 Rohstoffgrundlagen und Produktionsverfahren

Sind chemische Produkte aus mehreren Vorprodukten und über mehrere Synthesewege zugänglich, so werden Veränderungen in den Preisen der Ausgangsstoffe, in den Verarbeitungsverfahren und Verarbeitungskosten entsprechende Marktverschiebungen auslösen. Ganz besonders das Auftreten neuer Produktionsverfahren kann die Produktionsstruktur schnell grundlegend verändern. Sehr oft haben konkurrierende Herstellungsverfahren auch andere Rohstoffgrundlagen.

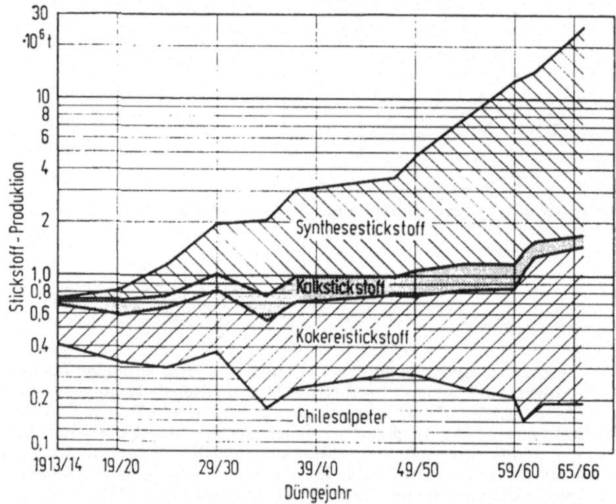

Abb. 4.14 Rohstoff- und Verfahrenssubstitution in der Stickstoffindustrie der Welt [4.99].

Abb. 1.6 zeigte uns den schnellen Wechsel der *Rohstoffbasis* für *organische* Grundchemikalien von der Kohle zum Erdöl in der BRD. In Tab. 4.3 ist dargestellt, wie sich die Verschiebung der Rohstoffbasis in den wichtigen Primärchemikalien auswirkte. Während es sich hierbei um identische Endprodukte handelt, sind bei der *Stickstofferzeugung* die Substitutionen hinsichtlich der Endprodukte, der Produktionsverfahren und Rohstoffgrundlagen teilweise überlagert. Der Reinstickstoffgehalt der Endprodukte als wertbestimmendes Merkmal ermöglicht jedoch ihre gruppenweise Zusammenfassung (Abb. 4.14).

Auch von den anderen Input-Faktoren der chemischen Industrie können entsprechende Strukturänderungen ausgehen. Die langfristige Verteuerung der Arbeitskräfte muß die arbeitsintensiven Verfahren mit der Zeit mehr und mehr benachteiligen. Bei dem für die chemische Industrie wichtigen *Energieeinsatz* wird

Tabelle 4.3 *Gesamtverbrauch von Primärchemikalien mit ihren auf petrochemischer Basis erzeugten Anteilen in der BRD, nach* [1.103; 3.63; 4.85]

Verbrauchsposition	1957		1960		1963		1967	
	[10^3 t]	[%]	[10^3 t]	[%]	[10^3 t]	[%]	[10^3 t]	[%]
Synthesegas und CO als N-Äquivalente			1650	25	1900	40	2540	76
Kohlenwasserstoffe								
Acetylen	185	28	281	33	275	44	308	59
Äthylen	75	50	228	87	446	97	1146	100
Propylen	40	100	115	100	215	100	538	100
C_4–Kw.	10	100	75	100	138	100	234	100
Benzol	185	0	316	1	312	22	562	55
Toluol	20	15	32	88	50	86	77	100
Xylole	6	0	17	76	38	95	180	100
Naphthalin	67	0	102	0	118	0	123	0
Andere Kw. (C_{5+} und Aromaten)	29	48	110	85	202	83	364	98
Kw. gesamt	617	29	1276	47	1794	68	3532	86

auf längere Sicht mit den wachsenden technischen Fortschritten im Bereich der Atomenergie eine erhebliche Verbilligung erwartet.

Vorausgreifende Entwicklungszeitschätzungen und Wirtschaftlichkeitsrechnungen besagen, daß etwa gegen 1980 die Strompreise auf Basis Atomenergie in Deutschland auf 1,8–2,5 Dpf/kWh, in den USA auf 2–3 mills (1 mill = $^1/_{1000}$ \$) sinken werden. Die besonders stromintensiven elektrochemischen und elektrothermischen Verfahren werden hiervon einen erheblichen Aufschwung erhalten. Bestimmte Produkte werden weiter verbilligt, wie z.B. Chlor und Natronlauge aus der Chloralkali-Elektrolyse, was sich auf deren Verbrauchsentwicklungen entsprechend auswirkt. Andere Produkte und Prozesse werden durch die Energiepreissenkung überhaupt erst ermöglicht. Man kann die hiervon entschiedene Verfahrenskonkurrenz in der Weise charakterisieren, daß für jedes Verfahren ein „kritischer Grenzpreis" oder „Nutzenschwellenpreis" berechnet wird, bei dessen Unterschreitung das betreffende Verfahren wirtschaftlich konkurrenzfähig wird. So wurde etwa für die Verhältnisse in den USA geschätzt, daß die Herstellung von Ammoniak und Stickstoffderivaten aus elektrolytisch gewonnenem Wasserstoff erst bei Strompreisen unter 1,2 mills (0,44 Dpf/kWh) wirtschaftlich wird, vgl. [4.55].

Verfahrenssubstitutionen mit gleichbleibender Rohstoffbasis sind meistens weniger umwälzend. Selten kann man sich allerdings auf den Vergleich eines Hauptrohstoffes beschränken. Hinzukommende weitere Reaktionsteilnehmer sowie ein unterschiedliches Endproduktspektrum bei Kuppelproduktion ergeben schnell stoffwirtschaftlich abweichende Situationen. Abb. 4.15 betrifft die Verfahrenssubstitutionen in der *Sodaherstellung* während eines langen Zeitraumes.

Sowohl beim Leblanc- als auch Solvay-Verfahren wird Steinsalz als Rohstoff verarbeitet, aber die weiteren Reaktanden und die Ausbringungsverhältnisse sind besonders im Hinblick auf Produktkopplungen andere. Hier sind Rohstoff- und Verfahrenssubstitutionen von den Marktverschiebungen in der Nachfrage nach den gekoppelten Endprodukten nicht zu trennen. Als drittes kommt seit einigen Jahren die steigende Erzeugung von Natriumcarbonat aus natürlichen Vorkommen in Betracht, wobei es sich um rein verfahrenstechnische Gewinnungsprozesse handelt. Eine Prognose der zukünftigen Produktionsstruktur hätte darüber hinaus auf die mögliche Carbonisierung von Natronlauge aus der Überschußproduktion durch die Chloralkali-Elektrolyse Rücksicht zu nehmen (Kap. 4.247).

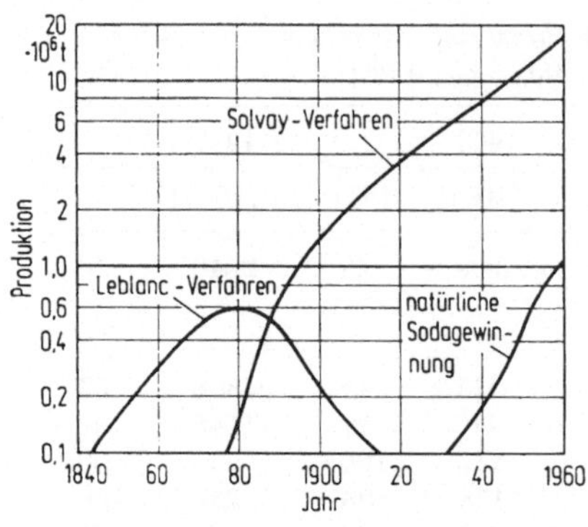

Abb. 4.15 Entwicklung der Verfahrenssubstitution in der Sodaherstellung der Welt [3.179, S. 226].

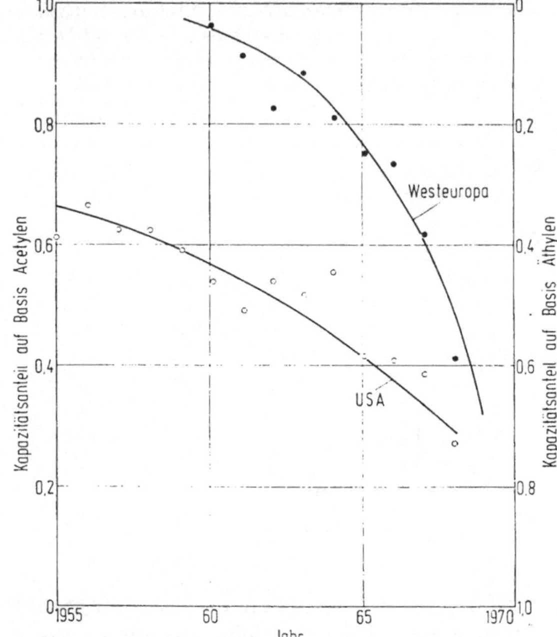

Abb. 4.16 Verschiebungen in der Kohlenwasserstoff-Rohstoff-Grundlage bei der Herstellung von Vinylchlorid [4.9].

Soweit die Rohstoff- und Verfahrensumstellung bei Einzweckanlagen an die Errichtung neuer Anlagen gekoppelt ist, läßt sich der Substitutionsverlauf gut anhand der *Kapazitätsstatistik* verfolgen (Abb. 4.16). Die Umstellung wird sich bei einem starken Produktionswachstum über Erweiterungsinvestitionen schneller vollziehen als über Ersatz- und Rationalisierungsinvestitionen älterer Anlagen.

Im Bereich der Schwerchemie, wie bei der Ammoniaksynthese oder den Pyrolyseverfahren zur Gewinnung von Acetylen oder Äthylen usw., spielen Marktverschiebungen zwischen rein *technischen Verfahrensvarianten* schon eine beachtliche Rolle (z.B. Haber-Bosch-, Casale-, Kellogg-Verfahren der NH_3-Synthese).

Eindeutige und generalisierende Aussagen über die Vor- und Nachteile verschiedener Verfahren und die hiervon ausgehenden Entwicklungstendenzen lassen sich oft insofern schwer treffen, als diese auch von den Produktionsbedingungen der Einzelunternehmungen, Lizenzfragen, standortabhängigen Rohstoff- und Energiekosten, besonderen Verbundvorteilen und anderem abhängen.

4.245 Verbrauchsentwicklungen

Marktverschiebungen im *Verbrauch* chemischer Produkte stehen häufig im Mittelpunkt der Marktbeobachtung und -prognose, indem von der Entwicklung der Folgeprodukte und Verbrauchssektoren ausgehend das Wachstum des Vorerzeugnisses ermittelt wird. Die Aufklärung der Verbrauchsstruktur chemischer Produkte bei der Bedarfsanalyse der Marktforschung findet hier in der zeitraumbezogenen Betrachtung eine unmittelbare Weiterführung. Die Marktverschiebungen in der *Verbrauchsstruktur* eines chemischen Grundstoffs bzw. Vielzweckproduktes sollen am Beispiel der *Chlorverwendung* dargestellt werden.

Die absoluten Chlorverbrauchszahlen in 10 Verwertungsarten wurden für den betrachteten 17jährigen Zeitraum von 1952–1968 bereits oben in Tab. 3.11 wiedergegeben. Auf die Einschränkungen der Aussagefähigkeit und die Schwierigkeiten der Interpretation dieser Daten wurde im Beispiel der Chlorbilanzierung für die BRD verwiesen (Kap. 3.442), vor allem im Hinblick auf die substitutive Verwendung von Chlor und Salzsäure und die Abgrenzungsschwierigkeiten zwischen einigen Produktgruppen (z. B. Chlorkohlenwasserstoffe und Kunststoffe). Immerhin gewährleistet die Beibehaltung der gleichen Abgrenzungen im Meldever-

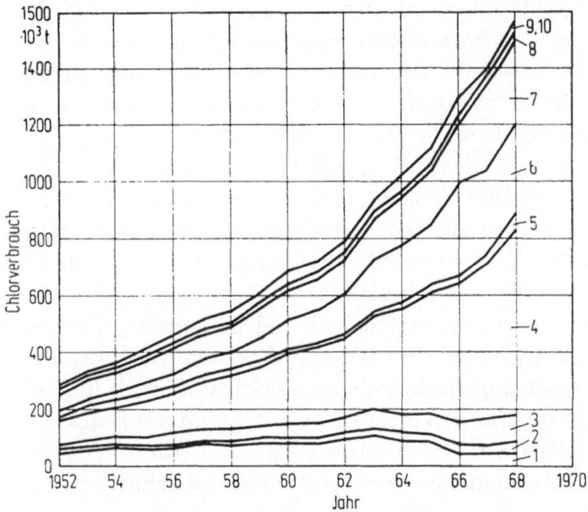

Abb. 4.17 Chlorverbrauch in der BRD in überschichteter Darstellung. Die Verbrauchspositionen Nr 1-10 beziehen sich auf Tab. 3.11 und 4.4.

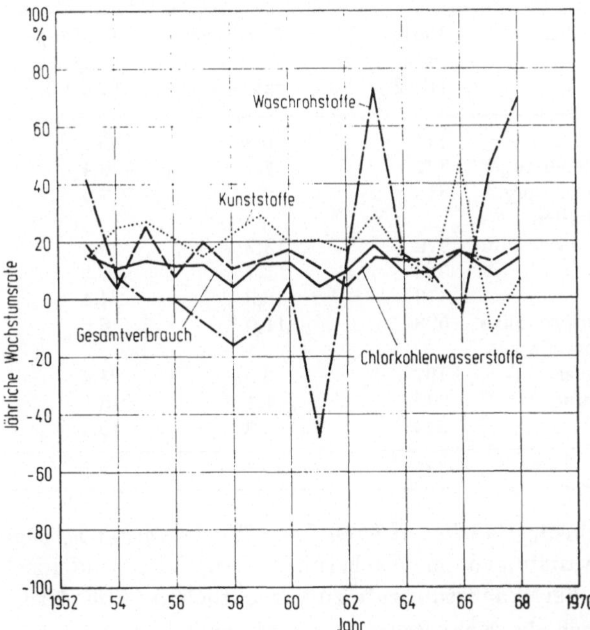

Abb. 4.18 Jährliche Wachstumsraten des Chlorverbrauchs insgesamt sowie für Waschrohstoffe, Kunststoffe und Chlorkohlenwasserstoffe in der BRD.

fahren eine gute Orientierungsmöglichkeit über die relativen zeitlichen Veränderungen. In Abb. 4.17 sind die Verbrauchszahlen kumulativ überschichtet. Man sieht, daß das Wachstum der Chlorproduktion in erster Linie vom Chlorverbrauch durch Chlorkohlenwasserstoffe getragen wurde, danach von den Kunststoffen und organischen Zwischenprodukten.

Die relative Steigerung gegenüber dem Basisjahr der Marktbeobachtung ist am besten aus der Entwicklung der *Verbrauchsindices* zu erkennen. Um die störenden kurzfristigen Wachstumsveränderungen auszuschalten, werden die Berechnung durchschnittlicher jährlicher *Wachstumsraten* für längere Zeiträume und die Angabe der *Verbrauchsindexendwerte* oft bevorzugt. In der graphischen Darstellung werden dann die Endwerte mit der Indexbasis einfach durch Geraden verbunden. Schließlich verfolgt man auch die Abweichungen des Wachstums in den einzelnen Verbrauchssektoren vom Mittelwert.

Eine andere anschauliche Kennziffer im Zusammenhang mit Wachstumsanalysen ist die *Verdoppelungszeit*, welche angibt, in wieviel Jahren sich eine Produktions- oder Verbrauchsgröße aufgrund der durchschnittlichen Wachstumsraten verdoppelt hat. Die Kennziffer hat stets nur im Hinblick auf die zugrunde gelegte Wachstumsrate eines bestimmten Zeitraumes Gültigkeit. Die gesuchte *Verdoppelungszeit* in Jahren ergibt sich bei bekannter Wachstumsrate r aus der Beziehung $n = \lg 2/\lg(1 + r)$. Bei starken Wachstumsschwankungen ergeben sich hierfür je nach dem zugrunde gelegten Zeitraum stark fluktuierende und dementsprechend unbrauchbare Werte. In Tab. 4.4 sind die Endwerte des Verbrauchsindex, durchschnittliche Wachstumsraten und die Verdoppelungszeiten des Wachstums der verschiedenen Verwendungen innerhalb des betrachteten Zeitraums angegeben.

Tabelle 4.4 *Kenndaten zur Entwicklung des Chlorverbrauchs in der BRD 1952–1968*

Nr.	Verbrauchsposition	Verbrauchsindex 1968 (1952 = 100)	Durchschn. Wachstumsrate r [%/a]	Verdoppelungszeit n [Jahre]	Verbrauchsanteile [%] 1952	Verbrauchsanteile [%] 1968
1	Salzsäure	114	0,8	85	15,0	3,1
2	Chlorkalk, Bleichlauge	327	7,7	9,4	3,8	2,3
3	Metallchloride, anorg. Grundchemikalien	445	9,8	7,4	7,7	6,2
4	Chlorkohlenwasserstoffe	779	13,7	5,4	29,3	41,7
5	Waschrohstoffe	329	7,7	9,3	5,9	3,6
6	Kunststoffe	1470	18,3	4,1	7,3	19,7
7	Org. Zwischenprodukte und Teerfarbstoffe	528	11,0	6,6	19,5	18,8
8	Zellstoff, Papier	167	3,3	21,4	6,3	1,9
9	Wasserreinigung	200	4,4	16,1	0,7	0,3
10	Sonstige	292	6,9	10,4	4,5	2,4
	Gesamt	547	11,2	6,5	100,0	100,0

Die Beobachtung *jährlich differenzierter Wachstumsraten* ist geeignet, das Ausmaß der Schwankungen im Wachstumsverlauf oder tendenzielle zeitliche Veränderungen in der Wachstumsrate zu verdeutlichen (Abb. 4.18).

Man sieht, daß die Kunststoffe die weitaus stärkste Verbrauchszunahme aufweisen, obwohl ihre mengenmäßige Bedeutung innerhalb der Verbrauchsstruktur noch immer hinter den Chlorkohlenwasserstoffen zurücksteht. Dies ist deutlich aus der Veränderung der *prozen-*

tualen Verbrauchsstruktur in Abb. 4.19 zu erkennen. Der Chlorverbrauch für die Erzeugung von Chlorkohlenwasserstoffen ist von 29,3 auf 41,7%, für die Erzeugung von Kunststoffen von 7,3 auf 19,7% gestiegen. Trotz der absoluten Verbrauchszunahme auf das Zweieinhalbfache ist bei organischen Zwischenprodukten der prozentuale Verbrauchsanteil von 19,5 auf 18,8% abgesunken. Von sehr großen Schwankungen wurde der Chlorverbrauch für Waschrohstoffe betroffen, was unter anderem durch die Verfahrensumstellungen zur Herstellung abbauweicher Waschrohstoffe hervorgerufen worden ist.

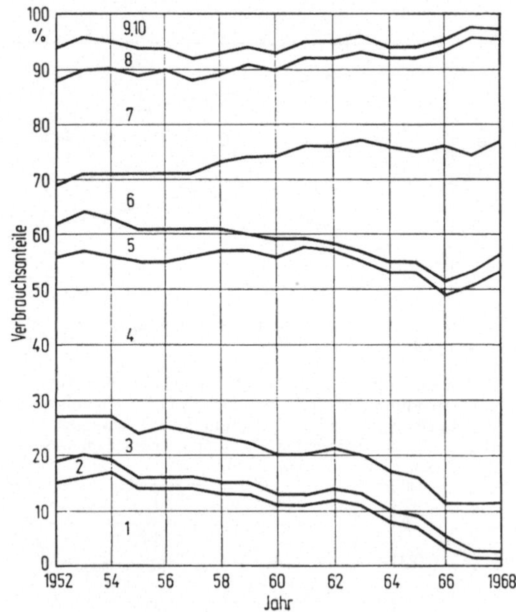

Abb. 4.19 Entwicklung der prozentualen Chlorverbrauchsstruktur in der BRD. Die Verbrauchspositionen Nr. *1–10* beziehen sich auf Tab. 3.11 und 4.4.

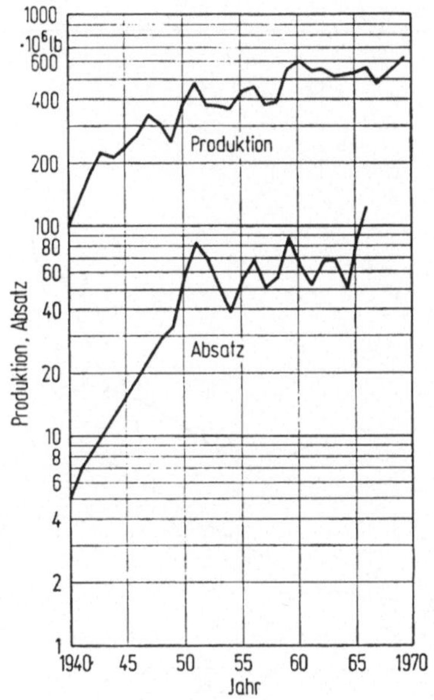

Abb. 4.20 Produktions- und Absatzentwicklung von Chlorbenzolen in den USA.

Eine sehr fein gegliederte Verbrauchsstruktur erhöht die Schätzungsgenauigkeit. Wenn es in der Prognose um die Berücksichtigung völlig *neuer Verwendungsarten* geht, bestehen meistens für die separate Berücksichtigung keine Anhaltspunkte. Die neuen Verwendungen sind dann durch globale Höherschätzung der zukünftigen Wachstumsraten zu berücksichtigen.

Der überwiegende Teil der Chlorproduktion wird von den Produzenten selbst weiterverarbeitet, worüber die oben mitgeteilten Daten freilich im einzelnen nichts aussagen. Aus der zeitlichen Änderung von *Gesamtproduktion* und zum *Absatz* bestimmter Produktion läßt sich wiederum eine für die chemische Industrie bedeutsame Art der Marktverschiebung erkennen, welche das Ausmaß der eigenen Weiterverarbeitung kennzeichnet. Die in Abb. 4.20 dargestellte Entwicklung der Gesamtproduktion und Absatzproduktion von Chlorbenzolen in den USA zeigt deutlich, daß der absolute Produktionszuwachs hauptsächlich durch die eigene Weiterverarbeitung getragen worden ist.

Bei den *detaillierten Verbrauchsberechnungen* für chemische Produkte, die nach Möglichkeit vor allem in der Prognose bevorzugt werden sollten, sind die *Bezugsgrundlagen* des absoluten Verbrauchsvolumens sowie die spezifischen *Verbrauchskoeffizienten* (Kap. 3.42) in ihren zeitlichen Veränderungen zu erfassen.

Für den Kunststoffverbrauch in der Automobilindustrie ist die Entwicklung der Automobilproduktion selbst, sodann des spezifischen Kunststoffverbrauchs je Produktionseinheit maßgeblich. Die in Abb. 4.21 mitgeteilten spezifischen Verbrauchsdaten entsprechen freilich erst einer groben Gliederung. Man müßte die Verbrauchsdaten nach der großen Zahl verschiedener Kunststofftypen und Automobilbauteile weiter verfeinern. Hinsichtlich der meistens nach der Oberfläche durchgeführten Verbrauchsrechnungen für Anstrichmittel wurde auf den Einfluß der Aufbringungsverfahren hingewiesen (Kap. 3.424), die sich ebenfalls im Zeitverlauf grundlegend ändern können (Abb. 4.22).

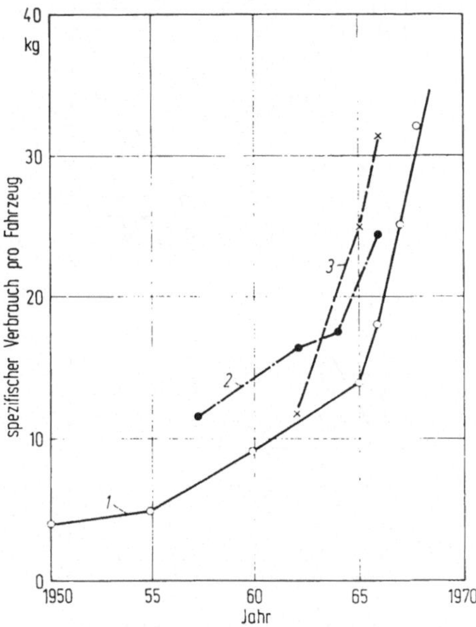

Abb. 4.21 Spezifischer Kunststoffverbrauch in der Automobilproduktion [6.165]. *1* USA; *2* Europa, hohe Preisklasse; *3* Europa, mittlere Preisklasse.

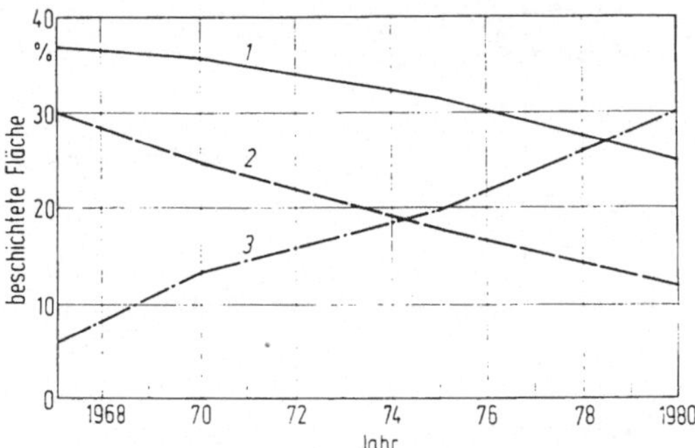

Abb. 4.22 Strukturverschiebungen in den Auftragsverfahren für Anstrichmittel [4.7]. *1* Pneumatisches Spritzen; *2* Andere herkömmliche Verfahren; *3* Moderne Auftragsverfahren (z.B. Elektrophorese).

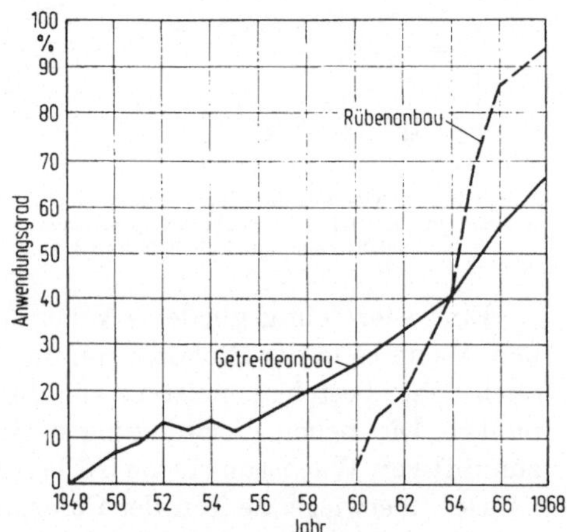

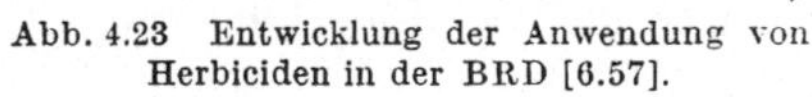

Abb. 4.23 Entwicklung der Anwendung von Herbiciden in der BRD [6.57].

Als maßgebliche Faktoren für den Verbrauch der Wirkstoffe interessieren vor allem die insgesamt behandelten Mengengrößen und die Anwendungsintensität. Soweit letztere in engen Grenzen festgelegt ist, spiegelt sich im Gesamtverbrauch unmittelbar der Umfang der erfaßten Objekte. Der relative Anwendungsgrad von Herbiciden im Getreide- und Rübenanbau gemäß Abb. 4.23 entspricht damit den relativen Anteilen der behandelten landwirtschaftlichen Kulturflächen, so daß die 100-%-Grenze die Marktsättigung darstellt, wenn keine weitere Vermehrung der jeweiligen Anbauflächen mehr eintritt.

4.246 Wachstumsindikatoren der chemischen Industrialisierung

Wegen der hauptsächlichen Erzeugung von Produktivgütern ist das Wachstum der chemischen Industrie eines Landes von der Entwicklung mehrerer nachverarbeitender Wirtschaftszweige abhängig. Hierüber gibt der Zeitreihenvergleich verschiedener Produktionsindices der chemischen Industrie und der belieferten Wirtschaftszweige Auskunft. Daneben ist es seit langem üblich geworden, die Produktions- und Verbrauchszahlen wichtiger chemischer Grundstoffe mit breit streuender Verwendung als *Wachstumsindikatoren* der *chemischen Industrialisierung* sowie als Kenngrößen interner Strukturverschiebungen mit heranzuziehen. Wegen der Bedeutung der chemischen Industrie als „Schlüsselindustrie" werden diese Zahlenreihen sogar oft für die Messung der gesamten Industrialisierung eines Landes verwendet. Als Wachstumsindikatoren wurden bisher die drei Grundstoffe Gesamtalkali (Summe der Soda- und Natronlaugeproduktion), Schwefelsäure und Chlor verwendet, während neuerdings die petrochemische Primärproduktion vermehrtes Interesse gewinnt. Eine vergleichende Betrachtung dieser Indikatoren ermöglicht vertiefte Einsichten in die Umschichtungsprozesse des Chemiewachstums, was für die Entwicklung zahlreicher chemischer Produkte Bedeutung hat.

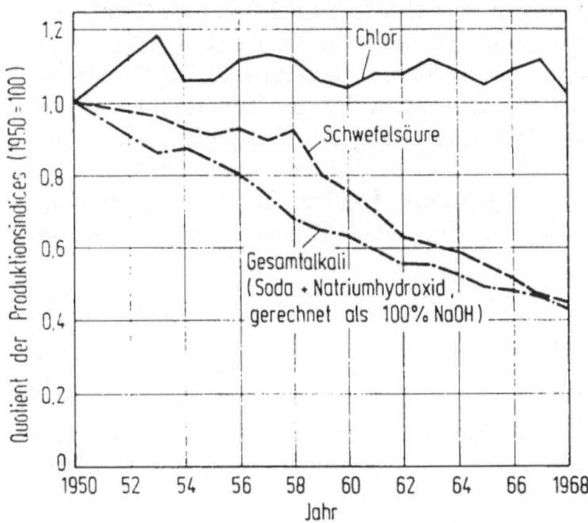

Abb. 4.24 Quotient aus den Produktionsindices von Chlor, Schwefelsäure und Gesamtalkali (Soda und Natronlauge gerechnet als 100% NaOH) und dem Produktionsindex der chemischen Industrie in der BRD (1950 = 100), nach [4.21].

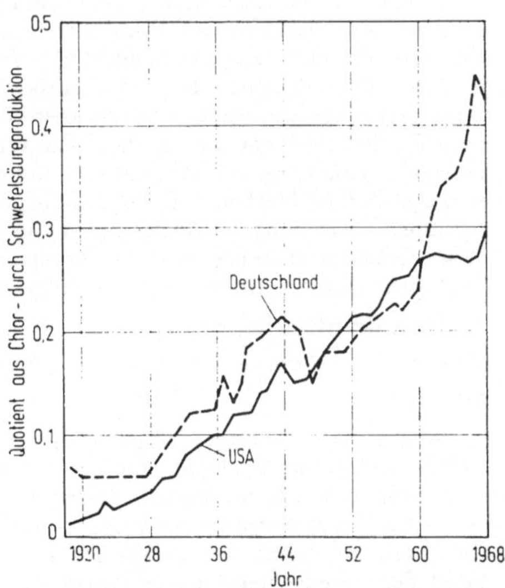

Abb. 4.25 Quotient aus Chlor- und Schwefelsäureproduktion für die USA und die BRD bzw. Gesamtdeutschland vor 1945, nach [4.21].

Abb. 4.24 zeigt die Divergenzen im relativen Wachstum der genannten *anorganischen Grundchemikalien* im Verhältnis zur Gesamtproduktion am Beispiel der BRD. Obwohl alle drei Grundstoffe in den Chemieländern vom Beginn ihrer chemisch-industriellen Entwicklung bis zur Gegenwart in großen Mengen produziert wurden, haben sich die Schwerpunkte und Relationen verschoben. Während in der BRD die Chlorproduktion während der betrachteten Zeitspanne im Wachstum die gesamte Chemieproduktion zeitweise sogar noch beträchtlich überstieg, blieben die Produktion von Schwefelsäure und besonders Alkali zurück.

Mit Hilfe der zeitlich gegeneinander verschobenen Verbrauchsschwerpunkte lassen sich folgende drei große chemisch-industrielle Entwicklungsphasen abgrenzen [4.21]:

1. In der ersten Phase wird das Wachstum der chemischen Industrie am besten durch die Höhe des *Alkaliverbrauchs*, d.h. von Soda und Ätzalkalien, gekennzeichnet. Bereits in der Frühzeit der Chemischen Technik, vor dem Entstehen der modernen chemischen Industrie etwa ab Mitte des 18. Jahrhunderts, wurden Soda und Pottasche in größeren Mengen aus natürlichen organischen und mineralischen Rohstoffquellen gewonnen. Auch zu Beginn der chemischen Industrialisierung zählten die Sodaherstellungsverfahren von LEBLANC und SOLVAY zu den wichtigsten großtechnischen Prozessen.

2. Die *Schwefelsäureproduktion*, häufig als Gradmesser für die Entwicklung der chemischen und der Gesamtindustrie schlechthin benutzt, kennzeichnet, stärker präzisiert, besonders die Entwicklungsphase der *chemischen Grundstoffindustrie*. Diese Entwicklungsphase ist durch den Ausbau der chemischen Industrie in die Breite charakterisiert, da die Schwefelsäure zwar sehr viele unmittelbare Verwendungen hat, jedoch nur in geringem Maße vielstufige Folgeproduktionen der Veredlungsindustrie auslöst.

3. Für die letzte Entwicklungsphase der *chemischen Veredelungsindustrie* ist dagegen die Höhe der *Chlorproduktion* der geeignete Maßstab, da die chemischen Eigenschaften des Chlors eine vielstufige chemische Weiterverarbeitung besonders organisch-chemischer Grundstoffe zu hochveredelten Endprodukten ermöglichen. Dabei tritt Chlor häufig nur als Synthesevermittler auf und geht dann nicht substantiell in die Endprodukte ein.

Während im Ländervergleich die Pro-Kopf-Produktion von Schwefelsäure den Entwicklungsstand der chemischen Grundstoffindustrie charakterisiert, ist der Ausbaustand der chemischen Veredelungsindustrie am besten anhand des Quotienten aus Chlor- und Schwefelsäureproduktion zu kennzeichnen [4.21]: Das Ansteigen des Quotienten ist ein Maßstab für die Ausbaufortschritte in der Nachverarbeitung, wobei im Ländervergleich zeitliche Entwicklungsvorsprünge und -rückstände oft deutlich zutage treten. Abb. 4.25 zeigt z.B. im Vergleich zwischen den USA und Deutschland den relativ stärkeren Ausbau der deutschen chemischen Veredelungsindustrie bis etwa 1944. Erst später wurde Deutschland durch die USA überholt. Unbeachtlich ist hierbei, daß der Pro-Kopf-Verbrauch an Schwefelsäure in den USA bereits vor dem Überholungszeitpunkt höher lag als in Deutschland. In der Sowjetunion betrug dieser Quotient 1959 erst 0,08 und entsprach damit dem deutschen Entwicklungsstand von 1930 sowie dem amerikanischen von 1936.

In Zukunft wird die Produktion *petrochemischer Primärchemikalien* als Gradmesser der chemischen und Gesamtindustrialisierung vermehrt herangezogen werden.

Wegen der schwierigen Abgrenzung und Zusammenfassung aller Petrochemikalien, etwa über Kohlenstoffäquivalente, sowie zur Gewinnung verfeinerter Aussagen kommt eine Differenzierung in drei Richtungen in Betracht (vgl. Tab. 4.3):

1. Die Herstellung von Synthesegas und von *Ammoniak*, wobei als weitere Kenngröße der Anteil der technischen Stickstoffverwendungen hinzukäme. Bei niedrigem Entwicklungsstand der chemischen Industrie wird Ammoniak fast ausschließlich für die Düngemittelproduktion eingesetzt, während bei höchstem Entwicklungsstand bis zu 20% auf technische Stickstoffverwendungen entfallen, deren Vielfalt in gewisser Analogie zu den Chlorverwendungen steht.

2. Das wichtigste Primärprodukt der gesamten Aliphatenchemie ist das *Äthylen*, an dessen Produktion auch das Propylen und die C_4-Kohlenwasserstoffe überwiegend zwangsläufig gekoppelt sind.

3. Die Entwicklung der *Aromatenchemie* ist unmittelbar mit der Primärerzeugung von C_6- bis C_8-Aromaten (BTX-Aromaten) in Zusammenhang zu bringen, von denen das Benzol am wichtigsten ist.

Für die heute aktuelle chemische Industrialisierung der *Entwicklungsländer* mit dem schwierigen Problem der Realisierung ausreichender Markt- und Kapazitätsgrößen zeichnen sich die drei Gebiete als zeitlich hintereinandergeschaltete Entwicklungsschwerpunkte ab. Man beginnt mit dem Aufbau der Stickstoff- und Düngemittelindustrie. Als nächstes wird noch am ehesten eine Äthylenproduktion durch die Nachverarbeitung zu den Massenkunststoffen Polyäthylen und PVC gerechtfertigt. Die Gewinnung und Weiterverarbeitung von Aromaten, besonders zu Polyamid- und Polyesterfasern, Polystyrol und Dodecylbenzol, setzt noch einen weit höheren Entwicklungsstand voraus.

4.247 Marktbedeutung von Kuppelprodukten

Verschiebungen in der *Marktbedeutung von Kuppelprodukten* können in der chemischen Industrie zu tiefgreifenden Strukturwandlungen führen, wofür uns die Geschichte viele Beispiele liefert. Verläuft die Nachfrageentwicklung nach den einzelnen Kuppelprodukten nicht gleichmäßig und kann eine veränderte Nachfrage auch nicht mehr durch Veränderung der Fahrweise aufgefangen werden, sind Störungen auf der Angebotsseite, Ertragsverluste und Verfahrenssubstitutionen die Folge. Solche Marktverschiebungen werden natürlich auch durch primäre Veränderungen auf der Angebotsseite hervorgerufen, wie durch Einsatz neuer Verfahren und Vorprodukte. Im Laufe der Zeit kann sich die Bedeutung einzelner Kuppelprodukte als *Haupt-*, *Neben-* oder *Abfallprodukte* verändern und genau umkehren. Um die zwischen Nachfrage- und Produktionsentwicklung entstehenden Divergenzen auszugleichen, wird sogar die Rangstellung von Vor- und Folgeprodukten vertauscht.

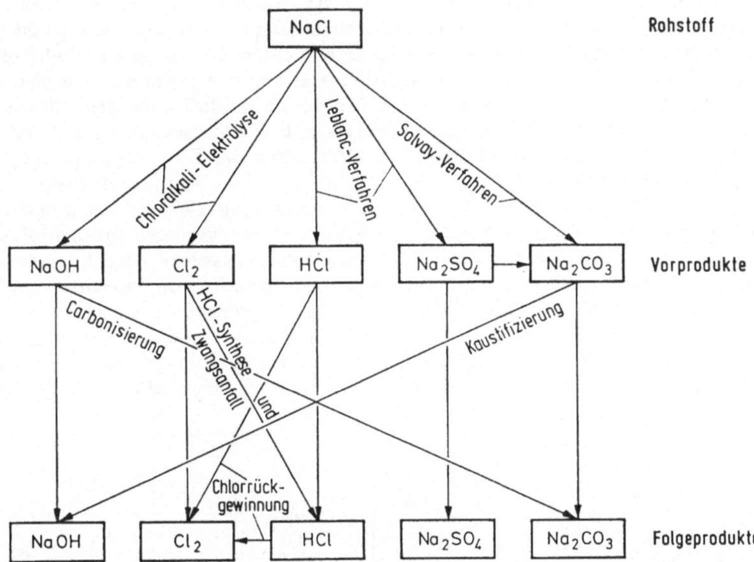

Abb. 4.26 Verfahrensschema der Herstellung von Chlor, Salzsäure, Natronlauge, Natriumsulfat und Soda.

Ein anschauliches Beispiel für solche aus Produktkopplungen herrührenden Marktverschiebungen über einen Zeitraum von Jahrzehnten bieten die Produktionsentwicklungen bei *Chlor, Salzsäure, Natronlauge, Natriumsulfat* und *Soda*. Vom Rohstoff Steinsalz gehen drei Hauptverfahren aus, nämlich (Abb. 4.26): 1. die Chloralkali-Elektrolyse, 2. die nur noch wenig angewandte Umsetzung von Natriumchlorid mit Schwefelsäure und 3. das Sodaherstellungsverfahren nach Solvay. Diese drei Verfahren liefern fünf Produkte, wobei eine unmittelbare Verfahrenskonkurrenz nur zwischen dem zweiten und dritten Verfahren hinsichtlich der Sodaproduktion eintrat. Unterschiedliche und von den Verhältnissen des Zwangsanfalls der Produkte des 1. und 2. Verfahrens abweichende Verbrauchsentwicklungen sowie sonstige unterschiedliche Voraussetzungen im Zeitverlauf haben jedoch dazu geführt, daß die meisten der „Vorprodukte" auch als „Folgeprodukte" der konkurrierenden Verfahren Bedeutung erlangten und umgekehrt.

Beim *Leblanc-Verfahren* galten zunächst Soda als Hauptprodukt und die Salzsäure als Nebenprodukt, die längere Zeit einzige Rohstoffquelle zur Erzeugung von Chlor nach dem Deacon-Prozeß war. Chlor war ein Folgeprodukt der Sodaindustrie [4.21]. Auch Natronlauge war ein Sodafolgeprodukt (Kaustifizierung der Soda). Als die Umsetzung von Steinsalz mit Schwefelsäure (Leblanc-Prozeß) später durch den wirtschaftlicheren *Solvay-Sodaprozeß* verdrängt wurde, mußte die Erzeugung von Salzsäure und Chlor entsprechend zurückgehen. Immerhin behielt aber der „verkürzte Leblanc-Prozeß" (Mannheimer Verfahren) zur Gewinnung von Natriumsulfat und stellenweise auch von Salzsäure eine gewisse Bedeutung.

Dem Solvay-Verfahren erwuchs aber mit der technischen Entwicklung der *Chloralkali-Elektrolyse* um die Jahrhundertwende eine Konkurrenz bezüglich der Natronlauge. Bei der Elektrolyse entsteht nämlich Natronlauge neben Chlor und in der Sodaindustrie als Folgeprodukt der Soda. Wegen der Kopplung der Produktion von Ätznatron und Chlor wurde das Wachstum der Chloralkali-Elektrolyse jedoch in Grenzen gehalten, denn für den Zwangsanfall von Chlor bestanden nur wenige und langsam wachsende Verwendungen. Salzsäure wurde jetzt aus dem Elektrolysechlor als Folgeprodukt durch direkte Verbrennung hergestellt, und zwar bevorzugt mit dem gleichfalls zwangsläufig anfallenden Wasserstoff. Das Verfahren der Oxydation von HCl zu Chlor (Deacon-Prozeß) wurde aufgegeben.

Inzwischen ist in der Bedeutung der Kuppelprodukte Chlor und Natronlauge als Haupt- und Nebenprodukt ein Wechsel eingetreten, da das Wachstum der Ätznatronverwendungen mit dem Wachstum des Chlorverbrauchs nicht Schritt halten konnte, vgl. [4.10; 4.19; 4.37; 4.108]. Daher wurde zunächst die Folgeproduktnatronlauge aus der Sodakaustifizierung immer stärker durch die als Vorprodukt anfallende Kuppelproduktlauge der Elektrolyse substituiert. Diese Marktverschiebung ist am deutlichsten aus der Relation zwischen dem gesamten Ätznatronverbrauch und dem Natronlaugezwangsanfall aus der Elektrolyse in Abb. 4.27 ersichtlich: Quotienten über 1,0 bedeuten, daß der Verbrauch an Natronlauge den Zwangsanfall noch übersteigt und damit für das Verfahren der Kaustifizierung ein gewisser Markt übriggeblieben ist. Dieser Quotient hat sich aber mit der Zeit immer mehr verringert. In den USA wurde bereits etwa 1955 und in der BRD etwa 1960 die Deckung zwischen Zwangsanfall und Verbrauch erreicht [4.21]. Ein weiteres Verringern des Quotienten unter 1,0 deutet einen Überschuß an Natronlauge an, der nur durch Exporte oder Lagererhöhungen unterzubringen ist. Die Exporte werden von den weniger chemisch industrialisierten Ländern aufgenommen, da der vermehrte Chlorbedarf ja erst in den späteren Entwicklungsstufen einsetzt. Nach der völligen Einstellung der Kaustifizierung wird eine zunehmende direkte Substitution von Soda gegen Natronlauge angestrebt, soweit die chemischen Verarbeitungsverfahren dies zulassen. Sind auch diese Substitutionsreserven erschöpft, wird die notwendig

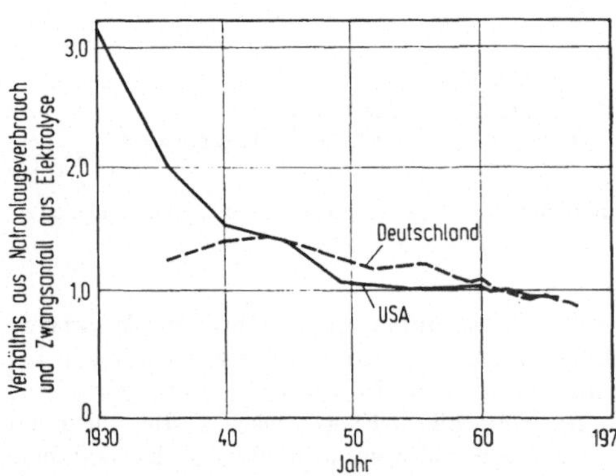

Abb. 4.27 Verhältnis zwischen Ätznatronverbrauch und -zwangsanfall aus der Chloralkali-Elektrolyse für die USA und die BRD bzw. Gesamtdeutschland vor 1945, nach [4.21].

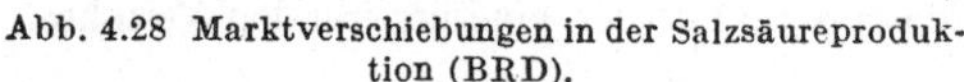

Abb. 4.28 Marktverschiebungen in der Salzsäureproduktion (BRD).

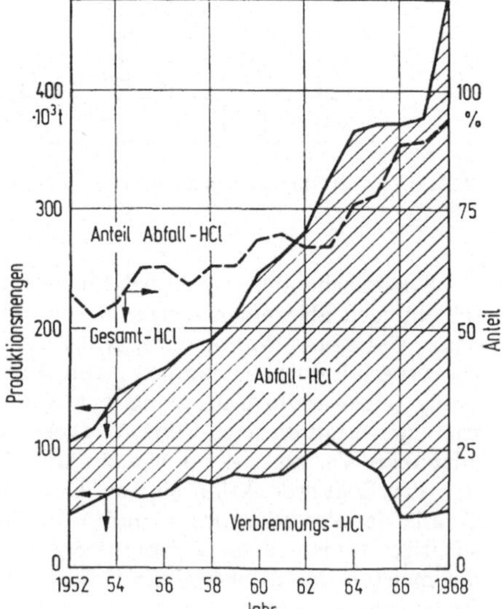

werdende weitere starke Ausdehnung der Chlorproduktion eines Tages zu der unwirtschaftlich erscheinenden Lösung zwingen, die Überschußnatronlauge durch Carbonisierung, d.h. Umwandlung in Soda, unterzubringen. Die bereits jetzt stagnierende Sodaerzeugung nach SOLVAY würde dann weiter beeinträchtigt und rückläufig werden. Auch hier dürften dann Natronlauge und Soda in der Vertikalfolge teilweise ihre Plätze tauschen.

Eine solche Überschußsituation ist auch bei der *Salzsäure* eingetreten, da vor allem der schnell wachsende Chlorverbrauch für die Chlorierungsprozesse in der organischen Chemie zu einem ständig vermehrten Zwangsanfall von Salzsäure geführt hat. Zur Entlastung dieses Angebotsdruckes von Salzsäure wird man zunächst die Verbrennung von Chlor mit Wasserstoff, dann aber auch die Erzeugung von Sulfatsalzsäure einschränken. Beides ist aber längst nicht so konsequent durchführbar wie die Aufgabe der Kaustifizierung, denn im Unterschied zum Ätznatron sind die wirtschaftlichen Transportradien der Salzsäure und damit räumliche Ausgleichsmöglichkeiten gering. Hinzu kommt das gelegentliche Interesse an der Herstellung von Natriumsulfat, was wiederum HCl-Zwangsanfall bedeutet. Immerhin zeigt Abb. 4.28, daß in der BRD die Ausweitung der Verbrennungssalzsäure in Grenzen gehalten wurde. Während sich die Produktion der Verbrennungssalzsäure zwischen 1952 und 1965 nur etwa verdoppelte, stieg der Zwangsanfall von Salzsäure in diesem Zeitraum fast auf das Sechsfache. Schließlich fiel die Produktion an Verbrennungs-HCl in den darauffolgenden Jahren wieder auf das Niveau von 1952 zurück (1968: 50000 t/a).

Die drückende Überschußsituation bei Salzsäure und Natronlauge hat in den letzten Jahren zahlreiche neue Verfahrensentwicklungen und Produktionsumstellungen eingeleitet. Von den möglichen *Entlastungsverfahren* [4.27; 4.142] seien hier die wichtigsten erwähnt:

1. Carbonisierung der Natronlauge:

$$2NaOH + CO_2 \rightarrow Na_2CO_3 + H_2O.$$

2. Herstellung von *Natriumsulfat aus Natronlauge* anstelle der Verarbeitung von Steinsalz unter gleichzeitiger Herabsetzung des Salzsäurezwangsanfalls, wenn eine Herstellung von Natriumsulfat bei dem großen Zwangsanfall auch dieses Produktes in Betracht kommt:

$$2NaOH + H_2SO_4 \rightarrow Na_2SO_4 + 2H_2O.$$

3. Modifikation der Chloralkali-Elektrolyse unter Erzeugung von *Natriumamalgam* anstelle von Natriumhydroxid. Der Verbrauch an Natriumamalgam ist bislang nicht genügend mengenintensiv. Das gleiche gilt für den Natriumanfall bei der NaCl-Schmelzflußelektrolyse.

4. Substitution der *Chlorerzeugung* durch *oxydative* chemische Verfahren anstelle der Elektrolyse, z.B. nach dem in den USA angewandten Nitrosylverfahren unter entsprechender Substitution des Nebenproduktes Natronlauge durch Natriumnitrat (vor allem Düngemittel):

$$3NaCl + 4HNO_3 \rightarrow 3NaNO_3 + Cl_2 + NOCl + 2H_2O,$$
$$2NOCl + 3HNO_2 + 3O_2 + H_2O \rightarrow 5HNO_3 + Cl_2.$$

Dieses Verfahren konkurriert mit der Kombination zwischen Chloralkali-Elektrolyse und der Umsetzung der Überschußnatronlauge mit Salpetersäure:

$$NaOH + HNO_3 \rightarrow NaNO_3 + H_2O.$$

5. Gewinnung von *Chlor aus Ammoniumchlorid* nach dem ICI-Solvay-Verfahren:

$$2NH_4Cl + 1/2\,O_2 \rightarrow 2NH_3 + H_2O + Cl_2.$$

Ammoniumchlorid fällt häufig bereits selbst als lästiges Nebenprodukt an. Es könnte gewonnen werden nach

$$NH_3 + HCl \rightarrow NH_4Cl,$$

wodurch praktisch von HCl ausgegangen und Ammoniak im Kreislauf geführt wird. Bislang wird Ammoniumchlorid nach dem Oppauer Verfahren der BASF vor allem durch doppelte Umsetzung aus NaCl und Ammoniumsulfat erhalten, wobei aber wiederum Natriumsulfat anfällt.

6. Nach einem neueren Verfahren der Southwest Potash Comp. (SWP-Verfahren) wird *Chlor aus Kaliumchlorid* unter gleichzeitiger Gewinnung von Kaliumnitrat erhalten nach

$$2\,KCl + 2\,HNO_3 + 1/2\,O_2 \rightarrow 2\,KNO_3 + H_2O + Cl_2.$$

Kaliumnitrat wurde aber bislang nur in sehr geringen Mengen für technische Zwecke hergestellt, und zwar besonders durch doppelte Umsetzung aus einem Kalisalz.

7. Ebenfalls könnte mehr Chlor aus HCl gewonnen werden, wenn man dieses bei der Gewinnung von Chlordioxid (Weiterverarbeitung zu $NaClO_2$) einsetzt nach

$$2\,NaClO_3 + 4\,HCl \rightarrow 2\,ClO_2 + Cl_2 + 2\,H_2O + 2\,NaCl,$$

anstelle des bisher vorherrschenden Prozesses mit SO_2 nach

$$2\,NaClO_3 + SO_2 \rightarrow 2\,ClO_2 + Na_2SO_4.$$

8. Substitution der beim *nassen Aufschluß der Rohphosphate* verwendeten Schwefelsäure durch Salzsäure nach einem Verfahren der Israel Mining Industries, Haifa. Mehrere Anlagen nach diesem Prozeß wurden geplant.

9. Umgehung von Verfahren, bei denen *Chlor* nicht substantiell in die Endprodukte eingeht, sondern in Gestalt von Chlorwasserstoff oder Chloriden den Prozeß wieder verläßt. Beispielsweise wurde die Herstellung von Äthylenoxid über Äthylenchlorhydrin nach

$$2\,CH_2{=}CH_2 + 2\,Cl_2 + 2\,H_2O \rightarrow 2\,CH_2ClCH_2OH + 2\,HCl,$$
$$2\,CH_2ClCH_2OH + Ca(OH)_2 \rightarrow 2\,\underset{\diagdown O \diagup}{CH_2{-}CH_2} + CaCl_2 + 2\,H_2O,$$

zugunsten der Direktoxydation von Äthylen aufgegeben. Diese Umstellung betrifft auch das Äthylenglykol als wichtiges Folgeprodukt von Äthylenoxid. Ein anderes Beispiel aus zahlreichen Möglichkeiten dieser Art ist die Substitution von Chlorparaffinen durch die entsprechenden über eine katalytische Paraffindehydrierung hergestellten Olefine für Alkylierungen, d.h. etwa

$$C_{12}H_{24} + C_6H_6 \rightarrow C_{12}H_{25}C_6H_5$$

anstelle von

$$C_{12}H_{26} + Cl_2 \rightarrow C_{12}H_{25}Cl + HCl,$$
$$C_{12}H_{25}Cl + C_6H_6 \rightarrow C_6H_5C_{12}H_{25} + HCl.$$

10. Bevorzugung der *Hydrochlorierung* gegenüber addierenden wie substituierenden Chlorierungen von Kohlenwasserstoffen, so die Herstellung von Vinylchlorid aus Acetylen oder von Äthylchlorid aus Äthylen:

$$CH{\equiv}CH + HCl \rightarrow CH_2{=}CHCl,$$
$$CH_2{=}CH_2 + HCl \rightarrow CH_3CH_2Cl.$$

11. Herstellung von Chlorkohlenwasserstoffen durch *Veresterung von Alkoholen* mit Salzsäure, z.B. von Äthylchlorid nach

$$CH_3CH_2OH + HCl \rightarrow CH_3CH_2Cl + H_2O.$$

12. Anwendung der *Oxychlorierung*, z.B. zur Herstellung von Chlorbenzol als 1. Stufe des Raschig-Verfahrens nach

$$C_6H_6 + 1/2\,O_2 + HCl \rightarrow C_6H_5Cl + H_2O \text{ oder}$$

zur Herstellung von Vinylchlorid nach der Bruttoreaktion

$$4\,CH_2{=}CH_2 + 2\,Cl_2 + O_2 \rightarrow 4\,CH_2{=}CHCl + 2\,H_2O.$$

13. *Rückgewinnung von Chlor* aus Überschußsalzsäure nach dem modernen verbesserten Deacon-Prozeß oder Shell-Verfahren

$$2\,HCl + 1/2\,O_2 \rightarrow Cl_2 + H_2O,$$

nach dem Verfahren von Kellogg mit Nitrosylschwefelsäure als Katalysator gemäß

$$2(NO)HSO_4 + 2HCl \rightarrow 2H_2SO_4 + 2NOCl$$
$$2NOCl + O_2 \rightarrow Cl_2 + 2NO_2$$
$$NO_2 + 2HCl \rightarrow NO + Cl_2 + H_2O$$

mit Rückbildung der Nitrosylschwefelsäure oder durch Salzsäureelektrolyse nach

$$2HCl \rightarrow H_2 + Cl_2.$$

Beim Oxydationsprozeß ist auch die Verwendung von Salpetersäure vorgeschlagen worden. Rückgewinnungsverfahren von Chlor aus Salzsäure sind bereits großtechnisch verwirklicht. Zur Herstellung von Salzsäure durch Direktsynthese oder im Zwangsanfall aus dem Vorprodukt Chlor gesellen sich neue Prozesse mit umgekehrter Produktfolge.

Im Bereich der *Petrochemie* werden zahlreiche Prozesse von der relativen Nachfrageentwicklung nach den einzelnen Spaltprodukten der Crackverfahren auf Äthylen sowie deren Anfallverhältnis in Abhängigkeit vom Rohstoffeinsatz beeinflußt. Für Butadien werden zum Beispiel gegenwärtig bei ausgeglichener Marktlage noch gute Erlöse erzielt. Wegen der zunehmenden Benzinverknappung wird man jedoch ab Mitte der siebziger Jahre vermehrt auch höhersiedende Produkte verarbeiten müssen, wobei der zunehmende Butadienzwangsanfall zu einer Überschußsituation führen wird. Dies könnte einen starken Anreiz zum Import von Flüssiggasen aus den Erdölfördergebieten schaffen.

Die Beispiele zeigen die weitreichenden Marktverschiebungen, die von einer unausgeglichenen Verbrauchsentwicklung für Kuppelprodukte eingeleitet, aber in ihrem Verlauf von zahlreichen weiteren Faktoren bestimmt werden. Die komplexen Zusammenhänge auf den Chemiemärkten mit all ihren Wirkungsfaktoren zu erkennen und quantitativ für die Zukunft zu prognostizieren, dürfte mit zu den schwierigsten Aufgaben der Produktivgütermarktforschung überhaupt gehören.

4.248 Fortschritte der Forschung und Entwicklung

Viele der zuvor erwähnten Marktverschiebungen werden durch *Fortschritte* der chemischen *Forschung* und *Entwicklung* ermöglicht oder lenken die Forschungsanstrengungen ihrerseits wieder in eine bestimmte Richtung. Als ein besonderes Objekt der Marktbeobachtung und -prognose wollen wir aber an dieser Stelle jene technischen Veränderungen von Produkten, Produktions- und Verbrauchsverfahren herausstellen, die relativ langfristig und stetig erfolgen.

Im Bereich der *chemischen Produkte* selbst geht es vor allem um Verbesserungen der *Anwendungseigenschaften* von Spezialitäten, während Grundstoffe und Zwischenprodukte mit ihren standardisierten Qualitäten kaum verändert werden. Bei den Spezialitäten kommt die Produktverbesserung häufig durch Übergang zu neuen Produkten und Produktmodifikationen zustande, so daß man die Entwicklungsfortschritte nur an den Qualitätsparametern chemisch eng verwandter Produktgruppen verfolgen kann.

Als Beispiel zeigt Abb. 4.29 die Verbesserung der Festigkeit von ofentrockenem Reyonkord als wichtigste Materialeigenschaft sowie die hieraus abgeleitete relative Entwicklung des „Qualitäts- oder Leistungspreises" des Materials. Solche Daten und Kennziffern haben zur Beurteilung der Substitutionskonkurrenzen große Bedeutung, wie das in Abb. 4.30 gezeigte Beispiel der Konkurrenz zwischen Reyonkord, vollsynthetischen Kordmaterialien (Nylon, Polyester) und Stahl in der Reifenindustrie erkennen läßt. Durch die Einführung der neueren Materialien mit höherer Festigkeit ist das gesamte Verbrauchsvolumen relativ schwächer gewachsen, als es bei ausschließlicher Verwendung von Reyonkord der Fall gewesen wäre.

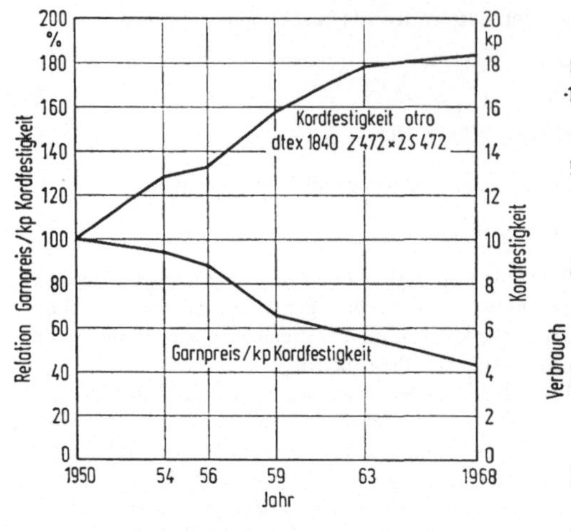

Abb. 4.29 Entwicklung der Festigkeit und des Festigkeitspreises von Reyonkord, nach [4.92].

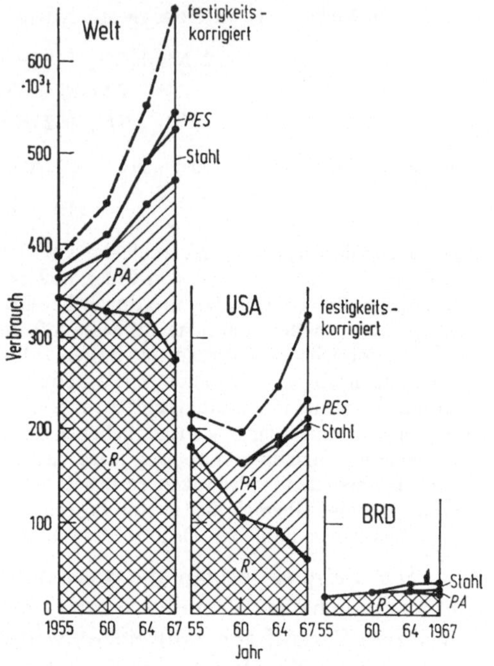

Abb. 4.30 Kordverbrauch in der Gummiindustrie [4.92]. Der Gesamtverbrauch ist auf Reyonkord bezogen (Reyonäquivalente). Dieser ergibt sich durch Umrechnung über die Festigkeit der verschiedenen Materialien auf Reyonkord. *R* Reyonkord; *PA* Polyamid; *PES* Polyester.

Diese Entwicklung wird durch die gestrichelt eingezeichneten Linien in Abb. 4.30 verdeutlicht, die aus der Umrechnung der Festigkeit der anderen Materialien erhalten wurden. So kann 1 kg Nylon aufgrund der höheren Festigkeit etwa 1,6 kg Reyon ersetzen [4.92].

Technische Verbesserungen in den *Verbrauchsverfahren* für chemische Produkte lösen ebenfalls erhebliche Rückwirkungen auf das Angebot aus. Neben qualitativen Substitutionen ist wiederum an die Veränderung der spezifischen Verbrauchskoeffizienten (Kap. 3.42) für die Vorprodukte zu denken.

Die langfristige Verbesserung *chemischer Produktionsverfahren* gehört zu den wichtigsten Anliegen der Technischen Chemie. Die Rationalisierung erfolgt durch langsame Veränderung und Optimierung der vorgegebenen Betriebsbedingungen bestehender Anlagen, vor allem aber bei der Errichtung neuer Kapazitäten.

Die Fortschritte bei den einzelnen stoffgebundenen Produktionsverfahren kann man vor dem Hintergrund allgemeiner *Entwicklungstendenzen* und Gestaltungsgrundsätze der Technischen Chemie sehen [4.55]:

1. Tendenz zum *apparateintensiven* Prozeß. Kompliziertere und evtl. auch kostspieligere apparative Gestaltungen werden durch Verbesserungen in der Stoffausnutzung und in der erhöhten spezifischen Belastungsfähigkeit der Apparaturen überkompensiert. Dadurch werden billigere und weniger reaktive Ausgangsstoffe verwendbar und teure Hilfsstoffe entbehrlich. Stufen- und Kreislaufprozesse steigern die Ausbeuten und senken den Nebenproduktanfall.

2. Tendenz zum *energieintensiven* Prozeß. Diese geht oft Hand in Hand mit der Komplizierung der Apparaturen, der vermehrten Anwendung mechanisch bewegter Teile („Maschinisierung der Apparatur"), erhöhten Belastungsverhältnissen, vor allem aber mit der Wahl extremer thermodynamischer Prozeßbedingungen (hohe und tiefe Temperaturen, hohe Drucke, Vakuumtechnik). Neben der thermischen Energie werden vermehrt auch andere Energieformen in Betracht gezogen.

3. Erhöhung der *Belastungsverhältnisse,* so durch höhere Massenkonzentrationen, stärkere thermische und mechanische Beanspruchungen der Apparatur, Annäherung an kritische Zustandsgrößen und Grenzbedingungen, höhere Durchsätze, längere Apparatelaufzeiten.

4. Andererseits ermöglichen neue Katalysatoren und Reaktionssysteme auch Leistungssteigerungen bei wesentlich milderen Verfahrensbedingungen, wie z.B. organometallische Katalysatoren, enzymatisch beschleunigte und überhaupt biotechnische Prozesse.

5. Verstärkte *kontinuierliche Prozeßführung,* auch bei kleineren Kapazitätsgrößen und von Natur aus ungünstigeren Prozeßbedingungen, höhere *Mechanisierungsgrade* durch erweiterte Meß- und Regeleinrichtungen, automatische Analysengeräte und Prozeßregler.

6. *Verkürzte Prozeßfolgen* durch Verfahrenszusammenfassung. Direkte Synthesewege werden anstelle mehrstufiger Umsetzungen mit Hilfsstoffen bevorzugt. Mehrere chemische Prozeßschritte (z.B. Oxychlorierung, Ammonoxydation, Hydro- und Oxycrackung) oder physikalische Grundverfahren werden in einer Stufe zusammengefaßt.

7. Ausnutzung von *Grenzflächeneffekten.* Die Erforschung und Anwendung von Grenzflächeneffekten führt sowohl in der chemischen Reaktionstechnik als auch bei den meisten physikalischen Grundverfahren (z.B. Chemisorption, Wärme- und Stoffübergang an Grenzflächen) zu bedeutenden Leistungssteigerungen. Völlig neue Reaktionssysteme und Verfahrensweisen wurden hierdurch eingeleitet (Blasensäulenreaktoren, Wirbelschichttechnik).

8. Sichere *Prozeßbeherrschung* und Vermeidung von Verlusten. Durch das Ausschalten unkontrollierter Betriebszustände werden Leistungs- und Qualitätseinbußen verhindert.

9. *Selektive Prozeßführung.* Selektiv wirkende Katalysatoren, Hilfsstoffe und Betriebsmittel der physikalischen Verarbeitungsschritte, aber auch die Betriebsbedingungen sind Mittel zur Steigerung der Wirtschaftlichkeit und Beeinflussung von Produktspektren.

10. Erhöhung der *Flexibilität* der Prozeßführung zur besseren Anpassungsfähigkeit an den Absatzmarkt (Erhöhung der Elastizitätsspanne der Anlagen).

11. Berücksichtigung *betrieblicher Anforderungen* (Verbesserung der Bedienungs- und Instandhaltungsökonomie der Anlagen).

12. Ausnutzung der *Größendegression* (Kap. 8.26).

13. Technisch und wirtschaftlich optimierende Vorausberechnung der Anlagen unter Verkürzung der Entwicklungszeiten, Senkung des Experimentalaufwands und Erzielung besserer Gesamtlösungen.

Die Fortschritte vollziehen sich teils evolutionär und kaum merklich über längere Zeiträume, teils mit plötzlichen, tiefgreifenden Veränderungen.

So war etwa die *Ammoniaksynthese* zwischen 1913 und etwa 1930 zu hoher technischer Reife gelangt, worauf 3 Jahrzehnte lang keine wesentlichen Verbesserungen mehr erzielt wurden. Anfang der sechziger Jahre kam es überraschend zu einer völlig veränderten Auslegung (niedrigere Synthesetemperaturen und -drucke, neue Katalysatoren, Kombination mit Druckvergasung, neue CO_2- und CO-Reinigungsverfahren, Einführung von Turbokompressoren). Im Verein mit dem Übergang zu größten Kapazitäten wurden die Ammoniakkosten stark gesenkt (Kap. 8.26).

Die Entwicklungsfortschritte werden durch zahlreiche *technische* oder *technisch-wirtschaftliche Kennziffern* sowie durch Kostendaten charakterisiert.

Dies ist z.B. in Tab. 4.5 für die Entwicklung der Chloralkali-Elektrolyse-Zellen wiedergegeben. Die Daten bewegen sich gewöhnlich innerhalb einer bestimmten Variationsbreite, die sich aus den verschiedenen Bedingungen der Einzelanlagen ergibt. Bemerkenswert ist die Hinausschiebung der Kapazitätsgrenzen, jedoch werden auch noch kleinere Anlagen gebaut. Kosten- und Preisentwicklungen sind oft in hohem Maße für die erzielten Verfahrensfortschritte repräsentativ und ermöglichen eine zusammenfassende Beurteilung.

Wesentlich schwieriger sind langfristige technische Voraussagen in zukünftigen Zeiträumen zwischen 10 und 50 Jahren sowie über ganz neue Entwicklungen zu quantifizieren. Zudem lassen sich die für die chemische Industrie interessanten Entwicklungsgebiete kaum genau erfassen und eingrenzen, weil die neuen wissenschaftlichen Erkenntnisse und technischen Fortschritte mannigfache Rückwirkun-

Tabelle 4.5 *Entwicklung technisch-wirtschaftlicher Kennzahlen horizontaler Quecksilberzellen für die Chloralkali-Elektrolyse, nach* [4.38; 4.39; 4.84 u. Schätzungen]

	etwa 1950	1960/1962	1968
Kathodenfläche [m^2]	5	21	30–45
Anodenfläche [m^2]	4,35	20	29–44
Belastung [kA]	16	100	300–450
Stromdichte an der Kathode [A/m^2]	3250	4750	10000
Stromdichte an der Anode [A/m^2]	3700	5000	10350
Spannung [V]	4,5–4,6	4,0–4,2	4,4–4,5
Stromausbeute, bez. auf NaOH [%]	94–96	96–98	96–98
Gleichstromverbrauch [kWh/t NaOH 100%ig]	3200	2850	3100–3170
Gleichstromverbrauch [kWh/t Chlorgas]	3650	3250	3500–3580
Drehstromverbrauch einschl. Verluste sowie Nebenapparaturen [kWh/t Cl_2 flüssig]	4500	3600	3700–3850
Graphitverbrauch [kg/t Chlor]	6–8	2,6	2,0–2,2
Chlorgehalt des Chlorgases [%]	96–98	etwa 99	etwa 99
H_2-Gehalt des Chlorgases [%]	bis 1	0,2–0,3	0,1–0,3

gen haben können und die chemische Industrie mit ihren Rohstoffen und Endprodukten in zu viele Gebiete hineinreicht (z.B. Erschließung neuer oder Erschöpfung alter Rohstoffquellen, Ozeanforschung, Raumforschung, Veränderung der Umweltbedingungen, Entwicklung der Atomtechnik, der Brennstoffzellen, der Hüttentechnologie und anderes).

4.3 Prognoseverfahren

4.31 Abgrenzung der Prognoseverfahren

Für die Abgrenzung der verschiedenen *Prognoseverfahren* haben sich noch keine allgemein anerkannten Gliederungsprinzipien durchgesetzt. Wir behandeln anschließend die zur Prognose absatzwirtschaftlicher Daten häufiger angewandten Methoden. Man will das Arbeitsgebiet heute um die Vorausschau wissenschaftlicher und technischer Entwicklungen (technological forecasting) erweitern bzw. im Sinne der modernen Systemtechnik eine Integration herbeiführen. Die Möglichkeiten der Anwendung eines speziellen methodischen Instrumentariums sind noch wenig geklärt, obwohl JANTSCH bereits nicht weniger als 100 verschiedene Methoden aufzählt [4.48]. Genau wie im Verhältnis zwischen Marktprognose und Absatzplanung geht es auch im technischen Bereich sowohl um das Erkennen zukünftiger Entwicklungen (exploratory forecasting) als auch um das Auffinden und Vorgeben von Zielsetzungen mit der voraussichtlich möglichen und zweckmäßigsten Mittelwahl für ihre Realisierung (normative forecasting). Daher werden einige Methoden mehr mit der Ideensuche für neue Forschungsvorhaben in Verbindung gebracht.

An dieser Stelle seien nur einige bekanntere Methoden der Vorausschau technischer Entwicklungen erwähnt, vgl. [4.48; 4.49; 4.102]. Eine Gruppe von *gedanklichen* oder *intuitiven Methoden* ist auf die systematische Förderung des schöpferischen Denkprozesses gerichtet. Beim „*Brain-storming*“ sollen von den Teilnehmern an Diskussionsgruppen zunächst spontane und unreflektierte neue Ideen kritiklos geäußert werden, aus denen man später brauchbare neue Lösungsvorschläge herauszuschälen hofft. Die anspruchsvollere und wohl geeignetere „*Delphi-Methode*" schließt den oft langwierigen Prozeß der Abklärung der brauchbarsten Zukunftsvorstellungen bereits ein, indem eine Gruppe von Fachleuten zu einem bestimmten Problem wiederholt und bis zur Gewinnung etwa übereinstimmender Meinungen schriftlich befragt wird. Beim „*Scenario-writing*" sollen alternative zukünftige Entwicklungen über logisch begründete Verknüpfungen möglicher zukünftiger Ereignisse durchdacht werden, wobei besonders das Zusammenwirken der Veränderungen im technischen, wirtschaftlichen, sozialen und politischen Bereich zu erfassen ist.

Die *systematischen Vorschaumethoden* beruhen auf der analytischen Durchdringung eines Zukunftsproblems hinsichtlich der Gliederung in Teilprobleme und ihrer wechselseitigen Abhängigkeiten. Hieran schließt sich die kombinative Zusammenfassung einzelner Parameter oder Lösungselemente zu Gesamtentwicklungen oder Gesamtproblemlösungen an. Gerade für die Chemie mit ihren vielfältigen internen Wechselwirkungen und ihren Verzahnungen mit externen Sektoren wissenschaftlicher, technischer und wirtschaftlicher Entwicklungen liegt der Systemgedanke nahe. Die *morphologische Methode* besteht in der Aufspaltung eines Problems in möglichst viele elementare Teilprobleme, die dann schrittweise auf ihre Realisierbarkeit und zweckmäßigen Verknüpfungen untersucht werden, um schließlich die wahrscheinlichste Entwicklung oder den brauchbarsten Lösungsweg abzuleiten. Das ähnliche *Relevanzbaumverfahren* veranschaulicht die möglichen Lösungswege durch Verbindungslinien zwischen den stammbaumartig dargestellten Teilproblemen, die sich aus dem Gesamtproblem entwickeln. Auch Netzpläne werden in diesem Zusammenhang diskutiert.

Andere Methoden beruhen auf der Einführung von *Wahrscheinlichkeitswerten* in die Schätzungen. In mehreren Varianten sind *Analogieschätzungen* möglich, etwa indem man die Übertragbarkeit einer neuen chemischen Reaktion auf ähnliche Reaktionssysteme untersucht, grundlegende technisch-chemische Entwicklungstendenzen auf ihre Realisierbarkeit in weiteren Bereichen prüft (Kap. 4.248) oder den zukünftigen Verlauf von Substitutionsprozessen aufgrund von technisch-wirtschaftlichen Anwendungsuntersuchungen und bereits vorliegenden Erfahrungen auf anderen Gebieten veranschlagt (Kap. 4.33). Dieses Vorgehen ist auch bei Marktprognosen mit Regressions- oder Trendfunktionen geläufig (Kap. 4.351). Einige der unten genannten Marktprognoseverfahren kommen andererseits für die Verfolgung technischer Fortschritte in Betracht, wie vor allem die S-förmigen Wachstumskurven (Kap. 4.354).

4.32 Prognoseinformationen

Marktanalytische *Primärerhebungen* richten sich nicht nur auf die Erkundung von Strukturmerkmalen, sondern oft gleichzeitig auf die Erfassung der Entwicklungstendenzen. Wegen des größeren Arbeitsumfangs wird man andererseits nur besonders wichtige Marktdaten ständig erheben. Begünstigt durch den gleichbleibenden Charakter der Informationen hat sich der organisierte Austausch zwischen den Chemiemarktforschern bewährt, vor allem zwischen verschiedenen Ländern. Ständige systematische Primärerhebungen im Sinne der „Panel-Forschung" sind bei chemischen Produktivgütern selbst wenig üblich.

Häufig befragt man Fachkundige über allgemeine wirtschaftliche Entwicklungstendenzen, vor allem über kurz- und mittelfristige (konjunkturelle) Marktschwankungen. Für diese Einschätzungen sind auch die eigenen Vertriebskräfte der Außenorganisation wegen ihrer ständigen Kontakte mit den Marktpartnern geeignet, ferner die Repräsentanten von Kundenbetrieben hinsichtlich der erwarteten Entwicklungen von Absatzzahlen, Preisen und überhaupt allen Marktfaktoren in den jeweils engeren Teilmärkten. Das Verfahren hat in der kurzfristigen Absatzplanung „von unten her" eine bekannte Anwendung, wobei die marktmöglichen Absatzmengen von den verantwortlichen Verkaufskräften selbst vorgeschätzt werden. Hierin ergibt sich eine wichtige Ausgangsbasis für die verbindliche Vorgabe der Absatzplanzahlen.

Eine Reihe von Nachteilen darf nicht übersehen werden. Die Kompetenz der Befragten und die ihren Schätzungen zugrunde gelegten Informationsquellen bleiben mitunter undurchsichtig. Die Hinweise sind häufig zu allgemein gehalten und erschweren damit eine Quantifizierung. Die Zusammenfassung einer Vielzahl heterogener Aussagen zu bestimmten Gesamturteilen ist nicht einfach. Halbquantitative Abstufungen der Befragtenmeinungen durch Punktzahlen und Bewertungskategorien bleiben ungenaue Hilfslösungen. Ist eine Neutralität des Befragten nicht gewährleistet, kann es zu Verzerrungen oder gewollt irreführenden Aussagen kommen. Das Eigeninteresse der Verkaufskräfte an der Höhe der Absatzplanzahlen ist bekanntlich mit ein wichtiges Argument gegen die allein maßgebliche Verwendung ihrer Schätzungen. Längerfristige Prognosen sind über die Angaben der Verkaufskräfte ohnehin kaum zu gewinnen.

Neben der mittelbaren Bedeutung gegenwarts- oder vergangenheitsbezogener *Sekundärdaten* für die Prognose ist darauf hinzuweisen, daß betriebsexterne Stellen heute immer mehr auch zukunftsbezogene Informationen erarbeiten und veröffentlichen. Seit langem werden solche Prognosen für allgemeine wirtschaftliche Entwicklungen, z.B. in Form von Konjunkturprognosen oder Wachstumsprognosen, besonders durch Wirtschaftsforschungsinstitute oder Regierungsstellen zur Verfügung gestellt.

So wurden in einer mittelfristigen 5-Jahres-Prognose auf der Basis von 1969–1974 über die wirtschaftliche Entwicklung in der BRD vom Bundeswirtschaftsministerium unter anderem folgende Voraussagen gemacht, in denen sowohl die als zwangsläufig angesehenen Entwicklungen als auch die Folgen der wirtschaftspolitischen Maßnahmen zum Ausdruck kommen [4.68]: Unter weitgehender Realisierung der Vollbeschäftigung wird sich die Arbeitslosenquote nur in der Größenordnung von 0,7–1,2% bewegen. Das Preisniveau in der Gesamtwirtschaft und insbesondere für den privaten Verbrauch wird jährlich um 2–2,5% ansteigen. Der Außenwirtschaftsbeitrag am Bruttosozialprodukt wird sich auf 1,5–2% reduzieren. Die durchschnittliche Zuwachsrate des realen Bruttosozialprodukts wird zwischen 4 und 4,5% liegen. Die angegebenen Zahlenwerte betreffen die Schwankungsbreite der Schätzungen, die zum Teil aus volkswirtschaftlichen Gesamtrechnungen abgeleitet wurden.

Die betriebliche Marktforschung erhält hierdurch grundlegende Daten, die zur Ableitung detaillierter, auf die Bedürfnisse der Einzelunternehmung zugeschnittener Prognosen verwertbar sind. Die sekundärstatistischen Prognosen werden aber in der letzten Zeit auch stärker nach Branchen oder sogar Einzelprodukten

Tabelle 4.6 *Kunststoffverbrauchsprognose der Farbwerke Hoechst AG* (Angaben in 10^3 t) [4.58]

Produktgruppe	1967		1970		1980	
	West-europa	BRD	West-europa	BRD	West-europa	BRD
Kunststoffe insgesamt	6820	2083	9275	2755	19250	5150
PVC	1463	427	1954	577	4027	1183
Polystyrol	482	148	660	207	1305	444
Polyolefine insgesamt	1484	341	2343	561	6210	1451
Hochdruck-PE	1032	210	1542	320	3531	715
Niederdruck-PE	311	106	536	191	1544	478
Polypropylen	141	25	265	50	1135	258

Tabelle 4.7 *5-Jahres-Prognosen für die amerikanische Chemieindustrie* (Basis 1966) [4.74]

Kenngröße	1961	1966	1971
Chemische und verwandte Produkte			
Produktionsindex (1957–1959 = 100)	123,4	190,5	266,0
Kapazitätsindex (Dez. 1950 = 100)	219,0	316,0	442,0
Investitionsausgaben [Mrd. $]	1,62	2,98	4,05
Forschungs- und Entwicklungsausgaben [Mrd. $]	1,11	1,68	2,7
Umsätze [Mrd. $]	27,24	42,0	57,0
Gummi- und Kunststofferzeugnisse			
Produktionsindex (1957–1959 = 100)	111,9	187,5	244,5
Kapazitätsindex (Dez. 1950 = 100)	172,0	226,0	273,0
Investitionsausgaben [Mrd. $]	0,22	0,41	0,53
Forschungs- und Entwicklungsausgaben [Mrd. $]	0,14	0,21	0,31

differenziert, vor allem durch das zunehmende Engagement der Fachverbände, der Redaktionsstäbe von Fachzeitschriften sowie selbständiger Marktforschungsinstitute. Mitunter werden die von Unternehmungen erarbeiteten Prognosen allgemeineren Interesses publiziert (Tab. 4.6). Als Beispiele von *Branchenprognosen* sind in Tab. 4.7 über einen fünfjährigen Zeitraum vorausgeschätzte wichtige wirtschaftliche Kennziffern der chemischen sowie der Gummi- und Kunststoffindustrie in den USA wiedergegeben. Auch Prognosen für die Abnehmerindustriezweige sind interessant, z. B. Prognosen der Textilwirtschaft, der Bauindustrie, der Automobilproduktion und -bestände. Andere Prognosen sind nicht auf quantitative Zeitreihen, sondern auf allgemeine Entwicklungstendenzen gerichtet, z. B. [4.6; 4.11; 4.23; 4.89]. Auch die zukünftige Entwicklung der wissenschaftlichen und technischen Grundlagen der einzelnen Industriezweige wird heute im Rahmen der Zukunftsforschung immer mehr zum Gegenstand planmäßiger Untersuchungen gemacht. Die den Veröffentlichungen zugrunde liegenden Prognoseverfahren und die Zuverlässigkeit der Informationen sind oft nicht ersichtlich. Zuweilen wird bereits der Verdacht geäußert, die sekundärstatistischen Prognosen würden mitunter leichtfertiger abgegeben als die innerbetrieblichen. Zwar ist eine Fehlprognose auch für das publizierende Organ nicht erfreulich, doch wird im allgemeinen wegen der Natur der Aufgabe ein Verständnis für selbst große Fehlschätzungen vorausgesetzt. Der betriebliche Marktforscher kann dagegen in eine wesentlich schwierigere Situation geraten, wenn auf der Grundlage seiner Voraussagen schwerwiegende Fehlentscheidungen getroffen wurden.

Im übrigen erfährt man selten etwas über durchgeführte *Kontrollen* von Voraussagen anhand der später tatsächlich eingetretenen Entwicklungen. Es wird auch kaum der Versuch unternommen, die immer komplizierter werdenden Prognoseverfahren damit zu rechtfertigen, daß gegenüber den einfachen Verfahren genauere Resultate erzielt werden. Seitens der Marktforscher scheint eine Überschätzung der zukünftigen Wachstumsbewegungen für nachteiliger angesehen zu werden als eine Unterschätzung.

In einer der wenigen veröffentlichten Untersuchungen über die Genauigkeit von Marktprognosen für chemische Produkte wird nämlich nachgewiesen, daß bei immerhin 40 Produkten (chemische Grundstoffe, Zwischen- und Endprodukte) für Prognosezeiträume von 1 bis 6 Jahren das zukünftige Wachstum in 72,5% aller Fälle mit einer mittleren negativen Abweichung von 17,25% gegenüber dem später eingetretenen Wachstum als zu ungünstig beurteilt worden war [4.81].

4.33 Prognosen durch technisch-wirtschaftliche Anwendungsuntersuchungen

Während bei den später erwähnten Verfahren der Korrelations- und Trendanalyse recht globale Schätzungen aufgrund von in der Vergangenheit festgestellten Entwicklungszusammenhängen vorgenommen werden, geht es bei Prognosen auf der Grundlage von *Anwendungsanalysen* um formal weniger gebundene Beurteilungen und Wirtschaftlichkeitsrechnungen der Produktverwendung in der Zukunft. Abhängigkeiten zwischen den Chemiemärkten, Produktkopplungen, Kostenentwicklungen, Preisbeziehungen, ganze Spektren von Produkteigenschaften, Produktions- und Verbrauchsverfahren sind zu berücksichtigen. Die Prognose technischer Entwicklungen ist einbegriffen, wie das Verfahren überhaupt vor allem bei *Neuentwicklungen* bevorzugt wird.

Man denke beispielsweise an Marktprognosen auf den Chlor- und Alkalimärkten, bei denen die abweichenden Wachstumsraten der Kuppelprodukte Chlor und Natronlauge so schwerwiegende und kaum übersehbar zahlreiche Marktverschiebungen auslösen (Kap. 4.247). In welchem Umfang werden Preissenkungen für Natronlauge die Verarbeitung intensivieren helfen und die Überschüsse abbauen? Wann ist mit dem Einsetzen der Carbonisierung der Natronlauge in Konkurrenz zum Sodaprozeß zu rechnen? Bestehen in Zukunft noch Chancen zur Entwicklung ganz neuer Verfahren für den Verbrauch von Natronlauge? Wahrscheinlich ist langfristig mit einem Absinken der Alkaligutschriften bei der Chloralkali-Elektrolyse, aber auch der HCl-Gutschriften bei Chlorverarbeitungsverfahren mit Zwangsanfall von Chlorwasserstoff zu rechnen. Wie werden sich diese Entwicklungen quantitativ auf den Chlorpreis oder auf die unter Chlorverbrauch und mit Anfall von Salzsäure hergestellten Produkte auswirken? Dies sind nur einige wenige aus einem ganzen Komplex von Fragestellungen.

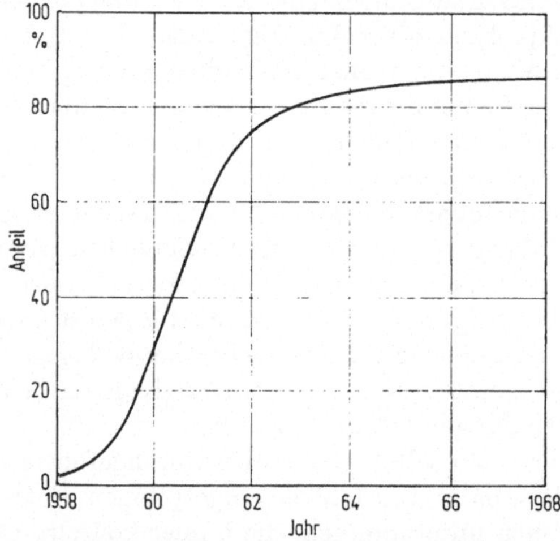

Abb. 4.31 Relative Marktdurchdringung mit Kunststoffflaschen gegenüber Glasflaschen für Haushaltsreinigungsmittel in den USA [4.62].

Bei den Verwendungskonkurrenzen ist die erwartbare „Marktdurchdringung" im Vergleich zu den Konkurrenzprodukten im Rahmen einer *Substitutionsanalyse* zu untersuchen. Die Prognose für das Wachstum der absoluten Mengen wird häufig aus der vorausgeschätzten *relativen Durchdringung* eines Teilmarktes abgeleitet, d.h. durch die Geschwindigkeit des Verdrängungsprozesses und die erwarteten Substitutionsgrenzen oder Marktsättigungspunkte. Für diese Voraussagen sind Vergleiche der technischen Anwendungseigenschaften zuweilen bereits ausreichend, wie es am Beispiel einer Prognose für den Ersatz konventioneller Glasflaschen durch Kunststoffflaschen zur Verpackung von Haushaltswaschmitteln in den USA im Jahre 1959 gezeigt wurde. Abb. 4.31 zeigt den Verlauf der relativen Marktdurchdringung mit einem Sättigungsniveau bei fast 90% Marktanteil der Kunststoffflaschen.

Die Anwendungsanalysen sind oft dadurch erschwert, daß sich ganze Komplexe von technischen Eigenschaften der Vergleichsprodukte gegenüberstehen, die sich schlecht zusammenfassend bewerten lassen. Zur notwendigen Vorausschätzung der eigenen Produktverbesserungen in der Zukunft kommen die vielfältigen Abwehrmaßnahmen der Konkurrenz. Die Prognose einer relativen Marktdurchdringung unabhängig von den *absoluten Verbrauchsentwicklungen* ist eine selten zulässige Vereinfachung. Durch ein beträchtliches Mengenwachstum kann eine wesentliche Verbilligung oder auch Verteuerung der einzelnen Produkte hervorgerufen werden. In dieser Hinsicht sind die Chemieerzeugnisse auf lange Sicht den natürlichen, konventionellen Werkstoffen überlegen. Bei der vorausgesagten starken Expansion der Erdbevölkerung wird angenommen, daß die natürlichen Rohstoffe nur mit beträchtlichen Kostensteigerungen oder überhaupt nicht in den erforderlichen Mengen herstellbar sind. Die Chemieprodukte werden dagegen eher billiger und lassen sich bedarfsgerechter an jeden Verwendungszweck anpassen. Die Intensivierung ihres Einsatzes vollzieht sich auf lange Sicht stufenweise und nach ähnlichen Gesetzmäßigkeiten, so daß hieraus Analogieschätzungen für die Zukunft ermöglicht werden. In den sich stark überschneidenden Substitutionsstufen werden auch chemische Produkte von der Ablösung betroffen.

Bis zum beherrschenden Einsatz der Chemiewerkstoffe kann man oft fünf Entwicklungsstufen abgrenzen, was am Beispiel des natürlichen Rohstoffs Holz verdeutlicht sei:

1. Chemische Hilfsmittel steigern die Ergiebigkeit der Gewinnung, hier die Chemikalien in der Forstwirtschaft.

2. Chemische Hilfsmittel rationalisieren die Verarbeitung oder Anwendung, so daß die natürlichen Vorräte gestreckt und nutzbringender verwendet werden können. So ermöglichen die Leimharze der Amino- und Phenoplaste die Herstellung der wirtschaftlichen Holzspanplatten, und zwar unter Verwertung auch der minderwertigen Holzteile. Holzschutzmittel und Holzlacke verlängern die Lebensdauer.

3. Chemie-Verbundwerkstoffe führen zum sparsameren Einsatz des natürlichen Rohstoffs und steigern die Qualität, so das kunststoffgetränkte Polymerholz, kunststoffbeschichtete Holzplatten oder Kunststoff-Papier-Verbundfolien in der Folgestufe.

4. Durch chemische Veredelung entstehen neue, halbsynthetische Produkte (Cellulosederivate).

5. Neue vollsynthetische Chemiewerkstoffe substituieren das Holz und die für den rationelleren Einsatz des Holzes benötigten Hilfsmittel vollständig. Vom Vordringen der vollsynthetischen gegenüber den Cellulose-Chemiefasern wurde bereits gesprochen (Kap. 4.243). Auf vielen Gebieten lösen Kunststoffe das Holz als Werkstoff unmittelbar ab. In der Möbelproduktion sollen in den USA 1980 bereits 80% der Werkstoffe auf Kunststoffe entfallen. In fernerer Zukunft wird vielleicht auch das synthetische Papier unser heutiges Papier auf Holzbasis verdrängen.

4.34 Regressionsverfahren

4.341 Einfachregression des Mengenwachstums

Die Verwendung einer korrelativen Beziehung zwischen einer Größe des *Mengenwachstums* eines Produktes (Produktion, Verbrauch, Absatz) und einer hierfür als maßgeblich erkannten Einflußgröße gehört als Einfachregression zusammen mit der Trendanalyse zu den gebräuchlichsten Prognoseverfahren, vgl. [4.4; 4.5; 4.30; 4.32; 4.50; 4.105]. Es kann als eine starke Vereinfachung der ökonometrischen Modellanalyse aufgefaßt werden, indem man das Wachstumsmodell auf nur eine Abhängigkeitsbeziehung reduziert und alle anderen Einflußgrößen in die Fehlergrenzen eingehen läßt. Als unabhängige Variable, Indikator- oder Symptomreihe wird vor allem eine Größe des volkswirtschaftlichen oder gesamtindustriellen Wachstums benutzt, die eine relativ stetige Entwicklung über längere Zeiträume erwarten läßt. Am häufigsten kommt hierfür das Bruttosozialprodukt oder die gesamte Industrieproduktion eines Landes in Betracht, wobei am ehesten die weitere Forderung erfüllt wird, daß die unabhängige Bezugsgröße selbst für mehrere Jahre vorausgesagt werden kann.

Mit einer solchen volkswirtschaftlichen Globalgröße wird man nur die Absatzreihen solcher Produkte vergleichen, die ein weites Anwendungsspektrum und damit eine Ausgleichswirkung bei divergierenden Teilentwicklungen aufweisen, zugleich aber als wichtige Grundstoffe oder Zwischenprodukte in hohem Maße von der allgemeinen wirtschaftlichen und industriellen Entwicklung beeinflußt werden. Das Verfahren ist dagegen kaum für Spezialprodukte und Spezialverwendungen in engen Sektoren, besonders nicht für neuere Produkte mit wenig ausgereifter und noch unsicherer Marktposition geeignet. Hier würde die weitere Schwierigkeit hinzukommen, für einen gesicherten korrelativen Zusammenhang in der Vergangenheit genügend langfristige Beobachtungszeiträume zu erhalten.

Die Verfeinerung der Korrelationsanalyse durch Verwendung *branchenspezifischer Wachstumsindikatoren* ist naheliegend, scheitert allerdings oft an der unsicheren und schwierigen Prognose des Branchenwachstums. Dieses wird zuweilen selbst durch Korrelationsanalyse aus dem gesamtwirtschaftlichen Wachstum gewonnen, so daß dann ein solcher Umweg nicht mehr zur Erhöhung der materiellen Schätzungsgenauigkeit beiträgt. Außerdem müßte der in der Vergangenheit festgestellte Zusammenhang zwischen Branchenwachstum und dem zu prognostizierenden Produkt auch für die Zukunft gelten.

Tabelle 4.8 *Produktion von Chlor, Natronlauge und Soda sowie Produktionsindex der Gesamtindustrie in der BRD* [1.19; 1.42]

Jahr	Produktionsindex der Gesamtindustrie (1958 = 100)	Produktion [10^3 t]		
		Chlor	Natronlauge	Soda
1957	97,3	520	648	989
1958	100,0	538	636	902
1959	107,1	592	699	999
1960	119,4	658	776	1117
1961	126,8	725	811	1063
1962	132,1	801	901	1012
1963	136,7	920	1047	1055
1964	148,1	1017	1122	1134
1965	156,6	1081	1178	1165
1966	158,7	1230	1303	1190
1967	155,8	1370	1424	1158

Ein vermuteter korrelativer Zusammenhang wird zunächst durch einen Vergleich im *Zeitreihendiagramm* geprüft, in dem das rückwärtige Mengenwachstum der verschiedenen Größen über einer Zeitachse aufgetragen ist. Ein solches Zeitreihendiagramm ist in Abb. 4.32 für die hier als Beispiel gewählte Produktionsentwicklung von Chlor, Natronlauge und Soda einerseits sowie der Gesamtindustrie andererseits aufgrund der Zahlenwerte in Tab. 4.8 dargestellt. Die Graphik läßt neben der gleichläufigen Entwicklung auch eine enge Korrelation zwischen den drei Grundchemikalien mit der Industrieproduktion vermuten.

Das eigentliche *Korrelationsdiagramm* wird durch Auftragen der abhängigen Variablen, hier der Produktionsmengen der drei Grundchemikalien, über dem Produktionsindex der Gesamtindustrie als gewählter unabhängiger Variabler erhalten. In Abb. 4.33 sind zur erleichterten Orientierung die Jahreszahlen an die eingezeichneten Punkte angeschrieben.

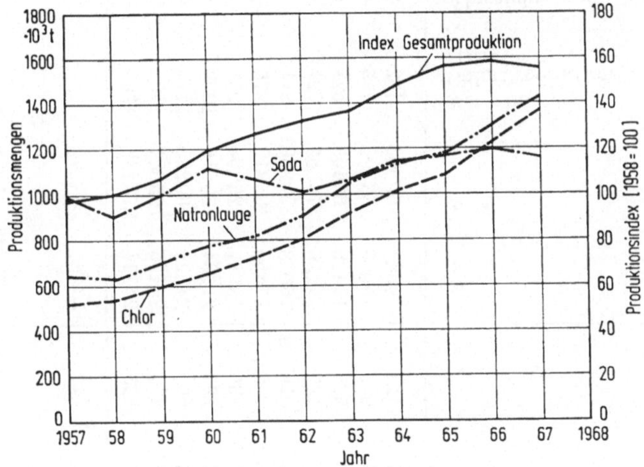

Abb. 4.32 Zeitreihendiagramm für den Vergleich der Produktionsentwicklung von Chlor, Natronlauge und Soda sowie der Gesamtindustrie in der BRD.

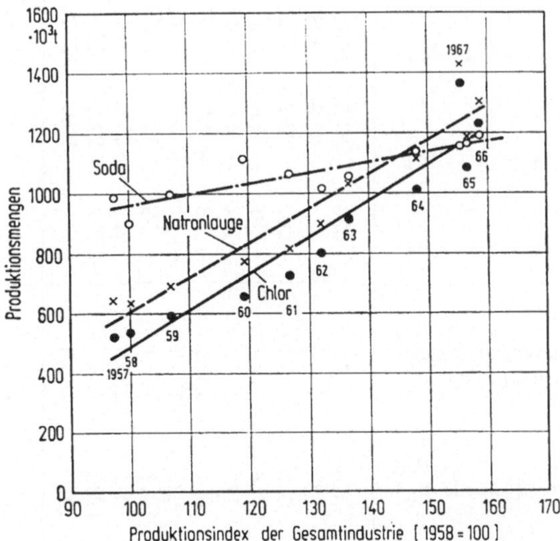

Abb. 4.33 Regressionsgeraden für die Chlor-, Natronlauge- und Sodaproduktion in Abhängigkeit vom Produktionsindex der Gesamtindustrie (BRD).

Tabelle 4.9 *Berechnung der Wachstumskorrelation zwischen Chlorproduktion und industrieller Gesamtproduktion in der BRD 1957–1967*

Beobachtungswerte			Berechnung des Korrelationskoeffizienten					Berechnung der Regressionsgeraden				Elastizität	
Jahre n	Chlorproduktion y_i [10^3 t]	Produktionsindex Gesamtindustrie x_i (1958 = 100)	$\Delta y_i = y_i - \bar{y}$	$\Delta x_i = x_i - \bar{x}$	$\Delta x_i \cdot \Delta y_i$	Δy_i^2	Δx_i^2	x_i^2	$x_i\ y_i$	Berechnete Chlorproduktion y_i' [10^3 t]	Abweichung $y_i - y_i'$ [10^3 t]	Relation $\frac{x_i}{y_i}$	Elastizitätskoeffizient $\eta = b\,\frac{x_i}{y_i}$
1957	520	97,3	−339	−33,5	11357	114921	1122	9467	50596	452	+ 68	0,19	2,3
1958	538	100,0	−321	−30,8	9887	103041	949	10000	53800	485	+ 53	0,19	2,3
1959	592	107,1	−267	−23,7	6328	71289	562	11470	63403	571	+ 21	0,18	2,2
1960	658	119,4	−201	−11,4	2291	40401	130	14256	78565	721	− 63	0,18	2,2
1961	725	126,8	−134	− 4,0	536	17956	16	16078	91930	811	− 86	0,17	2,1
1962	801	132,1	− 58	+ 1,3	−75	3364	2	17450	105812	875	− 74	0,16	1,9
1963	920	136,7	+ 61	+ 5,9	360	3721	35	18687	125764	931	− 11	0,15	1,8
1964	1017	148,1	+158	+17,3	2733	24964	299	21934	150618	1069	− 52	0,15	1,8
1965	1081	156,6	+222	+25,8	5728	49284	666	24524	169285	1173	− 92	0,14	1,7
1966	1230	158,7	+371	+27,9	10351	137641	778	25186	195201	1198	+ 32	0,13	1,6
1967	1370	155,8	+511	+25,0	12775	261121	625	24274	213446	1163	+207	0,11	1,3
$\Sigma n = 11$	$\Sigma y_i = 9452$	$\Sigma x_i = 1438{,}6$			$\Sigma \Delta x_i \cdot \Delta y_i = 62271$	$\Sigma \Delta y_i^2 = 827703$	$\Sigma \Delta x_i^2 = 5184$	$\Sigma x_i^2 = 193326$	$\Sigma x_i \cdot y_i = 1298420$				
	$\bar{y} = \frac{\Sigma y_i}{n} = 859$	$\bar{x} = \frac{\Sigma x_i}{n} = 130{,}8$											

Die den gesuchten Zusammenhang quantitativ beschreibende *Regressionsfunktion* kann durch einfache graphische Interpolation, genauer jedoch mit Hilfe der Korrelationsrechnung bestimmt werden. Hierfür ist eine bestimmte mathematische Funktion vorzugeben, von der man eine möglichst geringe Streuung der tatsächlichen um die berechneten theoretischen Werte der Kurve und außerdem eine gewisse sachlogische Motivierung für den Zusammenhang erwarten kann. Aus praktischen Gründen der Rechnungsvereinfachung begnügt man sich häufig mit dem linearen Ansatz

$$y' = a + b \cdot x.$$

Hierin bedeuten:

y' Berechnete Werte der abhängigen Variablen (im Beispiel die Produktionsmengen).
x Gewählte unabhängige Variable (im Beispiel der Produktionsindex der Gesamtindustrie).
a Niveaukonstante, die sich aus den verschiedenen Maßeinheiten der Variablen ergibt.
b Richtungsfaktor oder Strukturkonstante mit Kennzeichnung der Wachstumsunterschiede.

Daneben finden noch Potenzfunktionen häufiger Anwendung nach

$$y' = a \cdot x^b,$$

und zwar besonders in der logarithmierten Form

$$\log y' = \log a + b \cdot \log x.$$

In Abb. 4.33 sind die Regressionskurven der linearen Einfachkorrelation zwischen den drei genannten Grundchemikalien und dem Produktionsindex wiedergegeben, in Tab. 4.9 außerdem die erforderlichen Zahlenwerte des Berechnungsganges für Chlor. Das Ausmaß oder die Güte der Korrelation wird durch den Korrelationskoeffizienten

$$r = \frac{\Sigma \Delta x_i \cdot \Delta y_i}{\sqrt{\Sigma \Delta x_i^2 \cdot \Sigma \Delta y_i^2}}$$

gekennzeichnet. Dieser nimmt für die drei Produkte folgende Werte an: $r_{\text{Chlor}} = 0{,}95$, $r_{\text{Natronlauge}} = 0{,}95$ und $r_{\text{Soda}} = 0{,}88$. Dieses Ergebnis ist wegen der zugrunde liegenden Zeitreihen stark autokorreliert. Eine zutreffendere Aussage liefert das Bestimmtheitsmaß $B = r^2$. Hierfür ergeben sich $B_{\text{Chlor}} = 0{,}90$, $B_{\text{Natronlauge}} = 0{,}90$ und $B_{\text{Soda}} = 0{,}77$. Die Übereinstimmung des Zahlenwertes bei Chlor und Natronlauge ist hauptsächlich auf das hohe Ausmaß der Produktkopplung bei der Chloralkali-Elektrolyse zurückzuführen. Die Sodaproduktion wird von der gesamtindustriellen Entwicklung infolge der ungünstigen Stellung des Produktes innerhalb der Strukturverschiebungen auf den Chloralkali-Märkten weniger eng bestimmt.

Die Aussagefähigkeit des Korrelationskoeffizienten bzw. vom Bestimmtheitsmaß aus einer Stichprobe wird am besten mit Hilfe der z-Transformation durch Berechnung eines Vertrauensintervalls für r überprüft [4.72, S. 272], nämlich bei 99% Wahrscheinlichkeit nach der Beziehung

$$z - \frac{2{,}58}{\sqrt{n-3}} < \zeta < z + \frac{2{,}58}{\sqrt{n-3}}.$$

Unter Verwendung von Umrechnungstabellen für z und r [4.36, S. 310; 4.72, S. 298] erhält man bei $n = 11$ Wertepaaren als Vertrauensintervalle für Chlor und Natronlauge

$$1{,}832 - \frac{2{,}58}{\sqrt{11-3}} < \zeta < 1{,}832 + \frac{2{,}58}{\sqrt{11-3}},$$

$$0{,}917 < \zeta < 2{,}747,$$

$$0{,}724 < r < 0{,}992$$

und für Soda

$$0{,}429 < r < 0{,}980.$$

Für die Regressionsgeraden, deren Koeffizienten a und b nach den Bestimmungsgleichungen

$$\Sigma y_i = n \cdot a + b \cdot \Sigma x_i \quad \text{und} \quad \Sigma x_i \cdot y_i = a \cdot \Sigma x_i + b \cdot \Sigma x_i^2$$

aufgrund der Forderung minimaler quadratischer Abweichungen zwischen den effektiven und berechneten Werten bestimmt werden, ergeben sich dann folgende Ausdrücke:

$$y'_{\text{Chlor}} = -730 + 12{,}15\,x,$$
$$y'_{\text{Natronlauge}} = -533 + 11{,}41\,x,$$
$$y'_{\text{Soda}} = 604 + 3{,}57\,x.$$

Auf die Berechnung der Streuung der effektiven um die berechneten Werte wird hier verzichtet.

Die *Richtungsfaktoren* b erlauben sofort eine Interpretation des Wachstumszusammenhangs der untersuchten Produkte mit der gesamtindustriellen Entwicklung: Im betrachteten 11jährigen Zeitraum von 1957–1967 entsprach dem Wachstum des industriellen Produktionsindex um einen Punkt (x) eine Zunahme der Chlorproduktion (y') um 12150 t, der Natronlaugeproduktion um 11410 t und der Sodaerzeugung um 3570 t jährlich. Die Überschußsituation bei Natronlauge führt mithin trotz der starren Kopplungsbeziehung mit der Chlorproduktion zu einem gegenüber Chlor abgeschwächten Wachstum.

Der *Elastizitätskoeffizient* η bringt die relativen Veränderungen der unabhängigen, erklärenden Variablen und der abhängigen Variablen miteinander in Beziehung [4.32, S. 29]:

$$\eta = \frac{\Delta y}{y} \Big/ \frac{\Delta x}{x} = \frac{\Delta y}{\Delta x} \cdot \frac{x}{y} = b \cdot \frac{x}{y}.$$

Aus der notwendigen Multiplikation des konstanten Richtungsfaktors b mit der zeitlich veränderlichen Relation x/y geht die Variabilität des Elastizitätskoeffizienten im Zeitverlauf hervor. Gemäß Tab. 4.9 hat die Relation x/y und damit auch der Elastizitätskoeffizient ansteigende Tendenz, d.h., das Wachstum der Chlorproduktion geht relativ gegenüber dem Wachstum der Gesamtindustrie mit der Zeit zurück. Während 1957 die 1prozentige Erhöhung des Produktionsindex noch eine 2,3prozentige Steigerung der Chlorproduktion auslöste, sank der Wert im Jahre 1967 bereits auf 1,3%. Bei Natronlauge betrugen die entsprechenden Elastizitätskoeffizienten in den Begrenzungsjahren der untersuchten Zeitspanne 1,7 und 1,3%, während umgekehrt bei der Sodaproduktion eine Steigerung von 0,4 auf 0,5% zu verzeichnen war. Die langfristige Vergrößerung oder Abnahme des Elastizitätskoeffizienten ist mathematisch aus der Regressionsfunktion ersichtlich, indem positive Niveaukonstanten a mit der Zeit zunehmende und negative Niveaukonstanten abnehmende Elastizitätswerte ergeben. Im Sonderfall $a = 0$ bleiben die Elastizitäten unverändert. Der Ansatz einer logarithmierten Potenzfunktion der Form $\log y' = \log a + b \log x$ ergibt stets eine unveränderte Elastizität und Übereinstimmung mit dem Richtungsfaktor, was vorteilhaft erscheint.

Beim Ansatz derartiger Potenzfunktionen für die Korrelation zwischen dem Gesamtverbrauch chemischer Produkte und dem Bruttosozialprodukt ergaben sich im Zeitraum 1956 bis 1966 für Westeuropa und die USA Elastizitätskoeffizienten von 2,05 bzw. 1,81. Ein einprozentiges Wachstum des Bruttosozialproduktes war damit in der westlichen Welt mit einer etwa doppelt so großen Verbrauchssteigerung chemischer Produkte verknüpft. Die Korrelation zwischen Kunststoffverbrauch und Bruttosozialprodukt ergab sogar die Koeffizienten von 3,43 für Westeuropa und 4,45 für die USA [4.55].

4.342 Erfahrungskurven des Produktivitätsfortschritts

Sollen auf einem bestimmten Produktionsgebiet die aufgrund wissenschaftlich-technischer Fortschritte in Zukunft noch erwartbaren Verbesserungen und Kostensenkungen abgeschätzt werden, so wendet man meistens formal ungebundene Untersuchungen an. Man könnte hier in Analogie zu den Anwendungsanalysen von „Verfahrensanalysen“ in der engen prognosebezogenen Ausdeutung sprechen.

Es hat sich außerdem als gangbar erwiesen, die in der mechanischen Industrie, und zwar zuerst im amerikanischen Flugzeugbau angewandten Korrelationsanalysen zwischen Produktionsmengen und wichtigen Kenngrößen der Produktivität für die verfahrenstechnischen Industriezweige zu übernehmen. Wir meinen hier das Prinzip der bis auf das Jahr 1925 zurückgehenden *Lern- oder Erfahrungskurven* (learning curves) [4.8; 4.43; 4.44].

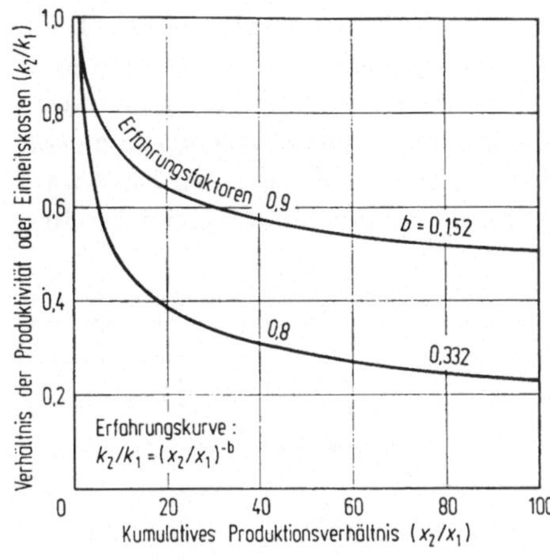

Abb. 4.34 Darstellung von Erfahrungskurven im normalgeteilten Netz.

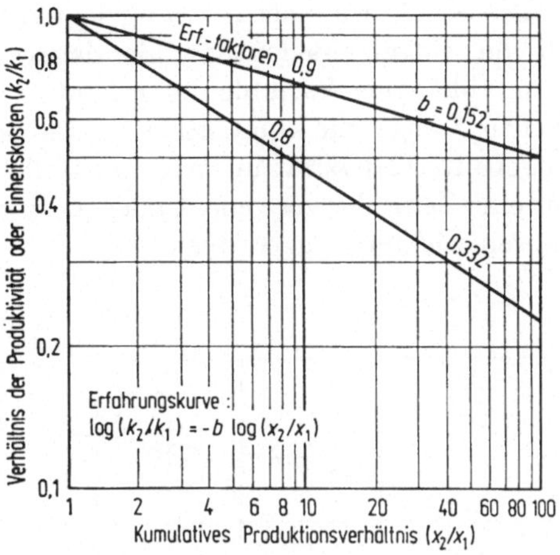

Abb. 4.35 Darstellung von Erfahrungskurven im doppeltlogarithmischen Netz.

Für zahlreiche mechanische Fertigungsoperationen wurde ein allgemeingültiger empirischer Zusammenhang zwischen dem erforderlichen spezifischen Arbeitsaufwand je Produktionseinheit y und der Menge der hergestellten Erzeugnisse x in Form der hyperbelförmigen Erfahrungskurven mit a und b als Konstanten nachgewiesen:

$$y = a \cdot x^{b} \quad \text{und} \quad \log y = \log a + b \cdot \log x.$$

Die üblicherweise im doppeltlogarithmischen Netz dargestellten Erfahrungskurven sind Geraden, wobei der negative Anstieg der Geraden – numerisch der Exponent b – ein Maß für Stärke und Schnelligkeit des Erfahrungsfortschritts darstellt. In den meisten Fällen wurden Exponenten von 0,8 oder sehr in der Nähe dieses Wertes aufgefunden, d.h., es kann damit gerechnet werden, daß eine Verdoppelung der Stückzahl den spezifischen Arbeitszeitbedarf der Fertigung auf 80% des Ausgangswertes senkt (80-%-Erfahrungskurve). Das Bildungsgesetz ist in Abb. 4.34 und 4.35 veranschaulicht.

Die 80-%-Kurve ist typisch für Produktionsaufgaben, bei denen der größte Teil der Arbeitskräfte, nämlich rund 3/4 der Fertigungsarbeiter mit Montageoperationen und nur der Rest mit der Maschinenbedienung beschäftigt ist. In diesem Fall wird die Produktionsgeschwindigkeit in hohem Maße von den Leistungen der Arbeitskräfte bestimmt. Ihre mit der Größe der aufgelegten Produktserie wachsenden Übungsvorteile sind in erster Linie der Grund für die Senkung der Stückzeiten. Sinkt der Anteil der Montagezeiten gegenüber der Maschinenarbeit auf 50:50% oder sogar auf nur 25:75% ab, werden flachere, nämlich etwa 85-%- bzw. sogar 90-%-Erfahrungskurven erhalten [4.43; 4.44]. In der Vorkalkulation der Herstellkosten neu aufzulegender Produktserien können in dieser Weise gewonnene Erfahrungswerte ohne weiteres berücksichtigt und extrapoliert werden.

Eine Anwendbarkeit auf die fast immer apparativ bestimmte *chemische* und *verfahrenstechnische Produktion* ergibt sich erst bei einer verallgemeinerten Ausdeutung der genannten Beziehungen. Anstelle des Arbeitszeitbedarfs oder neben diesem kann jede die Produktivität und als unabhängige Variable jede die kumulative Produktionsmenge direkt oder indirekt kennzeichnende Größe verwandt werden. Man muß dann davon ausgehen, daß alle betrieblichen Faktoren, vor allem aber auch die Forschung und Entwicklung, durch Assimilation der mit wachsender Produktionsmenge erhöhten Erfahrungen die Ergiebigkeit der Produktion steigern können. In diesem Sinne ist es zweckmäßiger, eher von Erfahrungskurven oder Rationalisierungskurven als von „Lernkurven“ zu sprechen.

Die Stückzahl einer neu aufgelegten Serie ist wohl in der mechanischen Technik von zentraler Bedeutung, hier dagegen ziemlich belanglos. Statt dessen kommt als unabhängige Variable die gesamte *kumulative Produktionsmenge* einer individuellen Anlage, die kumulative Gesamtproduktion oder stellvertretend die hierfür aufgebaute Kapazität in Frage. Anstelle des Produktionsvolumens wird mitunter nur eine Zeitreihe verwendet oder diese wird ergänzend der kumulativen Produktionsentwicklung zugeordnet.

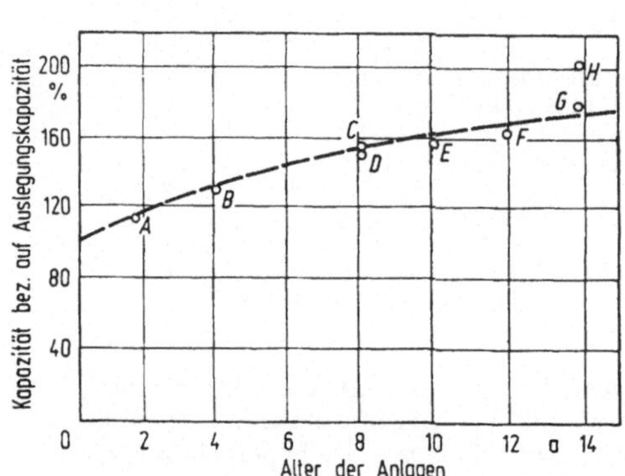

Abb. 4.36 Kapazitätsausweitung bei Crackanlagen (Fluid Catalytic Cracking) verschiedenen Alters [4.43].

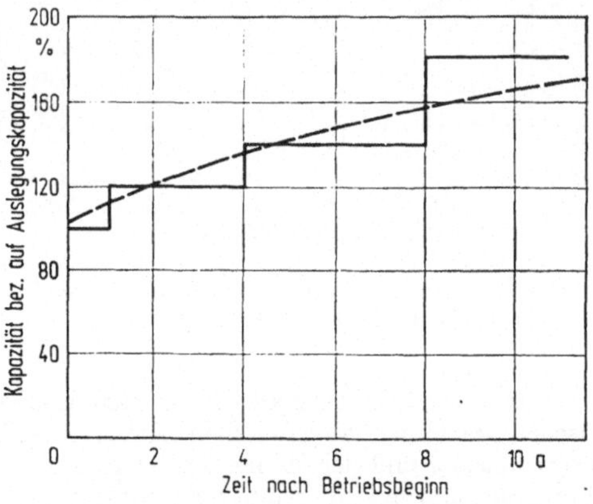

Kapazität bez. auf Auslegungskapazität
200
%
160
120
80
40
0 2 4 6 8 10 a
Zeit nach Betriebsbeginn

Abb. 4.37 Kapazitätsausweitung einer einzelnen Crackanlage der Abb. 4.36 [4.43].

Ein bekanntes und wichtiges Phänomen verfahrenstechnischer Rationalisierungsmaßnahmen im laufenden Betrieb ist die *Steigerung der Produktionsmengen* über die ursprünglich installierte Kapazität hinaus. Abb. 4.36 zeigt aufgrund einer empirischen Untersuchung, inwieweit es bei acht verschiedenen katalytischen Crackanlagen A bis H mit der Zeit gelungen ist, die Ausgangskapazität zu steigern, nämlich durch Veränderung von Betriebsbedingungen, Ausnutzung von Sicherheitsreserveaggregaten und Zusatzinvestitionen zur Beseitigung von Engpässen sowie durch organisatorische Maßnahmen. Erst bei längerer Betriebsdauer der Anlagen ist mit einer zunehmenden Abschwächung der Rationalisierungsfortschritte zu rechnen. Abb. 4.37 betrifft die Kapazitätsausweitung bei einer der zuvor genannten Anlagen, die sich erwartungsgemäß sprungweise vollzieht, so daß die jährlichen individuellen Kapazitätsdaten stärker um die für

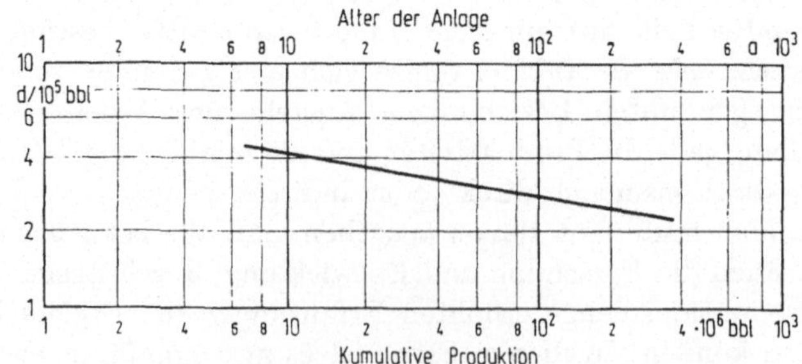

Abb. 4.38 Erfahrungskurve für die einzelne Crackanlage der Abb. 4.37 [4.43].

alle Anlagen geltende mittlere Rationalisierungskurve streuen (diese Kurve ist in Abb. 4.36 und 4.37 gleich). Die Ausweitung der Kapazität ist ein unmittelbarer Maßstab des Produktivitätsfortschritts. Die typische Gestalt der Erfahrungskurve erhält man aber erst durch Einführung eines spezifischen, nämlich auf eine bestimmte Produktionsmenge bezogenen Zeitbedarfs, wobei der Zeitachse außerdem die entsprechenden kumulativen Produktionsmengen zugeordnet werden können. Die hierdurch bewirkte Umkehrung des Kurvenverlaufs ist für die der Abb. 4.37 zugrunde liegende Anlage in Abb. 4.38 dargestellt. Sie beinhaltet eine 90-%-Erfahrungskurve und ist vergleichbar mit Erfahrungskurven der mechanischen Technik, denen ein sehr geringer Anteil der Montagearbeiten an den gesamten Fertigungsoperationen zugrunde liegt. Neben der Kapazitätserhöhung sind im laufenden Betrieb naturgemäß noch andere Faktoren zur Steigerung der Produktivität wirksam, wie die Senkung spezifischer Rohstoff- und Energieverbrauchszahlen, verbesserte Instandhaltung, Anfahroperationen u.a.

Geht man von der Betrachtung individueller Anlagen etwa zur gesamtwirtschaftlichen Produktion über, so kommen die in den chemischen und verwandten Industriezweigen wichtigen Entwicklungsfortschritte zur Geltung, die erst bei der Errichtung *neuer Kapazitäten* realisiert werden können. Zur erhöhten Produktivität des Kapitaleinsatzes tragen neben der verbesserten Verfahrensweise und Auslegung vor allem die wachsenden Kapazitäten der Einzelanlagen bei. Hier können die Baukosten neuer Anlagen zur Kennzeichnung der Rationalisierungsfortschritte herangezogen werden, doch entsteht der Nachteil der Verzerrung des Mengenbildes durch variable Preisentwicklungen im Anlagenbau.

Dies verdeutlicht Abb. 4.39, in der die spezifischen Anschaffungskosten je Kapazitätseinheit bei katalytischen Crackanlagen als Bruchteile des Ausgangswertes in der betrachteten Zeitspanne über der kumulativen Kapazitätsentwicklung dargestellt sind. Die tatsächlichen Anschaffungskosten ergeben eine 94-%-Erfahrungskurve, die mit dem „Nelson Refinery Construction Cost Index" preiskorrigierten Daten sogar eine 80-%-Erfahrungskurve. Durch das Zusammenwirken zahlreicher Faktoren, besonders aber durch den erhöhten Kapitaleinsatz und die wachsende Automation verfahrenstechnischer Anlagen ist auch die eigentliche *Arbeitsproduktivität* mit der Zeit stark angewachsen. Abb. 4.40 zeigt für den spezifischen Arbeitsstundenbedarf je Produkteinheit in der amerikanischen erdölverarbeitenden Industrie einen scharfen und langanhaltenden Abfall während eines ganzen Jahrhunderts.

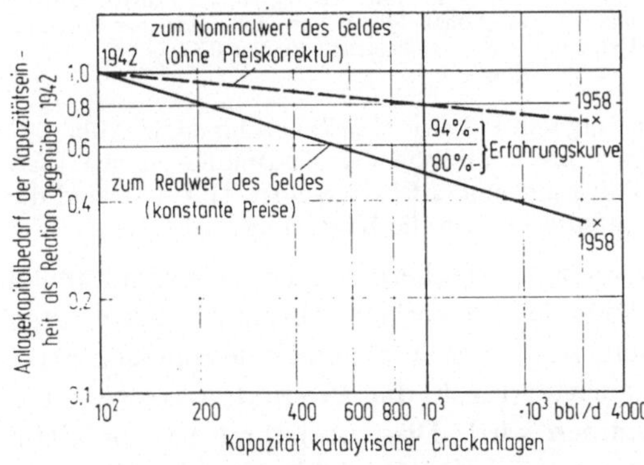

Abb. 4.39 Erfahrungskurven für die Baukosten katalytischer Crackanlagen in den USA [4.43].

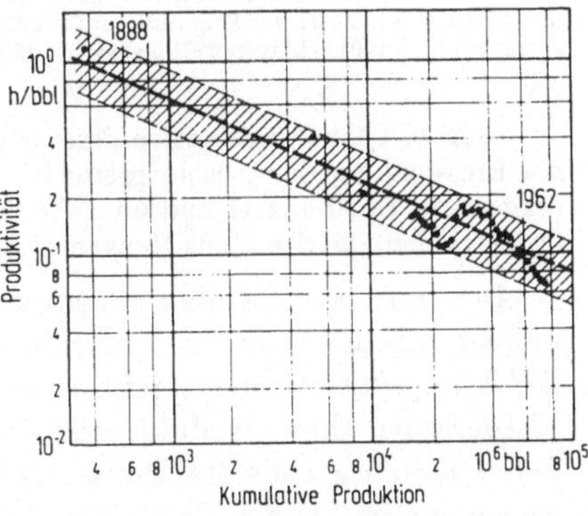

Abb. 4.40 Entwicklung der Arbeitsproduktivität in amerikanischen Erdölraffinerien [4.43].

Bei nachgewiesenen Zusammenhängen zwischen Produktivitätsfortschritten und dem Mengenwachstum der Produktion sind Extrapolationen bestimmter Produktivitätskennziffern für größere, in der Zukunft erwartete Produktionsmengen möglich. Im Einzelfall sind freilich einschränkende Annahmen und Korrekturen angebracht. Die Anwendung von Erfahrungskurven für Prognosezwecke ist aber in der chemischen Industrie noch gering und eigentlich erst im Zusammenhang mit den nachfolgend genannten Preisprognosen stärker bekannt geworden.

4.343 Korrelative Preisprognosen

Die einfachsten Ansätze zu Preisprognosen gehen von den zeitlich rückwärtigen Preisentwicklungen aus, die unter bestimmten Annahmen in die Zukunft extrapoliert werden. Dieses Verfahren gehört methodisch zu den zeitabhängigen Trendprognosen (Kap. 4.356). Aussagefähiger sind oft Beziehungen zwischen *Preisen* und *Produktionsmengen oder Absatzmengen je Zeiteinheit (Jahr)*. Für Prognosezwecke müßten zunächst die in zukünftigen Jahren zu erwartenden Absatzmengen geschätzt werden, um eine Vorausberechnung der Preise aufgrund einer Regressionsfunktion vornehmen zu können, die durch Korrelationsanalyse der bisherigen Preis-Mengen-Entwicklung gewonnen wurde.

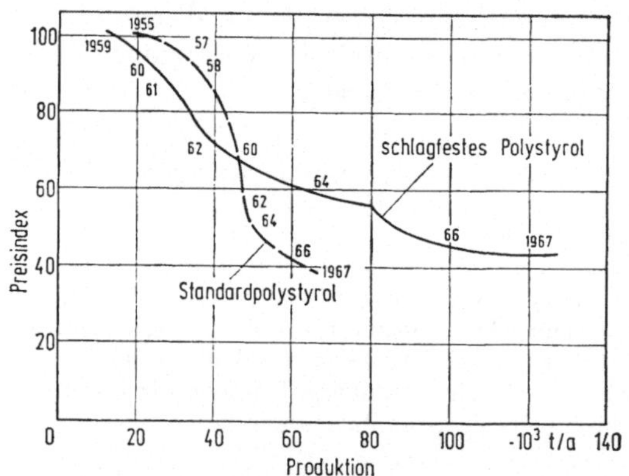

Abb. 4.41 Preis-Mengen-Korrelation von Polystyrol in der BRD [4.88]. Basis der Preisindices: Standardpolystyrol 1955 = 100; schlagfestes Polystyrol 1959 = 100.

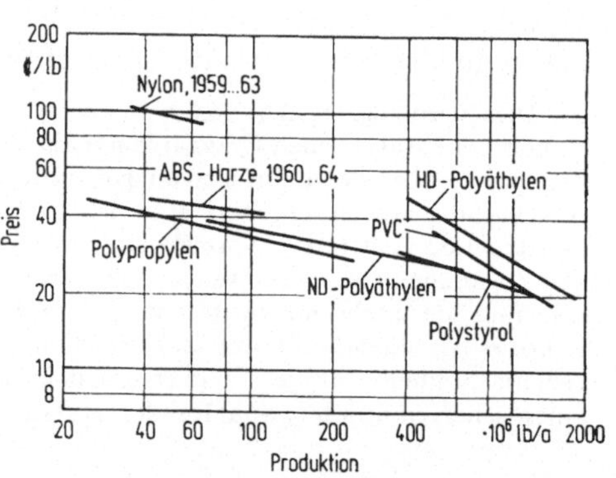

Abb. 4.42 Entwicklung einiger Kunststoffpreise in Abhängigkeit von der jährlichen Produktionsmenge in den USA [4.56].

In Abb. 4.41 ist die relative Preisentwicklung von Polystyrol in Deutschland, in Abb. 4.42 die Entwicklung der Absolutpreise für eine Reihe grundlegender Kunststoffe in den USA dargestellt. In Abb. 4.41 und im Falle der Polyamid- und ABS-Harze der Abb. 4.42 sind die Jahreszahlen, die den Preis-Mengen-Daten entsprechen, an die Kurven angeschrieben.

Die mit wachsenden Produktionsmengen einhergehenden Preissenkungen können auf die formalen Zusammenhänge der im vorigen Abschnitt diskutierten *Erfahrungskurven* zurückgeführt werden, wobei vereinfachend eine repräsentative Wiedergabe aller Produktivitätsfortschritte durch die Produktionskosten und deren Durchsetzung im Preis angenommen wird. Diese Annahme ist vor allem wegen schwankender Preise für Rohstoffe usw. (Kostengüterpreise) ungenau, die den mengenmäßigen Verbrauch an Kostengütern verzerren. Die Preissenkung ist natürlich auch eine Folge der Angebotskonkurrenz. Vorteilhaft ist immerhin der gleichlaufende Einfluß der Betriebsgrößendegression (vgl. Kap. 8.26).

Die Preisentwicklungen sind bei der Anwendung von Erfahrungskurven in Abhängigkeit von den *kumulativen Produktionsmengen* darzustellen, wobei die im doppeltlogarithmischen Netz auf Geraden zurückgeführten Regressionskurven durch ihren Anstieg ein wichtiges Kriterium für die Preissenkungstendenz liefern. Die kumulative Produktionsmenge führt zu einer Abschwächung der späteren Preissenkungstendenz, was die Gefahren einer Unterschätzung der späteren Preishöhe aufgrund einfacher Regressionsfunktionen zwischen Preisen und jährlichen Produktions- oder Verbrauchsmengen vermindert.

In Abb. 4.43 sind die Preisentwicklungen einer Reihe von *Kunststoffen* zwischen verschiedenen Ausgangszeitpunkten und dem Jahr 1964 unter amerikanischen Verhältnissen dargestellt. Die Ausgangszeitpunkte entsprechen dem Einsetzen der größeren Marktbedeutung des jeweiligen Kunststoffes. Die angeschriebenen Exponenten entsprechen dem Anstieg der im log-log-Netz als Geraden angenommenen Regressionskurven. Man sieht, daß in zwei

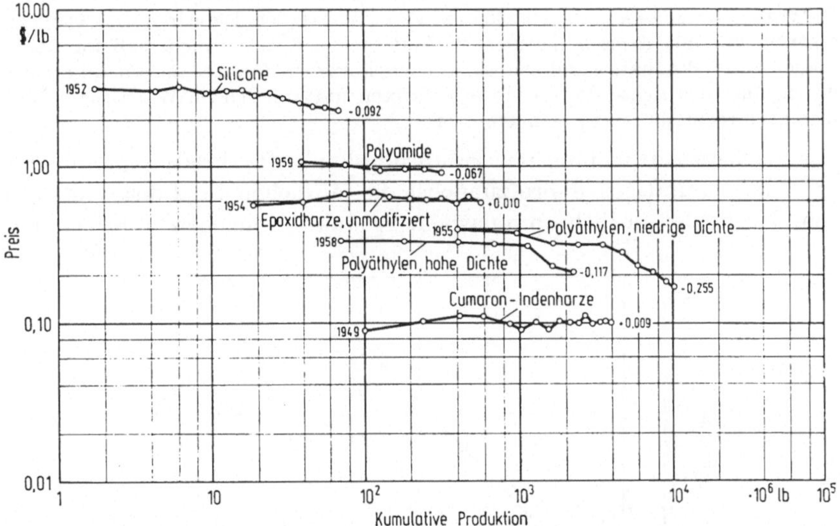

Abb. 4.43 Preisbezogene Erfahrungskurven einiger Kunststoffe in den USA bis zum Jahre 1964 [4.71].

Fällen (nichtmodifizierte Epoxidharze und Cumaron-Indenharze) die preissenkenden Rationalisierungseffekte durch die Einflüsse von Preissteigerungen auf der Kostenseite überkompensiert wurden. Außerdem sind die zeitweisen Preissteigerungen bei Angebotsverknappung während der Korea-Hausse (1951/52) erkennbar. Die Anwendung von Preiskorrekturen mit Hilfe von Preisindices wird für die Zwecke der Preisprognose dennoch abgelehnt, da hierdurch zusätzliche Komplizierungen eintreten und die ohne Preiskorrektur erzielbare Genauigkeit als ausreichend angesehen wird [4.71]. Wirkt die bisherige Preisänderungstendenz auch in die Zukunft fort, dürften kaum zusätzliche Fehler entstehen.

Die Prüfung zahlreicher Erfahrungskurven der Preisentwicklung speziell von Kunststoffen in den USA hat zu der Beobachtung geführt, daß der Abfall der Erfahrungskurven, d.h. die Schnelligkeit der Preissenkungen, mit der Höhe der Wachstumsraten der Produktionsmengen zunimmt [4.71]. Für 21 Kunststoffe wurden die durchschnittlichen Wachstumsraten der Produktionsmengen des Zeitraums, für welchen die Erfahrungskurven ermittelt werden konnten, gegen den zugehörigen, durch Regressionsanalyse gewonnenen Anstiegsfaktor der Erfahrungskurve aufgetragen. Die Ergebnisse dieses weiteren Korrelationsschrittes sind in Abb. 4.44 dargestellt: Obwohl die Wachstumsraten der meisten Kunststofftypen ziemlich dicht an der mittleren Kurve liegen, fallen andere in einen weiten Streubereich. Die nähere Prüfung zeigt, daß es sich bei den nach oben abweichenden Punkten um relativ neue Produkte handelt, bei denen also trotz hoher Wachstumsraten noch keine stärkeren Preissenkungen einsetzten. Dies mag aus der überlegenen Konkurrenzsituation der neuen Produkte sowie aus der Tatsache verständlich sein, daß man sich in der ersten Ausbreitungsphase der neuen Produkte mehr um die Erschließung der Anwendungen als um eine Rationalisierung des Produktionsprozesses bemühen wird. Bei den von der Kurve nach unten abweichenden Produkten handelt es sich dagegen um relativ alte Erzeugnisse, die aufgrund des erreichten relativ hohen Mengenniveaus nur noch geringere Wachstumsraten haben. Eine weitere Bestätigung für die Richtigkeit des angenommenen Zusammenhanges wurde darin gesehen, daß die Aufteilung des betrachteten Zeitabschnittes einer Erfahrungskurve in mehrere Abschnitte zu hohen Wachstumsraten und schwachen Abfallraten des Preises während der Frühzeit der Marktdurchdringung einerseits und zu niedrigeren Wachstumsraten und starken Abfallwerten der Preis-Erfahrungs-Kurve in den späteren Entwicklungsphasen andererseits führt. Eine Zweiteilung der Erfahrungskurve ergab beispielsweise beim PVC in der ersten Phase ein durchschnittliches jährliches Mengenwachstum von 32% und in der zweiten Phase von 13% bei zugehörigen Anstiegswerten von − 0,065 bzw. − 0,555 der Erfahrungskurve. Die entsprechenden Wertepaare des Polystyrols lauteten 44% und − 0,045 bzw. 13% und − 0,268. Diese in Abb. 4.44 zusätzlich eingetragenen und mit Kreisen markierten Werte machen es deutlich, daß im Laufe der Lebensdauer eines Produktes und bei einer nach kürzeren Zeitabschnitten differenzierten Betrachtung über der Achse der Erfahrungsfaktoren mit abfallenden Wachstumsraten von links oben nach rechts unten zu rechnen wäre.

Die einfachste Anwendung der Erfahrungskurve für Preisprognosen besteht darin, für die zukünftigen Jahre zunächst die jährlichen Produktionsmengen zu schätzen, daraus die jährlich kumulativen Produktionsmengen zu errechnen und

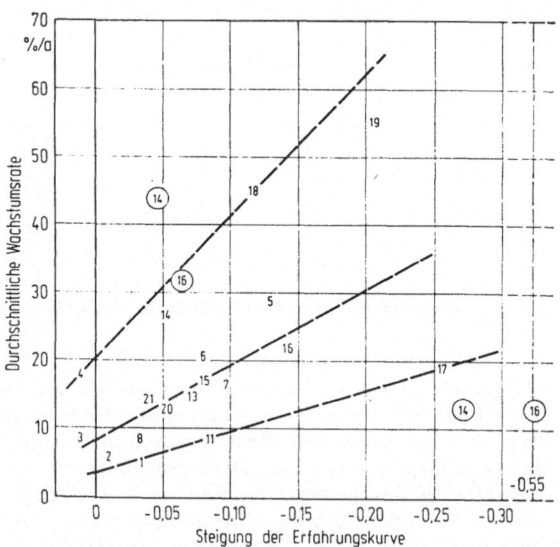

Abb. 4.44 Korrelation zwischen mittleren Wachstumsraten und Anstiegsfaktoren der zugehörigen Erfahrungskurven bei wichtigen Kunststoffen in den USA. Die eingekreisten Punkte entsprechen Wertepaaren einer frühen und späteren Wachstumsphase [4.71].

1 Alkydharze, unmodifiziert; *2* Alkydharze, modifiziert; *3* Cumaron-Indenharze; *4* Epoxidharze, unmodifiziert; *5* Epoxidharze, modifiziert; *6* Polyester; *7* Silicone; *8* Phenolharze; *11* Harnstoff-Formaldehydharze; *13* Polyamide; *14* Polystyrol; *15* Polyvinylacetat; *16* Polyvinylchlorid; *17* Polyäthylen, niedrige Dichte; *18* Polyäthylen, hohe Dichte; *19* Polypropylen; *20* Melamin-Formaldehydharze; *21* Styrol-Butadien-Mischpolymerisate.

hierfür mit Hilfe der Regressionsfunktion, die als Erfahrungskurve der rückwärtigen Preisentwicklung gefunden wurde, die korrespondierenden zukünftigen Preise zu bestimmen. Die Preisprognose mit Erfahrungskurven läßt aber u. U. eine höhere Genauigkeit zu, wenn auf den empirisch nachgewiesenen Zusammenhang zwischen Wachstumsrate und Preisabfall Rücksicht genommen wird.

Die vorgeschlagene Methode sei anhand eines Zahlenbeispiels erläutert [4.71]: Die Prognose des Mengenwachstums eines neuen Kunststoffes über 10 Jahre geht von einer 70prozentigen Wachstumsrate während der ersten 5 Jahre und einer späteren Wachstumsrate von 29% im Mengenbereich zwischen etwa 5000 und 50000 t jährlich aus. Die Schätzungen wurden aus den Erfahrungen des Mengenwachstums bei vielen neueren Kunststoffen abgeleitet. Die Ergebnisse der Mengenprognose einschließlich der kumulierten Mengen sind in Tab. 4.10 ver-

Tabelle 4.10 *Berechnungsbeispiel zur Preisprognose mit Hilfe variabler Abfallwerte der Erfahrungskurve* [4.71]

Jahr	Vorausgeschätzte Produktionsmenge [10^6 lb/a]	Kumulative Produktionsmenge [10^6 lb]	Preisvorhersage: Anstieg der Erfahrungskurve	Preisvorhersage: Preis [$/lb]
1967	0,9	0,9	–	1,25
1968	1,9	2,8	−0,05	1,20
1969	3,3	6,1	−0,05	1,14
1970	5,5	11,6	−0,05	1,10
1971	8,4	20,0	−0,10	1,04
1972	12,0	32,0	−0,10	0,99
1973	16,0	48,0	−0,10	0,95
1974	22,0	70,0	−0,15	0,90
1975	28,0	98,0	−0,15	0,86
1976	35,0	133,0	−0,15	0,82
1977	42,0	175,0	−0,20	0,78

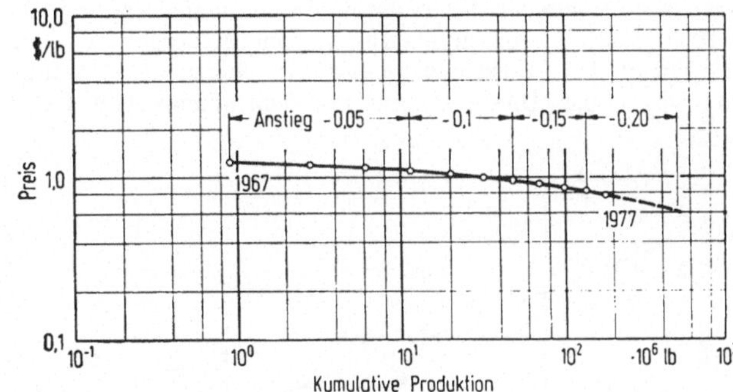

Abb. 4.45 Prognostizierte Erfahrungskurve der Preisentwicklung mit variablen Abfallwerten [4.71].

zeichnet. Der Einführungspreis des Produktes wird auf 1,25 US $/lb geschätzt. Dem für Kunststoffe etwa allgemeingültigen Korrelationsdiagramm der Abb. 4.45 wird entnommen, daß kurz nach der Markteinführung und bei sehr hohen Wachstumsraten des Marktvolumens ein Abfall der Erfahrungskurve mit dem Faktor −0,05 angemessen ist, der später die Werte −0,10 und −0,15 annimmt. Nach dreijährigen Zeitabschnitten soll bei den genannten Faktoren schließlich im 10. Jahr ein Abfall von −0,20 erreicht sein. Unter Verwendung der kumulativen Produktionszahlen der Tab. 4.10 wird die Erfahrungskurve nun gemäß Abb. 4.45

mit Hilfe der vier verschiedenen Anstiegswerte konstruiert. Ein Strahlenbündel von Erfahrungskurven mit diesen einheitlichen Abfallwerten würde zu erkennen geben, wie sich die variablen Annahmen des Erfahrungsfaktors auf den prognostizierten Preisverlauf auswirken. Die in der letzten Spalte der Tab. 4.10 eingetragenen Preise werden aus der Erfahrungskurve in Abb. 4.45 abgelesen bzw. analytisch aus den jeweiligen Funktionsabschnitten berechnet.

Auch die im Rahmen der Preisanalyse der Marktforschung behandelten Preis-Mengen-Beziehungen chemischer Produkte, die zur Entwicklung der *Ausschlußdiagramme* (exclusion charts) geführt hatten (Kap. 3.63), gewinnen bei der Preisprognose Interesse. Durch die kontrollierende Einbeziehung der Ausschlußdiagramme und die Anwendung gestaffelter, stärker werdender Abfallraten der Erfahrungskurven kommt es wieder zu einer Annäherung an die einfache Preis-Mengen-Korrelation mit der gegenüber kumulativen Produktionsmengen schärferen Preisdegression. Obwohl das Ausschlußdiagramm für die Preis-Mengen-Beziehungen zahlreicher verwandter Einzelprodukte innerhalb einer größeren Produktgruppe zunächst nur für einen Zeitpunkt gilt, besteht eine analoge Anwendbarkeit für dynamische Betrachtungen. Man kann die Eintragungen im Streupunktdiagramm einer Produktgruppe dadurch vervielfachen, daß für jedes Einzelprodukt die Preis-Mengen-Kombinationen mehrerer Jahre ins gleiche Diagramm eingetragen werden. Die für Einzelprodukte möglichen und eingangs behandelten zeitvariablen Preis-Mengen-Korrelationen (z.B. Abb. 4.42) erhalten hierdurch über die zugehörige Produktgruppe eine stärkere Generalisierung. Für die Zwecke der Preisprognose wäre zu prüfen, ob die für die zukünftigen Jahre angenommenen Preis-Mengen-Kombinationen sich noch innerhalb der Begrenzungen des Ausschlußdiagramms bewegen und demnach als wahrscheinlich realisierbar gelten können. Ein Vergleich des Nutzwertes des betrachteten Einzelproduktes mit den mittleren Verhältnissen der Produktgruppe kann zur weiteren Verbesserung der Preisprognose beitragen, indem von der Regressionskurve, die mittleren Wertverhältnissen entspricht, nach oben oder unten abgewichen wird.

FULMER entwickelte in dieser Weise eine doppeltlogarithmische Darstellung der Preis-Mengen-Abhängigkeit bei Kunststoffen und einigen anderen Werkstoffen in den Jahren 1960 und 1965 [4.33]. Allein für die Daten von 1960 ergab sich eine Regressionsfunktion für die Abhängigkeit der Preise vom gesamtwirtschaftlichen Produktionsvolumen mit dem Exponenten von $-0{,}4$. Dieser stimmt mit dem gemäß Abb. 4.46 für deutsche Verhältnisse ge-

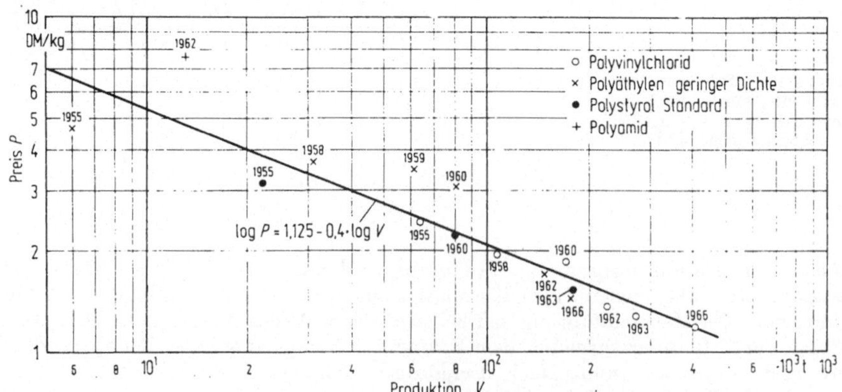

Abb. 4.46 Preis-Mengen-Abhängigkeit einiger Kunststoffe in der BRD im Zeitverlauf [4.80].

fundenen Wert überein, wobei allerdings im gleichen Diagramm sowohl verschiedene Kunststoffe als auch Jahre zugrunde gelegt wurden. Der Exponent liegt andererseits nur wenig über den für die Preis-Mengen-Abhängigkeit zahlreicher Industriechemikalien in den USA festgestellten Werten (Kap. 8.262).

Die behandelten Prognoseverfahren stellen formale Hilfsmittel für die außerordentlich schwierige Aufgabe der Preisvorhersage dar. Sie dürfen, insbesondere bei neueren Produkten, keinesfalls schematisch und ohne Rückgriff auf andere Schätzungen verwendet werden. Gegenüber den rein zeitlichen Betrachtungen der Preisentwicklung haben die Preis-Absatzmengen-Korrelationen den Vorteil, daß das empirisch oft nachgewiesene wechselseitige Abhängigkeitsverhältnis zwischen Preis- und Mengenentwicklung besser berücksichtigt wird.

4.344 Ökonometrische Modelle

Ein *Modell* soll durch mathematische Formulierungen die in Wirklichkeit ablaufenden Vorgänge beschreiben und vorausberechnen lassen. Die Einfachregression ist der einfachste Grenzfall eines Modells. Für die Berücksichtigung mehrerer Einflußgrößen, wie sie für den ökonometrischen Modellansatz typisch sind, kommt daneben die multiple Korrelationsanalyse in Frage, vor allem aber die Verknüpfung zahlreicher paralleler und konsekutiver Abhängigkeitsbeziehungen. Auch die oben erwähnten Stufen- und Komponentenmodelle der Marktanalyse sind einzubeziehen.

Die geschlossenen makroökonomischen *Entwicklungs-* oder *Wachstumsmodelle* bringen über ein Gleichungssystem die für das Wachstum maßgeblichen makroökonomischen Größen wie Bevölkerung, Einkommensentwicklung, privaten Verbrauch, Spartätigkeit, Investitionen usw. miteinander in Beziehung, so daß aufgrund der Veränderung einzelner unabhängiger Variabler evtl. Aussagen über den Wachstumsverlauf möglich werden. Eine große Rolle spielen in diesem Zusammenhang auch die Input-Output-Rechnungen (Kap. 3.51). Eine auf dieser Basis gewonnene gesamtwirtschaftliche Wachstumsprognose ist aber für die Zwecke der Chemiemarktprognose noch nicht ausreichend. Hieraus mögen sich zwar Voraussagen einzelner Makrogrößen ableiten lassen, wie etwa über die zukünftige gesamte Konsumgüternachfrage, aber bis zur Voraussage der Nachfrageentwicklung nach chemischen Einzelprodukten ist dann noch ein weiter Weg. Im allgemeinen wird sich ein geschlossenes wirtschaftliches Gesamtmodell nicht in der gewünschten Richtung nach Einzelprodukten verfeinern lassen, so daß nur die Herauslösung eines separaten branchen- oder produktgruppenspezifischen *Partialmodells* in Frage kommt. Dadurch entsteht aber wieder die grundsätzliche Schwierigkeit, daß die gegenseitige Abhängigkeit (Interdependenz) mehrerer Parameter mit der gesamtwirtschaftlichen Entwicklung durchbrochen und die Wechselbeziehungen stellenweise durch Einführung unabhängiger Variabler ersetzt werden müssen.

Außerdem werden auch Partialmodelle durch die notwendige Berücksichtigung der vielfältigen Marktverschiebungen in der chemischen Industrie bald recht kompliziert. Zwar mögen der mathematische Aufwand zum Aufbau solcher Modelle und für die numerische Lösung mit elektronischen Rechenmaschinen heute kein Problem mehr sein. Die Gültigkeit der Aussagen bleibt aber letztlich von der Brauchbarkeit des Modells und der Richtigkeit der hineingesteckten Annahmen über bestehende Beziehungen, Verbrauchskoeffizienten, Verbrauchsstrukturen in der Nachverarbeitung, technische Entwicklungsrichtungen, Substitutionsprozesse und anderes mehr abhängig. Vieles läßt sich hiervon nicht unabhängig voraussehen, und auch die Annahme der Konstanz früher festgestellter Strukturparameter stellt häufig nur eine Behelfslösung dar. Die große Gefahr bei der Anwendung derartiger Modellanalysen besteht darin, daß der weit vorangetriebene mathematische Formalismus eine Genauigkeit vortäuscht, die in Wirklichkeit nicht gegeben oder vielleicht nicht höher ist, als sie bereits mit Einfachregressionen oder zeitbezogenen Trendanalysen erzielt wird. Es bleibt freilich ein unbestrittener Vorzug der Modellanalyse, daß sie zum Überdenken der vielfältigen komplexen Zusammenhänge zwingt und bei deren Quantifizierung eine Hilfestellung leistet. Das mathematische Modell gestattet es, Prognosen auch in Abhängigkeit von zahlreichen Variablen und alternativen Annahmen schnell aufzustellen, freilich mit den gezogenen Einschränkungen im Aussagewert. Hinzu kommt die größere zeitliche Gültigkeit für Prognosezwecke.

Gegenüber der starken Beachtung ökonometrischer Modelle für gesamtwirtschaftliche Wachstumsprognosen ist im Rahmen der Chemiemarktforschung und -marktprognose noch relativ wenig hierüber berichtet worden.

Für die drei großen thermoplastischen *Kunststoffe* Polyäthylen, Polyvinylchlorid und Polystyrol sind in den USA umfassende Korrelationsanalysen über deren Entwicklungszusammenhang mit den Umsätzen in zahlreichen Einzelhandelsbranchen sowie mit gesamtwirtschaftlichen Kenngrößen durchgeführt worden [4.28]. Hierbei fanden neben formal-statistischen Kriterien auch sachlogische Überlegungen hinsichtlich der quantitativen Verbrauchsverhältnisse der Kunststoffe in den verschiedenen Konsumgüterfolgeprodukten Eingang. Ausgehend von den amerikanischen Verhältnissen wurde ein Modell für die Entwicklung der Chloralkali-Märkte aufgestellt [4.41; 4.42].

Ein anderes umfassendes Partialmodell betraf die amerikanische *Düngemittelindustrie* [4.40; 4.70]: Es zerfällt in vier miteinander verbundene Teilbereiche, nämlich das Modell für die Nachfrage nach pflanzlichen Nahrungsmitteln und Futtermitteln in der Landwirtschaft, das Modell für die Erzeugung der zahlreichen verschiedenen Düngemitteltypen unter Berücksichtigung des notwendigen N-P-K-Aufkommens, das Modell für die Kosten-, Preis- und Gewinnprognose in der Düngemittelindustrie und schließlich das Modell der Investitionsplanung (Abb. 4.47). Das Partialmodell der Düngemittelindustrie ist insofern einfach, als das Bevölkerungswachstum und die Entwicklung des Pro-Kopf-Verbrauchs an Nahrungsmitteln als exogene Variable verhältnismäßig sicher vorauszuschätzen sind. Daneben sind zahlreiche weitere Eingabedaten erforderlich und für die Zukunft vorherzusagen. Sowohl in der Stufe der landwirtschaftlichen Produktion als auch der Düngemittelproduktion muß das für den Binnenmarkt bestimmte Modell durch die Außenhandelsverflechtungen korrigiert werden. Die Entwicklung der landwirtschaftlichen Nutzflächen und des Anteils der gedüngten Flächen, sodann die Aufteilung nach verschiedenen Feldfrüchten sind vorzugeben. Die geforderten spezifischen Flächenerträge können durch wechselnde Kombinationen im Einsatz der landwirtschaftlichen Produktionsfaktoren erzielt werden, wobei der Düngemitteleinsatz als einer dieser Faktoren durch Optimierungsrechnung festzustellen ist. Diese Optimierung wird von den Düngemittelpreisen beeinflußt, aber die Düngemittelpreise sind eng mit der Entwicklung zahlreicher Faktoren des Düngemittelmarktes verbunden. Überall zeigen sich die Probleme der Wechselwirkungen. Der Bedarf an den drei Grundnährstoffen N, P und K ist auf zahlreiche konfektionierte Einzelprodukte, nämlich Einzeldünger, Mehrnährstoffdünger, flüssige Düngemittel usw. aufzuteilen. Der Trend zum Mehrnährstoffdünger, zum Einarbeiten zahlreicher Spurenelemente und Wuchsstoffe sowie zur Kombination mit Schädlingsbekämpfungsmitteln wäre zu berücksichtigen. Schließlich gehen auch psychologische Faktoren der Bevorzugung bestimmter Düngemittel und Marken durch die Landwirte ein.

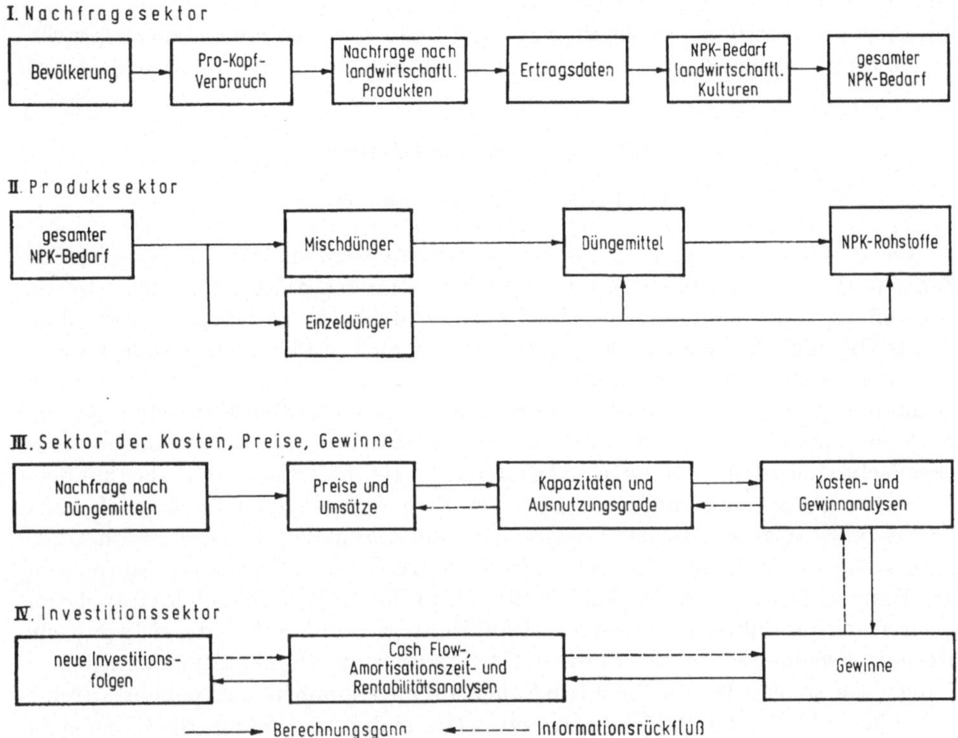

Abb. 4.47 Marktmodell für die Düngemittelindustrie nach Arthur D. Little, Inc. [4.70, S. 324]. Durchgezogene Linien bezeichnen die Berechnungsfolge, gebrochene Linien den Informationsrückfluß.

Die Aufzählung mag die Tatsache verdeutlichen, daß man bei derartigen Modellen nicht alle Einflüsse und Wechselwirkungen vollständig erfassen kann, sondern fallweise auf Vereinfachungen angewiesen bleibt. Auch aus Kreisen der deutschen chemischen Industrie wird das Interesse an der Entwicklung von Partialmodellen für Branchenprognosen der Weiterverarbeitung bekannt, nämlich der Landwirtschaft, kunststoffverarbeitenden Industrie und Textilindustrie.

Die genannten Modelle sind zunächst auf einzelne oder auch zahlreiche Sektoren der Gesamtwirtschaft hin ausgerichtet, so daß hieraus die zukünftige gesamtwirtschaftliche Nachfrageentwicklung sowie die Preisentwicklung abgeschätzt werden können, noch nicht aber unmittelbar die zukünftige Absatzentwicklung der einzelnen Unternehmung. Dazu wäre das gesamtwirtschaftliche *Marktmodell* unter Einbeziehung der von den eigenen und konkurrenzseitigen Marketing-Maßnahmen ausgehenden Variablen zum *Marketing-Modell* zu erweitern. Obwohl auch diese verfeinerte Quantifizierung des Marktgeschehens unvollständig bleiben wird und sich die Aktionen und Reaktionen der Marktpartner nicht genau vorausbestimmen, sondern oft nur als mögliche Alternativen „durchspielen" lassen, zwingt der Modellansatz zu einem sorgfältigeren Durchdenken aller sich bietenden Absatzchancen und zu einer vorbereitenden Einstellung auf die zukünftig möglichen Entwicklungen. Die Anwendung von Marketing-Modellen und deren Integration in übergeordnete Entscheidungsmodelle für die Gesamtunternehmung wird bereits häufig gefordert, jedoch stehen mit diesen anspruchsvollen Führungsinstrumenten auf breiter Basis erzielte Erfolge offenbar noch aus.

4.35 Trendextrapolationen

4.351 Grundlegende Annahmen

Bei den Trendanalysen und -extrapolationen werden *Entwicklungsreihen* im *Zeitverlauf* und unabhängig von anderen Bezugsgrößen erfaßt. Dadurch wird die Aufstellung von Trendfunktionen für Prognosezwecke wesentlich erleichtert, denn es entfällt auch die Vorausschau der unabhängigen, erklärenden Größe korrelationsanalytischer Prognosefunktionen. Freilich läßt sich eine sachlogische Begründung dafür, daß ein in der Vergangenheit festgestellter Entwicklungstrend auch in Zukunft fortwirken wird, kaum angeben. Für die wachstumsintensive chemische Industrie kann man höchstens darauf hinweisen, daß die häufigen Neuentwicklungen oft mit einer gewissen Eigengesetzlichkeit in ihrem Lebensdauerzyklus ablaufen. In der chemischen Industrie haben Trendextrapolationen jedenfalls bislang die größte praktische Bedeutung, vor allem unter Anwendung des Exponentialtrends, z. B. [4.27; 4.49; 4.63; 4.65; 4.67]. Zur Trendextrapolation zahlreicher Produkte nach diesem Funktionstyp werden bereits elektronische Rechenmaschinen eingesetzt [3.64; 4.27]. Die meisten der heute veröffentlichten Langzeitprognosen für die Chemie beruhen auf angenommenen Exponentialtrends mit später abfallenden Wachstumsraten, wenn man etwa schätzt, die Chemieproduktion der westlichen Welt werde sich bis zum Jahre 2000 auf das 6,5fache der Gegenwart oder rund 800 Milliarden $ vergrößern, die Äthylenproduktion werde auf 125 Millionen t je Jahr wachsen und ähnliches.

Bei der Vorgabe einer *Wachstumsfunktion* kommt es weniger darauf an, diese mathematisch möglichst eng an die historischen Daten anzupassen, sondern eine Wachstumsvorstellung zugrunde zu legen, die den Einsichten über die Marktentwicklung am besten entspricht. Das Beurteilungsvermögen des Schätzers für das einzelne Produkt und die Marktentwicklung ist durch kein noch so vollkommen erscheinendes mathematisch-statistisches Verfahren zu ersetzen. Eine nicht unerhebliche Bedeutung kommt den Vorstellungen zu, die durch Analogieschätzung über die mit ähnlichen Produkten, in anderen Ländern usw. gemachten Wachstumserfahrungen gewonnen wurden. Ausgangspunkt ist dabei die Aufdeckung der bestehenden Ähnlichkeit sowie die zeitliche Sequenz, mit der die Entwicklungen aufeinanderfolgen. Methodisch besteht hierin eine Ähnlichkeit zu den kurzfristigen Prognoseverfahren, bei denen die Entwicklung des Prognoseobjektes mit bestimmten Entwicklungsreihen oder sog. Barometerfunktionen vor allem über eine zeitliche Sequenz in Beziehung gebracht wird. Aufgrund der eingetretenen Erfahrungstatsachen können dann die Erwartungsgrößen mit der bekannten Zeitverschiebung vorausgesagt werden. Die Verwendung der Wachstumsanalogien erfordert alle möglichen Korrekturen und Kontrollschätzungen. Besonders das zeitliche Vorauseilen der chemischen Industrie in den USA hat immer wieder nahegelegt, in anderen Ländern spätere Wachstumsanalogien hinsichtlich einzelner Produkte, Anwendungen oder ganzer Chemiesparten anzunehmen.

Die zeitliche Sequenz in der Entstehung der Petrochemie zwischen den USA und Westeuropa ist in Abb. 4.48 verdeutlicht. Während die Entwicklung in den USA aufgrund der vorhandenen Erdölindustrie bereits Anfang der dreißiger Jahre einsetzte, folgte Westeuropa in beachtlichem Umfang erst ab etwa 1954, als die aufstrebende Erdölverarbeitungsindustrie die gleichen notwendigen Voraussetzungen erfüllt hatte. Die ersten Anfänge der petrochemischen Industrie reichen in Deutschland allerdings bereits bis in die Mitte der dreißiger Jahre zurück. Für die britischen Chemiemärkte wurden die vielfältigen Analogien zu den USA und die Eignung dieser Zusammenhänge für Vorausschätzungen betont [3.118].

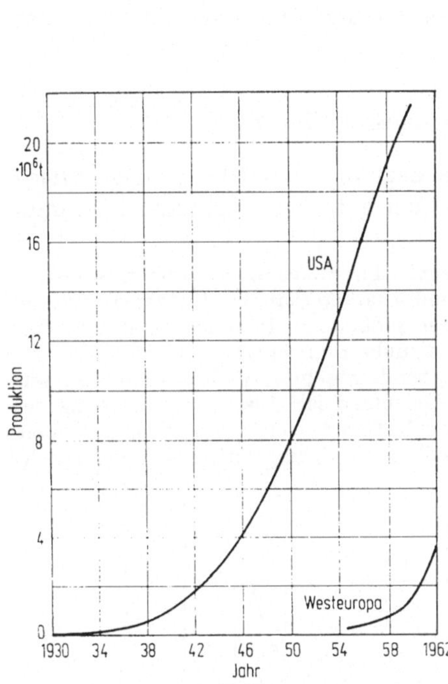

Abb. 4.48 Beginn der Petrochemie in den USA und in Westeuropa [4.100].

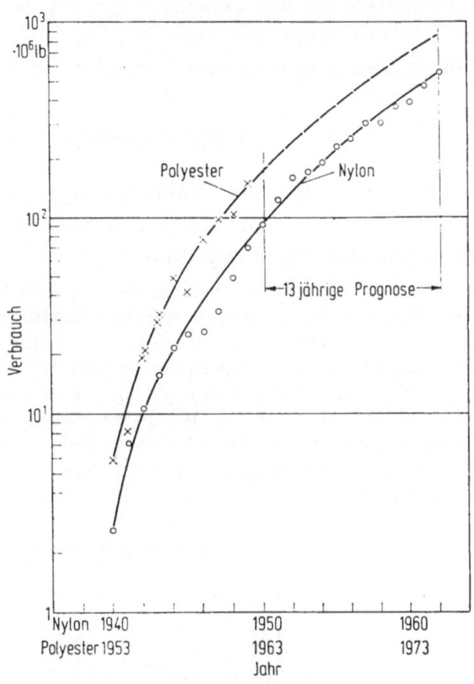

Abb. 4.49 Prognose des amerikanischen Verbrauchs an Polyesterfasern aufgrund der Wachstumsanalogie und des zeitlichen Entwicklungsvorsprungs von Nylonfasern [4.2; 4.91].

Auch für ähnliche Produkte im gleichen Wirtschaftsraum sind analoge Wachstumsprognosen denkbar, wie es beispielsweise aus der Prognose des Verbrauchs von Polyesterfasern in den USA durch Vergleich mit der damals bereits bekannten Entwicklung des Verbrauchs an Nylonfasern in Abb. 4.49 hervorgeht. Die zeitliche Sequenz von 13 Jahren wurde hier durch den Zeitvergleich der verschiedenen technisch-wirtschaftlichen Entwicklungsstadien der beiden Fasergruppen festgestellt. Die beiden Wachstumskurven werden mit ihren getrennten Zeitachsen so überlagert, daß sich die Entwicklungsstadien entsprechen. Aufgrund der Annahme, daß im Jahre 1962 die bis dahin bekannte Entwicklung von Polyesterfasern der Nylonentwicklung bis 1949 entsprach, kann die weiterhin bekannte Nylonentwicklung im 13jährigen Zeitraum zwischen 1950 und 1962 für eine analoge gleichlange Wachstumsprognose der Polyesterfasern bis 1975 erwogen werden. Neben der Orientierung am rein zeitabhängigen Wachstumsverlauf wäre auch eine Regressionsfunktion mit Sequenz zwischen Polyester- und Nylonverbrauch denkbar.

Den Vorstellungen des stetig fortschreitenden Mengenwachstums liegen allgemein die Prämissen des *Bevölkerungswachstums* und des *technischen Fortschrittes* zugrunde. Beides steht in wechselseitiger Beziehung. Das Bevölkerungswachstum verlangt und ermöglicht eine entsprechende Ausdehnung der Gütererzeugung, die durch den technischen Fortschritt sogar stärker wachsen kann als die Bevölkerung selbst. In der Zukunftsforschung wird befürchtet, daß ein ungebremstes weiteres Bevölkerungswachstum zu einer baldigen Erschöpfung der Lebensreserven führen wird, welche die Chemie zwar hinausschieben, aber nicht ganz verhindern kann. Daraus entsteht die Forderung nach einer Wachstumsbegrenzung in einem endlichen ökologischen Gleichgewichtszustand. Innerhalb der überschaubaren, für den einzelnen Betrieb noch bedeutsamen Prognosezeiträume muß jedoch mit einer weiteren Zunahme der Bevölkerung und einer Zunahme der Gütererzeugung insgesamt gerechnet werden.

4.352 Ansteigende Wachstumsfunktionen

Den ansteigenden Wachstumsfunktionen liegt die Vorstellung eines *stetigen Wachstums* ohne Auftreten von Sättigungs- oder entgegengerichteten Schrumpfungserscheinungen zugrunde.

Anwendung finden vor allem die gewöhnliche *Gerade*, die einfache *Exponentialfunktion* und die *Parabel*, deren mathematische Ausdrücke und charakteristische Kurvenverläufe in Abb. 4.50 dargestellt sind. Hierin sind y eine Mengengröße (z.B. Produktion, Absatz, Verbrauch), t die Zeit als unabhängige Variable und a, b und c Konstanten.

Der *Geraden* entsprechen jährlich konstant bleibende absolute Wachstumsbeträge, was mit abfallenden relativen Wachstumsraten gleichbedeutend ist. Diese Abschwächung des Wachstums kann bewußt unterstellt sein, jedoch wird die Gerade meistens ohne eine besondere Wachstumsvorstellung und nur der Einfachheit halber zur Extrapolation über kurze Zeiträume verwandt.

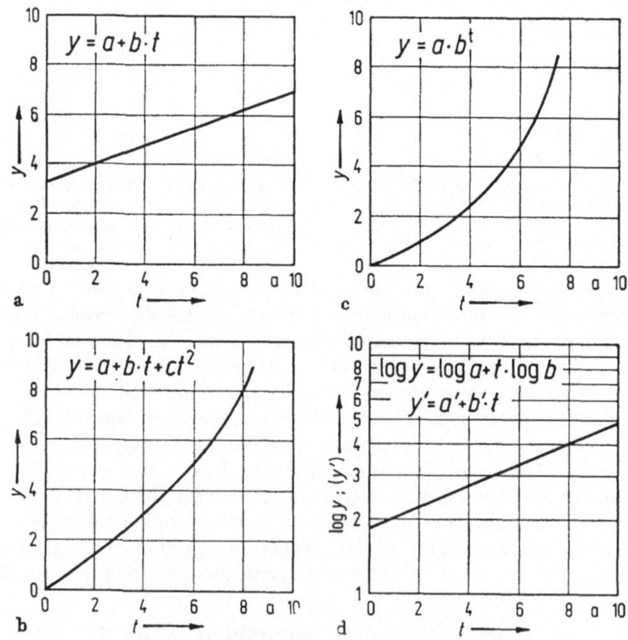

Abb. 4.50 Ansteigende Wachstumsfunktionen.
a) Gerade; b) Parabel; c) einfache Exponentialfunktion im normalgeteilten Netz; d) logarithmierte Exponentialfunktion (halblogarithmisches Netz).

Die einfache *Exponentialfunktion* ist besser theoretisch zu begründen. Hier bleibt die jährliche Wachstumsrate konstant, so daß der absolute Mengenzuwachs ständig größer wird und ein progressiver Wachstumsverlauf entsteht. Sie entspricht den biologischen Gesetzen des Wachstumsprozesses. Allgemein kann man sich vorstellen, daß ein höheres Verbrauchsniveau auch wieder einen höheren Absolutzuwachs hervorbringt. Immerhin ist die entstehende Progression der Wachstumsfunktion fragwürdig; sie trifft gewöhnlich nur für begrenzte Zeiträume zu. Eine besonders einfache Handhabung der Exponentialwachstumsfunktion ergibt sich aus der Darstellung im halblogarithmischen Netz als Gerade, wobei neue Konstanten eingeführt werden können und der Anstieg b' dann unmittelbar die jährliche Wachstumsrate wiedergibt (Abb. 4.50c und d).

Obwohl die *Parabel* gegenüber der Exponentialfunktion die oft vom Schätzer gewünschte abgeschwächte Progression zeigt, wird sie für Trendextrapolationen wenig benutzt. Der Hauptgrund liegt in der schlechten Eignung unter praktisch-rechnerischen Gesichtspunkten, was für alle Arten von Polynomen gilt.

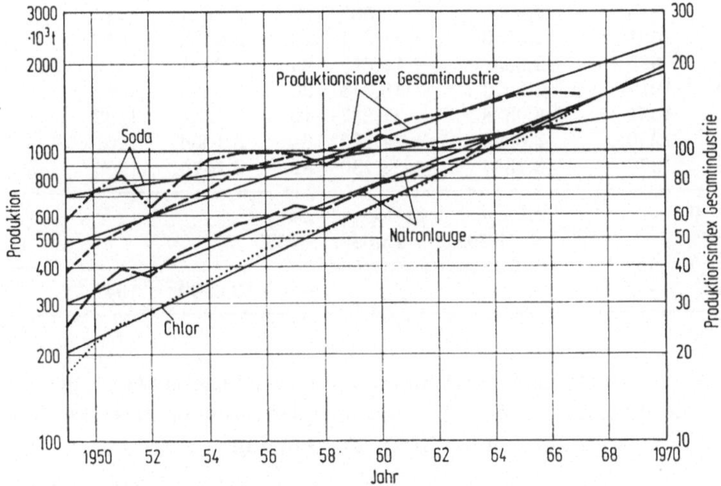

Abb. 4.51 Exponentialtrends für die Chlor-, Natronlauge- und Sodaproduktion sowie den Produktionsindex der Gesamtindustrie in halblogarithmischer Darstellung (BRD).

In Abb. 4.51 wurden für die Zahlenreihen der Chlor-, Natronlauge- und Sodaproduktion sowie des Produktionsindex der Gesamtindustrie in der BRD von 1950–1967 die Exponentialtrends im halblogarithmischen Netz dargestellt und bis 1970 extrapoliert. Tab. 4.11 erläutert außerdem den Berechnungsgang für die Chlorproduktion. Hierin sind y_i die tatsächlichen und y_i' die berechneten Werte der Chlorproduktion, während die $\Delta y_i'$-Werte die Abweichungen kennzeichnen. Die Wachstumsfunktionen lauten in nichtlogarithmischer Form

$$
\begin{aligned}
y_{\text{Chlor}} &= 532 \cdot 1{,}114^t,\\
y_{\text{Natronlauge}} &= 661 \cdot 1{,}09^t,\\
y_{\text{Soda}} &= 945 \cdot 1{,}032^t,\\
y_{\text{Gesamtindustrie}} &= 94{,}7 \cdot 1{,}079^t \quad (1958 = 100).
\end{aligned}
$$

Hieraus können unmittelbar die als unverändert angenommenen Wachstumsraten von 11,4, 9,0, 3,2 und 7,9% pro Jahr abgelesen werden. Das Anwachsen der Chlor- und Natronlaugeproduktion wird durch die gleichbleibende Wachstumsrate innerhalb des 17jährigen Zeitraums befriedigend charakterisiert, während bei Soda und der industriellen Gesamtproduktion eine im Zeitverlauf verringerte Wachstumsrate das Ergebnis der Interpolation sichtlich verbessert hätte. Oft kann auf die numerische Ausgleichsrechnung zugunsten der rein graphischen Interpolation der Kurven verzichtet werden.

Tabelle 4.11 *Berechnung des Exponentialtrends der Chlorproduktion in der BRD*

Jahr	t	y_i [10^3 t]	$\log y_i$	$t \cdot \log y_i$	t^2	$\log y_i'$	y_i' [10^3 t]	$\Delta y_i'$ [10^3 t]
1949	−9	170	2,2304	−20,074	81	2,3043	202	−32
1950	−8	219	2,3404	−18,723	64	2,3512	225	−6
1951	−7	256	2,4082	−16,857	49	2,3980	250	+6
1952	−6	279	2,4456	−14,674	36	2,4449	278	+1
1953	−5	320	2,5051	−12,526	25	2,4917	310	+10
1954	−4	362	2,5587	−10,235	16	2,5385	346	+16
1955	−3	404	2,6064	−7,819	9	2,5854	385	+19
1956	−2	462	2,6646	−5,329	4	2,6322	429	+33
1957	−1	520	2,7160	−2,716	1	2,6791	478	+42
1958	0	538	2,7308	0	0	2,7259	532	+6
1959	+1	592	2,7723	+2,772	1	2,7727	592	0
1960	+2	658	2,8182	+5,636	4	2,8196	656	+2
1961	+3	725	2,8603	+8,581	9	2,8664	735	−10
1962	+4	801	2,9036	+11,614	16	2,9133	819	−18
1963	+5	920	2,9638	+14,819	25	2,9601	912	+8
1964	+6	1017	3,0073	+18,044	36	3,0069	1016	+1
1965	+7	1081	3,0338	+21,237	49	3,0538	1132	−51
1966	+8	1230	3,0899	+24,719	64	3,1006	1261	−31
1967	+9	1370	3,1367	+28,230	81	3,1475	1404	−34
$n = 19$	$\Sigma t = 0$	–	$\Sigma \log y_i = 51{,}7921$	$\Sigma t \cdot \log y_i = 26{,}699$	$\Sigma t^2 = 570$	–	–	–
1970	+12	–	–	–	–	3,2880	1941	–

Mit negativen Anstiegsfaktoren können die gleichen Kurventypen zur Charakterisierung und Prognose von Schrumpfungsprozessen benutzt werden, doch ergibt sich dann zwangsläufig eine untere Begrenzung.

4.353 Zyklische Wachstumsfunktionen

Mit zunehmender Verfeinerung des Prognoseobjektes nach kleineren Produktgruppen und Einzelprodukten muß mit verstärktem Auftreten von Sättigungs- und Schrumpfungserscheinungen gerechnet werden. Hier ist die Grundvorstellung eines *Wachstumszyklus* durchaus angebracht, welcher der Form einer *Gaußschen Normalverteilungskurve* entspricht (Abb. 4.52). Im Stadium der Markteinführung oder Ausbreitung führen hohe Wachstumsraten zu einem progressiven Wachstumsverlauf, der sich mit zunehmender Marktsättigung abschwächt. Nach Überschreiten eines Kulminationspunktes kommt es zu einem Schrumpfungsprozeß. Die grundsätzliche Richtigkeit dieser Vorstellung vom *Lebenszyklus* oder *Marktzyklus* eines Produktes ist empirisch in zahlreichen Fällen nachgewiesen worden, wenngleich meistens nicht für den geschlossenen, sondern nur für Teilabschnitte des Zyklus. Die zyklische Wachstumsfunktion wird jedenfalls in zunehmendem Maße als Arbeitshypothese in der Marktprognose verwendet [3.171, S. 347; 4.17; 4.18; 4.45; 4.47; 4.60; 4.87]. Praktisch besteht vor allem ein Interesse an der Verfolgung der Wachstumsphasen bis zur Sättigung, so daß dann der aufsteigende Abschnitt zyklischer Wachstumsfunktionen mit den vorgenannten gleichgerich-

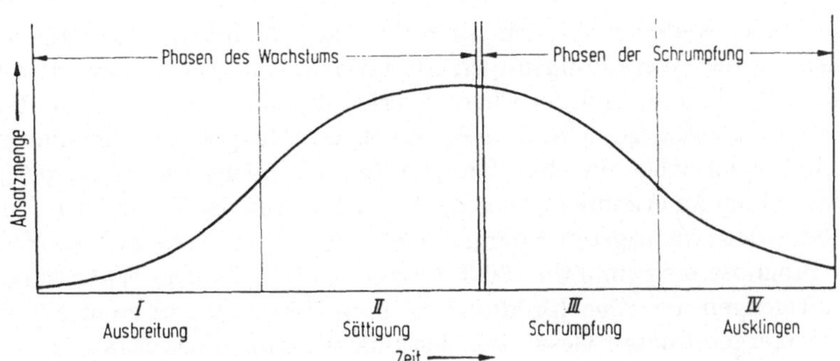

Abb. 4.52 Schema der zyklischen Wachstumsfunktion [3.171, S. 352].

teten sowie den anschließend behandelten Wachstumsfunktionen mit Sättigungswerten in Verbindung gebracht werden kann.

Im weitesten Sinne lassen sich alle diese Wachstumszyklen auf Substitutionsprozesse innerhalb eines übergeordneten Gesamtwachstums zurückführen. Der Gesamtverbrauch an Werkstoffen wird sicher langfristig mit dem Bevölkerungs-

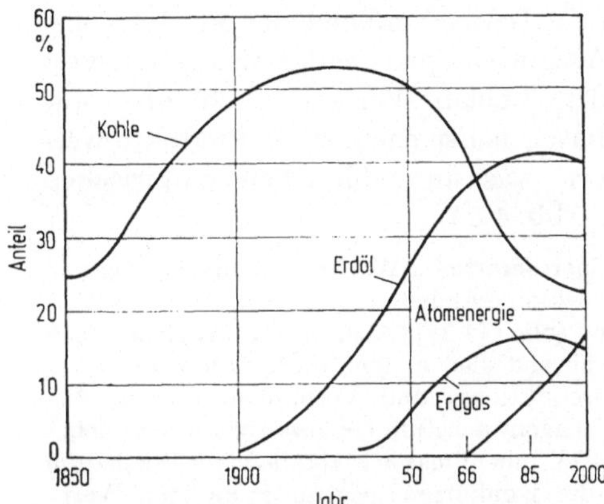

Abb. 4.53 Relative Wachstumsentwicklung der verschiedenen Energieträger in der Welt [4.87].

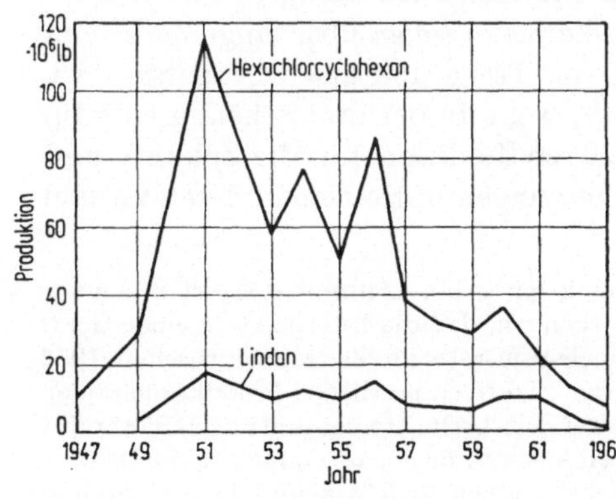

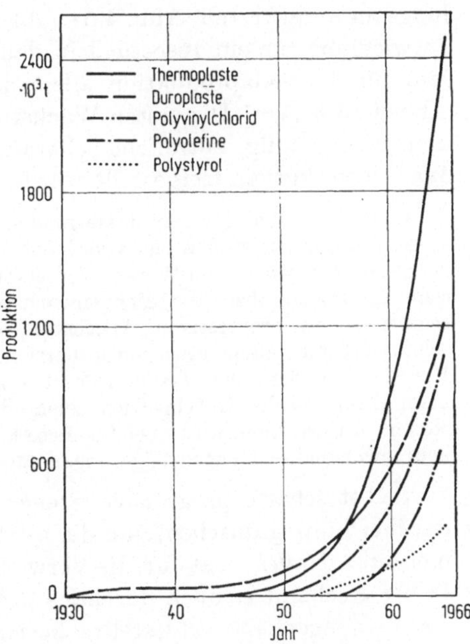

Abb. 4.55 Entwicklung der Kunststoffproduktion in den EWG-Ländern [4.56].

Abb. 4.54 Wachstumsverlauf von Hexachlorcyclohexan und Lindan in den USA [3.65, S. 137].

wachstum immer weiter zunehmen. Er setzt sich jedoch aus langfristigen Wachstumszyklen großer Werkstoffgruppen zusammen, wie der Holzwerkstoffe, der metallischen Werkstoffe und der Chemiewerkstoffe, die sich in bestimmter Weise im Zeitverlauf überlagern. Greift man davon die Gruppe der Chemiewerkstoffe heraus, sind zahlreiche einzelne Kunststoffe, Chemiefasern usw. mit eigenen Wachstumszyklen zu erkennen. Dies geht deutlich aus der Veränderung der relativen Anteile der wichtigsten Energieträger an der Weltenergiebedarfsdeckung mit einer Prognose bis zum Jahre 2000 hervor (Abb. 4.53). Die Wachstumskurven der Absolutmengen der Einzelprodukte müßten sich daher zu einer einhüllenden Kurve des übergeordneten Gesamtwachstums zusammenfassen lassen.

Trotz der häufigen Produktablösungen in der chemischen Industrie ist die *volle* Normalverteilungsfunktion für praktische Aufgaben der Marktprognose bislang kaum benutzt worden. Wenn man nur bekanntes Datenmaterial für den aufsteigenden Kurvenast besitzt, erscheint die Prognose der weiteren Marktentwicklung bis zum Sättigungs- und Schrumpfungsbereich äußerst schwierig. Häufig sind die bereits erreichte Wachstumsphase und damit auch der noch erwartbare Wachstumsverlauf eines Produktes unsicher. Wenn es gelingt, den Wachstumszyklus eines Produktes bis zum Auslaufen rückblickend vollständig zu verfolgen, werden erhebliche Abweichungen von der idealisierten Form einer Normalverteilungskurve auftreten. Abb. 4.54 gibt dazu ein Beispiel anhand der Produktionsentwicklung für ein Insecticid in den USA. Ein entsprechender Wachstumsverlauf für die Sodaproduktion allein nach dem Leblanc-Verfahren geht oben aus Abb. 4.15 hervor. Die ersten Wachstumsphasen neuer chemischer Produkte werden aber häufig zutreffend charakterisiert, was an zahlreichen empirischen Wachstumskurven festgestellt wurde (z. B. Abb. 4.55).

GÄTH formuliert für den aufsteigenden Ast einer derartigen Wachstumsfunktion bei neu eingeführten Kunststoffen vier verschiedene Entwicklungsstadien, die einer allgemeinen *Normalentwicklungskurve* von Werkstoffen entsprechen sollen [4.34]: Abschnitt I mit einem noch sehr langsamen absoluten Mengenwachstum während der ersten Markteinführung, Abschnitt II mit progressivem Wachstum der Produktions- und Verbrauchsmengen, Abschnitt III mit steilem, etwa zeitproportionalem Mengenwachstum bei allseitiger erfolgreicher Durchsetzung der neuen Produkte und Abschnitt IV mit allmählich abfallendem Wachstum beim Erreichen des Gleichgewichtszustandes in der Konkurrenz gegenüber anderen Werkstoffen. Ausdrücklich wird aber für diese letzte Phase die Möglichkeit weiterer und sogar erneut sprunghafter Mengensteigerungen angenommen.

Selbst scharfe progressive Steigerungen der absoluten Mengen dürfen nicht darüber hinwegtäuschen, daß die relativen *Wachstumsraten* über lange Zeiträume meistens *abfallen*, was für die Verwendung von Trendfunktionen bedeutsam ist. Daher erscheint es auch durchaus berechtigt, wenn in der Praxis häufig eine für die Vergangenheit festgestellte bestimmte Trendfunktion für die Zukunft aufgrund der vorhandenen Einsichten und Schätzungen mit einem anderen Verlauf extrapoliert wird.

Beim Wachstum der deutschen Polyolefinproduktion (Abb. 4.56 und 4.57) ist besonders im Falle der halblogarithmischen Darstellung zu erkennen, daß die Interpolation einer Geraden (Exponentialfunktion mit unveränderter Wachstumsrate im Zeitraum zwischen 1952 und 1967), zu einer unbefriedigenden Wiedergabe der effektiven jährlichen Produktionszahlen durch die Trendfunktion führt. Die Aufteilung in zwei Zeitabschnitte vor und nach 1959 ergibt bereits ein brauchbareres Resultat, wobei in der ersten Ausbreitungsphase von 1300 auf 66000 t/a (interpolierte Werte) ein durchschnittliches Wachstum von 75,3 %/a und in der zweiten

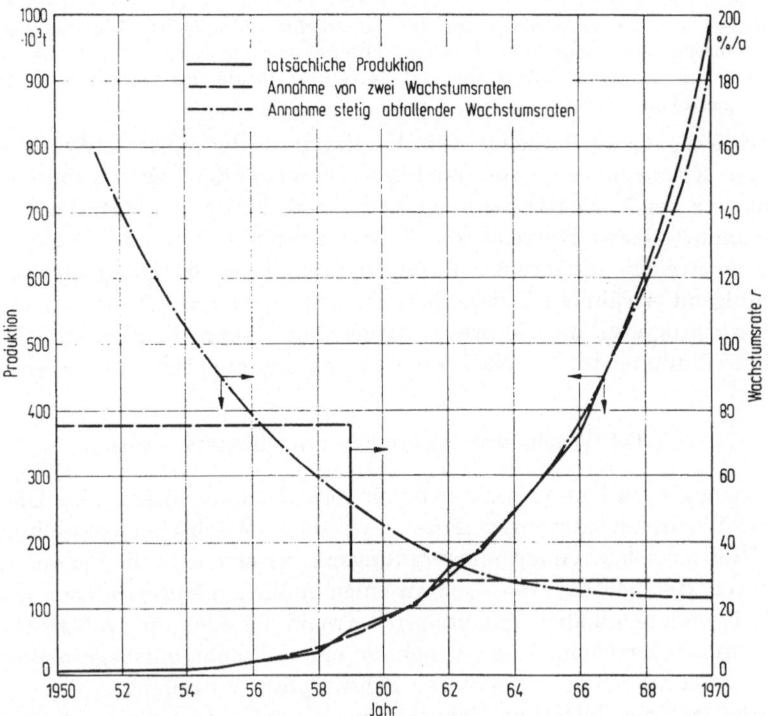

Abb. 4.56 Wachstumskurve der Polyolefinproduktion in der BRD mit Annahme verschiedener Wachstumsraten im normalgeteilten Netz.

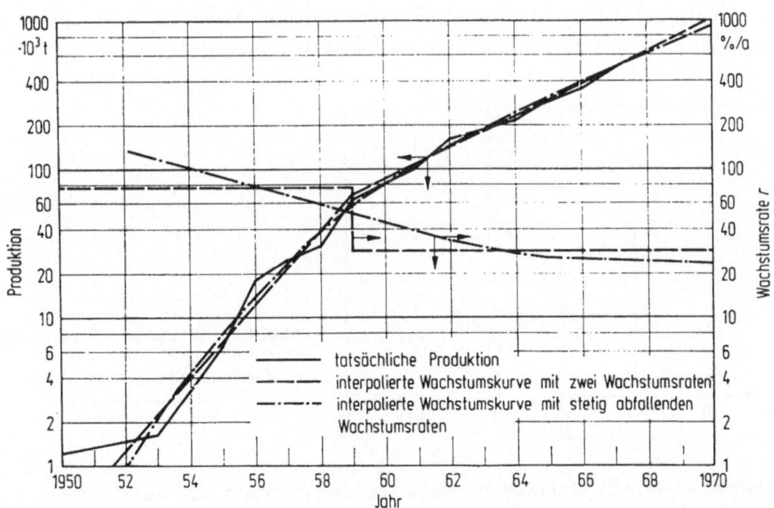

Abb. 4.57 Wachstumskurve der Polyolefinproduktion in der BRD mit Annahme verschiedener Wachstumsraten im halblogarithmischen Netz.

Phase von 66000 auf 480000 t/a eine jährliche Wachstumsrate von 28,1% anzunehmen wären. Noch günstiger ist die Annahme eines kontinuierlichen Abfalls der Wachstumsrate aufgrund einer durchgehend interpolierten gekrümmten Kurve, wonach die Wachstumsraten von etwa 120 %/a am Anfang (1953/52) bis auf 24 %/a am Ende des betrachteten Zeitraums (1967/66) abgesunken wären.

Oft wird die Gauß-Funktion für die Prognose der Absatzentwicklung von *dauerhaften Konsumgütern* (Gebrauchsgüter) verwendet. Die Kumulation zur Summenkurve der Normalverteilung (Ogive-Funktion) gibt die Bestandsentwicklung als unmittelbares Korrelat zur Absatzentwicklung wieder [4.29]. Die Bestandskurve erreicht mit ihrem S-förmigen Verlauf ein Sättigungsniveau und ist der nachfolgend erwähnten logistischen Funktion sehr ähnlich. Dies hat für die Chemiemarktprognose nur indirekte Bedeutung, wenn nämlich die Bestände wegen ihrer Einflüsse auf die Nachfrageentwicklung ebenfalls interessieren.

4.354 Wachstumsfunktionen mit Sättigungswerten

Gleichsam als ein Kompromiß zwischen den gleichgerichteten, ins Unendliche führenden Wachstumskurven und den zyklischen Wachstumsvorstellungen mit ihren auf Null zurückgehenden Schrumpfungsphasen erscheint die Verwendung von Trendkurven, die sich asymptotisch an einen endlichen *Sättigungswert* annähern. Für viele Grundchemikalien mit breiter Verwendung oder für größere chemische Produktgruppen erscheint die Annahme einer Wachstumsbegrenzung durch Marktsättigung anstelle einer späteren Schrumpfung zutreffender.

Mit eingetretener Sättigung könnte man den Substitutionsprozeß als beendet ansehen und das Erreichen eines wenigstens temporären Gleichgewichtszustandes annehmen. Hier wäre der Einwand berechtigt, daß danach wenigstens das allgemeine wirtschaftliche Wachstum noch wirksam sein müßte. Immerhin könnte eine zweite, etwa gleichgerichtete Wachstumsfunktion in der Nähe des Sättigungsniveaus angeschlossen werden. Außerdem wäre die S-förmige Wachstumsfunktion auch für einen relativen Marktanteil verwendbar. Hiermit ließe sich gut das Sättigungsniveau eines Substitutionsprozesses aufzeigen.

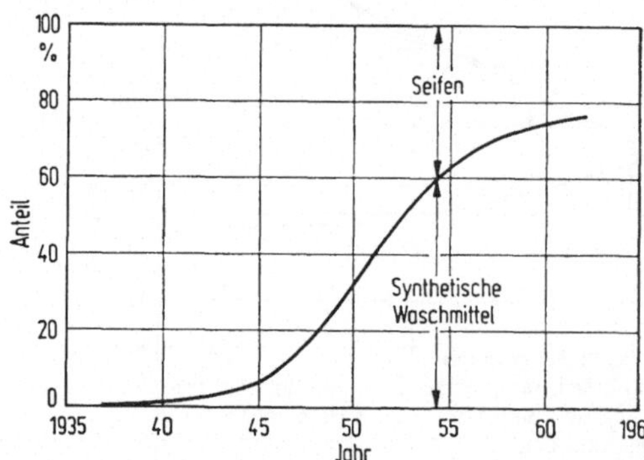

Abb. 4.58 Wachstumskurve des Marktanteils der synthetischen Tenside an der Waschmittelproduktion in den USA [3.179; S. 543].

Als Beispiel ist in Abb. 4.58 die Wachstumskurve des relativen Marktanteils der Tenside an der gesamten Waschmittelproduktion in den USA wiedergegeben. Früher war bereits auf die Ermittlung solcher Durchdringungskurven mit Hilfe technisch-wirtschaftlicher Anwendungsanalysen hingewiesen worden (Abb. 4.31). Auch die Gesetzmäßigkeiten wissenschaftlich-technischer Fortschritte sind durch eine Schar nacheinander überlagerter S-Kurven oft gut zu repräsentieren. Die Ausbeutung einer Stoffklasse durch Entwicklung zahlreicher Derivate wird in der ersten Zeit große Fortschritte in den Produkteigenschaften bringen, die aber später geringer werden und sich schließlich entlang einer S-Kurve einem oberen Grenzwert nähern. Neue sprunghafte Fortschritte gelingen erst wieder mit der Einführung einer ganz neuen Stoffklasse bzw. eines grundsätzlich veränderten Vorgehens. Für derartige „Durchbrüche" ist vor allem die Grundlagenforschung wesentlich. Auch hier kann die Gesamtentwicklung durch eine einhüllende Kurve veranschaulicht werden. Schließlich besteht ja zwischen technischen Fortschritten und Mengenwachstum ein Zusammenhang.

Bisher haben die S-förmigen Kurventypen für Absolutmengen nur zu solchen Trendfunktionen geführt, deren Sättigungswerte keine praktisch bedeutsamen Aussagen ergaben. Bei der unten erläuterten Gompertz-Funktion liegen die Sättigungswerte selten zu niedrig, überwiegend erreichen sie eine irreale Höhe. Besonders schwerwiegend ist die Empfindlichkeit, mit der die Sättigungsparameter bereits auf minimale Veränderungen im Umfang des verarbeiteten Zahlenmaterials reagieren. Außerhalb der chemischen Industrie wurden solche Kurven mit Sättigungswerten bisher vor allem für die Prognose von Bestandsentwicklungen dauerhafter Konsumgüter, wie etwa von Automobilen, herangezogen. Die Sättigungswerte und die zugehörigen Sättigungszeitpunkte werden oft unabhängig von der Zeitreihenanalyse durch anwendungsanalytische Untersuchungen geschätzt, so daß die Prognose dann von zwei Seiten eingegrenzt werden kann. Im Prognosezeitraum sind dann nur noch Aussagen über Art und Schnelligkeit der Bestandsannäherung an den Sättigungswert zu treffen.

Im Bereich chemischer Verbrauchsgüter und besonders Produktivgüter sind unabhängige Schätzungen über die Sättigungswerte weniger aussichtsreich. Sie sind bislang eigentlich nur für die Untersuchung der relativen Marktdurchdringung und Substitutionsgrenzen durchgeführt worden, dagegen nicht für das absolute Mengenwachstum.

Man benutzt die S-förmigen Funktionen vornehmlich für Extrapolationen von Absolutmengen über begrenzte Zeiträume und ohne quantitative Bezugnahme auf Zeitpunkt und Höhe der Marktsättigung. Die charakteristische Aussagefähigkeit dieser Kurven erscheint damit eingeschränkt. Es geht dann nur noch um die optimale Anpassung der Trendfunktion im Zeitraum der weiteren Marktausbreitung. Die verschiedenen Funktionstypen unterscheiden sich in ihrer Brauchbarkeit vor allem dadurch, daß sie einen verschieden schnellen Abfall der Wachstumsraten und einen anderen Kurvenverlauf in den progressiven und degressiven Wachstumsabschnitten zeigen. Für diese Zwecke ist damit auch der aufsteigende Ast der Normalverteilungskurve geeignet.

Von den Wachstumskurven mit Sättigungswerten haben die Summenkurve der Normalverteilung (Ogive-Funktion), die aus der Biologie bekannte *logistische Funktion*

$$y = \frac{k}{1 + \mathrm{e}^{a+b \cdot t}}$$

sowie die *Gompertz-Funktion*

$$y = k \cdot a^{b^t}$$

bzw. die *logarithmierte Gompertz-Funktion*

$$\log y = \log k + (\log a) \cdot b^t$$

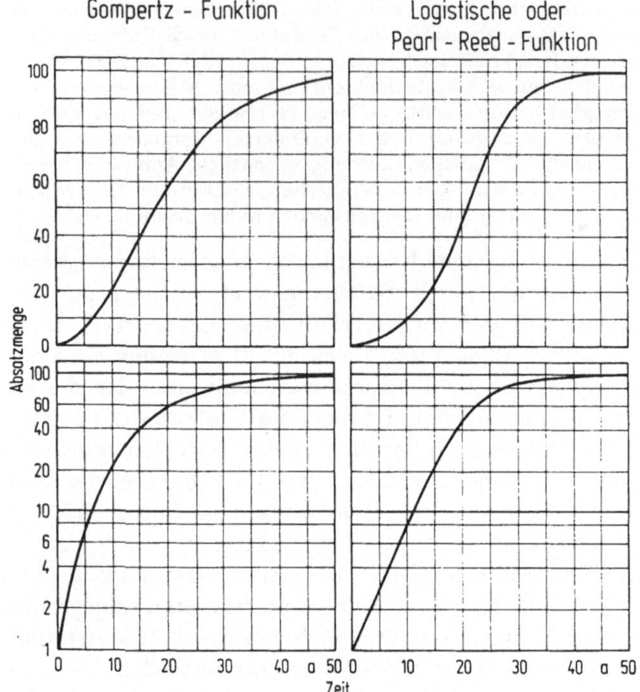

Abb. 4.59 Charakteristische Kurvenverläufe der Gompertz-Funktion und der logistischen Funktion im normalgeteilten und halblogarithmischen Netz, nach [4.26].

die größte Bedeutung erlangt, wovon in der chemischen Marktprognose besonders die Gompertz-Funktion Anwendung findet. In den Gleichungen sind wiederum y die einen Wachstumsprozeß in Abhängigkeit von der Zeit t durchmachende Mengengröße sowie a, b und k Konstanten. Die typischen Kurvenverläufe sind in Abb. 4.59 wiedergegeben. k hat in beiden Fällen die Bedeutung des Sättigungswertes. Die Wachstumsrate fällt stetig ab, das absolute Mengenwachstum erfolgt bis zum Wendepunkt der Kurven progressiv und danach degressiv. Der wichtigste Unterschied zwischen Gompertz- und logistischer Funktion besteht darin, daß die logistische Funktion über einen langen Abschnitt ein fast gleichbleibendes, schnelles Wachstum wiedergibt und sich dann rasch an den Sättigungswert annähert. Die Gompertz-Funktion ist dagegen durch ein langes, sehr allmähliches Abfallen der Wachstumsraten und ein langsames Einmünden in den Bereich der Marktsättigung gekennzeichnet (Abb. 4.59).

Die Wachstumscharakteristik der Gompertz-Funktion wird in Übereinstimmung mit der typischen Entwicklung chemischer Produkte gesehen. Nach dem ersten Bericht im Jahre 1952 [4.26] sind inzwischen mehrere Anwendungen bekannt geworden. Damals wurden die historischen Produktionszahlen vieler Produkte in den USA bis zum Jahre 1930 oder 1940 benutzt, um die Werte für 1950 vorauszuberechnen, die aber ebenfalls bereits bekannt waren und zur Kontrolle herangezogen werden konnten. Man fand gute Übereinstimmungen und eine deutliche Überlegenheit gegenüber allen anderen geprüften Wachstumsfunktionen. Aus der letzten Zeit sind besonders die Wachstumsprognosen von wichtigen Kunststoffen aus dem Arbeitsbereich der Imperial Chemical Industries (ICI) zu nennen [4.61; 4.69].

In Abb. 4.60 sind die verschiedenen *Wachstumsphasen* wichtiger Kunststoffe unter Zugrundelegung einer Gompertz-Funktion in einem zehnjährigen Zeitraum dargestellt, wobei die fehlenden maßstäblichen Achsenteilungen einen zusammenfassenden Vergleich ermöglichen. Je nach Alter und Marktreife der Kunststoffgruppen sind diesen verschiedene Wachstumsabschnitte zugeordnet.

Bereits in der grundlegenden Untersuchung über die Anwendbarkeit der Gompertz-Funktion für Chemiemarktprognosen [4.26] wurden für zuverlässige Prognosen möglichst lange Zahlenreihen gefordert, die bis zu 50 oder 60 Jahre in die Vergangenheit zurückreichen. Außerdem wurde eine bevorzugte Eignung nur für Schwerchemikalien mit weit streuenden Anwendungsspektren oder für größere Produktgruppen angenommen, innerhalb derer die Überholung einzelner

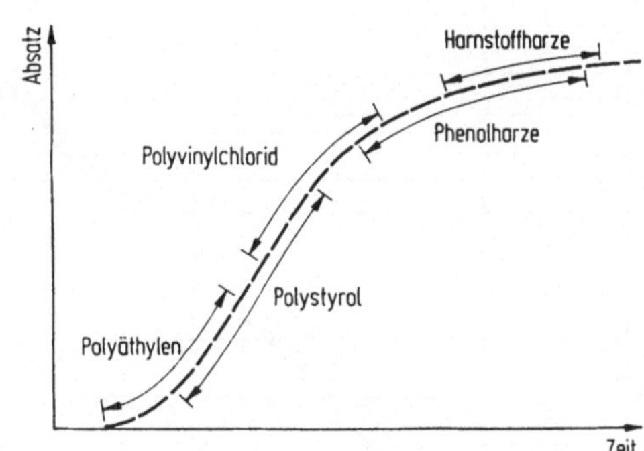

Abb. 4.60 Wachstumsabschnitte wichtiger Kunststoffe in den USA nach der Gompertz-Funktion im Zeitraum 1950–1960 [4.62].

Anwendungen oder Produkte durch Neuentwicklungen in anderen Sektoren ausgeglichen werden kann. In der letzten Zeit erfolgten Anwendungen auch unter vereinfachten Anforderungen, nämlich für neuere Einzelprodukte mit kürzeren rückwärtigen Zahlenreihen besonders aus der Kunststoff- und Petrochemie.

Man wird in diesen Fällen geneigt sein, die zeitliche Reichweite der Prognosen einzuschränken und die Kurven bei Bekanntwerden neuerer Daten neu zu berechnen. Um die Anwendbarkeit im Einzelfall besser beurteilen zu können, werden Testprognosen mit Hilfe rückwärtiger Zahlenreihen für bereits bekannte Werte, etwa aus der unmittelbaren Vergangenheit, vorgeschlagen [4.86].

4.355 Prognosen der Chlorproduktion mit Hilfe der Gompertz-Funktion

Für die praktische Anwendung der Gompertz-Funktion werden als Beispiele Prognosen der Chlorproduktion in den USA und in Deutschland wiedergegeben.

In Abb. 4.61 ist die amerikanische Chlorproduktion zwischen 1900 und 1968 eingezeichnet, welche in diesem Zeitraum von 1400 auf 8,4 Millionen t/a (short tons) anwuchs. Die jährliche Wachstumsrate sank in diesem Zeitraum von etwa 43% auf rund 8%, wenn man von den interpolierten Werten ausgeht. Im Diagramm sind zwei Trend- bzw. Prognosefunktionen nach Gompertz eingezeichnet und formelmäßig wiedergegeben, die von Ewell und Scheuerman [4.26] aufgrund der Produktionszahlen zwischen 1901 und 1951 sowie von Taylor [4.97] aufgrund der Daten zwischen 1919 und 1958 berechnet worden sind. Die beiden Prognosezeitpunkte I und II sind im Diagramm besonders hervorgehoben.

Ein Vergleich der später erreichten effektiven Produktionsmengen zeigt für die ältere Prognose I bis zur Gegenwart noch recht befriedigende Ergebnisse. Bei der damals zuletzt verfügbaren Produktionszahl von rund 2,5 Millionen t für das Jahr 1951 mutete die Vorausschau, daß 1960 bereits 5 Millionen t erreicht sein würden, als recht gewagt an. Mit 4,64 Millionen t blieb der später tatsächlich erreichte Wert aber nur um 7,5% hinter der Vorhersage zurück. Später hatte sich die negative Abweichung der realisierten von den vorausgesagten Produktionsmengen bis auf etwa 12% verschlechtert, jedoch 1968 wieder auf 7,5% reduziert, eine immerhin erstaunliche Prognose über fast zwei Jahrzehnte.

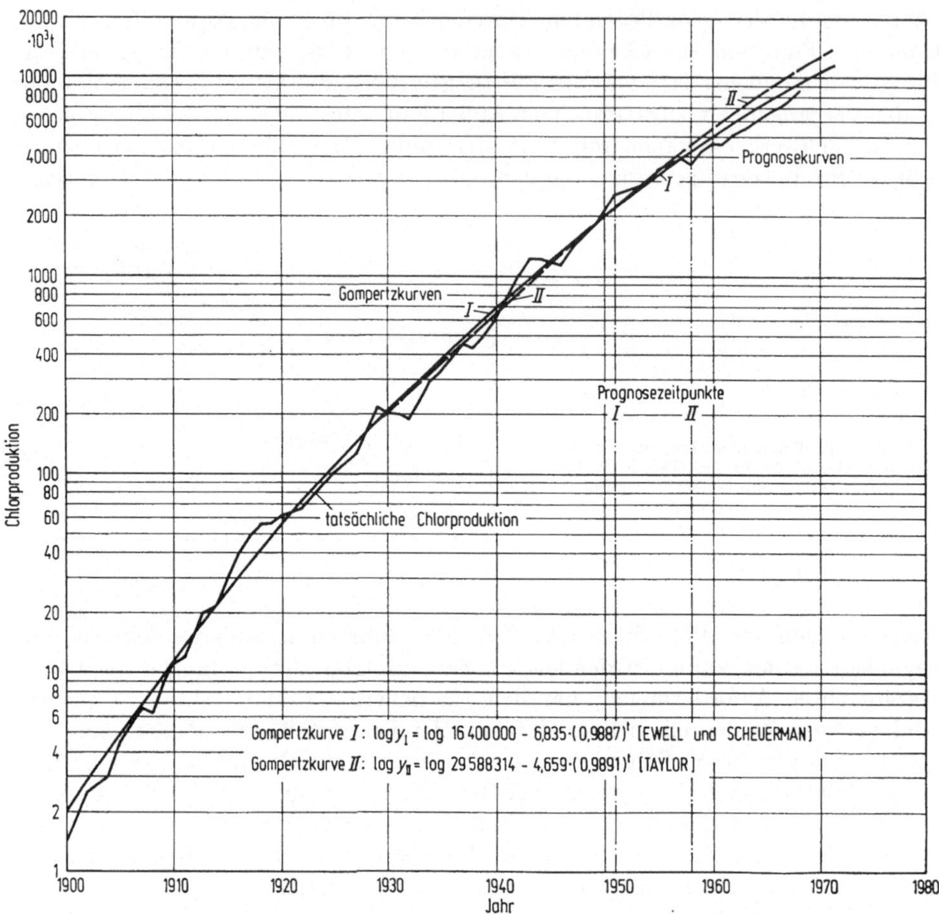

Abb. 4.61 Amerikanische Prognosen der Chlorproduktion nach der Gompertz-Funktion 1950 [4.26] und 1958 [4.97] mit einem Vergleich der tatsächlichen Produktionszahlen.

Die zweite, auf der Basis einer kürzeren Zahlenreihe erstellte Prognose ist jedoch wesentlich schlechter und ergab bereits vom Zeitpunkt der Berechnung an zu hohe Prognosewerte, was den großen Einfluß der statistischen Basis auf das Ergebnis verdeutlicht. Auch die Höhe des Sättigungswertes k wird von dieser statistischen Basis stark beeinflußt. Die Gompertz-Kurve I stellt eine Sättigung bei 16,4 Milliarden short tons, Gompertz-Kurve II sogar erst bei rund 29,6 Milliarden short tons Chlorproduktion fest. Diese Werte sind jedoch beide viel zu hoch und ohne reale Bedeutung.

Bei der Aufstellung von Wachstumsfunktionen für die Produktion in der BRD entsteht die Schwierigkeit, daß im Zeitraum etwa zwischen 1943 und 1948 die Produktion durch Kriegs- und Nachkriegseinwirkungen gestört war und zum anderen die anschließende Teilung Deutschlands dazu geführt hat, daß die früheren gesamtdeutschen Produktionszahlen nicht verwendet werden können. Man findet zwar gelegentlich eine Weiterführung der früheren gesamtdeutschen durch die westdeutschen Produktionszahlen, doch ist die Vernachlässigung des beachtlichen Chemiepotentials in der DDR sehr ungenau. Man ist daher praktisch gezwungen, den Berechnungszeitraum bei den Jahren 1949 oder 1950 beginnen zu lassen, was eine recht schmale Basis ergibt. Es erscheint dabei bedenklich, den durch außerwirtschaftliche Ereignisse bedingten Einschnitt so zu behandeln, als ob eine Neuproduktion und völlig neue Markteinführung eines Produktes begänne, das aber in Wirklichkeit schon über fünf Jahrzehnte zuvor zu den wichtigsten chemischen Grundstoffen zählte. Mit diesem Notbehelf kommt man zumindest mit den theoretischen Wachstumsvorstellungen, die der Gompertz-Funktion zugrunde liegen, in Konflikt.

Die rechnerische Bestimmung der Gompertz-Funktion erfolgt am einfachsten über drei Bestimmungsgleichungen für die drei Koeffizienten a, b und k, die durch Zusammenfassung der verfügbaren Zahlenwerte für y in drei gleichlange Zeitabschnitte mit jeweils n Jahren erhalten werden [4.86]. Die Bestimmungsgleichungen sind nachfolgend im Zusammenhang mit der Berechnung der Gompertz-Funktion für die westdeutsche Chlorproduktion zwischen 1950 und 1967 aufgrund der Zahlenwerte in Tab. 4.12 wiedergegeben. Hierin bedeuten weiterhin n: Anzahl der Jahre in den gleichlangen Teilberechnungszeiträumen und Σ_1; Σ_2; Σ_3: Summenwerte im 1., 2. und 3. gleichlangen Teilberechnungszeitraum. Die Zahl der Jahre im gewählten rückwärtigen Berechnungszeitraum muß demnach durch 3 ganzzahlig teilbar sein. Den Jahreszahlen werden Ordnungszahlen beginnend mit Null sowie die Produktionsmengen y und $\log y$ zugeordnet, worauf die Teilsummen der letzteren Werte gebildet werden. Mit den Konstanten a, b und k ist die Gompertz-Funktion festgelegt:

$$\boxed{b^n = \frac{\Sigma_3 \log y - \Sigma_2 \log y}{\Sigma_2 \log y - \Sigma_1 \log y}}$$

$$= \frac{18{,}1352 - 16{,}5623}{16{,}5623 - 14{,}8645} = 0{,}92643\,.$$

$$b = \sqrt[6]{0{,}92643} = \underline{0{,}98735}\,.$$

$$\boxed{\log a = (\Sigma_2 \log y - \Sigma_1 \log y)\,\frac{b - 1}{(b^n - 1)^2}}$$

$$= (16{,}5623 - 14{,}8645)\,\frac{0{,}98735 - 1}{(0{,}92643 - 1)^2}$$

$$= \underline{-\,3{,}968}\,.$$

$$\boxed{\log k = \frac{1}{n} \cdot \left[\frac{(\Sigma_1 \log y) \cdot (\Sigma_3 \log y) - (\Sigma_2 \log y)^2}{\Sigma_1 \log y + \Sigma_3 \log y - 2 \cdot \Sigma_2 \log y}\right]}$$

$$= \frac{1}{6} \cdot \frac{14{,}8645 \cdot 18{,}1352 - 16{,}5623^2}{14{,}8645 + 18{,}1352 - 2 \cdot 16{,}5623}$$

$$= \underline{6{,}3237}$$

$$k = \underline{2\,107\,200\ [10^3\,\mathrm{t}]}.$$

Danach lautet die Trendfunktion:

$$\log y = \log k + (\log a) \cdot b^t$$
$$\underline{\log y = 6{,}3237 - 3{,}968 \cdot 0{,}98735^t}.$$

Die Extrapolation ergibt für 1970 eine Chlorproduktion von 1,77 Millionen t und für 1974 eine solche von 2,5 Millionen t (Abb. 4.62 und Tab. 4.12), wobei die Werte niedriger liegen, als sie bei der Extrapolation des Exponentialtrends der Chlorproduktion erhalten werden.

Das hier erwähnte Approximationsverfahren kann allerdings bei kurzen Zeitreihen zu größeren Fehlern führen, so daß evtl. kompliziertere Lösungsverfahren zu bevorzugen sind, bei denen die Summe der quadratischen Abweichungen minimal wird [4.61; 4.73].

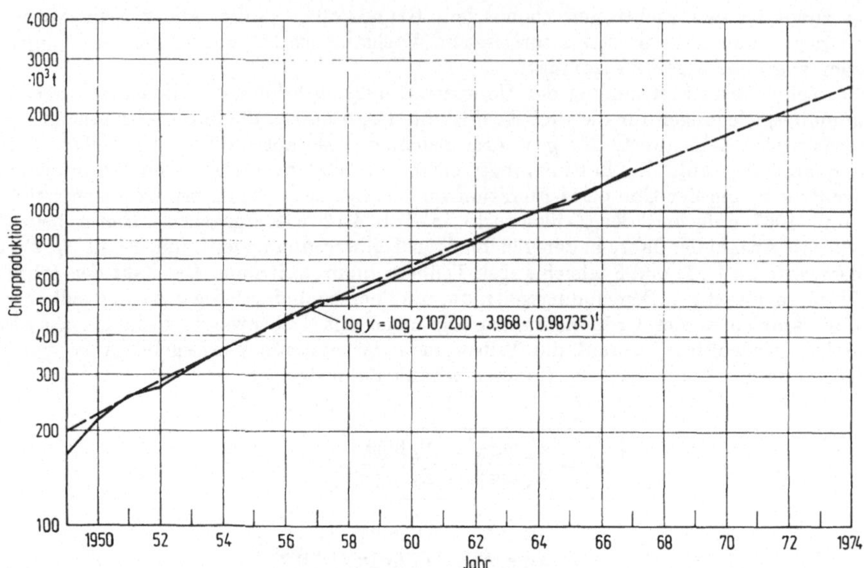

Abb. 4.62 Wachstumskurve der Chlorproduktion in der BRD nach der Gompertz-Funktion, berechnet aufgrund der Produktionszahlen 1950–1967.

Tabelle 4.12 *Berechnung der Gompertz-Trendfunktion der Chlorproduktion in der BRD*

Jahr	t	Effektive Produktion y_i [10^3 t]	$\log y_i$	$\log y_i'$	Berechnete Produktion y_i' [10^3 t]	b^t
1950	0	219	2,3404	2,3557	227	1,00000
1951	1	256	2,4082	2,4059	255	0,98735
1952	2	279	2,4456	2,4555	285	0,97486
1953	3	320	2,5052	2,5044	319	0,96252
1954	4	362	2,5587	2,5527	357	0,95035
1955	5	404	2,6064	2,6005	399	0,93832
Σ_1	–	–	14,8645	–	–	–
1956	6	462	2,6646	2,6476	444	0,92643
1957	7	520	2,7160	2,6941	494	0,91471
1958	8	538	2,7308	2,7400	550	0,90314
1959	9	592	2,7723	2,7854	610	0,89171
1960	10	658	2,8182	2,8302	676	0,88042
1961	11	725	2,8604	2,8744	749	0,86929
Σ_2	–	–	16,5623	–	–	–
1962	12	801	2,9037	2,9181	828	0,85827
1963	13	920	2,9638	2,9612	915	0,84741
1964	14	1017	3,0073	3,0037	1009	0,83669
1965	15	1081	3,0338	3,0457	1111	0,82610
1966	16	1230	3,0899	3,0872	1222	0,81565
1967	17	1370	3,1367	3,1282	1343	0,80533
Σ_3	–	–	18,1352	–	–	–
1970	–	–	–	3,2479	1770	0,77515
1974	–	–	–	3,4006	2515	0,73666

4.356 Trendanalysen von Preisentwicklungen

Zeitbezogene Trendkurven haben nicht nur für die Prognose des Mengenwachstums, sondern ganz analog auch für Preisprognosen Bedeutung. Zuweilen dient die Verfolgung der zurückliegenden Preisentwicklung allerdings allein zur Ableitung der bereits oben behandelten korrelativen Preisprognosen (Kap. 4.343).

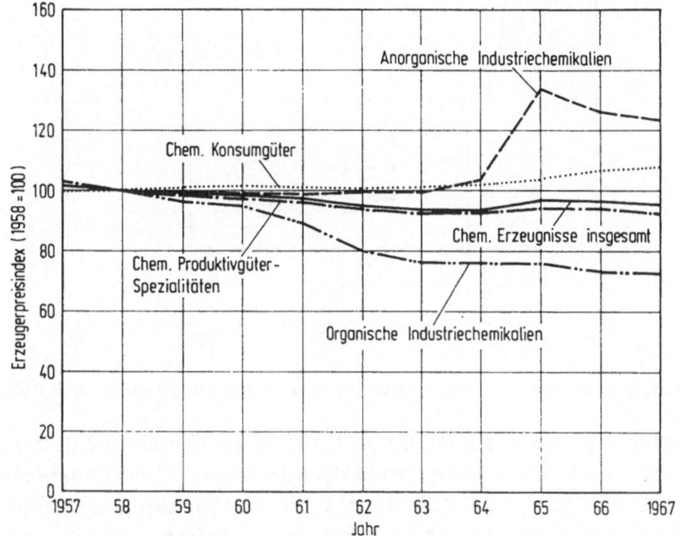

Abb. 4.63 Erzeugerpreisindices in vier Chemieteilbereichen der BRD, nach [4.79].

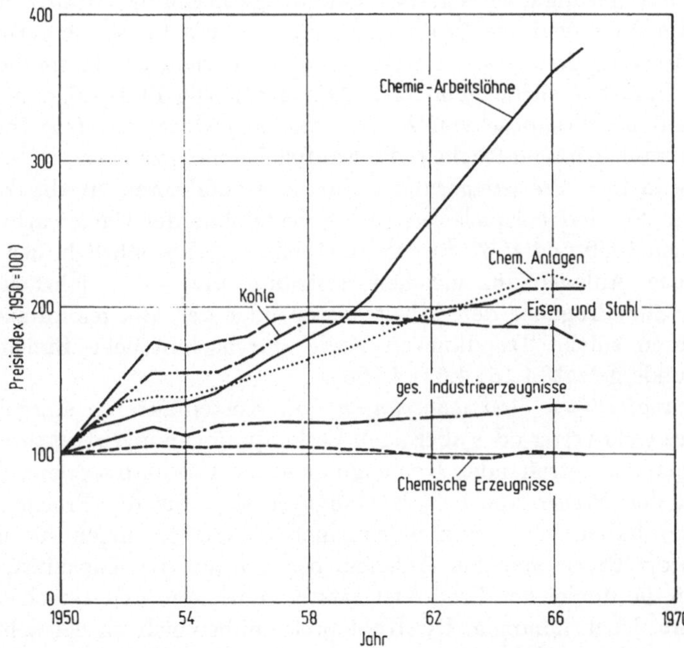

Abb. 4.64 Entwicklung verschiedener Preisindices in der BRD, nach [4.1; 4.78; 4.79].

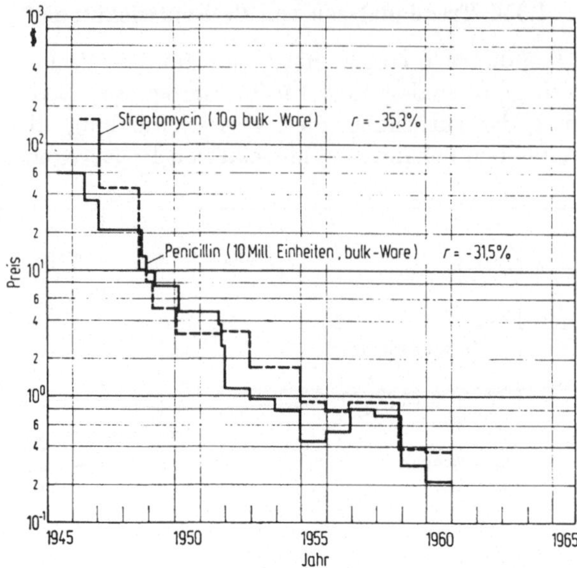

Abb. 4.65 Entwicklung von Antibioticapreisen in den USA, nach [8.16, S. 346].

Die zeitabhängige Extrapolation von Preisentwicklungen ist in der chemischen Industrie bislang eher für *größere Produktgruppen* sowie für *Kostenfaktoren* als für Einzelprodukte geläufig. Abb. 4.63 bringt die Entwicklung der *Preisindices* für chemische Erzeugnisse insgesamt und für die wichtigsten vier Untergruppen in der BRD auf der Basis 1958 = 100. Die rückwärtigen Zahlenreihen könnten für eine Trendverlängerung über begrenzte zukünftige Zeiträume benutzt werden.

Die Preise für chemische Produkte insgesamt sind hinter dem Durchschnitt der Industrieerzeugnisse sowie hinter den Preisen wichtiger Kostenfaktoren der chemischen Industrie zurückgeblieben (Abb. 4.64). Die Preisprognose kann evtl. progressiv auf die Prognose von *Kostenfaktoren* gestützt werden. Im Zuge der allgemeinen volkswirtschaftlichen Preisauftriebstendenzen ist es seit langem üblich, rückwärtige Preissteigerungen für Kostenfaktoren in die Zukunft zu extrapolieren. So sind beispielsweise die Arbeitslöhne der Chemiearbeiter in der BRD zwischen 1950 und 1967 durchschnittlich um 8,1 % jährlich, der Preisindex für chemische Anlagen im gleichen Zeitraum um 4,6% jährlich gestiegen (Abb. 4.64). Zur Prognose der Arbeitskosten oder der anlagekapitalabhängigen Kosten werden solche Trendkurven sowie durchschnittliche Steigerungsraten häufig zugrunde gelegt [4.15; 4.53; 4.106].

In den *langfristigen Preissteigerungen* von Kostenfaktoren spiegeln sich die Abnahme des Geldwertes oder aber auch Verknappungen und strukturell bedingte Verteuerungen der betreffenden Kostengüter wider. Die oft divergierenden Sonderbewegungen der Preise einzelner Kostengüter sind für die Preisprognosen zu beachten. So haben sich trotz allgemeiner Preissteigerungen im chemischen Anlagenbau die Preise mancher Anlagen, bezogen auf die Kapazität, sogar verbilligt, worin die ungleichen Produktivitätsfortschritte in den verschiedenen Sektoren zum Ausdruck kommen. Die Kohlepreise haben sich im betrachteten Zeitraum zwar mehr als verdoppelt, was aber für die Rohstoff- und Energiekosten der chemischen Industrie wegen der Umstellung auf Erdöl nur noch von geringer Bedeutung ist.

Ein großer Teil der chemischen Produkte stellt einen Ausnahmefall von der allgemeinen Regel ansteigender Preistrends dar, indem nämlich gerade umgekehrt allgemeingültige Gesetzmäßigkeiten für einen *Preisverfall* solcher Produkte im Zeitverlauf abgeleitet werden können. Über viele Jahre hinweg abwärts gerichtete Preisentwicklungen sind bei zahlreichen neueren chemischen Produkten empirisch belegt worden. Die in der Literatur hierfür, oft in Form von „Preistreppenkurven", mitgeteilten Beispiele sind zahlreich. In Abb. 4.65 sind die Preisverläufe für zwei wichtige Antibiotica in den USA innerhalb eines 15jährigen Zeitraums nach der Markteinführung dargestellt. Als Kenngrößen für Ausmaß und Schnelligkeit des Preisverfalls werden in gewisser Analogie zu den Wachstumsraten des Marktvolumens *Verfallsraten* der Preisentwicklung berechnet. Im Beispiel der Abb. 4.65 betrugen der durchschnittliche Preisverfall beim Streptomycin 35,3% und beim Penicillin 31,5% jährlich, wobei die Verfallsrate allmählich abnahm. Eine andere Kenngröße ist die Gesamtspanne der Preissenkungen oder die relative Höhe des erreichten Endpreises gegenüber dem Einführungspreis nach einer bestimmten Anzahl von Jahren. Für einige Steroidhormone wurde zum Beispiel nach zehn Jahren ein Endpreis von nur 1,5–3% des Einführungspreises registriert. Die Preisentwicklung bei Kunststoffen in den USA ergab zwischen 1953 und 1966 bei drei großen Produktgruppen Endpreise von nur rund 40% der Anfangswerte des Zeitraums (Abb. 4.66).

Bei Industriechemikalien ist die Preissenkungstendenz allerdings meistens geringer als bei Spezialitäten, und die Marktpreise alter Produkte sind bereits eng an die Kostenbasis herangeführt. Bei Massenprodukten wie Äthylen und besonders Acetylen sind Preisangaben zu einem großen Teil nicht als Marktpreise, sondern nur im Sinne von Gestehungskosten oder innerbetrieblicher Verrechnungspreise zu verstehen. Verschiedene Rohstoffgrundlagen und Produktionsverfahren kommen dabei deutlich in der Preisentwicklung zur Auswirkung, wobei außerdem eine

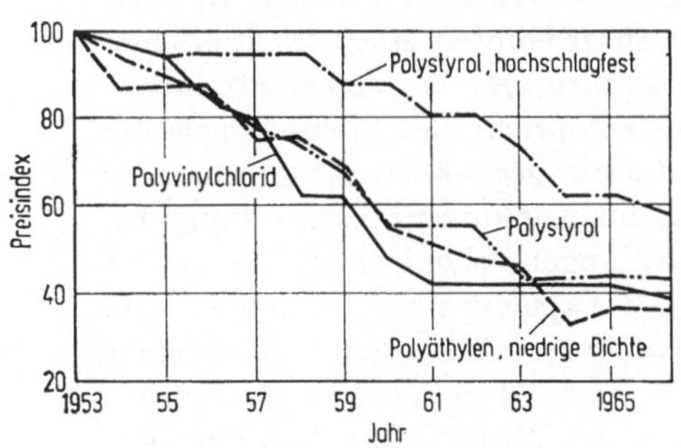

Abb. 4.66 Relative Preisentwicklung wichtiger Kunststoffe in den USA 1953–1966 [4.56].

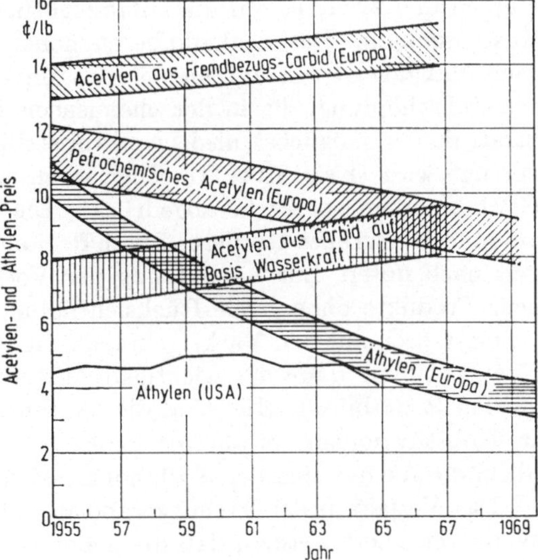

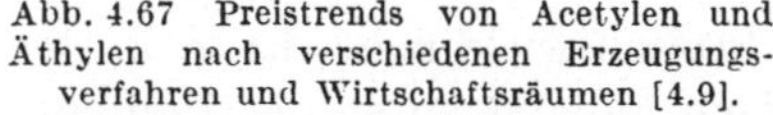
Abb. 4.67 Preistrends von Acetylen und Äthylen nach verschiedenen Erzeugungsverfahren und Wirtschaftsräumen [4.9].

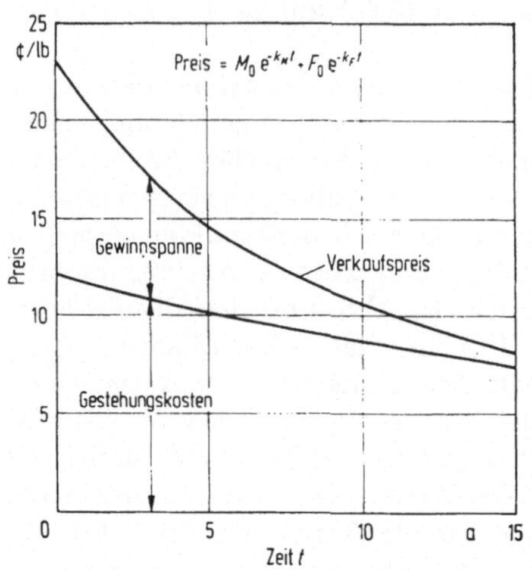

Abb. 4.68 Preisprognose über die getrennte Vorausschätzung von Kosten und Gewinnmarge [4.101]. t Zeit in Jahren; M_0 Gewinnmarge zusätzlich zur Minimalverzinsung bei Markteinführung; k_M Faktor des Verfalls der Gewinnmarge; F_0 Kostengrundlage einschließlich Minimalverzinsung bei Markteinführung; k_F Faktor der Kostensenkung.

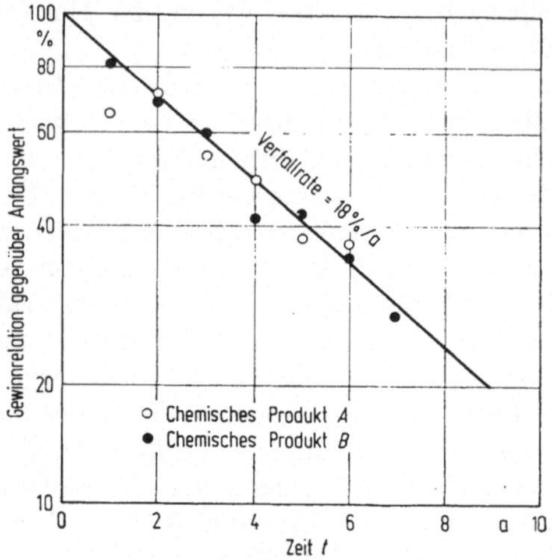

Abb. 4.69 Verfall der Gewinnmarge bei zwei chemischen Produkten mit hohen Wachstumsraten [4.101].

gewisse Streubreite aufgrund der abweichenden Kostenbedingungen und Marktpositionen bei den einzelnen Herstellern zu berücksichtigen ist (Abb. 4.67). Aufgrund von Preisnotierungen im „Oil, Paint and Drug Reporter" wurde immerhin beispielsweise für 16 Industriechemikalien in den USA nach einem 7jährigen Zeitraum von Preissenkungen ein durchschnittlicher Endwert von 60% des Anfangspreises registriert [4.16].

Abwärts gerichtete Preistrends sind generell auf zwei Ursachen zurückzuführen, nämlich erstens auf die für neuere Produkte erzielbaren hohen Gewinnmargen und zweitens auf die anfänglich noch ausgedehnten Möglichkeiten einer Kostensenkung. Das Einkalkulieren hoher *Gewinnmargen* bei neuen Produkten nach Maßgabe der Tragfähigkeit des Marktes entspricht der Preisstrategie der Marktabschöpfung, die in der chemischen Industrie gegenüber der alternativen Strategie der möglichst niedrigen Preisstellung zur Konkurrenzabschreckung bevorzugt wird (Kap. 8.14). Im Zuge wachsender Angebotskonkurrenz werden die Gewinnmargen später herabgedrückt. Die *Gestehungskosten* als auf lange Sicht unterste Preisgrenze tendieren durch Rationalisierungsmaßnahmen ebenfalls lange Zeit nach unten. Zur Ausnutzung der Vorteile eines Marktvorsprunges werden neue Produkte ohne große Rücksichtnahme auf die Wirtschaftlichkeit der Herstellverfahren auf den Markt gebracht. Im Zuge des späteren Preisverfalls ist die Kostensenkung dann das wichtigste Mittel zur Aufrechterhaltung einer befriedigenden Rentabilität. Hier sind die Einführung neuer chemischer Prozesse, Rohstoffsubstitutionen, verfahrenstechnische und apparative Fortschritte sowie vor allem die Ausnutzung der Kostendegression größerer Kapazitäten zu nennen.

Das Verfahren der Trendextrapolation von Preisentwicklungen kann in der Weise verfeinert werden, daß die genannten beiden Komponenten der Preisentwicklung gesondert verfolgt und für die Zukunft vorausgeschätzt werden. Das Prinzip ist in Abb. 4.68 veranschaulicht, wobei in die Kostengrundlage eine Mindestverzinsung des Kapitaleinsatzes eingerechnet ist [4.101]. Daraus ergibt sich eine erweiterte Möglichkeit, das einfache und wegen seines Formalismus häufig kritisierte Verfahren der Zeitreihenanalyse mit querschnittsanalytischen, technisch motivierten Betrachtungen zu kombinieren. Man wird also versuchen, die noch erwartbare Verschmälerung der Gewinnmarge sowie die noch verfügbaren Rationalisierungsreserven getrennt aus den hierfür maßgeblichen Faktoren abzuschätzen und in die Prognose einzubeziehen. Die wichtigsten Teilobjekte der Prognose sind hierbei die jährlichen Verfallraten von Gewinnmargen und Kostenbasis, differenziert nach Prognosezeiträumen, ferner die voraussichtlichen Endwerte der minimalen Gewinnspanne sowie der erwartbaren minimalen Gestehungskosten. Schätzt man noch die Zeitspanne bis zur Realisierung dieser Endwerte voraus, so bleibt für die Ermittlung der Trendfunktion nur noch die Aufgabe der zeitlichen Interpolation. Die Analogie zur Abschätzung von Sättigungswerten bei der Prognose des Mengenwachstums nach zeitabhängigen Wachstumsfunktionen liegt auf der Hand.

Den voraussichtlichen Verfall der Gewinnmarge kann man auf die erwartbare Konkurrenzsituation des Angebotes und die langfristig bestehenden Chancen der Marktausweitung durch Preissenkungen zurückführen. Oft wird jedoch auch mit globalen Analogieschätzungen bei ähnlichen Produkten und Marktentwicklungen in der Vergangenheit gearbeitet. Der am Beispiel der Abb. 4.69 für zwei chemische Produkte dargestellte Verfall der Gewinnmarge um durchschnittlich 18% jährlich während 7 Jahren wird bei schnell wachsenden Produkten aufgrund der oft überstürzten Angebotsausweitung ohne weiteres für möglich gehalten. Die Kostensenkung erfolgt dagegen meistens langsamer, sie wurde nach einer Mitteilung nur im Bereich unter 4% jährlich beobachtet [4.101]. Die Preissenkung geht dann in der Hauptsache zu Lasten der Gewinn- und Rentabilitätslage.

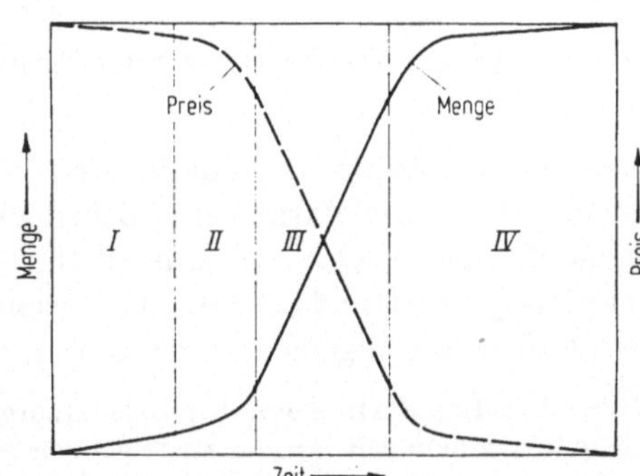

Abb. 4.70 Angenommene Analogien zwischen Mengenwachstum und Preisentwicklung bei Kunststoffen, nach [4.34; 4.95].

Eine unmittelbare Analogie zwischen Preisentwicklung und Mengenwachstum im Zeitverlauf wurde von Szigeti in der Weise angenommen, daß dem aufsteigenden Teil einer zyklischen Wachstumsfunktion oder S-förmigen Wachstumskurve, wie sie mit ihren charakteristischen Wachstumsabschnitten von Gäth als Normalentwicklungskurve beschrieben worden war, eine Preiskurve als Kofunktion gemäß Abb. 4.70 gegenübergestellt wurde [4.95]: Im Abschnitt I liegt der Preis bei erst beginnender Markterschließung und Produktion in geringsten Mengen sehr hoch und fällt nur langsam. Abschnitt II leitet einen merklichen Preisabstieg ein, obwohl das Preisniveau wegen der meistens starken Marktposition der ersten Produzenten noch hoch bleibt. Die starke Marktausbreitung in Abschnitt III ist dann von einem nachhaltigen starken Preisverfall begleitet, der im Abschnitt IV im wesentlichen beendet ist. Danach sind die Preisänderungen genau wie die Mengenänderungen nicht mehr strukturell bedingt, da ein gewisses Konkurrenzgleichgewicht gegenüber den anderen Werkstoffen erreicht ist (vgl. Kap. 4.353). Die vom Autor aufgrund empirischer Daten nachgewiesenen Wachstums- und Preiskurven können mit den idealtypischen Verläufen naturgemäß nur annähernd übereinstimmen (Abb. 4.71).

Der Punkt der *Kosten- und Preiskehre* in der langfristigen Entwicklung, in dem sich die absteigende in eine ansteigende Preisentwicklung verwandelt, kann bei vielen chemischen Produkten gar nicht erreicht werden. Sie sind dann nämlich bereits oft vom Markt verschwunden und durch verbesserte Erzeugnisse ersetzt

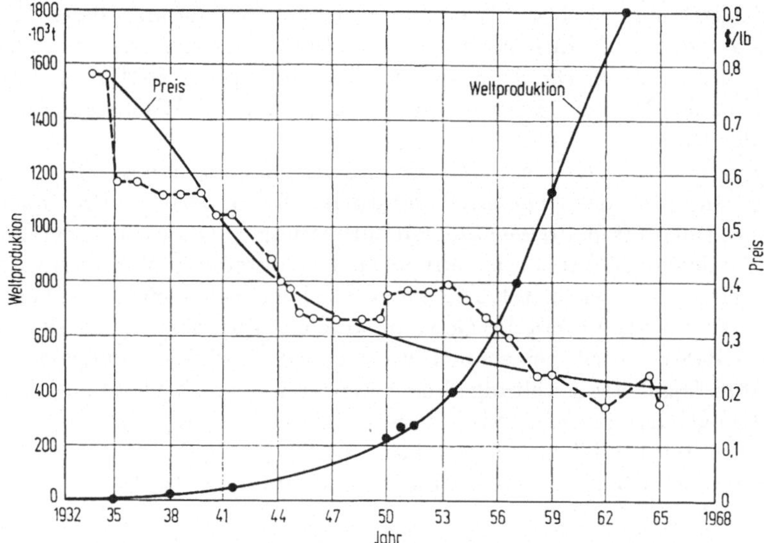

Abb. 4.71 Mengenwachstum und Preisentwicklung von Polyvinylchlorid [4.95].

worden, die den Zyklus der abfallenden Preisentwicklung erneut in Gang setzen. Bei großen, lange am Markt befindlichen Produkten und insbesondere chemischen Grundstoffen ist es aber unvermeidlich, daß eines Tages die Rationalisierungsreserven aufgezehrt sind oder die technischen Fortschritte nur noch so langsam erfolgen, daß sie die allgemeinen Kostensteigerungen nicht mehr überkompensieren.

Diese Situation dürfte heute bei vielen anorganischen Industriechemikalien erreicht sein, was bereits aus dem seit langem ansteigenden entsprechenden Partialpreisindex hervorgeht (Abb. 4.63, anorganische Industriechemikalien). Obwohl bei Chloralkali-Elektrolyse-Anlagen in den letzten Jahren immer noch beachtliche technische Verbesserungen erzielt wurden, hat der Chlorpreis steigende Tendenz. Von 1940–1966 stieg der Chlorpreis in den USA von 35 auf 69 $/short t, also fast auf das Doppelte, obwohl sich die Produktion in dieser Zeit rund verzehnfachte [4.19]. Bei der Gewinnung von Rohstoffen aus Bodenschätzen ist man gezwungen, mit der Zeit immer ungünstigere Lagerstätten zu erschließen, was den Kosten- und Preistrend nach oben sehr verschärfen kann. In fernerer Zukunft wird diese Kostenprogression sicher auch die heute so wohlfeil und reichlich verfügbaren petrochemischen Rohstoffe, nämlich Erdöl und Erdgas, treffen.

Literatur

4.1 Arbeitsverdienste in Industrie und Handel, Veröffentl. d. Stat. Bundesamtes, M 15/I, Nr. 31 1510.

4.2 ARNUM, K. J. VAN: Measuring and forecasting markets. Chem. Eng. Prog. 60 (1964) 12, S. 19.

4.3 BASS, F. M., u.a.: Mathematical models and methods in marketing, Homewood 1961.

4.4 BAYERN, G. J., CHIEN, R. I.: Correlation analysis. Chem. Eng. Prog. 55 (1959) 7, S. 42.

4.5 BERGER, R.: Sales forecasting. Chem. Eng. Prog. 55 (1959) 7, S. 40.

4.6 BICKELMANN, G.: Die chemische Industrie im kommenden Jahrzehnt. Chem. Ind. 20 (1968) 37.

4.7 BIELE, M.: Zur Erarbeitung der Prognose im Industriezweigverband Lacke und Farben. Plaste u. Kautschuk 15 (1968) 161.

4.8 BILLON, S. A.: Betriebliche Erfahrungskurven und Vorschaurechnung. Management intern. rev. 6 (1966) 6, S. 89.

4.9 CAUDLE, P. G.: Acetylene or ethylene as raw materials for vinyl chloride – a review of economic factors. Chem. and Ind. (1968) 1551.

4.10 Caustic soda. Chem. Age 98 (1967) Ausg. 1. 7., S. 15.

4.11 CHAMBERS, P.: Die Aussichten der chemischen Industrie in den siebziger Jahren unseres Jahrhunderts. Pharm. Ind. 30 (1968) 1.

4.12 CLARK, M. E.: The engineering approach to sales. Chem. Eng. Prog. 48 (1952) 643.

4.13 Consumer markets – big, different in 1987. Chem. Eng. News 45 (1967) Ausg. 17. 4., S. 28.

4.14 COPULSKY, W.: Forecasting demand for chemical commodities, New York 1962.

4.15 COPULSKY, W., CZINER, R.: Estimating future costs. Chem. Eng. Prog. 56 (1960) 2, S. 46.

4.16 CORRIGAN, T. E., DEAN, M. J.: Determining optimum plant size. Chem. Eng. 74 (1967) Ausg. 14. 8., S. 152.

4.17 DAEVES, K.: Vorausbestimmungen im Wirtschaftsleben, Essen 1951.

4.18 – Langzeit-Prognosen in der Chemischen Industrie. Chem. Ind. 4 (1952) 101.

4.19 D-Day for chlorine. Chem. Week 99 (1966) Ausg. 10. 12., S. 25.

4.20 Der Faserhaushalt der Welt in den nächsten Jahrzehnten. Chemiefasern 18 (1968) 549.

4.21 DÖNGES, E., HIRSCHBERG, R.: Chlor, in [1.115, S. 217].

4.22 Doing better than the economy. Chem. Week 102 (1968) Ausg. 30. 3., S. 26.

4.23 DRUEY, J.: The expanding chemical industry in continental Europe: Pharmaceuticals. Chem. and Ind. (1967) 725.

4.24 Entwicklung und Zukunft der Synthetics. Chemiefasern 16 (1966) 753.

4.25 EVERSON, J. W.: Forecasting for the management viewpoint. Chem. Eng. News 30 (1952) 3616.

4.26 EWELL, R. H., SCHEUERMAN, B.: Forecasting in the chemical industry. Chem. Eng. News 30 (1952) 3517.

4.27 FEDOR, W. S.: Commodity forecasting by computer time sharing. Chem. Eng. News 44 (1966) Ausg. 12. 9., S. 80.

4.28 – Consumer spending foretells plastics demand. Chem. Eng. News 45 (1967) Ausg. 20. 11., S. 84.

4.29 FIEDLER, J.: Prognosemethoden für die Bestands- und Absatzentwicklung neuer Produkte. Marketing-J. 3 (1967) 13.

4.30 – Die Anwendung von Regressionsverfahren zur Bestimmung zukünftiger Bedarfsentwicklungen. Marketing-J. 3 (1967) 119.

4.31 Forecasts hinge on market knowledge. Chem. Eng. News 39 (1961) Ausg. 27. 2., S. 30.

4.32 FUCHS, R.: Marktvolumen und Marktanteil, Stuttgart 1963.

4.33 FULMER, G. E.: Price is the most important physical property of a polymer. SPE-Journal 24 (1968) 2, S. 22.

4.34 GÄTH, R.: Wo stehen wir in der Entwicklung der Kunststoffe? Kunststoffe 44 (1954) 490.

4.35 GERFIN, H.: Langfristige Wirtschaftsprognose, Tübingen/Zürich 1964.

4.36 GRAF/HENNING/STANGE: Formeln und Tabellen der mathematischen Statistik, 2. Aufl., Bearb. HENNING, H.-J., STANGE, K., Berlin/Heidelberg/New York 1966.

4.37 HAKEN, W. v.: Soda, Ätznatron und Chlor. Ein Produktionsbild. Chemie-Ing.-Techn. 25 (1953) 162.

4.38 HASS, K.: Neuere Entwicklungen bei der Chloralkali-Elektrolyse sowie einige Neuerungen an den Zellen. Chemie-Ing.-Techn. 39 (1967) 689.
4.39 –, TROMM, W.: Chloralkali-, Chlorwasserstoff- und Wasser-Elektrolyse. Chemie-Ing.-Techn. 40 (1968) 557.
4.40 HEGEMAN, G. B.: Dynamic simulation for market planning. Chem. Eng. News 43 (1965) Ausg. 4. 1., S. 64.
4.41 – Marketing-Modelle der Chlor-Alkali-Industrie. Chem. Ind. 21 (1969) 84.
4.42 – The computer and forecasting of market demand and prices, in [1.17, S. 180].
4.43 HIRSCHMANN, W. B.: Profit from the learning curve. Harv. Bus. Rev. 42 (1964) 1, S. 125.
4.44 – The learning curve. Chem. Eng. 71 (1964) Ausg. 30. 5., S. 95.
4.45 HOMP, V.: Werbung und technischer Fortschritt. Absatzwirtschaft 10 (1967) 1461.
4.46 HOSKEN, W. F.: Forecasting the market. Chem. Eng. News 29 (1951) 2992.
4.47 HUTCHESSON, B. N. P.: Market research and forecasting for the chemical industry: the state of the art. Chem. and Ind. (1967) 1159.
4.48 JANTSCH, E.: Technological forecasting in perspective, OECD, Paris 1967.
4.49 KIEFER, D. M.: The futures business, Chem. Eng. News 47 (1969) Ausg. 11. 8., S. 62.
4.50 KNESCHAUREK, F.: Langfristige Marktprognosen und Investitionspolitik. GFM-Mitt. 6 (1960) 17.
4.51 – Strukturwandlungen in der wachsenden Wirtschaft und langfristiges Planen, Bern 1963.
4.52 KÖLBEL, H., SCHULZE, J.: Probleme und Verfahren der Chemie-Marktbeobachtung. Marktforscher 9 (1965) 3 u. 42.
4.53 – Neuentwicklungen zur Berechnung von Preisindices für chemische Anlagen. Chem. Ind. 19 (1967) 340 u. 701.
4.54 – Schwerpunkte in der Entwicklung der modernen Chemischen Technologie. Kautschuk u. Gummi, Kunststoffe 17 (1964) 237.
4.55 – Die langfristige technische Vorausschau in der chemischen Industrie. Chem. Ind. 21 (1969) 853.
– Aussichten der chemischen Industrie in den neunziger Jahren. Chem. Ind. 22 (1970) 281.
– Zukunftsentwicklungen der Chemie, in: Systems 69, Stuttgart 1970, S. 87.
4.56 KREVELEN, D. W. VAN: The development of plastics and synthetic fibres in the common market. Chem. and Ind. (1967) 731.
4.57 Kunststoffe im Wettbewerb mit herkömmlichen Werkstoffen. Kautschuk u. Gummi, Kunststoffe 21 (1968) 3, S. 97.
4.58 Kunststoffprognose für 1980. Kunststoffe 58 (1968) 793.
4.59 LABINE, R. A.: Mathematical modeling: an engineering approach to marketing. Chem. Eng. 71 (1964) Ausg. 13. 4., S. 193.
4.60 LEVITT, T.: Exploit the product life cycle. Harv. Bus. Rev. 43 (1965) 6, S. 81.
4.61 LUKER, B. G.: The Gompertz curve in market forecasting. British Plastics 34 (1961) 3, S. 108.
4.62 MACK, W. A.: Amerikanische Erfahrungen mit modernen Marktforschungsmethoden im Bereich der Kunststoffindustrie. Kunststoffe 53 (1963) 71.
4.63 MACSKASY, H.: Gesetzmäßigkeiten für die wirtschaftliche Entwicklung der Kunststoffindustrie. Kunststoffe 57 (1967) 210.
4.64 Market research. Chem. Age 99 (1968) Ausg. 30. 3., S. 20.
4.65 MATTHEWS, M. A.: Planning in the heavy organic chemical industry. Chem. and Ind. (1961) 1589.
4.66 MELLEROWICZ, K.: Planung und Plankostenrechnung, Bd. 1, Betriebliche Planung, Freiburg 1961.
4.67 NICOLL, J. A.: Techniques of long-term forecasting. Chem. and Ind. (1967) 1154.
4.68 Optimistische Projektion bis 1974. Handelsblatt (1970) Ausg. 30./31. 1., S. 3.
4.69 PEARCE, S. F., SMITH, L. M.: Polyolefines, world review and forecast. Plastics 31 (1966) 1143.
4.70 PENDER, S. T., HEGEMAN, G. B.: Chemical marketing research and the computer, in [3.31, S. 304].
4.71 PERKINS, J. H., ENYEDY, G.: A technique for forecasting price trends. Vortrag gehalten auf dem 1. Weltkongreß der Chemie-Ingenieure in Mexiko-City, 18. 10. 1965.
4.72 PFANZAGL, J.: Allgemeine Methodenlehre der Statistik, Bd. 2, 3. Aufl., Berlin 1968.

4.73 Pimentel-Gomes, F.: The use of Mitscherlich's regression law in the analysis of experiments with fertilizers. Biometrics 9 (1953) 498.
4.74 Piombino, A. J.: A long hard look ahead. Chem. Week 99 (1966) Ausg. 24. 9., S. 49.
4.75 Plastics at the end of the decade. Modern Plastics 44 (1967) 4, S. 171.
4.76 Plastics progress and prospects. British Plastics 40 (1967) 1, S. 75.
4.77 Pratt, C. J.: Trade and trends in fertilizer raw materials. Chem. Eng. Prog. 63 (1967) 10, S. 37.
4.78 Preise, Löhne, Wirtschaftsrechnungen, Preise und Preisindices ausgewählter Grundstoffe, Veröffentl. d. Stat. Bundesamtes, M 2, Nr. 31 0200.
4.79 Preise und Preisindices für industrielle Produkte (Erzeugerpreise), Veröffentl. d. Stat. Bundesamtes, H 3, Nr. 31 0300.
4.80 Reichherzer, R.: Über die Beziehungen zwischen der Produktionsmenge und dem Preis einiger Kunststoffe. Kunststoff-Rundschau 15 (1968) 437.
4.81 Review of chemical marketing forecasts shows that most are too conservative. Chem. Eng. News 47 (1969) Ausg. 21. 4., S. 26.
4.82 Rickles, R.: Future European chemical growth patterns. Park Ridge N. J. 1966.
4.83 Rix, H.: Chemiefasern verändern die Struktur des Heimtextilienmarktes. Chemiefasern 15 (1965) 108.
4.84 Schmidt, H., Holzinger, F.: Neue Entwicklungen bei der Chlor-Elektrolyse nach dem Quecksilber-Verfahren und bei der Verflüssigung von Chlor. Chemie-Ing.-Techn. 35 (1963) 37.
4.85 Schneider, K. W.: Dormagen – ein Werk mit Zukunft. Chem. Ind. 17 (1965) 56.
4.86 Sherwood, P. W.: Use this correlation for forecasting petrochemical markets. Hydrocarbon Proc. 42 (1963) 1, S. 133.
4.87 Spaght, M. E.: The future of the oil industry. Chem. and Ind. (1967) 1344.
4.88 Stange, K.: Styrolpolymerisate – Situation und Tendenzen. Chem. Ind. 20 (1968) 804.
4.89 Stern, E. S.: Technology, management and change. Chem. and Ind. (1968) 151.
4.90 Stobaugh, R. B.: Why do prices drop? Chem. Eng. Prog. 60 (1964) 12, S. 13.
4.91 – Chemical marketing research. Chem. Eng. 72 (1965) Ausg. 22. 11., S. 153.
4.92 Studt, H. J.: Stand der Reifen-Cord-Entwicklung unter dem Gesichtspunkt der verschiedenen Rohstoffe. Kautschuk u. Gummi, Kunststoffe 21 (1968) 385.
4.93 Sulfur hits a 47 – year high. Chem. Week 99 (1966) Ausg. 17. 12., S. 35.
4.94 Sulfur shortage spurs new look at phosphate technology. Chem. Eng. News 45 (1967) Ausg. 16. 10., S. 11.
4.95 Szigeti, P. R.: Langfristige Preis- und Verbrauchsänderungen bei Kunststoffen. Kunststoff-Rundschau 15 (1968) 545.
4.96 Tarnell, E.: Long-Range planning in markets and technology. Chem. Eng. 69 (1962) Ausg. 28. 5., S. 127.
4.97 Taylor, D. L.: Production and use patterns, in: Chlorine, Hrsg. Sconce, J. S., New York 1962, S. 10.
4.98 Teresi, S.: Grundsätze, Methoden und Verfahren der Umsatzvorschau in der Industrie: Hauptergebnisse aus einem Vergleich zwischen europäischen und amerikanischen Unternehmen. Manag. intern. rev. 6 (1966) 2, S. 37.
4.99 Timm, B.: 50 Jahre Ammoniaksynthese. Die BASF 13 (1963) 168.
4.100 Tramm, H.: Ein Gegenwartsproblem der deutschen Chemiewirtschaft: Die Umstellung auf den Rohstoff Erdöl. Erdöl u. Kohle 13 (1960) 331.
4.101 Twaddle, W. W., Malloy, J. B.: Evaluating and sizing new chemical plant. Chem. Eng. Prog. 62 (1966) 7, S. 90.
4.102 Wagenführ, H.: Wie betreibt man wirtschaftliche Zukunftsforschung? Chem. Ind. 21 (1969) 11.
4.103 Weinberger, A. J.: Estimating sales and markets. Chem. Eng. 71 (1964) Ausg. 20. 1., S. 141.
4.104 Weinhold, H.: Absatzplanung und Absatzführung. Der Markt (1963) 13.
4.105 Wendt, F.: Verfahren der Vorausschätzung. Wirtschaftsdienst 46 (1966) 225.
4.106 Wilson, J. D.: Want to predict cost escalation? Hydrocarbon Proc. 45 (1966) 1, S. 157.
4.107 Winnacker, K.: Rohstoffe und Vorprodukte für die chemische Industrie. Chemie-Ing.-Techn. 39 (1967) 993.
4.108 World chlor-alkali outlook: cloudy. Chem. Week 97 (1965) Ausg. 31. 7., S. 38.
4.109 World man-made fiber survey. Textile Organon. Jährlicher Bericht (Juni-Ausgabe).

5. Produkt- und Programmgestaltung in der chemischen Industrie

5.1 Begriffliche Grundlagen

Unter *Produkt-* und *Programmgestaltung* als Absatzmittel verstehen wir alle Bestrebungen zur Optimierung des Produktangebotes der Unternehmung. Die Produktgestaltung richtet sich vor allem auf das Hervorbringen neuer Produkte und könnte auch als *Produktentwicklung* im weitesten Sinne bezeichnet werden. Die Entwicklung bildet aber als begriffliches Korrelat zur Forschung eine naturwissenschaftlich-technische Aufgabe, die vom Absatz lediglich in ihren Zielsetzungen und Arbeitsmethoden beeinflußt wird.

Hierin offenbaren sich die Komplexität und die Sonderstellung von Produkt- und Programmgestaltung als betriebliche *Teilpolitik.* Im Gegensatz zu den anderen vertrieblichen Teilpolitiken, wie z.B. Werbung oder Absatzwegepolitik, kann der Vertrieb die Produkt- und Programmgestaltung nur in bestimmten Teilbereichen selbst bestimmen, wie z.B. im Bereich der Markenpolitik. Einen dominierenden Vertriebseinfluß wird man auch bei der Übernahme bekannter und fremdentwickelter Produkte ins eigene Programm anerkennen müssen, obwohl hier die Produktion bereits wesentlich hineinspielt, da die Programmänderungen unter wirtschaftlich optimalen Bedingungen realisiert werden müssen. Hinsichtlich der besonders wirkungsvollen Programmerneuerung durch selbstentwickelte neue Produkte wird der Vertrieb aber von den Leistungen der Forschung und Entwicklung abhängig, die sich um so schwerer in die vertriebliche Programmpolitik einbeziehen lassen, je anspruchsvoller und damit unsicherer die Entwicklungsaufgaben werden. Nur bei den geringfügigen Produktänderungen zur Berücksichtigung spezieller Bedarfswünsche und allgemein zur Produktdifferenzierung werden sich den Vertriebszielen kaum technische Schwierigkeiten entgegenstellen.

Ursprünglich wurde der Begriff Produktgestaltung nur im Sinne dieser begrenzten technischen Produktänderungen sowie gleichzeitig als eine Aufgabe der *äußeren Formgebung* aufgefaßt. Mit der Verdrängung der handwerklichen Fertigung durch die industrielle Massenfertigung war dem Verbraucher der Einfluß auf die äußere Formgestaltung nach seinen persönlichen Geschmacksvorstellungen genommen. Der Verbraucher erwartet auch von der Industrie, daß die Produkte nicht nur den technischen Zweck erfüllen, sondern daß daneben rein ästhetischen Bedürfnissen Rechnung getragen wird. Die Industrie andererseits erkannte hierin bald ein brauchbares Mittel zur Bedarfsausweitung und bezog die Produktgestaltung im Sinne der absatzwirksamen Formgebung oder des „industrial design“ fest in ihr absatzpolitisches Instrumentarium ein. Wenngleich der Begriff Produktgestaltung in dieser engen Ausdeutung dem ursprünglichen Begriff des Gestaltens als mechanisches Formgeben nahekommt, ist der Gestaltungsbegriff im weiteren Sinne mit folgenden Besonderheiten auch auf chemische Produkte anwendbar:

1. Die Produktgestaltung betrifft nicht nur äußere Formänderungen, sondern auch *stoffliche Substanzänderungen.* Daran zeigt sich die noch nicht allgemein geläufige Tatsache, daß die chemische Wissenschaft den Raum für die schöpferische Gestaltung eben von der Formgebung auf den Stoff selbst übertragen hat. Die Entwicklung chemischer Produktivgüter hat die *Anforderungen an die Folgeprodukte* und damit die Formgebung ebenfalls zu berücksichtigen.

2. Die Schaffung *neuer Produkte* ist das eigentliche Kernstück der Produktgestaltung in der chemischen Industrie, wobei die Grenzen zwischen kleineren Produktvariationen einerseits sowie ganz auf schöpferischen Leistungen der Forschung basierenden Fortschritten andererseits fließend sind. Soweit sich die Industrieforschung überhaupt planen, steuern und organisieren läßt, ist vor allem den Forderungen des Absatzes zu entsprechen und damit der vertrieblichen Produkt- und Programmgestaltung ein entscheidender Einfluß zu sichern.

3. Die Produktgestaltung ist zur *Programmgestaltung* zu erweitern und mit dieser im Zusammenhang zu betrachten. Dies ergibt sich in der chemischen Industrie besonders aus den zahlreichen Verbundwirkungen (horizontale Verbundwirkungen im Verkaufssortiment, wirtschaftliche Abstimmung der Produkte und Verfahren, Ausnutzung von Erfahrungen in der Forschung). Das Vertriebsprogramm ist nur dann optimal, wenn es gleichzeitig zu einem optimalen Produktions- sowie Forschungs- und Entwicklungsprogramm führt.

5.2 Forschung und Entwicklung in der chemischen Industrie

5.21 Bedeutung für das Marketing

5.211 Kennziffern der Forschungs- und Entwicklungsintensität

Wenn die wirtschaftliche Existenzfähigkeit der chemischen Industrie von der Leistungsfähigkeit der *Forschung* und *Entwicklung* abhängig ist, so ist diese generalisierende Aussage im Hinblick auf die einzelne Chemieunternehmung doch genauer zu präzisieren. Es gibt für die Messung der Forschungsbedeutung keinen zusammenfassenden Ausdruck, sondern nur eine Reihe von *Kennziffern*, die einzelne Maßstäbe der Forschungsintensität und der Marktstellung der Unternehmung miteinander in Beziehung setzen. Hiervon seien genannt:

1. Die *Altersstruktur* des *Absatzprogramms* wird durch den Umsatzanteil charakterisiert, der aus der Einführung neuer Produkte innerhalb einer bestimmten zurückliegenden Zeit entstanden ist (Abb. 5.1). In der chemischen Industrie wird diese Kennziffer häufig genannt, jedoch meistens auf der Basis verschiedener Zeiträume, was zusammenfassende Aussagen und Vergleiche erschwert.

Es wurde z.B. mitgeteilt: Im Jahre 1965 erreichten die neuen Produkte des Du Pont-Konzerns nach 1945, also innerhalb von 20 Jahren, einen Umsatzanteil von 45% [5.46]. Die Firma Henkel & Cie führte im Jahre 1967 70% des Umsatzes auf Neuentwicklungen während der vorausgegangenen 15 Jahre zurück [5.56]. 1967 erzielten die Farbwerke Hoechst AG etwa 80% ihrer Umsätze in der Pharmasparte aus Einführungen neuer Produkte der letzten 10 Jahre, während die entsprechende 10-Jahres-Quote bei Smith, Kline & French Laboratories in den USA 1964 60% betrug [5.148]. Seltener stehen repräsentative Durchschnittswerte für die chemische Industrie oder ihre Teilbranchen zur Verfügung. Für die Verhältnisse in den USA wurden 1960 folgende Umsatzanteile aufgrund von Neueinführungen nach 1956 ermittelt: 23% in der pharmazeutischen Industrie, 18% bei Chemiefasern, 15% bei Industriechemikalien, 16% im Durchschnitt bei chemischen und verwandten Produkten [5.26]. Die durchschnittliche jährliche Erneuerungsquote liegt überwiegend in den Grenzen von 3 bis 6%.

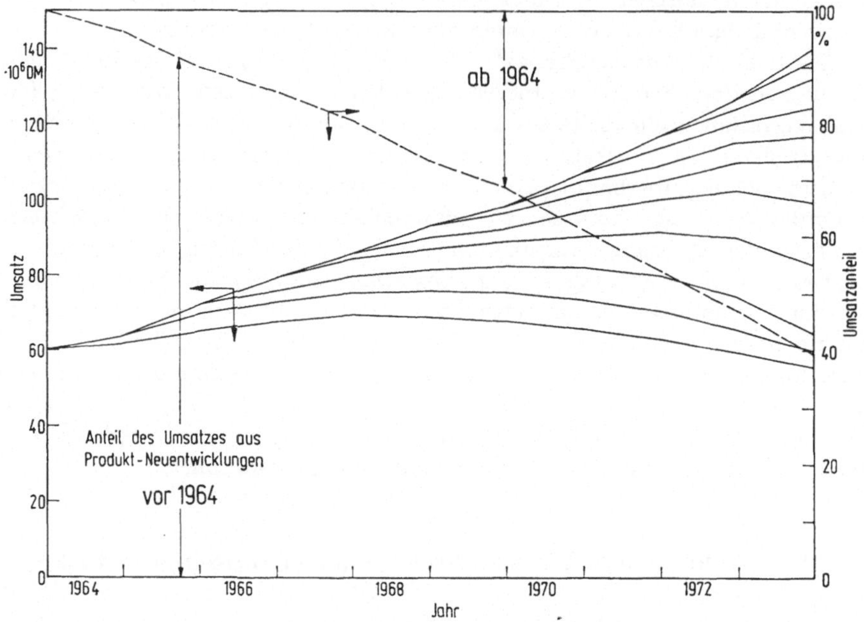

Abb. 5.1 Altersstruktur des Umsatzes.

Obwohl meistens die Frage offenbleibt, inwieweit ausschließlich selbst- oder auch fremdentwickelte Produkte ins Absatzprogramm übernommen wurden und welche Tragweite den Neueinführungen beizumessen war, beweisen diese Kennziffern doch die große Bedeutung der Programmerneuerung.

2. Die vielleicht bekannteste Kennziffer der Forschungsintensität ist der prozentuale *Anteil der Forschungs- und Entwicklungskosten* am *Umsatz*. Die chemische Industrie liegt hierin mit an der Spitze aller Branchen (vgl. Kap. 1.23).

Es bestehen allerdings erhebliche Unterschiede je nach Betriebsgröße und Teilbranche. Die großen komplexen Chemieunternehmungen mit mehreren Sparten und eigener breiter Grundstoffbasis erreichen bis 5% und mehr, während die Masse der kleineren Chemiebetriebe kaum eigene Forschung betreibt. Die Aufgaben der Produktgestaltung und Programmerneuerung beschränken sich dann auf veränderte Produktzusammensetzungen ohne eigene Entwicklung neuer chemischer Individuen. Am höchsten sind die Forschungsaufwendungen in den Sparten der Spezialitätenchemie mit Entwicklung neuer Verbindungen und Wirkstoffe, vor allem in der pharmazeutischen Industrie mit etwa 8–10%, ferner bei Schädlingsbekämpfungsmitteln, organischen Farbstoffen, Synthesefasern. Einen guten Einblick vermitteln die Zahlen der Tab. 5.1. Untersuchungen in den USA haben ergeben, daß in den letzten Jahren die Forschungs- und Entwicklungskosten schneller als die Umsätze und noch schneller als die Gewinne gewachsen sind. Im Zeitraum von 1957–1963 betrugen die durchschnittlichen jährlichen Wachstumsraten der chemischen Industrie der USA für die Umsätze 6,7%, für die Gewinne 5,4%, für die Forschungs- und Entwicklungsausgaben aber 10,3% [5.159; 5.168].

Tabelle 5.1 *Forschungs- und Entwicklungsausgaben in der chemischen Industrie 1968* [Business Europe, Ausg. 28. 11. 1969]

Europäische Unternehmungen	[% v. Umsatz]	[10^6 $/a]	Amerikanische Unternehmungen	[% v. Umsatz]	[10^6 $/a]
Astra (Schweden)	9,3	9,5	Esso Chemical	10,7	100,0
Ciba (Schweiz)	8,9	54,2	Upjohn	10,2	33,9
Farmitalia (Italien)	8,6	5,5	Smith Kline & French	10,0	28,2
Lab. Roger-Bellon (Frankreich)	8,5	2,9	Eli Lilly	9,9	47,6
			General Aniline	8,2	12,3
Sandoz (Schweiz)	8,0	40,3	Schering Corp.	7,5	14,1
Roussel-Uclaf (Frankr.)	6,3	11,3	Pittsburgh Plate Glass	6,7	32,0
Lepetit (Italien)	5,9	6,3	Abbott Laboratories	6,3	22,0
Wellcome Foundation (England)	5,5	8,2	Atlas Chemical	5,8	7,8
			Dow Chemical	5,1	84,0
UCB (Belgien)	4,6	5,7	Monsanto	4,8	86,3
Bayer (BRD)	4,3	84,0	FMC Corp.	4,6	28,7
Carlo Erba (Italien)	4,0	4,9	Cyanamid	4,3	44,0
Rhône-Poulenc (Frankr.)	3,9	54,5	Occidental Petroleum	3,8	15,0
DSM (Niederlande)	3,7	11,0	Wyandotte Chemicals	3,7	5,5
Hoechst (BRD)	3,7	73,0	Union Carbide	3,1	83,0
BASF (BRD)	3,6	66,0	Sherwin Williams	3,0	13,5
Koninklijke Scholten Honig (Niederlande)	3,0	3,5	Air Reduction	2,7	12,0
			Stauffer Chemical	2,6	12,5
ICI (England)	2,6	77,5			
Fosfatbolaget (Schweden)	2,6	2,3			
Solvay (Belgien)	2,4	15,7			

Da wesentliche Anteile des Umsatzes mitunter nicht auf den eigenen Forschungsleistungen beruhen, wird auch der Anteil der Forschungskosten allein an dem durch neue Produkte erzielten Umsatz als besser vergleichbare Kennziffer vorgeschlagen. Schließlich wird befürwortet, die Forschungskosten mit einer möglichst genau für einzelne Produktgruppen errechneten Ergebnisgröße in Beziehung zu setzen, von der die schlecht zurechenbaren allgemeinen Forschungskosten und Verwaltungskosten noch nicht abgesetzt wurden („Zwischenergebnis") [5.55]. Zahlenwerte dieser Kennziffern wurden noch nicht bekannt.

3. Die durchschnittliche wirtschaftlich nutzbare *Lebensdauer der neuen Produkte* steht mit der Intensität der Forschung im reziproken Verhältnis.

Die Lebensdauer chemischer Produkte ist überwiegend als kurz anzunehmen, und man rechnet bei chemischen Wirkstoffspezialitäten nur durchschnittlich mit 7 Jahren. In England hatte von den fünf führenden Diuretica des Jahres 1951 im Jahre 1960 kein einziges Produkt diese Position behauptet, während der entsprechende Vergleich zwischen 1957 und 1960 ergab, daß nur ein Produkt innerhalb der letzten fünf bleiben konnte [5.18]. Neue Formulierungen und Produktmarken ohne neue Substanzen sind freilich oft noch kurzlebiger, während andererseits bei vielen Grundstoffen längere und nicht überschaubar begrenzte Nutzungszeiten zu unterstellen sind, so daß die Kennziffer dann überhaupt wertlos ist. Die Sodagewinnung nach Solvay wird heute noch betrieben, obwohl das grundlegende englische Patent schon 1838 erteilt war und das moderne Produktionsverfahren seit 1865 benutzt wird.

Die Produktkonkurrenz ist in der chemischen Industrie gegenüber anderen Maßnahmen der Angebotskonkurrenz dominierend und wird zu einem großen Teil bereits im Rahmen der Forschungs- und Entwicklungskonkurrenz ausgetragen. Die Forschung wird einerseits wegen der Aussichten zur Verbesserung der Marktstellung und der Rentabilität, andererseits aber wegen des Zwanges intensiviert, der sich aus den gleichgerichteten Anstrengungen der Konkurrenten ergibt. Dennoch werden mit zunehmenden Fortschritten die Aussichten auf den Erfolg der Forschungsarbeiten immer geringer.

5.212 Einflüsse der Betriebsgröße

Die hohen Kosten und Risiken der Forschung sind an erhebliche *Mindestunternehmungsgrößen* gebunden, so daß Klein- und Mittelbetriebe entweder von der Forschung überhaupt ausgeschlossen bleiben oder in der Forschung stark begrenzt werden. Dies bedeutet eine Benachteiligung im Absatzmarkt.

Forschungs- und Entwicklungsabteilungen sind wegen der notwendigen *Spezialisierung* (Teilfunktionen, Fachrichtungen der Mitarbeiter, Forschungsobjekte und Einrichtungen) erst von einer bestimmten Größe an arbeitsfähig.

Zur Charakterisierung der Mindestunternehmensgröße unter dem Gesichtspunkt der erforderlichen eigenen Forschung und Entwicklung wird versucht, verallgemeinernde Angaben über die *Mindestbelegschaftszahlen* im Forschungsbereich zu ermitteln. Die hieraus abgeleitete Höhe der Forschungskosten ermöglicht dann in Verbindung mit Richtwerten über die angemessene Relation zwischen Forschungskosten und Umsatz Rückschlüsse auf die notwendigen umsatzbezogenen Mindestunternehmensgrößen.

Generalisierende Aussagen sind insofern schwierig, als die Abgrenzung des Forschungs- und Entwicklungsbereichs sowie des zugeordneten Personals und der hieraus entstehenden Kosten nicht einheitlich sind und außerdem die jeweiligen Produktgruppen und Forschungsziele einen großen Einfluß ausüben. Forschungsabteilungen der pharmazeutischen Industrie, welche die Auffindung neuer Wirkstoffe zur Aufgabe haben, werden in den Mindestgrößen sehr hoch liegen.

Von einem größeren deutschen Pharmaunternehmen wird gesagt, daß es bei einer Belegschaftszahl von 200 Forschern (Chemiker, Pharmazeuten, Mediziner und anderes akademisches Personal) und einschließlich Hilfskräften von insgesamt rund 1000 Mitarbeitern im Forschungs- und Entwicklungsbereich im Durchschnitt der letzten 2 Jahrzehnte gelungen sei, alle 2–3 Jahre einen neuen Wirkstoff bis zum Markterfolg zu entwickeln. Im Jahre 1968 galt in der deutschen chemischen Großindustrie der Kostensatz von jährlich 300000 DM je Forscher als Richtwert (einschließlich 4–5 Hilfskräfte, anteilige Kosten der Forschungseinrichtungen, Verbrauchsmaterial, anteilige Kosten der Inanspruchnahme anderer Betriebsstellen und der Verwaltung). Selbst bei der günstigen und sicher nicht ganz zulässigen Extrapolation würde man bei 100 Forschern nur noch alle 5 Jahre und bei 50 Forschern nur alle 10 Jahre mit einem neuen Wirkstoff rechnen können. Im Ausgangsfall würden bei 200 Forschern aber bereits Forschungs- und Entwicklungskosten von 60 Millionen DM pro Jahr entstehen, was bei einem Forschungskostensatz der pharmazeutischen Industrie von 10% vom Umsatz bereits einer Unternehmensgröße von 600 Millionen DM/Jahr entspräche.

Sicher liegt die Masse der forschungstreibenden Pharmaunternehmungen unter dieser Umsatzgröße (vgl. Tab. 5.1.). In einer Untersuchung seitens der französischen Pharmaindustrie wurde festgestellt, daß eine gut eingerichtete Pharmaforschung mit Wahrnehmung der wichtigsten Aufgaben von der Synthese neuer Verbindungen bis zur klinischen Erprobung eine Mindestunternehmensgröße von 30 Millionen FF zur Voraussetzung hat [8.25]. Dies würde grob gerechnet einem Forschungsbudget von 3 Millionen FF und 10 Forschern sowie 50 Mitarbeitern entsprechen. Die Untergrenze für die forschungstreibende Pharmaunternehmung würde damit erst bei 1/20 der eingangs erwähnten Unternehmensgröße liegen.

In den meisten Fällen sind die Forschungsziele viel weniger anspruchsvoll als bei der Suche nach neuen pharmazeutischen Wirkstoffen. Bei eng gesteckten Aufgaben, der Entwicklung anwendungsgerechter Produktmodifikationen und neuer Formulierungen wird es oft möglich sein, mit kleinsten Mitarbeiterstäben auszukommen, so daß die Grenzziehung nach unten überhaupt fragwürdig erscheint. Nimmt man einmal, recht willkürlich, 2 Forscher und 10 Mitarbeiter insgesamt an (0,6 Millionen DM/Jahr Forschungskosten), so würde sich beim durchschnittlichen Forschungskostensatz in der deutschen chemischen Industrie (3,5% vom Umsatz) immerhin ebenfalls bereits eine Unternehmensgröße von 17 Millionen DM Jahresumsatz ergeben. Häufig wird bei diesen bescheidenen Ansprüchen der Forschungskostenrichtwert von 300000 DM je Forscher und Jahr, aber auch der 3,5prozentige Forschungskostenanteil am Umsatz zu hoch gegriffen sein, so daß die eigene „Forschung" dann sogar noch kleineren Unternehmungen offenstehen würde. Obwohl aber die Masse der kleineren Betriebe hinter dem Forschungskostenanteil der Großbetriebe und des Branchendurchschnitts zurückbleibt, kann der „Forschungsgrenzbetrieb", der an der Untergrenze der tragfähigen Betriebsgrößen liegt, sogar zur Übernahme noch höherer Belastungen prozentual vom Umsatz gezwungen sein.

Erst bei großen Forschungsgruppen kann sich die *Kostendegression* der Forschung auswirken, etwa durch die bessere und kontinuierliche Ausnutzung von Spezialkräften und Spezialeinrichtungen, den höheren Anreiz des Großbetriebes zur Gewinnung von Fachkräften, die Verbundwirkungen der Forschung durch wechselseitige Befruchtung von Forschungsarbeiten und die erweiterten Verwertungsmöglichkeiten der Ergebnisse im Großbetrieb. Nur der Großbetrieb bewältigt auf die Dauer die Risiken aus den geringen Erfolgsquoten, den langen Innovationszeiten bis zur wirtschaftlichen Verwertung der Ergebnisse, den hohen Kosten der Entwicklung selbst eines einzigen neuen Produktes sowie aus den Schwierigkeiten der notwendigen Kontinuität der Forschung auch in Zeiten ungünstiger Ertragslage. Die Kleinbetriebe werden damit in solche Sparten abgedrängt, in denen noch keine unmittelbare Notwendigkeit zur Forschung besteht. Für die Kleinbetriebe eröffnet sich eine weitere Chance durch Forschungskooperation, jedoch ist dieser Weg wegen der schwierigen Überwindung der Konkurrenzgegensätze bislang noch wenig beschritten worden. Schließlich bietet die Fremdforschung sowie die Übernahme von Lizenzen begrenzte Ausweichmöglichkeiten.

5.213 Neue Produkte, Anwendungen und Verfahren

Zielt die Forschung in der chemischen Industrie ganz allgemein auf die Hervorbringung neuer Produkte, Produktverwendungen und Produktionsverfahren, so stehen unter dem Gesichtspunkt der Produktgestaltung die *neuen Produkte* im Vordergrund. Diese sind aber nicht ohne gleichzeitige Erarbeitung eines Verfahrensweges darstellbar, so daß in der chemischen Industrie beides häufig zusammenfällt. Bei der Suche nach neuen Verbindungen ist die Entwicklung geeigneter Verfahren zu ihrer Herstellung eingeschlossen. Es ist für die große Bedeutung der Produktentwicklung in der chemischen Industrie charakteristisch, daß die Entwicklung neuer Produkte lebenswichtiger ist als in anderen Industriezweigen, wie es die Erhebungsergebnisse in Tab. 5.2 verdeutlichen.

Bei den Grundstoffen und Zwischenprodukten steht die Entwicklung von *Verfahren* im Vordergrund. Es handelt sich meistens um längst bekannte chemische Verbindungen, bei denen es allein darauf ankommt, entsprechend den dauernden Marktverschiebungen die chemisch, verfahrenstechnisch und apparativ günstigsten Produktionsverfahren anzuwenden. Im Vertrieb wirken sich die Verfahrensinnovationen, zu denen auch veränderte Anlagegrößen zu rechnen sind, weniger in der Programmstruktur als in den Kostendaten der Preispolitik aus.

Der Gegenstand der neuen und verbesserten *Anwendungen* bringt die chemische Forschung und Entwicklung eng mit dem Vertrieb in Berührung. Sofern es nicht nur um Verbesserungen beim Anwendungsverfahren, sondern um die Erschließung völlig neuer Anwendungen geht, kann die Bedeutung solcher Forschungsergebnisse für den Absatz sogar über neue Produkte noch hinausgehen.

Tabelle 5.2 *Forschungs- und Entwicklungsziele in der Verfahrensindustrie der USA* [5.158]

Industriezweig	Hauptziel [% der Nennungen]		
	neue Produkte	verbesserte Produkte	neue Verfahren
Chemische und verwandte Produkte	70	20	10
Steine und Erden, Glas, Keramik	41	41	18
Papier- und Zellstoffindustrie	37	41	22
Kautschukverarbeitung	17	83	–
Erdölverarbeitung und Kohleveredelung	27	33	40
Nahrungsmittelindustrie	50	24	26
Nichteisenmetalle	39	44	17
Industriedurchschnitt	45	41	14

So hat z.B. erst die Verwendung der Harnstoffharze im Leimsektor, besonders zur Herstellung von Holzspanplatten, diesen Kunststoffen zu der großen heutigen Marktbedeutung verholfen, nachdem bereits lange zuvor mehrere andere Verwendungen (z.B. Preßmassen, Schaumstoffe, Textilveredelung u.a.) bekannt waren.

5.214 Erfolgsquoten, Kosten und Risiken

Die *Erfolgsquoten* der Forschung und Entwicklung setzen die Zahl der erfolgreichen mit der Gesamtzahl der bearbeiteten Projekte ins Verhältnis. Zusammen mit den Forschungskosten ergeben sich hieraus wichtige Maßstäbe zur Beurteilung der *Risiken*, welche die eigene Forschung als Mittel zur Produkt- und Programmgestaltung mit sich bringt.

Ein westdeutscher Chemiekonzern prüft allein in der Farbenforschung jährlich 6000–8000 neue Typen, von denen nur 30–40 neue Farbstoffe in die Produktion gehen. Das entspricht einer Erfolgsquote von etwa 1:200 oder 0,5% [6.9]. In der pharmazeutischen Industrie Westeuropas werden jährlich mehr als 150000 neue Substanzen auf pharmakologische Wirksamkeit geprüft, wovon jedoch höchstens 50 zu neuen marktfähigen Medikamenten führen. Die Erfolgsquote beträgt hier durchschnittlich 1:2500 bis 3000, was prozentualen Erfolgschancen von 0,04–0,03% entspricht. Für die USA lauten die entsprechenden Erfahrungswerte 1:3500 bis 6000 oder 0,03–0,02% [5.196]. In Einzelfällen ist die Erfolgsquote noch niedriger, wie es z.B. für die Auffindung eines einzigen therapeutisch brauchbaren Breitbandspektrum-Antibioticums aus nicht weniger als 100000 untersuchten Kulturen mitgeteilt wurde [5.36].

Die für die Entwicklung neuer Schädlingsbekämpfungsmittel in den USA gemäß Tab. 5.3 mitgeteilten Erfolgsquoten würden ebenfalls sehr niedrig liegen. Die Aufteilung der Erfolgsquoten auf die verschiedenen Stufen der Forschung und Entwicklung läßt erkennen, daß die Erfolgschancen aussichtsreicher neuer Produktvorschläge aufgrund der Synthese und Vorprüfung neuer Substanzen mit 1:100 relativ am geringsten sind. Andererseits beanspruchen die Kosten weniger als 10% der Gesamtsumme. Die später zunehmenden Erfolgschancen sind wegen der enorm anwachsenden Kosten unbedingt erforderlich.

Dabei ist noch nichts über die wirtschaftliche Bedeutung der Neuentwicklungen gesagt. Bei den pharmazeutischen Produkten sind im allgemeinen diejenigen am wertvollsten, die auf neuen chemischen Wirkstoffen beruhen, weniger dagegen die Kombinationspräparate, Anwendungsformen und Formulierungen auf der Basis bekannter Wirkstoffe. Nach Abb. 5.2 ist der Anteil dieser wertvollen Neuerungen an der Gesamtzahl der neuen Produkte jedoch relativ gering.

Tabelle 5.3 *Erfolgsquoten und Kosten neuer Schädlingsbekämpfungsmittel in den USA* [5.144]

Phase der Forschung und Entwicklung	Durchschn. Kosten einer Substanz [$]	Erfolgsquote für nächste Phase	Kumulative Erfolgsquote	Gesamtkosten [$]	Kostenanteil [%]
Synthese und „screening“	400	1:100	1:100	400000	7
Toxizitätsbestimmung	100000	1:10	1:1000	1000000	16
Feldprüfung	400000	1:4	1:4000	1600000	27
Produktentwicklung	200000	1:2	1:8000	400000	7
Verfahrensentwicklung	200000	1:1,5	1:12000	300000	5
Test-Marketing	200000	1:1,5	1:18000	300000	5
Markterschließung[1]	1000000	1:2	1:36000	2000000	33
Gesamt	2100400	–	1:36000	6000000	100

[1] Der Wert beruht auf der Annahme, daß erst eine geeignete Vertriebsorganisation aufgebaut werden muß. Andernfalls würden sich die Kosten der Markterschließung auf etwa 200000 $ reduzieren. Daten von Arthur D. Little Inc. für 1964.

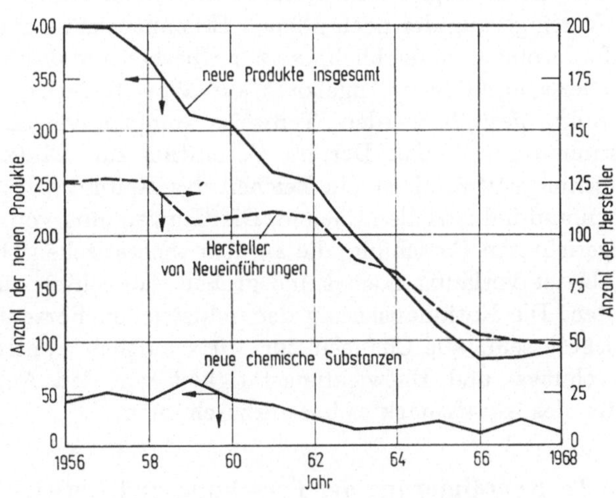

Abb. 5.2 Rückläufige Entwicklung der Anzahl neu auf dem Markt erschienener Pharmazeutika in den USA, nach [5.72–5.74].

Wir müssen außerdem eine *abnehmende* Tendenz der Erfolgsquoten feststellen, was wiederum an den Verhältnissen der pharmazeutischen Industrie mit ihren statistisch sorgfältig erfaßten Neuentwicklungen belegt sei. Abb. 5.2 und Tab. 5.4 lassen den Rückgang während der letzten Jahre deutlich erkennen, obwohl die Forschungsanstrengungen in dieser Zeit erheblich zugenommen haben.

Tabelle 5.4 *Anzahl neuer pharmazeutischer Wirkstoffe in verschiedenen Ländern* [5.48]

Land	1961	1962	1963	1964	1965	Gesamt	[%]
USA	26	13	16	9	9	73	22,1
BRD	10	13	19	12	8	62	18,9
Frankreich	10	23	15	7	6	61	18,3
Schweiz	10	8	8	2	4	32	9,7
England	7	3	8	3	4	25	7,6
Japan	1	1	11	6	1	20	6,1
Benelux	2	8	5	2	1	18	5,4
Italien	2	7	1	2	3	15	4,5
Skandinavien	1	5	3	1	–	10	3,0
Sonstige[1]	4	2	–	6	2	14	4,2
Summe	73	83	86	50	38	330	100,0
[%]	22,1	25,2	26,1	15,1	11,5	100,0	

[1] Kanada, ČSSR, Österreich, Portugal, DDR, Ungarn.

Da die Kosten der fehlgeschlagenen Entwicklungen von den erfolgreichen Projekten mitgetragen werden müssen, sind entsprechend hohe Absolutbeträge der Forschungs- und Entwicklungskosten für neue Produkte zu erwarten. Für die Entwicklung neuer pharmazeutischer Wirkstoffe in den USA wurde geschätzt, daß die Kosten zwischen 1948 und 1961/62 von 0,83 Millionen auf 5–9 Millionen US $ angewachsen sind [5.196; 8.16, S. 184]. Auch von westeuropäischer Seite wurden Schätzungen in der Größenordnung von 5 Millionen $ bestätigt [5.117]. Gemäß Tab. 5.3 ist bei neuen Schädlingsbekämpfungsmitteln mit ungefähr gleichhohen Kosten zu rechnen.

Für die niedrigen und weiter absinkenden Erfolgsquoten sind in erster Linie die Verringerung der noch offenen Erkenntnismöglichkeiten und die wachsenden Anforderungen maßgeblich, die zur Überbietung des bereits vorhandenen breiten und leistungsfähigen Angebotes auf allen Bedarfsgebieten an neue chemische Produkte gestellt werden. Teilweise kommen verschärfte öffentliche Kontrollbestimmungen hinzu. Der im Verhältnis zum Nutzen progressiv ansteigende Forschungsaufwand ist ein Zeichen des Reifungsprozesses in der wissenschaftlichen und industriellen Chemie. Die Hinwendung von der empirischen zur streng zielgerichteten Forschung, die an dem theoretischen Grundlagenwissen orientiert ist, bietet vorläufig noch keine großen Aussichten zur Steigerung der Erfolgsquoten. Die Rationalisierung der industriellen Forschung muß vor allem darauf gerichtet sein, alle Chancen zur wirtschaftlich kontrollierenden Steuerung der Forschungs- und Entwicklungstätigkeit von den Anforderungen und Möglichkeiten des Absatzmarktes her auszuschöpfen.

5.22 Koordinierung der Forschung und Entwicklung mit dem Vertrieb

5.221 Naturwissenschaftliche, technische und wirtschaftliche Denkweisen

Die Maßnahmen zur organisatorischen Bestgestaltung des Chemiebetriebes haben die fachliche Dreiteilung in einen chemisch-naturwissenschaftlichen, ingenieurtechnischen und kaufmännischen Bereich zu überwinden. Dies ist bei Produkt- und Programmerneuerungen mit Hilfe der eigenen Forschungstätigkeit besonders vordringlich [2.65; 5.113]. Gerade die schöpferischen *Forschungschemiker* werden leicht ihre Leistungen an den Bewertungsnormen rein naturwissenschaftlicher Erkenntnisgewinnung messen, denen die Erkenntnismehrung als Selbstzweck erscheint und denen wirtschaftliche Gesichtspunkte oft fremd sind. Eng in Verbindung hiermit steht das Streben nach freien Entfaltungsmöglichkeiten in all jene Forschungsrichtungen, die einen rein wissenschaftlich lohnenden Erfolg versprechen.

Im Bereich des *Ingenieurwesens* bestehen ebenfalls fachliche Eigenwertungen, obwohl sie mit den ökonomischen Zielsetzungen bereits in engere Beziehungen zu bringen sind. Die Technik kennt das Prinzip der technischen Rationalität, nach dem ein technisches Ergebnis mit vergleichsweise geringstem Aufwand zu lösen ist. Die Bewertung der mengenmäßigen, technischen Größen führt bereits zum wirtschaftlichen Prinzip. Immerhin sind auch in der Ingenieurtechnik Neigungen zum unwirtschaftlichen technischen Perfektionismus oft anzutreffen.

Vom kaufmännischen und besonders *absatzwirtschaftlichen* Standpunkt her betrachtet, erfahren alle betrieblichen Tätigkeiten ihre Wertung nur durch den Absatzmarkt und vor allem durch die Nachfrage. Noch so bahnbrechende wissenschaftliche Erkenntnisse sind mitunter für den Vertrieb wertlos. Unter diesem Gesichtspunkt können die aufgewandten Forschungsmittel als nutzlos vertan gelten. Die Forderung der Ausrichtung der industriellen Forschung und Entwicklung an den absatzwirtschaftlichen Zielsetzungen ist die zwangsläufige Konsequenz, doch ist sie nur in begrenztem Umfang durchzusetzen. Die eigene Denkweise besonders der naturwissenschaftlichen Forschung verhindert eine straffe Einbeziehung in die Unternehmensplanung. Andererseits ist die Planung der Forschung durch die mangelnde Voraussehbarkeit ihrer Ergebnisse erschwert.

5.222 Teilfunktionen der Forschung und Entwicklung

Um die Möglichkeiten einer Abstimmung zwischen Vertrieb und industrieller Forschung und Entwicklung zu übersehen, seien zunächst ihre Teilfunktionen abgegrenzt. Bis auf Überschneidungen kann man die Forschung und Entwicklung in der chemischen Industrie etwa wie folgt gliedern:

1. Grundlagenforschung
2. Angewandte Forschung
3. Verfahrensentwicklung
4. Anwendungstechnische Entwicklung
5. Verfahrens- oder ingenieurtechnische Forschung und Entwicklung

Eine Abgrenzung zwischen Forschung einerseits und Entwicklung andererseits nach dem Ausmaß der Neuerung und der schöpferischen Originalität läßt sich in der chemischen Industrie kaum durchführen. Dagegen wird – mehr unter fachlichen Gesichtspunkten – die Forschung oft dem rein chemisch-naturwissenschaftlichen und die Entwicklung dem technischen Bereich zugeordnet.

Die Unterscheidung zwischen *Grundlagenforschung* und angewandter Forschung ist zwar umstritten, hat aber dennoch ihre Berechtigung und führt häufig zu einer organisatorischen Trennung. Auch die chemisch-industrielle Grundlagenforschung hat letzten Endes technische und ökonomische Zielsetzungen, wenngleich die Ziele nicht eindeutig festzulegen sind. Die Grundlagenforschungsobjekte lassen sich den verschiedenen Produktgruppen und Sparten kaum zuordnen, weshalb die Bearbeitung meistens „spartenfrei" in wissenschaftlichen Zentrallaboratorien erfolgt. Die Vorhaben sind langfristig und sollen neue Grunderkenntnisse erschließen, auf denen später vielleicht ganz neue Produktgruppen und Anwendungen basieren. Gerade die Neuheiten aber sind es, die zu entscheidenden Vorsprüngen in der Marktstellung führen und die Bezeichnung „offensive" Forschung rechtfertigen. Zur Sicherung des Unternehmensbestandes auf lange Sicht trägt die Grundlagenforschung am ehesten bei.

Die Bedeutung der chemischen Grundlagenforschung nimmt aus zwei Gründen zu. Die Ergebnisse der freien akademischen Grundlagenforschung an Universitäten, Hochschulen und nichtkommerziellen Instituten reichen immer weniger für die industriellen Bedürfnisse aus. Außerdem verlangt der Übergang vom früher vorherrschenden empirischen Arbeiten zur sorgfältigen Planung der Experimente nach den Vorstellungen der Theorie auch in der Industrie eine intensive Grundlagenforschung (Kap. 6.26).

Die *angewandte Forschung* ist auf relativ kurzfristige und ziemlich genau festgelegte, produktionsnahe Aufgaben gerichtet. Organisatorisch werden hierfür „Spartenlaboratorien" oder „Fabriklaboratorien" vorgesehen und eng mit den zugehörigen Produktionsbereichen koordiniert, teilweise diesen sogar unmittelbar eingegliedert. Ihre Abstimmung mit dem Vertrieb ist aber ebenso bedeutungsvoll und wird bei einer objektweisen Vertriebsorganisation nach den entsprechenden Sparten erleichtert. Die angewandte Forschung ermöglicht die laufende Erneuerung und Verbesserung des Produktionsprogramms im Rahmen begrenzter „defensiver" Maßnahmen der Produkt- und Programmpolitik. Die Hervorbringung neuer verkaufsfähiger Produkte ist ihr eigentliches Aufgabengebiet, was in der gelegentlichen Bezeichnung „Produktforschung" deutlich zum Ausdruck kommt. Im Anschluß an die präparative Darstellung neuer chemischer Verbindungen und speziell im Hinblick auf das Rezeptieren von Mischungen sowie physikalische Produktveränderungen wird zuweilen nur von „Produktentwicklung" gesprochen, was man auch teilweise bereits zur Anwendungstechnik rechnet.

Die *Verfahrensentwicklung* betrifft die Übertragung der im Labormaßstab gefundenen chemischen Reaktionen in den Maßstab großtechnischer Produktionsanlagen. Es geht um die Festlegung der chemischen Reaktionstechnik, der physikalischen Grundverfahren vor und nach Durchführung der eigentlichen Reaktion und die Dimensionierung der Apparaturen. Die enge Beziehung zur angewandten Forschung findet in der häufigen Angliederung der für die Verfahrensentwicklung vorgesehenen „Technika" oder Versuchsanlagen an die Spartenlaboratorien ihren Niederschlag. Bei einer stufenweisen Vergrößerung der Versuchsapparaturen wird die letzte Stufe nicht selten bereits im Produktionsbereich verwirklicht. Die Verfahrensentwicklung ist für die wirtschaftlich optimale Prozeßführung und Apparatedimensionierung und damit für das Erreichen möglichst niedriger Produktionskosten verantwortlich. Aufgrund der Wechselwirkungen zwischen Produkt und Verfahren kann sich im Rahmen der Verfahrensentwicklung noch eine zweckmäßige Veränderung von Qualitätsparametern der Produkte abzeichnen.

In der *anwendungstechnischen Entwicklung* werden die wissenschaftlich-technischen Grundlagen für die Produktverwendung erarbeitet. Wegen der häufigen

Einbeziehung ingenieurtechnischer Aufgaben ist die Bezeichnung „Entwicklung" vorherrschend, man spricht aber zuweilen auch von Anwendungsforschung (application research). Im übrigen liegen in den einzelnen Chemieteilbranchen ganz unterschiedliche Verhältnisse vor. Der Begriff der Anwendungsentwicklung geht eigentlich vom primären Auffinden neuer Stoffe und der anschließenden Suche nach Verwendungsmöglichkeiten aus. Das Marketing verlangt aber das möglichst weitgehende Voranstellen der bedarfsseitig geforderten Produkteigenschaften, so daß die Anwendungsentwicklung eine Schlüsselstellung für die Zielplanung der gesamten industriellen Forschung und Entwicklung erlangt. Die Anwendungsentwicklung wird meistens mit der Qualitätskontrolle und dem technischen Kundendienst zum übergeordneten Bereich der Anwendungstechnik zusammengefaßt (Kap. 6.11).

Die *verfahrenstechnische Forschung und Entwicklung* ist häufig nicht auf einzelne Produkte oder Verfahren abgestellt, sondern dient der Bearbeitung technischer Aufgabenstellungen von großer Bedeutung. Die Ergebnisse kommen in erster Linie der oben genannten Verfahrensentwicklung zugute. Eine enge Verbindung besteht zur *Detailprojektierung* und zum *Bau neuer Anlagen*. Die Aufgaben liegen in der Verantwortung des Ingenieurbereichs.

5.223 Organisation der Forschung und Entwicklung

Im Rahmen der *Organisation* der *Forschung* und *Entwicklung* sind die abgegrenzten Teilfunktionen stellenmäßig so zu realisieren, daß sowohl im Innenbereich als auch im Verhältnis zu den anderen Hauptabteilungen optimale Zusammenarbeit und Aufgabenerfüllung gewährleistet sind. Die Sicherung dieser Querverbindungen ist insofern problematisch, als von der ersten Forschungsidee über die Projektierung der Anlagen bis zur Markteinführung der neuen Produkte zahlreiche Fachgebiete und Stellen berührt werden und viele Abteilungsgrenzen zu überwinden sind. Um hier die Koordinierung zwischen allen Beteiligten zu erleichtern und die Durchlaufzeiten der Projekte bei gleichzeitig besserer Auslastung der verschiedenen Spezialisten und Einrichtungen abzukürzen, wurde in den USA das *Projektprinzip* vorgeschlagen. Es setzt Teamarbeit und die fallweise Zuteilung der benötigten Fachleute an die einzelnen Projekte je nach Eigenart und Entwicklungsstand voraus, wobei auf störende Abteilungsgrenzen keine Rücksichten genommen werden. Das Projektprinzip hat sich jedoch gegenüber dem *Abteilungsprinzip* kaum durchsetzen lassen, weil andere Nachteile überwiegen. Hier sind besonders die schwierige Kompetenzabgrenzung, die dauernde Veränderung der Arbeitsgruppen und die fachfremden Unterstellungen zu nennen.

Der *Organisationsplan* der Abb. 5.3 entspricht ungefähr der oben dargestellten Abgrenzung der Teilfunktionen. Im Übergangsbereich zwischen Grundlagenforschung und angewandter Forschung wird eine zweckorientierte Grundlagenforschung unterschieden, die bereits auf das Arbeitsgebiet einer Sparte ausgerichtet und dementsprechend auch den Spartenlaboratorien eingegliedert ist. Die rechteckigen Felder deuten schematisch die räumliche Anordnung der Bauten oder Betriebskomplexe an, während Kreise die Einrichtung der wissenschaftlichen Fachkommissionen als wichtige Koordinierungsinstanzen und Pfeile den Informationsaustausch symbolisieren. Die Notwendigkeit des engen wissenschaftlichen

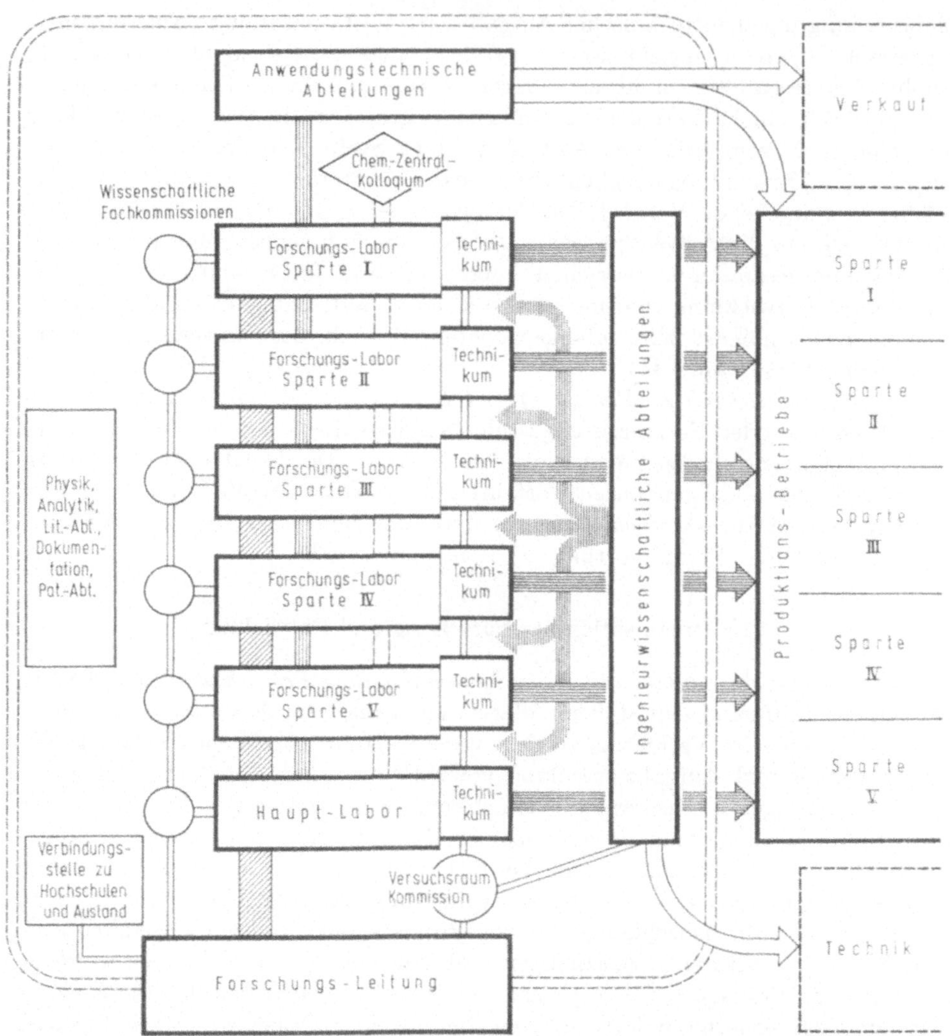

Abb. 5.3 Organisation der Forschung und Entwicklung der Farbwerke Hoechst AG [5.179].

Erfahrungsaustausches auch zwischen den nach Produktgruppen (Sparten) abgegrenzten Abteilungen wurde betont, da oft gerade durch Übertragung von Forschungsergebnissen auf andere Gebiete Fortschritte entstehen [5.179].

Unter Annahme des Abteilungsprinzips mit übergeordneter funktionaler und nachgeordneter objektweiser Spartenorganisation ist in Abb. 5.4 das Grundschema der *Ablauforganisation* der Forschungsprojekte dargestellt. Hierbei ist keine zentrale Zusammenfassung der oben genannten Teilfunktionen unter einheitlicher Oberleitung angenommen, sondern die Eingliederung in mehrere Hauptabteilungen. Dem eigentlichen Forschungsbereich sind die Grundlagenforschung, die angewandte Forschung sowie die vor allem in Technikumsräumen konzentrierte Verfahrensentwicklung unterstellt. Die verfahrenstechnische Forschung

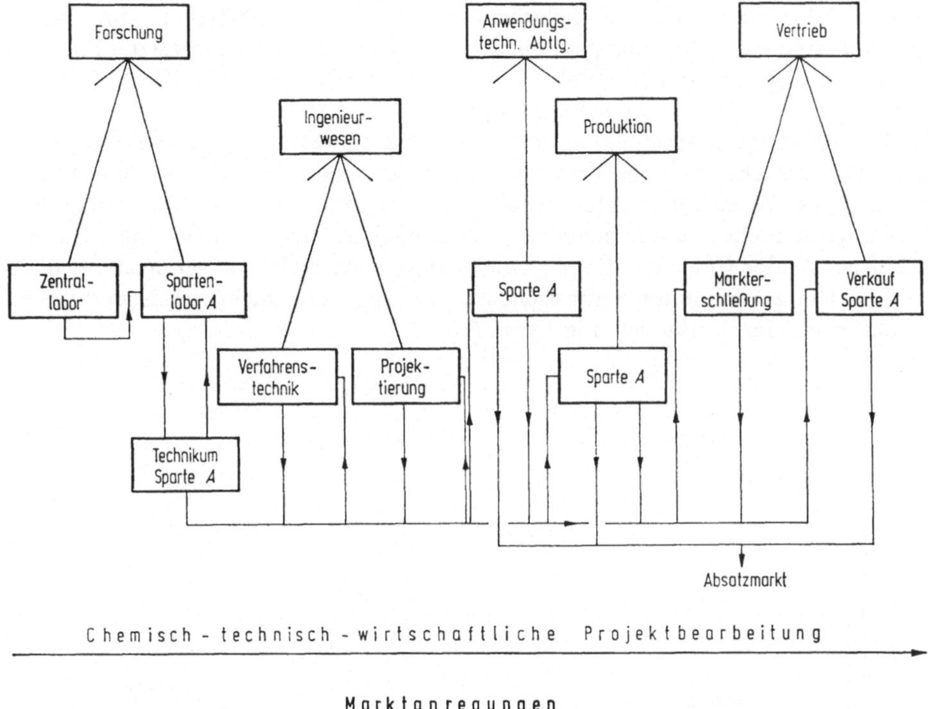

Abb. 5.4 Schema des Projektdurchlaufs über die Forschungs- und Entwicklungsstellen.

und Entwicklung sowie Projektierung fallen in den Ingenieurbereich, die Anwendungstechnik ist als eigener Bereich angenommen. Bis zum regulären Vertrieb der neuen Produkte sind schließlich die Produktion und die Markterschließung einzuschalten. Von diesem Gliederungsschema mögen länderweise, in den verschiedenen Chemieteilbranchen sowie in einzelnen Unternehmungen freilich Abweichungen auftreten (vgl. Abb. 6.8 für die pharmazeutische Industrie). Auch die über Pfeile symbolisierte Ablaufrichtung neuer Projekte entspricht nur der vorherrschenden Hintereinanderschaltung der Teilfunktionen. Selten wird eine ausschließlich einseitige Durchlaufrichtung im Schema von links nach rechts zu realisieren sein, dagegen kommt es häufig zu Rückverweisungen einzelner Projekte an vorgelagerte Forschungsstellen, wenn sich die zuvor erarbeiteten Kenntnisse als unzureichend erweisen oder die neuen Aufgabenstellungen erst in den späteren Entwicklungsphasen entstehen. Die optimale Planung und Steuerung des Forschungsprogramms erfordert in Abstimmung mit Produktion und Vertrieb mehr ein ständiges Miteinander als Nacheinander der Abteilungen. Marktanregungen fließen ohnehin auf allen Arbeitsstufen in entgegengesetzter Richtung ein.

5.224 Planung des Forschungs- und Entwicklungsprogramms

Die natürliche Konsequenz aus dem viel ausgesprochenen Satz: „Die Forschung von heute bestimmt die Produktion und den Absatz von morgen“ ist die

Steuerung der industriellen Forschungs- und Entwicklungstätigkeit vom Markt her. Die Planung des Forschungs- und Entwicklungsprogramms sowie die Planung des Absatzprogramms sind miteinander abzustimmen. Aus den Unsicherheiten besonders in den frühen Forschungsstadien ergeben sich aber Einschränkungen, die den Planungszusammenhang lockern. Ungeachtet des Genauigkeitsgrades bleibt die Tatsache, daß der Vertrieb infolge der zwangsläufigen Schrumpfungsphasen in den Wachstumszyklen vieler Produkte bald vor einem Vakuum stehen würde, wenn nicht ständig neue Produkte nachgeführt werden. Auch für die Stabilisierung der Gewinne, die projektabhängig eine Kulmination meistens noch vor dem Umsatzmaximum aufweisen, ist der langfristig nicht versiegende neue Projektstrom eine Voraussetzung (Abb. 5.5).

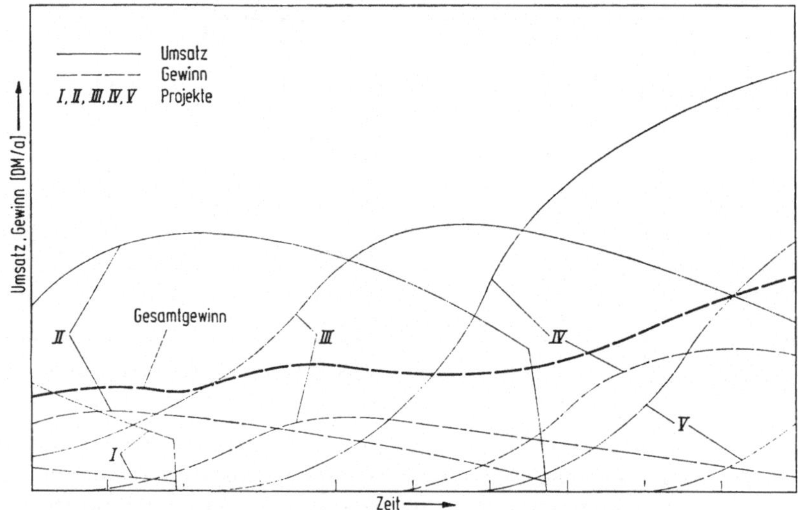

Abb. 5.5 Umsatz- und Gewinnkurven neuer Produkte.

Die erste wichtige Einflußnahme des Vertriebs ergibt sich aus der eigenen *Anregung neuer Vorhaben*. Seit langem bildet der Vertrieb eine anerkannt wichtige Quelle für neue Produktideen, die aus den unmittelbaren Kontakten mit den Absatzmärkten gewonnen werden. Diese Bedeutung muß sich heute um so mehr verstärken, je kleiner die Marktlücken werden und je genauer die neuen Produkte auf ganz bestimmte, spezielle Bedarfssituationen hin abzustimmen sind.

Eine Umfrage der American Management Association (AMA) ergab bereits 1959 bei 64% der befragten verfahrenstechnischen Betriebe eine Bejahung dieser Rolle der Vertriebskräfte (sales force), wobei der Prozentsatz aber im Gegensatz zum Durchschnitt der Gesamtindustrie an zweiter Stelle hinter der Forschung und Entwicklung rangierte (Tab. 5.5). Man müßte allerdings auch die in Tab. 5.5 getrennt ausgewiesenen Anregungen durch die Marktforschung sowie die Kundenvorschläge der Einflußsphäre des Absatzes hinzurechnen.

Nach der Ideenfindung erstreckt sich die zweite Einflußnahme des Vertriebes auf die *Verfolgung* dieser *Ideen* im Rahmen des Entwicklungsprozesses bis zu ihrer Aufgabe oder der regulären Markteinführung der hieraus entstandenen neuen Produkte. Der vertriebliche Kompetenzbereich nimmt in diesem Entwicklungs-

Tabelle 5.5 *Quellen für neue Produktideen und Koordinierung der Produktentwicklung* [5.90]

Befragungsgegenstand	Antwortprozentsätze bei Unternehmungen der	
	Verfahrensindustrie (55)	Gesamtindustrie (134)
Quellen für neue Produktideen		
Forschung und Entwicklung	75	54
Vertrieb	64	73
Kundenvorschläge	27	32
Marktforschung	24	16
Analyse von Konkurrenzerfahrungen	13	12
Koordinierung der Entwicklungsarbeiten		
Geschäftsleitung	29	41
Produkt-Manager	22	22
Vertrieb	18	11
Forschung und Ingenieurwesen	15	10
Planungskommissionen	16	16

prozeß tendenziell zu, kann jedoch bereits in relativ frühen Entwicklungsstadien zur Koordinierung der Entwicklungsarbeiten wesentliches Gewicht erhalten (Tab. 5.5). Falls die chemische Forschung und Entwicklung, das Ingenieurwesen oder übergeordnete Stellen für die Gesamtplanung über alle Teilphasen zuständig sind, werden den Bewertungsgruppen mitunter Vertriebs- oder Marktforschungsspezialisten fest attachiert, oder der Vertrieb schaltet sich im Beratungsweg ein. Schließlich sind die Planungskommissionen mit Fachvertretern aus allen betroffenen Bereichen zu erwähnen. Wie die organisatorischen Regelungen im Einzelfall aber auch sein mögen, der Absatz muß in sämtlichen Forschungs- und Entwicklungsstadien berücksichtigt werden (vgl. Kap. 3.21).

Es hieße das Wesen der chemischen Forschung völlig verkennen, wenn man die für andere Unternehmensbereiche entwickelten Planungsmechanismen einfach übernehmen wollte. Wenigstens in den frühen Stadien der Forschung fehlt für eine genauere Planung die *Voraussehbarkeit* aller später erforderlichen Tätigkeiten, Fachkräfte, Einrichtungen, des Zeitbedarfs für die verschiedenen Aufgaben und der erreichbaren Ergebnisse. Lediglich im Hinblick auf begrenzte Nahziele und für Aufgaben, die wegen ihres routinemäßigen Charakters überschaubar sind, lassen sich etwa die für eine Termin- oder Stellenbelegungsplanung notwendigen detaillierten Planungsdaten vorgeben. Andernfalls kommt man nicht über die globale Zielplanung in Abstimmung mit den vorhandenen Mitteln hinaus. Erst in relativ späten Entwicklungsstadien, etwa im Rahmen der Anwendungstechnik, ferner für die Projektierung und Errichtung der Anlagen sowie die Markterschließung sind genauere Planungsmethoden, wie beispielsweise die Netzplantechnik, angebracht. Die frühen Ablaufphasen der Forschung sind dagegen höchstens im Rahmen grober Übersichtspläne einzubeziehen (vgl. Kap. 6.62). Es wäre wirtschaftlich unsinnig, für jedes neue Forschungsvorhaben sofort einen vollständigen hypothetischen Entwicklungsplan bis zur Markteinführung des Produktes aufzustellen, wenn aufgrund der erfahrungsgemäß niedrigen Erfolgsquoten dieses Vorhaben doch mit großer Wahrscheinlichkeit bald aufgegeben werden muß.

Der Planungsprozeß umfaßt neben der Vorgabe von Zielen und Arbeitsmethoden als weiteres die Kontrolle, die hier als wiederholte technische und vor allem *wirtschaftliche Projektbewertung* durchgeführt wird. Dabei kann man eine Ausscheidungsfunktion zur Aufgabe aussichtlos gewordener Projekte und eine Lenkungsfunktion zur Verbesserung der Forschungsergebnisse hinsichtlich der neuen Produkte, Verfahren und Anlagen unterscheiden. Für die einzelnen Vorhaben sind von Anfang an und jeweils nach hinreichenden Entwicklungsfortschritten mehrfach ähnliche Wirtschaftlichkeitsrechnungen vorzunehmen,wie sie auch den Investitionsentscheidungen bei ausführungsreifen Projekten zugrunde gelegt werden. Abgesehen von der Ideenfindung im Rahmen der Grundlagenforschung, die nur 10–15% des gesamten Forschungsbudgets in Anspruch nimmt, ist nämlich die industrielle Forschung und Entwicklung letzten Endes allein an den Markt- bzw. Rentabilitätszielen der Unternehmung orientiert und daher nach wirtschaftlichen Kriterien zu beurteilen. Es besteht lediglich der Unterschied, daß die Ausgangsdaten für die Wirtschaftlichkeitsrechnungen mit zunehmender Entfernung von der Investitionsreife unsicherer sind. Das gilt auch für die technischen Daten, die im Rahmen der Forschung und Entwicklung größtenteils erst erarbeitet werden sollen. Wegen dieser Unsicherheiten hat man bislang die Zweckmäßigkeit der frühen Projektbewertungen häufig verneint mit der Folge, daß zahlreiche Projekte bis zu hohen und entsprechend kostspieligen Reifegraden entwickelt und erst dann aufgegeben wurden, als bereits viel vermeidbarer Entwicklungsaufwand vertan und aussichtsreicheren Projekten entzogen worden war. Bereits die Forschungsidee selbst sollte einem derartigen kritischen Auswahlverfahren unterworfen werden, bevor noch Kosten für Experimente aufgewendet werden. In zahlreichen Literaturbeiträgen, besonders aus der amerikanischen chemischen Industrie, ist auf die Notwendigkeit dieser frühen Bewertung zur Optimierung der Forschungsprogramme hingewiesen worden, z.B. [1.49, S. 4; 5.1; 5.5; 5.19; 5.26; 5.98; 5.102; 5.132; 5.138; 5.153; 5.155; 5.158; 5.191; 5.206].

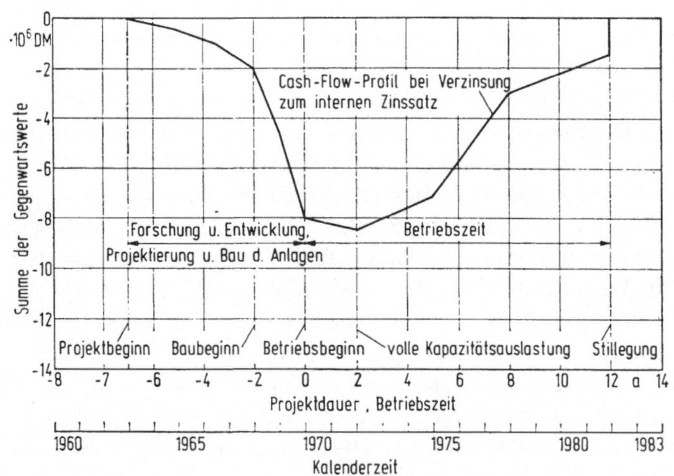

Abb. 5.6 Cash-flow-Profil eines neuen Projektes.

Im übrigen werden die Unterschiede in der *Bewertung* von *Forschungsprojekten* und ausführungsreifen *Investitionsvorhaben* leicht überschätzt. Es ist ein Wesensmerkmal beider, daß sie auf unsicheren Erwartungsgrößen basieren, vor allem im Hinblick auf die Schätzung der Erträge. Auch bei der Wirtschaftlichkeitsrechnung für Investitionsentscheidungen ist man gezwungen, Absatzmengen und realisierbare Verkaufspreise vielleicht für 10 Jahre vorauszuschätzen, eine bei der Dynamik der Chemiemärkte bekanntlich gewagte Aufgabe. Niemand aber kann sich heute wegen dieser Unsicherheiten den Standpunkt erlauben, auf solche Investitionsrechnungen dann eben ganz zu verzichten. Es bestehen lediglich graduelle Unterschiede im Ausmaß der Risiken, was die Neigung zur Anwendung der Wahrscheinlichkeitsrechnung sowie von halbquantitativen Bewertungsverfahren über Punktsysteme verstärkt.

Grundsätzlich sind auch für die frühen Bewertungen zusammenfassende, aussagefähige *Wirtschaftlichkeitskennziffern* zu bevorzugen, voran eine konventionelle oder die finanzmathematische Rentabilitätskennziffer. Letztere bringt den auf einen bestimmten Bewertungszeitpunkt auf- oder abgezinsten projektbezogenen Einnahmen- und Ausgabenstrom (Cash-flow) zur Deckung, wobei auch die Zeitspanne und die Ausgaben der Forschung und Entwicklung trotz großer Unsicherheiten eingerechnet werden können (vgl. Kap. 8.23). In dieser Betrachtung sind alle projektbezogenen Ausgaben rechnerisch gleichwertig (Abb. 5.6). Die Ermittlung von Kennziffern für die Forschungs- oder Entwicklungsinvestitionen erfordert dagegen unsichere Ertragszurechnungen (z.B. in Abb. 5.7 hinsichtlich der Bewertung von Forschung und Entwicklung).

Gehen die Erträge bereits in die Gewinnvorschätzung und damit wesentlich in die Wirtschaftlichkeitskennziffern ein, so stehen die Absatzgesichtspunkte auch bei den weiteren Überlegungen im Vordergrund. In Abb. 5.7 ist ein mit Hilfe zahlreicher Bewertungsgesichtspunkte und eines Punktschemas konstruiertes *Bewertungsprofil* für neue Produkte dargestellt. Es entspricht einem halbquantitativen Verfahren der Wirtschaftlichkeitsrechnung und wurde in ähnlicher Form mehrfach vorgeschlagen, und zwar sowohl für Investitionsvorhaben als auch für die Forschungsplanung als Hilfslösung zur Quantifizierung und Vergleichbarmachung heterogener Tatbestände, z.B. [5.61; 5.79; 5.137; 5.186].

Man sieht, wie die Wirtschaftlichkeitskennziffern in diesem Bewertungsprofil als quantitative Maßstäbe in ihrem Einfluß begrenzt werden. Unter den Bewertungskriterien ,,Produktionsprogramm und Absatzfragen“ sowie ,,Erforderlicher Markterschließungsaufwand“ wird dagegen eine sorgfältige Einschätzung der zukünftigen Absatzsituation gefordert. Unter den Besonderheiten wird auch die jeweilige Interessenlage der einzelnen Unternehmung ihren Niederschlag finden, ja es wäre sogar eine Abwandlung der Bewertungsprofile für verschiedene innerbetriebliche Produktgruppen denkbar. Das aus der Praxis der Monsanto Chemical Co. entwickelte Bewertungsprofil der Abb. 5.7 hält z.B. unter dem Gesichtspunkt ,,Produktion und technische Fragen“ und hinsichtlich der erforderlichen Unternehmensgröße einen auf größte Unternehmungen beschränkten Marktzugang für besonders günstig. Innerhalb der Bewertungskategorie ,,Produktionsprogramm und Absatzfragen“ wird auf eine möglichst kleine Zahl potentieller Abnehmer, d.h. auf den Vertrieb an Großabnehmer, Wert gelegt. Kleine Unternehmungen könnten hierin eine genau entgegengesetzte Auffassung vertreten.

Das in Abb. 5.7 durch schraffierte Feldmarkierungen festgelegte Bewertungsprofil basierte auf Daten, wie sie erst im Entwicklungsmaßstab für ein neues Insecticid verfügbar waren, das später einen vollen Markterfolg errang. Mit zunehmenden und genaueren Informationen wird man in der Lage sein, neue und

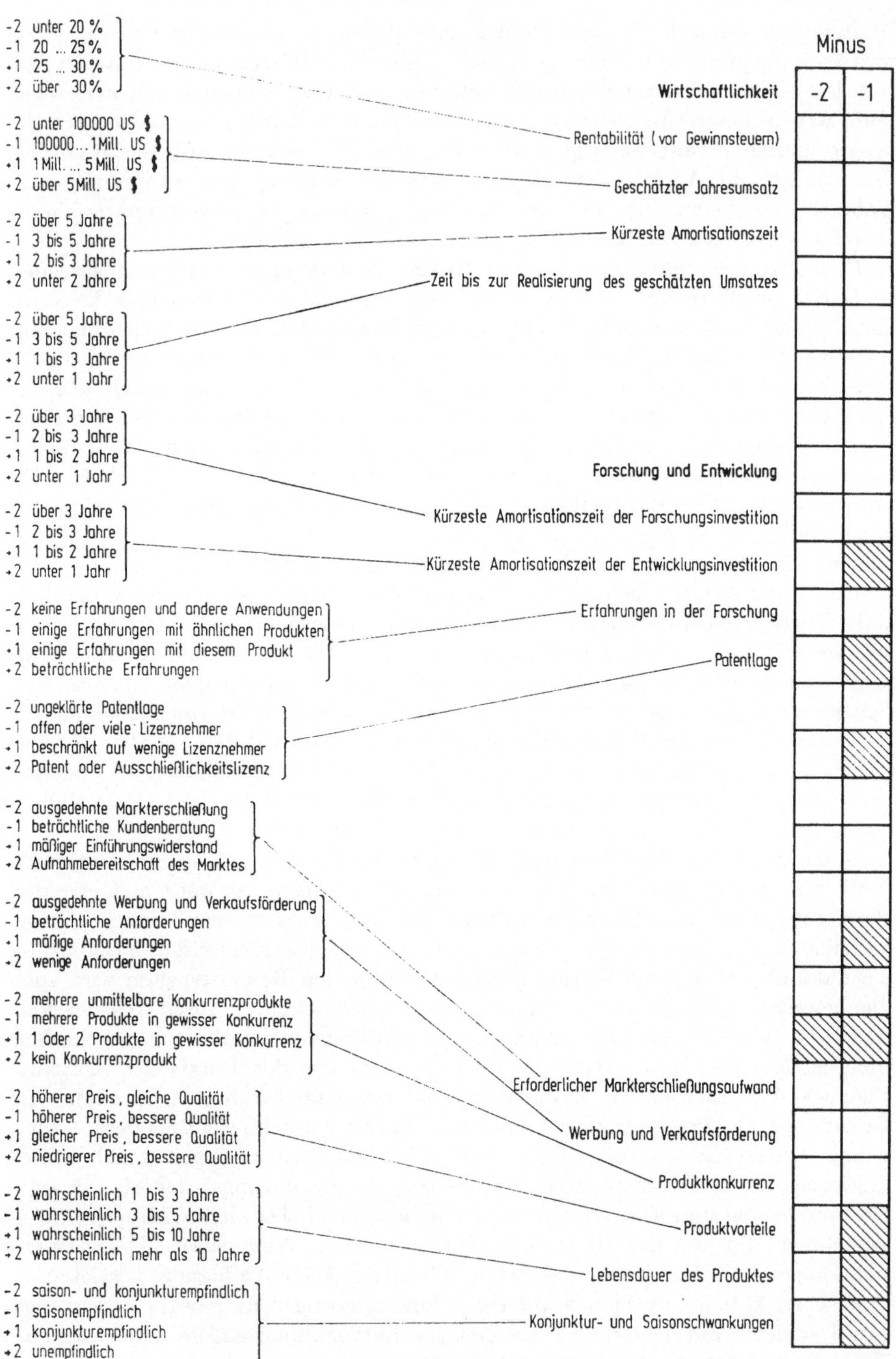

Abb. 5.7 Bewertungsprofil eines chemischen

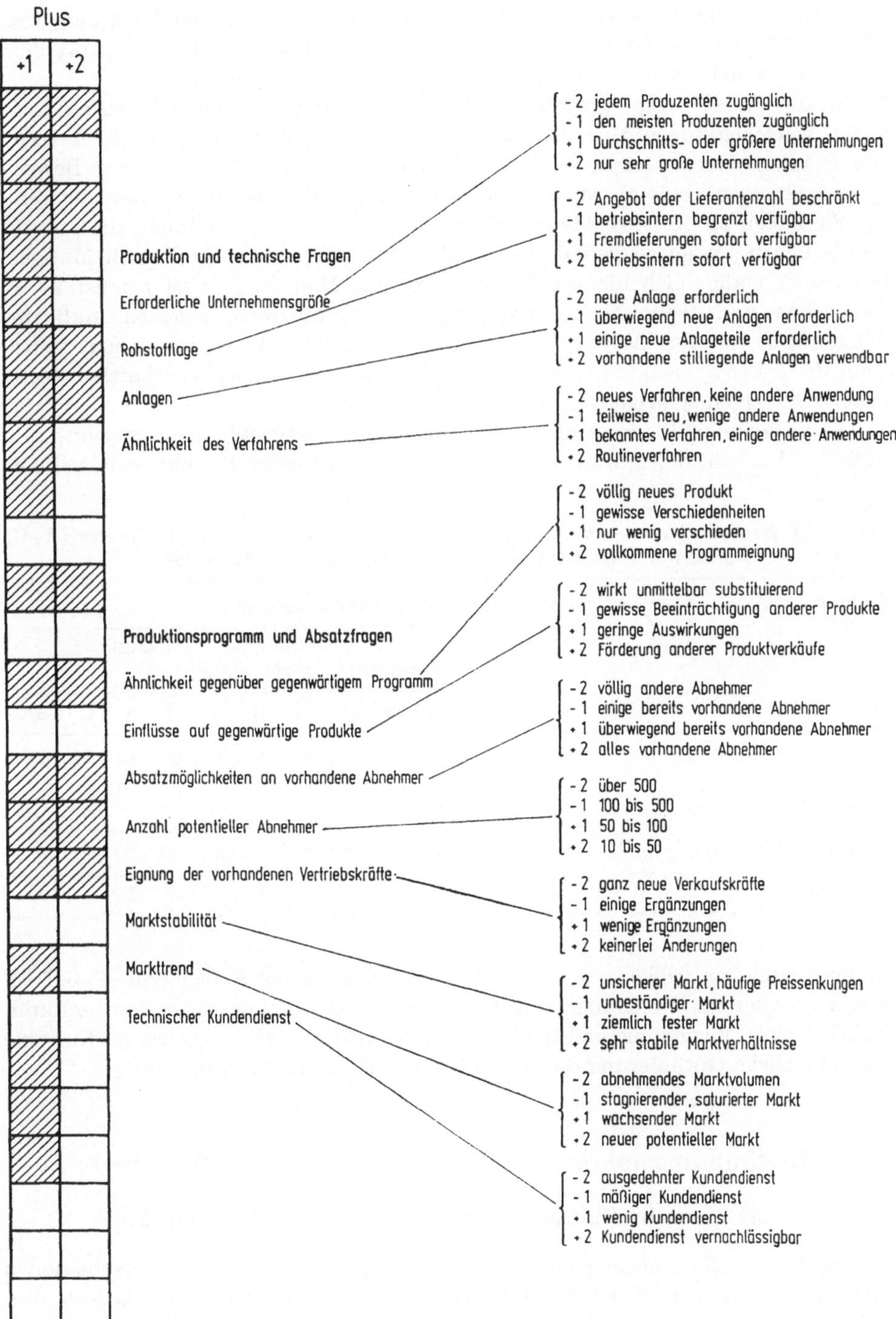

Entwicklungsproduktes, nach [5.79].

jeweils zuverlässigere Bewertungsprofile hintereinander für das gleiche Vorhaben zu ermitteln. Auch in Erwägung gezogene alternative Vertriebsmaßnahmen, wie z.B. hinsichtlich der Absatzwege, führen zu verschiedenen Bewertungsprofilen und Marktaussichten, woraus die Lenkungsfunktion offenkundig wird.

Um die Forschungsprogrammierung, d.h. vor allem die laufend neu zu treffenden Entscheidungen über Aufnahme, Fallenlassen, Erweitern, Beschleunigen, Einschränken oder sonstiges Ändern von Forschungsvorhaben von solchen Bewertungsergebnissen abhängig zu machen, sind *organisatorische Sicherungen* notwendig. Sie haben zu gewährleisten, daß die Bewertungen durchgeführt, die hierfür erforderlichen Daten so genau wie möglich geschätzt und die Entscheidungen dann auch maßgeblich hierauf gestützt werden. Man darf dabei keinesfalls in chemischen und technischen Erwägungen steckenbleiben, sondern muß die Schätzungen für den Absatz in die Projektbewertung voll einbeziehen, selbst wenn diese Ertragsschätzungen in der Methodik mit den wissenschaftlich-technischen Aussagen schlecht vergleichbar erscheinen.

Die progressive Planung des Forschungs- und Entwicklungsprogramms mit Hilfe der Auswahl der gewinn- und rentabilitätsgünstigsten Projekte soll in einem

Tabelle 5.6 *Nach Teilfunktionen, Forschungs- und Entwicklungszielen sowie Sparten* (A–C) *gegliedertes Forschungs- und Entwicklungsbudget* [5.154, S. 284]

Teilfunktion	Forschungs- und Entwicklungsziele												
	Neue Produkte			Neue Verfahren			Produkt-verbesserung			Gesamt			
	A	B	C	A	B	C	A	B	C	A	B	C	A/C
Angewandte Forschung	10	7	3	9	7	5	4	1	4	23	15	12	50
Entwicklung	6	2	4	7	1	3	2	2	8	15	5	15	35
Grundlagenforschung	–	–	–	–	–	–	–	–	–	–	–	–	15
Summe nach Sparten	16	9	7	16	8	8	6	3	12	38	20	27	–
Alle Sparten A–C	32			32			21			85			100

entsprechend fein gegliederten *Budget* ihren Niederschlag finden (vgl. Tab. 5.6). Wenn dagegen das Forschungsbudget retrograd aufgrund über lange Zeit hindurch beibehaltener Verteilungsschlüssel festgelegt wird, ist der Spielraum für eine wirtschaftliche Optimierung der Vorhaben sofort stark eingeschränkt.

5.3 Bestimmungsfaktoren der Entwicklung chemischer Produkte

5.31 Neue Stoffklassen, Grundwirkungen und Teilmärkte

Die Entwicklung neuer chemischer Produkte vollzieht sich auf verschiedenen Ebenen des wissenschaftlich-technischen Fortschritts, die häufig wenigstens umrißhaft mit einer entsprechend abgestuften absatzwirtschaftlichen Bedeutung korrespondieren. Die größten Entwicklungserfolge für die Einzelunternehmung wie für die chemische Industrie als Ganzes haben die Erfindungen völlig neuer *Stoffklassen* mit neuen Wirkungen und der Eröffnung neuer Teilmärkte gebracht (Pioniererfindungen). Die ersten dieser grundlegenden Stoffklassen führten sogar zur Begründung der heutigen großen Teilbranchen oder Sparten der chemischen Industrie. Mit der Zeit sind allerdings die Chancen der Auffindung ganz neuer Stoffklassen, die in neue Gebiete vorstoßen und gegenüber bereits bekannten Produktgruppen eine entscheidende Überlegenheit aufweisen, seltener geworden.

Im Bereich der *vollsynthetischen Fasern* sind nach der Begründung dieser Sparte durch die Polyamide (Nylon 6.6 von CAROTHERS und Nylon 6 oder Perlon von SCHLACK) und den darauffolgenden Acrylfasern und Polyesterfasern keine weiteren chemischen Grundtypen mehr entwickelt worden. Die Masse der organischen *Farbstoffklassen* sowie der anwendungs- und färbetechnisch abgegrenzten Produktgruppen wurde zum Ende des vorigen und zu Beginn dieses Jahrhunderts geschaffen, als sich die bahnbrechenden Entdeckungen auf diesem Gebiet geradezu häuften. Demgegenüber hat die Farbstoffchemie während der letzten Jahrzehnte nur zwei neue Farbstoffklassen hervorgebracht, nämlich die Phthalocyanine (ab 1927) und die Reaktivfarbstoffe gegen Ende der fünfziger Jahre. Von den *synthetischen organischen Insecticiden* sind die chlorierten Kohlenwasserstoffe (DDT bereits seit 1941), die Phosphorsäureester (E 605 oder Parathion 1948 von SCHRADER), die Dien-Gruppe (etwa seit 1945) und die N-Alkyl-Carbamate (H. GYSIN 1954) nicht mehr durch neuere Wirkstoffklassen übertroffen worden. In der *pharmazeutischen Industrie* lassen gleichrangige Entdeckungen wie die der Antibiotica (Penicillin von FLEMING 1929), der Sulfonamide (ab 1932, MIETZSCH, KLARER und DOMAGK) oder der Steroidhormone auf sich warten.

Die Beispiele ließen sich praktisch für alle bedeutenden Chemiesparten vermehren und deuten an, daß das Grundgerüst der Marktbedeutung der chemischen Industrie bereits gelegt ist und sich neuere Produktentwicklungen mehr in Richtung des Ausbaus der bereits vorhandenen Grundstrukturen vollziehen.

5.32 Derivate mit Analogiewirkungen

Eine wichtige Maßnahme zur Entwicklung neuer chemischer Produkte ist die *molekulare Variation* bereits bekannter Stammverbindungen. In Betracht kommen z.B. der Austausch oder veränderte Einbau chemischer Elemente und funktioneller Gruppen, Veränderungen der Molekülgröße über die Kettenlängen oder Wahl höherer Ringsysteme, Ausnutzung von Stellungs- oder sterischen Isomerien und anderes. Die Zahl der sich aus den *Kombinationsmöglichkeiten* selbst innerhalb kleinerer niedermolekularer organischer Grundkörper ergebenden Verbindungen wird meistens unterschätzt, wobei die Vergrößerung des Grundkörpermoleküls eine progressive Vermehrung bewirkt. Dies sei anhand weniger Daten über die Isomerenzahl der Paraffinkohlenwasserstoffe angedeutet. Die C_4-Struktureinheit (Butan) hat nur zwei, C_6 hat 5, C_{10} hat 75 und C_{12} bereits 355 Isomere [5.83].

Um eine Vorstellung von der Vielfalt der auch praktisch realisierten Möglichkeiten zu vermitteln, wurde in der Übersicht der Tab. 5.7 eine Anzahl der in Handelsprodukten verwendeten Wirkstoffe aus der *Phosphorsäureester*-Gruppe der *Insecticide* wiedergegeben. Anstelle des Grundkörpers der Phosphorsäure wird auch die Pyrophosphorsäure benutzt (TEPP, Sulfotep). Zwei OH-Gruppen der Phosphorsäure hat man mit Methyl- oder Äthylgruppen verestert. Die größte Produktvielfalt ergibt sich aus der Substitution der dritten OH-Gruppe (vor allem über das intermediäre Säurechlorid) durch eine große Zahl ring- oder kettenförmiger Verbindungen mit entsprechend weiteren Substitutionsmöglichkeiten. Schließlich wird in vielen Fällen der am Phosphor gebundene Sauerstoff durch Schwefel ersetzt (Thionophosphorsäureester).

Tabelle 5.7 *Schädlingsbekämpfungsmittel der*

Produktname	Hersteller	Summenformel	Strukturformel
E 605, Parathion, Thiophos	Farbenfabriken Bayer, Monsanto Chem. Corp.	$C_{10}H_{14}NO_5PS$	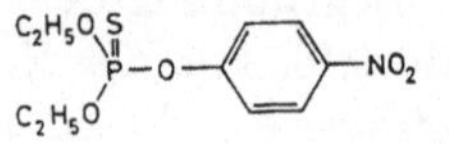
Chlorthion	Farbenfabriken Bayer	$C_8H_9ClNO_5PS$	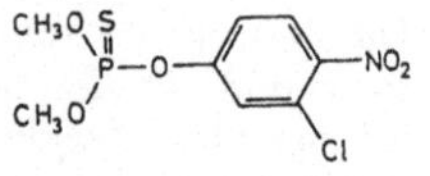
EPN	Du Pont	$C_{14}H_{14}NO_4PS$	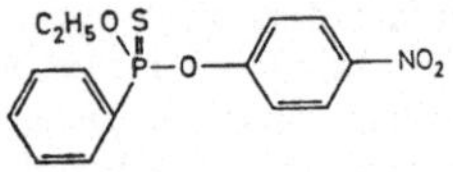
Lebaycid, Baytex, Fenthion	Farbenfabriken Bayer	$C_{10}H_{15}O_3PS_2$	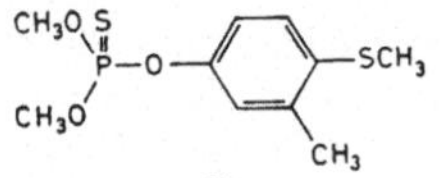
Korlan, Ronnel, Trolene, Viozene	Dow Chem. Comp.	$C_8H_8Cl_3O_3PS$	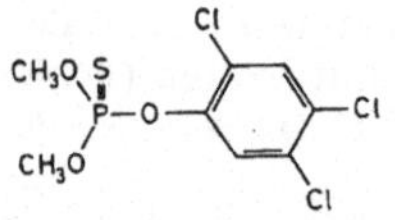
Nemacide, Dichlofenthion	Virginia-Carolina Chem. Corp.	$C_{10}H_{13}Cl_2O_3PS$	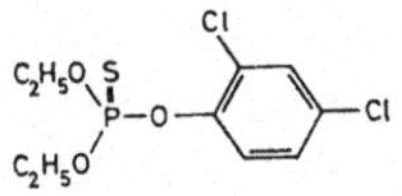
TEPP	Monsanto Chem. Corp., California Spray Chem. Corp.	$C_8H_{20}O_7P_2$	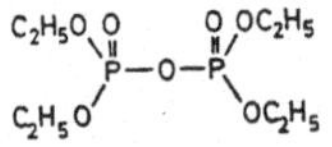
Sulfotep, TEDP, Bladafum	Farbenfabriken Bayer, Victor Chemical Works	$C_8H_{20}O_5P_2S_2$	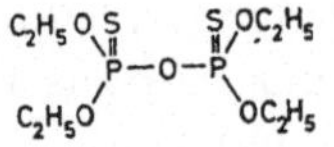
Demeton-S-methyl, Metasystox-i	Farbenfabriken Bayer	$C_6H_{15}O_3PS_2$	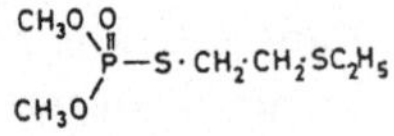
Phorate, Thimet	American Cyanamid Comp.	$C_7H_{17}O_2PS_3$	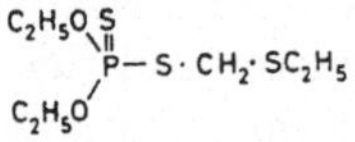
Carbophenothion, Trithion	Stauffer Chem. Comp.	$C_{11}H_{16}ClO_2PS_3$	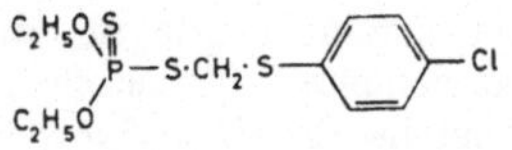
Phenkapton	J. R. Geigy	$C_{11}H_{15}Cl_2O_2PS_3$	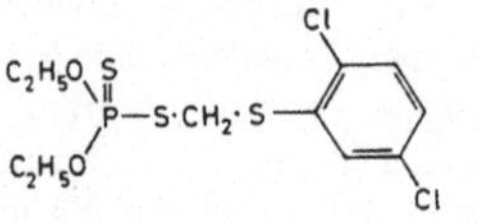

Phosphorsäureestergruppe, nach [5.170, S. 585]

Produktname	Hersteller	Summenformel	Strukturformel
Dipterex, Neguvon, Tugon	Farbenfabriken Bayer	$C_4H_8Cl_3O_4P$	$(CH_3O)_2P(=O)-CH(OH)\cdot CCl_3$
DDVP	Farbenfabriken Bayer, Ciba, Shell Oil Co.	$C_4H_7Cl_2O_4P$	$(CH_3O)_2P(=O)-O\cdot CH=CCl_2$
Dibrom	California Spray Chem. Corp.	$C_4H_7Br_2Cl_2O_4P$	$(CH_3O)_2P(=O)-O-CH(Br)-CCl_2-Br$
Phosphamidon, Dimecron	Ciba, Riedel de Haën	$C_{10}H_{19}ClNO_5P$	$(CH_3O)_2P(=O)\cdot O\cdot C(CH_3)=CCl\cdot C(=O)\cdot N(C_2H_5)_2$
Phosdrin, Mevinphos	Shell Chem. Corp.	$C_7H_{13}O_6P$	$(CH_3O)_2P(=O)\cdot O\cdot C(CH_3)=CH\cdot COOCH_3$
Rogor L, Dimethoate	Montecatini, American Cyanamid Comp.	$C_5H_{12}NO_3PS_2$	$(CH_3O)_2P(=S)\cdot S\cdot CH_2\cdot C(=O)\cdot NH\cdot CH_3$
Malathion	American Cyanamid Comp.	$C_{10}H_{19}O_6PS_2$	$(CH_3O)_2P(=S)\cdot S\cdot CH(COOC_2H_5)\cdot CH_2\cdot COOC_2H_5$
Diazinon	J. R. Geigy	$C_{12}H_{21}N_2O_3PS$	$(C_2H_5O)_2P(=S)\cdot O-$ Pyrimidinring (CH_3, $CH(CH_3)_2$)
Gusathion, Guthion, Azinphos-methyl	Farbenfabriken Bayer, Chemagro Corp.	$C_{10}H_{12}N_3O_3PS_2$	$(CH_3O)_2P(=S)\cdot S\cdot CH_2-N$ (Benzotriazinon, C=O, N=N)
Delnav, Diptox, Dioxathion	Hercules Powder Comp.	$C_{12}H_{26}O_6P_2S_4$	$(C_2H_5O)_2P(=S)\cdot S-$ / $(C_2H_5O)_2P(=S)\cdot S-$ Dioxanring
Fensulfothion, Terracur P	Farbenfabriken Bayer	$C_{11}H_{17}O_4PS_2$	$(C_2H_5O)_2P(=S)-O-C_6H_4-S(=O)-CH_3$
Parathion-methyl	Farbenfabriken Bayer	$C_8H_{10}NO_5PS$	$(CH_3O)_2P(=S)-O-C_6H_4-NO_2$

Zweifellos bietet sich hier eine wichtige Maßnahme, in den *Derivaten* einer Stammverbindung verbesserte Produkte aufzufinden und eine Produktdifferenzierung nach zahlreichen speziellen Produkteigenschaften und Anwendungsbedingungen hin vorzunehmen. Diese „Ausbeutung" einer Stoffklasse über die Derivate kann sich über Jahrzehnte erstrecken und zu Hunderten von technisch-brauchbaren Verbindungen führen. Häufig werden nach stofflich-konstitutionellen Merkmalen oder Anwendungseigenschaften Untergruppen gebildet, um den ganzen Stammbaum der Derivate besser übersehen zu können.

So rechnet man zur Stoffklasse der *Azofarbstoffe* mit dem kennzeichnenden Merkmal der Diazoniumgruppe —N=N— die großen Gruppen der Monoazofarbstoffe, Bisazofarbstoffe, Trisazofarbstoffe, Tetrakisazofarbstoffe, Polyazofarbstoffe, basischen Azofarbstoffe, Thiazolfarbstoffe, mit der Faser reagierenden Azofarbstoffe usw. Innerhalb der *Monoazofarbstoffe* bilden etwa die sauren Monoazofarbstoffe, die Chromierfarbstoffe, Pigmentfarbstoffe, Farblacke ,Komplexpigmentfarbstoffe weitere umfangreiche Teilgruppen.

Die Entwicklung der chemischen Analogieverbindungen erfolgt hauptsächlich nach empirischen Methoden der angewandten Forschung, indem von den Stamm- oder Leitverbindungen der grundlegenden Stoffklassen und den hiervon bereits abgeleiteten Verbindungen ausgehend immer neue Abkömmlinge synthetisiert und dann auf ihre Brauchbarkeit untersucht werden. Bestimmte Regeln über die Wirkung von Strukturelementen und Konstitutionsmerkmalen mögen vielleicht bekannt und als Hypothesen für die einzuschlagenden Synthesewege dienlich sein, meistens aber ist das Resultat unvorhersehbar und erst nach der Prüfung der neuen Verbindungen feststellbar. Die notwendige Synthese zahlreicher neuer Substanzen und die umständlichen Verfahren zur Prüfung auf eine ganze Anzahl erwünschter und unerwünschter Wirkungen, die als „screening" bezeichnet werden, machen diesen Weg der chemischen Forschung aufwendig. Man möchte ihn zwar zugunsten einer zielgerichteten Entwicklung mit Hilfe des Grundlagenwissens verlassen; das stellt aber bislang eher ein Postulat für die Zukunft als eine unmittelbar erfolgversprechende Alternative dar.

Mitunter können neue Derivate mit relativ geringfügigen chemischen Strukturveränderungen gegenüber den bekannten Verbindungen ganz andere oder wesentlich verbesserte Eigenschaften aufweisen, so daß hiermit große Entwicklungsfortschritte verknüpft sind. Sie können unter Umständen sogar an die Bedeutung neuer Stoffklassen heranreichen.

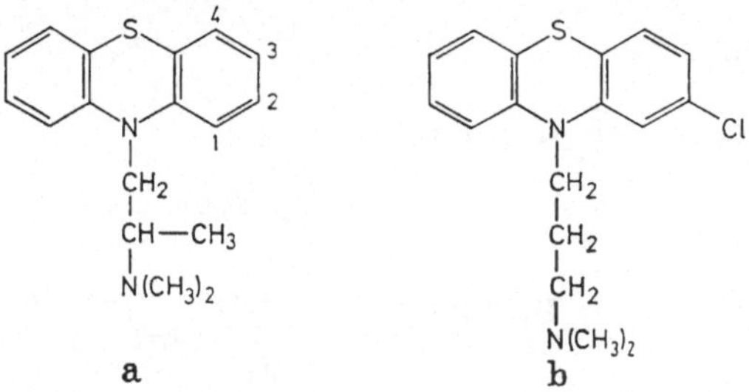

a b

Abb. 5.8 Chemische Strukturanaloga mit wesentlicher biologischer Wirkungsverschiedenheit am Beispiel des Antihistaminicums Promethazin (a) und des Tranquilizers Chlorpromazin (b) [5.67].

Abb. 5.8 zeigt zwei chemische Strukturanaloga, bei denen der Austausch einer Isopropylgruppe im Antihistaminicum Promethazin (a) gegen eine Propylgruppe und die Addition eines Chloratoms in 2-Stellung zu einem psychopharmakologischen Wirkstoff, dem Chlorpromazin (b) führt. Dieses fällt als Tranquilizer in ein neues Indikationsgebiet und hat wesentliche Fortschritte in der Psychotherapie ermöglicht [5.67].

Auf der anderen Seite ist nicht zu leugnen, daß Analogieverbindungen auch dann in beachtlicher Zahl zu marktfähigen Produkten entwickelt werden, wenn sie gegenüber bereits bekannten Verbindungen keinen wesentlichen Fortschritt darstellen. Die Entwicklung immer neuer chemischer Produkte mit Hilfe der unbegrenzt erscheinenden Möglichkeiten der Molekülvariation ist in den letzten Jahren vor allem im Bereich der pharmazeutischen Industrie kritisiert worden. Wenig schmeichelhaft sprach man hier vom „Molekül-Roulette", der „Molekülmanipulation" oder dem „Blindekuhspiel", vgl. [5.67; 5.119; 8.16, S. 87]. Mit Rücksicht auf die Absatzinteressen wird oft die einfache Molekülveränderung als in Wirklichkeit nicht vorhandene wissenschaftliche Leistung hingestellt.

Sicherlich bietet die Entwicklung von Analogieverbindungen ein wirkungsvolles Mittel im Konkurrenzkampf innerhalb der chemischen Industrie. Sobald ein Unternehmen mit einer neuen Verbindung einen Vorsprung erlangt hat, werden die anderen Konkurrenten versuchen, mit einigen Derivaten ebenfalls Fuß zu fassen. Tab. 5.7 mit der Zusammenstellung von Insecticiden der Phosphorsäureestergruppe läßt deutlich erkennen, daß die meisten bedeutenden Hersteller von Schädlingsbekämpfungsmitteln hier mit einem oder einigen Derivaten vertreten sind. Soweit der Patentschutz zur Absicherung gegen Analogieerfindungen nicht ausreicht, ist alsbald mit zahlreichen Konkurrenzeinbrüchen zu rechnen. Diese beruhen dann weniger auf großartigen Leistungen der Forschung, sondern in der Hauptsache auf der Absatzkapazität und den Marketing-Leistungen.

Treffend sagte hierzu ein Vertreter der pharmazeutischen Industrieforschung [5.67]: „Bei dem ausgezeichneten Ruf unseres Hauses und unserer vorzüglichen Vertriebsorganisation können wir ein Thiazid-Diuretikum auf den Markt werfen, das in keiner Weise besser oder schlechter ist als Konkurrenzpräparate, und uns trotzdem 15% des riesigen Marktes sichern. Warum sollten wir das nicht ausnutzen?"

5.33 Hochpolymere Produkte (Chemiewerkstoffe)

Die *hochmolekularen* Produkte oder *Chemiewerkstoffe* haben der chemischen Produktentwicklung eine ganz neue Dimension erschlossen. Schon bei den monomolekularen Grundbausteinen bestehen viele Abwandlungsmöglichkeiten. Aus den Anforderungen an die chemische Reaktionsfähigkeit zum Aufbau von Makromolekülen (Kondensations-, Additions- und Polymerisationsreaktionen) ergeben sich jedoch Einschränkungen.

Die chemische Forschung im Bereich der Hochpolymeren hat daher ebenfalls zu einer begrenzten Zahl bahnbrechender Entwicklungen neuer Produktklassen und Einzelprodukte geführt, wie zu den Polyvinylverbindungen mit dem Polyvinylchlorid und Polystyrol an der Spitze, den Polyolefinen, Polyamiden, Polyurethanen, Polycarbonaten, Aminoplasten, Epoxidharzen. Zu diesen gesellen sich nur noch selten neue Produkte in gleicher Ranghöhe.

Von den bekannten Grundtypen ausgehend bietet sich aber der weiteren Produktentwicklung ein großer Spielraum dadurch, daß nicht nur chemisch abgewandelte Grundkörper und Struktureinheiten im Sinne chemischer Derivate verwendet, sondern zahlreiche verschiedene Makromoleküle aus den gleichen Grundeinheiten erzeugt werden. Dies wird durch unterschiedliche Polymerisationsgrade, räumliche Anordnungen und interne Bindungsstrukturen erreicht. Hinzu kommt noch die Uneinheitlichkeit der Makromoleküle.

Die mögliche Produktvielfalt wird bei den *Copolymerisaten* aus mehreren niedermolekularen Individuen naturgemäß noch gesteigert und geradezu potenziert, da sowohl chemisch unterschiedliche Monomere als auch unterschiedliche Mengenverhältnisse eingesetzt werden können.

Tabelle 5.8 *Veränderung des Schmelzbereichs von Polycarbonaten mit Hilfe der Veresterungskomponente der Dioxyverbindung* [5.15, S. 300]

Polycarbonat aus	Schmelzbereich [°C]
4,4'-Dioxy-diphenylmethan	weit über 300
4,4'-Dioxy-diphenyl-1,1-äthan	185–195
4,4'-Dioxy-diphenyl-1,1-butan	150–170
4,4'-Dioxy-diphenyl-1,1-isobutan	170–180
4,4'-Dioxy-diphenyl-1,1-cyclopentan	240–250
4,4'-Dioxy-diphenyl-1,1-cyclohexan	250–260
4,4'-Dioxy-diphenyl-phenyl-methan	200–215
4,4'-Dioxy-diphenyl-2,2-propan	220–230
4,4'-Dioxy-3,3'-dimethyl-diphenyl-2,2-propan	150–170
4,4'-Dioxy-diphenyl-2,2-butan	205–222
4,4'-Dioxy-diphenyl-2,2-pentan	200–220
4,4'-Dioxy-diphenyl-methyl-isobutylmethan	200–220
4,4'-Dioxy-diphenyl-2,2-hexan	180–200
4,4'-Dioxy-diphenyl-2,2-nonan	170–190
4,4'-Dioxy-diphenyl-phenyl-methyl-methan	210–230
4,4'-Dioxy-diphenyl-4,4-heptan	190–200
4,4'-Dioxy-diphenyl-1,2-äthan	290–300

Eigenschaft	B/SA	S/BA	A/BS	B/S (A konstant)	B/A (S konstant)	S/A (B konstant)	S/B (A konstant)	A/S (B konstant)	A/B (S konstant)
Schlagfestigkeit	↑	↓	↓	↑	↑	↓	↓	↑	↓
Dehnung	↑	↓	↓	↑	↑	↓	↓	↑	↓
Zugfestigkeit	↓	↑	↑	↓	↓	↓	↑	↑	↑
Biegefestigkeit	↓	↑	↑	↓	↓	↓	↑	↑	↑
Elastizitätsmodul	↓	↑	↑	↓	↓	↓	↑	↑	↑
Zeitstandfestigkeit	↑	↓	↓	↑	↑	↓	↓	↑	↓
Härte	↓	↑	↑	↓	↓	↓	↑	↑	↑
Zersetzungstemperaturen	↓	→	↑	↓	↓	↓	↑	↑	↑
Plastische Verformung	↑	↓	↓	↑	↑	↑	↓	↓	↓
Chemische Beständigkeit	↓	↓	↑	↓	↓	↓	↳	↑	↑
Dichte	↓	↑	↑	↓	↓	↓	↑	↑	↑
Abriebfestigkeit	↓	↑	↑	↓	↓	↓	↑	↑	↑
Formbeständigkeit	↑	↓	↓	↑	↑	↓	↓	↑	↓
Fließverhalten	↓	↑	→	↓	↓	↑	↑	↓	↑

Abb. 5.9 Eigenschaftsänderungen von ABS-Harzen durch Mengenverhältnisänderungen von Acrylnitril (*A*), Butadien (*B*) und Styrol (*S*) [5.60].
Pfeil aufwärts: besser; Pfeil abwärts: schlechter; Pfeil waagerecht: unverändert.

Für die qualitative Variation der Grundbausteine bietet das Auswechseln der Veresterungskomponente der Dioxyverbindung bei den Polycarbonaten ein Beispiel. In Tab. 5.8 ist der Einfluß zahlreicher Verbindungen auf den Schmelzbereich der Produkte mitgeteilt. Die Eigenschaftsänderungen durch unterschiedliche Mengenverhältnisse der Komponenten sind am Beispiel der terpolymeren ABS-Harze in Abb. 5.9 verdeutlicht. Mitunter führt bereits das Einpolymerisieren einer zweiten Komponente in sehr geringen Mengenanteilen zu wesentlich veränderten Anwendungseigenschaften, wie z. B. die Copolymerisation von Isobuten mit nur etwa 2 Gew.-% Isopren. Dies ergibt anstelle des vor allem im Säurebau verwendeten Polyisobutylens aufgrund der Einführung der Olefinbindungen, die eine Vernetzung ermöglichen, einen echten Synthesekautschuk (Butylkautschuk).

Für das Realisieren immer neuer Produktvariationen zwecks Anpassung an spezielle Bedarfsverhältnisse ist vielleicht der Zug zu den Copolymerisaten gegenüber den Homopolymerisaten bei neuen Produktentwicklungen bezeichnend, worin eine Parallele zum Vordringen der Metallegierungen erkennbar ist.

5.34 Kombinationen von Rohstoffen und Wirkstoffen in Stoffgemischen

Die chemische Produktentwicklung ist mit der oben behandelten Darstellung neuer Verbindungen durch molekulare Veränderungen längst nicht erschöpft, da die mit Hilfe physikalischer Operationen herstellbaren homogenen (einphasigen) sowie heterogenen (mehrphasigen) *Stoffgemische* hinzukommen. Wir wollen zunächst solche Mischungsprodukte abgrenzen, bei denen wesentliche chemische Rohstoffe und Wirkstoffe zusammengefaßt werden. Die Farben und Lackprodukte werden hauptsächlich aus den drei Rohstoffkomponenten der Bindemittel (Lackkörper), Lösungsmittel und Pigmente bzw. Füllstoffe aufgebaut. In den Mehrnährstoffdüngern können alle drei Grundnährstoffe Stickstoff, Phosphor und Kali gleichzeitig eingebaut werden. In der pharmazeutischen Industrie führt die Verwendung von mehr als einem Wirkstoff zu den Kombinationspräparaten. Aus zwei oder mehr Hochpolymeren entstehen Polymerkombinationen.

Tabelle 5.9 *Nährstoffgehalte wichtiger Düngemittelverbindungen in Prozent* [5.129]

Verbindung	N	P	P_2O_5	K	K_2O
NH_3	82,3				
$CO(NH_2)_2$	46,6				
NH_4Cl	26,2				
NH_4NO_3	35,0				
$NH_4H_2PO_4$	12,2	26,9	61,7		
$(NH_4)_2HPO_4$	21,2	23,5	53,7		
$(NH_4)_2SO_4$	21,2				
$CaCN_2$	35,0				
$Ca(NO_3)_2$	17,1				
$Ca(PO_3)_2$		31,3	71,7		
$Ca(H_2PO_4)_2$		26,5	60,6		
$CaHPO_4$		22,8	52,2		
$Ca_3(PO_4)_2$		20,0	45,8		
$MgNH_4PO_4$	10,2	22,6	51,7		
KCl				52,4	63,2
K_2SO_4				44,9	54,1
KNO_3	13,9			38,7	46,6
KPO_3		26,2	60,1	33,1	39,9
KH_2PO_4		22,8	52,1	28,7	34,6
K_2HPO_4		17,8	40,8	44,9	54,1

Relativ einfach wäre die Zusammenfassung der Roh- und Wirkstoffkomponenten dann, wenn sich die Verwendungseigenschaften nur *additiv überlagern* und die Komponenten aufgrund ihrer qualitativen Beschaffenheit und Konzentrationsverhältnisse weitgehend unabhängig bewertbar wären. Gegenüber dem gesonderten Vertrieb der Einzelkomponenten ergeben sich oft eine erleichterte Anwendung beim Verbraucher sowie vereinfachte Lagerhaltungs- und Transportaufgaben.

Bei der Herstellung von *Komplexdüngern* geht man von zahlreichen Einzeldüngern aus, deren Nährstoffgehalte und Mischungsverhältnisse das für die Bewertung des Endproduktes maßgebende N-P-K-Verhältnis ergeben (Tab. 5.9). Neben den Nettonährstoffmengen richtet sich die Bewertung aber auch auf die Relationen selbst, auf qualitative Faktoren der Komponenten (z. B. Einbringung des Stickstoffs in der Ammonium-, Amid- oder Nitratform, Bindung des Kaliums an das Chlorid- oder Sulfation), auf die enthaltenen Ballaststoffe sowie technisch erzielbaren Reinheitsgrade. Neuerdings besteht ein Zug zu möglichst hochwertigen, nährstoffreichen Düngern zur Herabsetzung der Ballaststoffe und Vermeidung des Einbringens unerwünschter Bestandteile in den Boden. Tab. 5.10 zeigt die mögliche Steigerung der Nährstoffgehalte an einem Rechenbeispiel für NP-Dünger mit 2 Nährstoffrelationen, 4 verschiedenen Phosphat- und 3 Stickstoffdüngerkomponenten. Das Mono- und Diammoniumphosphat bringen als chemische Komplexdünger allerdings beide Nährstoffe ein. Man sieht, daß die Verwendung von Harnstoff und Diammoniumphosphat unter dem Gesichtspunkt der möglichst hohen Nährstoffkonzentrationen die günstigsten Resultate liefert.

In den meisten Fällen solcher Kombinationsprodukte sind jedoch sowohl positive als auch negative *Wechselwirkungen* zwischen den Komponenten (Synergisten und Antagonisten) zu berücksichtigen, die eine Ausrichtung der Entwicklungsarbeiten, der Prüfung und Bewertung auf das Produkt als Ganzes erfordern.

Die Herstellung von *Mischdüngern* bietet hierfür bereits anschauliche Beispiele. Sofern die Mischdüngertypen der Tab. 5.10 eine Kombination von Harnstoff mit Superphosphat oder Tripelphosphat darstellen, entsteht eine Qualitätsminderung durch die Bildung einer Anlagerungsverbindung zwischen Monocalciumphosphat und Harnstoff unter Austritt des Kristallwassers, das eine gesättigte Lösung bildet und zum Kleben und Verbacken führt [5.136]:

$$Ca(H_2PO_4)_2 \cdot H_2O + 4\,CO(NH_2)_2 \rightarrow Ca(H_2PO_4)_2 \cdot 4\,CO(NH_2)_2 + H_2O.$$

Tabelle 5.10 *Nährstoffkonzentrationen in NP-Mischdüngern* [5.136]

Phosphatquelle	Stickstoffquelle	Mischdünger Typ 1 – 1 – 0			Mischdünger Typ 2 – 1 – 0		
		N	P_2O_5	K_2O	N	P_2O_5	K_2O
Superphosphat	Ammonsulfat	10	10	0	14	7	0
	Ammonnitrat	12	12	0	18	9	0
	Harnstoff	14	14	0	20	10	0
Tripelphosphat	Ammonsulfat	14	14	0	16	8	0
	Ammonnitrat	20	20	0	24	12	0
	Harnstoff	23	23	0	30	15	0
Monoammonphosphat	Ammonsulfat	17	17	0	18	9	0
	Ammonnitrat	24	24	0	28	14	0
	Harnstoff	28	28	0	34	17	0
Diammonphosphat	Ammonsulfat	19	19	0	20	10	0
	Ammonnitrat	25	25	0	28	14	0
	Harnstoff	29	29	0	36	18	0

Zur überschlägigen Beurteilung der Kombinationsverträglichkeit einiger Einzeldünger für mechanisch hergestellte Komplexdünger wurde das Diagramm der Abb. 5.10 ermittelt. Es deutet an, wie zur Erzeugung stabiler lagerfähiger Produkte die Möglichkeiten der Vermischung von Einzeldüngern eingeschränkt werden.

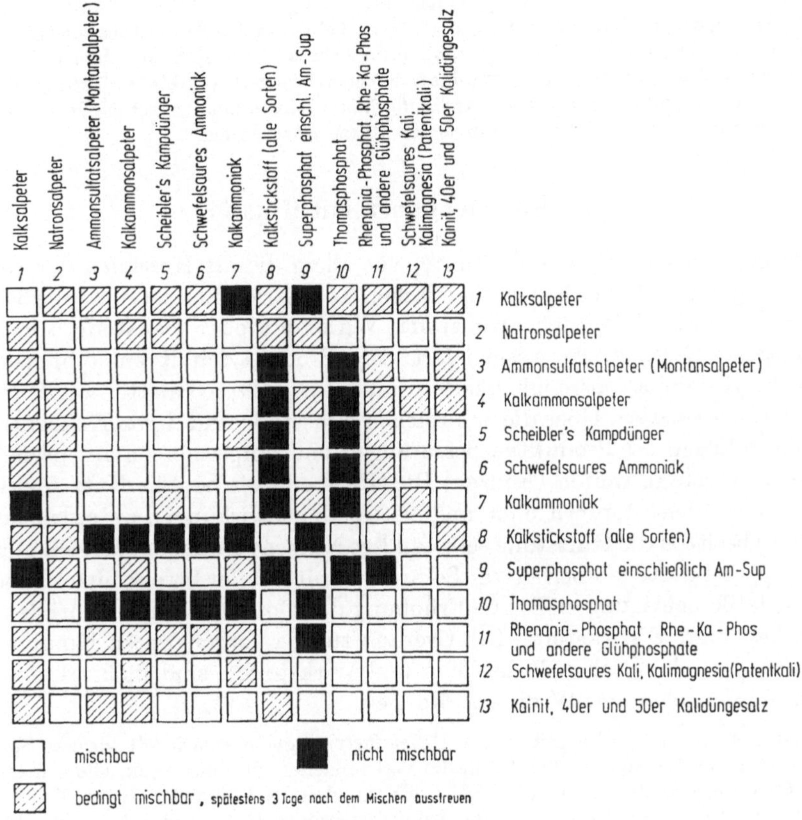

Abb. 5.10 Diagramm zur Beurteilung der Kombinationsverträglichkeit bei der mechanischen Komplexdüngerherstellung [5.164].

Neben dem qualitativen Auswechseln der Mischungskomponenten ist vor allem die Einarbeitung stabilisierender Hilfsstoffe eine wichtige Maßnahme.

Aus der *pharmazeutischen Industrie* sind die großen Schwierigkeiten und Unsicherheiten bei der Entwicklung von *Kombinationspräparaten* aufgrund der schwer zu übersehenden Wechselwirkungen zwischen den verschiedenen Wirkstoffen bekannt (s. a. Kap. 5.35).

Die *Polymerkombinationen* führen gegenüber den durch chemische Reaktionen zustande gekommenen makromolekularen Verbindungen u. U. nochmals zu verbesserten Produkteigenschaften. Das Problem der Verträglichkeit der eingesetzten Polymeren, d.h. hier ihre Fähigkeit zum Eingehen homogener und stabiler oder metastabiler Mischphasen, steht wiederum im Mittelpunkt.

Die Entwicklungsspielräume ergeben sich damit aus den Möglichkeiten der Gewinnung neuer, sich anwendungstechnisch wie einheitliche Substanzen verhaltender Produkte. Bislang haben sich in diesem neuen Zweig der angewandten chemischen Forschung noch kaum verläßliche Gesetzmäßigkeiten über die Verträglichkeit der Komponenten aufstellen lassen, etwa aus Verwandtschaftsbeziehungen der Konstitution, Kettenbeweglichkeit, dem Verhalten gegen Lösungsmittel und anderem. So ist z.B. das chemisch eng verwandte Polymerenpaar Polymethylacrylat–Polyäthylacrylat in gemeinsamen Lösungsmitteln bis zur Phasentrennung unverträglich, während sich die unterschiedlich aufgebauten Stoffe Nitrocellulose und Polyvinylacetat gut kombinieren lassen [5.193]. Immerhin zeichnet sich auch hier ein noch weitgehend unerschlossenes Feld der kombinativen chemischen Produktentwicklung ab. In der Farben- und Lackindustrie ist es bereits häufig üblich, anstelle chemisch einheitlicher Bindemittel mit weiteren Polymeren „modifizierte" Harze einzusetzen.

5.35 Kombinationen mit Hilfsstoffen

Die meisten chemischen Produkte, vor allem die als Konsumgüter sowie als Produktivgüter außerhalb der chemischen Industrie eingesetzten Spezialitäten, werden nicht als einheitliche Rohstoffe, Wirkstoffe oder Baustoffe, sondern als komplizierte *Stoffgemische* ausgeliefert. Die Produktvielfalt entsteht vor allem durch die Kombinationsmöglichkeiten mit einer ganzen Palette von *Hilfsstoffen* als *Nebenbestandteilen*. Über die zahlreichen Hilfsstoffe und deren Konzentrationsbereiche gelingen oft Produktverbesserungen und -anpassungen an spezielle Verwendungszwecke in weiten Grenzen. Die Hilfsstoffe können die Nutzenwirkungen in selektiver Weise fördern oder ungünstige Nebenwirkungen unterdrücken. Andererseits besitzen die Hilfsstoffe selbständige Nutzenwirkungen, die sich mit denen der Hauptbestandteile überlagern. Selbst Füllmittel oder Streckmittel haben ihre technische Berechtigung, z.B. zur Erhöhung der Dosiergenauigkeit bei der Applikation bestimmter Wirkstoffe. Die Grenzen zu den vorgenannten Kombinationsprodukten aus chemischen Rohstoffen und Wirkstoffen sind fließend. Auch hier besteht das Problem der Wechselwirkungen.

In einigen Sparten sind bereits ganze *Hilfsmittelprogramme* entwickelt worden. So rechnet man etwa zu den Kunststoffhilfsmitteln die Weichmacher, Stabilisatoren, Gleitmittel, Farbstoffe, Lichtschutzmittel, Pigmente, Füllstoffe, zu den Lackhilfsmitteln die Weichmacher, „Anti-Hautmittel", Verlaufmittel, Netz- bzw. Dispergiermittel, „Anti-Absetzmittel", Mittel gegen Flokkulation und Ausschwimmen. Typisch ist die Fülle an *Rezepturen*, die von den Herstellern verwendet werden und generalisierende Aussagen über die durchschnittliche Zusammensetzung der Produkte und Produktgruppen erschweren. Wie heterogen das Bild aussehen kann, mag das Rezepturbeispiel für flüssige Kunststoffreinigungsmittel in Tab. 5.11 verdeutlichen. Das Beispiel der Waschmittel zeigt den möglichen hohen Mengenanteil der Nebenbestandteile. Auch hiervon können entscheidende Produktveränderungen ausgehen, wie etwa die sich heute abzeichnende Verdrängung der Phosphate durch die Nitrilotriessigsäure und ihre Derivate. Durch die Phosphate wird das unerwünschte Algenwachstum in den Abwässern gefördert.

Wenn sich die Leistungen der Konkurrenten auf ein etwa gleiches Niveau der Produktqualitäten eingespielt haben, sind es oft Neuerungen in den Hilfsmittelzusätzen, die über einen bestimmten Wirkungsvorteil das Produkt von der Konkurrenz abheben und der Werbung neue Argumente liefern.

Oft sind die Entwicklungsaufgaben für den Chemiker nur Routinearbeit, wie man es sich am folgenden Beispiel der Entwicklung eines neuen kosmetischen Produktes, das den bereits im Testmarkt befindlichen Konkurrenzprodukten gegenübergestellt werden sollte, gut vorstellen kann. Als typische Arbeitsschritte des Entwicklungschemikers gelten [5.187]:

„Step 1 – He studies samples of competitive products being market tested.
Step 2 – He checks claims made in the advertising copy.
Step 3 – He analyzes the products.
Step 4 – He decides which plus feature is to be included. For example, he might explore the following ideas:
a) Incorporate a germicide to allow the claim of antisepsis in addition to that of cleanliness.
b) Control of the p_H of the system so that the product will not disturb the acid mantle of the skin.
Step 5 – Having decided on the plus feature, he develops a system that is compatible with it and, if possible, falls within a formulation area with which he is acquainted".

Tabelle 5.11 *Rezepturbeispiele von vier flüssigen Reinigungsmitteln für Kunststoffe* [5.198]

Bestandteile	Gewichtsanteile [%] in den Produkten			
	1	2	3	4
Marlon AFR	–	–	15	–
Marlon AM 903	5	–	–	–
Marlopon ADS 50 oder AT 50	–	–	–	25–30
Marlipal MG	–	–	3	–
Marlipal FS	–	2	–	–
Marlophen 814	–	–	–	4
Na-toluolsulfonat 100% berechnet, salzarm	–	–	–	4–6
Emulgator OFA	–	5	–	–
Kaliseife 100%ig	–	–	25	–
Isopropanol oder Alkohol denaturiert	–	–	2	7
Komplexe Phosphate	–	–	5	–
Tetrakaliumpyrophosphat	–	–	–	15
Triäthanolamin	1	1	–	–
Testbenzin	20	20	–	–
Trichloräthylen	30	30	–	–
Harnstoff	–	–	5	5
Zusätze an Riechstoffen				
Wasser als Rest zu 100 Teilen				

Um die zeitraubenden Rechenverfahren und experimentellen Entwicklungen der Mischungsrezepturen abzukürzen und die optimale Produktzusammensetzung hinsichtlich Eigenschaftsdaten und Herstellkosten zielsicherer anzusteuern, führen sich mathematisch-statistische *Optimierungsverfahren* mit Elektronenrechnern (computerized formulation) heute vermehrt ein. Schrittmachend wirken bisher die Entwicklungen zur Herstellung von Mineralölprodukten (gasoline blending), Anstrichmitteln, Farben aufgrund physikalischer Meßverfahren, Lösungsmittelgemischen und Kautschukmischungen (vgl. Kap. 6.33).

Die Optimierung der Produktzusammensetzung erfolgte bislang überwiegend aufgrund empirisch gewonnener Kenntnisse über die Abhängigkeit der Eigenschaften der Mehrkomponentensysteme von den Eigenschaften und Konzentrationsverhältnissen der Einzelkomponenten sowie vom Aufbau der jeweiligen physikalischen Systeme. Dies gilt auch für die Entwicklung von *Arzneimitteln* aus den Wirkstoffen, obwohl die Aufgaben hier im Rahmen der eigenständigen *Galenik* vielleicht die umfassendste wissenschaftliche Bearbeitung gefunden haben.

Es bestehen sowohl enge Beziehungen zwischen eingesetzten Stoffen und Darreichungsform als auch zwischen den Stoffen und den verfahrenstechnischen Arbeitsoperationen, was zu einem sehr komplexen Untersuchungsgegenstand führt. Hinsichtlich der wechselseitigen Beeinflussungsmöglichkeiten der Komponenten müssen auf jeden Fall Unverträglichkeiten oder *Inkompatibilitäten* ausgeschaltet werden, um die Lagerungsstabilität und den Anwendungserfolg nicht zu gefährden. Chemische Inkompatibilitäten können entstehen durch Ionenreaktionen unter Salzbildung, Veresterung, Hydrolyse, Komplexbildung und sonstige Reaktionen, wobei die Veränderungen an den Produkten teilweise durch Zersetzung, Gasentbindung, Verfärbung usw. erkennbar werden, teilweise aber auch unsichtbar verlaufen. Die chemischen Unverträglichkeiten sind insofern besonders gefährlich, als dadurch nicht nur Wirkungsverluste oder völlige Unwirksamkeit der Präparate eintreten, sondern sogar giftige Reaktionsprodukte entstehen können. Physikalische bzw. physikalisch-chemisch begründete Inkompatibilitäten ergeben sich durch ungünstiges Lösungsverhalten (Aussalzeffekte, Zwang zur Verwendung von Lösungsvermittlern), Veränderungen in den Partikelgrößen und aufgrund mannigfacher Grenzflächenvorgänge [5.110; 5.161; 5.181]. Schließlich sind die pharmazeutischen Inkompatibilitäten zu erwähnen, welche die Verträglichkeit mehrerer Präparate bei der kombinierten Anwendung und damit die komplementäre Produktgestaltung betreffen.

Die galenische Produktentwicklung soll aber nicht nur zu haltbaren, hinsichtlich der Hilfsstoffe physiologisch indifferenten sowie angenehm applizierbaren Produkten führen (ansprechendes Aussehen, Geruchs- und Geschmackskaschierung), sondern auch den therapeutischen Anwendungserfolg sichern und unter Umständen noch verbessern. Maßgebend dafür ist vor allem die Einflußnahme auf die pharmakokinetischen Verhältnisse beim Resorptionsvorgang (Konzentrationsabläufe der Pharmaka im Organismus), wobei die Teilvorgänge der Wirkstofffreigabe aus der Arzneiform (Liberation), der Diffusion des Wirkstoffs zum Resorptionsort, der Penetration und Permeation des Wirkstoffs in und durch die Resorptionsorgane sowie die Distribution des Wirkstoffs im Transportmedium auftreten [5.161]. Allein als spezifische Hilfsstoffe zur Wirkstoffabgabe kommen in Betracht Puffersubstanzen, Penetrationsförderer, Tenside, makromolekulare Stoffe, Wachse und anderes, wobei das jeweilige physikalische System der Applikationsform wieder eine Rolle spielt (Lösungen, Emulsionen, Suspensionen, verschiedene Feststoff-Formen).

Die Aufgaben der Entwicklung komplex zusammengesetzter Produkte entstehen zuweilen daraus, daß die individuellen, fallweisen Rezeptierungen in der *Nachverarbeitungsstufe* ersetzt und vorgezogen werden, um die Anwendung der chemischen Produkte zu beschleunigen, zu vereinfachen und sicherer zu gestalten.

Für die kunststoffverarbeitende Industrie wird die Herstellung der „Compounds" immer mehr von den chemischen Rohstoffherstellern übernommen. Sie sind für die Durchführung der maschinenintensiven Misch-, Homogenisier-, Schmelz- und Granulierprozesse sowie zur optimalen Rezepturentwicklung nach den Anforderungen der Folgeprodukte oft besser eingerichtet. Dadurch entsteht für den Kunststoffproduzenten eine große Programmausweitung oder der Zwang zur kundenindividuellen Auftragsfertigung (vgl. unten Tab. 5.28). Durch die Lieferung eingefärbter Produkte wächst die Zahl der Typen nochmals beträchtlich. Hinzu kommen kundenindividuelle Sonderanfertigungen. Außerdem befinden sich meistens zahlreiche Entwicklungsprodukte im Programm. Um die Typenvielfalt nicht überhandnehmen zu lassen, sind von Zeit zu Zeit Sortimentsbereinigungen von den umsatzschwachen Artikeln notwendig.

5.36 Bedarfskomplementäre Einzelprodukte

Besonders folgende Gründe können einer Zusammenfassung zahlreicher Stoffkomponenten zu Mischungsprodukten entgegenstehen:

1. Chemische Reaktionen zwischen den Bestandteilen würden das Produkt für den späteren Verarbeitungsprozeß ungeeignet machen. Bei den Zweikomponentenkunststoffen der Polyurethane sind z.B. die Isocyanat- und die Polyol-

komponente zur Verarbeitung auf Schaumstoffe, Lacke, Klebstoffe oder Elastomere getrennt auszuliefern. Auch die Härter vieler Kunststoffe gehören hierher.

2. Um eine optimale Wirkung zu erzielen, müssen die verschiedenen Stoffe nacheinander zu verschiedenen Zeitpunkten und unter abweichenden Bedingungen im Verarbeitungsprozeß eingesetzt werden.

3. Relativ geringwertige und mit großen Mengenanteilen eingehende Zusatzstoffe können die Transport-, Lager- und Verpackungskosten untragbar erhöhen, so daß die endgültigen Produkteinstellungen in der Nähe des Verbrauchers wirtschaftlicher sind.

4. Die individuellen Einstellungswünsche der Verarbeiter würden eine zu starke Programmausweitung oder eine unwirtschaftliche Auftragsproduktion mit zahlreichen kleinen Auftragsgrößen zur Folge haben.

5. Geheimhaltungsinteressen der Nachverarbeiter verhindern eine Verdrängung ihrer individuellen Rezepturen.

Bedarfskomplementäre, d.h. bei der Anwendung gleichzeitig benötigte und sich ergänzende Produkte sind sorgfältig aufeinander abzustimmen. Die Notwendigkeit oder wenigstens die Vorteile eines gemeinsamen Bezuges vom gleichen Lieferanten sind in der Produktkennzeichnung (z.B. durch verwandte Markennamen), in der Werbung sowie anwendungstechnischen Beratung hervorzuheben. Es entsteht ein Anreiz zur entsprechenden Verbreiterung des Absatzprogramms, wobei unter Umständen der Zukauf von Handelswaren gerechtfertigt ist.

Allgemein bringt aber die Aufteilung des Komplexes von Nutzenwirkungen von einem einheitlichen Produkt auf mehrere Einzelprodukte eine Anwendungserschwerung und erhöhten Vertriebsaufwand mit sich. Die Zusammenfassung der Komponenten zu *Universalprodukten* liegt damit zur Entwicklung komplementärer Einzelprodukte oft in scharfer Konkurrenz.

Im Bereich der chemischen *Konsumgüter* ist die Schaffung problemloser Erzeugnisse vor allem beim unpersönlichen chemischen Alltagsbedarf vordringlich, wo es dem Verbraucher nur auf höchsten Produktnutzen bei geringem Anwendungsaufwand ankommt. Bei den *Haushaltswaschmitteln* wird bereits die Verwendung getrennter Produkte für Vor- und Klarwäsche als lästig empfunden. Man bevorzugt daher heute eindeutig die Universalprodukte, obwohl gewisse Schwierigkeiten entgegenstehen (z.B. Eignung der Enzymzusätze eigentlich nur für die Vorwaschmittel und ihre Unwirksamkeit bei hohen Temperaturen oder schlechte Verträglichkeit der Enzyme mit manchen Komponenten der Hauptwaschmittel [5.211]). Anders ist es bei den Wahlgütern der anspruchsvollen *kosmetischen* Produkte, bei denen die Entwicklung aufeinander abgestimmter ganzer *Produktserien* zur Ausweitung der Nachfrage und Festigung der Markentreue beiträgt, da die Bereitschaft zur aufwendigeren Applikation eben vorausgesetzt werden kann. Auf die Gefahren durch pharmazeutische Inkompatibilitäten bei der Anwendung mehrerer *Arzneimittel*, von Mischspritzen oder Mischinfusionen ist wiederum hinzuweisen. Die hohe Verantwortung der Arzneimittelhersteller für ihre Produkte kann im allgemeinen nicht auf die große Zahl kombinativer Verwendungsmöglichkeiten mit anderen Produkten ausgedehnt werden.

5.37 Physikalische Produktveränderungen

Chemische Produkte können über die *physikalischen Eigenschaften* sowie *Anwendungsformen* weiter verbessert und spezialisiert werden, wobei diese Entwicklungsaufgaben der engeren Bedeutung des Gestaltungs- oder Formgebungsbegriffs näherkommen. Es geht hierbei zunächst um die Festlegung des *Aggregatzustandes* fest, flüssig oder gasförmig, wobei neben Verwendungsgesichtspunkten auch die Verpackungs- und Transportkosten eine erhebliche Rolle spielen. Bei den Feststoffen sind die mittlere *Korngröße*, Korngestalt oder Kristallstrukturen und die Korngrößenverteilung wichtige Parameter. Neben Zerkleinerungs- und Klassieroperationen werden auch *Agglomerationsverfahren* eingeschaltet zum Stückigmachen, Pelletisieren, Tablettieren und ähnlichem. Bei mehreren Stoffkomponenten kommen zu den Einphasensystemen (z.B. Feststoffgemische, Lösungen) die schwieriger zu bewältigenden *Mehrphasensysteme* hinzu, wie etwa Suspensionen von Feststoffen in Flüssigkeiten (Dispersionen, Pasten), Gemische zweier nicht ineinander löslicher Flüssigkeiten (Emulsionen), Suspensionen von Flüssigkeiten in Gasen (Aerosole), auf festen Trägermaterialien niedergeschlagene Flüssigkeiten. Die Stabilisierung der Mehrphasensysteme für längere Lager- und Transportzeiten sowie unterschiedliche Einsatzbedingungen ist oft schwierig.

In Tab. 5.12 ist die Einteilung der Schädlingsbekämpfungsmittel nach dem stofflichen Aufbau und verschiedenen Gesichtspunkten der Anwendungstechnik dargestellt. Die optimale Anpassung der Produkte, besonders an das Anwendungsverfahren und die Anwendungsform, wird dabei hauptsächlich durch physikalische Produktveränderungen erreicht. Bei einigen Feststoffmassenprodukten (z. B. Düngemitteln) stellen günstiges Fließverhalten, herabgesetzte Verstaubungsneigung, geringe Hygroskopizität und für die Handhabung und Applikation vorteilhafte Partikel wie Granulate, Pellets, Prills, Chips wichtige Maßnahmen des „Produkt-Finish" und zugleich oft die einzigen Möglichkeiten einer Produktdifferenzierung dar.

Die verschiedenen *Applikationsformen* bedingen oft gleichzeitige Unterschiede im *stofflichen* Aufbau. Die Konzentrationsverhältnisse von Haupt- und Nebenbestandteilen sind vielleicht zu ändern, oder es kommen sogar andere Einsatz-

Tabelle 5.12 *Produktgruppen von Pestiziden nach stofflichem Aufbau und anwendungstechnischer Charakterisierung*

Chemische Stoffklassen	Bekämpfungsobjekte
Anorganica	Baktericide
Schwefel-, Arsen-, Kupfer-, Fluor-, Thallium-, Quecksilber-	Fungicide
verbindungen, Cyanate, Cyanamide	Algicide
Organica aus Naturstoffen	Herbicide
Pyrethrum, Nicotin, Rotenon, Quassia, Ryania	Insecticide
Synthetische Organica	Acaricide
Nitrophenole, Chlorphenole, Chlorkohlenwasserstoffe, N-alkyl-	Ovicide
und -aryl-carbamate, Phosphorsäureester, Xanthogenate,	Nematicide
Harnstoffderivate u.a.	Molluskicide

Schutzobjekte	Anwendungsverfahren	Anwendungsform	Wirkungsweise
Pflanzenkulturen	Spritzmittel	Pulver	Fraßgifte
Getreidearten	Stäubemittel	Granulate	Inhalationsgifte
Kartoffeln	Streumittel	Lösungen	Kontaktgifte
Baumwolle usw.	Beizmittel	Dispersionen	Sterilisiermittel
Saatgut	Räuchermittel	Emulsionen	Repellents
Futtermittel	Begasungsmittel	Gase	Attractants
Versch. Materialschutzobjekte		Aerosole	

materialien in Betracht. Der enge Zusammenhang mit der Entwicklung der Mischungsrezepturen liegt auf der Hand. Für die physikalischen Verarbeitungsschritte sind die geeigneten Bedingungen und Apparaturen ebenfalls im Rahmen der Verfahrensentwicklung oder Anwendungstechnik festzulegen.

Die Abb. 5.11 zeigt z. B. Einflüsse zweier verschiedener Mühlentypen auf die Korngrößenverteilung eines *herbiciden Wirkstoffs*, die hier einen wichtigen Qualitätsparameter darstellt. Naturgemäß sind neben den Nutzenwirkungen des Produktes die Kosten der Verarbeitungsverfahren zu berücksichtigen, so daß auch hiervon Änderungen in der physikalischen Produktgestaltung veranlaßt werden.

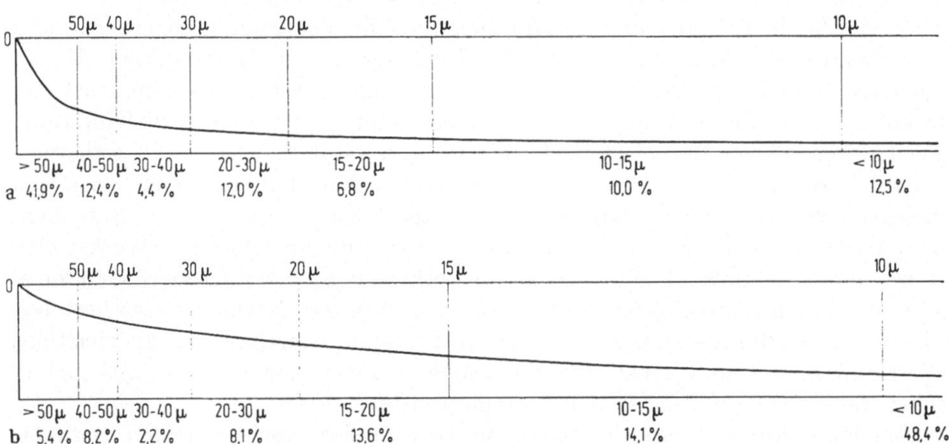

Abb. 5.11 Einfluß des Mühlentyps auf die Korngrößenverteilung des Herbicidwirkstoffs Pyramin [5.190]. a) Schlagkreuzmühle (steiler Kurvenabfall, geringer Mahleffekt); b) Stiftweitkammermühle (flacher Kurvenabfall, feinere Mahlung).

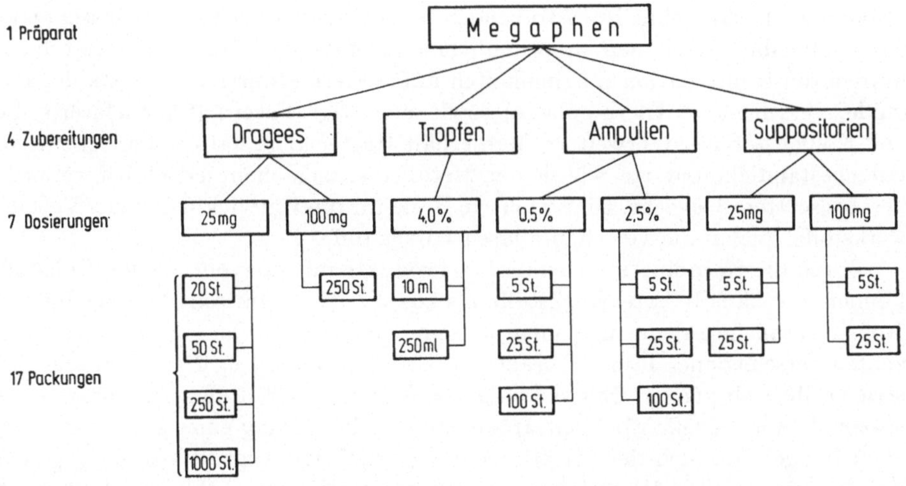

Abb. 5.12 Beispiel der pharmazeutischen Produktdifferenzierung nach Zubereitung (Applikationsform), Dosierung und Packungsgröße, nach [5.177].

Wie sehr die verschiedenen Anwendungsformen zusammen mit der anschließenden Pakkungsdifferenzierung die Produktentwicklung auffächern und das Sortiment verbreitern, zeigt uns ein Beispiel aus der *pharmazeutischen Industrie*, Abb. 5.12. Aus einem Wirkstoff gehen hier über die Zubereitungsformen und Dosierstärken nicht weniger als 17 verschiedene Pakkungen hervor. Für die Verhältnisse in der BRD wurden nach der Großen Deutschen Spezialitätentaxe 80000 Packungsgrößen oder Handelsformen pharmazeutischer Produkte ermittelt, die insgesamt etwa 40000 Anwendungsformen und 25000 Spezialitätennamen umfassen [5.75]. Für die USA wurden 140000 und für Belgien 30000 Handelsformen genannt [5.37].

5.38 Verbundwerkstoffe

Der Begriff des *Verbundwerkstoffes* hat in der chemischen Produktpolitik eine ganz spezifische Prägung und bezieht sich auf die Verbindung chemischer und nichtchemischer Werkstoffe bei der Entwicklung von Folgeprodukten. Hierin ein besonderes Phänomen der Produktentwicklung zu sehen, mag zunächst befremden. Eine Verarbeitung der verschiedensten Werkstoffe und Hilfsstoffe, gleichgültig welcher Branchenzugehörigkeit, wird nämlich meistens als selbstverständlich angesehen. Die Besonderheiten liegen darin, daß es sich um enge und vielleicht unlösbare Verbindungen von Rohstoffen ganz verschiedener Branchenprovenienz handelt, die zu neuen, jeweils eine Einheit bildenden Werkstoffen führen und anschließend nach mechanisch-technischen Fertigungsmethoden formgebend und zusammenfügend weiterverarbeitet werden. Normalerweise bestehen die einzelnen Bauteile der mechanischen Fertigung dagegen aus gleichartigen Werkstoffen, und die Werkstoffkombinationen ergeben sich erst beim Zusammenfügen der geformten Teile zu den aggregierten Produkten.

Wichtige Anwendungen bestehen im Bereich der Hochpolymeren etwa bei Verpackungsfolien im Verbund zwischen Papier und Kunststoffen oder bei der Herstellung von Metallen mit Kunststoffüberzügen. Man spricht auch bei den im Vordringen befindlichen Mischgeweben der Textilindustrie zuweilen von Verbundmaterialien, obwohl hier der Begriff „Verbundstoffe" noch eine engere, spezifische Ausprägung im Sinne der schaumstoffbeschichteten Textilien hat (Laminate und „Bondings"). Ein schnell aufstrebendes Gebiet stellen die Faser-Kunstharz-Verbundstoffe dar. Nach den ursprünglichen glasfaserverstärkten Polyesterharzen werden die Kombinationsmöglichkeiten auf weitere Kunstharze (Epoxide, Polyimide, verschiedene Thermoplaste) sowie neuartige Fasern (Chemiefasern, Bor- und Kohlenstoffasern) erweitert. Man erhält Härteeigenschaften, Festigkeits- und Hitzebeständigkeitswerte, wie sie den Metallen entsprechen, jedoch bei wesentlich herabgesetztem Gewicht. Eine wichtige Rolle für die Entwicklung neuer Verbundwerkstoffe spielen die verschäumbaren Kunststoffe.

Durch die Kombination chemischer Produkte mit konventionellen Rohstoffen können durchaus bessere Werkstoffe als aus den Erzeugnissen der verschiedenen Rohstoffbranchen allein zugänglich werden. Die Kooperation zwischen den Produzenten verschiedener Rohstoffbranchen wird gefördert. Für die chemische Industrie ergibt sich aus der Entwicklung von Verbundwerkstoffen ein günstiger Ansatzpunkt für die Öffentlichkeitsarbeit und zur Förderung eines günstigen „Branchen-Image", da sich der oft erhobene Vorwurf der Angriffsposition gegenüber den konventionellen Werkstoffen mit diesem Beweis des „Miteinander" anstelle des „Gegeneinander" abschwächen läßt.

5.39 Einflußnahme auf die Entwicklung von Folgeprodukten

Sofern die chemischen Produkte auf produktive und konsumtive Gebrauchsgüter weiterverarbeitet werden, begründen erst die *Formgebung* der Stoffe und die zusammenfügende Fertigung der Einzelteile zu Produkten höherer Ordnung die ganzheitlichen Nutzenwirkungen. Besonders wenn ein starker und sichtbarer Einfluß auf die Eigenschaften der Folgeprodukte ausgeübt wird, ergibt sich für den Chemieproduzenten ein hohes Interesse an der Mitgestaltung.

Die Beeinflussung der Nachstufen stellt die chemische Anwendungsentwicklung vor erweiterte Aufgaben. Zahlreiche an sich fachfremde Aufgaben der mechanischen Verarbeitung, der Formgestaltung im engeren Sinne des „design" und der Abstimmung der Folgeprodukteigenschaften auf die speziellen Bedarfsanforderungen müssen bis zu einem bestimmten Grade übernommen werden.

Zur Förderung der Verwendung von Kunststoffen in der Möbel- und Hausratproduktion hat man sich mit dem vielschichtigen Komplex der modernen Wohnraumgestaltung auseinanderzusetzen (vgl. Abb. 5.13 und 5.14). Im Bereich des Textilbedarfs sind Hilfestellungen bei der Entwicklung der Textilmoden notwendig durch das Bereitstellen neuer Fasern und Faserkombinationen, neuer Modefarben oder Textilhilfsmittel für die verschiedenen Faser- und Gewebeausrüstungen, um den Konsumtrends zu entsprechen oder die Bedarfsausweitung zu fördern. Auf mehrere verschiedene textile Bedarfskomplexe ist Einfluß zu nehmen, so etwa den technischen Bereich, verschiedene Bekleidungsgruppen oder den Bereich der Heimtextilien. Dieser ist wieder mit zahlreichen anderen Produkten in den Wohnbedarf einbezogen (Abb. 5.14). Was früher undenkbar gewesen wäre, daß sich nämlich der konsumferne Chemieproduzent um die Produktgestaltung vieler Konsumgüter und die komplizierten Probleme der Konsumgütermarktgeltung zu kümmern hat, ist heute Wirklichkeit geworden.

Mit der Tatsache, daß man sich bei der chemischen Produktentwicklung bereits mit Modefragen zu beschäftigen hat, wird die wechselseitige Abhängigkeit zwischen der Vor- und Folgeproduktgestaltung deutlich. Es ist nicht ausreichend, für die zuvor entwickelten chemischen

Tabelle 5.13 *Bestimmungsfaktoren des Typenprogramms von Endlos-Chemiefasern* [5.16]

Bestimmungsfaktor	Kenngröße und Eigenschaften
1 Faserstoff	Polyamid, Polyester usw.
2 Type	
2.1 Garnfeinheit	Titer, Tex
2.2 Garnkonstruktion	Garnquerschnitt, Anzahl der Endlosfasern, monofil – minifil – multifil, Angabe der Drehung und Drehrichtung
2.3 Mattierung	glänzend, halbmatt, matt, tiefmatt, tiefstmatt
2.4 Spinnfärbung	weiß, schwarz, bunt
2.5 Garneigenschaften	lichtbeständig, hitzebeständig, normalfest, hochfest; normale, geringere und höhere Drehung; ermüdungsbeständig, normaler Schrumpf, angeschrumpft oder hochschrumpfend; wenig, normal, tief oder sehr tief anfärbend
3 Präparation	normale Spinnpräparation, nachgeölt, nachgeschlichtet als Einzelfaden oder als Fadenschar (Webkette), gewachst oder spezialpräpariert; Präparationsauftrag z. B. für Texturierung
4 Aufmachung	Copse, Cones, zylindrische X-Spulen mit ebenen oder konischen Stirnflächen, Färbespulen; Garnträger aus Stahl, Pappe oder Kunststoff, teilkombiniert; Fadenreserve, Signierfärbung; Teilkettbäume, Einfachabklebung, Doppelabklebung, Fadenkreuz, Webketten; Verpackung

Produkte die optimale Nachverarbeitung zu bestimmen, sondern die Anforderungen an eine bedarfsgerechte oder bedarfsweckende Gestaltung der Folgeprodukte soll selbst wesentliche Impulse auf die Verbesserung oder Neuschaffung der chemischen Erzeugnisse auslösen. Treffend wird diese Situation für die Aufgaben der Produktgestaltung im Bereich der Chemiefasern charakterisiert [5.100]: „...Wir wissen, daß bei der Entwicklung zweckgerechter, moderner Produkte den Rohstoffen zwar nicht die alleinige, aber doch eine wesentliche Rolle zukommt. Wenn man einen dauerhaften Erfolg derartiger funktionsgerechter Produkte er-

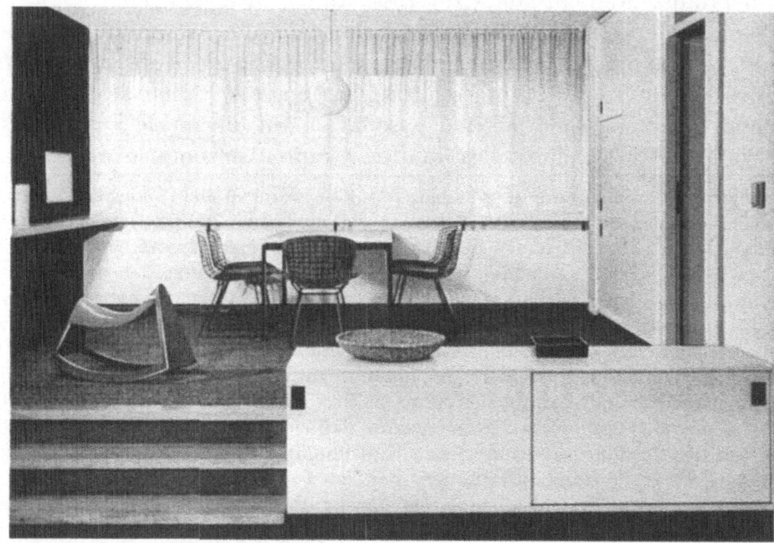

Abb. 5.13 Gestaltung von Folgeprodukten am Beispiel der Möbel und der Raumausstattung unter Verwendung von Kunststoffen (Badische Anilin- & Soda-Fabrik AG).

Abb. 5.14 Gestaltung von Folgeprodukten am Beispiel der Heimtextilien und Polstermöbel. Alle Textilmaterialien der Abbildung sind aus der Polyacrylnitrilfaser Dralon hergestellt (Farbenfabriken Bayer AG).

zielen will, so müssen die gewünschten Funktionen bereits in den Rohstoffen „enthalten“ oder „eingebaut“ sein. Die Forschungs- und Entwicklungsarbeiten der Chemiefaserindustrie sind deshalb darauf ausgerichtet, den Fasern bereits jene Eigenschaften mitzugeben, die im fertigen Erzeugnis benötigt werden. Man kann diese Überlegungen auf zwei simple Anforderungen der Konsumenten reduzieren, nämlich Bequemlichkeit und Prestigebedürfnis. Textiltechnologisch heißt dies: leichte Waschbarkeit, Bügelfreiheit, Knitterresistenz, Tragekomfort, Leichtigkeit und dergleichen...“

Tab. 5.13 gibt eine Vorstellung davon, mit welch großer Zahl von Parametern der Produktentwicklung diesen Anforderungen entsprochen werden muß. Die Chemiefaserindustrie schließt bereits eine Produktionsaufgabe der echten Formgebung ein, wenngleich die Formgebung zu den „eindimensionalen“ längsgerichteten Halbzeugen der Fasermaterialien nur den ersten Schritt in Richtung der formgebenden Fertigung darstellt. In anderen Fällen bleibt man auf ein mehr kooperatives Zusammenwirken mit den selbständigen Unternehmungen der Nachverarbeitung angewiesen, wobei divergierende Interessen leicht hemmend wirken.

5.4 Verpackungsgestaltung

5.41 Technische und absatzwirtschaftliche Aufgaben der Verpackung

Eine Übersicht über die verschiedenen *Verpackungsfunktionen* ist in Tab. 5.14 wiedergegeben. Man sieht, daß die meisten Grund- und Zusatzfunktionen in die technische und wirtschaftliche Sphäre hineinreichen. Das Ziel der Verpackung im technischen Bereich ist die möglichst kostengünstige Durchführung der Verpackung. Im Absatzbereich kommt es darüber hinaus auf die Berücksichtigung der Nutzenwirkungen der Verpackung bei den Abnehmern und die Abstimmung der Verpackung mit allen anderen Absatzmaßnahmen an.

Die physikalischen und chemischen Eigenschaften der Produkte stellen an die *Schutzfunktionen* der Verpackung hohe Anforderungen. Die nach innen gerichtete Schutzwirkung soll eine Beeinträchtigung von Füllgutmenge (durch Verdamp-

Tabelle 5.14 *Übersicht über die Verpackungsfunktionen* [5.174]

1 *Grundfunktionen*
- 1.1 Schutzfunktion
  - 1.11 Schutz des Füllguts hinsichtlich Füllgutmenge und Füllgutqualität
  - 1.12 Schutz der Umwelt
- 1.2 Mengenabgrenzung und Dimensionierung
  - 1.21 Mengenabgrenzung nach Volumeneinheiten
  - 1.22 Mengenabgrenzung nach Gewichtsmaß
  - 1.23 Mengenabgrenzung nach runden Preisen

2 *Zusatzfunktionen*
- 2.1 Vermittlung von zusätzlichem Nutzen für den Produzenten
  - 2.11 Einsatz der Verpackung als Werbemittel
  - 2.12 Einsatz der Verpackung als Produktions- oder Lagerbehälter für die Abfüllung
  - 2.13 Einsatz der Verpackung als Träger von Markierungen hinsichtlich Art des Produktes und seiner Kennzeichnung, Herkunft des Produktes, Behandlungs- und Lagervorschriften, Versandvorschriften
- 2.2 Vermittlung von zusätzlichem Nutzen für den Abnehmer
  - 2.21 Vermittlung von zusätzlichem Gebrauchsnutzen hinsichtlich Verwendungserleichterung des Füllguts, einer Sekundärverwendung der Verpackung, von Geltungs- und Erbauungsnutzen, besseren Marktinformationen durch die Markierung

fen, Entgasen, Auslaufen, Verstauben) und Füllgutqualität (durch Einwirkung von Atmosphärilien, Einwandern von Bestandteilen des Verpackungsmaterials, Korrosionsprodukte des Verpackungsmaterials) verhindern. Unangenehme Stoffeigenschaften der Füllgüter können die nach außen gerichteten Schutzfunktionen noch wichtiger erscheinen lassen (so bei ätzenden, giftigen, brennbaren und explosiven Stoffen). Gleichzeitige Beanspruchungen wirken erschwerend, etwa durch Korrosivität oder Innendruck der Füllgüter sowie durch äußere mechanische Transportbeanspruchung der Verpackungsmittel.

Die durch geeignete *Verpackungsmaterialien*, daneben aber auch durch die Form und konstruktive Gestalt der Verpackungsmittel zu lösenden Aufgaben sind vor allem technischer Natur [5.108; 5.109], jedoch spielen auch hier absatzwirtschaftliche Gesichtspunkte eine Rolle. Die Qualitätssicherung ist eine wichtige Aufgabe beim Absatz. Andererseits ist eine befriedigende Schutzwirkung nach außen wichtig für die Anwendungserleichterung und Herabsetzung der Erklärungsbedürftigkeit. Nur durch geeignete Verpackungen war das Vordringen der Haushaltschemikalien in die ,,Non-food-Sortimente“ des Lebensmitteleinzelhandels möglich. Vor allem bei Konsumgütern ermöglicht das Verpackungsmaterial eine wirkungsvolle Werbung. Kann man die Verpackungen aus Kunststoffen der eigenen Produktion herstellen, eröffnet sich dadurch eine zusätzliche Möglichkeit der Werbung für diese Kunststoffe (z.B. Abgabe von Düngemitteln in Säcken aus Polyäthylenfolien der eigenen Herstellung).

Die Grundfunktion der *Mengenabgrenzung* ist bei den formlosen chemischen Produkten zwar eine primär technische Notwendigkeit, jedoch sind hiermit wiederum wirtschaftliche Absatzinteressen verknüpft. Die Wahl verschiedener Verpackungsgrößen und Verpackungsarten ist eine weitere Maßnahme der Produktdifferenzierung. Die *Größenstaffel* der Verpackungseinheiten soll eine wirtschaftliche Lagerung und Verwendung der Produkte garantieren. Gleichzeitig wird es dem Produzenten dadurch möglich, sein Produkt in verschiedenen Märkten abzusetzen und die Preise zu differenzieren (Marktspaltung). Während man bei den Konsumgütern mit einheitlichen Bedarfsgrößen rechnet und mit wenigen Verpackungsgrößen auskommt, erfordern die sehr unterschiedlichen Verhältnisse bei den Produktivgüterverwendern sorgfältige Wirtschaftlichkeitsrechnungen hinsichtlich der Größenstaffel, um die Zahl der Verpackungsgrößen und damit die Verpackungskosten zu senken [5.174]. In den Vergleichsrechnungen sind im wesentlichen die Kostendegressionen der Verpackungs- und Transportkosten bei größeren Verpackungseinheiten gegen die Kostenprogressionen aus der verlängerten Lagerdauer aufzurechnen.

Die Konkurrenz zwischen der Mengenabgrenzung nach *Gewichts- oder Volumeneinheiten* ist neuerdings durch die Umstellung des Vertriebs von Bautenlacken auf Volumenpackungen bekannt geworden. Volumenpackungen ermöglichen eine verpackungstechnische Rationalisierung, besonders durch die herabgesetzte Zahl von Gebindegrößen für Füllgüter unterschiedlicher Dichte und die gleichzeitige hohe Raumausnutzung aller Verpackungsmittel, bei Flüssigkeiten auch infolge vereinfachter volumetrischer Dosierung. Dennoch bleibt die Anwendung auf kleinere Verkaufseinheiten beschränkt, so etwa die standardisierten Bautenlacke für das Malerhandwerk und den Heimwerkermarkt, während die nach individuellen Rezepturen hergestellten Industrielacke weiter nach Gewichtseinheiten abgegeben werden [5.45; 5.58]. Vor allem wegen der bei Flüssigkeiten temperaturabhängigen, bei Gasen auch druckabhängigen Dichte ist das Volumen eine weniger zuverlässige, zumindest aber umständlichere Bezugsgrundlage für die Mengen- und Wertverrechnung. Bei Feststoffen sind Wertvorstellungen ohnehin auf Gewichtseinheiten bezogen.

Bei den *Zusatzfunktionen* der Verpackung (Tab. 5.14) überwiegen die absatzwirtschaftlichen gegenüber den technischen Forderungen, wobei zugleich eine stärkere Differenzierung der Anforderungen nach konsumtiven und produktiven Verwenderkreisen einsetzt.

5.42 Verpackungsgestaltung chemischer Konsumgüter

Allein durch die *Markenartikeleigenschaft* fast sämtlicher chemischer Konsumgüter wird die Verpackung zu einem wesentlichen Faktor der Produktgestaltung. Nur durch die Verpackung können die Forderungen nach einer Markierung des Produktes, der Identifizierung mit dem Hersteller und einer gewissen Konstanz in der äußeren Aufmachung erfüllt werden.

Der typische *indirekte Vertriebsweg* der Markenartikel über eine oder mehrere Handelsstufen ist in der Verpackungsgestaltung sowohl hinsichtlich der technischen als auch wirtschaftlichen Funktionen zu berücksichtigen. Eine leichte Handhabung der Verkaufs- und Versandverpackungen und ihre absatzfördernde Wirkung müssen in allen Phasen der Transport-, Lager- und Verkaufsoperationen des Absatzweges gewährleistet sein.

Die Intensität der *Markenartikelwerbung* sowie ihre Ausrichtung auf den Letztverbraucher stellen die Verpackung unmittelbar in den Dienst der *Werbung*. Hier ersetzen die werblichen Gestaltungselemente der Verpackung, nämlich Größe der Verpackung, Form, Materialverwendung, Farbgebung, bildliche und graphische Gestaltungsmittel, ferner die Textgestaltung auf Außen- und Innenverpackungen sowie Beilagen (z.B. Rezepte, ,,Waschzettel" der Pharmazeutika) manches von der Werbewirkung der Formgebung bei den Gebrauchsgütern. Die Durchsetzung eines bestimmten Firmenbildes fällt in hohem Maße der Packungsgestaltung zu, wobei sich die Packungsdifferenzierung bei den Einzelprodukten in ein einheitliches, für die Herstellerfirma charakteristisches und diese sofort identifizierendes Packungsbild einfügen soll. Durch gleichbleibende Elemente werden einheitliche Packungsfamilien geschaffen, wie z.B. durch einheitlichen graphi-

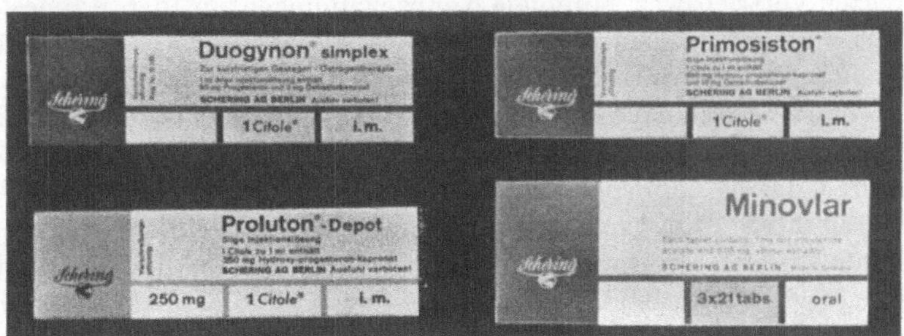

Abb. 5.15 Gestaltung von Packungsfamilien für Arzneimittel (Schering AG, Berlin).

schen Firmenstil, einheitliche Feldaufteilung und Anordnung von Firmennamen und -zeichen sowie durch die Art der Präparatnamen bei pharmazeutischen Produkten (Abb. 5.15) [5.2; 5.189]. Je mehr die Konsumenten nicht nur über den Grundnutzen, sondern über die verschiedenen „Zusatznutzen" in der sozialen Sphäre („Geltungsnutzen") oder persönlichen Sphäre („Erbauungsnutzen") angesprochen werden sollen, desto schwieriger und aufwendiger wird die werbliche Packungsgestaltung, die in hohem Maße auf werbepsychologischen Erkenntnissen aufbaut. In der Gruppe der chemischen Konsumgüter dürften die Kosmetika die höchsten Anforderungen stellen, aber auch bei den Arzneimittelpackungen verlangen die vielgestaltigen subtilen Assoziationen der Werbeelemente mit der Vorstellungswelt des Verbrauchers eine sorgfältige Berücksichtigung. Eine besondere Aufwertung erfahren die werblichen Verpackungsaufgaben bei einer Aufnahme der Produkte in die Verkaufssortimente der Selbstbedienungsgeschäfte.

Die Zusatzfunktion der *Produktkennzeichnung* sowie der Vermittlung von *Produkt- und Anwendungsinformationen* besteht sowohl im Interesse des Herstellers wie des Verwenders, wenngleich mit verschiedenen Nuancierungen. Bei den formlosen chemischen Produkten kann die Produktkennzeichnung eigentlich nur auf der Verpackung erfolgen, wenn man einmal von Ausnahmefällen wie der Verwendung von „Indikatorsubstanzen" oder der Einprägung von Produkt- und Firmennamen auf tablettierte pharmazeutische Produkte absieht. Denkt man außerdem an die große Bedeutung solcher zuverlässiger Produktkennzeichnungen, die sich aus den Gefahren einer Verwechslung oder falschen Anwendung chemischer Produkte ergeben, so kann man in dieser *Informationsfunktion* fast eine Grundfunktion mit zugleich technischem Aufgabeninhalt annehmen, denn sonst wird die Nutzanwendung des Produktes schlechthin vereitelt.

Diese Informationsfunktion der Verpackung ist bei den chemischen Konsumgütern noch weitaus bedeutender als bei den Produktivgütern. Außerdem ist bei den Konsumgütern eine starke Überlagerung mit der Werbefunktion der Verpackung festzustellen, die bei den chemischen Produktivgütern zurücktritt. Anders als beim produktiven Verwender kann man beim Konsumenten kaum eine Fähigkeit zur Feststellung der Produktqualität oder wichtiger Anwendungseigenschaften der Produkte voraussetzen. Auch bei den produktiven Verwendungen werden je nach Art der Produkte, den speziellen Anwendungsproblemen und den fachlichen Voraussetzungen unterschiedliche Informationsbedürfnisse bestehen. Diese werden aber zum geringsten Teil über die Verpackungskennzeichnung erfüllt, sondern in der Hauptsache durch die Verkaufs-, Werbe- und Beratungskontakte beim direkten Vertriebsweg. Minimale Kennzeichnungen zur Identitätsfeststellung der Produkte und wegen Transport-, Lager- und Behandlungsgefahren (Gefahrenkennzeichnung) sind dann ausreichend. Die Mitteilung aller wichtigen Anwendungsinformationen auf der Verpackung trägt zur Schaffung problemloser Markenartikel bei und ist um so bedeutungsvoller, je weniger mit einer fachlichen Beratung durch das Verkaufspersonal zu rechnen ist und je weiter das Verkaufsgespräch durch die Selbstbedienung überhaupt ersetzt wird. Großflächige Verkaufspackungen bieten sowohl für einen plakativen Werbestil wie für detaillierte Anwendungsinformationen ideale Voraussetzungen (Abb. 5.16). Mit losen Beipackzetteln lassen sich Raumengpässe auf den Verpackungsbehältnissen stets umgehen, aber es besteht die Gefahr des Verlustes.

Abb. 5.16 Anwendungsinformationen auf der Rückseite einer Waschmittelverpackung.

Die Zusatzfunktionen der Konsumgüterpackungen zur *Erleichterung der Produktverwendung* wurden zuerst von SCHÄFER [1.79, S. 154] herausgestellt. Indem die Verpackung so gestaltet wird, daß sie ein leichtes *Öffnen* und eine leichte, vollständige *Entnahme* des Füllgutes ermöglicht, in einem nächsthöheren „Verpackungsgrad" auch als zweckmäßiges *Aufbewahrungsmittel* während der Verbrauchsdauer des Füllgutes dienen kann und sogar in einer weiteren Verpackungsstufe noch spezielle Vorkehrungen für die *Applikation* des Produktes bietet, ergeben sich zusätzliche Verwendungsnutzen. Die Verwendung als Aufbewahrungsmittel während der Verbrauchsdauer ist bei Verpackungen chemischer Konsumgüter im Zusammenhang mit den Schutzfunktionen und zur Vermeidung von Verwechslungen die Regel. Auch spezielle Verpackungsvorkehrungen für die Applikation erlangen immer größere Bedeutung, wie es in jüngster Zeit besonders die *Aerosolverpackung* eindringlich bewiesen hat.

Für die Aerosolverpackung wird ein weiterer chemischer Hilfsstoff benötigt, das Treibmittel. Durch Variation des Treibmittelanteils gegenüber dem Wirkstoffanteil läßt sich die Feinheit der Zerstäubung dem Anwendungszweck optimal anpassen [5.123]: Bei Treibmittelanteilen zwischen 80 und 95% wird eine *Vernebelung* des Wirkstoffs in der Raumluft zu echten Aerosolen erzielt, was für Insecticide gegen fliegende Insekten, Raumluftdeodorantien und -desinfektionsmittel, Duftstoffe und Pharmaka der Inhalationstherapie in Frage kommt. Eine weitere Anwendung betrifft die *Feinbeschichtung* von Flächen mit Produkten, die Treibmittelanteile von etwa 70–40% enthalten. Diese Verpackung eignet sich für Produkte der Farben- und Lackindustrie, mehrere kosmetische Erzeugnisse (Haarsprays, Sonnenöle, Sprühprodukte für die Hautbehandlung), Pharmaka und Insecticide (z.B. für kriechende Insekten). Schließlich wird der *Grobauftrag* auf Flächen mit Produkten erreicht, die Treibmittelanteile zwischen 30 und 10% aufweisen, wobei meistens eine weitere mechanische Produktverteilung erforderlich wird. Derartige Aerosolverpackungen sind z.B. für verschiedene Polier-, Reinigungs- und Schmiermittel angebracht. Wir erleben hier den interessanten Fall der Wechselwirkungen zwischen der Verpackungsgestaltung und der chemischen wie physikalischen Produktveränderung aufgrund der anwendungstechnischen Bedingungen. Die Aerosolverpackung ist bislang fast ausschließlich für Produkte der chemischen Industrie und hier wieder bevorzugt für Konsumgüter eingesetzt worden (Tab. 5.15), deren Verbrauch dadurch zum Teil erheblich gefördert wurde. In der BRD hatte 1966 die Quote der Ausbesserung von Autolackschäden durch Heimwerker, hauptsächlich durch Aerosollacke erst ermöglicht, bereits 69% erreicht [5.59].

Tabelle 5.15 *Produktanteile von Aerosolverpackungen 1966* [5.114] *in Prozent*

Produktgruppe	BRD	Westeuropa	Nordamerika
Haarpflegemittel	51,9	43,0	22,3
Andere Kosmetika	14,8	10,0	26,1
Insecticide und Pflanzenschutzmittel	5,7	18,0	5,2
Raumsprays	3,8	7,0	7,7
Schuhpflegemittel	4,8	10,0	22,4
Andere Haushaltsprodukte	3,2		
Farben und Lacke	4,8	2,0	9,1
Autopflegemittel und technische Produkte	4,8	2,0	2,5
Pharmazeutika	3,8	3,0	2,1
Sonstige Produkte	2,4	5,0	2,6
Gesamt	100,0	100,0	100,0
Gesamtzahl der Packungen in Millionen	210	826	1765

Die *Verpackungskosten* sind hoch und übersteigen diejenigen der Produktivgüter oft um ein Mehrfaches. Ursächlich sind die kleinen Verpackungseinheiten, die mengenspezifische Geringwertigkeit und eine aus absatzwirtschaftlichen Gründen aufwendige Verpackungsgestaltung (hoher Verpackungsgrad, Zusatznutzen für leichtere Applikation, Sekundärverwendung der Verpackung, Werbung).

Eine amerikanische Repräsentativerhebung ergab für einige chemische Konsumgütergruppen die relativ höchsten Verpackungskostenanteile an den Herstellerverkaufspreisen, nämlich 40,0% bei chemischem Bürobedarf (Klebstoffe und Tinten), 36,3% bei kosmetischen Erzeugnissen und Seifen, 35,2% bei Arzneimitteln und Drogen, 35,0% bei Motorölen, 15,0% bei einigen Pflegemitteln und 12,5% bei Farben [5.127, S. 104].

Die Verpackungskosten werden überwiegend den Herstellkosten und nicht den Vertriebskosten zugerechnet. Eine Abspaltung der rein absatzwirtschaftlich verursachten Kostenanteile wäre sicher interessant, aber rechnerisch schwer durchführbar. Die hohen Kostenbelastungen sind ein Grund dafür, daß man den Verpackungsmitteln, Verpackungsverfahren und der Verpackungsorganisation in den verschiedenen chemischen Konsumgütersparten zunehmende Aufmerksamkeit widmet. Durch *Normung und Typenbeschränkung* der Packmittel werden größere Verpackungsauflagen und maschinelle Verpackungsverfahren begünstigt, besonders die Fließfertigung mit einer Hintereinanderschaltung der Verfahrensgänge des Abfüllens, Verschließens, Etikettierens, Kartonierens, Sammelpackens und Versandpackens. Auch die Formgestaltung der Packmittel ist nicht ausschließlich nach werblichen Gesichtspunkten, sondern daneben nach der günstigen maschinellen Verarbeitbarkeit auszurichten [5.62].

Die Verpackungsprobleme der Pharmazeutika und der Kosmetika sind bislang von allen chemischen Konsumgütersparten in der Literatur am gründlichsten untersucht worden, z.B. [5.57; 5.108; 5.173; 5.176; 5.212].

5.43 Verpackungsgestaltung chemischer Produktivgüter

Innerhalb der Verpackungszusatzfunktionen treten die *Werbung* und *Information* bei den Produktivgütern sehr zurück. Die detaillierten technischen Informationen über das Produkt und seine Anwendung, aber auch die reinen Werbeappelle werden an andere Personen gerichtet als an diejenigen, die mit der technischen Abwicklung des Wareneingangs beschäftigt sind. Die visuelle Darbietung der verpackten Güter hat für die Einkaufsentscheidungen keine Bedeutung. Diese werden zudem häufig langfristig für die Beschaffung einer großen Zahl von Verpackungseinheiten getroffen. Verpackung und Produkt verbinden sich nicht wie bei den Konsumgütermarkenartikeln zu einer Einheit. Das ist unter anderem ein Grund dafür, daß sich Markenartikel im Produktivgüterbereich schwerer durchsetzen lassen. Damit entfällt auch der Zwang zur Einwegverpackung. Diese wird zwar gegenüber den Mehrwegverpackungen heute mehr und mehr bevorzugt, doch sind dafür reine Kostenüberlegungen maßgeblich. Die Verpackung wird häufig als eine technisch notwendige, jedoch lästige und nur Kosten verursachende Angelegenheit betrachtet. Trotz der gegenüber den Konsumgütern wesentlich niedrigeren Verpackungskostenanteile am Verkaufspreis besteht sowohl bei den Anbietern als auch Nachfragern ein ausgeprägtes Kostenbewußtsein. Ein Hinausgehen über die technischen Notwendigkeiten bei der Verpackungsgestaltung würde vom Abnehmer schnell erkannt werden und womöglich nur Verstimmungen gegenüber dem Lieferanten auslösen.

Die Vermittlung *zusätzlicher Gebrauchsvorteile* beim *Abnehmer* hat ihre Berechtigung und kann als eine Aufgabe der verbrauchsgerechten Produktgestaltung oder auch des Kundendienstes aufgefaßt werden. In Frage kommen das erleichterte Entladen der Transportmittel, ferner günstige Möglichkeiten der Einlagerung der Produkte sowie der Entnahme der Füllgüter aus den Verpackungsmitteln zur Beschickung von Vorratsbehältern oder Fertigungsapparaturen. Sie erscheint aber wegen der kundenindividuell verschiedenen Anlieferungs- und Verarbeitungsbedingungen sowie deren Flexibilität in einem anderen Licht. Der industrielle Weiterverarbeiter hat ein unmittelbares Interesse daran, seine Verbrauchsverfahren im Verein mit der Produkt- und Verpackungsgestaltung der Einsatzmaterialien individuell zu optimieren.

Damit werden aus Gründen der Verpackungs- und Transportwirtschaftlichkeit *Produktmodifikationen* angeregt, die den Herstellungsgang beim Anbieter in den letzten und beim Abnehmer in den ersten Fabrikationsstufen verteuern können. Solche rein verpackungs- und transportbedingten Produktänderungen sind in der Hauptsache physikalischer, mitunter aber auch chemischer Natur.

Technische Gase wie Sauerstoff, Stickstoff, Ammoniak, Chlor, die niederen Kohlenwasserstoffe von C_1 bis C_4 usw. sind in größeren Mengen oft in verflüssigter Form wirtschaftlicher zu transportieren, obwohl der Hersteller die zusätzlichen Verflüssigungskosten und der Abnehmer spezielle Einrichtungen zur Rückvergasung in Kauf nehmen müssen. Wichtige Optimierungsaufgaben ergeben sich dabei aus der Wahl des Verflüssigungsdruckes, sofern nicht gesetzliche Sicherheitsbestimmungen ohnehin zwingend sind. Bei niedrigen Drücken ist mit dünnwandigeren und damit leichteren Behältern auszukommen, jedoch wirken die notwendigen tiefen Temperaturen wegen der erforderlichen Isolierungen und Kälteeinrichtungen verteuernd und umgekehrt. Benötigt der Abnehmer für seinen Verarbeitungsprozeß einen bestimmten Wirkstoff in Lösung oder einen Feststoff in Form einer Dispersion, so muß der Lieferant auf die Schaffung der benötigten Produkteinstellung mit der höheren Verbrauchsreife oft verzichten, wenn sich hieraus zu voluminöse und kostspielige Verpackungen ergeben.

Der Einfluß der Konzentration auf den Erstarrungspunkt spielt insofern eine Rolle, als man bei auftretenden tieferen Temperaturen möglichst solche Konzentrationen bevorzugen wird, bei denen noch keine Erstarrung des flüssigen Produktes in den Behältern eintritt.

Wichtig ist die Berücksichtigung der korrosiven Eigenschaften. Konzentrierte Schwefelsäure läßt sich in billigen Eisenbehältern versenden, verdünnte Säure erfordert kostspielige verbleite Behälter. Besondere Stoffzusätze zur Beseitigung der Hygroskopizität erlauben die Verwendung billigerer, wasserdampfdurchlässiger Verpackungsmaterialien. Acetylen ist nur in kleinen Mengen über begrenzte Entfernungen zu versenden, wobei neben den teuren Druckgasflaschen auch ein Trägermaterial (Kieselgur) verwendet wird. Erfolgt die Acetylenherstellung aus Carbid, muß man dieses leichter zu handhabende Material transportieren und die Acetylenentwicklung dem Verbraucher überlassen. Man kann aber auch zwei Stufen weiter vorgreifen und das Acetylen auf seine chemischen Folgeprodukte weiterverarbeiten. Die Verfahrenskonkurrenz zwischen dem Carbidacetylen und dem petrochemischen Acetylen wird heute noch von diesen verpackungs- und transporttechnischen Überlegungen beeinflußt.

Werden zur Senkung der Verpackungskosten zusätzliche Verarbeitungskosten beim Lieferanten und Abnehmer aufgewandt, so haben diese gegenüber zunehmenden Transportentfernungen fixen Charakter. Die verfahrensbedingten Verteuerungen werden demnach erst von einer bestimmten Transportentfernung an die Einsparung an Verpackungs- und Transportkosten überkompensieren (kritischer Punkt in der Wirtschaftlichkeitsrechnung).

Auch bei allen anderen verpackungstechnischen Alternativen sind die Möglichkeiten einer flexiblen Gestaltung der Verpackung mit den veränderten Verbrauchsbedingungen abzustimmen und über alle Kosten- und Ertragsauswirkungen zu bewerten, so hinsichtlich der Verwendung von Einweg- oder Mehrwegverpackungen, von Spezial- oder Universalpackungen sowie der Größenstaffelung der Verpackungseinheiten.

5.44 Verpackung und Transport

Die Verpackung steht nicht nur in enger Wechselbeziehung zur Produktgestaltung, sondern auch zu den *Transportfragen*. Wir kennen die notwendige Anpassung der Verpackung an Transportwege und vor allem Transportmittel, die unter anderem durch die Beförderungsbedingungen bei den Verkehrsträgern bestimmt wird. Für wirtschaftliche Optimierungen sind häufig Verpackungs- und Transportkosten, ja sogar zusätzlich die Lagerkosten im Zusammenhang zu betrachten.

Beim Aufbau reibungslos arbeitender *Transportketten* für Produktivgüter sind Verpakkung und Transport insgesamt möglichst einfach zu gestalten. Es entsteht der Zug zum Loseversand oder Bulk-Transport der Massenprodukte, wobei man zur Rationalisierung des Transportes mit gleichzeitiger Einschränkung der Verpackung etwa folgende Entwicklungsstufen abgrenzen kann:

1. Verwendung von *Großbehältern* für feste Schüttgüter, Flüssigkeiten und Gase. Sie sind nicht mit dem Transportmittel verbunden, so daß neben sofortiger Entnahme der Füllgüter auch eine Verwendung als Lagerbehälter in Betracht kommt. Zur Verringerung des Rückfrachttransportvolumens sind mitunter zusammenlegbare Behälter für Flüssigkeiten brauchbar. Diese Spezialbehälter müssen zur Vermeidung von Umladungen bei gebrochenen Transportwegen für mehrere Transportmittel geeignet sein, genau wie es für die Großbehälter des modernen internationalen Container-Verkehrs gefordert wird.

2. Einsatz von *Behälterfahrzeugen*, die bereits einen Grenzfall zwischen Verpackung und Transportmittel darstellen oder bei denen beides zusammenfällt. Als Lastwagenanhänger oder Sattelauflieger ausgebildete Behälterfahrzeuge sind mit der vorigen Stufe der transportablen Großraumbehälter noch eng verwandt, da sie ohne allzu große Kostennachteile durch verlängerte Reisezeit auch der Lagerung beim Abnehmer dienen können. Bei Antriebsstraßenfahrzeugen und Eisenbahnbehälterwagen wird dies wegen zu hoher Standkosten jedoch kaum noch gelten. Die neuere Entwicklung ist nach der Verbreitung der Behälterfahrzeuge für Flüssigkeiten durch den Bau leistungsfähiger Silofahrzeuge mit Schwerkraft- oder pneumatischen Entleerungsvorrichtungen für den Feststofftransport gekennzeichnet. Außerdem strebt man nach immer größeren Transportmitteleinheiten.

3. Übergang zum Außentransport in *Rohrleitungen*, entweder kontinuierlich in Einproduktleitungen oder „chargenweise“ in Vielzweckleitungen, sobald die für den Rohrleitungstransport erforderlichen Mindestmengen erreicht sind. Es kommen Flüssigkeiten, aber auch Gase unter höheren Drucken, schließlich sogar mit Gasen oder Flüssigkeiten fluidisierte Feststoffe in Betracht. Hier ist nur noch ein Transport und keinerlei Verpackung mehr zu erkennen.

Wirtschaftliche Vorteile ergeben sich aus der Kostendegression der Großbehälter und Behälterfahrzeuge sowie des fließenden Rohrleitungstransportes. Durch den Wegfall zahlreicher kleiner Verpackungen wird der Materialumschlag vereinfacht. Beim Lieferanten werden Verpackungsmaterial und Verpackungsarbeiten eingespart, beim Kunden entfällt das Abtrennen von Verpackung und Füllgut sowie die Rücksendung oder Beseitigung des Leergutes. Die Bevorzugung von Einweg- gegenüber Mehrweggebinden hat zwar gewisse Erleichterungen durch den Wegfall des Leergutrücklaufes gebracht, aber beim Kunden hat die notwendige Vernichtung des Leergutes oft auch die Kostenbelastungen erhöht.

5.5 Qualitätspolitik und Qualitätssicherung

5.51 Grundlagen der Qualitätspolitik

Aufgaben der betrieblichen *Qualitätspolitik* sind: Festlegung eines bestimmten Qualitätsniveaus für die Produkte, Aufrechterhaltung und Sicherung der Produktqualität im laufenden Betrieb sowie wirksame Herausstellung des Qualitätsniveaus und der Qualitätssicherung nach außen. Die Entscheidung über die Qualitätsanforderungen fällt in die Problematik der Produktgestaltung.

Im weiteren Sinne bezieht sich der Qualitätsbegriff auf die Beschaffenheit verschiedener, ähnlicher Produkte innerhalb einer verwandten Produktgruppe, im engeren Sinne dagegen nur auf die Spezifikationen einer Produktart. Soll beispielsweise ein neues Produkt entwickelt werden, so würde der geforderte Qualitätsunterschied des neuen Produktes gegenüber den bekannten Produkten bereits eine Frage der Qualitätspolitik aufwerfen.

Für die Festlegung des *Qualitätsniveaus* ergeben sich in der chemischen Industrie eine Reihe Besonderheiten:

1. Bei der häufigen *Substitutionskonkurrenz* chemischer Produkte gegenüber *Naturstoffen* sind Vorurteile und Marktwiderstände zu überwinden. Die Qualitätspolitik hat hier nicht nur auf die Marktgeltung der eigenen Produkte, sondern der ganzen Branche Einfluß.

2. Die Qualität kann stets nur *relativ* im Hinblick auf den *Verwendungszweck* eines Produktes beurteilt werden. Hierdurch entstehen Schwierigkeiten bei den Vielzweckprodukten, besonders den Industriechemikalien. Es müssen entweder einheitliche Spezifikationen nach der überwiegenden Produktverwendung oder mehrfache Spezifikationen und Qualitätsstufen vorgesehen werden. Den Grenzfall bildet die Qualitätseinstellung für jeden einzelnen Abnehmer, was aber aus wirtschaftlichen Gründen meistens vermieden werden soll.

3. In das Spektrum der chemischen Produkteigenschaften gehören mitunter auch die schädlichen *Nebenwirkungen*, die im Gesamtbild der positiven und negativen Qualitätsmerkmale mit zu erfassen sind und bei der Entwicklung und Markteinführung neuer Produkte oft eine ausschlaggebende Rolle spielen.

4. Die Erzeugung der gleichen Endprodukte mit anderen Verfahren und aus anderen Rohstoffen führt selten zu einer völligen *stofflichen Identität*. So hat die petrochemische Gewinnung von Acetylen aus Erdölprodukten anstelle des Carbidacetylens in der ersten Zeit wegen neu auftretender Verunreinigungen in minimalen Konzentrationen bei manchen Verarbeitungsprozessen Schwierigkeiten verursacht.

5. Bei den schnellen *Veränderungen* der Erzeugungsverfahren und Produktverwendungen ist man zur häufigen Überprüfung der Qualitätsfestlegung gezwungen. Dies behindert die überbetriebliche Vereinheitlichung. Bestimmte Qualitätsanforderungen können sich aufgrund der technischen Fortschritte im Herstellverfahren oder wegen abgewandelter Nachverarbeitung bald als unzureichend erweisen, vielleicht aber auch in manchen Punkten zu scharf formuliert sein und „Überqualitäten" verursachen, die unwirtschaftlich sind.

6. Großen Einfluß haben die *Analysenverfahren* und ihre Veränderungen. Als die chromatographischen Analysen in die Qualitätskontrolle Eingang fanden, wurden plötzlich viele spurenweise Verunreinigungen in den Produkten zusätzlich festgestellt, von deren Existenz man zuvor wenig Kenntnis genommen hatte. Obwohl diese Verunreinigungen meistens objektiv nicht störten, führte ihr Nachweis teilweise zu Unstimmigkeiten und erforderte eine Neufassung der Qualitätsvereinbarungen.

7. Die *stoffbezogenen* chemischen und physikalischen Kenndaten der Produkte sind häufig für die Charakterisierung bestimmter *Verwendungsqualitäten* nicht ausreichend. Die Entwicklung verwendungsnaher Prüfverfahren und Qualitätsparameter (Gebrauchseigenschaften) stellt die Anwendungstechnik vor spezielle Aufgaben.

8. Über die Wirksamkeit und Eignung neuer chemischer Produkte läßt sich nicht selten erst nach langjährigen praktischen *Erfahrungen* ein abschließendes Urteil bilden. Vorausberechnungen oder die Simulation der Anwendungsprüfung mit Modell- und Kurzzeitversuchen bieten nur einen unvollkommenen Ersatz. Für die Markteinführung ist die Erfahrungsprüfung in der Praxis aber zu langwierig, so daß sich die Qualitätsrisiken erhöhen.

9. Die Qualität der chemischen Produkte in ihren Verwendungen ergibt sich erst im Verein mit ihrer *sachgemäßen Anwendung* und Verarbeitung, welche die Anbieter selten vollständig unter eigener Kontrolle haben. Daraus entstehen Probleme hinsichtlich der *Qualitätsgarantie* und der Anwendungsrisiken. Die Anbieter sehen sich zuweilen veranlaßt, die Qualitätsgarantie ausdrücklich auf die zugesicherte chemische Stoffzusammensetzung zu beschränken und den Anwendungserfolg hiervon auszunehmen. Bei Spezialitäten wird dies nicht selten als unbefriedigend empfunden.

10. Das *Reklamationswesen* kann eine unerfreulich große Bedeutung erlangen, nämlich bei fertigungstechnisch bedingten größeren Qualitätsschwankungen, nicht objektiv quantifizierbaren Analysenergebnissen (z.B. visuelle Feststellung eines Trübungspunktes durch verschiedene Laboranten) sowie bei einem zu lockeren Zusammenhang zwischen den vertraglich festgelegten und überwachten Qualitätskenngrößen einerseits und den beim Kunden realisierten Gebrauchseigenschaften und Anwendungserfolgen andererseits. Neben den aufwendigen Maßnahmen der Qualitätskontrolle sind die Chemieunternehmungen zur erleichterten Beweisführung über die *Typkonformität* daher gezwungen, von vielen Produktlieferungen und Produktionschargen Mustermengen zurückzubehalten und längere Zeit aufzubewahren.

11. Die Abnehmer sind nicht immer zur *Qualitätsbeurteilung* chemischer Produkte in der Lage. Das Vertrauen in die Produktqualität kann andererseits die eigenen Qualitätsprüfungen des Abnehmers weitgehend ersetzen.

Es genügt nicht, ein hohes Qualitätsniveau für das gesamte Absatzprogramm zu fordern, die gesteckten Ziele müssen auch technisch mit hoher Zuverlässigkeit erreicht werden. Kosten und Wirtschaftlichkeit der Produktion werden von der geforderten Qualitätskonstanz wesentlich beeinflußt. Die analytischen Qualitätskontrollen beginnen häufig bei sämtlichen Einsatzstoffen, erfassen die Verarbeitungsgänge, Zwischenprodukte sowie mit besonderer Sorgfalt die Endprodukte.

In der pharmazeutischen Industrie wird z.B. ausdrücklich darauf hingewiesen, daß die Analyse der Endprodukte zur Identitätsfeststellung einer fertiggestellten Charge mit den vorgegebenen Produktspezifikationen allein oft nicht ausreicht. Alle Fertigungsoperationen und der gesamte Stoffeinsatz müssen daher in den Kontrollgang einbezogen werden. Selbst während der Verpackung sind zur unbedingten Ausschaltung von Verwechslungen noch gewisse „differentialanalytische" Kontrollmaßnahmen notwendig [5.103; 5.104].

Die Qualitätssicherung durch die einzelne Unternehmung (firmenindividuelle Qualitätssicherung) findet einen deutlichen Ausdruck im häufig angewendeten *Markenartikelvertrieb.*

Wegen der umfassenderen, über die Probleme der Qualitätssicherung hinausgehenden Bedeutung des Markenartikelvertriebes kommen wir auf dieses Absatzsystem jedoch weiter unten gesondert zurück (Kap. 5.62).

5.52 Handelsübliche Qualitätsstandards

Bei zahlreichen, in großem Umfang gehandelten Industriechemikalien haben sich im Laufe der Zeit bestimmte allgemeine *Qualitätsstandards* herausgebildet, die in den Lieferverträgen oft zugrunde gelegt werden und dann das Aushandeln von Qualitätsspezifikationen erübrigen oder wenigstens vereinfachen.

Für die Festlegung der Qualität ergibt sich aber eine relativ unsichere Basis, weil sich die Handelsstandards nur auf wenige Merkmale beziehen und viele Kenngrößen offenlassen. Darüber hinaus können regional, im Zeitverlauf sowie bei einzelnen Verwenderkreisen unterschiedliche Handelsstandards üblich sein. Auch die Beachtung ist verschieden. Da für jede Vereinheitlichung der Qualität chemischer Produkte schließlich einheitliche Analysenverfahren festzulegen sind – was hier nicht der Fall ist –, sind die Handelsstandards nur in einfach gelagerten Fällen und für überschlägige Spezifikationen brauchbar. Mitunter liegen Normenvorschriften zugrunde. Im allgemeinen aber ist weder die Herkunft der Qualitätsstandards erkennbar noch sind sie verbindlich schriftlich niedergelegt. Das schließt nicht aus, daß besonders in der Fachliteratur der Speziellen Technischen Chemie die handelsüblichen Produktsorten mitunter festgehalten oder umgekehrt derartige Spezifikationen aufgrund der Produktions- und Verwendungsbedingungen aufgestellt werden, die in der Praxis befolgt werden können. Zuweilen setzen sich die Spezifikationen einzelner bedeutender Hersteller, unter anderem durch die Verbreitung von Firmenschriften zur Qualitätsprüfung, in größerem Rahmen durch. In der Hauptsache geht es um Konzentrations- und Reinheitsvorschriften.

In Tab. 5.16 sind die Spezifikationen von drei *Salzsäure*-Sorten eines bedeutenden Herstellers in der BRD mitgeteilt, welche den Handelsstandard nach Auskunft des Chemikaliengroßhandels gut repräsentieren sollen.

Bei *Schwefelsäure* werden in den USA drei Sorten mit technischer Reinheit, chemischer Reinheit sowie pharmazeutischer Qualität unterschieden. Hinsichtlich der pharmazeutischen Qualität bestehen genauere Reinheitsbestimmungen in der amerikanischen Pharmakopöe.

Tabelle 5.16 *Analysenwerte für Salzsäure eines Großproduzenten in der BRD*

Komponente	Konzentrationsmaß	Technisch reine Säure	Technisch destillierte Säure	Chemisch reine Säure
HCl	[Gew.-%]	30	30	37
Fe	[mg/l]	1–10	1–10	0,84
As	[mg/l]			0,06
Cl_2 als oxid. Subst.	[mg/l]	bis 50	bis 50	1,2
Ca + Mg	[mg/l]	bis 150	bis 150	
SiO_2	[mg/l]	5	5	
Al_2O_3	[mg/l]	5	5	
NH_3	[mg/l]			3,6
SO_2	[mg/l]			6
Pb	[mg/l]	5–10	unter 1	3,6
Org. Substanz als C	[mg/l]		50	
Sulfat als H_2SO_4	[mg/l]	50– 90	150	2,4
Trockenrückstand	[mg/l]	500–700	600	
Glührückstand	[mg/l]	400–520	500	6

Tabelle 5.17 *Handelsübliches Sortenprogramm für Schwefelsäure in den USA, nach* [3.65, S. 752]

Qualitätsstandard (Handelssorte)	Gew.-% H_2SO_4	Dichte (15,6 °C)
Akkumulatorensäure, 50°Bé	33,5	1,250
Düngemittelsäure, Kammersäure, 60°Bé	62,2	1,526
Turmsäure, Gloversäure, 66°Bé	77,67	1,706
Vitriolöl	93,19	1,835
95er konzentrierte Schwefelsäure	95,0	1,841
98er konzentrierte Schwefelsäure	98,0	1,844
Monohydrat, H_2SO_4	100,0	1,835
20er rauchende Schwefelsäure (Oleum)	104,5, bis 20% freies SO_3	1,927
40er rauchende Schwefelsäure (Oleum)	109,0, bis 40% freies SO_3	1,965
65er Oleum	114,6, bis 65% freies SO_3	1,990
70er Oleum	115,8, bis 70% freies SO_3	

Darüber hinaus wird nur eine Sortendifferenzierung über die Konzentration mitgeteilt (Tab. 5.17). Hierbei werden neben Verwendungszwecken die Produktionsbedingungen deutlich berücksichtigt (z.B. Kammer- oder Turmsäure des Bleikammerverfahrens). In Deutschland werden in einem Fall 6 Produktsorten für Schwefelsäure abgegrenzt und teilweise auch quantitative Grenzkonzentrationen bestimmter Verunreinigungen dazu genannt, was sich jedoch in der Praxis noch als unzureichend erwiesen hat [3.212, Bd. 15, S. 463]: Technische Schwefelsäure arsenfrei, Schwefelsäure technisch rein, Schwefelsäure chemisch rein, Akkumulatorensäure, Monohydrat und Oleum.

Inzwischen haben sich gemäß Tab. 5.18 *verwendungsabhängige Qualitätsanforderungen* zu mehreren getrennten Handelsstandards verdichtet, wobei das Ausmaß der Berücksichtigung im Handelsverkehr noch fraglich erscheint. Die genaue Konzentration der gelieferten Säure ist innerhalb der Sortenkonzentrationsgrenzen festzulegen. Die handelsübliche Toleranzgrenze davon beträgt 0,3 Gew.-%. Am Beispiel der Akkumulatorensäure wird deutlich, daß die Verbraucherinteressen sogar zur Durchsetzung entsprechend differenzierter Qualitätsnormen führen können (Tab. 5.19). Bei der für den Oleumexport festgelegten Konzentration erfolgt nach den DECHEMA-Werkstofftabellen (Oleum und Schwefeltrioxid, Ausg. Dez. 1966) die geringste Abtragung des Eisens aus den Versandfässern.

Tabelle 5.18 *Handelsübliche verwendungsabhängige Schwefelsäurequalitäten (BRD)* [5.82]

Schwefelsäureverwendung	Handelsübliche Qualitätsforderungen der Verbraucher
Herstellung von Phosphorsäure u. Phosphatdüngern	Konzentration 92–96% oder 75–78% H_2SO_4; möglichst geringe Färbung
Mineralölraffination	Konzentration meistens 96% H_2SO_4
Speiseölraffination	Konzentration 92–96% seltener 75–78% H_2SO_4; Farblosigkeit; Gehalte an Giften wie z. B As, Hg und Pb max. 1 g/t
Zellwollindustrie	Konzentration 92–96% H_2SO_4; Farblosigkeit; fallweise: Fe max. 50 g/t, Chlor max. 100 g/t, SO_2 max. 100 g/t
Herstellung von Titandioxid	Konzentration 96–98% H_2SO_4; farblos und trübungsfrei; Pb max. 2,7 g/t, SO_2 max. 54 g/t, Fe max. 50 g/t, Se max. 1 g/t, Th max. 5,4 g/t, As max. 1 g/t
Akkumulatorensäure	Einhaltung der VDE-Vorschriften (Tab. 5.19). Darüber hinaus: Farbe wasserklar; Chlor max. 5 g/t, Fe max. 50 g/t, Schwermetalle außer Pb max. 1,5 g/t, Glührückstand max. 400 g/t
Sulfonierungen	Oleum mit 30% SO_3, Nitrose (als HNO_3) max. 30 g/t, Fe max. 42 g/t, As_2O_3 max. 100 g/t
Sprengstoffindustrie	Oleum mit 22% SO_3, Fe max. 50 g/t, As max. 1 g/t
Oleumexport	Oleum mit 23,8% SO_3

5.53 Normen

In den verschiedenen Produktsparten der chemischen Industrie hat sich eine Vielzahl von Analysenmethoden für chemische und physikalische Stoffdaten sowie technischer Prüfverfahren zur Bestimmung von anwendungstechnischen Kennziffern herausgebildet, die teilweise auf rein empirischer Grundlage entstanden und mit der Zeit zu unübersichtlichen Vorschriftenwerken angewachsen sind. Der Lieferant sieht sich einer Fülle verschiedener Analysenvorschriften gegenüber, auf die er sein Produkt vielleicht unter wesentlichen Störungen der Uniformität seines Typenprogramms fallweise abstimmen muß. Oft bleibt dabei dahingestellt, ob die tatsächlichen Qualitätsansprüche der Abnehmer wirklich repräsentativ erfaßt sind. Andererseits werden die berechtigten Qualitätsinteressen der Verbraucher vielleicht verletzt, wenn die Spezifikationen einseitig nach den Interessen der Hersteller festgelegt werden.

Hier sind *Qualitätsnormen* von Vorteil, die den neuesten technischen und wirtschaftlichen Bedingungen entsprechen. Selbst wenn die Normen keine obligatorische Wirkung erlangen und abweichende Qualitätsvereinbarungen unbenommen bleiben, setzen sich erfahrungsgemäß sinnvolle Qualitätsnormen doch bald durch. Länder mit einem vorbildlichen nationalen Normensystem haben den Vorteil, daß die eigenen nationalen Normen auch im Außenhandel bevorzugt zugrunde gelegt werden. Hier drängt die Forderung nach einer gleichberechtigten Interessenvertretung der weniger entwickelten, hauptsächlich importierenden Länder gegenüber den Chemieexportländern zu einer *internationalen Normung* [5.20].

Das Nebeneinander mehrerer nationaler und internationaler Normen und Normenvorschläge sowie die Normung verschiedener Qualitätsstufen bieten immer noch Möglichkeiten einer Qualitätsdifferenz. Dennoch ist es bislang nur in geringem Maße gelungen, *chemische Einzelprodukte* mit allen *Qualitätskennwerten* zu normen. Man darf den Normungsaufwand bei den zahlreichen Qualitätsmerkmalen und Prüfverfahren sowie den oft divergierenden Hersteller- und Verwenderinteressen keinesfalls unterschätzen. Die Berechtigung des Normungsaufwandes ist zudem in Frage gestellt, wenn sich die technischen Bedingungen schnell ändern und nur eine kleine Zahl von Kontrahenten betroffen ist, vgl. [5.135].

Die Normung der Qualitätskenndaten und Prüfvorschriften *pharmazeutischer Chemikalien* ist wegen der bestehenden hohen Sicherheitsinteressen am weitesten fortgeschritten, was in der Niederlegung der zahlreichen Pharmakopöen verschiedener Länder seinen Ausdruck findet. Bei der schnellen Ausdehnung des Wissensstandes der pharmazeutischen Chemie ist die in relativ kurzen Zeitabständen notwendige Überarbeitung der Vorschriftenwerke zu einem Problem geworden. Obwohl man sich zum Beispiel eine Neuherausgabe des Deutschen Arzneibuches nach jeweils 10 Jahren zum Ziel gesetzt hatte, erforderte der angewachsene wissenschaftliche Bearbeitungsaufwand des letzten, nämlich 7. Deutschen Arzneibuches nach dem

Tabelle 5.19 *Qualitätsnormen für Akkumulatorensäure* [5.82]

Land	BRD[1]	England[2]	USA[3]
Bezugsdichte der Originalvorschriften	1,20 kg/l bei 20 °C	1,215 kg/l bei 15,6 °C	1,828 kg/l bei 26,7 °C
Bestandteile	Maximalkonzentration [g/t 96%ige H_2SO_4]		
Pt	0,1	–	0,1
Cu	0,95	23	50
As	1,9	6,6	1
Sb	1,9		1
Sn	1,9		
Bi	1,9		
As + Sb + Sn + Bi	3,8		
Mn	0,4	1,3	0,2
Cr	0,4		
Ti	0,4		
Fe	58	40	50
Co	1,9		
Ni	1,9		1
Co + Ni	3,8		
Zn			40
F + Cl + Br + J	10		
Cl		23	10
$N(NH_3)$	98	165	
$N(NO_3)$	19	16,5	5
SO_2	38	16,5	40
organ. Säuren als Essigsäure	38		
oxydierb. organ. Substanz: $KMnO_4$	58		
Eindampfrückstand	485	485	30
Se			20

[1] VDE-Richtl. 0510/11.61: „Bestimmung für Akkumulatoren und Akkumulatorenanlagen".
[2] British Standard 3031, 1958: „Sulphuric acid for use in lead-acid batteries".
[3] Federal Specification O-S-801: „Sulphuric acid, electrolyte for storage batteries".

Erscheinen von DAB 6 (1927) nicht weniger als 41 Jahre, vgl. [5.172]. Die weit ins Mittelalter zurückreichenden Pharmakopöen waren ursprünglich Rezeptursammlungen oder Herstellungsanweisungen und haben sich während der letzten Jahrzehnte zu überwiegend verbindlichen Normenwerken entwickelt [5.12].

Dabei schließt die einheitliche pharmazeutische Verwendung der Substanzen die sonst meistens vorhandenen Schwierigkeiten der *Vielzweckverwendung* chemischer Produkte aus. Diese führt beim starken Einfluß der Verwender auf die Normung nicht selten dazu, daß nur ganz bestimmte Verwendungssektoren eines chemischen Produktes der Normung unterworfen werden oder mit der Zeit mehrere heterogene Qualitätsnormen entstehen, die den Vereinheitlichungseffekt für die chemische Industrie selbst wieder in Frage stellen.

Tab. 5.19 zeigt verschiedene nationale Qualitätsnormen für *Schwefelsäure* in der Verwendung für Bleiakkumulatoren aufgrund der Einflußnahme der elektrotechnischen Industrie. Ob sich hierbei wirklich technisch berechtigte Qualitätsnormen durchsetzen, muß man zudem bei einem Blick auf die Tabelle bezweifeln. Die Umrechnung der in den Normen vorgeschriebenen Konzentrationen auf ein einheitliches Maß läßt erkennen, daß sowohl hinsichtlich der erfaßten Bestandteile als auch der zugelassenen Maximalkonzentrationen große Unterschiede bestehen. Zudem gehen die handelsüblichen Qualitätsforderungen der Akkumulatorenindustrie teilweise schon wieder über die Normenvorschriften hinaus (vgl. Tab. 5.18).

Relativ weit sind die Normungsbestrebungen heute auf dem Gebiet der *Chemiewerkstoffe* vorangekommen. Offenbar zeigt sich darin eine Übertragung der großen Normungsinteressen und Normungserfahrungen im Bereich der metallischen Werkstofftechnik. Die Normung der wichtigsten charakteristischen Eigenschaften zur Gewährleistung von *Mindestqualitäten* hat sich als zweckmäßig erwiesen, um die Kenntnisse über die Anwendungsmöglichkeiten der verschiedenen neuen Kunststoffe zu erweitern. Zwar werden die Spezifikationen der einzelnen Produzenten für ihre Kunststoffmarken oft über die normierten Daten hinausgehen. Es müssen aber daneben den Konstrukteuren gewisse grundlegende Werkstoffkenngrößen nahegebracht werden, die den markierten Produkten gemeinsam sind und mit denen die Konstrukteure, genau wie bei den anderen Werkstoffen, fest rechnen können.

Das Normungsbedürfnis wird bei den Kunststoffen verstärkt durch die starke Abhängigkeit ihrer Eigenschaften von der Temperatur, von den Herstellungsbedingungen und einer Reihe äußerer Einflüsse (z. B. Feuchtigkeit), so daß die Qualitätsaussagen und die zugehörigen Prüfverfahren präzise festzulegen sind. In den USA ist vom Komitee D 20 der „American Society for Testing and Materials (ASTM)“ sowie der „Society of the Plastics Industry (SPI)“ ein umfangreiches Normenwerk erarbeitet worden. Die bisherigen internationalen Kunststoffnormen der ISO (International Standardisation Organisation) wurden im Technischen Komitee TC 61 größtenteils von den ASTM-Normen abgeleitet [5.157].

Qualitätsnormen für Einzelprodukte sind nur bei eindeutigen Prüfverfahren, Prüfbedingungen und Prüfungsapparaturen überhaupt sinnvoll, die bei der Qualitätskontrolle des Produzenten und den Abnahmeprüfungen des Kunden gleiche und reproduzierbare Ergebnisse liefern. Bereits durch die *Normung der Prüfverfahren* wird die Qualitätssicherung daher wesentlich erleichtert, indem die Vertragsvereinbarungen über die Produktqualität hierauf gestützt werden können. Die Normung der Prüfverfahren chemischer Produkte ist jedenfalls bislang viel bedeutsamer als die Normung ihrer Beschaffenheit selbst.

Soweit es um *chemische und physikalische Eigenschaften* der Produkte geht, vermittelt die allgemeine Gültigkeit der Arbeitsmethoden der analytischen Chemie eine gewisse einheitliche Arbeitsbasis. Man wird aber nur um eine Normung der wichtigen Qualitätseigenschaften und Prüfverfahren bemüht sein.

So hatte die internationale Normung im Bereich der *Grundstoffchemie* (Industriechemikalien) im Technischen Komitee TC 47 der ISO bis 1967 zu 13 ISO-Empfehlungen geführt, die praktisch ausschließlich auf die Vereinheitlichung der Analysenverfahren abzielen. Über den

Tabelle 5.20 *Internationale Normung chemischer Grundstoffe am Beispiel der Analysenverfahren für Harnstoff und Ammoniumhydrogencarbonat (Arbeitsgruppe 5 der ISO)* [5.86]

Analyse von Harnstoff

a) Gesamtstickstoff (nach katalytischer Verseifung acidimetrisch gegen Farbindikator)
b) Alkalizahl (acidimetrisch gegen Farbindikator)
c) Glührückstand (800 °C)
d) Färbung mit Formaldehydlösung (kolorimetrisch mit $K_4PtCl_6-CoCl_2$)
e) Gesamteisen (kolorimetrisch mit 2.2′-Dipyridyl)
f) p_H-Wert (potentiometrisch)
g) Pufferzahl (potentiometrisch)
h) p_H-Änderung bei Einwirkung von Formalin (potentiometrisch)
i) Wasser (Karl-Fischer-Verfahren)
k) Biuret (photometrisch mit $CuSO_4$-Seignettesalz)

Analyse von Ammoniumhydrogencarbonat

a) Ammoniak (acidimetrisch gegen Farbindikator)
b) Kohlendioxid (acidimetrisch oder gasvolumetrisch)
c) Nichtflüchtige Anteile (120 °C)
d) Glührückstand (800 °C)
e) Arsen (kolorimetrisch mit $HgBr_2$ oder Ag-Diäthyldithiocarbamat)
f) Blei (kolorimetrisch als PbS)
g) Schwermetalle (polarographisch)
h) Eisen (photometrisch mit 2.2′-Dipyridyl)
i) Gesamtschwefel (gravimetrisch als $BaSO_4$ für größere Mengen; turbidimetrisch als $BaSO_4$ für Spuren)
k) Aluminium (photometrisch mit Aluminon)
l) Chlor (potentiometrisch oder kolorimetrisch mit $Hg(SCN)_2$ nephelometrisch als AgCl)

Gegenstand der Normungsarbeiten und die bislang erreichten Ergebnisse innerhalb von 12 Arbeitsgruppen dieses Komitees wurde berichtet [5.20; 5.86]. Als Beispiel ist in Tab. 5.20 die beabsichtigte Normung der Analysenverfahren für zwei chemische Grundstoffe, nämlich Harnstoff und Ammoniumhydrogencarbonat, wiedergegeben. Die Normung der *Mineralöl-produkte,* die für die chemische Industrie immer bedeutender werden, erfaßt dagegen neben den Analysenverfahren vermehrt die eigentlichen Beschaffenheitsstandards [5.76; 5.139; 5.140].

Kurzbezeichnung Prüfvorschrift	Martens DIN 53 458	ISO R 75 DIN 53 461	Vicat DIN-Entwurf 53 460
Art der Belastung			
Momentenfläche			
Max. Biegespannung (kp/cm²)	50	18,5 bzw. 4,6	
Aufheizung in	Luft	Flüssigkeit	Luft oder Flüssigkeit
Temperatursteigerung	50 °C/h	2 °C/min	50 °C/h

Abb. 5.17 Prüfverfahren zur Bestimmung der „Formbeständigkeit in der Wärme“ für Kunststoffe [5.41].

Tabelle 5.21 *Formbeständigkeit in der Wärme in °C für verschiedene Kunststoffe (Kurzbezeichnungen nach DIN 7728 u. 7708) nach dem Martens- und ISO-Prüfverfahren* [5.41]

Stoff	Biegespannung 18,5 kp/cm²			Biegespannung 50 kp/cm²		
	Martens	ISO	Differenz	Martens	ISO	Differenz
PC	139	134	5	122	120	2
PMMA	106	103	3	97	94	3
PS VI	85	84	1	76	78	2
PVC	75	72	3	65	67	2
CA	49	54	5	42	48	6
Typ 12	187	177	10	165	157	8
Typ 31	155	143	12	127	119	8
Typ 131,5	129	122	7	110	102	8
Typ 152	145	161	16	138	140	2

Komplizierter sind die Verhältnisse bei *anwendungstechnischen Gebrauchstests*, wofür das Gebiet der Kunststoffnormung anschauliche Beispiele liefert. Für jede der gewählten Qualitätskenngrößen müssen die Prüfbedingungen und -apparaturen genau festgelegt werden. Bereits geringfügige Abweichungen der auf die gleiche Kenngröße abzielenden Prüfverfahren führen zu Differenzen, wobei durch einfache Umrechnungen kaum ein Zusammenhang zwischen den verschiedenen Prüfverfahren herzustellen ist. Für die ,,Formbeständigkeit in der Wärme" sind z.B. mehrere Prüfverfahren üblich (Abb. 5.17), deren Ergebnisse voneinander abweichen und auch von den Biegespannungen abhängen (Tab. 5.21). Zur Forderung der Vereinheitlichung der Prüfverfahren kommt das weitere Gebot, mit einer möglichst begrenzten Zahl von Normprüfungen auszukommen. Nur so wird sich bald ein zuverlässiges Erfahrungswissen über die Zusammenhänge zwischen den Kenngrößen und der praktischen Anwendbarkeit bei den Kunststoffverarbeitern aufbauen lassen. Alle maßgeblichen Qualitätsparameter werden niemals vollständig durch Normung zu erfassen sein, schon weil die Zahl der *Einflußgrößen* auf die Qualitätseigenschaften zu groß ist und Vereinfachungen in den Normen erfordert. Hierzu gehört das Festlegen einer Einflußgröße auf einen einheitlichen Wert, der mittleren Gebrauchsbedingungen entspricht, oder auf wenige solcher Werte aus dem gesamten möglichen Bereich.

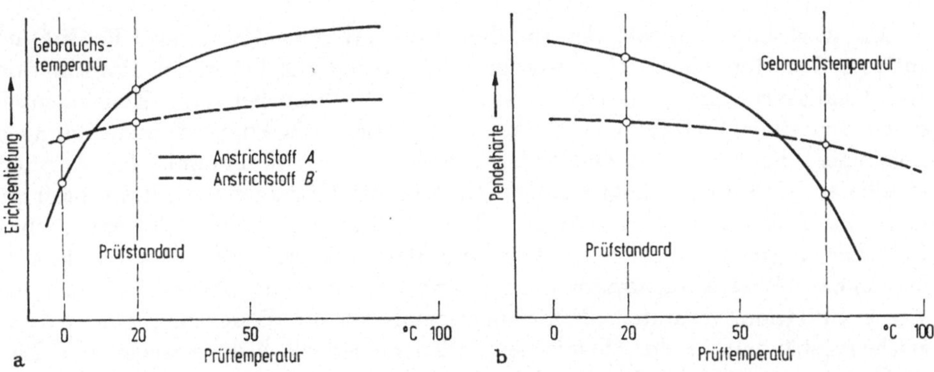

Abb. 5.18 Abhängigkeit der Werte für die Erichsen-Tiefung und Pendelhärte von der Prüftemperatur bei zwei Anstrichstoffen *A* und *B* [6.188].

Dadurch kann unter speziellen Bedingungen die Gebrauchseignung von den genormten Qualitätskennwerten abweichen, wie es das Beispiel aus der Lackindustrie in Abb. 5.18 verdeutlicht: Unter den Standardprüfbedingungen für die Erichsen-Tiefung (20 ± 2°C und 65 ± 5% RH) wäre Anstrichstoff A gegenüber B überlegen, jedoch muß sich die Bewertung bei tiefen Temperaturen umkehren. In bezug auf die Pendelhärte wäre Anstrichstoff A ebenfalls ungünstiger zu beurteilen, wenn die Gebrauchstemperatur anders als die vereinheitlichte Prüftemperatur im höheren Bereich liegt [6.188].

Das Aufkommen der hochpolymeren Chemiewerkstoffe hat auf einzelnen Gebieten sogar das Bedürfnis nach neuen *Verständigungsnormen* geweckt. Bei Auseinandersetzungen über Produktqualitäten, Prüfverfahren und Anwendungsverfahren, ferner in Bestellunterlagen, Konstruktionsunterlagen und Fertigungsvorschriften müssen überall gleichsinnige Begriffe angewandt werden. Was bei den alten, konventionellen Werkstoffen als selbstverständlich und bekannt vorausgesetzt werden kann, bedarf hier erst einer mühsamen Abklärung.

Bei der Anwendung von Epoxidharzen wurden zum Beispiel Verständigungsnormen über neue fertigungstechnische Begriffe wie Grundieren, Kuppeln, Laminieren, Gießen, Hinterfüttern und Splinen sowie über die verschiedenen Harzsorten wie Grundier-, Laminier-, Kupplungs-, Gieß- und Modellierharze vorgeschlagen [5.81].

Wir denken bei der Qualitätssicherung durch Aufstellung und Beachtung von Normen vor allem an einen wenigstens *nationalen* Geltungsbereich der Normen. Wegen der Exportinteressen der chemischen Industrie wären aber Vereinheitlichungen auf übernationaler Ebene noch wünschenswerter. Zuweilen führen Standardisierungsvorschläge von *Fachverbänden* oder *Verbandsnormen* schon zu Fortschritten, indem sie nicht selten eine Vorstufe für nationale Normen darstellen. Als ein Beispiel aus der chemischen Industrie erwähnen wir die Gemeinschaftsarbeiten der Deutschen Gesellschaft für Fettwissenschaft (DFG) zur Standardisierung der Qualitätsprüfung von Körperpflegemitteln. Die Normenwerke erleichtern die freiwillige Qualitätssicherung und sind in vielen Fällen die Grundlage für kooperative oder gesetzliche Gütesicherungen.

5.54 Kooperative Qualitätssicherung

5.541 Warenzeichenverbände

Mit wachsender Anzahl der für die gleiche Warengattung oder Produktart auftretenden Herstellermarken werden die Chancen zur Verbraucherinformation und Qualitätssicherung geringer. Industrielle Verbraucher und Konsumenten sehen sich einer Vielzahl von Markenerzeugnissen mit Phantasiebezeichnungen gegenüber, die alle einen Qualitätsanspruch erheben und damit das Angebot nivellieren. Nur noch wenigen großen Marken mit überragendem Marktanteil gelingt eine Abhebung von der Masse. Da sich diese Nachteile in der chemischen Industrie wegen der starken Tendenz zum Markenartikel voll auswirken, könnte man in der *Markenkonzentration* durch *Verbandszeichen* eine gewisse Verbesserung dieser Situation vermuten. Erfahrungsgemäß ist die Bedeutung von Warenzeichenverbänden in der chemischen Industrie jedoch bislang wegen der Einschränkung der Produktkonkurrenz zwischen den Mitgliedern gering geblieben.

Die Gründung der beiden bekanntesten Warenzeichenverbände in der chemischen Industrie der BRD, nämlich des Perlon- und des Indanthren-Warenzeichenverbandes, ist nur unter den äußeren Zwangsumständen der Entflechtung der IG-Farbenindustrie nach dem zweiten Weltkrieg zustande gekommen.

5.542 Gütezeichenverbände

Für die Entwicklung der überbetrieblichen, kooperativen Gütesicherung sind die *Gütegemeinschaften* als freiwillige Zusammenschlüsse von Unternehmungen geeignet, die sich zur gemeinsamen Festlegung und Einhaltung von Qualitätsstandards verpflichten. Diese Gütesicherung hat öffentlichen Charakter. Neben den Interessen der Hersteller sind auch die Verbraucherinteressen zu berücksichtigen. Der Zutritt zu den Gütegemeinschaften muß allen Produzenten offenstehen, die sich den Qualitätsvorschriften unterwerfen. Schließlich sind die Qualitätsstandards sowie Vorschriften der laufenden Qualitätsprüfung der Öffentlichkeit bekanntzugeben. Es werden eine einheitliche Typisierung des Angebots hinsichtlich wichtiger Produktmerkmale und die Sicherung von *Mindestqualitäten* angestrebt. Dazu ist die Qualitätskontrolle durch die einzelnen Verbandsmitglieder noch nicht ausreichend. Eine stichprobenartige Überprüfung durch vertraglich dazu beauftragte neutrale Stellen muß hinzukommen.

Bislang konnte sich die betriebsexterne, kooperative Gütesicherung allgemein und auch in der chemischen Industrie nur langsam durchsetzen, obwohl ihre Zweckmäßigkeit in gleichem Maße zunimmt wie Verbraucherorientierung und Qualitätszusicherung durch die ständig größer werdende Markenflut abnehmen. Die auf das Produktangebot und seine Qualitätsstufungen nivellierend wirkende gemeinschaftliche Gütesicherung wurde zunächst nur im Bereich der Rohstoffe und Vorprodukte, dann aber auch bei hochwertigeren Konsumgütergebrauchsgegenständen befürwortet, bei denen eine Konkurrenz durch die Markenqualitätssicherung ohnehin weniger in Betracht kommt.

Es ist bezeichnend, daß die kooperative Gütesicherung in der chemischen Industrie zuerst im *Kunststoffsektor* eingeführt wurde, und zwar in Deutschland bereits während der ersten Entwicklungsphasen bei *Duroplastpreßmassen* und hieraus hergestellten *Formteilen* in den zwanziger Jahren. Maßgebend waren die Neuheit der Werkstoffe, die Zersplitterung sowohl des Angebots als auch der Nachfrage, die Qualitätsabhängigkeit der verarbeiteten Formteile sowohl von den Rohstoff-Formmassen als auch den Verarbeitungsbedingungen der Formgebung, ferner sicherheitstechnische Rücksichten. Auf der Grundlage einer ausgebauten Normung der Preßmassen kam es zur Bildung einer Gütegemeinschaft, die sich unter dem Namen „Technische Vereinigung der Hersteller und Verarbeiter typisierter Kunststoff-Formmassen e. V." mit heutigem Sitz in Darmstadt von ihrer Gründung an (1924) gut bewährt hat.

Abb. 5.19 Beispiele von Gütezeichen aus der deutschen Kunststoffindustrie.
a) Überwachungszeichen für typisierte Formmassen und daraus hergestellte Formteile nach DIN 7702; b) Gütezeichen für Kunststoffrohre; c) Gütezeichen für Bedarfsgegenstände im Sinne des Lebensmittelgesetzes nach DIN-Entwurf 7725; d) Gütezeichen des Qualitätsverbandes Kunststofferzeugnisse.

Die Eigenprüfungen der Erzeugnisse durch die Mitgliederfirmen werden nach den bestehenden Überwachungsverträgen zweimal jährlich durch Qualitätskontrollen in Berlin oder Darmstadt ergänzt, worauf der neueste Stand der zugelassenen Firmen und Typen veröffentlicht wird (Tab. 5.22). Die Prüfung erstreckt sich zunächst auf die Formmassen als Erzeugnisse der chemischen Industrie im Hinblick auf die Einhaltung der vorgeschriebenen Qualitäts-

Tabelle 5.22 *Überwachte und zugelassene Preßmassetypen am Beispiel von zwei Herstellerfirmen (Stand 1. 1. 1967), auszugsweise nach* [**5.44**]

Firma	Firmenkennzeichen	Handelsbezeichnung	Typ	Reihenbezeichnung
CIBA Aktiengesellschaft (Schweiz)	CAB	Cibanoid	131,5	–
		Melopas	152	–
		Melopas	152,7	
		Melopas BMP	182	–
Resart Gesellschaft Kalkhof & Rose, Mainz/Rhein	Re	Resart Schnellpreßmasse	31	1400, 1500, 1600
			152	–
			180–182	–
			MA	–

werte der Typen (vgl. die einzuhaltenden Mindestqualitätsanforderungen gemäß DIN 7708, Blatt 3 für die Aminoplast- und Aminoplast/Phenoplast-Preßmassen). Dann aber sind auch die werkstoffspezifischen Eigenschaften der aus den Preßmassen hergestellten *Formteile* ständig zu überprüfen, da eine nachteilige Beeinflussung der Werkstoffqualität während der Verarbeitung ausgeschlossen werden soll [5.105; 5.142; 5.156; 5.163; 5.205]. Das zur Kennzeichnung der überwachten Typen verwendbare und mit Warenzeichenschutz ausgestattete *Gütezeichen* ist in Abb. 5.19a dargestellt. Die Eintragung des Firmenkennzeichens ist in der oberen Zeichenhälfte, der Typnummer im unteren Zeichenraum vorgesehen. Diese obligatorischen Markierungen führen zur Qualitätssicherung sowohl durch die einzelne Herstellfirma als auch durch den Qualitätsverband.

Die weiteren Entwicklungen der kooperativen Gütesicherung von Kunststofferzeugnissen erstrecken sich vornehmlich auf die *Verarbeitungsqualität*, so beispielsweise für Kunststoffrohre (Abb. 5.19b) oder Bedarfsgegenstände im Sinne des Lebensmittelgesetzes (Abb. 5.19c). Bei den Bedarfsgegenständen ist die eigenverantwortliche Kennzeichnung möglich, sobald die Qualität den Bestimmungen des Bundesgesundheitsamtes entspricht [5.8; 5.205]. Die umfangreichste Gütesicherung für die Erzeugnisse der gesamten kunststoffverarbeitenden Industrie wird von dem 1963 gegründeten „Qualitätsverband Kunststofferzeugnisse“ angestrebt. Das Gütezeichen (Abb. 5.18d) sowie eine einheitliche Gütezeichensatzung gelten für alle hierin zusammengeschlossenen Gütegemeinschaften, welche die öffentlich geregelte Qualitätsüberwachung großer Produktgruppen aus Kunststoffen zum Gegenstand haben (z. B. zahlreiche Kunststoffartikel im Haushalt, PVC-Bauplatten, glasfaserverstärkte Polyesterbauplatten, Kunststoff-Flaschenkasten u. a.). Die Namen dieser Erzeugnisgruppen können die Bezeichnung „Kunststofferzeugnisse“ im allgemeinen „K“-Zeichen ersetzen. Es werden wiederum sowohl die Kunststoffvorprodukte als auch Fertigerzeugnisse von neutralen Stellen im Auftrag des Qualitätsverbandes geprüft, dessen Arbeit sich gut bewährt hat [5.34; 5.47; 5.65; 5.205].

Die Vertrauensbildung für die Gebrauchseignung der Fertigerzeugnisse aus den neuen Werkstoffen wird in breiten Verbrauchskreisen gefördert. Qualitätsfehlleistungen durch einzelne Verarbeiter wird gleichzeitig entgegengewirkt. Die Gefahren teilweise schlechter Verarbeitung sind hier wegen der zahlreichen kleinen und kleinsten Betriebsgrößen der Verarbeiter besonders hoch. Die chemische Industrie als Ganzes muß dieser Entwicklung an sich positiv gegenüberstehen, da unzureichende Verarbeitungsqualitäten die Nachfrageentwicklung schließlich auch nach den Kunststoffvorprodukten aufhalten.

Dennoch ist die Beurteilung dieser Entwicklung in der chemischen Industrie geteilt. Das Gütezeichen wirkt nicht nur auf die Produktqualitäten der Kunststoffverarbeitung vereinheitlichend, sondern auch abschwächend auf die produktdifferenzierende Kraft der eigentlichen Rohstoff- bzw. Kunststoffmarkierungen. Dadurch müssen sich vor allem die großen Kunststoffproduzenten mit hervorragender Marktstellung in der Angebotskonkurrenz benachteiligt fühlen, da sie über eine starke anwendungstechnische Beratungsorganisation oder sogar begleitende Rohstoffmarken bis zu den Folgeprodukten hin verfügen. Die Einhaltung hoher Qualitätsstandards ist ein wichtiges Ziel ihrer Produktpolitik, und solchen Rohstoffmarken kann der Verbraucher ebenso oder vielleicht noch stärker vertrauen als den Gütezeichen. Außerdem sind die Produzenten nicht daran gehindert, ihre eigenen Marken zusätzlich neben dem Gütezeichen zu verwenden.

Die Neigung zur firmenindividuellen Markierung ist bei den chemischen Konsumgütern noch stärker, so daß Gütegemeinschaften überhaupt noch nicht Fuß fassen konnten. Gütezeichen stellen zwar für den Letztverbraucher nach neueren Meinungsbefragungen eine sehr geschätzte Orientierungshilfe dar, aber es handelt sich bei den güteüberwachten Konsumgütern bislang nur um solche Fertigerzeugnisse, die höchstens für einen Verbrauch von chemischen Vorprodukten in Frage kommen (z.B. Wohnungsausstattungen). Es gilt wieder die bereits angemerkte Einwirkung auf die Absatzinteressen der chemischen Industrie: Der Branchenabsatz der Abnehmerindustrien und der Absatz der Vorprodukte werden zwar als Ganzes positiv gefördert, jedoch wird der Spielraum für die eigene Qualitäts-, Marken- und Produktpolitik der Chemieproduzenten eingeengt.

5.543 Verbrauchereinflüsse auf die Qualitätssicherung

Die Fähigkeiten der Letztverbraucher zur Qualitätsbeurteilung chemischer Produkte und chemischer Stoffbestandteile anderer Erzeugnisse sind minimal. Gerade die chemische Industrie hat mit ihren neuen Chemiewerkstoffen sowie den zahlreichen Hilfsmitteln zur Veredelung anderer Werkstoffe dazu beigetragen, die beim Konsumenten und dem Handel noch vorhandenen warenkundlichen Kenntnisse in ihrer Bedeutung als Einkaufshilfen weiter abzuschwächen. Die Warenkenntnisse betrafen Eigenschafts- und Gebrauchswerte der konventionellen Werkstoffe wie der Metalle, des Holzes, der natürlichen Textilrohstoffe usw. Für die verlorengegangenen Orientierungsmöglichkeiten stellt z.B. im Textilsektor die große Zahl aufgekommener Textilmarken für neue Rohstoffe, Veredelungsverfahren, Garne, Gewebe, für Konfektions- und Handelshäuser keinen wirkungsvollen Ersatz dar. Die „Griffprüfung“ etwa im Textilgeschäft hilft bei den neuen Fasermaterialien, Ausrüstungsverfahren usw. nicht weiter. Auch die fachliche Beratung des Verkaufspersonals im Handel zählt kaum noch. Die Aufklärung der Verbraucher über Eigenschaften chemischer Produkte hat mit der „Chemisierung“ des Wirtschaftslebens nicht Schritt gehalten.

Wir befinden uns heute in einem absatzwirtschaftlichen Entwicklungsstadium, in dem die zunehmende Opposition des Verbrauchers gegen die Alleinverantwortlichkeit der Industrie für die Qualitätssicherung berücksichtigt werden muß. Die sich gegenseitig überbietenden Qualitätsversprechungen der Markenartikelhersteller und die zuweilen groteske Formen annehmende Konkurrenzwerbung erscheinen als Einkaufshilfen nicht mehr ausreichend. Die Durchsetzung des qualitativ hochwertigsten und billigsten Angebotes allein aufgrund der Konkurrenz zwischen den Produzenten ist in Frage gestellt. Im laufend differenzierter werdenden Produktangebot verlangt der Verbraucher objektive und neutrale Informationen. Das verstärkte Aufkommen des öffentlichen *vergleichenden Warentests* während der letzten Jahre hat bewiesen, daß die Verbraucherschaft zu einer kooperativen Einflußnahme auf die Qualitätspolitik der Hersteller gewillt und unter Umständen in der Lage ist. Mögen auch die auf Initiative von Verbraucherverbänden, Verbraucherzeitschriften oder öffentlich-rechtlichen Instituten bei den kritischen Qualitätsvergleichen gehandhabten Prüf- und Beurteilungsmethoden oft noch unzulänglich sein, so kann sich der Wahrung der Verbraucherinteressen niemand ernstlich verschließen. Versucht man bei der öffentlichen Qualitätssicherung durch Gütegemeinschaften Verbraucher und Hersteller zur Kooperation zu bringen, so geht jetzt der Anstoß zur Qualitätssicherung ganz auf den Verbraucher über, vgl. [5.95; 5.106; 5.207].

Soweit die Voraussetzungen der Markierung sowie der hinreichenden zeitlichen und räumlichen Marktgeltung der Produkte erfüllt sind, gelten folgende Kriterien für die Eignung von Produkten für vergleichende Warentests [5.207]:

1. Besonders schwierig zu beurteilende Konsumgüter (komplizierte Konstruktion, schwierige Werkstoffbeurteilung, Neuheiten).
2. Gebrauchsgüter mit hohen Preisen.
3. Verbrauchsgüter mit hoher Einkaufshäufigkeit je Zeitraum.
4. Produkte mit hohen Betriebskosten.
5. Produkte mit besonders augenfälligen Preisunterschieden.
6. Produkte mit besonderer Bedeutung für die Erhaltung anderer Güter.
7. Produkte mit besonders beachtenswerten Marktverhältnissen (z.B. bei Einführung neuer Werkstoffe, Arbeitsprinzipien und Konstruktionen).
8. Produkte, bei denen Mängel oder falsche Anwendung gefährlich sind.
9. Systemvergleiche (Auswahl zwischen ganzen Produktgruppen).

Viele Testobjekte werden mehrere dieser Auswahlkriterien gleichzeitig erfüllen. Auf die chemischen Konsumgüter dürften vor allem die Kriterien 3, 6 und 8 zutreffen. Mittelbare Bedeutung, nämlich für die Beurteilung von Folgeprodukten aus chemischen Werkstoffen und Hilfsstoffen, haben allerdings zuweilen auch die Kriterien 1 (z.B. schwierige Beurteilung von Gebrauchsgegenständen aus Kunststoffen, von Textilien aus Synthesefasern), ferner 5 und 7. Bei den langlebigen, teuren Gebrauchsgegenständen überwiegt allerdings das Interesse an den mechanischen Nutzenfunktionen, wobei verarbeitete chemische Stoffe weniger beachtet werden. In den bisherigen Warentestberichten sind die chemischen Konsumgüter stark vertreten. Zur Wahrung der Objektivität und zur Gewinnung guter Ergebnisse ist die Heranziehung von Prüfungsinstituten mit hohem fachlichem Niveau unerläßlich. Nicht selten wird man mit Vorteil versuchen, bei der Festlegung der Qualitätsmaßstäbe und der Prüfverfahren die anwendungstechnischen Erfahrungen maßgeblicher Chemieproduzenten zu berücksichtigen. Zur Ermittlung der vom Konsumenten für wesentlich gehaltenen Produkteigenschaften haben sich auch Verbraucherbefragungen bewährt.

Die viel gerügte Leichtfertigkeit in der Bewertung der Produkte läßt sich in einer Reihe bereits vorliegender Testberichte nicht erkennen. Zu begrüßen ist die Aufnahme gemeinverständlicher Informationen in die Testberichte. Die eigene Urteilsfähigkeit der Verbraucher wird dadurch gestärkt. Die Verbraucher lernen die wertbildenden Faktoren der Produkte erkennen und sowohl untereinander als auch gegenüber ihren speziellen Bedürfnissen vergleichen. Diese mit Produktvergleichen gekoppelte erzieherische Verbraucheraufklärung ist in den Testzeitschriften glaubwürdiger als in der Werbung durch die Hersteller.

5.55 Staatliche Qualitätssicherung

Der Gedanke des Verbraucherschutzes findet bei *staatlichen Eingriffen* in die *Produktgestaltung* seine stärkste Ausprägung. Wenn die Verbraucherinteressen im Wege der genannten kooperativen Maßnahmen nur schwachen Einfluß gewinnen, so ist der zunehmende Ruf nach der starken Hand des Gesetzgebers fast unausbleiblich. Von der heutigen Tendenz zu staatlichen Reglementierungen wird die chemische Industrie in erster Linie betroffen, da die geringen Produktkenntnisse der Verbraucher sowie die Ausdehnung des Verbraucherschutzes von den wirtschaftlichen auf sicherheitstechnische und gesundheitliche Belange eine besondere Rolle spielen.

Ein staatlicher *Deklarierungszwang* der in den Produkten enthaltenen chemischen Stoffbestandteile kann die betriebliche Markenpolitik bereits in hohem Maße beeinträchtigen. Um einen gewissen wirtschaftlichen Interessenausgleich herbeizuführen, wird der Deklarierungszwang oft auf die wesentlichen Wirkstoffe der Produkte eingeschränkt. Die volle Deklarierung beeinträchtigt die Markenbildung und erleichtert die Produktnachahmung durch die Konkurrenz.

Dieser begrenzte Deklarierungszwang besteht z. B. für Arzneispezialitäten in Verbindung mit weiteren Mindestkennzeichnungsvorschriften in der BRD gegenwärtig wie folgt (§ 9 des Arzneimittelgesetzes):

Angabe des Namens oder der Firma und der Anschrift des Herstellers, des Herausgebers der Herstellvorschrift oder des Vertriebsunternehmens.
Bezeichnung der Arzneispezialität.
Mitteilung der vom Bundesgesundheitsamt erteilten Registernummer.
Angaben des Inhaltes nach Gewicht, Rauminhalt oder Stückzahl.
Darreichungsform, die Art der Anwendung in deutscher Sprache.
Arzneilich wirksame Bestandteile sowie deren Mengen nach gebräuchlichen Maßeinheiten.
Aufschriften „Verschreibungspflichtig“ oder „Apothekenpflichtig“, falls erforderlich.
Evtl. ein Verfallsdatum.

Auch die Gesetze zur *Textilkennzeichnung* sollen dem Verbraucherschutz dienen. Um wirkliche Orientierungs- und Vergleichsmöglichkeiten zu bieten, müßte sich die Kennzeichnung detailliert auf alle verwendeten chemischen und nichtchemischen Rohstoffe, ferner auf die wichtigsten Ausrüstungs- und Veredelungsverfahren erstrecken, welche die Fasereigenschaften merklich verändern. Dies wäre aber eigentlich nur dann sinnvoll, wenn die Verbraucher soviel an Materialkenntnissen mitbringen, daß sie mit den angebotenen Informationen auch etwas anfangen können. Die Urteilskraft der Verbraucher ist andererseits mit einer globalen, einheitlichen Bezeichnung für alle Synthesefasern (Synthetics) nur wenig zu verbessern. Mit diesen Schwierigkeiten begründet die Synthesefaserindustrie ihre überwiegend ablehnende Haltung gegenüber der Textilkennzeichnung, obwohl natürlich auch die divergierenden Interessen hinsichtlich der Markierung eine Rolle spielen [5.40; 5.63; 5.69; 5.134].

Die staatliche Reglementierung der Kennzeichnung chemischer Produkte ist mitunter offen gegen die firmenindividuelle Markierung gerichtet, wobei über die bessere qualitative Vergleichbarkeit zwischen den Produkten gleichzeitig die *Preiskonkurrenz* zwischen den Herstellern gefördert werden soll.

Am stärksten ist die staatliche Einflußnahme auf die Produktgestaltung, wenn neue Produkte vor der Markteinführung einer staatlichen *Zulassung* bedürfen. Als Voraussetzung für die Produktzulassung können gefordert werden: die bloße Registrierungspflicht der Produkte, die Überprüfung ihrer Qualität aufgrund der vom anmeldenden Unternehmen selbst beigebrachten Unterlagen sowie schließlich die nochmalige unabhängige Qualitätsprüfung der Produkte durch die Behörde, wie es gegenwärtig für die Markteinführung *pharmazeutischer Produkte* in den USA aufgrund der Vorschriften der „Food and Drug Administration (FDA)" notwendig ist. Die materiellen Qualitätsanforderungen für eine Produktzulassung sind länderweise unterschiedlich. Zuweilen begnügt man sich noch mit dem Nachweis der Freiheit von schädlichen Nebenwirkungen, bereits häufig aber werden die Nachweise der therapeutischen Wirksamkeit, der Stabilitätsnachweis, die analytische Erfaßbarkeit der Produktbestandteile oder ein wesentlicher Fortschritt gegenüber den bereits vorhandenen Arzneimitteln verlangt.

Aus mehrfachen Gründen sind einige große Pharmaunternehmungen in Deutschland dazu übergegangen, die sehr kompliziert anmutenden amerikanischen Prüfbestimmungen der FDA zu übernehmen: Die Produktzulassung auf dem amerikanischen Exportmarkt durch eine dortige Niederlassung soll vorbereitet werden. Die erwirkte FDA-Zulassung kann als erstklassige Referenz bei der Markteinführung auf anderen Exportmärkten benutzt werden. Schließlich ist auch im Rahmen des Inlands-Marketing der generellen Vorschrift des § 21, Abs. 1a des deutschen Arzneimittelgesetzes Genüge zu tun, wonach die Anmeldung des neuen Arzneimittels die schriftliche Versicherung des Herstellers zu enthalten habe, „daß die Arzneispezialität entsprechend dem jeweiligen Stand der wissenschaftlichen Erkenntnis ausreichend und sorgfältig geprüft worden ist". Einzelheiten aus dem Prüfungsprogramm gehen aus einem an späterer Stelle wiedergegebenen Netzplan für die Entwicklungs- und insbesondere Prüfplanung neuer Arzneimittel in den USA hervor (Kap. 6.623). Die analoge Anwendung des Netzplans unter deutschen Verhältnissen ermöglicht gewisse Vereinfachungen der Netzplanstruktur, da einige Zulassungsbestimmungen und -formalitäten wegfallen.

Auch bei den *Schädlingsbekämpfungsmitteln* neigt man wegen der beabsichtigten positiven biologischen Wirkungen sowie wegen der vielseitigen Anwendungsgefahren zu einem staatlichen Prüfungs- und Zulassungszwang sowie zu einem umfassenden Deklarationszwang (z.B. §§ 7, 8 und 12 des Pflanzenschutzgesetzes in der BRD von 1968).

Verwaltungstechnische Vereinfachungen lassen sich durch den Übergang von der Einzelgenehmigung zur *Typenzulassung* neuer Produkte erzielen, wobei das Zulassungsverfahren nur bei der *Erstanmeldung* eines neuen Typs durchzufechten ist und allen späteren Interessenten die Übernahme der gleichen, bereits zugelassenen Produkte ins eigene Programm ermöglicht. Hierfür bietet das zur Zeit geltende *Düngemittelrecht* in Deutschland ein Beispiel. Aufgrund der Vorschriften des Düngemittelgesetzes werden die zugelassenen Düngemitteltypen durch Rechtsverordnung bekanntgegeben.

Die Typengenehmigung hat einen *standardisierenden Effekt* und gestattet sachliche Produktdifferenzierungen nur im begrenzt zugelassenen Rahmen, z.B. durch Überschreitung geforderter Mindestkonzentrationen oder über die nicht vorgeschriebenen Qualitätseigenschaften. Mitunter wird aber auch die Herstellung mancher Typen, die nur einen speziellen Markt haben, von einem einzigen Anbieter wahrgenommen. In anderen Fällen ist die Standardisierung eingeschränkt, weil die Deklarationspflicht in der Öffentlichkeit ganz oder teilweise aufgehoben und die Behörden zur vertraulichen Behandlung der offenbarten Produktzusammensetzung verpflichtet sind (z.B. Zulassung von Brandschutzmitteln und Feuerlöschmitteln in Deutschland).

Die Qualitätsvorschriften nach der deutschen Düngemittelgesetzgebung sind bereits recht vielschichtig. Es wird sowohl ein Nachweis der *positiven biologischen Wirkung* als auch die *Freiheit* von *schädlichen Nebenwirkungen* verlangt, während die Beurteilungsmaßstäbe der Qualitätsparameter nach dem Aufbau der Düngemittelliste sehr flexibel sein können. Neben den Konzentrationsangaben wird Bezug genommen auf die Verwertbarkeit der Bestandteile (Einbringung durch bestimmte chemische Verbindungen, Löslichkeit), auf das Produktionsverfahren, die physikalische Produktgestaltung (z.B. Kornfeinheit), die Verpackung und deren Kennzeichnung (vgl. Tab. 5.23). Außerdem wird in § 4 des Düngemittelgesetzes der Deklarationszwang der Produkte festgelegt hinsichtlich der Produktherkunft und des Düngemitteltyps aus der veröffentlichten Düngemittelliste der Rechtsverordnung mit Art und Gehalt der in der Liste vorgesehenen wertbestimmenden Bestandteile bei allen mineralischen Düngemitteln.

Nur bei wenigen chemischen Produktgruppen ist der Anwendungszweck der positiven *biologischen Wirkungen* auf den menschlichen, tierischen und pflanzlichen Organismus zulässig. Bei den anderen Produkten richtet sich die staatliche Qualitätsüberwachung dann in der Hauptsache nur darauf, schädigende Wirkungen auf den Menschen in direkter oder indirekter Form möglichst auszuschließen. Am relativ größten sind die Gefahren und demzufolge auch das staatliche Qualitätssicherungsinteresse dann, wenn die chemischen Produkte bestimmungsgemäß eng mit dem Menschen in Berührung kommen, wie bei den chemischen *Lebensmittelzusätzen* sowie den *Körperpflegemitteln*. Beide Produktgruppen stellen damit weitere Domänen für die staatliche Reglementierung dar.

Nach dem deutschen Lebensmittelrecht dürfen *Lebensmittelhilfsstoffe* im Sinne von *Fremdstoffen* nur dann Verwendung finden, wenn sie hierfür ausdrücklich zugelassen sind (vor allem Positivlisten der Fremdstoff-, Farbstoff- und Konservierungsstoffverordnung mit zahlreichen Reinheits- und Konzentrationsbestimmungen, § 4a, Abs. 1 des Lebensmittelgesetzes), dagegen gehen die nur im Gewinnungs-, Herstellungs- oder Verarbeitungsprozeß verwendeten *technischen Hilfsstoffe* bestimmungsgemäß nicht substantiell in die Lebensmittel ein und begründen eine eigene Rechtskategorie. Sie dürfen nur mit solchen Anteilen in die Lebensmittel eingehen, wie es technisch unvermeidbar ist oder die festgesetzten Höchstmengen nicht überschritten werden (§ 4a, Abs. 3 des Lebensmittelgesetzes). Für die verschiedenen Lebensmittel, aber auch für die Aufbereitung von Trinkwasser, bestehen viele Sondervorschriften, die das Chemie-Marketing in diesem Bereich häufig berühren (vgl. [5.120] mit zuletzt 165 Gesetzen und Verordnungen im Gesamtbereich des deutschen Lebensmittelrechts).

Die *Körperpflegemittel* unterliegen teilweise einer Abgrenzungsproblematik gegenüber der Lebensmittel- sowie Arzneimittelgesetzgebung. Im deutschen Lebensmittelgesetz werden die Körperpflegemittel den „Bedarfsgegenständen" zugerechnet (§ 2), für deren Herstellung und Vertrieb den Produzenten die Verpflichtung auferlegt wird, daß diese nicht gesundheitsschädlich sein dürfen (§ 3). Kommt den Körperpflegemitteln andererseits nach den herrschenden Legaldefinitionen eine Heilmitteleigenschaft zu, so ist das Arzneimittelrecht vorrangig. Nicht zuletzt wegen dieser Abgrenzungsschwierigkeiten und der tatsächlich in Einzelfällen nachgewiesenen Schädigungen durch Kosmetika neigt man immer mehr dazu, nach den umfangreichen gesetzlichen Regelungen im Bereich der Lebensmittel und Arzneimittel auch die Sparte der Körperpflegemittel durch Sondergesetze zu erfassen, vgl. [5.6; 5.27; 5.87; 5.149].

Der Vertrieb synthetischer Wasch- und Reinigungsmittel ist vor wenigen Jahren durch die *Detergentiengesetzgebung* schwer betroffen worden, nachdem der Einbau biologisch schwer

Tabelle 5.23 *Zugelassene Typen und Qualitätsvorschriften für mineralische Einnährstoffdünger in der BRD, auszugsweise nach* [5.175, S. 32]

Düngemitteltyp	Wertbestimmende Bestandteile	Mindestgehalt [%]	Hauptsächliche Zusammensetzung; wesentliche Eigenschaften für die Anwendung	Art der Herstellung	Besondere Bestimmungen
A. Stickstoffdünger					
Kalksalpeter	N	14	Calciumnitrat, bis zu 1,5% N als NH_4-Stickstoff; Stickstoff bewertet als NO_3-Stickstoff	a) aus Salpetersäure und Kalkstein b) Auskristallisieren aus salpetersauren Lösungen von Rohphosphat	Das Düngemittel darf nur in geschlossenen, gegen Feuchtigkeit schützenden Packungen in den Verkehr gebracht werden.
Ammonsulfatsalpeter	N	25	Ammoniumsulfat und Ammoniumnitrat; Stickstoff bewertet zu 3/4 des Mindestgehalts als NH_4-Stickstoff, zu 1/4 als NO_3-Stickstoff, zugelassen sind technisch bedingte Abweichungen	a) Eintragen von Ammoniumsulfat in heiße Ammoniumnitratschmelze b) Neutralisieren von Gemischen aus Salpeter- und Schwefelsäure mit Ammoniak	–
B. Phosphatdünger					
Superphosphat	P_2O_5	16	Monocalciumphosphat, Dicalciumphosphat und Gips; Phosphat bewertet als wasser- und ammoniumcitratlösliches P_2O_5 (mind. 90 % wasserlösl.)	Aufschluß von gemahlenem Rohphosphat mit Schwefelsäure	–
Glühphosphat	P_2O_5	24	Calciumnatriumphosphat und Calciumsilikat; Phosphat bewertet als alkalisch-ammoniumcitratlösliches P_2O_5	therm. Aufschluß unter Einwirk. von Alkaliverbindungen und Quarzsand auf Rohphosphat; mehlfeine Vermahlung	–
C. Kalidünger					
Kalimagnesia	K_2O und MgO	25 8	Kalium- und Magnesiumsulfat; Kali bewertet als wasserlösl. K_2O, Magnesium als wasserlösl. MgO	aus Kalisalzen durch chemisches Umsetzen und Zugabe von Magnesiumsalzen	–
50er Kali	K_2O	47	Kaliumchlorid und Natriumchlorid; Kali als wasserlösl. K_2O	aus Kalirohsalzen durch Umlösen, Flotieren o. a. Trennmethoden	–

abbaubarer oberflächenaktiver Verbindungen zu einer Gewässerverschandelung großen Ausmaßes geführt hatte, freilich ohne nachweisbar biologische Schäden anzurichten. In diesen Zusammenhang gehört wiederum die Gesetzgebung über *Schädlingsbekämpfungsmittel*, indem besonders gefährliche Rückstände in den Ernteprodukten vermieden oder begrenzt werden sollen. Die länderweise sehr verschiedenen Toleranzgrenzen für einige wichtige Produkte in Tab. 5.24 beweisen, wie wenig es bisher gelungen ist, die Probleme auf einer objektiv-wissenschaftlichen Basis zu klären. Bei einigen chemischen Produktgruppen sind die Gefahren aus der *fahrlässigen* oder *mißbräuchlichen Anwendung* besonders groß, was z. B. in den meisten Ländern eine besondere *Giftgesetzgebung* sowie *Sprengstoffgesetzgebung* ins Leben gerufen hat.

Tabelle 5.24 *Toleranzgrenzen in ppm für einige Schädlingsbekämpfungsmittel, Stand 1968* [5.7]

Handelsname	Systematischer Name	USA	Kanada	BRD	EWG
DDT	1,1,1-Trichlor-2,2-bis-(p-chlorphenyl)-äthan	7,0	7,0	1,0	1,0
Lindan	γ-1,2,3,4,5,6-Hexachlorcyclohexan	10,0	10,0	2,0	2,0
Azinphos-methyl	0,0-Dimethyl-S-(4-oxo-3H-1,2,3-benzotriazin-3-yl)-methyldithiophosphat	2,0–5,0	1,0–5,0	0,4	0,4
Malathion	S-[1,2-bis-(Äthoxy-carbonyl)-äthyl]-0,0-dimethyl-dithiophosphat	8,0	8,0	0,5–3,0	–
Parathion	0,0-Diäthyl-0-(4-nitrophenyl)-monothiophosphat	1,0	1,0	0,5	0,5
Captan	N-(Trichlor-methyl-thio)-cyclohex-4-en-1,2-dicarboximid	100,0	40,0	15,0	15,0
Carbaryl	N-Methyl-1-naphthyl-carbamat	10,0	2,0–25,0	3,0	3,0
Thiram	bis-(Dimethyl-thiocarbamoyl)-disulfid	7,0	7,0	3,0	3,0
Zineb	Zink-[N,N′-äthylen-bis-(dithiocarbamat)]	7,0	1,0–7,0	3,0	–

Für den Vertrieb von *Chemiewerkstoffen* sind je nach der Verwendung mannigfache Vorschriftenwerke maßgeblich. Mit Lebensmitteln in Berührung kommende Verpackungen sowie Haushaltsgeräte, aber auch Spielwaren sowie Bekleidungserzeugnisse sind in der BRD Bedarfsgegenstände im Sinne des Lebensmittelgesetzes, das beim Einsatz von Chemiewerkstoffen dann zuständig ist. Große Bedeutung haben die Sicherheits- und besonders Brandschutzbestimmungen für die Kunststoffverwendung im Bauwesen und anderes mehr.

Die aus dem Charakter chemischer Produkte als *Arbeitsstoffe* herrührenden Gefährdungen betreffen fast ausschließlich den Produktivgüterbereich. Die hauptsächlich hiervon berührte *Arbeitsschutzgesetzgebung* übt einen mehr indirekten Einfluß auf die Produktentwicklung insofern aus, als die erlassenen Behandlungs-, Lager-, Verpackungs-, Transport- und Verwendungsvorschriften den Absatz der gefährlicheren Produkte stärker belasten. Soweit die Zulassung chemischer Produkte durch Sondergesetze geregelt ist, werden hierin meistens die Schutzinteressen aus dem Verkehr mit den Produkten ebenfalls berücksichtigt.

In den *absatzpolitischen Maßnahmen* der Chemieunternehmung bleibt im allgemeinen nicht viel mehr zu tun, als die Vorschriftenwerke bei der Produktentwicklung sorgfältig in Rechnung zu stellen. Dies kann beim exportintensiven Vertrieb von Spezialitäten, bei denen man zu umfassenden und länderweise verschiedenen staatlichen Vorschriften neigt, eine starke Belastung darstellen. Bei den pharmazeutischen Produkten wird die Produktentwicklung und Markterschließung in so hohem Maße von den Vorschriftenwerken betroffen, daß man im Zusammenhang mit der Anwendung der Netzplantechnik für die Produktplanung bereits dazu übergegangen ist, für die Produkteinführungen in den verschiedenen Ländern jeweils gesonderte Netzpläne zu entwickeln. Umfassende Vorschriftensammlungen sowie tabellarische Übersichten über die erforderlichen Produktprüfungen, Genehmigungsunterlagen und -verfahren erleichtern den Planungsprozeß, indem die Gemeinsamkeiten und Abweichungen zwischen den Ländern schnell erkannt werden.

Fallweise sind Entscheidungen dahingehend angebracht, bestimmte Produkte oder Absatzgebiete wegen der Absatzerschwernisse zu meiden oder aber die zeitlichen Rangfolgen der Markteinführung in den verschiedenen Ländern nach den gesetzlichen Bedingungen festzulegen. Hinsichtlich der staatlichen Eingriffe sind die Exportmärkte durchaus nicht immer schwieriger zu bearbeiten als der Inlandsmarkt, was die oft bevorzugte Markteinführung neuer Produkte durch die amerikanische pharmazeutische Industrie auf den Auslandsmärkten beweist.

In begrenztem Umfang ist es der Einzelunternehmung durch vorbeugende und verantwortungsbewußte Maßnahmen der Produktpolitik sowie durch gezielte Öffentlichkeitsarbeit möglich, dem Überhandnehmen der Reglementierungen entgegenzuwirken. Eine unmittelbare Einflußnahme auf die Gesetzgebung gelingt mitunter besonders über die Aktivität der Fachverbände als Interessenvertreter. Von großer Absatzbedeutung ist bereits das rechtzeitige Erkennen der sich abzeichnenden Vorschriftenänderungen, um sich hierauf durch Anpassungsmaßnahmen geplant einstellen zu können. Hierfür sind ständige Fühlungnahmen mit zahlreichen Stellen notwendig. Außerdem sollte es das erklärte Ziel sein, auf lange Sicht jeden Anlaß zu öffentlichen Eingriffen zu vermeiden. Der Einzelunternehmung kommt hierbei eine große Verantwortung für die Entwicklung der Gesetzgebung zu, die später den Industriezweig als Ganzes belastet.

5.6 Kennzeichnung und Markierung chemischer Produkte

5.61 Chemische Stoffbezeichnungen

5.611 Wissenschaftliche Bezeichnung chemischer Substanzen

Der im Vertrieb allgemein auftretende Dualismus von Gattungs- oder Sachbezeichnungen einerseits sowie Markenbezeichnungen andererseits erscheint in der chemischen Industrie in einem veränderten Gewand. Der Begriff der Gattungsbezeichnung ist für chemische Produkte nicht üblich. Im gleichen Sinne spricht man eher von *Stoffbezeichnungen* oder Substanzbezeichnungen. Die Gliederung der Stoffbezeichnungen in die zwei großen Komplexe der wissenschaftlichen Kennzeichnung und der nichtsystematisch gebildeten Trivialnamen führt eigentlich zu einer dreigliedrigen Struktur der Produktnamen (Abb. 5.20). Innerhalb dieser entstehen Überschneidungen und begriffliche Abgrenzungsprobleme. Divergenzen hinsichtlich der Bezeichnungsobjekte entstehen insofern, als sich die chemischen Stoffbezeichnungen und besonders die wissenschaftlichen Stoffnamen auf definierte chemische Verbindungen beziehen, während die firmenindividuellen Markierungen oft für die Hauptbestandteile, nämlich Rohstoffe bzw. Wirkstoffe aus Substanzgemischen, gelten. Beim häufigen Aufkommen neuer Verbindungen und der hervorragenden Bedeutung der Kennzeichnung chemischer Produkte für ihre Unterscheidbarkeit erhalten die Fragen der Namensfindung und -verwendung im Rahmen der chemischen Produktgestaltung besonderes Gewicht.

Das Gliederungsschema der Bezeichnungen in Abb. 5.20 soll zur begrifflichen Klarheit der nachfolgenden Erörterungen beitragen, wobei wir versuchen, dem verbreiteten, aber unklaren Begriff der chemischen *Trivialnamen* eine präzisere Deutung zu geben. Wir gehen in der ersten Gliederungsstufe der Stoffbezeichnung davon aus, daß nicht selten alle Bezeichnungen, die nicht der chemischen Formelsprache oder den systematisch gebildeten Namen der wissenschaftlichen Nomenklatur entstammen, in einem sehr weiten Sinne als Trivialnamen gelten.

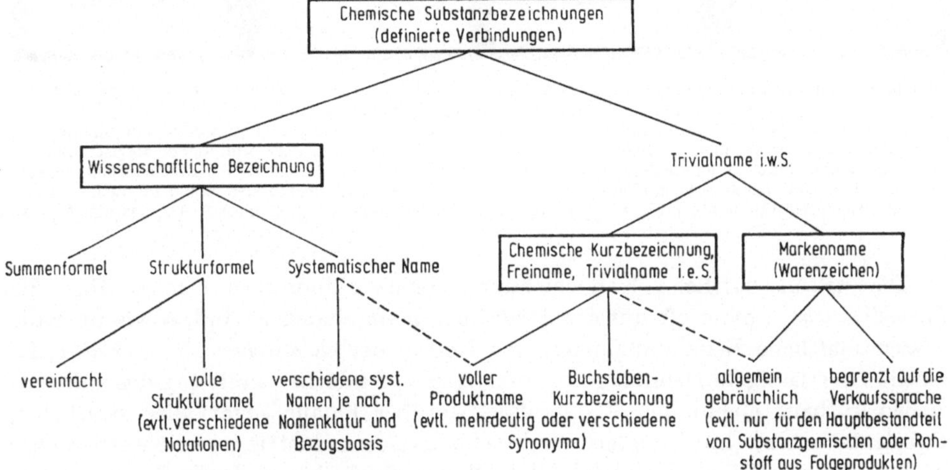

Abb. 5.20 Gliederungsschema chemischer Substanzbezeichnungen.

Beispielsweise werden in einem bekannten Tabellenwerk über organisch-chemische Arzneimittel (bzw. deren zugrunde liegende Substanzen) den systematischen Namen (hier freilich nur unter der globalen Bezeichnung „Synonyma" und nicht Trivialnamen) alle sonstigen Bezeichnungen ohne weitere Differenzierung gegenübergestellt, etwa dem Hexamethylentetramin die Synonyma Aminoform, Bialtropina, Cistamina, Formin, Hexamin, Urotropin usw., insgesamt 54 Benennungen, wovon ein großer Teil auf Markennamen entfällt [5.143, S. 48].

Die Trivialnamen im engeren Sinne nehmen aber den Bereich der zumeist rechtlich geschützten Markennamen aus oder lassen davon höchstens diejenigen Markennamen als Trivialnamen gelten, die sich in der Fachsprache der Chemie allgemein eingebürgert haben. Dieser Gesichtspunkt ist beispielsweise für die Bezeichnung der Verbindungen in der Trivialnamenkartei des Chemischen Zentralblattes maßgebend (Abb. 5.21). Für die Trivialnamen im engeren Sinne ergibt sich aber ein Abgrenzungsproblem nicht nur hinsichtlich der Markennamen, sondern auch bezüglich der wissenschaftlichen Nomenklatur, da zahlreiche gebräuchlich gewordene Kurzbezeichnungen in die Nomenklatursysteme Eingang gefunden haben und gelegentlich noch immer Eingang finden. Aus dem Zwang zur Namensgebung für die neu aufgefundenen Stoffe wurden die Trivialnamen aus einer Vielzahl von Quellen hergeleitet, vgl. [5.54; 5.210]. Heute soll jedoch eine weitere Neuaufnahme von Trivialnamen in die wissenschaftliche Nomenklatur möglichst vermieden werden, was auch insofern leichter geworden ist, da sich die meisten neuen Stoffe in ihrem Aufbau an bereits bekannte Verbindungen anlehnen.

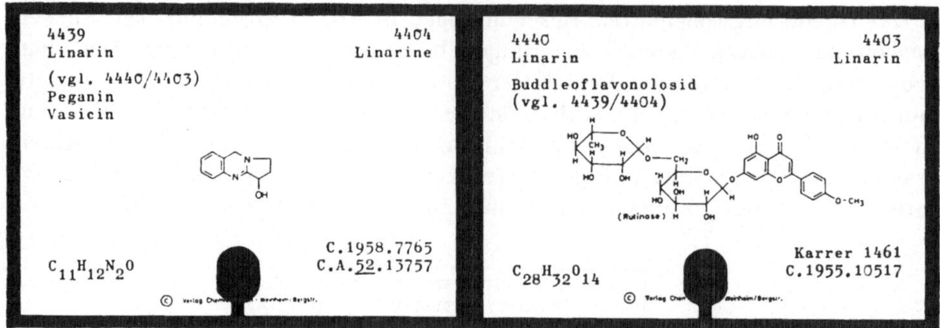

Abb. 5.21 Produktkennzeichnung der Trivialnamenkartei des Chemischen Zentralblattes am Beispiel der zwei Registrierkarten für Linarin [5.197].
Oben links: Deutscher Trivialname mit Registriernummer, den Synonymen sowie Hinweisen auf andere Verbindungen unter der gleichen Bezeichnung (in Klammern). Für die Synonyme sind eigene Registrierkarten in alphabetischer Einordnung angelegt. *Oben rechts:* Englischer Trivialname. *Mitte:* Strukturformel, gegebenenfalls mit Angabe des sterischen Molekülbaus. *Unten links:* Summenformel. *Unten rechts:* Literaturhinweise auf Chemisches Zentralblatt (C.), Chemical Abstracts (C.A.), BEILSTEIN [5.9], KARRER [5.99], NEGWER [5.143].

Die wissenschaftliche Kennzeichnung der Verbindungen erfolgt über die *Formelsprache*, wovon oft nur die Strukturformeln eindeutig sind, sowie über die wissenschaftliche Benennung nach den Regeln der *chemischen Nomenklatur*. Es ist die zuverlässigste Grundlage für eine erschöpfende Beschreibung des substantiellen Aufbaus chemischer Erzeugnisse, darüber hinaus sogar aller stofflichen Substrate, auch wenn sie außerhalb der chemischen Industrie erzeugt werden oder in den Naturstoffen vorkommen. Diese Nomenklatur ist die Basis für eine internationale Verständigung innerhalb der chemischen Fachwelt. Bei der Fülle der ständig neu dargestellten Verbindungen und der zunehmenden Komplexität ihrer chemischen Strukturen gelingt es immer schwerer, die chemische Nomenklatur einheitlich zu halten und zu gebrauchen.

Daher haben internationale Gremien, vor allem die IUPAC (International Union of Pure and Applied Chemistry), bereits früh darauf hingewirkt, wenigstens ein relatives Höchstmaß an Vereinheitlichung in der chemischen Fachsprache zu erzielen. Seit dem ersten IUPAC-Bericht über die Nomenklatur der organischen Chemie im Jahre 1932 haben mehrere Revisionen die großen Schwierigkeiten verdeutlicht [5.3; 5.28; 5.32; 5.39; 5.53; 5.93]. Bereits 1892 war die „Genfer Nomenklatur" als eine internationale Vereinbarung zustande gekommen, deren Richtlinien fortan in den großen internationalen Register- und Referatewerken zugrunde gelegt wurden (z.B. Beilstein, Chemisches Zentralblatt, Chemical Abstracts). Dennoch werden in der heutigen Nomenklatur besonders der organischen Verbindungen verschiedene, sich teilweise überschneidende Nomenklatursysteme gebraucht, die häufig zur Mehrfachbezeichnung für die gleichen Verbindungen geführt haben [5.51]. Veraltete Namen halten sich meistens noch lange neben neueren Bezeichnungen. Ausschlaggebend ist der Bezugspunkt der Benennung, wie es am folgenden einfachen Beispiel eines Phosphorsäureesters deutlich wird [5.3]:

1. Erste Bezeichnung des Entwicklungsproduktes bei der American Cyanamid Co.: Experimental Insecticide 12880.
2. Summenformel des Produktes: $C_5H_{12}NO_3PS_2$.
3. Vereinfachte Strukturformel des Produktes: $(CH_3O)_2PSSCH_2CONHCH_3$.
4. Strukturformel des Produktes: $\begin{matrix} CH_3O \\ CH_3O \end{matrix}\!\!>\overset{\overset{S}{\|}}{P}\cdot S\cdot CH_2\cdot \overset{\overset{O}{\|}}{C}\cdot NH\cdot CH_3.$

5. Chemische Kurzbezeichnung: Dimethoat.
6. Systematische Bezeichnung mit der Säure als Bezugsbasis: Dithiophosphorsäure-0,0-dimethyl-S-methylcarbamoylmethylester.
7. Systematische Bezeichnung mit dem Ester als Bezugsbasis: 0,0-dimethyl-S-(N-methylcarbamoyl)-methyldithiophosphat.
8. Systematische Bezeichnung mit dem Acetamid als Bezugsbasis: N-methyl-dimethyldithiophosphorylacetamid.
9. Markenname der American Cyanamid Co. in den USA: Cygon.
10. Markenname der American Cyanamid Co. und Montecatini in Europa: Rogor L.

Die mehrfachen Bezeichnungsmöglichkeiten in der wissenschaftlichen Nomenklatur bilden aber nicht den Haupteinwand gegen die Verwendung etwa in der *Verkaufssprache* der Chemie. Es ist in erster Linie die *Kompliziertheit* und Unhandlichkeit der Ausdrücke, die selbst dann nachteilig sind, wenn die chemische Zusammensetzung zweifelsfrei mitgeteilt werden soll, wie gegenüber fachlich geschulten und interessierten Marktpartnern, bei wissenschaftlichen Auseinandersetzungen über das Produkt im Entwicklungsstadium oder zur Literatur- und Patentdokumentation. Die Benennungen komplizierter Verbindungen fordern beim Umdenken in die chemische Konstitution auch vom Fachmann Überlegung.

5.612 Chemische Kurzbezeichnungen

Mit der Entwicklung der *chemischen Kurzbezeichnungen* wurde ein, besonders im Absatzbereich, brauchbares Verständigungsmittel geschaffen. Erst die Kurzbezeichnungen stellen eine geeignete Alternative zu den chemischen Markennamen dar, wobei allerdings die oft unklare Abgrenzung gegenüber den Markennamen wiederum Schwierigkeiten macht. Weiter ist der Nachteil der fehlenden Eindeutigkeit wegen häufig vorhandener Synonyme hervorzuheben, so daß für eine Verbindung oft mehrere Synonyme mitgeteilt werden müssen oder ein einzelner Produktname mehrdeutig und für ganz verschiedene Verbindungen gebräuchlich ist. Umfassende Namensregister müssen daher zur richtigen Interpretation der Kurzbezeichnungen zur Hand sein, wovon als Beispiel auf die Trivialnamenkartei des Chemischen Zentralblattes hingewiesen sei (Abb. 5.21).

Beide Nachteile, nämlich die Gefahr von Komplikationen durch unbewußtes Benutzen von geschützten Markennamen als vermeintlich frei verfügbare Trivialnamen sowie die fehlende Einheitlichkeit, ließen sich durch *Normung* beseitigen. Dabei sollte die Normung möglichst im internationalen Maßstab durchgeführt werden. In der letzten Zeit haben sich die Bestrebungen zur Erarbeitung solcher Verständigungsnormen auch tatsächlich verstärkt, wobei als erstes auf die schrittmachenden Arbeiten in der *pharmazeutischen Industrie* hinzuweisen ist.

Nationale Entwicklungen betreffen die Abklärung von „generic names" durch den Council of Drugs der American Medical Association, der „approved names" des General Medical Council in England, der „dénominations communes" durch den Service central de la Pharmaçie in Frankreich. In Deutschland ist der Begriff „Chemische Kurzbezeichnung" vom Bundesverband der pharmazeutischen Industrie für dessen Arbeitsbereich vorgeschlagen worden, nachdem man sich zuvor an die ausländischen Begriffe angelehnt hatte oder auch von „generic terms", Freinamen, Wirkstoffnamen, wissenschaftlichen Kurzbezeichnungen und anderem gesprochen worden war [5.141]. Inzwischen hat die Weltgesundheitsorganisation (WHO) die Schaffung und internationale Normung von Kurzbezeichnungen für pharmazeutisch verwendete Substanzen in die Hand genommen. Tab. 5.25 verdeutlicht die Vereinfachungen gegenüber der Formelschreibweise und den systematisch gebildeten Namen. Auch bei den

Tabelle 5.25 *Beispiele internationaler Kurzbezeichnungen für pharmazeutisch verwendete Substanzen, auszugsweise nach* [5.178]

Kurzbezeichnung: lateinisch, englisch, deutsch Bruttoformel	Systematischer Name oder Beschreibung der Verbindung	Strukturformel
bromhexinum bromhexine Bromhexin $C_{14}H_{20}Br_2N_2$	N-(2-Amino-3,5-dibrombenzyl)-N-cyclohexyl-N-methyl-amin	
decoquinatum decoquinate Decoquinat $C_{24}H_{35}NO_5$	7-Äthoxy-6-(decyl-oxy)-4-hydroxy-chinolin-3-carbonsäure-äthyl-ester	
metampicillinum metampicillin Metampicillin $C_{17}H_{19}N_3O_4S$	3,3-Dimethyl-6-(2-methylen-amino-2-phenyl-acetamido)-7-oxo-4-thia-1-aza-bicyclo[3,2,0]heptan-2-carbonsäure	
alpipratecolum pipratecol Pipratecol $C_{19}H_{24}N_2O_4$	1-(3,4-Dihydroxy-phenyl)-2-[4-(o-methoxy-phenyl)-piperazin-1-yl]-äthanol	

Pestiziden gewinnen die Kurzbezeichnungen sehr an Bedeutung. Man spricht auch von „common names“ oder Gruppenbezeichnungen im Sinne der Kennzeichnung einer Gruppe von Produkten mit gleichen Wirkstoffen jedoch unterschiedlichen Markennamen.

Durch Zusammenziehen der Anfangsbuchstaben von Grundkörpern, funktionellen Gruppen, numerischen Hinweisen usw. in den systematischen Namen kommt es vermehrt zur Bildung von *Buchstabenkurzbezeichnungen*. Sie sind einprägsam und vereinfachen die Kommunikation. Wegen der noch größeren Gefahr der Mehrdeutigkeit ist eine Normung vorteilhaft. Für die Bezeichnung der wichtigsten Kunststoffe wurde bereits eine Vereinheitlichung erzielt nach britischen Normen (BS 3502: 1962), deutschen Normen (DIN 7728) oder amerikanischen Normen (ASTM D 1600–66 T). Von den 57 Kunststoffen der Tab. 5.26 weisen 41 eine einheitliche Schreibweise in den drei Ländern auf.

Die absatzpolitische Haltung der Chemieunternehmungen gegenüber den Kurzbezeichnungen ist zwiespältig. Eine positive Einstellung wäre aus folgenden Motiven gerechtfertigt:

Tabelle 5.26 *Genormte Kurzzeichen für Kunststoffe, Stand 1967* [5.116]

Produkt	England	BRD	USA
Acrylnitril – Butadien – Styrol – Copolymere	ABS	ABS	ABS
Alkydharze	AK	–	–
Acrylnitril – Methylmethacrylat – Copolymere	AMMA	AMMA	AMMA
Celluloseacetat	CA	CA	CA

Tabelle 5.26 (Fortsetzung)

Produkt	England	BRD	USA
Celluloseacetobutyrat	CAB	CAB	CAB
Celluloseacetopropionat	CAP	CAP	CAP
Kresolformaldehydharz	CF	CF	CF
Carboxymethylcellulose	CMC	CMC	CMC
Cellulosenitrat	CN	CN	CN
Cellulosepropionat	CP	CP	CP
Kasein	CS	CS	CS
Cellulosetriacetat	CTA	–	–
Diallylphthalatharz	–	DAP	DAP
Äthylcellulose	EC	EC	EC
Epoxidharz	EP	EP	EP
Perfluor (Äthylen-Propylen) Polymer	–	–	FEP
Melaminformaldehyd	MF	MF	MF
Polyamid	PA	PA	PA
Polyacrylsäure	–	–	PAA
Polyacrylnitril	–	PAN	PAN
Polybutadien-Acrylnitril	–	PBAN	PBAN
Polybutadien-Styrol	–	PBS	PBS
Polycarbonat	PC	PC	PC
Polychlortrifluoräthylen	PCTFE	PCTFE	PCTFE
Polydiallylphthalat	PDAP	PDAP	PDAP
Polyäthylen	PE	PE	PE
Polyäthylenterephthalat	PETP	PETP	PETP
Phenolformaldehydharz	PF	PF	PF
Polyisobutylen	PIB	PIB	PIB
Polymethyl-α-chloracrylat	–	–	PMCA
Polymethylmethacrylat	PMMA	PMMA	PMMA
Polyoxymethylen, Polyacetal	POM	POM	POM
Polypropylen	PP	PP	PP
Polyester	PR	–	–
Polystyrol	PS	PS	PS
Polystyrol-Acrylnitril	–	PSAN	–
Polytetrafluoräthylen	PTFE	PTFE	PTFE
Polyurethan	PUR	PUR	PUR
Polyvinylacetat	PVAC	PVAC	PVAC
Polyvinylalkohol	PVAL	PVAL	PVAL
Polyvinylbutyral	PVB	PVB	PVB
Polyvinylchlorid	PVC	PVC	PVC
Vinylchlorid-Vinylacetat-Copolymere	PVCA	–	–
Polyvinylchlorid-Acetat	PVCA	PVCA	PVCA
Polyvinylidenchlorid	PVDC	PVCD	PVDC
Polyvinylfluorid	PVF	PVF	PVF
Polyvinylformal	PVFM	PVFM	PVFM
Verstärkte Kunststoffe	RP	–	–
Styrol-Acrylnitril-Copolymer	SAN	SAN	SAN
Styrol-Butadien-Copolymere	SB	SB	SB
Silikon	SI	SI	SI
Styrol-α-Methylstyrol-Copolymere	SMS	SMS	SMS
Synthetischer Kautschuk	–	–	SRP
Schlagfestes Polystyrol	TPS	–	–
Harnstoff-Formaldehyd	UF	UF	UF
Ungesättigte Polyester	UP	UP	UP
Urethankunststoff	–	–	UP

1. Die Durchsetzung neuer chemischer Produkte geht schneller und wirksamer vonstatten, als wenn man allein auf die wissenschaftlichen sowie Markennamen angewiesen ist. Die Verwendung von Markennamen zwingt dazu, mit einer Vielfalt von Produktnamen für den gleichen chemischen Stoff vertraut zu werden, was die Schwierigkeiten des Bekanntwerdens vermehrt.

2. Die Gattungsbegriffe der konventionellen Werkstoffe liegen fest und entstanden vor der Schaffung von Markennamen. Neue chemische Produkte erhalten aber, abgesehen von der wissenschaftlichen Bezeichnung, oft zuerst einen Markennamen. Um über die firmenindividuelle Markenkennzeichnung hinausgehend eine bessere allgemeine Verständigung zu ermöglichen, greifen sich in Ermangelung frei verfügbarer Kurzbezeichnungen häufig Markennamen hohen Bekanntheitsgrades zu solchen Trivialnamen ab. Dies ist für die betriebliche Markenpolitik unbedingt nachteilig. Es erscheint typisch und auch in gewissem Sinne berechtigt, wenn in der amerikanischen Spruchpraxis zum Warenzeichenrecht häufig ehedem geschützte chemische Markenbezeichnungen zu Gattungsnamen erklärt wurden, weil die Öffentlichkeit wegen einer fehlenden *Namensalternative* einfach dazu gezwungen war, sich der Markenbezeichnung als Verständigungsmittel zu bedienen. Weitsichtige Chemieproduzenten, denen an der möglichst langen Aufrechterhaltung ihres Zeichenschutzes für ein neues Produkt gelegen ist, versäumen es daher nicht, den Neuentwicklungen neben der Markierung auch noch eine allgemein verwendbare Gattungsbezeichnung mit auf den Weg zu geben.

3. Die Kennzeichnung der Markenartikel deckt sich meistens nicht mit der stofflichen Kennzeichnung der definierten chemischen Verbindungen. Die Andersartigkeit der Bezeichnungsobjekte schwächt die Konkurrenz zwischen Kurzbezeichnungen und Markennamen ab. Ein chemisch-pharmazeutischer Wirkstoff ist noch keine Arzneispezialität. Dazu gehören weiter die verschiedenen Hilfsstoffe in der Formulierung, Applikationsform, Verpackung, Ruf des Herstellers und andere Komponenten der Produktgestaltung [5.64; 5.141].

Dennoch überwiegen im Marketing meistens die Bedenken aus der Konkurrenz der Kurzbezeichnungen mit den eigenen Markennamen, sofern ein Markenartikelvertrieb in Betracht kommt. Im allgemeinen Sprachgebrauch werden die Markennamen leicht durch Kurzbezeichnungen verdrängt. Außerdem erhält der Verbraucher bessere Vergleichsmöglichkeiten zwischen den markierten Konkurrenzprodukten, was den Bemühungen um die Produktdifferenzierung entgegenwirkt. Auch die verschiedenen Arzneimittel werden in hohem Maße durch den verschreibenden Arzt nach den enthaltenen Wirkstoffen bewertet. Bei dieser Interessenlage nimmt es nicht wunder, daß die Kurzbezeichnungen bislang hauptsächlich von der Verbraucherseite befürwortet wurden.

Das Chemie-Marketing kann von der weiteren Problematik der *Gattungsbezeichnungen* von *Folgeprodukten* betroffen werden, wenn die Verdrängung der bisher verwendeten Werkstoffe durch neue Chemieprodukte Zweifel an der zweckmäßigen oder zulässigen Aufrechterhaltung der alten Gattungsbegriffe hervorruft.

Die Folgeprodukte werden primär nach dem Verwendungszweck und erst in zweiter Linie nach den Werkstoffen bezeichnet, was evtl. durch Zusätze angedeutet wird (z.B. „Stahlmöbel“ oder „Kunststoffmöbel“). Ein lehrreiches Beispiel ist der kürzlich geführte Streit um die rechtliche Zulässigkeit der Bezeichnung „Kunststoff-Furnier“ in Deutschland, die von der Holzwirtschaft durch die Inanspruchnahme des Furnierbegriffs für Erzeugnisse aus

Holz verneint worden war. Die Abwehrmaßnahmen der von den neuen Produkten bedrängten alten Industriezweige zeigen sich hier in dem Bestreben, nur solche Gattungsbegriffe zuzulassen, welche die nachteilig wirkende Ersatzvorstellung eingebaut haben.

5.62 Markierung chemischer Produkte

5.621 Chemische Konsumgüter

Die firmenindividuelle Markierung der Erzeugnisse ist die Voraussetzung für die Schaffung von *Markenartikeln*, die nach der herrschenden Lehre zu einem besonderen Absatzsystem führen. Auf dem Wege von der anonymen Ware zum klassischen Markenartikel besteht jedoch keine einfache Alternative, sondern ein kontinuierlicher Übergang von Zwischentypen, die bislang unter dem Sammelbegriff „Markenware" zusammengefaßt worden sind. In der Markenforschung ist dieser Bereich gegenüber den echten Markenartikeln stark vernachlässigt worden.

Für die wirtschaftliche Begriffsbestimmung des Markenartikels sind nach K. Mellerowicz [5.133, S. 12] folgende 8 Kriterien maßgebend:

1. Markierung.
2. Fertigware im Sinne von Produkten mit hoher Verbrauchsreife und wenigstens überwiegend konsumtiver Verwendung.
3. Gleichbleibende bzw. verbesserte Qualität.
4. Gleichbleibende Menge der Verkaufs- bzw. Packungseinheiten.
5. Gleichbleibende Aufmachung.
6. Größerer Absatzraum mit einer der Eigenart des Produktes und den Einkaufsgewohnheiten entsprechenden Distributionsdichte.
7. Verbraucherwerbung.
8. Anerkennung im Markt (Verkehrsgeltung der Marke).

Die Anforderungen gelten für die Kennzeichnung des echten, klassischen Konsumgütermarkenartikels, den wir bei den chemischen Konsumgütern in besonderem Maße verwirklicht finden. Die Absatzfaktoren bilden geradezu ideale Voraussetzungen für den Markenartikelvertrieb. Sie haben die Entwicklung des echten Markenartikels im oben genannten Sinne von Anfang an entscheidend mitgeprägt. Die chemische Konsumgüterindustrie ist „fast zu einem Versuchsfeld des Markenartikels" (Greiling) geworden. Die Markenartikelanteile erreichen hier die höchsten Werte von allen Industriezweigen [5.68].

Das von Karl August Lingner bereits in den neunziger Jahren des vorigen Jahrhunderts geschaffene Odol sowie das im Gründungsjahr der Firma Henkel 1876 herausgebrachte „Henkels Bleichsoda" mit dem Löwen als Firmenzeichen – das Haupterzeugnis Persil folgte 1907 – stehen in der Geschichte des modernen Markenartikels am Anfang. Lingner, der das Odol und eine Reihe anderer Körperpflegemittel in seiner 1892 gegründeten Firma „Dresdner Chemisches Laboratorium Lingner" entwickelt hatte, gilt als der „Vater des modernen Markenartikels". Auch die hiermit verbundenen charakteristischen Methoden der Markenartikelwerbung gehen in wesentlichen Elementen auf ihn zurück [5.121].

Zusammen mit den Lebens- und Genußmitteln fallen die meisten chemischen Konsumgüter in die große Warengruppe des *täglichen Bedarfs*, die für die Markenartikelbildung folgende besonders günstige Merkmale aufweist [5.167]:

1. *Kurzfristiger Bedarf* mit häufigen Wiederholungskäufen und entsprechend schneller Einprägung der Markennamen.

2. Verwendung der Erzeugnisse in breiten Schichten mit günstiger Voraussetzung für Massenwerbung und Erzielung hoher Bekanntheitsgrade.
3. Kleine Kaufobjekte bezüglich Wareneinheit und üblicher Kaufmenge.
4. Keine besondere Erklärungsbedürftigkeit oder zumindest leicht zu verstehende oder zu erlernende Verwendungsweise.
5. Kein „persönlicher" Bedarf.
6. Keine Modifikation der Ware, etwa nach subjektiven Geschmacksrichtungen oder durch Modeeinflüsse.
7. Leicht erreichbare Qualitätskonstanz aufgrund der Herstellungsverfahren.
8. Zweckmäßige und ansprechende Verpackungen für kleine Verkaufseinheiten, die bei formlosen Produkten meistens zugleich technisch notwendig sind.

Im Gegensatz hierzu sind die hochwertigen Gebrauchsartikel des *aperiodischen Bedarfs* für die Bildung von Markenartikeln schlecht geeignet, während der *modeabhängige Bedarf* mit dem Kernstück des textilen Bekleidungssektors in einen mittleren Bereich einzuordnen ist. Diese Warentypologie fällt ungefähr mit der Einteilung in „convenience goods", „specialty goods" und „shopping goods" aus der amerikanischen Marketing-Lehre zusammen. Die beiden Produktgruppen des aperiodischen und modeabhängigen Bedarfs haben für die chemische Industrie nur als Folgeprodukte Interesse.

Eine geringe *Erklärungsbedürftigkeit* kann man für chemische Konsumgüter nicht generell voraussetzen. Die Herabsetzung der Erklärungsbedürftigkeit und gleichzeitige Steigerung der Konsumreife ist aber oft ein erklärtes Ziel der Produktgestaltung, um nämlich den Markenartikelvertrieb noch besser wahrnehmen zu können. Durch Zusammenfassen von mehreren Stoffkomponenten, bequeme Applikationsformen sowie genaue und verständliche Verbrauchsanweisungen oder Rezepte wird die Verwendung der Produkte erleichtert. Solche *Rezeptwaren* besitzen wiederum eine natürliche Eignung als Markenartikel [1.79, S. 143].

Drei Kernfunktionen der Markierung erfahren in der chemischen Industrie eine besondere Ausprägung und sind für die Tendenz zur Markierung aller Produkte, nämlich auch der chemischen Produktivgüter, mitverantwortlich:

Als erstes ist die *Kennzeichnungsfunktion* der Produkte zu erwähnen, die Notwendigkeit ihrer Benennung im Umgang mit ihnen und besonders im Absatzbereich. Zwar besteht diese Notwendigkeit nicht uneingeschränkt und unwidersprochen im Hinblick auf die Möglichkeit der oben erwähnten Stoffbezeichnungen, doch ergeben sich gegenüber diesen folgende Vorteile:

1. Die Markierung der Produkte braucht nicht unbedingt an den chemisch-substantiellen Aufbau derselben anzuknüpfen, sondern kann daneben am *Verwendungszweck* orientiert sein. Freilich ist unter Umständen eine einseitige Anlehnung der Markenbildung weder am Verwendungszweck noch an der stofflichen Beschaffenheit nach dem Warenzeichenrecht zulässig, wie gegenwärtig in Deutschland. In der chemischen und besonders pharmazeutischen Industrie werden die verwendungsorientierten Markennamen zur Betonung der Seriosität gegenüber reinen Phantasiebezeichnungen oft als wertvoller angesehen.

2. Chemische Stoffbezeichnungen gelten vor allem für eindeutig definierbare chemische Verbindungen. In den verkaufsreifen Endprodukten liegen aber oft *mehrere* solcher *Stoffkomponenten* vor, hinzu kommen die Faktoren der physika-

lischen Produktentwicklung, so daß die eindeutige Wiedergabe des Produktaufbaus eine viel umfassendere Beschreibung erfordern würde.

3. Der Markenname kann mit Vorteil einen Hinweis auf die *Herstellfirma* enthalten, so daß sich Kennzeichnungs- und Identifizierungsfunktion der Markenbezeichnung ergänzen. Weitere Sonderzwecke lassen sich durch Serienmarken erreichen, indem die Namensbildung auf komplementäre Verwendungen oder auf Produktdifferenzierungen innerhalb größerer Produktgruppen mit einem ähnlichen chemischen Aufbau oder ähnlichen Verwendungen hinweist.

Als nächstes steht die *Identifizierungsfunktion*, d.h. die Aufgabe der eindeutigen Verbindung eines Produktes mit einem bestimmten Hersteller (auch Herkunftsfunktion), unter dem besonderen Anliegen der Qualitätssicherung.

Schließlich ist als drittes das *Rechtsschutzinteresse* an der Alleinherstellung und dem Alleinvertrieb der Produkte zu erwähnen. Der zeichenrechtliche Schutz geht über die Grenzen des Patentschutzes oft hinaus und ist leichter zu erlangen. Dieser ist jedoch nicht überzubewerten, was aus der immerhin beachtlichen Zahl der markierten, jedoch zeichenrechtlich nicht geschützten Produkte hervorgeht.

An dieser Stelle sei auf einige Spezialuntersuchungen über die Bildung von Markenartikeln in verschiedenen chemischen Konsumgütersparten hingewiesen, nämlich in der pharmazeutischen Industrie [5.17; 5.64; 5.141], der Körperpflegemittelindustrie [5.122; 5.160; 5.212], im Bereich der Haushaltschemikalien [5.77; 5.121; 5.185; 5.209], der photochemischen Erzeugnisse [5.70; 5.208] sowie des chemischen Bürobedarfs [5.171].

5.622 Chemische Produktivgüter im System der Warenmarkierung

In den bisherigen Markenartikeldefinitionen wurde die konsumtive Verwendung der Produkte meistens entweder als selbstverständlich unterstellt oder ausdrücklich hervorgehoben. Erst in der letzten Zeit wird dieses Absatzsystem auch für *Produktivgüter* in Betracht gezogen [5.10; 5.96; 5.182; 5.188].

Diese Erweiterung des Geltungsbereichs stellt einen wichtigen Faktor in der gegenwärtigen Aufweichung der konventionellen Markenartikelabgrenzung dar. Schon im Bereich der Konsumgüter werden die Warenbereiche des *aperiodischen* und des *periodischen Bedarfs* immer stärker einer Markenbildung erschlossen, wobei die *Hersteller*- oder *Firmenmarken* gegenüber den ursprünglich im Vordergrund stehenden *Erzeugnismarken* an Bedeutung gewinnen. Die mit dem Konzentrationsprozeß im Handel erstarkenden *Handelsmarken* treten neben den Herstellermarken vermehrt in Erscheinung, obwohl der klassische Markenartikel auf den Herstellermarken beruhte. Die *vertikale Preisbindung* ist schon lange nicht mehr als wesentliche Markenartikeleigenschaft aufrechtzuerhalten. Schließlich werden auch weitere Merkmale des Markenartikels nur noch mit Einschränkungen als wesentlich anerkannt, wie die Konstanz der Produktqualität, die abgepackten Produkteinheiten, die dominante Werbung als Sprungwerbung beim Letztverbraucher, großer Absatzraum und allgemeine Verkehrsgeltung [5.194]. Auf der ganzen Linie hat eine flexible Betrachtungsweise eingesetzt, bei der eigentlich nur die *Markierung* als einzige unumstrittene Voraussetzung übriggeblieben ist.

Die jeder Produktmarkierung zugrunde liegende Voraussetzung einer sinnvollen und auch von den Nachfragern als zweckmäßig anerkannten Produktdifferenzierung ist freilich bei den *Industriechemikalien* kaum zu erfüllen. Die Lieferung dieser anonymen Massengüter unter einem einheitlichen *Firmenzeichen*, das eine allgemeine Qualitätsgarantie verbürgen soll, stellt hier nur einen entfernten Anklang an die Wirkungen von Erzeugnismarken dar, obwohl das Firmenzeichen als echtes Markenzeichen verwandt werden kann. Die Firmenmarke steht ja zunächst nur aufgrund des formalen Einteilungsprinzips der Markenartikel nach der Zahl der unter einer Marke angebotenen Produkte als die firmenindividuell umfassendste Kategorie neben den Sortimentsmarken für eine begrenzte Zahl verwandter und den Erzeugnismarken für Einzelprodukte [5.133, S. 13]. Die Firmenmarkierung im Bereich der Industriechemikalien dient mehr der allgemeinen Firmenwerbung, wie es auch bei den chemischen Spezialitäten durch Verwendung einer zusätzlichen Firmen- neben der Erzeugnismarkierung üblich ist. Bislang ist nur ausnahmsweise versucht worden, Erzeugnismarken bei Industriechemikalien durchzusetzen, wie z.B. bei Phthalsäureanhydrid [5.78].

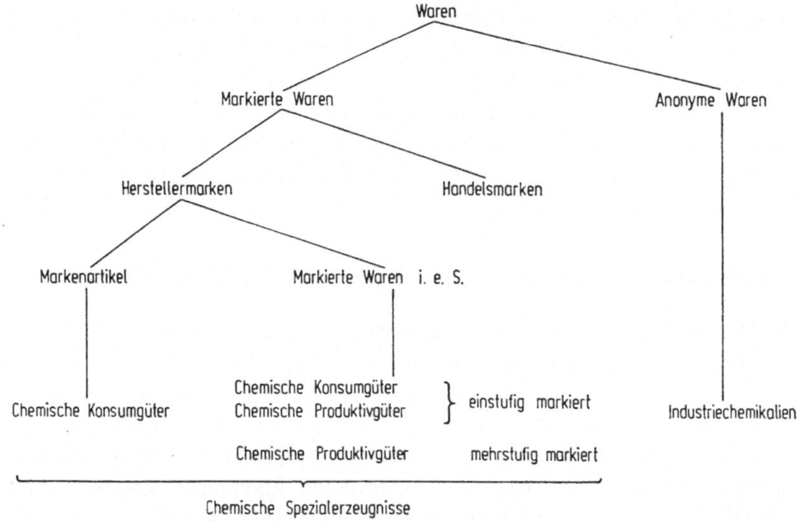

Abb. 5.22 Einordnung chemischer Produkte in das Gliederungsschema der Warenmarkierung von K. MELLEROWICZ, nach [5.133, S. 79].

Eine hervorragende Eignung zum Markenartikelvertrieb besitzen aber alle *chemischen Spezialerzeugnisse*. Bei einer Einreihung chemischer Produkte in das Gliederungssystem der Abb. 5.22 müßte man demnach die Industriechemikalien den anonymen Waren – von seltenen Ausnahmen und der Firmenmarkierung abgesehen – und praktisch den Gesamtbereich der Spezialitäten den Markenartikeln oder markierten Waren im engeren Sinne zuordnen. Hier gehört nämlich umgekehrt ein Verzicht auf Erzeugnis- oder Sortimentsmarken zu den Ausnahmen.

Wenn man die Unterscheidung zwischen echten Markenartikeln und dem Übergangsbereich der markierten Waren aufrechterhält, so müßte man einen Teil der chemischen Konsumgüter, vor allem aber sämtliche chemischen Produktivgüter (mit einstufiger und mehrstufiger Markierung) dem Bereich der markierten Waren zurechnen. Die Kreise der markierten Waren im weiteren und engeren

Sinne ergeben sich in Abb. 5.22 nur aus der Berücksichtigung der Handelsmarken neben den Herstellermarken, wobei uns die Handelsmarken hier nicht weiter interessieren. Da aber zwischen markierten Waren und den echten Markenartikeln nur fließende Übergänge bestehen, wollen wir die begriffliche Trennung nicht weiter verfolgen. Statt dessen steht für uns die Unterscheidung zwischen chemischen Konsumgüter- und Produktivgütermarkenartikeln im Vordergrund.

5.623 Absatzfaktoren der einstufigen Markierung chemischer Produktivgüter

Die günstigen Faktoren für den Vertrieb markierter chemischer *Produktivgüterspezialitäten*, zunächst bei einstufigem Absatz im Verhältnis zu den unmittelbaren Abnehmern, kann man wie folgt zusammenfassen:

1. Chemische Produktivgüter eignen sich als *Verbrauchsgüter* zur Bildung von Erzeugnismarken wesentlich besser als etwa die zum produktiven Gebrauch bestimmten Investitionsgüter der mechanischen Industriezweige: Der Bedarf ist fortwährend und gleichförmig. Es liegt meistens Massenfertigung, keine Individualfertigung zugrunde. Hierin bestehen Analogien zum Konsumgüterbereich.

2. Die Chemieproduktion verlangt den *großräumigen Absatz* und die Exportintensität. Damit wird der im Produktivgüterbereich typischen Verringerung der Zahl der Abnehmer entgegengewirkt.

3. Die Entwicklung der *Chemiewerkstoffe* hat die Bedingungen der Rohstoffproduktion und des Rohstoffabsatzes verändert. Es handelt sich bei den Naturrohstoffen um typisch anonyme Produkte, die in ungleichförmiger Qualität anfallen und an deren Identitätssicherung mit bestimmten Produzenten früher niemand Interesse hatte. Demgegenüber besitzen die Chemiewerkstoffe bereits einen hohen industriellen Veredelungsgrad. Die Hersteller wollen dementsprechend vermehrt ihre Leistungen über die Markierung offenbaren.

4. *Neue Stoffe* erfordern in jedem Fall eine *Namensgebung* für die Kommunikation. Hier bietet sich die Chance, unter entsprechenden absatzwirtschaftlichen Vorteilen das bestehende Vakuum zunächst zur schnellen Durchsetzung eines Markennamens auszunutzen. Bei den Naturstoffen mit ihren bekannten und dominierenden Gattungsbezeichnungen liegen umgekehrte Verhältnisse vor.

Obwohl die Chemiefasern zum Beispiel 1952 erst 20% Marktanteil gegenüber dem 80-prozentigen Marktanteil der Naturfasern (Baumwolle und Wolle) erreicht hatten, bestanden neben den ganz wenigen Qualitätsbezeichnungen der Naturfasern damals bereits rund 300 Handelsnamen für die Chemiefasern. Die vollsynthetischen Chemiefasern stellten sogar erst 3% Marktanteil, jedoch 200 Handelsnamen [5.169].

5. Die *Qualitätsgarantie* hat bei den chemischen Produktivgütern große Bedeutung. Die mangelnde Fähigkeit der Verbraucher zur Qualitätsbeurteilung der Produkte gilt vor allem für den Absatz an zahlreiche nichtchemische Industriezweige. Auch in anderen Fällen stellt das glaubhafte Qualitätsversprechen durch den Hersteller einen Rationalisierungsfaktor dar, indem die Prüfungen vereinfacht werden können. Auch ein mengen- oder wertmäßig geringer chemischer Hilfsstoffverbrauch erlangt häufig qualitätsentscheidende Bedeutung für die Folgeprodukte.

6. Eine gezielte Produktgestaltung in Richtung Anwendungserleichterung durch Erhöhung der *Verbrauchsreife* der Produkte und Mitlieferung der Rezepturen fördert genau wie bei den chemischen Konsumgütern den Markenartikel.

Von den *Hemmungsfaktoren* für die Durchsetzung von Produktivgütermarkenartikeln wird die *Rationalität der Einkaufsentscheidungen* der Weiterverarbeiter häufig genannt. Damit geht der Markenartikelwerbung viel von der suggestiven, meinungsbildenden Kraft verloren. Der Einwand gilt zwar im grundsätzlichen, aber die Auswirkungen sind graduell im Einzelfall verschieden.

Es gibt z.B. zahlreiche holzverarbeitende Betriebe, in denen man eine bekannte Holzleimmarke verwendet, auf deren erstklassige Qualität man „schwören" möchte, ohne viel über den stofflichen Produktaufbau, geschweige denn über die stofflichen Unterschiede zu Konkurrenzfabrikaten etwas zu wissen. Viele Landwirte sind gleichfalls von der qualitativen Überlegenheit „ihrer" Düngemittelmarken überzeugt, obwohl die wirksamen NPK-Nährstoffgehalte auf den Produkten deklariert und bei mehreren Konkurrenzprodukten gleich sind.

Die chemischen Produktivgüter werden nach Bedarfsmengen und -häufigkeit in den unterschiedlichsten *Gebindegrößen*, ja sogar in solchen Mengeneinheiten abgegeben, die eine *Verpackung* überflüssig machen (z.B. Kesselwagenversand). Hat man jedoch bereits im Konsumgüterbereich die Abgabe loser Ware (z.B. Benzin) im Zusammenhang mit der Markenartikeleigenschaft als unwesentlich angesehen, so müssen Gesichtspunkte der Verpackung bei den chemischen Produktivgütern ganz beiseite gelassen werden.

Schließlich macht die überwiegende *direkte Vertriebsorganisation* die dem Markenartikelvertrieb zugrunde liegende Absicht der Schaffung einer unmittelbaren Verbindung zwischen Produzent und Verbraucher über eine andere Wirtschaftsstufe hinweg gegenstandslos. Daher ist die Tendenz zur Markenartikelbildung bei chemischen Produktivgütern besonders stark, die über den Handel vertrieben werden, wie Düngemittel, Schädlingsbekämpfungsmittel, Bautenlacke, Reinigungsmittel, vgl. [5.14; 5.85; 5.94; 5.145]. In allen Fällen aber kann die Produktmarkierung die anderweitigen Kundenkontakte noch verstärken.

5.624 Markentechnik für chemische Produktivgüter

Produktdifferenzierung und Qualitätssicherungsfunktion des Markenartikels bedingen und fördern sich gegenseitig. Die Qualitätssicherung ist immer nur im Hinblick auf bestimmte Produktverwendungen möglich, was andererseits Produktspezialisierungen durch Anpassung an eng gezogene Anwendungsbedingungen anregt. Mit dieser Produktspaltung kommt es zu einer entsprechenden Vermehrung der Anzahl von Markenbezeichnungen (Markenspaltung). Würde man für sämtliche Einzelprodukte des Verkaufsprogramms möglichst stark voneinander abweichende Erzeugnismarken bilden, käme es zu einem unübersehbaren Namenswirrwarr, und die Chancen zur Durchsetzung einer hohen Markenbekanntheit wären minimal. Das bereits heute schwierige Problem, für die laufend entwickelten Produktneuheiten immer neue Markennamen zu finden, würde schier unlösbar.

Es liegen also bei den oft nach Tausenden von Einzelprodukten zählenden Verkaufsprogrammen der Chemiespezialitäten wiederum andere Bedingungen vor, als sie für den klassischen Konsumgütermarkenartikel in Gestalt einer Markenkonzentration auf möglichst wenige, dafür aber entsprechend umsatzstarke Artikel angenommen wurden. In dieser Situation ist man in der Markentechnik der chemischen Industrie zur Verwendung von Haupt- und Zweitmarken, Serienmarken und Sortimentsmarken gezwungen.

Eine wichtige Anwendung der Markenkombination von *Haupt-* und *Zweitmarken* betrifft die gleichzeitige Markierung der Produkte mit einem gemeinsamen *Firmenzeichen* (z.B. Bayer-Kreuz), welches die einheitliche Herkunft der Erzeugnisse deutlich macht, und einer das Einzelprodukt kennzeichnenden *Erzeugnis-, Waren- oder Sachmarke* (z.B. Dralon). Das Herstellerzeichen ist hier das verbindende Element innerhalb der gesamten „Markenfamilie" aller Erzeugnisse.

Bei den *Serienzeichen* wird eine bestimmte Zusammengehörigkeit der Einzelprodukte innerhalb größerer Produktgruppen durch wiederkehrende Wort- und Bildelemente oder durch ähnliche Bildungsprinzipien der Einzelmarken ausgedrückt. Die mit den Serienmarken hervorzuhebenden Verwandtschaftsbeziehungen können sich auf den gemeinsamen Hersteller, eine gemeinsame Stoffgrundlage oder auf die Ähnlichkeit der Verwendungen erstrecken, wobei sogar mehrstufig eine ganze *Markenhierarchie* darstellbar ist.

Zur Veranschaulichung dieser Möglichkeiten sei auf die Markierung des Kunststoffprogramms der Chemische Werke Hüls AG verwiesen, welche den nach den chemischen Grund-

Tabelle 5.27 *Polyäthylenrohstoffmarken, Stand 1964/65, nach* [5.166]

Markenname	Firma
AC Polyethylene	Allied Chemical Corp., Plastics Div., USA
Alathon	E. I. du Pont de Nemours & Co., Inc., USA
Alkathene	Imperial Chemical Industries Ltd., England
Carlona	Deutsche Shell Chemie GmbH, BRD
Celene	Celene S. p. A., Italien
Elrex	Rexall Chemical Co., USA
Eltex	Solvay & Cie., Belgien
Eraclene	Anic S. p. A., Italien
Fertene	Montecatini, Italien
Grex	W. R. Grace & Co , USA
Hi-fax	Hercules Powder Co., USA
Hi-zex	Mitsui Chemical Industry Co. Ltd., Japan
Hostalen G	Farbwerke Hoechst AG, BRD
Lacqtene	Aquitaine Plastique, Frankreich
Lupolen	Badische Anilin- & Soda-Fabrik AG, BRD
Manolène	Rhone Poulenc S.A., Frankreich
Marlex	Philips Petroleum Co., USA
Microthene	US Industrial Chemicals, USA
Mirason	Mitsui Polychemicals Co., Ltd., Japan
Natene	Pechiney-St.-Gobain, Frankreich
Poly-Eth	Spencer Chemical Co., USA
Polythene	E. I. du Pont de Nemours & Co., Inc., USA
Riblene	Asfalti Bitumi Cementi e Derivati, Werk Ragusa, Italien
Rigidex	British Resin Products Ltd., England
Rotene	Montecatini, Italien
Sholex	Japan Olefin Chemical Co., Japan
Staflene	Furukawa Chemical Ind. Co. Ltd., Japan
Stamylan	Staatsmijnen Limburg, Holland
Sternite	Sterling Moulding Materials Ltd., England
Sumikathene	Sumitomo Chemical Ind. Co., Japan
Tenite	Eastman Chemical Products Inc., USA
Uniclene	Nitto Unicar Co., Japan
Vestolen A	Chemische Werke Hüls AG, BRD
Yukalon	Mitsubishi Petrochemical Co. Ltd., Japan

molekülen unterschiedenen Hauptproduktgruppen und einer wichtigen Weichmachergruppe als Kunststoffhilfsmittel folgende Serienmarken zuordnet:

Polyvinylchlorid	Vestolit
Polystyrol	Vestyron
Polyolefine (Polyäthylen und Polypropylen)	Vestolen
Polyesterharze (Ester aus Dicarbonsäuren und Glykolen)	Vestopal
Weichmacher als Ester der Phthalsäure und Adipinsäure	Vestinol

Der gemeinsame Wortstamm „Vest" – abgeleitet von der Regionallage der Unternehmung – macht die Produktgruppenmarken zu Serienzeichen und kennzeichnet die einheitliche Herkunft vom gleichen Produzenten, während der andere Teil der Markenbezeichnungen auf die chemischen Grundmoleküle hinweist. Für andere Produktgruppen wurden Serienzeichen mit dem gemeinsamen Wortstamm „Marl" gebildet, der sich aus dem Unternehmensstandort in Marl ergeben hatte (vgl. Tab. 5.11). Sonst wird häufig ein Teil des Firmennamens für den Wortstamm von Serienzeichen herangezogen.

Die Gruppenmarken bilden aber selbst nur die Oberbegriffe von den großen *Markenfamilien* der zugehörigen Einzelprodukte. So werden beispielsweise beim Vestolit die Produktuntergruppen der unkonfektionierten Vestolittypen, der weichmacherfreien Vestolitgranulate, der Vestolit-Weichmacher-Granulate und der Vestolitpasten unterschieden, innerhalb derer schließlich die zahlreichen Einzelprodukte stehen.

Auf die Markenfamilien dürfte der Begriff der *Sortimentsmarke* weitgehend zutreffen. Die wichtigen großen Kunststoffe führen damit nur zu Sortimentsmarken, die sich aber trotz des relativ hohen Aggregationsgrades in beachtlicher Zahl gegenüberstehen und die Orientierung über die chemische Basis stärker erschweren, als wenn nur die Gattungsnamen der Kunststoffe zur Anwendung kämen. Als Beispiel zeigt Tab. 5.27 die wichtigsten konkurrierenden Polyäthylen-Rohstoff-Sortimentsmarken, während Tab. 5.28 die Auffächerung einer Sortimentsmarke in die Einzelprodukte, nämlich beim Vestolen A der Chemische Werke Hüls AG, wiedergibt. Ob man in dieser letzten Gliederungsstufe noch Einzelprodukte oder nur noch Produkttypen bzw. -modifikationen anerkennt, ist sowohl begrifflich wegen der fließenden Übergänge als auch markentechnisch belanglos, während die Struktur, d.h. die Tiefen- und Breitengliederung der Produktgliederungshierarchie für ein optimales Markenprogramm wesentlich ist.

Zur Markierung der *Einzelprodukte* werden oft Kurzbezeichnungen, wie Zahlen und Buchstaben sowie deren Kombinationen, an die Sortimentsmarke angehängt. Ihnen kann eine bestimmte Sinngebung zuteil werden, indem über einen für das Sortiment gültigen Kennzeichnungsschlüssel chemische, physikalische und anwendungstechnische Daten hieraus hervorgehen.

Die Markentabelle für Vestolen A (Tab. 5.28) gibt hierfür ein Beispiel: Das Sortiment umfaßt nur Polyäthylen des hohen Dichtebereichs von 0,935–0,965, wobei die ersten beiden Ziffern der vierstelligen Zahlenkombination die zweite und dritte Dezimale der Dichte wiedergeben. Die dritte Ziffer gibt die Uneinheitlichkeit bzw. Molekulargewichtsverteilung an. Die Zahl 1 gilt für die geringste (1–2), Zahl 4 für die größte Uneinheitlichkeit (5–9). Schließlich kennzeichnet die vierte Ziffer einen bestimmten Schmelzviskositätsbereich, wobei der niedrigste Schmelzindex unter 0,2 der Zahl 0 und der höchste Wert zwischen 24 und 35 der Zahl 7 entspricht. Während der Buchstabe A das Polyäthylensortiment gegen das Polypropylen (Vestolen P) abgrenzt, haben die Buchstaben der Sondertypen folgende Bedeutung: R: geprüfte Rohrqualität (DIN 8075); F: Folienqualität; S: schwer entflammbar; L: licht- und witterungsstabilisiert [5.202, Abschn. 1.3].

Besonders zweckmäßig erscheinen Serienmarken für *Komplementärprodukte*, bei denen ein gemeinsamer Wortstamm die notwendige gemeinsame Verwendung zweier oder mehrerer Produkte verdeutlicht.

Tabelle 5.28 *Polyäthylentypen der Chemische Werke Hüls AG, Stand 1968* [5.91, S. 9]

Kunststofftyp	Verarbeitung	Endprodukt
Vestolen A 4541	Extrusion	Rohre, Platten, Profile
Vestolen A 4541 R	Extrusion	Druckrohre nach DIN 8075, Platten für den Apparatebau
Vestolen A 3512	Extrusion	stoßfeste Folien, Hohlkörper großer Stoßfestigkeit und Spannungsrißbeständigkeit, Rohre
Vestolen A 4012	Extrusion	stoßfeste Hohlkörper und Folien
Vestolen A 4512	Extrusion	Fäden
Vestolen A 5042	Extrusion	Hohlkörper, Folien, tiefziehbare Platten
Vestolen A 5542	Extrusion	Hohlkörper härterer Einstellung, Fäden
Vestolen A 6012	Spritzguß	technische Großbehälter und mechanisch besonders stark beanspruchte Teile
Vestolen A 5043	Spritzguß	Spannungsrißbeständigere Teile, z. B. Flaschenverschlüsse
Vestolen A 6013	Spritzguß	mechanisch stark beanspruchte Teile
Vestolen A 5044	Spritzguß	technische Teile, Haushaltsartikel
Vestolen A 6014	Spritzguß	technische Teile mit langen Fließwegen, hoher Steifigkeit und Stoßfestigkeit, z. B. Mülltonnen
Vestolen A 4516	Spritzguß	verzugsarme technische Teile großer Zähigkeit und Stoßfestigkeit
Vestolen A 6016	Spritzguß	harte, verzugsarme technische Teile, z. B. Stapelkästen und Flaschentransportkästen
Vestolen A 5017	Spritzguß	flexiblere, verzugsarme Teile,
Vestolen A 6017	Spritzguß	sehr harte, verzugsarme Teile ohne Dauerspannungen, z. B. Haushaltsartikel

Sondertypen

Schwer entflammbare Vestolen-A-Typen:
Vestolen A 5017 S, 5042 S, 5043 S, 5044 S, 6016 S, 6017 S

Antistatisch ausgerüstete Vestolen-A-Typen:
Vestolen A 5042, 5043, 5044, 5542, 6016

Folientypen:
Vestolen A 3512 F, 4012 F, 5042 F, 6016 F

Licht- und witterungsbeständige Vestolen-A-Typen:
Vestolen A 4512 L, 5017 L, 5042 L, 6012 L, 6016 L

Ein bekanntes Beispiel bildet das Markenpaar Desmophen-Desmodur der Farbenfabriken Bayer AG für die Zweikomponentenpolyurethanharze. Für alle Verwendungen, nämlich zur Herstellung harter und weicher Schaumstoffe, von Farben und Lacken, Verleimungen oder Elastomeren, werden bestimmte Produktpaare aus einer Desmophenmarke (Polyhydroxylverbindungen bzw. Polyester und Polyäther) und einer Desmodurmarke (Polyisocyanate) empfohlen. Schließlich werden unter der Bezeichnung Desmorapid die zugehörigen Härter vertrieben.

Durch die Serien- und Sortimentsmarke wird die zur Produktwerbung und Verkaufsförderung notwendige *Markenkonzentration* gefördert. Die Werbung erstreckt sich dann vor allem auf die größeren Produktgruppen, während sich die technisch informierenden Druckschriften mehr auf das differenzierte Typenprogramm beziehen. Die Betonung der gemeinsamen Herkunft der Produkte korrespondiert dagegen mit der ebenfalls bedeutsamen Firmenwerbung.

5.625 Grundlagen der mehrstufigen Markierung chemischer Produktivgüter

Die *durchgehende Rohstoffmarkierung* über mehrere Verarbeitungsstufen ist eine weitere neue Entwicklungsstufe des Markenvertriebssystems. Die ursprüngliche Idee des Markenartikelvertriebs im Konsumgüterbereich, durch die Sprungwerbung über die Handelsstufen hinweg den Letztverbraucher direkt anzusprechen, wird beträchtlich ausgeweitet. Ein solcher Kontakt wird jetzt nämlich zwischen Letztverbraucher und dem Vorlieferanten von Roh- oder Hilfsstoffen aufgebaut, wobei die bisherige Alleinverantwortlichkeit des konsumnächsten Produzenten für die Produktgestaltung gegenüber dem Konsumenten teilweise aufgehoben wird. In der Kette der vertikal miteinander verbundenen Produktionsstufen der arbeitsteiligen Wirtschaft wird überall zur Gestaltung des konsumreifen Endproduktes beigetragen, so daß die Forderung berechtigt ist, auch den Vorstufen eine Kundbarmachung ihrer Leistungsanteile gegenüber dem Endverbraucher zuzubilligen. Damit lösen sich die Vorlieferanten aus der einseitigen Abhängigkeit von den industriellen Abnehmern und erhalten die Möglichkeit, ihre eigenen Produkte stärker auf die Bedarfsverhältnisse im Konsumgüterbereich abzustimmen und die Endnachfrage selbst entscheidend zu fördern.

Das absatzwirtschaftliche System der durchgehenden Markierung zeichnet sich durch folgende Entwicklungstendenzen aus:

1. *Tendenz zur vertikalen Kooperation in der Produktgestaltung.* Da die Leistungen in allen Stufen für die Qualität des Endproduktes maßgebend sind, kann sich niemand über die Beitragsleistungen des anderen hinwegsetzen. Die Teilnahme an der Produktgestaltung und Absatzaktivität für das Endprodukt im Konsumgütermarkt erfordert eine sorgfältige Abgrenzung der geteilten Verantwortung für die Qualitätsgarantie in den verschiedenen Vertikalstufen. Niemand darf durch unzureichende Beitragsleistungen die von seinem vertikalen Wirtschaftspartner gegebenen Qualitätsversprechen untergraben und in Mißkredit bringen. Der optimale Rohstoff verlangt eine optimale Weiterverarbeitung und umgekehrt, alle Stufenleistungen sind auf das optimale Endprodukt hin abzustimmen. Dazu sind Erfahrungsaustausch und Zusammenarbeit zu fördern.

2. *Tendenz zur Markenkumulation.* Die Aufteilung der Verantwortung für die Gestaltung der Endprodukte ist oft mit dem Interesse der vertikal kooperierenden Partner verknüpft, ihre anteiligen Leistungen durch gleichzeitige Markierung des Endproduktes zu offenbaren. Nicht nur der letzte Produzent der eigentlichen Fertigware, sondern auch Vorlieferanten für Rohstoffe, Hilfsstoffe, Zwischenprodukte oder bestimmte Veredelungsunternehmungen in den Zwischenstufen sind daran interessiert, mit ihrer firmenindividuellen Markierung gegenüber dem Letztverbraucher in Erscheinung zu treten. Diese Tendenz zur *Markenkumulation* entspricht zwar unmittelbar den Grundgedanken dieses Absatzsystems. Beim Zusammentreffen zu vieler Markierungen kann die Markenartikelidee jedoch geschwächt werden, da der Konsument im Hinblick auf sein Erkennungsvermögen gegenüber den Identitätsansprüchen bald überfordert wird. Ein starkes Markenbewußtsein kann sich dann gar nicht mehr entwickeln. Die Anzahl der kumulierten Marken wird zwar durch die Zahl der miteinander durch den Herstellungsprozeß verbundenen Produktionsstufen begrenzt, die parallel am Endprodukt nebeneinander bestehenden Markierungen können aber in verschiedenen Kombinationen

auftreten. Ein Vorprodukt wird ja oft an mehrere, selbst wiederum markierende Weiterverarbeiter abgesetzt, oder die Weiterverarbeiter bedienen sich ihrerseits mehrerer markierter Rohstoffe.

Mitunter werden diese Nachteile bewußt in Kauf genommen, um durch die mehrfache Markierung die kooperative Qualitätssicherung durch die verschiedenen Herstellerbetriebe zu unterstützen. Hier wird die Tendenz zur Markenkumulation nicht durch primäre Absatzüberlegungen aller Beteiligten, sondern durch einen Zwang seitens der stärkeren Kooperationspartner ausgelöst.

3. *Tendenz zur Markenkonkurrenz und vertikalen Produktionsbeherrschung.* Das gleichzeitige Bestehen mehrerer Endproduktmarkierungen kann eine Markenkonkurrenz um die Vorherrschaft einer führenden Marke in der Vertikalkette beim Aufbau der Markenpräferenz durch den Konsumenten auslösen. Die überragende Marktgeltung eines Partners versetzt die übrigen Produzenten in ein wachsendes Abhängigkeitsverhältnis. Diese Markenvorherrschaft kommt vielleicht durch den hohen Leistungsanteil eines Vertikalpartners zustande, folgt aber auch aus der Verteilung der wirtschaftlichen Machtverhältnisse.

Der „Markenführer" wird darauf bedacht sein müssen, seinen Qualitätsanspruch für das gesamte Erzeugnis und nicht nur im Hinblick auf seine eigenen Teilleistungen zu sichern, wofür zwei Wege zu Gebote stehen: Der Zwang zur *gleichzeitigen Markierung* durch die schwächeren Partner als der mildere und mehr an die Eigenverantwortlichkeit der Partner appellierende Weg und zweitens die Durchsetzung von genauen *Liefer- oder Verarbeitungsvorschriften.* Auch beides gleichzeitig kommt in Betracht. Schließlich wird die vertikale Unternehmenskonzentration begünstigt, welche die Selbständigkeit von Marktpartnern und damit auch das Absatzsystem der durchgehenden Markierung aufhebt.

Wir erkennen in der mehrstufigen und besonders in der durchgehenden Markierung von Produktivgütern bis zur Stufe der Konsumgüter eine Entwicklung, die sich lückenlos an bekannte absatzwirtschaftliche Prinzipien anschließt. Setzt man den Käufermarkt als absatzwirtschaftlichen Normalfall voraus, so gilt die Souveränität der Einkaufsentscheidungen des Käufers als unangefochtene Prämisse. Im Konsumgütermarkt ist der Letztverbraucher „König" als Kunde des Handels, der seinerseits gegenüber der Konsumgüterindustrie eine starke Position einnimmt. Der klassische Hersteller-Konsumgütermarkenartikel hat die Vormacht des Handels gebrochen und dem Konsumgüterproduzenten eine direkte Kommunikation mit dem Letztverbraucher ermöglicht. Wenn ein solcher Markenartikelhersteller zur Sicherung seines Qualitätsversprechens gegenüber dem Konsumenten die Leistungen der Vorlieferanten souverän in Form von *Liefervorschriften* in seinen Dienst stellt, so galt das bislang als eine natürliche Erscheinung der herrschenden Marktkonstellation. Im Käufermarkt werden ja die primären Wünsche und Forderungen in den Nachstufen formuliert, während die Vorstufen diesen Anforderungen nachzukommen haben und mit zunehmender Konsumferne in ein immer stärkeres Abhängigkeitsverhältnis geraten.

Die Inanspruchnahme des Konsumgütermarkenartikels durch rückwärtige Produktionsstufen stellt eine graduelle Erweiterung der Idee der direkten Absatzbeziehung zwischen Hersteller und Letztverbraucher dar, indem der Inhaber einer starken Vorproduktmarke nun neben der Handelsstufe auch noch die nachverarbeitenden Stufen im Sinne seiner absatzpolitischen Überlegungen beeinflußt.

Genau wie sich der Handel gewisse Eingriffe seitens der Hersteller von Konsumgütermarkenartikeln in seine Absatzsouveränität gefallen lassen mußte, so kommt es jetzt auch zu einer stärkeren Einflußnahme des Vorproduzenten auf nachgelagerte Verarbeitungsstufen, die in der vertraglichen Sicherung von bestimmten *Verarbeitungsvorschriften* ihren besonderen Ausdruck finden.

Die Nachverarbeiter setzen diesen Bestrebungen nicht selten erhebliche Widerstände entgegen und sehen hierin eine ungerechtfertigte Einmischung in ihre eigenen Belange. Oft wurde von Gängelung, Bevormundung und dem Ausspielen einer wirtschaftlichen Machtposition gesprochen. Hierbei übersieht man jedoch die lediglich graduelle Erweiterung des längst anerkannten Markenartikelabsatzsystems in Richtung zur Vorproduktion und die Eigenschaft der Verarbeitungsvorschriften als unmittelbares Korrelat zu den Liefervorschriften der Endprodukthersteller. Wir begegnen einer Umkehrung der Wirkungsrichtung. Während die Liefervorschriften zur Vorproduktion rückwärts gerichtet sind, wirken die Verarbeitungsvorschriften nach vorn. Hält man die Beschwerden der Nachverarbeiter für berechtigt, müßte man in logischer Konsequenz auch dem Vorproduzenten einräumen, das zulässige Vorschreiben des Materialeinsatzes anzuzweifeln. In der Praxis wird es stets zu einer mehr kompromißhaften Annäherung zwischen Kunden- und Lieferantenstandpunkten sowie zwischen Nachfragewünschen und Angebotsmöglichkeiten kommen.

5.626 Anwendungsbedingungen der mehrstufigen Markierung

Das Absatzsystem der mehrstufigen Produktivgütermarkierungen ist fast ausschließlich von der chemischen Industrie entwickelt worden, wobei die überaus günstigen Bedingungen für den Markenartikelvertrieb chemischer Produkte wiederum zur Geltung kommen. Von den konventionellen, nur anonym bzw. unter den Gattungsbezeichnungen gehandelten Rohstoffen unterscheiden sich die Chemieprodukte durch ihren Charakter als *Zweckstoffe*, der eine zielgerichtete Produktentwicklung auf optimalen Verwendungsnutzen, auch über mehrere Verarbeitungsstufen, bereits einschließt.

In den mechanischen Industriezweigen kennen wir zwar durchlaufende Vorproduktmarkierungen ebenfalls seit langem, aber die Voraussetzungen sind anderer Art. Es handelt sich um Bauteile, die von Zulieferanten gefertigt und bei der fügenden, zusammensetzenden Endfertigung eingebaut werden, wobei diese Teile meistens weder eine stoffliche noch formgebende Veränderung erfahren. Haben sich für solche Bauteile Produktivgütermarken durchsetzen lassen, so treten diese Marken am Fertigerzeugnis nur in seltenen Fällen in Erscheinung. Der Aufbau einer selbständigen Markenpräferenz gegenüber dem Letztverbraucher gelingt im allgemeinen nur im Hinblick auf die spätere Beschaffung der Ersatzteile. Eine Einflußnahme auf die Kaufentscheidung beim Neukauf ist nur ausnahmsweise realisierbar, wie zum Beispiel im Falle der Bestückung von Kameras mit Markenobjektiven. Hier aber behalten die markierten Bauteile ein stärkeres Eigenleben, es kommt zu einer mehr horizontalen Markenkombination im Gegensatz zur vertikalen Markierung chemischer Vorprodukte.

Als besonders günstige absatzwirtschaftliche Bedingungen für durchgehende Rohstoffmarkierungen in der chemischen Industrie sind festzuhalten:

1. Die Tendenz zur *Unternehmenskonzentration* im Bereich der Rohstofferzeugung begründet eine starke Marktstellung gegenüber den Nachverarbeitungsstufen, bei denen mitunter kleinere Betriebe vorherrschen. Allein die großen Unternehmenseinheiten sind für das aufwendige Absatzsystem tragfähig.

2. Neue Chemiewerkstoffe und Hilfsstoffe werden von der Nachverarbeitung oft nur zögernd übernommen. Um die *Marktwiderstände* zu brechen, erweist sich eine durch vorgreifende Nachfragebeeinflussung und Nachfrageweckung hervorgerufene *Sogwirkung* auf die unmittelbaren Abnehmer als nützlich.

Ein positives „Produkt-Image" läßt sich z.B. schwer für die Kunststoffe allgemein aufbauen, denn der Begriff umfaßt zu viele heterogene Einzelprodukte und läßt die Frage der Qualitätssicherung zunächst offen. Wohl aber können durch entsprechende Qualitätsanstrengungen, möglichst weit vorgreifende Rohstoffmarkierungen und eine hierauf aufgebaute Werbung einzelne Kunststoffmarken in der breiten Öffentlichkeit zum Inbegriff einer hohen Qualität werden.

3. Zur *optimalen Produktgestaltung* in der *Endstufe* müssen Konstruktion und mechanische Funktionsgebung mit den Stoffeigenschaften abgestimmt werden. Die besten Roh- und Hilfsstoffe können den Eindruck unzureichender oder schlechter Qualität der Endprodukte nicht verhindern, wenn auch nur ein schwaches Glied in der Kette auftritt. Um die eigenen Absatzchancen durch schlechte Endproduktqualitäten nicht zu verbauen, ist über die anwendungstechnische Beratung hinausgehend auf die Verarbeitungsqualität durch vertragliche Sicherungen Einfluß zu nehmen.

4. Während die natürlichen Rohstoffe als einheitliche Massenprodukte nur Gattungsbezeichnungen rechtfertigen, erfüllen die chemischen Zweckstoffe die Voraussetzungen der *Produktdifferenzierung* und Produktmarkierung, die sich durch Einbeziehung und Beeinflussung der Nachverarbeitung noch wesentlich erweitern. Die Letztverbraucher beurteilen die Endprodukte oft nur ganzheitlich. Damit strahlt die Idee der Endproduktdifferenzierung auf die Vorprodukte zurück. Eine Chemiefasermarke kann beispielsweise zum Inbegriff einer besonders modischen Produktvariation der textilen Fertigerzeugnisse werden, wenn der Chemiefaserproduzent in entsprechender Weise auf die Endproduktgestaltung einwirkt.

5. Die Absatzfaktoren, die den Vertrieb chemischer Konsumgütermarkenartikel günstig beeinflussen, wirken sich auch für die begleitenden Rohstoffmarkierungen aus. Hier ist besonders an das *zeichenrechtliche Stoffschutzinteresse* in Ergänzung und Erweiterung der Patentrechte zu erinnern.

5.627 Anwendungsbeispiele der mehrstufigen Markierung

Die bisherigen Anwendungen der begleitenden Rohstoffmarkierung erstrecken sich in den meisten Fällen bis auf die *Konsumgüterfolgeprodukte*.

Auf den Produktivgüterbereich beschränkt blieb z.B. eine zweistufige Markierung von verschiedenen Alkoholen zur Herstellung von Weichmachern in der ersten Stufe und mit der Weiterverarbeitung zu Kunststoffen in der zweiten Stufe. Die intensive Propagierung der *Alfolalkohole* in der zweiten Verarbeitungsstufe der Kunststoffindustrie sollte die Weichmacherproduzenten zu einer entsprechenden Vorproduktnachfrage anregen [5.118]. Gelegentlich werden die Marken von Lackkunstharzen in der nächstfolgenden Stufe beim Vertrieb der anwendungsreifen Lackprodukte übernommen. Im übrigen ist darauf hinzuweisen, daß ein großer Teil rohstoffmarkierter Folgeprodukte gleichzeitig für konsumtive und produktive Verwendungen abgesetzt wird (z.B. Chemiefasern für technische Zwecke).

Die erste bedeutende Anwendung fand das Absatzsystem bei einer *Textilfarbstoffgruppe* mit besonderen Echtheitseigenschaften, nämlich den in den zwanziger und dreißiger Jahren zu hoher Bekanntheit gelangten *Indanthrenmarken* der

BASF und späteren IG-Farbenindustrie (Abb. 5.23). Die Entwicklung begann also in der Textilindustrie, die auch heute noch für die durchgehende Markierung der Produktivgüter am bedeutendsten ist. Am Anfang der Entwicklung stand jedoch nicht der Werkstoff selbst (Fasermaterial), sondern ein Hilfsstoffsortiment.

Abb. 5.23 Beispiele der mehrstufigen chemischen Produktivgütermarkierung bis zum Endverbraucher: Indanthren-Zeichen für Textilfarbstoffe des Indanthren-Warenzeichenverbandes; Trevira-Zeichen für Polyesterfasern der Farbwerke Hoechst AG; Hostalen-Zeichen für Kunststoffe aus Niederdruckpolyäthylen der Farbwerke Hoechst AG.

Das Wortzeichen Indanthren wurde der BASF bereits im Jahre 1901 (Entdeckungsjahr der Farbstoffgruppe, Réne Bohn) geschützt. Im Jahre 1922 wurde das bekannte Indanthrenbildzeichen eingeführt, das die Licht-, Wetter- und Waschechtheit der Farbstoffe symbolisiert. Erst danach begann die Durchsetzung der Indanthrenmarkenpräferenz beim Letztverbraucher durch breite Massenwerbung. Die wegen der Verteuerung der Textilfärbungen zunächst aufgekommenen Widerstände der Färberei- und Druckereibetriebe wurden dadurch schnell abgebaut. Da die Farbstoffe ihre zahlreichen Verbraucher- und Fabrikationsechtheiten nur dann aufweisen, wenn das geeignete Fasermaterial eingesetzt sowie die Gebrauchsanforderungen an die jeweiligen Textilerzeugnisse und die erforderlichen Verarbeitungsbedingungen berücksichtigt werden, schrieb man den Ausrüsterfirmen von Anfang an „Richtlinien zur Kennzeichnung mit dem Indanthrenetikett“ aufgrund von coloristisch-anwendungstechnischen Prüfungen vor. Zur Durchsetzung der Indanthrenmarkierung heißt es [5.84]:

„In den ersten zwanzig Jahren (bis 1921, die Verfasser) war kaum eine irgendwie geartete Werbung für Indanthren getrieben worden, wenn man die heute unter den Begriff „Verkaufsförderung“ fallenden Maßnahmen, wie Kundenrundschreiben, Musterkarten und dergleichen, außer Betracht läßt. Man beschritt nun den Weg der direkten Aufklärung des kaufenden Publikums, auf dem die Eintragung des neuen Bildzeichens nur der erste Schritt war. Alle Werbemittel wurden eingesetzt, um den Indanthrengedanken in der Käuferschaft zu verankern: Anzeigen, aufklärende Druckschriften, Film, Plakate, Diapositive, Modeschauen. Weil die steigende Nachfrage nach Indanthrentextilien nicht allerorts befriedigt werden konnte, wurden Indanthrenhäuser errichtet, in denen nur diese Textilien verkauft wurden. Sie erwiesen sich als gute Werbeträger für den Indanthrengedanken. Die Textilindustrie paßte sich der neuen Situation rasch an, und große Betriebe entwickelten sich mit dem Echtheitsgedanken zu ihrer heutigen Bedeutung.“

Wir erkennen in diesem ersten Anwendungsbeispiel bereits alle typischen Merkmale der vorgreifenden Markierung. Das ausgereifte Absatzsystem verdanken wir aber der durchgehenden Markierung der *vollsynthetischen Fasern*, nachdem bereits vorher im Bereich der Cellulosefasern ähnliche Ansätze zu verzeichnen waren. Günstig ist hierbei der beherrschende Rohstoffanteil im Fertigprodukt [5.23; 5.51; 5.66; 5.80; 5.125].

Bei der ersten großen Synthesefasergruppe der *Polyamide* wurden die Chancen für wirkungsvolle firmenindividuelle Markierungen weitgehend verpaßt. Der Markenname Nylon für das Nylon 6.6 (Grundmolekül Hexamethylendiaminadipat) von Carothers und der Du Pont Comp. wurde schnell zum Gattungsbegriff verwässert. In Deutschland führte die ähnliche Erfindung von Schlack zum Nylon 6 (Grundmolekül Caprolactam) oder Perlon, wofür im Zuge der Nachkriegsentflechtung der IG-Farbenindustrie nur ein weniger wirkungsvoller Warenzeichenverband zustande kam. Heute erleben wir freilich eine Aufspaltung des Nylon-Chemiefaserangebotes in zahlreiche, ebenfalls durchgehend verwendete und oft zeichenrechtlich geschützte Marken (z. B. Bri-Nylon der ICI, Nyltest der Deutschen Rhodiaceta AG usw.).

Bereits die Entwicklung der nächsten großen Chemiefasergruppe, der *Polyacrylnitrilfasern* durch Du Pont in den USA führte jedoch Ende der vierziger Jahre unter der Markenbezeichnung Orlon zu einem bahnbrechenden Erfolg für die zeichenrechtlich geschützte durchgängige Fasermarkierung. Die Farbenfabriken Bayer AG folgte diesem Beispiel. Das lückenlose Lizenzsystem für die Bayer-Faser Dralon ist gut geeignet, die heute allgemein praktizierten *Verarbeitungsvorschriften* für das Fasermaterial zu kennzeichnen [5.126]:

„Die zur Qualitätssicherung aller aus Dralonfasern erlassenen Verarbeitungsempfehlungen wurden 1963 in zwingende Vorschriften umgewandelt. Das Lizenzsystem beginnt bei den *Spinnereien* als unterster Stufe der Weiterverarbeitung, die das Warenzeichen Dralon nur dann für die hergestellten Garne in Anspruch nehmen dürfen, wenn die von den Technikern des Faserlieferanten geprüften Garne den Mindestqualitätsanforderungen entsprechen. In der zweiten Verarbeitungsstufe erstreckt sich das Lizenzsystem auf *Webereien* und *Wirkereien*. 1964 wurde die Zahl der Lizenzverträge mit Fabrikanten der Maschenindustrie auf allein 1500 beziffert. Für jeden neuen Artikel, sei es eine Strick- oder Wirkwarenkonstruktion oder ein Weberei- oder Druckereierzeugnis, muß ein Lizenzantrag gestellt werden. Entsprechen die geprüften Artikel nicht den bestehenden Qualitätsstandards, werden Hinweise zur Verbesserung der Verarbeitungsqualität mitgeteilt und ein neuer Lizenzantrag angeregt. Für die weitere Verarbeitungsstufe der *Konfektionsindustrie* besteht ein gelockertes System von Verarbeitungsrichtlinien, jedoch muß auch hier eine Benutzungserlaubnis des Warenzeichens durch den Zeicheninhaber erteilt werden."

Als schwerster Verstoß gegen die Lizenzbestimmungen wird die Verarbeitung von Fremdacryl zu Erzeugnissen angesehen, die mit gefälschten oder unrechtmäßig erworbenen Dralonetiketten ausgezeichnet sind. Hier kann eine gerichtliche Verfolgung einsetzen.

Auch die dritte große Synthesefasergruppe der *Polyesterfasern* wird überwiegend durchgehend markiert vertrieben. Bekannte Marken auf der Basis Terephthalsäure und Äthylenglycol sind Dacron (Du Pont Comp.), Diolen (Vereinigte Glanzstoff-Fabriken AG), Tergal (Soc. Rhodiaceta), Terital (Soc. Rhodiatoce), Terlenka (AKU), Terylene (ICI), Trevira (Farbwerke Hoechst AG), auf der Basis Terephthalsäure und 1,4-Cyclohexan-dimethanol Kodel (Tennessee Eastman Co.) und Vestan (Faserwerke Hüls GmbH). Für die von der Chemische Werke Hüls AG vor kurzem eingeführte neue Vestanfaser werden die Verarbeitungsvorschriften als „Warenzeichenbedingungen" und die für alle neuen Artikel geforderten Typprüfungen als „Warenzeichenprüfung" bezeichnet. Wenn der Lizenznehmer die Bedingungen erfüllt, wird ihm die Fertigung und Etikettierung des Artikels mit dem Warenzeichen Vestan für jeweils ein Jahr freigestellt. Nachstehend sind als Beispiel für den Inhalt solcher Verarbeitungsvorschriften die Warenzeichenbedingungen für *Kammgarngewebe aus 55% Vestan und 45% Schurwolle* wiedergegeben [5.22]:

„Für die Fasermischung dürfen nur Vestan-Markenfasern und gekämmte Schurwolle eingesetzt werden. Die Garne müssen 55% Vestan und 45% Schurwolle enthalten und nach dem Kammgarnverfahren gesponnen werden. Die Feinheit und Faserlänge der beiden Faserkomponenten müssen aufeinander abgestimmt werden. Geringwertige Schurwolle darf nicht eingesetzt werden. Für jedes Gewebe messen wir folgende Eigenschaften: den Vestan-Anteil, den Knittererholungswinkel, der ein Maß für das zeitliche Verhalten von Knitterfalten ist, den Pillgrad, wobei man unter Pills die auf der Gewebeoberfläche zeitweise auftretenden Faserknötchen versteht, die das Aussehen der Fertigkleidung beeinflussen können, die Maßänderung des Gewebes beim Bügeln. Die Sollwerte richten sich jeweils nach dem Charakter des vorliegenden Artikels.

Für gefärbte Kammgarngewebe mit Vestan werden folgende Farbechtheiten unter Normbedingungen gemessen: Waschechtheit nach 30 Min. bei 40°C, Reinigungsechtheit nach 30 Min. bei 45°C in Perchloräthylen, Schweißechtheit sauer und alkalisch, Trockenhitzeechtheit nach 30 Sek. bei 180°C, Bügelechtheit naß, Reibechtheit.

Dabei darf nur eine geringfügige Veränderung der Farbe (Stufe 4–5 des Graumaßstabes für die Änderung der Farbe) oder nur ein schwaches Anbluten der Begleitgewebe aus 100% Vestan, Wolle oder Baumwolle eintreten (Stufe 4 des Graumaßstabes für das Anbluten). Die Lichtechtheit muß mindestens dem Typ 5 des Blaumaßstabes entsprechen.

Diese ausgewählten Farbechtheiten sind wichtig für die unter üblichen Bedingungen zu erwartenden Gebrauchs- und Pflegebeanspruchungen der Fertigkleidung."

Um die Einhaltung der Verarbeitungsvorschriften zu gewährleisten, reicht die *Zulassungsprüfung* neuer Artikel nicht aus, vielmehr muß auch die *laufende Produktion* der Nachverarbeiter auf Übereinstimmung mit den geforderten Bedingungen kontrolliert werden. Dazu werden freie stichprobenartige Aufkäufe von Fertigprodukten im Handel vorgenommen. Kenn-Nummern in den Warenzeichenetiketten identifizieren den Verarbeiter. Der Lizenzgeber muß die Herkunft des Fasermaterials durch geeignete analytische Prüfungen erkennen können, wofür durch den Einbau von Indikatoreigenschaften zuweilen Vorsorge getroffen wird.

Ähnliche, allerdings abgeschwächte Entwicklungen zur begleitenden Rohstoffmarkierung setzten Ende der fünfziger Jahre in der *Kunststoffindustrie* ein.

Bekannte Beispiele für die Rohstoffmarkierung von Haushaltsartikeln sind das Hostalen der Farbwerke Hoechst AG (Niederdruckpolyäthylen) [5.4] sowie das Luran der BASF (Copolymeres aus Acrylnitril und Styrol) [7.72]. In Deutschland wurde von der Konrad Hornschuh AG die Rohstoffmarke ,,skai" für Täschnerwaren aus PVC durchgesetzt. Durch eigenständige, modische und qualitativ hochwertige Endproduktgestaltung sowie materialgerechte neue Anwendungen wurde eine erfolgreiche Produktabgrenzung von der Masse der anonymen Leder- und Kunststofferzeugnisse erreicht [5.11]. Schließlich werden die überall vordringenden neuen *Syntheseledermaterialien* zumeist nach dem gleichen System vertrieben.

Wegen der gegenüber der Textilindustrie in der Kunststoffverarbeitung noch größeren Zahl kleiner und kleinster Verarbeitungsbetriebe bereitet die Qualitätssicherung durch Lizenzverträge und Verarbeitungsvorschriften sowie -kontrollen größere Schwierigkeiten. In verschiedenen Fällen mußte man daher vom System der eigenen Kontrolle der Verarbeitungsqualität wieder abgehen. Man kann das Lizenzsystem auf die großen Abnehmer beschränken und einen anderen Teil der Produktion anonym ohne Rohstoffetikettierung absetzen. In anderen Fällen wird die Rohstoffmarkierung von der gleichzeitigen Endproduktmarkierung durch den Verarbeiter abhängig gemacht, so daß dieser für die Folgen einer schlechten Verarbeitungsqualität selbst einzustehen hat. Neben Parallelmarkierungen kommen dafür spezielle Kombinationsetiketten oder Kombinationsmarkennamen in Betracht, welche die Einzelmarken für Rohstoff und Verarbeiter zusammenziehen.

Selbst bei chemischen *Hilfsstoffen*, die im Endprodukt als formlose Mischungsbestandteile untergehen und nur auf der Verpackung erwähnt werden können, setzt sich die begleitende Markierung zuweilen durch.

Wir erwähnen als Beispiel das Aerosoltreibmittel ,,Frigen", das von der Farbwerke Hoechst AG unter dieser Marke vertrieben wird und die Endverbraucher in dementsprechend markierten Spraydosen zahlreicher verschiedener Produkte erreicht.

Wenn in einer bestimmten Produktsparte, wie etwa bei den Synthesefasern, die meisten Produzenten zur begleitenden Rohstoffmarkierung übergehen, muß es bei der zunehmenden Markenkonkurrenz immer schwieriger werden, große Marken mit allgemeiner Marktgeltung aufzubauen. Selbst Fachleute sind zur Interpretation einzelner Marken auf die Zuhilfenahme umfassender Markenkataloge angewiesen. In der BRD wurden 1966 allein bei Nylon 6.6 14 Marken, in Frankreich 7, in Großbritannien und Kanada 12, in den USA 34 Marken usw. verzeichnet [5.31, S. 159]. Zwar werden die Rohstoffproduzenten danach trachten, ihre großen Fasermarken als *Dach- oder Sortimentsmarken* aufrechtzuerhalten und nicht allzusehr im Zuge der laufenden Sortimentsausweitung der Fasertypen aufzuspalten, aber sie können die zusätzlichen Markierungen in den

Nachstufen nicht verhindern. Allein für texturierte Garne aus Chemiefasern wurden 1966 fast 300 Marken registriert, wobei häufig das Texturierverfahren primär maßgebend ist und unter der gleichen Marke mehrere Chemiefaserstoffe erfaßt werden [5.192].

Zu den Markierungen für Garne kommen solche für Gewebe, für zahlreiche Ausrüstungsverfahren, schließlich für die Fertigerzeugnisse der Konfektionäre. Trotz der ungünstigen Voraussetzungen, welche die Textilfertigerzeugnisse aufgrund der schnellen modischen Veränderlichkeit für einen Markenartikelvertrieb mitbringen, setzen sich solche Textilmarken für Fertigerzeugnisse immer mehr durch. Schließlich werden auch die Handelsmarken bedeutsamer.

Die Erfolgschancen dieses Absatzsystems reduzieren sich daher immer mehr auf die großen, mit enormem Werbeaufwand durchgesetzten Marken. In anderen Fällen gehen die Rohstoffmarken in der großen Markenpalette einfach unter und vermehren eher die Irreleitung als die Orientierungschancen des Verbrauchers. Viele der kleinen Marken werden an der Markenkonkurrenz in den Nachstufen scheitern und damit den Konsumenten gar nicht erreichen. Wenn die Masse der kleinen Marken im quasi-anonymen Zustand verbleiben muß, wird leicht ein Ausweg in der Preisunterbietung gesucht.

5.7 Patent- und Lizenzpolitik

5.71 Patentsicherung und Produktpolitik

Das allein dem Absatzbereich zugehörige gewerbliche Schutzrecht des *Warenzeichens* ist ein Grundpfeiler des Markenartikelvertriebssystems, indem die äußerlich kenntlich gemachte Produktdifferenzierung vor Nachahmungen durch Konkurrenzanbieter rechtlich geschützt wird. Bei genügender äußerer Unterscheidbarkeit des Warenangebotes werden an die chemischen und technischen Bestimmungsfaktoren der Produktentwicklung jedoch kaum Anforderungen gestellt.

Freilich ist die auf monopolartige Abhebung vom Konkurrenzangebot gerichtete Kraft der zeichenrechtlich geschützten Produktmarkierung besonders im chemischen Produktivgüterbereich um so geringer, je weniger eine echte Produktüberlegenheit nachweisbar ist. Hier ist der auf das gleiche Ziel der Sicherung einer Vorrangstellung im Absatzmarkt angelegte *Patentschutz* weitreichender. Der Patentschutz neuer Produkte ist an wesentlich höhere Leistungen der Produktentwicklung geknüpft, denn dieser wird nach der Patentgesetzgebung und -rechtsprechung nur bei Neuheit, einer Erfindungshöhe und einem technischen Fortschritt gegenüber dem Stand der Technik gewährt. Die Möglichkeiten der alleinigen Verwertung eines solchen Vorrechtes sind entsprechend höher zu veranschlagen. Die überragende Bedeutung der chemischen Produktentwicklung für den Absatz ist in hohem Maße von der Durchsetzung eines wirksamen Patentschutzes abhängig. Wenngleich der Patentschutz immer nur zeitlich begrenzt sein kann – aufgrund der gesetzlich begrenzten Laufzeit und der meistens noch schneller wirkenden Konkurrenzentwicklungen –, ist er dennoch wirksam genug, um Konkurrenzvorteile über gesteigerten Mengenabsatz und größeren preispolitischen Spielraum wahrzunehmen. Dieser Marktgewinn ist ein Ausgleich für die hohen und risikoreichen Forschungs- und Entwicklungsinvestitionen. Es besteht heute

Einhelligkeit in der Auffassung, daß ohne ausreichenden Patentschutz die Forschungs- und Entwicklungsaktivität der chemischen Industrie abgeschwächt werden würde. Da man aus dem Abdrosseln dieser wichtigsten Quelle des technischen Fortschritts für die Allgemeinheit einen größeren Schaden erwarten muß, als es durch temporäre Monopolbildungen unvermeidlich ist, besteht heute in allen Ländern die Tendenz, die rechtlichen Grundlagen des Patentschutzes zu verbessern. Dies kommt vor allem in der allmählichen Durchsetzung der im Schutzumfang wesentlich weiter reichenden *Stoffpatente* gegenüber den bloßen Verfahrens- oder auch Anwendungspatenten in der ganzen Welt zum Ausdruck. Die Zahl der Chemiepatente wächst überall an. Diese Entwicklung besteht ungeachtet der Tatsache, daß die Durchsetzung eines wirksamen Patentschutzes wegen der abnehmenden Fortschritte neuer Erfindungen und wegen der anwachsenden Verletzungsgefahren fremder Patentrechte laufend schwieriger wird.

Das *Geheimverfahren* verliert dagegen als eine Wahlmöglichkeit zum Schutz der Erfindung immer mehr an Bedeutung. Man kann höchstens die Geheimhaltung der technischen Erfahrungen (Know-how) als eine zusätzliche Sicherungsmaßnahme ansehen, die außerhalb der Offenbarungen in den Patentschriften zur praktischen Durchführung eines chemischen Verfahrens und zur Herstellung der betreffenden chemischen Produkte notwendig ist. In der gleichen Richtung wirkt die weitgespannte Festlegung der Verfahrensbedingungen und Produktmerkmale in den Patentansprüchen, die neben der bewußten Verschleierung der optimalen Verfahrensbedingungen einen möglichst umfassenden Bereich analoger Verfahren und Verbindungen im gleichen Patentanspruch abdecken soll.

Die heutige Angleichung des internationalen chemischen sowie verfahrenstechnischen Wissensstandes, das angenähert gleiche Forschungs- und Entwicklungspotential vieler Großfirmen, personelle Fluktuationen, schwierigere Geheimhaltungskontrolle bei anwachsenden Betriebsgrößen lassen das Geheimhalten von Erfindungen als Schutzmaßnahme immer ungeeigneter erscheinen. Vorteile des Geheimverfahrens bestehen darin, die gewonnenen Kenntnisse nicht offenlegen zu müssen, ferner alle Arten von Patentkosten sowie die Kosten für vermehrte, allein aus Gründen der Patentsicherung notwendige Forschungsarbeiten einzusparen. Diese Vorteile wiegen aber die Gefahren der Nachahmung nicht auf.

Diese Methode des Erfindungsschutzes wurde bereits in der ersten Entwicklungsphase der industriellen Chemie gegen Ende des vorigen Jahrhunderts mehr und mehr verlassen, als in Deutschland etwa A. W. HOFMANN feststellte, daß die analytischen Methoden bereits weit genug entwickelt sind, um ein neues chemisches Handelsprodukt in fast jedem Fall schnell zu „enträtseln", d. h. die chemische Konstitution aufzuklären und von da aus ein brauchbares Herstellungsverfahren nachzuahmen [5.213, S. 30]: „Wir verfügen über einen solchen Reichtum synthetischer Darstellungsmethoden, daß in den meisten Fällen die procentische Zusammensetzung und einige Reactionen des neuen Körpers unmittelbar seinen Ursprung verrathen. Das erste Handelsmuster wird thatsächlich zur ersten Veröffentlichung unserer Erfindung ...".

5.72 Richtlinien der Patentpolitik

5.721 Allgemeine Zielsetzungen

Nach dem Gesagten muß es das Ziel der betrieblichen *Patentpolitik* sein, die Ergebnisse der eigenen Forschung und Entwicklung mit einem umfassenden Patentschutz auszustatten und andererseits Konkurrenzpatente, die den eigenen

Absatzinteressen entgegenstehen, zu bekämpfen. In einem unmittelbaren Zusammenhang mit der Produkt- und Programmgestaltung stehen Patente, die eine Verwertung der eigenen Erfindungen durch Produktion und Vertrieb und damit einen Konkurrenzvorsprung ermöglichen sollen (Offensivpatente). Ferner werden Patente erworben und aufrechterhalten, um der Konkurrenz das Eindringen in ein bestimmtes Arbeitsgebiet zu erschweren (Defensivpatente). Man sichert sich dadurch das Arbeitsgebiet für die Zukunft, kann aber auch derartige „Sperrpatente" dazu verwenden, um auf dem Tauschwege Lizenzen für Verfahren zu erlangen, die das Absatzprogramm in wertvoller Weise ergänzen. Schließlich kennt man noch die Gruppe von Lizenzpatenten für Verfahren, die man nicht selbst verwertet, sondern nur gegen die Zahlung von Lizenzgebühren überläßt.

Aus den allgemeinen Zielsetzungen müssen die konkreten Teilziele und Maßnahmen der Patentpolitik herausgelöst werden, was sich auf der Basis des überall in der Welt eigenartig gestalteten *Chemiepatentrechts* in enger Abstimmung mit der Forschung und Entwicklung einerseits und der Produkt- und Programmpolitik andererseits vollzieht. Auch die Patentpolitik ist den Maßstäben der Wirtschaftlichkeitskontrolle zu unterwerfen. Im Rahmen der vorliegenden Untersuchung sollen nur diejenigen Gesichtspunkte kurz behandelt werden, die für den Absatz chemischer Produkte wesentlich sind.

5.722 Patentwürdigkeit unter Absatzgesichtspunkten

Man ist in der chemischen Industrie bestrebt, möglichst viele Schutzrechte zu erwerben, jedoch müssen die Grenzen so gesteckt werden, daß die Aufwendungen hierfür in einem vernünftigen Verhältnis zum Ertrag stehen. Der in vielen Patentgesetzen geforderte Nachweis der gewerblichen Nutzbarkeit ist oft leichter zu erbringen als der Nachweis der späteren Wirtschaftlichkeit der Verwertung. Man könnte hier den wirtschaftlichen Begriff der „betrieblichen Patentwürdigkeit" dem stehenden rechtlichen Begriff der Patentfähigkeit gegenüberstellen. Angesichts der Verlustgefahren aus einer unterlassenen Patentanmeldung, die gegenüber den Kosten einer Patentdurchsetzung gewöhnlich höher eingeschätzt werden, wird der Grundsatz befolgt: Im Zweifel zugunsten der Patentanmeldung. Dies darf aber nicht zur Maßlosigkeit in der Anmeldung von Patenten führen.

Die offensichtliche Diskrepanz zwischen rechtlicher und betrieblicher Patentwürdigkeit läßt sich angenähert quantitativ anhand der Kennziffer charakterisieren, welche den Anteil der wirtschaftlich genutzten gegenüber den insgesamt erteilten Chemiepatenten angibt.

Hier gelten in der chemischen Industrie je nach Ländern sehr niedrige Richtwerte von wenigen Prozenten. Diese Werte sind zwar teilweise in den Eigenarten des Chemiepatentrechts begründet, vor allem in der oft notwendigen Umgehung des Stoffschutzverbotes durch Anmeldung zahlreicher Verfahrenspatente, sie gehen aber auch aus übertriebenen Patentsicherungsinteressen hervor. Beispielsweise wurde von der American Viscose Co. im Jahre 1959 mitgeteilt, daß die Firma von allen gehaltenen Patenten nur 3% selbst durch Produktion verwertet, 7% lizenziert und den Rest von 90% unverwertet läßt [5.152].

Teilweise hat es sich besonders in den USA eingebürgert, in Ermangelung eindeutig brauchbarer Maßstäbe zur Beurteilung der Produktivität von Forschungs- und Entwicklungsgruppen die Anzahl der genommenen Patente als eine Hilfskenngröße zu verwenden. Die wirtschaftliche Aussagefähigkeit ist sehr begrenzt oder sogar irreführend, weil die je Einzelpatent aufgewandten Kosten und erzielbaren Erträge nicht eingehen. Hier können Patentanmeldungen für das Forschungspersonal leicht zum Selbstzweck werden, besonders auch dann, wenn zusätzliche Entgelte unabhängig von den tatsächlichen Erträgen der Patente gewährt werden. Hierzu sei folgendes Zitat eines Vertreters der Stauffer Chemical Co. kritisch angemerkt [5.152]: "Some chemical companies are patent happy – they often apply for patents just to keep the researchers happy. Moreover, many patents that are only minor improvements on a basic patent are unenforceable. In reality, they're valueless to the firm".

5.723 Förderung der Erlangung nutzbarer Patentrechte

Unter der einschränkenden Bedingung, daß die erworbenen Patentrechte eine angemessene Aussicht auf wirtschaftliche Verwertung bieten sollen, bleibt das primäre Ziel der patentrechtlichen Absicherung des auf neuen Forschungsergebnissen beruhenden Absatzprogramms erhalten. Mehrere Maßnahmen zielen darauf ab, die Ausbeute an nutzbaren Produkten aus der Forschung zu erhöhen.

Eine Grundforderung ist hierbei die Steigerung des ,,*Patentbewußtseins*" der Forscher selbst. Sie müssen ein erzieltes Forschungsergebnis im Hinblick auf Erfindungshöhe, hieraus ableitbarem Schutzrechtsumfang und Patentwürdigkeit wenigstens angenähert abschätzen können, auf jeden Fall aber die Einschaltung von Patentfachleuten veranlassen. Auch schon bei der Forschungsplanung ist auf die Patentsituation Rücksicht zu nehmen. Der für Forschungschemiker aufgestellte Grundsatz: ,,Be patent conscious without making patents the primary goal of research" charakterisiert diese Forderung treffend [5.25]. In zahlreichen Veröffentlichungen ist auf die notwendige Aneignung gewisser patentrechtlicher Grundkenntnisse bei den Forschern hingewiesen worden. Gelegentlich finden sich einführende Darstellungen des chemischen Patentrechts im Vorlesungsprogramm des Chemiestudiums sowie in der technisch-chemischen Fachliteratur. Auch innerbetriebliche Ausbildungsmaßnahmen zur Vermittlung von Grundkenntnissen im Patentrecht sowie der patentpolitischen Grundsätze sind angebracht [5.25; 5.35; 5.42; 5.43; 5.88; 5.89; 5.183].

Große Bedeutung kommt der Einrichtung von *Stabsstellen* zur patentrechtlichen Betreuung der Forschungsgruppen zu, die mit Spezialisten im Patentrecht besetzt sind. Sie müssen aber gleichzeitig über Kenntnisse auf den betreffenden Forschungsgebieten verfügen. Auch die Zusammenarbeit mit denjenigen Stellen, die für die wirtschaftliche Bewertung von Forschungsvorhaben und die Planung des Forschungs- und Produktionsprogramms zuständig sind, ist naheliegend.

Endlich ist die Leistungsfähigkeit der *Patentdokumentationsstelle* von großer Bedeutung. Bei der anwachsenden Patentflut sind die notwendigen Patentrecherchen im Hinblick auf entgegenstehende fremde Patentrechte bereits bei der Inangriffnahme von Forschungsvorhaben, zur Prüfung der Neuheit von Erfindungen bei geplanten Patentanmeldungen und für Einsprüche gegen Patentanmeldungen der Konkurrenz nur bei modernsten Dokumentationsmethoden zu bewältigen.

Der gesamte Bestand an Patenten in allen Ländern wurde vor wenigen Jahren auf rund 10 Millionen veranschlagt, wobei der auf die chemische Industrie entfallende Anteil auf 25 bis 30% geschätzt wird. Wegen der hohen Kosten einer umfassenden Patentdokumentation wird anstelle der betriebseigenen Dokumentation immer mehr die gemeinschaftliche Einrichtung solcher Stellen durch mehrere Chemiebetriebe ins Auge gefaßt. Hierbei ist außerdem an den Informationswert der Patentliteratur für die wissenschaftlich-technische Forschung sowie für die Recherchen der betrieblichen Marktforschung zu denken (Kap. 3.824).

5.724 Umfang der Schutzrechte

Von seiten des Chemieproduzenten muß das Patentbegehren darauf gerichtet sein, durch Formulierung eines relativ einfachen Anspruches einen möglichst umfassenden Patentschutz zu erwirken. Man will besonders das neue Produkt selbst schützen, ferner das Verfahren und bei bekannten Produkten die Anwendungen. Gemeinwirtschaftliche Interessen haben aber in vielen Ländern dazu geführt, den patentrechtlich zulässigen Umfang der materiellen Schutzrechte für chemische Produkte und ganz besonders für Arzneimittel einzuschränken. Am wichtigsten ist hierbei das Verbot von Stoff- sowie Anwendungspatenten und die Beschränkung der möglichen Patentsicherung auf den Verfahrensschutz.

So waren beispielsweise in der BRD bis Ende 1967 nach § 1, Abs. 2, Ziffer 2 des Patentgesetzes von der Patentgewährung ausgenommen: „Erfindungen von Nahrungs-, Genuß- und Arzneimitteln sowie von Stoffen, die auf chemischem Wege hergestellt werden, soweit die Erfindungen nicht ein bestimmtes Verfahren zur Herstellung der Gegenstände betreffen".

Hierdurch soll die Gefahr der mißbräuchlichen Ausnutzung von Monopolstellungen herabgemindert werden. Verfahrenspatente vermitteln dagegen nur einen eingeschränkten Schutz, weil ein Verfahrenspatent durch Entwicklung neuer Synthesewege zur Herstellung des gleichen Produktes umgangen werden kann. Auf diese Weise soll auch der Anreiz zur ständigen Entwicklung neuer und verbesserter Verfahren erhalten bleiben. Da diese Eingrenzung jedoch die Forschungsinitiative lähmen muß, mehrt sich die Zahl der Länder, die in ihren Patentgesetzen den Stoffschutz auch für chemische Produkte einschließlich der Arzneimittel zulassen. In der BRD wurde der Stoffschutz ab 1968 zugelassen.

Für den Stoffschutz sind jedoch in den einzelnen Ländern nicht nur das kodifizierte Patentrecht, sondern auch die im Rahmen der *Spruchpraxis* entwickelten rechtlichen Grundsätze maßgeblich. In der deutschen Patentrechtsprechung wurde z.B. der Begriff des chemischen Stoffes bereits seit langem sehr eng und nur auf chemische Individuen angewandt (formelmäßig gekennzeichnete Verbindungen und Elemente), so daß Patente auf solche chemischen Produkte, die als *Spezialitäten* nach dem Anwendungszweck bezeichnet sind (z.B. Farbstoffe, Leime und Klebstoffe usw.), regelmäßig erteilt wurden [5.200].

Zuweilen ist der rechtliche Spielraum groß genug, um durch die Wahl eines *Anwendungspatentes* das Stoffschutzverbot zu umgehen. Liegt vielleicht nur *eine* wirtschaftliche Verwendung des Produktes vor und kann diese abgesichert werden, so kommt das Anwendungspatent in seiner Schutzwirkung dem Stoffpatent gleich. Es bleibt aber die Unsicherheit bestehen, daß das Produkt später weiteren Verwendungen zugeführt werden kann.

Um die gleiche Wirkung des Stoffschutzes durch *Verfahrenspatente* zu erreichen, sind eine vollständige Erfassung aller denkbaren Synthesemöglichkeiten und ihre Offenbarung in den Patentunterlagen notwendig. Dieses hat zwei Nachteile. Man ist zu einem großen Aufwand gezwungen, da man sich mit allen Variationsmöglichkeiten der Erfindung experimentell beschäftigen muß. Zum anderen wird das Patenterteilungsverfahren komplizierter und kostspieliger.

Eine vollkommene Erfassung aller Herstellungsmöglichkeiten ist insbesondere dann notwendig, wenn mit dem beanspruchten Verfahren analoge Stoffe hergestellt werden können. An sich sind Analogieverfahren nicht schutzfähig, aber in vielen Fällen ist eine Analogie strittig. Folgendes Beispiel sei für eine Patentanmeldung mit weit ausgedehnten, alle Möglichkeiten umfassenden Ansprüchen genannt [5.201]:

Die deutsche Patentanmeldung B 38071 IV b/12 O (DAS 1011413) betraf ein „Verfahren zur Herstellung von oral wirksamen Antidiabetica“ der allgemeinen Formel

$$X{-}C_6H_4{-}SO_2{-}NH{-}CO{-}N(R_1)(R_2)$$

in welcher X Wasserstoff, die Methyl- oder eine Alkoxygruppe und R_1 und R_2 die Heteroatome S, O oder bzw. und N ein- oder mehrfach enthaltende, gesättigte oder ungesättigte, offenkettige oder ringförmige Kohlenwasserstoffreste bedeuten, wobei R_1 auch Wasserstoff sein kann und R_1 und R_2 zusammen mit dem Stickstoffatom N des Harnstoffrestes auch einen gemeinsamen Ring bilden können, das dadurch gekennzeichnet ist, daß man in an sich bekannter Weise

a) ggf. methylierte bzw. oxalkylierte Benzolsulfonylamide $X{-}C_6H_4{-}SO_2NH_2$

bzw. deren Alkalisalze mit einem Carbinsäurehalogenid $Hal{-}CO{-}N(R_1)(R_2)$ umsetzt, oder

b) ggf. die genannten methylierten bzw. oxalkylierten Benzolsulfonylamide bzw. deren Alkalisalze mit einem Isocyansäureester O=C=NR bzw. mit solchen Verbindungen umsetzt, die unter den Reaktionsbedingungen in einen Isocyansäureester übergehen können; oder

c) ggf. methylierte bzw. oxalkylierte Benzolsulfonylisocyanate $X{-}C_6H_4{-}SO_2{-}N{=}C{=}O$

bzw. eine Benzolsulfonylverbindung, die unter geeigneten Reaktionsbedingungen in ein solches Benzolsulfonylisocyanat übergehen kann, mit einem Amin $\mathbf{HNR_1R_2}$ umsetzt, wobei dieses Amin auch schon vor der Reaktion ein Bestandteil der eingesetzten Benzolsulfonylverbindung sein kann; oder

d) ggf. methylierte bzw. oxalkylierte Benzolsulfonylhalogenide $X{-}C_6H_4{-}SO_2{-}Hal$

mit einem Isoharnstoff-alkyläther $HN{=}C(O{-}Alk)N(R_1)(R_2)$ umsetzt und das Isoharnstoffderivat mit Halogenwasserstoffsäure behandelt; oder

e) ggf. methylierte bzw. oxalkylierte Benzolsulfonylguanidine

$$X{-}C_6H_4{-}SO_2{-}NH{-}C({=}NH){-}NR_2$$

in den entsprechenden Sulfonylharnstoff überführt durch Abspaltung von Ammoniak und Wiederanlagerung von Wasser; oder daß man

f) ggf. methylierte bzw. oxalkylierte Benzolsulfonylthioharnstoffe

$$X{-}C_6H_4{-}SO_2{-}NH{-}C({=}S){-}NR_2$$

in den entsprechenden Sulfonylharnstoff überführt durch Abspaltung von Schwefelwasserstoff und Wiederanlagerung von Wasser.

Damit wurden alle für die Herstellung des neuen pharmazeutischen Produktes überhaupt denkbaren Verfahren in das Patent einbezogen, was praktisch dem Stoffschutz gleichkam.

Die Aufklärung des Reaktionsmechanismus und Einfügung der den Reaktionsablauf bestimmenden Faktoren in den Patentanspruch ermöglichen es, später entwickelte Konkurrenzverfahren wegen gleicher Reaktionsprinzipien ihrer Erfindungshöhe zu entkleiden und als bloße Analogieverfahren mit entsprechend geringen Chancen auf eine Patenterteilung abzuwerten [5.88].

Ein großer Anteil der Chemiepatente ist oder wäre bei rechtlicher Zulässigkeit einem Stoffschutz zugänglich. Eine Untersuchung der in Deutschland zwischen 1948 und 1956 erteilten Chemiepatente ergab einen stoffschutzfähigen Anteil von 48%, während dieser Anteil bei den Arzneimittelpatenten – die selbst mit 31% an der Summe der Chemiepatente beteiligt waren – sogar bei 71% lag [5.204].

5.725 Wahl des räumlichen Geltungsbereichs

Zur Exportsicherung und bei der verstärkten Neigung zu Investitionen sowie aktiven Lizenzverwertungen im Ausland besitzt die internationale Patentierung neuer chemischer Produkte und Verfahren großes Interesse. Mit der Ausdehnung des *räumlichen Geltungsbereichs* durch zahlreiche ausländische Patente wachsen allerdings auch die Schwierigkeiten und Kosten. Nicht nur sind die Patentgebühren überall zu entrichten, sondern man wird sich zur Einstellung auf die unterschiedlichen formal- und materiellrechtlichen Gegebenheiten in den einzelnen Ländern auch kostspieliger Rechtshilfen bedienen müssen. Grundsätzlich sind bei der Planung von Auslandspatenten die Anforderungen an die wirtschaftlichen Verwertungsaussichten der Patente zu verschärfen.

Es sind Bestrebungen im Gange, das nationale Patentrecht zunächst innerhalb wirtschaftlicher Großräume (z.B. im EWG-Raum) zu vereinheitlichen, was die internationale Patentierung erleichtern würde.

5.726 Wahl des Anmeldezeitpunktes

Bei der Entscheidung über den *Zeitpunkt* einer *Patentanmeldung* mit der notwendigen Offenbarung in allen technischen Einzelheiten sind zwei Gesichtspunkte zu berücksichtigen. Die Wahrung der *Priorität* gegenüber Konkurrenten erfordert eine möglichst schnelle Formulierung und Anmeldung der Ansprüche. Der jedem Patentbegehren anhaftende Nachteil der notwendigen *Offenlegung* der Ergebnisse wird durch die besonders frühzeitige Anmeldung vergrößert, weil die Konkurrenz in die eigenen Entwicklungen Einblick erhält.

In der Regel wird heute so früh wie möglich angemeldet. Nach der in Deutschland entwickelten Rechtsprechung können später erzielte Forschungsergebnisse dadurch noch nachträglich in das Patent einbezogen werden, daß man Zusatzanmeldungen tätigt oder aber auch Angaben des technischen Effektes zu den ursprünglich eingereichten Unterlagen nachträgt.

Vom Zeitpunkt des Einganges der Anmeldung in der Patentbehörde genießt der beanspruchte Schutz bereits eine gewisse Rechtskraft. Das Unternehmen ist dadurch in die Lage versetzt, von diesem Zeitpunkt an mit den Maßnahmen zur Markterschließung zu beginnen, anwendungstechnische Untersuchungen unter Mitwirkung von Abnehmern zu betreiben und in der Öffentlichkeit zu werben.

5.73 Aktive Lizenzpolitik

Schutzrechte für Produkte und Verfahren sichern dem auf der eigenen „physischen" Produktion basierenden Absatzprogramm eine Vorzugsstellung am Markt. Darüber hinaus ermöglichen die Schutzrechte eine Erweiterung des Vertriebsprogramms um die Rechte und Dienstleistungen, wie sie den Gegenstand des aktiven Lizenzgeschäftes bilden. Ursprünglich zeichnete sich gerade die chemische Industrie durch geringe Neigung zur Hergabe von Lizenzen und das Bestreben aus, Forschungs- und Entwicklungsergebnisse möglichst vollständig durch eigene Produktion zu verwerten. Da dem Lizenznehmer trotz der Belastung seiner Produktion mit Lizenzgebühren immer noch eine angemessene Kapitalrendite verbleiben muß, um eine Lizenzproduktion wirtschaftlich zu rechtfertigen, drängt sich natürlich die Befürchtung auf, bei Lizenzvergaben die vollen Gewinnchancen nicht zu realisieren. In den letzten Jahren nimmt jedoch das Interesse der chemischen Industrie am Lizenzgeschäft zu [5.29; 5.30; 5.107; 5.112; 5.128]. Als wichtigste *Argumente* einer *aktiven Lizenzpolitik* seien genannt:

Ein zusätzlicher Lizenzvertrieb ersetzt nicht, sondern *erhöht die Gewinne aus dem Warenvertrieb*, wenn damit sachlich und regional Bedarfsgebiete erreicht werden, die man über die eigene Produktion gar nicht oder nur in unwirtschaftlicher Weise wahrnehmen könnte. Zuweilen wird der Erfolg aus dem aktiven Lizenzgeschäft auch gegen die Forschungskosten oder gegen die Kostenbelastungen aus den eigenen Lizenznahmen aufgerechnet. In sachlicher Hinsicht neigt man zur ausschließlichen Lizenzverwertung solcher Produkte, die in das eigene Programm und zur vorhandenen Absatzorganisation passen, was für die optimale Programmgestaltung eine größere Freizügigkeit ergibt. Eine wichtige Ursache für den Anfall solcher Erfindungen liegt in der unzureichend möglichen Planung der Forschungsergebnisse. Meistens erfolgt die Lizenzierung jedoch zusätzlich zur Eigenproduktion, wobei die Abgabeneigung generell im reziproken Verhältnis zur Konkurrenzüberlegenheit steht. Die wichtigsten Objekte des chemischen Lizenzhandels sind daher heute immer noch die zahlreichen Konkurrenzverfahren zur Herstellung großer Industriechemikalien, bei denen die begrenzten Absatzreichweiten im Exportvertrieb als begünstigende Faktoren hinzukommen. Selbst entwickelte Verfahren zur Weiterverarbeitung chemischer Produktivgüter werden oft im Wege des anwendungstechnischen Kundendienstes den nachverarbeitenden Industrien überlassen. Sofern Schutzrechte hierfür erworben wurden, kommt eine Lizenzierung ebenfalls in Betracht.

Bei *regionaler* Geschäftsausweitung durch Lizenzvertrieb wird die Lizenzierung einer Fremdproduktion zusätzlich zur Eigenproduktion vorgenommen, um etwa Begrenzungen des eigenen Warenvertriebs durch Exporthemmnisse aller Art (Zollschranken, Einfuhrkontingente, hohe Frachtkosten, Devisenmangel der Importländer usw.) oder durch eine zu geringe eigene Produktions- und Vertriebskapazität auf den Exportmärkten zu kompensieren. Man hat nicht die Kraft, ein neues interessantes Produkt oder Verfahren in weltweitem Maßstab ausschließlich durch Eigenproduktion auszubeuten. Für die global operierenden Chemiegroßunternehmungen kommt dieser Gesichtspunkt allerdings weniger zur Auswirkung.

Das Ausmaß der Lizenzhergaben ist sorgfältig mit der gesamten Absatzpolitik abzustimmen. Für die Chemieunternehmung geht es oft gar nicht um die Alternative, einen Lizenzvertrieb entweder ganz abzulehnen oder eine möglichst umfassende Lizenzverwertung der eigenen Schutzrechte anzustreben. Vielmehr wird man im Wege eines selektiven Vorgehens durch beschränkte Lizenzvergaben häufig danach streben, zusätzliche Absatzgebiete zu erreichen. Bei dieser Frage spielt die Einschaltung von Projektierungsfirmen (Kontraktoren) eine Rolle, die von sich aus nach einer möglichst unbeschränkten Verwertung über die ihrerseits beigesteuerten Dienstleistungen des „engineering" und des Anlagenbaus streben.

Für die Lizenzpolitik sind der *Zeitfaktor* und die meistens schnelle *Überholung* der Forschungsergebnisse von großem Einfluß. Bevor man durch den Ausbau entsprechend großer Kapazitäten, auch im Ausland, zu einer umfassenden Eigenverwertung gerüstet wäre, kommen vielleicht bereits überlegene Konkurrenzentwicklungen zuvor. Dies würde bei Neuentwicklungen deren frühzeitige Lizenzierung begünstigen, während auf der anderen Seite die eigene Ausnutzung der anfänglichen Marktüberlegenheit das entgegengesetzte Verhalten nahelegt, um auf die Verzögerung der Konkurrenzproduktion hinzuwirken.

Der Lizenzvertrieb trägt zur langfristigen Optimierung der *Investitionsplanungen* bei. Man kann ein Forschungsergebnis im Lizenzwege wenigstens teilweise nutzbringend verwerten und hieraus Produktions- und Vertriebserfahrungen gewinnen, ohne eigene Investitionen überstürzen und noch brauchbare ältere Anlagen abwerten zu müssen. Die Zwischenvergabe von Lizenzen steigert schließlich das technische Know-how bei eigenen späteren Investitionen.

Zwischen Lizenzgeber und -nehmer können *kooperative Forschungsarbeiten* zustande kommen, wenn die Verfahrensrechte etwa in einem bestimmten Reifegrad der Projekte mit der Vereinbarung übertragen werden, daß der Lizenznehmer die Weiterentwicklung betreibt und nach Eintritt der Produktionsreife eine gemeinsame Verwertung erfolgen soll. Ein Erfahrungsaustausch wird auch in der Weise vereinbart, daß später gewonnene zusätzliche Erfahrungen sowie auch Schutzrechte dem Lizenzpartner eine Zeitlang überlassen werden.

Ein wichtiger Faktor ist die *Reziprozität* des Lizenzgeschäftes, d.h. die geforderte Bereitschaft zur aktiven Lizenzhergabe im Falle eines Interesses an Passivlizenzen. Das Vordringen in neue Produktionsgebiete wird häufig durch entgegenstehende Patentrechte anderer Chemieunternehmungen erschwert, auch wenn diese nicht als unmittelbare Konkurrenten anzusprechen sind und sich die Patenthindernisse nur aus Sperr- oder Vorratspatenten ergeben. Die Lizenztauschbereitschaft ist zur Ausräumung solcher Barrieren überaus wirksam, freilich nur unter annähernd gleichrangigen Partnern. Den kleineren Unternehmungen mit ihren seltenen Lizenzangeboten und andererseits häufigem Lizenzbegehren wird der Lizenztausch als eine noch niedrige Entwicklungsstufe des Lizenzhandels selten Chancen zu einem Interessenausgleich bieten.

Eine bloße Lizenzierung von Schutzrechten ist für ihre wirtschaftliche Ausnutzung im allgemeinen nicht ausreichend. Statt dessen ist in wechselndem Ausmaß *zusätzliches technisches Wissen (Know-how)* zu übertragen. Oft sind sogar umfangreiche Dienstleistungen zu übernehmen, um Produkte, Verfahren und

Anlagen an die speziellen Bedürfnisse des Lizenznehmers anzupassen oder um ihm den Vertrieb der Produkte, die anwendungstechnische Beratung seiner Kunden usw. zu erleichtern. Diese zusätzlichen Angebotsleistungen sind besonders beim Lizenzvertrieb nach Entwicklungsländern notwendig. Hierfür sind die Dienste geeigneter Abteilungen, vor allem von Projektierungsgruppen innerhalb der Ingenieurabteilungen, einzuschalten. In anderen Fällen kommt es zur Zusammenarbeit mit selbständigen *Ingenieur- oder Projektierungsfirmen.* Diese verfügen nur wenig über selbstentwickelte Verfahren und sind vornehmlich auf die Verwertung von Verfahrensrechten und -kenntnissen der forschungtreibenden Chemieunternehmungen angewiesen. Die Projektierungsfirmen eignen sich gut als Lizenzagenten. Die Übertragung der Lizenzverwertung an die Projektierungsfirmen – nicht selten auf der Basis der Ausschließlichkeit – führt zu einer engen Kopplung von Verfahrens- und Anlagenangebot sowie zu einer stärkeren Spezialisierung der Projektierungsfirmen auf die lizenzseitig verfügbaren Prozesse. Die lizenzgebenden Chemieunternehmen haben aber erkannt, daß diese „indirekte" Form des Lizenzvertriebs durch Einschaltung der Projektierungsfirmen mitunter nicht zur optimalen Ausschöpfung der Absatzmöglichkeiten führt. Man geht daher unter starker Aufwertung des aktiven Lizenzvertriebs heute immer mehr dazu über, selbst geeignete Lizenznehmer zu suchen und unter Vertrag zu nehmen, worauf es dann zuweilen die Angelegenheit des Lizenznehmers und späteren Betreibers der Anlagen ist, für das „detail engineering" und die Errichtung der Anlagen eine Projektierungsfirma zu beauftragen.

Lizenzübertragungen stehen oft in unmittelbarem Zusammenhang mit der Übernahme direkter *Kapitalbeteiligungen*, doch kann bei einer wirtschaftlichen Abhängigkeit zwischen den Lizenzpartnern eigentlich nicht mehr von einem regulären Lizenzvertrieb die Rede sein.

5.74 Passive Lizenzpolitik

Lizenznahmen gestatten eine *Erweiterung* des *Produktions-* und *Vertriebsprogramms,* dessen Abhängigkeit von der eigenen Forschung und Entwicklung dadurch gelockert wird. Selbst den forschungsintensiven Großunternehmungen der chemischen Industrie wird es mit fortschreitender Entwicklung der Chemischen Technik immer weniger möglich, alle verfolgten Produktionsgebiete auf die Leistungen der eigenen Forschungs- und Entwicklunggsruppen zu stützen. Die Spezialisierung auf bestimmte Forschungsschwerpunkte zwingt aber gleichzeitig dazu, fremdentwickelte Verfahren und Produkte als Ergänzungen zu übernehmen, wenn das gesamte Produktionsprogramm stets dem neuesten Stand der Technik entsprechen soll. Nicht selten kommen *Wirtschaftlichkeitsvergleiche* zwischen der Lizenznahme und Eigenentwicklung in Betracht. Hierbei spielen die Zeitfrage, der Beschäftigungsgrad der eigenen Forschungsabteilungen und die Beurteilung der wirtschaftlichen Vor- und Nachteile des fremden und erst selbst zu entwikkelnden Verfahrens eine Rolle. Unsicherheitsfaktoren erschweren diesen Vergleich, vor allem im Hinblick auf Zeitbedarf und Resultate der eigenen Arbeiten.

Die Kostendegression der Forschung und Entwicklung und die erheblichen kritischen Mindestgrößen von Forschungsgruppen führen zu einer Benachteiligung der kleineren und mittleren Chemieunternehmungen. Hier ist ein gut entwickelter chemischer Verfahrenshandel zur Gewährleistung eines entsprechenden Lizenzangebotes um so wichtiger. Durch einen breiten Verfahrensmarkt und vielfältige Lizenzangebote wird auch am ehesten überhöhten Forderungen hinsichtlich der Lizenzgebühren entgegengewirkt.

Trotz der nach wie vor überragenden Bedeutung selbstentwickelter neuer Verfahren und Produkte im Konkurrenzkampf wird es unerläßlich, in die Produkt- und Programmpolitik eine sinnvolle Lizenzpolitik einzubauen. Es ist vielleicht bezeichnend, daß heute mehr und mehr Chemieunternehmungen dazu übergehen, anstelle der Wahrnehmung des Lizenzhandels als Nebenfunktion der Rechtsabteilung oder der Forschungs- und Entwicklungsabteilungen organisatorisch verselbständigte Lizenzabteilungen vorzusehen.

5.8 Gestaltung des Absatzprogramms

5.81 Abstimmung mit anderen Unternehmensbereichen

Erst die Gesamtheit der im *Absatzprogramm* vereinigten Produkte bestimmt die „akquisitorische Kraft" der Produktpolitik als Absatzinstrument. Alle produktpolitischen Überlegungen müssen letzten Endes zum optimalen Vertriebsprogramm führen und von diesem rückwärts gerichtet ihre Impulse empfangen. Wegen der notwendigen Abstimmung mit allen Unternehmungsbereichen erfahren jedoch die absatzwirtschaftlichen Bestimmungsfaktoren für das Vertriebsprogramm Einschränkungen, die sich freilich um so mehr abschwächen, je mehr die Absatzmöglichkeiten für die gesamte Unternehmung zum Engpaß werden. Stark eigengesetzliche Bedingungen stellt die wirtschaftliche Optimierung des chemischen Produktionsprogramms, die wir bereits einleitend skizziert hatten, nämlich unter besonderem Hinweis auf die Kuppelproduktion, stoffliche und energetische Verbundwirtschaft, Rohstoffsicherung, optimale Rohstoffauswahl und -verwertung sowie auf die Kostenvorteile großer Anlagen und bestimmter Produktionstypen (Kap. 1.43 und 1.44).

Die Programmoptimierung trägt in der chemischen Industrie gegenwärtig vor allem den Zug zur *Programmerweiterung* (Diversifikation) sowohl in horizontaler wie in vertikaler Richtung in sich und begünstigt damit zusammen mit der Vergrößerung der Kapazität der Einzelanlagen die *Unternehmenskonzentration*. Dadurch fördert die Programmerweiterung über die Betriebsgrößendegression der Kosten die Wirtschaftlichkeit in praktisch allen Betriebsbereichen.

5.82 Gestaltung des horizontalen Programms

5.821 Bedarfsgerechte Sortimentsbildung

Die horizontale Programmgestaltung betrifft die mehr oder minder umfassende *Programmbreite*. Sie wird in der chemischen Industrie auch über die Programmtiefe (vertikale Programmgestaltung) beeinflußt, weil zahlreiche Zwischenprodukte der Stufenproduktion ebenfalls marktfähig sind. Außerdem bringt eine Angliederung von Nachverarbeitungsstufen (vertikale Vorwärtsintegration) regelmäßig eine starke Programmverbreiterung mit sich. Die bedarfsverwandte Ausrichtung des Produktangebotes gehört dabei zu den wichtigsten Grundprinzipien der Programmgestaltung. Selbst wenn es in anderer Beziehung, etwa durch produktionstechnische Fachfremdheit, störend erscheint, bestimmte Parallelproduktionen anzugliedern, wird die gleichzeitige Nachfrage bei den ohnehin angesprochenen Bedarfsträgern oft den Ausschlag geben.

Bedarfsgerechte Sortimente sind bei Spezialitäten leichter aufzubauen, die selbst bereits große Bedarfskomplexe beinhalten. So wird der Produzent von Düngemitteln, Schädlingsbekämpfungsmitteln usw. danach trachten, alle Bedarfsfälle mit seinem Programm zu erfassen. Bei Industriechemikalien bieten erst umfassende Produktionsprogramme und die Hinzunahme von Spezialitäten bessere Möglichkeiten.

Bei technischer Bedarfsverbundenheit in der Weise, daß mehrere Produkte ohne Substitutionsmöglichkeiten für einen bestimmten Zweck eingesetzt werden müssen, ist der Anreiz zum gleichzeitigen Angebot besonders groß. Weiter ergibt die fortwährende Produktspezialisierung auf engste Bedarfsausschnitte eine Sortimentsverbreiterung, wobei nur zum Teil neuer Bedarf geweckt, sonst aber nur „größere" Produkte auf zahlreiche umsatzschwächere Spezialprodukte aufgespalten werden. Soweit verschiedene Produkte in bestimmten Verwendungen in Substitutionskonkurrenz stehen, schützt sich die Chemieunternehmung durch das gleichzeitige Angebot der Substitutionsprodukte vor Absatzverlusten.

5.822 Optimale Programmspannen in der Vertriebsorganisation

Die festen Kosten vor allem einer direkten Vertriebsorganisation bleiben hinter der Steigerung des Absatzvolumens in einem weiten Bereich zurück. Die Erweiterung des Vertriebsprogramms gehört zu den wichtigsten Maßnahmen, um eine solche Vertriebsorganisation wirtschaftlich zu machen und die Last der fixen Vertriebskosten zu verteilen. Im Außendienst eingesetzte Verkaufskräfte oder anwendungstechnische Berater verursachen absolut gesehen praktisch so lange gleichbleibende Kosten, wie die von ihnen beherrschbare *optimale Programmspanne* (Artikelspanne) noch nicht ausgenutzt ist, so daß die Kostenanteile des einzelnen Produktes mit Erhöhung der Programmspanne sinken. Erst nach Überschreitung der optimalen Artikelspanne werden sich Überlastungen der verschiedenen Vertriebskräfte sowie dadurch eine Vernachlässigung einzelner Artikel und Teilaufgaben bemerkbar machen, so daß kapazitative Erweiterungen notwendig sind. Die Erweiterungen aber gestatten vermehrte Spezialisierungen und Leistungssteigerungen des Vertriebsapparates. Die optimale Anzahl der zu betreuenden Artikel hängt besonders von der Erklärungsbedürftigkeit der Produkte sowie der Heterogenität oder Verwandtschaft der Produkte und ihrer Verwendungen ab.

5.823 Risikoausgleich

Die Risiken der Produkt- und Programmüberholung kommen in erster Linie vom Absatzmarkt, genauer gesagt, der Überholungsgefahr von Einzelprodukten und ganzen Produktgruppen. Daher ist es angebracht, im Vielproduktbetrieb einen entsprechenden *Risikoausgleich* zu suchen. Dieser ergibt sich sowohl zwischen den Produkten ganzer Sparten wie auch zwischen den Sparten selbst, so daß die

Programmgestaltung unter dem Gesichtspunkt des Risikoausgleichs zu großer Breitendimension führt. Wegen der schnellen Überholung chemischer Produkte wird das Streben nach einem Risikoausgleich, neben der produktionswirtschaftlich maßgebenden Kuppelproduktion, für die Programmvielfalt der großen Chemiebetriebe mit am häufigsten als ursächlich bezeichnet. Wir sind an anderer Stelle eingehender auf Art und Ausmaß der Produktüberholung und der Marktverschiebungen in der chemischen Industrie eingegangen (Kap. 4.24).

5.824 Rentabilitätsorientierung

Die *Rentabilitätsorientierung* lenkt die investitionsbereiten Mittel in Produktionsgebiete mit auf lange Sicht höchsten Ertrags- und Gewinnchancen, wobei horizontale Programmerweiterungen gewöhnlich als erstes ins Auge gefaßt werden. Wichtig sind dabei die Ausnutzung vorhandener Erfahrungen und die Aufrechterhaltung einer organischen Programmstruktur. Dies bedeutet, daß neben finanzwirtschaftlichen Investitionskriterien die produktions- und absatzwirtschaftlichen Auswirkungen der Diversifikation nicht außer acht gelassen werden dürfen.

Zu einem wesentlichen Teil basieren die Erweiterungen auf der Übernahme bekannter Produkte in identischer oder geringfügig veränderter Form (Betriebsneuheiten, „Me-too-Produkte"). Oft ist zu beobachten, wie nach anfänglichem Zögern ein wahrer „run" auf neue Gebiete einsetzt, sobald sich langfristig günstige Wachstumschancen abzeichnen. Obwohl bei starker Angebotsbesetzung der spätere Marktzutritt selbst in wachsenden Märkten erschwert ist – die alten Produzenten verfolgen häufig das strikte Ziel der Aufrechterhaltung ihrer bisherigen relativen Marktanteile –, riskieren auch Nachzügler immer wieder neue Einsätze. So erleben wir auch heute noch Einbrüche in die drei großen Synthesefasergruppen sowie in die Massenkunststoffe wie PVC, Polystyrol oder Polyäthylen. Wegen der überragenden Vorteile einer entsprechend frühzeitigen Programmerweiterung kommt der langfristigen Marktprognose großes Gewicht zu.

Dieses Vorgehen und auch die weiter oben genannten, stets auf eine Programmerweiterung hinauslaufenden Motive finden aber in der Größe und Kapitalkraft der Unternehmung ihre Grenzen. Es stellt sich dann die Aufgabe, umgekehrt nach den rentabilitätsfördernden Möglichkeiten einer Programmbeschränkung und *Programmspezialisierung* Ausschau zu halten. Gerade die Existenzchancen der Mittel- und Kleinbetriebe hängen ja auf lange Sicht davon ab, daß bestimmte Spezialgebiete bearbeitet werden können, die nicht im Brennpunkt des Konkurrenzkampfes zwischen den Großbetrieben liegen und dennoch genügend Programmvorteile bieten. Auf der Flucht vor der Preiskonkurrenz, die vor allem für die kleineren Unternehmungen schnell bedrohlich werden kann, muß die Waffe der Produktdifferenzierung durch die Programmdifferenzierung ergänzt werden.

5.83 Gestaltung des vertikalen Programms

5.831 Vertikale Programmkonzentration in der Absatzpolitik

Das *vertikale Produktionsprogramm* wird durch Art und Ausmaß der hintereinandergeschalteten und in der eigenen Unternehmung wahrgenommenen Produktionsstufen bestimmt (vertikale Programmkonzentration). Bei der Angliederung von Nachverarbeitungsstufen spricht man von *Vorwärtsintegration*, bei der Angliederung von Vorproduktionsstufen von *Rückwärtsintegration*. Unter Absatzgesichtspunkten ist vor allem die Vorwärtsintegration wichtig. Die Rückwärtsintegration ist dagegen mehr ein Problem der Beschaffungs- und Produktionswirtschaft und berührt den Absatz nur in einigen Punkten, nämlich im Hinzukommen neuer Zwischenprodukte und Kuppelprodukte, in der Beeinflussung der Folgeproduktion durch die möglichst groß zu wählenden Vorproduktkapazitäten, durch Gegenmaßnahmen der betroffenen Lieferanten (Vorwärtsintegration) oder durch die mögliche Verbilligung der Endprodukte.

Wir erleben heute im weltweiten Maßstab eine starke Tendenz zur vertikalen Programmausdehnung der chemischen Industrie, indem sich Grundstofferzeuger chemische Veredelungssparten und Konsumgütersparten angliedern oder auch Chemieproduzenten in nichtchemische Nachverarbeitungsgebiete eindringen. Die gleichfalls auf vielen Stufen vorhandenen rückwärtigen Integrationsbestrebungen werden im allgemeinen nicht so stark beachtet.

Tab. 5.29 veranschaulicht beispielsweise die vom monomeren Kunststoffvorprodukt *Vinylchlorid* ausgehenden Tendenzen der Vor- und Rückwärtsintegration in den USA. Ursprünglich

Tabelle 5.29 *Vertikalkonzentration ausgehend von Vinylchlorid, Stand 1965* [5.184; 5.203]

Firma	Vinylchloridkapazität [10^3 t/a]		Vorproduktion		PVC-Kapazität [10^3 t/a]		PVC-Nachverarbeitung
	in Betrieb	geplant	Äthylen/ Acetylen	Chlor/ Salzsäure	in Betrieb	geplant	
Goodrich	254	–	+	–	163	45	+
Union Carbide	122	–	+	–	118	27	+
Ethyl Corp.	145	–	–	+	–	36	+
Tenneco Corp.	90	–	+	–	64	23	–
Monsanto Co.	68	–	+	+	68	–	+
Diamond Alkali Co.	45	–	+	+	77	–	–
Air Reduction Co.	30	–	+	–	52	–	+
Allied Chemical Corp.	68	–	+	+	–	57	–
Goodyear	32	–	–	–	36	–	+
General Tire & Rubber	18	–	–	–	27	–	+
Dow Chemical Co.	147	–	+	+	39	–	–
Firestone	–	–	–	–	57	–	+
Pantasote Co.	–	–	–	–	25	23	+
Gemeinschaftsunternehmungen:							
U. S. Rubber Co.,	59	54	+	–	61	–	+
Borden Chem. Co.					73	–	+
Continental Oil Co.,	–	227	+	–	113	–	–
Stauffer Chem. Co.			–	+	–	20	+
Richfield Oil Corp.,	32	45	+	–	14	–	–
Stauffer Chem. Co.			–	+		–	+
Skelly Oil Co.,	–	113	+	–	–	34	–
American Can Co.							+
Kleinere Werke	–	–	–	–	70	80	–
Insgesamt	1110	439			1057	345	

+: vorhanden; –: nicht vorhanden.

wurde Vinylchlorid von mehreren Werken ohne vollständige eigene Rohstoffbasis und auch ohne nachgeschaltete Polymerisation hergestellt. Bereits 1965 hatten die meisten der amerikanischen Vinylchloridproduzenten *PVC-Kapazitäten* angegliedert. Schon die Weiterverarbeitung eines Massenproduktes zu zahlreichen Kunststofftypen erhöht die Vertriebsaufgaben, jedoch ist der weitere Schritt vorwärts in das Gebiet der Kunststoffverarbeitung zu zahlreichen Halbzeugen und Fertigprodukten noch entscheidender.

Die Entwicklungslinien und Probleme der Vertikalkonzentration sind besonders am aktuellen Beispiel der *Petrochemie* diskutiert worden [5.21; 5.50; 5.130; 5.131; 5.146; 5.180; 5.195]. Hier sind große Chemieunternehmungen in den USA während der letzten Jahre zur Errichtung eigener Kapazitäten für die petrochemischen Grundstoffe Acetylen, Äthylen usw. übergegangen, nachdem die Petrochemie gewissermaßen als eine Maßnahme der Vorwärtsintegration vorher von der Erdölindustrie wahrgenommen wurde. Man kann hierin eine Gegenmaßnahme der Chemie gegen die Expansion der Erdölindustrie erblicken, nachdem die amerikanische Erdölindustrie bereits seit Entstehung der Petrochemie bestrebt war, die eigene chemische Weiterverarbeitung immer mehr auszubauen.

Die Erzeugung von Isopropylalkohol der Standard Oil Co. of New Jersey geht bereits auf das Jahr 1920 zurück. 1964 wurden Chemikalien im Werte von knapp 400 Millionen $ erzeugt und abgesetzt, darunter auch Synthesekautschuk, den man sogar bis zum Autoreifen weiterverarbeitet. Im europäischen Raum vertreibt die Shell Chemical Co., eine bereits 1929 gegründete Tochtergesellschaft des Shell-Erdölkonzerns, über 100 chemische Produkte und erzielte damit 1964 rund 300 Millionen $ Umsatz [5.38]. Während der letzten Jahre hat die amerikanische Erdölindustrie ihr Engagement auf dem Synthesestickstoff- und Düngemittelgebiet laufend erhöht, so daß bereits 1963 eine fast gleichgroße Beteiligung im Verhältnis zur chemischen Industrie (36% gegenüber 40% der Chemie, mit einem Vorkriegsanteil der Chemie von 94%) erreicht worden war [5.52]. Die Umsätze an Grundchemikalien der amerikanischen Erdölindustrie erreichten 1968 fast 6 Milliarden $ und hatten sich damit seit 1964 etwa verdoppelt, während die chemische Industrie in dieser Zeit nur einen 45prozentigen Zuwachs erreichte [5.147]. Eine Neigung zur Angliederung von Nachverarbeitungsverfahren ist auch in der *Kohlechemie* zu beobachten, wenngleich entsprechend der gesunkenen Bedeutung in viel kleinerem Maßstab [5.49].

In Europa, besonders in Deutschland, ist der Gedanke der *Arbeitsteilung* zwischen Grundstoffchemie und einigen selbständigen Sparten der Spezialitätenchemie sowie nichtchemischer Nachverarbeitung lange Zeit eindringlich propagiert worden. Es war jedoch vorauszusehen, daß die internationale Ausbreitung der Vertikalkonzentration auch hier nicht aufzuhalten sein konnte.

Die Übernahme der Glasurit-Farben- und Lackfabriken durch die BASF wurde mit der Aufgabe einer hundert Jahre alten Tradition kommentiert [5.199]. In England ist der ICI-Konzern zu einer vorwärtsgerichteten Vertikalkonzentration auf breiter Front, nämlich bei Chemiefasern, in der Textilindustrie, Kunststoffverarbeitung, bei Farben und Lacken usw. übergegangen [5.92]. Wir müssen annehmen, daß diese Entwicklung erst am Anfang steht.

5.832 Zusätzliche Verarbeitungsgewinne

Auf der Suche nach Ertrags- und Anlagemöglichkeiten ist neben der Horizontal- auch die Vertikalkonzentration naheliegend, da sich aus dem Anschluß der Fabrikationsstufen immerhin Berührungspunkte mit bisherigen Erfahrungen ergeben. Hat man etwa die wirtschaftlichsten Produktions- und Absatzbedingungen in der Nachstufe im Rahmen des Vertikalvertriebs intensiv studiert und hierauf bereits Einfluß genommen, so ist der Übergang zur Eigenbetätigung nur noch ein nächstliegender Schritt.

Für die Rückwärtsintegration der amerikanischen Chemieindustrie in die Petrochemie wurden unter anderem überhöhte Preisforderungen der Erdölindustrie für die Petrochemikalien als ursächlich bezeichnet. Man sprach von einem Abhängigkeitsverhältnis der Großchemie von der Erdölindustrie und einem Preisdiktat. In einer Wirtschaftlichkeitsrechnung für die Vorproduktinvestitionen wird dann ein entsprechender *Verarbeitungsgewinn* gegenüber der alternativen Preisstellung bei Fremdbezug herauszurechnen sein und einen Investitionsanreiz auslösen. Beim Vordringen in die Nachverarbeitung spielt die verbreitete Auffassung eine Rolle, daß in den Zweigen der Endfertigung grundsätzlich *höhere Gewinnchancen* bestehen als im Bereich der Grundstoffe. Die Annahme wurzelt in der verstärkten Produktkonkurrenz in den Spezialitätenmärkten gegenüber der vorherrschenden Preiskonkurrenz bei Massenprodukten. Die Vorwärtsintegration ermöglicht damit ein Ausweichen von der homogenen in die heterogene Konkurrenz und in Arbeitsgebiete mit stabileren und lukrativeren Preisverhältnissen.

5.833 Absatzsicherung

Die *Absatzsicherung* kann zunächst durch einen geringeren Konzentrationsgrad der nachverarbeitenden Unternehmungen zustande kommen, so daß sowohl das Fußfassen mit neuen Produktionen als auch die Aufrechterhaltung älterer Marktpositionen erleichtert werden. Wer etwa mit einem Faserrohstoff neu in den Markt will, wird diesen oft dadurch blockiert finden, daß die wenigen Chemiefaserhersteller ihren Rohstoffbedarf entweder bereits durch Eigenproduktion oder über langfristige Lieferverträge decken. Wird dagegen zusätzlich die Chemiefaserherstellung selbst übernommen, dürfte bei der Vielzahl der textilen Verarbeiter ein Markteinbruch erleichtert sein. Ebenso wäre bei einem starken Nachfrageoligopol der Kundenausfall verhängnisvoll, da dann kaum kurzfristige Ausgleichsmöglichkeiten zu schaffen sind. Die Vorwärtsintegration zur Absatzsicherung wird als Gegenmaßnahme veranlaßt, wenn die bisherigen Abnehmer eine Rückwärtsintegration betreiben.

In dieser Situation befanden sich während der letzten Jahre weite Teile der mit der Erdölindustrie integrierten amerikanischen Petrochemie, als die bisherigen Chemiekunden infolge ihrer eigenen petrochemischen Vorproduktion als Kunden immer mehr verlorengingen. Die Produktion für den unmittelbaren Absatz von Äthylen usw. müßte dann zwangsläufig durch eine vermehrte Produktion zur Weiterverarbeitung ersetzt werden.

Ein ebenso unmittelbarer Zwang wird durch die Vorwärtsintegration der eigenen Konkurrenz ausgelöst. Gliedern sich die Konkurrenten die wichtigen Verarbeitungszweige und -stätten an, so ist wenigstens auf lange Sicht mit einem Verlust dieser Absatzmärkte zu rechnen. Schließlich werden sich einzelne Produkt- und Verfahrensüberholungen bei einer breit gefächerten Produktpalette von Spezialitäten weniger verheerend auswirken als im Falle der Beschränkung des Chemieunternehmens auf wenige große Produkte und Verfahren. Neben dieser geringeren Anfälligkeit gegen strukturell bedingte Marktverschiebungen ist auch die herabgesetzte Konjunkturempfindlichkeit in den konsumnahen Produktionsgebieten anzumerken. Es kann allerdings auch der gegenteilige Effekt der Absatzsicherung eintreten, wenn nämlich die Absatzverluste durch Boykottmaßnahmen der Betriebe des Nachmarktes überwiegen.

5.834 Durchsetzung anwendungstechnischer Entwicklungen

Obwohl die Chemieunternehmungen bei der Markterschließung für neue Produkte und Anwendungen oft mit erheblichen Widerständen rechnen und dementsprechend intensive anwendungstechnische Hilfestellungen für die Nachverarbeitungsstufe übernehmen, reicht diese Aktivität in vielen Fällen nicht aus, um technische Fortschritte schnell und umfassend durchzusetzen. Mehrere Faktoren wirken auf seiten der Kunden verzögernd, wie das Fehlen großtechnischer Produktionserfahrungen, oder geeigneter Verarbeitungsanlagen, überbeschäftigte Kapazitäten in der Nachverarbeitung, Scheu vor dem Neuen und vor der Übernahme von Risiken. Werden dagegen die Folgeprodukte durch einige Chemieunternehmungen in eigener Regie erfolgreich hergestellt und abgesetzt, so finden sich gewöhnlich schnell Nachahmer.

Das eigene Engagement in der Nachverarbeitung kann dabei auf relativ geringe Marktanteile beschränkt bleiben. Dieser Weg der Durchsetzung neuer Produkte und Anwendungen erweist sich mitunter gegenüber dem konventionellen Vorgehen über die anwendungstechnische Beratung als wirtschaftlicher.

5.835 Förderung der Produkt- und Anwendungsentwicklung

Neue Produkte und Anwendungen werden nicht nur von den im unmittelbaren Absatzmarkt verbundenen Marktpartnern eingeleitet, es kommen auch Anregungen, Wünsche und Forderungen aus den Nachmärkten zum Tragen. Wenngleich sich die Chemieunternehmungen im Rahmen des Vertikalvertriebes um möglichst intensive Fühlungnahmen mit den Nachverarbeitern bemühen, setzt die wirtschaftliche Unabhängigkeit und Eigenständigkeit der Nachverarbeiter doch gewisse Schranken. Erst ein „eigenes Bein" in der Nachverarbeitung sichert den ständigen, vollen Kontakt mit den Nachmärkten und ihren Forderungen. Da man regelmäßig nur einen Bruchteil der Nachverarbeitung integrieren kann, wird die verbesserte Produkt- und Anwendungsentwicklung auch den selbständig bleibenden Abnehmern zugute kommen.

Dieser Gesichtspunkt ist beispielsweise seitens der BASF bei der Angliederung der Glasurit-Werke besonders hervorgehoben worden, wie es etwa aus einem an die Lackfabriken gerichteten Rundschreiben hervorging [5.214]:

„Die Arbeitsteilung zwischen der Lackindustrie und der chemischen Industrie, von der die Ausgangsstoffe für die Lackindustrie hergestellt werden, wurde von uns immer unterstützt; auch dann noch, als sich grundsätzliche Veränderungen der Verhältnisse abzeichneten. Einerseits hat sich in der Lackindustrie ... die Neigung verstärkt, Lackrohstoffe selbst herzustellen. Um Entwicklungen aus den USA übernehmen zu können, fühlten sich andererseits einzelne Firmen veranlaßt, Lizenzen zu übernehmen, die oft nicht nur Lackrezepturen, sondern auch Vorschriften für die Herstellung von Lackrohstoffen einschließen.

Offensichtlich fordert die Entwicklung moderner Anwendungsverfahren für Anstrichfarben einen soviel umfassenderen Forschungs- und Entwicklungsaufwand als früher, daß hierfür das Forschungspotential der chemischen Industrie ebenfalls hinzugezogen werden muß. Das setzt aber voraus, daß die chemische Industrie ihrerseits rechtzeitig und vollständig erfährt, was der Markt in der Entwicklung neuer Produkte fordert."

In dem Zitat kommt auch das andere wichtige Argument der Rückwärtsintegration der Nachverarbeitung zum Ausdruck, wie überhaupt Vorwärts- und Rückwärtsintegration oft im gleichen Zusammenhang als Maßnahmen und Gegenmaßnahmen erwähnt werden.

Literatur

5.1 Aids to research management. Chem. and Ind. (1967) 804.
5.2 ALBUS, G. P., u.a.: Firmenstil und Packungsbild. Pharm. Ind. 21 (1959) 453.
5.3 ALVERSON, R. A.: An evaluation of the pesticide literature – problems, sources and services. J. chem. doc. 4 (1964) 204.
5.4 ARENDS, L. C.: Die Marktgeschichte von Hostalen. Absatzwirtschaft 10 (1967) 65.
5.5 BARE, B. M.: Direction of R & D via marketing. Chem. Eng. Prog. 61 (1965) 10, S. 26.
5.6 BASSON, C.-P.: Die Abgrenzung von Körperpflegemitteln gegen Arzneimittel. Fette, Seifen, Anstrichmittel 68 (1967) 42.
5.7 BATES, J. A. R.: Reflections on regulations – certain aspects in the official control of pesticides in various countries. Chem. and Ind. (1968) 1324.
5.8 BECKMANN, D.: Kennzeichnung von Bedarfsgegenständen für Lebensmittel. Zur Veröffentlichung von DIN 7725. Kautschuk u. Gummi, Kunststoffe 20 (1967) 304.
5.9 Beilsteins Handbuch der organischen Chemie, 4. Aufl., Berlin 1918 ff.
5.10 BEREKOVEN, L.: Markenbildung und Markenwerbung bei Produktivgütern. Markenartikel 24 (1962) 814.
5.11 BERGER, R.: Skai – ein Erfolg mit der Mode. Absatzwirtschaft 9 (1966) 416.
5.12 BETTOLO, M.: The evolution of the pharmacopoeias in Europe. Pharm. J. 197 (1966) 535.
5.13 BETTS, G. G.: Process licensing and the licensee. Trans. Inst. Chem. Eng. (London) 46 (1968) 5, S. CE 180.
5.14 BIEMER, H. A.: Markennamen bei Schädlingsbekämpfungs- und Pflanzenschutzmitteln. Chem. Ind. 5 (1953) 201.
5.15 BIER, G., SCHNELL, H.: Die Kunststoffe, in [3.40, Bd. 4, München 1960, S. 264].
5.16 BIESER, H.: Einzelheiten aus dem Typenprogramm der Chemiefaserhersteller. Chemiefasern 16 (1966) 101.
5.17 BLANC, U. v.: Probleme des pharmazeutischen Markenartikels. Pharm. Ind. 15 (1953) 418.
5.18 BOGUE, J. Y.: The organisation and economics of research in the pharmaceutical industry. Pharm. J. 188 (1962) 27.
5.19 BRADLEY, J. W.: Meshing R & D and marketing. Chem. Eng. Prog. 61 (1965) 10, S. 15.
5.20 BRÄUTIGAM, C., HOFMANN, H.: Internationale Normung im Bereich der Grundstoffchemie. Chem. Ind. 19 (1967) 605.
5.21 Broadening profiles. Chem. Eng. 74 (1967) Ausg. 2. 1., S. 70.
5.22 BUSCH, H.: Warenzeichenprüfung von Textilien mit Vestan. Lichtbogen 15 (1966) 3, S. 14.
5.23 – Qualitätskontrolle für Textilien aus Vestan. Lichtbogen 15 (1966) 3, S. 22.
5.24 CAHN, R. S.: An introduction to chemical nomenclature, London 1959.
5.25 CALVERT, R.: What chemists should do about patents. Chem. Eng. News 35 (1957) Ausg. 25. 11., S. 70.
5.26 Can you rate your research? Chem. Week 84 (1959) Ausg. 30. 5., S. 35.
5.27 CARRIERE, G.: Probleme der gesetzlichen Regelung für Seifen und Kosmetika im EWG-Raum. Fette, Seifen, Anstrichmittel 68 (1966) 834.
5.28 Chemical nomenclature, Hrsg. Amer. Chem. Soc., Washington D.C. 1953.
5.29 Chemical technology for sale or license. Chem. Eng. 74 (1967) Ausg. 25. 9., S. 147.
5.30 Chemie aktiviert Lizenzgeschäft. Chem. Ind. 18 (1966) 541.
5.31 Chemiefasern auf dem Weltmarkt. Hrsg. Deutsche Rhodiaceta AG, 6. Aufl., Freiburg 1966.
5.32 Commission on nomenclature of organic chemistry IUPAC. J. Amer. Chem. Soc. 55 (1933) 3905; Ber. dtsch. Chem. Ges. 65 (1932) I, S. 13.
5.33 DAMROW, H.: Mode und Werbung. Jb. Absatz- und Verbrauchsforschung 11 (1965) 27.
5.34 Das „K"-Gütezeichen hat sich bewährt. Absatzwirtschaft 10 (1967) 1234.
5.35 DERSIN, H.: Patent-, Gebrauchsmuster- und Warenzeichenrecht, in [3.212, Bd. 2/2, München/Berlin/Wien 1968, S. 534].
5.36 Der Werdegang eines Medikaments. Chem. Rundschau 22 (1969) 612.
5.37 Die Anzahl der Medikamente. Pharm. Ind. 29 (1967) 985.
5.38 Die Ölkonzerne in der Chemie. Chemiker-Ztg./Chem. Apparatur 89 (1965) 14.

5.39 Dimroth, K.: Organische Verbindungen, Nomenklatur und Ringbezifferung, in: D'Ans/Lax, Taschenbuch für Chemiker und Physiker, Bd. 2, 3. Aufl., Berlin/Göttingen/Heidelberg 1964, S. 1.
5.40 Diskussion um den textilen Qualitätsbegriff im Zeichen der Chemiefasern. Chemiefasern 15 (1965) 563.
5.41 Doffin, H.: Aussagekraft von Normprüfungen. Kunststoffe 55 (1965) 351.
5.42 Dorl, R.: Strategy for patent profits 1967, Park Ridge N. J.
5.43 Downes, H. I.: Patents and the chemical engineer. Trans. Inst. Chem. Eng. (London) 34 (1956) 269.
5.44 33. Bekanntmachung über überwachte Formmasse-Typen und -Vortypen. Kunststoffe 57 (1967) 128.
5.45 Dürholt, W.: Volumenberechnung – eine Bestandsaufnahme. Farbe u. Lack 73 (1967) 193.
5.46 Du Pont risks much to gain much. Chem. Eng. News 44 (1966) Ausg. 30. 5., S. 21.
5.47 1 Jahr Qualitätsverband Kunststofferzeugnisse e. V. K-Mitt. (1965) Ausg. 10. 2., S. 9.
5.48 Elich, J., Elvers, D.: Neue pharmazeutische Wirkstoffe 1961–1965. Pharm. Ind. 28 (1966) 529.
5.49 Erhöhter Gesamtumsatzwert der deutschen Kohlechemie durch vermehrte Anwendung sekundärer Veredelungsverfahren. Chemiker-Ztg./Chem. Apparatur 86 (1962) 207.
5.50 Executives debate oil vs. chemical firms. Chem. Eng. News 41 (1963) Ausg. 11. 2., S. 25.
5.51 Fasermarkt unter Neuem Vorzeichen. Handelsblatt (1968) Ausg. 19. 2., S. 11.
5.52 Fertilizer makers scramble for market position. Chem. Eng. News 41 (1963) Ausg. 25. 11., S. 25.
5.53 Fletcher, J. H.: The nomenclature of organic chemistry. J. chem. doc. 7 (1967) 64.
5.54 Flood, W. E.: Origins of chemical names, London 1963.
5.55 Forschungs- und Entwicklungskosten in der chemischen Industrie. Chem. Ind. 21 (1969) 197.
5.56 Forschung von heute ist der Umsatz von morgen. Chemie-Ing.-Techn. 39 (1967) A 747.
5.57 Forstmann, E.: Packmittel in der chemisch-pharmazeutisch-kosmetischen Industrie. Pharm. Ind. 15 (1953) 362.
5.58 Franz, C.: Die Volumenpackung – ein Weg zur Rationalisierung. Farbe u. Lack 70 (1964) 220.
5.59 Franz, C., Fuhrmann, R.: Vorteile der Sprühdose setzen sich immer mehr durch. Neue Verpackung 46 (1968) 259.
5.60 Frazer, W. J.: Structure-to-properties relationships of ABS polymers. Chem. and Ind. (1966) 1399.
5.61 Freudenmann, H.: Planung neuer Produkte, Stuttgart 1965.
5.62 Frielingsdorf, H.: Das Konfektionieren flüssiger Reinigungs- und Pflegemittel. Neue Verpackung 19 (1966) 1798.
5.63 Fröhling, R.: Kennzeichnung und Qualitätsprüfung für Textilien. Markenartikel 19 (1957) 184.
5.64 Gansser, G.: Markennamen und Chemische Kurzbezeichnungen für pharmazeutische Produkte. Pharm. Ind. 29 (1967) 908.
5.65 Geiseler, G.: Kunststoff-Konsumwaren, Trend zur Qualität. Chem. Ind. 20 (1968) 21.
5.66 Getestet und kontrolliert, Qualitätssicherungen durch Marken. Chemiefasern 15 (1965) 964.
5.67 Gordon, M.: Die pharmazeutische Industrie und die medizinische Forschung. Pharm. Ind. 24 (1962) 461.
5.68 Greiling, W.: Die Verkaufssprache der Chemie. Chem. Ind. 5 (1953) 173.
5.69 Gross, H.: Vom Börsendenken zum gemachten Markt – Gedanken zur modernen Strategie der Markenfaser, Düsseldorf 1967.
5.70 Gruber, L. F.: Die Warenzeichen der deutschen photochemischen Industrie. Chem. Ind. 5 (1953) 206.
5.71 Grunewald, H.: „Finish nach Maß“ – Zunehmende Anforderungen an Chemieprodukte, in [1.115, S. 330].
5.72 Haen, P. de: Aktuelle Arzneimittelfragen aus US-amerikanischer Sicht. Pharm. Ind. 28 (1966) 193.
5.73 – Der Einfluß moderner Arzneimittel auf die Gesellschaft und die Situation der pharmazeutischen Industrie. Pharm. Ind. 30 (1968) 5 u. 65.

5.74 HAEN, P. DE: Arzneimittel in den USA – Übersicht über die Entwicklung im Jahre 1967. Pharm. Ind. 30 (1968) 399.

5.75 HÄUSSERMANN, H.: Apotheker oder Arzneimittelhändler? Pharm. Ind. 30 (1968) 210.

5.76 HAMMERICH, T., GROTHE, W.: Benzol und seine Homologen – Stand der Internationalen Normung. Erdöl u. Kohle, Erdgas, Petrochemie 19 (1966) 125.

5.77 HARZ, C.: Die Stellung der Marke in der Seifen- und Waschmittel-Industrie. Chem. Ind. 5 (1953) 200.

5.78 HARDING, M.: Ad campaign for bird gets new unit off to flying start. Ind. Marketing 51 (1966) 10, S. 104.

5.79 HARRIS, J. S.: New product profile chart. Chem. Eng. News 39 (1961) Ausg. 17. 4., S. 110.

5.80 HASSELKUSS, E.: Qualitätssicherung durch Marken. Chemiefasern 15 (1965) 557.

5.81 HAUBER, O.: Normung von Epoxydharzen im Werkzeugbau. DIN-Mitt. 42 (1963) 538.

5.82 HENNENBERGER, K. H. (Norddeutsche Raffinerie): Privatmitteilung Jan. 1969.

5.83 HENZE, H. R., BLAIR, C. M.: The number of isomeric hydrocarbons of the methane series. J. Amer. chem. Soc. 53 (1931) 3077.

5.84 HERTZBERG, W.: Geschichte eines Farbstoff-Warenzeichens. Chem. Ind. 5. (1953) 189.

5.85 HESS, R.: Markenbezeichnungen für Textilhilfsmittel. Chem. Ind. 5 (1953) 192.

5.86 HOFMANN, H.: Chemie (ISO-Arbeit). DIN-Mitt. 46 (1967) 554.

5.87 HOPF, G.: Die lebensmittelrechtliche Behandlung der Kosmetika in der Deutschen Bundesrepublik. Fette, Seifen, Anstrichmittel 68 (1966) 377.

5.88 HORWITZ, L., ROBBINS, L. J.: What chemists should watch for in seeking foreign patents. Chem. Eng. News 38 (1960) Ausg. 23. 5., S. 102.

5.89 How does the patent system affect you. Chem. Eng. Prog. 59 (1963) 7, S. 9.

5.90 How new products strengthen CPI's sales. Chem. Week 85 (1959) Ausg. 14. 11., S. 111

5.91 Hüls Kunststoffe, Druckschr. d. Chemische Werke Hüls AG, Marl (1968).

5.92 ICI: Vertikalkonzentration auch bei PVC. Europa-Chemie (1965) 2, S. 9.

5.93 IUPAC, rules for IUPAC notation for organic compounds, London 1961.

5.94 JAMES, R. H.: Die Entwicklung der Markenartikel im britischen Anstrichmittelgeschäft. Farbe u. Lack 71 (1965) 73.

5.95 Just how important are product raters? Chem. Week 84 (1959) Ausg. 14. 2., S. 47.

5.96 KAINZ, H.: Markenartikel im Produktionsbetrieb. Markenartikel 23 (1961) 704.

5.97 KAMPER, P.: Granulatversand in Großbehältern. Kunststoffe 56 (1966) 719.

5.98 KANEHANN, J. A.: Techno-economic evaluation needed. Chem. Eng. Prog. 60 (1964) 5, S. 21.

5.99 KARRER, W.: Konstitution und Vorkommen der organischen Pflanzenstoffe, Basel 1958.

5.100 KARUS, H.: Chemiefaserindustrie-Partner im zukünftigen Wettbewerb. Chemiefasern 17 (1967) 167.

5.101 – Chemiefaserindustrie und Textilindustrie im Umbruch. Chemiefasern 17 (1967) 477.

5.102 KENNEL, W. E.: What R & D needs. Chem. Eng. Prog. 61 (1965) 10, S. 20.

5.103 KIGER, J. L.: Probleme der Rohstoffkontrolle in der pharmazeutischen Industrie am Beispiel Frankreichs. Pharm. Ind. 29 (1967) 462.

5.104 – Probleme der Fertigungskontrolle in der pharmazeutischen Industrie am Beispiel Frankreichs. Pharm. Ind. 29 (1967) 609.

5.105 KLUY, H.: Normen–Testen–Gütesichern. DIN-Mitt. 42 (1963) 220.

5.106 – Zielsetzung, Probleme und Grenzen des Warentests. Markenartikel 27 (1965) 137.

5.107 KNAUFF, H. W.: International licensing. Chem. Eng. Prog. 55 (1959) 7, S. 54.

5.108 KNÖFLER, L.: Vergleichende Betrachtungen von Verpackungsproblemen bei Kosmetika mit denen bei Lebensmitteln und Pharmazeutika. Seifen, Öle, Fette, Wachse 92 (1966) 267.

5.109 KOBALSKY, W.: Verpackung heute, Die BASF 13 (1963) 4, S. 196.

5.110 KÖCHEL, F.: Inkompatibilitäten bei verschiedenen Arzneiformen. Deutsche Apotheker-Ztg. 107 (1967) 603.

5.111 KÖLBEL, H., SCHULZE, J.: Zeitliche, stoffwirtschaftliche sowie organisatorische Integrationsprobleme bei der Planung des Produktionsprogramms in der chemischen Industrie, in: Process Development and Evaluation, Inst. Chem. Engn. Symposium Series, London 1967, S. 13.

5.112 – Der Vertrieb chemischer Verfahren als Antrieb der chemischen Industrialisierung. Chem. Ind. 18 (1966) 798.

5.113 KÖLBEL, H., SCHULZE, J.: Die Organisation der Forschung und Entwicklung in Chemiebetrieben. BFuP 19 (1967) 80 u. 152.
5.114 KOLLRACK, G.: Anhaltende Expansion des Aerosol-Marktes. Fette, Seifen, Anstrichmittel 70 (1968) 510.
5.115 KOSAR, H.: Markenartikel zum Gebrauch und zum Verbrauch. Markenartikel 27 (1965) 714.
5.116 Kurzzeichen für Kunststoffe, Lexikartei der Kunststoff-Rundschau, Verlag Brunke Garrels, Hamburg, lfd. Nr. 197/198, Aus. 2/68.
5.117 LAAR, J.: Die wirtschaftliche und therapeutische Verantwortung der pharmazeutischen Industrie. Pharm. Ind. 30 (1968) 202.
5.118 LACAZETTE, A. J.: Beating down objections to high-cost chemical product. Ind. Marketing 50 (1965) 3, S. 106.
5.119 LASANGA: Regierung, Pharmazeutische Industrie, Universitäten und Ärzte, sind sie Partner oder Feinde? Pharm. Ind. 26 (1964) 845.
5.120 Lebensmittelrecht, Textsammlung, Stand 1. Okt. 1968, München 1968.
5.121 LEITHERER, E.: Die Entwicklung der modernen Markenformen. Markenartikel 17 (1955) 539.
5.122 LERNER, F.: Körperpflegemittelindustrie und Markenartikel. Chem. Ind. 5 (1953) 197.
5.123 LESSENICH, W.: Grundlagen und Stand der Technik der Aerosol-Verpackung. Pharm. Ind. 23 (1961) 572.
5.124 License program nets process dividends. Chem. Week 84 (1959) Ausg. 18. 4., S. 101.
5.125 LUDÄSCHER, K.: Qualitätskontrolle von Trevira-Artikeln. Chemiefasern 12 (1965) 965.
5.126 Lückenloses Lizenz-System für Bayer-Faser Dralon. Chemiefasern 14 (1964) 379.
5.127 MÄNNICKE, A.: Die Warenverpackung als ein Faktor der betrieblichen Absatzpolitik, Berlin 1957.
5.128 MANN, P. F. E.: Licensing technology: the process licensor's point of view. Chem. and Ind. (1968) 1374.
5.129 MAPSTONE, G. E.: Easy way to calculate amounts of fertilizer ingredients. Chem. Eng. 72 (1965) Ausg. 22. 11., S. 176.
5.130 MARGOLIS, J. M.: Mergers and acquisitions in the chemical industry, in [1.2, S. 91].
5.131 – Eight ways for CPI companies to diversify. Chem. Week 84 (1959) Ausg. 18. 4., S. 86.
5.132 MELLEROWICZ, K.: Forschungs- und Entwicklungstätigkeit als betriebswirtschaftliches Problem, Freiburg 1958.
5.133 – Markenartikel, Die ökonomischen Gesetze ihrer Preisbildung und Preisbindung, 2. Aufl., München u. Berlin 1963.
5.134 MERKEL, H.: Kennzeichnungsgesetz als Einkaufshilfe für Textilien. Der Verbraucher (1965) 163.
5.135 MESSING, H.: Über die Anwendungsgebiete der Standardisierung in der Chemieindustrie. Chem. Techn. 11 (1959) 341 u. 532.
5.136 METZNER, A.: Chemie im Dienste der Welternährung. Chem. Ind. 19 (1967) 826.
5.137 MILLER, T. T.: Projecting the profitability of new products. Chem. Eng. Prog. 54 (1958) 6, S. 56.
5.138 MILLS, E. B.: R and D can be planned. Chem. Eng. Prog. 62 (1966) 4, S. 31.
5.139 Mineralöle und verwandte Produkte, Hrsg. ZERBE, C., Bd. 1–2; Berlin/Heidelberg/New York 1969.
5.140 Mineralöl- und Brennstoffnormen, DIN-Taschenbuch 20, 3. Aufl., Juni 1964.
5.141 MIOSGA, W.: Chemische Kurzbezeichnungen und Zeichenrechte. Pharm. Ind. 25 (1963) 441.
5.142 MOTZKUS, E.: Gütesicherung von Formteilen aus härtbaren Kunststoffen. Kunststoffe 51 (1961) 264.
5.143 NEGWER, M.: Organisch-chemische Arzneimittel und ihre Synonyma, 2. Aufl., Berlin 1959.
5.144 NEUMEYER, J., u.a.: Pesticides. Chem. Week 104 (1969) Ausg. 12. 4., S. 37; Ausg. 26. 4., S. 37.
5.145 OETKER, R.: Wortmarken für Holz- und Bautenschutzmittel. Chem. Ind. 15 (1953) 203.
5.146 Offspring of an oil merger. Chem. Week 98 (1966) Ausg. 22. 1., S. 30.
5.147 Oil companies: giants in chemicals too. Chem. Eng. News 47 (1969) Ausg. 17. 2., S. 16.

5.148 PHILLIPS, D. H.: Pharmaceutical development costly. Chem. Eng. Prog. 60 (1964) 5, S. 28.

5.149 PIETZCKER, R.: Rechtsprobleme auf dem Gebiet der Kosmetik. Fette, Seifen, Anstrichmittel 66 (1964) 207.

5.150 PÖLNITZ, W. v.: Arzneimittelforschung und -Produktion in Hoechst, Pharm. Ind. 29 (1967) 764.

5 151 Producers pressed to call output by common names. Chem. Eng. 73 (1966) Ausg. 28. 3., S. 62.

5.152 Productivity surprise in patent scorecard. Chem. Week 85 (1959) Ausg. 25. 7., S. 109.

5.153 QUINN, J. B.: Yardsticks for industrial research, New York 1959.

5.154 – Budgeting for research, in: Handbook of Industrial Research Management, Hrsg. HEYEL, C., 2. Aufl., New York 1960.

5.155 RANSOM, E. A.: Guidelines for evaluating new fields and products. Chem. Eng. 74 (1967) Ausg. 6. 11., S. 286.

5.156 REICHHERZER, R.: Qualitätssicherung als Grundlage der Anwendung von Kunststoffen. Kunststoffe 53 (1963) 520.

5.157 REINHARD, F. W.: Plastics materials standardization. SPE-Journal 24 (1968) 4, S. 100.

5.158 Research and development trends. Chem. Eng. 74 (1967) Ausg. 2. 1., S. 73.

5.159 Research cost. Chem. Week 88 (1961) Ausg. 4. 2., S. 57.

5.160 RIEBER, G.: Aufschwung der Körperpflegemittelindustrie durch Qualität und Marke. Markenartikel 15 (1953) 535.

5.161 RITSCHEL, W. A.: Galenische Aufgaben in der Arzneimittelentwicklung. Deutsche Apotheker-Ztg. 107 (1967) 1835.

5.162 RÖTTGER, M.: Probleme rund um die Marke. Chem. Ind. 5 (1953) 181.

5.163 ROST, A.: Probleme der Normung von Polyester-Preßmassen. DIN-Mitt. 38 (1959) 562.

5.164 ROTHE, H. J.: Mehrnährstoffdünger, in [3.212, Bd. 6, München/Berlin 1955, S. 158].

5.165 RUDD, D. F., WATSON, C. C.: Strategy of process engineering, New York 1968.

5.166 SAECHTLING-ZEBROWSKI: Kunststoff-Taschenbuch, 16. Ausg., München 1965.

5.167 SCHÄFER, E.: Aufgaben und Ansatzpunkte der Markenforschung. Markenartikel 21 (1959) 403.

5.168 SCHENK, G.: Marketing calls the shots. Chem. Eng. Prog. 61 (1965) 10, S. 16.

5.169 SCHENKEL, E.: Über die Bezeichnung von Textilien. Melliand Textilber. 33 (1957) 101.

5.170 SCHICKE, H. G.: Phosphorsäureester, in [3.212, Bd. 13, München/Berlin 1962, S. 582].

5.171 SCHINKE, H.-J.: Markenartikel des chemischen Bürobedarfs. Chem. Ind. 5 (1953) 208.

5.172 SCHLEMMER, F.: Das Arzneibuch als Dokumentation pharmazeutischer Wissenschaft und Erfahrung. Deutsche Apotheker-Ztg. 107 (1967) 817.

5.173 SCHMIGE, G.: Packungsfunktion und Packungsgestaltung. Pharm. Ind. 28 (1966) 803.

5.174 SCHMIDT, W.: Absatzwirtschaftliche Probleme der Verpackung von Flüssigkeiten und Gasen, Berlin/Heidelberg/New York 1965.

5.175 SCHMITZ, F., KLUGE, G.: Das Düngemittelrecht mit fachlichen Erläuterungen, Hiltrup bei Münster 1966.

5.176 SCHNEIDER, E.-D.: Die Verpackung von Arzneispezialitäten aus der Sicht des pharmazeutischen Großhandels. Pharm. Ind. 22 (1960) 490.

5.177 SCHNEIDER, H. W.: Pharma-Verpackungsbetriebe der Farbenfabriken Bayer AG nach der ersten Neubau-Stufe. Pharm. Ind. 29 (1967) 860.

5.178 SCHRIEVER, K.: Internationale Kurzbezeichnungen für pharmazeutisch verwendete Substanzen. Pharm. Ind. 30 (1968) 540.

5.179 SCHULTHEIS, W.: Forschung in Hoechst, Hoechst Heute (1965) 1, S. 2; Chem. Ind. 17 (1965) 500.

5.180 SHERWOOD, P. W.: Approaches to diversification in the petrochemical industries. Erdöl u. Kohle, Erdgas, Petrochemie 21 (1968) 282.

5.181 SHOTTON, E.: The development of pharmaceutics. Pharm. J. 197 (1966) 257.

5.182 SKOWRONNEK, K.: Markt und Markenbildung. Markenartikel 24 (1962) 907.

5.183 SOESAN, J. M.: The patenting of chemical inventions. Chem. and Ind. (1958) 1640.

5.184 Steigende amerikanische PVC-Produktion bei fallenden Preisen. Chem. Ind. 18 (1966) 12.

5.185 STEINBACH, C.: Die Marken in der Schuh- und Bodenpflegemittel-Industrie, Chem. Ind. 5 (1953) 205.

5.186 Strebel, H.: Die Bedeutung von Forschung und Entwicklung für das Wachstum industrieller Unternehmungen, Berlin 1968.

5.187 Strianse, S. J.: Technical research on consumer products, in [1.69, S. 83].

5.188 Strothmann, K.-H.: Markentechnische Möglichkeiten im Absatz von Produktionsgütern. Wirtschaft u. Werbung 17 (1963) 956.

5.189 Sturmfelder, M. v.: Verpackungsprobleme der pharmazeutischen Industrie. Neue Verpackung 17 (1964) 1372.

5.190 Synnatschke, G.: Vom Wirkstoff zum Pflanzenschutzmittel. Die BASF 17 (1966) S. 182.

5.191 Target: boost research's batting average. Chem. Week 89 (1961) Ausg. 14. 10., S. 143.

5.192 Texturierte Garne: Internationales Markenregister. Chemiefasern 16 (1966) 971.

5.193 Thinius, K.: Polymerkombinationen. Plaste u. Kautschuk 15 (1968) 164.

5.194 Thurmann, P.: Grundformen des Markenartikels, Berlin 1961.

5.195 Trieschmann, H.-G.: Mineralölwirtschaft und Chemiewirtschaft, Vorteile und Gefahren des Verbundes, erläutert am Beispiel der Thermoplaste. Erdöl u. Kohle, Erdgas, Petrochemie 21 (1968) 41.

5.196 Tripod, J.: Aktuelle Maßnahmen zur Sicherung der Unschädlichkeit von Heilmitteln. Pharm. Ind. 28 (1966) 850.

5.197 Trivialnamenkartei, Hrsg. Redaktion des Chemischen Zentralblattes, Weinheim 1964ff.

5.198 Tschakert: Waschrohstoffe-Rezepturen, in: Jahrbuch für den Praktiker, Augsburg 1966.

5.199 Tugendhat, G.: Diversification keynotes Europe's new HPI. Hydrocarbon Proc. 45 (1966) 2, S. 175.

5.200 Ullrich, A., Ullrich, T.: Chemische Stoffe im Sinne des § 1 des Patentgesetzes. Chemiker-Ztg./Chem. Apparatur 82 (1958) 795.

5.201 – Der Schutz von Arzneimitteln. Chemiker-Ztg./Chem. Apparatur 84 ((1960) 631.

5.202 Vestolen, Niederdruck-Polyolefine der Chemische Werke Hüls AG und der Scholven Chemie AG, Druckschr. d. Chemische Werke Hüls AG, Marl, Abschnitt 1.3 (1968).

5.203 Vinyl Makers Vie for Position. Chem. Week 97 (1965) Ausg. 11. 9., S. 39.

5.204 Vogt, H.: Statistische Unterlagen zur Bedeutung der Stoffschutz-Patente. GRUR 61 (1959) 458.

5.205 Wallhäuser, H.: Aufgaben und Probleme der Gütesicherung. Kunststoffe 57 (1967) 502.

5.206 Walton, P. R.: Cost estimating at the research level. Chem. Eng. 73 (1966) Ausg. 15. 8., S. 172.

5.207 Welche Produkte eignen sich für den Warentest? Markenartikel 27 (1965) 144.

5.208 Werthern, H. W. v.: Ohne Markenartikel keine Photographie. Markenartikel 15. (1953) 523.

5.209 Wie man aus erklärungsbedürftigen Waren problemlose Markenartikel macht, Fußbodenpflegemittel als Beispiel. Absatzwirtschaft 7 (1964) 1252.

5.210 Wiegand, C.: Entstehung und Deutung wichtiger organischer Trivialnamen. Angew. Chemie 60 (1948) 109, 127 u. 204.

5.211 Will enzymes trigger a detergent revolution? Chem. Eng. 75 (1968) Ausg. 23. 9., S. 108.

5.212 Wo beginnt Werbung für Kosmetik? Graphik, Werbung, Formgestaltung 13 (1960) 10, S. 32.

5.213 Zimmermann, P. A.: Patentwesen in der Chemie, Ludwigshafen 1965.

5.214 Zur Übernahme der Glasurit-Werke durch die BASF. Farbe u. Lack 71 (1965) 1053.

6. Anwendungstechnik und Markterschließung

6.1 Wesen, Bedeutung und Organisation der Anwendungstechnik

6.11 Aufgabengliederung

Die besonderen anwendungstechnischen Probleme chemischer Produkte haben zur Entstehung der *Anwendungstechnik* als einem eigenen, fest umgrenzten Arbeitsbereich geführt, was bislang in keinem anderen Industrieweig eine Parallele gefunden hat. Drei Teilfunktionen werden hierunter zusammengefaßt:

1. Analytische Qualitätskontrolle
2. Anwendungsentwicklung
3. Anwendungstechnische Beratung oder technischer Kundendienst

Zu 1: Die *analytischen Qualitätskontrollen* dienen der Überwachung von Rohstoff-, Zwischenprodukt- und Endproduktqualitäten im laufenden Betrieb. Es bestehen zwar enge Verbindungen zur Produktion, doch ist zur Wahrung einer streng neutralen Beurteilung der Qualität eine organisatorische Unabhängigkeit von der Produktion zweckmäßig. Teilweise überschneiden sich die Aufgaben mit denjenigen der nachstehend genannten Anwendungsentwicklung, soweit es nämlich um die Feststellung von Eigenschaftsdaten neuer Produkte geht. Schließlich sind auch die anderen Forschungs- und Entwicklungsstellen außerhalb der Anwendungstechnik auf analytische Untersuchungen angewiesen, die wenigstens teilweise von zentralen analytischen Laboratorien mit erledigt werden.

Zu 2: Die *Anwendungsentwicklung* dient der Erarbeitung neuer Kenntnisse über die Anwendung chemischer Produkte und kann als letzte und marktnächste Teilfunktion der gesamten Forschung und Entwicklung aufgefaßt werden. Es bestehen jedoch auch starke rückwärts gerichtete Impulse vom Absatzmarkt über die Anwendungsentwicklung zur eigenen Produktforschung, indem die Forschungsideen von Kunden, Vertrieb oder Anwendungstechnik initiiert werden.

Die Anwendungsentwicklung läßt sich weiter gliedern in:

a) Anwendungstechnische Grundlagenforschung. Sie hat starke Gemeinsamkeiten mit der allgemeinen Grundlagenforschung und soll die technisch-naturwissenschaftlichen Ursachen der Eigenschaften chemischer Produkte klären.

b) Anwendungsentwicklung der Verarbeitungsverfahren einschließlich der Verarbeitungsapparaturen. Diese Entwicklungsaufgaben können ganz oder mit kooperativer Beteiligung anderer Unternehmungen für mehrere Verarbeitungsstufen der eigenen Produkte vorgenommen werden.

c) Entwicklung von Folgeprodukten. Sie spielt die größte Rolle bei den Chemiewerkstoffen und ist hier wiederum mehrstufig realisierbar. Umgekehrt kommt diesen Aufgaben bei den chemischen Wirkstoffen mit Substanzverlust bei der Anwendung die geringste Bedeutung zu.

Die Formulierungsaufgaben von Mischungsrezepturen liegen im Grenzgebiet von Anwendungsentwicklung und angewandter Forschung. Im Bereich der Chemiewerkstoffe erfolgt die sog. „Rohstoffentwicklung", „Compounds-Entwicklung" usw. oft im Rahmen der Anwendungsentwicklung, und zwar in enger Abstimmung mit der nachgelagerten Entwicklung der Verarbeitungsverfahren und geformten Folgeprodukte einerseits sowie der vorgelagerten Forschung und Produktion andererseits. Soweit die hervorgebrachten neuen Kunststofftypen ins eigene Programm übernommen werden, ist die Zuordnung der Aufgaben zur Anwendungsentwicklung begrifflich zwar schwer verständlich, jedoch aus dem engen Zusammenhang mit der nachfolgenden Artikelentwicklung von Halbzeugen und Gebrauchsgütern zu rechtfertigen. Bei der Entwicklung von Kundenrezepturen liegen dagegen echte anwendungsbezogene Entwicklungsaufgaben im Sinne der hier erwähnten Folgeproduktentwicklung vor, was anschließend auch allein unterstellt wird.

d) Feststellung der *Eigenschaftsdaten neuer Produkte* und Entwicklung neuer *Prüfverfahren.* Auch hier trifft das Merkmal der Erarbeitung neuer Erkenntnisse zu. Organisatorisch kommt jedoch neben der Wahrnehmung dieser Aufgaben im Rahmen der Anwendungsentwicklung auch eine Zusammenfassung mit der Qualitätskontrolle für die laufende Produktion in Betracht.

Zu 3: Anwendungstechnische Beratung oder *technischer Kundendienst* (technical service) ist eine Aufgabe der laufenden Vertriebstätigkeit, wobei vorwiegend Probleme einzelner Kundenbetriebe und nicht – wie bei der Anwendungsentwicklung – übergeordnete Fragestellungen ganzer Produktionszweige zu bearbeiten sind [6.173]. Wichtig ist die Erledigung von Reklamationen, was entsprechend enge Verbindungen zur laufenden Qualitätskontrolle und Produktion fordert.

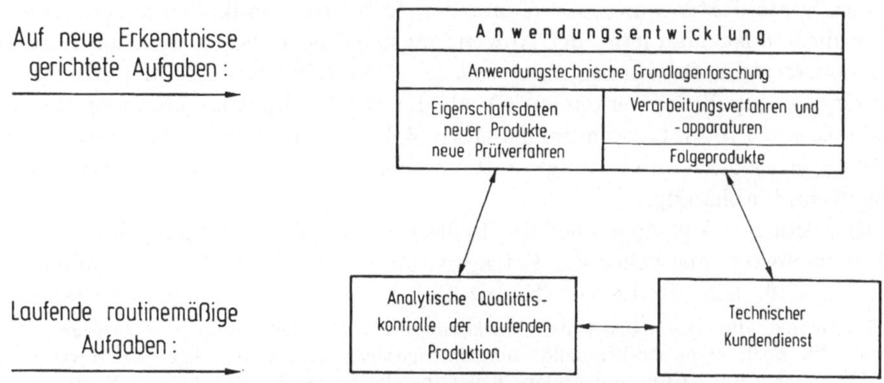

Abb. 6.1 Funktionsschema der chemischen Anwendungstechnik.

Sowohl die analytische Qualitätskontrolle unter 1. als auch der Kundendienst unter 3. haben mehr routinemäßigen Charakter und unterscheiden sich damit grundlegend von der Anwendungsentwicklung, was im Gliederungsschema der Abb. 6.1 hervorgehoben ist. Dennoch sprechen die starken Arbeitsbeziehungen zwischen den drei abgegrenzten Teilfunktionen für die organisatorische Zusammenfassung. Doppelpfeile markieren besonders wichtige Arbeitsbeziehungen.

Die heute in der chemischen Industrie vorherrschende Bezeichnung *Anwendungstechnik* hat sich erst seit etwa zwei Jahrzehnten allgemein durchgesetzt [6.90]. Sie kommt offensichtlich von den häufigen ingenieurtechnischen Aufgaben, die von Anfang an in gewissem Gegensatz zu dem chemischen Arbeitsgebiet standen. Immerhin nehmen die rein chemischen und sonstige Aufgaben naturwissenschaftlichen Charakters einen großen Anteil ein und sind in manchen Sparten sogar allein dominierend (z.B. pharmazeutische Industrie). Im angelsächsischen Sprachgebrauch werden die anwendungstechnischen Entwicklungs- und Beratungsaufgaben begrifflich stärker gegeneinander abgegrenzt, indem zwischen „application research" und „technical service" unterschieden wird.

6.12 Absatzwirtschaftliche Bedeutung

Die überragende *Absatzbedeutung* der Anwendungstechnik ergibt sich unmittelbar aus den geschilderten drei Teilfunktionen. Mehrere Faktoren haben zur heute zentralen Bedeutung in fast allen Produktionssparten geführt: Schwierigkeiten mit dem Umgang chemischer Produkte und daraus entstehende Gefahren falscher Anwendungen und schlechter Folgeprodukte; Widerstände gegen die häufige Einführung neuer chemischer Produkte aus Trägheit, Traditionalismen, Vorurteilen oder befürchteten Risiken; unzureichende Betriebsgrößen und Kapitalkraft der Nachverarbeiter für eigene Entwicklungsaufgaben; zunehmende Verlagerung des Konkurrenzkampfes in der chemischen Industrie auf Kundendienst- und anwendungstechnische Entwicklungsleistungen im gleichen Maße, wie sich die sonstigen Angebotsfaktoren der Konkurrenten wie Produktqualität, Preisstellung, Werbung usw. aneinander angleichen. Es besteht ein unmittelbarer Zusammenhang zum Ausmaß der Erklärungsbedürftigkeit, so daß die Bedeutung bei den Spezialitäten am größten und den Industriechemikalien vergleichsweise am geringsten ist. Man kann der Anwendungstechnik in der chemischen Industrie ohne weiteres die Bedeutung eines *selbständigen Instrumentes* innerhalb der gesamten Absatzpolitik zuerkennen. Auch die aktive *Markterschließung* für neue Produkte und Produktanwendungen (Kap. 6.6) sowie bestimmte *technische Marktforschungsaufgaben* (Anwendungsanalysen, Kap. 6.4) sind ganz von der Anwendungstechnik abhängig.

Quantitative Aussagen über die Bedeutung der Anwendungstechnik sind insofern erschwert, als weder die Ertragswirkungen noch die Kosten eindeutig zu isolieren sind. Eine Reihe von Kennziffern vermitteln lediglich Anhaltspunkte.

Daten über die *Gesamtkosten der Anwendungstechnik* stehen wenig zur Verfügung, weil sich hierfür noch keine funktionelle, zusammengesetzte Kostenart allgemein durchgesetzt hat. Oft werden die Kosten auf andere Kostenbereiche verteilt. Man kann z.B. die Kosten der Anwendungsentwicklung den Forschungs- und Entwicklungskosten, die Kosten der Qualitätskontrolle den Produktionskosten und die Kosten des technischen Kundendienstes den Vertriebskosten zurechnen. Da Aufgaben der Anwendungsentwicklung und des Kundendienstes oft in Personalunion wahrgenommen werden, ist die Schlüsselung nach Erfahrungssätzen oder Zeitaufschreibungen entsprechend ungenau.

Die Kosten wurden in den USA bei Industriechemikalien, die chemisch weiterverarbeitet werden, mit 1–1,5% vom Umsatz beziffert, während beim Absatz der chemischen Produktivgüterspezialitäten bis 5% vom Umsatz oder sogar mehr aufgewandt werden sollen [6.19; 6.177; 6.179]. Besonders in Westeuropa sind die Kosten der Anwendungstechnik häufig in die Forschungs- und Entwicklungskosten einbezogen. Durchschnittswerte für mehrere Sparten komplexer Chemieunternehmungen sind dann kaum aussagefähig. Für Kunststoffe wurden in der BRD Forschungs- und Entwicklungskosten von 3–5%, Kosten der Anwendungstechnik von 4–7% und Gesamtbelastungen von etwa 10% mitgeteilt. Letztere sollen bei Textilfarben und -hilfsmitteln 8–10% erreichen bei einem Anteil der Anwendungstechnik von etwa 4%. Anhaltspunkte über die Aufteilung vermitteln Angaben über das in der

Anwendungstechnik eingesetzte Personal. Für die Farbenfabriken Bayer AG wurde 1968 ein Personalbestand von rund 9600 Personen für Forschung und Entwicklung einschließlich Anwendungstechnik gemeldet, wovon 4300 Beschäftigte oder 45% auf die Anwendungstechnik entfielen [6.75]. Bezogen auf das insgesamt in den Chemieunternehmungen beschäftigte naturwissenschaftliche und ingenieurtechnische Personal soll die Anwendungstechnik durchschnittlich als Untergrenze 10–15%, oft aber bereits 25% beanspruchen [6.63], während der Rest der übrigen Forschung und Entwicklung den Ingenieurabteilungen und der Produktion zugehört. Je nach Sparte und Unternehmensgröße ergeben sich erhebliche Abweichungen. In der pharmazeutischen Industrie entfällt die Abgrenzung, da ohnehin keine Anwendungstechnik unterschieden wird. Zu den Forschungs- und Entwicklungskosten in Höhe von oft 10% vom Umsatz kommen aber die Kosten der Ärzteberater im Sinne eines „Kundendienstes“ hinzu, die meistens unter den Werbekosten stehen.

6.13 Anwendungsentwicklung und kundeneigene Entwicklungen

Es gehört zu den wichtigsten Grundsatzentscheidungen, inwieweit die eigene Anwendungsentwicklung in Konkurrenz zu den Kundenentwicklungen vorangetrieben werden soll, nämlich im Hinblick auf die Art der betreuten Produkte, die Anzahl ihrer Verwendungen und Folgeproduktstufen sowie den technischen Reifegrad der Anwendungskenntnisse. Hinzu kommen Fragen der Patentsicherung der Entwicklungsergebnisse sowie des Ausmaßes an Freizügigkeit, das bei ihrer Übertragung an die Kundenbetriebe zugrunde gelegt werden soll.

Ursprünglich war in der chemischen Industrie der Standpunkt vorherrschend, bei neuen Produkten nur ein Minimum an chemischen und technischen Anwendungsinformationen selbst zu erarbeiten und alle weiteren Entwicklungsaufgaben den prospektiven Verwendern zu überlassen [6.55]. Diese Auffassung ist überholt. Dennoch kann die Anwendungsentwicklung der chemischen Industrie die Forschungs- und Entwicklungsaufgaben der nachverarbeitenden Industriezweige nicht vollständig ersetzen, weil dies eine bestmögliche Markterschließung verwehren würde, wirtschaftlich nicht immer tragbar oder gegen die Kundenwiderstände nicht realisierbar wäre.

Für die *Einschaltung der Kundenbetriebe* sprechen folgende Gesichtspunkte:

1. Entlastung der eigenen Entwicklungsaufgaben, Minderung der Entwicklungsrisiken und -kosten.

2. Förderung der technisch-wissenschaftlichen Zusammenarbeit mit den Kundenbetrieben unter positiven Rückwirkungen auf die Festigung der Absatzbeziehungen, wobei mitunter Gemeinschaftsprojekte entstehen.

3. Stärkung der eigenen Angebotsposition durch Gewährung von Anreizen aus erfolgversprechenden neuen Produkten gegenüber den entwicklungsaktiven Kundenbetrieben. Hierbei spielen sowohl die wissenschaftlich-technischen Interessen der Chemiker und Ingenieure als auch die Rentabilitätschancen aus neuen Verarbeitungsvorhaben eine Rolle. Bei beschränkten Vergaben an einen ausgewählten Firmenkreis bereitet das Auswahlproblem und die Gefahr der Verstimmung nichtberücksichtigter Kunden zuweilen Schwierigkeiten.

4. Höhere Entwicklungsleistungen und bedarfsgerechtere Gestaltung der Folgeprodukte. Obwohl man in der chemischen Industrie danach strebt, die Größenmaßstäbe der Nachverarbeitungsanlagen in den eigenen Technikumseinrichtungen anzunähern, bleibt bei der Simulation der Nachverarbeitung mitunter ein unbewältigter Rest. Es mag als bezeichnend gelten, daß selbst potente Chemie-

unternehmungen zur Nutzbarmachung der großtechnischen Verarbeitungsanlagen und der Erfahrungen von Kundenbetrieben mitunter im Wege des Lohnauftrages Versuchsprodukte verarbeiten und Folgeprodukte herstellen lassen.

Die *Haltung der Kundenbetriebe* ist zwiespältig, wobei gegen einen zu weiten Entwicklungsvorgriff der chemischen Industrie geltend gemacht werden:

1. Bei Gelegenheit der wissenschaftlich-technischen Zusammenarbeit kommt es zu einem Abfluß der eigenen Erfahrungen auf dem Umweg über die Rohstofflieferanten an die eigene Konkurrenz, wobei zunächst unerwähnt bleibt, daß dieser Informationsfluß wechselseitig ist und auch zur eigenen Begünstigung führt. Die großen, entwicklungsaktiven Kundenbetriebe sind dabei freilich gegenüber den inaktiven benachteiligt, wenn die chemische Industrie durch selektive Weitervergabe neuer Erkenntnisse nicht einen Ausgleich schafft.

2. Größere Gewinnchancen aus eigenen Produktvorsprüngen mit möglicher höherer Preisstellung bleiben verwehrt, weil die Rohstofflieferanten zur Verbreiterung ihres Absatzes die Ergebnisse der Anwendungsentwicklung vielen Konkurrenten zugute kommen lassen. Die Möglichkeiten der begrenzten Vergabe besonders von Anwendungslizenzen verändern allerdings auch hier das Bild.

3. Die Übertragung der eigenen Forschungsaufgaben auf die Anwendungsentwicklung der Rohstofflieferanten wird nach den Interessen der letzteren ausgerichtet und wirkt vereinheitlichend auf die Produktgestaltung, die an absatzpolitischem Gewicht verliert [6.69]. Schließlich wird die gesamte Anwendungstechnik der Rohstoffhersteller nach ihren eigenen Absatz- und Gewinnzielen eingesetzt, was aber den Interessen einzelner Abnehmer zuwiderlaufen kann.

4. Die Kosten der Anwendungsentwicklung werden in die Verkaufspreise einkalkuliert und verteuern den Rohstoffbezug. Dabei ist jedoch nicht zu übersehen, daß die forschungs- und entwicklungsintensive chemische Großindustrie hinsichtlich der Kostengestaltung oft überlegen sein wird.

Für die chemische Industrie stellt das an sich naheliegende Streben der Nachverarbeiter nach eigenem Know-how, das möglichst durch eigene Patente für die betreffenden Verarbeitungsverfahren und Folgeprodukte abgesichert werden soll, eine ständige Gefahr der Verringerung der Absatzmöglichkeiten dar. Entsprechend ungünstig ist die Gewinnung von Anwendungspatenten für ähnliche Produkte durch die Konkurrenzanbieter. Außerdem werden die Nachverarbeiter bei starken Eigenentwicklungen in die Lage versetzt, über die Wahl der Rohstofflieferanten frei zu disponieren und dabei einen erheblichen Preisdruck auszuüben. Um dem entgegenzuwirken, muß die chemische Industrie ihre Anwendungsentwicklung entsprechend weit vorantreiben und möglichst eigene Anwendungspatente erwerben, die im Lizenzwege vergeben werden können. Oft verpflichten die Lizenzverträge den Kunden lediglich dazu, das gesamte Vormaterial vom Lizenzgeber zu beziehen. Selbst die Möglichkeit des Lieferantenwechsels bei Preisunterbietungen wird zugestanden, wobei dann allerdings regelmäßig eine finanzielle Ersatzleistung verlangt wird. Durch Einräumung wenigstens zeitlich befristeter Prioritäten in der Lizenzvergabe hat es der Chemiebetrieb in der Hand, die für die weitere Produktentwicklung und Markterschließung erfolgversprechendsten Verarbeiter zu bevorzugen und deren beigesteuerte Entwicklungsleistungen sowie Risikotragung in geeigneter Weise zu honorieren.

Große Anstrengungen erfordern stets die entwicklungsinaktiven Verarbeitungsbetriebe, die selbst zur Übernahme anwendungstechnisch ausgereifter und in ihrer Wirtschaftlichkeit gesicherter Neuerungen noch überredet werden müssen und die auch die laufenden betrieblichen Probleme vorzugsweise vom Kundendienst des Lieferanten erledigt sehen möchten. Hier führen die progressiv anwachsenden Kosten der Anwendungstechnik zu notwendigen Begrenzungen oder aber zu einem Anreiz, die Weiterverarbeitung ganz zu übernehmen.

Beim Absatz von *Konsumgütern* ist die volle Anwendungsentwicklung bis zur höchsten Konsumreife ohnehin unumgänglich und ein Merkmal der Qualitätssicherung des Markenartikelvertriebs. Schieben sich allerdings zwischen den Chemieproduzenten und Letztverbraucher Handelsmarken, so ist eine Herabminderung der anwendungstechnischen Aktivität der Hersteller erwartbar.

6.14 Äußere Eingliederung in die Unternehmensorganisation

Die mannigfachen wechselseitigen Beziehungen zwischen Anwendungstechnik und anderen Grundfunktionen machen die Eingliederung in die Gesamtorganisation problematisch. Entsprechend vielfältig sind die in der Praxis angetroffenen Lösungen. Abb. 6.2 veranschaulicht die wichtigsten Arbeitsbeziehungen, wobei die nach außen, der Nachverarbeitung zugewandte Aktivität parallel mit dem Vertrieb hervorzuheben ist. Die Verbindung mit dem Außenbereich der Unternehmung ist der Hauptgrund für die Eigenständigkeit der Anwendungstechnik und ihre Abspaltung von der Forschung und Entwicklung.

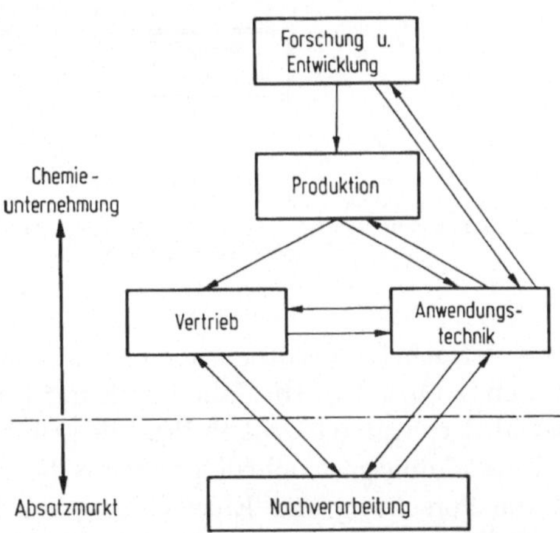

Abb. 6.2 Die wichtigsten Beziehungen zwischen Anwendungstechnik und anderen betrieblichen Grundfunktionen.

In einer ähnlichen Darstellung wurde der Anwendungstechnik die Rolle einer „*Drehscheibe*" zuerkannt, indem sie die internen Kontakte mit der Forschung und Produktion ebenso herstellen und pflegen muß wie die Kontakte mit dem Vertrieb und mit den Verbrauchern [6.66]. Die Schwierigkeiten der geschlossenen Eingliederung parallel neben oder innerhalb einer der anderen Hauptabteilungen können eine Aufspaltung in Teilfunktionen und deren Eingliederung in verschiedene Bereiche als Alternativlösung gebieten.

Einige wichtige Organisationsbeispiele sind in Abb. 6.3 skizziert. Die Aufwertung der Anwendungstechnik zu einer eigenen Hauptabteilung mit nachgeordneter Spartengliederung wird in Großbetrieben der chemischen Industrie

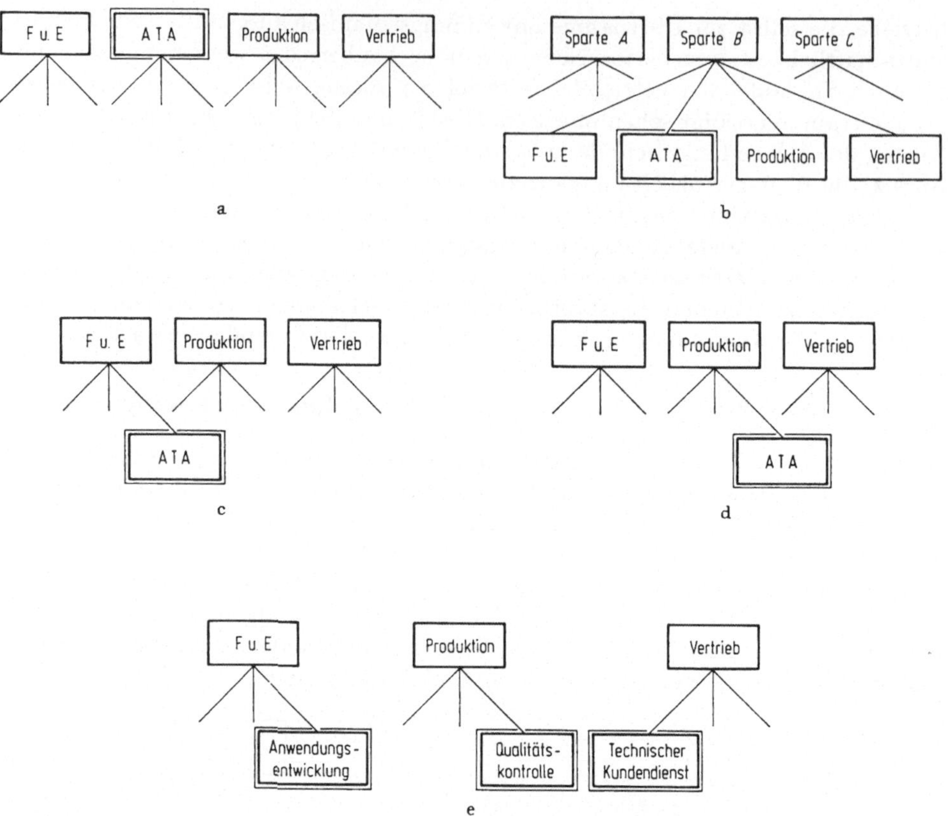

Abb. 6.3 Organisatorische Eingliederung der Anwendungstechnik (ATA) in die Gesamtunternehmung. a) Selbständige parallele Hauptabteilung; b) Selbständige Abteilung bei Divisionalorganisation; c) Eingliederung im Forschungs- und Entwicklungsbereich; d) Eingliederung im Produktionsbereich; e) Getrennte Eingliederung der anwendungstechnischen Teilfunktionen.

heute vermehrt, allerdings noch ohne eigene Vorstandsvertretung, in Erwägung gezogen (Abb. 6.3a). Im Falle der Einordnung bei Divisionalorganisation wäre die Spezialisierung nach großen Produktgruppen automatisch gegeben (Abb. 6.3b).

Entstehungsgeschichtlich gehörte die Anwendungstechnik ursprünglich genau wie die Forschung und Entwicklung zur Produktion. Bei der Ausgliederung der Forschung und Entwicklung wurde die Anwendungstechnik teilweise mit in den neu entstandenen Hauptabteilungen erfaßt (Abb. 6.3c). Hierfür sprechen zwar gewisse Arbeitsbeziehungen, aber die gegenüber der Produktion nachgelagerte Stellung sowie die Integration im Absatzbereich werden zu wenig berücksichtigt.

Häufig hat man aus der Produktion zwar die Forschung, aber noch nicht die Anwendungstechnik ausgegliedert (Abb. 6.3d). Trotz der bestehenden Anknüpfungspunkte, besonders im Hinblick auf Qualitätsüberwachung, Reklamationswesen und produktionsgerechte Neuentwicklungen, ist die Lösung wegen der anderweitigen Wechselbeziehungen sowie Kundenkontakte nicht ideal. Soweit die laufende Überwachung der Produktqualität eingeschlossen ist, können die Kontrollfunktionen schlecht wahrgenommen werden.

Bei äußerer organisatorischer Trennung bzw. Zuordnung der wichtigen drei Teilfunktionen der Anwendungstechnik zu verschiedenen Hauptabteilungen sind mehrere Lösungen denkbar, von denen Abb. 6.3e nur eine wiedergibt.

6.15 Innere Gliederung

Die mögliche innere Gliederung der Anwendungstechnik nach den *drei Grundfunktionen* wurde im Organisationsschema der Abb. 6.3e angedeutet. Der Hauptnachteil liegt hier im Auseinanderreißen von Anwendungsentwicklung und technischem Kundendienst. Die auf das Neue gerichteten Entwicklungsaufgaben sind zwar anderer Natur und stellen in vieler Hinsicht andere fachliche und menschliche Anforderungen an die Ausführenden. In der chemischen Industrie, wenigstens in Deutschland, wird aber die gleichzeitige Wahrnehmung bevorzugt.

Widmet sich ein Teil der Anwendungstechniker nur noch laufenden, routinemäßigen Beratungsaufgaben, so ist zu befürchten, daß unter der Last des Alltags der Kontakt zu den neuesten naturwissenschaftlichen und technischen Entwicklungen mit der Zeit verlorengeht. Die technischen Kundendienstleute werden von den Chemikern und Ingenieuren der Nachverarbeitungsbetriebe vielleicht eines Tages nur als zweitklassig angesehen. Bei der zunehmenden Orientierung an vertrieblichen und kaufmännischen Belangen im Außendienst ist es unvermeidlich, daß die Verbindungen mit den eigenen Forschungs- und Entwicklungsabteilungen geschwächt werden. Selbst wenn sich bei diesen Nachteilen organisatorische Schwächen auswirken, ist bei einer objektiven Beurteilung der anwendungstechnischen Aufgaben nicht zu leugnen, daß die lebendige Verbindung zwischen der eigenen Erkenntnisgewinnung und ihrer späteren Weitergabe eine Überlegenheit sichern hilft. Die Personalunion der Aufgaben schafft auch die günstigsten Voraussetzungen dafür, daß die im Außendienst gewonnenen Anregungen für die eigenen Weiterentwicklungen sofort verwertet werden.

Auf der anderen Seite steht der Verlust an Spezialisierungsvorteilen. Die ständig zunehmende Belastung des wissenschaftlichen und technischen Personals mit Beratungsaufgaben muß natürlich ihre Produktivität im Bereich der Neuentwicklungen schwächen. Wir sehen einen Ausweg aus diesem Dilemma nur darin, die Verkaufskräfte selbst in vermehrtem Umfang zur technischen Beratung der Kunden zu befähigen, so daß der eigentlichen Anwendungstechnik nur die wirklich schwierigen und ausgefallenen Probleme vorbehalten bleiben.

Die *Objektgliederung* der Anwendungstechnik führt zu schwierigen Konkurrenzproblemen, wenn zusammengehörige *Produktgruppen* weit streuende *Anwendungsgebiete* und entsprechend verschiedene Verarbeitungszweige betreffen. Die organisatorische Umgliederung stoffwirtschaftlicher Zusammenhänge in der Forschung und Produktion zur Bedarfsorientierung im Vertrieb wird durch die Anwendungstechnik aufgrund ihrer zweiseitigen Orientierung zum Innen- und Außendienst erleichtert. Meistens ist die Gliederung nach Produktgruppen vorrangig, die jedoch von der Gliederung der Produktions- und Vertriebssparten abweichen kann. Die Zahl der anwendungstechnischen Sparten ist meistens geringer als die Zahl der Produktions- oder Vertriebssparten. Daran schließt sich die Gliederung nach Abnehmergruppen oder belieferten Industriezweigen an. Mitunter gewinnen auch die Verarbeitungsverfahren selbständige Bedeutung, wenn sie nicht bereits mit den Abnehmergruppen korrespondieren (z. B. für Kunststoffe).

Daneben sind mehr *funktionale* Gliederungen nach anwendungstechnischer Grundlagenforschung, chemisch-analytischen Laboratorien und technischen Versuchsräumen (Technika) anzutreffen. Einige naturwissenschaftliche oder technische Fachdisziplinen mögen hiermit gut übereinstimmen.

6.16 Innen- und Außenorganisation

Neben dem Vertrieb neigt auch die Anwendungstechnik zur Abspaltung einer eigenen *Außenorganisation* zur Sicherung unmittelbarer Kundenkontakte, besonders hinsichtlich der *technischen Kundenberatung.* Auftretende Produktionsschwierigkeiten und Anlagenstillstände können bei den Verarbeitern in kurzer Zeit große Verluste verursachen. Wenn das einmal aufgebaute hohe Ansehen der Anwendungstechnik aufrechterhalten werden soll, muß auch bei großen Entfernungen, etwa im Exportvertrieb, jederzeit schnell Hilfe gewährleistet sein. Besonders bei weiträumigem Absatz werden daher neben der Reisetätigkeit von der Zentrale aus anwendungstechnische *Außenstellen* notwendig. Meistens kommt die Angliederung oder Unterstellung unter die Verkaufsbüros des In- und Auslandes in Betracht, wobei vor allem in den Auslandsverkaufsniederlassungen auch kleinere Laboreinrichtungen vorgesehen werden. Um hierfür arbeitsfähige Mindestgrößen zu sichern, sind diese zuweilen für mehrere Absatzbezirke gemeinsam zuständig. Der Erfahrungsaustausch mit der Zentrale bleibt unerläßlich und ist um so bedeutsamer, als die eigentliche *Anwendungsentwicklung* meistens nur in der Zentrale betrieben wird. Ausnahmsweise werden auch die Entwicklungsaufgaben teilweise nach draußen verlegt, wenn etwa örtlich voneinander abweichende Anwendungsbedingungen berücksichtigt werden müssen. Beispielsweise errichten die exportintensiven Hersteller von Landwirtschaftschemikalien regelmäßig Versuchsstationen im Ausland, um die geeignetsten Düngemittel und Schädlingsbekämpfungsmittel für die jeweiligen Kulturen, klimatischen Bedingungen usw. entwickeln zu können [6.95; 6.180].

Die räumliche Dezentralisation der Anwendungstechnik wird durch Errichtung dezentraler Produktionsstätten begünstigt, selbst wenn es sich nur um Aufgaben der Endfertigung und Konfektionierung handelt. Dies wird für die *Qualitätskontrolle* der Endprodukte naturgemäß unerläßlich.

6.17 Die Anwendungstechnik in verschiedenen Chemiesparten

6.171 Industriehilfsmittel

Im Bereich der *Industriehilfsmittel* ist die Anwendungstechnik der chemischen Industrie entstanden und heute von zentraler Bedeutung.

Unmittelbar nach dem Aufkommen der *Teerfarbstoffe* wurden etwa ab 1870 *coloristische Abteilungen* errichtet, denen die färberische Erprobung der neuen Verbindungen zunächst im textilen Sektor oblag. Während ursprünglich mit einfachen empirischen Methoden gearbeitet wurde, brachten die gesteigerten Anforderungen an Fabrikations- und Verbraucherechtheiten der Farbstoffe sowie das Hinzukommen einer großen Palette von sonstigen *Textilhilfsmitteln* für Ausrüstungsoperationen verschiedener textiler Zwischen- und Endprodukte bald eine große Ausweitung der Aufgaben. In der letzten Zeit ist die Zahl der Fasermaterialien mit ganz unterschiedlichen Bedingungen für die Textilfärbung durch die Chemiefasern sehr gewachsen. Die Anwendungstechnik hatte sich schnell auf die Mechanisierung und Rationalisierung der Ausrüstung in der Textilindustrie einzustellen und die Maßstäbe der Apparaturen entsprechend zu vergrößern [6.9; 6.54; 6.138; 6.200]. Auch heute spielen daneben die Herstellung von einfachen Farbmustern und die Ausarbeitung von Färberezepturen für die Textilindustrie eine Rolle.

Die Einsatzmöglichkeiten der synthetischen organischen Farbstoffe auch auf anderen Gebieten, etwa in der *Papier- oder Lederverarbeitung*, führten bald zur Abspaltung hierauf spezialisierter Laboratorien.

Die BASF errichtete bereits 1891 ein Papiertechnisches Laboratorium als Teil der technischen Färberei [6.73; 6.197]. Die Einbeziehung der Papiertechnologie erforderte von Anfang an die Übernahme der maschinenintensiven Verarbeitungstechnik dieses Industriezweiges (Abb. 6.4). Die Farbstoffe wurden zu einem großen Sortiment von Papierhilfsmitteln erweitert.

Abb. 6.4 Papiermaschine im Technikum einer anwendungstechnischen Abteilung für Papierhilfsmittel (BASF).

Abb. 6.5 Gerb- und Farbfässer in einem Ledertechnikum (BASF).

Die Erprobung von Farbstoffen, Gerbstoffen und Ausrüstungsmitteln für die *Lederverarbeitung* erfordert wiederum eine Einstellung auf die spezielle Verarbeitungstechnik in der Lederindustrie. Der Einblick in das Ledertechnikum des heutigen großen Leder- und Pelztechnischen Laboratoriums der BASF in Abb. 6.5 vermittelt einen Eindruck. Hier waren im Jahre 1964 allein 50 Gerb- und Farbfässer aufgestellt, in denen im gleichen Jahr 1000 Kalbfelle, 300 Rinderhäute und 1200 Kleintierfelle verarbeitet worden sind [6.117].

Gerade über die praktisch in alle Industriezweige hineinreichenden Industriehilfsmittel kommt die chemische Anwendungstechnik mit einer Vielzahl von *Verarbeitungstechnologien* in Berührung. Es entsteht das typische Erscheinungsbild der Anwendungstechnik in Gestalt von „*Miniaturfabriken*" der verschiedensten Industriezweige, wobei zur Steigerung der Praxisnähe immerhin beachtliche Größenverhältnisse realisiert werden. Großbetriebe mit hinreichender Kostentragfähigkeit und umfassenden Sortimenten für den gleichen Verwendungsbereich sind im Vorteil. Aber selbst dann verbieten sich zuweilen eigene Versuchsbetriebe aus wirtschaftlichen oder technischen Gründen, und die Erprobung am Ort der Verwendung ist dann unerläßlich, wie z.B. bei Hilfsmitteln für die Eisen- und Stahlindustrie, der Einrichtung von Versuchsstrecken zur Erprobung von Sprengstoffen im Bergbau und anderem.

Nur ausnahmsweise bietet sich die Gelegenheit, Industriehilfsmittel „produktiv" im *eigenen Werk* einzusetzen und dabei zu erproben sowie im Rahmen der Kundenberatung und Werbung darauf hinzuweisen. Man denke an die Verwendung selbst hergestellter Kältemittel in den für Betriebszwecke dienenden Kälteanlagen, an den Einsatz eines neuen Absorptionsmittels in einer dafür geeigneten Produktionsapparatur oder die Erprobung von Schutzanstrichen im eigenen Werk. Auch außerhalb der Industriehilfsmittel hat diese Ausweitung des anwendungstechnischen Potentials über die Grenzen der anwendungstechnischen Einrichtungen hinweg mitunter Bedeutung. Beispiele sind die Verwendung der eigenen Kunststofferzeugnisse für Betriebs-, Labor- und Büroneubauten oder die freiwillige Wirksamkeitsprüfung neuer pharmazeutischer Produkte durch die eigenen Mitarbeiter.

6.172 Landwirtschaftschemikalien

Die Einführung der künstlichen Düngemittel in der Landwirtschaft resultierte aus der gründlichen Erforschung der Nährstoffaufnahme durch die Pflanzen innerhalb des gesamten Komplexes pflanzenphysiologischer und ökologischer Bedingungen (JUSTUS VON LIEBIG). Sowohl die zweckfreie chemische und biologische Forschung als auch die landwirtschaftlichen Versuchsstationen der großen Düngemittelerzeuger förderten den Ausbau der *Agrikulturchemie*, die heute zu den wichtigsten Fundamenten der landwirtschaftlichen Technologie gehört. Die große Zahl kleinerer landwirtschaftlicher Produktionsbetriebe, ihre geringe Kapitalkraft und die anfänglich erheblichen Vorurteile gegen die Einführung künstlicher Düngemittel machten den erfolgreichen Düngemittelvertrieb von beträchtlichen anwendungstechnischen Vorinvestitionen abhängig. Noch heute ist diese Situation oft in Entwicklungsländern zu beobachten, wenn nach der Errichtung von Düngemittelfabriken und trotz des großen Bedarfs Absatzschwierigkeiten auftreten, weil keine hinreichende Aufklärungsarbeit und Markterschließung geleistet wurde.

Anwendungsentwicklungen für Agrochemikalien, seien es Düngemittel, Wachstumsregulatoren, Schädlingsbekämpfungsmittel, Futterhilfsmittel oder Bodenverbesserungsmittel, erfordern sowohl die Einbeziehung von Grundlagenwissenschaften als auch praxisnaher umfangreicher Versuchsprogramme. Die Düngewirkungen müssen unter kontrollierten Bedingungen zahlreicher Einflußgrößen ermittelt werden, um die optimalen Anwendungsvorschriften aufzufinden, nämlich für die verschiedenen Kulturpflanzen, Bodenarten, Klimabedingungen und Anbaumethoden. Die günstigsten Düngemitteltypen (Nährstoffgehalte, Begleitstoffe, Spurenelemente, Korngrößen, Konfektionierung) und Applikationsvorschriften bedingen sich dabei wechselseitig. Nach eingrenzenden Voruntersuchungen sind umfassende Vegetationsstudien mit Gefäß- und Feldversuchen erforderlich (vgl. Abb. 6.6 und 6.7). Andere Landwirtschaftschemikalien, besonders die Schädlingsbekämpfungsmittel, stellen hohe Anforderungen,

Abb. 6.6 Automatische Vegetationstische mit je 104 Mitscherlich-Gefäßen einer landwirtschaftlichen Versuchsstation (BASF).

Abb. 6.7 Versuchsstation zur Prüfung von systematischen Insecticiden mittels Bodenbehandlung bei Baumwolle in Vero Beach/Kalifornien (Farbenfabriken Bayer AG).

indem Wirk- und Hilfsstoffe, Formulierung und Applikationsweise eine optimale Wirksamkeit sowie Ungefährlichkeit garantieren sollen [6.41; 6.152; 6.184].

Eine hervorragende Bedeutung hat die Entwicklung rationeller *Applikationsmethoden* der Landwirtschaftschemikalien, die mit der Produktentwicklung selbst in engem Zusammenhang stehen und außerdem eine sorgfältige Abstimmung auf die technischen und wirtschaftlichen Möglichkeiten der landwirtschaftlichen Betriebe erfordern. Die Verwendung von flüssigem Ammoniak oder überhaupt *flüssiger Düngemittel* hatte die Entwicklung leistungsfähiger *Verteilungsapparate* zur Voraussetzung. Bei extensiven Anbaumethoden und in der Forstwirtschaft ist die schnelle großflächige Verteilung von Schädlingsbekämpfungsmitteln durch das *Flugzeug* begünstigt, und auch hier wurden von der chemischen Anwendungstechnik Pionierarbeiten geleistet. Der enge Zusammenhang zwischen Formulierung und Applikationstechnik zeigt sich am Abstimmungsproblem zwischen den entgegengerichteten Forderungen der möglichst hohen *Dosiergenauigkeit* und andererseits Verringerung der *Trägersubstanzmengen*. Während zur Verteilung der gleichen Wirkstoffmenge früher zwischen 300 und 1000 l Spritzbrühe gebraucht wurden, reichen heute 30–50 l und im Flugzeugeinsatz sogar 1–5 l/ha aus [6.125]. Für die Zukunft darf man aus der Entwicklung von *Kombinationsprodukten* für Düngung und Pflanzenschutz eine weitere Rationalisierung erwarten. Die neueste Entwicklung führt zum *integrierten Pflanzenschutz*, wobei die biologischen Wirkungen der Mittel mit allen Faktoren der Lebensräume, in die sie eingreifen, abzustimmen sind.

Der *landwirtschaftliche Beratungsdienst* liegt meistens in Händen landwirtschaftlicher Technologen und bildet eine Außenorganisation, die etwa dem technischen Kundendienst entspricht.

Die landwirtschaftlichen Berater sind für die Werbe- und Verkaufsinteressen der Unternehmung bedeutsam, denn sie vermitteln beim Absatzweg über den Handel einen unmittelbaren Kontakt zwischen Hersteller und Verbraucher. Um die Glaubwürdigkeit und die Wertschätzung der Beratung beim Landwirt, die häufig auf weite Teile der landwirtschaftlichen Betriebsführung ausgedehnt werden muß, nicht zu gefährden, dürfen die Berater die Absatzinteressen nur in zurückhaltender Weise durchblicken lassen. Wichtige Maßnahmen der Beratungsarbeit sind Schauversuche, Ausarbeitung von Dünge- und Spritzplänen, Vortragsveranstaltungen und Einzelberatungen zu Spezialfragen.

6.173 Chemiewerkstoffe

Im Bereich der Chemiewerkstoffe kam es beim *Synthesekautschuk* einschließlich Kautschukhilfsmitteln noch am ehesten zu einer anwendungstechnischen Entwicklungsbeteiligung durch die kautschukverarbeitende Industrie. In Deutschland entstanden vertragliche Vereinbarungen oder Gemeinschaftsgründungen von Versuchsbetrieben zwischen der chemischen und der Gummiindustrie [1.6].

Die folgenreichste Initiative der chemischen Industrie lag bisher auf dem eigentlichen *Kunststoffgebiet*, wo aus der chemischen Anwendungstechnik ein ganz neuer Industriezweig, die kunststoffverarbeitende Industrie, hervorging.

Um die neuen Produkte überhaupt marktfähig zu machen, mußten die Produkteigenschaften unter Anwendung ganz neuer Prüfmethoden charakterisiert, Verarbeitungsverfahren und -maschinen neu entwickelt und Richtlinien für die Konstruktion und Verwendung der Folgeprodukte geschaffen werden. Einige Industriezweige beteiligten sich zwar in einzelnen Sektoren wie etwa die Elektroindustrie bei Kabelisolierungen und Preßteilen, die Farben- und Lackindustrie bei synthetischen Lackharzen, vereinzelt auch die Gummiindustrie. Die Masse der technischen und wirtschaftlichen Entwicklungsarbeiten aber blieb der chemischen Industrie vorbehalten. Unzählige Verarbeitungsbetriebe erhielten ihr gesamtes erstes technisches Know-how, die Betriebsplanung, Vorgaben zur Produkt- und Programmgestaltung, ja wesentliche Finanzierungshilfen durch die chemische Industrie. Um den Absatz der Vorprodukte zu sichern, mußte die chemische Industrie über ihre Anwendungstechnik einen ganzen Industriezweig in wenigen Jahren buchstäblich aus dem Boden stampfen. Noch heute hängen große Teile dieses bislang mehr mittelständisch ausgerichteten Industriezweigs von der ständigen Hilfe und Beratung der chemischen Rohstofflieferanten ab, obwohl mit der zunehmenden Unternehmenskonzentration größere Entwicklungsanstrengungen einhergehen.

In der *Chemiefaserindustrie* wird der charakteristische Vertikalvertrieb nur durch eine bis zum Fertigprodukt vorgreifende anwendungstechnische Entwicklungs- und Beratungsarbeit eigentlich erst ermöglicht.

Die ursprünglichen Textillaboratorien oder „Fadenzimmer" zur Ermittlung der Fasereigenschaften, vor allem im Rahmen der laufenden Qualitätskontrolle, sind längst zu umfassenden textiltechnischen Versuchsfeldern ausgebaut worden. Sie erfassen alle wichtigen Stufen der Nachverarbeitung „von der Spinndüse bis zur Fertigware". Neben den Faserprüflaboratorien finden sich Versuchsspinnereien zur Garnherstellung, Versuchswebereien zur Gewebeherstellung, Versuchswirkereien für die Maschenwarenindustrie, Konfektionstechnika für die Herstellung von Fertigartikeln und sogar Studioeinrichtungen für modische Artikelentwicklungen. Dies ist die Grundlage für die Schaffung bedarfsweckender Endprodukte, auf die Endprodukte optimal abgestimmter Fasern und Ausrüstungsverfahren, die fachliche Betreuung der gesamten Nachverarbeitungskette und die Warenzeichenkontrolle bei mehrstufigen Fasermarkierungen.

Aufschlußreiche Zahlen über die Kapazität der Textiltechnika wurden von der Farbwerke Hoechst AG mitgeteilt: Hier verfügte die „ATA-Textil" 1968 über 1000 Kammgarnspindeln, 1100 Baumwollspindeln, 300 Streichgarnspindeln, 500 Texturier- und Zwirnspindeln, 40 Webstühle, 36 Hochleistungsmaschinen in der Wirkerei und Strickerei. Die Einrichtungen ermöglichten eine wöchentliche Erzeugung von 750 kg Trevira/Wolle-Kammgarn, 600 kg Trevira/Baumwolle-Garn und 2000 kg texturierten Garnen, während die Kapazität der Weberei 15 Millionen Schuß je Woche erreichte [6.5].

Auch die Großproduzenten der monomeren Synthesefaserrohstoffe (Caprolactam, AH-Salz, DMT, Acrylnitril) haben häufig umfangreiche Versuchsanlagen für die Faserproduktion, Faserprüfung und textiltechnische Weiterverarbeitung angegliedert. Im Rahmen langfristiger Lieferverträge, besonders mit neu hinzukommenden und noch unerfahrenen Produzenten (Entwicklungsländer), wird dieser umfassende Lieferservice oft zu einem wichtigen Vertragsbestandteil.

Wichtige Verbindungen ergeben sich mit der Anwendungstechnik für Textilfarben und Textilhilfsmittel sowie im Bereich der technischen Textilien beispielsweise mit der Anwendungstechnik für Synthesekautschuk (Kordentwicklung für Reifen) und Kunststoffe (chemiefaserverstärkte Kunststoffe). Gerade die technischen Verwendungen erweitern die Endproduktpalette nochmals beträchtlich.

6.174 Pharmazeutische Industrie

Als letztes Beispiel sei die pharmazeutische Industrie mit einigen markanten Besonderheiten erwähnt:

1. Wie alle chemischen Konsumgüter werden die Arzneispezialitäten bis zur vollen Konsumreife entwickelt. Die Arzneimittelrezeptur durch den Apotheker hat nur noch geringe Bedeutung.

2. Beim Charakter der Produkte als Wirkstoffe und Konsumgüter entfällt die Anwendungsentwicklung der Weiterverarbeitung. Es geht allein um das Erzielen optimaler Produkteigenschaften und deren Ermittlung.

3. Der Begriff der Anwendungstechnik ist unbekannt. Die der Anwendungsentwicklung analogen Aufgaben fallen mit in die pharmazeutische Forschung und Entwicklung, die sich in der Hauptsache auf chemisch-pharmazeutische, biologische und medizinische Forschungsrichtungen stützt.

4. Die Qualitätskontrolle bildet wegen der hohen Qualitäts- und Sicherheitsforderungen meistens eine eigene und unabhängige Abteilung.

5. Dem technischen Kundendienst entspricht der wissenschaftliche Außendienst der Ärzteberater.

Die Situation läßt sich am besten anhand der organisatorischen Eingliederung aller wissenschaftlich-technischen Funktionen beleuchten, deren Stellen bei der Entwicklung neuer Produkte durchlaufen werden (Abb. 6.8).

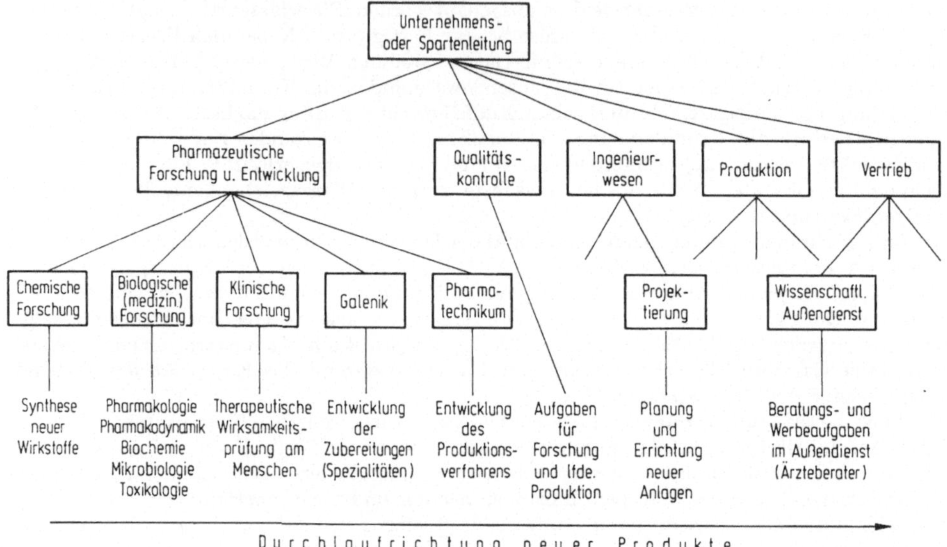

Abb. 6.8 Organisatorische Eingliederung der wissenschaftlich-technischen Funktionen in der pharmazeutischen Industrie.

Im Gesamtbereich der pharmazeutischen Forschung und Entwicklung nimmt die *chemische Forschung* zur präparativen Darstellung immer neuer Wirkstoffe einen relativ kleinen Raum ein. Den Hauptaufwand erfordern dagegen heute meistens die *biologischen* oder *medizinischen Forschungsabteilungen*, deren Gliederung nach den vertretenen Fachdisziplinen weitgehend sein kann und denen die *pharmakologischen Prüfungen* auf Wirksamkeit und schädliche Nebenwirkungen obliegen. Der größte Teil der einengenden Wirksamkeitsprüfungen mit der Ausscheidung Tausender vorgeschlagener Verbindungen im Rahmen des „screening" sind in diesem Bereich zu erledigen, aus dem in Anbetracht seiner großen Bedeutung vermehrt die leitenden Persönlichkeiten der gesamten Pharmaforschung hervorgehen. Eine gezielte, von den primären Kenntnissen über die Wirkungsmechanismen der Arzneimittel im menschlichen Organismus ausgehende Produktentwicklung hätte von den hier vertretenen Grundlagenwissenschaften ihren Ausgang zu nehmen. Eines der auffälligen äußeren Kennzeichen sind die umfangreichen Einrichtungen für die *Tierversuche*.

Nach der biologischen bildet die *klinische Forschung* den zweiten Abschnitt der Teststrecke für die zuverlässige Erfassung der Produkteigenschaften. In Anlehnung an die amerikanischen Prüfbestimmungen der FDA (Food and Drug Administration) wird die klinische Prüfung oft in drei Phasen vorgenommen: In Phase I werden die neuen Produkte an einem kleinen Kreis von Gesunden geprüft (oft als Selbstversuche von eigenen Mitarbeitern), Phase II dient der Prüfung an einem kleinen Kreis von Kranken durch hierauf spezialisierte Ärzte und Phase III der klinischen Prüfung auf möglichst breiter Basis an zahlreichen Krankenbehandlungsfällen. Positive biologische Wirkungen und Nebenwirkungen sind durch die zur Behandlung vorgesehenen Prüfärzte anhand umfangreicher Fallberichtsformulare festzuhalten. Bei der heutigen Neigung, die Prüfungen nicht nur durch bestimmte ausgewählte *Kliniken*, sondern im Rahmen der sog. *Feldprüfung* auch durch frei praktizierende Ärzte vornehmen zu lassen, wird der organisatorische und statistische Prüfaufwand so groß, daß bereits elektronische Datenverarbeitungsanlagen eingesetzt werden [6.157]. Der klinischen Forschungsabteilung obliegen nur in geringem Umfang eigene Prüfungsaufgaben, wie etwa im Rahmen der Selbstanwendung. Hauptsächlich richtet sich die Tätigkeit auf das Entwerfen der klinischen Prüfpläne, deren Auswertung, die Überwachung des Prüfmusterversands und die Koordination mit den prüfenden Ärzten.

In der *galenischen Abteilung* werden durch Apotheker die Zubereitungen sowohl der Versuchsprodukte als auch der späteren konsumreifen Arzneispezialitäten entwickelt, wobei Applikationsformen, Mischungskomponenten, Dosierungen und Verpackung festzulegen sind. Im *Pharmatechnikum* werden dagegen Verfahrensbedingungen und Apparaturen für die großtechnische Herstellung erarbeitet. Galenik und Pharmatechnikum sind mitunter zusammengefaßt. Sie wären der angewandten Forschung, Produktentwicklung und Verfahrensentwicklung der allgemeinen chemischen Forschungsorganisation zuzuordnen (Kap. 5.222).

Innerhalb der Technischen Chemie hat sich eine besondere „*Pharmazeutische Technik*" (pharmaceutical engineering) erst in jüngster Zeit stärker durchgesetzt, nachdem es bei erhöhten Qualitätsanforderungen, vergrößerten Produktionsanlagen und zunehmenden technischen Anforderungen immer weniger ausreicht, die Produktionsapparate als einfache Vergrößerung der Laborgeräte aufzufassen. Erhebungen in der Pharmaindustrie der USA haben gezeigt, daß die technischen Aufgaben der Verfahrensentwicklung und -rationalisierung zunehmend organisatorisch verselbständigt werden. Es kommen auch Unterstellungen im Produktions- sowie Ingenieurbereich in Betracht [6.1].

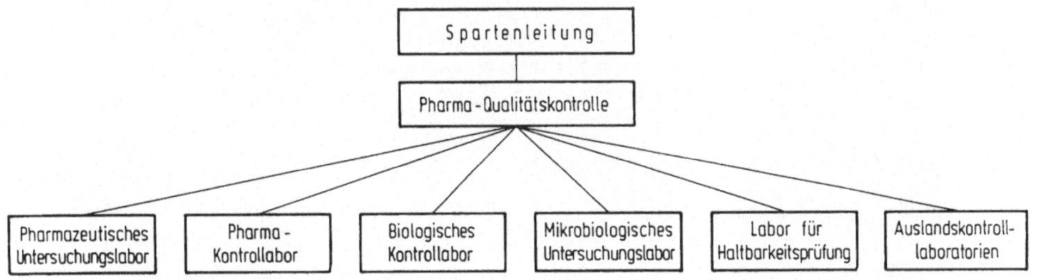

Abb. 6.9 Stellengliederung der Pharma-Qualitätskontrolle in einem chemischen Großbetrieb [6.116].

Abb. 6.9 zeigt nach einem Beispiel aus der Praxis den anspruchsvollen Aufbau der pharmazeutischen *Qualitätskontrolle*. Mehrere Speziallaboratorien sind vorgesehen, um die geforderten zahlreichen Eignungs- und Wirksamkeitsnachweise für die Fertigprodukte aus der laufenden Produktion zu erbringen. In dem mitgeteilten Beispiel obliegt dem pharmazeutischen Untersuchungslaboratorium neben der laufenden Qualitätsprüfung und Freigabe der pharmazeutischen Wirkstoffe und Hilfsstoffe vor ihrer Konfektionierung auch eine Reihe typischer Entwicklungsaufgaben, wie etwa die Ausarbeitung von Prüfungsmethoden und -normen für neue Arzneistoffe oder der Formulierungsvorschriften für neue Zubereitungen [6.116].

Auf den *wissenschaftlichen Außendienst* ist bei der Werbung einzugehen (Kap. 7.641).

6.2 Erfassung der Produkteigenschaften

6.21 Chemische Eigenschaften

Die umfassende Charakterisierung der *Stoffeigenschaften* neuer Produkte stellt die Grundlage für das Auffinden und Festlegen technischer Anwendungen dar. Erst wenn die Anwendungsforschung definierte Verwendungen abgegrenzt hat, kann die Analyse und Kontrolle der Stoffeigenschaften auf solche Daten beschränkt werden, die als Qualitätsparameter belangreich und mit vertretbarem analytischem Aufwand im laufenden Betrieb feststellbar sind. Umgekehrt sind die vom Markt her geforderten Eigenschaften die Grundlage der auf bestimmte Verwendungen und Marktlücken abzielenden Produktentwicklung.

Die chemischen Stoffeigenschaften beziehen sich zunächst auf den *chemischen Aufbau* selbst, d.h. auf die vorhandenen Anteile chemischer Elemente, die Molekülstrukturen einheitlicher Stoffe (Verbindungen) und die Zusammensetzung von Stoffgemischen nach Art und Anteilen der chemischen Komponenten.

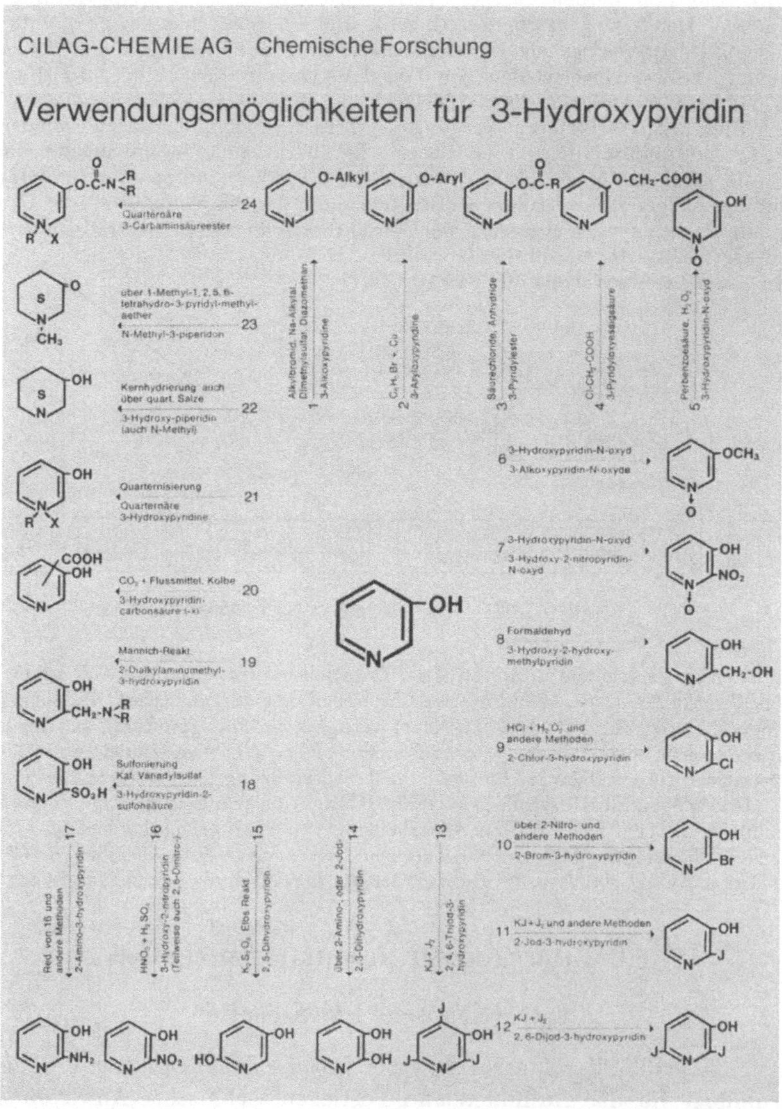

Abb. 6.10 Teil eines zweiseitigen Inserates mit Darstellung der Reaktionsmöglichkeiten von 3-Hydroxypyridin. Die auf der zweiten Seite des Inserates mitgeteilten Literaturstellen sind hier nicht wiedergegeben.

Für diese qualitativen und quantitativen Bestimmungen stehen zahlreiche sowohl chemische als auch physikalische Methoden der chemischen Analytik zur Verfügung. Dennoch bereitet die restlose chemische Strukturaufklärung bei komplizierten Verbindungen mitunter Schwierigkeiten und gelingt dann womöglich erst lange nach der technischen Verwendung, so daß hierin keine absolute Vorbedingung für die Markteinführung neuer Produkte zu erblicken ist. Dies trifft heute vor allem für das Gebiet der hochmolekularen Verbindungen zu, die chemisch gekennzeichnet werden über Grundperioden, Seitengruppen, Doppelbindungen, Endgruppen, Molekulargewichtsdaten, sterische Konfigurationen und andere Strukturparameter der Makromoleküle (s. Tab. 6.5). Hier wie bei komplizierten Stoffgemischen (z.B. Kohlenwasserstoffe, Fette, Öle, Wachse usw.) begnügt man sich zuweilen mit der indirekten chemischen Charakterisierung anhand chemisch-analytischer Kennzahlen, die auf den Gesamtgehalt an bestimmten Bestandteilen bzw. funktionellen Gruppen schließen lassen (z.B. Säurezahl, Verseifungszahl, Hydroxylzahl u.a.).

Die technischen Möglichkeiten und Kosten der analytischen Erfassung der Produktbestandteile können für die Marktfähigkeit entscheidend werden, wenn etwa die vollständigen qualitativen und quantitativen Analysen für die Zulassung und Überwachung der Produkte staatlicherseits vorgeschrieben werden, wie es hinsichtlich der Pharmazeutika in mehreren Ländern bereits zutrifft. Beträchtliche Schwierigkeiten für die Analysenmethoden ergeben sich besonders bei Mischungsprodukten mit zahlreichen Bestandteilen. Man behilft sich zuweilen mit dem qualitativen Identitätsnachweis von Nebenbestandteilen oder der Analysenkontrolle aller eingehenden Vorprodukte.

Unter den chemischen Eigenschaften im engeren Sinne versteht man die *chemische Reaktionsfähigkeit* eines Produktes.

Die Reaktionsfähigkeit wird charakterisiert durch die möglichen Reaktionen (z.B. Spaltreaktionen, Anlagerungsreaktionen unter Aufhebung von Doppelbindungen, Polymerisationsreaktionen usw.), durch die geeigneten Reaktionspartner (z.B. reagiert mit Halogen ..., verhält sich gegen Metalle ... usw.) sowie durch die erhältlichen Derivate. Diese chemischen Eigenschaften interessieren natürlich in der Hauptsache bei chemisch zu verarbeitenden Rohstoffen und Zwischenprodukten. Da es für die meisten Produkte viele Reaktionsmöglichkeiten gibt, ist eine Beschränkung der Aufklärungsarbeit geboten, die im übrigen bereits in die Anwendungsentwicklung der Weiterverarbeitung vorgreift. Letztere wird freilich die Folgereaktionen stärker technisch präzisieren müssen, wie etwa über thermodynamische und kinetische Daten sowie realisierte Ausbeuten bei bestimmten Versuchsanordnungen und Verfahrensbedingungen. Als Beispiel zeigt Abb. 6.10 die in einem zweiseitigen Inserat mitgeteilten Reaktionsmöglichkeiten des angebotenen Zwischenproduktes 3-Hydroxypyridin. Für die Charakterisierung der Reaktionsfähigkeit steht keine allgemeine Systematik der Reaktionen zur Verfügung. Man wird fallweise je nach Eigenart des Produktes und der vermuteten Anwendungen eine Auswahl zu treffen haben.

Die chemischen Eigenschaften der Brennbarkeit, Entzündlichkeit oder Explosionsneigung stehen vor allem unter sicherheitstechnischen Aspekten. Mehr unter den Gesichtspunkten der Lagerung, der Verpackung und des Transportes interessieren die Reaktionsfähigkeit mit Wasser, Luftsauerstoff, verpackungsüblichen Werkstoffen, durch spurenweise Verunreinigungen, durch Lichteinwirkung oder aber auch ohne äußere Einwirkungen. Die chemischen Eigenschaften der hochpolymeren Chemiewerkstoffe in bezug auf Korrosion und Zersetzlichkeit sind bereits echte anwendungstechnische Daten.

Die sich im Mikrobereich abspielenden Mechanismen der Eigenschaften der chemischen Wirkstoffe beruhen häufig ebenfalls auf chemischen oder biochemischen Reaktionen (z.B. bei Pharmaka, Düngemitteln usw.), sie liegen jedoch außerhalb der als technische Kategorie aufgefaßten chemischen Produkteigenschaften.

Die Formulierung der analytischen Aufgaben, die zur Strukturaufklärung und Kennzeichnung der synthetisierten Substanzen bereits in die präparative For-

Tabelle 6.1 *Richtwerte zur Leistungsfähigkeit und Wirtschaftlichkeit von Analysenmethoden (1960)* [6.87]

Methode	Analytisch nachzuweisen oder zu bestimmen	Erforderliche Probenmenge P [mg]	Erfassungsgrenze E [mg]	Wirkungsgrad der Methode $W = P/E$	Genauigkeit der Analyse [rel. %]	Erforderliche Zeit: manuelle Arbeit [min]	Erforderliche Zeit: Auswertung [min]	Erforderliche Zeit: gesamt [min]	Kosten: je Jahr [10^3 DM]	Kosten: je Analyse [DM]	Kosten: Geräte-/Personalkosten
Anorg. Makrogewichtsanalyse	El., An., Kat.	100–500	10^{-1}	10^3	0,2–0,5	20–120	2–5	60–300	11	16	7:100
Anorg. Mikrogewichtsanalyse	El., An., Kat.	3–10	$2 \cdot 10^{-3}$	10^3–10^4	0,5	30–120	2–5	60–300	11	16	8:100
Anorg. Makromaßanalyse	El., An. Kat.	20–500	10^{-1}	10^3–10^4	0,2–0,5	2–20	2–5	5–25	11	1	7:100
Anorg. Mikromaßanalyse	El., An., Kat.	3–10	10^{-3}	10^3–10^4	0,2–0,5	2–20	2–5	5–25	11	1	8:100
Kolorimetrie	El., An., Kat.	0,1–1	10^{-4}	10^3–10^4	1–2	2–5	2–5	5–10	12	1	16:100
Org.-chem. Makroanalyse	funkt. Gr., Molekeln	200–1000	10^{-1}	10^3–10^4	0,2–0,5	10–240	5–10	15–250	11	11	8:100
Org.-chem. Mikroanalyse allgem.	funkt. Gr., Molekeln	3–10	$2 \cdot 10^{-3}$	10^3–10^4	0,2–0,5	5–150	5–10	10–160	11	7	10:100
Org.-chem. Mikroelementaranalyse	C, H, N, O, S, Cl, anorg. Verb.	3–5	10^{-2}	10^3	0,3–1	20–40	2–5	25–45	11	3	11:100
Gaschromatographie	Molekeln	0,5–10	10^{-4}	10^3–10^5	1–3	5–60	5–15	10–75	16	4	33:100
Ultrarotspektroskopie	funkt. Gr., Molekeln	0,5–5	$5 \cdot 10^{-3}$	10^2–10^3	1–2	5–10	10–30	15–45	22	5	83:100
Flammenphotometrie	Elemente	1–10	$5 \cdot 10^{-4}$	10^3–10^4	1–2	1–2	2–5	3–10	12	1	20:100
Emissionsspektrographie	Elemente	0,1–1	$5 \cdot 10^{-5}$	10^4–10^5	2–3	1–2	2–10	3–15	47	4	176:100
Röntgenfluoreszenzspektrographie	Elemente	100	10^{-2}	10^4	2–5	1–2	2–10	3–15	31	3	82:100
Massenspektrometrie	Elemente, Molekeln	0,1–10	10^{-4}	10^3–10^5	1–2	10–20	10–50	15–60	57	14	240:100

Abkürzungen: El.: Elemente; An.: Anionen; Kat.: Kationen; funkt. Gr.: funktionelle Gruppen. *Kostenermittlung:* Nur Abschreibungen (6 Jahre), Materialkosten, Lohn- und Gehaltskosten der Laborkräfte.

schung hineinragen, ist zunächst sehr universell gehalten. Man wird im Labormaßstab diejenigen *Analysenmethoden* anwenden, die bei den verfügbaren Substanzmengen (Probenmengen), den geforderten Erfassungsgrenzen der Komponenten und der erzielbaren bzw. geforderten Genauigkeit brauchbar erscheinen. Die Übernahme der analytischen Kontrollmethoden für die laufende Produktion erfordert jedoch eine einschränkende Auswahl unter gleichzeitiger Berücksichtigung von Zeitbedarf, Materialverbrauch, Präzision, Zuverlässigkeit und der insgesamt entstehenden Kosten, wobei außerdem die Bedingungen der Qualitätskontrolle bei den Abnehmerbetrieben zu berücksichtigen sind. In Tab. 6.1 sind einige Mittel- bzw. Grenzwerte für technische und wirtschaftliche Kenngrößen wichtiger Analysenmethoden zusammengestellt, die zwar teilweise überholt und im Einzelfall zu ungenau sein mögen, jedoch für die Vergleichsmethodik und die notwendige Einbeziehung von Kostendaten Hinweise bieten. Weiterhin ist zu entscheiden, inwieweit eine Qualitätskontrolle in den Laboratorien der Anwendungstechnik oder mit Hilfe der Meß- und Regeleinrichtungen der Prozeßanlagen in Frage kommt. Bekanntlich haben besonders die modernen physikalischen Analysenmethoden dazu beigetragen, bei manchen Prozessen einige Analysen zu automatisieren und die Qualitätskennwerte als Regelgrößen in die Prozeßführung einzubeziehen. Bei den für die Freigabe wesentlichen Daten wird man allerdings auf eine von der Produktion unabhängige Qualitätskontrolle nicht verzichten können.

6.22 Physikalische Eigenschaften

Die *physikalischen Stoffeigenschaften* dienen einerseits der leichteren Identitätsfeststellung von Produkten im Rahmen chemisch-analytischer Aufgaben, andererseits aber auch zur Charakterisierung der Verwendungsmöglichkeiten. Die physikalischen Daten lassen mitunter Rückschlüsse zu sowohl auf die chemische Stoffqualität als auch auf weitere Anwendungseigenschaften. Dies hat in der Verwendungsforschung für neue Produkte und bei der Auswahl von Qualitätskontrollparametern in der laufenden Produktion Bedeutung.

In Tab. 6.2 sind als Beispiel die physikalischen Daten des chemischen Elementes Fluor aus einer anwendungstechnischen Druckschrift wiedergegeben. Wichtige stoffcharakteristische physikalische Daten sind Molekulargewicht bzw. Molmasse, Dichte, Schmelzpunkt, Siedepunkt, Brechungsindex, Angaben zur Kristalltracht sowie evtl. Löslichkeit und Lösevermögen. Die physikalischen Kenngrößen sind quantitativer Natur, wobei allerdings die Abhängigkeit von zahlreichen Einflußgrößen Erschwernisse mit sich bringt. Mitunter ist die Ermittlung der einzelnen Daten unter festliegenden, gewöhnlich standardisierten Bedingungen nicht ausreichend, sondern durch die Bestimmung von Funktionen zu ersetzen (thermodynamische Daten z. B. vor allem in Abhängigkeit von der Temperatur). Noch komplizierter werden die Verhältnisse bei Stoffgemischen, da eindeutige physikalische Daten von „Bereichen“ abgelöst werden (z. B. Schmelzbereich oder Siedebereich anstelle von Schmelzpunkt und Siedepunkt) und da die Konzentrationsverhältnisse zusätzliche Variable einführen (z. B. Ermittlung der Dichtefunktion einer Lösung zusätzlich in Abhängigkeit von der Konzentration).

Auch zur Bestimmung der physikalischen Eigenschaften sind bei Literaturrecherchen für bekannte Substanzen sowie ganz besonders bei experimentellen Ermittlungen für neue Produkte Einschränkungen auf Schwerpunkte geboten.

Tabelle 6.2 *Physikalische Daten von Fluor, auszugsweise nach* [6.82, S. 12][1]

Physikalische Kenngröße	Wert	Maßeinheit
Molmasse	38,00	–
Umwandlungspunkt	– 227,61	[°C]
Schmelzpunkt	– 219,62	[°C]
Siedepunkt	– 188,14	[°C]
Kritische Temperatur	– 111,9	[°C]
Kritischer Druck	55	[atm]
Dichte (Flüssigkeit, Siedepunkt)	1,513	[g/cm³]
Dichte (Gas, 0 °C, 760 Torr)	1,696	[g/l]
Brechzahl (Flüssigkeit, Siedepunkt)	1,20	–
Brechzahl (Gas, 0 °C, 760 Torr, NaD)	1,000214	
Molrefraktion	3,22	[cm³/mol]
Umwandlungswärme	173,90	[cal/mol]
Schmelzwärme	122,0	[cal/mol]
Verdampfungswärme (Siedepunkt)	1564	[cal/mol]
Umwandlungsentropie (– 227,61 °C)	3,82	[cal/mol grd]
Schmelzentropie (– 219,62 °C)	2,28	[cal/mol grd]
Verdampfungsentropie (Siedepunkt)	18,3	[cal/mol grd]
Normalentropie (Gas)	48,506	[cal/mol grd]
Oberflächenspannung (Siedepunkt)	13,6	[dyn/cm]
Eötvös-Konstante	2,1	
Viskosität (Flüssigkeit, Siedepunkt)	0,24	[cP]
Viskosität (Gas, 0 °C, 1 atm)	$5{,}92 \cdot 10^{-5}$	[cal/cm grd sec]
Selbstdiffusionskoeffizient (Gas, 0 °C, 1 atm)	0,170	[cm²/sec]
Stoßdurchmesser	$0{,}37 \cdot 10^{-8}$	[cm]
Kernabstand	$1{,}435 \cdot 10^{-8}$	[cm]
Dissoziationsenergie (0 °K)	37,4	[kcal/mol]
Elektronenaffinität der Atome	81,2	[kcal/mol]

[1] Hier ohne primäre Literaturangaben.

6.23 Physiologische Eigenschaften

Die Charakterisierung der *physiologischen Eigenschaften* chemischer Produkte steht unter der Zielsetzung, schädliche biologische Wirkungen vor allem auf den menschlichen Organismus möglichst weitgehend auszuschließen. Im weiteren Sinne wären zu den physiologischen Eigenschaften auch die beabsichtigten positiven biologischen Wirkungen zu zählen, die aber nur für wenige Produktgruppen in Frage kommen und in der Regel gesondert betrachtet werden (Kap. 6.24).

Der Begriff der „Schädlichkeit" umfaßt eine ganze Skala von Merkmalen, die von der leichtesten Unbehaglichkeit oder der Erzeugung allergischer Reaktionen bei subjektiv extremer Empfindlichkeit bis zur schweren Intoxikation reicht. Die toxikologischen Eigenschaften chemischer Produkte stellen den quantitativ nicht genau definierten Grenzbereich zur ungünstigen Seite hin dar.

Die *Anforderungen* an die physiologischen Eigenschaften chemischer Produkte werden zu steigern sein:

1. mit abnehmenden *fachlichen Voraussetzungen* für eine gesicherte bestimmungsgemäße Verwendung der Produkte.

2. mit der *Intensivierung* des bestimmungsgemäßen *Kontaktes* der Produkte mit dem *Menschen*. In den produktiven Verwendungen spielen die Einwirkungs-

dauer und die Mengen bzw. Konzentrationen der einwirkenden Stoffe eine Rolle. Bei den chemischen Konsumgütern und Konsumgüterfolgeprodukten ergeben die großen Produktgruppen bereits Anhaltspunkte für die Anforderungen.

Bekleidungsgegenstände aus Chemiefasern werden kaum unter toxikologischen Gesichtspunkten beurteilt. Es geht in der Bekleidungsphysiologie um die schwer zu quantifizierenden Eigenschaftskomponenten des günstigen Trageverhaltens in Abhängigkeit zahlreicher Einflußfaktoren, wobei die psychologische Seite hiermit eng koordiniert ist (Abb. 6.11). Haushaltsinsecticide bergen hauptsächlich die Gefahren fahrlässiger Anwendung, immerhin wird man weniger toxische Wirkstoffe als bei den für die Landwirtschaft bestimmten Produkten verlangen. Haushaltsreinigungsmittel sind auf die Gefahren der Hautirritation zu prüfen. Dies gilt in verstärktem Maße unter Berücksichtigung der speziellen Anwendungsbedingungen bei Körperpflegemitteln. Kunststoffverpackungsmaterialien sind toxikologisch unter dem

Physiologische und psychologische Aspekte in der Kleidung

Der Mensch	Die Kleidung	Die Umwelt
Alter	Fasersubstanz	Klima, Jahreszeit
Geschlecht	Web-/Wirkware, endlos/gesponnen	Aufenthalt (außen, innen)
Tätigkeit (Arbeitsleistung)	Griff, Aussehen	Heizung, Klimatisierung
Gesundheitszustand	Farbe	Wind
Ernährung	Dicke, Dichte, Schwere	Feuchtigkeit
Gewöhnung/Abhärtung	Funktion (Unterkleidung, Damenoberbekleidung, Herrenoberbekleidung etc.)	Temperatur
Tradition	Leistung/Pflege	Schmutzproblem
Geltungsbedürfnis/Ästhetik/Ethik	Schnitt	
Geschmack/Mode	Sitz	
Psychologische Faktoren	Fall	
Kosten, Wohlstand	Kleidungssystem (Bett)	

Arbeitskleidung und Uniformen
Wasserbindung, Wärmehaltung, Luftdurchlässigkeit

Forschungsprobleme für:

Faser- u. Textiltechniker der verschiedenen Gruppen
Physiker
Physiologe
Dermatologe
Hygieniker
Kliniker
Arbeitsmediziner
Psychologe

Abb. 6.11 Physiologische und psychologische Gesichtspunkte bei der Entwicklung von Bekleidungserzeugnissen [6.127].

Gesichtspunkt des möglichen Übergangs von evtl. schädlichen Kunststoffbestandteilen in die Lebensmittel zu beurteilen (Mono- und Oligomere, Spalt- und Oxydationsprodukte, Weichmacher und andere Hilfsmittel, notwendige Migrationsversuche). Chemische Lebensmittelzusätze unterliegen, genau wie die Pharmaka, wegen der bestimmungsgemäßen Aufnahme durch den Menschen schärfsten Kontrollanforderungen.

3. mit der *Entwicklungsreife* des Produktes. Wegen der hohen Kosten der physiologischen Charakterisierung wird man diese erst bei feststehendem Entwicklungserfolg und feststehenden Verwendungen vervollständigen. Andererseits sind die vorläufigen und zunehmend verfeinerten toxikologischen Bewertungen während der verschiedenen Entwicklungsstadien unter anderem wichtige Kriterien für die Aufgabe oder Weiterführung der Produktentwicklung und für die Eingrenzung der Produktverwendungen.

4. mit *abnehmender Relation* zwischen den *positiven* Eigenschaftsmerkmalen und der *Toxizität*, so daß bei gleichen positiven Eigenschaften das gefährlichere Produkt auszuscheiden ist. Bei der Entwicklung pharmazeutischer Produkte hat sich hierfür der „therapeutische Index" als Beurteilungsmaßstab eingeführt.

Trotz der Schwierigkeiten, die physiologischen und insbesondere toxikologischen Eigenschaften neuer Produkte zuverlässig vorauszubestimmen, sind diese Untersuchungen unbedingt notwendig, und zwar bereits vor der Markteinführung. Da erschöpfende toxikologische Daten nur bei relativ wenigen Verbindungen bekannt sind und sich andererseits theoretische Rückschlüsse aufgrund chemisch-konstitutiver Analogien nur begrenzt ziehen lassen, bleiben experimentelle toxikologische Bewertungen durch Tierversuche meistens unerläßlich.

Unter dem oben genannten Gesichtspunkt der *Berührungsintensität* kann man die chemischen Produkte in die „*Arbeitsstoffe*" und in die „*konsumtiven Anwendungsstoffe*" einteilen (Abb. 6.12). Mit den Arbeitsstoffen kommt der Mensch vor allem im gewerblichen Bereich in Berührung, sie werden im Rahmen des Arbeitsschutzes und der Gewerbetoxikologie erfaßt. Die toxikologischen Eigenschaften gehen dann nur „nebenbei" in die Eigenschaftsbestimmung ein.

Schädigende Kontakte mit den Arbeitsstoffen, wie etwa durch Inhalation oder Hautberührung, sind unbeabsichtigt und sollen durch Arbeitsschutzmaßnahmen möglichst herabgemindert werden. Bei den Konsumgütern geht es nicht um den Arbeitsschutz des erwerbstätigen Menschen, sondern um den Verbraucherschutz des mit chemischen Produkten mehr oder minder eng in Berührung kommenden Menschen, wobei auch Abbauprodukte oder Folgeprodukte eine Rolle spielen (Abb. 6.12). Die Untersuchungen im Rahmen der betriebseigenen oder ausgegliederten Gewerbetoxikologie, die auch der gewerbehygienischen Überwachung der eigenen Mitarbeiter unabhängig von den vertriebenen Produkten dienen, können auf die oben genannten Aufgaben erweitert werden. Meistens aber wird die Prüfung neuer Produkte auf negative biologische Wirkungen zu einem integrierenden Bestandteil der Produkt- und Anwendungsentwicklung.

Die *Prüfmethoden* und *Maßstäbe* zur physiologisch-toxikologischen Beurteilung chemischer Produkte sind uneinheitlich und teilweise mehr qualitativer Natur. Im Rahmen der sog. *gewerbetoxikologischen Vorprüfung* neuer Produkte („Range Finding Test" in den USA) werden beispielsweise aufgrund langer Erfahrungen im Gewerbetoxikologischen Institut der BASF folgende *Toxizitätsbestimmungen* vorgenommen [6.128]:

1. Akute Toxizität als approximativer Wert der mittleren letalen Dosis (LD_{50}) in mg/kg Tier, wobei zur angenäherten Bestimmung des akuten Gefahrenbereichs (ALD_{50}-Wert)

eine herabgesetzte Zahl von etwa 20 gegenüber sonst 30–100 Versuchstieren (Mäuse und Ratten) ausreicht (Streuung der biologischen Wirkungen).

2. Inhalationstoxizität vor allem bei flüchtigen oder stark staubenden Produkten als entsprechender, auf die Konzentration des Stoffes in der Atmungsluft bezogener LC_{50}-Wert bzw. bestimmt im approximativen Zeitsättigungstest (zeitabhängige Mortalitätsbestimmung bei Exposition in gesättigter Atmosphäre).

3. Schleimhautreiz.

4. Hautreiz im Kurzzeittest mit Applikationszeiten von 5, 10 und 15 Minuten sowie bei 20- bis 24-stündiger Hautexposition.

5. Evtl. zusätzlich die perkutane Toxizität wegen Vergiftungsgefahren durch Hautresorption (z.B. Bestimmung der Konzentrationen im Blut nach verschiedenen Expositionszeiten).

6. Hautsensibilisierung bei Gefahren der Hautreizung bzw. von Hautentzündungen.

Die genannten Toxizitätsbestimmungen vermitteln besonders Hinweise über die Gefahren, die sich aus der einmaligen Berührung mit den Stoffen in großen Mengen ergeben können. Über diese ersten Anhaltspunkte hinaus sind die zur Vermeidung von Gesundheitsschädigungen maximal tolerierbaren Mengen und Konzentrationen zu bestimmen, wofür umfassende Untersuchungen hinsichtlich organspezifischer Wirkungen im Rahmen der *funktionellen Toxikologie* erforderlich sind. Für die zahlreichen Organfunktionsprüfungen sind die Tierversuche bis zu chronischen Fütterungsversuchen auszudehnen, die sich über Jahre bzw. die ganze Lebenszeit der Tiere erstrecken können. Unter anderem gehört die schwierige Bestimmung cancerogener oder teratogener Wirkungen an diese Stelle. Bei gewerblichen Arbeitsstoffen hat die Angabe von maximal zulässigen Schwellenkonzentrationen am Arbeitsplatz, so der MAK-Werte in Deutschland (maximale Arbeitsplatzkonzentration in ppm oder mg/m^3) oder der TLV-Werte in den USA (Threshold Limit Values) praktische Bedeutung.

Im Zuge der anwendungstechnischen Entwicklungsarbeiten sind die physiologischen Eigenschaften unter Berücksichtigung der Produktverwendungen mit zunehmender Genauigkeit abzuklären und die Informationen bei der Markterschließung zu verwerten. Aus vertriebspsychologischen Gründen werden Darstellungen der negativen Eigenschaften oder Gefahren zwar ungern übermittelt, aber die Tatsachen in Verbindung mit Behandlungshinweisen objektiv festzustellen ist vorteilhafter, als prospektive Verwender oder Kunden hierüber in Unkenntnis und Unsicherheit zu belassen, vgl. [6.34; 6.167; 6.183].

Über die erforderliche *warnende Signierung* gesundheitsgefährlicher Chemikalien, die bereits auf die Entwicklungsprodukte anzuwenden ist, bestehen noch immer keine einheitlichen Auffassungen und Vorschriften. Die in Tab. 6.3 genannten toxikologischen Daten wurden auch außerhalb der USA empfohlen.

Tabelle 6.3 *Physiologische Kennwerte für die Giftsignierung (Totenkopfsymbol) bei Arbeitsstoffen nach den Vorschlägen der „Manufacturing Chemists' Association" in den USA* [6.81]

Tierversuch	Grenzkonzentration LD_{50} bzw. LC_{50}	Einwirkungsdauer
Ratte per os	$<$ 50 mg/kg	48 Stunden
Ratte Inhalation	$<$ 2 mg/l	1 Stunde
Kaninchenhaut (perkutan)	$<$ 200 mg/kg	24 Stunden

6.24 Biologische Wirkungen

In mehrfacher Hinsicht stellen die *biologischen Wirkungen* eine besondere, eigenartige Gruppe von Anwendungseigenschaften dar. Wir meinen hiermit die vom Standpunkt des wirtschaftenden Menschen aus betrachtet *positiven Wir-*

kungen chemischer Produkte gegenüber der belebten Welt (Abb. 6.12). Da der Mensch selbst als biologischer Organismus von diesen Wirkungen direkt oder indirekt betroffen wird und zwischen positiven und negativen biologischen Eigenschaften nur ein schmaler Trennungsgrad oder fließende Übergänge bestehen, werden an die Zulässigkeit solcher Produkte aus absatzwirtschaftlicher, wirtschaftsethischer und rechtlicher Sicht die höchsten Kontrollanforderungen gestellt. Zudem sind die biologischen Wirkungen viel schwerer quantitativ und reproduzierbar festzustellen als die chemischen, physikalischen oder anwendungs-,,technischen" Eigenschaften chemischer Produkte.

Im Mittelpunkt des Interesses stehen die humanmedizinisch zu verwendenden *Pharmaka*, deren biologische oder therapeutische Wirkung sich auf die Wiederherstellung gestörter Organfunktionen richtet, indem die Leistungen von Einzelzellen oder Zellverbänden in ihrer Funktionsrichtung verändert (gedämpft oder verstärkt) werden. Die Wirkung soll möglichst die Ursache der Störung und den betreffenden Funktionskreis aufgrund der spezifischen Affinität selektiv treffen, das Pharmakon soll aber auch möglichst frei sein von ungünstigen Nebenwirkungen gegenüber diesem oder anderen Funktionssystemen. Nach Erreichen des Angriffspunktes und Ablauf der geforderten Wirkungsdauer wird eine Beseitigung des Wirkstoffs im Organismus durch Abbau oder Ausscheidung verlangt [6.67].

Die biologische Eignungsuntersuchung vollzieht sich hauptsächlich im Rahmen der experimentellen *pharmakologischen Prüfung*, welche die beiden Arbeitsrichtungen der Therapokognosie (Erkennen therapeutisch verwertbarer Wirkungen) und der Toxikognosie (Erkennen schädlicher biologischer Wirkungen) umfaßt. Wir sehen also die Untersuchungen chemischer Substanzen auf positive und negative biologische Eigenschaften aufs engste miteinander verknüpft. Die Prüfung auf wertvolle Eigenschaften erfolgt als erstes durch qualitative pharmakologische Analyse, d.h. durch Beobachtung der veränderten Organfunktionen im Tierversuch, worauf sich im zweiten Untersuchungsgang die quantitative Bewertung der Wirkung gegenüber vorhandenen Standardpräparaten anschließt. Umfassende toxikologische Untersuchungen zur Bestimmung der akuten, chronischen sowie der subakuten Toxizität im Übergangsbereich schließen sich an, deren Ergebnisse meistens zur Ausscheidung des größten Teils der vorgeschlagenen neuen Wirkstoffe führen [6.181].

Vor Aufnahme der letzten Prüfungsphase, der pharmakoklinischen Prüfung am Menschen, muß bereits ein sehr zuverlässiges Urteil über die Brauchbarkeit eines neuen Produktes vorliegen. Die aus der nur begrenzten Übertragbarkeit der am Tier gewonnenen Versuchsergebnisse auf den Menschen resultierenden Risiken werden durch Verwendung eines nach Art und Anzahl möglichst breiten Tierspektrums und Einhaltung hoher Sicherheitsabstände gegenüber toxisch wirkenden Konzentrationen herabgemindert. Die vor der Markteinführung obligatorische klinische Prüfung ist langwierig und verursacht gewöhnlich den größten Zeitbedarf in der Produktentwicklung (Kap. 6.62). Die im Rahmen der gegenwärtigen obligatorischen amerikanischen Prüfungspraxis für neue Arzneimittel zu erarbeitenden Prüfungsunterlagen nehmen dabei für den Außenstehenden unvorstellbare Ausmaße an. In vielen Fällen ist der objektive Nachweis der therapeutischen Wirksamkeit besonders schwierig, der aber nach dem Arzneimittelrecht bereits in vielen Ländern gefordert wird.

Für die beabsichtigte positive biologische Wirkung auf *Tiere* (veterinärmedizinische Pharmaka) und *Pflanzen* (Düngemittel) gelten im allgemeinen herabgesetzte Anforderungen. Diese sind indirekt auch nur zugunsten des Menschen zu interpretieren, indem der Mensch durch die Förderung von Nutztieren und Nutzpflanzen eben gleichzeitig Vorteile erlangt. Wir müssen auch dann von im weiteren Sinne positiven biologischen Wirkungen sprechen, wenn die Produkte dem Menschen abträgliche tierische und pflanzliche Lebewesen vernichten. Da die Verkaufssprache aus psychologischen Gründen Produktbezeichnungen mit po-

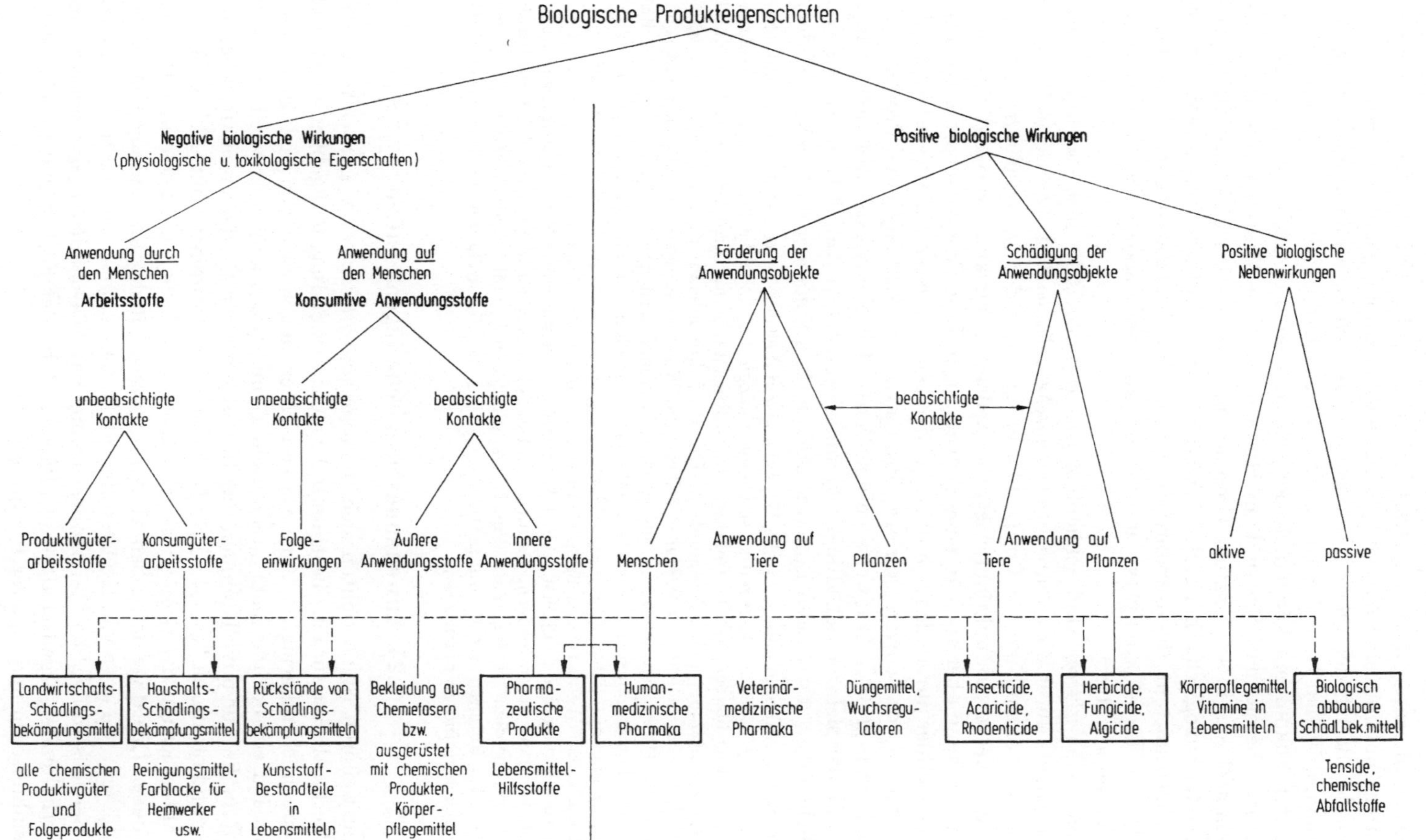

Abb. 6.12 Gliederung der biologischen Eigenschaften chemischer Produkte in ihrer Maßgeblichkeit für Produktentwicklung und Anwendungstechnik.

sitiven gegenüber negativen Aspekten bevorzugt, spricht man im Vertrieb eher von ,,Pflanzenschutzmitteln“ als von ,,Schädlingsbekämpfungsmitteln (Pestiziden)“, obwohl der Begriff der Pflanzenschutzmittel an sich zu wenig umfassend ist.

Einen restlichen Komplex biologischer Eigenschaften, die den verschiedensten Produkten zukommen können, haben wir in Abb. 6.12 als *,,biologische Nebenwirkungen“* bezeichnet. Sie sind im Hinblick auf den Menschen außerhalb der Arzneimittel nur in begrenztem Umfang zulässig, wie beispielsweise in Gestalt bestimmter biologisch erhaltender, krankheitsprophylaktischer Eigenschaften von Körperpflegemitteln (hauternährende Kosmetika, Fluorzusätze in Zahnpflegemitteln zur Kariesprophylaxe u.a.) oder einzelner Zusätze in Lebensmitteln (z.B. Vitaminzusätze).

Von diesen *aktiven* sind schließlich *passive* biologische Nebenwirkungen abzugrenzen, die durch die erwünschte *biologische Abbaubarkeit* chemischer Produkte gekennzeichnet sind. Bereits für die Pharmaka wurde der biologische Abbau nach Ausübung der organfunktions-wiederherstellenden Wirkung verlangt. Die Zerstörbarkeit kann aber auch zu einer selbständigen Produkteigenschaft aufrücken. Denken wir hier nur an das Schulbeispiel der Tenside, deren geforderte biologische Abbaubarkeit vor wenigen Jahren zu Produktneuentwicklungen und Produktionsumstellungen größter Tragweite geführt hatte. Die komplexen Zusammenhänge seien am Beispiel der Schädlingsbekämpfungsmittel in Abb. 6.12 nochmals verdeutlicht (über gestrichelte Linien in Abb. 6.12 miteinander verbundene Felder):

Als erstes wird eine hohe toxische Wirkung gegenüber den zu vernichtenden schädlichen Organismen gefordert. Gleichzeitig soll eine biologische Abbaubarkeit durch Mikroorganismen erhalten bleiben, um die Gefahren durch Rückstände auf Ernteprodukten bzw. durch Gewässerverunreinigung herabzumindern. Die Produkte müssen demnach selektiv wirken und dürfen die zum Abbau befähigten Mikro- und Wasserorganismen möglichst nicht schädigen [6.49]. Unter den negativen biologischen Wirkungen ist ganz allgemein die Toxizität gegenüber allen Organismen zu werten, die nicht geschädigt werden sollen (geringe Toxizität gegenüber allen nützlichen Tieren und Pflanzen, gegenüber dem Menschen vor allem die Rückstandstoxizität). Wenn es sich beispielsweise um ein Insecticid handelt, wird man über die selektive Wirkung eine möglichst geringe Warmblütertoxizität sowie Phytotoxizität gegenüber pflanzlichen Lebewesen fordern. Dadurch sind am ehesten auch diejenigen Gefahren herabzumindern, die dem Menschen aus dem Umgang mit den Produkten als Arbeitsstoffe drohen könnten. Im Rahmen der Produktentwicklung sind die Eigenschaften in ihrer Gesamtheit zu vergleichen und zu optimieren.

6.25 Anwendungstechnische Eigenschaften

Im weiteren Sinne richten sich die *anwendungstechnischen Eigenschaften* auf alle Merkmale, die für eine bestimmte Produktverwendung maßgeblich und durch eine entsprechend geeignete Auswahl von Daten zu kennzeichnen sind. Im engeren Sinne sind es aber die mehr ,,technischen“ und praxisnahen Anwendungseigenschaften, die nur unvollkommen aus den allgemeinen Stoffeigenschaften hervorgehen und oft durch besondere Prüfmethoden zu bestimmen sind (Abb. 6.13). Die Charakterisierung der *Gebrauchseigenschaften* chemischer Produkte in ihren verschiedenen Einsatzgebieten bedarf ganz unterschiedlicher anwendungstechnischer Kenndaten, wie etwa von Kunststoffen im Maschinenbau, der Funktionsfähigkeit von Betriebsstoffen, der Reinigungswirkung von Waschmitteln, der schützenden oder erhaltenden Eigenschaften von Pflegemitteln, der Farben und Lacke, Korrosionsinhibitoren und anderer Produkte mehr.

Bei der Festlegung der maßgeblichen anwendungstechnischen Eigenschaften und ihrer Prüfverfahren ergeben sich zwei Fragekreise:

1. Rein *empirische Nachbildung* der angenommenen praktischen Beanspruchungen in den *Gebrauchswertprüfungen* einerseits oder *theoretische* Ableitung anwendungstechnischer *Kenngrößen* über das Materialverhalten grundlegenden, materialspezifischen Charakters andererseits.

2. Art und Umfang der bei der Festlegung der Eigenschaften und Prüfverfahren berücksichtigten *Einflüsse* sowie das Ausmaß ihrer Übereinstimmung mit den im Einsatz tatsächlich auftretenden Einflüssen und Beanspruchungen.

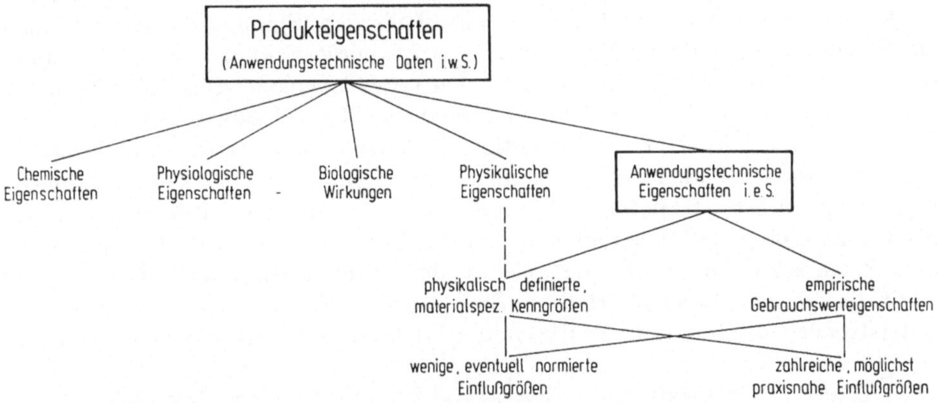

Abb. 6.13 Anwendungstechnische Eigenschaften chemischer Produkte.

Zwischen beiden Einteilungsprinzipien besteht keine zuverlässige Korrelation hinsichtlich der abgegrenzten Merkmale (Abb. 6.13). Bei physikalisch exakt definierten Kenngrößen, wie z.B. der Zugfestigkeit eines Kunststoffs, kann eine ganz unterschiedliche Zahl von Einflußgrößen berücksichtigt werden, und zwar ebenso wie bei einem empirischen Gebrauchswerttest. Immerhin werden mit gesteigerter Wirklichkeitsnähe der Versuchsanordnung die Komplexität der Einflüsse zunehmen und die exakte chemische oder physikalische Deutung des Materialverhaltens schwieriger werden.

Die Klassifizierung sei am Beispiel der *Chemiewerkstoffe* sowie der *Farben und Lacke* erläutert. Die von *physikalischen* Gesetzmäßigkeiten abgeleiteten *materialspezifischen Kenngrößen* stehen den rein physikalischen Eigenschaften am nächsten, jedoch erfolgt im Gegensatz zu diesen primär zweckfreien Daten jetzt eine Gruppierung und Spezialisierung in Richtung der Gebrauchsanforderungen. Nach beiden Seiten, nämlich zu den genannten primär zweckfreien Eigenschaften wie zu den nachgelagerten komplizierteren Gebrauchswerteigenschaften bestehen fließende Übergänge.

Im Rahmen der allgemeinen *Werkstofftechnik* wurde eine Gruppierung der Anwendungseigenschaften in mechanische, thermische, elektrische und optische Eigenschaften entwickelt, zu denen vor allem unter Korrosionsgesichtspunkten die chemische Beständigkeit hinzukommt. Zur Ermittlung der Anwendungseigenschaften der Chemiewerkstoffe wurden die *Prüfmethoden* der allgemeinen Werkstofftechnik unmittelbar übernommen, abgewandelt oder erweitert. Die mechanischen Eigenschaften werden z.B. wie folgt charakterisiert: Spannungs-Dehnungs-Verhalten mit Zugfestigkeit, Streckgrenze, Bruchfestigkeit usw. in Abhängigkeit von Temperatur und umgebenden Medien (Feuchtigkeit, Chemikalien usw.), Elastizitätsmodul, Schubmodul, Zeitstandfestigkeit bzw. Kriech- und Deformationsverhalten unter verschiedenen Belastungs-, Temperatur- und sonstigen Einflüssen, Druckfestigkeit, Scherfestigkeit, Biegefestigkeit, Härte, Zähigkeitsverhalten, Gleiteigenschaften, Abrieb- und Verschleißverhalten. Gegenüber den konventionellen Werkstoffen ist die notwendige Kennzeichnung viel umfangreicher, weil bereits in den niedrigen Temperaturbereichen der Temperatureinfluß und das Zeitverhalten berücksichtigt werden müssen. Außerdem liegen noch zu wenig Erfahrungen über Produkt- und Eignungsverwandtschaften vor, so daß bei neuen Polymeren und Produktmodifikationen praktisch alle Daten neu bestimmt werden müssen.

Mit Recht wird heute das Ziel verfolgt, auch die empirisch entwickelten *Gebrauchswertprüfungen* auf ihre chemischen und physikalischen Gesetzmäßigkeiten hin zu durchleuchten und darauf aufbauend neue Prüfanordnungen zu entwickeln, die vielleicht sogar eine Berechnung praxisnaher Gebrauchseigenschaften unter Einsparung experimenteller Prüfungen ermöglichen (Kap. 6.26).

Besonders bei den grundlegenden physikalischen Eignungsdaten neigt man zur Beschränkung und zum Normieren der *Einflußgrößen*, um bei der fast unübersehbaren Fülle der Einwirkungen unter den verschiedensten Einsatzbedingungen den Prüfungsaufwand abzukürzen und dennoch allgemeingültigere Daten zu gewinnen. Dieses Vorgehen ist berechtigt, doch sollte man stets über die herabgesetzte Aussagefähigkeit solcher Kenngrößen im einzelnen Anwendungsfall Klarheit gewinnen (vgl. Kap. 5.53). Für die Farben- und Lackindustrie wurde auf die Beeinflussung der Meßergebnisse bei der Prüfung von Anstrichstoffen durch eine Reihe sekundärer, normalerweise in den standardisierten Prüfvorschriften nicht im ganzen Bereich erfaßter Einflußgrößen hingewiesen (Tab. 6.4). Die unterschiedenen absoluten Prüfverfahren richten sich auf physikalisch exakt

Tabelle 6.4 *Beeinflussung der Meßergebnisse bei der Prüfung von Anstrichstoffen durch sekundäre Einwirkungen* [6.188]

Eigenschaft	Temperatur	Feuchtigkeit	Geschwindigkeit, Dauer	Unterlage	Andere äußere Einflüsse	Prüfverfahren
Flüssiger Anstrichstoff						
Trockengehalt	–	–	–	–	–	A
Dichte	–	–	–	–	–	A
Viskosität	×	–	×	–	×	R
Sedimentation	×	–	×	–	×	R
Applikation						
Streichbarkeit	×	–	×	×	×	R
Trocknung	×	×	–	×	×	A
Ablaufen und Verlauf	×	×	–	×	×	A
Trockener Anstrichfilm						
Filmdicke	–	–	–	o	–	A
Deckkraft	–	–	–	o	–	A
PVK	–	–	–	–	–	A
KPVK	–	–	–	–	×	R
Glanz	–	–	–	×	o	A
Farbton	–	–	–	–	×	A
Härte	×	×	×	×	×	R
Haftung	o	×	o	×	×	R
Elastizität	×	o×	×	–	×	R
Abrieb	×	×	×	o	×	R

– ohne besondere Bedeutung; o relativ geringe Einwirkung; × starke Einwirkung; A absolute Messung; R indirekte oder relative Messung.

definierte und stets reproduzierbare Meßwerte, während die relativen Prüfverfahren durch eine Nachbildung komplexer Einflüsse ohne Zugrundelegung physikalischer Prozesse zustande kommen.

Die praxisnahen Gebrauchswertprüfungen sind im Hinblick auf die mögliche Erfassung komplexer Einwirkungen den anwendungstechnischen Grundparametern sogar überlegen. Die Nachbildung der tatsächlichen Beanspruchungen gelingt oft mit bescheidenem prüftechnischem Aufwand, freilich beim Auftreten zu zahlreicher, ferner langzeitlicher, wechselnder und nicht genau vorhersehbarer Beanspruchungen auch nicht vollständig. Außerdem ist die dauernde Vermehrung und Spezialisierung der Prüfvorschriften als Konsequenz immer neuer Kundenwünsche nachteilig, die sich zur „Testeritis" auswachsen kann [6.168]. Diese Entwicklung erhöht die Kosten des Prüfwesens, verringert die allgemeine Vergleichbarkeit der Daten und ist der Gewinnung theoretisch gesicherter Kenntnisse über die Anwendungseigenschaften abträglich.

6.26 Zusammenhänge zwischen Konstitution und Produkteigenschaften

Auf fast allen Gebieten der chemischen Forschung und Entwicklung ist man bestrebt, den alleinigen Weg der empirischen präparativen Darstellung immer neuer chemischer Verbindungen und ihrer anschließenden Prüfung oder Siebung auf brauchbare Eigenschaften zu verlassen. Bisher gelang die Aufklärung der *theoretischen Zusammenhänge* zwischen verschiedenen *Eigenschaften* und *Konstitutionsmerkmalen* chemischer Produkte nur vereinzelt und meistens erst lange nach der technisch-wirtschaftlichen Verwertung der Produkte. In Zukunft wird man sich aber verstärkt um die primäre Aufdeckung dieser Wirkungszusammenhänge bemühen, um vor allem die Produktentwicklung zielstrebiger zu gestalten und dem Abwärtstrend der Erfolgsquoten von Neuentwicklungen entgegenzuwirken. Wegen der Verkleinerung des für die Forschung noch offenen Zielgebietes und gleichzeitiger Vergrößerung des bereits vorhandenen leistungsfähigen chemischen Produktangebotes sinken die Aussichten immer mehr, durch zufällig aufgefundene neue Stoffe wesentliche Bedarfslücken zu treffen. Daneben würden hinreichend gesicherte Beziehungen dieser Art auch die laufende Qualitätskontrolle rationalisieren helfen, indem die Berechnung von Anwendungseigenschaften aufgrund bekannter Beziehungen mit den chemischen Analysenergebnissen die oft aufwendige experimentelle Bestimmung der Daten ersetzen könnte.

Die Ergründung dieser Zusammenhänge führt auf umfangreiche naturwissenschaftliche Aufgaben mit Grundlagencharakter. Bei chemischen Wirkstoffen müßte über die elementaren, molekularphysikalisch bedingten Wirkungsmechanismen bei der Anwendung auf die chemischen Strukturmerkmale geschlossen werden. Betrachten wir als Beispiel die *oberflächenaktiven Verbindungen* oder *Tenside*. Früher stand allein die Ermittlung der anwendungstechnischen Eigenschaften wie Schaum-, Netz-, Solubilisations-, Dispergier-, Emulgier- und Waschvermögen mit Hilfe empirisch entwickelter, möglichst praxisnah nachgebildeter Modellversuche im Vordergrund. Will man heute den konstitutionellen Ursachen dieser Gebrauchswertmerkmale nachgehen, so müssen zunächst die physikalisch-chemischen Gesetzmäßigkeiten der Elementarvorgänge in den Grenzflächen geklärt werden (Orientierung der Molekel, Micell-Strukturen und Micell-Bildungsmechanismen, Filmbildung, elektrische Effekte usw.). Sodann sind über analytisch zugängliche physikalische Meßgrößen, wie etwa die Oberflächenspannung, die Einflüsse der verschiedenen Strukturparameter zu erfassen [6.50; 6.94].

In der *Pharmaforschung* wird zunehmende Mühe auf die theoretische Aufklärung der physio-pharmakologischen Wirkungsweise der Arzneimittel verwandt. Hier sind als erstes die Krankheitsverläufe mit ihren Entstehungsgründen sowie den physiologisch hemmenden und fördernden Faktoren zu erforschen. Erst danach können Modellvorstellungen über die Reaktionen der Chemotherapeutika mit den biologischen Substraten aufgrund der Wirkstoff-Strukturparameter entwickelt und verifiziert werden. Es kann sich hierbei z. B. um die Absättigung freier Valenzen oder um Verdrängungsreaktionen mit körpereigenen Stoffen oder Stoffwechselprodukten handeln. Bislang ist die Aufklärung dieser Zusammenhänge zwischen biologischen Wirkungen und Konstitution der aktiven Verbindungen erst in wenigen Fällen und bei eng begrenzten Problemstellungen geglückt. Gegenüber den bereits vorhandenen Kenntnissen über die chemische Konstitution der Wirkstoffe befinden sich die gleichfalls erforderlichen Kenntnisse über den molekularen Aufbau der biologischen Systeme und Zellstrukturen noch in den Anfängen, die aber zur Aufklärung der biochemischen Reaktionsmechanismen bei den Stoffwechselvorgängen und ihrer Beeinflussung durch die Wirkstoffe notwendig sind. Hinzu kommt die schwierige Aufgabe, die Einflüsse von Veränderungen in den biologischen Systemen quantitativ zu erfassen. Bei der gezielten pharmazeutischen Produktentwicklung werden in Zukunft die physiologische Chemie, die Molekularbiologie sowie die Metabolitenforschung eine große Rolle spielen, vgl. [6.67; 6.166; 6.182].

Auch bei den *Chemiewerkstoffen* wurden im Rahmen der angewandten Forschung immer neue Typen von Hochpolymeren synthetisiert und anschließend das ganze Spektrum von Anwendungseigenschaften geprüft, um Einsatzgebiete für die neuen Produkte festzustellen. Wenn es aber gelingt, die gesetzmäßigen Zusammenhänge zwischen den chemischen Grundstrukturen und den anwendungstechnischen Eigenschaften aufzuklären, könnten von vornherein neue Produkte mit ganz bestimmten Eignungsmerkmalen „nach Maß“ entwickelt werden. Um das sehr komplexe Beziehungsverhältnis besser zugänglich zu machen, werden bei den Kunststoffen zwischen den chemischen Strukturparametern noch die abgeleiteten Parameter in einer Mittelstellung untersucht, die im wesentlichen auf physikalischen Kenngrößen beruhen (Tab. 6.5). Hierbei sind allein die meßtechnischen Schwierigkeiten der Strukturaufklärung beträchtlich (Anordnung der Grundmoleküle, ihre sterischen Konfigurationen, Aufbau von Copolymeren, Einschluß von Fremdgruppen, Verzweigungen usw.).

Auf dem Wege zur Realisierung dieser anspruchsvollen Forderungen hat man oft erst gewisse Grundtendenzen, Erfahrungsregeln oder statistisch-korrelative Zusammenhänge auf Teilgebieten erkannt. Tab. 6.6 läßt bereits die Abhängigkeit der Dichte als abgeleitetem Parameter von einigen chemischen Strukturparametern erkennen. Andererseits sind im Rahmen der Kunststoffanwendungstechnik zahlreiche Beziehungen zwischen Anwendungsdaten und abgeleiteten Parametern ermittelt worden, wie es z. B. in Abb. 6.14 und 6.15 für Elastizitätsmodul und Streckgrenze in Abhängigkeit von dem über die Dichte erfaßbaren Kristallisationsgrad bei trockenem 6.6-Polyamid dargestellt ist.

Tabelle 6.5 *Kennzeichnungsgrößen für makromolekulare Stoffe* [6.46]

Grundparameter und ihre Verteilung		Abgeleitete Parameter	Anwendungstechnische Parameter
Grundperiode(n) (kleinste sich wiederholende Einheit, die dem Grundmolekül entsprechen kann) Seitengruppe(n) (sämtliche Substituenten – außer Wasserstoff) Doppelbindung(en) Endgruppe(n)	Art Stellung Anzahl Geometrie (optische und geometrische Stereoisomerie)	Kristallstruktur Kristallinitätsgrad Viskositätswerte Dichte Einfriertemperatur u. a.	Zug- und Reißfestigkeit Kerbschlagzähigkeit Kriechstromfestigkeit Dehnung Reißdehnung Martens-Temperatur Vicat-Temperatur Kugeldruckhärte Elastizitätsmodul elektrische und optische Eigenschaften u. a.
Molekulargewichtsparameter (Zahlen- und Gewichtsmittel des Molekulargewichtes, Molekulargewichtsverteilung)			

Tabelle 6.6 *Dichte von Polyolefinen in Abhängigkeit von Molekulargewicht, Molekulargewichtsverteilung und Verzweigungsgrad* [6.134]

Polyolefin	Molekulargewicht $\bar{M}_w$	Molekulargewichtsverteilung U	Verzweigungsgrad L [CH_3/1000 C-Atome]	Dichte ϱ [g/cm³]
Polyäthylen	50000	5,0	4,5	0,952
	100000	5,0	3,5	0,946
	50000	1,5	0,5	0,962
	100000	1,5	$<0,5$	0,956
Polypropylen	300000	3,0	500	0,907
	600000	3,0	500	0,902
	300000	0,5	500	0,910
Polybuten-1	1000000	6,0	500	0,925
	3000000	8,0	500	0,910

Hierbei werden allerdings nur die auf physikalisch gesicherten Beziehungen beruhenden Anwendungsdaten erfaßt, während zahlreiche *Gebrauchswerteigenschaften* noch immer unabhängig davon empirisch bestimmt werden. Soweit es nun gelingt, die Gebrauchswerteigenschaften ebenfalls über bestimmte Modellvorstellungen auf die grundlegenden physikalischen Anwendungsdaten zu stützen, könnten sogar einige Gebrauchstests durch Rechenverfahren abgelöst werden. Außerdem wären vertiefte Einsichten über die Verursachungszusammenhänge der Produkteigenschaften und eine noch weiter auf die durch den Markt gestellten Produktanforderungen vorgreifende Produktentwicklung möglich.

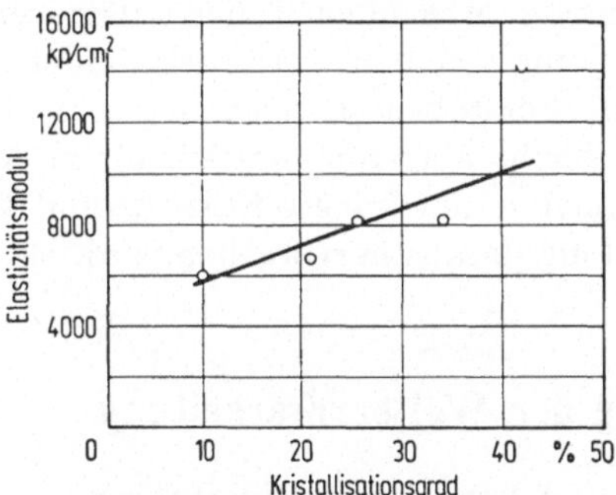

Abb. 6.14 Elastizitätsmodul von trockenem 6-6-Polyamid als Funktion der Kristallinität [6.156, S. 504; 6.169].

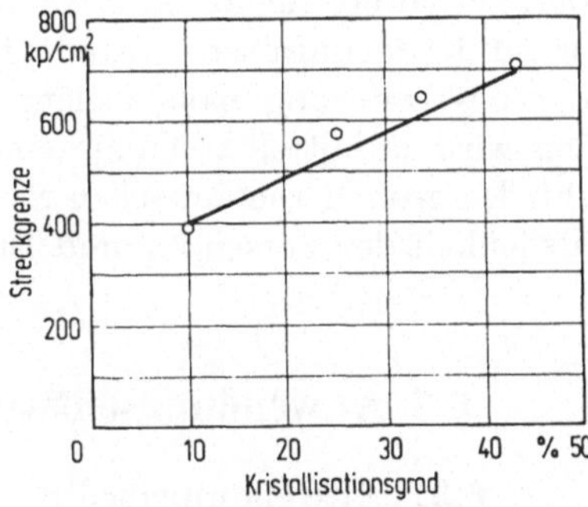

Abb. 6.15 Streckgrenze von trockenem 6-6-Polyamid als Funktion der Kristallinität [6.156, S. 504; 6.169].

Das Beispiel in Tab. 6.7 betrifft ein Berechnungsmodell zur Beurteilung der Festigkeit von Lacken gegenüber Steinschlag, eine für Autolacke wichtige Beanspruchungsart. Die für das Eignungsverhalten charakteristischen Daten der Eindringtiefe und der Stoßdauer werden vor allem in Abhängigkeit vom Elastizitätsspeichermodul bei verschiedenen Stoßkörpern erfaßt. Damit wäre im Beziehungszusammenhang der Kennzeichnungsgrößen für makromolekulare Stoffe in Tab. 6.5 eine vierte und letzte Ebene von Eigenschaftsdaten anzuschließen und im Gesamtkomplex der Beziehung zwischen Konstitution und Eigenschaften chemischer Produkte zu erfassen.

Tabelle 6.7 *Berechnung von Stoßbeanspruchungskenngrößen bei Anstrichfilmen aus dem Elastizitätsspeichermodul zur Beurteilung der Festigkeit gegenüber Steinschlag, nach* [6.202]

Berechnungsbeziehungen für das Beanspruchungsmodell:

$$\text{Eindringtiefe } D = 0{,}98 \cdot \sqrt[5]{\frac{v^4 \cdot m^2 \cdot (1 - \nu^2)^2}{E'^2 \cdot r}} \quad [\mu\text{m}]$$

$$\text{Stoßdauer } t_s = \frac{2{,}94 \cdot D}{v} \quad [\mu\text{sec}]$$

E' Elastizitätsspeichermodul, im Beispiel für einen Lack im Glaszustand $2 \cdot 10^{10}$ dyn/cm²
ν Poisson-Zahl, im Beispiel 0,3
v Auftreffgeschwindigkeit des Stoßkörpers, bei 10 cm Fallhöhe = 1,4 m/sec
m Masse des Stoßkörpers, im Beispiel entsprechend einer üblichen Gesteinsdichte von 2,5 g/cm³
r Krümmungsradius des Stoßkörpers an der Eindringstelle

Auftreffbedingungen	Kugel, 5 mm ∅		Kugel, 1 mm ∅		Würfel, Ecke mit 0,5 mm Radius	
	D	t_s	D	t_s	D	t_s
Fallhöhe 10 cm	24	50	4,6	10	33	69
Geschwindigkeit 100 km/h	260	28	52	5,5	360	38

Die wissenschaftsmethodische Neuorientierung stellt die Anwendungsentwicklung in mancher Hinsicht nicht mehr ans Ende, sondern an den Anfang der gesamten Forschung und Entwicklung, indem die Forschungsziele als erstes über die geforderten Anwendungseigenschaften präzisiert werden. Grundlagenforschung und Anwendungsentwicklung stehen sich nicht mehr relativ entfernt gegenüber, sondern erhalten vielfältige Berührungspunkte, was auch in der aufstrebenden „anwendungstechnischen Grundlagenforschung" seinen Ausdruck findet. Der Marketing-Forderung nach zielgerichtetem Vorstoßen in noch offene Bedarfslücken wird unmittelbar entsprochen. Es bleibt aber abzuwarten, ob in Anbetracht der großen theoretischen Schwierigkeiten eine höhere Effizienz und Wirtschaftlichkeit der Forschung und Entwicklung daraus hervorgehen wird.

6.3 Anwendungsentwicklung der Weiterverarbeitung

6.31 Anwendungsbedingungen und Verarbeitungsverfahren

Für die Anwendungsentwicklung der *Weiterverarbeitung* durch die Chemieunternehmung sind vor allem folgende Hauptgründe maßgeblich:

1. Die optimalen Produkteigenschaften sind erst mit der optimalen Festlegung von Anwendungsbedingungen, Apparatur und Folgeprodukten zu realisieren. Daher muß der Chemiebetrieb unter Vertriebsgesichtspunkten zur Erzielung eines möglichst hohen Produktnutzens darauf Einfluß nehmen. Entweder wird eine so umfassende Charakterisierung der Verwendungsmöglichkeiten offeriert, daß die Verwender selbst zur Auffindung der für sie optimalen Anwendungsbedingungen in der Lage sind, oder die optimalen Verwendungsvorschriften werden für den Kunden speziell ausgearbeitet.

2. Die Kennzeichnung der Produkteigenschaften gelingt erst unter den technischen Bedingungen der Anwendung und Verarbeitung oder erst am Folgeprodukt. Wir verweisen auf das früher erwähnte Beispiel der Qualitätsbeurteilung und Gütesicherung von Kunststoffpreßmassen (Kap. 5.542).

3. Daraus ergibt sich als notwendige Folge, daß die eigene Produktentwicklung ihre Impulse aus der weit vorgreifenden Anwendungsentwicklung erfährt.

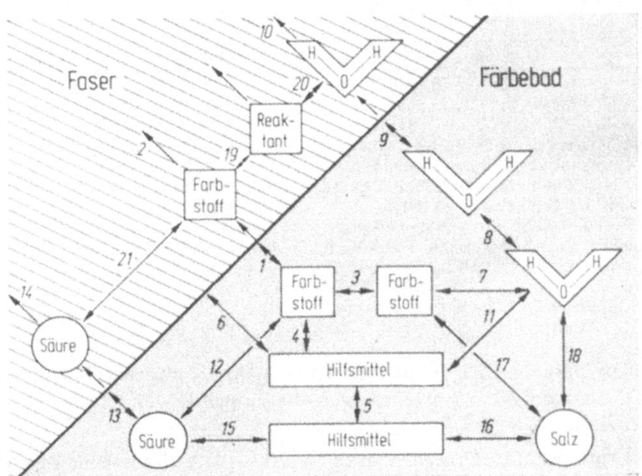

Abb. 6.16 Gleichgewichte bei Textilfärbungen [6.105; 6.106].
1 Wechselwirkung zwischen Farbstoff und Faser; *2, 10, 14* Eindringen der Komponenten des Färbebades ins Faserinnere; *3* Assoziationen des Farbstoffs; *4* Wechselwirkungen zwischen Farbstoff und Hilfsmitteln; *5* Assoziation der Hilfsmittel; *6* Hilfsmittelwirkungen an der Faseroberfläche; *7* Wechselwirkungen zwischen Farbstoff und Wasser; *8* Assoziation des Wassers; *9* Wirkung des Wassers an der Faseroberfläche; *11* Wechselwirkungen zwischen Hilfsmittel und Wasser; *12–15* Einflüsse der Säureionen; *16–18* Einflüsse von Salzen; *19–21* Wechselwirkungen im Innern der Faser.

Das in Abb. 6.16 dargestellte Beispiel des Modells der gekoppelten Gleichgewichte beim Färbeprozeß als ein Teil der hierbei wirksamen physikalisch-chemischen Vorgänge läßt die Kompliziertheit der Anwendungsbedingungen erkennen. Innerhalb dieser stellt der eigentliche Farbstoff neben den gleichzeitig eingesetzten Hilfsstoffen, der Art des Fasermaterials und den Färbebedingungen eben nur einen, freilich wichtigen Faktor unter vielen dar. Nur unter Berücksichtigung des gesamten Komplexes der Anwendungsbedingungen wäre übrigens die Aufklärung der Zusammenhänge zwischen Produkteigenschaften und Konstitution möglich.

Zwischen Anwendungsbedingungen und Produktgestaltung besteht eine wechselseitige Abhängigkeit. Deutliche Rückwirkungen auf die Produktgestaltung ergeben sich auch bei geforderter größerer Universalität der Anwendungsmöglichkeiten sowie größeren Sicherheitsspielräumen gegenüber Falschanwendungen.

Für die Verwendung von Waschmitteln in Trommelwaschmaschinen darf keine eng begrenzte Waschtemperatur vorgegeben werden, so daß zum optimalen Schaumverhalten innerhalb eines großen Temperaturbereichs besondere Schauminhibitoren zuzusetzen sind, wie z.B. Behenate, bestimmte Alkylenoxidaddukte oder Trialkylmelamine [6.91; 6.154]. Kurve *3* der Abb. 6.17 zeigt den optimalen schaumstabilisierenden Effekt durch Kombination von zwei Zusatzstoffen über den gesamten praktisch interessierenden Temperaturbereich, wobei die empirische Versuchsanordnung für den Bewertungsmaßstab der Schaumhöhe aus Abb. 6.18 hervorgeht. Ein anderes Problem bietet die Einstellung der Waschmittel auf die in weiten Grenzen schwankende Härte des Wassers. Schließlich sind zahlreiche verschiedene Typen von

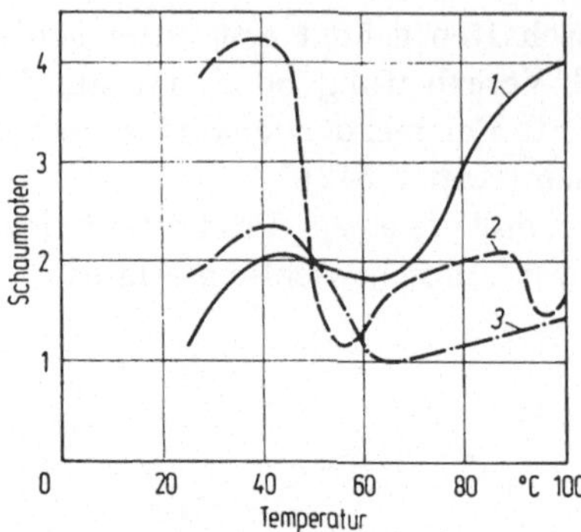

Abb. 6.17 Schaumverhalten eines seifenfreien Vollwaschmittels (8% Alkylbenzolsulfonat) mit schaumstabilisierenden Zusätzen in der Trommelwaschmaschine in Abhängigkeit von der Temperatur [6.154].
Waschmaschine: AEG Lavamat nova 64; Belastung: 3,5 kg saubere Wäsche; Vorwäsche 100 g, Klarwäsche 100 g Waschmittel; Stadtwasser 16° dH. *1* Zusatz 2,6% Trivorlaufalkyl (C_8-C_{12})-melamin; *2* Zusatz 2,6% Tritalgalkyl (C_{16}-C_{18})-melamin; *3* Je 1,3% der vorgenannten Zusätze.

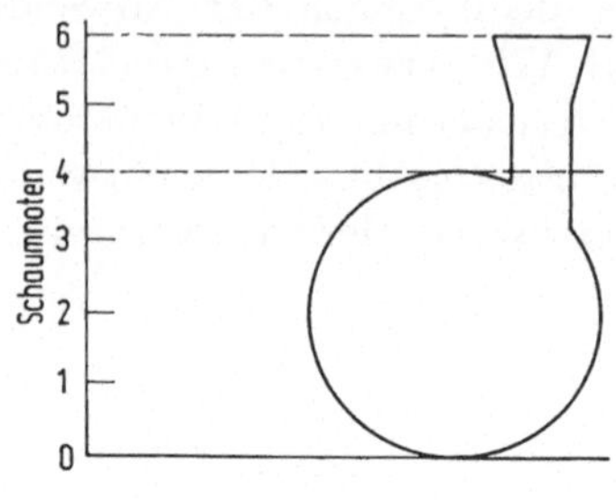

Abb. 6.18 Bewertung der Schaumhöhe (zu Abb. 6.17) [6.154].
Schaumnoten in Abhängigkeit von der Höhe des Schaumpegels: *0* kein Schaum; *1* 1/4 des Schauglases; *2* 1/2 des Schauglases; *3* 3/4 des Schauglases; *4* 4/4 des Schauglases; *5* Schaum im Einfüllstutzen; *6* starkes Überschäumen.

Waschmaschinen zu berücksichtigen und anderes mehr. Kompromißlösungen sind oft unumgänglich, wobei die häufigsten Anwendungsbedingungen in den Verbrauchsschwerpunkten zugrunde zu legen sind.

Dadurch gelingt es, das Produkt möglichst optimal an alle erwartbaren Einsatzbedingungen anzupassen, die Anwendungsbedingungen im Wege der Produkterklärung und Kundenberatung vorzugeben und die Anwendungsgrenzen sowie Qualitätseinbußen bei nicht genau bestimmungsgemäßer Anwendung mitzuteilen.

6.32 Verarbeitungs- und Anwendungsapparaturen

Die Anwendungs- und Verarbeitungsbedingungen stehen in engem Zusammenhang mit den *Verarbeitungsapparaturen* im weitesten Sinne, so daß wiederum Wechselwirkungen zwischen diesen und der Produktentwicklung auftreten. Das letzte Beispiel beweist die notwendige Berücksichtigung der Apparatur auch im Bereich der Konsumgüter. Hier ist das Engagement der photochemischen Industrie an der Kameraproduktion vielleicht am bekanntesten geworden. Erst in jüngster Vergangenheit hat die Entwicklung neuer bedienungsleichter Kameras mit dem Kassettenprinzip große Verbrauchssteigerungen photographischer Erzeugnisse ermöglicht. Meistens wird es sich um Anwendungs- und Verarbeitungsapparaturen von Produktivgütern handeln, die mitunter sogar mehrere Produktionsstufen umfassen. Die Entwicklungsaufgaben erfordern einen hohen Aufwand und sind zum großen Teil fachfremd, jedoch zur Brechung von Marktwiderständen bei neuen Produkten und Anwendungsgebieten zuweilen unumgänglich. Wie sehr die verschiedenen Verarbeitungsmaschinen zusammen mit der Verarbeitungstemperatur die mechanischen Festigkeitswerte von Kunststoffen beeinflussen können, ist am instruktiven Beispiel der Abb. 6.19 zu erkennen. In fortgeschritteneren Stadien der Markterschließung wird es freilich möglich sein, die Verwender der Produkte sowie die Lieferanten der komplementären Ausrüstungen an den Entwicklungsaufgaben stärker zu beteiligen.

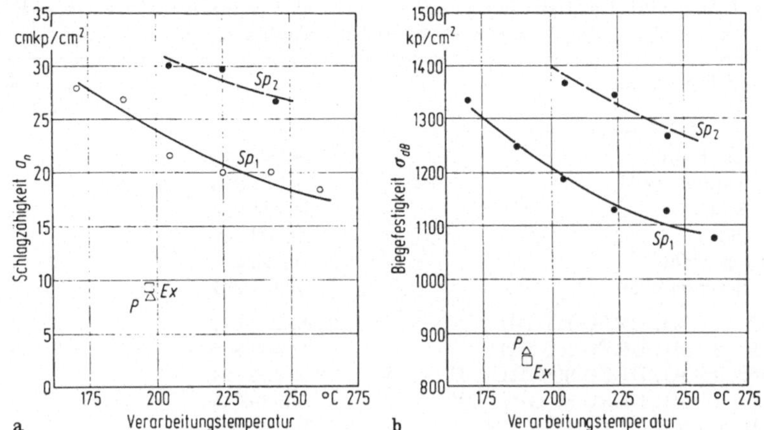

Abb. 6.19 Abhängigkeit der Schlagzähigkeit und der Biegefestigkeit eines Polystyrols von den Verarbeitungsbedingungen [6.48].
Sp_1 und Sp_2 Normstab von zwei verschiedenen Spritzgußmaschinen; *Ex* Extrudierte Probekörper; *P* Gepreßte Probekörper.

6.33 Folgeprodukte

Die Anwendungsentwicklung findet im Hervorbringen neuer *Folgeprodukte* ihren sichtbarsten Ausdruck und wird der Markterschließung wie den regulären Vertriebsmaßnahmen hiermit oft die stärksten Argumente in die Hand geben. Qualitativ hochwertige Folgeprodukte erlauben erst ein volles, beweiskräftiges Eignungsurteil über den Stoffeinsatz und räumen Bedenken und Vorurteile gegenüber neuen chemischen Produkten leichter aus als alle noch so positiven rein stoffbezogenen Eigenschaftsdaten. Dies gilt besonders dann, wenn die „Anonymität der Formlosigkeit" der chemischen Produkte verlassen wird und geformte Stückerzeugnisse entstehen.

Werden von den Herstellern chemischer Rohstoffe und Wirkstoffe bei der Anwendungsentwicklung hieraus *Mischungsprodukte* abgeleitet, so bleibt das Stadium der Formlosigkeit erhalten. Für die Übernahme dieser Aufgaben ist unter anderem das gewöhnlich größere Entwicklungspotential gegenüber den kleineren Betriebsgrößen in der Nachverarbeitung maßgeblich (z.B. Ausarbeitung von Rezepturen für Farben und Lacke, Reinigungs- und Pflegemittel, Schädlingsbekämpfungsmittel usw., vgl. Kap. 5.34 und 5.35). Neuerdings gewinnt hierbei die mathematisch-statistische Optimierung der Zusammensetzung der Mehrkomponentensysteme nach den geforderten Eigenschaften mit Hilfe von Mehrfachregressionen und statistischen Optimierungssuchstrategien (z.B. Box-Wilson-Methode) sowie der linearen Programmierung an Bedeutung. Hierfür sind neben experimentellen Bestimmungen leistungsfähige elektronische Rechenmaschinen eine Voraussetzung [6.16; 6.25; 6.98; 6.100]. Als Beispiel ist in Tab. 6.8 das Ergebnis der Optimierung einer Kautschukrezeptur aus 2 Synthesekautschuktypen und 4 weiteren Komponenten bei 8 geforderten Eigenschaften mitgeteilt, wobei Berechnungs- und experimentelle Kontrollergebnisse gegenübergestellt sind. Rezepturänderungen beeinflussen die Kosten der

Tabelle 6.8 *Mathematisch-statistische Optimierung der Eigenschaftsdaten von Synthesekautschukmischungen, Vergleich von Prognose und Kontrollexperiment* [6.98]

Faktoren und Eigenschaften		Prognose	Kontroll-experiment	Forde-rungen
Faktor 1	Kautschuk I	68,387 772		
Faktor 2	Kautschuk II	31,321 915		
Faktor 3	Ruß	68,721 985		
Faktor 4	Oel	29,139 542		
Faktor 5	Schwefel	1,943 494		
Faktor 6	Beschleuniger	0,834 297		
Eigenschaft 1	MI. DEFO RT DH	2693,290 527		
Eigenschaft 2	MI. DEFO RT DE	32,403 839		
Eigenschaft 3	MI. DEFO 80 GRD DH	857,099 121		≤ 1600
Eigenschaft 4	MI. DEFO 80 GRD DE	14,589 641		≤ 22
Eigenschaft 5	MS 121 GRD (MIN)	39,122 849		
Eigenschaft 6	MS 140 GRD (MIN)	13,527 897	19	
Eigenschaft 7	Festigkeit	193,790 100	178	
Eigenschaft 8	Dehnung	546,206 055	520	500–600
Eigenschaft 9	Modul 300%	99,066 254	89	≤ 100
Eigenschaft 10	Struktur	22,498 962	26	
Eigenschaft 11	Härte 22 GRD	59,077 423	61	59–63
Eigenschaft 12	Härte 75 GRD	57,094 955	58	
Eigenschaft 13	Elastizität 22 GRD	39,304 077	35	
Eigenschaft 14	Elastizität 75 GRD	46,762 741	46	
Eigenschaft 15	Abrieb DVM	68,239 227		50–70
Eigenschaft 16	Graves DIN M	57,248 672	55	≥ 50
Eigenschaft 17	Comp. Set Method B	28,672 043		
Eigenschaft 18	Goodrich Flexometer TA = 70,25 MIN	84,051 056	86	minimal
Eigenschaft 19	Dämpfung relativ	27,467 499		
Eigenschaft 20	Federwert	40,379 730		
Eigenschaft 21	Alterung 0-Stufe Festigkeit	72,685 471		
Eigenschaft 22	Alterung 0-Stufe Dehnung	64,897 247		
Eigenschaft 23	Alterung 0-Stufe Härte	68,112 778		
Relative Abweichungen von den Options 7064575E01				

Mischungsprodukte selbst über die Nebenbestandteile oft erheblich. Eine Verbesserung der Eigenschaften ist nur so lange gerechtfertigt, wie sie von den Verwendern als Nutzenwirkungen anerkannt werden und zu höheren Absatzerträgen führen.

Bei den chemischen *Betriebsstoffen* und *Wirkstoffen* im technischen Sinne spielen die Folgeprodukte als Ganzes eine relativ untergeordnete Rolle. Es geht mehr um das Aufzeigen der Leistungs- und Qualitätssteigerungen oder sonstiger auf die jeweiligen Betriebs- und Wirkstoffe zurückzuführender Verbesserungen.

Die größte Bedeutung erlangt die Entwicklung von Folgeprodukten bei geformten Stückerzeugnissen, wofür in erster Linie die *Chemiewerkstoffe* in Frage kommen. *Halbzeugtypen* von Chemiewerkstoffen wie Folien, Platten, Profilmaterial, Fasern usw. sind im Hinblick auf einen möglichst großen Kreis von Verwendungen (vor allem durch spanabhebende und fügende Fertigung) festzulegen, wobei die Forderungen der möglichst verwendungsgerechten Zusammensetzung und Abmessungen sowie der Typenbeschränkung auszugleichen sind.

Die Übernahme der formgebenden Entwicklungsaufgaben ist bei den Chemiewerkstoffen insofern belangreich, weil neben der zweckgerechten Auswahl der Werkstoffe und den Verarbeitungsbedingungen auch die *konstruktive Formgebung* einen großen Einfluß auf die Gebrauchstauglichkeit der Folgeprodukte ausübt. Bei den konventionellen Werkstoffen haben sich über lange Zeiträume hinweg gültige und allgemein bekannte Konstruktionsgrundsätze und Rechenschemata auf der Basis bekannter anwendungstechnischer Daten herausgebildet, die in den meisten Fällen eine zuverlässige Vorausberechnung der formgestalteten Erzeugnisse ohne experimentelle Prüfungen gewährleisten. Für die Einschaltung der Werkstofflieferanten besteht kein Bedürfnis.

Die Kunststoffhersteller aber müssen aufgrund eigener Erprobung die günstigsten Einsatzgebiete, Verarbeitungsverfahren und Konstruktionsprinzipien vorgeben. Diese sollen die nachteiligen Stoffeigenschaften unterdrücken (geringe Festigkeitswerte besonders bei höheren Temperaturen und Dauerbeanspruchung, höherer Preis, hohe Wärmedehnung) und die Vorzüge voll zur Geltung bringen (geringes Gewicht, niedrige Wärmeleitung, hohe elektrische Isolationsfähigkeit, wirtschaftliche Formgebungsverfahren, Einfärbung des Materials, Korrosionsbeständigkeit u.a.). Richtlinien für die Berechnung und Dimensionierung der Teile allein aufgrund der Stoffdaten sind nicht ausreichend, während andererseits die Variablen der Verarbeitung und Formgebung hierin nur schwer quantitativ zu erfassen sind.

Für die optimale Entwicklung von Gebrauchsgegenständen und Bauelementen aus Kunststoffen sind langwierige und kostspielige Versuchsarbeiten – besonders wegen der teuren Spritzgußformen – eher zu rechtfertigen, wenn es sich um materialintensive Verwendungen handelt und gleichzeitig mit wenigen Folgeprodukttypen auszukommen ist. Beispiele sind Flaschentransportkästen, Bierflaschen, Mülltonnen oder Konstruktionselemente im Bauwesen.

Für die gleichzeitig zu berücksichtigende Vielfalt der Anforderungen hinsichtlich der Art des Kunststoffes, des Verarbeitungsverfahrens und der konstruktiven Formgebung ist das Beispiel der *Kunststoffbierflaschen* lehrreich [6.120]. Hier werden gefordert: physiologische Unbedenklichkeit, geschmackliche Indifferenz und hohe Sperreigenschaften gegenüber Sauerstoff, Kohlendioxid, Aromastoffen und Licht; Festigkeit gegenüber den auftretenden Innendrücken, der axialen Druckbelastung beim Verschließen und dem Vakuum beim Füllvorgang; gute Fallbruchfestigkeit; hohe Standfestigkeit u.a. auf Förderbändern; absolute Schlierenfreiheit und Klarheit des Materials; günstige Ausbildung der Flaschenmündung; gute Etikettierbarkeit; geringes Gewicht und im Verein hiermit niedrigste Herstellkosten als Einwegverpackung; werblich bzw. verbrauchspsychologisch günstige Formgebung. Der letzte Gesichtspunkt bevorteilt zylindrische Formen hauptsächlich wegen ihrer Ähnlichkeit mit den konventionellen

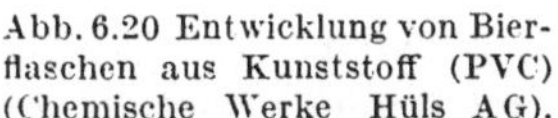
Abb. 6.20 Entwicklung von Bierflaschen aus Kunststoff (PVC) (Chemische Werke Hüls AG).

Glasflaschen. Die aus mehreren Kugelzonen aufgebaute Flasche ist darin wegen der ungewohnten Formgebung sowie hinsichtlich schlechter Etikettierbarkeit unterlegen, dagegen in allen anderen Punkten überlegen (Abb. 6.20 links).

Meistens werden allerdings die Folgeprodukte in einer solchen Vielfalt der Formen und konstruktiven Varianten erzeugt, daß sich die chemische Anwendungsentwicklung mit der Schaffung einer begrenzten Zahl von *Folgeproduktmustern* (Prototypen) begnügen muß. Ursächlich für die Produktvielfalt sind technische Gründe (z.B. Kunststoffbauteile im Maschinenbau) oder Ansprüche an den Zusatznutzen von Konsumgütern (geschmackliche Ansprüche, Mode).

Die Demonstration der Folgeprodukte im Rahmen der Markterschließung ist erschwert, wenn sie als Teile in umfangreiche zusammengesetzte Erzeugnisse eingehen und dabei ihre Eigenständigkeit weitgehend verlieren, wie etwa die Kunststoffteile im Bauwesen. Hier ist der von der britischen Firma Imperial Chemical Industries Ltd. (ICI) beschrittene Weg der Zusammenfassung möglichst vieler Kunststoffanwendungen in einem Bauwerk (z.B. „ICI-Haus“ in Welwyn Garden City) gut dazu geeignet, die Vorteile der Kunststoffeinzelverwendungen zu einem überzeugenden Gesamteindruck von der Kunststoffeignung als Baumaterial zu verdichten. Das Interesse der Fachwelt wie der breiten Öffentlichkeit wird sich leichter wecken lassen. Für die zentrale Durchführung zahlreicher Anwendungsprüfungen bestehen günstige Voraussetzungen, besonders zur Beurteilung auf Dauerbelastbarkeit, für die Entwicklung kunststoffgerechter Konstruktionen und vorgefertigter Teile [6.74; 6.110; 6.164].

6.4 Technisch-wirtschaftliche Anwendungsuntersuchungen

6.41 Gegenstand und Bedeutung

Technisch-wirtschaftliche Anwendungsuntersuchungen beinhalten die Bewertung der Anwendungsmöglichkeiten chemischer Produkte aufgrund ihrer Eigenschaften, Weiterverarbeitung und Folgeprodukte. Je stärker die Marketing-Idee Oberhand gewinnt, desto häufiger werden Anwendungsanalysen primär von den Bedarfsgegebenheiten für potentielle neue Produkte ausgehen und für die chemisch-technischen Entwicklungsarbeiten richtungweisend sein, mit denen in jedem Fall ein wechselseitiges Verhältnis besteht.

Zum Nachweis der technischen Leistungsfähigkeit und der Wirtschaftlichkeit des Einsatzes der neuen Produkte in den geeigneten Verwendungen dienen hauptsächlich *Rechenverfahren*. Die notwendigen Daten fallen nicht nur als Ergebnisse der eigenen Anwendungsentwicklung an, sondern sind oft genug bei prospektiven Anwendern und Nachverarbeitern erst durch Primärerhebungen zu beschaffen. Dabei sind nicht alle positiven und negativen Anwendungsfaktoren quantitativ zu bewerten, es müssen auch subjektive Meinungen und zahlreiche Imponderabilien in Rechnung gestellt werden. Häufig entsteht die Schwierigkeit, daß die für die Anwendung der neuen Produkte in Frage kommenden Kreise zu wenig Fachkenntnisse für die Eignungsbeurteilung mitbringen, was natürlich in besonderem Maße für die Letztverbraucher gilt. Die Schätzungen der eigenen Anwendungstechniker, die sich möglichst genau in die Lage der Verwender versetzt fühlen sollen, müssen diese Urteile dann teilweise ersetzen. Erst die spätere Marktentwicklung wird über die Richtigkeit der Annahmen entscheiden.

Die technisch-wirtschaftlichen Anwendungsuntersuchungen stehen in enger Beziehung zur Marktprognose (vgl. Kap. 4.33). Daher ist die organisatorische Eingliederung dieser „technischen Marktforschung“ in eine zentrale Marktforschungsabteilung durchaus diskutabel, während der Verbleib bei der Anwendungstechnik durch die Nähe zur Gewinnung der technischen Daten vorteilhaft erscheint. Außerdem geht die Bedeutung über die Marktforschung hinaus, indem vor allem die Produktplanung sowie die Forschungs- und Entwicklungsplanung hiervon profitieren. In den späteren Entwicklungsstadien wird die sachlich fundierte Argumentation im Rahmen der Markterschließung und Werbung sowie beim regulären Verkauf auf die Ergebnisse positiv ausgefallener Anwendungsanalysen gestützt.

6.42 Vergleich technischer Eigenschaftsdaten

Die Verfahren der technisch-wirtschaftlichen Anwendungsuntersuchungen kann man in zwei große Gruppen einteilen: technische Eignungsvergleiche und wirtschaftliche Vergleichsrechnungen im weiteren Sinne. Letztere sind durch eine Umwertung der technischen Daten in ökonomische Maßstäbe gekennzeichnet. Allen Bewertungsverfahren ist eine gewisse Relativität der Aussagen in bezug auf irgendwelche *Vergleichsfälle* der Anwendungsanalyse gemeinsam. Als Vergleichsmaßstäbe kommen entweder bestimmte Bedarfsfälle in Frage oder vorhandene Konkurrenzverfahren und Konkurrenzprodukte.

Die *technischen Merkmalsvergleiche* haben den Vorteil der Objektivität und der Unbeeinflußbarkeit von zeitlichen Preisschwankungen, jedoch den großen

Tabelle 6.9 *Besondere Bedeutung der Eigenschaften faserverstärkter Duroplaste in verschiedenen Einsatzgebieten* [6.60]

Eigenschaft	Anwendung
Schlagzähigkeit	Gehäuse, Abdeckhauben, Lautsprecher- und Radiogehäuse, Kfz-Karosserieteile, Ventilatorflügel, Handgriffe aller Art, freiliegende Rohre, Rohre als Träger für Telefonkästen, Boote,Eimer, Schreibmaschinenkoffer, Eisenbahnschwellen, Leitplanken
Arbeitsaufnahmevermögen	Abdeckhauben für Dieselmotoren und Schiffsmotoren, Eisenbahnwagen, Eisenbahnschwellen, Ventilatorflügel, Gebläseteile
Dichte	Flugzeug-, Raketen-, Bootsbau, alle Kunststoffteile
Abriebfestigkeit	Transportbehälter für Nahrungsmittel, Gehäuse, Schalter und ähnliche bewegliche Teile
Dämpfung	Eisenbahnwagen, Teile in Flugzeugen, Schiffen und Kfz, die erschütterungsfrei gelagert werden müssen
Korrosionsbeständigkeit	alle Kunststoffteile
relative Dielektrizitätskonstante, Kriechstromfestigkeit, Isolationswiderstand, Wasseraufnahme	Röhrensockel, Schaltergehäuse, Unterbrecher, Schutzschalter, Verteilerkappen, Endverschlüsse für Starkstromisolatoren, Zündspulköpfe, Elektroden- und Bürstenhalter, Lautsprecher- und Radiogehäuse, Fernsehantennenteile, Staubsaugerteile
UV-Beständigkeit	Teile im Freien: Kabelverteiler, Fensterrahmen, Kfz-Teile
Durchbiegung	Rohre als Träger für Telefonkästen, Boote, Leitplanken
Biegefestigkeit	Gehäuse aller Art, Karosserieteile, Armstützen, Transportbehälter, Handgriffe aller Art
E-Modul	Transportbehälter, Karosserieteile, Flugzeugbau
Temperaturbeständigkeit	Karosserieteile, Elektrogeräte
Zugfestigkeit	Rohrbau, Flugzeugbau, Bootsbau

Tabelle 6.10 *Vergleich der anwendungstechnischen Daten von Polyurethanhartschaum gegenüber anderen Isolierstoffen* [6.146]

Kenngröße	PVC-Schaumstoff	Schaumgummi	Polystyrolschaumstoff	Glasfasermatten
Dichte [lb/ft³]	2,25–2,5	4	1–2	5
Wärmeleitfähigkeit [Btu. in/ft² h °F]	0,19–0,22	0,2	0,23	0,26–0,30
Wasseraufnahme in 7 Tagen [Vol.-%]	3	1,5	4	hoch
Brandsicherheit	Klasse SE	SE–BS (2782)	Klasse SE	gut
Druckfestigkeit [psi]	40	40	10	–
Preis [s/d/ft³]	18/6 bis 20/–	12/–	5/–	5/–
Temperaturgrenze [°F]	150	120	170	450
Kenngröße	**Korkstein**	**Phenolharzschaumstoff**	**Harnstoffharzschaumstoff**	**Polyurethanhartschaum**
Dichte [lb/ft³]	8	2	0,5	1,5–2
Wärmeleitfähigkeit [Btu. in/ft² h °F]	0,27	0,28	0,23	0,16
Wasseraufnahme in 7 Tagen [Vol.-%]	bis 50	gering	3	4
Brandsicherheit	schlecht	gut	gut	Klasse SE
Druckfestigkeit [psi]	hoch	8	niedrig	32
Preis [s/d/ft³]	11/–	12/–	niedrig	15/–
Temperaturgrenze [°F]	180	260	100	250

Nachteil der schwierigen zusammenfassenden Bewertung der einzubeziehenden ganzen Eigenschaftsdatenkomplexe. Ohnehin sind generelle materialspezifische Aussagen nicht möglich, weil sich die Materialeigenschaften in den verschiedenen Verwendungen meistens unterschiedlich auswirken. Eine geringe Dichte ist in einem Fall besonders vorteilhaft, im anderen nachteilig. In einem Einsatzgebiet richtet sich die Eignung eines Chemiewerkstoffes hauptsächlich nach der Wärmeleitfähigkeit, die aber in anderen Verwendungen überhaupt keine Rolle spielen mag. Als Beispiel ist in Tab. 6.9 eine solche Zuordnung von besonders wichtigen Eigenschaften und Einsatzgebieten aus einer Anwendungsuntersuchung für Chemiefasern zur Verstärkung von Kunststoffen wiedergegeben.

Aber selbst bei der Eingrenzung der Bewertung auf bestimmte Einsatzgebiete oder Gruppen ähnlicher Verwendungen wird die Schwierigkeit der fehlenden quantitativen Vergleichbarkeit der heterogenen Datenreihen nicht behoben, so daß man insgesamt nur qualitative Aussagen gewinnt. Ein typisches Beispiel ist der Vergleich der anwendungstechnischen Daten von Polyurethanhartschäumen gegenüber konkurrierenden Isolierstoffen in Tab. 6.10, wobei auch der Einheitspreis des Materials in den Merkmalskatalog einbezogen ist.

Zuweilen versucht man nach einem ,,halbquantitativen Verfahren'' die einzelnen Eignungsparameter etwa über *Punktzahlen* zu bewerten und damit vergleichbar zu machen, wie es in der Wirtschaftlichkeitsrechnung geläufig ist und im Rahmen der sog. ,,Produktprofile'' zur Bewertung von Forschungs- und Entwicklungsvorhaben bereits dargestellt wurde (Kap. 5.224). Eine Vorstufe dazu bietet

Tabelle 6.11 *Vor- und Nachteile polyesterfaser- sowie glasfaserverstärkter Kunststoffe* [6.60]

Eigenschaft	Polyesterfaser besser	Eigenschaft	Polyesterfaser gleich	Polyesterfaser schlechter
Schlagzähigkeit	×	Kriechstrom-	×	
Arbeitsaufnahmevermögen	×	festigkeit		
Dauerschlagbeständigkeit	×	Isolations-	×	
Dichte	×	widerstand		
Abriebfestigkeit	×	Wasseraufnahme	×	
Dämpfung	×	Brennverhalten	×	
Korrosionsbeständigkeit	×	Biegefestigkeit		×
Rel. Dielektr.konstante	×	Elastizitätsmodul		×
UV-Beständigkeit	×	Zugfestigkeit		×
Durchbiegung	×	Temperatur-		
Tiefung nach Erichsen	×	beständigkeit		×

Tabelle 6.12 *Bewertung von Kunstharzen für Chemieanlagen nach Punktzahlen* [6.30][1]

Eigenschaften	Epoxid-harze	Furan-harze	Phenol-harze	Polyester-harze
Temperaturbeständigkeit	6	8	7	6
Chemische Beständigkeit	8	8	5	5
Mechanische Festigkeit	10	6	6	9
Elektrische Eigenschaften	10	5	5	10
Kosten	4	6	8	8
Verarbeitbarkeit	8	5	5	7
Gesamtwertung	46	38	36	45

[1] Die günstigste Bewertung jeder Materialeigenschaft erfolgt mit 10 Punkten.

der Eigenschaftsvergleich mit Hilfe der dreistufigen Bewertungsskala nach Überlegenheit, Gleichwertigkeit und Unterlegenheit (Beispiel in Tab. 6.11).

In Tab. 6.12 ist die Verwendung eines Punktzahlenschemas für die Bewertung von Kunstharzen im chemischen Anlagenbau dargestellt, wobei allen 6 als besonders maßgeblich angesehenen Eigenschaften jeweils die maximale Punktzahl von 10 zuerkannt wird. In anderen Fällen würde man die im günstigsten Fall erreichbaren Punktzahlen variieren und damit den Einfluß der einzelnen Eigenschaften auf die Gesamtwertung gewichten.

Die technischen Eignungsvergleiche behalten trotz der erwähnten Nachteile ihre Berechtigung, und zwar besonders als technisch fundierte Ergänzung der Wirtschaftlichkeitsvergleiche. Diese können ausnahmsweise auch ganz ersetzt werden, nämlich im Falle offenkundiger großer technischer Überlegenheit, die eine wirtschaftliche Überlegenheit automatisch einschließt, oder wenn die wirtschaftliche Bewertung der technischen Daten nur unzulänglich möglich ist.

6.43 Preisvergleiche

Auf den einfachsten Nenner gebracht lautet die Forderung der Produktkonkurrenz: Möglichst überlegene Eigenschaften bei gleichzeitig niedrigerer Preisstellung! Im Anschluß an den technischen Datenvergleich ist der *Preisvergleich* relativ einfach durchzuführen, aber das Problem liegt wiederum in der Quantifizierung, wenn etwa die Höhe des Preisvorteils oder -nachteils mit den überlegenen bzw. unterlegenen Produkteigenschaften zusammenzufassen ist.

Der Preisvergleich wäre unmittelbar und schon allein aussagefähig, wenn den zugrunde liegenden gleichen Mengeneinheiten die gleichen Nutzenwirkungen beizumessen wären, was selten zutrifft. *Gewichtseinheiten* als üblichste Bezugseinheiten der Preisberechnung erweisen sich dabei meistens als besonders ungeeignet, während die Umrechnung der Preise auf eine bestimmte technische Eigenschaft, die in den betreffenden Verwendungen besonders wichtig erscheint, interessantere Vergleichsresultate liefern kann. Man erhält auf diese Weise den Charakter von „Leistungspreisen". Da man sich jedoch auf eine Eigenschaft beschränken muß, bleiben erhebliche Ungenauigkeiten aus den fallweise mehr oder minder bedeutsamen und zunächst vernachlässigten restlichen Eigenschaften erhalten.

Bei den Chemiewerkstoffen erweist sich z.B. die physikalische Eigenschaft der Dichte zur Ableitung von Preisvergleichen auf der Basis von *Volumeneinheiten* als brauchbar. In zahlreichen Anwendungen verdrängen die Kunststoffe nicht gleiche Gewichts-, sondern etwa gleiche Volumenmengen anderer Werkstoffe.

Dies trifft vor allem dann zu, wenn die Kunststoffe für verkleidende, dekorative oder allgemein solche Zwecke eingesetzt werden, in denen ihre normalerweise geringen Festigkeitseigenschaften bei der Dimensionierung nicht kritisch werden. Andererseits wäre in solchen Fällen die hohe Festigkeit konkurrierender Werkstoffe, wie der Metalle, wegen der erforderlichen Mindestabmessungen oft gar nicht ausnutzbar. Die Relationen der spezifischen Volumina vermitteln außerdem Anhaltspunkte über den erwartbaren Mengenbedarf und den Verlauf der Substitutionsprozesse. Beim Vergleich zwischen Kunststoffen und konventionellen metallischen Werkstoffen ist es üblich, die spezifischen Volumina der konkurrierenden Werkstoffe als *Stahläquivalente* zu berechnen (Tab. 6.13). Werden etwa Stahlteile bei gleicher Dimensionierung durch Polyolefine ersetzt, so kann die Gewichtseinheit der Polyolefine etwa die $8^1/_2$fache Stahlgewichtsmenge verdrängen. Bei Substitutionsanalysen für Chemiefasern in textilen Einsatzgebieten haben sich dagegen die *Baumwolläquivalente* eingeführt, da die Baumwolle hier bislang den überwiegend verwendeten Faserrohstoff darstellt. Vollsynthetische Fasern ersetzen danach im Mittel das 1,6fache der Baumwollgewichte. Für den Preisvergleich sind dementsprechend die *Volumenpreise* oder die Äquivalente der Volumenpreise zugrunde zu legen. Nur zur Veranschaulichung der Methodik sind in Tab. 6.13 einige Zahlenwerte für den Vergleich von Metallen und Kunststoffen wiedergegeben. Durch inzwischen weiter gesunkene Kunststoffpreise und angestiegene Metallpreise dürfte sich das Konkurrenzverhältnis weiter zugunsten der Kunststoffe verschoben haben.

Wird allerdings eine Dimensionierung aufgrund mechanischer Festigkeitswerte gefordert, sind meistens größere Volumina einzusetzen. So wurde beispielsweise im Rahmen einer Anwendungsanalyse für glasfaserverstärkte Polyesterharze im Schienenfahrzeugbau festgestellt, daß bei langen Trägerelementen die Gewichtsvorteile des Kunststoffes durch die wegen der geringen Biegefestigkeit notwendige Querschnittserweiterung völlig aufgezehrt werden und erst bei kurzen Trägern eine Reduktion des Baugewichtes möglich wird [6.174]. Umgekehrt werden Metallrohre geringer Nennweiten meistens mit solchen Mindestwandstärken hergestellt, die bei den auftretenden Druckbeanspruchungen weit überdimensioniert sind. Bis zu bestimmten Obergrenzen der Nennweiten sind daher Kunststoffrohre im Vorteil. Umhüllende sowie tragende Funktionen werden meistens gleichzeitig gefordert, so daß das Mengenaustauschverhältnis zwischen den konkurrierenden Werkstoffen nur im Einzelfall für einen ganz bestimmten Anwendungszweck bestimmt werden kann. Es erscheint sinnvoll, das Gewichtsverhältnis und das Volumenverhältnis nur als Grenzwerte zu betrachten, innerhalb derer sich das tatsächliche Austauschverhältnis normalerweise bewegen wird [6.101].

Rückt eine bestimmte *mechanische Eigenschaft* in den Vordergrund, kann sie ebenfalls als Bezugsgrundlage des Preisvergleichs dienen. Zur Beleuchtung der

Tabelle 6.13 *Volumen- und Preisäquivalente verschiedener Werkstoffe*

Werkstoff	Dichte [kg/dm³]	Spezifisches Volumen [dm³/kg]	Stahläquivalent der spezifischen Volumina	Werkstoffpreis[1] [DM/kg]	Werkstoffpreis[1] [DM/dm³]	Stahläquivalent des Volumenpreises
Metalle						
Magnesium	1,74	0,575	4,51	2,64	4,60	1,77
Aluminium (Barren)	2,70	0,370	2,90	2,15	5,80	2,23
Zink	7,14	0,140	1,10	1,23	8,80	3,38
Blei	11,34	0,088	0,69	1,14	13,00	5,00
Stahl	7,85	0,127	1,00	0,33	2,60	1,00
Chrom	6,9	0,145	1,11	11,50	79,30	30,40
Zinn	7,28	0,137	1,08	10,40	76,00	2,30
Nickel (Barren)	8,8	0,114	0,90	7,65	67,00	25,80
Phosphorbronze (5% Sn)	8,8	0,114	0,90	6,85	60,00	23,10
Kupfer (Barren)	8,9	0,112	0,88	2,82	25,00	9,60
Kunststoffe (Formmassen)						
Polyäthylen, niedrige Dichte	0,92	1,088	8,54	1,67	1,54	0,59
Polyäthylen, hohe Dichte	0,95	1,052	8,27	2,20	2,10	0,81
Polyvinylchlorid	1,38	0,725	5,69	2,46	3,40	1,31
Polystyrol, schlagfest	1,05	0,952	7,47	2,30	2,40	0,92
Polytetrafluoräthylen	2,20	0,455	3,57	36,00	79,00	30,40
Polycarbonate	1,20	0,833	6,53	9,25	11,00	4,23
Nylon	1,13	0,885	6,95	13,50	15,20	5,85
Polyacrylatharze	1,18	0,847	6,65	4,45	5,25	2,02
ABS-Harze	1,10	0,910	7,15	3,80	4,20	1,62
Äthylcellulose	1,13	0,885	6,95	5,90	6,65	2,56
Polypropylen	0,91	1,100	8,65	3,10	2,80	1,08

[1] US-Werkstoffpreise in $/lb vom Juli 1965 [6.24], umgerechnet aufgrund der damaligen Parität. Die Volumenpreise wurden hieraus über die angegebenen Dichten berechnet. Aus den teilweise mitgeteilten Preisbereichen wurden die Mittelwerte übernommen.

Tabelle 6.14 *Leistungspreise von Isoliermaterialien im Bauwesen* [6.15]

Isoliermaterial	Thermische Leitfähigkeit [Btu. in/ft²h°F]	Einheitspreis bei 1 inch Plattenstärke [d/ft²]	Leistungspreis [Wärmeleitfähigkeit mal Einheitspreis]
Polystyrol	0,24	5	1,2
Harnstoffharze	0,18	7	1,3
Polyurethane	0,18	11	2,0
Cellulosefasern	0,35	8,5	3,0
Korkstein	0,28	10	2,8

Marktverschiebungen durch den technischen Fortschritt hatten wir die Entwicklung der Festigkeitspreise (DM/kp Zugfestigkeit) verschiedener Faserarten für den technischen Einsatz wiedergegeben. Zur Ermittlung der substituierbaren Materialverbrauchsmengen wurde die Festigkeit des bislang am meisten verwendeten Reyonkord als Vergleichsbasis zugrunde gelegt (Kap. 4.248). Schließlich kommen auch elektrische oder thermische Eigenschaften in Betracht. Da es bei Isoliermaterialien auf eine besonders niedrige *Wärmeleitfähigkeit* ankommt, ist diese als Bezugseinheit reziprok einzuführen, d.h., der Einheitspreis je Flächeneinheit des Isoliermaterials ist mit der thermischen Leitfähigkeit zu multiplizieren (Tab. 6.14). Auch bei den *Wirkstoffen* werden zur besseren Vergleichbarkeit Leistungsäquivalente gebildet, wie z.B. bei der Umrechnung zahlreicher oberflächenaktiver Produkte über die Waschkraft auf Seifenäquivalente und deren Bewertung zu Seifenäquivalenzpreisen.

Eine wichtige Kenngröße für neue Produkte und Produktanwendungen ist derjenige Preis, der im Zusammenhang mit dem gesamten Eigenschaftsbild des Produktes die Nachfrage und die Verdrängung von Konkurrenzprodukten in Gang setzt. Dieser Preis ist im allgemeinen nur durch vorgreifende Kosten- und Wirtschaftlichkeitsrechnungen in den Einzelverwendungen und retrograde Projektion der Produktvorteile auf den eigenen möglichen Angebotspreis feststellbar. Ob dieser Preis kostenmäßig realisierbar ist, wird unter anderem wieder vom Absatzvolumen abhängen. Eine ausgeglichene Konkurrenzlage oder ökonomische Gleichwertigkeit ist dabei anschaulich durch die kritische Größe der *Äquivalenzpreise* zu charakterisieren.

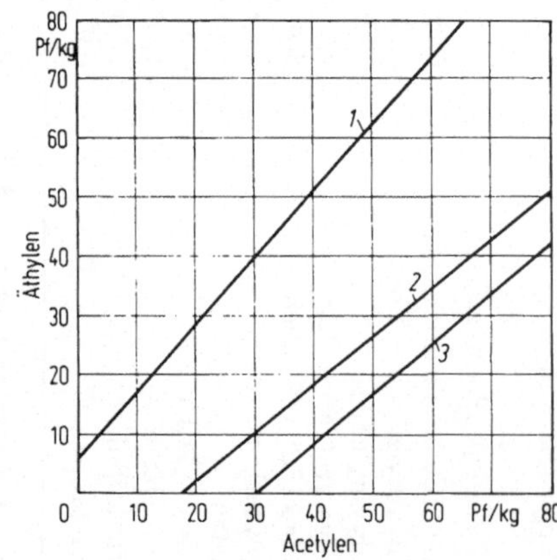

Abb. 6.21 Äquivalenzpreise von Äthylen und Acetylen hinsichtlich verschiedener Folgeprodukte bzw. Verarbeitungsverfahren [6.80]. *1* Acetaldehyd. Direktoxydation von Äthylen (Wacker-Prozeß) und klassischer Acetylenprozeß; *2* Vinylchlorid. 1,2-Dichloräthan und Äthylenoxychlorierung, verglichen mit Kombinationsverfahren Acetylen – Äthylen; *3* Vinylacetat. Äthylengasphaseprozeß, verglichen mit Acetylenprozeß.

Dies ist in Abb. 6.21 für Äthylen und Acetylen in drei verschiedenen Verwendungen dargestellt. In der Herstellung von Acetaldehyd ist das Äthylen weit überlegen, bei einem Äthylenpreis von 0,40 DM/kg wäre das Acetylen erst bei Preisen unterhalb 0,30 DM/kg konkurrenzfähig, während beim Vinylacetat umgekehrt das Acetylen stark bevorteilt ist. Bei einer langfristigen Schwefelpreiserhöhung und der erwarteten Strompreissenkung durch Fortschritte der Kernenergietechnik wäre die elektrothermische Gewinnung von Phosphorsäure gegenüber dem Naßaufschluß der Phosphate mit Schwefelsäure immer aussichtsreicher. Auch hier läßt sich die wirtschaftliche Gleichwertigkeit verschiedener Schwefelpreise und Strompreise durch retrograde Kalkulation über eine Kostenäquivalenzgerade angeben.

6.44 Kosten- und Wirtschaftlichkeitsvergleiche

Die genauesten Aussagen erfordern eine Gegenüberstellung der vollständigen technischen und wirtschaftlichen Alternativen, wozu neben dem Materialpreis vor allem die Verarbeitungskosten sowie die Preise und die Wirtschaftlichkeit der Anwendung von Folgeprodukten gehören. Höhere Volumenpreise der Kunststoffe können durch kostengünstigere Formgebungsverfahren überkompensiert werden. Es ist ganz von der Interessenlage und Denkweise der Verwender auszugehen. Man fragt nicht nur nach der Wirtschaftlichkeit bei vorgegebenem Preis, sondern auch umgekehrt nach den anlegbaren Preisen aufgrund der Produkteigenschaften und Folgeprodukte. Sofern aufgrund von Rationalisierungseffekten nur die *Kostenseite* der Nachverarbeitung beeinflußt wird, gestalten sich die Vergleichsrechnungen im Hinblick auf hinzukommende und wegfallende Kosten häufig noch relativ einfach.

Beim Einsatz von Herbiciden werden z.B. die Kosten des chemischen Wirkstoffverbrauchs je Einheit der landwirtschaftlichen Nutzfläche mit den hierdurch erzielbaren Einsparungen an Arbeitskräften und Arbeitskosten verglichen. Im Baumwollanbau der USA brachte die chemische gegenüber der mechanischen Unkrautbekämpfung beispielsweise eine Senkung des Arbeitsstundenbedarfs von 30 auf 12 h/acre und der Kosten von 15 auf 8 $/acre [6.18].

Die Schädlingsbekämpfung beeinflußt jedoch auch die *Ertragsseite*.

Bei unseren Hauptnahrungsmitteln gelten 20% Ertragseinbuße bei Verzicht auf die Schädlingsbekämpfung gegenwärtig als langfristiger Richtwert. Der Weizenanbau in Deutschland ermöglicht in gut geleiteten Betrieben zur Zeit etwa 1600 DM/ha Roheinnahmen, denen Erzeugungskosten von etwa 1300 DM/ha einschließlich rund 60 DM/ha für die Schädlingsbekämpfung gegenüberstehen. Beim wahrscheinlichen 20prozentigen Ertragsverlust, der den gesamten Betriebsgewinn aufzehren würde, ist der Einsatz der Schädlingsbekämpfungsmittel als überaus wirtschaftlich anzusehen [6.57; 6.93]. Die Quantifizierung der wahrscheinlichen Ertragsverluste ist jedoch oft problematisch. Man kann den verschiedenen Rentabilitätserwartungen bestimmte statistische Verteilungswerte zuordnen und dann unterstellen, daß die Verteilungskurve durch Anwendung der Pestizide zum Bereich günstigerer Erwartungswerte hin verschoben wird. Die Einführung wahrscheinlichkeitsbehafteter Daten kompliziert jedoch die Wirtschaftlichkeitsrechnung. Ähnliche Überlegungen gelten bei manchen anderen prophylaktisch anzuwendenden chemischen Hilfsmitteln mit pflegenden, schützenden und erhaltenden Nutzenwirkungen. Bei möglicher variabler spezifischer Anwendungsintensität sind die entsprechenden Ertragsfunktionen und optimalen Verbrauchsmengen zu ermitteln (z.B. für den Einsatz von Düngemitteln).

Schwieriger werden die Analysen dann, wenn über laufende Betriebskosten- und Ertragsänderungen hinaus tiefgreifende betriebsstrukturelle Veränderungen und *Investitionen* in der Nachverarbeitung zu berücksichtigen sind.

Entstehen ganz neue oder qualitativ wesentlich veränderte *Folgeprodukte*, sind deren Kosten, Preise und Absatzaussichten vorauszuschätzen, und zwar unter weiterem Vorgriff auf ihre Verwendung bzw. Nachfrage in den Sekundärmärkten. Betrachten wir hierzu einige *Kunststoffverwendungen im Bauwesen.*

Die Preise der chemischen Vorprodukte im Vergleich zu konventionellen Baumaterialien sagen noch wenig. Man muß als erstes die Gestehungskosten und Preise der *Halbzeuge* und *Bauteile* ermitteln, wie sie vom Bauhandwerk bezogen werden. In der nächsten Stufe sind Angebotspreise für die zugehörigen Teilleistungen am Bauwerk zu erfassen, welche Transportkosten der Bauteile, Hilfsmaterialien und vor allem die Einbaukosten mit einschließen. Erhebliche Schwankungsbreiten in den diesbezüglichen Preisangeboten wirken erschwerend, wie es das Beispiel der Leistungspreise für Flachdacheindeckungen aus einem Ländervergleichsprogramm in der BRD zur generellen Beurteilung der Einsatzmöglichkeiten von Kunststoffen im Bauwesen in Tab. 6.15 erkennen läßt. Die Unsicherheit der Kalkulation der Verarbeiter ist häufig darauf zurückzuführen, daß mit den neuen Produkten noch zu wenige Erfahrungen gewonnen wurden. Kunststoffrohrleitungen sind hinsichtlich der Materialkosten gegenüber konventionellen Werkstoffen noch oft unterlegen, jedoch können niedrigere Kosten der Erdverlegung diesen Nachteil weit überkompensieren.

Tabelle 6.15 *Preise der Einzelleistungen zur Herstellung von Flachdacheindeckungen* [6.155]

Einzelleistung	Preis [DM/m²]	Angebote
Voranstrich	0,40– 1,20	22
Glasvlieslochbahn	1,80– 6,85	17
Falzbaupappe	3,40– 7,15	13
Glasvliesbahn, grob bekiest	1,00– 4,90	17
Kunststoff-Folie als Dampfbremse	5,80–14,60	14
Aluminiumfolie, kaschiert	4,50– 9,20	19
Papplage	2,30– 5,20	20
PVC-Folie (0,5–0,8 mm)	9,00–20,35	15
Polyisobutylenfolie mit Papplage	14,46–30,20	8
Glasfaserverstärkte Polyisobutylenfolie	14,95–27,60	15

Tabelle 6.16 *Baukostenvergleich für Wandplattenbeläge aus Keramik und Kunststoff* [6.155]

Baugebiet des Ländervergleichsprogramms	Kunststoffplatten			Keramikfliesen [DM/m²]
	Unterputz [DM/m²]	Plattenbelag [DM/m²]	insgesamt [DM/m²]	
Berlin	7,20	18,80	26,00	31,00
Mainz	5,70	12,80 bzw. 16,00	18,50 bzw. 21,70	31,00
Ratingen	5,30	16,65	21,95	30,70
Salzgitter	4,80	15,50	20,30	33,00
Würzburg	6,60	19,50	26,10	30,00

Die Anschaffungskosten der installierten Bauteile mögen für den Vergleich als ausreichend gelten, wenn im Betrieb keine unterschiedlichen laufenden Kosten auftreten, so etwa bei gleicher Lebensdauer und gleich hohem Instandhaltungsaufwand. Hierzu gibt Tab. 6.16 ein Zahlenbeispiel, wobei allerdings subjektiv-geschmackliche Wertungen noch nicht eingehen. Meistens werden unterschiedliche laufende Kosten zu berücksichtigen sein, wie beim Ersatz gestrichener durch kunststoffbeschichtete Türblätter. Letztere sind zwar in der Anschaffung teurer, machen jedoch Instandhaltungsanstriche entbehrlich. Beide Auswirkungen werden in Tab. 6.17 über die Amortisationszeit der Anschaffungskostendifferenz miteinander verglichen, die zur Rechtfertigung der Kunststoffbeläge bestimmte Höchstwerte nicht überschreiten darf.

Häufig sind die Teilleistungen nicht isoliert vergleichbar, weil die Verwendung der Kunststoffe zu umfassenden Konstruktionsänderungen der Bauwerke führt, um die Vorteile der Kunststoffe überhaupt voll ausschöpfen zu können. So begünstigen die Kunststoffe eine

Tabelle 6.17 *Wirtschaftlichkeitsvergleich von Türblättern* [6.155]

Teilleistung Kenngröße	Bauvorhaben 1				Bauvorhaben 2	
	[DM]		[DM]		[DM]	
Gestrichenes Türblatt						
einfache Ausführung	26,00					
bessere Ausführung			45,00		47,40	
In fünf Jahren eingesparte Kosten des Unterhaltungsanstriches	10,00		10,00		22,50	
Mehrpreis für ein mit Kunststoff-Folie beklebtes Türblatt	32,90		13,90		34,20	
Mehrpreis für ein mit einer Schichtstoffplatte beklebtes Türblatt		92,30		73,30		47,20
Amortisation des Türblattes mit Kunststoffoberfläche	[Jahre]		[Jahre]		[Jahre]	
Zeit	16,5	46	7	37	7,5	10,5

Abkehr von der klassischen rechtwinkligen Geometrie zur Formgestaltung mit gekrümmten Linien [6.194]. Je umfassender die Vergleichsobjekte gewählt werden, desto schwieriger wird andererseits die Zurechnung der Kosten und Ertragswirkungen auf die chemischen Vorprodukte.

Zahlreiche in der Literatur mitgeteilte Beispiele von Anwendungsanalysen mit Hilfe wirtschaftlicher Daten betreffen das Gebiet der Kunststoffe [6.45; 6.51; 6.60; 6.70; 6.97; 6.104; 6.107; 6.136; 6.158; 6.165; 6.194; 6.195]. Im übrigen sind die Verwendungen chemischer Produkte zu vielseitig, um die Berechnungsprobleme hier durchgehend mit repräsentativen Beispielen belegen zu können.

6.5 Technischer Kundendienst

6.51 Umfang und Gliederung

Sobald die grundsätzlichen anwendungstechnischen Entwicklungsaufgaben neuer Produkte gelöst sind, obliegt die weitere laufende Bearbeitung der bei den Verwendern auftretenden Probleme dem *technischen Kundendienst*. Dazu gehören auch Produktionsumstellungen der Verarbeitungsbetriebe im Rahmen der anwendungstechnisch bereits geklärten Möglichkeiten sowie die technische Beratung der Betriebe, die im Rahmen der weiteren Markterschließung neu hinzukommen.

Man kann einen produkt- und betriebsbezogenen Kundendienst unterscheiden. Der *produktbezogene Kundendienst* vermittelt die zur Weiterverarbeitung der eigenen Erzeugnisse notwendigen anwendungstechnischen Kenntnisse und steht in unmittelbarem Zusammenhang mit der Verkaufsleistung. Hier liegt eine Nachwirkung der eigenen Forschungs- und Entwicklungsleistungen vor, die zur nachhaltigen Markterschließung der neuen Produkte und ihrer Anwendungen notwendig ist. Dieser Kundendienst wird heute fortwährend ausgeweitet. Auf der Angebotsseite erblicken die Chemiebetriebe hierin immer mehr ein selbständiges Instrument der Absatzpolitik, während auf der Nachfrageseite vor allem die kleineren und technisch weniger leistungsfähigen Verarbeitungsbetriebe diese Hilfestellung als willkommene Kostenerleichterung in Anspruch nehmen.

Die über die Einzelprodukte eingeleiteten ständigen technischen Kontakte mit den Abnehmern weiten sich vielfach zu einem *betriebsbezogenen* Kundendienst aus. Hierbei geht es nicht allein um technische Probleme, sondern um die Förderung des Geschäftsbetriebes der Kunden durch beratende und unterstützende Maßnahmen aller Art: Planung der Produktionsstätten und der Produktionsprogramme, Übernahme von Projektierungsaufgaben durch die eigenen Ingenieurabteilungen, Finanzierungspläne und aktive Finanzierungshilfen, Beratung im Rechnungswesen, im Vertrieb, Erledigung von Marktforschungsaufgaben und anderes. Dies steht an sich mit den Interessen einer vertikal ausgerichteten Vertriebspolitik in Einklang. Die Idee der Ausweitung der Warenlieferung zur „Problemlösung" findet ihre konsequente Verwirklichung [6.17; 6.102; 6.118; 6.143; 6.144; 6.163].

Es mehren sich aber auch kritische Stimmen. Wirtschaftliche *Kontrollmaßstäbe* sind auch für den Kundendienst zu fordern. Schließlich gilt für den technischen Kundendienst die gleiche Grundkonzeption wie für alle anderen Absatzinstrumente, daß nämlich die hiermit erzielbaren Absatzerfolge mit den entstehenden Kosten in ein optimales Verhältnis zu bringen sind. Der technische Kundendienst soll eine Hilfe sein, aber nicht die Aufgaben und die Eigenverantwortlichkeit des Kunden ersetzen. Sollen auf der Grundlage der ausgesprochenen Empfehlungen weitreichende Entscheidungen getroffen werden, wie etwa über die Vornahme von Investitionen, sind oft sorgfältige Untersuchungen eines ganzen Teams von Spezialisten erforderlich. Bei der übernommenen Verantwortung führen spätere Fehlschläge leicht zum Kundenverlust. Das Abschieben aller Schwierigkeiten auf den Lieferanten unter der Devise „Der große Bruder kann alles" ergibt auf die Dauer untragbare Kostenbelastungen. Schon heute registriert man in der chemischen Industrie zahlreiche Fälle, in denen die Kosten der anwendungstechnischen Kundenberatung die gesamten Umsatzwerte, die mit den betreffenden Kunden realisiert werden, übersteigen. Insbesondere mit zunehmendem Alter der Produkte und mit der dann gleichzeitig verschärften Preiskonkurrenz entsteht der Zwang zur sorgfältigen Kalkulation und zum Abwägen des optimalen Einsatzes der Kundendienstleistungen. Zuweilen liegt eine bewußte Ausnutzung der verschärften Angebotskonkurrenz in der chemischen Industrie vor, oft aber handeln die Nutznießer der Dienstleistungen nicht böswillig, sondern nur aus Unkenntnis über die entstehenden Kosten. Um den schädlichen Fehlentwicklungen entgegenzuwirken, sind einige amerikanische Chemiefirmen dazu übergegangen, ausgedehnte Beratungsleistungen nach entsprechender Vorkalkulation und vorheriger Vereinbarung in Rechnung zu stellen. In einer milderen Form verspricht man sich eine Verringerung der Belastungen dergestalt, daß den Kunden wenigstens die entstandenen Kosten mitgeteilt werden. Selbst diese Maßnahme erscheint aber vielen Firmen wegen der Gefahr einer Brüskierung der Kunden bedenklich.

6.52 Koordinierung mit dem Verkauf

Unmittelbare Kontakte zwischen dem technischen Personal der Kundenbetriebe und den Chemikern und Ingenieuren der eigenen Anwendungstechnik sind unter fachlichen Gesichtspunkten zwar angebracht, jedoch sind die Marketing-Interessen durch Einschaltung von Vertriebsstellen besser zu berücksichtigen.

Hierbei können Divergenzen und Abstimmungsprobleme auftreten. Der technische Kundendienst wird hauptsächlich wie folgt mit dem Vertrieb koordiniert:

1. Technischer Kundendienst und Anwendungsentwicklung werden innerhalb der Anwendungstechnischen Abteilung weitgehend in Personalunion wahrgenommen. Der Kundendienst wird auf Anforderung des Vertriebes tätig.

2. Innerhalb der Anwendungstechnik werden Entwicklungsaufgaben und laufender Kundendienst als Teilfunktionen stellenmäßig getrennt. Auch hier muß der Kundendienst über die Grenzen einer Hauptabteilung hinweg operieren.

3. Der funktional verselbständigte technische Kundendienst wird in die Hauptabteilung Vertrieb eingegliedert und der Vertriebsleitung unterstellt. Hierbei entsteht im Kundendienst eine vollwertige vertriebliche Teilfunktion.

4. Der Kundendienst bleibt wie bei der ersten oder zweiten Lösung im Bereich der Anwendungstechnik, jedoch erfolgt eine Übertragung der meisten Beratungsaufgaben an die regulären, jetzt technisch versierten Verkaufskräfte. Die Anwendungstechniker werden außerhalb ihrer Entwicklungsaufgaben nur in schwierigen Fällen für Beratungen in Anspruch genommen.

In der genannten Reihenfolge ist eine zunehmende Integration des technischen Kundendienstes in das Marketing festzustellen, verbunden mit einer Abschwächung der fachlichen Spezialisierung nach naturwissenschaftlich-technischen oder vertrieblich-kaufmännischen Aufgaben.

Die gleichzeitige Wahrnehmung von Entwicklungs- und Beratungsaufgaben durch die Anwendungstechniker sichert ein hohes Leistungsniveau, jedoch kann sich die Doppelbelastung und zweiseitige Orientierung zum Markt sowie zur Entwicklung im Innenbereich auch als unwirtschaftlich erweisen. Die Abspaltung separater technischer Kundendienstabteilungen ermöglicht eine bessere Einstellung auf die Kunden und die eigenen Vertriebsinteressen. Von hier aus ist es nur noch ein Schritt, den Kundendienst ganz in den Vertrieb einzugliedern.

Gegen diese dritte Lösung, die in der deutschen chemischen Industrie erst bei einigen Großunternehmungen ansatzweise, in den USA aber bereits häufig anzutreffen ist, wird vor allem das Argument der fachfremden Unterstellung geltend gemacht. Um es auszuräumen, wird als Kompromißlösung zuweilen die doppelte Unterstellung des technischen Kundendienstes, nämlich funktional unter die Anwendungstechnik und disziplinarisch unter den Vertrieb, befürwortet.

Alle diese Organisationslösungen beruhen auf einer grundsätzlich *„zweigleisigen“ Außenorganisation*, die eine gute Koordinierung zwischen den Vertriebskaufleuten und Anwendungstechnikern im Außendienst verlangt. Die Kompetenzen müssen sorgfältig abgegrenzt sein. Das Verfahren der Anforderung und Entsendung von Anwendungstechnikern erfordert minuziöse Festlegungen. Im allgemeinen sollen sich die Anwendungstechniker bei ihren Besuchen in fremden Betrieben oder auch beim Empfang der fremden Besucher im eigenen Hause jeglicher Verhandlungen und Äußerungen über kaufmännische Konditionen enthalten, sie sind überwiegend nicht zu Verkaufsabschlüssen legitimiert. Die dem Naturwissenschaftler und Ingenieur eigene Neigung zur strengen Objektivität ist häufig ein Vorteil, im Gespräch mit den Kunden sind aber oft Konzessionen an diesen Grundsatz geboten. Neben den technischen Kenntnissen und Leistungen werden zusätzlich menschliche Qualifikationen gefordert, wie sie für die Verkaufskräfte selbstverständlich sind, nämlich persönliche Kontaktfähigkeit, Einfühlungsvermögen, taktvolles Auftreten und Diskretion. Einem fremden Anwendungstechniker Zugang zu den eigenen Produktionsanlagen zu gewähren, heißt eigentlich so gut wie sämtliche Karten offenlegen, und dieser Schritt fordert von den Kundenbetrieben mit beachtlichem eigenem Know-how ein hohes Maß an Vertrauen. Dieses zu bestärken und auf keinen Fall zu gefährden ist eine verantwortungsvolle Aufgabe für den Anwendungstechniker.

Über die generellen Regelungen hinausgehend wird der Anwendungstechniker vor anstehenden Besuchen häufig noch speziell auf den jeweiligen Beratungsfall, die zulässige Informationsfreigabe, einzuschlagende Verhandlungstaktik usw. vorbereitet. Zuweilen trifft man die Regelung, daß Anwendungstechniker und Verkäufer gleichzeitig an den Gesprächen teilnehmen. Die eintretende Zeitvergeudung und Schwerfälligkeit sind dabei offensichtliche Nachteile.

Die Schwächen der Parallelität einer anwendungstechnischen und vertrieblichen Außenorganisation werden natürlich auch von der Kundenseite zuweilen ausgenutzt, indem man bewußt vom Anwendungstechniker wirtschaftliche Informationen herauszuholen versucht, die vom Verkaufspersonal nicht ohne weiteres erhältlich sind. Ein taktisches Ausspielen der beiden Gesprächsteilnehmer gegeneinander kann zudem eine zeitliche Verschleppung hervorrufen [6.63].

Die Vertreter der Anwendungstechnik sind wegen der Beschneidung ihrer Kompetenzen in wirtschaftlichen Verhandlungsfragen in keiner beneidenswerten Lage und fühlen sich in der Tat deswegen mitunter zurückgesetzt. Andererseits besteht die Gefahr, daß sie mit der Zeit ihre Kontakte mit den ehemaligen Fachkollegen in den Forschungs- und Entwicklungsabteilungen verlieren. Aus der Geschichte der chemischen Anwendungstechnik werden sogar Fälle berichtet, in denen die wissenschaftlich ausgebildeten Chemiker bewußt von der Anwendungstechnik ferngehalten und hier lediglich handwerklich-technisch geschulte Kräfte eingesetzt wurden, um auf diese Weise den Gefahren eines Abflusses von Produktionsgeheimnissen vorzubeugen [6.88, 6.161]. Zur Linderung der Konfliktsituation hat man vereinzelt bereits den Weg beschritten, auch den Anwendungstechnikern gelegentlich das Recht zu Verkaufsabschlüssen unter einschränkenden Bedingungen einzuräumen, was aber die möglichen Verwicklungen gewiß nicht verringert.

6.53 Chemisch und technisch vorgebildetes Verkaufspersonal

Die genannten Schwierigkeiten der Koordinierung des technischen Kundendienstes mit dem Verkauf lassen sich zu einem großen Teil dadurch umgehen, daß als Verkaufspersonal entsprechend chemisch und technisch vorgebildete Kräfte eingesetzt werden, welche die meisten anwendungstechnischen Beratungsaufgaben selbst mit wahrnehmen können. Freilich entstehen die Nachteile aus der geringeren Arbeitsteilung und fachlichen Spezialisierung, so daß die Zweckmäßigkeit einer solchen Regelung heute noch recht umstritten ist.

Chemische und technische Kenntnisse sind bereits für die Abwicklung der Verkaufsgespräche von hohem Nutzen. Je weiter die Produktspezialisierung fortgeschritten ist und je schwieriger die Argumentation zur anwendungstechnischen Überlegenheit des eigenen Produktes gegenüber den zahlreichen ähnlichen Konkurrenzprodukten wird, desto mehr werden technische Fragen die Verhandlungspunkte über wirtschaftliche Konditionen zurückdrängen. Die Verkaufs- und technischen Kundendienstaufgaben gehen fließend ineinander über. Es kann daher ohne weiteres vorkommen, daß der technisch unzureichend versierte Vertriebskaufmann nicht erst bei irgendwelchen Produktionsschwierigkeiten im Kundenbetrieb, sondern bereits bei technischen Fragestellungen im Verkaufsgespräch dazu gezwungen wird, dieses abzubrechen und erst einen Fachmann aus der Anwendungstechnik heranzuziehen. Wie schnell aber können sich durch solche Unterbrechungen die Chancen zu einem Verkaufsabschluß wieder zerschlagen. Schließlich besteht auch auf der Kundenseite die Tendenz zur Anhebung des technischen Niveaus der Einkaufsverhandlungen. Die Anforderungen sind beim Vertrieb von Produktivgüterspezialitäten am höchsten, bei Industriechemikalien sowie bei chemischen Konsumgütern dagegen oft unbeachtlich.

In der chemischen Industrie der USA ist der Einsatz chemisch-technischer Fachkräfte, besonders der „chemical engineers" mit dem Abschlußgrad des „Bachelor of Science (B.S.)", weit verbreitet. Die Entwicklung soll bis auf das Jahr 1905 zurückreichen, als die Sprengstoffindustrie dazu überging, die Vertriebskaufleute in der Anwendungstechnik ihrer gefährlichen Verkaufsprodukte systematisch zu unterweisen. Bereits damals hatte man die Mängel der fallweisen Hinzuziehung von technischem Personal erkannt und die Frage aufgeworfen: „Why employ two men to do one man's job?" [6.88]. Später sollten generell Verkaufskräfte herangebildet werden, die den Verarbeitungsprozeß ihrer Produkte bei den Kundenbetrieben beherrschen und für die wirtschaftliche Verwendung der Chemikalien den Weg weisen können. Gegen 1930 sollten bereits durchschnittlich 25% des Vertriebspersonals amerikanischer Chemiebetriebe eine technische Ausbildung besitzen, während diese Zahl Anfang der fünfziger Jahre auf 70% veranschlagt wurde. In zahlreichen Stellungnahmen ist in der letzten Zeit immer wieder auf die große Bedeutung chemischer und technischer Fachkenntnisse im Verkauf hingewiesen worden [6.32; 6.58; 6.72; 6.77; 6.88; 6.145; 6.171].

Über die Bewertung der technischen Vorbildung bei der Einstellung von Verkaufskräften hat die Befragung von 25 amerikanischen Chemiefirmen folgendes Ergebnis gebracht [6.32]:

Ein B.S.-Abschlußgrad in Chemie oder Chemie-Ingenieur-Wesen ist unbedingte Voraussetzung	7 Fälle oder 28%
Ein B.S.-Grad in Chemie oder einem technischen Fach ist zwar nicht unabdingbar, aber doch sehr erwünscht	16 Fälle oder 64%
Die technische Vorbildung ist bei der Personalauswahl nicht entscheidend	2 Fälle oder 8%
Die technische Vorbildung ist eine schädliche Vorbelastung für den Verkäufer	kein Fall oder 0%

Man ist allerdings überwiegend der Meinung, daß ein mittleres akademisches Ausbildungsniveau, wie es der Grad des „Bachelor of Science" repräsentiert, ausreichend ist. Der Grad des „Master of Science (M.S.)" würde die Ausbildungszeit angeblich um 25% verlängern, jedoch die fachliche Eignung im Verkauf nur um etwa 5% verbessern [6.32].

Bei der Verwendung von Chemikern und Ingenieuren als Verkaufskräfte werden die erforderlichen zusätzlichen kaufmännisch-vertrieblichen Kenntnisse gewöhnlich durch werksinterne *Schulungskurse* vermittelt. Eine solche Zusatzausbildung ist bekanntlich wesentlich leichter und schneller zu vermitteln als umgekehrt die chemische und technische Zusatzausbildung für Kaufleute.

In Westeuropa und besonders Westdeutschland wird der chemische Vertrieb bislang dagegen vorwiegend von Kaufleuten beherrscht, und zwar bis vor kurzem noch mehr von Verkaufspraktikern als von akademisch gebildeten Betriebswirten. Dem arbeitsteiligen Prinzip der Trennung von Anwendungstechnik und Verkauf wird der Vorzug gegeben. Gegen die Verwendung von Chemikern und Ingenieuren im Verkauf werden in der Praxis folgende Argumente erwähnt:

1. Die lange und kostspielige Ausbildung der akademischen Kräfte wird im Vertrieb unzureichend ausgenutzt. Ihre Verwendung hätte nicht nur eine Vergeudung von Ausbildungskapital zur Folge, sondern würde die Mitarbeiter schließlich selbst darüber unzufrieden werden lassen, daß sie ihre erworbenen Fähigkeiten und Kenntnisse nicht hinreichend verwerten können.

2. Eine mittlere chemische Vorbildung, wie sie dem amerikanischen B.S.-Grad entspricht, wäre vielleicht vertretbar, aber es fehlt dieser Abschlußgrad.

3. Die mangelhafte Spezialisierung verhindert fachliche Höchstleistungen und führt zum unwirtschaftlichen Personaleinsatz. Zudem verlangt die Arbeit des Naturwissenschaftlers und Ingenieurs eine andere, nämlich vor allem introvertierte persönliche Grundhaltung, während es im Verkauf besonders auf Persönlichkeitswerte, Kontaktfreudigkeit, Verhandlungsgeschick und eine gewisse Extrovertiertheit ankommt.

4. Das ständige Ringen um Aufträge und die wirtschaftlichen Konditionen hat oft den Vorrang vor der technischen Beratung und beansprucht den vollen Einsatz der Verkäufer. Das Verteidigen der vorgegebenen Preise möglichst an der Obergrenze der eingeräumten Verhandlungslimite spielt eine besondere Rolle.

5. Der in den mechanisch-technischen Industriezweigen, vor allem des Investitionsgütersektors, seit langem bewährte Vertriebsingenieur [6.62; 6.111; 6.187] läßt sich schlecht auf die chemisch-verfahrenstechnischen Industriezweige übertragen. Hier sind nämlich die fachlichen Anforderungen aus der Verarbeitungstechnik der zahlreichen belieferten Wirtschaftszweige zu heterogen. Der Vertriebschemiker wäre eigentlich nur in den Fällen am Platze, wo es sich um die chemische Weiterverarbeitung der Vorprodukte handelt. Für den Vertrieb von Sprengstoffen brauchte man eher den Bergbauingenieur, bei Synthesefasern, Farbstoffen und Textilhilfsmitteln den Textilingenieur, für Erdölhilfsstoffe den Mineralölingenieur und ähnliches.

6. Die fachfremde Unterstellung von Chemikern und Ingenieuren in den kaufmännisch beherrschten Vertriebsbereich verursacht Schwierigkeiten.

Der erste Gesichtspunkt läßt eine bedenkliche Unterschätzung der Bedeutung vielseitiger und gründlicher technisch-chemischer Kenntnisse im Vertrieb erkennen.

Das zweite Argument deutet auf eine Situation, die bereits in weiten Kreisen als Mangel im akademischen Ausbildungssystem beklagt wird. Von maßgeblichen Vertretern der chemischen Industrie wurde die Schaffung eines mittleren Abschlußgrades für das Chemiestudium gefordert, der etwa an das bisherige Vorexamen angelehnt ist und für viele praktische Berufsanforderungen, mitunter auch im Vertrieb, ausreichen würde.

Zwischen naturwissenschaftlichen und technischen Fähigkeiten einerseits und zusätzlich geforderten menschlichen Eigenschaften im Vertrieb braucht man jedoch keinen Gegensatz zu sehen. Die Schwierigkeiten aus den fachlich heterogenen Anforderungen bestehen auch dann, wenn allein die Anwendungstechnik für den technischen Kundendienst zuständig bleibt. Schließlich besteht die Möglichkeit, in den Vertriebssparten komplexer Chemieunternehmungen Verkaufskräfte mit spezialisierter technischer Vorbildung einzusetzen.

Die einseitige Betonung der wirtschaftlichen Konditionen, insbesondere die Aufwertung der Erfolge des „Preispokerns“ zum wichtigsten Leistungsmaßstab der Verkäufer, stellt einen Anachronismus zur häufigen Betonung der Produktkonkurrenz in der Absatzpolitik dar.

Die Probleme fachfremder Unterstellung bieten schließlich keine unüberwindlichen Hindernisse, zumal man allen Vertriebskräften unabhängig von der Fachrichtung gleiche Chancen zum Erreichen der leitenden Positionen einräumt.

Bei der engen Verflechtung zwischen chemischen, technischen und wirtschaftlichen Problemen müßte man den Absolventen eines entsprechenden *Kombinationsstudiums* besondere Chancen zuerkennen. Hier ist vor allem an den Fachzweig des Wirtschaftsingenieurwesens zu denken, in den ursprünglich nur die Mechanische Technik einbezogen war, in dem neuerdings aber unter anderem auch die Technische Chemie als technische Spezialisierung möglich ist. Als Beispiel sei auf das an der Technischen Universität Berlin (Institut für Technische Chemie) vertretene Fachgebiet der Wirtschaftschemie hingewiesen.

Hier und da findet man im Verkauf vollbürtige Chemiker, die wohl aus persönlichen Neigungen heraus oder wegen der unbefriedigenden Vollmachten im technischen Kundendienst in diese Stellung übergewechselt sind. Beim Vertrieb von Farbstoffen und Textilhilfsmitteln sind bereits häufig Textilingenieure und Textiltechniker eingesetzt. Die konsequente Forderung der Ausbildung und des Einsatzes von Verkaufschemikern zählt freilich bislang zu den wenigen Ausnahmen, wenn es z. B. heißt [6.96]:

„... Inzwischen aber ist in der Industrie der Einsatz von Mitarbeitern, die hier als *Verkaufschemiker* bezeichnet werden sollen, so dringend und ihre Verwendung so vielseitig geworden, daß es wohl lohnt, in der Zukunft ihre planvolle Heranbildung besonders aufmerksam zu verfolgen ... Mit Sicherheit werden in der Zukunft wohl noch mehr als bisher die Chemiegeschäfte in den Betrieben und Laboratorien abgeschlossen werden ...“.

In einem großen Chemiebetrieb der BRD verwendet man als Verkäufer hauptsächlich *Industriekaufleute*, denen im Anschluß an die im eigenen Hause absolvierte kaufmännische Lehre eine zweijährige *Zusatzausbildung* in Chemie gewährt wird, die ebenfalls im Werk erfolgt. Die Lehrveranstaltungen einschließlich der experimentellen Übungen werden von eigenen Chemikern und Ingenieuren betreut, wobei das Ausbildungsprogramm unmittelbar auf die Erfordernisse im Vertrieb abgestimmt ist. Die Lösung hat sich seit vielen Jahren bewährt. Besonders bei den in ausländischen Vertriebsbüros stationierten Verkäufern wird die Fähigkeit zur selbständigen Klärung technischer Fragen im Rahmen der Verkaufsgespräche und der Kundenberatung sehr geschätzt, weil dann die schnelle Beiziehung von Anwendungstechnikern erheblich erschwert ist. Akademische Betriebswirte werden dagegen kaum im Vertrieb, sondern vorwiegend im Rechnungswesen eingesetzt.

In anderen chemischen Großbetrieben der BRD begnügt man sich noch vielfach mit kurzen *Ausbildungskursen* etwa bis zu sechs Monaten, die in erster Linie die chemischen und technischen Kenntnisse vermitteln sollen, die mit dem jeweiligen Absatzprogramm und den Produktanwendungen unmittelbar zusammenhängen. Hiermit wird gegenüber einer längeren und systematischen Grundausbildung nur ein Behelf geschaffen.

6.54 Beratende und experimentelle Aufgaben

Sofern beim technischen Kundendienst die reine *Beratung* ausreicht, ist die Wahrnehmung dieser Aufgaben innerhalb des Vertriebes und durch die Verkaufskräfte selbst begünstigt. In einigen Teilbranchen hat dieser rein beratende Kundendienst große Bedeutung, wie etwa beim Vertrieb von Landwirtschaftschemikalien oder von Arzneimitteln im Konsumgüterbereich. Die Berater operieren hier im Außendienst weitgehend unabhängig von der eigentlichen Anwendungsentwicklung und sind größtenteils dem Vertrieb zugeordnet.

Vielfach sind jedoch *experimentelle* Untersuchungen und praktische Vorführungen von Verarbeitungsoperationen unerläßlich, wobei sich der technische Kundendienst folgender Einrichtungen bedienen kann:

1. Eigene Laboratorien und Technika in der Zentrale oder in Außenstellen
2. Versuchsanlagen oder Produktionseinrichtungen im Kundenbetrieb
3. Verarbeitungsanlagen bei den Apparate- und Maschinenlieferanten

Vorführungen in den *eigenen* zentralen anwendungstechnischen *Laboratorien* stehen ihrer Bedeutung nach an erster Stelle. Besonders den Auslandskunden kann die Anreise jedoch lästig fallen, und außerdem mögen die individuellen Produktionsbedingungen mancher Verarbeiter nicht genau zu erfassen sein. Mit eigenen Kundendienstlaboratorien in der Außenorganisation erreicht man eine größere Kundennähe, die sich besonders in weiträumigen Absatzgebieten als vorteilhaft erweist. Als Nachteile sind aber spärlichere technische Ausrüstungen und die schlechtere Ausnutzung in Kauf zu nehmen. Vereinzelte Versuche, mit transportablen Einrichtungen in sog. Laborwagen Kundenbetriebe zu bereisen [6.53; 6.131], haben sich als technisch unzulänglich erwiesen.

Die praktische Vorführung von Verarbeitungsprozessen im *Kundenbetrieb* macht eigene Laboratorien der Außenorganisation vielleicht entbehrlich und ermöglicht für beide Seiten eine realistische Beurteilung der technischen Anforderungen. Die Kundendienstleute oder Verkäufer müssen ein hohes technisches Können mitbringen und mit den verschiedensten Apparaturen gut vertraut sein, wenn die Demonstrationen überzeugend und ohne Risiken für den Kundenbetrieb ausfallen sollen. Dabei wird oft gleichzeitig eine fachliche Einweisung der Produktionsleute der Kundenbetriebe in die mit der Einführung neuer Produkte und Verarbeitungsverfahren verbundenen Aufgaben vorgenommen. Eine eventuelle Zurückhaltung der Kunden erfolgt nicht nur aus Furcht vor Störungen und Unterbrechungen der Produktion, sondern auch aus Geheimhaltungsinteressen.

Die versuchsweise Materialverarbeitung bei den *Apparate- und Maschinenlieferanten* hat bei enger wechselseitiger Abstimmung zwischen Material und Verarbeitungsanlagen Bedeutung. Dies gilt vor allem für die großen und oft wechselnden Anlagen, während andererseits weniger kostspielige Geräte und Standardausrüstungen meistens bereits reichlich innerhalb der eigenen Technika zur Verfügung stehen.

6.55 Technische Informationsschriften

Die firmenindividuelle Beratung wird in großem Umfang durch das unpersönliche Kommunikationsmittel der *technischen Informationsschriften* oder *Druckschriften* ersetzt oder wenigstens ergänzt. Dieser Informationsweg ist bei allen einer stärkeren Generalisierung zugänglichen Informationsaufgaben im Hinblick auf die vertriebenen Produkte und Anwendungen ohne weiteres geboten, um den persönlichen Beratungsaufwand in Grenzen zu halten. Ein ganzes System von technischen Druckschriften begleitet die chemischen Produkte von ihren ersten Entwicklungsstadien als Versuchsprodukte bis zum regulären Vertrieb, wobei die Aussagen je nach Interessenlage der Angesprochenen differenziert werden. Es liegt eine untrennbare Verknüpfung zwischen den Aufgaben des Kundendienstes und der *informativen Werbung* vor, wobei man im allgemeinen der Werbung die übergeordnete Bedeutung zuerkennt und die technischen Informationsschriften in den Kreis der Werbemittel einbezieht. Das Beistellen der technischen Daten und Unterlagen gehört jedoch zu den anerkannten Aufgaben der Anwendungstechnik. Daneben können auch andere Stellen des chemischen und ingenieurtechnischen Bereichs mitwirken. Einige Informationsschriften, wie vorläufige technische Merkblätter für Entwicklungsprodukte oder wissenschaftliche Publikationen der Mitarbeiter, entstehen sogar meistens ohne Einschaltung der Werbung.

Die in den Druckschriften gebotenen anwendungstechnischen Hinweise stehen einem größeren Kreis von Verwendern in gleicher Weise zur Verfügung, so daß die speziellen Probleme einzelner Verarbeiter nicht immer genau zu berücksichtigen sind. Man muß sich mit Beispielen oder Rahmenvorschriften begnügen, die eher Schwankungsbreiten für Einsatzmengen und Verarbeitungsbedingungen als feste Vorgaben beinhalten. Wir behandeln die technischen Informationsschriften an anderer Stelle im Zusammenhang mit der Chemiewerbung (Kap. 7.643).

6.56 Vorträge und Ausbildungskurse

Die an eine Mehrheit von Interessenten gerichtete *persönliche Ansprache* steht etwa in der Mitte zwischen der individuellen Kundenberatung und dem gedruckten Informationsmaterial. Auch hier spielen werbliche Gesichtspunkte mit, doch wird der Werbeappell für die eigenen Produkte im allgemeinen noch subtiler gehalten werden müssen als bei den Informationsschriften, um den Wert und die Attraktivität der Veranstaltungen nicht zu beeinträchtigen.

Die anwendungstechnischen *Informationstagungen* oder *Ausbildungskurse* sind im gebotenen Stoff, den verwendeten Lehrmitteln und experimentellen Vorführungen sorgfältig auf Fähigkeiten und Interessen des Teilnehmerkreises auszurichten. Auch hier ist unvermeidlich, daß das gebotene Programm nicht alle individuellen Teilnehmerwünsche optimal erfüllen kann. Um die gewisse Starrheit formeller Kursprogramme aufzulockern, wurden bei den Informationskursen der BASF auf dem Gebiet der Textiltechnik bewußt Möglichkeiten zur Bearbeitung und Behandlung von Kundenspezialproblemen eingebaut [6.11].

Ist mit bescheideneren experimentellen Einrichtungen auszukommen und sollen über größere Absatzräume streuende Interessentenkreise intensiver erfaßt werden, bewähren sich wiederholte Tagungsveranstaltungen an dezentralisierten neutralen Orten [6.23; 6.26].

Informationstagungen werden auch für die typischen Bedarfsberater chemischer Erzeugnisse eingerichtet. Die Firma Röhm und Haas GmbH. veranstaltet Fachtagungen für Architekten, um sie über die Anwendungsmöglichkeiten von Acrylharzen im Bauwesen zu unterrichten [6.148].

Ein typisches Erscheinungsbild des Vertikalvertriebes ist die systematische Schulung des Personals nachfolgender *Verarbeitungsstufen* und des *Handels*.

Erinnert sei beispielsweise an die vom Treviradienst der Farbwerke Hoechst AG veranstalteten Treviraseminare, zu denen Inhaber und leitende Mitarbeiter aus dem Textileinzelhandel des In- und Auslandes sowie Dozenten von Textilingenieur- und Textilfachschulen eingeladen werden [6.76]. In den USA wurde von der Du Pont Comp. im Zusammenhang mit der Einführung des Corfams als synthetisches Schuhobermaterial ein umfassendes Ausbildungsprogramm für die Verkaufskräfte in Schuheinzelhandelsgeschäften durchgeführt [6.26]. Hier werden seitens der chemischen Industrie die ersten wirkungsvollen Versuche unternommen, dem Handel seine fachliche Beraterrolle gegenüber dem Konsumenten wieder zurückzugeben, die er im Hinblick auf die neuen Chemiewerkstoffe und Synthesefasern sowie deren begleitende Markierung weitgehend verloren hatte.

Wenn bei Kursen für Chemielehrer oder Studenten [6.2], der Vortragsbeschikkung wissenschaftlicher Kongresse usw. kaum noch ein Bezug zur Verwendung der eigenen Produkte besteht, dürfte es sich eher um Maßnahmen der „public relations“ als des technischen Kundendienstes handeln. Oft spielt auch das Interesse an der Förderung und Heranziehung des Mitarbeiternachwuchses eine Rolle.

Bei der Markterschließung für *neue Produkte* werden mitunter spezielle Tagungen oder Seminare für das wissenschaftliche oder technische Personal potentieller Verwender durchgeführt. Hierüber berichtete die BASF bei der Einführung eines neuen Wachstumsregulators (CCC-Chlorcholinchlorid) [6.199] oder die Dow Chemical Co. bei ihrer Kampagne für das vielseitig verwendbare Äthylenimin.

Trotz der großen und schnellen Breitenwirkung, die sich mit solchen Tagungsveranstaltungen erzielen läßt, liegen sie in ihrer Gesamtbedeutung innerhalb des technischen Kundendienstes bislang noch zurück.

6.6 Markterschließung

6.61 Aufgaben und Organisation

Seit vielen Jahren wird im amerikanischen Chemie-Marketing mit dem Begriff „commercial chemical development“ ein zwischen chemischer Produktentwicklung und Vertrieb stehendes Arbeitsgebiet abgegrenzt. Den Aufgabeninhalt kann man nach der inzwischen stark angewachsenen Fachliteratur in zweifacher Weise deuten, vgl. [6.8; 6.12; 6.21; 6.27; 6.28; 6.52; 6.56; 6.59; 6.64; 6.79; 6.86; 6.89; 6.92; 6.114; 6.121; 6.122; 6.129; 6.130; 6.141; 6.162; 6.172; 6.185]. Im weiteren Sinne ist die *Entwicklung neuer chemischer Produkte* unter *wirtschaftlichen Gesichtspunkten* gemeint, d.h., es wird eine fortgesetzte und mit den Entwicklungsfortschritten ständig verfeinerte wirtschaftliche Kontrolle sowie besonders von den Absatzbedingungen ausgehende Lenkung der Entwicklungsvorhaben verlangt.

Diese Ausdeutung geht beispielsweise aus folgender Charakterisierung hervor [6.28]: “... It must include every phase of the various activities necessary to transfer a chemical from the testtube stage to full-scale production and to expanding its fields of utility to the largest possible number of outlets ... The phases of commercial chemical development are a series of progressions which must be taken in regular order if the project is to be kept in sound economic channels. This order is: (1) pilot plant process development; (2) applied or use research; (3) technical service; (4) semi-works; (5) chemical market development; (6) market research, survey and appraisal; (7) fullscale commercial production ...”

Im engeren Sinne möchten wir „commercial chemical development“ jedoch mit dem Begriff *Markterschließung* übersetzen und als Inbegriff all jener Maßnahmen auffassen, welche die vertriebliche Kommunikation zwischen dem eigenen Entwicklungspersonal und den prospektiven Verwendern herstellen mit dem Ziel, eine optimale Produktgestaltung sowie eine möglichst wirksame und schnelle Markteinführung der neuen Produkte zu erreichen. Hier wären die Begriffe „market development“ oder „sales development“ zutreffender, die aber in der angelsächsischen Terminologie weniger gebräuchlich sind und auch nicht scharf abgegrenzt werden.

Ähnliche Markterschließungsaufgaben sind aber auch dann erforderlich, wenn bereits bekannte und nur für die eigene Unternehmung neue Produkte (Betriebsneuheiten im Gegensatz zu Marktneuheiten) ins Programm aufgenommen werden sollen. Je nach Alter und Bekanntheitsgrad der Produkte wird dann mit einem herabgesetzten Aufwand bei der Markterschließung auszukommen sein.

Nicht selten werden die Aufgaben der Markterschließung als wesentlicher Bestandteil der *Produktbetreuung* aufgefaßt und organisatorisch den entsprechenden Stellen zugewiesen. Die in der Praxis der chemischen Industrie beschriebenen organisatorischen Lösungen sind vielseitig, zumal Markterschließungs- und übergeordnete wirtschaftliche Planungsaufgaben der Produktentwicklung in wechselndem Umfang zusammengefaßt und zentralisiert werden. Zuweilen ist die Entscheidungsbildung besonderen Kommissionen vorbehalten, vgl. [6.13; 6.20; 6.22; 6.55; 6.103; 6.137; 6.161; 6.172].

Um die fachliche Bearbeitung und den Erfahrungsaustausch zu fördern, wurde bereits 1947 in den USA die „Commercial Chemical Development Association" gegründet, die wiederum aus der 1943 ins Leben gerufenen „Technical Service Organization" hervorgegangen war [6.89]. Diese Verbandsentwicklung zeigt die enge Nachbarschaft zur Anwendungstechnik, läßt aber auch erkennen, daß die Aufgaben der wirtschaftlichen Produktentwicklung und Markterschließung darüber hinausgehen.

Bemerkenswert sind weiter die engen Beziehungen der genannten Fachvereinigung mit der „Chemical Market Research Association" (seit 1940, vgl. Kap. 3.14). Während die Marktforschung jedoch auf die objektiv-feststellende Durchleuchtung der Märkte gerichtet ist, steht jetzt die aktive vertriebliche Durchsetzung der Neuerungen im Vordergrund.

Die übergeordneten wirtschaftlichen Steuerungsaufgaben stehen mit der Planung des Forschungs- und Entwicklungsprogramms in engem Zusammenhang und werden organisatorisch vor allem durch besondere Planungs- und Bewertungsgruppen mit Stabscharakter wahrgenommen (Kap. 3.23). Die eigentliche *Markterschließung* vollzieht sich ebenfalls als ein längerer Prozeß, indem Kontakte mit prospektiven Verbrauchern bereits während der frühen Forschungsstadien hergestellt werden. Die Schwerpunkte der Markterschließung fallen jedoch mit der Anwendungstechnik zusammen. Es ist daher eine naheliegende und gebräuchliche organisatorische Lösung, die Markterschließung den Anwendungstechnikern in Personalunion zu übertragen oder aber eine besondere Markterschließungsgruppe innerhalb der anwendungstechnischen Abteilung zu bilden. Daneben findet man spezielle Markterschließungs- oder Marktentwicklungsgruppen auch im Vertrieb, besonders wenn es sich um größere neue Produktgruppen oder die Erschließung wichtiger neuer Einsatzgebiete handelt (z.B. Marktentwicklungsgruppen für Kunststoffe und Kunststoff-Folgeprodukte). Zugunsten der Eingliederung in die Anwendungstechnik sprechen die engen Arbeitsbeziehungen mit den chemischen und technischen Entwicklungsaufgaben, für die Einordnung im Vertrieb dagegen bessere Einstellung auf die Absatzmärkte und die erleichterte spätere Übertragung der eingeführten Produkte an den regulären Verkauf.

Im Vertrieb sind mitunter besondere Abteilungen für *Entwicklungsprodukte* zuständig. Diese zentrale Bearbeitung hat gegenüber der sofortigen Einschaltung der regulären Verkaufsaußenorganisation den Vorteil, daß eine bessere Vertrautheit mit den Problemen der Produkteinführung gewonnen wird. Außerdem sind die nicht zum bisherigen Kundenkreis zählenden neuen Interessentengruppen wirkungsvoller zu erfassen, wie vor allem potentielle Nachfrager von Folgeprodukten, Bedarfsberater oder Betriebe in ganz neuen Einsatzgebieten.

6.62 Planung für Anwendungstechnik und Markterschließung unter besonderer Berücksichtigung der Netzplantechnik

6.621 Umfang der Planung

Der Entwicklungsprozeß chemischer Produkte ist möglichst in allen Phasen bis zur Markteinführung besonders aus folgenden Gründen vorauszuplanen:

1. Die zahlreichen Teilaufgaben sind zeitlich so miteinander zu verknüpfen, daß ein möglichst reibungsloser Arbeitsfortschritt und eine minimale Entwicklungszeit erreicht werden.

2. Die vielfältigen Teilaufgaben sind von zahlreichen Stellen zu erledigen, die vom Entwicklungsprozeß über die Grenzen mehrerer Hauptabteilungen berührt werden. Die Planung soll eine optimale Zusammenarbeit zwischen den verschiedenen Stellen, aber auch deren optimale Auslastung unter Berücksichtigung des gesamten anstehenden Entwicklungsprogramms sichern.

3. Die Abhängigkeit des Entwicklungsfortschritts von den Maßnahmen und Entscheidungen betriebsexterner Stellen kann zu schwerwiegenden zeitlichen Verzögerungen führen (Genehmigungen durch öffentliche Stellen, Mitwirkung durch prospektive Verwender, Untervergabe von bestimmten Entwicklungsaufgaben). Durch Einbeziehung der betriebsexternen Aufgaben mit ihren Fristen und Terminen in die Planung werden die zeitlichen Risiken herabgemindert.

4. Die Planung begünstigt den Einbau wirtschaftlicher Kontrollinstrumente, wie etwa Wirtschaftlichkeits- und Investitionsrechnungen nach den verschiedenen Entwicklungsphasen. Außerdem sind die Markterschließung und absatzpolitische Maßnahmen wirkungsvoller zu gestalten, wenn sie bereits im vorhinein angesteuert und im Zuge der Entwicklungsfortschritte noch laufend verbessert werden.

Die größten Einschränkungen gegenüber den totalen Planungswünschen ergeben sich aus der *Unvorhersehbarkeit* von *Ergebnissen* und notwendigem *Mitteleinsatz* sowie *Zeitbedarf* während der Grundlagenforschung und großer Abschnitte der angewandten Forschung. Man kann zwar auch das gesamte Forschungsprogramm in gewissen Umrissen und in den übergeordneten Zielsetzungen vorplanen. Eine mehr detaillierte, auf das Einzelprodukt oder Einzelvorhaben bezogene Planung ist aber erst dann sinnvoll, wenn die Forschung bereits „fündig" geworden ist und sich berechtigte Hoffnungen auf ein technisch realisierbares Vorhaben abzeichnen. Dem Planungsprozeß wird man in der Regel unterwerfen können: die letzten Phasen der Produktentwicklung, die Verfahrensentwicklung im Rahmen der angewandten Forschung, die anwendungstechnische Entwicklung, Marktforschungsaufgaben, wirtschaftlich-technische Bewertungen, Projektierung und Bau der Anlagen sowie die Markterschließung bis zur Einbeziehung der neuen Produkte in den normalen Vertrieb. Die erzielbare Genauigkeit mag dabei im Einzelfall wechseln. Oft genug werden die Projekte in späteren Phasen wegen ungenügender Wirtschaftlichkeit abgebrochen werden müssen.

Da die größten Gewinnchancen für neue Produkte unmittelbar nach der Markteinführung liegen, wird der Entwicklungsprozeß immer mehr zu einem *Wettlauf mit der Zeit*. Es läßt sich beobachten, wie durch bessere technische und wirtschaftliche Extrapolationsmethoden der Forschungsergebnisse sowie durch wachsenden Konkurrenzdruck die Zeitspannen zwischen chemischen Entdeckungen und technisch-wirtschaftlicher Realisierung immer mehr verkürzt werden.

Die Verringerung der Zeitspanne der anfänglichen Marktüberlegenheit neuer Produkte wurde anhand folgender berühmter Produktbeispiele aus dem Du Pont-Konzern verdeutlicht: Nylon konnte sich über 14 Jahre einer praktischen Monopolstellung erfreuen, bevor der erste Konkurrent in den Markt eintrat; die spätere Polyesterfaser Dacron behielt am Markt eine Führungszeit von 10 Jahren; bei der Polyacrylnitrilfaser Orlon stellte sich die Konkurrenz nach 4 Jahren und beim Schädlingsbekämpfungsmittel Delrin schon nach 6 Monaten ein [5.19].

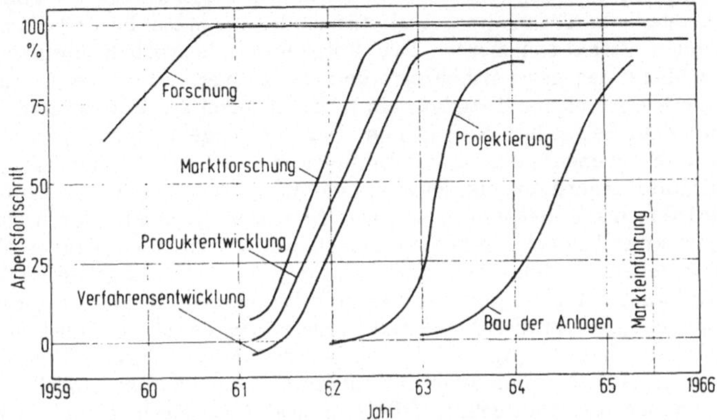

Abb. 6.22 Entwicklungs-Fortschritts-Diagramm des Polyimides Kapton (nach einer Druckschrift von Du Pont).

Ein wichtiges Mittel zur *Beschleunigung der Markteinführung* ist die zeitliche Überlappung von Entwicklungsphasen. Man wartet nicht erst das Ende der normalerweise vorgeschalteten Entwicklungsphase ab, bevor mit dem nächsten Schritt begonnen wird, sondern versucht diesen bereits so weit wie möglich vorzuziehen. Das Entwicklungs-Fortschritts-Diagramm des Polyimides Kapton von Du Pont in Abb. 6.22 gibt dazu ein anschauliches Beispiel, in dem die gesamte Entwicklungszeit zwischen chemischer Forschung und Markteinführung immerhin auf 5 Jahre verkürzt wurde. Der Erfolg wird dabei von einer leistungsfähigen Planung mitbestimmt. Sie hat sicherzustellen, daß jeder Arbeitsfortschritt dazu ausgenutzt wird, die hieran anschließenden Vorgänge sofort einzuleiten.

6.622 Terminplanung mit Netzplänen

Unter den oben geschilderten Bedingungen komplexer Ablaufstrukturen bei größeren, in sich abgeschlossenen Vorhaben hat sich während der letzten Jahre die *Netzplantechnik* als hervorragendes Planungshilfsmittel bewährt. Die besonderen Vorteile ergeben sich dann, wenn im Gegensatz zu den gleichbleibenden, routinemäßigen Aufgaben (z.B. der Massen- und Sortenfertigung oder des Absatzes bereits eingeführter Produkte) die Ablaufstrukturen, Inhalte der Teilaufgaben, Kapazitätsanforderungen und der Zeitbedarf bei den einzelnen Vorhaben wechseln und stets einer erneuten Planung zu unterwerfen sind. Bis heute gilt die Terminplanung als Hauptzweck. Sie wird durch eine Strukturanalyse der Arbeitsbeziehungen und die Zeitanalyse ermöglicht. Zur Diskussion der Anwendungsmöglichkeiten der Netzplantechnik im Rahmen der Markterschließung für chemische Produkte sollen hier nur die wichtigsten *methodischen Grundlagen* festgehalten werden. Allgemeine Probleme und Arbeitsmethoden der Netzplantechnik sind in den USA ab 1959 und in Deutschland besonders ab 1963 in einer kaum noch zu übersehenden, umfangreichen Literatur behandelt worden, wovon ebenfalls nur wenige Arbeiten angemerkt seien [6.3; 6.36; 6.42; 6.44; 6.84; 6.112; 6.115; 6.132; 6.159; 6.160; 6.189–6.193; 6.198].

Die *Strukturanalyse* oder Planung der Ablaufstruktur des Vorhabens führt zur zeichnerischen Darstellung der Planungsergebnisse in Form eines Netzwerkes. *Strukturelemente* des Netzplanes sind erstens die Tätigkeiten, Aktivitäten oder *Vorgänge*. Es sind die normalerweise zeitbeanspruchenden Strukturelemente. Der Vorgang ist begrifflich umfassender als die Tätigkeit und schließt das gelegentlich erforderliche zeitverbrauchende Abwarten auf ein bestimmtes Ereignis ohne eigene Tätigkeit ein (z. B. Lieferzeiten, Wartezeiten bei Genehmigungen). Die mit dem Zeitbedarf Null in den Netzplan eingeführten *Scheinvorgänge* bilden eine Besonderheit. Sie dienen lediglich der Einführung von Nebenbedingungen, nämlich der Festlegung bestimmter Anordnungsbeziehungen der Vorgänge. Die zweite Gruppe der Strukturelemente wird durch die zeitpunktbezogenen *Ereignisse* gebildet. Durch sie werden die Vorgänge normalerweise beiderseitig begrenzt, so daß dann jedem Vorgang ein Anfangs- und Endereignis sowie jedem Ereignis ein oder mehrere vor- und nachgelagerte Vorgänge zugeordnet sind. Lediglich beim Ereignis des gesamten Projektbeginns gibt es nur nachgelagerte und beim Ereignis des Projektabschlusses nur vorgelagerte Vorgänge. Meistens ergeben sich die Ereignisse terminlich erst aufgrund des Zeitbedarfs und der Verknüpfung der Vorgänge, jedoch können bestimmte Termine auch ursprünglich in die Planung eingehen. Bei den bekannten Verfahren der Netzplantechnik CPM (Critical Path Method) und PERT (Program Evaluation and Review Technique) werden die Vorgänge als Pfeile und die Ereignisse als Knoten des Netzplanes dargestellt.

Zur Entwicklung des Netzplanes sind neben den Strukturelementen ihre *Anordnungsbeziehungen* festzulegen, was sich aus den technisch bedingten oder wirtschaftlich sinnvollen Verknüpfungen zwischen den einzelnen Vorgängen ergibt. Dazu ist für alle Vorgänge zu ermitteln, welche Vorgänge unmittelbar vorausgehen bzw. abgeschlossen sein müssen, damit die betreffende Tätigkeit begonnen werden kann, andererseits welche Vorgänge nach Abschluß der untersuchten Tätigkeit unmittelbar folgen sollen, schließlich welche Vorgänge zur Verkürzung des Zeitbedarfs für das Gesamtprojekt parallel ablaufen können. Nach einer tabellarischen Zusammenstellung der Vorgänge oder Ereignisse mit den genannten Zuordnungsvorschriften kann der Netzplan unter Beachtung bestimmter Grundregeln gezeichnet werden.

An die Festlegung der Ablaufstruktur schließt sich die *Zeitanalyse* des Projektes an. Für alle Vorgänge ist eine möglichst genaue und realistische Zeitschätzung vorzunehmen. Im allgemeinen und nach den besonderen Voraussetzungen der in der chemischen Industrie am weitesten verbreiteten CPM-Methode wird jedem Vorgang nur ein Zeitwert zugeordnet.

Auf der Grundlage der durch die Verknüpfung der Vorgänge festgelegten Wege durch den Netzplan und die Zeitschätzungen werden die Zeitpunkte der Ereignisse berechnet. Als erstes werden die frühestmöglichen Zeitpunkte tf_i sowie die spätestnotwendigen Zeitpunkte ts_i aller Ereignisse i zwischen dem Ereignis des Projektbeginns und der Fertigstellung ermittelt. Für tf_i ist die Summe der Zeiten d_{ij} der Vorgänge (i, j) auf dem längsten Weg vom Projektbeginn bis zum Ereignis i maßgeblich (Bezeichnung der Vorgänge nach dem begrenzenden Anfangsereignis i und dem Endereignis j bei $i < j$). Umgekehrt ergeben sich die spätestnotwendigen Zeitpunkte ts_i durch Subtraktion der Summe der Zeiten aller Vorgänge auf dem längsten Weg zwischen dem Ereignis i und dem frühestmöglichen Abschlußtermin des Gesamtprojektes. Damit lassen sich für jeden einzelnen Vorgang (i, j) vier Zeitpunkte berechnen:

Frühestmöglicher Anfang jedes Vorgangs (i, j): tf_i
Frühestmögliches Ende jedes Vorgangs (i, j): $tf_i + d_{ij}$
Spätestnotwendiger Anfang jedes Vorgangs (i, j): $ts_j - d_{ij}$
Spätestnotwendiges Ende jedes Vorgangs (i, j): ts_j

Für jeden auf einem *kritischen Weg* liegenden Vorgang fallen frühestmöglicher und spätestnotwendiger Anfangs- sowie Endzeitpunkt zusammen. Damit deckt sich die für die Abwicklung des Vorgangs geschätzte erforderliche Zeit d_{ij} mit der insgesamt für den Vorgang zur Verfügung stehenden Zeit: $ts_j - tf_i$. Ist diese Zeitspanne jedoch größer als die zur Durchführung des Vorgangs (i, j) selbst erforderliche Zeit d_{ij}, so entsteht eine *Pufferzeit* oder ein zeitlicher Schlupf, der bei der endgültigen Terminplanung der nichtkritischen Vorgänge („Puffervorgänge“ oder „Pufferaktivitäten“) gewisse Wahlmöglichkeiten offenläßt. Bei CPM werden vier verschiedene Pufferzeiten unterschieden:

Gesamtpufferzeit: $ts_j - tf_i - d_{ij}$. Sie gibt die größtmögliche Ausdehnungszeit einer Pufferaktivität an, wenn der frühestmögliche Fertigstellungstermin des Projektes nicht beeinträchtigt werden soll. Bei voller Ausschöpfung entsteht ein neuer kritischer Weg.

Freie Pufferzeit: $tf_j - tf_i - d_{ij}$. Hier bleibt der frühestmögliche Anfangstermin des nachfolgenden Vorgangs tf_j erhalten.

Bedingt verfügbare Pufferzeit: $ts_j - tf_j$. Diese entsteht auch als Differenz aus gesamter und freier Pufferzeit bei Rückverlegung des Anfangstermins des nachfolgenden Vorgangs.

Unabhängige Pufferzeit: $tf_j - ts_i - d_{ij}$ unter der Voraussetzung von $d_{ij} < tf_j - ts_i$. Ist $d_{ij} > tf_j - ts_i$, so ist die unabhängige Pufferzeit gleich Null zu setzen. Sie kann ohne Beeinflussung der Terminplanung der anderen Vorgänge stets in Anspruch genommen werden.

Als dritte Phase ist die *Ablaufkontrolle* (Soll-Ist-Vergleiche) zu erwähnen.

Durch den Netzplan können sich ein oder mehrere kritische Wege ergeben, welche die *Gesamtdauer* des Projektes festlegen. Oft zielt man durch wiederholte Veränderungen der Netzplanstruktur darauf ab, die Gesamtdauer durch Beschleunigung der kritischen Vorgänge zu verkürzen, wobei sich andere kritische Wege ergeben können. Neben der kürzeren Projektdauer spielen dabei heute vermehrt auch die Gesichtspunkte der optimalen Kapazitätsauslastung sowie der Kostengestaltung eine Rolle. Zeitbedarf, Termine und Pufferzeiten der Vorgänge werden gewöhnlich in einer tabellarischen Zusammenstellung festgehalten (vgl. Tab. 6.18), während in den Netzplan selbst oft nur die Nummern der Ereignisse, der Zeitbedarf der Vorgänge sowie deren verbale Bezeichnungen eingetragen werden. Kapazitätsbezogene Zuordnungen im Netzplan selbst stellen bis jetzt noch eine Ausnahme dar (verantwortliche Stellen, ausführende Personen, Arbeitskräftebedarf, Kosten usw., vgl. Abb. 6.24).

Bei der zeichnerischen *Darstellung* der Netzpläne bestehen weitgehende Freiheiten. Erst die maßstabgerechte Wiedergabe der Zeiten bringt erhöhte Anforderungen mit sich. Dabei wird zunächst eine Zeitachse für die fortlaufende Zählung der verwendeten Zeiteinheiten (Tage, Wochen, Monate usw.) vom Projektbeginn 0 an, mitunter darüber hinaus eine Kalenderzeitachse eingeführt. Die Zeitspannen werden durch Projektion der Netzwerklinien, soweit diese Vorgänge bedeuten, auf die Zeitachse abgebildet, während die Termine von Ereignissen unmittelbar vertikal über der Zeitachse dargestellt werden können (vgl. Abb. 6.24). Eine erhöhte Anschaulichkeit wird durch Übertragung der Terminplanungsergebnisse auf Gantt-Karten erreicht, wobei die Vorgänge mit ihren Effektiv- und Pufferzeiten untereinander als Balken über einer Zeitachse angeordnet sind.

Netzpläne mit bis zu 200 oder sogar 300 Vorgängen können mit Hilfe einer Matrix oder im Netzplan selbst noch von Hand berechnet werden, darüber hinaus sind elektronische Datenverarbeitungsanlagen zweckmäßig. Bei den Netzplänen für die Forschung und Entwicklung sowie Markterschließung ist häufig mit der genannten begrenzten Zahl von Vorgängen auszukommen.

6.623 Anwendungsbeispiele zur Terminplanung mit Netzplänen

Forschungs- und Entwicklungsvorhaben bis zur Markteinführung neuer Produkte, Projektierung und Bau neuer Anlagen, umfangreiche und auf kurze Zeitspannen zusammengedrängte Instandhaltungsvorhaben (Generalüberholungen) gehören in der chemischen Industrie zu den bedeutendsten Anwendungsfällen der Netzplantechnik. Hinsichtlich der Neubau- und Instandhaltungsprojekte liegen gute Planungsvoraussetzungen vor, weil sich die Ablaufstrukturen und Zeiten mit großer Genauigkeit vorausbestimmen lassen, vgl. [6.61; 6.78; 6.196; 6.198, S. 108]. Es mag als charakteristisch gelten, daß CPM als erste Methode der Netzplantechnik bereits 1957 durch den Anstoß und die entscheidende Mitwirkung des Du Pont-Chemiekonzerns gerade hierfür entwickelt worden ist [6.85]. Für die Anwendung der Netzplantechnik bei Forschungs- und Entwicklungsvorhaben sowie zur Markterschließung chemischer Produkte zeichnet sich erst neuerdings ein zunehmendes Interesse ab.

Wir wollen die Einsatzmöglichkeiten der Netzplantechnik für die Aufgaben der Anwendungsentwicklung und Markterschließung chemischer Produkte anhand von drei Beispielen beleuchten, wobei das CPM-Verfahren zugrunde gelegt wird:

1. Netzplan für die *Anwendungsentwicklung* neuer chemischer Produkte
2. Netzplan für die *Markterschließung* neuer Produkte und Anwendungen
3. *Zusammengefaßter Netzplan* für die gesamte *technische Entwicklung* sowie *Markterschließung* neuer Produkte

Zu 1: Das Beispiel für die Planung der *Anwendungsentwicklung* neuer chemischer Produkte ist aus der *pharmazeutischen Industrie* gewählt. Die Anwendungsentwicklung erscheint hier als ein besonders komplizierter Prozeß, wobei unter Einbeziehung allein naturwissenschaftlich-medizinischer Aufgaben aufgrund der branchentypischen Besonderheiten hauptsächlich die Abschnitte der pharmakologisch-toxikologischen sowie klinischen Prüfung in Betracht kommen (vgl. Kap. 6.174). Außerdem sind die galenische Produktentwicklung und die Verfahrensentwicklung berücksichtigt. Das in Abb. 6.23 und Tab. 6.18 wiedergegebene Beispiel des Netzplans stammt aus der amerikanischen pharmazeutischen Industrie und wurde in Zusammenarbeit mit einer deutschen Pharmaunternehmung in der hier vorliegenden veränderten Form dargestellt [6.170; 6.196].

Einen großen Einfluß auf die Struktur der Arbeitsabläufe dieses Netzplans haben die Prüf- und Zulassungsbestimmungen neuer Arzneimittel durch die amerikanische „Food and Drug Administration" (FDA). Die insgesamt 70 Ereignisse und 96 Vorgänge des Netzplans gelten für die Zeit vom Abschluß der chemisch-präparativen Forschung, die zu einem als brauchbar vermuteten neuen Wirkstoff geführt hat, bis zur Beendigung der in drei Phasen abzuwickelnden klinischen Prüfung und Genehmigung des neuen Produktes durch die FDA. Die über ihr Anfangs- und Endereignis festgelegten Vorgänge sind im Netzplan der Abb. 6.23 durch Pfeile symbolisiert und in der zugehörigen Tab. 6.18 mit gleichzeitiger Einordnung in die befaßten Abteilungen der Forschungs- und Entwicklungsorganisation näher bezeichnet. Sowohl an die Pfeile des Netzplanes angeschrieben als auch in einer besonderen Spalte der Tab. 6.18 vermerkt ist die geschätzte Zeitdauer der Vorgänge in Wochen. Die berechneten Gesamtpufferzeiten der Vorgänge sind in einer weiteren Spalte der Tab. 6.18 angegeben. Die insgesamt 23 Scheinvorgänge sind im Netzplan durch gestrichelte Pfeile markiert.

Die im *kritischen Weg* liegenden Vorgänge sind in Tab. 6.18 durch ein K in der letzten Spalte und in Abb. 6.23 durch stark gezeichnete Pfeile gekennzeichnet. Das Planungsniveau ist um so höher, je mehr Vorgänge im kritischen Weg liegen und je stärker die Gesamtpufferzeiten der übrigen Vorgänge herabgesetzt werden konnten. Dies ist gelegentlich durch eine veränderte Struktur des Netzplans zu erreichen, d.h. durch Zusammenfassen oder Aufspalten von Vorgängen sowie Änderung der Anordnungsbeziehungen von Vorgängen, hauptsächlich aber durch Umdispositionen in der methodischen Abwicklung sowie in den personellen und sachlichen Mittelzuteilungen an die mit der Abwicklung der Vorgänge befaßten Stellen.

Im vorliegenden Beispiel konnte durch eine solche *Planungsverbesserung* die Zeitdauer der Entwicklungsarbeiten bis zur Einreichung des Genehmigungsantrags

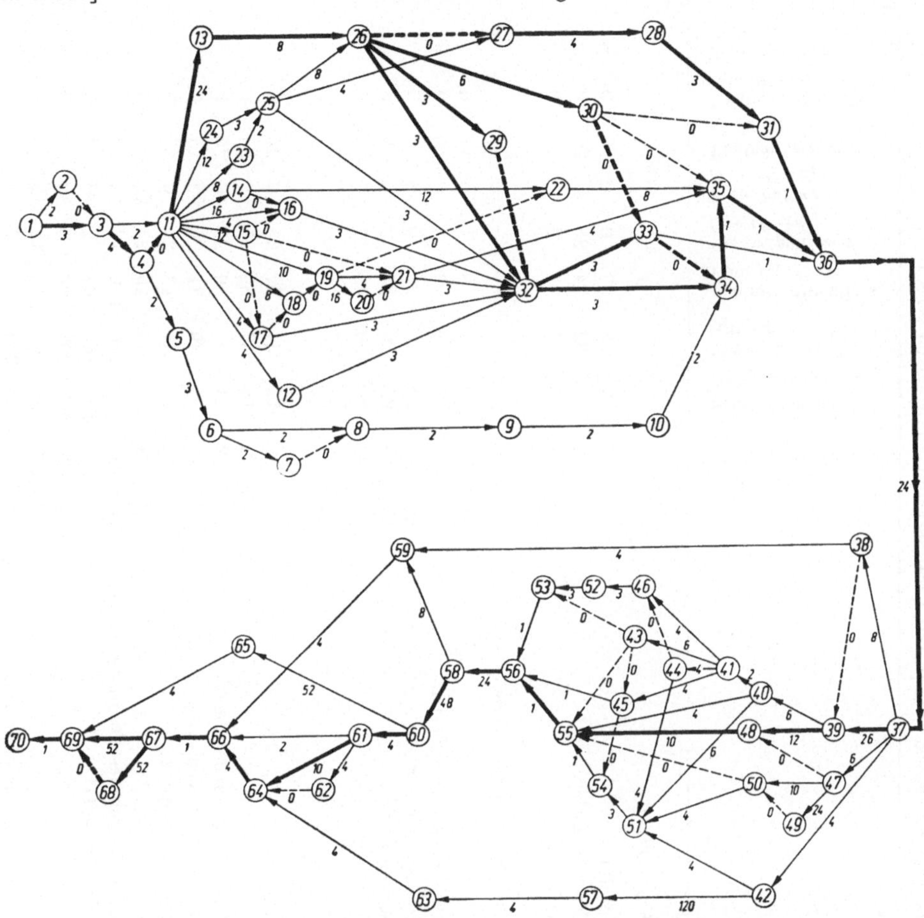

Abb. 6.23 Netzplan zur Entwicklung eines pharmazeutischen Produktes unter Berücksichtigung der Zulassungsvorschriften in den USA [6.170, verändert und umgezeichnet nach 6.196]. Bezeichnung der Vorgänge siehe Tab. 6.18.

auf Zulassung des neuen Arzneimittels [NDA, Vorgang (66, 67) in Abb. 6.23] immerhin um 43 Wochen von 254 auf 211 Wochen verkürzt werden, wobei jedoch erhebliche Risiken hinsichtlich der Realisierbarkeit der Teilaufgaben in den verkürzten Zeiträumen in Kauf zu nehmen waren. Die Verbesserung deutet sich unter anderem darin an, daß zwischen den Ereignissen 26 und 36 nicht weniger als bereits 6 kritische Wege parallel verlaufen. Etwa 70% der kritischen Vorgänge liegen jetzt im Bereich der klinischen Prüfung, die mithin für den Gesamtzeitbedarf weitgehend bestimmend und andererseits kaum einer weiteren Beschleunigung zugänglich ist.

Der Grad der Detaillierung des vorgestellten Netzplans entspricht etwa den Planungs- und Kontrollbedürfnissen der Forschungsleitung, die nach dem Prinzip des „management by exception“ nur bei Nichteinhaltung der im kritischen Weg liegenden Zeiten und bei Annäherung an den Verbrauch der Gesamtpufferzeiten der nichtkritischen Vorgänge einzugreifen hätte. Für die Forschungs- und Entwicklungsteilbereiche kann es angebracht sein, *Unternetzpläne* mit stärkerer Un-

Tabelle 6.18 *Vorgänge und Zeitberechnungen zu Abb. 6.23* [6.170, verändert und ergänzt nach 6.196]

Anfangsereignis i	Endereignis j	Benennung des Vorgangs	Dauer d_{ij} [Wochen]	Frühestmöglicher Anfang tf_i	Frühestmögliches Ende $tf_i + d_{ij}$	Spätestnotwendiger Anfang $ts_j - d_{ij}$	Spätestnotwendiges Ende ts_j	Gesamtpufferzeit $ts_j - tf_i - d_{ij}$	Freie Pufferzeit $tf_j - tf_i - d_{ij}$	Bedingt verfügbare Pufferzeit $ts_j - tf_j$	Unabhängige Pufferzeit $tf_j - ts_i - d_{ij}$	K = kritischer Vorgang
		Leitung der pharmazeutischen Forschung und Entwicklung										
3	4	Beratung mit der medizinischen Forschungsabteilung	4	3	7	3	7	0	0	0	0	K
4	5	Ausarbeitung des Projektvorschlages für die Forschungsleitung	2	7	9	32	34	25	0	25	0	
3	11	Entscheidung über die Fortführung der Entwicklung	2	3	5	5	7	2	2	0	0	
		Biologische Forschung (pharmakol., biochemische oder mikrobiol. Abtlg.)										
1	2	Vorgabe der medizinischen Aufgabenstellung	2	0	2	1	3	1	0	1	0	
1	3	Zusammenstellung aller verfügbaren Daten in einem Zwischenbericht	3	0	3	0	3	0	0	0	0	K
11	24	Planung und Erarbeitung der erforderlichen biologischen Daten	12	7	19	16	28	9	0	9	0	
24	25	Bewertung und Zusammenfassung der biologischen Daten	3	19	22	28	31	9	0	9	0	
25	32	Erstellung des IND hinsichtlich der biologischen Daten	3	22	25	39	42	17	17	0	0	
		Forschungsleitung										
5	6	Erkundigung über Entwicklungsstand des Projektes	3	9	12	34	37	25	0	25	0	
6	7	Erstellung der Budgetdaten	2	12	14	37	39	25	0	25	0	
6	8	Ausarbeitung der Genehmigungsanträge des Entwicklungsvorhabens	2	12	14	37	39	25	0	25	0	
8	9	Einreichen der Genehmigungsanträge an die Unternehmensleitung	2	14	16	39	41	25	0	25	0	
9	10	Genehmigung des Vorhabens durch die Unternehmensleitung	2	16	18	41	43	25	0	25	0	
10	34	Ausfertigung der Projektplanungsformblätter	2	18	20	43	45	25	25	0	0	
40	55	Festlegung des Markennamens und der Kurzbezeichnung des Produktes	4	103	107	115	119	12	12	0	0	
40	41	Endgültige Entscheidung über die Aufnahme der Phase III	2	103	105	105	107	2	0	2	0	
61	62	Entscheidung über die NDA-Einreichung	4	196	200	202	206	6	0	6	0	
61	66	Einschaltung der Marketing-Abteilungen	2	196	198	208	210	12	12	0	0	
69	70	Weitergabe der Produktfreigabeformulare des Forschungslaboratoriums	1	263	264	263	264	0	0	0	0	K

		Klinische Forschungsabteilung										
3	4	(Beratung mit der pharmazeutischen Forschung und Entwicklung)	4	3	7	3	7	0	0	0	0	K
4	5	(Ausarbeitung des Projektvorschlages für die Forschungsleitung)	2	7	9	32	34	25	0	25	0	
11	12	Sammlung und Bewertung aller bereits verfügbaren Daten über das neue Produkt	4	7	11	35	39	28	0	28	0	
25	26	Planung der Phasen I und II der klinischen Prüfung	8	22	30	31	39	9	9	0	0	
25	27	Einsatzplanung der elektronischen Datenverarbeitung	4	22	26	35	39	13	13	0	0	
27	28	Aufstellung der CRF	4	39	43	39	43	0	0	0	0	K
26	30	Einholung der Prüfzusagen und des Formblattes 1572 von den klinischen Prüfern	6	39	45	39	45	0	0	0	0	K
28	31	Vervielfältigung der CRF für Phase I und II der klinischen Prüfung	3	43	46	43	46	0	0	0	0	K
12	32	Bearbeitung des IND aufgrund externer Daten	3	11	14	39	42	28	28	0	0	
26	32	Bearbeitung des IND aufgrund der klinischen Prüfpläne für die Phasen I und II	3	39	42	39	42	0	0	0	0	K
32	33	Erstellung der klinischen Prüfanleitung	3	42	45	42	45	0	0	0	0	K
32	34	Zusammenstellung der IND-Formblätter 1571 und 1572	3	42	45	42	45	0	0	0	0	K
34	35	Einreichung des IND an die FDA	1	45	46	45	46	0	0	0	0	K
31	36	CRF für Phasen I und II und Arzneimittelprüfmuster an Kliniker	1	46	47	46	47	0	0	0	0	K
33	36	Absenden der klinischen Prüfanleitungen an die Kliniker	1	45	46	46	47	1	1	0	0	
36	37	Aufsuchen und Überwachen der Kliniker bei der Prüfung	24	47	71	47	71	0	0	0	0	K
37	38	Einholen klinischer Zwischenberichtsdaten der Phasen I und II	8	71	79	89	97	18	0	18	0	
38	59	Bearbeitung und Einreichung der Nachträge der Phasen I und II zum IND	4	79	83	202	206	123	69	54	0	
37	39	Einholen der Klinikerberichte der Phasen I und II	26	71	97	71	97	0	0	0	0	K
39	40	Bewertung aller klinischen Daten der Phasen I und II und Zusammenfassung	6	97	103	99	105	2	0	2	0	
41	43	Vervollst. Liste d. klin. Prüfer für Phase III u. Einhol. v. Formbl. 1572	6	105	111	112	118	7	0	7	0	
41	44	Planung der Phase III der klinischen Prüfung	4	105	109	107	111	2	0	2	0	
41	45	Revision der klinischen Prüfanleitung für die Phase III	4	105	109	114	118	9	2	7	0	
41	46	Revision der Einsatzplanung der elektron. Datenverarbeitung für Phase III	4	105	109	109	113	4	0	4	0	
44	51	Bearbeitung des IND der Phase III aufgrund des klinischen Prüfplans	4	109	113	111	115	2	0	2	0	
40	51	Bearbeitung des IND der Phase III hins. d. klin. Daten d. Phasen I u. II	6	103	109	109	115	6	4	2	0	
46	52	Revision der CRF für die Phase III	3	109	112	113	116	4	0	4	0	
52	53	Vervielfältigung der CRF für die Phase III	3	112	115	116	119	4	0	4	0	
51	54	Zusammenstellung der Nachträge der Phase III z. IND (Formbl. 1571 u.1573)	3	113	116	115	118	2	0	2	0	
54	55	Einreichung der Nachträge der Phase III zum IND an die FDA	1	116	117	118	119	2	2	0	0	
53	56	CRF und Arzneimittel an Kliniker für Phase III	1	115	116	119	120	4	4	0	0	
45	56	Absenden der klinischen Prüfanleitungen an die Kliniker der Phase III	1	111	112	119	120	8	8	0	0	
56	58	Aufsuchen und Überwachen der Kliniker bei der Prüfung	24	120	144	120	144	0	0	0	0	K
58	59	Einholen klinischer Zwischenberichtsdaten der Phase III	8	144	152	198	206	54	0	54	0	

Tabelle 6.18 (Fortsetzung)

Anfangsereignis i	Endereignis j	Benennung des Vorgangs	Dauer d_{ij} [Wochen]	Frühestmöglicher Anfang tf_i	Frühestmögliches Ende $tf_i + d_{ij}$	Spätestnotwendiger Anfang $ts_j - d_{ij}$	Spätestnotwendiges Ende ts_j	Gesamtpufferzeit $ts_j - tf_i - d_{ij}$	Freie Pufferzeit $tf_j - tf_i - d_{ij}$	Bedingt verfügbare Pufferzeit $ts_j - tf_j$	Unabhängige Pufferzeit $tf_j - ts_i - d_{ij}$	K = kritischer Vorgang
		Klinische Forschungsabteilung										
58	60	Einholen der Klinikerberichte der Phase III	48	144	192	144	192	0	0	0	0	K
60	61	Bewertung aller klinischen Daten der Phase III und Zusammenfassung	4	192	196	192	196	0	0	0	0	K
59	66	Erstellung und Einreichung der Nachträge der Phase III zum IND	4	152	156	206	210	54	54	0	0	
61	64	Erstellung des klinischen Teils im Zulassungsantrag als neues Arzneimittel (NDA)	10	196	206	196	206	0	0	0	0	K
60	65	Weiterführung der klinischen Erprobung	52	192	244	207	259	15	0	15	0	
64	66	Zusammenstellung der Unterlagen zum Arzneimittelzulassungsantrag (NDA)	4	206	210	206	210	0	0	0	0	K
65	69	Erstellung und Einreichung der Ergänzungen zum NDA (falls gefordert)	4	244	248	259	263	15	15	0	0	
66	67	Einreichung des NDA	1	210	211	210	211	0	0	0	0	K
67	68	Verfolgung des NDA bei der FDA bis zur Genehmigung	52	211	263	211	263	0	0	0	0	K
67	69	Genehmigung des NDA	52	211	263	211	263	0	0	0	0	K
		Pharmazeutische Produktentwicklung (Galenische Abteilung)										
11	15	Entwicklung analytischer Methoden für Qualitätsprüfung (Kontroll-Labor)	12	7	19	11	23	4	0	4	0	
11	17	Bestimmung der Rohstoffspezifikationen	4	7	11	19	23	12	8	4	0	
11	18	Beschaffung der Rohstoffe für die Zubereitungen	8	7	15	15	23	8	4	4	0	
11	19	Entwicklung der Zubereitungen für die Phasen I und II	10	7	17	13	23	6	2	4	0	
19	20	Stabilitätsprüfung der Zubereitungen für die Phasen I und II	16	19	35	23	39	4	0	4	0	
19	21	Bestimmung der Zubereitungsspezifikationen für die Phasen I und II	4	19	23	35	39	16	12	4	0	
21	35	Festl. v. Verpackung u. Etikettierung für Zubereitungen der Phasen I u. II	4	35	39	42	46	7	7	0	0	
21	32	Erstellung des IND hinsichtl. Zubereitungen u. Herstellung in Phasen I u. II	3	35	38	39	42	4	4	0	0	
17	32	Erstellung des IND hinsichtlich aller Rohstoffspezifikationen und der Herstellung	3	19	22	39	42	20	20	0	0	
22	35	Herstellung der Zubereitungen für die klinische Prüfung der Phasen I und II	8	35	43	38	46	3	3	0	0	
35	36	Absenden der Zubereitungen für die Phasen I und II an die Kliniker	1	46	47	46	47	0	0	0	0	K

		Pharmazeutische Produktentwicklung (Galenische Abteilung)										
37	47	Revision der Zubereitungen für die Phase III	6	71	77	81	87	10	0	10	0	
39	48	Beschaffung der Rohstoffe für die Zubereitungen der Phase III	12	97	109	97	109	0	0	0	0	K
47	49	Stabilitätsprüfung der Zubereitungen für die Phase III	24	77	101	87	111	10	0	10	0	
47	50	Revision aller Spezifikationen, der Verpackung und Etikettierung für Phase III	10	77	87	101	111	24	14	10	0	
50	51	Erstellung des IND hinsichtl. Zubereitungen und Herstellung in Phase III	4	101	105	111	115	10	8	2	0	
48	55	Herstellung der Zubereitungen für die Phase III	10	109	119	109	119	0	0	0	0	K
55	56	Absenden der Zubereitungen für die Phase III an die Kliniker	1	119	120	119	120	0	0	0	0	K
		Abteilung für toxikologische Prüfungen										
11	13	Planung und Ausführung der subakuten Toxizitätsbestimmung	24	7	31	7	31	0	0	0	0	K
13	26	Bewertung und Zusammenfassung der Daten zur subakuten Toxizität	8	31	39	31	39	0	0	0	0	K
11	23	Akute Toxizitätsbestimmung und Bestimmung der Vertrauensgrenzen	8	7	15	21	29	14	0	14	0	
23	25	Bewertung und Zusammenfassung der Daten zur akuten Toxizitätsbestimmung	2	15	17	29	31	14	5	9	0	
26	29	Erstellung des IND hinsichtlich subakuter Toxizität	3	39	42	39	42	0	0	0	0	K
37	42	Planung der chronischen Toxizitätsprüfung	4	71	75	74	78	3	0	3	0	
42	51	Erstellung des IND hinsichtlich der chronischen Toxizitätsprüfung	4	75	79	111	115	36	34	2	0	
42	57	Ausführung der chronischen Toxizitätsprüfung	120	75	195	78	198	3	0	3	0	
57	63	Bewertung und Zusammenfassung aller Daten zur chronischen Toxizität	4	195	199	198	202	3	0	3	0	
63	64	Bearbeitung des NDA hinsichtlich der chronischen Toxizität	4	199	203	202	206	3	3	0	0	
		Chemische Entwicklungsabteilung										
11	14	Entwicklung eines Herstellverfahrens für den neuen Wirkstoff (NDS)	16	7	23	10	26	3	0	3	0	
11	16	Festlegung der Spezifikationen des neuen Wirkstoffes	4	7	11	35	39	28	12	16	0	
14	22	Beschaffung aller Hilfsmittel für Herstellung des Wirkstoffes in Phasen I u. II	12	23	35	26	38	3	0	3	0	
16	32	Erstellung des IND hinsichtl. Spezifikationen und Herstellung des Wirkstoffes	3	11	14	39	42	28	28	0	0	
39	48	(Beschaffung der Rohstoffe für die Bereitstellung des Wirkstoffes in der Phase III)	12	97	109	97	109	0	0	0	0	K

Abkürzungen: CRF (Case Report Forms): Fallberichtsformblätter; FDA (Food and Drug Administration): Behörde der FDA; IND (Investigational New Drug, FDA Form 1571): Antrag auf Zulassung eines neuen Produktes zur klinischen Prüfung; NDA (New Drug Application): Antrag zur Einführung eines neuen Arzneimittels; NDS (New Drug Substance): Neuer Arzneimittelwirkstoff.

tergliederung der Vorgänge und Einführung neuer Ereignisse aufzustellen, wie z.B. für die Abwicklung der zahlreichen vorgesehenen Tierversuche zur Toxizitätsbestimmung in der toxikologischen Abteilung.

Während die Darstellung immer neuer Substanzen in der pharmazeutischen Forschung als relativ kurzfristige und wiederholt ablaufende Aufgabe kaum für eine Planung interessiert, eignet sich die systematisch betriebene, langwierige

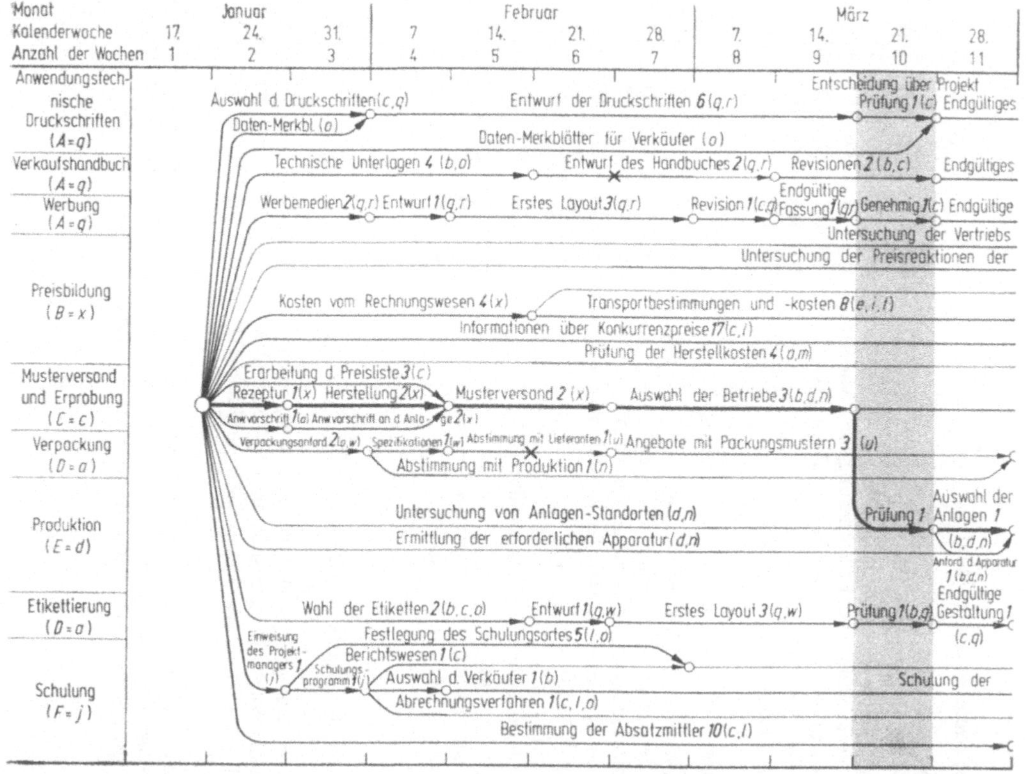

Abb. 6.24 Netzplan zur Markterschließung eines Sortimentes von Kritischer Weg; Tatsächlicher Ablauf der Vorgänge im nichtkritischen Weg; Pufferzeit der Vorgänge im nichtkritischen Weg; Zahlen hinter der Bezeichnung der Vorgänge: Dauer der Vorgänge in Wochen.

und mehrere spezialisierte Stellen erfassende Anwendungsprüfung sowie Produkt- und Verfahrensentwicklung recht gut für eine vorausschauende Erfassung sowie Kontrolle mit Netzplänen. In der deutschen pharmazeutischen Industrie reichen die ersten Anwendungen etwa bis auf das Jahr 1966 zurück. Neuerdings hat sich das Planungsinteresse noch insofern verstärkt, als die komplizierten amerikanischen FDA-Bestimmungen in der Prüfungspraxis der großen westeuropäischen Pharmahersteller vermehrt berücksichtigt werden. Weitere Hinweise zur Planung nach den FDA-Bestimmungen mit Netzplänen hat DAVIES mitgeteilt [6.33].

Zu 2: Auch für die eigentliche *Markterschließung* im hier verstandenen engeren Sinne muß man die Netzplantechnik für geeignet halten, da es wiederum auf die optimale und möglichst zeitsparende Koordinierung zahlreicher Einzeloperationen ankommt. Die Planung kann sich dabei auf umfassende Markterschließungsprogramme, vielleicht mit der langjährigen sukzessiven Erschließung mehrerer technischer Anwendungen, oder aber auf objekt- oder funktionsbezogene Teilabschnitte der Markterschließung erstrecken. Eine objektweise Begrenzung wäre etwa für die Erschließung einzelner Anwendungen, Kundenkreise oder Absatz-

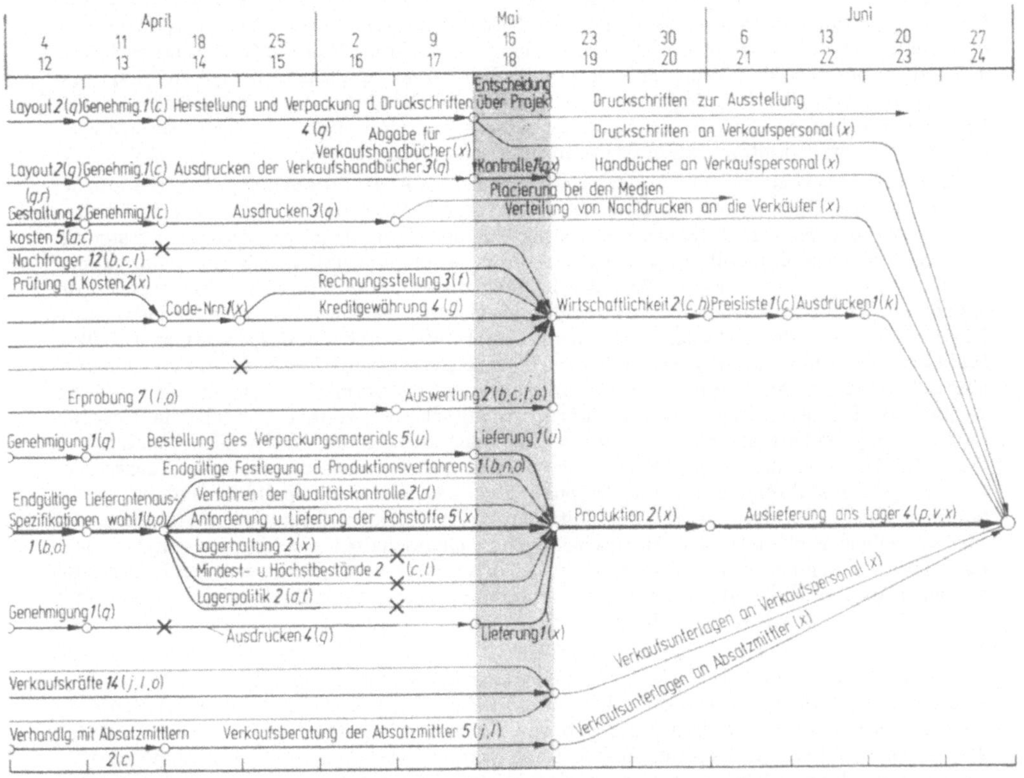

Reinigungsmitteln in der Lebensmittelindustrie, nach [6.38].
× Spätestmöglicher Beginn der Vorgänge im nichtkritischen Weg; (*A*), (*B*), (*C*), (*D*) ... (*F*) Namen der Mitarbeiter, die als Koordinierungsstellen in den Teilfunktionen eingesetzt sind; (*a*), (*b*), (*c*), (*d*)... (*x*) Namen der ausführenden Mitarbeiter.

gebiete naheliegend. Eine Planung nach Teilfunktionen käme z. B. für die Marktforschung, einzelne Werbekampagnen, die Abwicklung eines Musterversandprogramms und ähnliches in Betracht. Zahlreiche Beiträge zur Anwendung der Netzplantechnik für derartige Marketing-Aufgaben wurden veröffentlicht, z. B. [6.31; 6.124]. Die detaillierten Teilpläne können zu übergeordneten Gesamtplänen der Markterschließung oder sogar der gesamten Produktentwicklung zusammengefaßt werden. Für ein derartiges Markterschließungsprogramm, das auf der einen Seite bis in die chemische Forschung und Entwicklung zurückreicht und auf der anderen Seite in den regulären Vertrieb der Produkte einmündet, bietet der in Abb. 6.24 dargestellte Netzplan ein interessantes Beispiel [6.38].

Das Projekt wurde bei der „Specialty Chemicals Division“ der amerikanischen Diamond Alkali Company nach mehreren vorausgegangenen Anwendungen der Netzplantechnik zur Markterschließung entwickelt, und zwar innerhalb einer der nach Kundengruppen (Industriezweigen) organisierten Vertriebsabteilungen, nämlich derjenigen für die Lebensmittelindustrie. Hier wurde das Markterschließungsprojekt für ein Sortiment aus 16 verwandten chemischen Spezialitäten zur Reinigung und Sterilisation von Apparaturen einschließlich einiger Geräte für die Applikation formuliert. Die auf die Bedarfsverhältnisse sorgfältig abgestimmten Produkte waren dabei teils durch geringfügige Änderungen bereits vorhandener Produkte zugänglich, teils aber völlig neu zu entwickeln. Die parallel ablaufenden Forschungs- und Entwicklungsaufgaben sind koordinativ zu berücksichtigen, gehen aber in den Netzplan selbst kaum ein. Die Planung der Produktion ist im Netzplan enthalten, freilich im vorliegenden Fall insofern stark vereinfacht, als für die Herstellung der Spezialitäten in Vielzweckapparaturen kaum neue Anlagen zu beschaffen sind. Die unter den „Markttests“ erfaßte Erprobung der neuen Produkte in den prospektiven Kundenbetrieben ist im Zusammenhang mit dem Musterversandprogramm bezeichnenderweise eingeschlossen.

Die Brauchbarkeit eines Netzplans ist in hohem Maße davon abhängig, daß die mit der Abwicklung der Teilvorgänge befaßten *Mitarbeiter* bei der Vorgabe der notwendigen Arbeiten und des Zeitbedarfs selbst gehört und später auf diese Vorgaben verantwortlich festgelegt werden. Das Beispiel in Abb. 6.24 bringt eine Abwandlung der üblichen Netzplandarstellung in der Weise, daß zur besseren Berücksichtigung dieser organisatorischen Sicherungen die Namen der Verantwortlichen in der endgültigen Fassung des Netzplans verzeichnet werden: In einer Vorspalte des Netzplans wird das gesamte Markterschließungsprogramm in 9 Teilfunktionen gegliedert, wofür jeweils ein Mitarbeiter als verantwortliche Koordinierungsinstanz eingesetzt und bei der jeweiligen Teilfunktion namentlich vermerkt wird (in Abb. 6.24 mit Großbuchstaben bezeichnet). Die ausführenden Mitarbeiter werden ebenfalls im Netzplan namentlich festgehalten, und zwar jeweils hinter den Bezeichnungen der zugeordneten Vorgänge (in Abb. 6.24 mit kleinen Buchstaben bezeichnet). Zwischen den Koordinierungsstellen und einigen Ausführenden besteht Personalunion, was in der Vorspalte besonders gekennzeichnet wurde. Bei der Vorgabe des Zeitbedarfs der Vorgänge ist zu berücksichtigen, daß vielfach solche Stellen für die Markterschließung eingeschaltet werden, die daneben noch die laufenden, regulären Vertriebsaufgaben zu erledigen haben. Selbst bei der Einrichtung spezieller Markterschließungsgruppen wird man von anderweitigen Arbeitsbelastungen durch die gleichzeitige Bearbeitung mehrerer Projekte ausgehen müssen.

Neben der vertikalen Gliederung nach Teilfunktionen und Verantwortungsbereichen wird der Netzplan der Abb. 6.24 außerdem in der Horizontalen durch eine *Zeitachse* fixiert. Dies erfordert maßstäbliche horizontale Abstände zwischen den Ereignissen nach den Zeitspannen zwischen dem jeweils frühesten Anfangstermin und dem spätesten Endtermin der Vorgänge. Die Anschaulichkeit der Terminkontrolle durch Vergleich der Soll- und Ist-Termine wird mit dieser Darstellung gefördert. Durch Weglassen der Scheinvorgänge wird jedoch die EDV-Auswertung verhindert. Die stärksten Linien bezeichnen wieder den kritischen Weg, während die anderen Vorgänge nochmals nach dem tatsächlichen Ablauf bzw. Zeitbedarf einerseits (dickere Linien) und den Pufferzeiten (dünnere Linien) unterschieden wurden. Nach den ursprünglichen Voraussetzungen der Netzplantechnik wird die Durchführung der nicht im kritischen Weg liegenden Vorgänge nur hinsichtlich der Termine der begrenzenden Anfangs- und Endereignisse zeitlich fixiert, so daß die ausführenden Mitarbeiter innerhalb dieser Ecktermine gewisse Wahlmöglichkeiten haben. Im vorliegenden Beispiel hatte man es bevorzugt, einige der nichtkritischen Vorgänge terminlich stärker festzulegen und insbesondere den Beginn zuweilen bereits unmittelbar im frühestmöglichen Zeitpunkt vorzusehen, um bei Zeitverzögerungen dieser Vorgänge einem Terminverzug für das Gesamtprojekt vorzubeugen. Eine zusätzliche Sicherung stellen die bei nichtkritischen Vorgängen durch Kreuze markierten Termine dar, welche bei der vorliegenden Zeitschätzung des Vorgangs und der Einhaltung dieser Zeit dessen spätestmöglichen Beginn kennzeichnen.

Zwei wichtige Einschnitte sind für das relativ kurze, insgesamt nur 24 Wochen in Anspruch nehmende Programm der Markteinführung vorgesehen, nämlich die Entscheidungen über die Fortführung des Projektes durch eine besondere Kommission, die in der 10. und 18. Woche zusammentreten soll (schraffierte Terminfelder in Abb. 6.24). Bei der ersten Entscheidung ist ein großer Teil der innerbetrieblichen Entwicklungsaufgaben erledigt, bei der

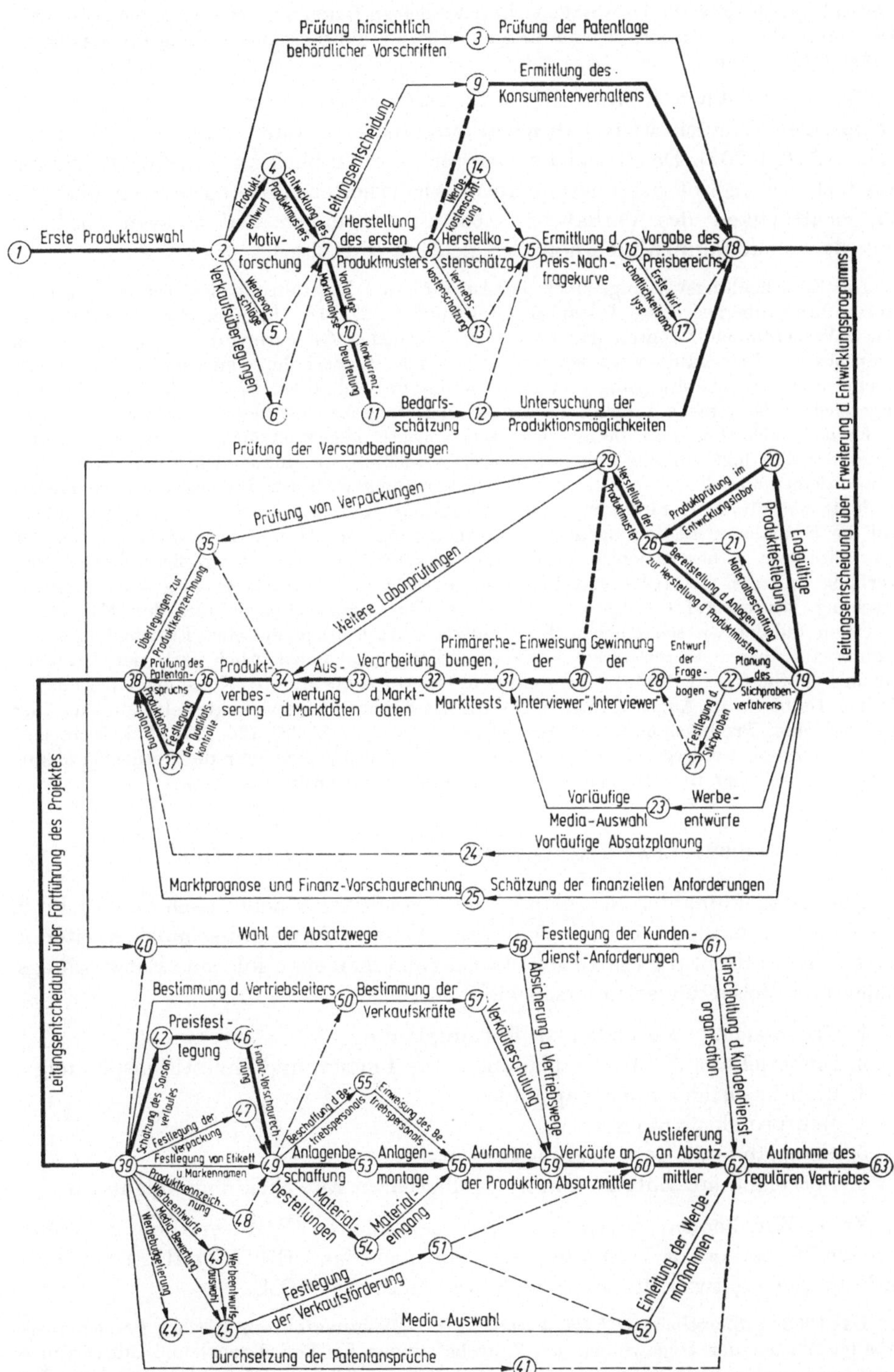

Abb. 6.25 Modellnetzplan zur Entwicklung und Markteinführung eines neuen Produktes [6.201].

zweiten liegen bereits alle im Absatzmarkt gewonnenen Daten vor, besonders die Prüfergebnisse durch die Verwender, so daß die endgültige Produktionsentscheidung zuverlässig getroffen werden kann.

Zu 3: Schließlich betrifft Abb. 6.25 einen übergeordneten und sowohl alle technischen als auch wirtschaftlichen Aufgaben zusammenfassenden Netzplan [6.3, S. 254; 6.201]. Das Beispiel ist lehrreich im Hinblick auf die enge Kopplung von technischen Entwicklungsaufgaben, wiederholten Untersuchungen über die Wirtschaftlichkeit des Vorhabens, Absatzüberlegungen und aktiven Markterschließungsmaßnahmen innerhalb des gleichen Netzplans.

Die Entscheidungsvorgänge über die Auswahl und Fortführung des Entwicklungsvorhabens durch übergeordnete Instanzen [Vorgänge (1, 2), (18, 19), (38, 39), „wasp-waists" oder „Wespentaillen"] führen dabei zu einer deutlichen Gliederung des Netzplanes in drei Hauptphasen. Innerhalb dieser kommt es zu einer Wiederholung einzelner Vorgänge mit zunehmender Vervollständigung und Detaillierung der Aufgaben. Obwohl der kritische Weg eingezeichnet ist (starke Linien), wurden keine Zeitangaben für die 80 Vorgänge mitgeteilt.

Es zeigt sich aber, daß die an sich beabsichtigte Allgemeingültigkeit des Modellnetzplanes der Abb. 6.25 für ein „hypothetisches Entwicklungsprodukt" nicht ganz zu erreichen ist und dementsprechend im Einzelfall bei Entwicklungsvorhaben für bestimmte chemische Produkte wesentliche Veränderungen notwendig sein werden. Darüber hinaus sind in jedem Fall die besonderen Bedingungen der Unternehmung, der Organisationsstruktur und der Absatzsituation zu berücksichtigen. Mehrere Tatsachen, vor allem die große Bedeutung der Werbung und die mit Hilfe von Primärerhebungen und Markttests vorgesehene Marktforschung, deuten auf die Entwicklung eines Konsumgutes. Gegenüber den Marketing-Aufgaben und den wirtschaftlichen Bewertungen nehmen die technischen Entwicklungs- und Planungsaufgaben einen relativ bescheidenen Umfang ein. Offensichtlich hatte der Autor bei seinem hypothetischen Produkt doch ein zum Gebrauch bestimmtes Konsumgut der mechanischen Industrie im Auge [z. B. Bezeichnung des Entwicklungsproduktes als „Modell", hier übersetzt mit „Produktmuster", Vorgänge (4, 7), (7, 8), (19, 26), (26, 29)]. Bei einem Vergleich der zuvor wiedergegebenen Netzpläne wird deutlich, wie sehr die Vernachlässigung branchenspezifischer Besonderheiten die Aussagefähigkeit herabsetzt.

6.624 Erweiterte Anwendungen der Netzplantechnik

Die Entwicklung der Netzplantechnik befindet sich heute noch voll im Fluß, wobei man in methodischer Hinsicht auf erweiterte Anwendungsmöglichkeiten in verschiedener Richtung hin abzielt. Dabei kann man etwa folgende Entwicklungsstufen und Zielsetzungen unterscheiden:

1. Grundlegende Methoden zur Terminplanung
2. Einbeziehung der Kostenplanung sowie Finanz- und Investitionsplanung
3. Berücksichtigung der Kapazitäten
4. Mehrprojektplanung
5. Netzpläne mit Entscheidungsereignissen
6. Netzpläne mit Zufalls- und kontrollierbaren Entscheidungsereignissen

Zu 1: Wir kennen neben dem oben behandelten CPM-Verfahren als grundlegende Methoden zur Terminplanung nur noch das PERT-Verfahren sowie die in Frankreich entwickelte Metra-Potential-Methode (MPM).

Das 1958 veröffentlichte *PERT-Verfahren* [6.132] wurde im militärischen Bereich ausgearbeitet. Wegen der Ungewißheit der Zeitschätzungen bei Forschungs- und Entwicklungsaufgaben wurden anstelle der einzigen Zeitschätzung bei CPM drei verschiedene Zeitschätzungen für jeden Vorgang gefordert: die wahrscheinlichste Zeit m, eine pessimistische

Zeit b und eine optimistische Zeit a. Aus diesen wird der Erwartungswert des Zeitverbrauchs jeder Aktivität auf Grund der Beta-Verteilung nach

$$E(d_{ij}) = \frac{a + 4m + b}{6} \quad \text{mit der Varianz} \quad \sigma^2_{E(d_{ij})} = \left(\frac{b - a}{6}\right)^2$$

errechnet. Damit lassen sich alle Ereignistermine und auch der Abschlußtermin des Projektes als wahrscheinlichkeitsbehaftete Größen angeben. Es hat sich indessen gezeigt, daß die Unbestimmtheit der Zeitschätzungen den Planungsprozeß kaum verbessert. Außerdem werden gegenüber der mathematisch-statistischen Folgerichtigkeit schwerwiegende Einwände erhoben [6.42; 6.159]. Andererseits ist PERT hinsichtlich der Berechnung der Pufferzeiten einfacher, da nur die Ermittlung der gesamten Pufferzeit vorgesehen ist. Wenn man neuerdings dazu übergeht, bei PERT nur noch mit einer Zeitschätzung zu arbeiten und bei CPM nur die Gesamtpufferzeit zu berechnen, kommt es zur Übereinstimmung beider Verfahren.

Beim MPM-Verfahren [6.151] gelten nur die Vorgänge und nicht die Ereignisse als Strukturelemente des Netzplans, die im Gegensatz zu den vorgenannten Methoden als Knoten dargestellt werden. Die Pfeile dienen nur zur Veranschaulichung von Anordnungsbeziehungen. Über CPM und PERT hinausgehend können aber für die zeitlichen Anordnungsbeziehungen zwischen den Vorgängen weitere Bedingungen als die unmittelbare Vor- und Nachordnung oder Parallelschaltung berücksichtigt werden: Es kann gefordert werden, daß eine Aktivität zu einem bestimmten Zeitpunkt oder nach einer bestimmten Zeitspanne gegenüber dem Beginn von vorgelagerten Arbeiten begonnen oder abgeschlossen wird.

Zu 2: Die Berücksichtigung der *Kosten* gehört zu den frühesten Erweiterungen der Planungsaufgaben mit Netzplänen. Während beim „PERT-Cost"-System lediglich während der Ausführung der Projekte eine die Terminkontrolle begleitende *Kostenkontrolle* gefordert wurde, führten die Schöpfer der CPM-Methode bereits in der grundlegenden Veröffentlichung eine *Kostenoptimierung* in Verbindung mit der Optimierung der Projektdauer ein [6.85]. Diese Kostenoptimierung wird im Zusammenhang mit der Aufstellung des Netzplans und der Terminplanung festgelegt. Nachdem die Sollzeiten und Sollkosten als Optimalwerte ermittelt wurden, sind die später erreichten Istwerte hieran zu messen.

Die von Kelley, Walker und Fulkerson vorgeschlagenen Optimierungsverfahren [6.47; 6.84; 6.85] stimmen in den Grundzügen mit dem in der chemischen Industrie bereits lange zuvor bekannten und weit verbreiteten Verfahren überein, wonach mehrere in Abhängigkeit von einer bestimmten, zu optimierenden Größe gegenläufig gerichtete Teilkostenkurven zu einer Gesamtkostenkurve zusammengefaßt werden, deren Minimum das Optimum festlegt (Prinzip der Kostenschere).

Im Mittelpunkt stehen zunächst die *direkten Kosten* der einzelnen Aktivitäten.

Als ausgezeichnete Punkte der Kostenkurven der direkten Aktivitätskosten (Abb. 6.26) interessieren besonders die niedrigsten Kosten bei der ursprünglich zugrunde gelegten Normaldauer der Ausführungszeit (Kn_{ij} bei dn_{ij}) sowie die höchsten Kosten bei der kürzestmöglichen Ausführungszeit (Kc_{ij} bei dc_{ij}). Zur Vereinfachung des Rechenverfahrens wird die Kostenkurve zwischen diesem Normalwert und dem „Crash-Point" meistens als Gerade angenommen oder höchstens stückweise linear approximiert. Nach einem Verfahren der parametrischen linearen Programmierung können die Kostenfunktionen der einzelnen Aktivitäten zur Kostenkurve der direkten Kosten für das Gesamtprojekt in Abhängigkeit von der gesamten Projektdauer zusammengefaßt werden, die in das Kostendiagramm des Gesamtprojektes zu übernehmen ist (Abb. 6.27). Nach einem festgelegten Algorithmus sind die auf dem kritischen Weg liegenden Aktivitäten dabei sukzessive in der Weise zu verkürzen, daß zunächst mit der Verringerung der Ausführungszeit der Aktivität begonnen wird, deren Kostenkurve den geringsten Anstieg aufweist, und anschließend die Kostenkurven mit den nächsthöheren Anstiegsfaktoren herangezogen werden. Am Ende steht ein Projektplan, bei dem alle kritischen Aktivitäten die kürzestmögliche Ausführungszeit aufweisen, wobei sich der kritische Weg allerdings inzwischen geändert haben mag.

Während die direkten Kosten mit der Verkürzung der Zeitdauer wegen des notwendigen erhöhten Mitteleinsatzes (Arbeitskräfte, Einrichtungen) und sinkender Wirkungsgrade ansteigen, werden die *indirekten Kosten* fallen (Abb. 6.27). Sie sind als etwa zeitproportional und damit in Abhängigkeit von der Projektdauer als ansteigend anzunehmen, wobei eine Erfassung für das Gesamtprojekt zweckmäßig ist und ausreicht. Die indirekten Kosten sind mit den Gemeinkosten der herkömmlichen Kostenträgerrechnung vergleichbar.

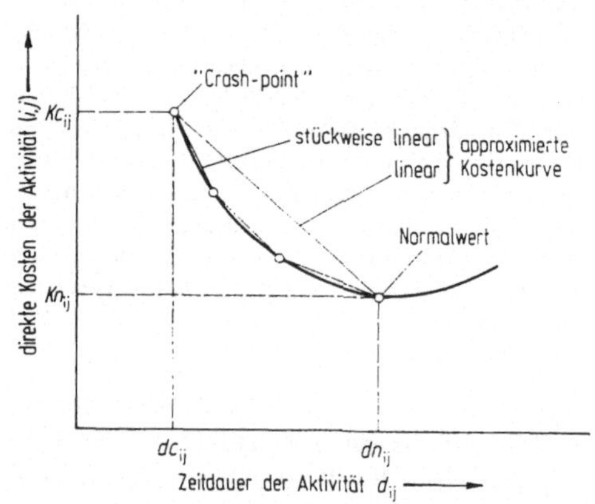

Abb. 6.26 **Abhängigkeit der direkten Kosten einer Aktivität von der Aktivitätsdauer.**

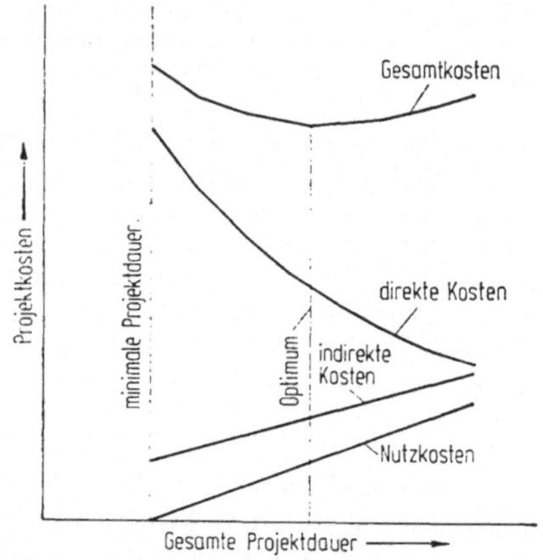

Abb. 6.27 **Abhängigkeit der gesamten Projektkosten von der Projektdauer.**

Schließlich wird als drittes die Teilkostenfunktion der *Nutzkosten* oder *Opportunitätskosten* in die Optimierungsrechnung eingeführt. Sie entstehen als Nutzentgang aus der verzögerten Fertigstellung des Projektes. Nur aus formalen Gründen wird hier eine Kostengröße formuliert, während ursprünglich meistens die Ertragsseite berührt wird (Ertragsverlust = Kostenzuwachs). Im Falle eines Forschungs- und Entwicklungsvorhabens oder der Markteinführung eines neuen Produktes würden vor allem die erhöhten Gewinnchancen bei möglichst schneller Markteinführung oder umgekehrt Ertragsverluste durch niedrigere Preise sowie geringere Marktanteile bei verspäteter Markteinführung beachtlich sein.

Diese Einflüsse sollte man aber besser in der *Finanz- und Investitionsplanung* berücksichtigen, die sich ebenfalls vorteilhaft auf die Netzpläne stützen lassen. Der technischen Durchführung und Terminierung des Projektes sind dann die Ausgaben nach Höhe und Fälligkeit zuzuordnen. Die äußerst problematische isolierte Erfassung der Forschungs- und Entwicklungsaufwendungen für einzelne Projekte über mehrere Jahre hinweg wird erleichtert, was die Chancen der isolierten verursachungsgerechten Berücksichtigung in der Investitionsrechnung anstelle der globalen Belastung aller realisierten Vorhaben mit einem Durchschnittssatz verbessert (Kap. 5.224 und 8.23). Der Einfluß einer veränderlichen Projektzeit zeigt sich sowohl auf der Kosten- als auch Ertragsseite. Im Anschluß an jeden veränderten Netzplan können sofort die Ausgabenentwicklung vor Betriebsbeginn (Forschungs- und Entwicklungszeit, Projektierung und Bau) sowie die Ausgaben- und Einnahmenentwicklung während der angenommenen späteren Betriebszeit der Anlagen geschätzt und zum Chash-flow-Profil des Investitionsvorhabens zusammengefaßt werden (Abb. 5.6).

Die Bewältigung der erweiterten Optimierungsprogramme wird bei verfügbaren elektronischen Rechenmaschinen kein Problem darstellen. Die notwendige Eingabe der beträchtlich verfeinerten Daten bildet aber bei der Natur der hier behandelten Aufgaben oft den Engpaß. Wenn es schon oft nicht leichtfällt, die Zeitdauer einzelner Aktivitäten in umfangreichen Entwicklungs- und Markterschließungsprogrammen zuverlässig anzugeben, um wie vieles größer muß dann die Unsicherheit werden, wenn auch noch Minimal- und Maximalzeiten sowie genaue Kosten-Ertragszuordnungen verlangt werden.

Zu 3: Zur Berücksichtigung der *Kapazitätsverhältnisse* wird man bereits im Rahmen der Terminplanung festlegen müssen, in welchem Umfang Arbeitskräfte, Hilfsmittel, ganze Abteilungen usw. zur Realisierung der angenommenen Ausführungszeiten bereitzustellen sind. Auch die zuvor genannte Kostenermittlung ist nur durch eine Bewertung des den Ausführungszeiten zugeordneten Mitteleinsatzes möglich. Trägt man diesen, z. B. in Mitarbeiterwochen für die Arbeitskräfte, über der Zeitachse auf, so entstehen die charakteristischen Kapazitätsdiagramme mit ihren Belastungsprofilen. Die zeitliche Fixierung der im kritischen Weg liegenden Kapazitätsanforderungen ist dabei zwingend, während hinsichtlich der Pufferaktivitäten Wahlmöglichkeiten bestehen. Um eine möglichst gleichmäßige Auslastung der vorhandenen Kapazitäten zu erreichen, kann man die zeitliche Verschiebung der Pufferaktivitäten in entsprechender Weise vornehmen, wofür bereits programmierbare Rechenverfahren entwickelt worden sind [„manpower (resource) levelling oder smoothing“]. Betrachtet man wie gewöhnlich nur ein Projekt, so sind diejenigen Aktivitäten auszugleichen, welche die gleichen Produktionsfaktoren beanspruchen. Werden im Grenzfall für alle Aktivitäten ver-

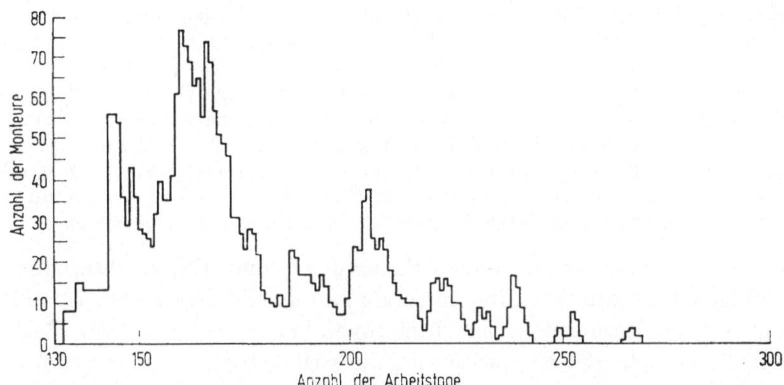

Abb. 6.28 Arbeitskräftebedarf für die Rohrleitungsmontage einer Chemieanlage bei Einsatzplanung zum frühestmöglichen Anfangstermin der Aktivitäten [6.78].

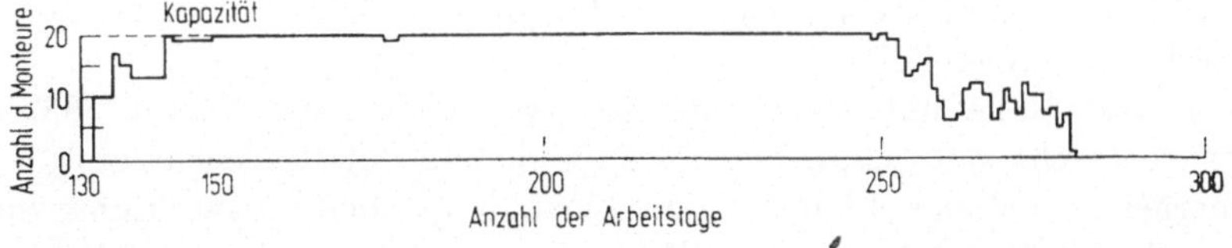

Abb. 6.29 Arbeitskräftebedarf für die Rohrleitungsmontage unter Abb. 6.28 nach dem zeitlichen Belastungsausgleich und Berücksichtigung der Kapazitätsgrenze von 20 Arbeitskräften je Tag [6.78].

schiedene Arbeitskräfte, Hilfsmittel und Stellen eingesetzt, so wäre ein derartiges Ausgleichsverfahren sinnlos.

In einer weiteren Entwicklungsstufe werden *Kapazitätsbeschränkungen* berücksichtigt. Bei den Pufferaktivitäten kann man ebenfalls versuchen, die stoßweisen Kapazitätsanforderungen durch Verlängerung der Tätigkeiten und Ausnutzung der Pufferzeiten abzubauen. Reichen diese nicht aus, ist eine Verlängerung der gesamten Projektdauer unvermeidlich, oder es ist eine Neuplanung und Verbesserung der Netzplanstruktur anzustreben.

Abb. 6.28 und 6.29 zeigen zwei Arbeitskräftebelastungsprofile für die Rohrleitungsmontage einer Chemieanlage. Da die ursprünglichen Kapazitätsanforderungen zeitweise weit über die verfügbaren Rohrleitungsmonteure je Tag hinausgingen, mußten Umdispositionen mit einer hieraus folgenden Verlängerung der Projektdauer von 11 Tagen vorgenommen werden [6.78].

In vielen Fällen werden die Kapazitätsbeschränkungen von vornherein für eine simultane Struktur-, Termin-, Kosten- und Kapazitätsauslastungsplanung herangezogen [„manpower (resource) scheduling oder allocation"], vgl. [6.99].

Zu 4: Bei der zuletzt genannten Erweiterung des Planungsumfangs werden die einzugebenden Kapazitätsdaten häufig davon bestimmt sein, daß in den verschiedenen Stellen mehrere Vorhaben gleichzeitig zu bearbeiten sind. Es ist daher zweckmäßig, die Netzplantechnik zur simultanen Bearbeitung *mehrerer Projekte* und Auffindung übergeordneter Optimallösungen zu erweitern.

Von den bekanntgewordenen Planungsverfahren ist das *RAMPS-Verfahren* (Resource Allocation and Multi-Project Scheduling) am bedeutendsten, das in bemerkenswerter Weise auf CPM aufbaut und bereits 1962 wiederum auf Initiative der chemischen Industrie, nämlich des Du Pont-Konzerns, entwickelt wurde [6.139; 6.140]. Als Eingabedaten sind vorgesehen: Ablaufstrukturen sowie die beabsichtigten Anfangs- und Endtermine der gleichzeitig abzuwickelnden Projekte, drei Zeitschätzungen für alle Aktivitäten bei normaler, beschleunigter und verzögerter Dauer mit zugeordneten Kapazitätsanforderungen, verfügbare Kapazitäten einschließlich der durch ihre Inanspruchnahme sowie durch Kapazitätserweiterungen entstehenden Kosten, ferner bestimmte Steuerungsdaten zur Ermittlung von Rangordnungen von Zielsetzungen, wenn diese unter den gegebenen Bedingungen nicht gleichzeitig erfüllt werden können. Zur erhöhten Flexibilität der Planung kann man die Möglichkeit der Unterbrechung einzelner Aktivitäten vorsehen, wofür jedoch fallweise mehr oder minder hohe Kostenäquivalente einzustellen sein werden. Als Ergebnis der Planung werden mit Hilfe von EDV-Anlagen kostengünstigste Projekt- sowie Stellenbelegungspläne berechnet.

Besonders in den verschiedenen Forschungs- und Entwicklungsabteilungen treten infolge Überbeanspruchung einzelner kaum ersetzbarer Forscher oder nicht schnell genug erweiterungsfähiger Abteilungen bei der regelmäßigen Bearbeitung mehrerer Projekte häufig Engpässe auf, die sich auf den Fortschritt der Einzelprojekte verhängnisvoll auswirken. Wenn die Anwendung des RAMPS-Verfahrens oder ähnlicher Planungsmethoden heute in der chemischen Industrie wenigstens außerhalb der USA noch in den Anfängen steckt, so sind neben der Kompliziertheit der Planungsmethode vor allem die hohen Anforderungen an die verfeinerten Eingabedaten maßgeblich.

Zu 5: Netzpläne mit *Entscheidungsereignissen* wurden zuerst 1962 von H. Eisner vorgeschlagen [6.39], und zwar besonders mit Rücksicht auf die großen Unsicherheiten bei der Planung von Forschungs- und Entwicklungsvorhaben. Anders oder in Erweiterung zum PERT-System mit seinen verschiedenen Zeitschätzungen der Aktivitäten werden jetzt anstelle der eindeutig in allen Phasen

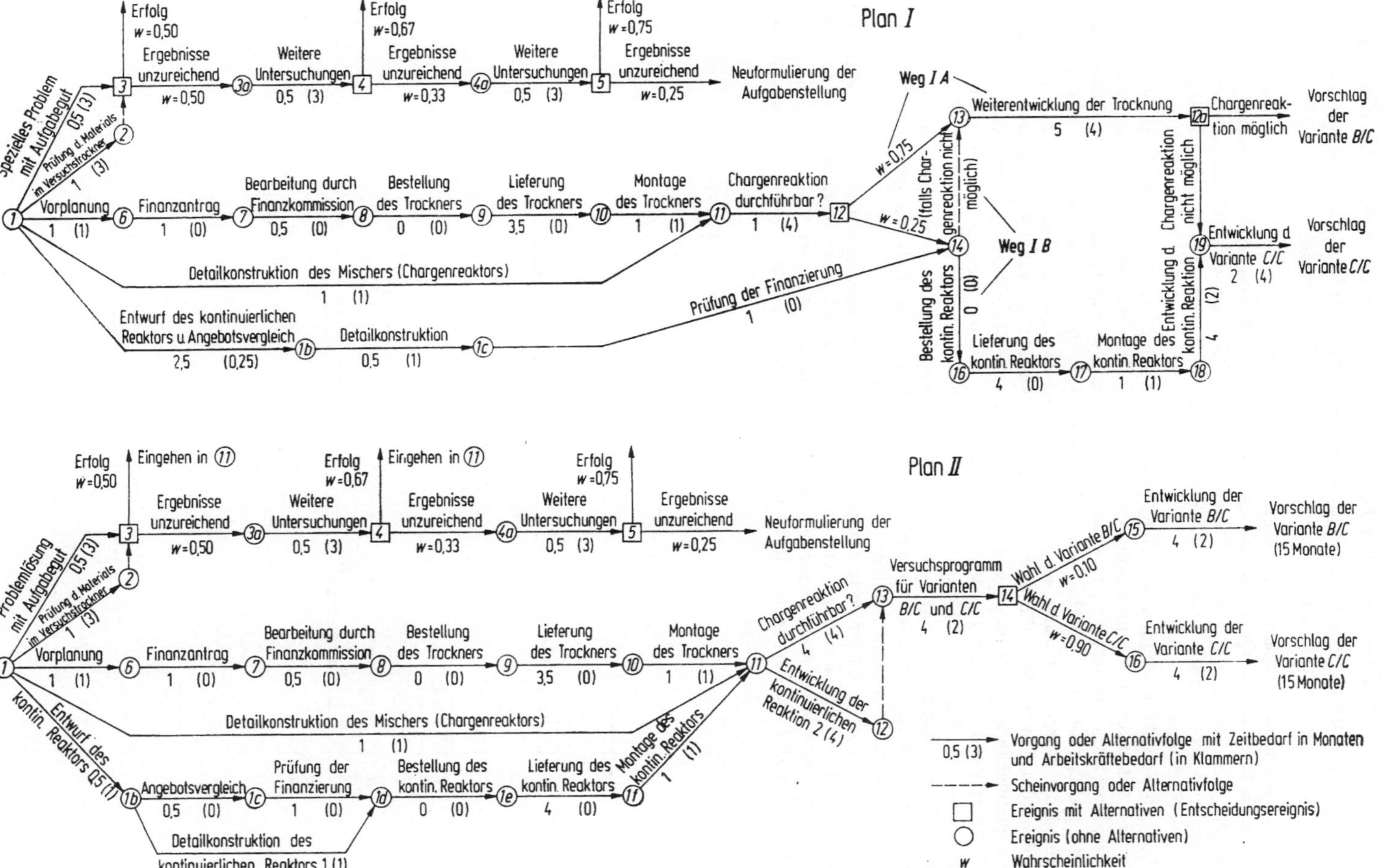

Abb. 6.30 **Anwendung der Netzpläne mit Entscheidungsereignissen zur Planung eines chemischen Entwicklungsvorhabens, verändert nach [6.35].** Verfahrensvariante *B/C*: Kombination von Chargenreaktor mit kontinuierlichem Trockner; Verfahrensvariante *C/C*: Kombination von kontinuierlichem Reaktor und kontinuierlichem Trockner. Plan I beruht auf der Annahme, daß der Chargenreaktor brauchbar sein wird und die Entwicklungskosten für den kontinuierlichen Reaktor dann größtenteils eingespart werden können; Plan II sieht die gleichzeitige Entwicklung beider Verfahrensvarianten bis zu gesicherten Entscheidungsgrundlagen vor.

vorgegebenen Ablaufstruktur über Entscheidungsereignisse *alternative Wege* eingebaut. Neben die normalen Ereignisse des Netzplans (ohne Alternativen) treten die Ereignisse mit Alternativen oder Entscheidungsereignisse.

Diese werden im Netzplan durch besondere Symbole hervorgehoben (gewöhnlich viereckige Symbole wie Rauten oder Quadrate im Gegensatz zu den als Kreise gezeichneten Ereignissen). Sie werden als „decision boxes" und nach ihnen das Planungsverfahren als „decision box planning and scheduling" bezeichnet. Man spricht auch von „Decision-box-Netzplänen" oder „Db-Netzplänen".

Die Db-Netzpläne können als eine Verallgemeinerung der ursprünglich entwickelten Netzpläne mit lediglich konjunktiven Vorgängen aufgefaßt werden. Vor der Durchführung des Projektes ist es nur möglich, die erwarteten alternativen Folgen im Anschluß an die Entscheidungsereignisse mit verschiedenen *Wahrscheinlichkeitswerten* zu belegen. Durch Verknüpfung der einzelnen Wahrscheinlichkeitswerte auf den verschiedenen Wegen durch den Netzplan können schließlich für alle nach der Netzplanstruktur möglichen Endereignisse die Wahrscheinlichkeiten berechnet werden (final outcome probabilities). Man stellt sich bei der Planung dann zunächst darauf ein, daß der Weg mit der höchsten Wahrscheinlichkeit bis zum Ende des Projektes eingeschlagen wird. Welcher Weg aber tatsächlich realisiert wird, dürfte sich erst während der Durchführung des Projektes und beim Passieren der verschiedenen Entscheidungsereignisse abklären, wenn nämlich die Entscheidungen aufgrund verbesserter Einsichten effektiv eintreten.

Von den wenigen bisher mitgeteilten praktischen Anwendungsbeispielen verdient die Planung einer Verfahrensentwicklung in der chemischen Industrie besondere Erwähnung [6.35]. Der Autor wandelt die ursprüngliche Darstellungsform in der Weise geringfügig ab, daß im Anschluß an die durch Quadrate markierten Entscheidungsereignisse die wahrschein-

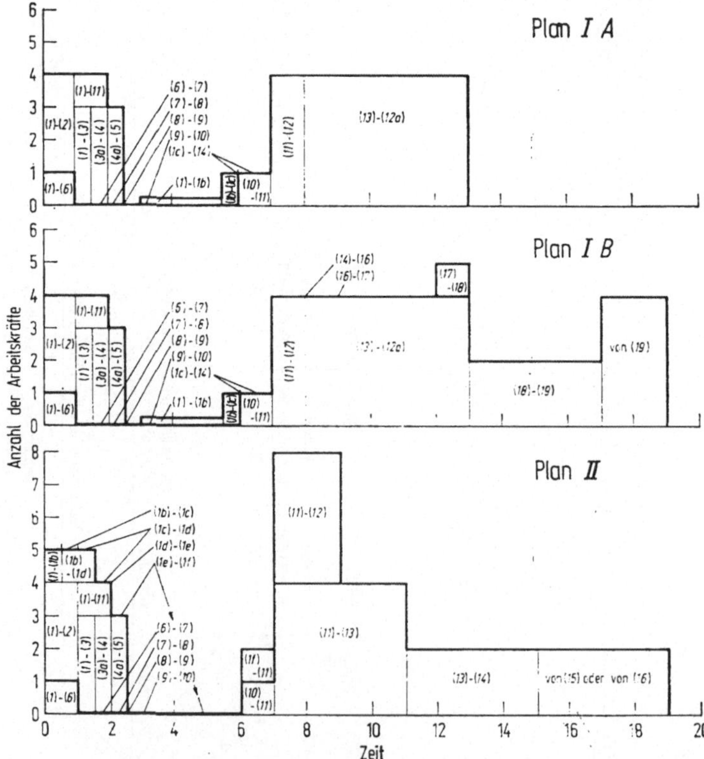

Abb. 6.31 Arbeitskräfte- und Zeitbedarf (Monate) zu den Plänen I A, I B und II der Abb. 6.30.

lichkeitsbehafteten Alternativen als besondere Pfeile neben den echten Vorgängen oder Aktivitäten des Netzplans eingeführt werden (Abb. 6.30). Es soll ein Produktionsverfahren mit den zwei Verfahrensstufen der Reaktion und der Trocknung entwickelt werden, wobei als technische Wahlmöglichkeiten die entweder chargenweise oder kontinuierliche Durchführung der Reaktion offenstehen, während in jedem Fall ein kontinuierlicher Trockner vorgesehen werden soll. Die beiden Verfahrensvarianten werden B/C (batch-continuous) und C/C (continuous-continuous) genannt. Plan I geht davon aus, daß der Chargenreaktor höchstwahrscheinlich befriedigen wird. In diesem Fall wird nach dem Entscheidungsereignis 12 mit 75% Eintreffenswahrscheinlichkeit Ereignis 13 erreicht und der Netzplan endet mit dem Verfahrensvorschlag B/C hinter 12a (Weg IA). Aus dem zugehörigen Kapazitätsdiagramm in Abb. 6.31 Plan IA ist eine Projektdauer von 13 Monaten und ein Arbeitskräftebedarf von knapp 36 Mitarbeitermonaten ersichtlich. Außerhalb des kritischen Weges sind die Arbeitskräfteanforderungen mit einer gewissen Willkür innerhalb der durch die Pufferzeiten gegebenen Terminspielräume angesetzt worden, weil über die fachliche Substituierbarkeit der Mitarbeiter keine Hinweise vorliegen. Zur erleichterten Verfolgung der Arbeitskräfteanforderungen wurden die den Belastungsprofilen der Abb. 6.31 zugrunde liegenden Aktivitäten über die begrenzenden Ereignisse besonders markiert.

Erweist sich die Chargenreaktion später als nicht gangbar, führt der Weg IB nach 12 über 14 zum Endereignis 19, woran sich der Vorschlag der Variante C/C an die Leitung anschließt. Hier wäre nach 14 die Beschaffung und Installation des kontinuierlichen Reaktors nachzuholen, da vor dem Entscheidungsereignis 12 lediglich die Entwurfsarbeiten parallel neben der Entwicklung der Variante B/C durchgeführt wurden, um nämlich im Falle des Fehlschlagens der chargenweisen Reaktion noch größere Zeitverluste beim Umschwenken auf die Variante C/C zu vermeiden. Dadurch wird die Projektzeit auf 19 Monate begrenzt, während dazu fast 53 Mitarbeitermonate erforderlich werden (Abb. 6.31 Plan IB).

Die gleiche Projektdauer und Arbeitsbelastung entsteht aber auch dann, wenn bei Plan II sowohl die Variante B/C als auch C/C von Anfang an parallel entwickelt werden (Abb. 6.31 Plan II) und nicht erst hinsichtlich der Möglichkeit „gespielt" wird, bei Realisierbarkeit der Chargenreaktion durch Vermeidung des Versuchsbetriebes mit einem kontinuierlichen Reaktor Kostenvorteile zu erzielen. Die Entscheidung bei 14 kann dann auf zuverlässige Daten gestützt werden, was den erhöhten Entwicklungskosten als Vorteil gegenüberzustellen ist.

Im Prinzip entsprechen die Netzpläne mit Entscheidungsereignissen, Weichen oder offenen Alternativen durchaus den Arbeits- und Planungsbedingungen von Entwicklungsvorhaben, weil eben stets zahlreiche Lösungsmöglichkeiten und Lösungswege offenstehen, von denen man im Planungszeitpunkt bei noch relativ niedrigem Kenntnisniveau nicht ohne Willkür einen ganz bestimmten Weg herausgreifen und fixieren kann. Man denke etwa an die Aufgabe, den Netzplan für ein Entwicklungsvorhaben mit begleitender und nachfolgender Markterschließung mehrere Jahre vor dem Projektendtermin in allen Phasen zu erstellen. Die Schwierigkeiten wachsen dabei in dem Maße, wie die Aktivitäten und Ereignisse nach ihren technischen Inhalten verfeinert werden. Dennoch ist das Verfahren in der chemischen Industrie bislang kaum bekannt, geschweige denn intensiv benutzt worden. Nachteilig ist, daß der Planungsaufwand durch das notwendige Überdenken und Einbeziehen aller alternativen Wege, sogar quantifiziert über die Wahrscheinlichkeit der Alternativen, wiederum vergrößert wird.

Zu 6: Die Weiterentwicklung der zuletzt genannten Netzpläne führte zu einer stärkeren Differenzierung der Entscheidungsereignisse auf wahrscheinlichkeits- und informationstheoretischen Grundlagen.

So werden bei dem ab 1964 entwickelten GERT-Verfahren (Graphical Evaluation and Review Technique) bereits nicht weniger als 6 verschiedene Ereignissymbole unterschieden [6.40; 6.135; 6.192]. Dieses komplizierte Planungssystem scheint aber vorläufig in der chemischen Industrie und überhaupt im kommerziellen Bereich noch keine großen Anwendungs-

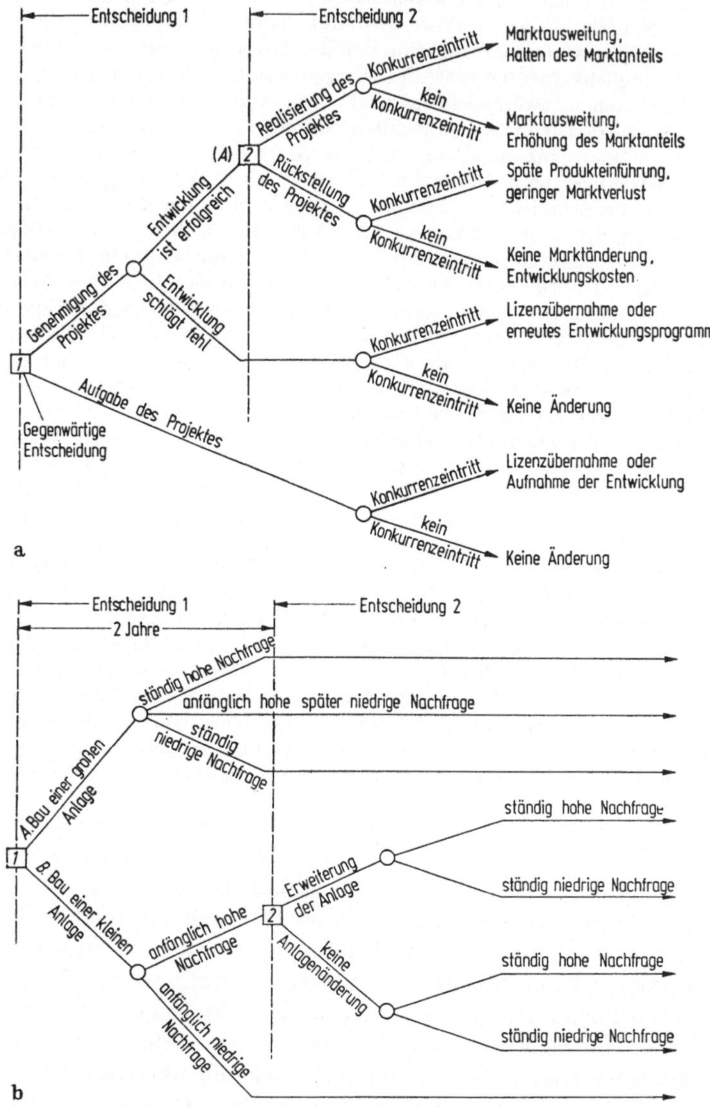

Abb. 6.32 Entscheidungspläne und Alternativen
a) Entscheidung über Entwicklung und Realisierung des Projektes mit hieraus folgenden Marktsituationen; b) Entscheidung über die Kapazität der Anlage und Abgrenzung zufallsbestimmter Alternativen aufgrund der Nachfrageentwicklung;

chancen zu besitzen. Weit übersichtlicher ist dagegen die Unterteilung der Entscheidungsereignisse lediglich nach der eigenen Bestimmbarkeit sowie nach überwiegenden Zufallseinflüssen durch MAGEE im Rahmen von „*decision trees*" [6.108; 6.109].

Im Beispiel der Abb. 6.32 sind die Ereignisse mit selbst bestimmten Alternativen als Entscheidungsereignisse im eigentlichen Sinne durch Quadrate (decision events) und die Ereignisse mit nicht kontrollierbaren Alternativen durch Kreise markiert (chance events). Offensichtlich liegt eine Weiterführung des Gedankengutes EISNERS vor, obwohl darauf nicht besonders Bezug genommen wird. Andererseits werden die normalen Ereignisse ohne Alter-

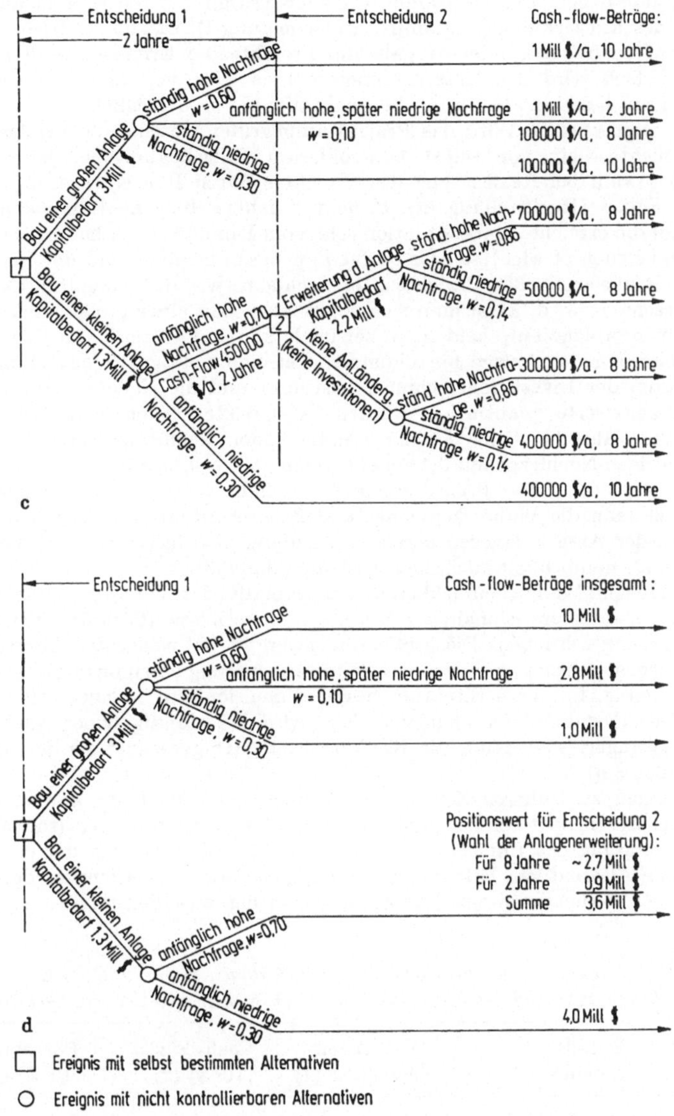

eines Entwicklungs- und Bauvorhabens, nach [6.108].
c) Quantifizierung des Entscheidungsplanes unter b) mit Daten über Kapitalbedarf, Cash-flow-Beträge und Wahrscheinlichkeiten; d) Ableitung der Entscheidung *1* unter c)durch retrograde Berücksichtigung des Positionswertes der Entscheidung *2* (vgl. Tab. 6.19).

nativen sowie die Aktivitäten der Netzplantechnik stark vernachlässigt, so daß bislang nur vereinzelt eine Verbindung zur Netzplantechnik angenommen wurde, vgl. [6.3, S. 330]. Der entscheidungstheoretische Aspekt steht ganz im Vordergrund, was auch die Nähe zur Anwendung des Theorems von BAYES unterstreicht [6.109; 6.193].

Das Prinzip sei an dem mitgeteilten grundlegenden Beispiel einer Entwicklungs- und Investitionsplanung kurz erläutert [6.108]. Sowohl der Name der genannten hypothetischen Unternehmung „Stygian Chemical Company" als auch besonders die Eigenarten der Aufgabenstellung lassen vermuten, daß dem Beispiel praktische Erfahrungen aus der chemischen

Industrie zugrunde liegen. Das Diagramm in Abb. 6.32a gilt für die Entscheidungssituation vor Aufnahme des Entwicklungsprogramms (Entscheidung *1*). Das quadratische Symbol deutet an, daß die Genehmigung oder Aufgabe des Projektes im Ermessen der Unternehmensleitung liegt, jedoch wird das Entscheidungsergebnis ganz von den vorweggenommenen Folgen dieser Entscheidung abhängen, die qualitativ bis zu 8 möglichen alternativen Endsituationen verfolgt werden. Wird das Projekt aufgegriffen, so sind die Erfolgschancen der Entwicklung nicht allein von selbst kontrollierten Entscheidungsparametern abhängig. Schließlich ist sowohl bei Realisierung des Projektes durch Bau einer Anlage als auch in allen anderen Fällen (Rückstellung des Projektes, fehlgeschlagene Entwicklung, sofortige Projektaufgabe) die erreichte Marktsituation sehr vom Konkurrenzverhalten abhängig.

Abb. 6.32b beleuchtet wichtige Alternativen im Zusammenhang mit der Investitionsentscheidung bei Realisierung des Projektes. Je nachdem, wie die zukünftige Nachfrageentwicklung eingeschätzt wird, kann man sich sofort zum Bau einer großen Anlage oder zum Bau einer kleinen Anlage entscheiden, wobei im letzteren Fall noch die Möglichkeit einer späteren Erweiterung der Anlage hinzukommt. Um eine richtige Entscheidung zu treffen, müssen die Daten der Investitionsrechnung bestimmt und die Nachfrageerwartungen über Wahrscheinlichkeitswerte quantifiziert werden (Abb. 6.32c). Nach dem Bau einer großen Anlage wird die Wahrscheinlichkeit einer ständig hohen Nachfrage mit 0,6 und einer auf lange Sicht niedrigen Nachfrage mit 0,4 angenommen (0,3 + 0,1). Die Chance einer anfänglich hohen Nachfrage ist 0,7 (0,6 + 0,1). Wenn sich eine hohe Nachfrage am Anfang tatsächlich einstellt, schätzt man die Wahrscheinlichkeit, daß diese Situation anhalten wird, auf 0,86 (0,6/0,7). Sollte der Absatz dagegen bereits am Anfang niedrig liegen, wird dieser mit 100-prozentiger Wahrscheinlichkeit auch niedrig bleiben (0,3/0,3).

In Abb. 6.32c sind Wahrscheinlichkeiten, der Kapitalbedarf der alternativen Investitionspläne und die erwarteten Einnahmen-Ausgaben-Überschüsse (Cash-flow-Beträge) an die Alternativfolgen angeschrieben. Die große Anlage ergibt bei schlechter Absatzentwicklung wegen der unwirtschaftlichen, geringen Kapazitätsausnutzung einen niedrigeren Kapitalrückstrom als die kleine, für diese Situation besser dimensionierte Anlage (100000 gegenüber 400000 $/a). Der Cash-flow der kleinen Anlage wird bei ständig hoher Nachfrage später wieder etwas geringer, weil dann mit Konkurrenzeintritt gerechnet werden muß (300000 gegenüber 400000 $/a).

Entscheidungen zu früheren Zeitpunkten können aufgrund einer Bewertung der Entscheidungsalternativen späterer Zeitpunkte retrograd optimiert werden (rollback concept).

Unter Verwendung des Entscheidungskriteriums der Maximierung der gesamten Cash-flow-Beträge der Alternativen läßt die Berechnung in Tab. 6.19 erkennen, daß die spätere Entscheidung bei *2* zugunsten einer Anlagenerweiterung ausfallen müßte, da dieser „Posi-

Tabelle 6.19 *Berechnung des Positionswertes der Anlagenerweiterung bei Entscheidung 2 in Abb. 6.32c aufgrund des Kriteriums der Cash-flow-Maximierung, nach* [6.108]

Eigene Entscheidung	Zufalls-ereignis	Wahrschein-lichkeit w (*1*)	Cash-flow [10^3 $] (*2*)	Positionswert [10^3 $] (*1*)×(*2*)	
Anlagen-erweiterung	ständig hohe,	0,86	5600		4816
	ständig niedrige Nachfrage	0,14	400		56
				Summe	4872
				Kapitalbedarf	2200
				Netto	2672
Keine Anlagen-änderung	ständig hohe	0,86	2400		2064
	ständig niedrige Nachfrage	0,14	3200		448
				Summe	2512
				Kapitalbedarf	0
				Netto	2512
Differenz	–	–	–		160

tionswert" um 160000 $ günstiger liegt als die Alternative einer unterlassenen Erweiterung. Mit diesem Ergebnis, das aufgrund geschätzter Daten im Zeitpunkt der vorzunehmenden Entscheidung *1* ermittelt wurde, können die Alternativen der Entscheidung *1* selbst bewertet werden (Abb. 6.32d). Dazu werden die gesamten Cash-flow-Beträge der Alternativen mit den Wahrscheinlichkeiten multipliziert und die Zwischensummen einander gegenübergestellt:

Positionswert „Bau einer großen Anlage": $(10 \times 0{,}6) + (2{,}8 \times 0{,}1) + (1 \times 0{,}3) - 3 = 3{,}6$ Mill. $

Positionswert „Bau einer kleinen Anlage": $(3{,}6 \times 0{,}7) + (4 \times 0{,}3) - 1{,}3 = 2{,}4$ Mill. $

Offensichtlich ist nach den Erwartungswerten der sofortige Bau einer großen Anlage günstiger. Ohne weiteres können bei diesem Prinzip der Entscheidungsfindung auch andere Methoden der Investitionsrechnung Eingang finden, insbesondere die finanzmathematische Rentabilitätsrechnung (Diskontierungsmethode) unter Berücksichtigung des Zeitwertes des Geldes.

6.63 Probesubstanzen und Folgeproduktmuster

Kehren wir nach den Ausführungen zur Planungsmethodik zu den branchenspezifischen Einzelfragen der anwendungstechnischen Entwicklungsarbeit und Markterschließung für chemische Produkte zurück. Hier ist man unter anderem in hohem Maße auf *Probesubstanzen* angewiesen. Diese müssen in allen Stadien der Markterschließung in ausreichenden Mengen verfügbar sein und abgegeben werden können. Die notwendigen Herstell- und Abgabemengen richten sich nach der Art der anwendungstechnischen Prüfungen, den für die Herstellung der Probesubstanzen vorhandenen Labor- oder technischen Versuchsanlagen, den Herstellungskosten, schließlich nach dem Kreis und den besonderen Wünschen der Verarbeitungsbetriebe. Erfolgt die Herstellung der Probesubstanzen nur im *Laboratoriumsmaßstab*, so können die Materialanforderungen eine merkliche Belastung darstellen und schwer erfüllbar sein. Die für anwendungstechnische Prüfungen gewünschten Materialmengen überschreiten oft die Kapazität der Laboranlagen, was sich zu einem Engpaß für die Markterschließung auswirken kann. Normierte Prüfbedingungen, wie etwa an Probekörpern aus Kunststoffen, müssen wegen der Materialknappheit zuweilen abgewandelt werden [6.186].

Hier erweist sich die Einschaltung *technischer Versuchsanlagen* als ein großer Gewinn. Seit jeher erfüllen technische Versuchsanlagen (pilot plants) neben den technischen Entwicklungsaufgaben bei der Maßstabsvergrößerung die Aufgabe der Bereitstellung größerer Mengen an Probesubstanzen. Beide Zielsetzungen geraten jedoch in ein Mißverhältnis, wenn die Fortschritte in der Technischen Chemie die notwendigen Auslegungsdaten großtechnischer Anlagen immer mehr allein durch vorausprojektierende Berechnungen zugänglich machen, wodurch die experimentelle, schrittweise Anlagenvergrößerung mehr und mehr überflüssig wird. Sofern technische Versuchsanlagen daher noch beibehalten werden, sind den erheblichen Kosten gewisse Gutschriften aus der erleichterten anwendungstechnischen Bewertung und Markterschließung gegenüberzustellen.

Die *Materialanforderungen* sind naturgemäß höher, wenn anstelle nur eigener anwendungstechnischer Prüfungen ein beachtlicher Kreis von Kunden oder prospektiven Verwendern zur Erprobung aufgefordert werden soll. Außerdem ergibt sich ein deutlicher Sprung beim Übergang von der stoffbezogenen Eigenschaftscharakterisierung zur Verarbeitung unter möglichst praxisnahen Bedingungen und der Herstellung von Folgeproduktmustern. Daraus können der Zeitpunkt der

Bekanntgabe von Versuchsprodukten und die Zahl der zu aktivierenden Interessenten beeinflußt werden.

Ein großer Teil der Produktmuster dient später der Erschließung neuer Kundenkreise, wobei die Materialbereitstellung aus bereits angefahrenen großtechnischen Anlagen kein Problem mehr im genannten Sinne darstellt. Lediglich Kosten und Nutzen aus der meistens *unberechneten Abgabe* der Produktmuster sind wenigstens näherungsweise zu veranschlagen. Aus der amerikanischen Praxis werden Versandmengen zwischen Gramm-Mengen und Waggonladungen je nach Produktgruppe und Verwendung genannt. Bei anorganischen Schwerchemikalien sollen Musterabgaben im Werte von 25000 $ an große prospektive Verbraucher vorgekommen sein. Reichhold Chemicals Co. veranschlagte die jährliche Kostenbelastung durch den Musterversand auf 250000 $, wobei zu den Herstellungskosten der Muster noch die Kosten der Verwaltung und Abwicklung hinzukommen. Die Dow Chemical Co. errichtete bereits 1932 eine besondere Abteilung für den Musterversand, in der 1960 20 Beschäftigte eine jährliche Abgabe von fast 100000 Mustersendungen bewerkstelligten [6.153].

Im Bereich der chemischen *Konsumgüter* steht die Abgabe von Produktmustern oft unter dem Gesichtspunkt der Werbung, wobei bereits im regulären Vertriebsprogramm befindliche Produkte verteilt werden. Freilich gehört auch dies hinsichtlich der Gewinnung neuer Käuferschichten zur Markterschließung, wenn man durch die Erprobung der Produkte die prospektiven Verwender von den Produktvorteilen überzeugen will. Mitunter ist die rechtliche Zulässigkeit der unberechneten Abgabe eingeschränkt. In der Pharmawerbung bilden die Ärztemuster ein wichtiges selbständiges Werbemittel mit beachtlicher Etatposition. Soweit die Ärztemuster nur auf besondere Anforderung abgegeben werden dürfen, sieht man gewöhnlich zu, die Anforderungen durch Übersendung von Vordrucken oder sogar durch Verbinden solcher Bestellvordrucke mit Werbegeschenken möglichst zu erleichtern (vgl. § 34, Abs. 3 des deutschen Arzneimittelgesetzes). Große Konsumgüter-Massenprodukte rechtfertigen allerdings mitunter auch Musterverteilungen bei der Neuentwicklung von Produkten unter Einschaltung von *Testmärkten*, wie etwa bei neuen Waschmitteln. Verteilungsprogramme an 2000 und mehr Hausfrauen zur Beantwortung von 20 bis 30 Fragen zur Bewertung von Produkteigenschaften sind hier keine Seltenheit.

6.64 Inhalt der Markterschließungsinformationen

Während der Markterschließung ist die Gewinnung der technischen und wirtschaftlichen Informationen über das neue Produkt und seine Anwendungen im Fluß. In den verschiedenen Entwicklungsphasen sind die erweiterten Informationen neu zusammenzufassen. Andererseits muß aus den Mitteilungen im Rahmen vorläufiger Druckschriften, Inserate usw. deutlich hervorgehen, daß noch keine abschließende Beurteilung der Produkte vorliegt.

Die mitgeteilten technischen und wirtschaftlichen Produktinformationen sollen gewissen *Mindestanforderungen* genügen, um zur Beschäftigung mit dem neuen Produkt anzuregen. Grundlegende chemische und physikalische Eigenschaften, sich abzeichnende oder vermutete Verwendungsmöglichkeiten, toxikologische und sicherheitstechnische Hinweise stehen am Anfang. Aber auch umgekehrt können anfänglich knapp gehaltene Informationen die Initiative der Angesprochenen dahingehend fördern, die vorhandenen Kenntnislücken zur Produktbeurteilung selbst auszufüllen. Sofern es sich dabei um Chemiker anderer Betriebe handelt, erweist sich die Kennzeichnung der Entwicklungsprodukte mit Codenummern oder Markierungen anstelle der Mitteilung der chemischen Stoffzusammensetzung erfahrungsgemäß als störend [6.10; 6.28; 6.37; 6.150].

Relativ früh ist damit zu rechnen, daß auch wirtschaftliche Daten, insbesondere die voraussichtliche *Preisstellung* und sonstige Bezugsbedingungen, ins Gespräch kommen. Sie sind vom Hersteller oft schwierig festzulegen, wenn dazu noch viele Fragen offen sind, wie das gesamte Absatzpotential, die voraussichtliche Kapazität einer großtechnischen Anlage, die Produktionskosten, spezifische Vorteile des Produktes gegenüber Konkurrenzerzeugnissen, Nutzen des Produktes in allen Verwendungen. Andererseits wird die Markterschließung erleichtert, wenn aufgrund von Preisschätzungen die Wirtschaftlichkeit der Anwendungen vorgerechnet werden kann.

Falls Probesubstanzen und Folgeproduktmuster den Verwendern berechnet werden, wirkt die Preisfestsetzung im Hinblick auf die später erwarteten Preise im regulären Vertrieb leicht präjudizierend. Zu hohe Preisforderungen sind von vornherein abschreckend, zu niedrige und später erhöhte Preise aber führen bei den Verarbeitern zu Enttäuschungen und überschätzten Verbrauchsmengen.

Bei den chemischen *Konsumgütern* richten sich die Markterschließungsinformationen, die durch begrenzte Verbraucherbefragungen oder Testmärkte zu gewinnen sind, oft weniger auf die grundlegenden technischen Nutzenwirkungen als auf psychologische Faktoren der Produktaufnahme. „Äußerliche" Produktmerkmale wie Verpackungsgestaltung, Größe der Verkaufseinheiten, Applikationsweise, Farbgebung, Markierung und anderes stehen im Vordergrund, naturgemäß auch die Preisfestsetzung. Zuweilen gelingt es, die Beurteilung des Grundnutzens über ganz andere, akzessorische Produktmerkmale zu verbessern. Läßt man etwa zwei hinsichtlich der Waschwirkung völlig identische Waschmittel durch Hausfrauen erproben, so kann das angenehmer parfümierte, ansprechender gefärbte oder gefälliger verpackte Produkt durchaus zu dem Urteil führen, daß es „weißer" wäscht. Hieraus ergeben sich wichtige Hinweise für die optimale Produktgestaltung.

6.65 Gezielte Ankündigungen und Kontakte

Gezielte Ankündigungen von Entwicklungsprodukten und Kontaktaufnahmen mit einem begrenzten, ausgewählten Kreis prospektiver Verwender entsprechen der systematischen und aktiven Markterschließung. Durch Herstellung unmittelbarer Verbindungen mit den Fremdfirmen sind diese in das eigene Entwicklungsprogramm besser einzubeziehen. Man kann mit einer schnelleren Klärung noch offener anwendungstechnischer Probleme rechnen als bei der nachstehend genannten Insertion, wobei allerdings auch höhere Kosten entstehen. Im allgemeinen entspricht die gezielte, schrittweise Markteinführung solchen Entwicklungsprodukten, die für das Produktionsprogramm des Anbieters sehr interessant zu werden versprechen und an deren Anwendungsentwicklung man selbst in hohem Maße beteiligt ist. Umgekehrt wählt man die indirekte Ansprache vorwiegend für solche Produkte, über deren Brauchbarkeit man noch wenig Vorstellungen hat und die mehr am Rande der Entwicklungsschwerpunkte liegen. Die Einführung durch direkte Kontakte vollzieht sich mehr „im Stillen". Die allgemeine Bekanntgabe der Neuheiten ist dagegen einem späteren Zeitpunkt vorbehalten, in dem die technische und wirtschaftliche Brauchbarkeit voll nachgewiesen wird, mit Rückschlägen aus der Gefahr von Fehlentwicklungen nicht mehr zu rechnen ist und auch Konkurrenzbedenken entfallen.

Schriftliche Mitteilungen sind besonders wirkungsvoll, wenn sie namentlich an geeignete Persönlichkeiten des wissenschaftlichen und technischen Bereichs der fremden Firmen gerichtet und in ihrem Inhalt sorgsam auf die jeweiligen Interessenlagen der Angesprochenen abgestimmt werden. Aus der Erstankündigung entwickelt sich häufig ein längerer Meinungsaustausch. Vorteilhaft ist die Aufnahme unmittelbarer Kontakte aufgrund von persönlichen Beziehungen. Jede Verlängerung, Komplizierung und Filterung im Informationsweg durch zwischengeschaltete Instanzen gilt dagegen als schädlich. Ist man gezwungen, die Schreiben unpersönlich zu adressieren, oder schreitet man etwa aus Kostengründen zur mechanischen Vervielfältigung, so werden die Aufmerksamkeitswerte und Erfolgschancen rasch absinken. Die Versendung von *Kundenrundschreiben* erfordert unter diesen Gesichtspunkten bereits einen hohen Reifegrad des Produktes.

Persönliche Gespräche sind in vieler Hinsicht noch vorteilhafter. In Minuten oder Stunden werden vielleicht Probleme abgeklärt, wofür die schriftliche Korrespondenz Wochen oder Monate gebraucht hätte. Beim Aufsuchen der prospektiven Verwender in ihren Betriebsstätten sind die technischen Anforderungen an Ort und Stelle zu übersehen. Bedenken und Einwänden ist leichter zu begegnen, vielleicht mit dem Hinweis auf die mögliche weitere Produktanpassung. Die Markt- und Konkurrenzsituation wird sich im zwanglosen Gespräch besser klären lassen, während der verbindliche Charakter schriftlicher Informationen sonst leicht entmutigend wirkt. Es bestehen damit Parallelen zur Marktforschung.

Analog den schriftlichen Kontaktnahmen kann man solche Gespräche unterscheiden, die unmittelbar zwischen den mit der technischen Entwicklung und Anwendung der Produkte Betroffenen einerseits und auf den mehr offiziellen Wegen über die Außenorganisation des Vertriebes und Einkaufs andererseits zustande kommen. Wird das reguläre Verkaufspersonal für diese Aufgaben eingesetzt, so ist ein gutes Vertrautsein mit der technischen Problematik erforderlich, was mitunter spezielle Vorbereitungen und Einweisungen rechtfertigt. Anders ist es, wenn die Verkaufsaußenorganisation nur zum Überbringen von Druckschriften oder Kundenrundschreiben der Produktankündigung verwendet wird.

Zu den gezielten Kontakten muß man auch die *Vortragsankündigungen* von Neuheiten gegenüber einer Auswahl geladener Persönlichkeiten rechnen. Vielfach werden die Vorträge jedoch für eine unbestimmte und möglichst große Zahl von Besuchern eingerichtet, so daß dann schon der Eindruck einer Mehrheitswerbung entsteht. Überhaupt schwächt sich der Gesichtspunkt der Selektivität und Beschränkung des Auswahlkreises in gleichem Maße ab, wie die direkten Maßnahmen der Kommunikation mit denjenigen der Mehrheitsansprache, vor allem durch Inserate und redaktionelle Publikationen, kombiniert werden.

6.66 Indirekte Werbemittel

Treten die speziellen Argumente für gezielte Kontaktnahmen zurück und sollen besonders in frühen Entwicklungsstadien möglichst viele potentielle Interessenten bei zugleich erträglichen Kosten erreicht werden, bieten sich *indirekte Werbemethoden* an. An erster Stelle ist die *Insertion* in Fachzeitschriften zu erwähnen, die besonders in der amerikanischen Praxis der Markterschließung häufig angewandt wird, vgl. [6.4; 6.6; 6.149]. In Westeuropa bedient man sich dieser Methode mit größerer Zurückhaltung. Die angestrebte Breitenwirkung und noch fehlende Verwendungseingrenzungen korrespondieren mit der Wahl solcher Fachzeitschriften, die eine möglichst universelle Verbreitung im Bereich der chemisch-verfahrenstechnischen Industriezweige besitzen. Da direkte Kontaktnahmen fol-

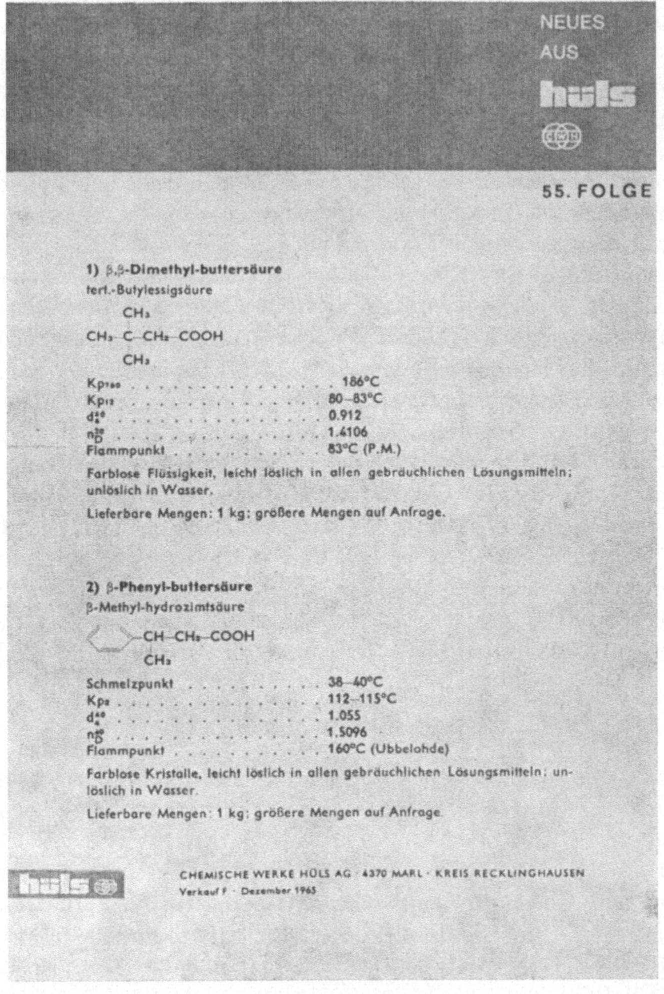

Abb. 6.33 Teil einer Ankündigung neuer Produkte durch Inserate in chemischen Fachzeitschriften (Inseratenserie der Chemische Werke Hüls AG unter dem Titel „Neues aus Hüls“).

gen müssen, kann man die Insertion auch als Vorstufe zur Aufstellung der Adressatenlisten für gezielte Ankündigungen und den Musterversand auffassen.

Häufig werden nur die chemischen Stoffbezeichnungen und Formeln in den Mittelpunkt des Inserates gestellt, während sich begleitende Informationen auf ein Minimum allgemeiner und nicht anwendungsspezifischer Daten beschränken. In Abb. 6.33 ist ein Inserat für neue chemische Verbindungen der Chemische Werke Hüls AG wiedergegeben. Das Beispiel stammt aus einer ganzen Serie ähnlicher Anzeigen, die als perforiert eingeheftete Beilagen über mehrere Jahre hinweg in der Zeitschrift „Angewandte Chemie" veröffentlicht wurden. Die betont schlichte und sachliche Aufmachung der Ankündigungen und die Placierung inmitten des redaktionellen Teils einer angesehenen naturwissenschaftlichen Fachzeitschrift sind für die gebotenen Grundsätze des Vorgehens typisch.

Zuweilen werden Verwendungsmöglichkeiten wenigstens angedeutet. Zeichnen sich diese allein für bestimmte Industriezweige bzw. Sparten der chemischen Weiterverarbeitung ab, so ist die Insertion in den zugehörigen Fachorganen wegen der engeren Streuung wirkungsvoller. Häufig wird das Angebot mitgeteilt, Probesubstanzen oder weitergehende Informationen auf Anforderung des Interessenten zur Verfügung zu stellen.

Die Neuheit chemischer Verbindungen, die erstmalige Verfügbarkeit bereits länger bekannter Substanzen in technischen Mengen oder schließlich Hinweise auf neue Wirkungen bekannter Produkte bedingen hohe Aufmerksamkeitswerte. Die Werbung ist damit erleichtert und macht den Einsatz besonderer Gestaltungsmittel entbehrlich. Andererseits rechtfertigt die Dokumentation des wissenschaftlichen und technischen Fortschritts sogar *redaktionelle Veröffentlichungen*, deren Wert noch höher zu veranschlagen ist. Vorbehalte im Hinblick auf die Objektivität der Mitteilungen, die den aus der Sphäre der Verkaufswerbung entstammenden Werbemitteln häufig entgegengebracht werden, dürften hier entfallen. Man kann hierbei Originalaufsätze, regelmäßig von Autoren des Herstellerwerks, und die meistens kürzeren Mitteilungen seitens der Zeitschriftenredaktionen unterscheiden. Die Aufsätze bieten Raum für umfangreichere Darstellungen von Stoffwerten, Anwendungseigenschaften, Versuchsergebnissen usw. Die Kurzmitteilungen über Neuentwicklungen beschränken sich dagegen auf die wichtigsten Informationen und erscheinen oft bereits innerhalb spezieller Rubriken.

Andere Werbemittel, wie Messen und Ausstellungen oder Vortragsveranstaltungen, haben zur Bekanntgabe von Neuentwicklungen geringere Bedeutung.

6.67 Auswertung der Marktreaktionen

Im Stadium der Markterschließung sind nicht nur einseitig Informationen über die neuen Produktentwicklungen an die prospektiven Verwender heranzutragen, sondern es sind bis zur endgültigen Marktreife wechselseitig Informationen auszutauschen. Die Zusammenarbeit ist besonders eng zu gestalten, wenn die Verwender zur Anwendungsentwicklung beitragen sollen. In anderen Fällen sind wenigstens die technische Bewährung der Produkte und die Marktchancen zu verfolgen, die das weitere absatzpolitische Vorgehen entscheidend beeinflussen.

Das persönliche Aufsuchen der prospektiven Verwender durch eigenes Entwicklungspersonal beschränkt sich wegen der hohen Kostenbelastung auf einen bestimmten Kreis wichtiger und aussichtsreicher Interessenten. Sofern diese nicht von vornherein bekannt waren, müssen sie durch einen Selektionsprozeß aufgrund voraufgegangener Ankündigungen herausgefunden werden. Wurden hierfür etwa Inserate, redaktionelle Mitteilungen oder schriftliche Mitteilungen auf sehr breiter Basis gewählt, so erhält man aus den eingehenden *Anfragen* eine erste Eingrenzung. Evtl. ist der Kreis der Firmen, welche Probesubstanzen oder weitere Informationen anfordern, für eine persönliche Bearbeitung durch das wissenschaftliche und technische Personal immer noch zu weit gezogen, so daß eine weitere Siebung durch schriftliche Bearbeitung eingeschaltet wird.

Um die Ergebnisse der *Anwendungsprüfung* von *Mustermengen* möglichst voll-

SAMPLE FOLLOW-UP
WYANDOTTE CHEMICALS CORP.
Research and Development Division
Wyandotte, Mich.

Date:

Gentlemen:

The purpose of this form is to follow up a sample which you requested some time ago.

We are always happy to supply samples, literature or small, trial orders of our products. We feel that this service facilitates your evaluation of many new products in your constant struggle to keep ahead of your competitors by improving your products and processes and cutting your costs.

This procedure is of mutual advantage. We realize, of course, that many of your applications are confidential, but the more you are able to tell us of the usefulness of the product we sent you—where it succeeded and where it failed—the better can we determine the acceptability of our product in its present form or the necessity of modifying it to meet your requirements.

This form has been designed to require a minimum of your time to give us the information we need to serve you better.

It would be appreciated if you will check the items that apply. Your comments will be especially welcome.

A duplicate form is enclosed for your files.

Product:
Reference:

1. Literature	2. Sample	3. Not evaluated because
____ Not received	____ Not received	____ Not of immediate interest
____ Insufficient	____ Insufficient	____ Project dropped before
____ Send more details	____ Send additional	____ tests were made
	sample of ____ pounds	____ Delay due to other work
		____ Will test soon

4. Evaluated, but found unsatisfactory
a. Application? ____
b. Properties that made it unsatisfactory? ____
c. Suggestions to attain requirements? ____

5. Evaluation in progress
a. Application? ____
b. Properties sought? ____

6. Evaluated and appears satisfactory
a. Application? ____
b. Comparison with competitive products? ____
c. Potential volume? ____

7. Remarks ____

(For additional remarks, over)

Please ask a representative to call ____.

____
(signature)

Abb. 6.34 Formblatt für die Auswertung des Musterversands neuer Substanzen (Formblatt A in Abb. 6.35) [6.71].

ständig und zeitsparend zu erfassen, werden nicht selten nach einer bestimmten Zeitspanne im Anschluß an den Musterversand *Fragebogen* verschickt. Abb. 6.34 zeigt als Beispiel einen entsprechenden Vordruck aus dem Auswertungsprogramm des Musterversands einer amerikanischen Chemieunternehmung. Der Arbeitsablaufplan dieses Programms in Abb. 6.35 läßt die systematische Eingrenzung der aussichtsreichen Verwender und andererseits das Aussieben der nicht Interessierten erst nach wiederholter Ansprache erkennen. Das eigene schriftliche

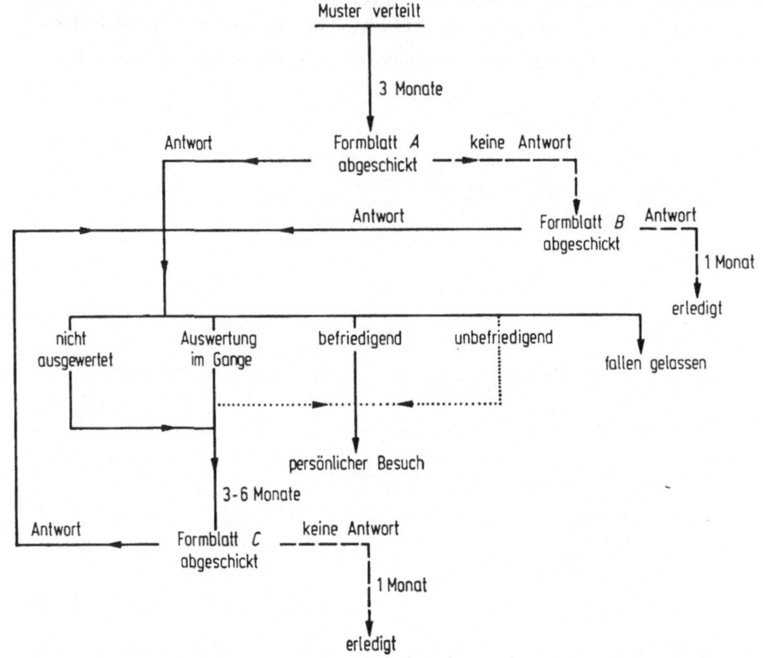

Abb. 6.35 Arbeitsablaufplan für die Auswertung des Produktmusterversands [6.71].

Nachfassen ist insofern geboten, als erfahrungsgemäß nur etwa 10% der Angesprochenen von sich aus durch weitere Anfragen und Mitteilungen reagieren sollen. Als erstes Ergebnis im Anschluß an die Recherchen wurden folgende Zahlen etwa als typisch angesehen [6.71; 6.147]:

Schriftliche Anfragen blieben unbeantwortet	41,5%
Mitteilung, daß die Probesubstanzen noch nicht bearbeitet wurden	17,5%
Mitteilung über unbefriedigende Anwendungsergebnisse	33,0%
Mitteilung über aussichtsreiche Anwendungsergebnisse	8,0%

Die ersten beiden Gruppen lassen bereits eine Ausscheidungsquote von rund 60% erwarten. Weitere und nunmehr intensivierte Kontakte sind aber nicht nur in allen Fällen positiver Reaktionen, sondern auch bei den Firmen mit unbefriedigender Anwendungsprüfung zu empfehlen, da noch Möglichkeiten der Produktverbesserung und -anpassung an die besonderen Anforderungen bestehen. Soweit die Empfänger der Mustermengen als Kunden von den Verkäufern der Außenorganisation regelmäßig aufgesucht werden, ist das persönliche Nachfragen gegenüber dem schriftlichen Erhebungsprogramm oft vorzuziehen.

6.68 Markterschließung für neue Anwendungen

Die volle Ausschöpfung des Marktpotentials eines neuen chemischen Produktes erfordert bei einer Vielzahl technischer *Anwendungen* einen *langfristig* angelegten Prozeß der Markterschließung, der die ganze Lebensdauer eines Produktes begleiten kann. Man wird auch dann noch von der Markterschließung allein neuer Anwendungen sprechen, wenn diese erst durch geringfügige Produktmodifikationen zugänglich werden. Letztere werden nämlich nicht immer durch Anwendungserfordernisse, sondern zuweilen nur durch Absatzüberlegungen ausgelöst.

Die eigenen Entwicklungskräfte reichen im allgemeinen nicht aus, um eine ganze Palette von Anwendungen auf einmal zu bearbeiten und erfolgreich zu erschließen. Man würde sich dann vielleicht verzetteln und auf keinem der Einsatzgebiete einen durchschlagenden Erfolg erzielen. Es ist ein wesentliches Anliegen der Entwicklungsstrategie, hier zunächst das interessanteste Anwendungsgebiet vorzugeben und dann die Rangfolge der weiteren Teilmärkte festzulegen.

Die sukzessive Markterschließung führt unter Umständen zu negativen Effekten, wenn die massive Durchsetzung des Produktes auf dem ersten Anwendungsgebiet später immer wieder Assoziationen der speziellen Produkteignung allein hiermit hervorruft. Um dem zu begegnen, hat sich eine weitere Produktdifferenzierung, wenigstens über die Produktkennzeichnung, bewährt, z.B. durch Auflösung einzelner Produktmarken in Markenfamilien oder mehrere Serienmarken.

Die großen Synthesefasern und Kunststoffe sind überwiegend durch langjährige systematische Verwendungsforschung und schrittweise Eroberung der zahlreichen Einsatzgebiete zu ihrer heutigen Marktbedeutung gelangt. Die ersten großen kommerziellen Verwendungen, wie etwa Damenstrümpfe bei Polyamidfasern, Schlafdecken bei Acrylfasern und Herrenoberbekleidung oder bestimmte Heimtextilien bei einzelnen Polyesterfasern, nehmen in den Verbrauchsstrukturen der Nachverarbeitung heute nur noch Bruchteile ein.

Die oft langfristig vorausgeplante Markterschließung tritt hier neben den regulären Vertrieb oder wird zu einem integrierenden Bestandteil.

6.69 Übertragung neuer Produkte an den Vertrieb

Für den günstigsten Zeitpunkt der *Übertragung* neuer Produkte an den regulären *Vertrieb* gibt es keine eindeutigen Kriterien. Allgemein wird zu fordern sein, daß das Pionierstadium überwunden und die technische Bewährung nachgewiesen wurden. Der reibungslose Übergang von der Markterschließung zum Vertrieb wird durch eine gegenseitige Überlappung der Aufgaben und insbesondere eine gewisse Mitwirkung des Verkaufs bei den anwendungstechnischen Marktrecherchen begünstigt. Bei der Herstellung von Außenkontakten während der Entwicklungsstadien kommen neben technischen Fragen der Produktgestaltung auch wirtschaftliche und speziell vertriebliche Bedingungen zur Diskussion, welche die Kompetenzen der Vertriebsabteilung berühren und daher ihre Einschaltung gebieten. Auch die Mustermengen werden ja teilweise bereits vom Vertrieb abgegeben.

Nach der Aufnahme der neuen Produkte in das normale Verkaufsprogramm ist vorauszusetzen, daß technische Informationen und Beratungsaufgaben vom Verkaufspersonal oder technischen Kundendienst bewältigt werden. Alle Hilfsmittel und Verkaufsunterlagen, wie vor allem technische Druckschriften, erweiterte Preislisten und anderes, müssen in der endgültigen Form zur Verfügung stehen. Die Einbeziehung der neuen Produkte in die laufende Absatzplanung wird anfänglich noch größere Unsicherheiten bieten und ist hinsichtlich der Absatzziele und Vertriebsmethoden bereits während der Markterschließung vorzubereiten. Aus den Netzplänen der Abb. 6.24 und 6.25 ist deutlich ersichtlich, wie die späteren Vertriebsmaßnahmen innerhalb der verschiedenen Stadien der Produktentwicklung und Markterschließung mit zunehmender Detaillierung festgelegt und das Verkaufspersonal auf die bevorstehenden Aufgaben vorbereitet werden. Nicht nur Markterkundigungen, Absatzprognosen, Musterversand sowie Erprobung der neuen Produkte bei den prospektiven Verwendern erfolgen lange vor der regulären Markteinführung, sondern auch Auswahl und Schulung der Verkaufskräfte, Festlegung der Absatzwege und Absatzmittler, ihre Verkaufsberatung, Bestimmung der Lagerhaltung, des Versandwesens, der Zahlungs- und Lieferbedingungen, der Werbemaßnahmen, Erarbeitung aller Verkaufsunterlagen. Die Optimierung aller Marketing-Maßnahmen aufgrund von Marketing-Modellen würde ebenfalls in der Phase der Markterschließung zu bewältigen sein.

Literatur

6.1 Anderson, D. W.: Pharmaceutical engineering ... its structures and responsibilities. Chem. Eng. Prog. 64 (1968) 2, S. 11.

6.2 Arbeitsseminar für Chemielehrer. BASF-Nachr. (1966) 1, S. 26.

6.3 Archibald, R. D., Villoria, R. L.: Network-based management systems (PERT/CPM), New York 1967.

6.4 Aries, R. S., Copulsky, W.: Developing prospects, market research and advertising methods. Ind. Eng. Chem. 43 (1951) 852.

6.5 Artikel-Entwicklungen und Kundenberatung, Ein Querschnitt durch die Tätigkeit der Textil-Anwendungstechnik von Hoechst. Chemiefasern 18 (1968) 259.

6.6 Auer, K. J.: The role of advertising in the commercial development of new chemical intermediates, in [1.97, S. 87].

6.7 Avery, H., McNeil, J. W.: Market development: established products, new to the company, in [1.17, S. 97].

6.8 Ballman, D. K.: Sales development. Chem. Eng. News 30 (1952) 5244.

6.9 Bayer prüft neue Textilfarben. Handelsblatt (1968) Ausg. 25. 9., S. 12.

6.10 Berger, L. D.: New product literature. Ind. Eng. Chem. 43 (1951) 849.

6.11 Berndt, F.: Informationskurse. Die BASF 13 (1963) 108.

6.12 Bieber, G. D.: Market survey of new products. Chem. Eng. Prog. 48 (1952) 647.

6.13 Bigger role for outsiders. Chem. Week 90 (1962) Ausg. 13. 1., S. 81.

6.14 Broll, H.: Betriebswirtschaftliche Bedeutung der Anwendungstechnik in der chemischen Industrie. ZfbF 19 (1967) 785.

6.15 Brown, W. B.: Expanded polystyrene in building. Rubber Plastics Age 49 (1968) 829.

6.16 Buckler, E. J., Kristensen, I. M.: Die Anwendung mathematischer Methoden bei der Eigenschafts-Bestimmung von Elastomeren. Kautschuk u. Gummi, Kunststoffe 20 (1967) 667.

6.17 Buyer's Choice: Service with a payoff. Chem. Week 80 (1957) Ausg. 30. 3., S. 58.

6.18 Cadwaladr., J. L.: Contribution of herbicides to food production in the next three decades. Chem. and Ind. (1968) 860.

6.19 Carbide opens service lab. Chem. Week 86 (1960) Ausg. 16. 5., S. 41.

6.20 Chemicals play bigger role at 3M. Chem. Eng. News 42 (1964) Ausg. 6. 4., S. 32.

6.21 Commercial development alters its thinking. Chem. Eng. News 40 (1962) Ausg. 9. 4., S. 34.

6.22 Companies organize for new ventures. Chem. Eng. News 46 (1968) Ausg. 19. 2., S. 26.
6.23 Company technical meetings promote sales. Chem. Eng. News 42 (1964) Ausg. 2. 11., S. 32.
6.24 Comparative prices of common engineering materials. Materials in Design. Eng. 62 (1965) Mid-Oct., S. 42.
6.25 Computerized formulation catches on. Chem. Eng. News 46 (1968) Ausg. 26. 8., S. 42.
6.26 Consumer interest helps Du Pont sell shoe material. Ind. Marketing 50 (1965) 10, S. 99.
6.27 Corley, H. M.: Development and profitable exploitation of new organic chemicals. Chem. Eng. News 25 (1947) 424.
6.28 – Commercial chemical development. Chem. Eng. News 27 (1949) 124.
6.29 CPI: Ripe for sales aids? Chem. Week 89 (1961) Ausg. 25. 11., S. 35.
6.30 Cremer, H. W., Brearley, G.: Tools of industrial chemistry, non-metals as plant construction materials. Chem. and Ind. (1957) 374.
6.31 Critical path method speeds introduction of new products for Diamond Alkali. Chem. Eng. News 43 (1965) Ausg. 13. 9., S. 43.
6.32 Crowther, J. F.: Technical training – help or hindrance in chemical selling? Chem. Eng. News 32 (1954) 1078.
6.33 Davies, W.: The pharmaceutical industry, Oxford 1968.
6.34 Davis, W. H.: The sales dilemma. Chem. Eng. Prog. 61 (1965) 8, S. 28.
6.35 De Baun, R. M.: Switching network analysis methods. Chem. Eng. News 42 (1964) Ausg. 22. 6., S. 84.
6.36 Dichtl, E.: Die "Critical Path Method" – ein dynamisches Planungs- und Kontrollinstrument erläutert an Hand der Einführung eines neuen Produktes. ZfbF 18 (1966) 477.
6.37 Dudley, J. R., Salsbury, J. M.: Translating laboratory data into new product literature. Ind. Eng. Chem. 43 (1951) 845.
6.38 Dusenbury, W.: CPM for new product introductions. Harv. Bus. Rev. 45 (1967) 4, S. 124.
6.39 Eisner, H.: A generalized network approach to the planning and scheduling of a research project. Oper. Res. 10 (1962) 115.
6.40 Elmaghraby, S. E.: An algebra for the analysis of generalized activity networks. Manag. Sci. 10 (1964) 494.
6.41 Esch, G. J. van: Die Beurteilung der Toxizität der Schädlingsbekämpfungsmittel. Deutsche Lebensmittel-Rundschau 62 (1966) 342.
6.42 Falkenhausen, H. v.: Prinzipien und Rechenverfahren der Netzplantechnik, 2. Aufl., Kiel 1968.
6.43 Flett, L. H.: Technical service, link between research and sales. Chem. Industries (1945) 594.
6.44 Flick, E.: Zur Wirtschaftlichkeit der Netzplantechnik bei einmaligen Vorhaben, Diss. FU Berlin 1966.
6.45 Frei, H. U.: Versuch eines Kostenvergleiches zwischen Holz- und Kunststoffharassen. Kunststoffe Plastics 15 (1968) 1, S. 8.
6.46 Fuchs, O., Hellfritz, H.: Strukturkennzeichnung und Strukturermittlung makromolekularer Stoffe, in [1.115, S. 356].
6.47 Fulkerson, D. R.: A network flow computation for project cost curves. Manag. Sci. 7 (1961) 167.
6.48 Gäth, R.: Grundlegende Überlegungen bei der Auswahl eines Kunststoffes. Kunststoffe 53 (1963) 753.
6.49 Gewässerverunreinigung durch giftige organische Verbindungen und Pestizide. Chemie-Ing.-Techn. 38 (1966) A 1563.
6.50 Götte, E.: Konstitution und Eigenschaften von Tensiden. Fette, Seifen, Anstrichmittel 71 (1969) 219.
6.51 Goldie, W.: Market potential for plated plastics. Rubber Plastics Age 47 (1966) 1325.
6.52 Goodale, C. D.: The commercial chemical development man. Chem. Eng. News 28 (1950) 4248.
6.53 Grahammer, D.: Anwendungstechnische Kundenberatung. Absatzwirtschaft 8 (1965) 480.
6.54 Grunewald, H. U.: Reaktivfarbstoffe und Anwendungstechnik. Plastverarbeiter 19 (1968) 493.

6.55 GRUPELLI, L., MISKEL, J.: Sales development – a new technique. Chem. Industries (1940) 564.
6.56 HAMMESFAHR, F. W.: How to commercialize specialties. Chem. Eng. Prog. 56 (1964) 4, S. 19.
6.57 HANF, M.: Unkrautbekämpfung uralt und immer neu. Die BASF 18 (1968) 108.
6.58 HARDING, W. H.: Opportunity for chemical engineers in chemical marketing. Chem. Eng. Prog. 48 (1952) 481.
6.59 HATCH, L. A.: Management looks at market development. Chem. Eng. News 30 (1952) 5354.
6.60 HENDRIX, H.: Kunststoffverstärkung mit Chemiefasern. Chemiefasern 18 (1968) 272.
6.61 HENNING, D.: PERT im Industrieanlagenbau, IBM Form 81 526, 1.67.
6.62 HESSENMÜLLER, B.: Ingenieure in der Absatzwirtschaft. Absatzwirtschaft 7 (1964) 440.
6.63 HEYKE, H.-F.: Die Organisation der Anwendungstechnik in der chemischen Industrie. Manag. intern. rev. 7 (1967) 1, S. 3.
6.64 HITCHCOCK, L. B.: Putting new chemicals to work. Chem. Eng. News 27 (1949) 1268.
6.65 – Market research. Chem. Eng. News 30 (1952) 4823.
6.66 HOECHTLEN, A.: Synthetische Hochpolymere, Die Bedeutung der Anwendungstechnik, in [1.6, S. 205].
6.67 HOFFMEISTER, F.: Pharmakotherapeutika, Allgemeines zur Pharmakotherapie, in [3.212, Bd. 13, München/Berlin 1962, S. 259].
6.68 HOFFMEISTER, K.-H.: Fachliche Information der Verbraucher, ein wichtiges Aufgabengebiet der Lackindustrie. Farbe u. Lack 70 (1964) 593.
6.69 – Neuordnung im Gefüge der Forschungs- und Entwicklungsaufgaben? Farbe u. Lack 74 (1968) 871.
6.70 HOLFERT, E., KNOTE, J.: Methodik für die Nutzensberechnung der Plastanwendung. Plaste u. Kautschuk 14 (1967) 218.
6.71 How's your sample program? Chem. Eng. News 31 (1953) 1514.
6.72 HUGHES, H. D.: The technical salesman. Chem. Eng. News 28 (1950) 4163.
6.73 100 Jahre BASF, Besuch beim Papiertechnischen Laboratorium in Ludwigshafen. Allgem. Papier-Rundschau (1965) 386.
6.74 I.C.I. House features plastics inside and out. Plastics 28 (1963) 6, S. 137.
6.75 In der Chemie wird die Forschung groß geschrieben. Handelsblatt (1969) Ausg. 19.9., S. 28.
6.76 Internationales Trevira-Seminar Hoechst. Chemiefasern 17 (1967) 328.
6.77 Is marketing a good career? Chem. Eng. Prog. 60 (1964) 8, S. 16.
6.78 JOCHEM, A.: Praktische Erfahrungen mit der Netzplantechnik beim Bau verfahrenstechnischer Großanlagen. Z. VDI 108 (1966) 625.
6.79 JORDAN, W. A.: Applied research in new product development. Ind. Eng. Chem. 43 (1951) 832.
6.80 KAMPTNER, H. K.: Die Entwicklung der Petrochemie im Blickfeld des 7. Welt-Erdöl-Kongresses. Erdöl u. Kohle, Erdgas, Petrochemie 21 (1968) 72.
6.81 KANGRO, C.: Gefährliche Lösemittel, Chemieanlagen u. -Verfahren (1968) 11, S. 69.
6.82 KC-Fluor F_2 – ein Produkt der Kali-Chemie AG. Druckschr. d. Kali-Chemie AG.
6.83 KELLEY, J. E., JR: The construction scheduling problem (A progress report), Univac Applications Research Center, Remington Rand Univac, Philadelphia 25. 4. 1957.
6.84 – Critical-path planning and scheduling: mathematical basis. Oper. Res. 9 (1961) 296.
6.85 KELLEY, J. E. JR., WALKER, M. R.: Critical-path planning and scheduling, Proc. Eastern Joint Computer Conference, Boston, Dez. 1959, S. 160.
6.86 KEYES, D. B.: Training men to appraise and develop markets for chemicals. Chem. Eng. News 27 (1949) 488.
6.87 KIENITZ, H.: Überblick über die Analyse anorganischer und organischer Substanzen mit chemischen und physikalischen Methoden, in [3.212, Bd. 2/1, München/Berlin 1961, S. 1].
6.88 KINSMAN, J. W.: Selling, its importance in the chemical industry. Chem. Eng. Prog. 48 (1952) 433.
6.89 KIX MILLER, R. W.: Commercial chemical development. Chem. Eng. News 27 (1949) 1267.
6.90 KLENCK, J. v.: Steigende Bedeutung der Anwendungstechnik, in [1.115, S. 303].
6.91 KLING, W.: Waschmittel 1928, 1968 und 2000. Chem. Ind. 20 (1968) 393.

6.92 Klipstein, K. H.: Philosophy of new product development. Chem. Eng. News 26 (1948) 1691.
6.93 Köhler, E.: Pflanzenschutz, Chemie im Dienste des Lebens. Die BASF 18 (1968) 103.
6.94 Kölbel, H., Kurzendörfer, P.: Konstitution und Eigenschaften von Tensiden, in: Fortschritte der chemischen Forschung, Bd. 12, Heft 2, Berlin/Göttingen/New York 1969, S. 252.
6.95 Kolbe, W.: Versuche im Pflanzenschutz. Bayer-Berichte 17 (1966) 48.
6.96 Kornfeld, F.: Über den Handel mit chemischen Erzeugnissen. Chemiker-Ztg./Chem. Apparatur 80 (1956) 797.
6.97 Kunststoffe in der modernen Umwelt. Kautschuk u. Gummi, Kunststoffe 20 (1967) 497.
6.98 Langen, F., u.a.: Sind Computer gute Strategen? Lichtbogen 17 (1968) 3, S. 24.
6.99 Laue, H. J.: Efficient methods for the allocation of resources in project networks. Unternehmensforschung 12 (1968) 132.
6.100 Lauer, G.: Automatische Farbrezepturerstellung. Chemiefasern 16 (1966) 637.
6.101 Lefévre, D., Leysen, J.: Versuch einer Bewertung der Konkurrenz zwischen Stahl und Kunststoffen. Chem. Ind. 16 (1964) 705.
6.102 Levitt, T.: Marketing R & D for marketing innovation. Chem. Eng. News 39 (1961) Ausg. 16. 10., S. 30.
6.103 Looking outside for research perspective. Chem. Week 85 (1959) Ausg. 5. 9., S. 91.
6.104 Lucas, A. K.: Economics of ABS car body production. Rubber Plastics Age 48 (1967) 1192.
6.105 Luck, W.: Gekoppelte Vorgänge beim Färbeprozeß. Angew. Chem. 72 (1960) 57.
6.106 – Aufgaben der angewandten physikalischen Chemie in der chemischen Industrie. Chemie-Ing.-Techn. 40 (1968) 464.
6.107 Mac Lachlan, J.: Plastics in building progress: some statistics and economics. Rubber Plastics Age 48 (1967) 698.
6.108 Magee, J. F.: Decision trees for decision making. Harv. Bus. Rev. 42 (1964) 4, S. 126.
6.109 – How to use decision trees in capital investment. Harv. Bus. Rev. 42 (1964) 5, S. 79.
6.110 Marketing industrialised building components. Rubber Plastics Age 49 (1968) 29.
6.111 Mathieu, J., u.a.: Der Ingenieur im industriellen Vertrieb, Köln u. Opladen 1963.
6.112 Mauchly, J. W.: Critical-path scheduling. Chem. Eng. 69 (1962) Ausg. 16. 4., S. 138.
6.113 McClure, H. B.: Publicizing research results. Chem. Eng. News 29 (1951) 3457.
6.114 –, Bateman, R. L.: Which develops first, the chemical or the market? Chem. Eng. News 27 (1949) 748.
6.115 Mertens, P.: Netzwerktechnik als Instrument der Planung. ZfB 34 (1964) 382.
6.116 Middendorf, L.: The organization and practice of quality control in the U.S. Pharm. Ind. 25 (1963) 59.
6.117 Miller, F. F.: Vom Gerben, Färben und Ausrüsten des Leders. Die BASF 15 (1965) 91.
6.118 Moore, R. L.: If your customers can't do it do it for'em. Ind. Marketing 50 (1965) 6, S. 106.
6.119 Monsanto revamps customer service. Chem. Eng. News 40 (1962) Ausg. 14. 5., S. 32.
6.120 Müller, B.: Bier aus Kunststoff-Flaschen. Lichtbogen 16 (1967) 4, S. 17.
6.121 Nadler, G. E.: How market research can aid in screening new chemical products. Chem. Industries (1949) 396.
6.122 – Transferring a new product from research to sales. Ind. Eng. Chem. 43 (1951) 834.
6.123 Neidig, C. P.: New product introduction. Ind. Eng. Chem. 43 (1951) 843.
6.124 Netzplantechnik im Marketing, Bearb. Disch, W. K. A., Hamburg 1968.
6.125 Neue Tendenzen im Pflanzenschutz. Europa-Chemie (1968) 21, S. 3.
6.126 Neuorganisation der Hoechster ATA. Europa-Chemie (1967) 17, S. 4.
6.127 Nüsslein, J.: Die Umformung der Textilwelt durch Chemiefasern, in [1.115, S. 259].
6.128 Oettel, H.: Gewerbetoxikologie, in [3.212, Bd. 2/2, Berlin/München/Wien 1968, S. 602].
6.129 Oostermeyer, J.: The backbone of a chemical company. Chem. Eng. News 30 (1952) 1719.
6.130 Pacifico, C., Vaughn, T. H.: Commercial development – functions and methods, in [1.15, Abschn. 3, S. 10].
6.131 Peripatetic consultant takes lab to the problem. Chem. Week 79 (1956) Ausg. 8. 9., S. 78.

6.132 PERT summary report phase 1, special projects office, Washington D.C., Juli 1958; PERT summary report phase 2, ebenda, Sept. 1958.

6.133 PLATO, G.: Kundendienst unterstützt Verkaufsbemühungen, Lichtbogen 16 (1967) 4, S. 13.

6.134 PLENIKOWSKI, J., HAHMANN, O.: Strukturparameter von Polyolefinen und ihre Bedeutung für die Anwendungstechnik. Chemie-Ing.-Techn. 38 (1966) 1063.

6.135 PRITSKER, A. A., HAPP, W. W.: GERT: Graphical evaluation and review technique. J. Ind. Eng. 17 (1966) 267.

6.136 PRÖTZL, M.: Kommt das Kunststoff-Stahl-Verbundrohr? Chem. Ind. 20 (1968) 261.

6.137 Push for new products: Chem. Week 90 (1962) Ausg. 3. 2., S. 29.

6.138 RAICHLE, L.: Laboratoriums-Neubauten für die Anwendungstechnische Abteilung der BASF. Chemie-Ing.-Techn. 36 (1964) 371.

6.139 RAMPS, a new development in scheduling. Du Pont Eng. Prog. 2 (1962).

6.140 RAMPS, resource allocation and multi-project scheduling, training text. Druckschr. CEIR (U.K.) Ltd., Brentford.

6.141 RASSWEILER, C. F.: Market studies as a guide for research. Chem. Eng. News 27 (1949) 3344.

6.142 REESE, B.: IMC offers customer service to the nth degree. Ind. Marketing 46 (1961) 11, S. 97.

6.143 REINSBERG, M.: How Du Pont assured a market for Orlon before making it. Ind. Marketing 37 (1952) 9, S. 46.

6.144 Research carries sales in buyers' market. Chem. Week 86 (1960) Ausg. 5. 3., S. 53.

6.145 Researchers double as part-time salesmen. Chem. Week 86 (1960) Ausg. 19. 3., S. 79.

6.146 Rigid urethane goes commercial. Rubber Plastics Age 47 (1966) 922.

6.147 RIPPETEAU, W. L., PACIFICO, C.: Following up samples effectively by mail. Ind. Eng. Chem. 45 (1953) 1294.

6.148 Röhm und Haas informiert Architekten. Europa-Chemie (1965) 8, S. 10.

6.149 ROGERS, J. M.: Advertising new chemical products. Ind. Eng. Chem. 43 (1951) 855.

6.150 ROSS, D. H.: Business begins with samples. Chem. Industries (1950) 510.

6.151 ROY, B.: Contribution de la théorie des graphes à l'étude des problèmes d'ordonnancement. Proc. 2nd. Int. Conf. Oper. Res., Aix-en-Provence, 1960, London 1961, S. 171.

6.152 Rückstände von Pflanzenschutzmitteln in Ernteprodukten und Lebensmitteln. Chemie-Ing.-Techn. 39 (1967) A 763.

6.153 Samples: New edge for an old sales tool. Chem. Week 87 (1960) Ausg. 16. 7., S. 59.

6.154 SCHMADEL, E.: Schaumstabilisierung und Schauminhibierung. Fette, Seifen, Anstrichmittel 70 (1968) 191.

6.155 SCHMIDT, H. T.: Kunststoffe im Ländervergleichsprogramm des Bundesministeriums für Wohnungswesen und Städtebau. Kunststoffe 57 (1967) 347.

6.156 SCHNEIDER, K.: Eigenschaften der Polyamide, in: Kunststoffhandbuch, Bd. 6, Polyamide, Hrsg. VIEWEG, R., MÜLLER, A., München 1966, S. 503.

6.157 SCHRÖDER, W., ZLEB, S.: Elektronische Datenverarbeitung bei der Feldprüfung neuer Arzneimittel. Pharm. Ind. 30 (1968) 609.

6.158 SCHWABE, A.: Ein Blick in die Zukunft des Bausektors. Chem. Ind. 20 (1968) 814.

6.159 SCHWARZE, J.: Planung mit der Netzplantechnik. BFuP 19 (1967) 609 u. 689.

6.160 – Probleme der Kosten-, Kapazitäts- und Finanzplanung im Rahmen der Netzplantechnik. BFuP 20 (1968) 428.

6.161 Selling a sales-development split. Chem. Week 84 (1959) Ausg. 23. 5., S. 59.

6.162 SEMPLE, R. B.: Orienting development and research. Chem. Eng. News 30 (1952) 1721.

6.163 Slating new push for sales. Chem. Week 82 (1958) Ausg. 14. 6., S. 57.

6.164 SLEDDON, G. J.: Plastics in housing. Chem. and Ind. (1968) 907.

6.165 SMITH, L. P.: Automotive plastics. Rubber Plastics Age 49 (1968) 721.

6.166 SMITH, M. M.: General aspects of structure – action relationships. Pharm. J. 197 (1966) 557.

6.167 SMYTH, H. F.: Range-finding tests: toxicological control in new product development. Chem. Eng. News 27 (1949) 1360.

6.168 SPIESS, C. F.: Testeritis. Farbe u. Lack 69 (1963) 881.

6.169 STARKWEATHER, H. W., jr., u.a.: Effect of crystallinity on the properties of nylons. J. Polymer Sci. 21 (1956) 189.

6.170 STAVELY, H. E.: The critical path method in pharmaceutical product development. Research Manag. 10 (1967) 91.
6.171 STOBART, A. F.: Sales research and development. Trans. Inst. Chem. Eng. (London) 42 (1964) 2, S. CE 34.
6.172 Successful commercial chemical development, Hrsg. CORLEY, H. M., New York 1954.
6.173 SWACKHAMER, F. S.: Technical service and application research for organics, in [1.16, S. 111].
6.174 TASCHINGER, O.: Schienenfahrzeuge. Chem. Ind. 19 (1967) 656.
6.175 Technical sales and service. Ind. Eng. Chem. 50 (1958) 4, S. 99 A.
6.176 Technical service: A growing job. Chem. Eng. News 33 (1955) 1246.
6.177 Technical service at new turning point? Chem. Week 88 (1961) Ausg. 17. 6., S. 93.
6.178 Technical service versus marketing. Rubber Plastics Age 47 (1966) 467.
6.179 Tech service gets the push. Chem. Week 90 (1962) Ausg. 2. 6., S. 29.
6.180 Testing down on the farm. Chem. Week 100 (1967) Ausg. 6. 5., S. 59.
6.181 THER, L.: Pharmakologische Prüfung, in [3.212, Bd. 13, München/Berlin 1962, S. 418].
6.182 THESING, J.: Zur Entwicklung der modernen Arzneimittelforschung. Deutsche Apotheker-Ztg. 108 (1968) 1590.
6.183 Toxicity Data: Wide open policy pays off. Chem. Week 83 (1958) Ausg. 6. 9., S. 99.
6.184 Toxikologische Untersuchungen zur Bewertung von Pflanzenschutz-, Pflanzenbehandlungs- und Vorratsschutzmittelrückständen. Pharm. Ind. 28 (1966) 557.
6.185 TRUMBULL, H.: A research director's viewpoint on long range selling. Chem. Eng. News 27 (1949) 1434.
6.186 Voruntersuchungen an kleinen Kunststoffmengen. Kunststoffe 56 (1966) 708.
6.187 WALKER, B.: Der Verkaufsingenieur, Winterthur 1964.
6.188 WALTER, A. H.: Absolute und relative Meßergebnisse bei der Prüfung von Anstrichstoffen. Farbe u. Lack 74 (1968) 881.
6.189 WEBER, K.: Planung mit der ,,Critical Path Method“ (CPM). Ind. Organisation 32 (1963) 1.
6.190 – Planung mit der ,,Program Evaluation and Review Technique“ (PERT). Ind. Organisation 32 (1963) 35.
6.191 – Planung mit CPM und PERT, Verfeinerungen und Weiterentwicklungen. Ind. Organisation 33 (1964) 231.
6.192 – Projektanalyse mit PERT. Ind. Organisation 36 (1967) 184.
6.193 – Projektanalyse zur Einführung eines neuen Produktes unter Verwendung des Theorems von BAYES. ZfbF 19 (1967) 413.
6.194 WELHAM, R. G. L.: The economics of plastics in use, a study of the building industry. Plastics 26 (1961) 52.
6.195 WENDE, A., LUBISCH, H.-J.: Ökonomische Gesetzmäßigkeiten für den Einsatz und die Verarbeitung glasfaserverstärkter Plaste. Plaste und Kautschuk 11 (1964) 152.
6.196 WERNER, G.: Die Ablauforganisation bei der Projektierung chemischer Anlagen unter Benutzung der Netzplantechnik, Diplom-Arbeit TU Berlin 1969.
6.197 WILFINGER, H.: 75 Jahre im Dienst der Papierindustrie, Aus der Arbeit der AWETA/Papier. BASF-Nachr. (1966) 6, S. 10.
6.198 WILLE, H., u.a.: Netzplantechnik, Bd. 1, Zeitplanung, 2. Aufl., München/Wien 1967.
6.199 Wissenschaftliches Fachgespräch in Limburgerhof. BASF-Nachr. (1966) 1, S. 26.
6.200 WOLLER, R.: Hoechster Anwendungstechniker im Ausland. Hoechst Heute (1967) 6.
6.201 WONG, Y.: Critical path analysis for new product planning. J. Marketing 28 (1964) 4, S. 53.
6.202 ZORLL, U.: Verbesserung der Lackprüfmethoden durch Berücksichtigung physikalischer Aspekte. Fette, Seifen, Anstrichmittel 70 (1968) 761.

7. Chemiewerbung

7.1 Grundlagen der Chemiewerbung

7.11 Einschränkende Faktoren

Die herabgesetzte Bedeutung der Werbung für *Produktivgüter* gilt grundsätzlich auch im Chemiebereich. Während der industriellen Werbung für Konsumgüter ein entscheidendes Gewicht bei der Erringung von Absatzerfolgen zukommt, sind die Zusammenhänge zwischen Werbeeinsatz und Verkaufserfolg hier gelockert. Die Werbung erhält damit den Charakter eines weniger selbständigen und nur hilfsweisen Absatzinstrumentes. Ursprünglich sogar stark vernachlässigt, hat die Produktivgüterwerbung erst in jüngerer Vergangenheit eine Aufwertung und methodisch eigenständige Entwicklung erfahren. Ursächlich sind: der vorherrschende direkte Vertriebsweg, der die Kommunikation über indirekte Werbemittel weitgehend ersetzen kann; die häufige Erklärungsbedürftigkeit der Produkte, welche besonders die indirekten Werbemittel zur Übermittlung ausreichender Produktinformationen als ungeeignet erscheinen läßt; die geringe Empfänglichkeit der Markt- und Gesprächspartner für emotional beeinflussende Werbeaussagen; die geringen Möglichkeiten zum exakten Nachweis des Werbeerfolgs. Bei vielen Industriechemikalien ist die Erklärungsbedürftigkeit zwar herabgesetzt, aber es dominieren dann die langfristigen Verkaufsabschlüsse. Die relativ geringe Anzahl der Abnehmer und die notwendigen individuellen Verkaufsverhandlungen geben auch hier der eigentlichen Verkaufswerbung wenig Chancen.

Abschwächend für die chemische Produktivgüterwerbung wirkt die *Gestaltlosigkeit* chemischer Produkte, die aus diesem Grund kaum in den Mittelpunkt der Werbebotschaften gesetzt werden können, wie es etwa in der Werbung für produktive Gebrauchsgüter (Investitionsgüter) durchaus üblich ist.

Die *Zielgruppen* der Chemiewerbung sind *heterogen*, was sich aus der Vielzahl von Produkten, Produktverwendungen, Abnehmerbranchen, Absatzräumen (Exportmärkte) und den verschiedenen einkaufsentscheidenden Organen ergibt. Sie erfordern eine aufwendige Spezialisierung der Werbestrategien, der Werbemittel und -aussagen. Gleichzeitig wird die Schaffung eines einheitlichen Firmengesichtes in den Absatzmärkten und in der Öffentlichkeit erschwert. Das Ausweichen auf die *Firmenwerbung* aber bietet nur einen begrenzten Ersatz.

Wenn sich die Vertriebsorientierung der chemischen Industrie erst spät durchsetzen konnte, so mußten die lange gehegten *Vorbehalte* gegenüber der Werbung relativ am größten sein. Schließlich birgt ja von allen vertrieblichen Teilfunktionen die Werbung die größten Gefahren in sich, in der gefürchteten Weise lautstark oder sogar aufdringlich aufzutreten und das Prinzip der Überzeugung durch Leistung abzuschwächen. Der konservativen, wissenschaftlichen und damit „introvertierten" Grundhaltung steht die Werbung entgegen. Selbst eine vornehm und bescheiden gehaltene Firmenwerbung mag bei dieser unternehmerischen Grundkonzeption zuweilen bereits als eine Konzession gegolten haben.

7.12 Begünstigende Faktoren

Mit der heutigen Intensivierung des Chemie-Marketing ist die zunehmende Ausschöpfung der noch offenen Reserven an erfolgversprechenden Werbemaßnahmen fast zwangsläufig gekoppelt. Einige absatzpolitische Entwicklungslinien der chemischen Industrie, wie vor allem hinsichtlich der vertikalen Ausrichtung des Marketing, sind sogar entscheidend von der Werbeaktivität abhängig.

Die chemischen Konsumgüter werden schon immer vorwiegend als *Markenartikel* vertrieben, deren intensive, produktbezogene Verbraucherwerbung geradezu ein Begriffsmerkmal darstellt. Damit hat die chemische Konsumgüterindustrie nicht nur an der Entwicklung des Markenartikelvertriebssystems, sondern auch der modernen Konsumgüterwerbung einen hervorragenden Anteil. Diese Tatsache mag nicht zuletzt dazu beigetragen haben, daß sich in den vertrieblichen Denkweisen der chemischen Konsumgüter- und Grundstoffindustrie oft so markante Unterschiede ausbilden konnten.

Die Unterschiede beginnen sich aber heute zu mildern. Das oft erklärte absatzpolitische Ziel der größeren *Konsumnähe* zwingt zur entsprechenden Anpassung und Intensivierung der Werbemaßnahmen, sei es bei der Angliederung von Konsumgütersparten, beim Ausbau des Vertikalvertriebs oder zur Anhebung der Firmenbekanntheit in der breiten Öffentlichkeit.

Die überwiegend *firmenindividuelle Markierung* der chemischen Produktivgüterspezialitäten ist ein positiver Ansatzpunkt für die Verkaufswerbung. Wenngleich die Markenartikeleigenschaften abgeschwächt sind, kommen der Werbung zur Durchsetzung der Produktdifferenzierung wesentlich größere Aufgaben zu, als wenn lediglich ein Angebotsnachweis für anonyme Produkte zu erbringen wäre. Die Andersartigkeit dieser Produkte gegenüber bekannten, homogenen Massenprodukten liefert der Werbung erst wesentliche Aussagemöglichkeiten und Argumente. Der Werbeerfolg fällt mit größerer Wahrscheinlichkeit der werbungtreibenden Unternehmung selbst zu, während die Werbung für homogene Industriechemikalien doch unverkennbar Züge der Gemeinschaftswerbung trägt. Beim fortwährenden Aufspaltungsprozeß chemischer Produkte in immer feiner abgestufte Spezialitäten ist die Werbung daher zwangsläufig zu verstärken.

Für die ständigen *Produktneuentwicklungen* gelten meistens ähnliche Gesichtspunkte, wobei die Werbung besonders zur schnellen, wirkungsvollen Bekanntgabe und Einführung beitragen muß, um den so bedeutsamen zeitlich befristeten Marktvorsprung zu sichern.

Seitdem die chemische Industrie zu einem die gesamte Volkswirtschaft durchdringenden wachstumsintensiven Wirtschaftszweig aufgerückt ist, hat sich auch das Bewußtsein von dem legitimen Anspruch verstärkt, die Öffentlichkeit über die große Bedeutung der chemischen Industrie zu unterrichten. Das Interesse an einer verstärkten *Öffentlichkeitsarbeit* zur positiven Meinungsbildung über die chemische Industrie und die einzelnen Chemieunternehmungen fördert schließlich auch die reine Verkaufswerbung.

7.13 Werbepolitik und Werbeplanung

Die *Werbepolitik* legt die Zielsetzungen und grundlegenden Werbemethoden innerhalb der gesamten übergeordneten Absatzpolitik fest, woraus die detaillierte *Werbeplanung* und die *Budgetierung* der Werbekosten abzuleiten sind. Wegen der Schwierigkeiten im Produktivgüterbereich, die Werbemaßnahmen mit der Absatzentwicklung in einen quantitativen Zusammenhang zu bringen, wird oft einfacher und umgekehrt verfahren, indem von einem aus der Erfahrung vorgegebenen globalen Werbebudget (meistens prozentual vom Umsatz) ausgegangen wird.

Bei der typischen Programmvielfalt der Chemiebetriebe sind Werbeziele und Werbemaßnahmen für die verschiedenen *Sparten* und *Produktgruppen* getrennt vorzugeben, wobei zahlreiche weitere Differenzierungen hinzukommen. Die Werbung soll zur gleichmäßig hohen Ausnutzung der Produktionskapazitäten beitragen, wobei in der chemischen Industrie der Endproduktabsatz oft über die Ausnutzung tiefgestaffelter Vorproduktkapazitäten mit entscheidet. Dies legt im Zeitverlauf einen mehr ausgewogenen, regelmäßigen Werbemitteleinsatz mit dem Charakter einer „Erinnerungswerbung" nahe. Andererseits erfordern neuere Produkte zeitliche Schwerpunktbildungen nach bestimmten Zielgruppen, um die Markterschließung systematisch zu unterstützen und den Marktvorsprung auszunutzen (Schwerpunktbildung zur Einführungswerbung). Bei den sprunghaften Kapazitätserweiterungen soll die Werbung zur möglichst engen Anpassung der Nachfrageentwicklung an die Produktionsmöglichkeiten beitragen. Eine andere werbepolitische Entscheidung betrifft die zeitliche Differenzierung der Werbeanstrengungen hinsichtlich der Konjunkturentwicklung. In der chemischen Industrie kommen die Probleme aus strukturell bedingten Marktverschiebungen hinzu.

Die weiter unten behandelten Fragenkomplexe der Chemiewerbung erfordern zumeist werbepolitische *Grundsatzentscheidungen*. Die Grenzen zwischen sachlich-informativer Argumentation und psychologisch-motivierender Meinungsbildung in den Werbeaussagen sind in groben Zügen abzustecken. Wenngleich die Formulierung der Werbeinhalte und die Gestaltung der Aussagen den Großteil der werbeausführenden und werbetechnischen Detailarbeit betreffen, sind es doch diese Grundlinien, die das Firmengesicht in der Öffentlichkeit prägen und den Werbeerfolg langfristig mitbestimmen. Auch die Fragen der Gewichtsverlagerung zwischen produkt- und firmenbezogener Werbung sowie der Einheitlichkeit des Werbestils trotz geforderter Werbevielfalt sind grundsätzlicher Natur. Bei den Objekten der Chemiewerbung bieten die einstufige Produktivgüterwerbung für Industriechemikalien oder Spezialitäten, die Konsumgüterwerbung sowie die mehrstufige Werbung ganz andere Voraussetzungen. Die mehrstufige Werbung wird daneben die Frage nach einer vertikalen Werbekooperation mit den Nachstufen sowie ihrer grundsätzlichen Abwicklung aufwerfen (z.B. Höhe der Werbezuschüsse, Art der werblichen Zusammenarbeit, Markenkoordination usw.). Zur Werbepolitik gehört schließlich die Aufstellung von Richtlinien über die ungefähre Gliederung des Werbevolumens nach den wichtigsten Werbemitteln.

Der mit den Werbemaßnahmen realisierbare Erfolg bildet den Hintergrund der Werbeplanung. Die Zweckmäßigkeit der Werbeplanung hängt damit unmittelbar von den Schwierigkeiten der *Werbeerfolgs- bzw. Werbewirkungskontrolle* ab.

CYANAMID

ADVERTISING – PROMOTION PROJECT

DATE: Aug. 9, 1967　　PROJECT NO.: 1

DIVISION/DEPARTMENT: Widget　　PRODUCT LINE OR MAJOR MARKET: Widgets

TITLE: Promotion of Widgets and Widget Service

TYPE OF PROJECT

☐ INTRODUCTION OF NEW PRODUCT
☒ SUPPORT TO INCREASE SALES LEVEL
☐ OTHER:
☐ SUPPORT TO MAINTAIN PRESENT SALES
☐ COMPETITIVE SITUATION

PROJECT PERIOD — FROM: Oct. 1, 1967　TO: Aug. 15, 1968

MARKETING GOALS: (State specific marketing goals supported by this project).

To increase sales through increasing number of customers. To increase Cyanamid's share of Widget Market from 18.1% to 22%.

ESTIMATED DATE TO BE ACHIEVED: Dec. 31, 1968

ADVERTISING OBJECTIVES. (State specific measurable objectives).

To increase among architects and consulting engineers awareness of Cyanamid's Widgets and Widget Service by 25%. To increase from 32% to 48% the percentage of target market individuals who understand the use and advantages of our Widgets. To increase from 23% to 28% the percentage of target market individuals who are favorably disposed toward our Widgets.

ESTIMATED DATE TO BE ACHIEVED: Aug. 1, 1968

TARGET MARKET

Architects and Consulting Engineers

SIZE: 100,000　　LOCATION: Continental United States

PROJECT COSTS:

	CURRENT YEAR	NEXT YEAR	FUTURE	TOTAL
PROGRAM COSTS	$ 16,000	$ 34,000	$ -	$ 50,000
PROGRAM EVALUATION COSTS	$ -	$ 2,000	$ -	$ 2,000
TOTAL PROJECT COSTS	$ 16,000	$ 36,000	$ -	$ 52,000
ESTIMATED % OF PROJECT COSTS REQUIRED TO MAINTAIN PRESENT SALES	100%	50%	- %	65 %

PROJECT APPROVED BY:

Abb. 7.1 Beispiel der Planung eines Werbevorhabens der American Cyanamid Co. [7.141].

Das in Abb. 7.1 wiedergegebene Beispiel zeigt eine sehr weitgehende Planung von Werbevorhaben, die zumindest im chemischen Produktivgütervertrieb bislang noch eine Ausnahme darstellt. Für bestimmte Arten der Werbevorhaben (type of project) werden die Absatzziele (marketing goals) geplant und auch zeitlich fixiert, vor allem quantitativ hinsichtlich der angestrebten Umsatzerweiterung, der Werbewirkungsziele (advertising objectives) bei der ebenfalls vorgegebenen Zielgruppe (target market) sowie hinsichtlich der verfügbaren Werbekosten (project costs). Schließlich werden das bewilligte Werbebudget auf die verschiedenen Werbemittel aufgeteilt und später ein kontrollierender Vergleich zwischen Realisiertem und Geplantem vorgenommen [7.141].

Zumindest der reine Absatzerfolg chemischer Produktivgüter ist aber selten allein oder auch nur überwiegend sowie in meßbarer Weise auf den Werbeeinsatz zurückzuführen. Man kann dann höchstens die Kontakthäufigkeit und die Werbewirkung der verschiedenen Werbemittel, Werbeinhalte usw. auf die Umworbenen kontrollieren, was die Planungssicherheit und den sinnvollen Planungsumfang einschränkt [7.57; 7.101; 7.108; 7.119; 7.138].

7.14 Organisation der Chemiewerbung

7.141 Werbung durch Agenturen oder in eigener Regie

Die Betreuung der Werbeetats für chemische *Konsumgüter* und für durchgehend bis zum Konsumgut markierte Chemierohstoffe wird fast ausschließlich den *Werbeagenturen* überlassen. Hierin kommt das Schwergewicht der Werbung als Absatzinstrument und die Betonung der werbespezifischen, gestalterischen Maßnahmen gegenüber den produkt- und fachspezifischen Aussagen zum Ausdruck. Es dominieren die indirekten Werbemittel der Massenkommunikation. Die Werbeaufgaben der Chemieunternehmung beschränken sich dann auf die grundlegende Werbeplanung und Koordination, wobei gleichzeitig produkt- und anwendungsbezogene Informationen zur gestalterischen Verwertung an die fremden Werbespezialisten zu übertragen sind. Daneben werden die Werbeagenturen häufig mit den Aufgaben der *Firmenwerbung* betraut, die gewöhnlich weit in die Sphäre der gesamten Öffentlichkeitsarbeit hineinreichen. Besonders die Großfirmen der chemischen Industrie wollen bei ihren großen „Vertrauensfeldzügen" heute kaum noch darauf verzichten, die besten verfügbaren Ausdrucksleistungen und Gestaltungsmittel einzusetzen.

Anders ist die Situation bei der Masse der *chemischen Produktivgüter*. Je mehr die Markenartikeleigenschaft betont wird und je weiter der auch mit indirekten Werbemitteln anzusprechende Verwenderkreis gezogen ist, desto eher wird noch eine Agenturwerbung in Betracht kommen. Meistens besteht jedoch keine „Agenturfähigkeit", vor allem im Hinblick auf die zu niedrige Etathöhe. Die vorherrschende werbliche Betreuung dieser Produkte *in eigener Regie* wird allerdings auch als Positivum gewertet insofern, als das notwendige Schwergewicht der chemisch und technisch fundierten Argumentation dann besser gewährleistet ist. Dabei brauchen die spezifisch gestalterischen Komponenten der Produktpropagierung durchaus nicht vernachlässigt zu werden, denn zumindest der größeren Chemieunternehmung steht die Beschäftigung von Werbespezialisten genau so offen wie der Werbeagentur. Als eine Übergangslösung ist die gelegentliche Inanspruchnahme außenstehender Werbeberater anzusehen, vgl. [7.36].

7.142 Fachliche Anforderungen

Die Meinungen darüber, daß wenigstens die leitenden Werbefachleute im Chemiebetrieb sowohl mit dem chemischen und technischen als auch werblichen Bereich gleichzeitig vertraut sein müssen, sind einhellig. Dagegen bleibt es ein Streitpunkt, welches der beiden Fachgebiete vorherrschen und die Grundausbildung dieses Personals bestimmen müsse. In der Vergangenheit gab man wohl den chemischen und anwendungstechnischen Grundkenntnissen bei der Werbung für Produktivgüter oft den Vorzug. Eine solche Auffassung steht mit der Betonung der sachbezogenen, rational-informativen Aussagen der gesamten Produktivgüterwerbung in Einklang. Die Entscheidung nach der einen oder anderen Richtung dürfte aber kaum aus dem Schwierigkeitsgrad der Aneignung des zusätzlichen technischen oder werblichen Rüstzeugs herzuleiten sein. Die heute geforderten Spezialkenntnisse auf den Gebieten der Werbeplanung, Werbepsychologie, Mediaanalyse usw., vor allem aber die zum Übersetzen von Absatz- und Werbezielen in tragende Werbeideen, Werbefaktoren und Gestaltungsmittel notwendige Begabung sind erheblich. Die Begabung wird sich stets nur unvollkommen durch Kenntniserwerb, Erfahrung und Routine ersetzen lassen. Wird dagegen das Einarbeiten eines Werbefachmannes in die chemische und anwendungstechnische Materie befürwortet, so braucht man keinesfalls das umfassende Wissen eines Forschungschemikers, Produktionschemikers oder Anwendungstechnikers vorauszusetzen. Ohnehin werden die werblichen Aufgaben meistens zu vielseitig sein, als daß die chemischen und ingenieurtechnischen Kenntnisse eines einzigen Spezialisten ausreichen könnten. Es erscheint daher eher ein allgemeines chemisches und technisches Verständnis seitens des Werbefachmanns als notwendige Voraussetzung für Gespräche mit den anderen Fachspezialisten erstrebenswert.

Die Chemiewerbung kann daher bei stark erklärungsbedürftigen Produkten und entsprechend hohen informativen Ansprüchen nur zu einem Teil von der eigenen Werbeabteilung oder einer Fremdagentur bewältigt werden. Dies ist bei vielen direkten Werbemitteln, wie etwa dem gesamten Druckschriftenmaterial, besonders offenkundig. Hier haben Anwendungstechniker und Verkaufskräfte die detaillierten Daten zur Charakterisierung der Produkte und Produktverwendungen sowie die den Verwendungsnutzen betonenden Argumente zu liefern. Bei der persönlichen Direktwerbung spielen Anwendungstechniker und die Verkäufer im Außendienst ohnehin die Hauptrolle. Die notwendigen dauernden Kontakte zwischen Werbefachleuten und anderen Stellen der Unternehmung sind auch ein Hauptgrund für die geringe Eignung selbständiger Werbeagenturen. Dagegen kann die Werbung für die meisten Konsumgüter oder für ein bestimmtes Firmenbild weitgehend frei nach rein werblichen Gesichtspunkten gestaltet werden, so daß sich zu den fachlichen Anforderungen keine Fragen ergeben.

7.143 Äußere Eingliederung der Werbeabteilung

Die Vorteile des engen Kontaktes mit technischen Fachkräften können bei den Werbeabteilungen der Investitionsgüterindustrie nicht nur für eine Besetzung mit Ingenieuren, sondern auch für eine organisatorische Zuordnung zur technischen Leitung sprechen [7.106]. Die Regelung ist aber bereits für die eigentliche Investitionsgüterindustrie von fraglichem Wert. Trotz des vielleicht verbesserten Zuganges zu den technischen Informationen und Argumenten ist das Herauslösen der Werbung als einer echten Teilfunktion des Vertriebes aus dem Gesamtverband der Vertriebsorganisation überwiegend nachteilig. In der chemischen Industrie würden sich zusätzliche Probleme daraus ergeben, daß in den größeren Unternehmungen kaum von einem einheitlichen „technischen Bereich" oder einer „technischen Leitung" gesprochen werden kann.

Das Eingliederungsproblem der Werbeabteilung ist vom Umfang der wahrgenommenen Aufgaben abhängig, was sich bereits bei der erstrangigen Frage nach der zentralen oder dezentralen Organisation kundtut.

Eine *zentrale Werbeabteilung* wäre zusammen mit anderen „Marketing-Diensten" als eine Abteilung mit Stabscharakter der Vertriebsleitung zu unterstellen. Spezielle Werbegesichtspunkte und werbepolitische Ziele sind durch diese Konzentration gut zu realisieren. Firmenwerbung und Ausbildung eines einheitlichen Werbestils erhalten günstige Vorbedingungen. Die Erfahrungen mit Fremdagenturen und Werbeberatern, mit Werbeträgern und Werbemitteln sind besser auszuwerten. Der Einsatz von eigenen Werbespezialisten und einer systematischen „Werbeforschung“ – etwa in enger Beziehung zur Marktforschung – verspricht höhere Wirkungsgrade. Im allgemeinen läßt die Zentralisierung eine Aufwertung der Werbung erwarten.

Selbst für die große Chemiefirma Du Pont wurde die Bewährung einer zentralen Werbeabteilung innerhalb der Stabsabteilungen der Konzernleitung dargetan, welche die Werbeaufgaben für alle 12 Divisionen bzw. deren Vertriebsabteilungen des Konzerns wahrzunehmen hat. Die interne Gliederung dieser zentralen Werbeabteilung ist genau auf die Organisation der Divisionen und ihrer Verkaufsabteilungen abgestimmt. Die Gliederung folgt nicht nur den Produktionsgebieten der Divisionen, sondern in der Tiefe auch der weiteren Feingliederung der divisionalen Verkaufsabteilungen etwa nach Produkten oder Verwendungsgebieten. 1962 waren in der zentralen Werbung 23 Werbeleiter sowie insgesamt 175 Werbespezialisten für 78 verschiedene Werbebudgets und zur werblichen Unterstützung von etwa 1200 Produktgruppen tätig, wobei sich das Werbebudget bei über 2 Milliarden $ Konzernumsatz auf etwa 39 Millionen $ belief (Werbekostenhöhe rund 2% vom Umsatz). Neben der parallel zur Verkaufsorganisation ausgerichteten Gliederung umfaßte die Werbeabteilung damals weitere 8 Untergruppen für allgemeine Werbeaufgaben (Werbeforschung, Werbeplanung und -budgetierung, graphische Gestaltung, Ausstellungswesen usw.). Um die notwendige enge Zusammenarbeit mit den Verkaufsabteilungen der divisional verselbständigten Sparten zu gewährleisten, sind die Werbeabteilungen diesen gegenüber zusätzlich funktional unterstellt [7.24].

Organisatorische Schwierigkeiten aus der doppelten Unterstellung wird man bei durchgehend *dezentraler* Eingliederung entsprechend kleinerer Werbeabteilungen in die verschiedenen Vertriebssparten vermeiden. In der produktbezogenen Verkaufswerbung ist der enge Kontakt mit den Verkaufsabteilungen als „Auftraggebern“ sichergestellt, wobei jedoch viele der oben genannten Vorzüge einer Zentralisation verlorengehen. Im übrigen ist die Koordination der Werbung mit anderen Fachgebieten damit noch nicht völlig gelöst, denn vielfach wird auch die *Anwendungstechnik* einzuschalten sein.

Dies geht aus Ablauforganisation und Instanzenweg für die Bearbeitung einer Werbeaufgabe in einem chemischen Großbetrieb hervor, die wie folgt geschildert wurde [7.35]:

1. Anforderung der Werbeaufgabe durch den Leiter einer Verkaufsabteilung.
2. Aufgabenübertragung durch den Werbeleiter an einen zuständigen Werbeassistenten.
3. Werbeassistent und Sachbearbeiter der Verkaufsgruppe nehmen den Kontakt auf.
4. Der Werbeassistent wendet sich zur Gewinnung weiterer Informationen an den zuständigen Sachbearbeiter der Anwendungstechnik.
5. Der Werbeassistent entwickelt den ersten Werbeentwurf und stimmt diesen mit dem Werbeleiter ab; letzterer bringt evtl. weitere werbliche Gesichtspunkte zur Geltung.
6. Der Entwurf wird in wichtigen Fällen dem Leiter der Anwendungstechnik zur Genehmigung vorgelegt, die sich auf die Richtigkeit der sachlichen Aussagen bezieht.
7. Der Entwurf ist von der Verkaufsabteilung im Hinblick auf die verkaufspolitischen Aussagen zu genehmigen.
8. Schlußprüfung des Entwurfs durch den Werbeleiter. Falls die inzwischen vorgenommenen Änderungen den Werbewert beeinträchtigen, sind weitere Abstimmungen notwendig.

Um bestimmte einheitliche Gesichtspunkte für die Werbung durchzusetzen, wird sich neben der dezentralen Spartenwerbung eine übergeordnete Gruppe bei der Gesamtvertriebsleitung bewähren, der auch die Firmenwerbung und einige allgemeinere Werbeaufgaben übertragen werden können. Das ergibt weitere Abstimmungsprobleme.

Schließlich stellt sich mit der *Exportwerbung* die Frage der alternativen Schwerpunktverlagerung der Werbung auf die Innen- oder Außenorganisation. Trotz des internationalen Charakters einiger Werbemittel in der chemischen Industrie (bedeutende und weltweit verbreitete chemische und nach Abnehmerbranchen orientierte Fachzeitschriften als Insertionsträger, Ausstellungen, in der Zentrale zu erarbeitende anwendungstechnische Druckschriften) bringt die Regionalwerbung in den Exportmärkten zusätzliche Werbeaufgaben mit sich. Man findet dabei Aufgabenabgrenzungen zwischen Zentrale und den Vertriebsstellen der Exportländer ganz verschiedener Art. Die Mitwirkung der Außenstellen ist notwendig, weil meistens eine besondere Abstimmung der Werbemaßnahmen auf die jeweiligen Vertriebsbedingungen, die Mentalität der Zielgruppen usw. unumgänglich ist. Trotz solcher weiterer Differenzierungen sind die vereinheitlichenden Faktoren des Werbestils und der Firmenwerbung nicht außer acht zu lassen.

Eine große Chemieunternehmung der BRD überläßt z.B. den ausländischen Niederlassungen und Vertretungen auf dem Gebiet der Werbung für Pflanzenschutzmittel weitgehende Eigenverantwortlichkeit, während die Firmenwerbung von der Zentrale aus „eine Art geistiges Band um die Vielheit der ausländischen Vertretungen schlingen soll" [7.149, Jg. 1965, S. 286]. Für die Firmenwerbung werden bedeutende übernationale Fachzeitschriften bevorzugt, welche nur die landwirtschaftliche Führungsschicht ansprechen und eine Überschneidung mit der nationalen Werbung der Vertretungen vermeiden. Die Exportwerbung der amerikanischen chemischen Industrie soll von der großen Selbständigkeit der Auslandsvertretungen beherrscht sein. Dennoch wird man Unwirtschaftlichkeiten durch Vervielfachung zahlreicher Aufgaben vermeiden und insbesondere danach trachten müssen, den sachlich-informatorischen Gehalt der von der Zentrale ausgearbeiteten Inlandswerbung auch im Ausland bestmöglich zu verwerten. Einfache Übersetzungen sind am ehesten dann möglich, wenn sich die Werbeaussagen auf rein chemische und anwendungstechnische Daten sowie sachliche Produkt- und Verwendungshinweise konzentrieren [7.46].

Wegen der engen Arbeitsbeziehungen zur *Öffentlichkeitsarbeit*, aber auch aus Kostengründen kann die stellenmäßige Zusammenfassung von Werbung und Öffentlichkeitsarbeit gerechtfertigt sein. Dies wurde durch zahlreiche Reorganisationen innerhalb amerikanischer Chemieunternehmungen während der letzten Jahre bestätigt [7.113]. Innerhalb der Großbetriebe wird die Öffentlichkeitsarbeit allerdings noch überwiegend gesondert wahrgenommen, nämlich durch eine Presseabteilung, volkswirtschaftliche Abteilung, ein Direktionssekretariat oder eine Spezialstelle für Öffentlichkeitsarbeit außerhalb der Werbeabteilung.

7.144 Innere Abteilungsgliederung

In Anlehnung an die in einem chemischen Großbetrieb der BRD vorgefundenen Verhältnisse ist in Abb. 7.2 ein Gliederungsbeispiel für die Innenorganisation einer großen zentralen Werbeabteilung wiedergegeben. Die Abteilung Firmenwerbung wird nicht nur eng mit der Stelle für Öffentlichkeitsarbeit, sondern auch gut mit den verschiedenen Gruppen für die produktbezogene Verkaufswerbung zusammenarbeiten müssen, was bei einer zentralen Werbeabteilung erleichtert ist. Das weitere Gliederungsschema der Verkaufswerbung ist an die Organisation der Verkaufsabteilungen anzulehnen, allerdings unter Vereinfachungen.

Anstelle der angedeuteten objektweisen Tiefengliederung findet man die verschiedenen großen Produktgruppen mit Spartenbedeutung auch nebeneinander. Hier werden die Werbeideen und Werbeentwürfe konzipiert. Dabei ist fraglich, ob

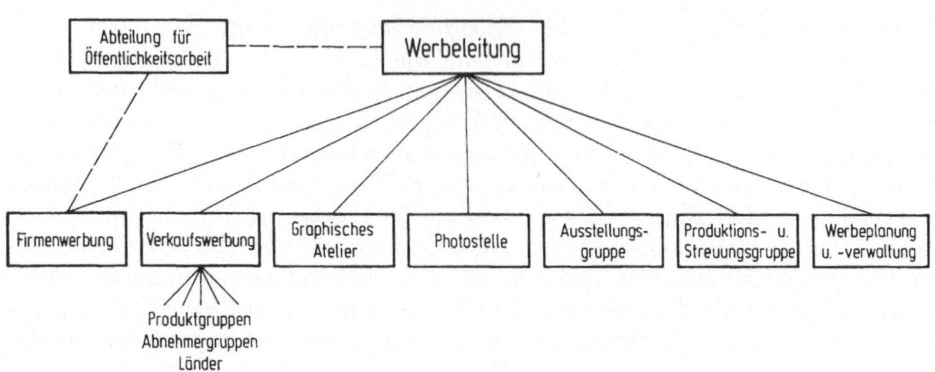

Abb. 7.2 Gliederungsbeispiel einer zentralen Werbeabteilung.

nicht die im Schema der Abb. 7.2 als verselbständigt angenommenen allgemeinen Werbefunktionen (besonders graphische Ateliers, Produktions- und Streuungsgruppe) ebenfalls aufgeteilt werden. Wesentliche Gesichtspunkte sprechen für eine Zentralisierung dieser Funktionen, wie etwa die besonderen Arbeitsmethoden und Einrichtungen bei der Photostelle und Ausstellungsgruppe. Die Produktionsgruppe ist verantwortlich für die Herstellung und Vervielfältigung der verbreitungsreifen Werbemittel (Verbindung mit Druckereien, Setzereien, Klischieranstalten usw.), die Streuungsgruppe für die Verbreitung der Werbemittel (Verbindung mit Annoncenexpeditionen, Zeitschriftenverlagen usw.) [7.10; 7.11]. Bei starker Spezialisierung der Fachzeitschriften entsprechend der Gliederung der Verkaufswerbung wird allerdings die Streuplanung auch gut bei den Verkaufswerbefachleuten bleiben können. Werbeplanung und -verwaltung beinhalten schließlich die typischen Aufgaben des Werbekaufmanns.

Die gesamte Innenorganisation ist im übrigen von der Größe der Werbeabteilung und dem Ausmaß der Zusammenarbeit mit selbständigen Werbeagenturen, Werbeberatern und -gestaltern abhängig. Das Personal für die betroffenen Werbeobjekte (Konsumgüter, Rohstoffmarken, Firmenwerbung) und Werbefunktionen (Gebrauchsgraphik, Werbephotographie usw.) schrumpft im Falle der weitgehenden Ausgliederung der Werbung auf wenige haupt- oder sogar nebenamtliche Kontaktpersonen zusammen.

7.15 Kosten der Chemiewerbung

Zur Beurteilung der Werbeintensität eines Wirtschaftszweiges wird in erster Linie die Gesamthöhe der Werbeaufwendungen zur Bildung bestimmter Kennziffern herangezogen. Hiervon ist die Kennziffer des gesamten *Werbekostenanteils am Umsatz* am wichtigsten. Überbetriebliche Werbekostenerhebungen und -vergleiche treffen auf die Schwierigkeiten unzureichend genauer und vergleichbarer *Werbekostenabgrenzungen*. Dies gilt besonders hinsichtlich der Kosten einer eigenen Werbeabteilung (Werbestellenkosten) und der anteiligen Werbekostenbelastungen, die durch Inanspruchnahme anderer Abteilungen entstehen, wie etwa der Anwendungstechnik zur Erarbeitung von Druckschriften. Am zuverlässigsten sind die Werbekosten der bedeutenden indirekten Werbemittel zu erfassen, die durch Ankauf von Raum und Zeit der fremden Werbeträger entstehen (Anzeigenwerbung, Rundfunk- und Fernsehwerbung, Außenwerbung). Dieser von außen meßbare oder gemessene Werbeaufwand wird den Vergleichen häufig allein zugrunde gelegt, jedoch ergeben sich durch Vernachlässigung der betriebsinternen Kostenanteile leicht Fehlbeurteilungen. Schließlich ist auch die Publizität der Werbekostendaten bislang noch gering.

Die durchschnittlichen Werbekosten der chemischen Industrie werden durch die werbeintensiven Konsumgütersparten in die Höhe gedrückt. In gleicher Richtung wirken die Stufenwerbung mit ihrer Ausdehnung der vertikalen Zielgruppen, die Publikumswerbung für durchgehende Rohstoffmarkierungen und kooperative Werbemaßnahmen (Werbezuschüsse an Nachverarbeiter). Die Firmenwerbung dürfte die Werbekosten jedoch kaum anheben, da sie häufig stellvertretend für die produktbezogene Verkaufswerbung eingesetzt wird.

Für die chemische Industrie erscheint daher eine differenzierte Darstellung der Werbekostenanteile am Umsatz für die verschiedenen wichtigsten *Teilbranchen* aussagefähiger als der globale Durchschnittssatz.

Zahlenmäßige Unterlagen dazu stehen bislang überwiegend nur aus den USA zur Verfügung, und zwar besonders in Gestalt der Werbekostenuntersuchungen für die amerikanische Industrie durch die Zeitschrift „Advertising Age" seit 1954. Diese beruhen auf der Auswertung von Einkommens- und Körperschaftssteuererklärungen, auf der Erfassung aller und nicht nur der gemessenen Werbekosten und erstrecken sich sowohl auf eine funktionale Gliederung der Industrie nach Warengruppen (erfaßt werden 274 Warengruppen) als auch auf eine institutionale Betrachtung einer Auswahl von 125 großen Unternehmungen [7.2; 7.4; 7.5; 7.85]. Aus beiden Erhebungsbereichen sind in Tab. 7.1, 7.2 und 7.8 einige für die chemische Industrie wichtige Zahlen mitgeteilt, wobei auf die Schwierigkeiten der Abgrenzung von Teilbranchen wegen der großen komplexen Chemieunternehmungen hinzuweisen ist.

Wenn durch die genannten Erhebungen damals ein Durchschnittssatz von 1,16% vom Umsatz für sämtliche Industriebranchen festgestellt wurde, so erscheint der Branchendurchschnitt der chemischen Industrie mit rund 4% recht hoch (Tab. 7.1). Die chemischen Produktivgütersparten lagen etwa in der Größenordnung des gesamtindustriellen Mittelwertes und übertrafen dabei andere Industriezweige des Produktivgüterbereichs noch deutlich. Extrem hohe Werbekostenbelastungen weisen dagegen die chemischen Konsumgütersparten auf. Die Auswahl firmenbezogener Daten in Tab. 7.2 vermittelt weitere Anhaltspunkte. Die sechs großen komplexen Chemieunternehmungen stehen überwiegend im Produktivgüterbereich, jedoch sind ebenfalls Konsumgütersparten eingeschlossen. Auch die Stufenwerbung für Rohstoffmarken bis zum Konsumenten wird in beachtlichem Umfang durchgeführt.

Zur Kennzeichnung der Verhältnisse in Deutschland konnte in Tab. 7.3 bzw. 8.3 für einige *Konsumgütergruppen* auf statistisch gesicherte Ergebnisse von Repräsentativbefragungen zurückgegriffen werden. Weitere Angaben wurden aufgrund verschiedener Schätzun-

Tabelle 7.1 *Umsatzanteile der Werbekosten nach Industriezweigen mit überwiegendem Produktivgüterabsatz in den USA 1962/63* [7.4; 7.85]

Industriezweig	Anteil [%]	Industriezweig	Anteil [%]
Chemische Industrie	3,99	Bergbau	0,21
Industriechemikalien	1,16	Bauwirtschaft	0,23
Chemiewerkstoffe	1,30	Papier- und Zellstoffindustrie	0,80
Pharmazeutika	10,51	Erdölverarbeitung	0,50
Seifen, Reinigungsmittel	7,91	Glas und Keramik	0,78
Farben und Lacke	1,65	Metallindustrie	0,38
Kosmetika	14,72		

Tabelle 7.2 *Umsatzanteile der Werbekosten in den USA 1964* [7.4; 7.85]

Teilbranche und Firma	Umsatz [10^6 $]	Anteil [%]	Teilbranche und Firma	Umsatz [10^6 $]	Anteil [%]
Komplexe Chemieunternehmungen			*Pharmazeutika, Kosmetika*		
Cyanamid	631	7,1	Block Drug Co.	33	48,1
Olin Mathieson	816	2,0	Alberto-Culver Co.	102	39,4
E. I. du Pont	2204	1,9	Bristol-Meyers	265	34,7
Dow	885	1,9	Warner-Lambert	214	26,2
Union Carbide	1879	1,1	Sterling Drug Inc.	142	21,8
Monsanto	1073	0,9	Revlon Inc.	168	13,7
Durchschnitt 6 Firmen	7488	2,0	Amer. Home Products	619	11,8
			Smith, Kline & French	175	10,2
Seifen, Reinigungsmittel			Johnson & Johnson	385	5,7
Colgate-Palmolive	387	21,8	Chas. Pfizer & Co.	257	5,7
Lever Bros.	436	20,4	Avon Products	252	5,2
Drackett	59	15,1	Durchschnitt 23 Firmen	3446	16,9
Procter & Gamble	2059	10,9	*Photoerzeugnisse*		
S. C. Johnson	160	10,8	Eastman Kodak Co.	1237	3,3
Purex Corp.	161	6,2	Polaroid Corp.	129	6,6
Durchschnitt 6 Firmen	3262	13,2	Durchschnitt 2 Firmen	1366	3,6

Tabelle 7.3 *Richtwerte des Werbekostenanteils am Umsatz in der chemischen Industrie der BRD*

Teilbranche bzw. Produktgruppe	Anteil [%]
Komplexe Chemieunternehmungen	1,5–2,5
Industriechemikalien	0,1–0,6
Produktivgüterspezialitäten	
Verschiedene Industriehilfsmittel	0,2–1,0
Teerfarbstoffe	0,6–1,0
Düngemittel, große Felddünger	0,5–0,7
Düngemittelspezialprodukte	1,5
Kunststoffe, alteingeführte Produkte	0,4–0,8
Kunststoffe, neue Produkte	1,5–3
Chemiefasern mit mehrstufiger Markierung	3–5
Konsumgüterspezialitäten	
Arzneimittel	5–25
Körperpflegemittel (Tab. 8.3)	17,1
Seifen, Wasch-, Putz- u. Reinigungsmittel (Tab. 8.3)	13,6
Photofilme (Tab. 8.3)	6,4

gen von Experten aus der chemischen Industrie zusammengestellt. Es zeigt sich größenordnungsmäßig eine Übereinstimmung mit den Verhältnissen in den USA. Für die Chemiegroßunternehmungen mit gemischtem Programm scheint ein Mittelwert von etwa 2% international repräsentativ zu sein. Für Industriechemikalien werden bei uns etwas niedrigere Werte genannt, ausnahmsweise sogar nur 0,1% vom Umsatz, jedoch erscheint dabei die vollständige Berücksichtigung aller Werbekostenelemente fraglich. Eine große Rolle spielen naturgemäß Alter und Reifegrad der Produkte, wobei die Stadien der Markteinführung Spitzensätze erfordern. Für die Pharmawerbung neuer Produkte wurden auch in der BRD gelegentlich kurzfristige Werbekostenbelastungen bis zu 30% vom Umsatz genannt.

Der Einfluß der *Betriebsgröße* auf die Höhe der Werbekosten ist im allgemeinen dahingehend bestätigt, daß die Sätze mit zunehmender Betriebsgröße abnehmen. Besonders im Bereich der Konsumgüter führen die subjektiven Unterschiede in der Beurteilung der Absatzbedeutung der Werbung zu einer erheblichen Streuung der Werbekosten. Bei 6 amerikanischen Firmen der Seifen- und Waschmittelindustrie schwankten die Werte zwischen 6,2 und 21,8% um ein mit den Umsätzen gewogenes arithmetisches Mittel von 13,2%, während in der pharmazeutischen und kosmetischen Industrie der Schwankungsbereich bei 23 Firmen sogar zwischen 5,2 und 48,1% mit einem entsprechenden Mittelwert von 16,9% lag (Tab. 7.2).

Weitere Kenngrößen zur Beurteilung der Werbekosten setzen diese als absolute Beträge mit den Produkten oder Produktmarken in Beziehung (Kap. 7.321), oder es werden Aussagen über die innere Gliederung des Werbe-Etats getroffen (Kap. 7.61).

7.2 Werbefaktoren und werbliche Gestaltungselemente

7.21 Sachlich-informative Argumentation

Nach langjährigen literarischen Auseinandersetzungen hat sich heute für die Produktivgüter- und insbesondere Investitionsgüterwerbung die Auffassung durchgesetzt, daß die *Werbeaussagen* inhaltlich vor allem *sachlich-informativ* sein müßten, und zwar hinsichtlich der angebotenen Produkte, ihrer Eigenschaften, Verwendungsmöglichkeiten und Nutzenwirkungen. Dies ist zweifellos eine naheliegende Konsequenz aus den besonderen Absatzbedingungen der Produktivgüter und der überwiegend rationalen Fundierung der Einkaufsentscheidungen. Die Polemik entwickelte sich aus der früher in der Investitionsgüterwerbung vorherrschenden Firmenwerbung repräsentativen Charakters, die mit der Zeit zu uninteressanten, ausdruckslosen und stereotypen Wiederholungen geführt hatte. Man hielt eben die Werbung zur Übermittlung wichtiger und umfassender Produktinformationen einfach für ungeeignet und wollte diese Aufgaben dem direkten Verkaufsgespräch vorbehalten. Außerdem zeigte sich hierin nochmals die Neigung zur größeren Zurückhaltung. Der Hinweis auf Name, Produktionsprogramm, bisherige Leistungen und Vertrauenswürdigkeit der Unternehmung war dann das einzige, was man konzedieren wollte, ähnlich den Visitenkarten oder schlichten Hausschildern der freien akademischen Berufe, vgl. [7.20; 7.64; 7.66; 7.69].

Die neuere Entwicklung der Produktivgüterwerbung hat damit die produktbezogene Verkaufswerbung gegenüber der Firmenwerbung gefördert. Dennoch wird der Firmenwerbung in den modernen, ebenfalls mehr informierenden als repräsentierenden Erscheinungsformen nach wie vor ihre Berechtigung zuerkannt. Folgendes Bestreben kommt hierin zum Ausdruck: Intensivierung und Rationalisierung der Vertriebstätigkeit, indem die Werbung den Absatz unmittelbar fördert und die anderen Vertriebsfunktionen entlastet.

Mit der stärkeren Produkt- und Verkaufsbezogenheit der technisch-industriellen Werbung hat sich auch eine Auflockerung in den verwendeten Gestaltungsmitteln ergeben. Inhaltliche Werbeaussagen und formale Gestaltungselemente sind eigentlich nicht unabhängig voneinander oder gar Gegensätze, sondern verlangen eine Synthese zur einheitlichen, wirkungsvollen Werbekonzeption. Trotz der informativen Aussage ist eine ansprechende, sympathieweckende und höhere Aufmerksamkeit erlangende Gestaltung vorteilhaft. Auch die Werbung für Produktivgüter wird sich heute der in begrenztem Umfang ebenfalls irrational motivierten Einkaufspräferenzen stärker bewußt. Werbepsychologische Rücksichten gewinnen mehr Raum, womit der freizügigere Einsatz der Gestaltungsmittel Hand in Hand geht. Anders als bei den Konsumgütern sind aber die Grenzen viel enger gezogen. Ein Zuviel an Gestaltung erweckt leicht die Gefahren des Mißtrauens oder der Verstimmung wegen der sachlichen Abschweifung und Ablenkung. Gerade in der Chemiewerbung verführt die Ausdruckslosigkeit der Produkte und der Mangel an schlagkräftigen produktbezogenen Argumenten leicht zur Einblendung recht entfernter Assoziationen. Suggestive Elemente, symbolische Abstraktionen und graphische Gestaltung sollten jedenfalls in der Chemiewerbung niemals die Oberhand gewinnen, vgl. [7.22; 7.33; 7.35; 7.44; 7.70; 7.86; 7.96; 7.100; 7.116; 7.131; 7.136; 7.137; 7.144; 7.146; 7.151; 7.153].

Art und Umfang der Informationen sind sowohl auf die gewählten Werbemittel als auch auf die Bedarfssituation und das Verständnis der Umworbenen auszurichten. Die Gefahr der Überladung mit einem zu reichlichen Informationsgehalt gilt eigentlich nur für die indirekten Werbemittel, sie ist bei anwendungstechnischen Druckschriften dagegen kaum zu befürchten. Die Informationsmöglichkeiten der Anzeigenwerbung sind begrenzt, aber ihre ,,flüchtigen“ Informationen können jederzeit durch ausdrücklich oder stillschweigend angebotene weitergehende Informationen ergänzt werden. Das Ausmaß an ,,chemischem Verständnis“ bei den Personen der verschiedenen Zielgruppen ist sorgfältig zu berücksichtigen. Den Landwirt wird man beispielsweise hinsichtlich der angebotenen Produkte nur über die unmittelbaren Nutzenwirkungen zu unterrichten haben, ein Wissenschaftler verlangt vielleicht nicht nur Mitteilungen über Produkteigenschaften und -wirkungen, sondern auch eine Aufklärung ihrer Ursachen und des Wirkungsmechanismus in allen Einzelheiten. In einem Fall leidet die informative Werbeargumentation bei altbekannten Industriechemikalien unter dem Mangel an neuen und interessanten Tatsachen, im anderen Fall ergeben sich Hemmnisse aus dem zu geringen chemischen Verständnis der Umworbenen.

7.22 Psychologisch-emotionale Werbefaktoren

Sollen in der Werbung für Produktivgüter die klare und wahre, rationale Information vorherrschen und *gefühlsmäßige Motive* nur sehr zurückhaltend angesprochen werden, so liegt das Schwergewicht bei der Konsumgüterwerbung umgekehrt. Je mehr die Erklärungsbedürftigkeit und Erklärungsfähigkeit der Konsumgüter zurücktritt – was vor allem bei vielen problemlosen Markenartikeln verwirklicht ist –, desto mehr konzentriert sich die Werbung auf die Reizung triebhafter Schichten und die Betonung gefühlsmäßig bedingter Zusatznutzen. Solange wesentliche chemische Produktneuerungen offeriert werden können, dürften auch der Konsumgüterwerbung noch genügend handfeste Argumente im Bereich des Grundnutzens zur Verfügung stehen. Bei der Verschärfung des Konkurrenzkampfes zwischen zahlreichen ähnlichen Produkten werden jedoch weitere und oft geradezu fingierte Nutzenvorstellungen erschlossen. Die Werbung erhält dann ein immer eigenständigeres Wirkungsfeld.

Selbst weit hergeholte gefühlsbetonte Zusatznutzen lassen sich durch zielgerichtete psychologische Appelle im Bewußtsein des Konsumenten verankern und mit den Produkten in Zusammenhang bringen, wobei die Idee des Produkt- oder Firmenbildes eine große Rolle spielt. Bei einigen chemischen Konsumgütergruppen, wie etwa den dekorativen Kosmetika, ist das Ansprechen des Emotionalen ohnehin naheliegend. Das Schaffen eines geeigneten Image erlaubt es aber, verkaufskräftige Gefühlsassoziationen auch bei recht nüchternen und sonst nur nach dem Grundnutzen beurteilten Produkten durchzusetzen. So wird dem Konsumenten etwa bewußt gemacht, daß er durch die Verwendung von Kunststoffartikeln mit einer bestimmten Markenprovenienz besonders modern, fortschrittlich, seiner Umwelt sympathisch, als Erfolgsmensch eingeschätzt wird und ähnliches. Es ist erstaunlich, welche Stimmungslagen sowie persönliche und gesellschaftliche Aufwertungen des Verbrauchers selbst bei den banalen Gütern des Alltagsbedarfs durch die Werbung induziert werden. Die neue Entwicklung der *Marktsegmentierung* nach psychologischen Merkmalen des Konsumentenverhaltens ermöglicht eine noch konsequentere Ausrichtung der Werbestrategie in diese Richtung. Wir brauchen hier auf diese in der Werbe- und Konsumgütervertriebslehre ausreichend diskutierten Phänomene nicht weiter einzugehen.

Anklänge an diese gefühlsbetonte Werbung, welche das Lebenselement der Konsumgüterwerbung schlechthin darstellt, finden sich auch in der firmenbezogenen Vertrauenswerbung von Chemieunternehmungen, welche die Bedeutung ihrer rückwärtigen Herstellung von Produktivgütern für die Konsumgüterversorgung des Letztverbrauchers in der breiten Öffentlichkeit bekanntmachen möchten. Hier werden die eigenen Leistungen erörtert, die zur Bekämpfung der Nöte und zur Erfüllung vieler Wünsche des Menschen beitragen, obwohl bei unzureichend konkretisiertem Produktangebot oder wegen der zwischengeschalteten Wirtschaftsstufen die unmittelbare Absatzförderung nicht beabsichtigt ist.

7.23 Formale Gestaltungselemente

7.231 Graphik

Als bildliches Ausdrucksmittel hat die *Graphik* in der Chemiewerbung eine besondere Bedeutung erlangt. Um höhere Aufmerksamkeitswerte zu erzielen und auf die belebenden Wirkungen von Illustrationen nicht verzichten zu müssen, bieten sich graphische Gestaltungsmittel als überwiegend günstigere Alternativen gegenüber der Photographie in der Chemiewerbung geradezu an. Das Wesensmerkmal der *Abstraktion* verleiht der graphischen Veranschaulichung von chemischen Produkteigenschaften, Wirkungen usw. oft eine bevorzugte Eignung. Das Wesentliche kann hervorgehoben werden, die ausdruckslose Gestaltlosigkeit chemischer Produkte wird überwunden, die sonst unsichtbaren chemischen oder technischen Vorgänge lassen sich in einfacher und prägnanter Form versinnbildlichen. Als Beispiele sind zwei in ihrer schlichten und eindrucksvollen Art sowie klaren Linienführung als vorbildlich erscheinende Anzeigen für Landwirtschaftschemikalien wiedergegeben (Abb. 7.3 und 7.10).

Während sich die Wirkung von Düngemitteln in Wirklichkeit als unsichtbarer und pflanzenphysiologisch nicht leicht zu verstehender Vorgang vollzieht, ist der Zusammenhang zwischen der Düngung mit einem Komplexdünger und der Ertragsbildung in Abb. 7.3 in einfacher Weise verdeutlicht.

Wenn im Rahmen der Chemiewerbung der Gebrauchsgraphik bislang vielleicht von allen Wirtschaftszweigen die größten Chancen und Möglichkeiten eingeräumt

Abb. 7.3 Graphische Veranschaulichung der Wirkung eines Düngemittels.

wurden, so verbergen sich hierin allerdings auch die relativ größten Gefahren einer übertriebenen, ablenkenden oder sinnentstellenden Anwendung. Immer ist zu befürchten, daß sich die künstlerischen Gestaltungskräfte zum *Selbstzweck* entwickeln und der *Werbeidee* nicht mehr *unterordnen*. Je eigenwilliger die Gestaltung, desto uneinheitlicher wird gewöhnlich die Resonanz sein. Man muß hierbei berücksichtigen, daß in der chemischen Fachwerbung für Produktivgüter zumeist realistisch denkende Naturwissenschaftler, Techniker oder Kaufleute angesprochen werden, bei denen jedenfalls nicht ohne weiteres ein besonderes Verständnis für künstlerischen Ideenreichtum vorauszusetzen ist. Jedenfalls sind die graphischen Ausdrucksmittel in der Chemiewerbung umstritten [7.58; 7.59; 7.116; 7.117]. Das Studium zahlreicher Chemieinserate läßt nicht selten die erstrebenswerte Synthese interessanter Informationsgehalte mit der Bildgestaltung vermissen, während statt dessen eine anspruchsvolle, aber schlecht eingängige Graphik den informatorischen Text geradezu unterdrückt.

7.232 Technische Zeichnungen und Diagramme

In der Werbung für Investitionsgüter haben Konstruktionszeichnungen verschiedener Detaillierung, Fließbilder, Schaltpläne sowie Diagramme zur Veranschaulichung der Funktionen von Leistungs- und Kenndaten große Bedeutung, denn sie stellen wesentliche Verständigungsmittel des Ingenieurs dar.

In der Chemiewerbung haben aber die für die technisch-zeichnerische Darstellung prädestinierten Anlagegüter nur sekundäre Bedeutung, etwa im Zusammenhang mit der Anwendung bestimmter chemischer Hilfsstoffe oder Betriebsstoffe, wenn die Prozesse oder Apparaturen für ihren Einsatz gezeigt werden sollen. Häufiger sind Funktionsdiagramme zur Veranschaulichung von Produkteigenschaften, Nutzenwirkungen usw. in entsprechend umfassenden Werbeaussagen. Gelegentlich werden einfache Schemazeichnungen zur Verdeutlichung chemischer Produktwirkungen auch ohne graphische Ausdrucksmittel verwendet. Schließlich wächst die Bedeutung zeichnerischer Illustrationen naturgemäß bei der Darstellung geformter Folgeprodukte.

Höherer Gehalt—Bessere Stabilität

N

H

Pyrrol

mind. 98% (GC)

wird in technischen Mengen hergestellt

Formelschemen für Synthesemöglichkeiten mit Pyrrol verfügbar

CILAG - CHEMIE AG

8201 Schaffhausen, Schweiz

Abb. 7.4 Graphisch stilisierte Strukturformel in der Werbung für ein chemisches Zwischenprodukt.

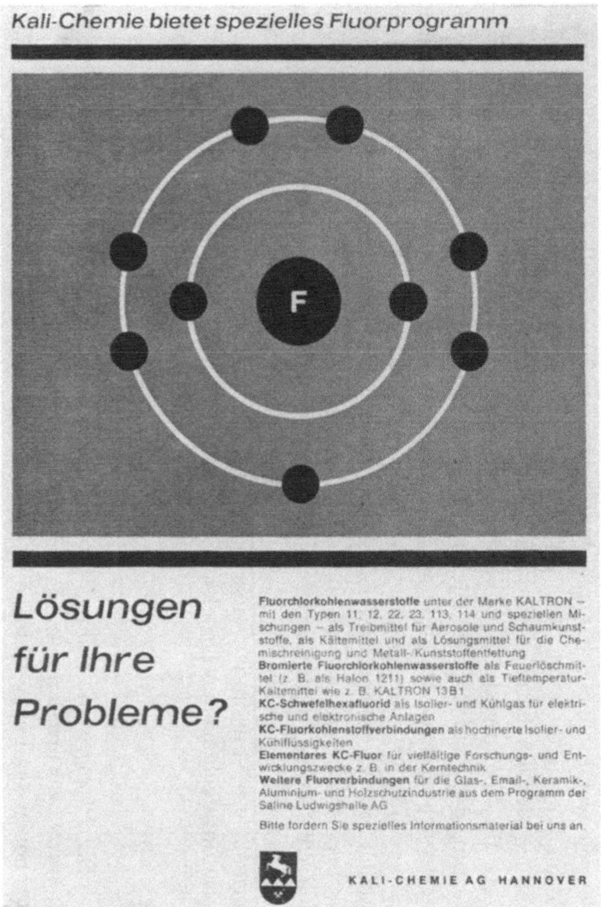

Abb. 7.5 Atommodell des Fluors in einer Anzeige für Fluorchemikalien.

Eigentlich sind auch die chemischen *Strukturformeln*, die als wichtigster Bestandteil der chemischen Fachsprache oft in die Werbung Eingang finden, zum Bereich technischer Schemazeichnungen zu rechnen. Selbst bei kettenförmigen Verbindungen, die auch ohne zeichnerische Hilfsmittel durch lineare Aneinanderreihung der Buchstabensymbole zu kennzeichnen wären, benutzt man bereits gern die Bindungsstriche zwischen den Atomgruppen zur zeichnerischen Aufwertung des Formelbildes. Die ringförmigen Verbindungen aber erfordern ohnehin eine zeichnerische Darstellung der Strukturformeln, wobei sich entsprechend größere Chancen zur graphischen Stilisierung bieten (Abb. 7.4). Auch das Atommodell mit Atomkern und Elektronenschalen tritt als Gegenstand der zeichnerischen Illustration auf (Abb. 7.5). Kaum Blickfang, sondern nur wissenschaftliche Verständigungsmittel sind dagegen Zeichnungen über komplizierte Bindungsverhältnisse, Hybridbahnen, optische Aktivitätsverhältnisse, Kristallgitter, Raumformeln usw. Sie finden sich nur in wissenschaftlichen Publikationen oder anwendungstechnischen Druckschriften mit hohem fachlichem Niveau.

7.233 Photographie

Die *Photographie* gelangt in der Chemiewerbung nur zu untergeordneter Bedeutung, was unmittelbar aus der Gestaltlosigkeit der Produkte hervorgeht. Auch das neben der Form wichtige zweite Lebenselement der Photographie, die Farbe, ist bei chemischen Produkten nur teilweise vorhanden, denn besonders die Masse der organischen Produkte ist farblos. Soweit aber Färbungen vorhanden sind (z. B. Teerfarbstoffe, Pigmente, Farben und Lacke), besteht beim chemischen Produkt selbst fast immer nur Einfarbigkeit, so daß für ansprechende Farbwiedergabe und Farbkompositionen schon mehrere Produkte zusammengefaßt bzw. die Folgeprodukte dargestellt werden müssen. In vielen Fällen werden die Farbkompositionen in der Werbung ganz frei und ohne genaue Bezugnahme auf die Farben des geführten Sortimentes gestaltet.

Für die photographische Darstellbarkeit der Folgeprodukte bringt erst deren *Formgebung* einen entscheidenden Gewinn. Dieser Weg ist bei den Chemiewerkstoffen (Abb. 7.6) oft gangbar, dagegen führt die Weiterverarbeitung der meisten chemischen Hilfsstoffe kaum zu deutlich sichtbaren Bestandteilen oder einer anschaulichen Veränderung der Folgeprodukte. Hilfsstoffe zur Herstellung von Färbungen gehören zu den wenigen Ausnahmen.

Die ungünstigen Voraussetzungen gelten auch für die meisten chemischen Konsumgüter, wo allerdings häufig die werblich ansprechend gestaltete *Packung* ersatzweise abgebildet wird. Die Packmittel und Transportmittel der Produktivgüter sind dazu wenig geeignet. Weitere Ausweichmöglichkeiten bietet die photographische Abbildung von Prüfvorgängen, der tätigen Chemiker, von Laboreinrichtungen, Verwendungssituationen, Rohstoffgrundlagen, Produktionsanlagen, aber auch von entfernten Objekten, denen als „Aufhänger" oder für die „Image-Bildung" irgendeine Bedeutung beigemessen wird. Man denke nur an die vielgestaltigen Möglichkeiten bildlicher Bezugnahmen, die zur Veranschaulichung der Schutzwirkungen chemischer Produkte (Pharmazeutika der Krankheitsprophylaxe) oder anderer Eigenschaften herangezogen werden können. Schließlich sind die Bildmotive der Firmen- und Vertrauenswerbung geradezu unerschöpflich.

Abb. 7.6 Photographische Abbildung eines Kunststoff-Folgeproduktes mit Texthinweis auf wichtige Stoffeigenschaften.

7.234 Textgestaltung

Die Bedeutung der *Textgestaltung* wächst im allgemeinen mit dem angestrebten Informationsgehalt der Werbemittel, so daß im Bereich der Produktivgüterwerbung ein entsprechendes Schwergewicht zu erwarten ist. Entscheidend ist vor allem die nach Umfang, Stil und Argumentation festgelegte inhaltliche Wirkung, jedoch erfordert auch das jeweilige Werbemittel mit seinen sonstigen formalen Gestaltungselementen eine sorgfältige Anpassung des Textes. Der hauptsächlich auf visuellem und nur selten auf akustischem Wege vermittelte Text bietet selbst nur wenig Möglichkeiten der rein formalen Ausdrucksgestaltung, wie etwa durch Schriftart und Schriftgröße sowie Textanordnung speziell in Kombination mit den Bildelementen. Die knappsten und relativ ausdrucksstärksten Textformulierungen begegnen uns im *Plakatstil* der Werbung (neben Bildelementen nur wenige Wörter und Schlagzeilen). Das andere Extrem der möglichst schlichten und rein sachlichen Informationsübermittlung tritt dagegen in den sog. redaktionellen und im Reportagestil gehaltenen Anzeigen sowie in den anwendungstechnischen Druckschriften hervor.

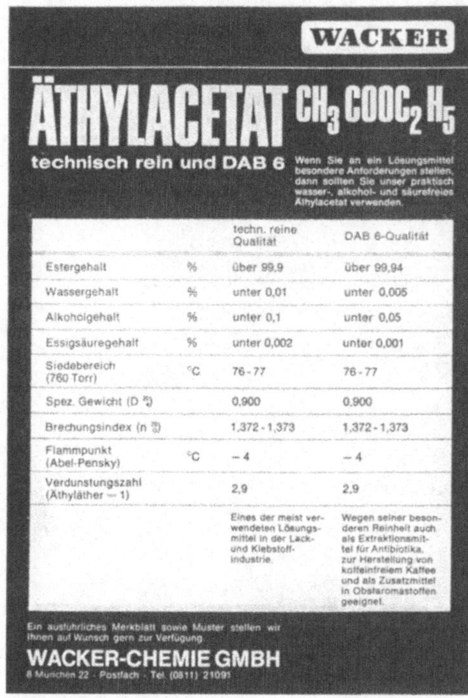

WACKER

ÄTHYLACETAT $CH_3COOC_2H_5$

technisch rein und DAB 6

Wenn Sie an ein Lösungsmittel besondere Anforderungen stellen, dann sollten Sie unser praktisch wasser-, alkohol- und säurefreies Äthylacetat verwenden.

		techn. reine Qualität	DAB 6-Qualität
Estergehalt	%	über 99,9	über 99,94
Wassergehalt	%	unter 0,01	unter 0,005
Alkoholgehalt	%	unter 0,1	unter 0,05
Essigsäuregehalt	%	unter 0,002	unter 0,001
Siedebereich (760 Torr)	°C	76-77	76-77
Spez. Gewicht (D)		0,900	0,900
Brechungsindex (n)		1,372-1,373	1,372-1,373
Flammpunkt (Abel-Pensky)	°C	−4	−4
Verdunstungszahl (Äthyläther = 1)		2,9	2,9
		Eines der meist verwendeten Lösungsmittel in der Lack- und Klebstoffindustrie.	Wegen seiner besonderen Reinheit auch als Extraktionsmittel für Antibiotika, zur Herstellung von koffeinfreiem Kaffee und als Zusatzmittel in Obstaromastoffen geeignet.

Ein ausführliches Merkblatt sowie Muster stellen wir Ihnen auf Wunsch gern zur Verfügung.

WACKER-CHEMIE GMBH

8 München 22 · Postfach · Tel. (0811) 21091

Abb. 7.7 Ganzseitige Textanzeige für ein Lösungsmittel mit Angabe wichtiger chemischer und physikalischer Qualitätskenndaten.

Abb. 7.8 Abbildung eines hochviskosen Produktes aus einer anwendungstechnischen Druckschrift der Hercules Powder Co.

Wenn in der chemischen Produktivgüterwerbung dem Text nicht selten die Hauptrolle zufällt, so kann man diese Beschränkung vielleicht auch als Beweis dafür ansehen, daß zur sachlichen Werbeaussage gut passende Illustrationsmittel nicht vorhanden sind und zur Vermeidung von „Ungereimtheiten" besser ganz darauf verzichtet wird. Die in der Verkaufswerbung für chemische Produkte so wichtige Mitteilung chemischer, physikalischer und anwendungstechnischer Daten der Produkte fällt ebenfalls in das Gebiet der Textgestaltung, wofür die Anzeigenwerbung freilich relativ wenig Raum bietet und hauptsächlich Druckschriften in Frage kommen (Abb. 6.33; 7.7; 7.25). Umfassende Übersichtsinformationen über das Verkaufsprogramm, Einsatzgebiete und Verwendungszwecke der Produkte werden ebenfalls häufig mit einem Minimum an bildlichen Gestaltungselementen ausgeführt, und zwar besonders im Rahmen der Insertionswerbung und von Übersichtsprospekten (Abb. 7.9).

7.24 Darstellungsobjekte der Chemiewerbung

7.241 Das chemische Produkt

Normalerweise werden die eigenen *Erzeugnisse* in den Mittelpunkt aller Werbeaussagen gestellt. Die Chemiewerbung kann jedoch diese Forderung aus mehreren Gründen nur eingeschränkt realisieren und muß in hohem Maße auf andere Darstellungsobjekte ausweichen, was ihre spezielle Problematik wesentlich mitbegründet [7.8; 7.14; 7.40; 7.42; 7.45; 7.63; 7.65]. Zunächst bietet die schlechte Möglichkeit einer bildlichen Darstellung der formlosen Produkte (Gase, Flüssigkeiten, Dispersionen, Pulver, Granulate, Pasten usw.) eine ganz andere, nämlich ungünstigere Ausgangssituation als bei der Werbung etwa für Investitionsgüter. Nur ausnahmsweise ergeben sich interessante Illustrationsmöglichkeiten makroskopischer und mikroskopischer Kornstrukturen, bestimmter Meniskenbildungen oder Benetzungen durch Flüssigkeiten zur Veranschaulichung von Oberflächeneffekten, infolge hoher Zähigkeit plastisch wirkender Flüssigkeiten (Abb. 7.8) oder farbiger Produkte. Oft wird ersatzweise die Darstellung der verpackten Produkte, von Labor- oder Transportgefäßen gewählt. Sonst aber erschöpft sich die Bezugnahme auf das Produkt in der Wiedergabe der chemischen Formel als wissenschaftliches Produktsymbol (Abb. 6.10; 7.4) oder noch häufiger des Produktnamens. Hier wieder ist die Mitteilung der Markenbezeichnung gegenüber der wissenschaftlichen Bezeichnung meistens vorrangig. Gelegentlich ist es wirkungsvoll, die Produktbezeichnungen nicht als reinen Textbestandteil, sondern in Kombination mit dem Bildteil zu verwenden.

Das bei vielen Verwendern zu geringe oder fehlende chemische Verständnis läßt eine Konzentration der Werbeaussagen auf die chemische Zusammensetzung des Produktes und seine grundlegenden chemischen Merkmale mitunter nicht ratsam erscheinen. Auch die Unterdrückung der wissenschaftlichen Produktbezeichnung kann aus diesem Grunde geboten sein, obwohl hier auch Gesichtspunkte der Markendurchsetzung oder der Geheimhaltung hineinspielen.

Schließlich sind zahlreiche chemische Produkte (Industriechemikalien) zu gut bekannt, um noch interessante Ansatzpunkte für die Produktpropagierung zu bieten. Gern wird daher die den *Neuheiten* entgegengebrachte Aufmerksamkeit dazu benutzt, um etwa bei der Insertion von Neuheiten gleichzeitig auf andere Produkte des Absatzprogramms hinzuweisen.

Häufig sind die Aussagen auf die schlichte textliche Bekanntgabe der angebotenen Produkte reduziert, wobei entweder Einzelprodukte herausgestellt oder aber Übersichten über Ausschnitte oder die Gesamtheit des Produktangebotes mitgeteilt werden. Die Ausschnitte kommen bei einer Abstimmung der Werbeaussagen auf die besonderen Verwendungsinteressen der Zielgruppen in Frage. Die umrißhaften Hinweise auf das Programm mit wenigen Detailinformationen weisen deutliche Züge der Erinnerungs- und der Firmenwerbung auf.

7.242 Produktverwendungen

Der Chemiewerbung kommt es in besonderem Maße zugute, daß für die Argumentation in der Werbung heute allgemein in erster Linie eine *Verwendungsbetontheit* gefordert wird.

Die häufig mit ganzen Abnehmerbranchen zusammenfallenden Einsatzgebiete und die Verwendungszwecke sind wichtige, der Verwendungsvielfalt chemischer Produkte entsprechende Informationen. Sie werden häufig als gedrängte Übersichten vermittelt, wobei die nachfolgende Abgabe detaillierter Informationen an Interessierte auf anderen Wegen erfolgt, vor allem durch detaillierte Druckschriften, Verkaufskräfte und Anwendungstechniker.

Die Zuordnungen können zwischen verschiedenen Gliederungsebenen erfolgen, wie zwischen Produktgruppen bis herab zu einzelnen Produkttypen des Programms, den Einsatzgebieten und den mehr oder minder fein abgestuften Verwendungen. Während bei Einzelprodukten Verwendungshinweise ohne besondere Anordnungsschemata oft ausreichen, wird die Übersichtlichkeit in komplizierteren Fällen durch die Darstellung von Stammbäumen, Tabellen, Matrixanordnungen, Strahlenrastern und ähnlichem gefördert.

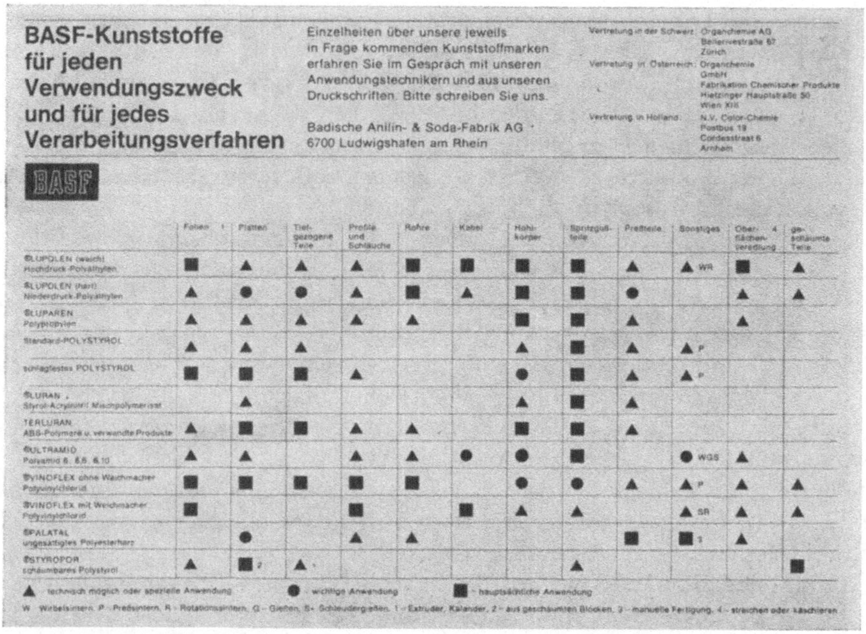

BASF-Kunststoffe für jeden Verwendungszweck und für jedes Verarbeitungsverfahren

Einzelheiten über unsere jeweils in Frage kommenden Kunststoffmarken erfahren Sie im Gespräch mit unseren Anwendungstechnikern und aus unseren Druckschriften. Bitte schreiben Sie uns.

Badische Anilin- & Soda-Fabrik AG
6700 Ludwigshafen am Rhein

Vertretung in der Schweiz: Organchemie AG, Bellerivestraße 67, Zürich
Vertretung in Österreich: Organchemie GmbH, Fabrikation Chemischer Produkte, Hietzinger Hauptstraße 50, Wien XIII
Vertretung in Holland: N.V. Color-Chemie, Postbus 19, Cordesstraat 6, Arnhem

BASF

	Folien 1	Platten	Tiefgezogene Teile	Profile und Schläuche	Rohre	Kabel	Hohlkörper	Spritzgußteile	Preßteile	Sonstiges	Oberflächenveredlung 4	geschäumte Teile
®LUPOLEN (weich) Hochdruck-Polyäthylen	■	▲	▲	▲	■	■	■	■	▲	▲ WR	■	▲
®LUPOLEN (hart) Niederdruck-Polyäthylen	▲	●	●	▲	■	▲	■	■	●		▲	▲
®LUPAREN Polypropylen	▲	▲	▲	▲	▲		■	■	▲		▲	
Standard-POLYSTYROL	▲	▲	▲				▲	■	▲	▲ P		
schlagfestes POLYSTYROL	■	■	■	▲			●	■	▲	▲ P		
®LURAN Styrol-Acrylnitril Mischpolymerisat		▲					▲	■	▲			
TERLURAN ABS-Polymere u. verwandte Produkte	▲	■	■	▲	▲		■	■	▲			
®ULTRAMID Polyamid 6, 6.6, 6.10	▲	▲		▲	▲	●	●	■		● WGS	▲	
®VINOFLEX ohne Weichmacher Polyvinylchlorid	■	■	■	■	■		●	●	▲	▲ P	▲	▲
®VINOFLEX mit Weichmacher Polyvinylchlorid	■			■		■	▲	▲		▲ SR	▲	▲
®PALATAL ungesättigtes Polyesterharz		●		▲	▲				■	■ 3	▲	
®STYROPOR schäumbares Polystyrol	▲	■ 2	▲					▲				■

▲ technisch möglich oder spezielle Anwendung ● wichtige Anwendung ■ hauptsächliche Anwendung

W Wirbelsintern, P Preßsintern, R Rotationssintern, G Gießen, S Schleudergießen, 1 Extruder, Kalander, 2 aus geschäumten Blöcken, 3 manuelle Fertigung, 4 streichen oder kaschieren

Abb. 7.9 Schachbrettdarstellung der Verwendungszwecke in der Anzeigenwerbung für Kunststoffe.

Die Schachbrettdarstellung in Abb. 7.9 setzt die wichtigsten Kunststoffproduktgruppen mit den nach Folgeprodukten (Halbzeuge) unterschiedenen Verwendungszwecken in Beziehung, wobei allerdings weder verschiedene Branchen noch einzelne der nach Hunderten zählenden Kunststofftypen genannt werden, um eine Überladung zu vermeiden. Zusätzliche Informationen bieten verschiedene Symbole für die Anwendungsbedeutung und eine zugeordnete Buchstabenkennzeichnung für geeignete formgebende Verarbeitungsverfahren.

7.243 Produkteigenschaften

Während die genannten Übersichten erste eingrenzende Vorinformationen über die Einsatzmöglichkeiten der angebotenen Produkte vermitteln, geht es in einer weiteren Stufe der verwendungsbetonten Chemiewerbung um stärker detaillierte Angaben zu den Produkteigenschaften. Nach wie vor kann es sich um schlichte, objektive Mitteilungen, etwa anwendungstechnischer Daten handeln. Es beginnt aber jetzt vor allem das Feld der wertenden, *argumentierenden Werbung* durch Betonung der besonderen Eignungsmerkmale und *Produktvorteile*. Da diese Aussagen wiederum auf Gesichtskreis und Interessenlage der Umworbenen auszurichten sind, legen chemische Vielzweckprodukte, abhängig von der Zielgruppe, oft ganz verschiedene Werbeaussagen nahe.

Bei den chemischen Produktivgütern sollen rational faßbare und beweisbare Tatsachen vorherrschen. Neben den wissenschaftlich-technischen Merkmalen des Produktes interessieren die konkreten betrieblichen sowie ökonomischen Vorteile. Bei einem Komplexdünger mit allen drei Grundnährstoffen sind Mischungen und die mehrfache Düngung entbehrlich, dagegen ist *eine* Düngergabe aus *einem* Sack voll ausreichend (Abb. 7.3). In der Werbung für Dünge- und Schädlingsbekämpfungsmittel wird man z.B. versuchen, die erzielbaren Mehrerträge je Einheit der landwirtschaftlichen Nutzfläche mitzuteilen. Gegenüber dem Handel sind andere Argumente ins Feld zu führen. Hier wird besonders auf die leichte und gewinnbringende Verkäuflichkeit des Produktes hingewiesen aufgrund seiner Qualität, Preisgünstigkeit sowie der Beratungs- und Werbemaßnahmen beim Verbraucher.

Da Produktwirkung und Produktnutzen selbst nicht gegenständlich sind, muß die Illustration ausweichen auf Folgeprodukte unter Hervorkehrung der durch das chemische Produkt erzielten Veränderung oder Verbesserung, auf die Darstellung von Anwendungssituationen und -vorgängen oder auf die abstrahierende symbolische Veranschaulichung von Wirkungen. Für die Bilddemonstration von Eigenschaften besonders der Gebrauchsgüterfolgeprodukte anhand realistischer oder auch symbolisch übertreibender Anwendungssituationen ergeben sich unerschöpfliche Möglichkeiten. Der auf eine Kunststoffschüssel aus Lupolen gesetzte Elefantenfuß zur Demonstration der geleisteten und vom Kunststoffgeschirr auch verlangten mechanischen Belastungsfähigkeit in einem Inserat der BASF mag hier als ein Beispiel für viele dienen. Gefahren entstehen dabei durch zu starke Ablenkung, Unwirklichkeit und zu weit hergeholte Zusammenhänge. Als Anknüpfungspunkte in der Firmen- und Vertrauenswerbung benutzt man gern dramatisch wirkende Illustrationen zur Abwendung großer Schäden und Gefahren mit Hilfe der eigenen Produkte (z.B. Feuerlöschmittel, Brandschutzbeschäumung von Rollbahnen für Flugzeugnotlandungen, Bekämpfung von Seuchen) oder über ermöglichte wissenschaftlich-technische Pionierleistungen hohen Allgemeininteresses (z.B. Chemiewerkstoffe in der Raumfahrt).

7.244 Negativaspekte unterlassener Produktverwendung

In der Werbung wird oft der Grundsatz befolgt, entsprechend der notwendigen optimistischen Grundeinstellung im gesamten Vertrieb und zur Erzielung einer positiven Hinstimmung des Verbrauchers die Andeutung von *Negativaspekten* zu vermeiden. Dennoch ist nicht zu leugnen, daß gerade das Anspielen auf negative Gefühle und Stimmungslagen (physischer Schmerz, Furcht vor Schäden, Betriebsstörungen, wirtschaftliche Verluste aller Art) starke emotionale Appelle und Anstöße zu solchen Überlegungen auslösen können, die zur Abwendung der Mangellagen, der Bedrohung usw. geeignet sind. Auch der Chemiewerbung ist eine solche Argumentation nicht fremd. Sie scheint uns im Bereich der Konsumgüter mit der empfindlich und unberechenbar reagierenden Psyche des Konsumenten bedenklicher zu sein als bei Produktivgütern. Konsumenten neigen im privaten Lebensbereich eher dazu, Unerfreuliches einfach in die Sphäre des Unterbewußtseins zu verweisen, so daß eine Weckung leicht Mißstimmungen

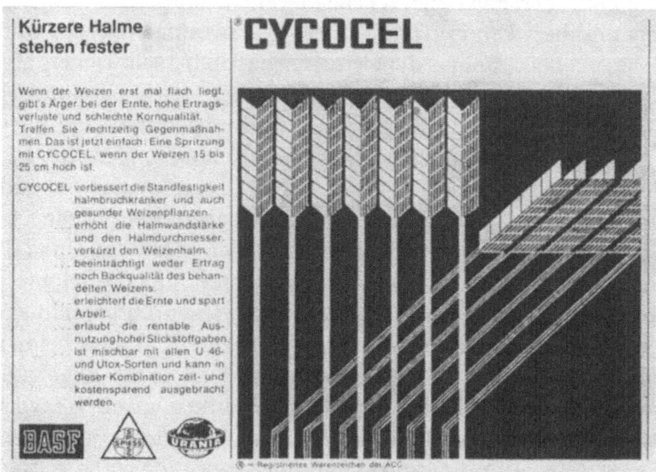

Abb. 7.10 Versinnbildlichung der Wirkung eines Halmwuchs-Kräftigungs-Mittels (Anzeigenwerbung in landwirtschaftlichen Fachzeitschriften).

hervorruft, die sich auf das Produkt übertragen können. Außerdem sind die Gefahren hier besonders groß, die Schwelle zum Geschmacklosen zu überschreiten. Der über die Verwendung von Produktivgütern entscheidende Fachmann hat sich dagegen ständig über die Folgen der Vornahme oder Unterlassung von Produktanwendungen „von Berufs wegen" Rechenschaft zu geben, so daß Hinweise auf mögliche Schäden oder einen Nutzentgang zumeist nur rationale, routinemäßige Entscheidungen auslösen.

In diesem Sinne sind der den Ernteertrag bedrohende Angriff der Insekten und die hierdurch verursachte sorgenvolle Miene des Landmanns in einem Inserat für Schädlingsbekämpfungsmittel zu verstehen. Wirkungsvoll ist die Darstellung des Kontrastes zwischen positiver Wirkung des Produktes und Unterlassung seiner Anwendung, wodurch dem positivem Erfolgsargument sogleich wieder zu seinem Recht verholfen wird (Abb. 7.10).

7.245 Folgeprodukte

Die Einbeziehung der *Folgeprodukte* mit ihren Produkteigenschaften ist eine gebräuchliche Maßnahme in der Chemiewerbung, die aus chemischen Produkteigenarten, dem Wesen des Produktivgütervertriebes und aus der vertikal vorgreifenden Werbung hervorgehen kann. Eine echte Stufenwerbung liegt jedoch erst dann vor, wenn hiermit eine Nachfragebelebung nach den Folgeprodukten selbst auf den Absatzmärkten zweiten und höheren Grades erreicht werden soll.

Zuweilen sind die unmittelbaren Folgeprodukte, wie etwa Profilmaterial, Folien oder Schrauben aus Kunststoff, für sich allein noch immer keine sehr imposanten Darstellungsobjekte. Man geht daher oft noch einen Schritt weiter und zeigt dem Verwender solcher Zwischenprodukte, wie sie vorteilhaft für seine Folgeprodukte *höheren Grades* verwendet werden können (z.B. Kunststoffbauteile in Maschinen, in Kunststoff-Folien verpackte Lebensmittel).

Folgeprodukte aus chemischer Verarbeitung behalten das ungünstige Merkmal der Gestaltlosigkeit, so daß meistens nur verbale Hinweise hierauf oder auf den Chemismus der Verarbeitungsreaktionen (Abb. 6.10) in Betracht kommen. Oft ist die Leistungsfähigkeit von Hilfsstoffen nur indirekt zu veranschaulichen, wie zum Beispiel bei der Darstellung komplizierter Holzkonstruktionen, die durch den Einsatz bestimmter Holzleime realisierbar sind. Der Leim als Konstruktionsbestandteil wird dabei kaum sichtbar.

Ähnlich sind bei den chemischen Wirkstoffen, die ja einen Substanzverlust bei der Anwendung erfahren, höchstens die erzielten Behandlungseffekte darstellbar gemäß dem Nutzen der Wirkstoffe im Hinblick auf Gebrauchstauglichkeits- und Werterhaltung, Verschönerung, Reinigung, biologische Wirkungen, Vermittlung der Funktionsfähigkeit. Hierfür kommen abstrakte oder auch mehr realistisch gehaltene Abbildungen in Frage.

7.246 Beziehungen des Produktes zum Naturhaften

Wenn man umgekehrt anstelle der Folgeprodukte die eigenen *Rohstoffe* zur Produktpropagierung herausstellt, so wird damit oft ein besonderer Qualitätsanspruch für das eigene Produkt aus der Hochwertigkeit des verarbeiteten Rohstoffs abgeleitet. Für die Chemiewerbung gewinnt dieses Phänomen besonders im Hinblick auf die Verarbeitung *natürlicher* Rohstoffe Bedeutung, wobei unter natürlichen Rohstoffen im Sprachgebrauch besonders die von der belebten Natur abgeleiteten Rohstoffe pflanzlicher und tierischer Herkunft verstanden werden. Diese erfahren nämlich gegenüber „künstlichen" Produkten häufig eine gefühlsmäßige Aufwertung. Eine solche werbliche Argumentation steht der chemischen Industrie allerdings nicht oft zu Gebote, vielmehr richtet sie sich sogar seitens konkurrierender Branchen meistens gegen die chemische Industrie.

Die günstigsten Voraussetzungen liegen bei der Gewinnung und Verarbeitung natürlicher Substanzen vor, wie etwa von Pflanzenextraktstoffen in der Heilmittel- und kosmetischen Industrie. Danach folgen die durch chemische oder biochemische Synthese nachgebildeten Naturstoffe, wie etwa Vitamine oder Enzyme, bei denen sich die Werbeaussagen ganz auf das natürliche Vorkommen und die biologischen Wirkungen konzentrieren werden. In der Werbung für Reinigungsmittel wird die größere Nähe der Seifenprodukte zu den natürlichen, aus der belebten Natur stammenden Rohstoffgrundlagen bewußt dazu ausgenutzt, um einen Werbevorteil gegenüber den vollsynthetischen Tensiden durchzusetzen, die in einer vom Laien kaum überschaubaren Weise von Erdölprodukten abgeleitet werden. Eine Werbekampagne für ein neues Waschmittel wurde beispielsweise hauptsächlich auf die beiden Argumente der „natürlichen" Weißwirkung sowie der Verwendung eines „natürlichen" Seifenzusatzes gestützt [7.127].

Gerade im Bereich der chemischen Konsumgüterwerbung ist es in jüngster Vergangenheit zu einer ausgeprägten „biologischen Welle" gekommen. Im Produktivgüterbereich erblicken wir in einer ganzseitigen Anzeigenserie der Firma Henkel & Cie mit eindrucksvollen farbphotographischen Darstellungen der verschiedenen Rohstoffgrundlagen für Fettsäuren eine entsprechende Parallele (Ölpalmen, Sonnenblumenfelder und anderes).

Die positiven Gefühlswerte aller Assoziationen mit dem Naturhaften lassen sich aber in noch vielfältigerer Weise ausbeuten als nur durch den Hinweis auf natürliche Rohstoffgrundlagen oder biologische Wirkungen. Eine wichtige weitere Maßnahme in der Chemiewerbung für Hilfsstoffe und Wirkstoffe besteht darin, die hiermit *behandelten* oder *verarbeiteten natürlichen Objekte* als dankbare Sujets herauszustellen. So zeigt man in der Werbung für Holzleime etwa einzelne Bäume, den Wald, die Maserung von Holzschnittflächen, um sich die hohe Wertschätzung des Holzes als Werkstoff zunutze zu machen, obwohl doch andere chemische Produkte das Holz heute einer scharfen Substitutionskonkurrenz aussetzen. Landwirtschaftliche Erzeugnisse werden in einer besonders hochwertigen Qualität dargestellt, verbunden mit dem Hinweis, daß diese Qualität nur durch bestimmte Agrochemikalien erreicht wurde. Auch die Freiheit von schädlichen Nebenwirkungen auf den Naturhaushalt kann eindrucksvolle Illustrationen von Werbeaussagen rechtfertigen, wie z.B. die Farbphotographie einer Gruppe prächtiger Seerosen in einem Inserat für abbauweiche Waschrohstoffe zur Betonung des Produktvorteils, daß unser natürlicher Wasserhaushalt nicht beeinträchtigt wird.

7.247 Menschen sowie Einrichtungen des Chemiebetriebes

Anders als die für bestimmte Produkte verwendeten Rohstoffe lassen die chemischen *Produktionsanlagen* in der Regel das hervorgebrachte Produkt nicht erkennen oder unmittelbar darauf schließen. Wenn Produktionsanlagen einschließlich der wichtigen „vorgelagerten" Forschungs- und Entwicklungseinrichtungen abgebildet oder beschrieben werden und vor allem die im Chemiebetrieb arbeitenden *Menschen* in der Werbung herausgestellt werden, so begegnen uns hierbei hauptsächlich repräsentative Ausdruckselemente der allgemeinen Firmenwerbung oder der Vertrauenswerbung gegenüber der Öffentlichkeit.

Als besonders eindrucksvoll werden gern Anlagen mit den für kontinuierliche Verarbeitungsprozesse typischen Bauelementen der Reaktionstürme, Kolonnenapparate und Wärmeaustauscher in Freibauweise mit umgebenden Stahlkonstruktionen gezeigt. Repräsentativ wirken Übersichts- und besonders Luftbildaufnahmen von großen Werkskomplexen. Mit der überzeugend demonstrierten Größe wird oft der Anspruch auf Leistungsfähigkeit, Zuverlässigkeit und Vertrauenswürdigkeit verknüpft.

Daß allerdings bei der Darstellung von Anlagen auch eine engere Beziehung zu den Verkaufsprodukten realisiert werden kann, sollen zwei Insertionsbeispiele verdeutlichen. Der Typ der kontinuierlichen Einzweckanlage für den Durchsatz fluider Medien korrespondiert mit den angebotenen petrochemisch gewonnenen

Abb. 7.12 Flexible Chargenapparatur für hochveredelte Zwischenprodukte (Grenztyp C) als Bildgegenstand in der Anzeigenwerbung.

Abb. 7.11 Kontinuierliche Verarbeitungsapparatur für Schwerchemikalien (Grenztyp A) als Bildgegenstand in der Anzeigenwerbung.

Grundstoffen und Zwischenprodukten (Abb. 7.11). Der Anlagenausschnitt mit den Details einer typischen Chargenapparatur entspricht den hochveredelten Zwischenprodukten (Feinchemikalien) des Inserates in Abb. 7.12. Bei der großen Bedeutung der Forschung und Entwicklung sowohl für das Wachstum wie für die Vertrauensbildung der Chemieunternehmung in der Öffentlichkeit ist die Vorliebe für die Darstellung eindrucksvoller Forschungseinrichtungen besonders im Rahmen der Firmen- und Vertrauenswerbung verständlich. Eine wichtige Rolle spielt hierbei der *Chemiker* selbst als vertrauenserweckender Repräsentant von wissenschaftlicher Leistung und technischem Fortschritt, der überwiegend in der Arbeitsumgebung der Forschung (Abb. 7.13), aber auch der Produktionsbetriebe gezeigt wird. Als besonders charakteristisch und werbewirksam angesehene Attribute des forschenden Chemikers, wie etwa der weiße Kittel oder das Laborgerät – vom einfachen Reagenzglas angefangen über die Retorte bis hin zur komplizierten Laborapparatur –, werden gern hervorgehoben. Wie eine kritische Studie nachgewiesen hat [7.148], bleiben diese Darstellungen nicht immer frei von Fehlern, was die notwendige fachliche Rückversicherung in der Werbung auch noch bei solchen produktfernen Aussagen unterstreicht.

7.248 Indirekte Nutzenwirkungen

Als *indirekte Nutzenwirkungen* bezeichnen wir all jene Werbefaktoren, die nur noch in einem entfernten Zusammenhang mit den angebotenen Produkten selbst stehen und vorzugsweise im Rahmen der Firmenwerbung und Öffentlichkeitsarbeit hervorgehoben werden. Wenn ein Hersteller von Ammoniak, Schwefelsäure oder anderer Grundchemikalien in der Werbung einen ganzen Warenkorb verschiedener Gebrauchs- und Verbrauchsgüter des täglichen Lebens präsentiert, so wird zwar

Abb. 7.13 Vertrauenswerbung mit dem Argument der Forschungsleistungen für den konsumtiven Bedarfskomplex „Freizeit".

die Bedeutung der Vorprodukte für die Konsumgüterversorgung dargetan. Der verarbeitungstechnische und auch absatzwirtschaftliche Zusammenhang ist aber bereits so gelockert, daß man gemeinhin davon keine unmittelbare Verbesserung der Absatzsituation des Grundstoffproduzenten erwarten kann. Typisch ist bei den in die Vertrauenswerbung einzureihenden Werbemaßnahmen die Betonung des *Dienstes an der Menschheit*, am Leben, der eigenen Beitragsleistungen an bestimmten wichtigen *Bedarfskomplexen* des Menschen wie Nahrung, Gesundheit, Behausung, Kleidung, modische Abwechslung, Freizeitbeschäftigung, Kultur, Fortbewegung und anderes (Abb. 7.13, 7.16). Auch beim Herausarbeiten der psychologischen Motivation in der Konsumgüterwerbung werden oft Nutzenvorstellungen induziert, die sich nur in indirekter Weise auf die objektiv gegebenen Produkteigenschaften projizieren lassen. Die eigenständigen Entfaltungsmöglichkeiten der Werbung sind bei diesen Aufgaben kaum begrenzt.

7.3 Bezugssysteme der Chemiewerbung

7.31 Einstufige Produktivgüterwerbung

Die *einstufige Produktivgüterwerbung* ist in der Fachliteratur bislang vor allem anhand des Modellfalls der Investitionsgüterwerbung behandelt worden, wobei als wichtigste Bedingungen und Forderungen etwa herausgestellt wurden [7.16; 7.19; 7.55; 7.78; 7.82]: begrenzte und selektive Ansprache gegenüber den produktverwendenden Branchen und einkaufsentscheidenden Personen, Bevorzugung rationaler Argumentation, sparsame Dosierung gestalterischer Mittel zur Steigerung der Aufmerksamkeitswerte, Betonung des Verwendungsnutzens der Produkte, herabgesetzte Bedeutung der Werbung lediglich zur Unterstützung und Vorbereitung der Verkaufsabschlüsse.

In der chemischen Industrie entfällt ein großer Teil der Produktwerbung auf eine derartige *einstufige Fachwerbung*, wobei die Besonderheiten der Vertriebsbedingungen ihren Niederschlag finden. Vieles wurde dazu im Rahmen der Werbefaktoren und werblichen Gestaltungsprobleme gesagt. Wenn die verschiedenen Verwendungen einzelner Produkte oder die verschiedenen Produktionssparten sehr differenzierte Vertriebsmaßnahmen erfordern, so ist die Werbung hierin eingeschlossen. Werden allerdings einzelne Industriechemikalien mit relativ geringer Verbrauchsintensität in vielen Wirtschaftszweigen eingesetzt, so kann die Aufsplitterung und die Vielfalt der Werbemaßnahmen bei der ohnehin nur begrenzt möglichen Hebung des Umsatzes durch die Werbung unwirtschaftlich werden.

Werbeaussagen, die sich auf größere Produktgruppen oder zahlreiche Verwendungen erstrecken, behalten darum trotz Einschränkung des speziellen, optimalen Zuschnitts auf die verschiedenen Zielgruppen und Bedarfsfälle ihre Berechtigung und leiten gleichzeitig von der Produkt- zur Firmenwerbung über. Zumindest treten die zusammenfassenden Werbeaussagen ergänzend neben die bis zum isolierten Bedarfsfall differenzierten Mitteilungen, wie zum Beispiel Übersichtsprospekte oder Übersichtsinserate über das gesamte Lieferprogramm, das Lieferprogramm für einen Industriezweig (etwa „Chemikalien für die Erdölindustrie"), die Produktgruppen einer Vertriebssparte (etwa alle Gruppen der geführten Textilfarbstoffe), die Einzelprodukte einer Produktgruppe (alle geführten Einstellungen eines Kunststoffes). Es ist ein wichtiges Anliegen der Werbepolitik, im Gesamtsystem der Werbemaßnahmen durch entsprechend stufenweise Staffelungen und Ergänzungen einen optimalen Ausgleich zu erzielen.

Die Produktwerbung für *Industriechemikalien* bietet die denkbar ungünstigsten Werbevoraussetzungen. Bei den großen Massenprodukten sind die Hersteller in Fachkreisen geläufig, die Produkte mit ihren Eigenschaften und Verwendungsmöglichkeiten sind bekannt, die Produktqualitäten der verschiedenen Hersteller zeigen kaum Unterschiede. Es dominieren langfristige Verträge mit entsprechend seltenen neuen Kaufabschlüssen, die einer werblichen Unterstützung bedürfen. Neuheiten kommen praktisch nur bei den höherveredelten Zwischenprodukten vor, die dann allerdings werblich interessante Ansatzpunkte hergeben, auch für das „Anhängen" der alten Produkte.

Der Werbung für chemische *Produktivgüterspezialitäten* fallen dagegen vermehrte Aufgaben zu. Sie muß dazu beitragen, die Bekanntheit der firmenindividuellen *Produktmarken* und das Vertrauen in ihre überlegenen Qualitätsmerkmale zu fördern. Das Hervorheben von Produkt- und Anwendungsvorteilen durch die Werbung wird eigentlich erst durch die zugrunde liegende Produktdifferenzierung glaubhaft und sinnvoll. Produktdifferenzierung und Werbung stehen in Wechselwirkung, was bei den häufigen Neuentwicklungen von Produkten besonders deutlich wird. Die Werbung trägt zur absatzschaffenden und -erhaltenden Kraft der Neuentwicklungen wesentlich bei, kann aber andererseits für die Neuentwicklungen besonders wirkungsvoll gestaltet werden.

7.32 Konsumgüterwerbung

7.321 Allgemeines

Die Intensität der *Konsumgüterwerbung* ergibt sich nicht nur aus der erforderlichen breiten Werbestreuung, sondern auch aus den vermehrten und sogar absatzentscheidenden Werbeaufgaben. Bis zum Verkaufsabschluß können fünf Teilphasen abgegrenzt werden: Erregung von Aufmerksamkeit, Weckung von Interesse, Herbeiführung des Kaufbegehrens, Kaufentschluß, Sicherung der Zufriedenheit des Kunden. Hiervon kann die Produktivgüterwerbung wohl höchstens die ersten zwei wesentlich beeinflussen, während der Konsumgüterwerbung eine maßgebliche Bedeutung in allen Phasen zukommt. Außerdem spielt die ständig neue Bedarfsweckung im Konsumgüterbereich eine viel größere Rolle.

Wir brauchen uns aber an dieser Stelle nicht mit allen Einzelheiten der Markenartikelwerbung für Konsumgüter zu befassen, die im modernen Marketing eine ausgiebige Bearbeitung erfahren haben. Lediglich einige Besonderheiten bei den chemischen Konsumgütergruppen sollen gestreift werden.

Bei der Betrachtung der Kosten der Chemiewerbung wurde schon festgestellt, daß die chemischen Konsumgütersparten mit die höchsten Sätze in allen Wirtschaftszweigen aufweisen. Je ausgeprägter der Markenartikelcharakter im Hinblick auf die *Vertrauensbildung* gegenüber dem Produkt bei weitgehender Unfähigkeit des Konsumenten zur eigenen Produktbeurteilung zutage tritt, desto mehr nehmen im allgemeinen Werbeintensität und Werbekosten zu. Daneben muß sich die Angebotskonkurrenz immer mehr auf die Werbekonkurrenz verlagern, wenn die Produktgestaltung der Konkurrenzfabrikate kaum noch zu nennenswerten objektiven Qualitätsunterschieden führt. Die *Produktdifferenzierung* ist dann in der Meinung der Verbraucher in der Hauptsache *subjektiv* mit Hilfe der Werbung durchzusetzen. Beide Tendenzen treten bei den klassischen chemischen Konsumgütern deutlich zutage. Da es außerordentlich leicht ist, chemische Produktveränderungen in großer Vielfalt hervorzubringen, wird von dieser Möglichkeit im Konkurrenzkampf auch rege Gebrauch gemacht. Die Begründung, daß die Produktdifferenzierung durch immer speziellere Anpassung der Produkteigenschaften an den Bedarfsfall den Verbraucherinteressen entgegenkomme, trifft nur teilweise zu. Besonders in den scharf umkämpften Konsumgütermärkten werden den Produkten immer neue Wirkungen und verbesserte Eigenschaften „zugelegt", um wenigstens einen geringen Auftrieb für die werbliche Argumentation zu erhalten.

Der besonders schnelle Fortschritt des Prozesses der Produktdifferenzierung bei den chemischen Konsumgütern läßt sich recht gut anhand von Zahlen aus der *Werbeetatstatistik* nachweisen. Wenngleich die in den verschiedenen Ländern erarbeiteten Etatstatistiken regelmäßig nur den von außen meßbaren Werbeaufwand für die großen indirekten Werbemittel erfassen, sind zeitliche Veränderungen sowie Strukturunterschiede und -verschiebungen zwischen den Branchen gut zu erkennen. Außerdem besitzen die erfaßten indirekten Werbemittel in der Konsumgüterwerbung eine überragende Bedeutung.

Aufgrund der in der BRD erarbeiteten Unterlagen (Kapferer und Schmidt, Hamburg) wurden für 37 Bereiche der Markenartikelindustrie veröffentlicht: die Entwicklung der Werbeaufwendungen in jährlichen Absolutbeträgen, die Anzahl der Marken und die spezifischen jährlichen Werbeaufwendungen je Marke im Zeitraum zwischen 1961 und 1964 [7.6]. Die Aufwendungen gelten für Inserate in Tageszeitungen sowie Publikums- und Fachzeitschriften, für Werbefunk, Werbefernsehen und Bogenanschlag. Ein Auszug für die hierin enthaltenen chemischen Konsumgütersparten wurde in Tab. 7.4 wiedergegeben. Aufgrund der mitgeteilten Zahlenwerte wurden außerdem die prozentualen Veränderungen innerhalb des dreijährigen Zeitraums errechnet. Insgesamt nahm der Werbeaufwand in den 3 Jahren um über 40% zu. Die Anzahl der Marken wuchs nur halb so schnell, so daß die spezifischen Aufwendungen je markiertes Einzelprodukt schwächer, und zwar um rund 16% anstiegen. Je schneller die Anzahl der Marken und damit die Produktdifferenzierung im Verhältnis zu den Gesamtwerbeaufwendungen fortschreiten, desto geringer muß das Wachstum dieses spezifischen Werbeaufwands ausfallen. Wir erkennen, daß die meisten chemischen Konsumgütergruppen zum Teil erheblich hinter der durchschnittlichen Steigerung des spezifischen

Tabelle 7.4 *Werbeaufwendungen für chemische Konsumgütermarkenartikel in der BRD 1964 und Veränderungen gegenüber 1961, nach* [7.6]

Markenartikelgruppe	Werbeaufwendungen [10^6 DM]	Zunahme 1961 bis 1964 [%]	Anzahl der Marken	Zunahme 1961 bis 1964 [%]	Werbeaufwendungen je Marke [10^3 DM]	Zunahme 1961 bis 1964 [%]
Kosmetika	141,43	26	560	21	252,6	4
Textilien	76,48	43	520	12	147,1	28
Pharm. Publikumswerbung	78,08	10	431	13	181,2	− 3
Waschmittel	198,58	65	137	37	1449,5	20
Putzmittel	29,68	51	126	57	235,5	− 4
Zahnpflegemittel	41,02	47	66	38	621,4	7
Autopflegemittel	5,07	204	47	124	107,9	36
Feinseifen	26,13	10	42	50	622,0	− 26
Erfaßte 37 Produktgruppen	2200,68	41	10666	22	206,3	16

Werbeaufwands zurückgeblieben sind. Die Markenartikelgruppe der Textilien wurde nur wegen der Synthesefasermarken einbezogen, jedoch verhindern die zahlreichen sonstigen Textilmarken zuverlässige Aussagen. Obwohl bei den Autopflegemitteln wegen der starken Marktausweitung ein besonders hohes Wachstum der absoluten Werbeaufwendungen eintrat, hat die Zahl der Marken gegenüber den Durchschnittsverhältnissen ebenfalls relativ schneller zugenommen. Auch die Waschmittel liegen in den genannten relativen Wachstumsbewegungen noch etwas über dem Durchschnitt (Wachstumsrelation der Markenzunahme gegenüber der Zunahme der Gesamtaufwendungen 37 : 65 = 0,57; durchschnittliche Wachstumsrelation bei allen Gruppen 22 : 41 = 0,54). In den anderen Fällen sind die Abweichungen offensichtlich. Extreme Verhältnisse zeigen die Feinseifen mit einer Wachstumsrelation von 5,0. Das Markenwachstum entsteht dabei sowohl durch die Markenspaltung älterer Marken als auch durch zusätzliche Marken von neuen Produzenten.

Was die absolute Höhe der spezifischen Werbeaufwendungen je Produktmarke anbetrifft, so lagen die Chemiesparten mit den drei höchsten Werten innerhalb der 6 führenden Markenartikelgruppen des erfaßten Gesamtbereichs. Einige entsprechende Zahlen für die Verhältnisse in den USA in Tab. 7.5 zeigen, daß die Werbeaufwendungen je Marke dort noch höher liegen.

Tabelle 7.5 *Werbeaufwendungen für Drugstore-Markenartikel in den USA 1962* [7.147]

Markenartikelgruppe	Werbeaufwendungen [10^6 $]	Anzahl der Marken	Aufwendungen je Marke [10^3 $]
Körperpflegemittel	308,0	671	459
Pharmazeutika	225,4	371	606
Desodorantien, Pestizide	11,2	37	302
Schuhpflege- und Schuhfärbemittel	3,9	7	556
Summe	548,5	1086	541
Drugstore-Verkaufsprodukte insgesamt	893,6	1499	596

Bei der ständigen Suche nach neuen und zugkräftigen Werbeargumenten ist man gezwungen, wegen der durch alle Fabrikate fast gleich guten Erfüllung des Grundnutzens immer mehr die Sphäre der *irrationalen Zusatznutzenerwartungen* anzusprechen. Die bei einigen chemischen Konsumgütergruppen bereits von Anfang an notwendig auf der emotionalen Motivation, der selektiven Ansprache ganz bestimmter Gefühlsbezirke basierende Werbung wird immer mehr auch in den Bereich derjenigen Produkte getragen, die von Hause aus nur einem einfachen, unpersönlichen Zweckbedarf dienen, wie etwa die Waschmittel oder Pflegemittel. Auch dadurch wird das Werbe„konzert“ immer lauter und weniger glaubhaft. In diesen Problemkreis gehört natürlich auch die Publikumswerbung für chemische Rohstoffmarken wie etwa Chemiefasern [7.38; 7.98; 7.109]. Wenn neue *Synthesefasern* z.B. mit dem überwiegend rationalen Argument der leichten Pflege propagiert werden, so ist dies für die Werbung eine dankbare und für den Verbraucher nutzbringende Aufgabe. Wenn aber die meisten Fasermarken sogar auf unterschiedlicher Rohstoffbasis diesen Anspruch praktisch gleich gut erfüllen, weicht die Faserwerbung zunehmend auf die Attribute besonderer modischer Gestaltungsmöglichkeiten der Fertigfabrikate aus. Hierbei sind die beanspruchten differenzierten Nutzenwirkungen durch die einzelnen Fasern, Ausrüstungstypen von Fasern usw. bereits viel schwieriger glaubhaft zu machen.

Oder betrachten wir das Paradebeispiel der chemischen Konsumgüter, die *Waschmittel.* Hinsichtlich des wichtigsten Grundnutzens, der Reinigungswirkung mit der verbundenen Arbeitserleichterung im Haushalt, erschöpft sich die Konkurrenzwerbung heute oft nur in *Superlativen*. Wird das „weißeste Weiß" von allen Fabrikaten beansprucht, müssen weitere Steigerungsformen, wie etwa der Einbau von ein, zwei oder mehr Weißmachern, die Vermittlung von Leuchtkraft zusätzlich neben Weißkraft, eine biologisch aktive Reinigungswirkung, eine besondere Tiefenwirkung, geschaffen werden.

Die Konzentration der Werbung auf die lautstarke Wiederholung von Werbebehauptungen mit der beabsichtigten Nachwirkung im *Unterbewußtsein* des Konsumenten ist für die problemlosen Markenartikel charakteristisch. Leider wird dabei die Tatsache übersehen, daß die in den letzten Jahren erzielten zahlreichen Entwicklungsfortschritte auf dem Gebiet der Waschmittel durchaus einen Hintergrund für technisch interessante und differenziertere Werbeaussagen abgeben könnten, vgl. [6.91].

Vom Standpunkt des *Verbrauchers* lassen sich *gegen* diese Art der massiven *Werbeansprache* hauptsächlich drei Gesichtspunkte kritisch ins Feld führen: fehlende Möglichkeiten der Einkaufsorientierung, wenn sich die Konkurrenzwerbung in den wesentlichen Werbeaussagen nicht mehr unterscheidet; zusätzliche geistig-seelische Belastung des Menschen in der modernen Industriegesellschaft durch die dauernde stereotype Werbeansprache über die Massenmedien, so daß die dominante Konsumgüterwerbung vielleicht bereits mit Recht in den USA als „mental torture" angesprochen wird; gesamtwirtschaftliche Vergeudung durch übermäßig hohe Werbeaufwendungen. Zu einer solchen Vermutung besteht Anlaß, wenn ein namhafter amerikanischer Waschmittelkonzern immerhin bereits 22% vom Umsatz und eine Arzneimittelfirma fast 50% vom Umsatz für die Werbung ausgeben (Tab. 7.2).

Es bleibt offen, ob der Konkurrenzmechanismus in der Marktwirtschaft nicht auch ohne staatliche Reglementierungen eine gesamtwirtschaftlich mehr positiv zu beurteilende Realisierung des Marketing-Denkens in anderen absatzpolitischen Schwerpunkten, etwa in Gestalt der Preiskonkurrenz, zuläßt. Dabei handelt es sich allerdings um Probleme, die den Gesamtbereich der Konsumgüterwerbung und nicht allein die chemische Industrie betreffen.

7.322 Werbung für Pharmazeutika als Beispiel

Im chemischen Konsumgüterbereich besitzen die *Arzneimittelspezialitäten* in werblicher Hinsicht eine Sonderstellung, die hervorgeht aus der Kopplung von Markenartikelcharakter, hoher Erklärungsbedürftigkeit der Produkte, Einschaltung der Ärzte als Bedarfsberater sowie gesetzlichen und ethischen Vertriebsbeschränkungen, vgl. [7.1; 7.3; 7.50; 7.83; 7.84; 7.90; 7.93; 7.99; 7.125; 7.128; 7.129; 7.140; 7.142]. Streng ist zwischen der vor allem an Ärzte und Apotheker gerichteten Fachwerbung und der an das breite Publikum gerichteten Öffentlichkeits-, Publikums- oder Laienwerbung zu unterscheiden, wobei gleichzeitig mannigfache werbepolitische und werbetechnische Verzahnungen bestehen.

Die pharmazeutische *Fachwerbung* hat eindeutig den Vorrang und konzentriert sich besonders auf die Ärzteschaft, da nicht weniger als 70–80% des Arzneimittelabsatzes auf ärztlichen Verschreibungen beruhen sollen [7.3]. Die pharmazeutische Fachwerbung weist in vielen Grundzügen eher Ähnlichkeiten mit der Produktivgüter- als der Konsumgüterwerbung auf. Die Überzeugung des Arztes durch Übermittlung streng sachlicher und zutreffender

Informationen steht im Vordergrund. Überredungen und emotionale Appelle sind nur in geringem Umfang zulässig. Das Schwergewicht der Werbemittel liegt bei der persönlichen Direktwerbung durch den fachwissenschaftlich kompetenten Ärztebesucher. Obwohl er selbst keine Verkaufsabschlüsse tätigt, sind seine Aufgaben mit dem qualifizierten Vertriebsingenieur oder Vertriebschemiker der Produktivgüterindustrien zu vergleichen. Die werblichen Aussagen sind eng mit der Übermittlung von Produkt- und Anwendungsinformationen auf hohem fachlichem Niveau verknüpft und von diesem Beratungsdienst kaum zu trennen.

Der Arzt als wichtigste Zielperson der Werbung stellt schwierige Aufgaben. Seine ethischen Verpflichtungen gegenüber dem Patienten, die mit der Behandlung verbundenen Risiken, seine gesellschaftlich-soziale Stellung und vorherrschende Abneigung gegen die Werbung schlechthin erfordern sorgfältige Beachtung. Erst neuerdings versucht man in der Werbeforschung, die den Verschreibungen zugrunde liegenden elementaren ärztlichen Motive analytisch und systematisch zu erfassen, um die Werbung wirksamer zu gestalten [7.50, S. 133]. Es verbietet sich insbesondere jeder Anschein, die autonome Entscheidung des Arztes beeinträchtigen zu wollen.

Noch mehr als die Fachwerbung unterliegt vor allem die pharmazeutische *Laienwerbung* in den meisten Ländern gesetzlichen Beschränkungen.

In Deutschland wurde beispielsweise durch die ,,Polizeiverordnung auf dem Gebiet der Heilmittelwerbung" vom Jahre 1941 diese Werbung für alle rezeptpflichtigen und einen Teil der sonstigen apothekenpflichtigen Präparate verboten. Entsprechende Verbote wurden in das neue Heilmittelwerbegesetz von 1965 übernommen. Die zulässigen Werbeaussagen und Werbemethoden werden für die Laienwerbung (,,Werbung außerhalb der Fachkreise") besonders eingeschränkt (§ 9 des Heilmittelwerbegesetzes). Mitunter besteht sogar eine Genehmigungspflicht sämtlicher Werbeveröffentlichungen. Es handelt sich hierbei um ein charakteristisches Merkmal der Pharmawerbung in fast allen Ländern. Hierüber gibt eine vergleichende Untersuchung der ,,World Health Organisation" (WHO) der Vereinten Nationen wertvolle Hinweise, in der die gesetzlichen Bestimmungen zur Pharmawerbung in 26 Ländern zusammengetragen wurden [7.41; 7.112].

Sofern eine Publikumswerbung überhaupt rechtlich zulässig ist, können aus der überwiegenden Ablehnung der Ärzteschaft gegenüber der Publikumswerbung weitere Beschränkungen geboten sein. Eine breite und intensive Publikumswerbung auch für apothekenpflichtige Arzneimittel müßte nämlich wegen ihrer Absichten, die Erklärungsbedürftigkeit herabzusetzen, Beratung und Urteil der Absatz- und Bedarfsmittler durch stärkere Befähigung des Konsumenten zur Selbstbehandlung in gewissem Umfang ersetzen. Es wurde bereits nachgewiesen, daß eine den Ärzten mißfallende Publikumswerbung mitunter zur Streichung von Herstellermarken aus dem Verschreibungsrepertoire geführt hat.

Schon die Gestaltung des *Beipackzettels*, mit einer anwendungstechnischen Druckschrift vergleichbar, ist problematisch, wobei die Darbietung von Informationen an den Arzt und an den Konsumenten zwangsläufig miteinander gekoppelt und sorgfältig gegeneinander abzuwägen ist. In Deutschland gilt im allgemeinen nur die Verwendung von Werbemitteln als unbedenklich, die zur Aufstellung in den Apotheken bestimmt sind (Display-Werbung).

Obwohl daher beim Vertrieb von Arzneimitteln die Fachwerbung eindeutig dominiert, wird dennoch durch geschickte Handhabung der Laienwerbung versucht, zusätzliche Umsatzerfolge zu realisieren. Die Publikumswerbung für ,,ethische Präparate" hat nicht nur für den sog. *Handverkauf* rezeptfreier Präparate Bedeutung, sondern ermöglicht über die *Wunschverschreibung* auch eine begrenzte Einflußnahme auf die Verschreibungspräferenzen des Arztes. Die durch Laienwerbung geförderte Selbstbehandlung dürfte auch einen zusätzlichen und nicht immer schädlichen Arzneimittelmehrverbrauch auslösen, wenn nämlich die ärztliche Behandlung und Verschreibung bei zahlreichen *Bagatellfällen* wegen des Zeitbedarfs und der Umständlichkeit eines Arztbesuches nicht in Anspruch genommen werden würde.

Sobald im Zuge der sich weltweit verschärfenden staatlichen Kontrolle des Arzneimittelabsatzes die Publikumswerbung für ein Präparat verboten wird, ist mit Sicherheit ein starker Absatzrückgang zu erwarten. Die Einführung der Apothekenpflicht im Absatzweg bringt eine indirekte Einschränkung, die Einführung der Rezeptpflicht meistens ein Verbot der Publikumswerbung mit sich. Im letzten Fall sind die Möglichkeiten der werblichen Ansprache des Letztverbrauchers auf ein Minimum reduziert (z. B. über die Packungsgestaltung oder die allgemeine Firmenwerbung).

7.33 Mehrstufige Chemiewerbung

7.331 Grundzüge der Chemiestufenwerbung

Die *Stufenwerbung* in Absatzmärkten, die den eigenen unmittelbaren Absatzmärkten nachgelagert sind und damit nur Folgeprodukte der eigenen Erzeugnisse betreffen können, stellt eine der wichtigsten Maßnahmen zum *Vertikalvertrieb* dar. Obwohl die allgemeine Firmen- und Vertrauenswerbung ebenfalls weit über den Kreis der unmittelbaren Abnehmer hinauswirkt, wird sie im engeren Sinne nicht zur Stufenwerbung gerechnet.

Da es im allgemeinen ausgedehnte Wahlmöglichkeiten beim Einsatz der Roh- und Hilfsstoffe für die Folgeprodukte gibt, hat sich die Stufenwerbung auf solche Folgeprodukte zu konzentrieren, welche die eigenen Erzeugnisse als Bestandteile enthalten oder diese beim Herstellungsprozeß als Wirkstoffe benötigen. Sollen die Wirkungen der Stufenwerbung nicht allen Chemieproduzenten des betreffenden Vorproduktes gemeinsam, sondern allein dem individuellen Werbungtreibenden zugute kommen, sind folgende Möglichkeiten und Wege denkbar:

1. Der Anbieter besitzt eine *monopolistische* oder wenigstens beherrschende *Marktstellung*, so daß er automatisch in den Genuß einer durch die Stufenwerbung hervorgerufenen Nachfrageausweitung kommt. Dieser Fall ist relativ selten.

2. Die Identität zwischen Werbeobjekt und eigenem Rohstoffangebot wird durch begleitende *Rohstoffmarkierung* im Rahmen von Warenzeichenlizenzverträgen gesichert. Vorproduktlieferungen werden von der Bedingung abhängig gemacht, daß der Verarbeiter die Rohstoffmarke für sein Folgeprodukt übernimmt und die meistens erlassenen Qualitätsvorschriften einhält. Zu solchen Verträgen werden sich die Verarbeiter nicht selten dann bereit finden, wenn durch die Stufenwerbung ein starker Nachfragesog nach den Folgeprodukten entfacht oder durch kooperative Werbemaßnahmen des Rohstofflieferanten (z.B. Werbezuschüsse) weitere Anreize geschaffen werden.

3. Die begleitende Rohstoffmarkierung erfolgt auf *freiwilliger* Basis, wobei allerdings die Verwendung des eigenen Materials bei der Anforderung der Etiketten vorausgesetzt und kontrolliert wird. Je intensiver und wirkungsvoller die Stufenwerbung in den Nachmärkten betrieben wird, desto mehr werden die Nachverarbeiter wegen der günstigen eigenen Absatzbeeinflussung zur Übernahme der Rohstoffmarkierung geneigt sein. Gegenüber dem vorgenannten strengen Lizenzsystem ist freilich mit gewissen Absatzverlusten zu rechnen.

4. Ohne begleitende eigene Rohstoffmarkierung wirbt der Vorproduzent für solche markierte Folgeprodukte, bei denen er aufgrund *kooperativer* oder *vertraglicher* Regelungen annimmt, daß sie unter Verwendung der eigenen Vorprodukte hergestellt werden. Verschiedene Ausschließlichkeitsvereinbarungen gehören hierher. Diese Sicherungen sind freilich problematisch. Außerdem sind in der Stufenwerbung nicht nur der eigene Rohstoff, sondern in jedem Fall die markierten Folgeprodukte herauszustellen, was bei zahlreichen Verarbeitern eine Zersplitterung der Aussagen herbeiführen kann. Auf der anderen Seite profitiert der Vorproduzent zweifellos aus einer hohen Marktgeltung von Folgeprodukten sowie aus der Bereicherung seiner werbetechnischen und -gestalterischen Möglichkeiten.

5. In der schwächsten Form richtet sich die Stufenwerbung nur auf die eigenen Vorprodukte in der Hoffnung, daß deren Bekanntheit und Qualitätsgarantie die

Nachfrage danach schließlich auch in verarbeiteter Form in den Sekundär- und höheren Folgemärkten verstärken wird. Immerhin sind manche Nachverarbeiter daran interessiert, die Tatsache der Rohstoffverwendung bekannter Chemieunternehmungen von sich aus in ihrer Werbung auszunutzen.

Bei der Stufenwerbung werden die Leistungen der Nachverarbeiter im Hinblick auf Produktgestaltung, Werbung, Verkaufsaktivität usw. den Erfolg naturgemäß stark beeinflussen. Über die Fragen der Qualitätssicherung wurde im Zusammenhang mit der begleitenden Rohstoffmarkierung gesprochen (Kap. 5.62).

Hinsichtlich der werblichen Koordination und Zusammenarbeit zwischen Rohstofflieferanten und den Verarbeitern tritt sogleich die Frage nach der primären Beabsichtigung einer Sog- und Druckwirkung durch die Stufenwerbung auf. Der Stufenwerbung entspricht die Sogwirkung als ursprünglich gewollte Werbewirkung, was ihr jedoch wegen des Übergehens der Nachverarbeiter nicht selten Kritik eingetragen hat. Im Rahmen der notwendigen Zusammenarbeit wird es daher darauf ankommen, die Werbebemühungen des Verarbeiters zu unterstützen. Das findet vielleicht den sichtbarsten Ausdruck in der häufigen Nennung von Verarbeitern oder Händlern als Bezugsquellen in der Chemiestufenwerbung. Schließlich bleibt als drittes das Umwerben des unmittelbaren Kunden unerläßlich. Die Stufenwerbung beinhaltet daher eigentlich *drei* verschiedene *Aktivitäten*, die zwar im Einzelfall und in zeitlicher Hinsicht Schwerpunktverlagerungen aufweisen, insgesamt aber alle notwendig und zu einer möglichst ausgewogenen werbepolitischen Gesamtkonzeption zu vereinigen sind: die Werbung *beim Kunden des Kunden*, die Werbung *mit dem Kunden* und die Werbung *beim Kunden*.

Die Bearbeitung der Nachmärkte mit Hilfe der Stufenwerbung kann die Markterschließung für neue Produkte und Anwendungen wesentlich erleichtern, indem nicht nur Interesselosigkeit und Risikoscheu, sondern auch ein zu schwaches Absatzpotential einer häufig zersplitterten Nachverarbeitung überwunden werden. Günstig wirken die weitreichenden Möglichkeiten der firmenindividuellen Produktdifferenzierung in der chemischen Industrie, worin sich gleichzeitig tiefgreifende Unterschiede gegenüber anderen Branchen der Grundstoffindustrie kundtun. Die konventionellen Werkstoffe wie Holz, Leder, Keramik, Glas, Eisen, NE-Metalle oder pflanzliche und tierische Fasern stellen trotz eingetretener technischer Verbesserungen anonyme Produkte mit echten Gattungsnamen dar. Wenn diese Grundstoffbranchen heute ebenfalls zunehmend zur Stufenwerbung übergehen, so kann wegen der fehlenden Produktindividualität in dieser Weise eigentlich nur eine *Stufengemeinschaftswerbung* aufgezogen werden. Den Produktmarken der Chemieproduzenten werden dann höchstens Stoffbezeichnungen mit dem Charakter von Gütezeichen entgegengestellt.

7.332 Stufenwerbung bis zum Konsumgüterbereich

Jede Stufenwerbung führt zu einer wesentlichen Erweiterung der Werbeaufgaben nach Werbeobjekten, Zielgruppen sowie inhaltlichen und formalen Werbefaktoren. Im Produktivgüterbereich bleiben viele gemeinsame Eigenarten und Probleme der Produktivgüterwerbung erhalten, doch entstehen schon neue Gesichtspunkte, wenn die von der Stufenwerbung erfaßten Folgeprodukte über die chemische Industrie hinausreichen und Erzeugnisse der formgebenden mechanisch-technischen Industriezweige betreffen. Die relativ größte Heterogenität bei zugleich höchstem Werbeaufwand entsteht bei der Ausdehnung der Stufenwerbung bis auf die Konsumgütermärkte, wobei diese konsequente Fortsetzung der zugrunde liegenden Absatzidee andererseits auch die umfassendsten Absatzchancen gewährleistet. Hier sind alle Nachverarbeitungsstufen und die Handelsstufen in die Werbung einzubeziehen. Jede vertikale Verlängerung der Stufenwerbung bringt wegen der zunehmenden Konsumnähe auch eine Verbreiterung des *Werbefeldes* mit sich, was sich an der wachsenden Ausschnittfläche eines Kreises mit den Absatzstufen als Radien veranschaulichen läßt (Abb. 7.14). Während die auf den eigenen Kundenkreis beschränkte Verkaufswerbung nur einen Werbeweg kennt, entstehen mit jeder zusätzlich erfaßten Absatzstufe zwei weitere Werbewege aus der Direktansprache der Nachstufe (Werbung beim Kunden des Kunden) und der Unterstützung bzw. Erweiterung der Kundenwerbung (Werbung mit dem Kunden).

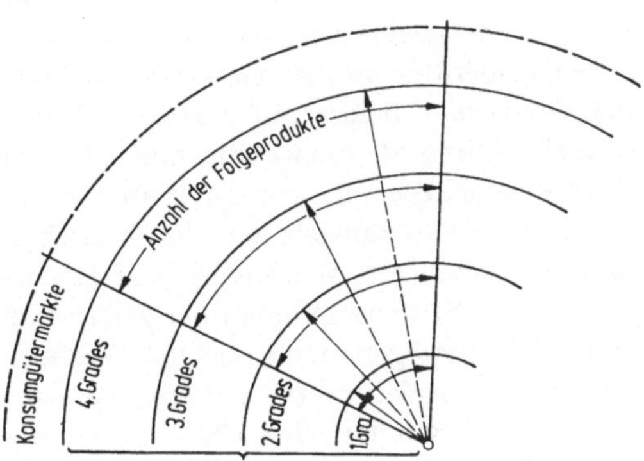

Abb. 7.14 Vertikale und horizontale Erweiterung des Werbefeldes durch Stufenwerbung.

Das Eintreten in die Konsumgüterwerbung bringt eine sprunghafte *Vermehrung* der Zahl potentieller *Folgeproduktverwender*, wobei die Bearbeitung des Handels wegen des fast ausschließlich indirekten Konsumgütervertriebsweges hinzukommt. Eine Schwerpunktverlagerung der Werbeaktivität auf die indirekten Werbemedien der Massenansprache, wie vor allem Publikumszeitschriften, Zeitungen und Fernsehen, ist unerläßlich. Auch vom Grundstoffproduzenten wird jetzt eine virtuose Beherrschung des Instrumentariums der klassischen Konsumgüterwerbung verlangt, wobei die schwierigen Koordinierungsprobleme der Werbeaussagen zugunsten der eigenen Vorprodukte einerseits und der Folgeprodukte bzw. Konsumgüterendprodukte andererseits hinzukommen. Mitunter ist die Betonung der kooperativen Werbeelemente so stark, daß man die Begriffe *kooperative Werbung* oder „Coop-Werbung“ anstelle von Stufen- oder durchgängiger Werbung bevorzugt, vgl. [7.17; 7.34; 7.38; 7.67; 7.72; 7.73, S. 224; 7.109; 7.149, Jg. 1964, S. 20, 108, 148, Jg. 1965, S. 234, Lit. zu Kap. 5.627].

Der große *Aufwand* der Stufenwerbung für chemische Vorprodukte bis zum Konsumgut macht den Erfolg von Voraussetzungen abhängig, die bislang nur in wenigen Sparten der chemischen Industrie erfüllt wurden. Es müssen eine deutliche Beeinflussung der Endproduktqualität durch die Vorprodukte, hohe Rohstoffkostenanteile am Endprodukt und ein gutes Maß an fachlichem Verständnis für die Produktgestaltung auf den Nachstufen vorhanden sein, ganz abgesehen von den Anforderungen an Unternehmensgröße und Finanzkraft. Praktisch ist hier die Stufenwerbung bis zum Konsumenten mit der entsprechend verlängerten begleitenden Rohstoffmarkierung zusammengefaßt, so daß wir auf die früher mitgeteilten Anwendungsbeispiele verweisen können (Kap. 5.627).

7.333 Stufenwerbung und Bedarfsberater

Die im chemischen Vertrieb häufige Einschaltung von *Bedarfsberatern* erfordert eine entsprechende Mehrgleisigkeit der Vertriebsmaßnahmen und damit auch des Werbewegs. Durch das Umwerben der Bedarfsberater wird die Nachfrage der eigentlichen Abnehmer unter Umständen wirkungsvoller beeinflußt als durch Werbung gegenüber den Käufern selbst. Es entstehen ähnliche Werbeeffekte wie bei der Stufenwerbung, indem bei einer Zielgruppe außerhalb des eigentlichen Kunden-Lieferanten-Verhältnisses ein Nachfragesog ausgelöst wird.

Unterschiede gegenüber der eigentlichen Stufenwerbung bestehen aber dennoch. Bedarfsberater und Bedarfsträger befinden sich in der gleichen Absatzstufe, und das Umwerben beider auf parallelen Werbewegen erscheint bei der Eigenart der Bedarfsbildung als notwendig und adäquat. Die beiden Zielgruppen gehören zur gleichen Marktpartei, wobei der Bedarfsberater nur stellvertretende und beratende Funktionen hinsichtlich der Entscheidungen über Bedarf und Einkauf übernimmt, jedoch am Warenweg und Eigenverbrauch der Produkte nicht beteiligt wird. Die Stufenwerbung aber geht von hintereinandergeschalteten Absatzwegen und Werbewegen aus, wobei der Werbevorgriff in die Nachstufe eine gewisse Rivalität zwischen den vertikalen Marktpartnern nicht ausschließt. Unmittelbare und mittelbare Kunden des Chemiebetriebes sind eigene Marktparteien und müssen beide entsprechende Marktrisikobelastungen tragen. Jedenfalls erscheint die Stufenwerbung vielschichtig und schwierig genug, um eine eigene, vom Absatz mit Bedarfsberatern abgegrenzte Behandlung zu rechtfertigen.

7.4 Firmen- und Vertrauenswerbung

7.41 Firmenwerbung

Firmenwerbung oder *Institutionalwerbung* (institutional advertising) soll eine Absatzförderung nicht durch Konzentration der Werbeaussagen auf einzelne Produkte oder Produktgruppen, sondern durch Betonung der Leistungsfähigkeit der Firma als Ganzes erreichen. Es handelt sich um eine Vertrauenswerbung für das Unternehmen in seiner Rolle als Anbieter von Verkaufsleistungen gegenüber effektiven und prospektiven sowie direkten und indirekten Kunden. Der Absatzzweck ist das einzige wesentliche Abgrenzungskriterium gegenüber der allgemeinen Vertrauenswerbung, die sich nicht nur an den absatzwirtschaftlich interessanten Ausschnitt aus der Firmenumgebung, sondern an zahlreiche für das Unternehmen bedeutsame Gruppen oder die gesamte Öffentlichkeit wendet. Trotz dieses Unterscheidungsmerkmals ist jedoch die praktische Abgrenzung zwischen absatzorientierter Firmenwerbung und allgemeiner Vertrauenswerbung gerade in der chemischen Industrie schwierig, denn die Argumentation ist in beiden Fällen sehr ähnlich. Man weist auf die allgemeine Leistungsfähigkeit der Unternehmung hin, ihren Ruf, die Tradition, Größe, auf besondere Leistungen der Forschung, bahnbrechende Patente, bringt interessante Darstellungen zur Firmengeschichte, über neue, technisch fortschrittliche Anlagen und anderes mehr.

Man wird noch eher eine *verkaufsbezogene Firmenwerbung* anzunehmen haben, wenn neben dem allgemeinen Geltungsanspruch knappe Hinweise auf das Produktionsprogramm und die vertriebliche Leistungsfähigkeit der Unternehmung gegeben werden (z.B. vollständiges Programm, hohe Qualitätsanforderungen an die Verkaufsprodukte). Umgekehrt wird es mehr für die *allgemeine Vertrauenswerbung* sprechen, wenn die gesamtwirtschaftlich positiven Beitragsleistungen auf allen Gebieten unterstrichen werden. Ein erzielter hoher Bekanntheitsgrad und eine positive Beurteilung der Unternehmung in der Öffentlichkeit muß allerdings auch dem Verkauf zugute kommen. Letztlich offenbaren doch die Verkaufsprodukte den wirtschaftlichen Zweck der Unternehmung, so daß die Absatzleistungen aus der Argumentation der Vertrauenswerbung ebenfalls nicht wegzudenken sind. Die Anzeigenserien der Institutionalwerbung vermitteln oft den Eindruck, daß eine absichtliche Synthese von Firmen- und Vertrauenswerbung angestrebt wird. Dies rührt vielleicht nicht nur aus den engen Beziehungen in der Argumentation, sondern auch aus den Gemeinsamkeiten in den Werbemitteln her. Schließlich sprechen hierfür wirtschaftliche Gründe. Die Begriffe „verkaufsbezogene Vertrauenswerbung" oder „vertrauensbildende Firmenwerbung" weisen in die gleiche Richtung einer Zusammenfassung.

In der Chemiewerbung spielen die firmenbezogenen neben den produktbezogenen Aussagen jedenfalls eine große Rolle [7.9; 7.13; 7.18; 7.21; 7.32; 7.51; 7.56; 7.61; 7.71; 7.76; 7.80; 7.95; 7.97; 7.104; 7.121; 7.132; 7.149, Jg. 1964, S. 161, 164, 168]. Die Begünstigung der Firmenwerbung kann man negativ aus den oft unzulänglichen Voraussetzungen für eine wirkungsvolle und wirtschaftliche Produktwerbung erklären. Sie überwindet die Nachteile aus der Vielfalt der Absatzmärkte und begünstigt den einheitlichen Werbestil für die Gesamtunternehmung. Um die Größe und Marktbedeutung einer Unternehmung andererseits für die Firmenwerbung besser auszunutzen, muß der einheitliche Werbestil weltweit bewußt gefördert werden. Die ausländischen Niederlassungen erhalten vorzugsweise den einheitlichen Firmennamen anstelle der nationalen Firmenbezeichnungen. Die Firmenwerbung kann dann auf dem Umweg über ein positives Firmenbild Produktpräferenzen durchsetzen, für die das Produkt selbst keine Argumente abgibt. Der Anspruch auf gebotene Qualität, Lieferservice, Preiswürdigkeit, ständige Lieferbereitschaft, anwendungstechnische Hilfestellungen usw. wird für ein größeres Lieferprogramm erhoben und später in der konkreten Verkaufsverhandlung mehr oder minder stillschweigend ausgenutzt.

Nach Mitteilungen aus einer großen Chemieunternehmung der BRD können die Relationen zwischen Firmen- und Produktwerbung etwa in den Grenzen von 20:80 bis 60:40 schwanken, wobei für die markierten Spezialitäten im allgemeinen die niedrigsten und für die Industriechemikalien die höchsten Anteile der Firmenwerbung in Frage kämen. Firmen- und Produktwerbung brauchen nicht als strenge Alternative zu gelten, sondern können auch gleichzeitig verfolgt werden. Beispielsweise wird innerhalb der meisten produktbezogenen Werbemittel gleichzeitig das Firmenzeichen propagiert, wodurch sämtliche Werbemaßnahmen einen vereinheitlichenden, stets auf die Unternehmung als Ganzes hinweisenden Faktor erhalten. Durch das Identifizieren der Unternehmung mit allen ihren Produktgruppen wird zudem der Gefahr entgegengewirkt, daß sich in den heterogenen Absatzbereichen einseitige Vorstellungen über das Absatzprogramm entwickeln und die wirtschaftliche Gesamtbedeutung des Anbieters unterschätzt wird.

Es ist eine häufige Aufgabenstellung für die Marktforschung, den Bekanntheitsgrad der Unternehmung sowie die mit dem Firmennamen in Verbindung gebrachten Vorstellungen über Lieferprogramm, Marktgeltung, das Qualitätsniveau der Produkte usw. aufzudecken, und zwar bei allen absatzwichtigen Firmen und Personengruppen. Hierfür sind Primärerhebungen notwendig.

Tabelle 7.6 *Bekanntheitsgrade westlicher Chemieunternehmungen in der chemischen Industrie der ČSSR* [7.15]

Chemieunternehmung	Bekanntheitsgrad [%]		Chemieunternehmung	Bekanntheitsgrad [%]	
	Bereich	Mittel		Bereich	Mittel
ICI	90–95	93,3	Degussa, Merck	25–30	26,8
BASF, Bayer	85–90	86,6	Chemische Werke Hüls	15–20	17,7
Hoechst	70–75	73,3	Sandoz, Geigy,		
Du Pont, Montecatini	60–65	62,2	Monsanto, Hercules,		
Dow, Shell Chemicals,	35–40	37,7	Union Carbide,		
Ciba			18 Firmen	10–15	13,3
			67 Firmen	unter 10	6,6

In Tab. 7.6 ist als Beispiel das Erhebungsergebnis über die Bekanntheit westeuropäischer Chemieunternehmungen in Fachkreisen der chemischen Industrie der ČSSR wiedergegeben. In den Antworten des Befragungsprogramms wurden insgesamt 102 westliche Chemieunternehmungen ohne Erinnerungshilfe genannt, jedoch erzielten nur 6 Firmen einen Bekanntheitsgrad von über 50%. Weitere 5 Firmen waren über 25% der Befragten bekannt, während 85 Unternehmungen nur von weniger als 20% der Befragten genannt wurden [7.15].

In Deutschland ist der Stil der Firmenwerbung in der Investitionsgüterindustrie wegen der monotonen und nichtssagenden Repräsentationsinhalte oft kritisiert worden. Die Institutionalwerbung der chemischen Industrie erfreut sich jedoch bereits seit langem einer positiven Beurteilung, wobei vor allem auf die schrittmachende Wirkung der Serienanzeigen der Chemische Werke Hüls AG unter dem Titel „Neues aus Hüls“ ab 1954 hinzuweisen ist [7.68; 7.123]. Die Anzeigen verkörpern vielfach den Typ der schlichten, redaktionell aufgemachten Firmenwerbung im Stil der aktuellen, informierenden Reportage über alle interessanten wissenschaftlichen, technischen und wirtschaftlichen Ereignisse der Unternehmung. Die große Spannweite der im Insertionsbeispiel der Abb. 7.15 gebotenen Informationen, vom Lichtbogenverfahren der Acetylenerzeugung bis zur modischen Gestaltung von Textilerzeugnissen aus Synthesefasern, kann für diese Art der Firmenwerbung als charakteristisch gelten. Vielen Mitteilungen dieser Art wird auch eine erhebliche Absatzbedeutung zukommen.

Abb. 7.15 Informierende Firmenwerbung im Reportagestil.

In anderen Fällen wird eine differenziertere Berichterstattung über die eigene Unternehmung nach großen Verkaufssparten und Abnehmerkreisen bevorzugt, wobei sich von selbst eine stärker verkaufsbezogene Auswahl der Mitteilungen durchsetzen wird. Wir erwähnen als Beispiel für viele die redaktionelle Anzeigenserie „Du Pont Petroleum Chemicals News", von der bis 1965 bereits 135 mehrseitige Ausgaben in der Zeitschrift „Hydrocarbon Processing" erschienen waren.

7.42 Vertrauenswerbung

7.421 Aufgaben der Vertrauenswerbung

Wegen der engen Beziehung zur Firmen- oder Institutionalwerbung wurden manche Wesenszüge der *Vertrauenswerbung* bereits vorweggenommen. Man wirbt um Vertrauen für die Unternehmung nicht nur bei den Marktpartnern des Absatzbereichs, sondern bei allen für die Chemieunternehmung wichtigen Gruppen (Lieferanten, Kapitalgebern, kommunalen und staatlichen Institutionen, Verbänden usw.), d.h. in der gesamten Fachwelt und breiten Öffentlichkeit. Über die Absichten und Maßnahmen der firmenindividuellen Vertrauenswerbung in der chemischen Industrie wurde häufig berichtet, doch sind diese von den Veröffentlichungen über die Firmenwerbung kaum abzugrenzen (Kap. 7.41).

Wer Anerkennung und Vertrauen in der Öffentlichkeit gewinnen will, muß zunächst in breiteren Schichten einen *hohen Bekanntheitsgrad* erwerben. Die konsumferne Stellung der chemischen Industrie hat in der Vergangenheit bei vielen Chemieunternehmungen zu einem Mißverhältnis zwischen wissenschaftlich-technischer und wirtschaftlicher Bedeutung einerseits und Bekanntheit in der Öffentlichkeit andererseits geführt. Lange Zeit entsprach diese Tatsache allerdings dem oft bewußt verfolgten Grundsatz des „Mehr sein als scheinen".

In den USA ergab eine Repräsentativerhebung Ende der fünfziger Jahre, daß beispielsweise eine der größten amerikanischen Industrieunternehmungen, die Union Carbide Chem. Corp., bei 35% der Bevölkerung unbekannt war. Im Falle der Bekanntheit konnte bei weiteren 34% der Befragten mit dem Firmennamen keinerlei positive oder negative Vorstellung verknüpft werden [7.121]. Die Ursachen wurden vor allem auf die geringe Zahl der hergestellten Konsumgüter und deren geringe Verbindung mit dem Firmennamen zurückgeführt. Eine umfassende Befragungsaktion zur Ergründung der öffentlichen Meinung über die Chemie in Deutschland hat ebenfalls erstaunlich geringe Bekanntheitswerte der meisten Chemieunternehmungen ergeben [7.39]. Von 1000 Befragten in Hamburg nannten die Firma Bayer 55%, Hoechst 37%, BASF 26%, Beiersdorf 16% (Einfluß des Erhebungsgebietes), IG-Farben 8%, Henkel 4%, Böhringer, Schering, Merck und Grünenthal je 2%, weitere Firmen nur 1% und weniger. Das relativ günstige Abschneiden der drei großen IG-Nachfolger wurde auf deren bereits starke und gezielte Vertrauenswerbung in der Öffentlichkeit zurückgeführt. Über die Verkaufsprodukte und die diesbezügliche Verkaufswerbung läßt sich die Bekanntheit einer Unternehmung viel schwieriger erhöhen. Derartige Maßnahmen bieten am ehesten noch beim Vertrieb pharmazeutischer Produkte eine gewisse Erfolgsaussicht, wie die genannten, freilich geringen Bekanntheitsgrade einiger weiterer Pharmaunternehmungen beweisen.

Bei der Förderung des Bekanntheitsgrades sind Informationslücken bei den Umworbenen auszufüllen und vorhandene negative Vorurteile über die chemische Industrie oder ihre Teilbranchen im allgemeinen und die betreffende Chemieunternehmung im besonderen abzubauen. Schwierigkeiten ergeben sich aus der Zersplitterung der Produktionsprogramme und der notwendigen Verständlichmachung der Chemie und ihrer Nutzenwirkungen für jeden einzelnen. Die Bedeutung der chemischen Forschungsleistungen für den technisch-wirtschaftlich-sozialen Fortschritt der Menschheit ist kundzutun. Besondere Beachtung verdient die Tatsache, daß bei dem rapiden Bevölkerungswachstum die chemische Industrie zur Existenzsicherung des Menschen unabdingbar wird (Abb. 7.16).

Wir wissen, daß das Bild der Chemie in der Öffentlichkeit oft nicht nur lückenhaft, sondern auch durch *negative Vorstellungen* geprägt sein kann. Unvermeidliche Begleiterscheinungen der chemischen Industrialisierung, gelegentliche Fehlentwicklungen, schädliche Nebenwirkungen von chemischen Produkten werden durch gelegentliche Übertreibungen oder werbliche Argumentationen von Konkurrenzfirmen oder Konkurrenzbranchen zu lebensbedrohenden Gefahrenkomplexen hochgespielt und als ungerechtfertigte Verallgemeinerungen im Bewußtsein der breiten Masse verankert, vgl. [7.111]. Ein Nahrungsmittel-

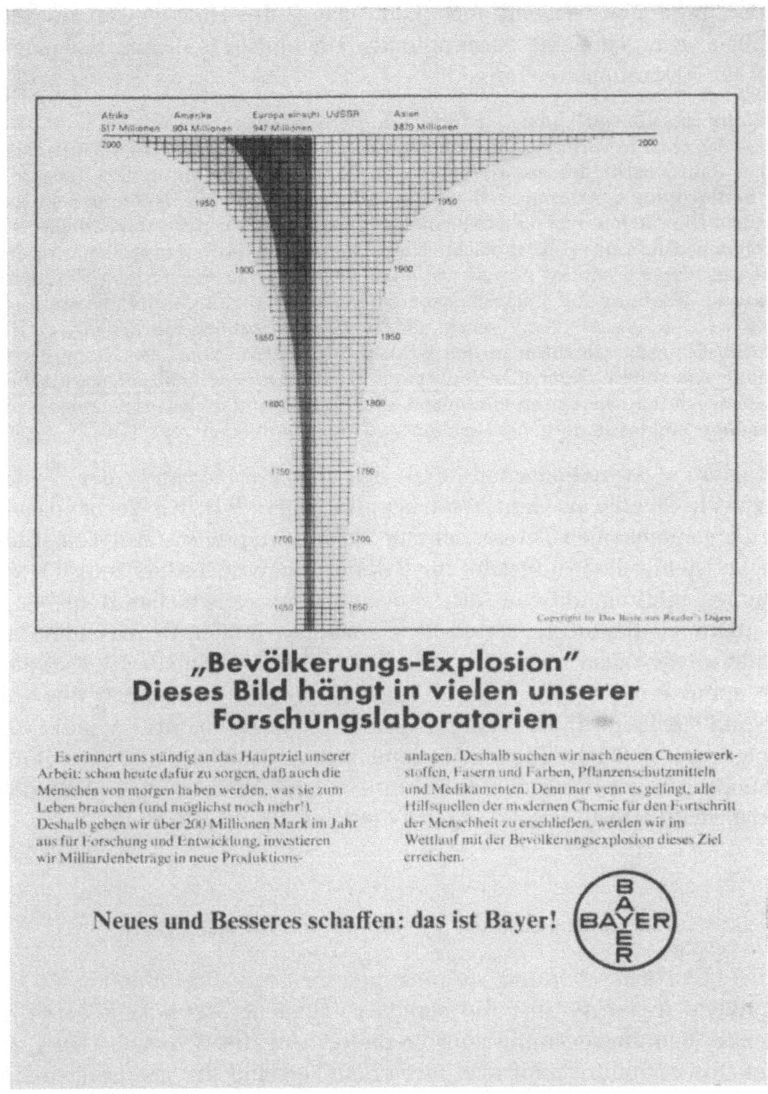

Abb. 7.16 Vertrauenswerbung mit dem Argument der Forschungsleistungen zum Wohle des Menschen.

produzent wirbt z. B. mit dem Hinweis, daß die verarbeiteten landwirtschaftlichen Produkte von Feldern stammen, die nicht mit „giftigen Pestiziden" behandelt wurden. Der „Mann auf der Straße" verbindet mit der chemischen Industrie dann nicht nur positive Assoziationen wie Verbesserung, Verschönerung, Sicherung, Erleichterung des Lebens, sondern auch negative Vorstellungen wie Verpestung der Luft und der Gewässer durch giftige Abfallstoffe, Gefährdung unserer Gesundheit durch übermäßige Verfügbarkeit von Arzneimitteln oder durch Chemisierung der Landwirtschaft als Nahrungsquelle, Verkünstlichung unseres Lebens und allgemein Zurückdrängung der „naturgemäßen" Lebensweise.

Hiervon ist zwar überwiegend die chemische Industrie als Ganzes betroffen, doch ergeben sich genügend Ansatzpunkte für spezielle firmenbezogene Nuancierungen der Vertrauenswerbung.

Aufschlußreiche Beispiele dazu lieferte ein Bericht über die Motive und besonderen Probleme der Vertrauenswerbung großer amerikanischer Chemiekonzerne [7.30]: Seit Beginn der dreißiger Jahre wirbt der amerikanische Du Pont-Konzern unter dem Slogan „Better things for better living ... through chemistry" vor allem über die Massenmedien Rundfunk und Fernsehen. Die Aktion war aus der beabsichtigten Korrektur der damals weitverbreiteten Meinung geboren, Du Pont sei hauptsächlich ein Hersteller von Sprengstoffen und der „merchant of death". Dow Chemical Co. ist wie andere Gesellschaften von dem Standpunkt abgerückt, daß die Werbung für einige Konsumgüter zur Erlangung hoher Bekanntheitsgrade ausreichend sei. Die Celanese Co. versucht die Vertrauenswerbung stärker auf geistige und wirtschaftliche Führungsschichten in den USA einzugrenzen. Wenn der Name der Chemieunternehmung das durch Diversifikation erweiterte Programm nicht mehr zutreffend umschreibt, sehen sich manche Unternehmungen allein aus Gründen des angestrebten zutreffenden Unternehmensbildes in der Öffentlichkeit zu Umbenennungen veranlaßt.

Der Gedanke ist naheliegend, daß sich die *Fachverbände* der Vertrauenswerbung für die Chemie als Ganzes stärker annehmen. Für den Verbandscharakter sprechen die gemeinsamen Interessen zur Verbreitung eines positiven Bildes von der heutigen chemischen Industrie, zur Bekämpfung von Tendenzen einer gegnerischen Meinungsbildung und von übertriebenen gesetzgeberischen Reglementierungen. Außerdem ist die auf Verbandsebene erzielbare höhere Durchschlagskraft der Öffentlichkeitsarbeit hervorzuheben. Die Vertrauenswerbung der Verbände besitzt nicht die unmittelbare Nähe zum Absatz wie bei der einzelnen Mitgliedunternehmung und erscheint daher mitunter glaubhafter. Die Kontakte zu bestimmten Zielgruppen sind vielleicht enger. Die gemeinsame Strategie mit der Bildung von Schwerpunkten hinsichtlich der Zielsetzungen und Mittel verspricht größere Erfolge als das nicht koordinierte Vorgehen der Einzelunternehmung.

7.422 Das Bild der Chemie in der Öffentlichkeit

Um die öffentliche Meinung im günstigen Sinne zu beeinflussen, ist zunächst eine gründliche *Kenntnis* über die bereits *vorhandene Meinung* geboten, um die korrigierende Meinungsbeeinflussung besonders auf die Schwachstellen ansetzen zu können. Eine Meinungsumfrage durch den Verband der chemischen Industrie in der BRD hat ergeben, daß die wichtige Rolle der Chemie im heutigen Leben durchaus erkannt wird und negative Vorstellungen überwiegend nur dann aufkommen, wenn sie mit Vorbedacht von „Meinungsbildnern" entfacht werden [7.28]. Leider wurde das Ergebnis dieser Meinungsforschung nicht veröffentlicht. Aufschlußreiche Ergebnisse brachte jedoch auch eine 1969 auf Initiative des Unilever-Forschungslaboratoriums durchgeführte Befragung von 1000 Personen im Alter von 15–65 Jahren in Hamburg über den Fragenkomplex „Was weiß und denkt der Mann auf der Straße über die Chemie" [7.39]. Ohne auf die Differenzierung der Antwortprozentsätze nach den verschiedenen Bevölkerungsschichten (Altersgruppen, Geschlecht, Schulbildung, innegehabter Chemieunterricht ja oder nein, Berufsgruppen) einzugehen, seien hier die wichtigsten Tatsachen wiedergegeben.

Die Rolle der *Chemie im Schulunterricht* wurde dahingehend charakterisiert, daß 62% der Befragten einmal in irgendeiner Form Chemieunterricht hatten, daß damit jedoch die Chemie noch hinter der Physik (66%) an letzter Stelle unter allen nichtsprachlich wissenschaftlichen Fächern steht. Noch ungünstiger erscheint die *Beliebtheit* der Chemie als Schulfach: Nur 52% aller, die in der Schulzeit mit dem Fach in Berührung gekommen waren, hatten Freude am Unterricht. Die günstigeren Werte lauteten bei Mathematik 68%, Erdkunde 80%, Biologie 79% und Physik 58%. Als ursächlich hierfür wurde angesehen, daß die Chemie, etwa im Gegensatz zur Biologie, nicht als genügend lebensnah empfunden oder der Stoff nicht genügend lebensnah dargeboten wird.

Recht gut erschienen die *Grundkenntnisse* der Bevölkerung über Herstellung und Zusammensetzung einfacher *chemischer Produkte*. Woraus Seife, Papier oder Benzin hergestellt werden, wußten 89%, 95% bzw. 79% richtig zu beantworten, dagegen wußten nur 21%, daß Diamanten aus Kohlenstoff bestehen. Für diese Kenntnisse ist weniger der frühere Schulunterricht als die Bedeutung der betreffenden Produkte für den einzelnen maßgeblich. Die lebensnahe Seite der Chemie interessiert ohne weiteres, kaum jedoch der wissenschaftliche Hintergrund, was eine Testfrage über die Formel „H_2O" ergab.

Die Einschätzung der *Bedeutung der Chemie im täglichen Leben* des einzelnen wurde durch die Frage ergründet, an der Herstellung welcher Produkte die Chemie beteiligt sei. Die folgenden Antwortprozentsätze deuten auf eine bereits relativ gute Unterrichtung: Pharmazeutika 66%, Textilien/Kunstfasern 59%, Kunststoffe/Plastik 54%, Nahrungsmittel 22%, Wasch- und Reinigungsmittel 20%, Farben und Lacke 20%, Produkte für die Landwirtschaft 18%, Kosmetika 16%, Benzin 6%, Produkte der technischen Industrie 6%, Atomforschung und Raumfahrt 3%, Chemikalien 3%. Daß die Chemie überall beteiligt ist, wußte nur 1% zu bestätigen. Wiederum steht das Wissen um die konsumnahen Produkte im Vordergrund, wobei die pharmazeutischen Produkte besonders hervorragen. Die Rolle der chemischen Industrie als Schlüsselindustrie für fast alle Wirtschaftszweige wird dagegen kaum erkannt.

Über die *Abgrenzung der chemischen Industrie* bestehen recht zutreffende Vorstellungen. Von den Befragten rechnen zur chemischen Industrie die Arzneimittelindustrie 98%, Fabriken für Kosmetika und Waschmittel je 90%, Düngemittelfabriken 83%. Die Verarbeitung chemischer Vorprodukte und die sonstigen verfahrenstechnischen Industriezweige werden viel weniger mit der Chemie in Zusammenhang gebracht. Durchschnittlich zählen zur chemischen Industrie die Benzingewinnung 51%, Autoreifenfabriken 38%, Gerbereien 32%, Papierfabriken und Margarinefabriken je 21%, Fischmehlfabriken 17%, Gaswerke 14%, Zementfabriken 12%, Brauereien und Molkereien je 3%.

Der weit überwiegende Teil der Bevölkerung ist der Auffassung, daß die Chemie insgesamt *mehr Vorteile als Nachteile* bringt, nämlich 90%. Nur 1% glauben, daß die Nachteile überwiegen und 7% meinen, daß sowohl Vorteile als auch Nachteile entstehen. Hinsichtlich der Art der Vorteile gaben 44% an, daß die Chemie einfach unerläßlich ist für den *allgemeinen Fortschritt*, ein erstaunlich hoher Prozentsatz. Weitere *Einzelvorteile* wurden bezüglich der durch die Chemie ermöglichten Herstellung bestimmter Produkte erfragt, wobei sich folgendes Meinungsbild ergab: Arzneimittel 55%, Kunststoffe 27%, Textilien 22%, Waschmittel 13%, Produkte für die Landwirtschaft 13%, Kosmetika 11%, Ernährungsprodukte 8%. Wiederum bleiben hinter den Arzneimitteln alle anderen Produkte weit zurück. Bei der Nennung der einzelnen *Nachteile* durch die Chemie dominieren die Luftverunreinigung mit 45% und die Gewässerverschmutzung mit 33%. Wenigstens die angenommene starke Verursachung der Luftverunreinigung durch die Chemie ist eine korrekturbedürftige Fehleinschätzung. Nach Untersuchungen in den USA gingen dort 1966 zwei Drittel der Luftverschmutzung auf das Schuldkonto des einzelnen, indem er seine Wohnung beheizt und Auto fährt. Auf die Energiewirtschaft entfallen 13% und auf die gesamte Industrie 19%, von der die Chemische Industrie wieder nur einen Bruchteil einnimmt [4.55]. Als weitere Nachteile durch die Chemie werden genannt: schädliche Stoffe in Lebensmitteln 14%, Pharmaka mit Nebenwirkungen 10%, „unvollkommene" Produkte 7%, chemische Kampfstoffe und Atombombe 7%, andere Nachteile und Gefahren 9% der Befragten. Eine gewisse Furcht vor unkontrollierten und schädlichen Nebenwirkungen chemischer Produkte deutet sich also an, sie ist jedoch bislang nicht sehr verbreitet.

Zur Präzisierung der bestehenden *Vorbehalte* wurde für eine Reihe ausgewählter Produkte gefragt, inwieweit man die *Chemie* an deren Herstellung als *beteiligt* annimmt und inwieweit im zutreffenden Fall diese Beteiligung auch *akzeptiert* wird. Eine Beteiligung der Chemie nahmen folgende Prozentsätze der Bevölkerung an, wobei deren jeweilige Anteile, die eine Beteiligung der Chemie auch in Kauf nehmen möchten, in Klammern mitgeteilt seien: Farben und Lacke 98% (97%), Arzneimittel 97% (92%), Kunststoffbecher 97% (96%), Haarspray 96% (94%), bügelfreie Hemden 95% (93%), Damenstrümpfe 94% (92%), Seifen 92% (85%), Gemüse- und Obstanbau 77% (25%), Getreideanbau 71% (29%), Papier 59% (58%), Vieh- und Geflügelzucht 50% (17%), Margarine 46% (14%), Bier 20% (7%), Butter 16% (3%). Es zeigt sich deutlich, daß der Einsatz chemischer Produkte bei der Nahrungsmittelproduktion überwiegend abgelehnt wird, was mit der bereits erreichten und in Zukunft sicher noch stark anwachsenden Bedeutung der Chemie in diesem Sektor schlecht vereinbar ist. Chemische Produkte oder deren Folgeprodukte, die mit dem Menschen nur äußerlich in Berührung kommen, werden dagegen ohne weiteres akzeptiert.

Durch Fragen über das vermeintliche Lohn- und Gehaltsniveau, das in der Vorstellung der Bevölkerung mit der volkswirtschaftlichen Bedeutung eines Industriezweigs korreliert ist, wurden Rangreihen der *wichtigsten Industriezweige* mit den folgenden Antwortprozentsätzen erhalten für die *Gegenwart:* Chemische Industrie 33% (Befragte mit höherer Schulbildung 45%, mit Volksschulbildung 27%), Stahlindustrie 31%, Autoindustrie 13%, Elektroindustrie 11%, Bergbau 8%, Textilindustrie 2% und für die *Zukunft* sogar: Chemische Industrie 58%, Elektroindustrie 26%, Stahlindustrie 9%, Autoindustrie 5%, Textilindustrie 1% und Bergbau 0%. Auch hieraus geht das Bewußtsein der Bevölkerung von der großen und wachsenden Bedeutung der Chemie eindeutig hervor.

Als außerordentlich positiv hat sich auch das *Bild* der Allgemeinheit über den *Diplom-Chemiker* erwiesen. Er steht in der Skala der sozialen Rangordnung an dritter Stelle hinter dem Arzt und dem Richter. Der Beruf erfordert nach Meinung der Befragten hochbegabte Menschen und ein langes Studium, die Tätigkeit ist interessant, aussichtsreich in der Zukunft und dient in hohem Maße dem Wohle der Menschheit. Über den Inhalt der Tätigkeiten bestehen jedoch kaum Vorstellungen.

Schließlich wurde ein erhebliches Interesse an *Informationen über die Chemie* nachgewiesen. Die bevorzugten Themen sind an den Bedürfnissen des einzelnen orientiert und stark zukunftsbezogen, wie folgende Antwortprozentsätze verdeutlichen: Krebsbekämpfung 59%, Städtebau in der Zukunft 37%, die Bedeutung der Chemie für die Ernährung im Jahre 2000 33%, Raketentechnik und Raumfahrt 32%, Herzverpflanzung und moderne Medizin 31%, Chemie und Luft- sowie Gewässerverschmutzung 28%, Atomenergie 26%, Chemie und Schädlingsbekämpfung 14%, andere Themen 10%. Das Aufklärungsinteresse über die *Verschlechterung der Umweltbedingungen* ist demnach noch nicht gravierend. Hinsichtlich der Unterrichtung über die Chemie werden anschauliche und leicht eingängige *Methoden* gegenüber solchen mehr wissenschaftlichen Charakters bevorzugt: Führungen durch chemische Fabriken 46%, Zusehen bei chemischen Experimenten 38%, Filme über Chemie 35%, Besichtigung chemischer Laboratorien 31%, Fragestunden bei Chemikern 25%, Einführungsvorträge über Chemie 22%, eigene chemische Experimente unter Aufsicht 22%. Für die Planung der Öffentlichkeitsarbeit ergeben sich hieraus wertvolle Ansatzpunkte.

Die entsprechenden Untersuchungsergebnisse des Fachverbandes der *Farben- und Lackindustrie* zur öffentlichen Meinung über diese Chemieteilbranche bieten ein ebenfalls interessantes Beispiel [7.89].

Durch Repräsentativbefragung von Verbrauchern, Meinungsbildnern, von Angehörigen lackverarbeitender Berufszweige und Branchen sowie des einschlägigen Fachhandels wurde das Gesamt-Image der Farben- und Lackindustrie in der Öffentlichkeit ergründet, um es der weiteren Öffentlichkeitsarbeit des Fachverbandes als Orientierungsmittel zugrunde legen zu können. Hierbei wurden für den Industriezweig wichtige Begriffe und Vorstellungsinhalte als Einzelkomplexe der Beurteilung formuliert und die von den Befragten hierzu vorgebrachten Assoziationen zu Rangfolgen ihrer Bedeutung über die Häufigkeit der Nennung geordnet. Das Ergebnis ist in Tab. 7.7 zusammengefaßt. Beispielsweise zeigt die Einschätzung des Begriffs „Anstrichmittel" die vorherrschende Auffassung einer reinen Sachbezeichnung fast ohne Gefühlsmomente. Dagegen führen die Begriffe Lack und Farbe zu sehr vielschichtigen, funktional-technischen sowie emotionalen Assoziationen. In verschiedenen Zusammen-

Tabelle 7.7 *Das Bild der Farben- und Lackindustrie in der deutschen Öffentlichkeit* [7.89]

Einzelkomplex der Beurteilung	Rangfolge der Assoziationen
1. Anstrichmittel	Oberbegriff mit technischer Bedeutung; reine Materialbezeichnung; schließt Lacke und Farben ein; wenig Gefühlsinhalt; rationale Momente überwiegen
2. Lack	Oberflächenschutz; Werterhaltung; Modernes Leben – Fortschritt; hygienisch – steril; kühl und glatt; strahlend hell; Funktionalisierung – Rationalisierung
3. Farbe	ohne Farbe sein = „Ohne-Leben-Sein"; überwiegend emotional; Verschönerung – Lebensfreude; Sauberkeit – Ordnung; Natürlichkeit und Zivilisation
4. Ängste/Befürchtungen	giftige Dämpfe; Geruch = Indikator für Schädlichkeit; unangenehm/beißend/scharf; Symptome: Kopfschmerz/Übelkeit/Ausschläge/ Herzbeschwerden/Reizungen der Schleimhäute
5. Erfahrungen beim Umgang	körperlich anstrengend; Angst vor Mißerfolg; schwierig in der Verarbeitung; Kriterium: Vergleich mit Fachmann; geringe Erfolgsfreude
6. Bedeutung der Lackindustrie	Chemiefaserindustrie; Nahrungsmittelindustrie; Kraftfahrzeugindustrie; Arzneimittelindustrie; Karosseriebau; Lackindustrie; Möbelindustrie usw.
7. Image der Lackindustrie	wissenschaftlich; fortschrittlich; aktiv; modern; erfolgreich; groß; vertrauenswürdig; deutsch
8. Gesamt-Image	überwiegend positiv; uneinheitlich/ungeformt; kleiner Bruder der Großchemie; Beurteilung: Rohstoff, nicht Endprodukt; Öffentlichkeit generell uninformiert; Tradition/Solidität; guter Partner
9. Bedingungen/Zusammenarbeit	Einhaltung von Terminen; gleichbleibende gute Qualität; Produkt- und Verfahrensvorsprung; Service und Beratung; persönlicher Kontakt; Wunsch-Standardprodukte; Preiswürdigkeit
10. Lack/Nutzen für Verwender	Werterhaltung; Schutz; Haltbarkeit; gutes Aussehen; entscheidend für Verkaufserfolg; Grundnutzen/Zusatznutzen

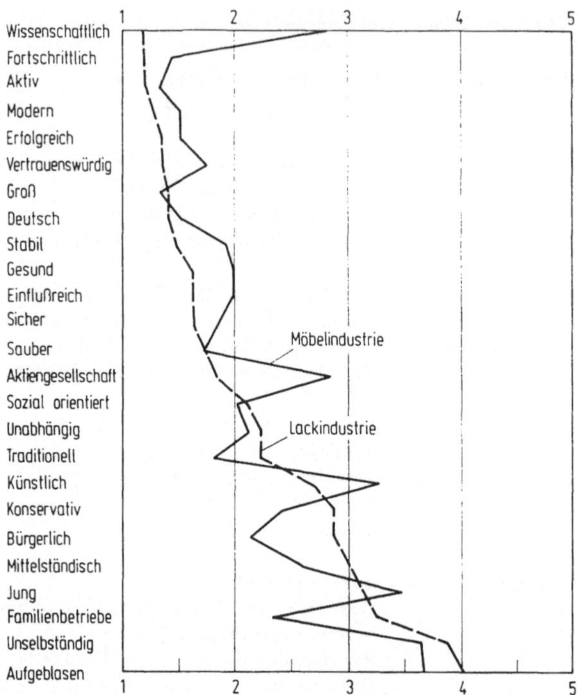

Abb. 7.17 Imageprofil der Lackindustrie im Vergleich zur Möbelindustrie [7.89].

hängen treten auch negative Vorstellungen auf, die es dann naturgemäß aufzuheben gilt. Unter Einbeziehung weiterer, nachgeordneter Beurteilungskriterien und eines Vergleichs mit der Einschätzung der Möbelindustrie ist in Abb. 7.17 das „Image-Profil“ des Industriezweiges graphisch veranschaulicht.

7.5 Kooperative Werbung

7.51 Horizontale Gemeinschaftswerbung

Die *horizontale Gemeinschaftswerbung* von Unternehmungen der gleichen Wirtschaftsstufe kann sowohl für gleiche oder sehr ähnliche und damit *konkurrierende Produkte* als auch für nicht konkurrierende Produkte komplementären Bedarfs eingesetzt werden. Ersteres ist im Bereich der Grundstoffindustrie häufig, auch wenn Elemente einer gemeinsamen Vertriebsorganisation fehlen. Es geht dabei vor allem um die Absatzförderung des Produktes als solches und damit der gesamten Branche oder besonders um die Abwehr der Branchenkonkurrenz. Man müßte in der chemischen Industrie häufig günstige Voraussetzungen für solche gemeinsamen Werbeaktionen vermuten, etwa zur Überwindung von Marktwiderständen bei der Einführung neuer Produktgruppen. Daß solche Maßnahmen aber dennoch selten zustande kommen, liegt an der starken Neigung zur Produktdifferenzierung, welche die Chemiewerbung entsprechend individualisiert. Die Alternative zwischen horizontaler Gemeinschaftswerbung für konkurrierende Produkte und Einzelwerbung kann zu einem guten Teil auf die Problematik der gemeinsamen Gütesicherung der Erzeugnisse oder der individuellen Produktmarkierung zurückgeführt werden.

Die Einzelwerbung für verwandte Produkte löst aber aufgrund der zwangsläufig ähnlichen Werbemethoden und Werbeargumente mitunter ähnliche Effekte aus wie eine bewußte Gemeinschaftswerbung. Wer für eine markierte Synthesefaser oder einen markierten Kunststoff wirbt, propagiert gleichzeitig die Produktvorteile aller Synthesefasern und Kunststoffe im Verhältnis zu den Konkurrenzbranchen, die substituierbare Rohstoffe und Werkstoffe anbieten. Hier liegt eine der Ursachen des in der chemischen Industrie wohlbekannten Phänomens, daß die Markterschließungsarbeit eines Anbieters speziell für neuere Produkte auch den Konkurrenten zugute kommt. Der Schwerpunkt der echten chemischen Gemeinschaftswerbung liegt dagegen bislang mehr in den Bereichen der Vertrauenswerbung, wobei den Fachverbänden eine wichtige Rolle zufällt.

Gemeinsame oder wenigstens koordinierte Vertriebsaktionen für *bedarfskomplementäre Produkte* leiden nicht unter entgegengerichteten Konkurrenzinteressen. Größere Aussichten auf das Zustandekommen einer Gemeinschaftswerbung für sich ergänzende chemische Produktgruppen wären aber ebenfalls erst im Rahmen übergeordneter kooperativer Vertriebsmaßnahmen erwartbar. Stellenweise hat das werbliche sowie anwendungstechnische Zusammenwirken mit den Lieferanten der Verarbeitungsmaschinen und -anlagen Bedeutung. Mit der gegenseitigen Förderung bestimmter Fabrikate sind allerdings auch negative Wirkungen verknüpft, wenn die nicht geförderten sonstigen Anbieter des Komplementärbedarfs keine Empfehlungen mehr für das eigene Produkt aussprechen, sondern analoge werbliche Interessengruppen mit der Konkurrenz bilden. Die Gruppierung zwischen den Werbepartnern des Komplementärbedarfs stellt damit einen wichtigen Bestimmungsfaktor für sämtliche Absatzmaßnahmen dar.

7.52 Vertikale Gemeinschaftswerbung

Die *vertikale Gemeinschaftswerbung* ist vor allem im Zusammenhang mit der Stufenwerbung bedeutsam und aktuell. Hierzu wurde ausgeführt, daß die Stufenwerbung in ihren drei Teilaktivitäten auch eine enge Abstimmung mit den Absatz- und Werbeinteressen der unmittelbaren Kunden der umworbenen Betriebe späterer Absatzstufen nahelegt. Neben der sachlichen Werbeabstimmung kommt es oft zur teilweisen *Übernahme der Werbekosten* der Nachstufen durch den vorgelagerten Chemieproduzenten, was sich in dessen Werbekostenrechnung etwa unter der Position der „Werbezuschüsse" niederschlägt (vgl. Tab. 7.10). Immerhin stellt das kooperative Element nur einen Teilaspekt der Stufenwerbung dar, dessen Bedeutung je nach Marktstellung der Partner sowie nach der Marktgeltung der umworbenen Marken schwanken kann. Sowohl Fertigungs- als auch Handelsstufen werden in die vertikale Gemeinschaftswerbung einbezogen.

Bei der Einführung neuer und noch wenig bekannter durchgehender Rohstoffmarken müssen tendenziell höhere Werbezuschüsse gezahlt werden. Seitens der Nachverarbeiter besteht allerdings die Neigung, diese Zuschüsse später in gleicher Höhe zu fordern, selbst wenn sich nach der erfolgreichen Durchsetzung des Produktes die Marktverhältnisse gewandelt haben. Um den marktgerechten Abbau der Zuwendungen aus der vertikalen Gemeinschaftswerbung, die zuweilen nur als Starthilfe gedacht sind, entstehen dann nicht selten Konfliktsituationen. Vom gesamten sichtbaren Werbeaufwand der Textilindustrie in der BRD wurden 1964 nicht weniger als 28% in Form von Werbezuschüssen durch die Chemiefaserproduzenten aufgebracht (44 von 157 Millionen DM) [7.74]. Ganz allgemein können nachgeschaltete Marktpartner, auch des Handels, eine starke Marktstellung dazu ausnutzen, die Werbekooperation und begleitende Rohstoffmarkierung von der Gewährung überhöhter Werbekostenzuschüsse abhängig zu machen.

Umgekehrt kann allerdings das Schwergewicht der Stufenwerbung so stark auf den Letztnachfrager gelegt werden, daß sich die Zwischenstufen wegen der unausweichlichen Sogwirkung auch ohne werbliche Unterstützung zur Verarbeitung oder Führung der markierten Chemieerzeugnisse veranlaßt sehen. Hier stellen die Werbeaktionen der Vorproduzenten bereits erhebliche Förderungsmaßnahmen für den Absatz der Nachverarbeiter und des Handels dar. Wenn die Nachfrage nach den Etiketten zur Rohstoffmarkierung durch die Nachstufen in einen deutlichen Zusammenhang mit der Werbeaktivität des Rohstoffherstellers in den Folgemärkten gebracht werden kann, so ist dies ein deutliches Kriterium für den Werbeerfolg auch zugunsten der Nachstufen.

7.6 Die Werbemittel

7.61 Bedeutung der verschiedenen Werbemittel

Die Gliederung der Werbeetats wird bevorzugt nach wichtigen *Werbemitteln* vorgenommen, so daß sich aus überbetrieblichen Durchschnitts- und Vergleichszahlen über die Etatstrukturen Anhaltspunkte über die Bedeutung der verschiedenen Werbemittel ergeben. Soweit derartiges Zahlenmaterial aber erarbeitet

Tabelle 7.8 *Gliederung des Werbeetats großer amerikanischer Chemieunternehmungen 1960* [7.2]

Firma	Umsatz [10^6 $]	Gesamter Werbeaufwand [10^6 $]	Gesamter Werbeaufwand Umsatzanteil [%]	Gemessener Werbeaufwand [10^6 $]	Gemessener Werbeaufwand Werbekostenanteil [%]
E. I. du Pont	2142,6	39,6	1,84	20,2	51,2
Dow Chem. Co.	781,4	12,7	1,63	8,1	63,8
American Cyanamid Co.	578,4	20,7	3,58	6,6	31,9
Union Carbide Corp.	1548,2	18,9	1,22	6,3	33,4
Summe bzw. Durchschnitt	5050,6	91,7	1,81	41,2	45,0

Firma	Gliederung des gemessenen (gesamten) Werbeaufwands [%] Zeitungen	Publikumszeitschr.	Landwirtsch. Zeitschr.	Fachzeitschr.	Fernsehen	Außenwerbung
E. I. du Pont	12,2 (6,2)	26,7 (13,7)	1,3 (0,7)	17,3 (8,9)	39,3 (20,1)	3,2 (1,6)
Dow Chem. Co.	26,1 (16,7)	29,6 (18,9)	1,9 (1,2)	17,9 (11,2)	23,9 (15,2)	0,6 (0,4)
American Cyanamid Co.	3,4 (1,1)	27,9 (8,9)	18,1 (5,8)	45,6 (14,5)	5,0 (1,6)	– (–)
Union Carbide Corp.	12,4 (4,1)	30,4 (10,2)	1,1 (0,4)	25,4 (8,4)	30,7 (10,3)	– (–)
Summe bzw. Durchschnitt	13,6 (6,1)	28,0 (12,6)	4,1 (1,9)	23,2 (10,4)	29,4 (13,2)	1,7 (0,8)

und bekanntgegeben wurde, erstreckt es sich zum Großteil nur auf den von außen meßbaren Werbeaufwand. In der Chemiewerbung sind starke Unterschiede in der Schwerpunktverteilung der Werbemittel in Abhängigkeit von der jeweiligen Absatzbedeutung der Produktivgüter oder Konsumgüter zu erwarten.

Die amerikanischen Untersuchungen über die Werbekosten der Industrie geben nicht nur über die Gesamthöhe der Werbekosten, sondern auch über die Gliederung des meßbaren Werbeaufwands Aufschluß. Die Zahlen für vier große Chemieunternehmungen, die überwiegend chemische Produktivgüter vertreiben, sind in Tab. 7.8 dargestellt. Der gemessene Werbeaufwand (Ankauf von Raum und Zeit) betrug im Bezugsjahr 1960 etwa zwischen 1/3 und 2/3 bzw. im Durchschnitt 45% des gesamten Werbeaufwands. Im letzten Teil der Tabelle wurden die Kosten der Werbemittel mit dem gesamten Werbeaufwand in Beziehung gebracht, um die Vergleichsmöglichkeiten zu erweitern.

Interessante Daten stehen seitens der zur Investitionsgüterindustrie zählenden *Maschinenbauindustrie* in der BRD dank einer in vierjährigem Abstand durchgeführten Werbekostenerhebung zur Verfügung (Tab. 7.9), während repräsentative Vergleichswerte aus der deutschen chemischen Industrie spärlich sind. Viel beachtet wurde die Bekanntgabe der Werbekostengliederung der Farbwerke Hoechst AG aus dem Jahre 1965 (Tab. 7.10). Trotz des überwiegenden Produktivgütervertriebs sind bei diesen Zahlen der rund 20prozentige Umsatzanteil der Pharmasparte, die Absatzschwerpunkte der durchgehend markierten Fasern und Kunststoffe sowie die Vertrauenswerbung in der breiten Öffentlichkeit beachtlich.

Tabelle 7.9 *Gliederung des Werbeetats der Maschinenbauindustrie in der BRD 1964* [7.48]

Etatposition		Werbemittelanteil [%]	Werbeetatanteil [%]
Anzeigenwerbung		30,5	21,8
davon inländische	22,9		
davon ausländische	7,6		
Messen und Ausstellungen		25,5	18,2
davon inländische	19,5		
davon ausländische	6,0		
Werbedruckschriften und Werbebriefe		22,9	16,4
davon inländische	15,5		
davon ausländische	7,4		
Photo-, Dia-, Film-, Fernseh-, Funk- und Vortragswerbung		3,1	2,2
Außenwerbung (Bogenanschlag usw.)		2,0	1,4
Werbung in Adreßbüchern		1,3	0,9
Werbevorbereitung, -planung und -kontrolle		1,2	0,9
Werbliche Zusammenarbeit (z. B. Gemeinschaftswerbung)		0,7	0,5
Sonstige Werbemaßnahmen (Werbegeschenke, -veranstaltungen usw.)		12,8	9,2
Summe		100,0	71,5
Werbestellenkosten (Personal- und Reisekosten, Mieten usw.)			14,3
Sonstige Werbekosten (Werbeforschung, Verpackungsgestaltung, Betriebsanleitungen, Angebote, Schautafeln, Mobilwerbung usw.)			7,1
Public Relations (Publikationen für Aktionäre, die Belegschaft, Werkzeitschriften, Tagungen, Werksbesichtigungen usw.)			7,1
Summe			100,0

Tabelle 7.10 *Gliederung des Werbeetats der Farbwerke Hoechst AG 1965* [7.7]

Etatposition (Werbemittel)	Werbeetat-anteil [%]	Etatposition (Werbemittel)	Werbeetat-anteil [%]
Anzeigen	26	Messen und Ausstellungen	5
Drucksachen	17	Werbegeschenke	5
Werbezuschüsse	11	Außenwerbung	4
Film-, Funk- und Fernsehwerbung	7,5	Personalkosten	10
		Sonstiges	14,5

Hinsichtlich der Programmstruktur dürfte eine weitgehende Ähnlichkeit zum Durchschnitt der vier amerikanischen Chemieunternehmungen in Tab. 7.8 bestehen, doch läßt der Zahlenvergleich deutlich das stärkere Engagement der amerikanischen Firmen in der Publikumswerbung erkennen. Die *Anzeigenwerbung* der US-Firmen beanspruchte 31% vom gesamten Werbeaufwand gegenüber 26% der Farbwerke Hoechst AG und 21,8% im westdeutschen Maschinenbau, was offenbar auf die hohen Anteile für die Inserate in Zeitungen und Publikumszeitschriften (zusammen 18,7%) zurückgeht.

Die amerikanische *Fernsehwerbung* überragte diejenige der Farbwerke Hoechst AG sicher um das Doppelte (13,2% gegen 7,5%, wobei letzterer Wert auch noch die Rundfunk- und Filmwerbung einschloß). Im deutschen Maschinenbau war die Fernsehwerbung bislang unbedeutend.

Während *Messen und Ausstellungen* in der Investitionsgüterindustrie allgemein zu den wichtigsten Werbemitteln zählen, treten sie in der chemischen Industrie wegen der schlechten „Ausstellbarkeit" der Chemie bislang sehr zurück (18,2% im Maschinenbau gegenüber 5% bei der Farbwerke Hoechst AG).

Die *Werbegeschenke* stellen auch in der chemischen Industrie eine recht beachtliche Etatposition dar. Sie erreichte 1965 bei der Farbwerke Hoechst AG immerhin mit 5% die Größenordnung des Werbeaufwands für Messen und Ausstellungen.

Die Position *Werbezuschüsse* (11% in Tab. 7.10) fällt ganz aus dem Rahmen der üblichen Werbemitteletatisierung und spiegelt die in der chemischen Industrie zunehmende Bedeutung der vertikalen Werbekooperation wider.

Die *Drucksachen* beanspruchten bei der Farbwerke Hoechst AG etwa den gleichen

Tabelle 7.11 *Werbekosten in der pharmazeutischen Industrie Großbritanniens* [8.16, S. 210]

Werbemittel	Umsatzgrößenklasse [10^6 £]					
	0–0,1	0,1–0,25	0,25–0,50	0,50–1,0	1,0–2,0	über 2,0
	Zahl der Unternehmungen					
	14	9	12	6	10	13
	Werbekostenanteil am Umsatz [%]					
Schriftliche Direktwerbung	5 (1,0–38)	4 (0,4–15)	6 (1,5–12)	3 (2,4–5)	4 (1,0–7)	2 (0,5–5)
Ärztemuster	2 (0,1–7)	2 (0,3–4)	2 (0,6–3)	2 (0,5–4)	1 (0,5–4)	1 (0,5–3)
Anzeigenwerbung	4 (0,4–25)	3 (0,6–8)	3 (0,3–8)	2 (0,4–4)	1 (0,3–3)	1 (0,6–2)
Persönliche Direktwerbung (Ärztebesucher)	15 (6–74)	13 (1–25)	12 (5–21)	6 (4–8)	4 (3–7)	3 (1–6)
Gesamt	26 (10–89)	22 (4–28)	23 (8–44)	13 (6–18)	10 (6–19)	7 (4–12)

Werbekostenanteil wie im Durchschnitt des deutschen Maschinenbaus (17% gegenüber 16,4%). Die Betonung der Druckschriften korrespondiert mit dem Gewicht der anwendungstechnischen Beratungsarbeit.

Die Bedeutung der *Außenwerbung* ist rückläufig. Immerhin war der Anteil bei der Farbwerke Hoechst AG mit 4% wesentlich höher als bei den in Tab. 7.8 erfaßten amerikanischen Chemiekonzernen (0,8%) und fast dreimal so hoch wie im deutschen Maschinenbau (1,4%).

Aufschlußreicher wären nach chemischen *Teilbranchen* differenzierte Werbemittelanteile. Publizierte Daten stehen jedoch jenseits des äußeren, meßbaren Werbeaufwands einiger Konsumgütersparten (Kap. 7.32) nicht zur Verfügung. Die Umsatzkostenanteile der wichtigsten Werbemittel der pharmazeutischen Industrie Großbritanniens sind für einige Umsatzgrößenklassen in Tab. 7.11 mitgeteilt. Die persönliche Direktwerbung über Ärztebesucher beansprucht nach den Erhebungsergebnissen in den kleinen Umsatzgrößenklassen über die Hälfte und bei den großen Unternehmungen beinahe die Hälfte der erfaßten Werbekosten. Darüber hinaus sind die erhebliche Schwankungsbreite der einzelnen Kostenpositionen und die starke Betriebsgrößendegression beachtlich.

7.62 Anzeigenwerbung

7.621 Konsumgüter- und Produktivgüteranzeigenwerbung

Innerhalb der Werbemittel der indirekten Mehrheitswerbung oder Streuwerbung kommt der *Anzeigenwerbung* in der chemischen Industrie die größte Bedeutung zu. In der Konsumgüterwerbung steht die Anzeige in Publikumszeitschriften und Tageszeitungen neben und in gewisser Konkurrenz gegenüber den Werbemitteln Hörfunk und Fernsehen, jedoch ist die beherrschende Stellung in der Mehrheitswerbung für chemische Produktivgüter unangefochten. Die weiter oben zur Veranschaulichung typischer Werbeargumente, formaler Gestaltungstendenzen usw. verwendeten Abbildungen entstammen überwiegend der Anzeigenwerbung. Für alle Produktivgüter ist die Anzeigenwerbung vor allem dadurch begünstigt, daß seitens der für die Materialbeschaffung maßgeblichen Fachleute ein gewisser *Informationszwang* besteht, der das Lesen von Fachzeitschriften gebietet. Zwar gilt das Interesse vornehmlich den Neuigkeiten des redaktionellen Teils, aber die Fachzeitschriften erhalten damit eine mit dem Informationsgehalt des redaktionellen Teils etwa gleichlaufende Aufwertung als Werbeträger. Als weiterer Vorteil erweist sich die Möglichkeit einer recht zuverlässigen *Streuplanung* der Inserate über die jeweilige fachliche Orientierung der Zeitschriften, wodurch übermäßige Streuverluste vermieden und bei den mäßigen Anzeigenpreisen der Fachzeitschriften die Werbekosten je Werbekontakt in Grenzen gehalten werden. Wir haben im folgenden besonders die Produktivgüteranzeigenwerbung im Auge.

7.622 Streuplanung

Die selektive und optimale *Mediaplanung* für Insertionen ist wegen der starken Zersplitterung der Fachzeitschriften, die als Werbeträger für Chemieanzeigen in Frage kommen, sogleich ein Kernproblem der Chemieanzeigenwerbung. Die Zahl der zu berücksichtigenden Fachzeitschriften ist in der Chemiewerbung wegen der Heterogenität der Produktverwendungen von Anfang an groß, und sie wächst mit der Steigerung des Zeitschriftenangebotes weiter an. Die Zeitschriften der chemischen Industrie und der Abnehmerbranchen hatten uns bereits im Zusammenhang mit der Gewinnung von Informationen bei der chemischen Marktforschung interessiert, doch wird das Differenzierungsbedürfnis im Rahmen der Werbeträgeranalyse noch größer sein, vgl. [7.54; 7.87; 7.88; 7.93].

Für die Mediaplanung nach produktiven Verwenderkreisen steht die *Branchengliederung* der Fachzeitschriften im Vordergrund. Hierbei sind neben allgemeineren Zeitschriften für die chemische Industrie die Zeitschriften der Teilbranchen sowie zahlreicher nichtchemischer, besonders weiterverarbeitender Wirtschaftszweige als geeignete Insertionsträger zu berücksichtigen (vgl. Kap. 3.824, Tab. 3.33).

Als nächstes stellt die Ausrichtung der Zeitschriften nach *fachlich-beruflichen Merkmalen* der Leserkreise ein wichtiges Bestimmungsmerkmal für die hierauf abzustimmende Werbefeinstreuung dar. Man kann etwa die großen übergeordneten Gruppen der naturwissenschaftlichen, ingenieurtechnischen und wirtschaftlichen Fachzeitschriften bilden, wobei allerdings viele auch die Grenzgebiete bewußt pflegen (z.B. Chemie-Ingenieur-Technik, Chemiewirtschaft, Kunststoffwirtschaft usw.). Der schnell fortschreitenden fachwissenschaftlichen Spezialisierung folgt eine entsprechende Differenzierung der Fachorgane. Allein im Bereich der wissenschaftlichen Chemie begegnet uns bereits eine verwirrende Zahl von Spezialgebieten, welche über die ursprüngliche Dreigliederung in anorganische, organische und physikalische Chemie weit hinausgewachsen ist. Die für die Verwendungsseite chemischer Produkte interessanten Fachgebiete kommen hinzu.

Daneben spielen Orientierungen der Fachzeitschriften und die Zusammensetzung der Leserkreise nach *funktional-organisatorischen* Gesichtspunkten eine Rolle, d.h. nach den Aufgaben, welche die Leser in ihren Institutionen innehaben. Industrielle Einkaufsentscheidungen sind überwiegend Gruppenentscheidungen unter Beteiligung von spezialisierten Einkäufern, von Angehörigen der Produktion, Forschung und Entwicklung, der Ingenieurabteilungen oder bestimmter Stufen des Management. Eine auf diese ,,Funktionsträger" speziell abzielende Werbung wird dies in der Mediaplanung aufgrund von Leserschaftsanalysen zu berücksichtigen haben.

Für die Reichweite der Anzeigenwerbung sind schließlich die *räumlichen Verbreitungsgrenzen* sowie die *Verbreitungsdichte* der Zeitschriften zu beachten. Es stehen sich örtlich-regional, national und international verbreitete Zeitschriften gegenüber. Für die Exportwerbung sind neben international verbreiteten Zeitschriften zahlreiche weitere Publikationsorgane der Exportländer vorzusehen.

Allein als Folge des *Mengenproblems* beim Zeitschriftenangebot können immer nur wenige Fachzeitschriften und damit ein Bruchteil der eigentlich in Frage kommenden Organe gelesen werden, deren fallweise Präferenzen bei bestimmten Lesergruppen aufzuzeigen sind. Außerdem gibt es in dem angedeuteten Gliederungssystem zahlreiche Überschneidungen. Selbst recht genaue Leserschaftsanalysen der Zeitschriften geben noch keine Auskunft über Lesegewohnheiten der Bezieher, Zirkulation und Aufbewahrung in den Betrieben, die Einstellung der Bezieher gegenüber dem Inseratenteil, wobei auch die Angemessenheit des Werbestils, der werblichen Argumentation, der Placierung usw. zu berücksichtigen wären. Hier müßten Werbeträgeranalysen vom Inserenten selbst oder durch Beratungsunternehmungen angestellt werden, vgl. z.B. [7.93; 7.115; 7.118; 7.124].

Umgekehrt ist aber auch eine starke Tendenz zur breiten Werbestreuung durch Anzeigenwerbung in allgemeinen Chemiefachzeitschriften oder Publikumszeitschriften des gehobenen Niveaus wirksam, wobei die Nachteile aus den unvermeidlich viel höheren Streuverlusten in Kauf genommen werden. Die sog. meinungsbildende Presse wird in der Mediaplanung der Chemieanzeigenwerbung immer häufiger genannt. Ursächlich sind die horizontale und vertikale Verwendungsstreuung chemischer Produkte, die Gruppeneinkaufsentscheidungen in den Betrieben und die Bedeutung der Firmen- und Vertrauenswerbung.

7.623 Informationsgehalt

Hinsichtlich des möglichen und zweckmäßigen *Informationsgehaltes* steht die Anzeige natürlich weit hinter den Werbemitteln der Direktwerbung, vor allem den Druckschriften, zurück. Ein Minimum an Informationen sollte aber sowohl in den produkt- als auch firmenbezogenen Anzeigen geboten werden, der reine Plakatstil oder das Vorherrschen themenfremder Blickfänge sind abzulehnen.

Tabelle 7.12 *Einstellung der Einkäufer von 320 Industrieunternehmungen in den USA zur Chemieanzeigenwerbung* [7.5]

Beurteilungsgesichtspunkt	Antwortprozente
Wichtigste Gestaltungsmittel	
Illustration	31
Schlagzeile	30
leicht eingängiger Text	22
Farbe	12
Wichtigste Inhalte	
Informationen über die Produktverwendung	54
Technische Daten und Beschreibungen	25
Tatsachen über Preisvorteile	20
Beschaffung zusätzlicher Informationen	
Generelle Beurteilung der *Möglichkeiten*	
Befriedigende Zusammenarbeit mit den Lieferanten	66
Unbefriedigend und zu langsam	24
Bevorzugte *Methoden*	
Persönliche Rücksprache mit den Verkäufern	35
Telephonische Anfragen	27
Briefliche Anfragen	18
Absenden von Postkartenvordrucken	15
Anzeigen-Coupons	5
Bevorzugte Kontaktnahmen durch die Lieferanten im Anschluß an die Insertion neuer Produkte (follow-up)	
Übersendung stärker detaillierter technischer Druckschriften	52
Anfragen durch die Verkäufer	33
Briefliche Direktwerbung	14
Wichtigste Beanstandungen der Chemieanzeigenwerbung	
Werbebotschaft hat keine Beziehung zu den spezifischen Nutzenfunktionen des Produktes	41
Zu viel Blickfang (gimmicks)	24
Inserate sind überladen	22
Werbebotschaft ist zu technisch gehalten	9

Die Richtigkeit dieser Auffassung wurde durch die Ergebnisse einer Meinungsumfrage bei zahlreichen Einkäufern chemischer Produkte in der amerikanischen Industrie bestätigt (Tab. 7.12). Fast 80% der Befragten hielten technische Informationen für den wichtigsten Inhalt, der Rest Angaben über Preis- und Wirtschaftlichkeitsvorteile. Umgekehrt zählten fehlende Beziehungen zum Produktnutzen und themenfremde Blickfänge zu den häufigsten Beanstandungen. Die große Bedeutung der anschließenden Vermittlung weitergehender Informationen auf anderen Wegen ging ebenfalls aus der Erhebung hervor.

In den *Beilagen*, welche den Inseraten nahestehen, wird der Informationsgehalt oft ausgeweitet, wobei die Vermutung zugrunde liegt, daß die Beilagen eher gesammelt und aufbewahrt werden. Allerdings ist oft das Gegenteil der Fall, indem die Beilagen noch vor dem Durcharbeiten der Zeitschrift verworfen werden, weil ihnen häufig die gleiche Abneigung entgegengebracht wird wie den Werbebriefen. Die im Beispiel der Abb. 6.10 gebotenen Informationen, hier bezüglich der chemischen Verarbeitungsmöglichkeiten eines Zwischenproduktes einschließlich eines umfassenden Literaturnachweises, sind hinsichtlich Umfang und Detaillierung für ein Inserat bereits recht weitgehend. In anderen Fällen versucht man die Informationsmöglichkeiten der Anzeigenwerbung dadurch auszuweiten, daß zu einem bestimmten Produkt oder einer bestimmten Verwendung ganze *Anzeigenserien* publiziert werden. Neben dem verbalen Angebot anwendungstechnischer Druckschriften werden Teile davon mitunter in den Bildteil der Inserate gestellt (z.B. gemäß Abb. 7.25 in Anzeigen der Farbenfabriken Bayer AG), was den informativ nur anregenden Charakter der Anzeigenwerbung wiederum verdeutlicht.

7.624 Anzeigen und redaktionelle Mitteilungen

Das Interesse der Fachwelt an Forschungs- und Entwicklungsergebnissen sowie neuen Produkten und Produktverwendungen ist groß, was in der starken Beachtung der *redaktionellen Mitteilungen* der Fachzeitschriften über solche Neuerungen zum Ausdruck kommt. Nach Erfahrungen in den USA wurde berichtet, daß die Beachtungswerte redaktioneller Mitteilungen über neue Produkte unter Umständen 10- bis 20mal so groß sein können wie bei Inseraten [7.134]. Diese hohe Wertschätzung beruht auf der gemeinhin vermuteten Neutralität und Objektivität der Redaktionsstäbe bei der Berücksichtigung solcher Neuigkeiten. Die Chemieunternehmung andererseits sollte nur solche Forschungsergebnisse zur Bekanntgabe vorschlagen, deren Fortschritt über das bereits Bekannte und deren Bedeutung für die Öffentlichkeit außer Zweifel stehen. Verantwortlich ist strenggenommen nicht die Werbeabteilung, sondern die Abteilung Öffentlichkeitsarbeit, die Presseabteilung oder die Geschäftsleitung selbst. Dennoch wird sich die Werbung häufig einschalten, weil viele dieser Neuerungen eben von großer Absatzbedeutung und hohem Werbewert sind.

Die recht häufig in der Chemiewerbung vorkommende Anpassung an den Stil der *redaktionellen Mitteilungen* in Gestalt der sog. „redaktionellen Anzeigen" mag so lange als unbedenklich erscheinen, wie noch das schnelle und eindeutige Erkennen als bezahlte Anzeige möglich ist. Auch gegen die fast automatisch hohe Werbewirkung der redaktionellen Mitteilungen ist nichts einzuwenden, denn sie liegt in der Natur der Sache. Bedenklich aber stimmen gelegentliche Praktiken, von beiden Seiten aus das Anzeigengeschäft mit den redaktionellen Mitteilungen zu koppeln, indem etwa Anzeigenaufträge unter der Voraussetzung des Abdrucks redaktioneller Mitteilungen zustande kommen. Auch ohne rechtliche Folgerungen liegen die Gefahren der Diskreditierung für beide Seiten auf der Hand. Die Beachtung des wichtigsten Kriteriums für die Veröffentlichungswürdigkeit, der fachlich-informative Neuigkeitswert, wird sich nämlich einer Kontrolle durch die Leserschaft nicht lange entziehen können.

7.63 Andere indirekte Werbemittel

7.631 Hörfunk und Fernsehen

Die *Hörfunk-* und in den letzten Jahren besonders die *Fernsehwerbung* stellen die kostspieligsten, aber wegen der großen Reichweite wohl auch wirksamsten indirekten Werbemittel dar. Ihr ausgiebiger Einsatz in der Werbung für chemische Konsumgüter und Konsumgüterfolgeprodukte entspricht der dominanten Bedeutung der Werbung in diesen Sparten als Absatzinstrument. Die hohen Kosten, vor allem der Fernsehwerbung, fördern den Konzentrationsprozeß in der Absatzwirtschaft beträchtlich, da nur größere Unternehmungen und beachtliche Marktanteile eine Kostentragfähigkeit gewährleisten. In den USA ist die Fernsehwerbung heute nicht nur das mit Abstand wichtigste Werbemittel im chemischen Konsumgüterbereich, sondern sie wird auch zunehmend für die Vertrauenswerbung in der breiten Öffentlichkeit eingesetzt.

Die weiter oben in Tab. 7.5 mitgeteilten gemessenen Werbeaufwendungen für chemische Drugstore-Verkaufsprodukte in den USA im Jahre 1962 verteilten sich im Durchschnitt wie folgt [7.147]:

Fernsehwerbung	74,4%
Publikumszeitschriften	15,7%
Zeitungen	9,7%
Außenwerbung (Bogenanschlag)	0,2%

Die überragende Bedeutung der Fernsehwerbung wird deutlich. Bei vorherrschendem Produktivgütervertrieb wird dagegen ein entsprechend geringerer Etatanteil hauptsächlich der allgemeinen Firmen- bzw. Vertrauenswerbung dienen (vgl. Tab. 7.8).

In der Fernsehwerbung sind alle werblichen Gestaltungsmöglichkeiten konzentriert, lediglich die gebotene Kürze der Sendezeiten fordert Einschränkungen. Die sonst schwierige Darstellung und Veranschaulichung der Wirkungsweise chemischer Produkte ist durch zahlreiche filmtechnische Hilfsmittel, besonders Trickaufnahmen, erleichtert. Der Bewegungsablauf kann die an sich bestehenden Schwächen der Bildgestaltung in der Chemiewerbung wesentlich kompensieren helfen. Auch für das Herausarbeiten von gefühlsbetonten Werbefaktoren steht das volle Instrumentarium an Gestaltungsmitteln offen. Es bleibt allerdings abzuwarten, ob die Fernsehwerbung aufgrund der Begrenzung der Sendezeiten und der stellenweise bereits stärker werdenden Abneigung der Öffentlichkeit gegen die ausgedehnte Einstreuung der „Werbe-Spots“ ihre überragende Bedeutung in der Konsumgüterwerbung behalten wird.

7.632 Außenwerbung und Displaywerbung

Das Werbemittel des *Bogenanschlages* in der *Außenwerbung* für Konsumgüter in den Verbraucherzentren hat wegen gewandelter Wohnverhältnisse und Verkehrsstrukturen sehr an Bedeutung verloren, jedenfalls im Hinblick auf überregionale Werbeaufgaben. Mitverantwortlich ist dabei natürlich auch die überlegene Konkurrenz der Fernsehwerbung. Der Ausbreitung der Plakatwerbung auch außerhalb der Wohngebiete, etwa entlang der Verkehrswege, stehen meistens berechtigte Bedenken wegen der Landschaftsverschandelung entgegen. Die Außenwerbung eignet sich hauptsächlich nur für die Konsumgüter- und Firmenwerbung [7.18]. Der Außenwerbung für Agrochemikalien müßte man im Produktivgüterbereich ausnahmsweise eine größere Bedeutung zur Absatzunterstützung einräumen. Zahlreiche Landwirte sind als Bedarfsträger anzusprechen. Gleichzeitig sind eine gute zeitliche Einsatzplanung aufgrund des ausgeprägten Saisonverlaufs sowie eine örtliche Feinstreuung möglich, indem man Gebiete mit hoher Verkehrsdichte der Interessenten bevorzugt, etwa in der Nähe von Düngemittelhändlern, landwirtschaftlichen Genossenschaften, landwirtschaftlichen Beratungsstellen [7.62, S. 69; 7.114]. Dennoch ist hierbei nachteilig, daß zu wenig detaillierte Informationen geboten werden können [7.145; 7.155].

Abb. 7.18 Displaywerbung für Waschmittel in einem Lebensmittel-Selbstbedienungsgeschäft.

Daneben ist die Übersendung von Werbeschildern, Dekorationsmitteln und anderen Verkaufshilfen an die Handelsbetriebe zu nennen, was zuweilen als besondere Maßnahme der Verkaufsförderung angesehen wird. Hierfür bieten Fachgeschäfte naturgemäß günstigere Möglichkeiten als die sortimentsüberladenen modernen Großbetriebsformen des Handels. Immerhin kann sich auch hier die sog. *Displaywerbung* (auch „P.o.P.-Werbung“ = „Point-of-Purchase-Werbung“) bei starken Sortimentsanteilen zu großer Wirksamkeit entfalten (Abb. 7.18). Außerdem hat die neue Technik der Warendarbietung in den Selbstbedienungsgeschäften die Werbefunktionen der Verpackung stark aufgewertet, wobei zum Beispiel auf dem Gebiet der Waschmittelwerbung die mit der Vergrößerung der Verkaufseinheiten einhergehende Vergrößerung der Werbeflächen der Packungen begünstigend wirkt. Auch die Stufenwerbung für Konsumgüter mit markierten Rohstoffen beim Handel bedient sich dieser Werbemittel.

7.633 Diapositiv- und Filmwerbung

Die *Diapositivwerbung* hat ihre ursprüngliche Bedeutung im Rahmen der Kinowerbung weitgehend verloren, wofür sowohl die heute überlegenen werblich-gestalterischen Möglichkeiten des Films als auch die Substitutionskonkurrenz des Fernsehens gegenüber den Lichtspieltheatern maßgeblich sind. Nach wie vor ist allerdings auf Diapositivprojektionen mit photographischen Abbildungen, graphischen Darstellungen oder tabellarischen Zusammenstellungen nicht zu verzichten, nämlich besonders zur Unterstützung von Vorträgen wissenschaftlicher, anwendungstechnischer oder werblicher Natur. Bei der begrenzten Reichweite, jedoch gezielten Streuplanung stehen die Vortragsveranstaltungen bereits den direkten Werbemitteln näher.

Von der *Filmwerbung* im hier verstandenen Sinne ist die schon erwähnte, durch ihre Massenansprache und sehr kurze Dauer der Filmdarbietung gekennzeichnete Fernsehwerbung abzugrenzen. Die wichtigste Einteilung erfolgt unbeschadet fließender Übergänge nach den *Werbe- und Industriefilmen*. Beide finden in der chemischen Industrie eine starke Beachtung, worin die maximalen Gestaltungsmöglichkeiten sowie die hervorragende Eignung des Industriefilms für die intensive Vertrauenswerbung zum Ausdruck kommen [7.49; 7.94; 7.102].

Aufschlußreiche Zahlen darüber, welchen Umfang die Filmwerbung in einer Chemiegroßunternehmung erreichen kann, vermittelt ein Bericht über die Farbenfabriken Bayer AG [7.126; 7.143]. Hier umfaßte das Filmverzeichnis 1968 nicht weniger als 120 Titel, von denen etwa 7000 größtenteils im Einsatz befindliche 16-mm-Kopien vorhanden waren. Ein eigener Verleih verschickte 1967 fast 4000 Kopien ins In- und Ausland, jedoch waren auch zahlreiche andere Verleihorganisationen eingeschaltet. Zur gezielten Ansprache der Kunden standen in der Vertriebsaußenorganisation allein 200 16-mm-Vorführgeräte laufend zur Verfügung. Durch die Aktivität der Ärztebesucher gelang es im Jahre 1967, nicht weniger als rund 40000 Ärzte mit medizinischen Fortbildungsfilmen anzusprechen, wofür spezielle Filmveranstaltungen organisiert oder die Gelegenheiten der Vorführung in Kliniken, bei Ärztezusammenkünften usw. wahrgenommen wurden.

Der *Werbefilm* ist vor allem produkt- und anwendungsbezogen, erstreckt sich auf ein begrenztes Thema und ist daher im allgemeinen von kürzerer Dauer. In der Chemiewerbung sind Werbefilme weniger für die breite Öffentlichkeit bestimmt, wofür etwa die Aufführung als bezahlter Vorspann in Lichtspieltheatern in Frage käme. Vielmehr geht es um Übermittlung anschaulicher Produkt- und Anwendungsinformationen gegenüber ausgewählten Kundenkreisen, so daß dann deutliche Elemente der Direktwerbung erkennbar werden.

Beim *Industriefilm* sind unmittelbare Werbeabsichten zu vermeiden. Die Öffentlichkeit soll mit allgemein interessierenden wissenschaftlich-technischen Informationen unterrichtet werden. Oft besteht der Anspruch auf den Rang eines Kulturfilms. Drei Gattungen des Industriefilms lassen sich unterscheiden:

1. Industriefilme mit *speziellen technischen Informationen* über neue Produkte und deren Anwendungen, wobei die Fassung sowohl mehr für die technische Fachwelt als auch mehr für den Laien gedacht sein kann.

In dem bekannten Industriefilm „Ultramid" der BASF wurden beide Zielgruppen gleichzeitig berücksichtigt, indem für alle Anwendungseigenschaften dieser neuen Polyamidkunststoffe unmittelbar nacheinander Demonstrationen für den Techniker und den Verbraucher geboten wurden [7.47, S. 39]. Solche Industriefilme besitzen in der Thematik Berührungspunkte mit informativen Werbefilmen, und nicht selten werden kürzere Passagen für die Herstellung spezieller Werbefilme entnommen. Als weiteres Beispiel eines Industriefilms mit spezieller chemischer und technischer Thematik, der sich vor allem an das breite Publikum richtet, sei der Film „Abenteuer Farbe" der Farbwerke Hoechst AG erwähnt.

2. Industriefilme mit Darstellung *allgemeiner* wissenschaftlicher, technischer, sozialer und anderer *Probleme*. Auch hierfür ist mit einigen Filmproduktionen aus der chemischen Industrie Vorbildliches geleistet worden.

Beispiele dazu sind die Filme über die chemische Forschung „Der Heiße Frieden" (BASF) und „Schöpfung ohne Ende" (Farbenfabriken Bayer AG).

3. *Firmenbezogene* Industriefilme, die über Aufbau, Produktion und Leistungen eines großen Chemiewerkes unterrichten. Wiederum sollte die objektive Information als Öffentlichkeitsarbeit im Vordergrund stehen. Gewisse Elemente der repräsentativen Firmenwerbung werden jedoch auch hier mitunter fließende Übergänge zur Werbung deutlich machen.

Als Beispiele seien auf den eindrucksvollen Dokumentarfilm „Das Werk am Rhein" der Farbenfabriken Bayer AG sowie auf einige firmenbezogene Industriefilme der BASF verwiesen („Die BASF im Bild", „AWETA", „Das Werk am Meer/BASF Antwerpen N. V.").

Der Wert des anspruchsvollen Industriefilms ist mithin vor allem vom Standpunkt der Öffentlichkeitsarbeit bzw. Vertrauenswerbung aus zu beurteilen. Wegen der hohen Herstellkosten steht die Industriefilmproduktion meistens nur großen Unternehmungen offen. Andererseits schafft die kostenlose Verbreitungsmöglichkeit als Kulturfilm oder Lehrfilm in der Öffentlichkeit und bevorzugt an Bildungsanstalten ein gewisses Gegengewicht.

7.634 Messen und Ausstellungen

Zwei Tatsachen haben bislang die Eignung der Messen und Ausstellungen für die Chemiewerbung sehr begrenzt, nämlich die Vielgestaltigkeit der chemischen Produktion und der Verwenderkreise sowie die schlechte Ausstellbarkeit der chemischen Produkte. Ersteres hat dazu geführt, daß die chemische Industrie nur selten als Ganzes und mit einem möglichst vollständigen Verkaufsprogramm in Erscheinung tritt. Meistens werden nur Schwerpunkte besonders auf neuen und stärker allgemein interessierenden Produktionsteilgebieten gebildet, die die chemische Industrie als Ganzes repräsentieren sollen. Es überwog bislang das Interesse an der allgemeinen Firmenwerbung und Öffentlichkeitsarbeit gegenüber der produkt- und anwendungsbezogenen Verkaufswerbung, wobei zuweilen Züge der Gemeinschaftswerbung erkennbar waren [7.122; 7.133; 7.136; 7.137].

Die Gewinnung und Pflege von Verkaufskontakten, Darbietung von Neuentwicklungen, anwendungstechnische Informationen, überhaupt mehr verkaufsbezogene Werbemaßnahmen spielen sich dagegen vorwiegend auf solchen *Spezial-*

messen und -ausstellungen ab, in deren Bedarfs- und Ausstellungsgebiete die chemische Industrie mit einzelnen Produktgruppen hineinreicht. Die fortschreitende Spezialisierung des Messewesens erfordert entsprechend anwachsende Beteiligungsprogramme, wobei der chemischen Industrie andererseits die gleichzeitige Tendenz zur Zusammenfassung verwandter bzw. bedarfskomplementärer Branchen entgegenkommt. Die chemische Industrie tritt mit ihren verschiedenen Produktsparten dabei vorzugsweise als unmittelbarer oder mittelbarer Lieferant der jeweiligen Ausstellerkreise auf. Man beteiligt sich an Ausstellungen der Land-

Tabelle 7.13 *Auswertungsergebnisse der Berichtsbogen in Abb. 7.19* [7.81]

Kenngröße	Maßzahl
Gesamtzahl der Messebesucher (Bau 68)	109000
Zahl der Standbesucher	25000
Quote der Standbesucher	23%
Anteil der Gespräche mit Ausländern	10,8%
Gliederung der Gespräche nach Interessentengruppen	
Verarbeiter	38,4%
Architekten	26,1%
Baustoffhändler	13,3%
Bauherren	9,9%
Bauunternehmen	7,1%
Behörden, Institute, Verlage	5,2%
Gliederung der Gespräche nach Produkteinsatzgebieten	
Wohnungsbau	25%
Anstrich	22%
Altbausanierung	20%
Industriebau	15%
Fertigbau	13%
Isolierung	3%
Tiefbau	2%

wirtschaft (Landwirtschaftschemikalien), für Lebens- und Genußmittel (Kunststoffverpackungen, Lebensmittelchemikalien), des Gesundheitswesens (Arzneimittel), der Automobilindustrie, Werkzeugmaschinenindustrie, Elektrotechnik, Möbel- und Hausratindustrie sowie Bauwirtschaft (Bauteile aus Kunststoffen, Synthesefasern, Farben und Lacke). Du Pont meldete in den USA bereits im Jahre 1961 eine Beteiligung an nicht weniger als 195 Ausstellungen.

Unter diesen Voraussetzungen wird das Ziel der unmittelbaren Absatzvorbereitung und Absatzunterstützung durch gezielte Auswahl von Standbesatzungen und Ausstellungsobjekten stärker in den Vordergrund rücken, wobei sich möglichst detaillierte Informationen über Zusammensetzung und Interessengebiete der Besucherkreise als nützlich erweisen. Meistens ist man dazu auf die Auswertung eigener Erfahrungen angewiesen, die bei Gelegenheit ähnlicher Messeveranstaltungen gesammelt wurden. Den Marketing-Zielen angemessen, erscheint ein System der *Berichterstattung* über die geführten Messegespräche anhand vorbereiteter Messeberichtsbogen. Die Berichtsgliederung soll alle wesentlichen Marketing-Gesichtspunkte enthalten und eine statistische Auswertung ermöglichen, wofür zweckmäßig eine EDV-Anlage in Anspruch zu nehmen ist.

Hierüber wurde aus der Ausstellungspraxis der Chemische Werke Hüls AG berichtet (Abb. 7.19 und Tab. 7.13) [7.81].

Der *Ausstellungsstil* der Chemie hat sich aus einer gewissen Notlage heraus entwickelt, da die Formlosigkeit der Produkte diese auch als dreidimensionale Ausstellungsobjekte wenig reizvoll erscheinen läßt, vgl. [7.64; 7.130; 7.139; 7.155]. Indessen hat man lange Zeit auch in der chemischen Industrie an dem Grundsatz festzuhalten versucht, die angebotenen Produkte gehörten in den

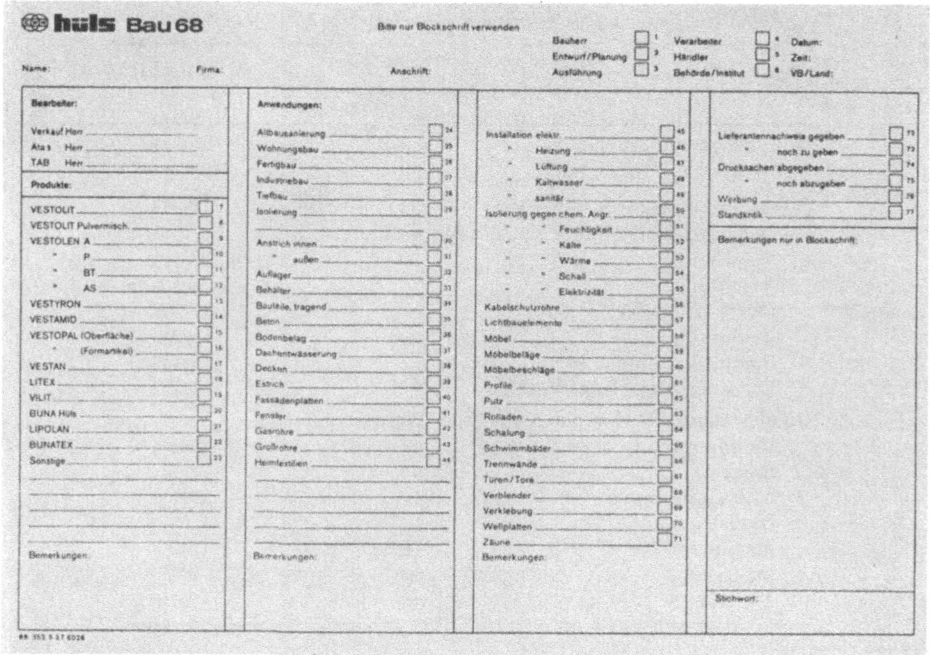

hüls Bau 68

Bitte nur Blockschrift verwenden

Bauherr 1 — Entwurf/Planung 2 — Ausführung 3 — Verarbeiter 4 — Händler 5 — Behörde/Institut 6

Datum: Zeit: VB/Land:

Name: Firma: Anschrift:

Bearbeiter:
Verkauf Herr
Ata 1 Herr
TAB Herr

Produkte:
VESTOLIT 7
VESTOLIT Pulvermisch. 8
VESTOLEN A 9
" P 10
" BT 11
" AS 12
VESTYRON 13
VESTAMID 14
VESTOPAL (Oberfläche) 15
" (Formartikel) 16
VESTAN 17
LITEX 18
VILIT 19
BUNA Hüls 20
LIPOLAN 21
BUNATEX 22
Sonstige 23
Bemerkungen:

Anwendungen:
Altbausanierung 24
Wohnungsbau 25
Fertigbau 26
Industriebau 27
Tiefbau 28
Isolierung 29
Anstrich innen 30
" außen 31
Auflager 32
Behälter 33
Bauteile, tragend 34
Beton 35
Bodenbelag 36
Dachentwässerung 37
Decken 38
Estrich 39
Fassadenplatten 40
Fenster 41
Gasrohre 42
Großrohre 43
Heimtextilien 44
Bemerkungen:

Installation elektr. 45
" Heizung 46
" Lüftung 47
" Kaltwasser 48
" sanitär 49
Isolierung gegen chem. Angr. 50
" " Feuchtigkeit 51
" " Kälte 52
" " Wärme 53
" " Schall 54
" " Elektrizität 55
Kabelschutzrohre 56
Lichtbauelemente 57
Möbel 58
Möbelbeläge 59
Möbelbeschläge 60
Profile 61
Putz 62
Rolladen 63
Schalung 64
Schwimmbäder 65
Trennwände 66
Türen/Tore 67
Verblender 68
Verklebung 69
Wellplatten 70
Zäune 71
Bemerkungen:

Lieferantennachweis gegeben 72
" noch zu geben 73
Drucksachen abgegeben 74
" noch abzugeben 75
Werbung 76
Standkritik 77

Bemerkungen nur in Blockschrift:

Stichwort:

Abb. 7.19 Beispiel eines Messeberichtsbogens der Chemische Werke Hüls AG anläßlich einer Bauausstellung [7.81].

Mittelpunkt der Ausstellungsobjekte, was besonders bei neuen, wertvollen oder sonst interessanten Produkten und ihrer ansprechenden Darbietung nicht selten zu überzeugenden Lösungen geführt hatte (Abb. 7.20) [7.91]. Neuerdings hat sich jedoch ein Ausstellungsstil durchgesetzt, nach dem die Informationen über die *Produktverwendungen* ganz in den Vordergrund zu stellen sind und auf die gegenständliche Darbietung der Produkte kaum noch Rücksicht genommen wird. Im Beispiel der Abb. 7.21 sind die durch das Verkaufsprogramm angesprochenen Verwenderkreise hervorgehoben, wobei die zugehörigen Abschnitte einer Wandtafel hauptsächlich über bildliche und textliche Aussagen, dagegen mit nur wenigen Produktmustern, zur Demonstration der Verwendungsgebiete dienen. Hierbei ist in Kauf zu nehmen, daß Bild und Text an sich keine primären Gestaltungsmittel der Ausstellungstechnik darstellen.

Mitunter gelingt es, die Räumlichkeit der Ausstellungsobjekte über die Verwendung der *Folgeprodukte* als Exponate wieder zu erreichen, was allerdings nur

Abb. 7.20 Präsentation chemischer Produkte in Vitrinen (Ausstellungsstand der Degussa auf der Deutschen Industriemesse Hannover 1955).

Abb. 7.21 Beispiel der modernen, verwendungsbetonten Chemiemessewerbung (Ausstellungsstand der Degussa auf der Deutschen Industriemesse Hannover 1967).

Abb. 7.22 Präsentation geformter Kunststoff-Folgeprodukte (Ausstellungsstand der BASF auf der Deutschen Industriemesse Hannover 1966).

Abb. 7.23 Verwendung eines Folgeproduktes (Hartmoltopren) als Konstruktionselement der Messestandsgestaltung (Modell des Ausstellungsstandes der Farbenfabriken Bayer AG auf der Düsseldorfer Kunststoffmesse K 67).

bei ansprechenden Folgeprodukten und bei hohen und sichtbaren eigenen Materialanteilen zweckmäßig erscheint. Die Chemiewerkstoffe sind hierfür prädestiniert (Abb. 7.22). Eine interessante, jedoch nur ausnahmsweise realisierbare Lösung stellt die Verwendung eines Folgeproduktes als Konstruktionselement der Standaufbauten dar (Abb. 7.23).

Zuweilen kommt die Demonstration von Produkteigenschaften in *Prüf- und Anwendungsversuchen* in Betracht, wobei mit den Bewegungselementen bei den Versuchen ein zusätzliches Demonstrationsmittel erschlossen wird. Dagegen ist es meistens unmöglich, technische Versuchsanlagen zu betreiben, weil die Apparaturen zu umfangreich sind und vor allem die nötigen Betriebsmittel nicht zur Verfügung stehen. *Anlagenmodelle* bieten den Projektierungsfirmen und Anlagenlieferanten dankbare Ausstellungsobjekte, kaum jedoch den Chemiefirmen.

Mobile Ausstellungen mit sehr begrenzten Programm- und Verwendungsausschnitten sind im Zusammenhang mit der anwendungstechnischen Beratung der Interessenten und Kunden zuweilen erwähnt worden, dürften aber den heutigen technischen Anforderungen nur noch selten genügen [7.27; 7.120; 7.150].

Dagegen haben Ausstellungen auf begrenzten Arbeitsgebieten *im eigenen Hause* eine gewisse Bedeutung. Häufig wird von Kunststoffproduzenten eine Ausstattung der Verwaltungsgebäude mit Folgeprodukten aus eigenen Erzeugnissen vorgenommen. Sehr bekannt gewordene Beispiele sind die ,,Kunststoffhäuser" etwa von Monsanto oder ICI, bei denen die vielseitige Verwendbarkeit der Kunststoffe in der Bauindustrie überzeugend veranschaulicht wurde (Kap. 6.33).

7.64 Die Werbemittel der Direktwerbung

7.641 Maßnahmen der persönlichen Direktwerbung

Unter den Werbemitteln der gezielten Werbung oder *Direktwerbung* zeichnet sich die *persönlich* überbrachte Werbebotschaft durch ein Höchstmaß an Intensität und Flexibilität hinsichtlich ihrer Anpassung an die ,,Empfangsbedingungen" der Werbegemeinten aus. Wie bei allen direkten Werbemitteln ist die Vermeidung von Streuverlusten bei einem fest umrissenen, begrenzten Kreis der Umworbenen besonders vorteilhaft. Die persönliche Direktwerbung in der chemischen Industrie gegenüber produktiven Bedarfsträgern und Bedarfsberatern ist mit hohen Anforderungen an das fachliche Gesprächsniveau verknüpft. Nicht nur Kostengesichtspunkte, sondern auch die aus fachlich-beruflichen Qualifikationen und hiermit verbundenen Einstellungen der Gesprächspartner herrührenden Vorbehalte gegenüber der reinen Werbung führen dazu, die werblichen mit anderen Vertriebsaufgaben zu verbinden. Hier sind besonders anwendungstechnische Beratung, reguläre Verkaufsgespräche oder auch persönliche Kontaktnahme zwischen Wissenschaftlern und Technikern im Rahmen der Forschung, Entwicklung und Markterschließung zu erwähnen. Gegenüber den anderen Aufgaben treten die werblichen Absichten dann in den Hintergrund, und es wäre vielleicht zweckmäßiger, nur von ,,Werbehilfen" zu sprechen.

Das reine Werbegespräch des Propagandisten, der nicht der anwendungstechnischen Beratungsorganisation angehört und auch keinerlei Berechtigung zu Verkaufsabschlüssen besitzt, bleibt daher im Produktivgütervertrieb und auch in der chemischen Industrie eine Ausnahme. Dieser am nächsten kommt die Institution des *Ärztepropagandisten* in der pharmazeutischen Industrie.

Man verlangt zwar eine wissenschaftliche Argumentation und eine entsprechende Vorbildung der Propagandisten, indem bevorzugt Apotheker, Chemiker, Biologen und Mediziner eingesetzt werden. Wegen der betonten Eigenverantwortlichkeit und Entscheidungsautonomie des Arztes bei der Auswahl und Anwendung von Arzneimitteln kann aber nur mit Vorbehalten von „anwendungstechnischer Beratung" gesprochen werden, obwohl die Bezeichnung „Ärzteberater" oder „Wissenschaftlicher Außendienst" ebenfalls angewandt und sogar bevorzugt wird. Anders als die Anwendungstechniker gehören die Mitarbeiter stets zur Vertriebsorganisation. Die Möglichkeit von Verkaufsabschlüssen entfällt dagegen ohnehin, solange nur die Ärzte als Bedarfsberater angesprochen werden.

Sowohl seitens der Pharmaproduzenten als auch der Ärzteschaft wird der persönlichen Direktwerbung eine große und wachsende Bedeutung beigemessen. In der BRD wurde z. B. die Zahl der Ärztepropagandisten im Jahre 1965 auf rund 2000 [7.92], im Jahre 1970 von anderer Seite auf mehr als das Doppelte geschätzt. Diesen standen über 80000 tätige und etwa 50000 niedergelassene Ärzte gegenüber. Nach einer Umfrage der „American Medical Association" gaben 68% der befragten Ärzte den Propagandisten als wichtigste Informationsquelle für neue Produkte an, während nur 32% den Inseraten und 25% der schriftlichen Direktwerbung darin eine Priorität zuerkannten [7.93]. Nach einer anderen Erhebung in den USA (1957–1959) war die Verschreibung neuer Präparate zu 48% auf die Einführungswerbung durch Ärztebesucher zurückzuführen, während die restlichen 52% auf alle anderen Werbemittel entfielen [7.12].

Bei der zunehmenden Überhäufung der Ärzte mit Werbemitteln und der wachsenden Ablehnung gegen die sich leider durch Konkurrenzeffekte übersteigernde Pharmawerbung behält der persönliche Ärztebesuch noch die relativ günstigsten Chancen, vor allem wenn es sich um die Verbreitung von Informationen über neue Präparate handelt. Die Selektion neuer von längst bekannten Informationen ist für den Arzt gegenüber allen anderen Werbemitteln hier am zeitsparendsten durchführbar, was die Eignung der Ärztebesucher für eine Erinnerungswerbung jedoch entsprechend einschränkt [7.12]. Vorbehalte akademisch geschulter Kräfte gegenüber der Tätigkeit als Propagandist führen zu weiteren Schwierigkeiten. Durch verbreitete *Abneigungen* und unzureichende gesellschaftliche Wertschätzung verliert diese Laufbahn an Reiz. Die Tätigkeit wird zudem schwieriger, wenn die von Propagandisten überlaufenen Ärzte vermehrt dazu übergehen, die zugestandenen Besprechungszeiten auf wenige Minuten rigoros zu verkürzen, die Besuchshäufigkeit zu reduzieren oder die Vorsprache der Ärztebesucher weniger geschätzter oder kleinerer Herstellerfirmen ganz abzulehnen. Daneben haben die ungünstigere Ausgangsposition der kleinen Hersteller bei der Personalbeschaffung sowie der allgemeine Personalmangel bereits dazu geführt, auch nicht akademisch ausgebildete Kräfte für diese Aufgaben einzusetzen. Dadurch können schließlich die hochgesteckten Ziele mit diesem Werbemittel durchkreuzt und nur teilweise erreicht werden.

Eine wenig positive Beurteilung wurde diesem Werbemittel auch im „Sainsbury Report" über die pharmazeutische Industrie in Großbritannien zuteil. Aufgrund von Ärztebefragungen wurde festgestellt, daß in 25% aller Besuchsfälle ein persönlicher Kontakt mit dem Arzt wegen ablehnender Haltung vereitelt wurde. Ein beachtlicher Teil der Ärzte äußerte die Ansicht, daß sie keine wesentliche Informationsquelle verlieren würden, wenn es keine Ärztebesucher gäbe. Über die Hälfte wußte davon zu berichten, daß die Berater gelegentlich nicht über hinreichende Produktkenntnisse verfügten, um über Einzelheiten zu informieren. Die volkswirtschaftliche Vertretbarkeit der aufgewandten Werbekosten des Außendienstes in Höhe von durchschnittlich 250 £ je Arzt und Jahr wurde daher in Zweifel gezogen [8.85].

7.642 Schriftliche Direktwerbung

Die auf *schriftlichem* Wege gezielt übermittelten Werbebotschaften gestatten es, auch einen größeren Adressatenkreis mit relativ geringen Kosten zu erreichen. Durch individuelle Abfassung der Werbebriefe kann die Flexibilität der persönlichen Direktwerbung wenigstens zu einem Teil bewahrt werden, außerdem ist die Chance der Beachtung und erwartbaren Beantwortung um ein Vielfaches größer als beim schematisierten Werbebrief.

Insgesamt gesehen ist allerdings die Bedeutung der *Briefwerbung* in der chemischen Industrie nicht viel größer als die der persönlichen Direktwerbung. Die Einführung neuer Produkte wird häufig mit Kundenrundschreiben bekanntgegeben, wodurch die schnelle und fast gleichzeitige Bekanntgabe der Informationen gesichert ist. Der wesentliche Inhalt solcher Briefsendungen wird oft eine Art anwendungstechnischer Druckschrift sein, wie überhaupt die Verzahnung zwischen Briefwerbung und Druckschriftenwerbung besonders eng ist. Ein großer Nachteil der Werbebriefe besteht in der mit wachsender Werbekonkurrenz zunehmenden Abneigung der Umworbenen, den Sendungen die gebührende Aufmerksamkeit zu widmen. Eine verbreitete Abneigung und ein als lästig empfundener Eingang zu vieler Werbebriefe führen immer mehr dazu, daß die Masse der Sendungen beim Posteingang sofort ausgesondert und ungelesen vernichtet wird.

Beim Vertrieb chemischer Produktivgüter kann man auf den regelmäßigen Kontakt mit den Kundenbetrieben nicht verzichten, so daß die gezielte Werbung dann wiederum besser anläßlich der persönlichen Verkaufs- oder Beratungsgespräche wahrgenommen wird. Ein bevorzugter Einsatz dieses Werbemittels ist gegenüber den Bedarfsberatern anzutreffen, da hier die persönlichen Besuche durch Verkaufskräfte, Anwendungstechniker oder besonderes Personal der Markterschließung weniger selbstverständlich und routinemäßig erfolgen.

Auch hier sei als wichtiges Anwendungsbeispiel auf die *Fachwerbung für Arzneimittel* gegenüber der Ärzteschaft hingewiesen, wo die Frage der vergleichsweisen Wirksamkeit und Wirtschaftlichkeit dieses Werbemittels gegenüber den Propagandisten starke Beachtung findet. Es erscheint symptomatisch für die abnehmenden Chancen der Briefwerbung schlechthin, wenn sich hier in den letzten Jahren die Erfolgschancen laufend verringert haben.

Befragungen amerikanischer Ärzte in den Jahren 1940 und 1951 ergaben schon damals, daß in diesem Zeitraum die Zahl der positiv zur Postwerbung Eingestellten von 70,4% auf 34,2% abgenommen hatte und die Zahl der Ablehnenden umgekehrt von 7,3 auf 37,7% angestiegen war [7.25]. Bei einer Befragung britischer Ärzte erhielt die Briefwerbung von allen Werbemitteln der pharmazeutischen Industrie die meisten ablehnenden Stimmen, nämlich 45% bei nur 12% Ablehnungen gegen die Propagandisten und 4% gegen die Inserate in Fachzeitschriften [8.16, S. 221]. Die negative Einstellung besteht wohl nicht gegen dieses Werbemittel an sich, sondern sie entsteht nur aus der anwachsenden Flut der Postsendungen, welche das Interesse und die verfügbare Zeit der Ärzte für die Durchsicht des Materials überfordert. Bereits jetzt wird für die USA und die Bundesrepublik die Zahl der Werbesendungen bei den Ärzten mit durchschnittlich 10–12 je Tag angegeben [8.86], während der Verlustanteil ungelesener Sendungen mit 75% beziffert wurde [7.125].

7.643 Technische Druckschriften

Die Vielzahl der Produkte und Verwendungen sowie deren Erklärungsbedürftigkeit machen die *technischen Druckschriften* in der chemischen Industrie zum weitaus bedeutendsten der direkten Werbemittel, freilich nur für den Bereich der Produktivgüter. Im Werbeetat einer großen Chemieunternehmung der Bundesrepublik liegen die Aufwendungen für technische Druckschriften bei 17% (Tab. 7.10). Aus der amerikanischen chemischen Industrie wird berichtet, daß die Anteile im Werbebudget zwischen 10 und 50% schwanken [7.29; 7.103].

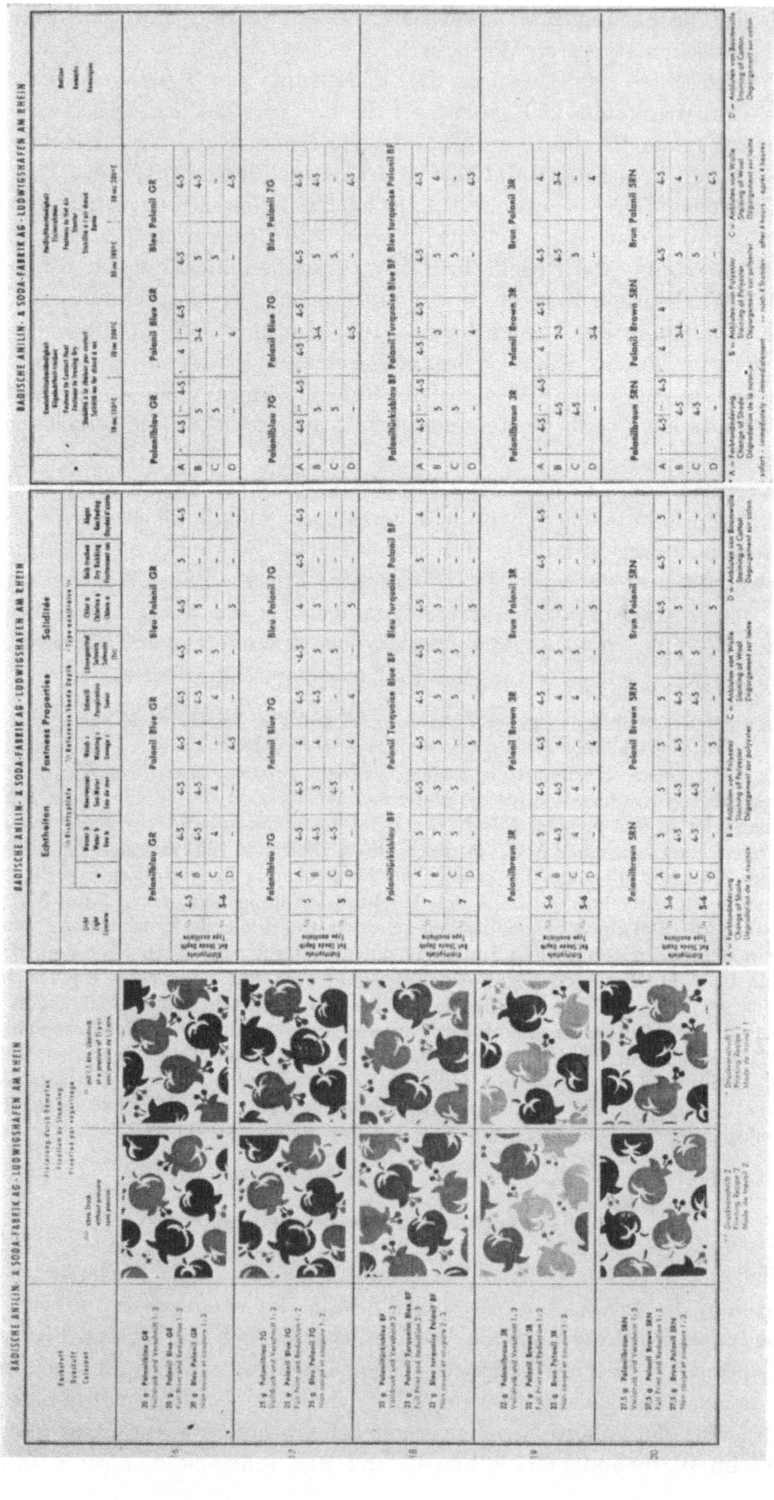

BADISCHE ANILIN- & SODA-FABRIK AG · LUDWIGSHAFEN AM RHEIN

Echtheiten — Fastness Properties — Solidités

Farbstoff	Licht / Light / Lumière	*	Wasser / Water / Eau	Meerwasser / Sea-Water / Eau de mer	Wäsche / Washing / Lavage	Schweiß / Perspiration / Sueur	Lösungsmittel / Solvents / Solvants	Chlor / Chlorine / Chlore	Reib trocken / Dry Rubbing / Frottement sec	Abgas / Gas Fading / Oxydes d'azote
Palanilblau GR / Palanil Blue GR / Bleu Palanil GR	4-5	A	4-5	4-5	4-5	4-5	4-5	4-5	5	4-5
		B	4-5	4-5	4	4-5	5	5	–	–
	5-6	C	4	4	–	4	5	–	–	–
		D	–	–	4-5	–	–	5	–	–
Palanilblau 7G / Palanil Blue 7G / Bleu Palanil 7G	5	A	4-5	4-5	4	4-5	*4-5	4	4-5	4-5
		B	4-5	5	4	4-5	5	5	–	–
	5	C	4-5	4-5	–	–	5	–	–	–
		D	–	–	4	4	–	5	–	–
Palaniltürkisblau BF / Palanil Turquoise Blue BF / Bleu turquoise Palanil BF	7	A	5	4-5	4-5	4-5	4-5	4-5	5	4
		B	5	5	5	5	5	5	–	–
	7	C	5	5	–	5	5	–	–	–
		D	–	–	5	–	–	5	–	–
Palanilbraun 3R / Palanil Brown 3R / Brun Palanil 3R	5-6	A	5	4-5	4-5	4-5	5	4	4-5	4-5
		B	4-5	4-5	4	4	5	5	–	–
	5-6	C	4	4	–	4	5	–	–	–
		D	–	–	4	–	–	5	–	–
Palanilbraun SRN / Palanil Brown SRN / Brun Palanil SRN	5-6	A	5	5	5	5	5	4-5	4-5	5
		B	4-5	4-5	4-5	4-5	5	5	–	–
	5-6	C	4-5	4-5	–	4-5	5	–	–	–
		D	–	–	5	–	–	5	–	–

* A = Farbtonänderung, Change of Shade, Dégradation de la nuance; B = Anbluten von Polyester, Staining of Polyester, Dégorgement sur polyester; C = Anbluten von Wolle, Staining of Wool, Dégorgement sur laine; D = Anbluten von Baumwolle, Staining of Cotton, Dégorgement sur coton

BADISCHE ANILIN- & SODA-FABRIK AG · LUDWIGSHAFEN AM RHEIN

Farbstoff	*	Fastness to Contact Heat: 30 sec 150°C	Fastness to Contact Heat: 30 sec 200°C	Fastness to Hot Air: 30 sec 180°C	Fastness to Hot Air: 30 sec 200°C	Notizen / Remarks / Remarques
Palanilblau GR / Palanil Blue GR / Bleu Palanil GR	A	* 4-5 ** 4-5	* 4 ** 4-5	4-5	4-5	
	B	5	3-4	5	4-5	
	C	5	–	5	–	
	D	–	4	–	4-5	
Palanilblau 7G / Palanil Blue 7G / Bleu Palanil 7G	A	* 4-5 ** 4-5	* 4-5 ** 4-5	4-5	4-5	
	B	5	3-4	5	4-5	
	C	5	–	5	–	
	D	–	4-5	–	4-5	
Palaniltürkisblau BF / Palanil Turquoise Blue BF / Bleu turquoise Palanil BF	A	* 4-5 ** 4-5	* 4-5 ** 4-5	4-5	4-5	
	B	5	3	5	4	
	C	5	–	5	–	
	D	–	4	–	4-5	
Palanilbraun 3R / Palanil Brown 3R / Brun Palanil 3R	A	* 4-5 ** 4-5	* 4 ** 4-5	4-5	4	
	B	4-5	2-3	4-5	3-4	
	C	4-5	–	5	–	
	D	–	3-4	–	4	
Palanilbraun SRN / Palanil Brown SRN / Brun Palanil SRN	A	* 4-5 ** 4-5	* 4 ** 4	4-5	4-5	
	B	4-5	3-4	5	4	
	C	4-5	–	5	–	
	D	–	4	–	4-5	

* A = Farbtonänderung, Change of Shade, Dégradation de la nuance; B = Anbluten von Polyester, Staining of Polyester, Dégorgement sur polyester; C = Anbluten von Wolle, Staining of Wool, Dégorgement sur laine; D = Anbluten von Baumwolle, Staining of Cotton, Dégorgement sur coton

* sofort – immediately – immédiatement   ** nach 4 Stunden – after 4 hours – après 4 heures

Abb. 7.24 Teil einer Musterkarte für Filmdrucke mit Dispersionsfarbstoffen auf Polyestergewebe [7.110].

Auch im Werbemittel der technischen Druckschriften offenbaren sich die überlagerten Aufgaben der Gewährung von Verkaufsinformationen und Verkaufshilfen, der anwendungstechnischen Beratung und der Werbung. Sie sind untrennbar miteinander verbunden, so daß man höchstens nach der Verteilung der Schwerpunkte fragen kann. Diese lagen zweifellos von Anfang an bei den rein sachlichen anwendungstechnischen Informationen, was durch das Adjektiv „technisch" bei diesem Werbemittel hervorgehoben sei.

Das älteste Beispiel und zugleich der Prototyp einer technischen Druckschrift im chemischen Produktivgütervertrieb ist die *Musterkarte* mit ihren umfangreichen Rezepturvorschlägen, Verarbeitungshinweisen und Farbmustern auf verschiedenen Gewebetypen, wie sie von den Coloristen der Textilfarbenindustrie seit dem Aufkommen dieses Industriezweiges entwickelt wurde. Die großen Textilfarbenhersteller haben heute nach Hunderten zählende Musterkarten für Produktgruppen und größere Anwendungsgebiete, sie nehmen oft den Umfang von Büchern an, nämlich wegen der Vielfalt der möglichen Verfahren des Färbens und Druckens, der Rezepturen für Einzelfarbstoffe oder Farbstoffkombinationen, der Verwendung von zahlreichen Textilhilfsmitteln, der Beeinflussung von Echtheitseigenschaften usw. Als Beispiel ist in Abb. 7.24 ein kurzer Auszug aus einer solchen Musterkarte wiedergegeben.

Das schriftliche Niederlegen wichtiger Vorschriften und Informationen kann den Wirkungsgrad des anwendungstechnischen Beratungsdienstes ungemein erhöhen und diesen überhaupt erst wirtschaftlich tragbar machen, indem nur die ausgefallenen, technisch schwierigen und sich kaum wiederholenden Beratungsfälle persönlich oder sogar experimentell bearbeitet werden. Bei einem solchen Überwiegen der Anwendungsinformationen kann man die Frage aufwerfen, ob die technischen Druckschriften nicht ganz in den Zuständigkeits- und Kostenbereich der Anwendungstechnik fallen sollten.

Trotz der oft entscheidenden Mitwirkung der Anwendungstechnik bei der Erstellung der Druckschriften mißt man aber heute mehr und mehr auch den werbepolitischen und werbetechnischen Gesichtspunkten Bedeutung bei. Die Herausgabe der verschiedenen Druckschriften erfordert ihre Abstimmung untereinander sowie mit dem Einsatz anderer Werbemittel. Die Durchsetzung eines stärker vereinheitlichten Werbestils und Werbegesichtes legt eine Einbeziehung der technischen Druckschriften in die Werbung nahe. Weitere Beziehungen zur Werbung ergeben sich hinsichtlich der Streuverfahren. Der größte Teil der technischen Druckschriften wird durch die Verkaufskräfte oder Anwendungstechniker übergeben oder durch spezielle Anfragen eingeholt. Es besteht aber ein großes werbliches Interesse daran, die dauernd neu herauskommenden Druckschriften unter einem möglichst großen prospektiven Interessentenkreis schnell bekanntzumachen, wofür auch noch in Frage kommen die Beilage in Werbebriefen, die stärker streuende Verteilung auf Messen und Ausstellungen oder Tagungsveranstaltungen, Hinweise durch Insertionen oder redaktionelle Mitteilungen. Endlich nimmt auch die Aufnahme besonders werbewirksamer Argumente zu. Auf die ansprechende, sympathisch erscheinende und genügend Aufmerksamkeit erweckende äußere Aufmachung wird mehr und mehr Wert gelegt [7.103; 7.135]. Oft wird es üblich, zur Gestaltung der technischen Druckschriften die Mithilfe außenstehender Beratungsfirmen, technischer Schriftsteller sowie Werbeagenturen in Anspruch zu nehmen. Dennoch dürfte das andere Extrem der inhaltsleeren und allein auf Werbeeffekte abzielenden „Flugblattprospekte" kaum eine Rolle spielen, weil sie dem Wesen der Chemiewerbung widersprechen.

Die starke Differenzierung der technischen Druckschriften gestattet höchstens eine *Gliederung* nach bestimmten Einzelkriterien, jedoch ist die Vielfalt der daraus entstehenden Kombinationstypen kaum generalisierend zu erfassen.

Die *produktweise* Gliederung führt zur umfassenden Übersicht über das gesamte Produktionsprogramm oder das Programm ganzer Sparten, ergibt Merkblätter für Produktgruppen (Produktfamilien, Markenfamilien) oder auch Einzelprodukte. Selbst für Einzelprodukte kann der Umfang vom Faltblatt bis zum Buch reichen.

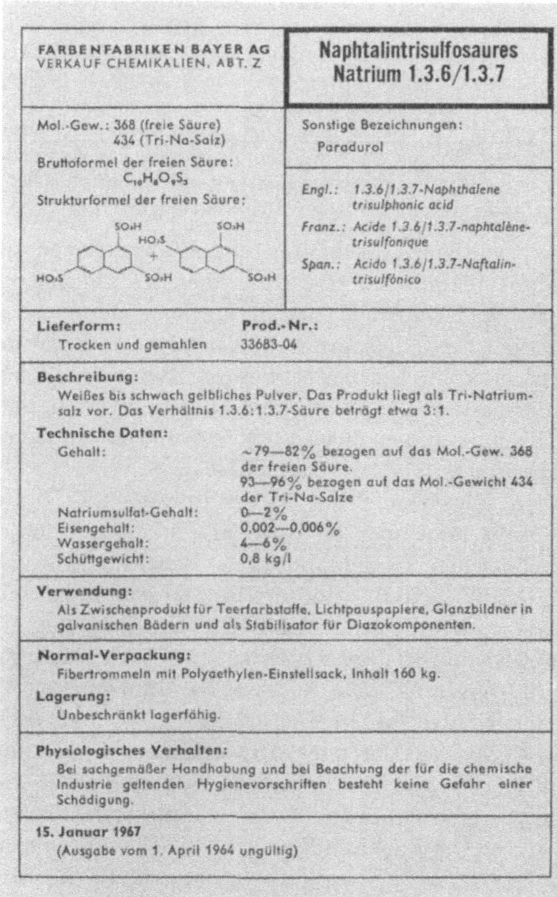

FARBENFABRIKEN BAYER AG
VERKAUF CHEMIKALIEN, ABT. Z

Naphtalintrisulfosaures Natrium 1.3.6/1.3.7

Mol.-Gew.: 368 (freie Säure)
434 (Tri-Na-Salz)

Bruttoformel der freien Säure:
$C_{10}H_8O_9S_3$

Strukturformel der freien Säure:

Sonstige Bezeichnungen:
Paradurol

Engl.: *1.3.6/1.3.7-Naphthalene trisulphonic acid*
Franz.: *Acide 1.3.6/1.3.7-naphtalène-trisulfonique*
Span.: *Acido 1.3.6/1.3.7-Naftalin-trisulfónico*

Lieferform: Trocken und gemahlen
Prod.-Nr.: 33683-04

Beschreibung:
Weißes bis schwach gelbliches Pulver. Das Produkt liegt als Tri-Natriumsalz vor. Das Verhältnis 1.3.6:1.3.7-Säure beträgt etwa 3:1.

Technische Daten:

Gehalt:	~79—82% bezogen auf das Mol.-Gew. 368 der freien Säure. 93—96% bezogen auf das Mol.-Gewicht 434 der Tri-Na-Salze
Natriumsulfat-Gehalt:	0—2%
Eisengehalt:	0,002—0,006%
Wassergehalt:	4—6%
Schüttgewicht:	0,8 kg/l

Verwendung:
Als Zwischenprodukt für Teerfarbstoffe, Lichtpauspapiere, Glanzbildner in galvanischen Bädern und als Stabilisator für Diazokomponenten.

Normal-Verpackung:
Fibertrommeln mit Polyaethylen-Einstellsack, Inhalt 160 kg.

Lagerung:
Unbeschränkt lagerfähig.

Physiologisches Verhalten:
Bei sachgemäßer Handhabung und bei Beachtung der für die chemische Industrie geltenden Hygienevorschriften besteht keine Gefahr einer Schädigung.

15. Januar 1967
(Ausgabe vom 1. April 1964 ungültig)

Abb. 7.25 Chemische und technische Informationen eines Ringbuches für chemische Zwischenprodukte.

Die Gliederung nach *Anwendungsgebieten* erfaßt das Angebot für ganze Industriezweige, für bestimmte Verarbeitungsaufgaben oder Einzelverwendungen.

Noch in der *Entwicklung* befindliche Produkte erfordern die Herausgabe besonderer Druckschriften. Eine den jeweiligen Entwicklungsfortschritten und dem Stand der Markterschließung angepaßte Gestaltung der technischen Druckschriften ist mit der Wirkung eines Katalysators verglichen worden [6.37].

Die Veraltung der Druckschriften erfolgt schnell, ihre durchschnittliche Lebensdauer beträgt nur 2 bis 3 Jahre [7.29]. Dies ist auch der Grund, weshalb umfassende Kataloge möglichst vermieden und die Informationen in kleinere Einzelschriften aufgelöst werden. Ungebundene Loseblattsammlungen in Ringbüchern können gleichfalls zweckmäßig sein, wie im Beispiel der Abb. 7.25 für aromatische Zwischenprodukte.

In funktional-organisatorischer Hinsicht sind die technischen Druckschriften in erster Linie an die Fachleute der Entwicklungs- und Produktionsabteilungen der Verarbeitungsbetriebe gerichtet, erst danach an Einkaufs-, Vertriebs- und Verwaltungspersonal. Die Informationsbedürfnisse und Fachsprachen sind jeweils verschieden, so daß die Alternative besteht: einheitliche kompromißhafte Darstellungen für alle oder gesonderte Druckschriften für die verschiedenen Aufgabenträger. Für diese können schließlich gesonderte Abschnitte innerhalb geschlossener Druckschriften vorgesehen werden, wie es z. B. bei folgender Lösung vorgeschlagen wurde: einleitende Darstellung für das Management mit allgemein interessierenden Punkten, darauffolgende Seiten für das Beschaffungspersonal mit Angaben über Produktspezifikationen, Lieferbedingungen und Preise, am Schluß ausführliche Darstellung der chemischen und technischen Details für die Fachleute aus Entwicklung und Produktion [7.135]. Es scheinen sich aber heute mehr die getrennten Druckschriften für die verschiedenen Fachkreise einzuführen.

Die technischen Druckschriften erfahren eine um so höhere Wertschätzung, je objektiver die Informationen dargeboten werden, wozu auch die Bekanntgabe der Anwendungsgrenzen und der Produktnachteile gehören. Eine im Interesse der Verwender liegende *Vereinheitlichung* der äußeren Aufmachung würde zwar die Aufbewahrung und Produktvergleiche erleichtern, hat aber gegenüber den werblichen Absichten nach Abhebung wenig Chancen [7.37; 7.75]. Stillschweigend besteht die Erwartung, daß man Druckschriften überhaupt nur herausgibt, wenn es wirklich etwas Neues, Interessantes und Wichtiges zu berichten gibt, frei von Schönfärberei und Übertreibung. Andernfalls sind die Druckerzeugnisse nur Ballast, welche dem Hersteller unnötige Kosten und den Empfängern die unnütze Last der Aufbewahrung und Durchsicht verursachen. Es gibt bei den Druckschriften der chemischen Industrie zahllose Spitzenleistungen, die zur Einreihung der Veröffentlichungen in die unentbehrliche Standardfachliteratur geführt haben. Teilweise sind dann sogar außerhalb der Herstellerfirmen keine vergleichbar informativen Schriften publiziert worden. Allerdings wirkt es störend, wenn immer nur die Markennamen stereotyp wiederholt und demgegenüber Hinweise über die chemische Zusammensetzung der Produkte unterdrückt werden, so daß den Interessenten Vergleiche mit ähnlichen Konkurrenzprodukten erschwert werden. Die vergleichbaren Publikationen der großen Chemieunternehmungen zeigen in diesem Punkt deutliche Unterschiede, welche die Grenzziehung zwischen den Einflüssen der Werbefachleute und der Chemiker und Ingenieure etwa erahnen lassen.

Von hohem Wert für die *Bekanntmachung* neuer technischer Druckschriften erscheinen redaktionelle Hinweise in Fachzeitschriften. Wegen ihres allgemeinen Interesses für die Verbreitung neuer chemischer und technischer Informationen haben die meisten Fachzeitschriften der chemischen Industrie ständige Rubriken für die Ankündigung von Firmenschriften eingerichtet. Darin besteht eine Parallele zu den redaktionellen Mitteilungen über wissenswerte Neuentwicklungen. Die Sichtung und eigenverantwortliche Beurteilung des Informationswertes der Firmenschriften durch die Zeitschriftenredaktionen bieten dem Leser eine gewisse Qualitätsgarantie.

Im ersten Quartal des Jahres 1960 hat die Zeitschrift „Chemical & Engineering News“ allein 658 Titel von Firmenschriften veröffentlicht, auf die insgesamt 85540 Anfragen und damit im Durchschnitt 130 Anfragen je Veröffentlichung bei der Zeitschrift eingingen und an die herausgebenden Firmen weitergeleitet wurden [7.77].

In der Rangskala objektiver wettbewerbsneutraler Aussagen gegenüber der werblichen Argumentation stehen die *wissenschaftlichen Publikationen* der Mitarbeiter der Chemieunternehmungen unter eigenem Namen zweifellos an höchster Stelle. Wissenschaftliche Vorträge sind dieser Bewertung gleichzusetzen. Dennoch ist es üblich, von solchen Publikationen Sonderdrucke anfertigen zu lassen und diese als „lautlose“ Werbemittel in das Druckschriftenarchiv einzureihen [7.105]. Wenngleich nicht immer im Rahmen der eigentlichen Verkaufswerbung, so werden derartige Veröffentlichungen von allgemeinem wissenschaftlichem Interesse stets für die allgemeine Firmen- und Vertrauenswerbung positiv zu werten sein.

Tabelle 7.14 *Veröffentlichung technischer Druckschriften durch eine anwendungstechnische Abteilung (AWETA I der BASF, 1962)* [7.107]

Technische Druckschriften	Anzahl	Auflage
Sonderdrucke von Veröffentlichungen	30	50000
Kundenrundschreiben	50	64000
Broschüren	30	50000
Faltblätter	10	16000
Technische Hinweise	20	76000
Merkblätter (deutsch und fremdsprachig)	600	1520000
Musterkarten	10	38000
Sonderkarten	180	69000
Summe	930	1883000

In Tab. 7.14 ist ein Beispiel für die Vielfalt und den Auflagenumfang der technischen Druckschriften wiedergegeben, wie sie etwa von den anwendungstechnischen Abteilungen der großen Chemieunternehmungen zu bewältigen sind.

7.644 Firmenzeitschriften

Fortlaufende Publikationen in Gestalt eigener *Firmenzeitschriften* haben die Unterrichtung der eigenen *Mitarbeiter*, der breiten *Öffentlichkeit* sowie speziell der *Kundenkreise* der Unternehmung zum Gegenstand. Da gegenüber den Zielgruppen voneinander abweichende Informationsabsichten bestehen können und auch die Informationswünsche und -voraussetzungen uneinheitlich sein werden, ist eine Spezialisierung des Firmenzeitschriftenprogramms angezeigt, wo immer die Unternehmensgröße dies aus Kostengründen rechtfertigt. Der genannten Dreigliederung der Zielgruppen entsprechen die Typen der Werkzeitschriften, allgemeinen Hauszeitschriften sowie der speziellen Haus- oder Kundenzeitschriften.

Die *Werkzeitschriften* werden ihrer ursprünglichen Bestimmung gemäß an die eigenen Mitarbeiter verteilt und dienen der Unterrichtung über die allgemeine Unternehmensentwicklung im Rahmen der Pflege der *Mitarbeiterbeziehungen*. Ereignisse aus dem personellen, kulturellen und sozialen Bereich nehmen einen breiten Raum ein. Den Interessen der Chemiewerbung kommen nur die folgenden beiden Typen der betriebsextern orientierten Firmenzeitschriften entgegen.

Die *allgemeinen Hauszeitschriften* verfolgen die positive Unterrichtung breiter Kreise der Öffentlichkeit über die Leistungen der Unternehmung und dienen in erster Linie der *Vertrauenswerbung*. Naturgemäß werden die Kunden als Bezieher dieser allgemeinen Hauszeitschriften eine große Rolle spielen. Es dürfte aber schwierig sein, die allgemeinen Interessen und die notwendige Allgemeinverständlichkeit mit detaillierten produkt- und anwendungsbezogenen Informationen zu verbinden, wie sie die werblichen Absichten fordern.

Wenigstens bei stärker heterogenem Verkaufsprogramm wird man daher anstelle oder zusätzlich neben der allgemeinen Hauszeitschrift *spezielle Kundenzeitschriften* vorsehen, die nunmehr neben der allgemeinen Firmen- und Vertrauenswerbung vermehrt der eigentlichen *Verkaufswerbung* dienen. Unbeschadet fließender Übergänge zeigt sich in der weiteren Aufspaltung der Hauszeitschriften eine in den komplexen Absatzstrukturen wurzelnde Besonderheit der chemischen Industrie, vgl. [7.30; 7.43; 7.53].

Das in Abb. 7.26 angedeutete Firmenzeitschriftenprogramm einer großen Chemieunternehmung läßt die genannte Einteilung unschwer wiedererkennen: Der Titel „Unser Werk"

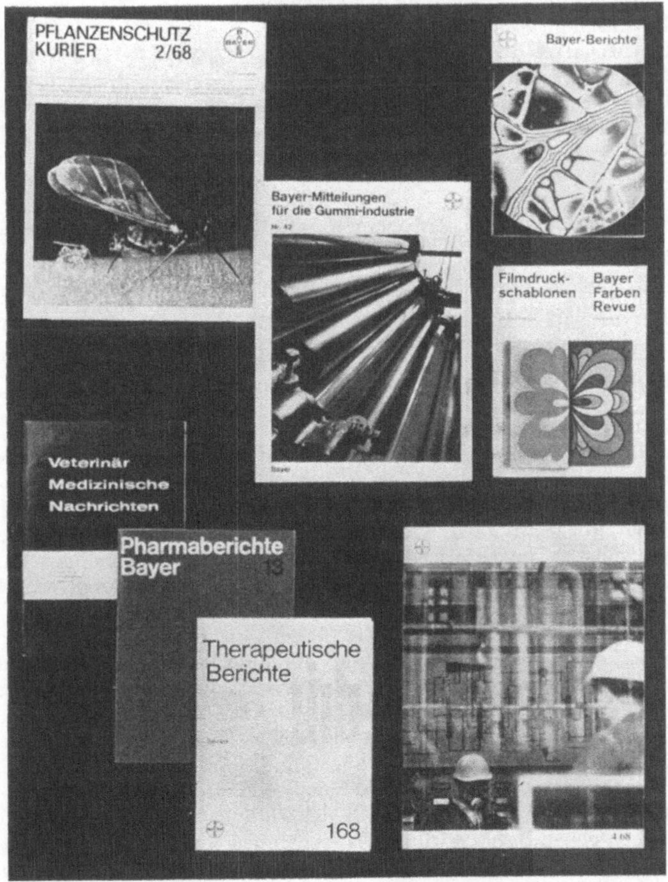

Abb. 7.26 Firmenzeitschriftenprogramm einer großen Chemieunternehmung.

betrifft die Werkzeitschrift, die „Bayer-Berichte" verkörpern die allgemeine, überspartliche Hauszeitschrift, während alle restlichen Titel speziell kundenorientierte Firmenorgane darstellen. Der in neun verschiedenen Sprachen veröffentlichte „Pflanzenschutzkurier" hatte bereits 1962 die Auflage von über einer halben Million Exemplaren weit überschritten [7.9.]

Auch die Bedingungen des Vertikalvertriebs finden mitunter Berücksichtigung, wenn etwa Chemiefaserunternehmungen Hauszeitschriften für mehrere Stufen der nachverarbeitenden Textilindustrie herausgeben.

Wie sehr seitens der Verwenderkreise auf detaillierte technische Informationen Wert gelegt wird, beweist ein Umfrageergebnis zu den bevorzugten Beitragsinhalten der vor allem für die kunststoffverarbeitende Industrie bestimmten Kundenzeitschrift „Du Pont Plastics Bulletin" 1949 in den USA (Tab. 7.15). Dieses Firmenorgan bestand ebenfalls innerhalb einer Gruppe spezieller Kundenzeitschriften und neben der allgemeinen Hauszeitschrift „Du Pont Magazine", die bereits 1956 eine Auflagenhöhe von 250000 Exemplaren hatte [7.61].

Tabelle 7.15 *Bevorzugte Informationen der Kundenzeitschrift „Du Pont Plastics Bulletin"* [7.79, S. 190 und 480]

Bevorzugte Informationen	Antworten [%]
Beispiele von Anwendungen	33
Gebrauch und Verwendung der Erzeugnisse	33
Technische Daten	13
Eigenschaften der Erzeugnisse	10
Informationen über die Herstellung	8
Informationen über formgebende Verarbeitung	7
Marktdaten	2

Um bei der wachsenden Informationsflut die Beachtungschancen bei den Umworbenen zu erhöhen, können die Anforderungen an das fachliche Niveau und den Informationswert der Organe nicht hoch genug angesetzt werden. Werbeappelle dürfen nur in subtiler Weise und keinesfalls auf zu breitem Raum vorgetragen werden, um eine Konkurrenzfähigkeit untereinander und gegenüber den unabhängigen Fachzeitschriften zu sichern.

Aufschlußreiche Mitteilungen über die Struktur des Angebotes an *Hauszeitschriften für Ärzte* in der BRD, die größtenteils von der pharmazeutischen Industrie herausgegeben werden, verdanken wir einer kürzlich veröffentlichten Untersuchung [7.23]:

Im Bezugsjahr 1964 wurden 52 Hauszeitschriften mit einer Auflage von 19,145 Millionen Exemplaren verbreitet (Tab. 7.16), die 186 professionellen Zeitschriften (medizinisch-wissenschaftliche und sonstige medizinische Zeitschriften, Standesblätter) mit 22,386 Millionen Exemplaren Auflagezahl gegenüberstanden. Das entsprach einem Anteil von 21,8% hinsichtlich der Titelzahl, jedoch bereits 46% hinsichtlich der Auflagezahl des Gesamtangebotes. Bei einer damaligen Gesamtzahl von 82450 aktiv tätigen Ärzten ergab dies eine durchschnittliche Belegung von 232 bzw. 242 Exemplaren je Arzt und Jahr in den beiden Zeitschriftengruppen. Wegen der sicheren Überschreitung der Aufnahmefähigkeit der Ärzte ist mit einem entsprechend scharfen Auswahlprozeß aus den angebotenen Informationen zu rechnen, was bei unbefriedigenden Ergebnissen schnell zur Vernachlässigung oder sogar Ablehnung führen kann. Die Steuerung der Beitragsinhalte über die Ergebnisse von Leserschaftsanalysen ist unter diesen Umständen geboten. Die Verteilung der Beitragsinhalte der untersuchten Zeitschriften in Tab. 7.17 zeigt deutlich, daß die der Produkt- und Firmenwerbung gewidmeten „unternehmensbezogenen Beiträge" nur 29% einnahmen, von denen die ständig beibehaltenen „zeitschriftbezogenen Beiträge" (Titel und Impressum) eigentlich noch abgesetzt werden müßten. Dagegen bildeten die Beiträge zur aktuellen medizinisch-wissenschaftlichen Unterrichtung und Fortbildung sowie feuilletonistischer Art mit je über 30% das Übergewicht.

Tabelle 7.16 *Verbreitungskennziffern von Hauszeitschriften für Ärzte in der BRD 1964* [7.23, S. 54]

Kennziffer	Anzahl
1. Zahl der 1964 verteilten Hauszeitschriften für Ärzte (Mindestzahl)	52
2. Gesamtauflage der Hauszeitschriften für Ärzte im Jahre 1964 (in Expl.)	19145000
3. Durchschnittliche Jahresauflage je Hauszeitschrift in Expl. (aus Pos. 1 und 2)	368000
4. Durchschnittliche Auflage je Ausgabe einer Hauszeitschrift für Ärzte (gewichtet nach der Erscheinungshäufigkeit)	50400
5. Durchschnittliche Auflage je Ausgabe einer Hauszeitschrift für Ärzte (ungewichtet)	47400
6. Durchschnittliche Erscheinungshäufigkeit (Frequenz) für 1964 = Zahl der Ausgaben je Hauszeitschrift	7,3
7. Durchschnittliche Seitenzahl je Heft (gewichtet nach Auflage und Frequenz)	20,1
8. Durchschnittliche Seitenzahl je Heft (ungewichtet)	25,9
9. Durchschnittliche Zahl der Exemplare je Arzt im Jahr 1964	232
10. Durchschnittliche Zahl der Seiten je Arzt im Jahr 1964	4636
11. Durchschnittliche Zahl der Normseiten je Arzt (1 Normseite = 1 DIN-A5-Seite, auf die die größeren Formate umgerechnet wurden. Berechnet nach einer Auswahl von 151 Exemplaren und projiziert auf Gesamtzahl)	8703

Tabelle 7.17 *Verteilung der Beitragsinhalte in den Hauszeitschriften der Tab. 7.16* [7.23, S. 72

Beitragsinhalte	Relativ [%]	Seiten je Arzt im Jahr[1]
1. Medizinisch-aktuelle Beiträge	30,9	2689
2. Ärztebeiträge	3,5	299
a) Biographien	1,7	146
b) Sonstige Ärztebeiträge	1,8	153
3. Unternehmensbezogene Beiträge	29,1	2534
a) Inserate	15,2	1321
b) Produktbezogene Beiträge	8,0	698
c) Zeitschriftbezogene Beiträge	5,3	458
d) Sonstige unternehmensbezogene Beiträge	0,7	57
4. Feuilletonistische Beiträge	32,1	2798
a) Medizingeschichte	2,8	247
b) Wissenschaftliche und technische Beiträge (außerhalb der Medizin)	8,8	767
c) Fremde Länder und Völker	3,3	283
d) Kunst- und kunsthandwerkliche Beiträge	9,3	811
e) Freizeitaktivitäten	6,1	536
f) Sonstiges Feuilleton	1,8	154
5. Allgemeine aktuelle Beiträge	4,4	383
a) Wirtschaftliche und rechtliche Beiträge	2,3	199
b) Politische Beiträge	0,6	51
c) Sonstige aktuelle Beiträge	1,5	133
Gesamtinhalt	100,0	8703

[1] Umgerechnet auf DIN-A 5-Normseiten.

7.645 Werbegeschenke

Werbegeschenke stellen auch in der chemischen Industrie ein weit verbreitetes, freilich nicht selten umstrittenes Werbemittel dar. Begrenzungen ergeben sich aus dem vielfach sachfremden Charakter dieses Werbemittels in bezug auf das Leistungsangebot der werbungtreibenden Unternehmung sowie aus wirtschaftsethischen und rechtlichen Gesichtspunkten.

Vor allem der Firmenwerbung dienen Werbegeschenke geringen Wertes, deren bestimmungsgemäßer Gebrauch die aufgebrachte Firmenbezeichnung möglichst häufig sichtbar werden läßt, wie etwa Werbekalender. Der periodisch wiederkehrende Anlaß zur Übersendung der Kalender am Jahresende steht mit dem Interesse an der Pflege langfristiger Geschäftsbeziehungen durch gelegentliche Übermittlung von „Aufmerksamkeiten" im Einklang. Die eigentlich wertvollen Werbeideen zeigen sich aber erst darin, wenn es gelingt, die Art der Werbegeschenke mit den eigenen *Verkaufsprodukten* in eine enge *Beziehung* zu bringen. Die chemischen Produkte selbst eignen sich hierfür schlecht, denn ihnen fehlt meistens der beabsichtigte persönliche Nutzwert. Chemische Konsumgüter mögen zuweilen eine Ausnahme darstellen, aber es wird sich dann eher um Musterabgaben als um die hier gemeinten Werbegeschenke handeln. Begünstigt sind wieder die *Chemiewerkstoffe*, denn es lassen sich die verschiedensten Gebrauchsgegenstände hieraus formen und entsprechende Hinweise auf das verarbeitete Material und die Firma darauf anbringen (z. B. Anhänger aus Kunststoffen für Autoschlüssel). Besonders vielseitig sind die Anknüpfungsmöglichkeiten, wenn allein die Behältnisse für verschiedenartige Geschenkartikel aus den Chemiewerkstoffen des eigenen Programms hergestellt sind. Recht originelle und wertvolle Werbeideen begegnen zuweilen bei Analogien zwischen den Werbegeschenken und der *Wirkungsweise* von Produkten, für die geworben werden soll (z. B. Luftdruckmesser für Autoreifen, der versehen mit dem Hinweis auf ein blutdruckregulierendes Arzneimittel an Ärzte verteilt wurde).

Als ein recht gefahrvolles, kostspieliges und nicht angenehm zu handhabendes Werbemittel können sich die Werbegeschenke dann erweisen, wenn ihr Einsatz etwa im Kampf um die Gewinnung oder Erhaltung des *Großkunden* zuweilen unumgänglich wird. Obwohl im allgemeinen eine starke Abneigung gegen die Gewährung solcher Einzelzuwendungen besteht, wird der Grundsatz der Ablehnung vielleicht durchbrochen, wenn einzelne Konkurrenten sich rücksichtslos dieser Maßnahmen bedienen oder aber auch einzelne Kunden bzw. deren maßgebliche Vertreter hierin selbstverständliche Vorbedingungen eines Geschäftsabschlusses erblicken. Die Vorschriften des allgemeinen Wettbewerbsrechtes gebieten Einschränkungen (vgl. Gesetz gegen den unlauteren Wettbewerb von 1909 und Zugabeverordnung von 1932 in Deutschland), die jedoch wegen der Vertraulichkeit der Transaktionen selten wirksam werden. Zu begrüßen sind Absprachen zwischen den Firmen zur Unterbindung des Werbegeschenkunwesens.

In der *pharmazeutischen Industrie* sind die Ärzte eine wichtige Zielgruppe für die Übermittlung von Werbegeschenken. Um den Anreiz über den Wert der Werbegeschenke zu erhöhen und die Kosten bei der Größe der Zielgruppe gleichzeitig in Grenzen zu halten, haben sich bereits Verlosungen für besonders wertvolle Werbegeschenke eingeführt (z. B. Automobile, Überseereisen usw.). In der Arzneimittelgesetzgebung stoßen diese Praktiken ebenfalls auf wachsende Ablehnung. So dürfen z. B. nach § 5 des deutschen Arzneimittelgesetzes die Werbegeschenke nicht als Entgelt für die Empfehlung, Verschreibung oder Anwendung der Produkte gewährt werden.

Literatur

7.1 Adam, K. L.: Die Struktur der Fachwerbung für Arzneispezialitäten, Diss. Nürnberg 1958.
7.2 "Advertising Age" presents marketing profiles on the 100 largest national advertisers. Chem. Age 86 (1961) Ausg. 28. 8., S. 41.
7.3 Albus, G. P.: Pharma-Werbung, Probleme und Folgerungen. Pharm. Ind. 28 (1966) 5.
7.4 Anteil der Werbeaufwendungen an den Umsätzen der amerikanischen Industrie. Markenartikel 28 (1966) 341.
7.5 Are you reaching the purchasing agent? Chem. Week 84 (1959) Ausg. 20. 6., S. 59.
7.6 Aschpurwis, L.: Entwicklung der Markenwerbung in einzelnen Industriebereichen 1961–1964. Markenartikel 27 (1965) 222.
7.7 Aufgaben und Nutzen der Werbung. Chem. Ind. 18 (1966) 322.
7.8 Aus der Siegel-Werbung. Graphik, Werbung, Formgestaltung 17 (1964) 11, S. 26.
7.9 Bachem, W.: Im Blickfeld der Öffentlichkeit. Bayer-Berichte 9 (1962) 44.
7.10 Bargendorff, H. G.: Die Organisation der Werbeabteilung. Graphik, Werbung, Formgestaltung 13 (1960) 2, S. 28.
7.11 – Die Werbeabteilung. Graphik, Werbung, Formgestaltung 13 (1960) 8, S. 14.
7.12 Bauer, R. A., Wortzel, L. H.: Doctor's choice: The physician and his sources of information about drugs. J. Marketing Research 3 (1966) 3, S. 40.
7.13 Bayer: Ein Jahrhundert in sechs Anzeigen. Absatzwirtschaft 9 (1966) 31.
7.14 Beckmann, W.: Problem der Textilfarben-Werbung, Gestaltung der Gestaltlosigkeit. Graphik, Werbung, Formgestaltung 6 (1953) 296.
7.15 Benecke, D.: Ostmärkte: Marketing statt Experimente. Marketing-J. 4 (1968) 161.
7.16 Berekoven, L.: Die Werbung für Investitions- und Produktionsgüter, ihre Möglichkeiten und Grenzen, Nürnberg 1961.
7.17 Bergler, G.: Durchgängige Werbung. Der Markt (1963) Anhang, S. 9.
7.18 Big billboard campaign builds identity. Chem. Week 84 (1959) Ausg. 24. 1., S. 41.
7.19 Blasberg, C.: Industriewerbung nach Maß, Würzburg 1962.
7.20 – Information oder Repräsentation in der Werbung? Anzeige 38 (1962) 11, S. 11.
7.21 Bohne, E. M.: Vertrauenswerbung der Bayer AG Leverkusen. Graphik, Werbung, Formgestaltung 10 (1957) 1, S. 37.
7.22 Brandt, K.-P.: Vielfalt der Anzeigenwerbung in der chemischen Industrie. Ind. Werbung (1962) 4, S. 36.
7.23 Buchner, O.: Hauszeitschriften für Ärzte, Stuttgart 1968.
7.24 Bullen, H. J.: What makes Du Pont advertising tick? Ind. Marketing 47 (1962) 6, S. 82.
7.25 Caplow, Th., Raymond, J. I.: Factors influencing the selection of pharmaceutical products. J. Marketing 19 (1954) 18.
7.26 Chemical companies work to build the image. Chem. Eng. News 45 (1967) Ausg. 3. 4., S. 28.
7.27 Chemicals take the highroad to sales. Chem. Week 79 (1956) Ausg. 14. 7., S. 76.
7.28 Chemie und öffentliche Meinung. Chem. Ind. 17 (1965) 713.
7.29 Companies put new zip in old sales tool. Chem. Eng. News 38 (1960) Ausg. 15. 8., S. 34.
7.30 Company journals: new research voice. Chem. Week 87 (1960) Ausg. 17. 9., S. 125.
7.31 Cyanamid plans a TV series. Chem. Eng. News 41 (1963) Ausg. 7. 1., S. 42.
7.32 Cyanamid's ten-year campaign sells to two audiences. Ind. Marketing 35 (1950) 7, S. 65.
7.33 Damrow, H.: Einige Bemerkungen zur Auslandswerbung der chemischen Industrie. Chem. Ind. 12 (1960) 137.
7.34 – Der Werbefeldzug für eine Chemiefaser. Anzeige 36 (1960) 45.
7.35 – Die Industrieanzeige heute. Ind. Werbung (1961) 1, S. 9.
7.36 – Werbeleiter und Werbeberater. Graphik, Werbung, Formgestaltung 16 (1963) 10, S. 10.
7.37 Data sheets – a case for conformity? Chem. Week 82 (1958) Ausg. 21. 6., S. 76.
7.38 Der neue Stil in der Dralon-Werbung: Endprodukte als „Interpreten" des Rohstoffs. Anzeige 39 (1963) 7, S. 14.

7.39 Die „Chemie“ in den Vorstellungen der Bevölkerung, Bericht Nr. 1744 des Instituts für Verbrauchs- und Einkaufsforschung GmbH im Auftrage des Unilever Forschungslaboratoriums, Hamburg Juni 1969.
7.40 Dolmetscher des technischen Fortschritts. Absatzwirtschaft 8 (1965) 500.
7.41 Drug advertising controls reviewed. Pharm. J. 202 (1969) 208 u. 242.
7.42 Ein chemisches Werk und seine Werbung, CWH. Anzeige 35 (1959) 485.
7.43 Eine profilierte Werkzeitschrift, BASF. Aus der Arbeit der Badischen Anilin- & Soda-Fabrik AG. Graphik, Werbung, Formgestaltung 14 (1961) 3, S. 16.
7.44 Eine Werbesaat geht auf, Absatzwerbung für ein Unternehmen der Stickstoff-Düngemittelindustrie. Anzeige 38 (1962) 8, S. 36.
7.45 Eldridge, R. T.: New product advertising is easy – for Du Pont. Ind. Marketing 50 (1965) 11, S. 88.
7.46 Europe – new milieu for U.S. chemical ad men. Chem. Eng. News 42 (1964) Ausg. 21. 12., S. 26.
7.47 Film-Katalog der BASF, Druckschr. d. Badischen Anilin- & Soda-Fabrik AG, Ludwigshafen 1969.
7.48 Fischer, E.: Werbekosten im Maschinenbau. Absatzwirtschaft 9 (1966) 1368.
7.49 Flying high with film. Ind. Marketing 51 (1966) 12, S. 68.
7.50 Friesewinkel, H.: Der Arzt und die Werbung. Pharm. Ind. 28 (1966) 133; 200; 286; 372; 448; 535.
7.51 Gellendien, W.: Werbung und Chemiegeschichte. Anzeige 48 (1952) 674.
7.52 Genzsch, E. O.: Werbemethoden bei Grundstoffen und Produktionsmitteln. Anzeige 36 (1960) 101.
7.53 Glossy house organs build chemical sales. Chem. Week 79 (1956) Ausg. 28. 7., S. 52.
7.54 Greiling, W.: Die deutsche Chemie-Fachpresse. Anzeige 35 (1959) 476.
7.55 Haeberle, K. E.: Grundsätzliches über die Anzeigengestaltung für Produktivgüter. Anzeige 28 (1952) 487.
7.56 – Über den Inhalt technisch-industrieller Anzeigen. Anzeige 29 (1953) 344.
7.57 – Erfolge der Anzeigenwerbung – Ergebnisse einer Untersuchung. Chem. Ind. 10 (1958) 241.
7.58 Haese, H.: Ist die Chemiewerbung zeitgemäß? Chemiker-Ztg./Chem. Apparatur 80 (1956) 85.
7.59 – Die Chemiewerbung steht zur Diskussion. Chemiker-Ztg./Chem. Apparatur 80 (1956) 567.
7.60 Hannover-Messe 1966. BASF-Nachr. (1966) 4, S. 16.
7.61 Harding, M.: Corporate vs. product advertising. Ind. Marketing 52 (1967) 9, S. 59.
7.62 Hebestreit, D.: Probleme und Methoden der Werbung für chemische Produktivgüter, Diplomarbeit TU Berlin 1966.
7.63 Hellberg, W.: Grundproblem der Grundstoffwerbung. Graphik, Werbung, Formgestaltung 7 (1954) 304.
7.64 Hessenmüller, B.: Neue Entwicklungs-Ansätze industrieller Anzeigenwerbung. Anzeige 28 (1952) 494.
7.65 – Anzeigenwerbung im Bereiche der Chemiewirtschaft. Anzeige 29 (1953) 769.
7.66 – Gestaltungstendenzen der industriellen Anzeige. Anzeige 30 (1954) 453.
7.67 – Gemeinschafts-Warenzeichenwerbung für Perlon. Anzeige 30 (1954) 670.
7.68 – Institutional-Anzeigen. Anzeige 31 (1955) 474.
7.69 – Entwicklungszüge der industriellen Anzeigenwerbung. Wirtschaft u. Werbung 17 (1963) 962.
7.70 Hertzberg, W.: Industrielle Werbung zwischen Kunst und Technik. Anzeige 30 (1954) 102.
7.71 – Rohstoffwerbung und Öffentlichkeitsarbeit. Ind. Werbung (1962) 1, S. 44.
7.72 – Markenwerbung für einen Kunststoff. Absatzwirtschaft 6 (1963) 732.
7.73 Hobart, D. M., Wood, J. P.: Verkaufsdynamik, Essen 1955.
7.74 Hoerkens: Sichtbare Werbung der Textilindustrie zu gering. Europa-Chemie (1965) 4, S. 4.
7.75 Hoffmeister, K. H.: Rationalisierung bei technischen Merkblättern. Farbe u. Lack 71 (1965) 89.
7.76 How and why Interchemical took the corporate plunge. Ind. Marketing 52 (1967) 9, S. 76.

7.77 How C & EN helps distribute technical brochures. Chem. Eng. News 38 (1960) Ausg. 15. 8., S. 34.

7.78 Hundhausen, C.: Die absatzwirtschaftliche Bedeutung der technisch-industriellen Werbung. Anzeige 29 (1953) 446.

7.79 – Wesen und Formen der Werbung – Wirtschaftswerbung, 2. Aufl., Essen 1963.

7.80 Image-Bildung in der Groß-Chemie. Absatzwirtschaft 7 (1964) 1007.

7.81 Jaspersen, H.: Lohnt sich die Messe-Teilnahme wirklich? Absatzwirtschaft 11 (1968), 2. Sept.-Ausg., S. 75.

7.82 Kassner, E.: Einige Merkmale der Investitionsgüter-Werbung. Ind. Werbung (1961) 5/6, S. 22.

7.83 Kernd'l, A.: Probleme der Arzneimittelwerbung. Pharm. Ind. 17 (1955) 87.

7.84 – Die graue Zone der Arzneimittelwerbung. Pharm. Ind. 25 (1963) S. 62.

7.85 Key statistics of 1965, 125 leaders advertising as per cent of sales. Advertising Age 37 (1966) Ausg. 3. 1., S. 46.

7.86 King, G.: The technical sales manager views advertising. Chem. Eng. News 27 (1949) 1588.

7.87 Kirchner, H. M.: Werben für Investitionsgüter in der technisch-industriellen Fachpresse. Anzeige 37 (1961) 1, S. 8.

7.88 – Werben in Fachzeitschriften – Wirkungsvolle Ansprache an ausgewählte Interessentenkreise. Anzeige 38 (1962) 9, S. 60.

7.89 Klein, H. J.: Die Deutsche Farben- und Lackindustrie. AFM-Mitt. 12 (1966) 97; Farbe u. Lack 72 (1966) 617.

7.90 Klein, H. W.: Mittler zwischen Arzt und Patient, Werbewege der Heilmittelindustrie. Graphik, Werbung, Formgestaltung 7 (1954) 292.

7.91 König, H.: Überzeugende Repräsentation, Chemiestände auf der Industriemesse Hannover. Graphik, Werbung, Formgestaltung 8 (1955) 416.

7.92 Küster, P.: Wenn der Verbraucher einen „Vormund" braucht ... Absatzwirtschaft 8 (1965) 1107.

7.93 Kuryloski, E. L.: The special conditions of prescription marketing, in [1.95, S. 124].

7.94 Lorenz, W.: Deutung und Aufgabe des Industriefilms. Ind. Werbung (1961) 3, S. 35.

7.95 Marbon Chemical goes 'consumer'. Ind. Marketing 52 (1967) 11, S. 53.

7.96 Marketing und Werbung für Druckfarben. Absatzwirtschaft 10 (1967) 526.

7.97 Mason, R. B.: Product vs. capabilities advertising. Ind. Marketing 49 (1964) 8, S. 91.

7.98 Matoni, W.: Kaufimpulse für Chemiefasern. Absatzwirtschaft 6 (1963) 738.

7.99 Medical market ads have the right prescription. Ind. Marketing 51 (1966) 11, S. 113.

7.100 Menne, W. A.: Werbeaufgaben der Chemischen Industrie. Graphik, Werbung, Formgestaltung 6 (1953) 287.

7.101 Miller, G. M.: How Du Pont pre-tests ads. Ind. Marketing 48 (1963) 5, S. 106.

7.102 Moore, R. R.: Movie promotes world's most expensive adhesive. Ind. Marketing 47 (1962) 12, S. 94.

7.103 More "sell" in sales books. Chem. Week 88 (1961) Ausg. 20. 5., S. 85.

7.104 Müller, E. H.: Anzeigenwerbung der chemischen Industrie. Anzeige 27 (1951) 413.

7.105 – Werbung für Investitionsgüter auf anderen Wegen. Ind. Werbung (1961) 1, S. 59.

7.106 Müller-Eckert, K.: Die Stellung des Werbeleiters im industriellen Großbetrieb. Ind. Werbung (1961) 1, S. 63.

7.107 Neubau der AWETA I feierlich eingeweiht. Plastverarbeiter 14 (1963) 477.

7.108 Neubeck, G.: Werbewirkungskontrollen im Produktionsgüterbereich. Anzeige 38 (1962) 7, S. 5.

7.109 Neue Werbephase für Gardinenfasern. Anzeige 36 (1960) 812.

7.110 Palanil Farbstoffe, Filmdrucke auf Polyestergewebe, Druckschr. (Musterkarte) d. Badischen Anilin- & Soda-Fabrik AG, Ludwigshafen am Rhein.

7.111 Pflanzenschutz im publizistischen Schußfeld. Chem. Ind. 20 (1968) 522.

7.112 Pharmaceutical advertising: a survey of existing legislation. Hrsg. World Health Organisation (WHO), Ausg. 1968.

7.113 Profiling the ad manager. Chem. Week 91 (1962) Ausg. 1. 12., S. 33.

7.114 Promotion on the pike. Chem. Week 76 (1955) Ausg. 7. 5., S. 53.

7.115 Rall, W.: Was lesen Ärzte wirklich? Pharm. Ind. 29 (1967) 689.

7.116 REIMANN, H.: Chemiewerbung - aus der Retorte oder von der Palette? Chemiker-Ztg./Chem. Apparatur 80 (1956) 397.
7.117 - Die Chemiewerbung steht zur Diskussion. Chemiker-Ztg./Chem. Apparatur 80 (1956) 567.
7.118 REINHARD, H.: Was lesen Ärzte? Absatzwirtschaft 10 (1967) 177.
7.119 Research is key to effective ads. Chem. Eng. News 38 (1960) Ausg. 30. 5., S. 37.
7.120 Resin road show. Chem. Week 95 (1964) Ausg. 12. 12., S. 51.
7.121 Rising interest in identity. Chem. Week 80 (1957) Ausg. 13. 4., S. 108.
7.122 SALA, E.: Ist die Chemie noch eine Messe wert? Chem. Ind. 10 (1958) 329.
7.123 SANDTNER, A.: Hüls spricht zum Kunden. Graphik, Werbung, Formgestaltung 10 (1957) 9, S. 7.
7.124 SCHAEFER, W.: Zur Problematik von Leseranalysen bei Ärzten. Pharm. Ind. 30 (1968) 1432.
7.125 SCHARL, H. H.: Kampf um das Rezept des Arztes. Graphik, Werbung, Formgestaltung 15 (1962) 2, S. 18.
7.126 SCHARNHORST, G.: Film als Fortbildungsmittel. Handelsblatt (1968) Ausg. 18. 9., S. 18.
7.127 SCHMIDT, W. L.: Weißer geht's nicht ... Absatzwirtschaft 9 (1966) 690.
7.128 SCHMIEGE, G.: Der Standort der Werbung zwischen Herstellung und Verkauf. Pharm. Ind. 30 (1968) 137.
7.129 SCHNEIDER, H.: Heilmittelwerbung, Essen 1965.
7.130 SCHOLZ, E.: Messestände, Planung und Gestaltung, Die BASF 16 (1966) 39.
7.131 Sechsmal Bayer-Werbung. Unser Werk (1965) 103.
7.132 SIEGLE, H. J.: How Monsanto builds effective advertising. Ind. Marketing 49 (1964) 6, S. 110.
7.133 Sinnvoll Werben. Chem. Ind. 4 (1952) 1019.
7.134 SLAWTER, P. B.: An advertising man's viewpoint. Chem. Eng. News 27 (1949) 1516.
7.135 Spruce-up time for booklets. Chem. Week 76 (1955) Ausg. 28. 5., S. 56.
7.136 STIEGE, H.: Chemiewerbung geht viele Wege. Der Volkswirt (1958) Beil. zu Nr. 16, S. 42.
7.137 - So wirbt die Chemie. Anzeige 35 (1959) 472.
7.138 STROTHMANN, K.-H.: Möglichkeiten von Werbewirkungs-Kontrollen für Produktionsgüter-Anzeigen. Ind. Werbung (1962) 3, S. 28.
7.139 Take a critical look at your trade-show. Chem. Week 86 (1960) Ausg. 30. 1., S. 66.
7.140 TEELING-SMITH, G.: Probleme der Verkaufsförderung - dargestellt an der Situation im Vereinigten Königreich. Pharm. Ind. 29 (1967) 281.
7.141 TITUS, D.: Cyanamid budgets for advertising results. Ind. Marketing 52 (1967) 10, S. 90.
7.142 TOBIEN, H. v.: Die Public Relations der pharmazeutischen Industrie. Pharm. Ind. 22 (1960) 433; 499; 515; 23 (1961) 67.
7.143 Träger des Industriefilmpreises. Handelsblatt (1968) Ausg. 16. 9., S. 15.
7.144 TREUTLER, H.-J.: Werbung für Dünge- und Pflanzenschutzmittel. Graphik, Werbung, Formgestaltung 16 (1963) 1, S. 4.
7.145 - Anzeigen informieren über arbeitswirtschaftliche Vorteile. Anzeige 39 (1963) 8, S. 22.
7.146 - Wie gewinnt man den Landwirt? Absatzwirtschaft 6 (1963) 841.
7.147 US-Fernsehen wichtigstes Werbemedium für Cosmetica und Arzneispezialitäten. Chem. Ind. 15 (1963) 555.
7.148 WEGNER, H.: Der Chemiker im Spiegel der Reklame. Chemiker-Ztg./Chem. Apparatur 80 (1956) 217.
7.149 Werbung in Deutschland, Jahrbuch der deutschen Werbung, Düsseldorf und Wien 1964ff.
7.150 WHITE, A. V.: 20,000-lb. travelling exhibit pushes Dow's new silicones. Ind. Marketing 37 (1952) 6, S. 116.
7.151 WILLS, F. H.: Geigy ein Beispiel konsequenter Chemie-Werbung. Graphik, Werbung, Formgestaltung 6 (1954) 308.
7.152 - Monsanto, serving industry, which serves mankind. Graphik, Werbung, Formgestaltung 6 (1954) 60.
7.153 - Deutsche Chemiewerbung heute. Graphik, Werbung, Formgestaltung 7 (1955) 396.
7.154 Wirkungsvolle Chemie-Inszenierung. Graphik, Werbung, Formgestaltung 5 (1953) 301.
7.155 WÜLFING, K.: Düngemittel für die Welt. Absatzwirtschaft 6 (1963) 720.

8. Preispolitik für chemische Produkte

8.1 Wesen und Ziele der Preispolitik

8.11 Stellung in der Absatz- und Betriebspolitik

Im System der vertriebspolitischen Maßnahmen bildet die *Preispolitik* eine echte Management-Funktion, deren Bedeutung über den Rahmen der Absatzpolitik hinausgeht. Die realisierbaren Preise entscheiden zusammen mit den absetzbaren Mengen über den Ertrag und in Gegenüberstellung zu den Kosten über Gewinne oder Verluste. Der am Maßstab der Rentabilität des Kapitaleinsatzes gemessene Investitionserfolg wird unmittelbar von den Preisen der hervorgebrachten Produkte beeinflußt. Liquiditäts- und Finanzierungsüberlegungen müssen von der Preis- und Erlösgestaltung ausgehen. Schließlich sind die grundlegenden Zielsetzungen der Preispolitik aus den übergeordneten Unternehmenszielen herzuleiten, die den Rahmen für die fallweisen, auf den verschiedenen Absatzteilpolitiken und den detaillierten Marktkenntnissen beruhenden Preisentscheidungen abgeben.

In die enge wechselseitige Verflechtung der absatzpolitischen Instrumente ist die Preispolitik einbezogen, was eine entsprechende Optimierung der Teilziele und Maßnahmen im Zusammenwirken erfordert. Ein besonders enger Zusammenhang besteht mit der *Produktgestaltung*, denn diese ermöglicht erst langfristige Preisstrategien für neue Produkte und trägt durch die Produktdifferenzierung zur Begründung betriebsindividueller Absatzkurven bei. Auch die anderen absatzpolitischen Maßnahmen, wie etwa Werbung oder Kundendienst, beinhalten Möglichkeiten zur Schaffung von Präferenzen eines Herstellers, der sein Angebot auf diese Weise aus der Masse anonymer und homogener Konkurrenzprodukte abzuheben in der Lage ist. Schließlich entsteht zwischen Preispolitik einerseits und der Schaffung neuer Produkte, der Produktdifferenzierung und Werbung andererseits ein Verhältnis begrenzter Substitution. Eine besondere preispolitische Aktivität beinhaltet die unkontrollierbaren und oft gefahrvollen Reaktionen der Konkurrenten, die im Kampf um die Marktanteile mit der Waffe der Preissenkung leicht zu einem ruinösen Wettbewerb für alle Anbieter werden können. Daher wird der Wettbewerb um die Absatzmärkte zum Teil weniger über die Preisstellung als vermehrt über neue Produkte und Produktverbesserungen (Innovationskonkurrenz) sowie technische und wirtschaftliche Nebenleistungen ausgetragen.

8.12 Reichweite der Preispolitik

Der einzelne Anbieter kann verschiedene Verkaufspreise innerhalb seiner absatz- und betriebspolitischen Maßnahmen nur dann vorgeben, wenn er im Absatzmarkt über eine individuelle *Preis-Absatzmengen-Beziehung* oder *Absatz-*

kurve verfügt. Dies ist im Fall des Angebotsmonopols, bei dem gesamtwirtschaftliche Nachfragekurve und betriebsindividuelle Absatzkurve zusammenfallen, ohne weiteres gegeben, jedoch hat dieser theoretische Grenzfall in der chemischen Industrie nur geringe praktische Bedeutung. Wichtiger ist das Bestehen solcher Absatzkurven innerhalb begrenzter „reaktionsfreier" Bereiche zwischen oberen und unteren Grenzpreisen aufgrund unvollkommener Marktbedingungen. Sie vermitteln einen begrenzten Preisspielraum, in dem Preisänderungen nicht ohne weiteres mit Preisreaktionen der Konkurrenz beantwortet werden [1.34, S. 233]. Unter den Bedingungen eines vollkommenen Marktes mit den Annahmen der vollkommenen Markttransparenz, der unendlich großen Anpassungsgeschwindigkeit der Marktteilnehmer auf Änderungen von Marktdaten und des Fehlens jeglicher Präferenzen kann es dagegen nur einen einheitlichen Marktpreis geben, und zwar sowohl für wenige Anbieter (Oligopol) als auch für eine große Zahl von Anbietern (atomistische Angebotsstruktur). Beim Fehlen jeglicher Präferenzen richten sich die Nachfrager nur nach dem niedrigsten Preisangebot, so daß sich alle Anbieter darauf einstellen müssen.

Für die Preisgestaltung unter wirklichkeitsnahen Bedingungen ist die Feststellung des Ausmaßes bestehender *Präferenzen* und damit der Unvollkommenheitsgrade der Märkte von ausschlaggebender Bedeutung, wobei die branchenspezifischen Besonderheiten einzubeziehen sind. Darüber hinaus muß man aber auch Preisfixierungen des einzelnen Anbieters außerhalb des reaktionsfreien Bereiches seiner Absatzkurve und besonders zur Unterbietung eines einheitlichen Marktpreises als Maßnahmen der Preispolitik berücksichtigen, wenngleich die hieraus entstehenden Konsequenzen für die Marktpreisbildung schwer zu übersehen sind. In der chemischen Industrie ergeben sich daraus häufige Preiseinbrüche sowohl im Oligopol als auch bei zahlreichen Anbietern (atomistische Konkurrenz), so daß die Preise der meisten chemischen Produkte im Zeitverlauf schließlich auf das Kostenniveau der am wirtschaftlichsten arbeitenden Produzenten abgleiten, sofern die Kosten wegen der schwierigen Zurechnungsprobleme in der chemischen Industrie für den Preisbildungsprozeß überhaupt eine größere Maßgeblichkeit erlangen. Die möglichen Verhaltensweisen des Preiskampfes oder der Preisanpassung stellen hier echte preispolitische Alternativen dar.

Auf der anderen Seite gibt es Fälle genug, in denen ein bestehender oder auch abgleitender Marktpreis einfach akzeptiert werden muß. Hier hat der Chemiebetrieb nicht mehr die Möglichkeit, durch autonomes Setzen der Verkaufspreise seine Gewinn- und Rentabilitätslage günstig zu gestalten. Er kann nur retrograd feststellen, was nach Abzug der Kosten an Gewinn übrigbleibt. Auch das Einwirken auf die Kostenhöhe zur Verbesserung der Erfolgsmarge bietet bei bestehenden Anlagen nur begrenzte Aussichten. Nicht selten aber wird man die temporären Nachteile später durch den Bau einer wirtschaftlich überlegenen neuen Anlage wieder wettzumachen suchen, wobei die Investitionspolitik wiederum eng mit der Preispolitik in Zusammenhang steht.

8.13 Statische und dynamische Faktoren

Im Mittelpunkt der klassischen Preistheorie stehen die gesamtwirtschaftliche Nachfrage- und Angebotskurve unter *statischen* Bedingungen, die eine momentane

Zuordnung von Preisen und Nachfrage- bzw. Angebotsmengen beinhalten. Unter der Bedingung des vollkommenen Konkurrenzmarktes kommt ein einheitlicher Marktpreis im Schnittpunkt zwischen gesamtwirtschaftlicher Angebots- und Nachfragekurve zustande, welcher das Marktgleichgewicht herstellt (Kurven N, A_1, Preis p_1 und Absatzmenge M_1 in Abb. 8.1). Die gesamtwirtschaftliche Angebotskurve wird durch horizontale Addition aller individuellen Grenzkostenkurven gebildet. Im anderen Grenzfall des Monopolisten gilt für die Gleichgewichtspreisbildung die individuelle Kostenabhängigkeit des Anbieters von seiner Angebotsmenge, worauf hier nicht näher eingegangen werden soll (Cournotscher Monopolpreis, ermittelt aus dem Schnittpunkt von Grenzerlös- und Grenzkostenkurve).

Zur Erklärung des Preisbildungsprozesses auf den Chemiemärkten bieten solche Gleichgewichtsdiagramme unzureichende Anhaltspunkte. Die als typisch unterstellten momentanen Angebots- und Nachfragekurven entsprechen kaum der Wirklichkeit. Andererseits dürfen die wichtigen *dynamischen* Faktoren der Angebots-, Nachfrage- und Preisentwicklung nicht vernachlässigt werden. Besonders kritisch ist der von links unten nach rechts oben ansteigende Verlauf der Angebotskurve. Man nimmt hierbei an, daß die einzelnen Anbieter über unterschiedlich günstige Voraussetzungen für den Einsatz der Produktionsfaktoren zur Erzeugung des betreffenden Gutes verfügen, so daß sie in eine Rangreihe steigender Angebotskosten gebracht werden können. Sicher bestehen auch in der chemischen Industrie unterschiedliche Kostensituationen bei den Konkurrenzanbietern, etwa durch Standortvorteile, verbundwirtschaftliche Faktoren der Programmkombination, Vorsprünge der angewandten und womöglich auch patentrechtlich abgesicherten Produktionsverfahren usw. Es fragt sich aber, ob das ansteigende Kostengefälle überhaupt für die Preisbildung Gewicht erlangt. In der langfristigen Betrachtung ist eher der absteigende Verlauf maßgeblich, da die Preise meistens nach den niedrigsten Kosten in der Rangreihe der konkurrierenden Anbieter tendieren. Dieser absteigende Verlauf der Angebotskurve wird vor allem durch die Kostendegression bei zunehmenden Produktionsmengen geprägt, die in ihren Erscheinungsformen der Betriebsgrößen- und Beschäftigungsdegression überragende Bedeutung besitzt. Anders wäre es nur, wenn alle Rationalisierungsreserven ausgeschöpft sind und aufgrund einer Verknappung von Produktionsfaktoren mit den zusätzlichen Kapazitäten keine weitere Verbilligung, sondern umgekehrt eine Verteuerung der Produktion zu erwarten wäre. Man könnte daher das Zustandekommen des Marktpreises eher im Schnittpunkt der Nachfragekurve mit einer fallenden Angebotskurve auf wesentlich tieferem Preisniveau folgern (Kurven N, A_2, Preis p_2 und Menge M_2 in Abb. 8.1).

Freilich ist eine solche abfallende Angebotskurve eben nicht unter momentanstatischen Bedingungen, sondern nur unter dynamischen Bedingungen denkbar, d.h. in der zeitabhängigen Betrachtung. Falls Überkapazitäten vorhanden sind, wäre allerdings auch eine kurzfristige Preisanpassung in Richtung der infolge Beschäftigungsdegression abfallenden Kosten möglich. Man wird aber nicht umhin können, für die Erklärung der Preisbildung bzw. der Kostenbasis der Preisbildung auch die dynamischen Entwicklungsfaktoren und das Entstehen neuer, kostengünstiger Kapazitäten mit heranzuziehen. Auch eine Kombination der Betriebsgrößen- und Beschäftigungsdegression ist für die Betrachtung sinnvoll, Abb. 8.2.

Die erste Anlage wird wegen zu kleiner Kapazität und vielleicht wenig ausgereiftem Verfahren mit recht hohem Kostenniveau arbeiten, wobei eine anfängliche Unterbeschäftigung die Einheitskosten zusätzlich in die Höhe treiben mag (a_1). Ein späterer Konkurrent würde mit einer größeren Anlage nach entsprechender Absatzausweitung bereits niedrigere Kosten erreichen und entsprechend billiger anbieten können (b_1). Die Verwertung der bisherigen technischen Erfahrungen und das mit der gewählten Betriebsgröße noch stärkere Vorgreifen auf die zukünftige Bedarfsausweitung durch den ersten Produzenten wird schließlich eine wiederum abgesenkte Einheitskostenkurve (a_2) ergeben und so fort. Den im Zeitverlauf fallenden gesamtwirtschaftlichen Optimalkosten kann man sich ein schmales Band als Preisbildungsbereich überlagert denken.

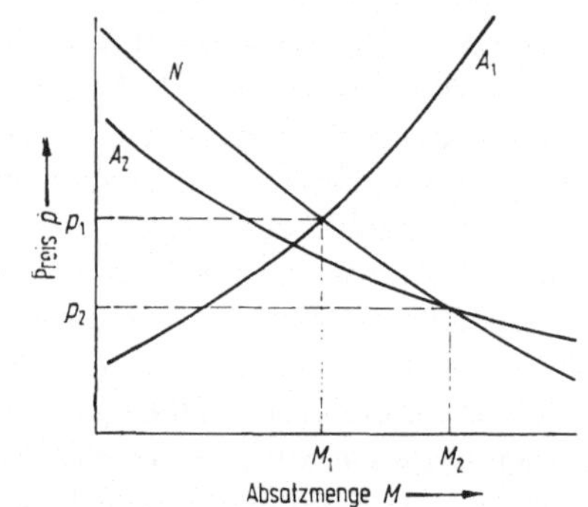

Abb. 8.1 Preisbildung im Schnittpunkt zwischen steigender (A_1) bzw. fallender (A_2) gesamtwirtschaftlicher Angebotskurve und Nachfragekurve (N).

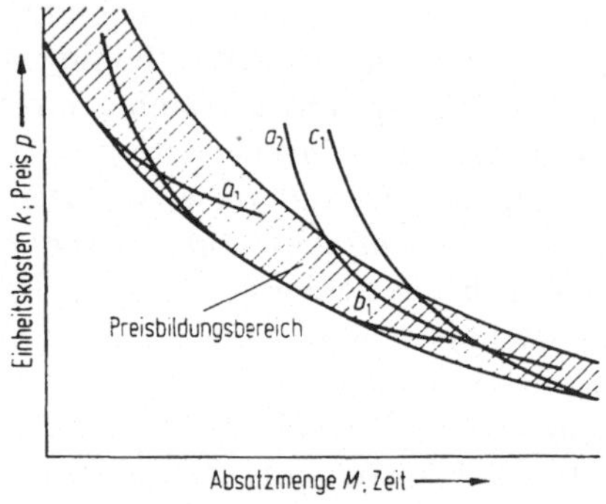

Abb. 8.2 Einfluß der Betriebsgrößen- und Beschäftigungsdegression auf die im Zeitverlauf sinkenden gesamtwirtschaftlichen Optimalkosten (a_1, a_2, b_1, c_1: Einheitskostenkurven verschiedener Anlagen).

Eine gesamtwirtschaftlich in Abhängigkeit von der Absatzmenge sinkende Angebotskurve wäre durch Horizontaladdition der individuellen Einheitskostenkurven darstellbar. Fortwährende Umschichtungen würden dabei allerdings die Rangreihenbildung und Quantifizierung erschweren, wie durch Hinzukommen neuer und Stillegung alter Kapazitäten, Rationalisierung und Kapazitätserweiterung bestehender Anlagen, verbundwirtschaftliche Strukturänderungen und überhaupt Kostenänderungen mannigfacher Art. Es bleibt allerdings unbefriedigend, nur die Angebots- und nicht auch die Nachfragekurve im dynamischen Sinne zu verstehen. Außerdem kann die einseitige Korrektur der Angebotskurve nicht zur Erklärung des bekannten Phänomens der Ausweitung des Angebots und der zugleich fallenden Marktpreise im Zeitverlauf beitragen. Wir hatten bereits im Zusammenhang mit der Marktprognose auf die Notwendigkeit hingewiesen, nicht nur Absatzmengen, sondern auch Preise vorauszuschätzen, wobei an zahlreichen Beispielen der typische Preisverfall chemischer Produkte nachgewiesen wurde (Kap. 4.343; 4.356).

Obwohl mit der Preissenkung chemischer Produkte langfristig oft eine erhebliche Absatzausweitung verknüpft ist, würde man in vielen Fällen das Marktvolumen auf kurze Sicht durch Preisänderungen nur unwesentlich beeinflussen. Man hätte demnach kurzfristig mit einer relativ unelastischen Nachfrage zu rechnen. Die Nachfrageausweitung benötigt Zeit, da neue Verwendungsverfahren erst zu entwickeln und durchzusetzen sind. Außerdem kann die erweiterte Nachfrage nach Produktivgütern erst dann zum Tragen kommen, wenn neue Verarbeitungsanlagen in den Nachstufen einen vermehrten Abfluß der Vorprodukte ermöglichen. Daher liegt der Gedanke nahe, die dynamische Nachfrageentwicklung als eine Rechtsverschiebung der momentanen Nachfragekurven im Preisdiagramm zu interpretieren, wobei die Schnittpunkte mit der langfristigen Angebotskurve für die im Zeitverlauf tatsächliche Preisentwicklung maßgeblich wären (Abb. 8.3). Mit den Nachfragestrukturen werden sich häufig auch die Elastizitätswerte der momentanen Nachfragekurven ändern.

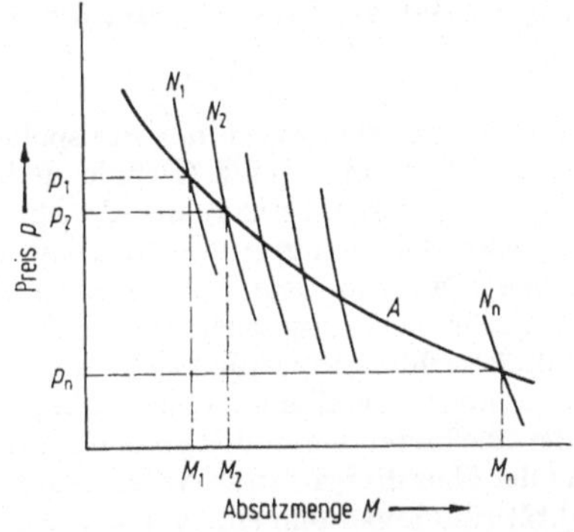

Abb. 8.3 Erklärung der langfristig abfallenden Preisentwicklung aus den Schnittpunkten der nach rechts verschobenen Nachfragekurven mit der Angebotskurve.

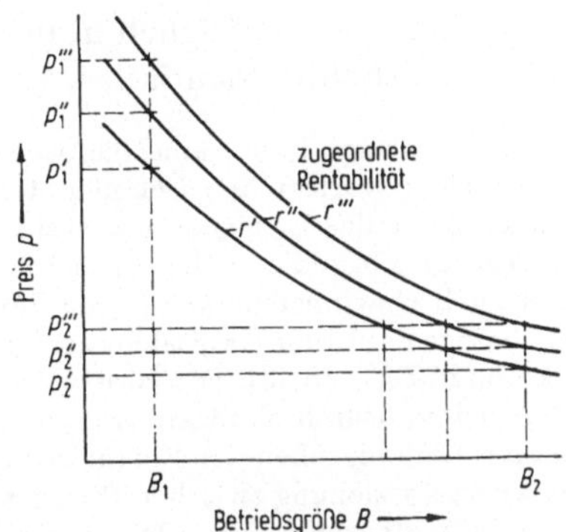

Abb. 8.4 Iso-Rentabilitätskurven chemischer Anlagen bei verschiedenen Preis-Kapazitäts-Kombinationen und angenommener Vollausnutzung der Kapazität.

8.14 Langfristige Rentabilitätsmaximierung als Primärziel

In marktwirtschaftlichen Ordnungssystemen wird im allgemeinen die *Gewinnmaximierung* als wichtigstes Ziel des wirtschaftlichen Handelns schlechthin und damit auch der Preispolitik hervorgehoben oder stillschweigend unterstellt. Im Zusammenhang mit kurzfristigen Preisentscheidungen gilt das Ziel der Gewinnmaximierung auch für den relativen Gewinn, der dann entsteht, wenn bei Unterbeschäftigung durch zusätzliche Hereinnahme von Aufträgen und Weiterbetrieb einer Anlage die realisierbaren Erlöse zwar nicht die vollen Kosten, aber doch die variablen und einen Teil der Fixkosten decken. Der Gewinn wird häufig zur Höhe der Erlöse relativiert, so daß die Gewinnspanne zu maximieren ist.

In der chemischen Industrie erscheint das Ziel der Gewinnmaximierung überwiegend relativiert zum Kapitaleinsatz in Gestalt der *Rentabilitätsmaximierung*. Bei konstantem Kapitaleinsatz sind die Resultate zwar gleich, aber nicht zuletzt wegen der dynamischen Faktoren und der besseren Zurechenbarkeit der Produkte auf abgegrenzte Kapitalprojekte ist es in der chemischen Industrie üblich, die Gewinne möglichst unmittelbar auf den hierfür erforderlichen Kapitaleinsatz zu beziehen. Diese Tatsachen bestehen ungeachtet aller Vorbehalte, die gegen eine Bevorzugung der Rentabilitätsmaximierung anstelle der Gewinnmaximierung erhoben werden können, vgl. [8.34]. Der Kapitaleinsatz ist im Rahmen von Investitionsentscheidungen als variabel zu betrachten, bei denen die Preisüberlegungen hinsichtlich der langfristigen Entwicklung während der vorausgesetzten wirtschaftlichen Nutzungsdauer eine wichtige Rolle spielen. Preisentwicklung,

Kostenentwicklung, Nachfrageentwicklung und Kapitaleinsatz sind die maßgeblichen Faktoren der *Investitionsentscheidung* und der Bestimmung der *optimalen Betriebsgröße* (vgl. Kap. 8.26). Das Preisgeschehen wird damit von der Problematik der kurzfristigen Beschäftigungsoptimierung in die Sphäre der langfristigen strukturellen Anlagenoptimierung erhoben. Hierbei ist allerdings das Beschäftigungsproblem wegen der möglichen Unterbeschäftigung der Anlagen eingeschlossen, da die Anlagen meistens für einen Absatzzuwachs in der Zukunft ausgelegt werden und daher in der ersten Zeit überdimensioniert sind. Die Zielsetzungen der Preispolitik werden folglich in ihrer langfristigen Betrachtung mit denjenigen der Investitionspolitik identisch.

Bei einer Umfrage in der amerikanischen Großindustrie nach den Zielen der Preispolitik gaben die beiden vertretenen Chemieunternehmungen Du Pont und Union Carbide in bezeichnender Weise das Erreichen von Rentabilitätsrichtwerten (target return) an. Als Durchschnittswerte erzielten die beiden Firmen bei konventioneller Berechnungsweise der Rentabilität und nach Gewinnsteuerabzug für die Zeit zwischen 1947 und 1955 25,9 bzw. 19,2% Gewinn, bezogen auf den Kapitaleinsatz, bei Schwankungsbereichen zwischen 19,6 und 34,1 bzw. 13,5 und 24,3% [8.49]. Die vorgegebenen Rentabilitätsrichtwerte werden sich an diesen bislang erzielten Durchschnittswerten orientieren, dann aber vor allem an den zukünftig erwartbaren Einflußgrößen der Finanzierungskosten, der Marktstellung und Risikobelastung. Für die Wechselbeziehung zwischen Preisgestaltung und der über die erwartete Nutzungsdauer des neuen Projektes geforderten Durchschnittsrentabilität sind außerdem eine variable Preisentwicklung im Zeitverlauf sowie die gesamte zukünftige Kostenentwicklung in Abhängigkeit vom realisierbaren Beschäftigungsgrad und der Programmzusammensetzung bei Mehrzweckanlagen zu berücksichtigen. Untersuchungen über die preispolitischen Zielsetzungen amerikanischer Chemiebetriebe im Zeitraum von 1947–1959 haben eine Schätzung der geforderten Rentabilitätsrichtwerte in den verschiedenen Sparten und abhängig von mehreren Einflußgrößen zwischen etwa 20 und 50% und mit 25% als wahrscheinlichem Gesamtmittelwert bei konventioneller Berechnung nach Gewinnsteuerabzug ermöglicht. Die Ausführungen zur Berechnungsweise lassen gleichzeitig die Betonung der langfristig geforderten Vollkostendeckung durch den Preis erkennen [8.50]:

"In certain leading firms, pricing typically is done on the basis of standard costs plus some conventional markup (e.g., $33^1/_3$%) which is expected to produce a 'target' rate of return on the investment. Usually a standard cost system is used as a means of allocating fixed cost to various products and product divisions, with the standards premised on an assumed rate of plant utilization – typically 70–80% – and an assumed product-mix as 'normal'. The targets and margins added on to standard cost may vary with the product, depending on such factors as newness of product, prices of substitute materials, whether it is a byproduct or principal item, an intermediate or end product, and the size and number of rival sellers and buyers."

Bei Investitionsrechnungen für neue Projekte, und zwar bereits im Rahmen von Wirtschaftlichkeitsuntersuchungen und Vorprojekten während der Forschung und Entwicklung, z.B. [8.19], wird häufig der Angebotspreis oder Marktpreis über der Kapazitätsgröße der Anlage aufgetragen, der zur Realisierung einer bestimmten und oft als Parameter variierten Rentabilität des Kapitaleinsatzes erforderlich wäre, Abb. 8.4. Die geforderte Verzinsung wirkt wie eine kapitalabhängige, fixe Kostenbelastung und folgt damit dem Degressionsverlauf des Kapitalbedarfs in Abhängigkeit von der Betriebsgröße. Im Bereich kleiner Betriebsgrößen muß eine bestimmte Rentabilitätsforderung daher zu einer relativ stärkeren Erhöhung der notwendigen Preisforderung führen. Es wird ganz von der Konkurrenz- und Nachfragesituation, aber auch von der eigenen Preispolitik abhängen, welche Verkaufspreise später tatsächlich erzielt werden.

Ein derartiges Diagramm ermöglicht jedoch eine schnelle Feststellung der Rentabilität bei verschiedenen Preisschätzungen, der Rentabilitäts-Nutzen-Schwellen und der notwendigen Preis-Mengen-Kombinationen zur Realisierung bestimmter Rentabilitätswerte. Mitunter wird die Rentabilität auch explizit als Funktion der zukünftigen Preisgestaltung und mit der Betriebsgröße als weiterem Parameter ausgedrückt. Wird eine Rentabilität von r' gefordert, so ließe sich diese entlang der Kurve r' durch zahlreiche Preis-Kapazitäts-Kombinationen erreichen. Die hohen Preise werden sich höchstens anfänglich durchsetzen lassen, während bei einer großen Anlage die anfängliche Unterbeschäftigung zusätzlich zu berücksichtigen wäre. Andererseits bieten große Anlagen später einen erheblichen Spielraum bei Preisherabsetzungen. Sinkt etwa der Preis von p_1' auf p_2', so wäre eine angenommene Mindestrentabilität von r' nur noch mit der Betriebsgröße B_2 möglich, und bei kleineren Kapazitäten würden um so größere Verluste entstehen, je weiter diese von B_2 entfernt sind. Eine höhere als die Mindestrentabilität, sagen wir r''', wäre durch Anlage B_2 bereits mit dem gegenüber p_2' nur wenig erhöhten Preis p_2''' zu erzielen, wohingegen die entsprechende Preisspanne zwischen p_1' und p_1''' für B_1 viel größer wäre. Schließlich ergeben die horizontalen Preislinien in Abb. 8.4 die Abhängigkeit der Rentabilität von der Kapazität bei konstanter Preisannahme und im Schnittpunkt mit der r'-Kurve die jeweilige Mindestkapazität zur Realisierung der Mindestverzinsung.

Inwieweit sich bestimmte Kapazitäten mit Vollausnutzung oder bestimmte Absatzmengen und Preise und damit Rentabilitätswerte verwirklichen lassen, hängt in hohem Maße von der Nachfrageentwicklung und der gesamtwirtschaftlichen Angebotsentwicklung ab. Deshalb sind derartige Rentabilitätsdiagramme, wie sie heute bei Investitionsüberlegungen in der chemischen Industrie eine große Rolle spielen, keinesfalls im Sinne einseitig kostengebundener Vorkalkulationen von Angebotspreisen mißzuverstehen, vgl. [8.42; 8.49; 8.79; 8.89].

8.15 Das Ziel der Preisstabilisierung

Gegenüber der Gewinn- bzw. Rentabilitätsmaximierung treten andere Ziele der Preispolitik in den Hintergrund. Die Eroberung oder Aufrechterhaltung bestimmter Marktanteile oder die Erzielung eines bestimmten mengenmäßigen Absatzes ist überwiegend nur als Sekundärziel zu betrachten, denn ohne die angemessene Verzinsung des Kapitaleinsatzes sind solche Marktziele auf die Dauer uninteressant. Daher ist eigentlich nur noch das preispolitische Ziel der langfristigen Preisstabilisierung gesondert zu betrachten, vgl. [8.49].

Das Ziel der *Preisstabilisierung* wird mit dem sowohl bei den Nachfragern als auch Anbietern bestehenden Wunsch nach zuverlässigen Dispositionsgrundlagen motiviert. Außerdem ist ein allseitiges Streben nach Konstanthaltung der Preise wohl dazu geeignet, den gefürchteten Kettenreaktionen von Preissenkungen bis zu ruinösen Konkurrenzsituationen entgegenzuwirken. Eine Preisstabilität läßt sich aber nur in begrenzten Gebieten und nur für begrenzte Zeiträume aufrechterhalten, z.B. als bewußte Maßnahme zur Aufhebung oder wenigstens Dämpfung konjunktureller Preisschwankungen. Besonders im Markenartikelbereich besteht hieran größeres Interesse.

Die Untersuchung der Preisbewegung von 1000 *pharmazeutischen Spezialitäten* in England zwischen 1959 und 1964 ergab ein bemerkenswertes Ausmaß an Preisstabilität gegenüber anderen Branchen, indem nicht weniger als 65% der Produkte im Preis unverändert geblieben waren. Aufgrund einer ähnlichen Untersuchung in den USA konnte man bei 308 Arzneimittelspezialitäten im Zeitraum zwischen 1949 und 1959 eine Preiskonstanz in 54% der Fälle feststellen [8.16, S. 43]. Die Preisstabilisierung ist eher dann zu verwirklichen, wenn die Preise bereits auf die Kostengrundlage heruntergedrückt oder „heruntergewirtschaftet“ sind.

Bei großen und alten Produkten mit ausgereifter Produktionstechnik, wie etwa vielen *Schwerchemikalien*, hält sich der Preis ebenfalls oft recht lange konstant. Preiseinbrüche kommen erst durch sprunghafte weitere Fortschritte in der Herstellungstechnik sowie bei starken Nachfrageausweitungen zustande, die neue und vergrößerte Kapazitäten ermöglichen. Hierfür bietet die Entwicklung der *Stickstoffpreise* auf den Weltmärkten während der letzten Jahre ein gutes Beispiel. Besteht aber umgekehrt eine aufwärtsgerichtete Preistendenz durch allgemeine Kostensteigerungen, die sich nicht mehr durch neue Verfahren, größere Kapazitäten und sonstige Rationalisierungsmaßnahmen auffangen lassen, werden stärkere Preiskorrekturen in größeren Zeitabständen gegenüber dauernden Preisanpassungen bevorzugt. Kostensteigerungen werden dann bis zur Vornahme einer größeren Preisheraufsetzung angestaut oder mit dieser bereits für die Zukunft vorweggenommen.

Die am 1. Oktober 1967 von Dow Chemical Co. in den USA bekanntgegebene Erhöhung des *Chlorpreises* von 67,– auf 69,– $/t, der sich schnell alle bedeutenden amerikanischen Produzenten angeschlossen hatten, führte alsbald zu Preiserhöhungen bei wichtigen Chlorfolgeprodukten. Obwohl die Kostensteigerungen durch die Chlorpreiserhöhung bei denjenigen Folgeprodukten, deren Preiserhöhungen zuerst angekündigt wurden, nur 0,43–2,13% ausmachten, lagen die Preissteigerungen zwischen 3,0 und 8,5% durchschnittlich etwa fünfmal so hoch, Tab. 8.1. Ein solches Vorgehen zur Verringerung der unangenehmen psychologischen Belastungen durch häufige Preisänderungen wird dadurch erleichtert, daß zahlreiche Verwender der Folgeprodukte die Auswirkungen der Kostensteigerung nicht deutlich genug übersehen. Hier ist besonders auf die Schwierigkeiten der Kalkulation hinzuweisen.

Tabelle 8.1 *Auswirkungen einer Chlorpreiserhöhung von 2,– $/t auf die Kosten und Preisbildung wichtiger Chlorfolgeprodukte* [8.111]

Unmittelbare Chlorfolgeprodukte	Spez. Chlorverbrauch [lb/t]	Kostenerhöhung [$/t]	Bisheriger Preis [$/t]	Neue Preisnotierung [$/t]
Aluminiumchlorid	1600	1,60	290,–	
Brom	900–1100	0,90–1,10	550,–	
Tetrachlorkohlenstoff (über Schwefelkohlenstoff)	2300	2,30	215,–	
Chloral	5300	5,30	420,–	
Chloressigsäure	1625	1,63	380,–	400,–
Chlorbenzol	1750	1,75	175,–	
Äthylendichlorid	1600	1,60	180,–	
Glycerin (über Allylchlorid)	4000	4,00	500,–	515,–
Salzsäure, 20 Bé	625	0,63	30,–	
Methylchlorid (aus Methan)	2810	2,81	200,–	
Perchloräthylen	5000	5,00	235,–	255,–
Phosgen	1440	1,44	310,–	
Propylenglykol (Chlorhydrinprozeß)	2200	2,20	250,–	260,–
Propylenoxid (Chlorhydrinprozeß)	2800	2,80	290,–	
Titandioxid	380	0,38	500,–	
2,4-Toluylendiisocyanat	2850	2,85	640,–	
Trichloräthylen	2400	2,40	195,–	210,–

8.16 Langfristige Preisstrategien für neue Produkte

Preisstrategien für neue Produkte spielen in der entwicklungsintensiven chemischen Industrie eine besondere Rolle und zeigen sich dann in der Vorwegnahme einer ganz bestimmten Preisentwicklung oder eines „*zeitlichen Preisprofils*“

während der geplanten Produktionszeit. Inwieweit dieses Preisprofil bei einem Investitionsvorhaben als Ergebnis eigener preispolitischer Überlegungen vorgegeben oder aber als Ergebnis der erwarteten Marktkräfte nur passiv eingeschätzt wird, ist nur fallweise festzustellen. Oft sind die Einflüsse auch gar nicht zu trennen. Eine spätere Preisherabsetzung kann als zwangsläufige Folge verstärkter Angebotskonkurrenz angesehen werden. Man kann sie aber auch selbst autonom einplanen, um die Konkurrenz abzuwehren oder die Nachfrage auszuweiten. Bei neuen Produkten mit wesentlichen Produktvorteilen wird man unter unvollkommenen Konkurrenzbedingungen anfangs ein recht weites Preisintervall mit einer entsprechenden eigenen Absatzkurve erwarten dürfen, das sich später mit zunehmender Konkurrenz ähnlicher Produkte verringert. Der preispolitische Spielraum wird sich mithin im Zeitverlauf innerhalb des schmaler werdenden Bandes bewegen, das aus den „reaktionsfreien Abschnitten" der nach rechts verschobenen betriebsindividuellen Nachfragekurven gebildet wird, Abb. 8.5. Oberhalb des reaktionsfreien Preisbereichs ist ein starker Absatzrückgang aufgrund einer hohen Elastizität der betriebsindividuellen Nachfragekurve anzunehmen. Diesem Absatzrückgang stehen jedoch kaum entsprechende Chancen zur Absatzausweitung durch Preissenkungen unterhalb des reaktionsfreien Bereichs gegenüber, weil die Konkurrenzanbieter ihre Marktanteile durch Preissenkungen verteidigen werden (gestrichelte Kurven in Abb. 8.5).

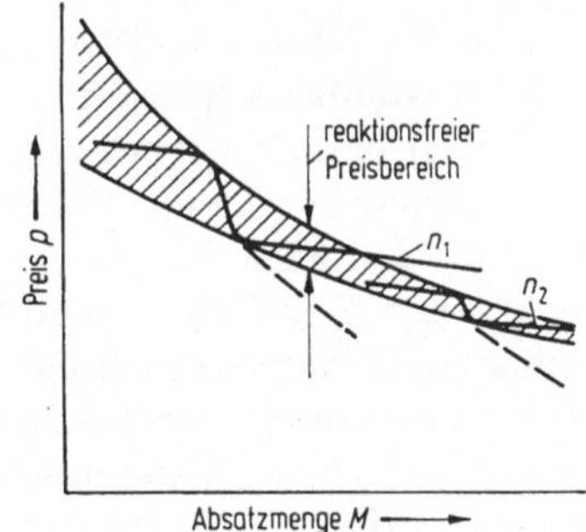

Abb. 8.5 Rechtsverschiebung betriebsindividueller Nachfragekurven mit einem reaktionsfreien Preisbereich bei Marktausweitung.

Die Probleme der Preispolitik werden durch die Einführung des Zeitfaktors komplizierter. Fehlt schon für die kurzfristige Preisoptimierung oft die genügende Einsicht in die maßgeblichen Kosten- und Marktdaten, so wird die langfristige Preispolitik und Preisprognose wegen der schwierigen Abschätzung der späteren Angebots-, Nachfrage- und Kostenentwicklung noch unsicherer. Indessen ist die Notwendigkeit einer langfristigen Preisstrategie in der chemischen Industrie eine Realität. Sie schließt die kurzfristigen Preisentscheidungen aufgrund späterer genauerer Einsichten natürlich nicht aus.

J. Dean hat *zwei Grundkonzeptionen* des preisstrategischen Verhaltens für neue Produkte angegeben: das Prinzip der *Marktabschöpfung* mit möglichst hoher Preisstellung und Gewinnerzielung während der anfänglichen Konkurrenzüberlegenheit (skimming price) sowie das gegenteilige Prinzip einer möglichst niedrigen Preisstellung vom Beginn der Markterschließung an, um eine *schnelle Markteroberung* zu sichern und potentielle Konkurrenten vom späteren Markteintritt abzuschrecken (penetration price) [8.18; 8.110].

Unsere empirischen Kenntnisse über die Preispolitik für chemische Produkte sprechen für die Bevorzugung der erstgenannten Politik, die bei den häufigen Produktneuerungen die Preisbildung geradezu beherrscht. Die beiden Verhaltensweisen stehen sich jedoch nicht als strenge Alternativen gegenüber, sondern im Einzelfall sind eher beide Ziele mit bestimmten Schwerpunktverlagerungen zu berücksichtigen. Die schnelle Markteroberung durch den ersten Anbieter mag zwar einen wertvollen Vorsprung sichern, aber dennoch wird man eine vor allem durch die Forschung erlangte temporäre monopolistische Angebotssituation auch für höhere Preisstellungen nutzen wollen. Die Konkurrenz läßt sich bei vielversprechenden und wachstumsintensiven Produkten durch anfänglich niedrige Preise in der Regel nicht vom späteren Markteintritt abhalten, so daß das Hauptargument für die Durchdringungsstrategie etwas an Glaubwürdigkeit verliert. Die Marktausweitung durch sukzessive Erschließung weiterer Verwenderkreise benötigt aber Zeit. Dies wird durch die später unter dem Konkurrenzdruck unvermeidliche Preissenkung automatisch weiter gefördert. Dadurch entsteht eine zeitliche Preisdifferenzierung und eine wenigstens zeitlich befristete Abschöpfung des Produktnutzens in denjenigen Verwendungen, die bei begrenzter Mengenintensität einen höheren Preis tragen („Konsumentenrenten"). In der Preisprognose chemischer Produkte hat die Preisstrategie der Marktabschöpfung bereits einen festen Niederschlag gefunden, indem man für das spätere Absinken des Preises vor allem die oft starke Verfallrate der Gewinnmarge (margin decay) und weniger die Verfallrate der Kostenbasis (price floor decay) verantwortlich macht (Kap. 4.356).

Die Begründung der Gewinnmarge ist dabei nicht unproblematisch. Unter dem Eindruck der hohen *Investitionsrisiken* und des Risikobewußtseins in der chemischen Industrie ist man geneigt, in der anfänglich hoch angesetzten Marge auch überhöhte, auf eine möglichst schnelle Amortisation der Anlageinvestition berechnete *Abschreibungsbeträge* zu erblicken. Die in der chemischen Industrie häufige Anwendung der Kennziffern „kürzester Amortisationszeiten" (payout time) ist für diese Risikoorientierung bezeichnend, vgl. [1.49, S. 410]. Wenn später bei älteren und unter starkem Konkurrenzdruck stehenden Anlagen die vollen Kosten im Preis nicht mehr gedeckt werden können und die Fragen der Preisuntergrenze aktuell werden, so wird man prüfen müssen, ob nicht ein Teil der Kapitalkosten ohnehin bereits in Gestalt der anfänglich überhöhten Gewinne hereingeholt wurde. Mitunter wird bei älteren Anlagen sogar über Null hinaus abgeschrieben, was offenbar eine Nichtberücksichtigung dieser Kosten in der Preiskalkulation erlaubt. Nur so ist es oft zu erklären, wenn ältere Anlagen neben neuen und wirtschaftlicheren Anlagen noch eine lange Zeit überdauern.

Schließlich dürfen neben den Investitionsrisiken auch die *Forschungs- und Entwicklungsrisiken* nicht außer acht gelassen werden. Auch diese sind von der späteren Preisentwicklung der erfolgreichen Produkte abhängig. Es erscheint daher sinnvoll, im zeitlichen Ausgleich eine wenigstens indirekte Abdeckung aus der preisstrategisch durchgesetzten Gewinnmarge zu beanspruchen.

8.2 Kosten als Bestimmungsgrundlage der Preispolitik

8.21 Maßgeblichkeit der Kosten für die Preispolitik

Obwohl die Nachfragesituation für die Preisbildung zunächst eine primäre Bedeutung zu besitzen scheint, kann wenigstens auf längere Sicht kein Preis zustande kommen, der nicht die vollen Kosten des Angebotes einschließlich einer branchenüblichen Rendite deckt. Die *preiswirksamen Kosten* haben aber überwiegend gesamtwirtschaftlichen Charakter, so daß der einzelne Anbieter nur in Ausnahmefällen seine individuellen Kosten als maßgeblichen Preisbestimmungsfaktor heranziehen kann, wie etwa bei Monopolsituationen oder im Falle der radikalen Preisunterbietung durch neu in den Markt drängende Anbieter mit wesentlichen Kostenvorsprüngen. Vielfach steht der einzelne Anbieter der Marktpreisentwicklung dagegen machtlos gegenüber und kann nur retrograd feststellen, in welchem Maße seine Kosten durch die Preise über- oder unterdeckt wurden.

Die Aufgaben der *Kostenrechnung* für die Zwecke der Preiskalkulation wurden besonders bei den wenig vergleichbaren Erzeugnissen der Einzelfertigung betont, wobei man sich der notwendigen elastischen Handhabung des Gewinnzuschlags je nach der Nachfrage- und Konkurrenzlage bewußt war. Mit Hilfe der Aufspaltung der Kosten in beschäftigungsunabhängige (fixe) und beschäftigungsabhängige (variable) Anteile erhält man in Gestalt der letzteren ein wichtiges Datum der *kurzfristigen Preispolitik:* Die variablen Kosten bilden die *Preisuntergrenze*, und jeder darüber hinaus erzielte Preis erbringt einen zumindest relativen Gewinn, indem zur Deckung der ohnehin vorhandenen Fixkosten beigetragen wird. Selbst eine derartig flexibel gehandhabte Kalkulation birgt jedoch im Zusammenhang mit Preisüberlegungen die Gefahr in sich, die Bedeutung der eigenen Kosten für die Preisbildung gegenüber der Marktseite zu überschätzen.

Ein weiterer Faktor, der gegen eine kostenorientierte Begründung der Preisstellung spricht, ist die Genauigkeit der *Kostenrechnungsverfahren.* Insbesondere das Problem einer hinreichend genauen Zurechnung der Gemeinkosten auf die Einzelprodukte bereitet große Schwierigkeiten. In der chemischen Industrie kommt das besondere Kalkulationsproblem der *Kuppelproduktion* hinzu. Die Verteilung der Kosten eines Kuppelprozesses auf die einzelnen Kuppelprodukte führt zu Problemen, die denen ähnlich sind, die bei der Zurechnung der Gemeinkosten auf die einzelnen Kostenträger in allen Mehrproduktunternehmungen auftreten. Auch hier fehlt die unmittelbare Verbindung zu den einzelnen Kostenträgern, da die Gemeinkosten für eine Mehrzahl von Kostenträgern gemeinsam entstehen.

In der traditionellen *Vollkostenrechnung* verteilt man die Gemeinkosten unter Verwendung meist sehr problematischer Schlüssel auf die einzelnen Kostenträger, wobei häufig die mehrfache Schlüsselung erforderlich ist. Je nach den gewählten Gemeinkostenschlüsseln ergeben sich für die einzelnen Produkte höhere oder niedrigere Selbstkosten. Da die Schlüssel nur selten dem Verursachungsprinzip genügen, müssen die so errechneten Kosten eines Produktes nicht das objektive Maß für die Kostenverursachung der Kostenträgereinheit sein.

Die Schwierigkeiten einer verursachungsgerechten Zurechnung der Gemeinkosten führten zur Entwicklung von *Teilkostenrechnungen,* deren Ziel es ist, auf eine künstliche, rein formale und sachlich nicht begründete Gemeinkostenverrechnung zu verzichten. Es sind dies die Grenzkostenrechnung, die verschiedenen Formen der kombinierten Grenz- und Vollkostenrechnung sowie die Deckungsbeitragsrechnung mit Einzelkosten von P. Riebel [8.1; 8.32; 8.56; 8.58; 8.59; 8.80–8.82; 8.88; 8.94; 8.106].

Die reine *Grenzkostenrechnung*, die auch als Direct Costing bezeichnet wird, geht davon aus, daß eine verursachungsgerechte Belastung von einzelnen Erzeugnissen mit Fixkosten wegen des besonderen Charakters der Fixkosten nicht möglich ist. Es werden deshalb nur die Grenzkosten, das sind die Einzelkosten und die variablen Gemeinkosten, auf die Kostenträger verrechnet, da allein diese dem Kostenträger verursachungsgerecht zurechenbar sind. Die fixen Kosten werden in einem Block zusammengefaßt. Mit der reinen Grenzkostenrechnung kann im Rahmen des Preisstellungszweckes lediglich die absolute Preisuntergrenze als die Höhe der Grenzkosten bestimmt werden.

Im Gegensatz zur reinen Grenzkostenrechnung wird bei der *kombinierten Grenz- und Vollkostenrechnung*, von K. Mellerowicz als Fixkostendeckungsrechnung bezeichnet, die Heterogenität des Fixkostenblocks berücksichtigt. Dies geschieht dadurch, daß die Fixkosten in der periodischen Kostenrechnung bestimmten Erzeugnissen, Erzeugnisgruppen, Kostenstellen und Bereichen soweit zugerechnet werden, wie dies direkt, ohne Schlüsselung möglich ist. Der gesamte Fixkostenblock wird damit in verschiedene Fixkostenblöcke aufgespalten, die verursachungsgemäß aus den Deckungsbeiträgen der einzelnen Erzeugnisse oder Erzeugnisgruppen gedeckt werden sollen. Das Prinzip der Aufteilung des Fixkostenblocks nach der direkten Zurechenbarkeit kann nur eingehalten werden, solange sich die Verteilung in der Periodenrechnung abspielt. Beim Übergang zur Kostenträgerstückrechnung wird dieses Prinzip durchbrochen. Je nachdem, ob die Marktpreise bekannt sind oder nicht, ergeben sich hierbei verschiedene Methoden der Fixkostenverteilung auf die Kostenträgereinheiten. Die Verteilung der fixen Kosten auf die Kostenträger erfolgt schichtenweise unter Verwendung von Schlüsseln. Die Zahl der Schichten hängt von der Ausgestaltung der Kostenrechnung ab. Die differenzierte Zurechnung der Fixkosten ermöglicht die Ermittlung verschiedener Preisuntergrenzen und schließlich der vollen Kosten der Kostenträger. Die Vollkosten sind jedoch nur unter Zuhilfenahme von Kostenschlüsseln zu errechnen.

P. Riebel geht es bei seinem „Rechnen mit Einzelkosten und Deckungsbeiträgen“ vor allem darum, ohne die fragwürdige Aufschlüsselung von Gemeinkosten und im wesentlichen ohne die Proportionalisierung von Fixkosten auszukommen. Deshalb werden in einer Grundrechnung alle Kosten als Einzelkosten erfaßt. Die übliche Unterteilung in Gemein- und Einzelkosten verwendet P. Riebel nicht. Für ihn haben diese Bezeichnungen stets nur eine relative Bedeutung. Um Eindeutigkeit zu erreichen, muß immer die Bezugsbasis angegeben werden. Indem sämtliche Gemeinkosten in Einzelkosten bestimmter Bezugsbasen umgewandelt werden, gelingt eine Verteilung sämtlicher Kosten als Einzelkosten ohne Schlüsselung. Zudem wird auf die „Aufschlüsselung von wesensmäßig verbundenen Erträgen, Erlösen oder Leistungen und davon abgeleiteten Deckungsbeiträgen“ verzichtet.

8.22 Kalkulationsprobleme chemischer Produkte

Die branchenspezifischen Besonderheiten und Hauptprobleme der Kostenrechnung in der chemischen Industrie lassen sich auf drei Komplexe zurückführen: das Vorherrschen der Divisionskalkulation und der Stufenkalkulation sowie das charakteristische Auftreten von Kuppelprodukten.

Die bevorzugte Anwendbarkeit der *Divisionskalkulation* führt wegen ihrer höheren Genauigkeit gegenüber der Zuschlagskalkulation auch zu einer entsprechend größeren Bedeutung der Kostenrechnung für die Preispolitik. *Grenztyp A* der Fertigungstypen (vor allem Anlagen zur Herstellung der Schwerchemikalien in Einzweckanlagen) ist hinsichtlich des größten Teils der anfallenden Kosten diesem einfachsten aller Kalkulationsverfahren zugänglich (vgl. Kap. 1.44). Auch die kapitalabhängigen Kosten des Fertigungsbereichs (vor allem Abschreibungen und Zinsendienst des verfahrensbedingten Anlagekapitals) sowie Arbeitskosten zur Bedienung und Beaufsichtigung der Apparaturen sind den hervorgebrachten

Produkten unmittelbar zurechenbar. Innerhalb des gesamten Herstellkostenbereichs erfordern nur die Kosten einiger Hilfsstellen (Energiebetriebe, Instandhaltungsbetriebe, Kontroll-Laboratorien usw.) Umlagen und Schlüsselungen. Außerdem werden regelmäßig die Nachherstellkosten (Forschungs- und Entwicklungskosten, Verwaltungs- und Vertriebskosten) nach mehr oder minder willkürlichen Schlüsseln verteilt und nach Verfahren der Zuschlagsrechnung kalkuliert, sofern man einmal die herkömmliche progressive Vollkostenrechnung unterstellt. Die Anteile am gesamten Kostenblock bleiben aber gering.

Auch die wechselnde Massenproduktion in kontinuierlichen Anlagen nach *Grenztyp B* ermöglicht noch gut eine Divisionskalkulation oder die hiermit verwandte *Äquivalenzziffernrechnung.* Bei dieser werden die Äquivalenzziffern als Relativzahlen für die Kosten der verschiedenen Produkte nach Erfahrungswerten oder technischen Berechnungen gebildet. Die Belegungszeiten der Apparatur mit den verschiedenen Produkten sind als Kalkulationszeiten für Ausbringung und Kostenverursachung brauchbar, so daß wiederum der größte Teil der fixen Stellenkosten zeitproportional und damit auch erzeugungsproportional zurechenbar ist. Lediglich die Umstellungskosten bei Sortenwechsel sind zusätzlich und nur ungenau zu erfassen.

Ungünstiger und mit den Verhältnissen der Zuschlagskalkulation vergleichbar ist dagegen die Situation in Vielproduktbetrieben der Spezialitätenchemie nach *Grenztyp C*, wenn nicht nur nacheinander, sondern auch nebeneinander innerhalb der gleichen Anlage (Kostenstelle) verschiedene Produkte hergestellt werden. Man wendet hierbei zwar ebenfalls ein Divisionsverfahren an, nämlich die Ermittlung der Kosten von *Apparatelaufstunden*, jedoch stellen die Apparatelaufstunden als Bezugsgrundlage erst eine hilfsweise Verrechnungsgröße dar. Es besteht eine Analogie zur Zuschlagskalkulation auf der Basis von Fertigungslöhnen, der das Verfahren in seiner Genauigkeit etwa entspricht, vgl. [8.48, S. 110].

Die starke interne Verflechtung der Produktionsanlagen eines Chemiebetriebes und die typische *Stufenproduktion* erschweren jedoch die zuverlässige Ermittlung von Einheitskosten als Orientierungsgrundlage für preispolitische Entscheidungen. Dabei ist ziemlich gleichgültig, ob man die einzelnen Teilanlagen und Produktionsstufen durch Bildung von Verrechnungspreisen stärker kalkulatorisch verselbständigt oder aber die anteiligen Kapitalbindungen und Kosten der Vorprodukte unmittelbar den verkaufsfähigen Produkten zurechnet, nämlich entsprechend den Produktionsspektren und materialbilanzmäßigen Verflechtungen. Ändern sich die Kosten irgendeines Vorproduktes, so werden zahlreiche weitere Betriebe hiervon in Mitleidenschaft gezogen. Fraglich ist dabei die Einrechnung anteiliger Gewinne in die Verrechnungspreise der Zwischenprodukte, was man bei deren Marktfähigkeit bejahen muß, um den erforderlichen Rentabilitätsbeitrag der Kapitalbindungen in sämtlichen Verfahrensstufen sicherzustellen. Die Entwicklung von Materialfluß- und Kostenflußmodellen etwa in Matrixdarstellung sowie die elektronische Datenverarbeitung haben die heutigen Möglichkeiten der rechentechnischen Kostenerfassung erweitert.

Der stärkste Einwand gegen die Brauchbarkeit der Kalkulation für die Zwecke der Preispolitik aber rührt zweifellos aus dem verbreiteten Phänomen der *Kuppelproduktion.* Eine verursachungsgerechte Kostenzurechnung ist nur für alle gleichzeitig in einer Produktion anfallenden Kuppelprodukte als fiktive, rechnerische Produkteinheit möglich. Dagegen stellen die Kostenaufteilungsverfahren auf die einzelnen Spaltprodukte willkürliche und nach dem Verursachungsprinzip nicht zu begründende Hilfslösungen dar. Die einzelnen Spaltprodukte werden aber häufig in ganz verschiedenen Märkten und mit eigenen Angebots- und Nachfragebeziehungen abgesetzt, was auch preispolitisch ein differenziertes Vorgehen erfordert. Dazu würde man die Einheitskosten der Spaltprodukte benötigen. Wendet man für die Kalkulation der Spaltprodukte etwa ein Kostenverteilungsverfahren nach dem Verteilungsschlüssel der Marktpreise und damit der Kostentragfähigkeit an, so wird die Idee der Maßgeblichkeit der Kosten für die Preispolitik sinnlos. Bei den Subtraktionsverfahren ist die Situation im Grunde nicht besser, weil die nach dem Abzug der Nebenprodukterlöse übrigbleibenden Kosten des Hauptproduktes von den schwankenden Preisen der Nebenprodukte dauernd verzerrt werden. Abb. 8.6 verdeutlicht den starken Einfluß des vom Rohstoffeinsatz abhängigen Ausbeutespektrums sowie der Erlösgestaltung für die Nebenprodukte bei der Äthylenproduktion. Hierbei ergeben sich unter Anwendung des Subtraktionsverfahrens und bei Saldierung der Rohstoffkosten gegen die Nebenprodukterlöse teilweise negative Rohstoffkostenbelastungen. Es bleibt bei größerer

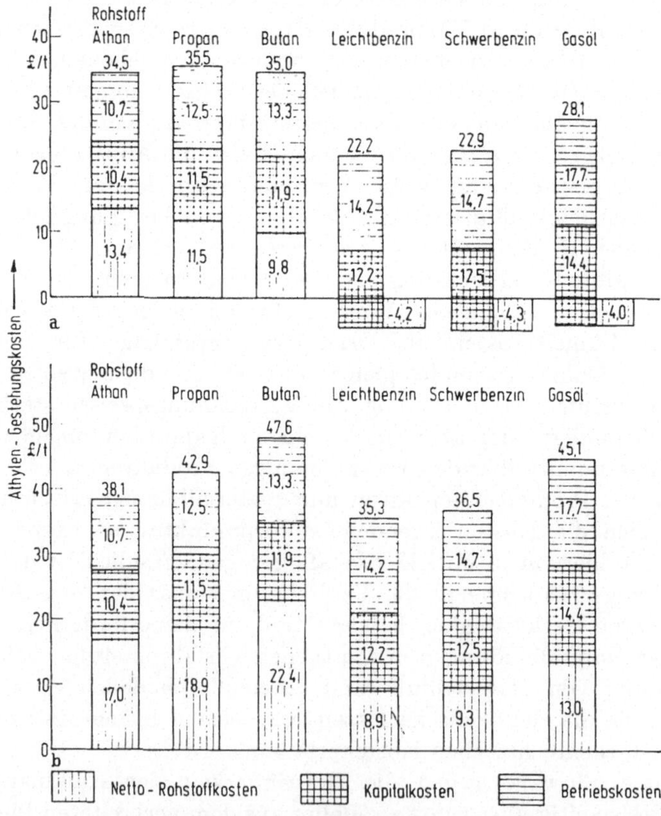

Abb. 8.6 Gestehungskosten für Äthylen in England 1968 in Abhängigkeit vom Ausbeutespektrum (Rohstoffeinsatz) und der Nebenproduktbewertung [8.55].
a) Nebenprodukte bewertet entsprechend chemischer Weiterverarbeitung; b) Nebenprodukte bewertet zu Brennstoffpreisen.

wirtschaftlicher Bedeutung der Nebenprodukte keine andere Wahl, als die Preispolitik für alle Spaltprodukte primär nach den Nachfrageverhältnissen auszurichten und den preispolitischen Alternativen jeweils den gesamten Kostenblock aus der Produktion aller Kuppelprodukte gegenüberzustellen. Eine Veränderlichkeit dieses Kostenblocks kommt außerhalb der üblichen Einflußgrößen wie Kapazität, Beschäftigungsgrad usw. vor allem dann in Frage, wenn die Kuppelprodukte nicht mit starren Mengenverhältnissen anfallen, sondern primär nach den Nachfrage- und Erlösbedingungen kurzfristig in variablen Ausbeuterelationen produziert werden können. Abb. 8.6 bietet hierfür wiederum ein anschauliches Beispiel.

Auch die reine Grenzkostenrechnung sowie die kombinierte Grenz- und Vollkostenrechnung werden durch die Kuppelproduktion in besonderer Weise beeinflußt, da die Grenzkosten ebenfalls nur für den in einer Produktionsstufe ablaufenden Kuppelprozeß insgesamt ermittelt werden können. Es ist also nicht möglich, die Grenzkosten eines Kuppelproduktes zu errechnen. Deshalb erscheinen auch die auf Grenzkosten aufbauenden Kostenträgerstückrechnungen im Fall der Kuppelproduktion wenig aussagefähig. Die dem Kostenrechnungssystem von P. Riebel zugrunde liegenden Prinzipien verleihen der Einzelkostenrechnung und der darauf aufbauenden Deckungsbeitragsrechnung für den Fall der Kuppelproduktion bei bestimmten Fragestellungen eine gute Aussagekraft, wenn die Zwecke der Kostenrechnung einen Verzicht auf Schlüsselung erlauben. Wird die Kostenrechnung aber als Hilfsmittel bei der Preisstellung oder der Preiskontrolle der einzelnen Kuppelprodukte benötigt, so liefert auch dieses System nur beschränkt aussagefähige Ergebnisse, da es bei der Kuppelproduktion nur Einzelkosten relativ zum gesamten Kuppelprozeß gibt.

Das Phänomen der Kuppelproduktion prägt der Preispolitik in der chemischen Industrie aber nicht nur von der Kostenseite, sondern auch durch den starren Charakter des Angebots vieler Kuppelprodukte seinen Stempel auf. Nebenprodukte verlieren in ihren Erlösen in weiten Bereichen oft jeden Einfluß auf die Frage der Aufrechterhaltung, der Einschränkung oder Ausweitung einer Produktion und werden dann praktisch zu jedem erzielbaren Preis abgegeben. Werden diese Nebenprodukte im Rahmen anderer Verfahren als Hauptprodukte produziert, erfolgt durch dieses starre zusätzliche Angebot aus der Kuppelproduktion wiederum eine Einschränkung des preislichen Spielraums des Hauptproduzenten.

8.23 Auswirkungen der Forschungs- und Entwicklungskosten

Hinsichtlich der Erfassung und Berücksichtigung der Forschungs- und Entwicklungskosten im Angebotspreis konkurrieren zwei Prinzipien, nämlich erstens die isolierte projektweise Zurechnung und zweitens die Gleichverteilung der Forschungs- und Entwicklungskosten nach bestimmten globalen Schlüsselungen.

Das *Projektprinzip* folgt aus dem Verursachungsprinzip der Kostenrechnung. Hiernach werden die Forschungs- und Entwicklungskosten gewissermaßen als Vorinvestitionen angesehen, die genau wie die Baukosten zur Errichtung der „physischen" Produktionsanlagen später aus den Erlösen des Projektes zu amortisieren sind. Diese Denkweise entspricht der zeitraumbezogenen, investitionsbezogenen Betrachtung der Kosten- und Ertragsbildung und hätte die Forschungs- und Entwicklungskosten im Cash-flow-Profil zur Ermittlung der finanzmathematischen Rentabilität voll zu berücksichtigen (Abb. 5.6 in Kap. 5.224). Praktisch ergeben sich aber für die genauere quantitative Zurechnung der Forschungs- und Entwicklungskosten erhebliche Schwierigkeiten:

1. Die erfolgreichen, zu marktfähigen Produkten führenden Entwicklungen müssen zur Finanzierung der fehlgeschlagenen Arbeiten mit herangezogen werden. Freilich stehen die finanziellen Verluste aus fehlgeschlagenen Forschungsvorhaben nicht im komplementären Verhältnis zur Erfolgsquote bei der Entwicklung neuer Produkte, denn viele aussichtslose Vorschläge werden bereits frühzeitig erkannt und nach relativ geringer Kostenverursachung ausgeschieden. Immerhin ist damit zu rechnen, daß weit über 50% der Forschungs- und Entwicklungskosten zu keinem unmittelbaren Ertrag führen. Die notwendige Zurechnung auch dieser Kosten auf die realisierten Projekte würde die isolierende Behandlung verwässern.

2. Die projektweise Zurechnung ist ungenau wegen der starken Verbundwirkungen zwischen verschiedenen Forschungsergebnissen, wegen der gleichzeitigen Bearbeitung zahlreicher Probleme und wegen der wenigstens in den frühen Forschungsstadien noch nicht konkretisierbaren Anwendungszwecke.

3. Wegen der unsicheren Kommerzialisierung der Forschungsergebnisse wird die Aktivierung und längere zeitliche Verteilung zugunsten der sofortigen Verrechnung der Forschungskosten abgelehnt. Hier spielen auch steuerliche Erwägungen eine Rolle, obwohl eine völlig unabhängige Steuer- sowie Kosten- und Erfolgsrechnung möglich sein sollte.

In der Praxis wird daher das Projektprinzip gegenüber der durchschnittlichen *laufenden Verrechnung der Forschungskosten* nur sehr begrenzt angewandt. Um die Genauigkeit der Verrechnung zu erhöhen, werden die Forschungs- und Entwicklungskosten für größere Produktgruppen möglichst bereichsweise gesondert erfaßt, was regelmäßig für große Teile der Angewandten Forschung, der Verfahrensentwicklung und Anwendungsentwicklung gelingt. Nach dem Kontinuitätsprinzip trägt dann die Produktion von heute die Forschungs- und Entwicklungskosten der Produktion von morgen, während die heutige Produktion auf den Forschungsergebnissen früherer Perioden basiert. Bevorzugte Schlüsselungsgrundlage sind die Herstellkosten der Produkte, während als Gradmesser der Forschungsintensität der Kostenanteil am Umsatz im Vordergrund steht. Der projektgebundene Aufwand wird nur fallweise gesondert veranschlagt und etwa im Rahmen von Investitionsüberlegungen berücksichtigt.

Obwohl von einer genau verursachungsgerechten Einbeziehung der Forschungs- und Entwicklungskosten in die Produktkosten allgemein nicht die Rede sein kann, spielen die Forschungskosten für langfristige preispolitische Überlegungen eine besondere Rolle. Wenn die anfängliche Produktüberlegenheit durch Preisstellung nach der maximalen Tragfähigkeit des Marktes voll ausgenutzt wird, will man damit unter anderem die aufgewandten Forschungs- und Entwicklungskosten möglichst schnell wieder hereinholen. Sie geben für eine derartige Preisprofilierung mehr eine qualitative Motivierung ab, während die quantitative Preisfestsetzung überwiegend von den Marktbedingungen ausgeht.

8.24 Die Rolle der Vertriebskosten

Preispolitisch unterscheiden sich die *Vertriebskosten* wenig von anderen funktionellen Kostenarten, insbesondere des Nachherstellkostenbereichs. Mit diesen haben sie die hohen Anteile der auf die Verkaufsprodukte nicht unmittelbar zurechenbaren und weitgehend beschäftigungsunabhängigen Kosten gemein.

Soweit eine Kostenmaßgeblichkeit für die Preispolitik überhaupt anzunehmen ist, wird man aber auch für die Vertriebskosten eine möglichst produktweise Zurechnung fordern müssen.

Über die *Höhe der Vertriebskosten* in der chemischen Industrie seien einige verallgemeinernde Richtwerte mitgeteilt. In Tab. 8.2 sind Richtwerte der Vertriebs-, Verwaltungs- sowie Forschungs- und Entwicklungskosten großer amerikanischer Unternehmungen der chemischen, pharmazeutischen sowie Erdölindustrie prozentual vom Umsatz für mehrjährige Zeiträume wiedergegeben. An einigen Zahlen ist die Zunahme dieser Nachherstellkostengruppe im Zeitverlauf erkennbar (SAR = selling, administration and research expenses). In den großen Chemieunternehmungen mit gemischtem Programm und vorwiegendem Produktivgüterabsatz dürfte danach mit einer 4- bis 8prozentigen Vertriebskostenbelastung der Produkte zu rechnen sein. Konsumgütersparten erfordern jedoch ein Mehrfaches.

Tabelle 8.2 *Vertriebs-, Verwaltungs- sowie Forschungs- und Entwicklungskosten in der amerikanischen Chemie- und Erdölindustrie* [8.101]

Chemieunternehmung	Durchschnittliche Kostenanteile am Umsatz [%]		
	1954–1956	1961–1963	1954–1963
Komplexe Chemieunternehmungen			
Dow	9	11	–
Du Pont	10	12	–
Eastman Kodak	12	16	–
Allied Chemical	–	–	9
Celanese	–	–	9
Diamond Alkali	–	–	9
Union Carbide	–	–	9
Olin Mathieson	–	–	18
Pennsalt	–	–	18
General Aniline & Film	–	–	20
Pharmazeutische Industrie			
Johnson & Johnson	25	30	–
Merck	31	38	–
Smith, Kline & French	–	–	31
Pfizer	–	–	33
Erdölindustrie			
Standard Oil (N. J.)	8	10	–
Philipps Petroleum	8	11	–
Texaco	–	–	8
Socony Mobil	–	–	13
Standard Oil (Indiana)	–	–	15

Nach einer Repräsentativbefragung der American Management Association (AMA) im Jahre 1963 bei 76 amerikanischen Chemieunternehmungen mit insgesamt 2,6 Milliarden $ Umsatz ergab sich ein durchschnittlicher Vertriebskostenanteil von 7,6% gegenüber einem Mittelwert von 14% bei 17 verschiedenen Industriezweigen [8.25]. Die Schwankungsbreite der für die Chemie genannten Vertriebskostenanteile lag im außerordentlich weiten Bereich zwischen 1 und 47,5%, jedoch meldeten über 4/5 aller Firmen Sätze unter 10%. Man glaubte, eine Vertriebskostendegression gegenüber der Unternehmungsgröße festzustellen. Bei Umsätzen über 50 Millionen $ wurden im Mittel 5,9% genannt, in den Umsatzgrößenklassen 26–50 Millionen $ 6,4% sowie 11–25 Millionen $ 9,3%. In kleinen Unternehmungen bis 10 Millionen $ Umsatz fiel der Wert jedoch wieder auf 7,7% zurück. Der Jahresumsatz eines Verkäufers wurde in der chemischen Industrie mit 700000 $ gegenüber 475000 $ im Durchschnitt der Gesamtindustrie ermittelt, während der Aufwand für die Einarbeitung einer neuen Verkaufskraft mit 11732 $ gegenüber 8731 $ im industriellen Durchschnitt ebenfalls merklich höher lag. Nur ein Drittel der gesamten Vertriebskosten in der chemischen Industrie sollen auf Personalaufwendungen für das Verkaufspersonal entfallen (45,2% im Durchschnitt aller Branchen), was einem Kostensatz von 26,40 $ je Verkäuferbesuch entspricht [8.3; 8.25; 8.77].

Die genannten Kostendaten betreffen überwiegend nur die *Vertriebsgemeinkosten*, so daß einschließlich der direkten Vertriebskosten (Sondereinzelkosten wie Versandverpackungsmaterial, Ausgangsfrachten, Provisionen, umsatzabhängige Steuern) mit höheren Werten zu rechnen ist. Diese Gesamtvertriebskosten sind für einige chemische Konsumgütergruppen beim Absatz über den Handel, aufgeteilt nach wichtigen Kostenarten aufgrund von Erhebungsergebnissen in der BRD, in Tab. 8.3 mitgeteilt. Außerdem ist hierin der Anteil der gesamtwirtschaftlichen Distributionskosten und seine Gliederung nach Erzeugern und den beiden Handelsstufen genannt (Erzeugervertriebskosten plus Handlungskosten und Gewinne der Handelsstufen). Die chemischen Konsumgütersparten liegen hinsichtlich der industriellen Vertriebs- sowie gesamtwirtschaftlichen Distributionskosten mit an der Spitze aller Industriebranchen. In den USA wurden die industriellen Vertriebskosten für den Absatz chemischer Konsumgüter neuerdings auf 30–40% vom Umsatz beziffert [8.107].

In der produktbezogenen Vertriebskostenkalkulation sind die indirekten im Gegensatz zu den direkten Vertriebskosten recht problematisch. Sie erfordern neben einer feingegliederten Kostenartenrechnung zunächst eine Vorsammlung auf zahlreichen Vertriebskostenstellen, um die Stellenkosten den durchlaufenden

Tabelle 8.3 *Gesamtwirtschaftliche Distributionskosten sowie Erzeugervertriebskosten chemischer Konsumgüter in der BRD 1956* [2.113, S. 63]

Produktgruppe	Gesamtwirtschaftlicher Distributionskostenanteil am Konsumentenkaufpreis [%]	Aufgliederung der Distributionskosten [%]		
		Erzeuger	Großhandel	Einzelhandel
Seifen-, Wasch-, Putz-, Reinig.mittel	56,1	38,7	12,8	48,5
Fußboden-, Schuhpflegemittel	58,8	45,1	8,8	46,1
Kerzen	52,7	25,6	6,9	67,5
Zündhölzer	46,8	44,9	20,5	34,6
Körperpflegemittel	64,8	39,0	5,4	55,6
Arzneimittel	65,7	29,2	12,9	57,9
Verbandstoffe, Pflaster	60,3	22,6	5,0	72,4
Bleistifte	62,8	28,5	10,5	61,0
Photofilme	54,4	28,3	4,2	67,5

Produktgruppe	Anteile der Erzeugervertriebskosten am Erzeugerverkaufspreis beim Absatz an Händler					
	Werbekosten	Prov. Ums.st.	Verpakkungen	Transp.-kosten	Sonstige	Gesamt
Seifen-, Wasch-, Putz-, Reinig.mittel	13,6	7,3	3,1	4,0	4,5	32,5
Fußboden-, Schuhpflegemittel	9,0	11,1	0,5	4,4	13,5	38,5
Kerzen	0,8	7,3	1,3	2,7	10,0	22,1
Zündhölzer	–	–	–	–	–	29,5
Körperpflegemittel	17,1	9,0	1,2	4,0	10,3	41,5
Arzneimittel	–	–	–	–	–	35,9
Verbandstoffe, Pflaster	2,7	8,3	1,3	3,0	10,2	25,5
Bleistifte	9,1	8,2	1,2	2,0	12,0	32,5
Photofilme	6,4	7,3	0,3	2,6	8,7	25,3

und hier bearbeiteten Kostenträgern nach Maßgabe der Inanspruchnahme der Stellenleistungen anlasten zu können.

Die in der chemischen Industrie überwiegend nach *Produktgruppen* gegliederte Vertriebsorganisation begünstigt eine nach Produktgruppen differenzierte Vertriebskostenbelastung. Dies führt gegenüber einem summarischen Vertriebskostenzuschlagssatz zu einer höheren Genauigkeit bei der Proportionalisierung der Vertriebskosten etwa auf der Basis der Herstellkosten.

Für eine größere Aussagefähigkeit der Vertriebskostenrechnung ist die alleinige Verwendung der Produkte als *Kostenträger* nicht ausreichend, so daß eine Differenzierung nach weiteren Kostenträgern wie Aufträgen oder Auftragsgrößenklassen, Kundengruppen und Absatzgebieten, nach Absatzwegen und anderem in Betracht kommt [8.26; 8.28–8.30; 8.37; 8.39; 8.40; 8.43; 8.44; 8.94, S. 103; 8.97]. Die Gegenüberstellung zu den Erlösen führt zu entsprechend fein gegliederten Vertriebsergebnissen. Neben den Sondereinzelkosten des Vertriebes lassen sich regelmäßig große Teile der Vertriebsgemeinkosten den verschiedenen Kostenträgern zuteilen, so daß im Falle der Deckungsbeitragsrechnung der Fixkostenblock entsprechend verringert werden kann. Es ergibt sich eine unmittelbare Hilfe für die Preispolitik, wenn sich die unterschiedlichen Vertriebskosten erkennen lassen, wie etwa Gewährung von Mengenrabatten für unterschiedliche Auftragsgrößen. Andererseits dient die Erfolgsanalyse dem Erkennen der förderungswürdigen Produkte, Auftragsgrößen, Kundengruppen, Absatzgebiete und Vertriebsmaßnahmen. Wenn eine so stark ausgebaute Vertriebskosten- und Vertriebsergebnisrechnung für die laufende Abrechnung zu aufwendig erscheint, werden sich zumindest fallweise Untersuchungen rechtfertigen lassen.

Auch die Abhängigkeit der Vertriebskosten von der *Intensität* des vertrieblichen *Mitteleinsatzes* gehört in diesen Zusammenhang, wobei das wirtschaftliche Optimum des Mitteleinsatzes durch Vergleiche von Ertragszuwachs und Kostenzuwachs einzugrenzen ist (z.B. Werbeerfolgskontrolle zur Optimierung des Werbeaufwands). Dazu müssen allerdings die Ertrags- und Kostenänderungen miteinander in Beziehung gebracht werden können.

Die Aufgaben der reinen *Kostenkontrolle* im Vertrieb, bei denen etwa einzelne Stellenkosten oder vertriebliche Teilleistungen bzw. „Kostenträger" im Zeit-, Betriebs- oder Soll-Ist-Vergleich überwacht werden (z.B. die Kosten eines Verkäuferbesuches, einer Fakturierung, von Verpackungs- und Transportleistungen, von Kundenberatungen usw.), liegen meistens außerhalb der eigentlichen preispolitischen Interessen, so wichtig diese Kostenuntersuchungen für die Vertriebsführung und eine Rationalisierung der Vertriebstätigkeit auch sein mögen.

8.25 Kosteneinflüsse des Produktionsverfahrens

Den Fortschritten in der chemischen Technik sind nicht nur die Produkte selbst, sondern auch die *Produktionsverfahren* unterworfen, wobei die Entwicklung mehrerer Produktionsverfahren zur Herstellung des gleichen Produktes geradezu charakteristisch ist. Die Verfahrensunterschiede sind besonders tiefgreifend, wenn es sich um veränderte chemische Synthesewege und neue Rohstoffgrundlagen handelt. Aber auch die verfahrenstechnische, meß- und regeltechnische, apparative sowie fertigungsorganisatorische Weiterentwicklung der Verfahren führt nicht selten zu beträchtlichen, sprunghaften Kostenreduktionen, die den preispolitischen Spielraum des fortschrittlichen, begünstigten Produzenten nach unten erweitern. Im Zuge der Integration der Weltwirtschaft und der schnellen internationalen Durchsetzung der modernsten Baupraktiken chemischer Anlagen werden die durch Verfahrensvorsprünge realisierten Kostenvorsprünge im weltweiten Konkurrenzkampf der Chemieunternehmungen immer bedeutender. Demgegenüber treten Standortfaktoren durch Zugang zu den Rohstoffen mehr und mehr in den Hintergrund, vor allem wegen der Mobilität und kostengünstigen Transportmöglichkeit des wichtigsten Chemierohstoffs Erdöl sowie aufgrund der allgemeinen Durchsetzung hoher Automatisierungsgrade der Anlagen hinsichtlich unterschiedlicher Arbeitskosten. Die ersten Anwender eines überlegenen neuen Verfahrens erlangen einen temporären Kostenvorteil, der oft genug zu Preisreduktionen und zur Eroberung größerer Marktanteile führt.

Genau wie die Kapazitätsvergrößerungen sind die Verfahrensvorteile langfristige Einflußfaktoren der Preispolitik, da zumindest bei den Fertigungsgrenztypen A und B wesentliche Verfahrensänderungen nur durch die Errichtung neuer Anlagen zu realisieren sind (vgl. Kap. 1.44). Der Verfahrensvorteil wird dann in der Regel mit dem Vorteil der Kostendegression aus einer vergrößerten Anlagenkapazität zugleich wahrgenommen. Die preispolitischen Überlegungen müssen sich auf die erwartete gesamte wirtschaftliche Nutzungsdauer der Anlagen erstrecken. Da jedes neue Produktionsverfahren von einem besseren Verfahren anläßlich der nächsten Konkurrenzinvestition bedroht ist und diese Überholungsgefahren die Verfahrensvorteile kurzlebig machen, ist die schnelle Abschöpfung der Marktvorteile geboten, die sich bei unveränderten Produkten sowohl in verstärktem vertrieblichem Mitteleinsatz als auch in Preissenkungen zeigen kann.

Eher wird Grenztyp C mit seinen vielseitig verwendbaren Anlagen solche Verfahrensänderungen ohne nennenswerte Zusatzinvestitionen ermöglichen. Andererseits verliert aber bei diesem Produktionstyp der Spezialitätenchemie die Höhe der Fertigungskosten an preispolitischem Gewicht.

8.26 Kosteneinflüsse der Betriebsgröße

8.261 Betriebsgrößendegression des Kapitalbedarfs und der Kosten

Die Erscheinungen der *Kostendegression* lassen sich einheitlich auf das Gesetz der Massenproduktion zurückführen, das die Einheitskosten als Summe aus einem konstanten und einem mit der Produktionsmenge im reziproken Verhältnis stehenden, also degressiven Anteil darstellt. Hieraus kann man drei Kostendegressionen ableiten: unter Voraussetzung betrieblich-struktureller Veränderungen die *Betriebsgrößendegression* und bei unveränderter Betriebsapparatur die *Beschäftigungs-* sowie *Auflagendegression*. Nur die letzten beiden Degressionserscheinungen und hier vor allem die Beschäftigungsdegression sind bislang ausgiebig untersucht worden, während zur Betriebsgrößendegression zumindest wenig an quantitativen Modellvorstellungen und Kostenanalysen beigetragen wurde. Dies mag vielleicht daran liegen, daß die formale Auflösung der Kosten in einen betriebsgrößenfixen und -variablen Anteil hier weniger Erfolg verspricht. Die langfristige Kostenentwicklung durch strukturelle Veränderungen und Vergrößerung der Produktionsapparatur ist aber in der chemischen Industrie so bedeutend, daß sie in den Preis-Kosten-Wechselbeziehungen keinesfalls vernachlässigt werden darf.

Strenggenommen wäre zwischen einer Betriebs- oder Unternehmensdegression einerseits sowie Anlagendegression andererseits zu unterscheiden. Die Unternehmensdegression ergibt sich aus den Kostendegressionen aller Produktionsanlagen und der der Produktion übergeordneten Funktionen Forschung und Entwicklung, Vertrieb, Verwaltung und Leitung. Durch anteilige Zurechnung dieser Nachherstellkosten auf die verschiedenen Produktionsanlagen ist eine differenzierte Anlagendegression auch auf Vollkostenbasis angenähert darstellbar. In der chemischen Industrie wird die Betriebsgrößendegression besonders im Sinne der *Anlagendegression* verstanden. Auf die Besonderheiten der Terminologie ist in der Weise aufmerksam zu machen, daß man als „Betrieb" in der chemischen Industrie oft die einzelne geschlossene Produktionsanlage bezeichnet. In der Betriebswirtschaftslehre ist der Begriff des Betriebes dagegen umfassender und würde als technisch-organisatorische Kategorie dem Geltungsbereich des wirtschaftlich-rechtlichen Begriffes der Unternehmung entsprechen.

Die Betriebsdegression wurde erstmalig in der chemischen Industrie aufgrund empirisch-statistischer Untersuchungen in verallgemeinerten quantitativen Beziehungen dargestellt. Den Ausgangspunkt bildete die Erfassung der *Preis- oder Anschaffungskostendegression* chemischer *Apparate und Maschinen* nach einer Potenzfunktion gemäß

$$Y = A \cdot X^m$$

mit X als Kapazität, Y als Preis, der Konstanten A und dem Degressionsexponenten m. Der charakteristische Mittelwert des Degressionsexponenten für zahlreiche untersuchte Apparate und Maschinen von 0,6 trug diesem empirischen *Degressionsgesetz* die Bezeichnung „6/10-Regel" ein [8.14; 8.112; 8.113]. Inzwischen ist die größenordnungsmäßige Richtigkeit des Exponenten auch außerhalb der USA bestätigt worden [1.49, S. 238].

Bereits wenig später ist das Degressionsgesetz in der gleichen Form auf die Abhängigkeit der Baukosten bzw. des *Anlagekapitalbedarfs* vollständiger chemischer *Anlagen* angewandt worden. In der analogen Beziehung

$$I_a = A \cdot B^m$$

bedeuten I_a den Anlagekapitalbedarf und B die Betriebsgröße oder Anlagekapazität. Der Degressionsexponent m konnte mit ähnlichen Durchschnittswerten etwa zwischen 0,6 und 0,7 bestimmt werden [1.49, S. 245; 8.15; 8.99].

Die Beziehungen waren ursprünglich für die vermehrte und erleichterte Datengewinnung bei der *Vorkalkulation* chemischer Anlagen entwickelt worden. Dabei kam es für extrapolierende Schätzungen besonders auf die relativen Preis- bzw. Kapitalbedarfsänderungen gegenüber der relativen Kapazitätsänderung an gemäß

$$\frac{Y_2}{Y_1} = \left(\frac{X_2}{X_1}\right)^m \quad \text{und} \quad \frac{I_{a2}}{I_{a1}} = \left(\frac{B_2}{B_1}\right)^m.$$

Zur Verbesserung der Genauigkeit werden bei den Vorkalkulationen möglichst anstelle der Mittelwerte für m die Werte des Degressionsexponenten der einzelnen Anlagen zugrunde gelegt. In Abb. 8.7 sind die relativierten Daten der Kapitalbedarfsdegression für einige Anlagen als Beispiele mitgeteilt.

Die Degression des Kapitalbedarfs beruht vor allem auf der Degression der technischen Bauvolumina bei einer Kapazitätserweiterung über die Vergrößerung der Abmessungen der verschiedenen Anlageneinheiten, während die Vermehrung parallelgeschalteter Einheiten nach dem sog. „Batteriesystem" der Degression entgegenwirkt. Ersteres ist mit entsprechenden Degressionsvorteilen innerhalb weiter Kapazitätsbereiche vor allem bei den chemischen Fertigungsgrenztypen A und B zu verwirklichen.

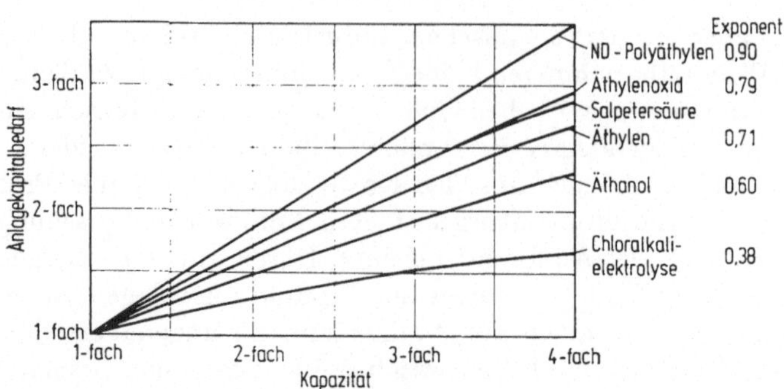

Abb. 8.7 Anlagekapitalbedarfsdegression einiger Chemieanlagen nach Erfahrungen in der BRD [8.87].

Inzwischen hat besonders das Degressionsgesetz vollständiger Anlagen über die Kapitalbedarfsschätzung hinausgehend eine große Bedeutung für die *Wirtschaftlichkeitsrechnung* und *Anlagenoptimierung* erlangt. Der degressive Kapitalbedarf muß als Bezugsgröße der Rentabilität diese unmittelbar günstig beeinflussen, jedoch kommt als zweiter positiver Einflußfaktor die Degression der Kosten in Abhängigkeit von der wachsenden Kapazität hinzu. Besonders anschaulich ist die Darstellung des spezifischen Kapitalbedarfs je Kapazitätseinheit, z.B. in DM je Jahrestonne, sowie der Einheitskosten der Produkte in Abhängigkeit von der Kapazität. Dabei werden zunächst die Vollausnutzung der Kapazität am Optimalpunkt oder eine bestimmte durchschnittliche Kapazitätsausnutzung vorausgesetzt. Die Einheitskosten bilden gleichzeitig die Grundlage für die von der Betriebsdegression beeinflußte langfristige Preispolitik und Preisentwicklung.

Für den *spezifischen Anlagekapitalbedarf* vollständiger Anlagen gilt:

$$I_{a,s} = a \cdot B^n \quad \text{mit} \quad n = m - 1,$$

wobei sich nunmehr abfallende Kurven, nämlich in der bevorzugten doppeltlogarithmischen Darstellung abfallende Geraden, ergeben. Der Anstieg n wird nach den oben genannten Mittelwerten für m durchschnittlich zwischen $-0{,}3$ und $-0{,}4$ liegen.

Zur Ermittlung der *Kostenabhängigkeit* von der Betriebsgröße sind detaillierte Untersuchungen der verschiedenen *Kostenarten* erforderlich. In Anlehnung an die Methoden der Vorkalkulation sind nicht nur die eigentlichen *Kapitalkosten* (Abschreibungen, kalkulatorische Zinsen oder eine geforderte Rentabilität, Kapitalsteuern sowie Kapitalwagnisse oder -versicherungen), sondern vor allem auch die Instandhaltungskosten als weitgehend proportional gegenüber dem Anlagekapitalbedarf anzusehen, so daß sein Degressionsverlauf unmittelbar maßgeblich ist. Eine noch schärfere Degression ergibt sich meistens für die *Arbeitskosten* im Herstellkostenbereich, während für die *Rohstoff- und Energiekosten* mitunter eine Proportionalität zur Betriebsgröße und damit keinerlei Degression unterstellt wird. Dies wäre oft korrekturbedürftig, weil größere Anlagen sowohl spezifische Mengeneinsparungen durch höhere Rohstoff- und Energieausbeuten ermöglichen als auch niedrigere Preise durch eigene Vorproduktion in größeren Anlagen oder Fremdbezüge mit günstigerer Mengenrabattierung ergeben.

Für die prozeßabhängige Analyse der Kostendegression bildet die Darstellung der *Instandhaltungskosten* von Salpetersäureanlagen ein anschauliches Beispiel. Die kapazitätsabhängige Variation des Instandhaltungskostensatzes prozentual vom Anlagekapital in Abb. 8.8 gelingt

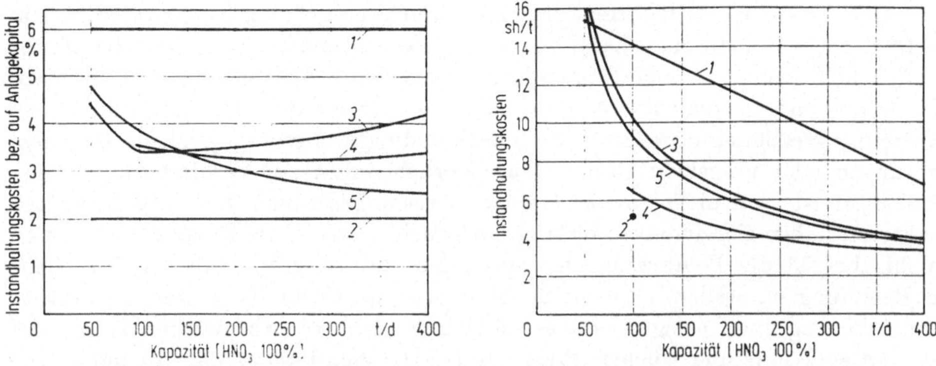

Instandhaltungskosten von Salpetersäureanlagen in Abhängigkeit von der Kapazität [8.76].

Abb. 8.8 Instandhaltungskosten prozentual vom Anlagekapitalbedarf.

Abb. 8.9 Instandhaltungskosten je Produkteinheit (shillings/ton Salpetersäure 100%ig).

1 Hochdruckprozeß, Firma A; *2* Hochdruckprozeß, Firma B; *3* Atmosphärischer Prozeß, Firma B; *4* Mitteldruckprozeß, Firma A; *5* Mitteldruckprozeß, Firma B.

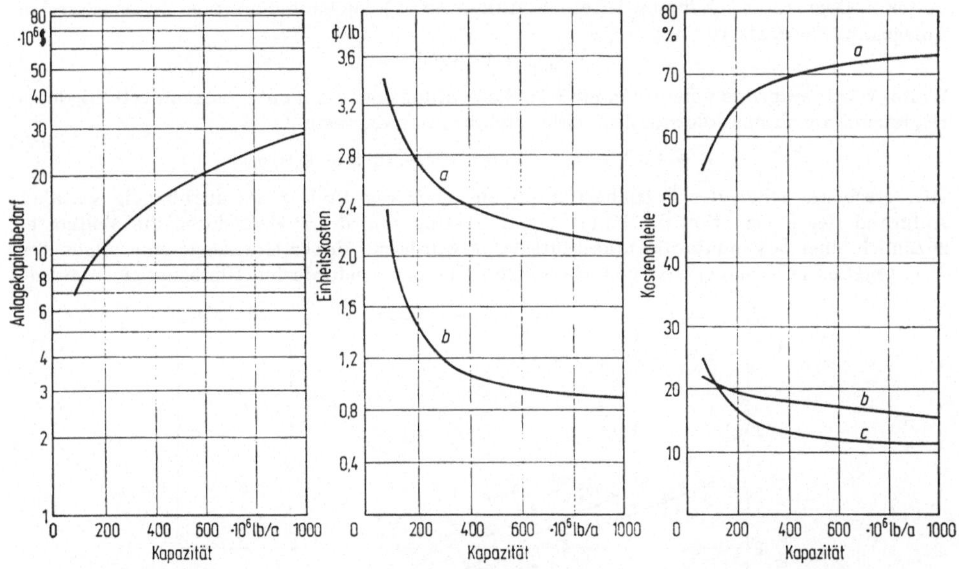

Abb. 8.10 Anlagekapitalbedarf von Äthylenanlagen in Abhängigkeit von der Kapazität [8.27].

Abb. 8.11 Einheitskosten von Äthylen in Abhängigkeit von der Kapazität [8.27]. *a* Nebenprodukte bewertet zu Brennstoffpreisen; *b* Nebenprodukte bewertet entsprechend chemischer Weiterverarbeitung.

Abb. 8.12 Kostenstruktur von Äthylen in Abhängigkeit von der Kapazität [8.27]. *a* Rohstoffkosten; *b* Energiekosten, Betriebsstoffe, Betriebsarbeiterlöhne, Werksgemeinkosten; *c* Kapitalabhängige Kosten.

nur für einige Prozeßvarianten und erscheint wenig zuverlässig. Die Degression des Anlagekapitals als Bezugsgröße der Instandhaltungskosten bleibt aber in jedem Fall bestimmend, Abb. 8.9. Andere Kostenarten sind als umsatz- oder preisabhängig anzusetzen.

Als Beispiele aus den zahlreichen Untersuchungen zur Betriebsdegression sind für Äthylenanlagen in Abhängigkeit von der Kapazität dargestellt: der Anlagekapitalbedarf (Abb. 8.10), die Einheitskosten bei verschiedenen Nebenprodukterlösen (Abb. 8.11) sowie die Kostenstruktur für drei unterschiedene Kostenartengruppen (Abb. 8.12).

Dabei ist die Einheitskostenkurve im Bereich der größten Kapazitäten bereits recht flach, was man zur Charakterisierung der optimalen Betriebsgröße oft als maßgeblich ansieht, zumal Kostenprogressionen zur Abgrenzung eines Kostenminimums bislang quantitativ kaum nachgewiesen wurden. Die Möglichkeit von Kostenprogressionen etwa durch technisch bedingte, unvorhergesehene Betriebsstörungen oder umgekehrt durch teure Vorkehrungen zur Verhinderung solcher Störungen ist zwar nicht von der Hand zu weisen. Diese mehr technisch bedingten Faktoren haben sich indessen bislang noch nicht generell als Engpaß ausgewirkt. Wohl aber ist die Begrenzung der optimalen Betriebsgröße von der *Marktseite* in Rechnung zu stellen, denn auch die kostengünstigste Kapazität ist wertlos, wenn die zugrunde gelegte Vollbeschäftigung nicht erreicht werden kann oder nur unter Hinnahme solcher Preis- und Ertragseinbußen, daß die geforderte Rentabilität nicht zu verwirklichen ist.

In der chemiewirtschaftlichen Fachliteratur der USA sind auch mehrfach *analytische Kostenfunktionen* aufgrund derartiger Degressionsuntersuchungen mitgeteilt worden. Ausgehend von veröffentlichten Daten über den Anlagekapitalbedarf der durchschnittlichen Betriebsgrößen von 90 verschiedenen Industriechemikalien in den USA 1948 und unter weiteren Degressionsannahmen leitete SCHUMAN [8.92] folgende Funktion des spezifischen Anlagekapitalbedarfs ab:

$$I_{a,s} = 12{,}6\, B^{-0{,}30}.$$

Weiter wurde aufgrund von insgesamt 8 Teilkostenfunktionen mit entsprechend verschiedenen Degressionsannahmen folgende Einheitskostenfunktion dargestellt:

$$k = 12{,}3\, B^{-0{,}37} + 2{,}39\, B^{-0{,}30} + 0{,}38 + 0{,}10\, p.$$

Hier erscheint neben der Betriebsgröße B nur noch der Preis p als unabhängig variabel. Aufgrund der Konzeption der langfristigen Bestimmung des Preises durch die Vollkosten zuzüglich einer bestimmten Rentabilitätsmarge wurde auf dieser Grundlage eine allgemeine *Preisfunktion* in Abhängigkeit von B ermittelt. Bei einer geforderten 10prozentigen Gesamt-

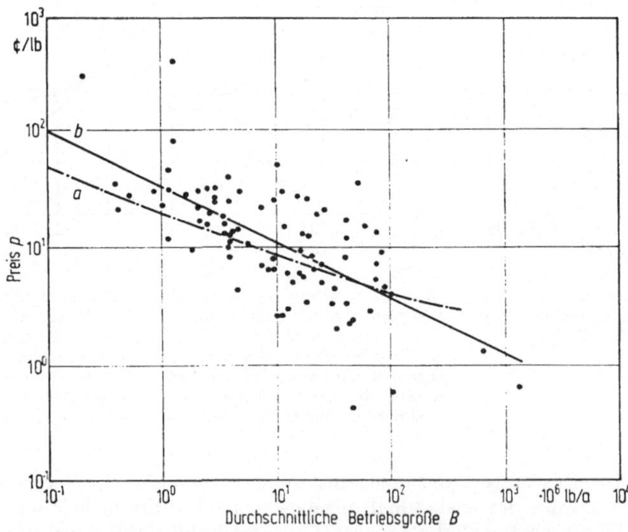

Abb. 8.13 Einfluß der Betriebsgrößendegression der Kosten auf die Preisbildung von Industriechemikalien in den USA 1948 [8.92].
a Preisfunktion auf der Grundlage einer generalisierenden Kostenfunktion und einer 10prozentigen Rentabilität auf das Gesamtkapital nach Gewinnsteuerabzug; *b* Regressionsfunktion der veröffentlichten Marktpreise von 90 Industriechemikalien bei üblichen Betriebsgrößen.

kapitalrentabilität nach Gewinnsteuerabzug müßte der *Einheitsgewinn* G_n unter der weiteren Abschätzung der spezifischen Umlaufkapitalbindung zu 20% vom Preis betragen

$$G_n = 0{,}10(12{,}6\,B^{-0{,}30} + 0{,}20p) = 1{,}26\,B^{-0{,}30} + 0{,}02p.$$

Damit würde die Preisfunktion bei 50% Gewinnsteuersatz lauten

$$p = k + 2G_n = 14{,}3\,B^{-0{,}37} + 5{,}7\,B^{-0{,}30} + 0{,}44.$$

Die berechnete Preisfunktion ist in Abb. 8.13 als Kurve *a* wiedergegeben. Aus den veröffentlichten damaligen Marktpreisen der Industriechemikalien wurde eine Regressionsfunktion unter Kurve *b* gegenübergestellt, die in dem Ausdruck

$$p = 32{,}4\,B^{-0{,}47}$$

eine etwas stärkere Preisdegression ergab.

Die genannten Beziehungen sind zur allgemeinen Charakterisierung der Kostendegression chemischer Produkte mit wachsender Betriebsgröße sowie zur nachfolgenden Deutung der Preisabhängigkeit von den Kosten von grundlegendem Interesse. Dies gilt unbeschadet des im Einzelfall sicher abweichenden Degressionsverlaufs, der bereits aus der erheblichen Streuung der Marktpreise in Abb. 8.13 um die berechneten Kurven hervorgeht.

8.262 Betriebsgrößendegression und gesamtwirtschaftliche Preisanalyse

Die bekannte Tatsache, daß in der Preisbildung chemischer Produkte hohe Preise tendenziell kleinen Absatzmengen entsprechen und umgekehrt, läßt mehrfache theoretische Ausdeutungen zu, die untereinander in Beziehungen stehen.

Zunächst entspricht dieses Phänomen dem Verlauf gesamtwirtschaftlicher oder auch betriebsindividueller Nachfragekurven, welche die Nachfrageabhängigkeit von kurzfristigen Preisänderungen mit der wichtigen Kenngröße der Nachfrageelastizität erfassen (Kap. 8.13 und 8.31). Langfristig ist bei zahlreichen Produkten oft eine ähnliche Preis-Mengen-Abhängigkeit zu beobachten, die besonders im Rahmen der Preisprognose erläutert wurde (Kap. 4.343). Schließlich kann die momentane Querschnittsanalyse der Preis-Mengen-Verhältnisse vom Einzelprodukt auf eine Gruppe verwandter Produkte erweitert werden, woraus sich Rückschlüsse über die Durchsetzbarkeit von Preis-Mengen-Kombinationen von Einzelprodukten relativ zur Produktgruppe gewinnen lassen. Solche Darstellungen sind vor allem im Rahmen der Preis-Ausschluß-Diagramme von Zabel bekannt geworden (Kap. 3.63). Sie können auf eine frühere, allgemeine Untersuchung Schumans über die *Preisdegression* chemischer Produkte in Abhängigkeit vom *Marktvolumen* zurückgeführt werden, die von dem Autor durch die Betriebsgrößendegression der Kosten chemischer Produkte gedeutet wurde.

In der zuletzt genannten Untersuchung wurden die Preise sowie die zugeordneten gesamtwirtschaftlichen Produktions- oder Absatzmengen M von 90 Industriechemikalien in den Jahren 1940 und 1948 in den USA erfaßt [8.91]. Unter Verwendung von Potenzfunktionen ergab die Korrelationsanalyse folgende Preisregressionsfunktionen

$$p_{1940} = 34{,}5\,M^{-0{,}346} \quad \text{und} \quad p_{1948} = 55{,}4\,M^{-0{,}344}.$$

Das Streufeld der Preisdaten und die Preisfunktion für 1948 sind in Abb. 8.14 wiedergegeben. Infolge der Einbeziehung zahlreicher verschiedener Produkte ist die Streuung der Marktpreise um die Regressionskurve erwartungsgemäß hoch. Die Standardabweichung beträgt $\pm\,0{,}35$ der Logarithmen der Preise, so daß ganz erhebliche Preisabweichungen gegenüber der Preiskurve erwartbar sind. Im Gegensatz zu den Preis-Ausschluß-Diagrammen für begrenzte chemische Produktgruppen (Kap. 3.63 u. 4.343) besteht demnach keine Brauchbarkeit mehr für die Preisschätzung von Einzelprodukten, doch ist der Beitrag zur allgemeingültigen Erklärung der Preisbildung auf den Chemiemärkten um so bedeutungsvoller.

Die Degressionsexponenten der Preisfunktionen liegen in recht guter Übereinstimmung mit Exponenten der Kostenfunktionen und der hieraus abgeleiteten Preisfunktionen in Abhängigkeit von der Betriebsgröße, wie sie im vorigen

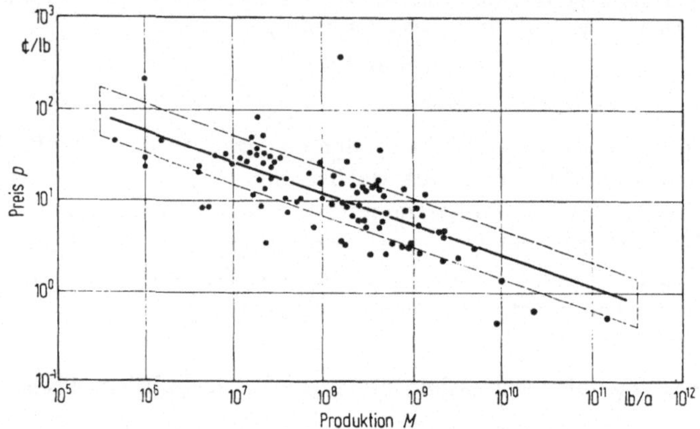

Abb. 8.14 Preisdegression von 90 Industriechemikalien in Abhängigkeit von der gesamtwirtschaftlichen Absatzmenge (Produktionsmenge) M in den USA 1948 [8.91].

Abschnitt dargestellt wurden. Die gesamtwirtschaftliche Produktions- oder Absatzmenge M kann sich freilich aus ganz unterschiedlichen Absatzmengen und Betriebsgrößen einzelner Anbieter zusammensetzen. In wachsenden Märkten besteht zwar eine Tendenz zur Vergrößerung der individuellen Absatzmengen, die aber infolge vermehrten Marktzugangs hinter dem gesamtwirtschaftlichen Mengenwachstum unter gleichzeitiger Verringerung der Marktanteile der Konkurrenzanbieter relativ zurückbleiben (Kap. 8.322). Wir müssen daher annehmen, daß die Degression der gesamtwirtschaftlichen Preis-Mengen-Korrelation gegenüber der Betriebsgrößendegression abgeschwächt ist, vgl. [8.92]. Sie wird sich schließlich um so mehr abschwächen, je weiter sich die Einzelanlagen den Degressionsgrenzen nähern und auch alle anderen Möglichkeiten der gleichzeitigen Rationalisierung durch Verfahrensverbesserung ausgeschöpft sind.

Die Aneinanderreihung derartiger Querschnittsanalysen für verschiedene Zeitpunkte läßt zwei verschiedene Entwicklungskomponenten wirksam werden, nämlich die Preissenkung durch Ausdehnung des Marktvolumens aufgrund der Betriebsgrößendegression und die Preiserhöhung infolge der allgemeinen Kostensteigerungen. In der oben genannten Preisanalyse für 1940 lag der Schwerpunkt des Streufeldes der 90 Industriechemikalien bei einer Durchschnittsmenge von 56,4 Millionen lb und einem Durchschnittspreis von 8,54 c/lb, 1948 dagegen bei 114 Millionen lb und 10,9 c/lb. Das entsprach einer realen mittleren Preissteigerung von etwa 30%. Der Koeffizientenvergleich der beiden Preisfunktionen deutet jedoch auf eine 70prozentige Vertikalverschiebung der Kurven durch allgemeine Preissteigerungen, die sich im Falle eines stagnierenden Marktvolumens wohl auch durchgesetzt hätte [8.91].

Wachsende Nachfrage- sowie Produktionsmengen einerseits und fallende Preise andererseits bedingen sich gegenseitig, indem die wachsende Nachfrage erst durch Erschließung neuer Produktverwendungen über sinkende Preise induziert wird, andererseits aber die niedrigeren Preise erst durch die Degressionsvorteile großer Anlagen ermöglicht werden. Daraus folgt die zweckmäßige Annahme einer abfallenden Angebotskurve in der gesamtwirtschaftlichen Preisanalyse für chemische Produkte anstelle der steigenden Angebotskurve der klassischen Preistheorie, deren Prämisse steigender Preise bei Ausdehnung der Nachfrage für viele Chemiemärkte nicht haltbar ist.

Treffend bemerkt hierzu SCHUMAN [8.91]:
"The situation described by classical price theory is probably a transient one in the chemical industry, if it actually exists at all. If, at a given price level, demand exceeds supply, the chemical industry will usually increase supply rather than price. As supply is increased to meet demand, price can and does fall because of the lower costs made possible by higher production rates. When demand exceeds supply, there is little incentive for a producer to increase price, when shortly thereafter another producer may expand the supply and reduce his price to a lower level."

Zwei Einschränkungen müssen aber gemacht werden. Die Preisabhängigkeit einzelner Produkte vom Marktvolumen kommt nicht momentan, sondern nur im Zuge der langfristigen Marktdurchdringung im dynamischen Sinne zustande (Kap. 8.13). Außerdem ist die zeitliche Geltung begrenzt und dann nicht mehr gegeben, wenn bei Produktionsausweitungen keine wesentlichen Rationalisierungsreserven mehr auszuschöpfen sind und statt dessen allgemeine Kostensteigerungen zum Durchbruch kommen.

8.263 Preispolitik und optimale Betriebsgröße

Der Preispolitik im ursprünglichen Sinne entspricht der progressive, für eine bestimmte Rentabilität erforderliche Gewinnzuschlag auf die Kosten (Kap. 8.14). Dabei erscheint jedoch fraglich, ob der Markt einen solchen Preis akzeptiert und nicht seinerseits einen gesamtwirtschaftlich zustande kommenden Preis vorschreibt. In diesem Fall wäre retrograd von einer Preisschätzung auszugehen und im Sinne der Erfolgsanalyse der verbleibende Gewinn und die hiermit realisierbare Rentabilität zu ermitteln, wovon wiederum die Realisierbarkeit des Investitionsvorhabens wesentlich abhängen würde. Beide Verfahrensweisen sind aber letzten Endes die zwei Seiten der gleichen Sache. Auch hinsichtlich der Preisbildung werden sich die betriebsindividuellen Gegebenheiten und die Markteinflüsse oft gleichzeitig auswirken.

Unter den Bedingungen des vollkommenen Konkurrenzmarktes wäre der Marktpreis ein für den einzelnen Anbieter feststehendes Datum und insbesondere von seiner Absatzmenge unabhängig. Da die Betriebsgrößendegression sowohl des Kapitalbedarfs als auch der Kosten die Rentabilität günstig beeinflussen, müßte der Anbieter stets mit möglichst großen Absatzmengen an den Markt treten. In Wirklichkeit wird jedoch meistens eine Abhängigkeit zwischen individueller Absatzmenge und Preis gegeben sein. Wachsende Absatzmengen bringen dann über die hiermit korrespondierenden und zunächst als vollbeschäftigt angenommenen Betriebsgrößen zwar Kostenvorteile, denen jedoch ein degressiver Ertragsverlauf gegenübersteht. Unter diesen Voraussetzungen unvollkommener Marktbedingungen läßt sich eine optimale Betriebsgröße und damit auch ein preispolitisches Optimum sowohl von der Kosten- als auch Ertragsseite eingrenzen.

Nach einem angenommenen Zahlenbeispiel ist in Abb. 8.15 die Ermittlung des Betriebsgrößenoptimums an der Stelle der maximalen durchschnittlichen Rentabilität dargestellt, wobei die Rentabilitätsfunktion durch Division aus der ebenfalls eingezeichneten Gewinn- und Kapitalbindungsfunktion gebildet wurde. Nach

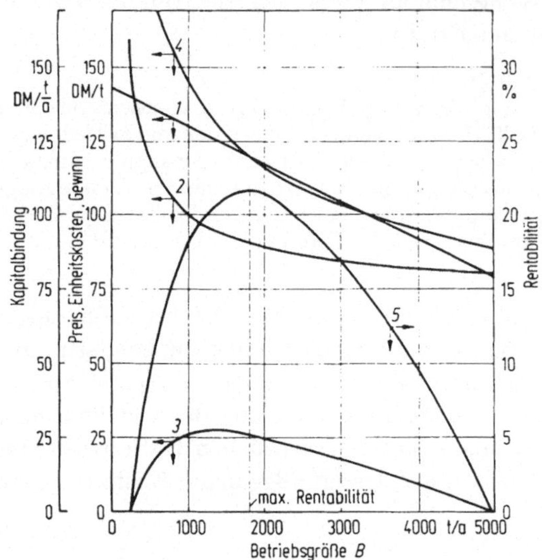

Abb. 8.15 Ermittlung der optimalen Betriebsgröße über die maximale Rentabilität unter statischen Bedingungen einer betriebsindividuellen Absatzkurve [1.49, S. 81]. *1* Preis; *2* Einheitskosten; *3* Gewinn; *4* Kapitalbindung; *5* Rentabilität.

anderer Auffassung ist die Betriebsgröße erst dann optimal, wenn die Grenzrentabilität, d. h. die Rentabilität in der letzten Kapitalschicht, mit der vorgegebenen Mindestrentabilität zusammenfällt, vgl. [1.49, S. 79].

Umgekehrt wäre beim progressiven Ermittlungsverfahren die Kostenfunktion um den von der geforderten Rentabilität sowie der Betriebsgröße abhängigen

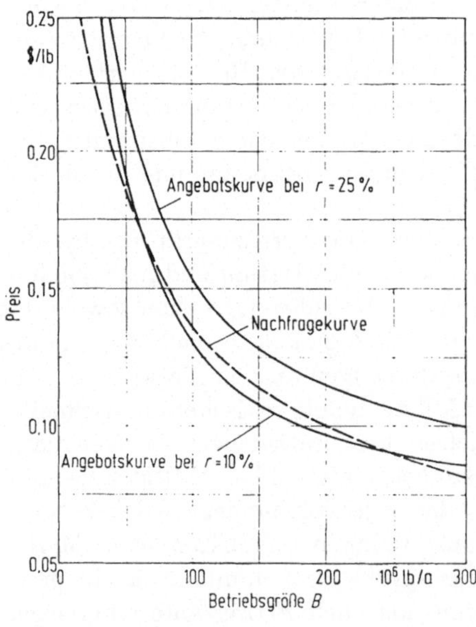

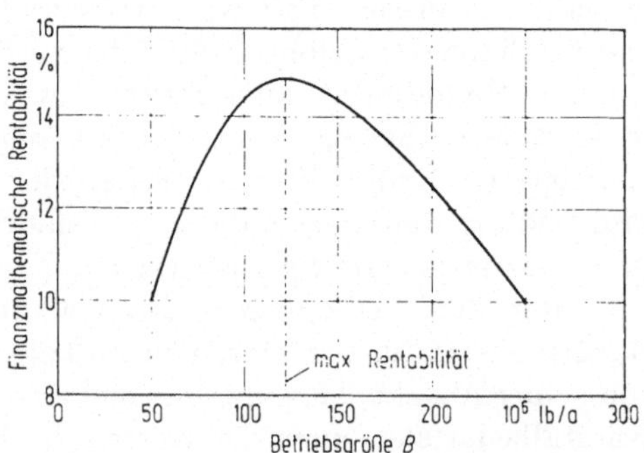

Abb. 8.17 Optimierung der Betriebsgröße über die maximale finanzmathematische Rentabilität bei statischer betriebsindividueller Nachfragekurve [8.62].

Abb. 8.16 Vergleich der betriebsindividuellen Nachfragekurve mit Angebotskurven verschiedener finanzmathematischer Rentabilitätswerte [8.62].

Gewinnsatz zu erhöhen, was zu einer individuellen *Angebotskurve* führt. Ihr Vergleich mit der Absatzkurve ergibt meistens eine definierte optimale Betriebsgröße, wobei eine Variation der Angebotskurve über den Parameter des eingeschlossenen Rentabilitätssatzes in Betracht kommt.

Das Ergebnis eines derartigen Optimierungsbeispiels ist in den Abb. 8.16 und 8.17 veranschaulicht, wobei anstelle einer konventionellen Berechnungsweise die finanzmathematische Rentabilität (discounted rate of return) eingeführt wurde [8.62]. Die *Gesamtkostenfunktion* wurde in diesem Fall in der Form

$$K = 0{,}04\,B + 4{,}0 + 0{,}3\,I_a + 0{,}10\,p \cdot B \quad [10^6\,\$/\mathrm{a}]$$

auf der Grundlage der Funktion des *Anlagekapitalbedarfs*

$$I_a = 0{,}415\,B^{0{,}6} \quad [10^6\,\$]$$

vorgegeben. Wiederum sind die Betriebsgröße B sowie Produktion und Absatz als übereinstimmend angenommen. Der erste Term der Gesamtkostenfunktion gilt für die betriebsgrößenproportionalen Kostenarten (hier Rohstoff- und Energiekosten sowie Frachtkosten mit 0,04 \$/lb). Im zweiten Term werden die Arbeitskosten, Werksgemeinkosten und andere Kostenarten auf insgesamt 4 Millionen \$/a als betriebsgrößenfix geschätzt. Der dritte Summand berücksichtigt die anlagekapitalabhängigen Kostenarten (z. B. Instandhaltungskosten, Kapitalsteuern, Versicherungen usw.), jedoch wegen der Eigenart der gewählten finanzmathematischen Rentabilitätskennziffer nicht die Abschreibungen. Schließlich sollen die umsatzabhängigen Kosten mit 10% zu veranschlagen sein. Der Anlagekapitalbedarf I_a wird bei einer Ausgangskapazität von 200 Millionen lb/a auf 10 Millionen \$ geschätzt. Für das anschließend einzusetzende Umlaufkapital wird die Abhängigkeit

$$I_u = 0{,}668 + 0{,}00167\,B$$

unterstellt. Die *Einheitskostenfunktion* wäre danach

$$k = 0{,}04 + 4{,}0\,B^{-1} + 0{,}3 \cdot 0{,}415\,B^{-0{,}4} + 0{,}10\,p.$$

Für die Ermittlung der *Gegenwartswerte* der Einnahmen-Ausgaben-Überschüsse aus der Investition wurden folgende Annahmen getroffen: Die Bauzeit beträgt drei Jahre, wobei 30% des Anlagekapitals während der ganzen drei Jahre, weitere 40% während der letzten zwei und 30% während des letzten Jahres vor Betriebsbeginn gleichmäßig verausgabt werden. 50% des Umlaufkapitals werden gleichmäßig während des letzten Jahres vor Betriebsbeginn, der Rest am Ende des ersten Betriebsjahres aufgestockt. Die Betriebszeit beträgt 10 Jahre, an deren Ende das Umlaufkapital zurückgewonnen wird. Der Gewinnsteuersatz ist 48%, wobei die Steuerfreiheit der nach der Digitalwertmethode berechneten Abschreibungen zu berücksichtigen ist (letzter Term der nachfolgenden Gleichung als Gutschrift zum Ausgleich der rechnerischen Gewinnbesteuerung der gesamten zehnjährigen Betriebsüberschüsse). Die Diskontierung der Einnahmen-Ausgaben-Überschüsse auf den Bezugszeitpunkt des Betriebsbeginns soll kontinuierlich erfolgen (Diskontierungsfaktoren f in nachfolgender Gleichung). Danach ist die Summe der Einnahmen-Ausgaben-Überschüsse

$$\sum = -\,0{,}3\,I_a(f_{-3\ \mathrm{bis}\ 0}) - 0{,}4\,I_a(f_{-2\ \mathrm{bis}\ 0}) - 0{,}3\,I_a(f_{-1\ \mathrm{bis}\ 0}) - 0{,}5\,I_u(f_{-1\ \mathrm{bis}\ 0}) - 0{,}5\,I_u f_1 + \sum_{n=1}^{10} (p\,B - K)\,0{,}52\,f_n + I_u f_{10} + 0{,}48\,I_a f_d\,.$$

Substituiert man die obigen Ausdrücke für I_a, I_u und K sowie die Diskontierungsfaktoren für eine bestimmte Rentabilität und setzt man die Summe gleich Null, bleiben nur noch der *Preis* p und die *Betriebsgröße* B als Variable erhalten. Die Preisfunktion kann dann als Angebotskurve geschrieben werden. Für die Rentabilitäten von 10 und 25% ergeben sich

$$p_{r=10\%} = 0{,}245\,B^{-0{,}4} + 4{,}59\,B^{-1} + 0{,}0449$$

und

$$p_{r=25\%} = 0{,}395\,B^{-0{,}4} + 4{,}62\,B^{-1} + 0{,}0452.$$

was in Abb. 8.16 graphisch veranschaulicht ist.

Das Verfahren ist mit der Berechnung „langfristig wirtschaftlicher Angebotspreise" (LREP = long-range economic price) sowie „langfristig wirtschaftlicher Verrechnungspreise" (LRTV = long-range economic transfer value) identisch [8.13; 8.54]. Weiter oben wurde bereits auf ganz ähnliche Beziehungen unter Verwendung konventioneller Rentabilitätskennziffern hingewiesen (Kap. 8.14 und 8.261).

In Abb. 8.16 schneidet die „10-%-Angebotskurve" die betriebsindividuelle Nachfragekurve in zwei Punkten, während die „25-%-Angebotskurve" an keiner Stelle auf eine absatzmäßig realisierbare Preis-Mengen-Kombination trifft. Durch iterative Berechnungen läßt sich eine Angebotskurve finden, die mit der Absatzkurve nur an einer Stelle zusammenfällt. Gemäß Abb. 8.17 würde dieser Optimalpunkt einer optimalen Betriebsgröße von 125 Millionen lb/a bei einer Rentabilität von 14,8% entsprechen. Der zugehörige Verkaufspreis ist auf der Nachfragekurve in Abb. 8.16 abzulesen.

Trotz Einführung der dynamischen Investitionsrechnung behält das Modell zur Optimierung des langfristigen Angebotspreises und der Betriebsgröße im wesentlichen statischen Charakter, weil die zeitliche Veränderung der betriebsindividuellen Absatzkurve über die wirtschaftliche Nutzungsdauer des Projektes nicht berücksichtigt wird. Diese Veränderung in Gestalt zunehmender Absatzmöglichkeiten bei tendenziell fallenden Preisen wird man aber bei Investitionsentscheidungen für Produkte in wachsenden Märkten vorwegnehmen müssen, wobei die Probleme der zeitweisen Unterbeschäftigung anfänglich überdimensionierter Anlagen und der optimalen Kapazitätserweiterung hinzukommen.

8.264 Optimale Kapazitätsanpassung

Unter den dynamischen Bedingungen sich ständig verändernder und insbesondere erweiternder Chemiemärkte reicht die Unterstellung einer kurzfristig gültigen Absatzkurve nicht aus. Statt dessen wäre die gesamtwirtschaftliche Marktentwicklung und innerhalb dieser die eigene Marktposition mit einer *zeitlichen Abfolge* verschiedener *betriebsindividueller Absatzkurven* vorauszuschätzen. Aus ihren preis- und investitionspolitisch realisierten Optimalpunkten (Preis-Mengen-Kombinationen) könnten schließlich die langfristige betriebsindividuelle Nachfrage- und Preisentwicklung hergeleitet werden. Abgesehen von der schwierigen Erfassung späterer Marktdaten werden die zukünftigen Optimalpreise auch kostenseitig von der eigenen *Kapazitätsanpassung* und Kapazitätserweiterung beeinflußt, so daß in einem umfassenden Investitionsmodell auf der Grundlage der Wechselwirkungen zwischen Erlösen und der Kostenseite die langfristig optimale Preis- und Anlagengestaltung aufgezeigt werden müßten. An die Stelle einer einzelnen variierbaren Betriebsgröße treten vielleicht mehrere hintereinander zu errichtende Anlagen mit jeweils variabler Kapazität. Die Prämisse der gleichbleibend optimalen oder durchschnittlichen Kapazitätsausnutzung ist zugunsten zeitlich schwankender Beschäftigungsgrade aufzugeben. Schließlich sind auch zeitweise Unterkapazitäten in Betracht zu ziehen, die es nicht mehr gestatten, die einem bestimmten Preis zugehörige Absatzmenge stets voll zu realisieren.

Die quantitative Formulierung und Lösung derartiger, die langfristige Preispolitik einschließender *dynamischer Investitionsmodelle* ist außerordentlich aufwendig, wobei die an sich naheliegende Einführung wahrscheinlichkeitsbehafteter Daten nochmals zur Komplizierung beiträgt, vgl. [8.98]. Ihre Erarbeitung mag wegen der großen Unsicherheit der zukünftigen Erwartungsgrößen nicht immer gerechtfertigt sein. Dennoch sollte man sich auch bei der Entwicklung von

Näherungslösungen sowie zur richtigen Einschätzung des Aussagewertes statischer Ansätze der maßgeblichen theoretischen Grundforderung bewußt bleiben: Nur diejenige Betriebsgröße oder Abfolge verschiedener Erweiterungsschritte ist optimal, die bei der angenommenen und zugeordneten betriebsindividuellen Nachfrage- und Preisentwicklung eine maximale finanzmathematische Rentabilität des im gleichen Zeitraum einzusetzenden Kapitals erwirtschaften läßt. Im Hinblick auf eine eigene preispolitische Aktivität kann man auch sagen, daß diejenige Preisstrategie optimal ist, die im Zusammenspiel mit einem optimalen Kapazitätserweiterungsprofil im betreffenden Zeitraum zu einer maximalen finanzmathematischen Rentabilität des Kapitaleinsatzes führt.

Es gibt mehrere Möglichkeiten, sich einer betriebsindividuell wachsenden Nachfrage durch *Kapazitätserweiterungen* anzupassen. Da die Kapazitätserweiterung durch Errichtung neuer Teilkapazitäten meistens sprunghaft verläuft, sind zeitweise Unterbeschäftigung und Überbeschäftigung sowie durch Eigenproduktion nicht zu deckende Nachfrageüberhänge unvermeidbar. Im Käufermarkt und bei verschärfter Angebotskonkurrenz wird es in der chemischen Industrie mehr und mehr üblich, mit den Kapazitätserweiterungen den Nachfragesteigerungen vorauszueilen, was branchenmäßige Überkapazitäten mit starkem allgemeinem Preisdruck zur Folge haben kann.

Für den EWG-Raum wurde beispielsweise zwischen 1965 und 1972 ein Anwachsen des Äthylenoxidverbrauchs von 250000 auf 430000 t/a vorausgesagt, wohingegen aufgrund der 1967 vorhandenen und geplanten Anlagen 1972 mit einer Äthylenoxidkapazität von 720000 t/a gerechnet werden mußte. Da die kostenseitig optimale Betriebsgröße bei etwa 125000 t/a liegt, wären 1972 bereits 4 Anlagen zur Deckung des Gesamtbedarfs ausreichend. Im Prognosezeitpunkt 1967 mußten sich aber bereits 13 Chemiebetriebe in das Angebot teilen [8.36].

In der Abb. 8.18 sind einige grundlegende Modellfälle der *Erweiterungsstrategie* dargestellt. Von ihrer langfristig kostenoptimalen Ausrichtung werden die Chancen der optimalen Preisstrategie abhängen. Abb. 8.18a gilt für die aufeinanderfolgende Errichtung größerer Anlagen mit jeweiliger Stillegung der vorausgegangenen Anlage, wodurch die Betriebsgrößendegression in höherem Maße ausnutzbar ist. In Abb. 8.18b ist dagegen die Weiterbeschäftigung der älteren Anlagen und die schichtweise zusätzliche Errichtung neuer Teilkapazitäten vorausgesetzt, was zum Betrieb mehrerer kleinerer Parallelanlagen führt. Der nicht ausgenutzten Betriebsgrößendegression steht der Vorteil gegenüber, daß die

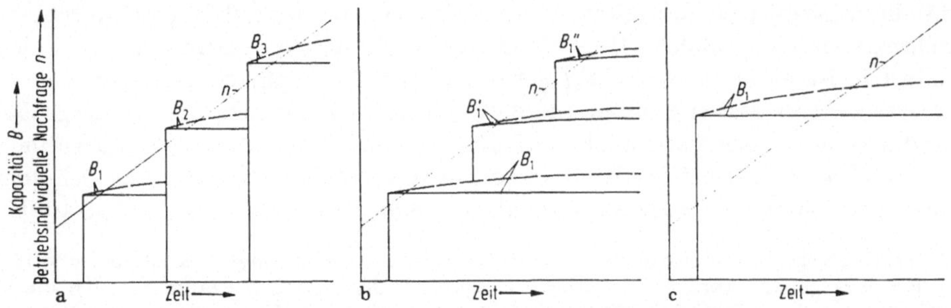

Abb. 8.18 Modellfälle alternativer Kapazitätserweiterung.
a) Aufeinanderfolgende Errichtung vergrößerter Anlagen; b) Aufstockung von Erweiterungskapazitäten; c) anfänglich stark überdimensionierte Großanlage. *B* Kapazität; *n* Betriebsindividuelle Nachfrage; ——— Auslegungskapazität; - - - - - Kapazität unter Berücksichtigung der Kapazitätsausweitung im laufenden Betrieb.

älteren Anlagen, die bereits abgeschrieben sein werden, nutzbringend im Betrieb bleiben. Durch Errichtung einer sehr großen Anlage gemäß Abb. 8.18c kann die relativ längste anfängliche Unterbeschäftigung mit entsprechenden Kostennachteilen entstehen, andererseits fallen die Vorteile der Betriebsgrößendegression am stärksten ins Gewicht. Zur Auslegung einer so großen Kapazität ist eine gute Einsicht in die zukünftigen Absatzmöglichkeiten und auch in die Entwicklungen auf der Angebotsseite notwendig. Plankorrekturen und der Einbau technischer Verfahrensänderungen sind dann kaum noch möglich, anders als bei der aufeinanderfolgenden Errichtung kleinerer Anlagen. Für die Entscheidung im Einzelfall wird das Ausmaß der Betriebsgrößendegression eingehen, das selbst im wesentlichen von technischen Anlagenmerkmalen abhängt. Das zukünftige Kapazitätsprofil nimmt eine etwas andere Gestalt an, wenn man die Kapazitätserweiterung im laufenden Betrieb durch Verbesserung der Verfahrensbedingungen in Rechnung stellt, was evtl. nach den Gesetzmäßigkeiten von *Erfahrungskurven* vorhergesagt werden kann (gestrichelte Linien in Abb. 8.18, vgl. Kap. 4.342).

Die Erweiterungsmodelle der Abb. 8.18 gehen von der Grundforderung einer auf lange Sicht möglichst kostenoptimalen und andererseits engen Anpassung der Kapazität an die betriebsindividuellen Absatzchancen aus. Die Begrenzungen der Nachfrageseite finden in Gestalt der Nachfragekurven und der Über- oder Unterdeckung der Kapazitätskurve ihren Ausdruck. Angenommene spätere Preisänderungen finden in den dargestellten Erweiterungsmodellen noch keinen unmittelbaren Niederschlag. Erst im anschließenden Investitionsmodell wären auch die Möglichkeiten der alternativen Ertragsentwicklung über die betriebsindividuellen Preis-Mengen-Kombinationen im Zeitverlauf zu berücksichtigen und der ebenfalls dynamischen Kostenentwicklung gegenüberzustellen. Wenn man für jedes in Betracht gezogene Erweiterungsmodell die Kostenentwicklung sowie vereinfacht eine bestimmte Preis- und betriebsindividuelle Absatzentwicklung vorausschätzt, so läßt sich für jeden Fall eine finanzmathematische Rentabilität errechnen. Die Rentabilitätskurven in Abhängigkeit von der Auslegungskapazität zeigen dann bestimmte Optimalwerte (s. unten Abb. 8.22).

8.265 Beispiele zur Entwicklung optimaler Betriebsgrößen

Die Grundtendenzen der fallenden Preis- und Kostenentwicklung aufgrund ständig vergrößerter Kapazitäten sind vor allem im Bereich der Schwerchemie während der letzten Jahre oft bestätigt worden. In diesen Sparten der chemischen Industrie ist es überaus wichtig geworden, die Abhängigkeit zwischen den im Zeitverlauf errichteten größten und dann als optimal betrachteten Anlagegrößen sorgfältig zu verfolgen und auch in die Zukunft hinein zu extrapolieren. Den möglichen schnellen Verlust der Konkurrenzfähigkeit verdeutlichen uns die Schulbeispiele der Ammoniak- oder Äthylenanlagen [8.9; 8.10; 8.27; 8.67; 8.68; 8.100].

Tab. 8.4 zeigt die durchschnittliche Kapazität von *Ammoniakanlagen*, wie sie 1961 und 1967 in den USA gebaut worden sind. Allein in einem sechsjährigen Zeitraum hat sich die als optimal angesehene Betriebsgröße vervierfacht. 1961 lagen die Kapazitäten neu errichteter amerikanischer Ammoniakanlagen etwa zwischen 190 und 340 t/d, 1967 zwischen 600 und 1500 t/d. Die Kostenvorteile der neuen Anlagen werden durch diesen Zahlenvergleich noch nicht voll erfaßt, weil nur die neuen Anlagen als Einstranganlagen, dagegen die älteren Anlagen

Tabelle 8.4 *Entwicklung der Optimalkapazität amerikanischer NH_3-Anlagen 1961–1967* [8.68]

Chemieunternehmung	Anlage bzw. Standort	Kapazität [t/d]
1961		
Chevron Chemical	Fort Madison, Iowa	300
CFC Assoc.	Hastings, Neb.	190
W. R. Grace	Woodstock, Tenn.	200
Solar Nitrogen	Joplin, Mo.	300
Tennessee Corp.	Tampa, Fla.	340
Durchschnitt		*266*
1967		
Allied Chemical	Geismar, La.	1000
Chevron Chemical	Pascagoula, Miss.	1500
Commercial Solvents	Sterling, La.	1000
Terra Chemicals	Port Neal, Iowa	600
Tuloma Gas	Texas City, Texas	1500
Valley Nitrogen	El Centro, Calif.	600
Durchschnitt		*1033*

mehrsträngig mit Teilkapazitäten zwischen 100 und 150 t/d gebaut wurden, was auf eine rund zehnfache Vergrößerung der Apparaturen schließen läßt [8.68]. Welch große preispolitische Überlegenheit sich aufgrund der Kostenvorteile der Großanlagen ergibt, läßt der Vergleich der Ammoniakkosten bei zwei Kapazitäten mit 100 t/d und 1500 t/d erahnen: Die Selbstkosten ab Erzeugerwerk wurden für die kleine Anlage mit 46 $/t und für die Großanlage mit 17 $/t NH_3 beziffert [8.5].

Daß diese Kostenvorteile im Konkurrenzkampf preispolitisch auch ausgespielt werden, mag uns ein Blick auf Abb. 8.19 lehren. Die Graphik zeigt das rapide Absinken des gesamtwirtschaftlichen Kapazitätsanteils der Anlagen unter 400 t/d von 97% im Jahre 1965 auf nur noch 25% gegen Ende 1969 in den USA [8.17]. Obwohl zahlreiche Anlagen dieser Art erst vor wenigen Jahren erstellt wurden und nach ihrer technischen Nutzungsdauer vielleicht 15 Jahre und mehr hätten in Betrieb bleiben können, sind sie gegenwärtig wegen Kapazitätsüberholung als veraltet anzusehen und der vorzeitigen Stillegung unterworfen.

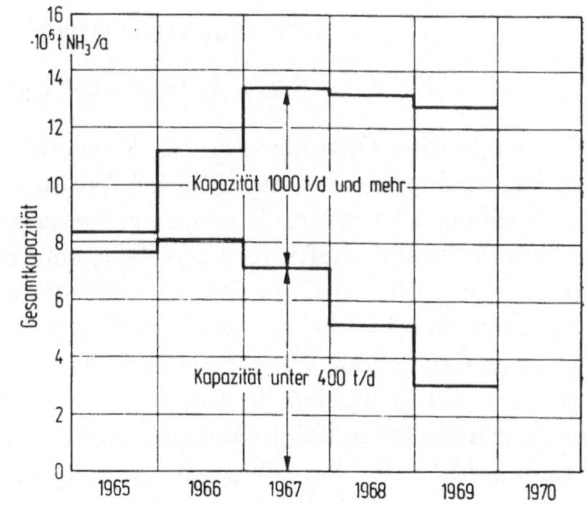

Abb. 8.19 Verdrängung durch Kapazitätsüberholung in der amerikanischen Ammoniakindustrie, nach [8.17]. Kapazitätsangaben jeweils am Jahresende, Daten für 1968 und 1969 geschätzt.

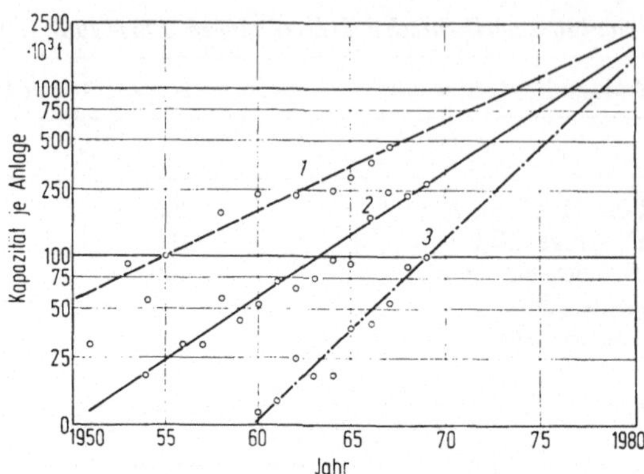

Abb. 8.20 Entwicklung und Prognose der maximalen, mittleren und minimalen Neubaukapazitäten von Äthylenanlagen in der westlichen Welt [8.93].

Die schnelle Aufwärtsbewegung der optimalen *Äthylenkapazitäten* geht deutlich aus Abb. 8.20 hervor, worin drei Kurven für die maximale, mittlere und kleinste Baugröße aufgrund von veröffentlichten Kapazitätsdaten über Neubauten in der westlichen Welt als Exponentialtrends dargestellt sind [8.93]. Wegen der betrieblichen Besonderheiten wird sich niemals eine zeitabhängig einheitliche Optimalkapazität, sondern nur ein gewisser Streubereich optimaler Betriebsgrößen ergeben. Immerhin läßt Abb. 8.20 deutlich die zunehmende Verengung dieses Streubereichs erkennen, da es sich mit zunehmender, auch internationaler Konkurrenzverschärfung niemand mehr leisten kann, vom Kostenoptimum allzu sehr abzuweichen. Während die Maximalkapazität 1955 den Durchschnitt noch um das Vierfache überragte, würde die für 1980 prognostizierte Maximalkapazität mit 2 Millionen t/a vom Mittelwert mit 1,8 Millionen t/a nur noch um wenig über 10% abweichen. Für das Jahr 2000 werden sogar Äthylenanlagen mit Kapazitäten von 4–5 Millionen t/a vorausgesagt. Bei der Extrapolation erscheint die Annahme einer gleichbleibenden jährlichen Steigerungsrate über einen langen Zeitraum wegen der Gefahr der späteren Überschätzung freilich bedenklich. Außerdem ist mit Sicherheit anzunehmen, daß im Rahmen von Industrialisierungsvorhaben von Entwicklungsländern nach wie vor auch wesentlich kleinere und weit unter dem wirtschaftlichen Optimum liegende Kapazitäten realisiert werden. Diese Anlagen dienen meistens nur zur Versorgung der anfänglich eben zu kleinen Binnenmärkte und werden durch entsprechend hohen Zollschutz ermöglicht. In der Projektierungspraxis mehren sich in der letzten Zeit die Bemühungen, für diese Verhältnisse spezielle Anlagenkonstruktionen zu entwickeln, bei denen die wirtschaftlichen Nachteile aus der zu geringen Anlagengröße abgeschwächt werden (z.B. Mehrzweckanlagen, „package-plants“ und anderes).

8.27 Kapazitätsausnutzungsgrad

8.271 Langfristige Optimierung

Die langfristige Optimierung des *Kapazitätsausnutzungs-* oder *Beschäftigungsgrades* ist im Zusammenhang mit der Optimierung der Betriebsgröße vorzunehmen. Regelmäßig kann jede Erzeugungsleistung nicht nur durch eine genau hierauf abgestimmte vollbeschäftigte Kapazität, sondern auch durch zahlreiche Kombinationen von größeren Kapazitäten und entsprechend herabgesetzten Beschäftigungsgraden erstellt werden, wobei aufgrund der Betriebsgrößen- und Beschäftigungsdegression jedem Wertepaar eine ganz bestimmte Kostenhöhe zugeordnet ist. Da die vollbeschäftigte kleinere Anlage kostengünstiger produzieren kann als die größere unterbeschäftigte Anlage, liegen die beschäftigungsabhängigen Kostenfunktionen über der betriebsgrößenabhängigen und die jeweilige Maximalausbringung abgrenzenden Kostenfunktion.

In Abb. 8.21 sind die charakteristischen Kurvenverläufe für ein Berechnungsbeispiel, nämlich die Einheitskosten für Methanol nach dem ICI-Niederdruckverfahren dargestellt. In der Anlage ist die Synthesegaserzeugung durch Reformierung von Erdgas eingeschlossen. Von der Basiskapazität mit 165000 t/a Methanol ausgehend wurden die verschiedenen Teilkosten unter Anwendung bestimmter Degressionsexponenten über einen größeren Bereich für die voll ausgelasteten Anlagen extrapoliert [8.32]. Außerdem wurden für mehrere Betriebsgrößen die Einheitskosten bei Unterbeschäftigung errechnet und als Kurvenschar über der Grenzkurve der Vollauslastung dargestellt. Über ein Strahlenraster im unteren Teil der Abb. 8.21 läßt sich der einer bestimmten Kapazitäts- und Absatzmenge zugehörige Kapazitätsausnutzungsgrad sofort ablesen.

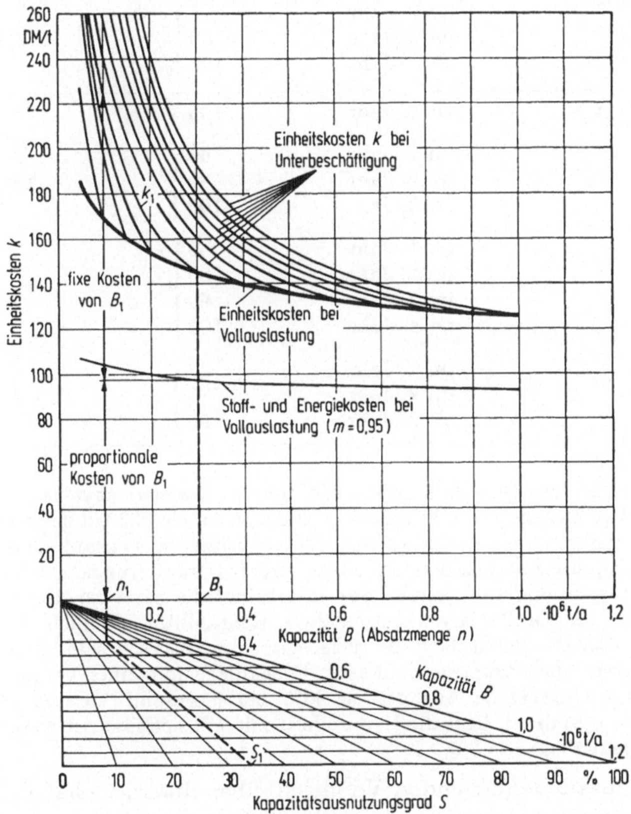

Abb. 8.21 Einheitskostenverlauf in Abhängigkeit von der Kapazität und ihrer Auslastung bei verschiedenen Absatzmengen. Berechnungsbeispiel für Methanol nach dem ICI-Niederdruckverfahren [8.32].

Je flacher und dichter die beschäftigungsabhängigen Kostenkurven größerer Kapazitäten über der Kurve der Optimalkosten verlaufen, desto eher wird man unter Wachstumsgesichtspunkten eine größere Anlage bevorzugen. Kurzfristige Kostennachteile aus der anfänglichen Überdimensionierung können nämlich bei späterer Absatzausweitung durch schnelle Produktionsanpassung und das Hineinwachsen in eine kostengünstigere Kapazität wesentlich überkompensiert werden. Die nicht voll ausgenutzten Kapazitäten schaffen einen Anreiz für Preissenkungen, um über die Nachfrageausweitung oder größere Marktanteile in den Bereich niedrigerer Produktionskosten zu gelangen. Bei homogenen chemischen Massenprodukten müssen die Konkurrenzanbieter im Preis nachgeben und bei kleineren, weniger kostengünstig arbeitenden Anlagen gewinnmäßige Nachteile in Kauf nehmen.

Tabelle 8.5 *Wirtschaftlichkeitsvergleich der Kapazitätserweiterung von Ammoniakanlagen* [8.38]

Alternative Betriebsgrößen [t/d]	Betriebszeit	Kapazitäts-ausn.grad [%]	Finanzmathem. Rentabilität [%]
3 Anlagen mit je 333 t/d nacheinander errichtet	ab 1. Jahr	100	4
	im 1. Jahr	60	
	im 2. Jahr	80	0,5
	ab 3. Jahr	100	
1 Anlage mit 10^3 t/d	ab 1. Jahr	100	26
	im 1. Jahr	60	
	im 2. Jahr	80	16
	ab 3. Jahr	100	
	im 1. Jahr	30	
	im 2. Jahr	80	
	im 3. Jahr	90	12
	ab 4. Jahr	100	
	im 1. Jahr	30	
	im 2. Jahr	70	7
	ab 3. Jahr	90	

Dies sei anhand eines Berechnungsbeispiels für die *Ammoniaksynthese* in Tab. 8.5 verdeutlicht. In diesem Beispiel sind drei kleinere Anlagen mit je 333 t/d einer modernen Großanlage mit 1000 t/d gegenübergestellt, wobei mehrere Ausnutzungsvarianten vor allem während der ersten Betriebsjahre miteinander verglichen werden (Erweiterungsmodelle der Abb. 8.18b und c). Bei Vollausnutzung vom ersten Jahr an erbringt die Serie der drei kleinen Anlageninvestitionen 4%, die Großanlage dagegen 26% Rentabilität. Freilich wird die Vollausnutzung der Großanlage gleich nach Betriebsbeginn unrealistisch sein. Aber selbst bei der ungünstigen vierten Ausnutzungsvariante der Großanlage mit einer permanenten späteren Unterbeschäftigung (maximale Ausnutzung 90% bei insgesamt vorausgesetzten 10 wirtschaftlichen Nutzungsjahren) liegt die Rentabilität mit 7% noch immer wesentlich über dem Wert der drei Kleinanlagen [8.38].

Um einen zusammenfassenden Vergleich über die wirtschaftlichen Vor- und Nachteile der wachstumsbedingten anfänglichen Überdimensionierung zu gewinnen, kann man aufgrund einer vorausgesagten betriebsindividuellen Absatzentwicklung die Rentabilitätswerte für die alternativen Auslegungskapazitäten eines größeren Bereichs ermitteln. Wegen der notwendigen Berücksichtigung des Zeitfaktors eignet sich hierfür wiederum am besten die finanzmathematische Rentabilität, welche die Einnahmen- und Ausgabenströme während der gesamten Nutzungsdauer des Projektes zu einer einheitlichen Kennziffer zusammenfaßt. Die einer bestimmten zukünftigen Absatzsteigerung zugeordnete Rentabilitätskurve weist dann in Abhängigkeit von der Kapazität ein Maximum auf, das die optimale Auslegungskapazität angibt. Das Berechnungsverfahren ist schematisch in Abb. 8.22 für 4 verschieden angenommene Absatzentwicklungen und zunächst konstant gehaltene Marktpreise dargestellt. Soll jegliche Unterbeschäftigung vermieden werden, käme nur eine einzige Betriebsgröße B_0 in Betracht, die der Absatzmenge im Zeitpunkt des Betriebsbeginns t_0 entspricht. Die Vorteile einer größer gewählten Kapazität würden aber die Kostennachteile der Unterbeschäftigung in einem gewissen Bereich mehr als kompensieren, nämlich bis zur optimalen Kapazität mit der zugeordneten maximalen Rentabilität, z.B. im Punkt $B_{n_1,\mathrm{opt}}$ bei der angenommenen Absatzentwicklung n_1 in Abb. 8.22. Eine darüber hinausgehende Kapazität würde die Rentabilität wieder absinken lassen.

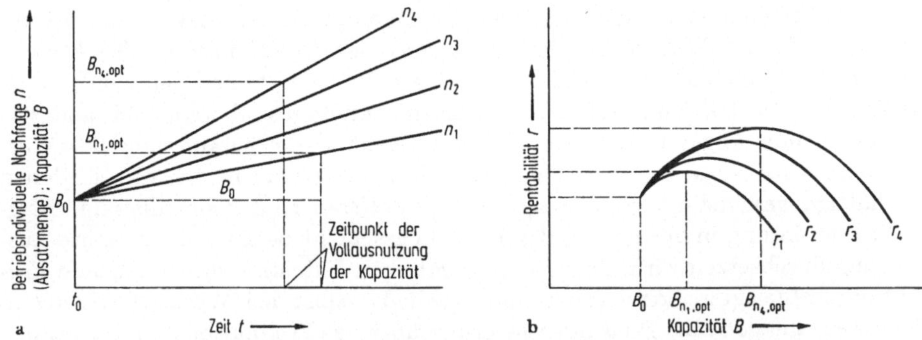

Abb. 8.22 Ermittlung der Optimalkapazität bei verschiedenen Absatzerwartungen.
a) Betriebsindividuelle Nachfrage n_1 bis n_4 während der Betriebszeit t; b) Finanzmathematische Rentabilität r_1 bis r_4 in Abhängigkeit von der Auslegungskapazität B bei den zugeordneten Nachfrageentwicklungen n_1 bis n_4.

Für verschiedene Absatzentwicklungen erhält man eine ganze Schar von Rentabilitätskurven, wobei ein erwartetes stärkeres Absatzwachstum die Optimalkapazität naturgemäß nach oben rückt. In einer verfeinerten Analyse wären auch alternative Preisentwicklungen sowie verschiedene Erweiterungsstrategien in Betracht zu ziehen. Wegen der Vielzahl der Berechnungsfälle und wegen der notwendigen iterativen Ermittlung der finanzmathematischen Rentabilität aus mehreren Zinssatzannahmen bieten elektronische Rechenmaschinen große Vorteile. Auch hier hat neben der Durchschnittsrentabilität die Grenzrentabilität für investitionspolitische Entscheidungen große Bedeutung, indem oft gefordert wird, die Kapitalbindung durch Vergrößerung der Anlage über die Kapazität der maximalen finanzmathematischen Durchschnittsrentabilität hinaus solange auszudehnen, bis die Rentabilität in der letzten Kapitalschicht einer vorgegebenen Mindestrentabilität entspricht. Daneben findet die ähnliche Kapitalwertmethode Anwendung.

8.272 Kurzfristige Optimierung

Im laufenden Betrieb sind Entscheidungen über die Preisgestaltung oder umgekehrt über die annehmbare Beschäftigungslage bei marktseitig vorgegebener Preisentwicklung unter der Bedingung der bereits festliegenden Betriebsgröße zu treffen. Hierfür sind die Unterscheidung einer *absoluten* und *relativen Gewinnzone* maßgeblich. Es gilt der Satz, daß jeder auch unterhalb der vollen Kosten, jedoch über den variablen Kosten liegende Preis einen Teil der fixen Kosten deckt, damit einen wenigstens relativen Gewinn erbringt und deshalb zur Auftragsannahme und Beschäftigungserhöhung führen sollte. Wird etwa der Marktpreis nach Errichtung größerer und kostengünstiger arbeitender Anlagen unter das Vollkostenniveau einer älteren Anlage gedrückt, so wird diese Anlage häufig noch eine geringe Zeit weiterbetrieben. Es ist allerdings ein Unterschied, ob ein Anbieter durch Anlagenüberholung und Preisverfall zwangsweise in diese Situation gerät oder ob er selbst aufgrund einer Teilkostenkalkulation eine Preissenkung unter seine Vollkosten bei schlechter Beschäftigungslage vornimmt. Dies könnte in der Hoffnung geschehen, hierdurch den Beschäftigungsgrad zu erhöhen, die durchschnittlichen Einheitskosten zu senken sowie die absolute Gewinnzone wieder zu erreichen. Die Preispolitik zur Beschäftigungsoptimierung aufgrund von Teilkostenrechnungen ist gefährlich, sobald unmittelbare Preisreaktionen der Konkurrenz das Ziel der Beschäftigungserhöhung vielleicht vereiteln und wenn sich andererseits der einmal abgesunkene Preis später schlecht wieder heraufsetzen läßt. Insbesondere wird es nur selten möglich sein, die *Preisstellung* in den verschiedenen Beschäftigungsschichten einer Anlage zu *differenzieren*, so daß sich die ungünstigste Preisforderung in der letzten Beschäftigungsschicht bald für die gesamte Ausbringung durchsetzen wird. Die in der chemischen Industrie vorherrschende Produktion festgelegter Sortenprogramme schließt selbst bei Wechselfertigung in Mehrzweckanlagen eine Preisdifferenzierung über das Produktions- und Auftragsprogramm weitgehend aus, da fallweise zur Beschäftigungserhöhung einschleusbare Sonderaufträge fehlen.

Gehen wir zunächst von einem konstanten Preis aus und unterstellen einen sehr niedrigen Beschäftigungsgrad unterhalb der Nutzenschwelle, also links von S_1 in den Diagrammen der Abb. 8.23a u. b. Jede Beschäftigungslage über 0 wäre dann unter dem Gesichtspunkt der teilweisen Fixkostendeckung noch irgendwie annehmbar Interessanter ist die Annahme

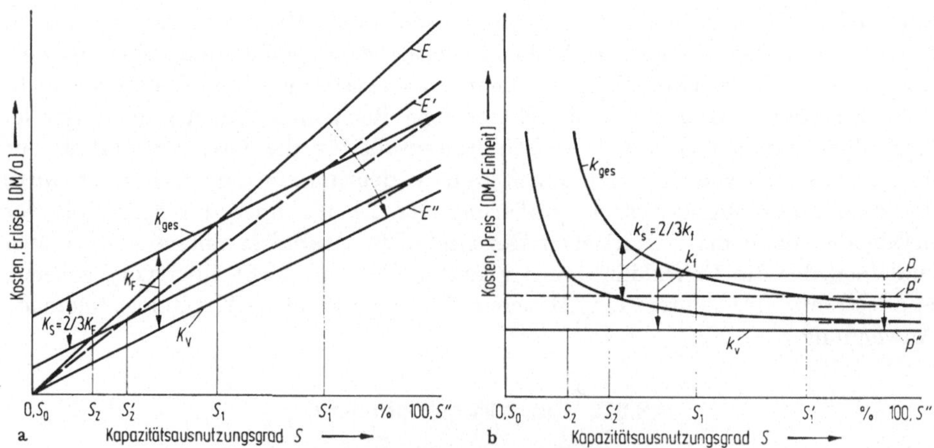

Abb. 8.23 Diagramme zur kurzfristigen Kostenanalyse.

a) Gesamtkostendiagramm. E Erlös; K_{ges} Gesamtkosten; K_F Fixkosten; K_v variable Kosten; K_s Stillstandskosten; S Kapazitätsausnutzungsgrad [%].

b) Einheitskostendiagramm. p Preis; k_{ges} Gesamtkosten; k_f Fixkosten; k_v variable Kosten; k_s Stillstandskosten: S Kapazitätsausnutzungsgrad [%].

einer nicht mehr zu realisierenden Vollkostendeckung durch fallende Preise und Erlöse im Gebiet höherer Beschäftigungsgrade, also rechts von S_1. Bei Vollbeschäftigung wird die preisabhängige Nutzenschwelle dann erreicht, wenn die Erlösgerade E die Senkrechte über $S = 100\%$ in der Höhe der Gesamtkosten K_{ges} schneidet. Nach den Prinzipien der Teilkostenrechnung müßte man dann fordern, daß in einer derartig schwierigen Ertragslage die Produktion immerhin noch so lange aufrechtzuerhalten wäre, wie die Erlösgerade nicht unter die Kurve der variablen Kosten K_v absinkt.

Bei *Einzel-* und *Kleinserienfertigung* nicht genau wiederkehrender, preislich leicht differenzierbarer Aufträge mag die Grenzkostenkalkulation dazu führen, je nach Beschäftigungslage den einen oder anderen Auftrag nur mit Teilkostendeckung anzunehmen, im übrigen aber den Gesamtbetrieb stets und möglichst nahe der Vollbeschäftigung aufrechtzuerhalten. Entschließt man sich aber bei einem starr *festgelegten* chemischen *Produktionsprogramm* zum Weiterbetrieb der Anlagen ohne Vollkostendeckung, so besteht eine realistische Hoffnung darauf, wieder in eine echte Gewinnzone zu kommen, nur unter bestimmten Bedingungen: Unterbeschäftigung, kein weiterer Preisverfall in Zukunft und Möglichkeit, aufgrund des gefallenen Preisniveaus und der Elastizitätsbedingungen der Nachfrage wieder in eine hohe Beschäftigungslage zu kommen, in der die als einheitlich angenommenen Preise Deckungsbeiträge erwirtschaften lassen, die über die Fixkosten hinausgehen. Decken die Erlöse aber die Gesamtkosten auch bei Vollbeschäftigung nicht mehr oder ist bei sinkender Preistendenz anzunehmen, daß diese Situation bald im Zuge der Annäherung an die Vollbeschäftigung eintreten wird, so ist kaum damit zu rechnen, jemals wieder die volle Kostendeckung und darüber hinaus einen Gewinn zu erzielen. Eine reversible, wieder nach oben gerichtete Preisentwicklung setzt sich nämlich nur bei allgemeinen Kostensteigerungen durch. Sieht man von den Möglichkeiten einer Produktionsumstellung ohne strukturelle Anlagenveränderungen einmal ab, so wäre andererseits der Befund einer nicht mehr als wirtschaftlich erscheinenden Preisstellung mit einer Stillegungsentscheidung gleichbedeutend.

8.273 Stillegungsentscheidungen

Die Erweiterung des Entscheidungsproblems von der Annahme oder Ablehnung eines Auftrags zum *Weiterbetrieb* oder zur *Stillegung* einer Anlage erschwert die Kostenanalyse, vergrößert aber auch ihre Tragweite. Die Unterscheidung in fixe und variable Kosten – obschon selbst nicht einfach zu quantifizieren – ist nicht ausreichend, da es jetzt besonders auf die durch Stillegung vermeidbaren Kosten ankommt.

Die Kostenanalyse für den Fall der *vorübergehenden Stillegung* ist unter der Annahme sowohl variabler Preise und Erlöse als auch Beschäftigungsgrade in Abb. 8.23a und b (Gesamtkosten- und Einheitskostendiagramm) dargestellt. Eine vorübergehende Stillegung ist immer dann vorteilhaft, wenn die durch Stillegung vermeidbaren Kosten durch die erzielbaren Erlöse nicht mehr vollständig gedeckt werden. Dagegen ist eine Fortführung des Betriebes gerechtfertigt, wenn die Höhe der Erlöse wenigstens eine teilweise Deckung der auch bei Stillegung nicht vermeidbaren Kosten erlaubt.

Die variablen Kosten K_v bzw. k_v sind bei Stillegung vermeidbar, während sich die unvermeidbaren Kosten als ein schwierig zu bestimmender Anteil der fixen Kosten ergeben werden.

Setzt man die Stillstandskosten vereinfachend den Fixkosten gleich, was in der Praxis oft geschieht, dann fällt das Betriebsminimum bzw. der Stillegungspunkt mit dem Beschäftigungsgrad Null zusammen. Im umgekehrten Grenzfall der vollen Vermeidbarkeit der fixen Kosten rückt das Betriebsminimum in die Nutzenschwelle. Die Wirklichkeit wird zwischen diesen Grenzpunkten liegen. Im vorliegenden Beispiel wurde angenommen, daß die Stillstandskosten K_s und k_s rund 2/3 der Fixkosten betragen. Dem Ausgangspreis p und Erlös E entspricht dann das Betriebsminimum S_2. Je größer die Stillstandskosten sind und je näher sie an die gesamten Fixkosten heranreichen, desto mehr muß das Betriebsminimum auf niedrigere Kapazitätsausnutzungsgrade zurückgehen [8.33; 8.45].

Sinkt aber der Preis von p auf p' und damit der Erlös von E auf E', so nimmt das Betriebsminimum die höheren Ausnutzungsgrade S_1' und S_2' an. Ein weiterer Rückgang des Preises bis auf p'' (E'') würde das Betriebsminimum mit dem Punkt der Vollbeschäftigung S'' zur Deckung bringen. Lassen sich die Fixkosten durch Stillegung in bestimmtem Umfang vermeiden, wäre die Einstellung des Betriebes jedoch bereits bei entsprechend höheren Preisen sinnvoll. Die Preisuntergrenze wäre dann im Falle möglicher Vollbeschäftigung im Einheitskostendiagramm der Abb. 8.23b auf der Senkrechten über S'' festzulegen.

Zieht man eine vorübergehende Stillegung in Betracht, ist das *Zeitmoment* wiederum nicht auszuschalten. Die Stillegungskosten enthalten stillegungsfixe Elemente, die beim Abfahren und Wiederanfahren der Anlagen entstehen und sich in der Periodenrechnung um so stärker auswirken, je kürzer die Zeitspanne der Betriebsunterbrechung ist. Außerdem ist die Frage aufzuwerfen, ob überhaupt und wann jemals eine Verbesserung der wirtschaftlichen Bedingungen eintreten wird, die ein Wiederingangsetzen der Anlagen rechtfertigt. Erfolgt die Betriebseinstellung aufgrund zu schlechter Preislage und nicht der Beschäftigungslage, ist selten auf eine spätere Erholung der Preise und damit den späteren Weiterbetrieb zu hoffen.

Als zusätzliche Alternative ist dann die sofortige *endgültige Stillegung* der Anlagen nach den Verfahren der dynamischen Investitionsrechnung zu veranschlagen. Diese Untersuchungen werden außerdem über den günstigsten Zeitpunkt der Stillegung Auskunft zu geben haben, vgl. [8.94, S. 97]. Man hat zwar die Aussicht, durch Weiterbetrieb einer Anlage, die nicht mehr die vollen, sondern nur noch einen Teil der fixen Kosten deckt, noch einen Teil des eingesetzten Anlagekapitals zu amortisieren. Es kann aber durchaus möglich sein, durch die sofortige Stillegung und Freisetzung der anderweitig verwendbaren Arbeitskräfte und Einrichtungen eine wirtschaftlichere Gesamtlösung zu erzielen.

8.28 Auftragsgröße

Wechselnde *Auftragsgrößen* beeinflussen die Kosten über das Phänomen der *Auflagendegression*, die gleichfalls wie die Beschäftigungsdegression im laufenden Betrieb ohne strukturelle Veränderungen der Apparatur zustande kommt. Die Auflagendegression entsteht aus der Verteilung der auflagefixen Kosten auf eine mehr oder minder große Zahl von Auftragseinheiten [1.52, S. 170]. Sie kann mit Elementen der Betriebsgrößendegression verknüpft sein, da größere Aufträge die Verwendung größerer Anlageneinheiten ermöglichen, wie z. B. größerer Verpackungs- und Transportbehälter im Vertrieb oder größerer Apparaturen in der Produktion. Im Hinblick auf eine eventuell nach der Höhe der Auftragskosten zu differenzierende Preisstellung wäre die Auftragsdegression im Vertrieb am ehesten maßgeblich, was freilich eine ausgebaute Vertriebskostenrechnung mit auftragsweiser Kostenerfassung voraussetzt. Die Auflagendegression in der Produktion kommt in Vielproduktbetrieben der Grenztypen B und vor allem C in Betracht. Hier liegt meistens Sortenfertigung in Verbindung mit Lagerproduktion vor, so daß mehrere Verkaufsaufträge zu möglichst optimalen Fertigungsaufträgen („Chargengrößen") zusammengefaßt, auf Lager produziert und ab Lager verkauft werden, was eine genaue Zurechnung der Kosten erschwert. Meistens sind die Sortenwechselkosten als Einflußgröße auf die Preispolitik zu wenig bekannt, vgl. [8.7]. Bei reiner Auftragsfertigung aufgrund einzelner Kundenbestellungen wäre die auftragsweise Kostenerfassung weniger problematisch, wobei sich außerdem die Kostendegression im Beschaffungsbereich berücksichtigen läßt, da dann ein Teil des Stoffverbrauchs als Bedarfsmaterial für jeden Auftrag gesondert zu bestellen sein wird.

In der chemischen Industrie sind Preisstaffelungen in Abhängigkeit von der Größe des Einzelauftrags oder der Abschlußmengen für ganze Zeitperioden in Gestalt der *Mengenrabattierung* an der Tagesordnung. Wohl im Vertrauen auf die kostenmäßige Begründung werden diese Preisunterschiede im Verkehr auch größtenteils akzeptiert. Zweifellos liegen aber hierbei oft Elemente einer Preisdifferenzierung zugrunde, was schon darin zum Ausdruck kommt, daß die Mengenrabattierung selbst bei der Abgabe von solchen Massenprodukten üblich ist, die in kontinuierlichen Einzweckanlagen hergestellt werden und zumindest im Produktionsbereich keiner unmittelbaren Auflagendegression unterliegen.

8.3 Marktbedingungen der Preispolitik

8.31 Preis-Nachfrage-Beziehungen

Die *gesamtwirtschaftliche Preis-Nachfrage-Abhängigkeit* kann der Preispolitik des Monopolisten unmittelbar zugrunde gelegt werden. Die Neigung der Nachfragekurve bestimmt aber auch die Chancen für eine preispolitische Absatzausweitung sowie Gewinnoptimierung beim Auftreten mehrerer Anbieter, wenn diese aufgrund der gegenseitigen Beeinflussung ihres preispolitischen Verhaltens ebenfalls mit betriebsindividuellen Absatzkurven rechnen müssen. Außerdem entstehen bei unvollkommenen Marktbedingungen anstelle des einheitlichen Gleichgewichtspreises voneinander abweichende individuelle Preisstellungen innerhalb der begrenzten reaktionsfreien Preisbereiche der Absatzkurven (vgl. Abb. 8.5). Der gesamtwirtschaftliche Gleichgewichtspreis ist dann nur als mittlerer Wert für die nutzenverwandten Produkte vorstellbar.

Sowohl gesamt- als auch einzelbetriebliche Nachfragekurven sind ursprünglich statischen Vorstellungen entlehnt. Bei ihrer schwierigen Ableitung stützt man jedoch besonders die gesamtwirtschaftlichen Nachfragefunktionen meistens auf historische Preis-Absatzmengen-Korrelationen, deren Regressionskurven eher die langfristige Marktdurchdringung widerspiegeln. Andernfalls müßte man in dem betreffenden Zeitraum eine weitgehend statische Volkswirtschaft voraussetzen oder durch rechnerische Korrekturen annähern. Hat sich beispielsweise nach fünf Jahren der Preis für ein chemisches Produkt halbiert und der Absatz verdreifacht, so wäre bei einer gleichen kurzfristigen Preissenkung mit einer weit geringeren Absatzerhöhung zu rechnen gewesen.

Bei den chemischen *Produktivgütern* ist die kurzfristige Nachfrageelastizität um so geringer, je niedriger ihr Kostenanteil in den Folgeprodukten und damit der Einfluß auf deren Kosten und Abgabepreise ist. Dies trifft aber für die Mehrzahl der chemischen Hilfsstoffe und Wirkstoffe zu. Die sehr steile Nachfragekurve der Abb. 8.24 für Anstrichmittel in der Schweiz mag hierfür als charakteristisches Beispiel dienen. Außerdem sind die Nachverarbeitungsprozesse und Folgeprodukte nicht von einem Tag zum anderen auf andere Vorprodukte umzustellen. Die so bedingte Starrheit gilt auch für die Weiterverarbeitung der Chemierohstoffe und -werkstoffe, obwohl Preisänderungen wegen des hohen Kostenanteils in den Folgeprodukten empfindlichere Preisreaktionen der Nachfrager erwarten lassen.

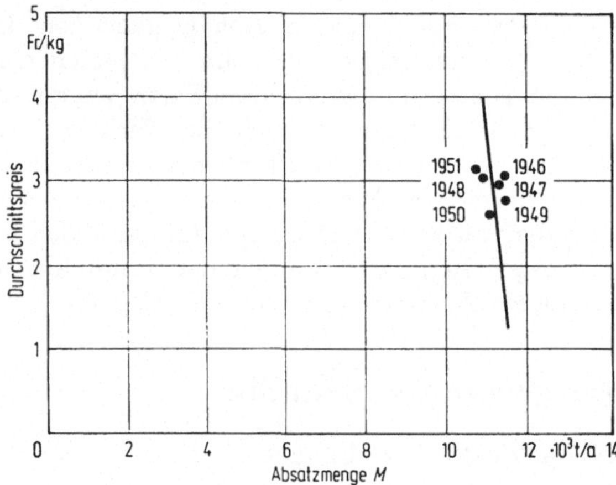

Abb. 8.24 Empirisch ermittelte Nachfragekurve für Anstrichmittel in der Schweiz [8.104, S. 527].

Die Nachfrage nach chemischen *Konsumgütern* ist ebenfalls überwiegend unelastisch, weil vor allem Grundbedürfnisse befriedigt werden und es sich um Bedarfsobjekte mit niedrigen Preisen handelt, die im Haushaltsbudget keine große Rolle spielen. Die besonders hohe Dringlichkeit des Bedarfs bei Arzneimitteln bringt die pharmazeutische Industrie immer wieder in den Verdacht, die geringe Nachfrageelastizität durch entsprechend überhöhte und nicht mehr an der Kostenbasis orientierte Preisforderungen auszunutzen, zumal auch der Wettbewerb zwischen den Herstellern bei den meisten wirkungsähnlichen Präparaten durch Markierung und Produktdifferenzierung eingeschränkt ist. Als schwerwiegende Folge machen sich in vielen Ländern wirtschaftspolitische Interessen zur staatlichen Reglementierung der Preisbildung bei Arzneimitteln auf direktem oder indirektem Wege (z.B. Markierungsverbot) bemerkbar. Höchstens in der kosmetischen Industrie wird man bei den Produkten der höheren Preisklassen vielleicht eine größere Nachfrageelastizität erwarten dürfen. Auch in diesem Sektor ist jedoch mit der Wohlstandsmehrung eine zunehmende Umwandlung von Bedarfskategorien des Luxusbedarfs in solche des Grundbedarfs zu beobachten. Neben der Preiselastizität wäre im Konsumgüterbereich auch noch die Einkommenselastizität der Nachfrage zu berücksichtigen, wobei man ebenfalls eine geringe Empfindlichkeit der Nachfrage auf Veränderungen in der Höhe der individuellen sowie Haushaltseinkommen annehmen muß.

Sofern deutlichere Zusammenhänge zwischen der Preisstellung der chemischen Vorprodukte und der Preisentwicklung bei Folgeprodukten vorliegen, sollte die Betrachtung der preispolitischen Möglichkeiten auf die *Nachmärkte* ausgedehnt werden (z. B. bei Chemiefasern). Erst aus den Rückwirkungen der Folgeproduktpreisänderungen auf die eigenen Vorproduktnachfrageverhältnisse wird sich ein Urteil über die Optimierung der eigenen Preispolitik gewinnen lassen. Die vertikalen preispolitischen Aktionsmöglichkeiten werden naturgemäß mit zunehmender Integration der Nachverarbeitung verbessert, da es sonst unsicher bleibt, in welchem Ausmaß Vorproduktpreisänderungen in den Preisen der Folgeprodukte weitergegeben werden.

Unter Einführung der *Zeitkomponente* ergeben sich andere Aspekte, denn hier führen das gesamtwirtschaftliche Wachstum sowie die zugunsten chemischer Produkte wirksamen Substitutionsprozesse zu einer langfristigen Absatzsteigerung, die gewöhnlich mit viel schwächeren Preissenkungstendenzen gekoppelt ist. Die durch Anwendungsentwicklung, aktive Markterschließung und Preissenkungen induzierte Nachfrageerhöhung entsteht bei vielen neueren chemischen Produkten vor allem dadurch, daß in den sukzessive erreichten Preisschichten Konkurrenzprodukte durch qualitative Produktüberlegenheit und Preisüberlegenheit verdrängt werden. Dabei ist auf lange Sicht oft eine recht hohe Elastizität der Nachfrage zu unterstellen.

Bei der Preisbildung von *Vielzweckprodukten* sind verschiedene *Teilmärkte* nach *Verwendungszwecken* abzugrenzen.

So wäre etwa die Substitutionskonkurrenz gegenüber der Schwefelsäure jeweils anders zu beurteilen, wenn es bei den Verwendungen um ihre Eigenschaft der Azidität, der Oxydationswirkung, Katalysatorwirkung bei petrochemischen Prozessen, um die Eignung als Elektrolyt, die Einführung hydrophiler Gruppen in oberflächenaktive Verbindungen, den Aufschluß von Phosphaten in der Düngemittelindustrie oder anderes geht. Die zuletzt genannte Verwendung ist ein Beispiel dafür, daß wir die Substitutionskonkurrenz keineswegs nur im Zusammenhang mit dem Siegeszug neuer chemischer Produkte durch Preissenkung in Rechnung zu stellen haben, sondern daß sie sich auch bei Preiserhöhungen auswirken kann. So hatte bereits eine leichte Auftriebstendenz der Schwefelpreise dazu geführt, daß man sich weltweit um Entwicklung und Einsatz neuer Phosphataufschlußverfahren mit Salpetersäure zur Einsparung von Schwefelsäure bemühte. Für die Preissteigerungen ursächlich waren die anhaltende Nachfrageausweitung im Düngemittelmarkt für Schwefelsäure und andererseits unzureichende und mit Kostenerhöhungen belastete zusätzliche Gewinnungsmöglichkeiten von Schwefel (z. B. Schwefel und Schwefelsäure aus Gips).

8.32 Angebotsstruktur der Chemiemärkte

8.321 Auswirkungen der Angebots- und Unternehmenskonzentration

Die *morphologische Struktur* des *Marktes* wird durch die Zahl der miteinander im Wettbewerb stehenden Marktteilnehmer sowohl auf der Angebots- als auch Nachfrageseite charakterisiert. Aus der Vielzahl der entwickelten Strukturmodelle erscheint die *Dreigliederung* der beiden Marktseiten in die Monopol-, Oligopol- und Konkurrenzsituation ausreichend [1.34, S. 185; 8.61]. Weiter vereinfachend wird die Dreigliederung häufig nur auf die Angebotsseite bezogen und für die Nachfrageseite der Konkurrenzfall mit einer Vielzahl von Marktteilnehmern unterstellt. Übereinstimmend mit dieser Annahme ist der Konzentrationsgrad in der Nachverarbeitung chemischer Produktivgüter oft geringer, wie es das Verhältnis zwischen Kunststoffindustrie und kunststoffverarbeitender Industrie besonders offenkundig macht (Abb. 8.25). Die Nachfrage nach Konsumgütern ist atomistisch, jedoch stehen der chemischen Industrie als unmittelbare Nachfrager nicht die Letztverbraucher, sondern die Handelsbetriebe gegenüber, deren Konzentrationsgrad anwächst. Man kann zunächst festhalten, daß mit wachsender Zahl von Anbietern die Preiskonkurrenz verschärft wird, das Preisniveau eher auf die Kostengrundlage herabgedrückt wird und die Chancen zur eigenen Preispolitik unter Ausnutzung der jeweiligen Nachfragesituation geringer werden. Auf unvollkommenen Märkten wird die Angebotskonkurrenz stärker eingeschränkt.

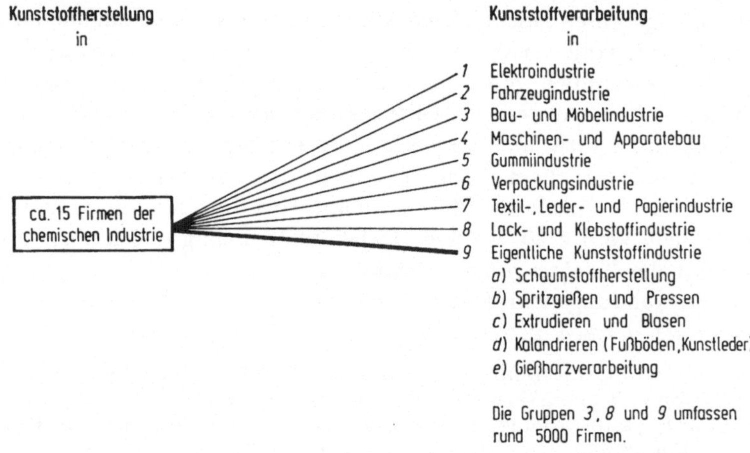

Abb. 8.25 Die Marktteilnehmer der Kunststoffindustrie in der BRD [8.102].

Die Aussagen über die Angebotsstruktur der Chemiemärkte sind primär auf einzelne Produkte und verwendungsverwandte Produktgruppen zu beziehen, so daß die Marktstellung der einzelnen Chemieunternehmung auf ihren verschiedenen „Teilmärkten" ganz unterschiedlich sein kann. Die führende britische Chemieunternehmung ICI verfügt auf vielen Gebieten der Schwerchemie, aber auch der chemischen Spezialitäten, praktisch über eine inländische Monopolstellung, die nur durch die Importkonkurrenz abgeschwächt wird. In der Sparte der Pharmazeutika war vor einigen Jahren der Marktanteil mit rund 1 % dagegen noch verschwindend gering. Innerhalb einer Sparte sind weitere Teilmärkte abzugrenzen, wie etwa nach Indikationsgebieten pharmazeutischer Produkte. Der führenden Marktposition bei einigen Präparaten eines bestimmten Indikationsgebiets mag z. B. die Bedeutungslosigkeit auf anderen Indikationsgebieten gegenüberstehen. Freilich ist diese isolierte Betrachtung der einzelnen Märkte nicht immer ausreichend, da sich die aus einer starken Unternehmenskonzentration ergebende Marktmacht auch im Preisverhalten auf einzelnen Teilmärkten auswirken kann.

Der Zug zur *Angebotskonzentration* und damit strukturellen Einschränkung der Angebotskonkurrenz ist in den meisten Chemiesparten außerordentlich stark. In der Schwerchemie zwingt vor allem die Größendegression der Produktionskosten zu immer größeren Kapazitäten, während in den Bereichen der Spezialitätenchemie die Verbundvorteile eines großen Sortimentes, vor allem aber auch die Kostendegression der Forschung und Entwicklung sowie im Vertrieb zum Tragen kommen. Die scharfe Werbekonkurrenz in vielen Markenartikelbereichen erfordert Marktinvestitionen in einer solchen Größenordnung, wie sie nur von wenigen großen Unternehmungen aufzubringen sind (z.B. Waschmittel).

Es sind allerdings auch Kräfte wirksam, die zwar die Unternehmenskonzentration in horizontaler und vertikaler Richtung, nicht aber die für die Preispolitik in erster Linie wichtige Angebotskonzentration auf den *Teilmärkten* fördern. Zwangsläufig muß nämlich das Bestreben der Chemieunternehmungen, ihr Programm immer stärker auszuweiten und abzurunden, der Spezialisierung entgegenwirken und das gesamte Marktpotential auf eine größere Zahl von Anbietern aufteilen. Die Vorteile der Unternehmensgrößen- und der Anlagegrößendegression stehen sich dann gegenüber, wovon wir letztere im Sinne der Betriebsgrößendegression weiter oben besonders im Auge hatten.

Die durch Forschung und Entwicklung erworbenen Erfahrungen und der Patentschutz begrenzen den *Markteintritt* nur in bestimmten Bereichen der Spezialitätenchemie. Anderwärts dominiert die freizügige Lizenzvergabe und das Verfahrens- bzw. Anlagenangebot der Projektierungsfirmen, von dem man besonders in Wachstumsmärkten häufig Gebrauch machen wird. Sofern aber die Verbundvorteile der Konzentration zahlreicher Sparten und Anlagen in der einzelnen Unternehmung zur Auswirkung kommen, wird der Marktzutritt für den „newcomer", welcher den Marktanteil der alten Produzenten herabsetzen könnte, erheblich erschwert. Um konkurrenzfähig zu sein, müßte der neue Produzent nicht nur eine entsprechend große Einzelanlage, sondern sofort einen größeren verbundwirtschaftlich bevorteilten Anlagenkomplex mit einem breiten Produktionsprogramm realisieren. Zusammenfassend sind demnach drei teilweise entgegengerichtete Einflußgrößen auf die Angebotskonzentration festzuhalten:

1. Die Größendegression der Kosten in Abhängigkeit von der Kapazität begünstigt große Anlagen und damit die Angebotskonzentration.
2. Die Größendegression der Kosten in Abhängigkeit von der Unternehmensgröße begünstigt den weiten Anlagenverbund und das breit und tief gestaffelte Programm. Die durch alle Anbieter angestrebte Programmkomplettierung schwächt aber die Angebotskonzentration im Teilmarkt ab.
3. Die Vorteile der Unternehmenskonzentration erschweren den Marktzutritt und die Marktbehauptung kleinerer Mitbewerber, wodurch die Angebotskonzentration verstärkt wird.

8.322 Beispiele zur Angebotsstruktur

Die Betriebsgrößen- oder Unternehmensgrößenstatistik wird für die Charakterisierung der Angebotsstruktur der Chemiemärkte bedeutsamer, wenn sie sich auf Chemieunternehmungen erstreckt, die sich auf bestimmte Chemieteilbranchen oder Sparten spezialisiert haben. Solche Spezialisierungen sind in einigen Sparten immer noch bedeutsam, indessen greifen zahlreiche Großunternehmungen auch in diese Bereiche hinein und erschweren eine spartenweise Durchleuchtung, da die Umsatzanteile der einzelnen Sparten nicht häufig bekanntgegeben werden

Tab. 8.6 läßt den hohen Konzentrationsgrad in der *Teerfarbenindustrie* erkennen, wobei überwiegend die Spartenumsätze komplexer Chemieunternehmungen zugrunde liegen. Nach einer Untersuchung über die Betriebsgrößenstruktur und die Konzentrationstendenzen der *pharmazeutischen Industrie* verschiedener Länder [8.21; 8.66] sollten 1964 in der BRD in der höchsten Umsatzgrößenklasse von über 90 Millionen FF 4 Unternehmungen dagegen zusammen nur 18% Marktanteil besitzen. Tab. 8.7 zeigt die Besetzung ähnlich gestufter Umsatzgrößenklassen für 1967, jedoch ohne Zuordnung von Marktanteilen.

Tabelle 8.6 *Konzentration in der Teerfarbenindustrie 1961* [8.41]

Land	Unternehmungen	Marktanteil [%]
BRD	4	95
Frankreich	1	90
Schweiz	3	92
England	1	70
Italien	1	70
Japan	5	80

Tabelle 8.7 *Umsatzgrößenklassen der pharmazeutischen Industrie der BRD 1967* [8.84]

Unternehmungen	Umsatzgrößenklasse [10^6 DM]
6	über 100
11	25–100
14	15–25
30	7–15
80	2–7
550	unter 2

Aufschlußreich ist die Verfolgung der Konzentration anhand der Marktanteile der *vier größten Unternehmungen* in zahlreichen Industriezweigen der USA, wofür in Tab. 8.8 die Daten aus dem verfahrenstechnischen Bereich mitgeteilt sind.

Anhaltspunkte liefert auch die Entwicklung der *Gesamtzahl der Unternehmungen*, zumindest wenn eine möglichst detaillierte Spartengliederung zugrunde liegt. Komplexe Chemieunternehmungen wären mehrfach zu erfassen. Beispielsweise wurde für die USA 1954 die Zahl der Chemiefaserfabriken mit 35, der Pharmabetriebe mit 565 angegeben [1.7, S. 11]. In Frankreich sank die Zahl der Pharmahersteller zwischen 1950 und 1967 von 1900 auf 500 [8.21].

Tabelle 8.8 *Marktanteile der 4 größten Unternehmungen der Verfahrensindustrie der USA* [8.108]

Industriezweig, Sparte oder Produktgruppe	Umsätze 1963 [10^6 \$]	Marktanteile [%]		
		1954	1958	1963
Chloralkali-Industrie	526	63	61	56
Technische Gase	390	77	78	71
Kohlenwertstoffe	1115	49	45	45
Anorganische Pigmente	480	–	67	66
Organische Industriechemikalien	4200	–	47	42
Synthesekautschuk	862	52	54	52
Pharmazeutika	3000	25	25	22
Seifen und Waschmittel	1781	–	68	68
Körperpflegemittel	1859	–	29	33
Farben und Lacke	2298	27	25	24
Düngemittelindustrie	1221	27	24	24
Pestizide u.a. Landwirtschaftschemikalien	489	–	30	27
Chemische Spezialitäten, nicht näher spezifiziert	999	–	19	14
Zellstoffindustrie	726	–	37	38
Erdölverarbeitung	15558	–	31	32
Reifenindustrie	2420	–	71	72

Tabelle 8.9 *Angebotskonzentration in der Synthesefaserindustrie der BRD aufgrund der Kapazitätsstatistik* [8.46]

Firma	Kapazität [10^3 t/a]					Kapazitätsanteil [%]				
	Nylon 6	Nylon 6.6	Poly-ester	Acryl-fasern	gesamt	Nylon 6	Nylon 6.6	Poly-ester	Acryl-fasern	gesamt
Farbenfabriken Bayer AG	40	–	–	70	110	36	–	–	73	24
Faserwerke Hüls GmbH	–	–	12	–	12	–	–	7	–	3
Summe	40	–	12	70	122	36	–	7	73	27
Farbwerke Hoechst AG	8	–	70	–	78	7	–	42	–	17
Spinnstoffabrik Zehlendorf AG	5	–	4	–	9	5	–	2	–	2
Süddeutsche Chemiefaser AG	–	–	–	18	18	–	–	–	19	4
Summe	13	–	74	18	105	12	–	44	19	23
Glanzstoff AG	40	10	40	–	90	35	12	24	–	20
J. P. Bemberg AG	12	–	–	–	12	11	–	–	–	3
Spinnfaser AG	–	–	15	–	15	–	–	9	–	3
Summe	52	10	55	–	117	46	12	33	–	26
Badische Anilin- & Soda-Fabrik AG Phrix-Werke AG	7	–	–	8	15	6	–	–	8	3
Deutsche Rhodiaceta AG	–	25	–	–	25	–	31	–	–	5
Rottweiler Kunstseidenfabrik AG	–	5	–	–	5	–	6	–	–	1
Summe	–	30	–	–	30	–	37	–	–	6
ICI (Europa) Fibres GmbH	–	20	5	–	25	–	24	3	–	5
Du Pont Chemie GmbH	–	22	22	–	44	–	27	13	–	10
Summe	112	82	168	96	458	100	100	100	100	100

Anstelle der Absatzanteile auf dem Inlandsmarkt werden mitunter hilfsweise die *Produktionsanteile* der Konkurrenzanbieter verwendet, wenn die Außenhandelsverflechtung vernachlässigbar ist oder sich die Exportquoten etwa entsprechen. Noch größere Unsicherheiten bringt die Verwendung der *Kapazitätsstatistik* mit sich, obwohl die Daten für große Produkte und Produktgruppen meistens leichter verfügbar sind (vgl. Tab. 8.9 für die Angebotskonzentration der Synthesefaserindustrie in der BRD).

Erschwerend wirken die *kapitalmäßigen Verflechtungen* auf der Angebotsseite, aber auch zwischen der Angebots- und der Nachfrageseite. Sind juristisch selbständige Anbieter kapitalmäßig miteinander verflochten oder liegt eine gemeinsame Beherrschung von dritter Seite vor, so muß man eine echte Preiskonkurrenz zwischen diesen Firmen ausschließen. Auch die kapitalmäßige Verflechtung mit Nachfragern im Rahmen der Vertikalkonzentration führt zur konkurrenzmäßigen Abschirmung von Marktsektoren. Demnach wären der Analyse von Angebotsstrukturen besser nur wirtschaftlich souveräne Marktparteien anstelle juristisch selbständiger Marktteilnehmer zugrunde zu legen.

8.323 Entwicklung der Angebotsstrukturen in wachsenden Chemiemärkten

Die Größe des Marktes wird sowohl durch die geographische Ausdehnung wie durch die Nachfrageintensität nach den betreffenden Produkten bestimmt. Beide Faktoren bewirken gegenwärtig ein *Wachstum der Chemiemärkte*, was die Zahl der Anbieter unter gleichzeitiger Konkurrenzverschärfung tendenziell erhöhen muß.

In den räumlich enger begrenzten *Nationalwirtschaften* begegnet uns selbst bei hochentwickelter Chemiewirtschaft auf den wichtigsten Produktionsgebieten eine relativ kleine Zahl von Herstellern. Starke Angebotsoligopole oder sogar -monopole bilden sich aus, wenn man einmal die Importkonkurrenz durch ausländische Anbieter außer acht läßt. Diese ist je nach den wirtschaftlichen Absatzradien der Produkte und den handelspolitischen Maßnahmen unterschiedlich.

In den etwa gleichrangigen Chemieländern England und der BRD waren lange Zeit für viele Chemieprodukte nur ein oder sehr wenige Hersteller vorhanden. In einer Untersuchung der Angebotsstruktur der westdeutschen *Düngemittelindustrie* wurde die typische Oligopolsituation mit wenigen Anbietern auf den Arbeitsgebieten aller drei Grundnährstoffe hervorgehoben [8.60]. Die Erzeugung von *Harnstoff* blieb in der BRD von 1920–1960 auf die BASF beschränkt, erst dann folgte UK Wesseling als zweiter Produzent und 1967 die Ruhrstickstoff-AG als dritter Marktteilnehmer mit inländischer Produktionsbasis. Für *SB-Synthesekautschuk* ist die Bunawerke Hüls GmbH bis heute der alleinige Produzent in der BRD, wobei sich allerdings mehrere Kapitaleigner in dieses Interessengebiet teilen. Bis zur Auflösung des IG-Farbenkonzerns nach dem 2. Weltkrieg hatte dieser das Monopolangebot auf den wichtigsten Chemiegebieten. Für die teilweise hohen Konzentrationsgrade auch bei den Spezialitäten liefert der *Waschmittelmarkt* ein anschauliches Beispiel: In der BRD wurde hier der Marktanteil des führenden Produzenten, der Henkel & Cie GmbH, 1967 mit fast 50% beziffert, während auf die Mitbewerber Sunlicht 24% und Procter & Gamble 20%, dagegen auf alle übrigen Hersteller sowie die Handelsmarken nur 5% entfielen [8.20; 8.35].

In den Chemiemärkten einer *Großraumwirtschaft* wie der USA treten dagegen viel mehr, und zwar selbst bei den Massenprodukten der Industriechemikalien oft schon 10 oder mehr Hersteller miteinander in Angebotskonkurrenz. Beim Überschreiten der Marktteilnehmerzahl von 20 wird im allgemeinen bereits der Übergang vom Oligopol zum Konkurrenzmarkt angenommen. Der gleiche Effekt entsteht aber auch bei der heutigen Tendenz zur Realisierung von Großraum-

Tabelle 8.10 *Zahl der Produzenten wichtiger Kunststoffe und ihre Kapazitäten in der EWG, in England und in den USA 1966* [4.56]

Kunststoff	Zahl der Produzenten			Kapazität [10^3 t/a]					
				gesamt			je Produzent		
	EWG	Engl.	USA	EWG	Engl.	USA	EWG	Engl.	USA
Polyäthylen	25	5	13	985	395	1700	40	80	130
Polystyrol	18	7	18	465	130	800	25	20	45
Polyvinylchlorid	21	3	22	995	300	1380	45	100	65

wirtschaften durch wirtschaftspolitische Zusammenschlüsse. Der Vergleich der Angebotsstrukturen für die wichtigsten drei Kunststoffgruppen im EWG-Markt und im englischen Markt in Tab. 8.10 soll dies verdeutlichen. Die Zahl der Anbieter in der EWG reichte an diejenige in den USA heran und war beim Polyäthylen sogar doppelt so hoch, allerdings bei wesentlich herabgesetzten Kapazitäten der einzelnen Wettbewerber. Einige zu kleine, kostenmäßig benachteiligte Anlagen im EWG-Raum konnten eben nur durch ihre regionale Präferenzstellung in den Nationalmärkten vor dem Abbau der Zollschranken entstehen.

Allerdings kommt in der hohen Zahl der Anbieter im EWG-Raum bei vergleichsweise geringen Kapazitäten noch die weitere Einflußgröße der zunehmenden *Internationalisierung* der Angebotskonkurrenz auf den Chemiemärkten zur Geltung. Die letzte Entwicklungsstufe der multinational operierenden Chemieunternehmung aus der ursprünglich nationalen und nur exportorientierten Chemieunternehmung bringt die führenden Chemieunternehmungen in weltweite Konkurrenzbeziehungen, indem regionale Präferenzen durch Auslandsinvestitionen ausgeschaltet werden. Die nationalen Marktanteile der regional angestammten Chemieunternehmungen werden dadurch herabgedrückt, jedoch entsteht durch die Chancen zur Erhöhung der Auslandsumsätze ein Ausgleich. Die hohe Zahl von Kunststoffanbietern im EWG-Raum geht unter anderem auf die rege Investitionstätigkeit ausländischer, insbesondere amerikanischer Unternehmungen in diesem wichtigen Produktionssektor zurück.

Schließlich ist das dynamische Element der Marktausweitung durch *Verbrauchswachstum* bei der Analyse von Angebotsstrukturen zu berücksichtigen.

Wird ein neues Produkt auf den Markt gebracht, so mögen vielleicht nicht nur die gewonnene Patentsicherung oder der Entwicklungsvorsprung, sondern die noch unsicheren Marktchancen dazu führen, daß potentielle Konkurrenten nicht sofort auf diesem Arbeitsgebiet aktiv werden. In der chemischen Industrie sind ständige Produktneuentwicklungen an der Tagesordnung, und in Verfolgung bestimmter Grundlinien der Programmpolitik ist es unmöglich, jede sich abzeichnende Neuerung sofort ins eigene Programm zu übernehmen. Sobald sich aber ein nachhaltiges Wachstum abzeichnet, ist mit dem laufenden Markteintritt neuer Produzenten zu rechnen, so daß den seit langem tätigen Herstellern jeweils nur ein Teil des gesamten Verbrauchswachstums zufällt. Dies ist hinsichtlich der Angebotsstruktur des Marktes mit einer wachstumsbedingten Verringerung der Marktanteile der einzelnen Anbieter verknüpft, d.h., mit einer zunehmenden Besetzung des Oligopols oder sogar dem Hinübergleiten in den Konkurrenzmarkt.

Tabelle 8.11 *Wachstumsbedingte Konkurrenzverschärfung bei Industriechemikalien in den USA*
(Zahl der Hersteller nach [8.12]; Gesamtproduktion nach [3.65])

Produkt oder Produktgruppe	Zahl der Hersteller			Gesamtproduktion			Vervielfachung in 16 Jahren		
	1947	1961	1963/64	1947 [10^6 Einh.]	1963 [10^6 Einh.]	Maß	Zahl der Hersteller	Gesamtproduktion	Durchschnittsproduktion je Hersteller
Benzol	11	33	36	180	650	gal	3,27	3,61	1,11
Benzolsulfonate	12	39	–	–	–	–	–	–	–
Ammoniak	12	42	47	1,2	6,6	t	3,91	5,50	1,41
Äthylenglykol	4	12	13	225	1650	lb	3,25	7,35	2,26
Formaldehyd	11	15	15	540	2580	lb	1,36	4,78	3,52
Chemische Zwischenprodukte	104	179	–	–	–	–	–	–	–
Naphthalin	12	13	16	325	520	lb	1,33	1,60	1,20
Nylonfasern	1	2	5	–	–	–	5,0	–	–
Phenol	10	9	19	275	900	lb	1,9	3,27	1,72
Polyäthylen	2	14	18	20	2200	lb	9,0	110	12,2
Rekuperationsschwefel (1949, 1961, 1962)	5	43	46	–	–	–	–	–	–
Oberflächenaktive Verbindungen	110	161	–	–	–	–	–	–	–
Methanol	6	10	12	430	2350	lb	2,0	5,46	2,73
Toluol	14	35	40	60	420	gal	2,86	7,0	2,44
Harnstoff (1967: 31 Produzenten)	1	13	20	150	2270	lb	20,0	15,1	0,75
Xylol	12	22	28	40	415	gal	2,33	10,4	4,46

Hierzu vermittelt Tab. 8.11 empirische Daten für eine Reihe von *Industriechemikalien* aus den USA während eines etwa 16jährigen Zeitraums. Aus der Veränderung der Zahl der Produzenten und der Gesamtproduktion wurden die jeweiligen Wachstumsfaktoren im genannten Zeitraum errechnet, die als Quotienten das durchschnittliche Produktionswachstum der einzelnen Hersteller kennzeichnen. In allen Fällen hat sich die Zahl der Produzenten vermehrt, so daß die Anbieter ihren relativen Marktanteil durchschnittlich nicht halten und am Produktionswachstum nur unterproportional teilhaben konnten, wenngleich über die Veränderung der individuellen Marktanteile noch nichts ausgesagt wird. Der Harnstoffmarkt besaß sogar eine solche Attraktivität, daß der starke Zustrom neuer Produzenten die absoluten durchschnittlichen Produktionsmengen schrumpfen ließ. Das Beispiel macht deutlich, wie schnell sich eine Monopolsituation – im Jahre 1947 war erst ein Harnstoffanbieter vorhanden – in ein Oligopol und in einen Konkurrenzmarkt verwandeln kann.

Die Beispiele der Tab. 8.11 betreffen chemische Massenprodukte mit einem gesichert erscheinenden langfristigen Wachstum, wobei der Marktzugang durch ein freizügiges Verfahrens- und Anlagenangebot erleichtert wird. Auf einigen Gebieten chemischer *Spezialitäten* ist der Marktzugang dagegen wesentlich schwieriger, vor allem wenn große Produktsortimente, eine ausgebaute eigene Forschung und Entwicklung sowie hohe Marktinvestitionen notwendig sind. So ist etwa bei den Teerfarbstoffen mit einer bleibend hohen Angebotskonzentration zu rechnen (Tab. 8.6). Die chemischen Spezialitätengruppen der Tab. 8.8 zeigen für die USA nur schwach abnehmende Marktanteile, während dort in bezeichnender Weise sogar eine überwiegende Zunahme der Unternehmenskonzentration bei den *Konsumgütern* festgestellt wurde [8.108]. Hier werden besonders die hohen kritischen Mindestgrößen der *Werbebudgets* immer entscheidender, während im Bereich der chemischen Produktivgüterspezialitäten die meistens restriktive Lizenzpolitik und die notwendigen Produktionserfahrungen den Engpaß bilden.

Für die Schwierigkeiten des Marktzugangs ist auch die *Struktur der Nachfrageseite* von gewissem Einfluß. Steht einem Angebotsoligopol mit wenigen Produzenten ein Nachfrageoligopol gegenüber, so sind die Lieferanten-Kunden-Beziehungen in der chemischen Industrie gewöhnlich durch langfristige Verträge und enge wechselseitige Abstimmungen so starr festgelegt, daß es großer Anstrengungen durch einen neuen Anbieter bedarf, um in einen derartig verfestigten Markt einzudringen. Bei einer Vielzahl von Abnehmern sind die Chancen des Markteintritts dagegen viel größer. Mitunter ergibt sich hieraus für einen neuen Angebotsinteressenten die Erwägung der Vorwärtsintegration, da die Konzentrationsgrade in den weiteren Verarbeitungsstufen oft abnehmen (Kap. 5.833).

8.324 Kennzeichnung des Preisverhaltens

Für die in der chemischen Industrie bedeutsamste Angebotsstruktur des *Oligopols* ist es nicht möglich, das automatische Zustandekommen eines Gleichgewichtspreises vorauszusetzen. Preistheoretisch lassen sich zwar eine Reihe von Preisbildungsmechanismen und preispolitischer Konzeptionen des Einzelanbieters unter der notwendigen Berücksichtigung von Preisreaktionen der Mitbewerber ableiten. Welche Preispolitik aber unter bestimmten Bedingungen verfolgt wird, ist nicht generell feststellbar. Man ist darauf angewiesen, gewisse Tendenzen des Preisverhaltens im Oligopol empirisch herauszuschälen.

Der häufige *Preisverfall* neuer chemischer Produkte entspricht teilweise einer preispolitischen Absicht der Hersteller. Hierdurch sollen nämlich neue Verwendungsmöglichkeiten erschlossen und trotz Preissenkungen die Gewinnlage verbessert werden. Der Preisverfall entsteht aber zum anderen durch zunehmende *Angebotskonkurrenz*. Für den neu hinzukommenden Anbieter erweist sich die Preisunterbietung oft als einziges Mittel, die Vormacht der Konkurrenz einzuschränken. Selbst wenn er damit rechnen muß, daß sich die älteren Konkurrenzanbieter an den Preiseinbruch anpassen werden, kann der zeitlich begrenzte Vorsprung aber doch schon einen entscheidenden Marktgewinn bringen. Eine gegenüber dem herrschenden Preis niedrigere Preisforderung stellt auch verhandlungstaktisch ein Positivum dar, denn der niedrigere Preis ist unbestritten ein *Verkaufsargument*, das die Ansprache potentieller Kunden rechtfertigt. Ein niedrigerer Preis wirkt kurzfristig. Der angebotene Preisvorteil kann von den Nachfragern unmittelbar und eindeutig veranschlagt werden, während andere Maßnahmen, vor allem der Kundendienst, mehr langfristig wirken.

Es läßt sich immer wieder beobachten, daß gerade solche Firmen, die an akzessorischen Leistungen (wie anwendungstechnische Kundenberatung, bedarfsgerecht vollständiges Sortiment, Garantien zur Qualitätssicherung, ständige Lieferbereitschaft usw.) weniger zu bieten haben, mit Vorliebe über den Preis Marktanteile an sich zu reißen versuchen. An sich wissen aber die Kunden diese Nebenleistungen zu schätzen, und ein über viele Jahre bewährtes Lieferantenverhältnis wird nicht bei der ersten Preisunterbietung sofort aufgegeben. Oft wird die Bezugsmöglichkeit beim Preisbrecher zunächst in der Schwebe gehalten, um den alten Lieferanten preislich unter Druck zu setzen. Ein solches weit verbreitetes Vorgehen der Abnehmer mit dem Ausspielen der Lieferanten gegeneinander kann wegen der überwiegenden Preisanpassung der Lieferanten an niedrigere Konkurrenzpreise den Preisverfall beschleunigen.

In den frühen Wachstumsphasen neuer Produkte stellt diese Preissenkung noch einen natürlichen und gesamtwirtschaftlich zu begrüßenden Prozeß dar. Vielleicht nimmt die preispolitische Aktivität eines Konkurrenten eine Preissenkung, die man selbst geplant hatte, nur vorweg. Das Absatzvolumen ist aber nicht unbegrenzt zu steigern, und die Kosten lassen sich nicht unbegrenzt senken. Früher oder später werden Überkapazitäten und bei einzelnen Anbietern nicht mehr kostendeckende Preise die Folge sein. Bei hoher Markttransparenz und schnellen Anpassungsreaktionen sind gefährliche Preiskämpfe möglich. Besonders ungünstig wirkt die Tatsache, daß eine Preissenkungsbewegung schlecht wieder zu stoppen ist und durch die fortgesetzten Anpassungs- oder Gegenmaßnahmen geradezu den Mechanismus einer Kettenreaktion annehmen kann. Außerdem ist ein herabgedrückter Preis schwer wieder nach oben zu korrigieren und würde dazu ein konzertiertes Vorgehen der Oligopolisten erfordern. Preissteigerungen werden sich nur dann schnell durchsetzen, wenn sie durch einen allgemeinen Verfall des Geldwertes bzw. hierdurch bedingte Kostensteigerungen erzwungen werden.

Es machen sich daher in typischen Oligopolsituationen der chemischen Industrie erhebliche *Widerstände* gegen den *Preiskampf* bemerkbar. Man sucht sowohl durch bewußte Förderung der Unvollkommenheitsbedingungen des Marktes das Schwergewicht der Absatzaktivität von der Preiskonkurrenz abzuziehen, als auch durch vertraglich fixierte oder stillschweigende Preisübereinkünfte eine befriedigende Gleichgewichtslage am Markt herbeizuführen. Im Falle von Kartellvereinbarungen nimmt man häufig die Ausnutzung der jeweiligen Nachfragesituation zur Durchsetzung überhöhter Preise an. Die Kartellpreise würden damit vom Gleichgewichtspreis bei angenommener freier Konkurrenz recht weit nach oben abweichen, weil die vertraglich kollektivierte Preispolitik eine konsequente Verwirklichung der Zielvorstellungen ermöglicht. Bei der überwiegenden wirtschaftspolitischen Ablehnung der Kartelle in der Marktwirtschaft sind aber heute die *stillschweigenden Preisvereinbarungen* wichtiger, wie das Akzeptieren einer Preisführerschaft, die Ausübung der „Preisdisziplin" oder andere Maßnahmen dieses begrifflich schwer zu charakterisierenden Verhaltenskomplexes. Naturgemäß werden darüber kaum Einzelheiten bekannt.

Untersuchungen über das Preisverhalten amerikanischer Chemieproduzenten haben mehrfach den Verdacht einer weitverbreiteten Praxis stillschweigender Preisvereinbarungen aufkommen lassen. Gestützt wurden die Vorwürfe unter anderem durch den Nachweis der überwiegend *identischen Angebotspreise* (identical pricing). Eine Analyse der Angebote von 73 Ausschreibungen, die im Zeitraum von 1955–1960 gegenüber Beschaffungsstellen der öffentlichen Hand abgegeben worden waren, ergab mit Ausnahme von 5 Fällen identische Preisstellungen sowie Lieferbedingungen für die Mehrzahl der eingereichten Angebote [8.50]. Zur Rechtfertigung dieses Preisverhaltens wird seitens der chemischen Industrie ins Feld geführt, daß die betreffenden Industriechemikalien sowie viele Spezialitäten, die nur nach dem chemischen Wirkstoffgehalt beurteilt werden, im ökonomischen Sinne homogene Produkte darstellen und daher auch im Oligopol nur zu einem einheitlichen Marktpreis führen könnten. Dies trifft aber besonders im Hinblick auf die dynamische Entwicklung der Chemiemärkte nur einen Teil der Wahrheit. Es offenbart sich darin zweifellos auch die Tatsache, daß die sonst ausgeprägte Konkurrenzbewußtheit der chemischen Industrie im Bereich der Preispolitik eben Konzessionen in Richtung der „friedlichen Koexistenz" nahelegt [8.50]. Demnach ist die „Preisstabilisierung" auch als ein abgeleitetes Ziel der Gewinnmaximierung zu begreifen, wenngleich die Preisstabilisierung oft als ein selbständiges Ziel der Preispolitik hingestellt wird (Kap. 8.15). Die Furcht, mit der Preissenkung eine Lawine ins Rollen zu bringen und sich selbst mehr zu schaden als zu nutzen, mag häufig als Beweggrund für das Festhalten am einmal eingespielten Preis maßgebend sein.

Schließlich ist auf eine für die chemische Industrie wichtige Besonderheit des Preisverhaltens der Anbieter hinzuweisen, die sich aus der potentiellen *Rückwärtsintegration* der Kunden ergibt. Hier wird der Anbieter zu Preiskonzessionen nicht durch die Preisaktivität des Konkurrenten im üblichen Sinne der horizontalen Konkurrenz gezwungen, sondern im Rahmen einer „vertikalen Konkurrenz" um die betreffende Produktionsstufe durch die Drohungen des Abnehmers, das betreffende Produkt selbst unter günstigeren Bedingungen herzustellen. Preisvereinbarungen der Anbieter können durch diese zusätzliche und spezielle Art der Außenseiterproduktion schnell durchbrochen werden. Es sind sogar Fälle bekanntgeworden, in denen bei technisch einfachen Verarbeitungsverfahren und entsprechend geringer Bedeutung der Kapitalkosten die Abnehmer Verarbeitungsanlagen errichtet haben und ständig für eine eventuelle Eigenproduktion in „Bereitstellung" hielten, nur um ihrem Preisdruck auf den Lieferanten besondere Wirksamkeit zu verleihen. Andererseits wird versucht, dem Lieferanten eine möglichst genaue *Kostenrechnung* für das umstrittene Produkt vorzuhalten, um die angeblich überhöhten Gewinnmargen und die wirtschaftliche Attraktivität der Eigenproduktion zu unterstreichen. Hier ist der Anbieter mitunter gezwungen, in seinem Angebotspreis bis auf die potentiellen Herstellkosten des betreffenden Kunden bei Eigenerzeugung zurückzugehen. Wegen der sehr verschiedenen fiktiven Kostengestaltung bei den individuellen Verwendern können sich hierdurch unterschiedliche *Preisgrenzen* ergeben, jedoch müßte der Preis bei vollkommenen, durchsichtigen Marktbedingungen wiederum einheitlich nach der untersten Preisgrenze tendieren und sich auch gesamtwirtschaftlich einheitlich ausbilden. Der Anbieter wird hier vor allem über den Mengenrabatt versuchen, die gebotene Preisdifferenzierung durchzusetzen und zu begründen (Kap. 8.4).

Im Gegensatz zur Preissenkung sind die Aussichten der Konkurrenzanpassung bei *Preiserhöhungen* geringer, wenn nicht alle Anbieter von Kostensteigerungen in etwa gleichem Maße betroffen wurden. Einem marktbeherrschenden Anbieter wird man im Rahmen der Preisführerschaft im allgemeinen bei Preiskorrekturen nach oben folgen. Schwächere Anbieter aber übernehmen das Risiko, daß die anderen nicht „mitziehen", was evtl. zur Zurücknahme der Preiserhöhung zwingen kann, und zwar nicht ohne den Nachteil des Prestigeverlustes.

Ein instruktives Beispiel lieferten zwei Chlorpreiserhöhungen in den USA. Eine am 1. 10. 1967 vom führenden Produzenten, der Dow Chemical Company mit rund 40% Kapazitätsanteil in den USA, angekündigte Chlorpreiserhöhung um 2,– $/t wurde schnell von fast allen Produzenten befolgt. Dagegen gelang es bei der vorausgehenden Preiserhöhung für Chlor 1966 der Allied Chemical Co. nicht, eine Erhöhung um 4,– $/t durchzusetzen, als Dow und PPG Industries ihre Preise nur um 2,– $ nach oben korrigiert hatten [8.111].

8.33 Unvollkommenheitsgrad der Chemiemärkte

8.331 Markttransparenz

Neben der morphologisch-strukturellen Abgrenzung verschiedener Marktformen nach der Zahl der Marktteilnehmer und insbesondere nach der Zahl und den Marktanteilen der Anbieter spielt für die Betrachtung von Preisbildungsprozessen die Frage nach der *Vollkommenheit* oder *Unvollkommenheit* der Marktbedingungen eine wichtige Rolle. Der vollkommene Markt der Theorie gilt unter den Bedingungen der vollständigen Markttransparenz, unendlich großer Anpassungsgeschwindigkeit der Marktteilnehmer auf Marktveränderungen und des Fehlens jeglicher Präferenzen. Hierzu kommt unter Einbeziehung des morphologischen Gesichtspunktes auch noch die Bedingung der unendlich großen Zahl von Marktteilnehmern. Dieser vollkommene Markt ist ein theoretischer Grenzfall, von dem die Wirklichkeit mehr oder minder stark abweicht. Durch die Unvollkommenheitsbedingungen gewinnt der Anbieter einen größeren preispolitischen Spielraum, was sowohl für den unvollkommenen Oligopolmarkt (Oligopoloid) als auch den unvollkommenen Konkurrenzmarkt (Polypol) gilt.

Für die chemischen Produktivgütermärkte wird man im allgemeinen eine recht große *Markttransparenz* voraussetzen dürfen, weil es sowohl für die Anbieter als auch Nachfrager eine Wirtschaftlichkeits- oder sogar Lebensfrage ist, sich über Marktveränderungen laufend und gründlich zu informieren. Die im Markt stehenden Verkaufskräfte beobachten sowohl die Bedarfsentwicklungen als auch das Angebotsverhalten der Konkurrenz. Im Rahmen der Chemiemarktforschung werden die Aufgaben der Gewinnung und Verarbeitung von Marktinformationen sogar verselbständigt. Verfügt man über ein neues Produkt, so wird es schnell und in breitesten Kreisen potentieller Abnehmer propagiert. Auch die Beschaffungskräfte sowie Fachleute der Produktion und anderer Bereiche auf der Nachfrageseite müssen sich „von Berufs wegen" ständig über das Angebot unterrichten, um nicht an irgendwelchen wirtschaftlichen Chancen vorbeizugehen. Diese Informationsinteressen sind im Käufermarkt aufgrund der intensiven Bearbeitung der Abnehmer durch das Vertriebspersonal der Anbieter um so leichter zu befriedigen.

Freilich sind die im Zusammenhang mit der Chemiemarktforschung erwähnten Schwierigkeiten zu berücksichtigen. Sowohl angebots- als auch nachfrageseitige Interessen führen dazu, bestimmte Tatsachen möglichst lange vertraulich zu bewahren. Spezialitätenmärkte mit mehreren konkurrierenden Produktmarken sind schwerer zu übersehen als die Märkte homogener Industriechemikalien. Oft versuchen die Anbieter in Einzelfällen gewährte Preisabschläge möglichst lange geheimzuhalten. Im Rahmen langfristiger individueller Lieferverträge werden Preisvereinbarungen eingebaut, die nicht ohne weiteres Dritten zugänglich werden. Aus einem gewissen Mißtrauen, die Bezugskonkurrenten könnten womöglich noch günstigere Preise erhalten, tragen die Kunden allerdings wenig zur Wahrung des Preisgeheimnisses bei. Die Befürchtung, durch langfristige Verträge an Preisabschlägen nicht zu partizipieren, führt sogar nicht selten zur Vereinbarung der Meistbegünstigung, welche die automatische Weitergabe von Preisvorteilen sichern soll.

Bei den chemischen *Konsumgütern* muß man auf der Nachfrageseite eine verminderte Markttransparenz annehmen, weil weder umfangreiche Produktkenntnisse noch eine große Aktivität zur vollständigen Erfassung des Angebotes vorhanden sind. Eine Ausnahme bietet die Einschaltung fachkundiger Bedarfsberater, deren Informationsbedürfnis über das laufende Angebot dem der Produktivgüternachfrager ähnelt.

8.332 Reaktionsgeschwindigkeit der Anpassungsprozesse

Die am Produktivgüterabsatz beteiligten Marktpartner streben nach einer möglichst hohen Markttransparenz nicht als Selbstzweck, sondern vor allem nach einer schnellen Verwertung dieser Marktinformationen für ihr wirtschaftliches Handeln. Von den mannigfachen Faktoren, die indessen auf die *Anpassungsreaktionen* verzögernd wirken, möchten wir besonders die langfristigen Vertragsbeziehungen, geringere Umstellungselastizität der Produktionseinrichtungen sowie die Präferenzen verschiedener Art hervorheben.

Die vor allem bei chemischen Rohstoffen weitverbreiteten *langfristigen Lieferverträge* entspringen dem Bedürfnis nach Absatz- und Bezugssicherung über längere Zeiträume. Langfristig vereinbarte Abnahmebedingungen erleichtern die langfristige Planung. Wegen der begrenzten Einsicht in die zukünftigen Marktänderungen muß dieses Sicherheitsstreben freilich mit erhöhten Risiken dahingehend bezahlt werden, daß man später vielleicht nicht mehr zu den günstigsten Bedingungen abgeschlossen hat. Um übermäßige Risikobelastungen auszuschalten, werden in den Verträgen gewöhnlich Vorkehrungen zur Anpassung der Vertragsbestimmungen an Marktänderungen sowie Veränderungen der individuellen Bedürfnisse der Marktpartner getroffen. Die Vereinbarungen erstrecken sich auf die Mengenabnahme, besonders aber auch auf den gültigen Vertragspreis, z.B. in Form von Preisgleitklauseln. Darin ist jedoch nur ein Kompromiß zu erblicken, denn man kann die dem langfristigen Vertrag inhärenten Zeitkonstanten nicht alle aufheben, ohne den Vertragsgedanken selbst gegenstandslos zu machen. Die Konstanten aber müssen die Anpassungsreaktionen verzögern.

Sowohl auf der Nachfrage- als auch auf der Angebotsseite ist wegen der Starrheit der Produktionsapparaturen mit Anpassungsverzögerungen zu rechnen. Trotz Preissteigerungen oder Preisverfalls wird man die Nachfrage bzw. das Angebot nicht sofort zurücknehmen, notfalls werden sich die Anbieter eine Zeitlang mit relativen Gewinnen ohne Vollkostendeckung begnügen. Werden Kuppelprodukte erzeugt und entwickelt sich die Nachfrage nach den einzelnen Spaltprodukten unterschiedlich, sind die Anpassungsmaßnahmen noch schwieriger, denn sie müssen das gesamte Kuppelproduktbündel betreffen. Neuen Konkurrenzprodukten wird man durch Eigenentwicklungen zu begegnen suchen, aber bis sie zum Tragen kommen, können schon wieder andere Produkte aktuell sein.

Auch die Starrheit der *Transporteinrichtungen* mit ihrer in der Schwerchemie oft spezialisierten Auslegung erweist sich zuweilen als begrenzender Faktor. Das Anfahren großer neuer Kapazitäten zur Herstellung von Acrylnitril aus Propylen hatte beispielsweise zu einem schlagartigen Überangebot an Nebenproduktblausäure geführt, was die Direktherstellung der Blausäure aus Methan oder Methanol unwirtschaftlich werden ließ. Es dauerte aber viele Monate, bis Spezialkesselwagen für den Transport flüssiger Blausäure entwickelt und zugelassen waren und die ersten Blausäureanlagen daraufhin stillgelegt werden konnten. Besonders augenfällig wird die Situation beim Anschluß der Verbraucher an ein *Rohrleitungsnetz*. Die Rohrleitungen sind technisch für einen langjährigen Materialbezug ausgelegt. Der Wechsel des Lieferanten würde die Rohrleitung vorzeitig entwerten und zu hohen Kapitalverlusten führen. Man kann dieses Phänomen aber auch als räumliche Präferenz ansehen.

Die wichtigsten Verzögerungsfaktoren der Anpassungsprozesse sind den nachstehend behandelten Präferenzen zuzurechnen, die eine klare und schnelle Bewertung der Angebotsleistungen verschiedener Konkurrenten erschweren und dadurch sowohl die Anpassungsreaktionen verlangsamen als auch unter Einschränkung der Konkurrenzbeziehungen teilweise aufheben.

8.333 Räumliche Präferenzen

Die *räumlichen Präferenzen* eines Produktangebotes sind im Hinblick auf Frachtkostenersparnisse beim nahegelegenen Lieferanten sowie bezüglich des Zollschutzes in internationalen Märkten noch am ehesten zu übersehen.

Die *Frachtkosten* sind vor allem bei den spezifisch geringwertigen und andererseits schwer transportierbaren chemischen Massengütern präferenzbildend, obwohl sich hierin durch die Fortschritte der Transporttechnik in den letzten Jahren erhebliche Änderungen vollzogen haben.

Der Transport flüssiger Gase in modernen, großen Spezialtankschiffen hat die Absatzreichweiten für diese Produkte in früher nicht erahntem Ausmaß gesteigert. Flüssigammoniak aus neu errichteten petrochemischen Erzeugungskomplexen bei den Erdöl- und Erdgasfundstätten im Vorderen Orient und in Nordafrika kommt auf die westeuropäischen Märkte. Entsprechende Entwicklungen eines weltweiten Vertriebes mit Tankschiffen werden für verflüssigtes Äthylen erwartet. Dem Rohrleitungsvertrieb mit seiner scharfen Transportkostendegression werden immer größere Anwendungsgebiete erschlossen. Waren bisher Erdöl und dann Erdölprodukte sowie petrochemische Grundstoffe die bevorzugten Transportgüter, so hören wir heute von einer revolutionierenden Entwicklung in der Produktions- und Vertriebsstruktur für Düngemittel in den USA aufgrund der geplanten großen Rohrleitungsverteilungssysteme für Flüssigammoniak. Die Versorgung über Rohrleitungen schwächt die räumlichen Präferenzen ab und ermöglicht immer größere Kapazitäten, die über ihre großen wirtschaftlichen Absatzreichweiten die Konkurrenz zwischen den Herstellern verschärfen. Andererseits aber wird die Bindung eines Abnehmers an eine Rohrleitung wegen der notwendigen Festlegung der langfristigen Transportinvestitionen zu einem konkurrenzhemmenden Faktor und wertet die räumlichen Präferenzen in der entgegengerichteten Wirkung wieder auf.

Bei den hochveredelten chemischen Spezialitäten einschließlich der Konsumgüter verlieren die Frachtkosten an Bedeutung. Es ist aber daran zu denken, daß neben den Frachtkosten weitere Elemente der Vertriebskosten mit zunehmender Absatzentfernung progressiv anwachsen. Allein die Kundenbearbeitung von der Zentrale aus erfordert einen höheren Zeitaufwand und erhöhte Reisekosten, oder man ist zur Errichtung der kostspieligen dezentralisierten Vertriebsbüros gezwungen. Vielleicht wird die wirtschaftlich gerechtfertigte Intensität der Verkaufsbemühungen bei großen Entfernungen auch abnehmen. Schwer meßbare räumliche Präferenzen können sich aus der größeren Kundennähe ergeben, indem die örtlich schnellere Verfügbarkeit von Lieferantenvertretern im Falle von Unstimmigkeiten und Produktionsstörungen als Vorteil gewertet wird. Häufig wird ganz allgemein dem in der Nähe gelegenen Lieferanten eine Bevorzugung aufgrund angenommener größerer Bezugssicherheit zuteil, was im internationalen Geschäft die binnenländischen Produzenten gegenüber den Exporteuren bevorteilt.

Bei Farben und Lacken ist die entfernungsabhängige Vertriebskostenprogression immerhin im Vergleich zur Produktionskostendegression durch große, zentrale Produktionsanlagen so beachtlich, daß in den USA zur Belieferung des einheimischen Marktes von den namhaften Herstellern bis zu 10 und mehr dezentralisierte Lackfabriken betrieben werden. Hier wurden 1963 über zwei Drittel der Lackproduktion, nämlich 68,2%, innerhalb eines Absatzradius von 640 km und 96,1% innerhalb eines Radius von 1600 km abgesetzt [8.105]. Nur in den räumlich sehr ausgedehnten Nationalwirtschaften und Wirtschaftsgemeinschaften wird allerdings die räumliche Präferenzbildung für die Standortverteilung so ausschlaggebend.

Räumliche Präferenzen entstehen mitunter durch *standortbedingte Produktionskostenvorteile* der Hersteller, die in niedrigerer Preisstellung oder vermehrten Nebenleistungen zum Ausdruck gebracht werden können. Sie erstrecken sich in der chemischen Industrie besonders auf *Transportkostenvorteile* durch günstige Materialanlieferung und -ablieferung (Hafenstandorte), durch rohstofforientierte Standorte bei der Verarbeitung von Gewichtsverlustmaterialien (z.B. Mineralien) oder von schlecht transportierbaren Gütern (z.B. Acetylen) sowie auf die Vorteile einer regionalen überbetrieblichen *Verbundwirtschaft* mit wechselseitigen Lieferungen (z. B. in industriellen Verbundkomplexen zwischen Erdölverarbeitung, Petrochemie, chemischer Weiterverarbeitung). Für die internationale Konkurrenz gewinnen die Kostendifferenzen zwischen einzelnen Ländern große Bedeutung, wobei sich die Zollregulative überlagern, vgl. [8.4; 8.51].

Durch *Zollschutz* begründete räumliche Präferenzen werden zu einer Marktteilung und Preisdifferenzierung in der Weise ausgenutzt, daß im zollgeschützten Produktionsland zu höheren Preisen verkauft wird als in den Exportmärkten. Die als Dumping bezeichnete Preispolitik besitzt bei der starken Exportorientierung der chemischen Industrie naturgemäß Interesse. Bei sprunghaften Kapazitätserweiterungen ist es eine beliebte Maßnahme, die zeitweisen Kapazitätsüberhänge durch fallweise Exportlieferungen zu niedrigsten Preisen abzubauen, wodurch erhebliche Marktstörungen und Preisfluktuationen auf denWeltmärkten entstehen. An die Möglichkeiten der *Grenzkostenkalkulation* ist zu erinnern. Wenn es durch eine derartige Marktspaltung gelingt, die gesamten oder den größten Teil der Fixkosten durch den Inlandsabsatz hereinzuholen, erscheint die Preisstellung auf den Auslandsmärkten mit den variablen Kosten als Preisuntergrenze in einem anderen Licht, als wenn die gesamte Produktion mit Preisen nur wenig über den Grenzkosten abgesetzt werden muß.

Die modernen Entwicklungslinien der chemischen Industrie in der westlichen Welt weisen allerdings auf eine abnehmende Bedeutung der Zollmauern. Die weltweite Konkurrenz zwischen den großen, international operierenden Chemieproduzenten behaftet das Preis-Dumping mit dem Nachteil der Reziprozität. Durch die billigen Exportangebote im Inland aber können die Preise nach unten in Bewegung geraten und schließlich allen internationalen Anbietern Nachteile bringen. Mitunter werden in den Ländern, deren einheimische Produktion durch die niedrigen Dumping-Preise geschädigt zu werden droht, Anti-Dumping-Zölle ins Leben gerufen [8.114]. Geht es aber um den Export in Drittländer ohne eigene Produktionsbasis, so dürften die niedrigen Dumping-Preise aller Konkurrenten den beabsichtigten Effekt der individuellen Absatzausweitung bald neutralisieren. Schließlich ist auf die Tendenz zur weltweiten Errichtung von chemischen Produktionsstätten und damit zur Substitution der Exporte hinzuweisen, die eine Differenzierung der Inlands- und Exportpreise gegenstandslos macht, denn die ausländischen Produktionsstätten müssen mit den dort ansässigen fremden Produzenten auf der gleichen Kostengrundlage konkurrieren.

8.334 Persönliche Präferenzen

Die *persönlichen Präferenzen* erstrecken sich einmal mehr im abstrakten Sinne auf das Leistungsangebot der Unternehmung als Ganzes und zum anderen auf die Bevorzugung des Verkaufsangebotes aus der Hand einzelner, mit der Ausübung von Vertriebsfunktionen befaßter Personen im physischen Sinne.

Die der *Firmenpersönlichkeit* entgegengebrachten Präferenzen sind Ausdruck der Anerkennung einer überlegenen Leistung und können die akquisitorische Kraft des einzelnen Produktangebotes nicht nur wesentlich ergänzen, sondern auch ersetzen, wenn das Produkt selbst hierfür kaum Ansatzpunkte bietet. Vor allem im Bereich der Industriechemikalien liegt hierin eine oft ergriffene Chance, der sonst übermächtigen Preiskonkurrenz auszuweichen. Man erwartet vom industriellen Weiterverarbeiter, daß er Schwefelsäure nicht wegen des Säuregehaltes oder der Produktreinheit bei einem bestimmten Hersteller kauft, denn die gleichzeitige Erfüllung dieser Leistungsgewähr durch alle Konkurrenten gilt als selbstverständlich. Der Kaufanreiz soll aber von der grundlegenden Überzeugung ausgehen, daß *alle* Leistungsangebote der betreffenden Firma erstrangig und wirtschaftlich nicht zu überbieten sind, weil diese Firma wissenschaftlich und technisch fortschrittlich ist, rationell arbeitet, umfassende Erfahrungen besitzt, ein hohes Qualitätsbewußtsein pflegt, in der Einhaltung der Lieferverpflichtungen absolut zuverlässig ist. Wenn es der Firmenwerbung und Öffentlichkeitsarbeit gelingt, ein so positives Leitbild von der Unternehmung durchzusetzen, wird es sich in Form persönlicher Präferenzen auch verkaufspolitisch bei der Abgrenzung eigener Teilmärkte günstig auswirken. Auch langjährige Geschäftsbeziehungen, kooperative Bindungen sowie reziproke Lieferantenverhältnisse sind als Präferenzen der Unternehmung zu berücksichtigen.

Die für die Firmenpersönlichkeit geltenden Präferenzen sind letzten Endes auf sachliche Leistungsvorsprünge zurückzuführen, die sich von den sachlichen Präferenzen der Produktdifferenzierung nur durch die weniger enge Produktbezogenheit unterscheiden. Die im Vertrieb mit den effektiven und potentiellen Kunden in Berührung kommenden Firmenvertreter können aber auch durch *echte Persönlichkeitswerte* akquisitorische Vorteile realisieren. Die langjährigen persönlichen Beziehungen von Verkaufskräften zu den an der Beschaffung und Verwendung der Produkte maßgeblich Beteiligten stellen auch im chemischen Produktivgütervertrieb ein Positivum dar, das sich durch kein Argument zur Rationalität der industriellen Einkaufsentscheidungen völlig entkräften läßt.

8.335 Sachliche Präferenzen durch Produktdifferenzierung

Faßt man die Ergebnisse der bisherigen Betrachtungen über den Grad der Unvollkommenheit der verschiedenen Marktbedingungen zusammen, so sind zwar überall Abweichungen vom idealen Marktbild der Theorie festzustellen, aber sie halten sich dennoch in recht engen Grenzen. Bei der Schaffung unvollkommener Marktbeziehungen zugunsten eines verstärkten Markteinflusses des einzelnen Anbieters fällt dagegen den *sachlichen Präferenzen* durch *Produktdifferenzierung* oder der Substitution homogener durch heterogene Produkte das Hauptgewicht zu. Produktgestaltung und Produktdifferenzierung durch neue und sich qualitativ von Konkurrenzerzeugnissen abhebende Produkte gewinnen damit für die Absatzpolitik eine *zweifache* Bedeutung. Einmal handelt es sich um ein selbständiges Absatzinstrument (Kap. 5). Zum anderen werden wichtige preispolitische Aufgaben erfüllt, indem das Produkt vom anonymen Marktgeschehen und Preisbildungsautomatismus in gewissem Umfang ausgenommen wird.

Mit Produktdifferenzierung sind im allgemeinen geringfügige qualitative Veränderungen des Produktes gemeint. Vor allem ist die Überzeugung von der Andersartigkeit subjektiv im Bewußtsein der Nachfrager durchzusetzen. Ausnahmsweise erschöpft sich die Produktdifferenzierung sogar in der individuellen äußeren Aufmachung und Markierung sowie in der werblichen Argumentation. Dabei ist die Abgrenzung gegenüber größeren Produktveränderungen allerdings fließend (Kap. 5.3). Es kann sich auch um Veränderungen des ökonomischen Nutzwertes des Produktangebotes über bestimmte Nebenleistungen handeln.

Die Produktdifferenzierung wird in einem mehr dynamischen Sinne verfolgt, indem ständig neue Produkte und Produktabwandlungen entwickelt werden, die bereits durch die Neuheit an sich wirken. Daneben kommt es zu einer mehr statischen *horizontalen Produktkonkurrenz,* wobei die Qualitätsunterschiede und die allgemein sachlichen Präferenzen der gleichzeitig nebeneinander bestehenden Konkurrenzprodukte gegeneinander ausgespielt werden. Beide Erscheinungsformen gehen ineinander über und sind in der chemischen Industrie gleich wichtig.

Bei den *Produktivgüterspezialitäten* sinken die Chancen zur Durchsetzung sachlicher Präferenzen und zur Einschränkung der Preiskonkurrenz in gleichem Maße, wie die Fähigkeit der industriellen Verbraucher zur eigenen Qualitätsbeurteilung und zum Qualitätsvergleich von Konkurrenzprodukten zunimmt. In den verschiedenen Teilbranchen und Absatzbereichen der chemischen Industrie ist die Situation darin uneinheitlich. Alle Angaben zur stofflichen Charakterisierung, zur Angabe von Art und Konzentration der wirksamen Bestandteile usw. schwächen das akquisitorische Potential ab.

Beim Absatz von *Düngemitteln* an die Landwirtschaft sind die Verbraucher bereits durch die Angabe der Nährstoffgehalte bei den regelmäßig markiert vertriebenen Produkten zu einem Produktvergleich befähigt und brauchen hierfür keinerlei chemische Kenntnisse mitzubringen. Trotz der starken Neigung zur Schaffung und Propagierung markierter Produkte konnte sich daher eine individuelle Preispolitik nicht durchsetzen. Im Düngemittelmarkt der BRD gelten für gleiche Nährstoffgehalte einheitliche Preise, obwohl ausgefallenere Spezialsorten nicht von allen Anbietern geführt werden (Tab. 8.12).

Tabelle 8.12 *Marken und Richtpreise von Mehrnährstoffdüngern in der BRD 1968/69, nach* [8.73]

Produktmarke[1]	Reinnährstoffgehalt [%][2]				Richtpreis [DM/100 kg Ware][3]		
	N	P_2O_5	K_2O	versch.	Juli–Nov.	Dez.–Jan.	Febr.–Juni
Rustica rot Nitrophoska rot Complesal Rotkorn Hoechst Kampka rot Enpeka rot	13	13	21	–	25,30	26,40	28,20
Bor-Nitrophoska rot Rustica rot mit Bor Kampka Bor	13	13	21	2% Borax	Zuschlag für Bor DM 0,95/100 kg Ware		
Nitrophoska 3×15 Rustica Kampka gelb Enpeka Complesal Hoechst	15	15	15	–	25,30	26,40	28,20
Rustica Weidevollkorn	15	9	5	5% MgO 4% Na_2O 0,1% Cu	23,00	24,10	25,50
Rustica spezial chloridfrei mit Sp.N.	14	7	14	4% MgO Sp.N.	25,10	26,20	28,00
Nitrophoska blau Rustica blau Kampka blau Enpeka blau	12	12	20	chloridfrei	26,00	27,20	29,10
Rustica blauspur Kampka blau SE Nitrophoska blau extra mit Sp.N. Complesal Blaukorn Hoechst	12	12	17	2% MgO Sp. N.	25,30	26,40	28,20

[1] Hersteller der verschiedenen Produktmarken: Rustica: Ruhrstickstoff AG, Bochum; Nitrophoska: Badische Anilin- & Soda-Fabrik AG, Ludwigshafen; Complesal: Farbwerke Hoechst AG, Frankfurt/M.-Höchst; Kampka: Chemische Fabrik Kalk, Köln-Kalk; Enpeka: Guano-Werke AG, Hamburg.

[2] Sp.N.: Spurennährstoffe.

[3] Richtpreise bei Bezug voller Waggonladungen, frachtfrei jeder Eisenbahnstation in der BRD, ohne Mehrwertsteuer; über weitere Konditionen siehe die Originalpreislisten.

Auf dem Markt für *Anstrichmittel* ist die Konkurrenzgebundenheit der Preise bei Rostschutzfarben am stärksten, sie nimmt bei den Bautenlacken, insbesondere durch Markenbildung, ab und ist bei den Industrielacken relativ am geringsten [8.103; 8.104].

Aus dem Bereich der chemischen *Konsumgüter* stehen Waren- und Preisvergleiche mitunter aus öffentlichen Testberichten zur Verfügung, wobei sich meistens charakteristisch heterogene Konkurrenzbeziehungen ergeben.

Eine Studie über die letztjährigen Entwicklungen auf dem *Amateurfilmmarkt* in der BRD hat lediglich innerhalb der beiden Preisklassen der Hersteller- und Handelsmarken von Schwarzweißfilmen deutlichere Elemente einer homogenen Konkurrenz erkennen lassen, nämlich in Gestalt von Preisreaktionen auf Konkurrenzpreisänderungen im Zeitverlauf sowie von Preisorientierungen an bestehenden Konkurrenzpreisen bei neuen Marktzugängen (Tab. 8.13) [8.90, S. 94]. Aber obwohl gerade der recht ausgereifte Schwarzweißfilm dem Amateurphotographen kaum Qualitätsstufen sichtbar macht, sind die Präferenzen der Herstellermarken groß genug, um die Preiseinbrüche der Handelsmarken zu ignorieren. Bei den Farbumkehrfilmen bestehen dagegen neben den persönlichen Präferenzen auch ausgeprägte sachliche Präferenzen. Diese sind hinsichtlich Brillanz der Zeichnung, Farbechtheit, Farbkonstanz, Belichtungsspielraum usw. vom Amateur allerdings schwer objektiv und quantitativ zu er-

Tabelle 8.13 *Einzelhandelsabgabepreise für Kleinbildphotofilme (36 Aufnahmen) in der BRD, Stand Oktober 1968* [8.90, S. 95][1]

Hersteller- oder Handelsfirma	Markenname	[DM/Stück]
Schwarzweißfilme (17–20 DIN):		
Herstellermarken		
Agfa-Gevaert AG	Isopan IF, 17 DIN	3,70
Perutz Photowerke GmbH	Perutz SW, 17 DIN	3,70
Kodak AG	Panatomic X, 17 DIN	3,95
Ciba-Ilford GmbH	Pan-F, 18 DIN	3,95
3-M-Company	Ferrania P 30, 20 DIN	3,95
Adox GmbH	KB 17, 17 DIN	3,70
Handelsmarken		
Foto-Quelle GmbH	Revuepan, 17 DIN	1,70
Neckermann Versand KGaA	Neckermann-Brillant, 17 DIN	1,70
Photo-Porst KG	Porst-Schwarz-Weiß, 17 DIN	2,90
Farbumkehrfilme (16–19 DIN)[2]*:*		
Herstellermarken		
Agfa-Gevaert AG	Agfacolor CT 18, 18 DIN	13,90
Perutz-Photowerke GmbH	Perutz C 18, 18 DIN	11,90
Kodak AG[3]	Kodachrome II, 15 DIN	23,00
3-M-Company[4]	Ferrania CR 50	8,00
Agfa-Wolfen[5]	Orwo UT 16, 16 DIN	6,50
Handelsmarken		
Neckermann Versand KGaA	Neckermann-Brillant Super, 17 DIN	8,90
Foto-Quelle GmbH	Revuechrome, 19 DIN	8,90

[1] Herstellermarken normalerweise noch preisgebunden, Handelsmarken mit einheitlichen Verkaufspreisen in sämtlichen Abgabestellen.

[2] Preise normalerweise einschließlich Entwicklung, jedoch ohne Rahmung.

[3] Preis einschließlich Papprahmung.

[4] Ausschließlich Entwicklungskosten.

[5] Nicht preisgebunden, Abgabepreise in Westberlin, ausschließlich Entwicklungskosten.

fassen, so daß nicht selten hinsichtlich einzelner Qualitätsmerkmale konträre subjektive Verbraucherauffassungen bestehen. Unter diesen Umständen sind divergierende individuelle Preissetzungen und reaktionsfreie Preisänderungen im Zeitverlauf verständlich. Bezeichnend war besonders die Preisanhebung des Kodachrome II-Films von 19,90 auf 23,– DM im Juni 1968 im Alleingang, nachdem dieses Fabrikat bereits vorher die preisliche Spitzenposition eingenommen hatte. Offenbar konnte man hier souverän entlang einer eigenen Absatzkurve operieren, ohne bei dem speziellen Kundenkreis aufgrund der starken Präferenzen ein nennenswertes Abwandern zu Konkurrenzfabrikaten befürchten zu müssen.

Haushaltswaschmittel werden heute in stark variierenden und zumeist „krummen" Verpackungsgewichten, andererseits zugunsten einer Verpackungsrationalisierung in wenigen vereinheitlichten Paketgrößen der Hersteller angeboten. Die Packungen enthalten demnach in Abhängigkeit vom Schüttgewicht wechselnde Leerräume. Hier fehlt dem Konsumenten für einen Preisvergleich sogar die einheitliche mengenmäßige Bezugsbasis, da die unrunden Füllgewichte kaum auf einen einheitlichen Grundpreis, etwa für 1 kg, umgerechnet werden. Die für die Bewertung der Produkte maßgebenden und von der individuellen Formulierung abhängigen Anwendungseigenschaften sind aber so wesentlich und andererseits so wenig mit der Dichte korreliert, daß z. B. eine in Deutschland geplante gesetzliche Grundpreisauszeichnung seitens der Hersteller als zwecklos oder sogar irreführend abgelehnt wurde [8.109].

8.336 Konkurrenzbeziehungen pharmazeutischer Produkte als Beispiel

Etwas eingehender soll das Beispiel der Konkurrenzbeziehungen *pharmazeutischer Produkte* hauptsächlich unter dem Gesichtspunkt der Bildung von Präferenzen gewürdigt werden. Wegen der außerordentlichen Bedeutung der Qualitätsgarantie und der andererseits schwierigen Produktvergleiche wird oft ein Vorherrschen heterogener Konkurrenzbeziehungen angenommen. Dies hat wiederum Eingriffe des Staates zur Folge. Schon heute betreffen wirtschaftspolitische Tagesfragen der pharmazeutischen Industrie, besonders in den USA und in England, diesen Themenkreis: Umfang der Deklaration der Produktbestandteile auf den Arzneimittelpackungen zur Erleichterung der Produktbeurteilung, die generelle Markenzulässigkeit gegenüber dem alternativen Zwang zur Verwendung von Stoffbezeichnungen, Durchführung staatlicher Preiskontrollen und Preisfestsetzungen [8.8; 8.16; 8.78; 8.85; 8.96].

Im Rahmen empirischer Untersuchungen zur Preispolitik wurden schon in den dreißiger Jahren die pharmazeutische und kosmetische Industrie als Musterbeispiele der Produktkonkurrenz bzw. Nichtpreiskonkurrenz herausgestellt [8.64, S. 107; 8.65]:

"...Probably the outstanding example of the degree to which trademarkes and brand names can grant immunity from price competition is furnished by the drug and cosmetic trade. In this field the average consumer is dealing with something which is to him utterly mysterious. Moreover, it is a field in which experiment is not only difficult but may be dangerous. Few consumers have any possible way of appraising the merits of rival drugs. They know nothing of chemical formulas. Few are familiar with the significance of the specifications of the United States Pharmacopoeia. They may be guided by the advice of their physicians or druggists, or perhaps by advertising claims as to the virtues of various preparations. As a result, very wide price differences are encountered between products of virtually identical chemical composition ..."

Als Beweis für diese Behauptung wurde unter anderem der in Tab. 8.14 wiedergegebene Preisvergleich zwischen einer Reihe markierter Produkte und ihren äquivalenten Wirkstoffmengen unter der chemischen Stoffbezeichnung durchgeführt. Dabei wurde hervorgehoben, daß sich die Preise im Durchschnitt der verglichenen Produktgruppen um das 6,3fache unterschieden und Einsparungen beim Kauf nichtmarkierter Waren um 76% möglich gewesen wären. Das Beispiel erscheint zwar extrem, aber ein deutliches Preisgefälle war und ist heute noch sicherlich vorhanden. Auch in der Gegenwart sind die Vorwürfe gegen die pharma-

Tabelle 8.14 *Vergleich der Großhandelspreise von Arzneimittelspezialitäten und von äquivalenten Mengen der Wirkstoffe unter den chemischen Stoffbezeichnungen (Nettoabgabepreise an den Einzelhandel, Juli 1938)* [8.64, S. 108][1]

Markenpräparat	Preis [$/oz]	Wirkstoff unter chemischer Bezeichnung	Preis [$/oz]	Mögliche Ersparnisse	
				[$/oz]	[%]
Phenacetin	0,63	Acetphentidin	0,21	0,42	66,7
Bayer-Aspirin	0,75	Acetylsalicylic acid	0,13	0,62	82,7
Veronal	3,00	Barbital	0,56	2,44	81,3
Veronal Sodium	3,00	Barbital Sodium	0,62	2,38	79,3
Atophan	2,75	Anchophen	0,38	2,37	86,2
Duotal-Withrop	1,07	Guaiacol carbonate	0,29	0,78	72,9
Urotropin	0,25	Methenamine	0,13	0,12	48,0
Luminal	6,90	Phenobarbital	0,57	6,33	91,7
Luminal Sodium	6,90	Phenobarbital sodium	0,57	6,33	91,7
Trinol-Withrop	1,90	Sulphonethylmethane	0,70	1,20	63,2
Aristol-Withrop	1,80	Thymol-iodide	0,43	1,37	76,1
Gesamt	28,95	Gesamt	4,59	24,36	76,3[2]

[1] Marken- und Stoffbezeichnungen nicht übersetzt aus der Originalveröffentlichung.
[2] Ungewichteter Durchschnitt.

zeutische Industrie wegen angeblich überhöhter Preisstellungen durch Überbetonung der Produktkonkurrenz nicht verstummt, wobei immer wieder hingewiesen wird auf die mögliche Ausnutzung starker Patent- und Markenpositionen, die relativ leichte Produktveränderung über Molekülvariationen und Formulierungen, die hohen Werbeaufwendungen zur Abgrenzung eigener Teilmärkte sowie die geringe Preiselastizität und das geringe Preisbewußtsein auf der Nachfrageseite. Bezeichnend heißt es dazu in dem von der Staatlichen Gesundheitsfürsorge Großbritanniens veranlaßten „Sainsbury Report" [8.85]:

"The market for chemical speciality products is characterised by a great deal of product competition and very little of what is commonly understood as price competition. ... It is also characterised by a high degree of monopoly over particular medicines subject to patent. ... The branded names of products that have come out of patent can be used to prolong the monopolistic position of the sellers, particularly when the name has become, through advertising, so firmly imprinted on the minds of prescribers that they have a tendency to use it even when cheaper equivalent products are available. Brand names also add to confusion when there are different brand names for identical products. Thus the importance of brand names as an obstacle to price competition can be appreciable. ... One danger of product competition carried to extremes is that it may increase the costs of medicines through the encouragement it gives to the search for unnecessary variations of existing products which can be marketed under brand names and heavily promoted."

Die vom Staat in Erwägung gezogenen Maßnahmen zur Förderung der Preiskonkurrenz pharmazeutischer Produkte richten sich in der Hauptsache gegen den Markenartikelvertrieb, wobei es gleichzeitig zu einer starken Aufwertung der Freinamen oder der allgemein verwendbaren wissenschaftlichen Kurzbezeichnungen kommt:

"The use of a single accepted name for each prescription medicine, instead of a brand name, would eliminate the disadvantages of brand names in the teaching and practice of medicine and in the method of marketing medicines, and would perhaps tend to reduce the cost of medicines to the National Health Service."

Unter den Einwänden seitens der Industrie wurde hervorgehoben, daß die Identifizierung zwischen Hersteller und Produkt wegen der Qualitätsgarantie und Verantwortung der Hersteller unerläßlich sei. Jedoch heißt es in den Vorschlägen des Berichtes, daß die schwächere Form der Firmenmarken anstelle der Produktmarken dazu ausreichen würde oder sogar eine noch klarere Firmenidentifizierung sicherstellen könnte.

Es ist sicher zutreffend, daß auf den Pharmamärkten wesentliche Elemente der Produktkonkurrenz zur Auswirkung kommen, jedoch werden die Gefahren einer hieraus resultierenden Preiserhöhung für die Verbraucher leicht übertrieben. Den Vorwürfen ist vor allem entgegenzuhalten: Die anonym unter den chemischen Stoffbezeichnungen gehandelten Wirkstoffe sind oft mit den Spezialitäten der leistungsfähigen Pharmaproduzenten nicht qualitativ gleichwertig. Ein scharf auf die Grundlage der reinen Produktionskosten gesenkter Preis würde nicht mehr dazu ausreichen, die für den wissenschaftlichen Fortschritt unbedingt notwendige und kostspielige Forschung und Entwicklung aufrechtzuerhalten. Außerdem wird die Heterogenität der Produktkonkurrenz durch die Einschaltung des Arztes als Bedarfsberater bei der Auswahl des größten Teils der Arzneispezialitäten eingeschränkt. Die Markierung verliert durch die bessere Befähigung des Arztes zum Produktvergleich an produktdifferenzierender Kraft. Dadurch unterscheidet sich der Pharmamarkt grundlegend von den sonstigen Konsumgütermärkten. Schließlich würden staatliche Einschränkungen der Zulässigkeit des Markenartikelvertriebssystems so schwere Eingriffe in die absatzpolitische Aktionsfreiheit der Chemieunternehmungen darstellen, daß hiervon gefährliche und weitreichende Konsequenzen infolge Schwächung der unternehmerischen Initiativen befürchtet werden müßten.

Nach Analysen auf dem Schweizer Arzneimittelmarkt wurden drei verschiedene Typen von Konkurrenzbeziehungen abgegrenzt, denen sich etwa ein Pharmaproduzent bei der Neueinführung eines Präparates gegenübersehen kann: vollkommene Konkurrenz, Wirkungskonkurrenz und Konkurrenzfreiheit.

Die Konkurrenztypen mit den jeweiligen Produktanteilen während der Jahre 1963–1965 sowie einige Produktbeispiele sind in Tab. 8.15 wiedergegeben.

Der erste Typ der *vollkommenen* oder *idealen Konkurrenzbedingungen* wird vom Produkt her geboten, wenn in allen Konkurrenzprodukten chemisch identische Wirkstoffe enthalten sind oder sogar eine identische Zusammensetzung hinsichtlich aller Komponenten vorliegt und diese Identität als maßgeblich erkannt wird. Geringfügige Unterschiede in den Formulierungen, den verwendeten Lösungsvermittlern, Stabilisatoren usw. sind kaum zur Begründung merklicher Produktpräferenzen geeignet. Der Arzt reduziert die Produktbewertung

Tabelle 8.15 *Konkurrenzsituation neueingeführter Pharmazeutika in der Schweiz* [7.48, S. 286]

Jahr	Ideale Konkurrenz[1]	Wirkungskonkurrenz[2]	Konkurrenzfreiheit[3]
1963	23%	69%	8%
1964	34%	64%	2%
1965	27%	68%	5%

[1] Bei zugrunde liegenden einheitlichen Wirkstoffen stehen z. B. folgende Produktmarken in idealer Konkurrenz:
Chloramphenicol – Chloromycetin, Leukomycin, Paraxin, Amphemycin;
Methylprednisolon – Medrol, Suprametil, Urbason;
Dexamethason – Decadron, Dexa-Scheroson, Fortecortin, Millicorten, Oradexon, Deponil;
Kanamycin – Resistomycin, Kanamytrex, Kanabristol u. a.;
Ampicillin – Amblosin, Binotal, Penbrock u. a.

[2] Wirkungskonkurrenz zwischen verschiedenen Produktmarken auf einzelnen Indikationsgebieten wird z. B. wie folgt angenommen:
Psychopharmaka/Neuroleptica – Trilafon, Dartal, Lyogen u. a.;
Muskelrelaxantien – Gamaquil, Trancopal, Paraflex, Sanoma;
Entzündungshemmende Stoffe – Butazolidin, Irgapyrin, Tanderil, Polinal, Osadrin;
Antibiotica – Dichlorstaphenor, Gelstaph, Cryptocillin, Penstaphocid;
Hormone – Follikosid, Ovocyclin, Progynon, Cyren B u. a.

[3] Konkurrenzfreiheit besteht etwa für die Produktmarken folgender Indikationsgebiete:
Cytostatica – Dichloren-Endoxan, Leukeran-Bayer E 39 u. a.;
Antidiabetica – Insulin-Nadisan;
Antiepileptica – Ospolot-Comital u. a.

dann bei allen Marken auf den betreffenden einheitlichen *Wirkstoff*. Zumal im Hinblick auf den Zwang zur wirtschaftlichen Verschreibung im Rahmen der Kassenpraxis ist der Arzt häufig auch preisbewußt genug, um der Preiskonkurrenz zwischen den Produkten Geltung zu verleihen. Es bildet sich in solchen Fällen ein recht einheitlicher Marktpreis. Preisreduktionen durch einen Anbieter führen dann in der Regel zu sofortigen Preisanpassungen durch die Konkurrenten. Ein eigener preispolitischer Spielraum ist nur selten oder nur in geringem Umfang vorhanden, er mag sich evtl. auch auf andere als sachliche Produktpräferenzen gründen. Dieses Preisverhalten ist von Schneider eindrucksvoll anhand der Analyse der Preisentwicklung von Hydrocortisonsalben in der BRD zwischen 1954 und 1960 nachgewiesen worden. Preissenkungen eines Anbieters führten hier meistens zu schnellen und gleichgerichteten Preisanpassungen durch die Mitbewerber (Abb. 8.26) [8.86].

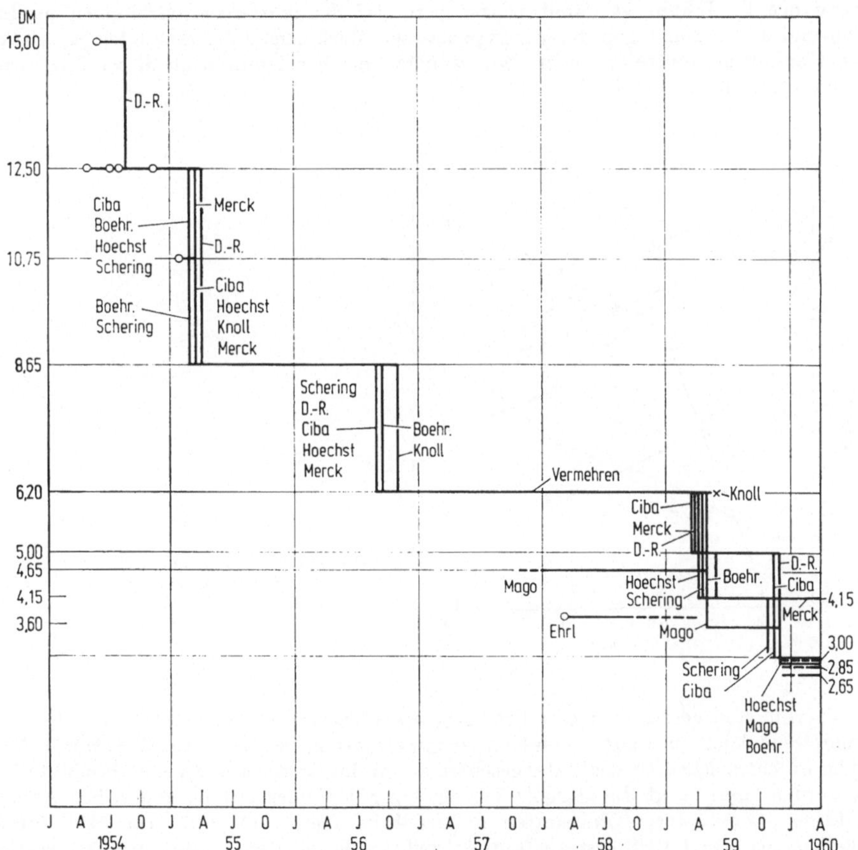

Abb. 8.26 Preisentwicklung von Hydrocortisonsalben in der BRD 1954–1960 (1%ig, Tuben zu 5 g, Verbraucherpreise einschließlich Umsatzsteuer) [8.86, S. 102].

Der zweite Konkurrenztyp der *Wirkungskonkurrenz* dürfte den Normalfall heterogener Konkurrenzbeziehungen darstellen. Der chemische Aufbau der Präparate ist unterschiedlich, aber die Wirkungen, d. h. hier die pharmakologische oder pharmakokinetische Wirkung, sind gleich oder doch sehr ähnlich. Auch in der klinischen Indikationsstellung bleibt der Konkurrenzzusammenhang erhalten. Nach Maßgabe der relativen Vorteile des Einzelproduktes in der Gruppe ist eine freizügigere individuelle Preispolitik möglich. Ein Ausbrechen mit dem Preis aus dem begrenzten monopolistischen Preisintervall nach oben würde einen weitgehenden Absatzverlust durch die Substitutionskonkurrenz zur Folge haben, während auch das Nachgeben nach unten kaum Vorteile bringt. An einem empirischen Beispiel der Preisentwicklung für rezeptfreie Analgetica in der BRD wurde die Tatsache nachgewiesen, daß innerhalb eines bestimmten Rahmens Preisänderungen eines Präparates keine Anpassungsreaktionen der Konkurrenz zur Folge haben. Bei den untersuchten 28 Produkten stiegen die Preise zwischen 1950 und 1960 durchschnittlich um 23,3%, während im Extrem eine Preissenkung um 25% und eine Preissteigerung um 122% verzeichnet wurden. Dabei kam es zu mehrfachen Veränderungen der Produktstellungen der Hersteller innerhalb der Preisrangfolge [8.86].

Bei der dritten Gruppe von Arzneimitteln unterscheidet sich auch die klinische Indikationsstellung, so daß praktisch *Konkurrenzfreiheit* oder eine monopolartige Angebotssituation vorliegt. Die wirtschaftliche Bedeutung für den Hersteller ist aber nicht so überragend, wie es zunächst den Anschein haben könnte. Meistens handelt es sich um *neuartige Produkte* mit noch geringen Anwendungserfahrungen. Bei weiteren Fortschritten und zunehmender Bewährung des Produktes ist damit zu rechnen, daß Konkurrenzentwicklungen marktreif werden und die Bedingungen der zuvor genannten Wirkungskonkurrenz oder gar vollkommenen Konkurrenz eintreten lassen. Nur wenige Beispiele konnten zu dieser Konkurrenzsituation mitgeteilt werden (Tab. 8.15).

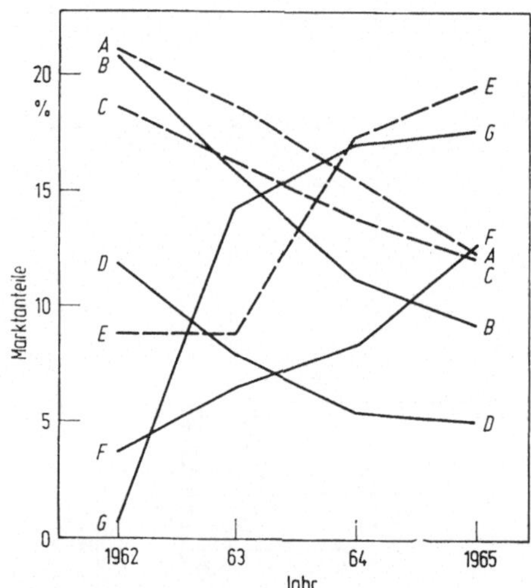

Abb. 8.27 Veränderung der Marktanteile von 7 Pharmaproduzenten *A–G* in England bei Corticosteroidsalben durch Produktkonkurrenz [8.16, S. 230].

Immerhin sind gerade in dieser Produktgruppe bei sich abzeichnendem Markterfolg die größten, wenngleich nur temporären Konkurrenzvorsprünge zu erwarten. Wie sehr die Marktstellung im chemischen Spezialitätengeschäft durch die Entwicklung neuer Produkte beeinflußt werden kann, zeigt die schnelle Verschiebung der Marktanteile von sieben Anbietern bei Hormon-Corticosteroid-Präparaten in Großbritannien, Abb. 8.27. Die 1965 führende Herstellerfirma stand 1962 erst an fünfter Stelle, während der damals umsatzstärkste Anbieter nach drei Jahren auf den vierten Platz zurückgefallen war [8.16, S. 231]. Bei einer so entscheidenden Bedeutung der Produktentwicklung ist mit einer entsprechend großen preispolitischen Freiheit während der anfänglichen Konkurrenzüberlegenheit zu rechnen.

8.4 Preisdifferenzierung chemischer Produkte

Preisdifferenzierung im strengen Sinne setzt den Absatz eines identischen Produktes zu gleichen Produktions- und Vertriebskosten an verschiedene Verbraucherkreise zu verschiedenen Abgabepreisen voraus, wobei sich die Preisstaffelung allein aus den gestaffelten Nutzwerten des Produktes ergibt. Die Preisdifferenzierung erfordert eine *Marktspaltung*, um die Ausbildung eines einheitlichen Marktpreises zu verhindern, der sonst auch den Verbrauchern mit der höheren Wertschätzung des Produktes zugute kommen würde.

Preisdifferenzierungen werden vorgenommen nach verschiedenen Absatzmengen, Verwenderkreisen, regionalen Absatzräumen und Bezugszeiten. Diese verschiedenen Absatzbedingungen führen allerdings regelmäßig zu veränderten Kosten, so daß man von einer Preisdifferenzierung im weiteren Sinne auch dann sprechen muß, wenn wesentliche Preis- und Kostenunterschiede vorhanden sind. Weiter kommen neben identischen Produkten leicht veränderte Produkte mit daraus resultierenden Kostenunterschieden in Betracht, denn zur Erleichterung der Marktspaltung wird eine solche Produktvariation oft angewandt. Der Übergang zur Produktdifferenzierung ist dann fließend.

In der chemischen Industrie haben alle genannten Arten von Preisdifferenzierungen erhebliche Bedeutung. Die Preisdifferenzierung nach *Absatzmengen* ist oft mit der Preisdifferenzierung nach *Verwenderkreisen* und *Verwendungszwecken* gekoppelt, da neben den Kapazitätsgrößen der industriellen Verwender die spezifischen, verfahrensbedingten Verbrauchsverhältnisse auf die Mengenintensität des Verbrauchs einen großen Einfluß ausüben.

Der Absatz von Glycerin an kosmetische Betriebe muß zwangsläufig zu anderen Auftragsgrößen führen als der Absatz an die Sprengstoffindustrie zur Erzeugung von Sprengölen. Polymethacrylate dienen zahlreichen mengenintensiven industriellen Verwendungen. Sie werden mit erheblichen Preisaufschlägen aber auch in ganz geringen Mengen an Zahnärzte abgesetzt [8.52, S. 143].

Die Beispiele ließen sich praktisch beliebig vermehren. Da die Fertigungsaufträge regelmäßig nicht nach einzelnen Kundenaufträgen bearbeitet werden, entstehen Kostendifferenzen aus verschiedenen Bezugsmengen vornehmlich im Bereich des Vertriebes und der Verwaltung. In Abhängigkeit von der Bezugsmenge werden andere Arten und Größen von Verpackungs- sowie Transportmitteln gewählt, was Kostenunterschiede bedingt und in der Bezugnahme von Preisstaffeln auf Verpackungs- und Versandeinheiten oft deutlich zum Ausdruck kommt. Man wird im allgemeinen bestrebt sein, den Eindruck einer Preisdifferenzierung, der leicht das Odium der Preisdiskriminierung anhaftet, zu vermeiden. Für den Außenstehenden ist es meistens schwer, den kostenmäßig berechtigten Anteil zu erkennen. Man kann zwar sagen, daß große Aufträge und große laufende Bezüge einzelner Kunden am meisten zur Ausschöpfung aller drei Arten von Kostendegressionen in der Produktion beitragen. Dennoch ist es außerhalb der reinen Auftragsfertigung und bei der vorherrschenden Lager- und Marktproduktion nicht möglich, diese Kostenunterschiede nach Bestellmengen zu differenzieren, da die Produktion gemeinsam erfolgt.

Ähnlich schwer zu übersehen ist die echte Kostenverursachung durch *Produktänderungen*. Oft genügt bereits eine leicht einstellbare unterschiedliche Produktreinheit. In anderen Fällen wird die spezifische Verwendungsanpassung durch geringfügige Produktzusätze erreicht, wie z.B. der Zusatz von Korrosionsinhibitoren zum Glykol, das als Frostschutzmittel im Konsumgütersektor abgesetzt wird. Für die Abspaltung eines Konsumgütermarktes genügt in vielen Fällen schon die Einrichtung eines Markenartikelvertriebssystems.

Der wichtigste Anwendungsfall einer *regionalen* Preisdifferenzierung ist das Preis-Dumping auf ausländischen Märkten (Kap. 8.333).

Zeitliche Preisdifferenzierungen kommen bei kurzfristig ausgeprägtem Saisonverlauf des Absatzes in Betracht. Das bekannteste Beispiel hierzu stellen die Frühbezugsrabatte für Düngemittel dar (vgl. Tab. 8.12). Auch hier ist nicht leicht nachzuprüfen, inwieweit die Preisabschläge für Bezüge außerhalb der beiden Saisonspitzen (Frühjahr und Herbst) den Einsparungen an Lagerungskosten sowie Kostenvorteilen durch gleichmäßigere Beschäftigung der Erzeugerbetriebe und der Handelsstufen angemessen sind oder Elemente einer bewußten Preisdifferenzierung zum Tragen kommen. Die Preisstrategie der Marktabschöpfung für neue Produkte mit der Einrechnung hoher Gewinne während der ersten Zeit des Marktvorsprungs ist ebenfalls als zeitliche Preisdifferenzierung aufzufassen.

Gelingt eine Marktspaltung nicht und sind es allein bestimmte Verwenderkreise, denen aufgrund des niedrigen einheitlichen Marktpreises hohe „Verarbeitungsgewinne" zufallen, so entsteht hieraus ein Anreiz, durch vertikale *Vorwärtsintegration* in diesen Absatzsektoren eine gewinnbringendere Verwertung des eigenen Vorproduktes zu erzwingen. Die vielfach genannte, aber wenig bewiesene Behauptung, die Weiterverarbeitung böte grundsätzlich höhere Gewinnchancen als die Vorproduktion der Rohstoffe und Zwischenprodukte, mag in der Entstehung von „Konsumentenrenten" infolge einheitlicher Marktpreisbildung mitbegründet sein. Problematisch ist hierbei allerdings die Zurechnung des Verarbeitungsgewinns auf die Konsumentenrente an einem Vorprodukt.

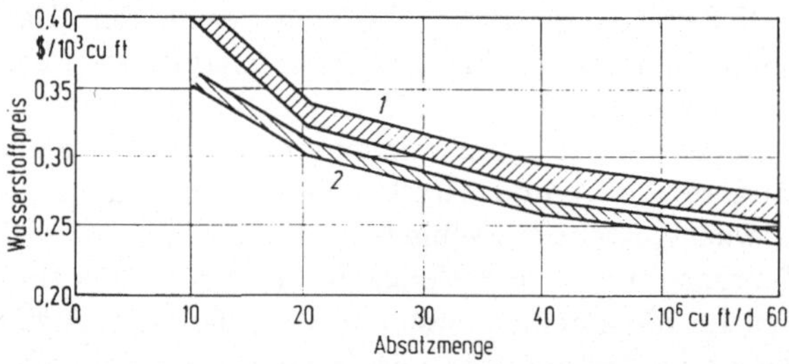

Abb. 8.28 Mengenabhängige Preisdifferenzierung für Wasserstoff im Gebiet der Golfküste in den USA [8.69]. *1* Durchschnittliche Gestehungskosten zuzüglich Mindestverzinsung bei Eigenerzeugung; *2* Durchschnittliche Angebotspreise im Rohrleitungsverkauf.

Die *mengenabhängige* Preisdifferenzierung ist in der chemischen Industrie nicht nur eine preispolitische Maßnahme zur Verbesserung der Ertrags- und Gewinnsituation, sondern zuweilen gleichzeitig ein wichtiges Hilfsmittel zur *Absatzsicherung* gegenüber den Interessen einer rückwärts gerichteten *Vertikalkonzentration* der Abnehmer. Hier muß es das Ziel sein, die Bezugspreise für die individuellen Abnehmer stets etwas unterhalb ihrer verbrauchsmengenabhängigen Erzeugungskosten im Falle der alternativen Eigenproduktion zu halten. Die Gesetzmäßigkeiten der Betriebsgrößendegression der Kosten wirken sich wiederum voll aus. Ein anschauliches Beispiel bietet die mengenabhängige Preisdifferenzierung für Wasserstoff im Gebiet der Golfküste in den USA (Abb. 8.28).

8.5 Preisbindung chemischer Produkte

8.51 Horizontale Preisbindung

Wir möchten hier einmal die *staatlichen Preisvorschriften* über Fest-, Mindest- oder Höchstpreise, über die Art der Preiskalkulation, die Bemessung der Handelsspannen und anderes außer Betracht lassen, obwohl sie im Zusammenhang mit der Reglementierung von Chemiemärkten erhebliche praktische Bedeutung erlangen können (z.B. Pharmazeutika). Dann bleibt noch übrig, einen Blick auf die Bedeutung der privatwirtschaftlichen, *freiwilligen Preisbindung* zu werfen. Hier sind Preisbindungen zwischen Herstellern der gleichen Wirtschaftsstufe (horizontale Preisbindung) sowie der Abgabepreise nachgelagerter Handelsstufen durch die Hersteller (vertikale Preisbindung) zu unterscheiden.

Da es in dem großen Bereich der Industriechemikalien nur in geringem Ausmaß gelingt, den Konkurrenzkampf zwischen den Anbietern nicht über den Preis auszutragen, stellt sich hier die Frage der Zweckmäßigkeit einer *horizontalen Preisbindung* in erster Linie. Maßnahmen zur Einschränkung des Preiswettbewerbs können allen Anbietern auf lange Sicht größere wirtschaftliche Vorteile als zeitweise Vorsprünge durch Preisunterbietungen gewähren. Die Preiskonkurrenz bei den homogenen chemischen Produkten kann sowohl privatwirtschaftliche als auch volkswirtschaftliche Verluste verursachen. Ursächlich ist die kurzfristig oft unelastische Nachfrage. Andererseits läßt sich die Produktion nur unter Inkaufnahme überhöhter Kapazitätskosten sowie von Kapitalverlusten bei Stillegung und Abbruch nicht umstellungsfähiger Anlagen einschränken. In der chemischen Industrie wird der Preisdruck nach unten durch das Auf-den-Markt-Werfen von Kuppelprodukten und Nebenprodukten aus solchen Produktionen, deren Angebotsvolumen nicht nach den Preisen der zwangsweise anfallenden Nebenprodukte bestimmt wird, oft noch verschlimmert. Dadurch werden selbst die Kosten der mit höchster Wirtschaftlichkeit arbeitenden Produzenten mitunter nicht mehr gedeckt. Unter dem Eindruck dieser Tatsachen hat man in der chemischen Industrie die horizontale Preisbindung durch *Kartellbildung* überwiegend bejaht, wie es etwa die große Zahl der Chemiekartelle aus der Wirtschaftsgeschichte der deutschen chemischen Industrie beweist (vgl. Kap. 2.44).

In marktwirtschaftlichen Ordnungssystemen werden die negativen Effekte der Kartellbildung durch überhöhte Preise höher eingeschätzt, was zum vorherrschenden Verbot der Kartelle geführt hat. In den meisten Teilbranchen der chemischen Industrie herrschte in den letzten Jahren eine so starke Wachstumstendenz, daß die fehlenden Möglichkeiten einer festen, vertraglich gesicherten Angebotsregulierung nicht sehr fühlbar wurden. Der strukturell bedingte Wachstumsprozeß, welcher Zuwachsraten weit über dem Durchschnitt des gesamtwirtschaftlichen Wachstums ermöglichte, muß aber irgendwann zum Stillstand kommen und einem neuen, branchenstrukturellen Gleichgewicht weichen. Dann aber sind die genannten Nachteile sicher erneut zu berücksichtigen.

In der Rezessionsperiode 1965–1967 führten übereilt vorgenommene Kapazitätserweiterungen auf manchen Gebieten zu schweren Preiskämpfen, wie es z.B. auf den Chemiefasermärkten besonders deutlich wurde. Sofern es gelungen ist, durch Produktdifferenzierung von der Preiskonkurrenz um die homogene Ware Abstand zu gewinnen, muß schließlich bei weiterem Absinken der Preise der einheitlichen Erzeugnisse dieser Markt mit den durch Produktdifferenzierung abgegrenzten Teilmärkten immer stärker kommunizieren. So gerieten die großen vertikal bis zum Letztverbraucher aufgebauten Synthesefasermarken in einen zunehmenden Preisdruck durch die anonyme Massenware, deren Erzeuger in Ermangelung der Markenpräferenz nur über den Preis operieren. Für die textilen Weiterverarbeiter aber wird die wirtschaftliche Entscheidung zugunsten der mit höherem Service, besserer Qualitätsgarantie und hohen Produktpräferenzen bei den Letztverbrauchern ausgestatteten Markenfasern oder zugunsten immer billiger verschleuderter Stapelware schwieriger. Die vertikal operierenden Synthesefaserhersteller werden bei drohenden Absatzverlusten ebenfalls zu Preisreduktionen gezwungen. Bei absinkendem Preisniveau und sich vielleicht auch verringerndem Preisabstand gegenüber dem allgemeinen Konkurrenzpreis der Massenware dürfte die Aufrechterhaltung des teuren Vertriebsapparates immer schwieriger werden.

Trotz dieser gelegentlichen Beeinträchtigung der Spezialitäten durch die Preiskonkurrenz vergleichbarer homogener Produkte bleibt aber die abgeschwächte Preiskonkurrenz zugunsten verstärkter Produktkonkurrenz das Kennzeichen der chemischen *Spezialitätenmärkte*. Das Bedürfnis nach horizontalen Preisbindungen ist entsprechend abgeschwächt. Die Preisbindung wäre hier wegen der fehlenden Produktidentität auch technisch schwerer zu verwirklichen. Bei Kartellbildungen hat man in der Vergangenheit daher die Form der Gebiets- und Kontingentierungskartelle gegenüber Preiskartellen bevorzugt.

Wie stark horizontale Preisbindungen befürwortet werden, kann man auch aus der häufig beobachteten ,,Preisdisziplin" in Gestalt der einheitlichen Preisanpassung, der Anerkennung einer Preisführerschaft (z.B. [8.14]) und des Enthaltens von individuellen Preisänderungen schließen. Neuerdings wird aus den aufkommenden Rohrleitungsverbundsystemen eine Begünstigung inoffizieller Preisvereinbarungen in der chemischen Industrie vermutet [8.70]. Es bietet sich darin ein gewisser, wenngleich begrenzt wirksamer Ersatz gegenüber vertraglichen Preisbindungen. Das Verhalten der Preiskonformität in solchen *Quasi-Kartellen* läßt sich andererseits durch staatliche Eingriffe nur schwer bekämpfen.

Es ist üblich, Kartelle in erster Linie mit den Zielen der Einschränkung des *Preiswettbewerbs* in Verbindung zu bringen. Wir dürfen aber darüber ihre Bedeutung unter dem Gesichtspunkt der Vertriebsorganisation sowie der auf allgemeine *Rationalisierung* abzielenden Kooperation zwischen den Mitgliedswerken nicht außer acht lassen. Eine Vertriebsorganisation für chemische Produkte ist kostspielig und weist in den Kosten eine starke Größendegression auf. Kooperation und Erfahrungsaustausch ermöglichen eine Ökonomisierung der Forschung und Entwicklung, des Ingenieurwesens, daneben eine Spezialisierung gewisser Produktionen bei einzelnen Mitgliedswerken mit dem Erfolg größerer und wirtschaftlicherer Kapazitäten. Die günstigen Rationalisierungseffekte sind es auch, die in der BRD zahlreiche Chemiekartelle in ihrer primären Zweckbestimmung als Rationalisierungskartelle, welche vom grundsätzlichen Kartellverbot ausgenommen sind, am Leben erhalten konnten (z.B. Kartelle für Teerprodukte oder Düngemittel). Der Interessenkonflikt hinsichtlich der Bekämpfung der horizontalen Preisbindung, die mit der Bildung solcher Verkaufsgemeinschaften oder Rationalisierungskartelle meistens verbunden ist, führt aber auch hier immer wieder zu Kartellverboten und -auflösungen.

8.52 Vertikale Preisbindung

Die *vertikalen Preisbindungen* betreffen den Vertriebsweg über den Handel und hier vor allem die *Konsumgütermarkenartikel,* bei denen der vom Erzeuger gebundene, d.h. den Handelsstufen vorgeschriebene Endverbraucherpreis lange Zeit hindurch mit zu den wesentlichsten Bestandteilen des Markenartikelvertriebssystems gerechnet wurde. Im chemischen Vertikalvertrieb müßte eine Preisbindung auch für Produktivgüterfolgeprodukte interessant sein, aber sie läßt sich in der Regel nicht durchsetzen [8.47]. Die Ausschaltung der horizontalen Preiskonkurrenz auf den Handelsstufen stellt nur einen wettbewerblichen Teilaspekt im Vertrieb der preisgebundenen Produkte dar, denn es bleibt vor allem die Preiskonkurrenz auf der Herstellerebene unberührt. Daher wird die vertikale Preisbindung im Rahmen der wirtschaftspolitischen Kampfansage gegen Wettbewerbsbeschränkungen aller Art und insbesondere im Vergleich zur horizontalen Preisbindung im allgemeinen milder beurteilt. Dennoch hat sich wegen der ablehnenden öffentlichen Verbrauchermeinung und infolge des aktiven Preiswettbewerbs der modernen Einzelhandelsbetriebsformen in den letzten Jahren auch eine zunehmende Bekämpfung und Einschränkung der vertikalen Preisbindungen im Wettbewerbsrecht angebahnt.

Von dieser Entwicklung werden die chemische Industrie als Ganzes wegen des relativ geringen Anteils der Konsumgütermarkenartikel nur schwach, dagegen einige Teilbranchen mit bevorzugter Herstellung von Konsumgütern wesentlich betroffen (vgl. Tab. 8.16). Es erübrigt sich nämlich fast, nach den weiter oben betonten geradezu idealen Markenartikeleigenschaften der meisten chemischen Konsumgüter darauf hinzuweisen, daß eine Preisbindung im Sinne der Hersteller liegen muß, vgl. [8.83]. Erst die souveräne und vom Handel nicht zu durchkreuzende Festlegung der Endverbraucherpreise eröffnet dem Hersteller die volle Möglichkeit, die erkannten Marktchancen preispolitisch optimal auszuwerten. Eine Berechtigung hierfür kann bereits aus der Übernahme und dem zweckmäßigen Zusammenspiel mit zahlreichen, früher dem Handel überlassenen Aufgaben im Markenartikelvertriebssystem gefolgert werden.

Tabelle 8.16 *Anteile der Markenwaren und preisgebundenen Markenartikel am Einzelhandelsumsatz chemischer Konsumgüter in der BRD 1958* [8.57, S. 41]

Einzelhandelsbranche	Zahl der Unternehmen	Gesamtumsatz [10^9 DM]	Anteil der Markenwaren am Umsatz		Anteil preisgebundener Markenartikel am Umsatz	
			[10^9 DM]	[%]	[10^9 DM]	[%]
Drogerien	11359	1,36	0,95	70,0	0,61	45,0
Seifengeschäfte	8871	0,39	0,14	35,0	0,07	20,0
Parfümeriespezialhandel	587	0,05	0,04	80,0	0,02	40,0
Einzelhandel mit Farben und Anstrichbedarf	2871	0,26	0,02	8,0	0,005	2,0
Photoeinzelhandel	3388	0,55	0,44	80,0	0,42	75,0
Apotheken[1]	6882	1,81	1,63	90,0	0,09	5,0

[1] Nach der Arzneitaxe preisgeregelt waren 1,54 Milliarden DM oder 85,0%.

Trotz der stetig und auf fast allen Gebieten abbröckelnden Anteile preisgebundener Markenartikel am gesamten Markenartikelumsatz ist z. B. der Vertrieb von *Arzneimitteln* noch eine fast unangetastete Domäne der vertikalen Preisbindung. Obwohl die vertraglichen Preisbindungen nur einen Teil der vertriebenen Produkte erfassen – in der BRD sind es gegenwärtig etwa 50% des Umsatzanteils –, reichen sie zusammen mit den für die übrigen Produkte zumeist ausgesprochenen Preisempfehlungen aus, um ein festes Preisgefüge auf der Groß- und Einzelhandelsstufe vorschreiben zu können. Vom Fachhandel wird die vertikale Preisbindung meistens befürwortet [8.6; 8.22; 8.31; 8.53; 8.63; 8.71; 8.72, S. 78].

Bei den *Waschmitteln* spielte die Preisbindung von Anfang an eine große Rolle und wurde in der BRD gegen starke Befehdung bis zuletzt verteidigt. Die Preisbindung für Haushaltswaschmittel, nämlich für die „Zehn-Pfennig-Waschmittelpakete" von Henkel, eröffnete im Jahre 1877 die Geschichte der vertikalen Preisbindung in Deutschland, und zwar gleichzeitig mit der Preisbindung für das Mundpflegemittel „Odol" von Lingner, den anderen klassischen Markenartikel der chemischen Konsumgüterindustrie [8.24, S. 10]. Erst 1966 konnte in der BRD eine Aufhebung der Preisbindung für Waschmittel infolge offener Unterpreisverkäufe durch Einzelhandelsgroßbetriebe (in diesem Fall Lebensmittelfilialunternehmungen) durchgesetzt werden [8.24, S. 26].

Zuletzt hat wiederum die Vertriebs- und Preisaktivität der Einzelhandelsgroßbetriebsformen, nämlich besonders des Versandhandels, zur Aufhebung der Preisbindung eines großen Teils der *Photofilme* geführt, was Preisreduktionen und eine Veränderung des bislang festen Preisgefüges auf der Einzelhandelsstufe (vgl. Tab. 8.13) verursacht hat.

Das preispolitische Instrument vertraglich gesicherter Preisbindungen sowohl horizontaler als auch vertikaler Art hat an Bedeutung verloren. Die in der chemischen Industrie charakteristische Entwicklungsdynamik wird in Zukunft auch eine verstärkte Preisdynamik auf allen Marktebenen einschließen.

Literatur

8.1 Agthe, K.: Stufenweise Fixkostendeckung im System des Direct Costing. ZfB 29 (1959) 404.

8.2 Aldersley: Chemical pricing in international markets, in [1.95, S. 55].

8.3 A survey of selling expenses. Chem. Eng. 71 (1964) Ausg. 21. 12., S. 36.

8.4 Backman, J.: Foreign competition in chemicals. Chem. Eng. Prog. 63 (1967) 1, S. 24.

8.5 Bell tolls for little plants. Chem. Week 101 (1967) Ausg. 28. 10., S. 127.

8.6 Bergler, G.: Arzneimittelmarkt und Preisbindung der zweiten Hand. Pharm. Ind. 20 (1958) 453.

8.7 Beste, Th.: Möglichkeiten und Grenzen der Preispolitik in der Unternehmung. ZfbF 16 (1964) 122.

8.8 British drug industry draws criticism. Chem. Eng. News 45 (1967) Ausg. 16. 10., S. 26.

8.9 Burke, D. P., Miller, R.: Ethylene. Chem. Week 97 (1965) Ausg. 23. 10., S. 63; Ausg. 13. 11., S. 69.

8.10 Centrifugals cut ammonia costs. Hydrocarbon Proc. 45 (1966) 5, S. 179.

8.11 Chemical "follow the leader" prompted by sulfur prices. Chem. Eng. News 46 (1968) Ausg. 18. 3., S. 14.

8.12 Chemicals move closer to "pure" competition. Chem. Eng. 71 (1964) Ausg. 3. 8., S. 36.

8.13 Cheslow, R. T., Bates, A. G.: Long-range economic price. Chem. Eng. 72 (1965) Ausg. 22. 11., S. 161.

8.14 Chilton, C. H.: Cost data correlated. Chem. Eng. 56 (1949) 6, S. 97.

8.15 – "Six Tenths Factor" applies to complete plant costs. Chem. Eng. 57 (1950) 4, S. 112.

8.16 Cooper, M. H.: Prices and profits in the pharmaceutical industry, Oxford 1966.

8.17 Dallaire, E. E.: Big plants – too much NH_3? Chem. Eng. 75 (1968) Ausg. 25. 9., S. 100.

8.18 Dean, J.: Pricing policies for new products, in [8.75, S. 369].

8.19 DECICCO, R. W.: Economic evaluation of research projects. Chem. Eng. 75 (1968) Ausg. 3. 6., S. 84.
8.20 Die absolute Mehrheit bei Waschmitteln. Handelsblatt (1967) Ausg. 7./8.7.
8.21 Die Konzentration der pharmazeutischen Industrie Frankreichs und der Gemeinsame Markt. Pharm. Ind. 30 (1968) 105.
8.22 Drogistensortiment und preisgebundener Markenartikel. Markenartikel 30 (1968) 470.
8.23 Einführung von oben nach unten. Absatzwirtschaft 8 (1965) 318.
8.24 ELSHOLZ, G.: Preisbindung in der Marktwirtschaft? Opladen 1967.
8.25 Eye on sales costs. Chem. Week 95 (1964) Ausg. 14. 11., S. 47.
8.26 FISCHER, K.-P.: Industrielle Vertriebskostenrechnung, Stuttgart 1963.
8.27 FRANK, S. M., LAMBRIX, J. R.: Tendenzen bei der Wahl der Kapazität neuer Äthylenerzeugungsanlagen. Erdöl u. Kohle, Erdgas, Petrochemie 19 (1966) 829.
8.28 FRATZ, E.: Die Kosten im Vertrieb. IFO-Studien 2 (1956) 81.
8.29 GAU, E.: Die Kalkulation der Vertriebskosten, Stuttgart 1959.
8.30 GEIST, M., u.a.: Erfolgskontrolle der Absatzwege, Hamburg/Berlin/Düsseldorf 1962.
8.31 GOERKE, H.: Arzneimittelmarkt und Preisbindung. Pharm. Ind. 24 (1962) 464.
8.32 HARTMANN, TH.: Die wirtschaftlich optimale Kapazität chemischer Anlagen, Diplomarbeit TU Berlin 1970.
8.33 HASENACK, W.: Stillegung, in HdB, 3. Aufl., Stuttgart 1960, Sp. 5216.
8.34 HAX, H.: Rentabilitätsmaximierung als unternehmerische Zielsetzung. ZfbF 15 (1963) 337.
8.35 Henkel stands off an invasion. Chem. Week 100 (1967) Ausg. 6. 5., S. 67.
8.36 HENKEL, E.: The expanding chemical industry in Continental Europe: Organic Chemicals. Chem. and Ind. (1967) 720.
8.37 HESSENMÜLLER, B.: Kosten- und Erfolgsrechnung im industriellen Vertrieb, Baden-Baden u. Bad Homburg 1966.
8.38 HOLROYD, R.: Ultra large single stream chemical plants: their advantages and disadvantages. Chem. and Ind. (1967) 1310.
8.39 HUNDHAUSEN, C.: Die Vertriebskosten als Problem der Industrie. Markenartikel 15 (1953) 647.
8.40 – Vertriebskosten in Industrie und Handel. ZfbF 5 (1953) 509.
8.41 Japan's dyestuffs industry: A recent report emphasizes the problems of small scale production of a wide variety of dyes. Chem. Age 99 (1968) Ausg. 20. 1., S. 15.
8.42 KAPLAN, u.a.: Pricing in big business, New York 1958.
8.43 KNOLL, F.: Das Problem einer wirksamen Vertriebskostenkontrolle. Ind. Werbung (1961) 5/6, S. 27.
8.44 – Industrielle Absatzkosten, in [1.3, S. 95].
8.45 KÖLBEL, H., SCHULZE, J.: Wirtschaftlichkeitskriterien zum Beurteilen der Veraltung (Überholung) chemischer Anlagen. Chemie-Ing.-Techn. 38 (1965) 397 u. 725.
8.46 Konzentration in der deutschen Synthesefaser-Industrie. Chemie-Ing.-Techn. 40 (1968) 826.
8.47 KOSIEK, K.: Preisbindung für Fertigerzeugnisse durch den Hersteller von Teilstücken oder Halbfabrikaten. Markenartikel 24 (1962) 789.
8.48 Kostenrechnung in der Chemischen Industrie, Hrsg. Betriebswirtschaftl. Ausschuß d. Verb. d. Chemischen Industrie e.V., Wiesbaden 1962.
8.49 LANZILOTTI, R. F.: Pricing objectives in large companies, in [8.74, S. 63]; Amer. Econ. Rev. 48 (1958) 921.
8.50 – Pricing of chemical products. Chem. Eng. News 40 (1962) Ausg. 30. 4., S. 96.
8.51 LAUTENSCHLAGER, H.: A chemical importer views the competition. Chem. Eng. Prog. 63 (1967) 1, S. 30.
8.52 LYNN, R. A.: Price policies and marketing management, Homewood 1967.
8.53 Markenartikelhersteller und Drogisten. Markenartikel 30 (1968) 466.
8.54 MARISTANY, B. A.: Figure LREP for batch plants. Hydrocarbon Proc. 45 (1966) 12, S. 123.
8.55 MASON, W. A.: Feedstocks and ethylene production. Chem. and Ind. (1968) 1541.
8.56 MELLEROWICZ, K.: Kosten und Kostenrechnung, Bd. 1, Theorie der Kosten, 4. Aufl. Berlin 1963; Bd. 2, Verfahren, Teil 1, Allgemeine Fragen der Kostenrechnung und

Betriebsabrechnung, 4. Aufl. Berlin 1966; Teil 2, Kalkulation und Auswertung der Kostenrechnung und Betriebsabrechnung, 4. Aufl. Berlin 1968.

8.57 MELLEROWICZ, K.: Der Markenartikel als Vertriebsform und als Mittel zur Steigerung der Wettbewerbsfähigkeit im Vertriebe, Freiburg 1959.

8.58 – Preis-, Kosten- und Produktgestaltung als Mittel der Absatzpolitik. Markenartikel 21 (1959) 465.

8.59 – Neuzeitliche Kalkulationsverfahren, Freiburg 1966.

8.60 MICHEL, O.: Analyse des Angebots mineralischer Düngemittel im Bundesgebiet, Diss. Mannheim 1959.

8.61 MÖLLER, H.: Kalkulation, Absatzpolitik und Preisbildung, Nachdruck Tübingen 1962.

8.62 MOORE, C. S.: Supply and demand curves in profitability analysis. Chem. Eng. 75 (1968) Ausg. 7. 10., S. 198.

8.63 MÜLLER, H.: Arzneimittelmarkt – Preisbindung – Einkaufsgenossenschaften der Apotheker. Pharm. Ind. 25 (1963) 724.

8.64 NELSON, S., KEIM, W. G.: Methods of nonprice competition, in [8.75, S. 96].

8.65 – Price behaviour and business policy, TNEC Monograph No. 1, Washington 1940.

8.66 Number of pharmaceutical firms in France, Germany, and Italy will halve. Chem. Age 98 (1967) Ausg. 21. 10., S. 13.

8.67 PETERS, E. H.: Ethylene, organic chemical building block. Chem. Eng. Prog. 62 (1966) 6, S. 87.

8.68 PHILLIPS, R. F.: Petrochemicals. Chem. Eng. 74 (1967) Ausg. 22. 5., S. 153.

8.69 Pipelined methanol next? Chem. Week 103 (1968) Ausg. 9. 11., S. 31.

8.70 Pipeline to peg prices? Chem. Week 103 (1968) Ausg. 6. 7., S. 32.

8.71 POECHE, J.: Preisbindungen für pharmazeutische, hygienische und kosmetische Artikel in der Schweiz. Pharm. Ind. 29 (1967) 733.

8.72 Preisbindung für Arzneimittel unentbehrlich. Markenartikel 25 (1963) 176.

8.73 Preisheft für Düngemittel, Düngejahr 1968/69, Hanielsche Handelsgesellschaft mbH, Hildesheim-Hafen, S. 6.

8.74 Price policies and practices, Hrsg. MULVIHILL, D. F., PARANKA, S., New York 1967.

8.75 Price practices and price policies, Hrsg. BACKMAN, J., New York 1953.

8.76 Process costs, nitric acid. Chem. Proc. Eng. 47 (1966) 1, S. 11.

8.77 Profiling staff patterns for profit. Chem. Week 87 (1960) Ausg. 26. 11., S. 66.

8.78 REESE, K. M.: Drug prices. Chem. Eng. News 46 (1968) Ausg. 29. 1., S. 62.

8.79 RICHARD, E. T.: Pricing and profitability, in [1.98, S. 15].

8.80 RIEBEL, P.: Die Gestaltung der Kostenrechnung für Zwecke der Betriebskontrolle und Betriebsdisposition. ZfB 26 (1956) 278.

8.81 – Das Rechnen mit Einzelkosten und Deckungsbeiträgen. ZfbF 11 (1959) 213.

8.82 – Die Preiskalkulation auf Grundlage von „Selbstkosten“ oder von relativen Einzelkosten und Deckungsbeiträgen. ZfbF 16 (1964) 549.

8.83 RIEDBERG, P.: Die vertikale Preisbindung im Kartellbericht der Bundesregierung. Chem. Ind. 15 (1963) 16.

8.84 RINGLEB, G.: Die mittlere Pharma-Industrie hat Zukunft. Handelsblatt (1968) Ausg. 23. 10., S. 10.

8.85 Sainsbury-Report. Pharm. J. 199 (1967) 337.

8.86 SCHNEIDER, E.-D.: Absatzpolitik pharmazeutischer Industrieunternehmen, Berlin/Heidelberg/New York 1965.

8.87 SCHNEIDER, K. W.: Großanlagen in der Mineralölindustrie und Petrochemie. Chemie-Ing.-Techn. 37 (1965) 875.

8.88 SCHOLZ, H., HARRMANN, A.: Kalkulationen auf Grenzkostenbasis. Chem. Ind. 20 (1968) 101.

8.89 SCHRAMM, R. W.: A tool in market analysis. Chem. Eng. Prog. 56 (1960) 2, S. 51.

8.90 SCHULZ-REDMANN, G.: Preispolitik in der chemischen Industrie, Diplomarbeit TU Berlin 1968.

8.91 SCHUMAN, S. C.: New look at economics of pricing. Chem. Eng. 62 (1955) 3, S. 180.

8.92 – How plant size affects unit costs. Chem. Eng. 62 (1955) 5, S. 173.

8.93 SCHWABE, G., PURGAND, J.: Zur Prognose der optimalen Anlagengröße. Chem. Techn. 20 (1968) 496.

8.94 SCHWARZ, H.: Kostenträgerrechnung und Unternehmungsführung, Herne/Berlin 1968.
8.95 SEGLIN, L.: How to price new products. Chem. Eng. 70 (1963) Ausg. 16. 9., S. 181.
8.96 Senators sharpen needle for drugmakers. Chem. Eng. 74 (1967) Ausg. 3. 7., S. 28.
8.97 SENGER, H. G.: Beurteilung der Vertriebskosten, Berlin 1963.
8.98 SHAHBENDERIAN, A. P.: Plants, plans and probabilities. Chem. Proc. Eng. 48 (1967) 9, S. 94.
8.99 SHERWOOD, P. W.: Effect of plant process size on capital cost. Oil Gas J. (1950) Ausg. 9. 3., S. 81.
8.100 SINCLAIR, P. M.: The big ammonia boom. Chem. Eng. 73 (1966) Ausg. 31. 1., S. 26.
8.101 STAUDT, W. E.: Overhead costs in economic evaluations. Chem. Eng. Prog. 62 (1966) 5, S. 39.
8.102 STEINHOFER, A.: Die chemische Industrie als Partner der kunststoffverarbeitenden Industrie. Kunststoffe 55 (1965) 546.
8.103 STRAHL, F. C.: Die Preisbildung für Anstrichstoffe. Farbe u. Lack 65 (1959) 733.
8.104 STRAUB, E.: Zur Preispolitik in der Lack- und Farbenindustrie. Farbe u. Lack 71 (1965) 527 u. 675.
8.105 – Verkaufspolitische Probleme der Lack- und Farbenindustrie. Farbe u. Lack 75 (1969) 105.
8.106 SUTTER, H.: Die Auswirkungen der Besonderheiten chemisch-technologischer Wirtschaftszweige auf die Aussagefähigkeit der Kostenrechnung, Diplomarbeit TU Berlin 1968.
8.107 TERRY, H.: How to court the consumer. Chem. Week 105 (1969) Ausg. 16. 8., S. 59.
8.108 Two sides of competition. Chem. Week 100 (1967) Ausg. 25. 3., S. 28.
8.109 Waschmittel nicht nach Kilopreis vergleichbar. Europa-Chemie (1968) 20, S. 13.
8.110 WELSH, S. J.: A planned approach to new product pricing, in [8.74, S. 32].
8.111 Who gets hit by the chlorine hike? Chem. Week 101 (1967) Ausg. 30. 9., S. 24.
8.112 WILLIAMS, R. jr.: "Six-Tenths" factor aids in approximating costs. Chem. Eng. 54 (1947) 12, S. 124.
8.113 – Standardizing cost data on process equipment. Chem. Eng. 54 (1947) 6, S. 102.
8.114 Zölle und Dumping bei Chemieprodukten. Chem. Ind. 19 (1967) 50.

Sachverzeichnis

721/10/70